D1666238

Hanuš Ettl

Grundriß der allgemeinen Algologie

Grundriß der allgemeinen Algologie

Hanuš Ettl, Brno

Mit 260 Abbildungen

GUSTAV FISCHER VERLAG · STUTTGART · 1980

Anschrift des Verfassers:

Dr. rer. nat. Hanuš Ettl CSc.
Wissenschaftlicher Mitarbeiter des Botanischen Instituts
der Tschechoslowakischen Akademie der Wissenschaften,
Brno

CIP-Kurztitelaufnahme der Deutschen Bibliothek

Ettl, Hanus:
Grundriß der allgemeinen Algologie/Hanus Ettl.
– Stuttgart, New York: Fischer, 1980.
ISBN 3-437-20234-0

Ausgabe für die Bundesrepublik Deutschland

Herstellung: Druckwerkstätten Stollberg VOB
Printed in the German Democratic Republic

Meiner Mutter gewidmet

Vorwort

Der Entschluß, eine Einführung in die allgemeine Algologie zu schreiben, fiel mir nicht leicht. Ich bin deshalb dem Wunsch des Verlages nur mit Zögern und mit gewisser Besorgnis nachgekommen. Mit Besorgnis deswegen, weil heute, wo der einzelne kaum noch sein engeres Fachgebiet zu übersehen vermag, ein allgemeiner Überblick gewissermaßen nur einen Torso ergeben kann. Es war von vornherein eine Begrenzung des Stoffes unvermeidlich, wenn das Buch seinen Zweck erfüllen sollte. So mußten die Abschnitte über Meeresalgen kürzer ausfallen, da mir dieses Gebiet weniger vertraut ist und das vorliegende Buch vor allem von den Verhältnissen Mitteleuropas ausgeht.

Auf der anderen Seite war es notwendig, gewisse Probleme zu erörtern, die in den üblichen Lehrbüchern der Algologie nur am Rande behandelt werden. Dieser Aufgabe entsprechend wurden ganz bewußt Ergebnisse und Probleme der Algologie aus den Gebieten der Zytologie, Morphologie und der Fortpflanzung in den Vordergrund gerückt, während die Kapitel zur Formenübersicht und Ökologie eine entsprechende Kürzung erfuhren. Dies auch im Hinblick auf die ausgezeichneten und ausführlichen vorliegenden Werke, wie z. B. G. M. Smith, „Manual of Phycology", „Freshwater Algae of the United States"; V. J. Chapman, „The Algae"; F. E. Round, „Biologie der Algen"; P. Bourrelly, „Les algues d'eau douce", und B. Fott, „Algenkunde".

Es war meine Absicht, mit diesem Buch zugleich auch einen allgemeinen Teil zu der neu erscheinenden dritten Auflage der „Süßwasserflora von Mitteleuropa" beizusteuern, da dort den allgemeinen Grundlagen nur wenig Platz eingeräumt werden kann. Es macht sich aber auch im Unterricht das Fehlen einer kurzen Einführung in die allgemeine Algologie nachteilig bemerkbar. Aus didaktischen Gründen steht deshalb die beschreibend-morphologische Betrachtung im Vordergrund. Um der Aufgabe dieses Buches zu entsprechen, wurde ein umfangreiches Literaturverzeichnis beigegeben, das viele wichtige zusammenfassende und spezielle Werke enthält, in denen weitere Informationen mit ausführlicheren Literaturhinweisen zu finden sind.

Um den reichhaltigen Stoff verständlich darzubieten, wurden zahlreiche Abbildungen eingefügt, und zwar nicht nur Abbildungen aus modernen Arbeiten, sondern auch, wo außergewöhnlich klare und allgemein verwendbare Abbildungen vorliegen, solche aus klassischen Werken.

Die gute Wiedergabe von lichtmikroskopischen und elektronenmikroskopischen Aufnahmen wäre ohne vorzügliche Originalvorlagen nicht möglich gewesen. Für deren bereitwillige Überlassung gebührt mein verbindlichster Dank meinen Freunden und Fachkollegen: H. C. BOLD (Austin), R. M. CRAWFORD (Bristol), G. CRONBERG (Lund), G. DEICHGRÄBER (Heidelberg), J. D. DODGE (London), I. FRIEDMANN (Tallahassee), P. GAFFAL (Erlangen), J. GERLOFF (Berlin), S. P. GIBBS (Montréal), J. C. GREEN (Plymouth), U. GOODENOUGH (Cambridge, Mass.), L. R. HOFFMAN (Urbana), E. G. JORDAN (London), J. KRISTIANSEN (Kobenhavn), K. KOWALLIK (Düsseldorf), G. F. LEEDALE (Leeds), C. A. LEMBI (West Lafayette), A. R. LOEBLICH (Cambridge, Mass.), I. MANTON (Leeds), J. P. MIGNOT (Aubière), M. MIX (Hamburg), O. MOESTRUP (Kobenhavn), J. ROSOWSKI (Lincoln), E. SCHNEPF (Heidelberg), P. L. WALNE (Knoxville), H. ZERBAN (Heidelberg). Ganz besonders dankbar bin ich Frau Prof. Dr. P. L. WALNE, die mich sehr liebenswürdig mit schwer erreichbarer Literatur versorgte. Nicht zuletzt sei auch Herrn Dr. H. HEYNIG (Halle/Saale) für seine außergewöhnliche Mühe gedankt, mit der er das ganze Manuskript durchgesehen und korrigiert hat.

Mehreren Verlagen und Herausgebern bin ich für die Genehmigung zur Benutzung schon früher veröffentlichter Bildvorlagen zu Dank verpflichtet. Die genauen Quellenangaben sind durch die am Schluß der jeweiligen Legende erwähnte Nummer des Literaturzitats dokumentiert (vgl. auch das Verzeichnis der Bildquellen, S. 14).

Ich bin mir dessen bewußt, daß dieses Buch viele Lücken und manche Mängel aufweist. Bei einem so umfangreichen Stoff ist dies gewiß erklärlich. Ich war aber vor allem bestrebt, Anregungen zur weiteren Erforschung der Algen zu geben. Sollte es mir gelungen sein, Interesse an den Algen zu wekken, wird sich meine Mühe gelohnt haben.

Chrastavec-Pulpecen

H. Ettl

Inhaltsverzeichnis

Verzeichnis der Bildquellen

Cambridge University Press, Cambridge: Abb. 7, 7a, 37, 42b, 54c, 59, 73, 197 (aus J. mar. biol. Ass. UK)
Cramer, J., Braunschweig: Abb. 16d, 52f, 55f, 76b, 82f (aus Nova Hedwigia), Abb. 2, 16b, 34, 35, 42a, 45a, b, 50a, e, f, 52b, c, 65, 149b (aus Beih. Nova Hedwigia)
Academic Press, London: Abb. 52a, 54d (aus Advances in Botany, II), Abb. 70a, 86c, d (aus DODGE, J. D., The fine structure of algal cells)
Pergamon Press, New York: Abb. 59 (aus Micron)
Prentice-Hall, Englewood Cliffs, N. J.: Abb. 7b, 42d, 70b, c (aus LEEDALE, G. F., Euglenoid Flagellates)
Springer-Verlag, Heidelberg: Abb. 16c, 68 (aus Arch. Mikrobiol.), Abb. 38, 52h, 54e, 55e, 57b, c, 63, 87a–c, 96, 208 (aus Planta), Abb. 54a, b, 55d, 83a, 87d (aus Protoplasma)
Springer-Verlag, Wien: Abb. 24a, 29, 50c, 62, 82b, c, e (aus Österr. Bot. Z. bzw. Pl. Syst. Evol.)
New York Academy of Sciences: Abb. 15, 66 (aus Ann. New York. Acad. Sci.)
Botanisk Tidsskrift: Abb. 75c
British Phycological Journal: Abb. 54f, 56b, 78a, 191
Company of Biologists, Cambridge: Abb. 16a, 55a–c, 179a–c (aus J. Cell Sci.)
Soc. Française microsc. electr.: Abb. 48 (aus J. Microscopie)
Journal of Phycology: Abb. 6c, 8, 31a, 42c, 55g, 56a, 89, 115, 178, 179e–g, 180, 194, 206
Journal of Protozoology: Abb. 28
Centre Nat. Rech. Sci., Paris: Abb. 31b (aus Protistologica)
Brit. Columbia Prov. Museum, Victoria, B. C.: Abb. 75a, b, 76a (aus Syesis).

Einleitung

Die Algen gehören zu den einfachsten Pflanzen, die zwar von den Kormophyten scharf zu unterscheiden sind, die aber zum Großteil durch Körperbau und Lebensweise ihren pflanzlichen Charakter manifestieren. Teilweise werden Algen auf Flagellatenebene auch zum Tierreich, zu den Protozoen, gerechnet, insbesondere die durch Pigmentverlust farblos gewordenen Formen. Die Algen sind eine heterogene Gruppe, die von mikroskopischen Einzellern bis zu mehrere Meter großen Thalli der Tange reicht. Trotz ihrer weiten Verbreitung und ihres oft auffallenden Vorkommens gehören sie zu jenen Organismen, die nicht allgemein bekannt sind. Ihre Formenmannigfaltigkeit sowohl in lichtmikroskopischer als auch elektronenmikroskopischer Hinsicht ist so groß wie nur bei wenigen anderen Organismengruppen. Hinzu gesellen sich auch noch die verschiedenen Fortpflanzungsweisen, komplizierte Lebenszyklen und unterschiedliche Anpassungsfähigkeit, so daß die Algen, vom allgemein biologischen Standpunkt aus betrachtet, mit zu den interessantesten Lebewesen gehören.

Ihre Bedeutung in der Natur ist zweifellos viel größer, als man bislang angenommen hatte. Sie spielen im Stoffkreislauf und Haushalt der Natur eine wichtige Rolle. Vor allem die mikroskopischen einzelligen Algen bilden als Primärproduzenten sowohl in den Ozeanen als auch in den kleinsten Gewässern die Urnahrung des Lebens überhaupt. Formen mit Kiesel- oder Kalkelementen beteiligen sich in hohem Maße an der Bildung von Ablagerungen. Fossile Formen bildeten gemeinsam mit anderen kalkablagernden Lebewesen mächtige Kalkschichten; allein waren sie an der Entstehung von Kieselgur beteiligt. Große Mengen makroskopischer Algen können als Nahrung oder Rohstoff genutzt werden. In gleicher Weise gewinnen Massenkulturen einzelliger Algen immer mehr an Bedeutung. Natürliche Massenexplosionen von Algen können andererseits der Wirtschaft schaden oder sind zumindest unerwünscht. Als Schmarotzer an Kulturpflanzen verursachen sie manche Erkrankungen. Mitunter findet man sie auch als Parasiten an Tieren. Für den Menschen haben direkt nur wenige Flagellaten unmittelbar negative Bedeutung: entweder scheiden sie Giftstoffe aus, oder sie wirken als Schmarotzer. Im letzteren Fall werden die Erreger der Schlafkrankheit und verschiedener Darmerkrankungen doch schon zu den Zooflagellaten gerechnet. Algen treten auch als Partner in bemerkenswerte Symbiosen ein, wie z. B. als Zoochlorellen und Flechtengonidien.

Algen haben große Bedeutung für die Vertiefung allgemein biologischer Kenntnisse. Dies gilt in erster Linie für die einfachen, meist einzelligen Formen, an denen sich Lebenserscheinungen viel leichter untersuchen lassen als an höher organisierten Lebewesen. Von besonderer Bedeutung ist dabei der Umstand, daß sich Algen relativ einfach unter kontrollierbaren Bedingungen in Nährlösungen als Reinkulturen züchten lassen. Auf diese Weise wurden sie zu beliebten Modellorganismen für physiologische, genetische, biochemische und ähnliche Versuche. Vorteilhaft für diese Zwecke sind auch ihr rasches Wachstum und ihre relativ kurze Generationsdauer.

Die Zahl der bisher beschriebenen Algenarten ist außergewöhnlich groß. Nach den Zusammenstellungen gibt es schätzungsweise etwa 40 000 Arten. Durch Neuentdeckungen steigt diese Zahl jedoch ständig an. Es ist deshalb begreiflich, daß in dieser Einführung nicht die volle Mannigfaltigkeit der Algen und ihrer Lebenserscheinungen wiedergegeben werden kann. Sie soll vielmehr nur die wichtigsten Kenntnisse in Form einfacher allgemeiner Zusammenfassungen vermitteln. Hiervon wurde der Zytologie und der Morphologie ein beträchtlicher Teil gewidmet, was einen bestimmten Grund hat: bereits die Untersuchungen der klassischen Zytologie haben gezeigt, wie bedeutend die Unterschiede zwischen den einzelnen Algenklassen sind, wenn man in die Dimensionen der Zelle vordringt. Vom strukturellen Aufbau des Protoplasten und seiner zellulären Gliederung führt ein gerader Weg von der Einzelzelle über die Vielfalt verschiedener Organisationsformen zum reich gestalteten Thallus und seinem Aufbau. Die verschiedenartige Fortpflanzung und die oft komplizierten Lebenszyklen resultieren dann aus der überaus reichen Formenfülle der Zellen und Thalli.

1. Abgrenzung der Algen

Der Begriff „Algen“ ist heute zu einem Sammelbegriff geworden, dessen Heterogenität durch das Anwachsen unserer Erkenntnisse immer deutlicher hervortritt. Welche Organismen man zu den Algen rechnet und wie man die Algen einteilt, ist größtenteils Sache der Konvention, die sich mit Verwandtschaftsbeziehungen nicht immer in Einklang bringen läßt. Die Algen als enge taxonomische Einheit zu betrachten, gehört schon längst der Vergangenheit an. Noch im Pflanzensystem von Eichler (1883) wurden die Algen neben den Pilzen als eine Klasse der Thallophyten angesehen. Doch schon bald darauf hat Engler die Algen in drei Unterabteilungen geteilt, und zur Jahrhundertwende unterschied Wettstein bereits 6 Algengruppen. Eine völlige Umwälzung in der Auffassung und Gliederung der Algen bedeutete jedoch die von Pascher entdeckte Gesetzmäßigkeit der Aufeinanderfolge und des parallelen Vorkommens von Organisationsstufen bei verschiedenen Algenklassen und des engen Zusammenhanges der Flagellaten mit den Algen. Die Anzahl der Algenklassen war zu jener Zeit bereits auf 12 gestiegen. In den letzten Jahren wurden die Algengruppen durch eingehende biochemische, entwicklungsgeschichtliche und vor allem elektronenmikroskopische Untersuchungen noch mehr aufgegliedert. Somit wird heute der Begriff „Algen“ immer weniger konkret und verliert seinen ursprünglichen Sinn, indem er nur zu einer globalen Bezeichnung für mehrere Stämme und Klassen niederer Pflanzen von sehr mannigfaltigem Aussehen wird.

Die Vielfalt der Algen ist schon in den auffallenden Unterschieden ihrer Größe zu sehen, denn diese reicht von winzigen, nur wenige Mikrometer großen Einzellern bis zu den mächtigen Großtangen, die mehrere Meter lang werden und das Gewicht eines kleinen Baumes erreichen können. Die Aufeinanderfolge von Organisationsstufen innerhalb der Algenklassen ist eine weitere Tatsache. Sie führt von monadoiden über coccale bis zu den fadenförmigen oder thallusbildenden Formen. Immerhin sind viele Algengruppen während ihrer Entwicklung auf einer oder wenigen Organisationsstufen stehen geblieben. So gibt es bei den Rhodophyceen überhaupt keine begeißelten Stadien, und die Euglenophyceen und Raphidophyceen sind nur als Flagellaten ausgebildet. Letztere sind jedoch viel komplizierter gebaut als die Zellen höherer Pflanzen, da ihre Zellen mehr und spezialisiertere Organellen einschließen.

In den Fortpflanzungsvorgängen der Algenklassen herrscht eine ebenso reiche Mannigfaltigkeit. Wir kennen verschiedene Typen vegetativer, asexueller und sexueller Fortpflanzung. Diese sind nicht nur durch die Bildung begeißelter Zoosporen oder Gameten gekennzeichnet. In verschiedenen Gruppen hat sich sogar Oogamie entwickelt. Die Gametangien und Sporangien liegen gewöhnlich frei. Bei manchen Gattungen mit komplexerem Thallusbau entstehen sie jedoch an besonderen Stellen und werden von Thallusdifferenzierungen eingehüllt. Einige Algen sind durch die Entwicklung morphologisch gleicher oder ungleicher Gametophyten und Sporophyten charakterisiert, sie besitzen einen Generationswechsel. Bei den Rhodophyceen hat die Entwicklung einer zusätzlichen Karposporophyten-Generation zum kompliziertesten Fortpflanzungssystem im Pflanzenreich geführt.

Viele Vertreter einzelner Algenklassen, vor allem Flagellaten, wurden durch Verlust der Pigmente oder der Plastiden farblos. Viele von ihnen sind zur animalischen oder parasitischen Ernährungsweise übergegangen. Sie sind oft so stark umgebildet, daß ihr morphologischer Anschluß an die pigmentierten Reihen nicht mehr mit Sicherheit festgestellt werden kann. Viele andere stehen den gefärbten nahe und bilden oft farblose Parallelen. Apoplastie und Beweglichkeit schaffen gleitende Übergänge zu den Protozoen. Es ist dann nicht verwunderlich, daß die Flagellaten (einschließlich der pigmentierten) auch in das System des Tierreichs aufgenommen werden.

Auf Grund der Heterogenität und Vielfalt der Algen können wir uns mit Recht die Frage stellen, was Algen sind und wie sie abzugrenzen sind. Diese Frage wird man aber wohl kaum eindeutig und endgültig beantworten können. Auch wird man sich nicht mit der Antwort zufrieden geben, daß unter dem Begriff Algen alle autotrophen Pflanzen zu verstehen sind, die nicht zu den Kormophyten zählen. Wir müssen jedoch versuchen, Grenzen gegenüber anderen autotrophen Organismengruppen zu ziehen. Eine scharfe, unüberwindbare Grenze liegt zwischen den Prokaryonten und den Eukaryonten. Die Zellorganisation der Eukaryonten mit ihrer Differenzierung in Kern und Zytoplasma und ihren grundsätzlich immer gleichartigen Organellen bildet eine qualitativ unterschiedliche Kategorie im Vergleich zu den Prokaryonten. Aus diesen Gründen wurden die Cyanophyceen zu diesem Buch nicht mit einbezogen, obgleich dies in Algenbüchern allgemein üblich ist und sie oft mit dem irreführenden Namen „Blaualgen" bezeichnet werden. Die andere Grenze liegt im Bereich der Kormophyten, obwohl immer wieder Zusammenhänge mit den Chlorophyceen gesucht werden. Doch die vielzelligen Sporangienhüllen aus sterilen Zellen, der abweichende Bau der Antheridien und Archegonien und der in Achse und Blätter gegliederte Sproß, der selbst den einfachsten Bryophyten eigen ist, verweist die Kormophyten in eine höhere Kategorie.

Mit gewissem Vorbehalt werden in diesem Buch die Charophyta zu den Algen gerechnet. Die augenfälligsten Merkmale dieser Gruppe liegen nicht nur in der spezifischen Morphologie, sondern auch in der Fortpflanzung und Entwicklung, die vom üblichen Schema der Algen abweichen. Von allen bisher bekannten Algen unterscheiden sich die Charophyten auch im Bau und in der Organisation der Spermatozoiden und im Fehlen asexueller Fortpflanzungszellen. Ebenso besteht eine Abweichung gegenüber allen bekannten Geschlechtsorganen, die im Bereich der Algen untersucht wurden. Immerhin sind die Fortpflanzungsorgane der Charophyten aber auch deutlich von denen der Kormophyten verschieden. Die Charophyta nehmen im Pflanzensystem überhaupt eine Sonderstellung ein.

Trotz der erwähnten Verschiedenheiten scheinen die Algen in den grundsätzlichen biochemischen Vorgängen und Syntheseketten große Ähnlichkeit mit denen bei anderen Pflanzen aufzuweisen. Alle Algen besitzen Chlorophyll *a* und ihr photosynthetisches System arbeitet mit diesem Pigment. Somit kann man zu den A l g e n im weitesten Sinne alle einfachen eukaryotischen autotrophen Pflanzen rechnen (die abgeleiteten heterotrophen Formen mit eingerechnet), die außerdem noch folgende Merkmale aufweisen: Körper einzellig oder mehrzellig, oft auch vielzellige und komplizierte Thalli bildend, aber nie in Form eines Sprosses, der in Achse, Blätter und Wurzeln gegliedert wäre. Begeißelte Zellen, entweder in Form von Flagellaten oder Fortpflanzungszellen, sind für alle Algen, mit Ausnahme der Rhodophyceen, spezifisch. Die gameten- und sporenbildenden Organe sind in der Regel einzellig und besitzen keine Hüllen aus sterilen Zellen. Die Zygoten entwickeln sich niemals innerhalb der weiblichen Sexualorgane zu vielzelligen Embryonen.

Was zu den Algen gerechnet wird, ist im Kapitel über die Formenübersicht dargelegt. Hier sei lediglich eine Übersicht der zu den Algen gerechneten Stämme angeführt:

1. *Chrysophyta*
2. *Phaeophyta*
3. *Rhodophyta*
4. *Cryptophyta*
5. *Dinophyta*
6. *Raphidophyta*
7. *Euglenophyta*
8. *Chlorophyta*
9. *Charophyta*

2. Zytologie

2.1. Organisation der Algenzelle

Die Algenzelle ist in vielen Fällen ein selbständiger Organismus, der als einzelliger Flagellat oder als einzellige Alge allen endo- und exogen gelenkten Funktionen gewachsen sein muß, um sich in der Umwelt behaupten zu können. Aber auch in den Zellverbänden behält die Algenzelle meistens eine relative Selbständigkeit. Der Protoplast einer Algenzelle ist wie bei allen eukaryotischen Zellen funktionell differenziert. Wir unterscheiden eine Reihe von Zellbezirken, die bestimmte dynamische Funktionen innerhalb des Zellganzen ausüben und die in einem korrelativen Wirkungsverhältnis zur Gesamtfunktion der Zelle stehen. Zellenbezirke mit gesteigerter Funktion und fortgeschrittener Spezialisierung sind als Organellen morphologisch erkennbar. Dazu kommen noch andere morphologisch deutliche Strukturen. Der Grad der physiologischen und dynamischen Arbeitsteilung der Zellbezirke geht natürlich bei den aktiv beweglichen Flagellaten weit über den der Algenzellen im Verbande eines mehrzelligen Systems, wie beim Algenfaden oder Algenthallus, hinaus [175, 939, 981].

Durch elektronenmikroskopische Untersuchungen hat die Zytologie der Algen in letzter Zeit einen starken Auftrieb erhalten. Wichtige zytologische Einzelheiten sind jedoch schon von lichtmikroskopischen Untersuchungen her bekannt und werden auch in der Taxonomie verschiedener Algengruppen berücksichtigt.

2.1.1. Allgemeines Bild einer Algenzelle

Die Algenzellen (Flagellaten inbegriffen) sind entweder nackt, nur durch das Plasmalemma (*P*) oder einen Periplast begrenzt, oder behäutet und von einer Zellhülle (*ZH*) umgeben. Im letzteren Fall ist als lebendes System nur der Zellinhalt, der Protoplast, aufzufassen. In einer lichtmikroskopisch mehr oder weniger homogenen Grundmasse, dem hyalinen Zytoplasma, finden wir morphologisch wohl differenzierte und durch besondere Membranen abgegrenzte Organellen eingebettet. Nach Fixierung und Färbung oder mit Hilfe von Phasenkontrast ist es möglich, unter dem Lichtmikroskop die wichtig-

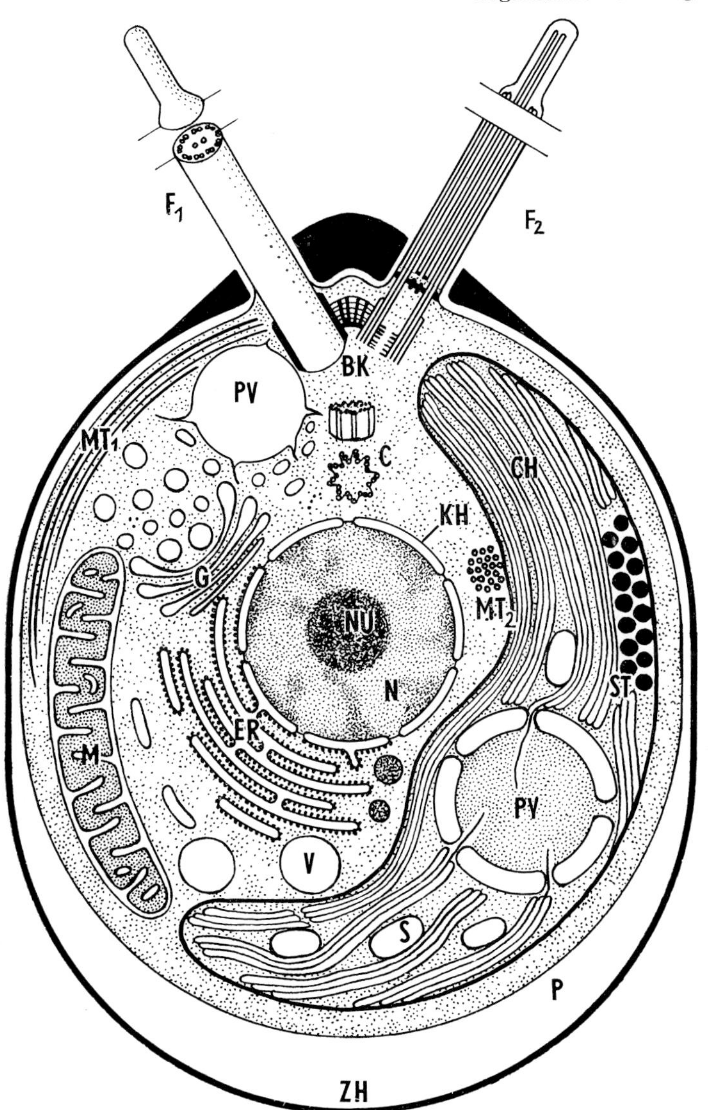

Abb. 1. Schema des Feinbaues einer Flagellaten-Zelle. F_1, F_2 Geißeln, *BK* Basalkörper, *C* Zentriolen, *PV* pulsierende Vakuole, MT_1 Mikrotubuli (längs), MT_2 Mikrotubuli (quer), *G* Golgi-Apparat, *M* Mitochondrie, *N* Zellkern, *NU* Nukleolus, *KH* Kernhülle, *ER* Endoplasmatisches Retikulum, hier zum Ergastoplasma organisiert, *V* Vakuole, *CH* Chloroplast, *ST* Stigma, *PY* Pyrenoid, *S* Stärke (Stromastärke), *P* Plasmalemma, *ZH* Zellhülle (Zellwand). – Stark schematisiert in Anlehnung an GRELL 1968 [371].

sten Organellen zu erkennen und ihre Entfaltung im Laufe der Morphogenese zu verfolgen. Selbstverständlich ist die Beobachtung durch die begrenzte Auflösungskraft des Lichtmikroskops beschränkt.

Das Elektronenmikroskop hat das Bild der Zelle erheblich verändert und eine Menge submikroskopischer Einzelheiten sichtbar gemacht. Das aus Dünnschnitten fixierter Zellen abgeleitete Schema zeigt, daß der nach außen vom Plasmalemma (*P*) begrenzte Protoplast zahlreiche Räume einschließt, die einander in gesetzmäßiger Weise zugeordnet sind (Abb. 1). Jeder Raum ist, wie die Zelle selbst, durch eine typische Membran begrenzt, die eine definierte Innen- und Außenfläche hat. Innerhalb des vom Plasmalemma eingeschlossenen Zellraumes werden von den inneren Membranen die Zellorganellen begrenzt [434]. Hierbei darf nicht vergessen werden, daß die Zellen nicht aus einem bloßen Nebeneinander autonomer Organellen bestehen, sondern daß ihre Existenz als lebende Einheit auf der funktionellen Integration der verschiedenen Teile, sog. Kompartimente, beruht [454].

Bevor wir auf die Organellen und Strukturen der Algenzellen eingehen, soll der fundamentale Bau einer Algenzelle im allgemeinen dargestellt werden. Da die höchste und komplizierteste Organisation bei den Flagellatenzellen zu finden ist, wird diese besprochen (Abb. 1).

Als eine der wichtigsten Differenzierungen finden wir den Zellkern oder Nukleus (*N*). Das innen enthaltene Karyoplasma ist durch den Gehalt an spezifischen Nukleoproteinen charakterisiert, die als Chromatin durch besondere Färbungen hervortreten. Allseitig um das Karyoplasma liegt als schmaler schalenförmiger Raum die perinukleäre Zisterne, die zu beiden Seiten von einer Membran begrenzt wird. Beide Membranen bilden als Doppelmembran die Kernhülle (*KH*), durch die das Karyoplasma vom Zytoplasma getrennt wird. Als Verbindung zwischen beiden dient eine wechselnde Anzahl kurzer Porenkanäle, die die perinukleäre Zisterne überbrükken. Im Karyoplasma fällt außerdem ein stark lichtbrechender und gewöhnlich rundlicher Körper ohne Membran auf, der Nukleolus (*NU*). Seltener sind mehrere Nukleoli vorhanden. Die Kernhülle ist vielfach mit dem granulären endoplasmatischen Retikulum (*ER*) verbunden. Umgeben wird der Zellkern vom Zytoplasma, d. h. von jenem Anteil des Protoplasten, in dem alle Organellen und Membranstrukturen eingelagert sind.

Die meisten Algenzellen enthalten einen bis zahlreiche Chloroplasten (auch Chromatophoren genannt) als Träger der Assimilationspigmente; in ihnen spielt sich die Photosynthese ab (*CH*). Sie werden von einer porenlosen Doppelmembran umgeben und enthalten im Innenraum weitere Membranen, die sich zu flachen Zisternen, Thylakoiden, ausbreiten.

Abb. 2. Zellbau des Flagellaten *Chlamydomonas* a) lichtmikroskopische Aufnahme von *Ch. noctigama* mit Anoptral-Kontrast, die meisten Organellen zeigend; b) elektronenmikroskopische Aufnahme von *Ch. transita*. Erklärungen zu den Abkürzungen siehe bei Abb. 1. – a) 1500 : 1, b) 8500 : 1; aus Ettl 1976 [218].

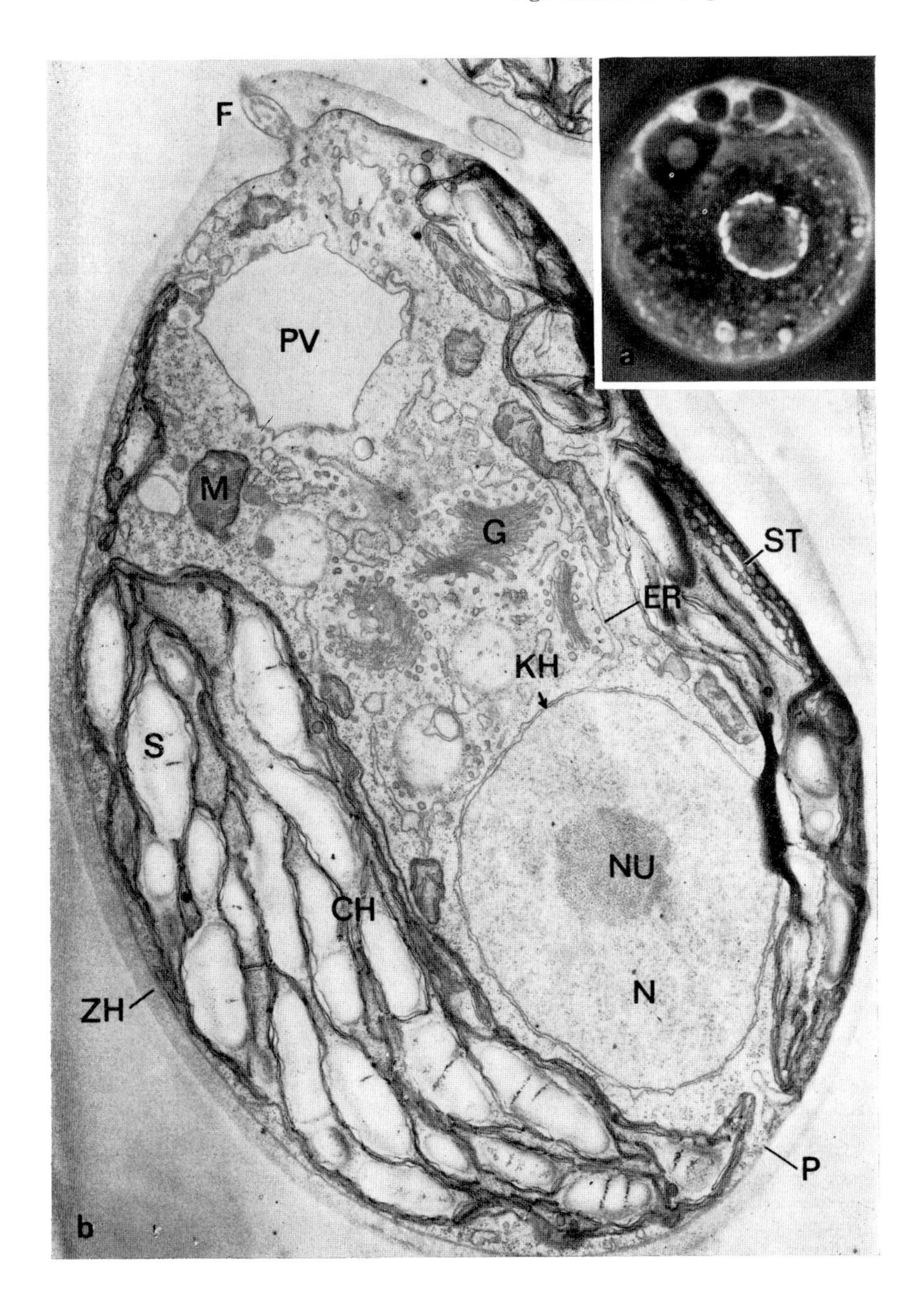
F
PV
M
G
ST
ER
KH
S
NU
CH
N
ZH
P
a
b

Bei vielen Arten kommen in den Chloroplasten schon lichtmikroskopisch erkennbare Pyrenoide vor (*PY*). In begeißelten Zellen (Flagellaten, Zoosporen, Gameten) ist oft auch ein rotes Stigma (*ST*) vorhanden, das an den Chloroplasten gebunden oder selbständig ist. In allen Zellen finden wir verschieden gestaltete Mitochondrien (*M*). Diese besitzen wie die Chloroplasten eine Doppelmembran, von denen die Außenmembran die Organellen begrenzt, während die Innenmembran Einstülpungen (Cristae, Tubuli) bildet. Zellkern, Plastiden und Mitochondrien sind Selbstteilungskörper, vermehren sich deshalb ausschließlich durch Teilung und enthalten dementsprechend ihre eigene DNA. Dadurch und durch die Doppelmembran unterscheiden sich diese drei großen Organellen von allen übrigen, meist viel kleineren Organellen und Strukturen (Abb. 2).

Begeißelte Algenzellen besitzen besondere spezialisierte Lokomotionsorganellen, die Geißeln (*F*). Diese haben in allen Algengruppen den gleichen Grundbau. Sie entspringen aus Basalkörpern (*BK*), die mit den Zentriolen (*C*) homolog oder in einigen Fällen auch identisch sind. Im Protoplasten aller Algenzellen erkennt man außerdem den Golgi-Apparat (*G*) und das endoplasmatische Retikulum (*ER*). Im Ergastoplasma kommunizieren die Innenräume des ER von der perinukleären Zisterne über konzentrische Zisternen bis zur Zellperipherie.

Im Zytoplasma treten auch mit wäßrigem Zellsaft erfüllte Vakuolen auf (*V*). Bei großen Algenzellen entsteht im Verlauf des weiteren Wachstums durch Verschmelzen kleinerer Vakuolen eine große zentrale Vakuole. Gegen die Vakuole ist das Zytoplasma durch eine Elementarmembran abgegrenzt, die Tonoplast genannt wird. Süßwasserflagellaten und bewegliche Fortpflanzungszellen enthalten rhythmisch sich füllende und entleerende pulsierende Vakuolen (*PV*). Zu den weiteren Strukturen und Einschlüssen gehören Mikrotubuli (*MT*), Extrusomen, Sphaerosomen, Microbodies, Polyphosphate u. a. Häufig treten auch Reservestoffe auf (Stärke, Paramylum, Fette), die den Zellinhalt erfüllen und die Organellen überdecken können.

Über die Volumenverhältnisse der einzelnen Zellkomponenten sind wir wenig unterrichtet, obgleich die Kern-Plasma-Relation seit langem bekannt ist. Diese äußert sich durch die gleichsinnige Änderung des Kern- und Plasmavolumens [296]. Die übrigen Organellen schwanken bei einzelnen Arten stark in ihrer Größe, so daß man keine allgemeine Übersicht geben kann. An Hand dreidimensionaler Rekonstruktionen von Serien von Ultradünnschnitten an *Chlamydomonas*-Zellen konnte ein genaueres Bild der ultrastrukturellen Architektur dieser Algenzelle erzielt werden [972, 973]. Durch quantitative Messungen wurde festgestellt, daß bei *Chlamydomonas reinhardtii* etwa 40 % des Zellvolumens vom Chloroplasten eingenommen wird. Etwa 10 % umfaßt der Zellkern, der engere Bereich der Golgi-Zisternen etwa 1 %, Mitochondrien 3 %, Vakuolen 8 % und Lipidkörper ungefähr 0,5 %.

Trotz aller Verschiedenheit der Algengruppen erlaubt die Einheitlichkeit des Zellbaues, von einer stets wieder nachweisbaren Zellkonstruktion zu sprechen. An genaue lichtmikroskopische Untersuchungen älterer Autoren knüpfen immer mehr elektronenmikroskopische an. Heute ist der genaue Zellbau vieler Vertreter aller Algengruppen im Detail bekannt [23, 24, 29, 83, 138, 218, 424, 600, 647, 656, 712, 973]. Die besten Kenntnisse des Zellbaues wurden dort erzielt, wo lichtmikroskopische Untersuchungen an lebenden Zellen mit elektronenmikroskopischen korrelieren.

Um das Wesen der Algenzelle als organische Lebenseinheit voll erfassen zu können, ist weiter ihr Verhalten während der ontogenetischen Entwicklung (Zell- oder Lebenszyklus) ausschlaggebend. Schon bei den einzelligen

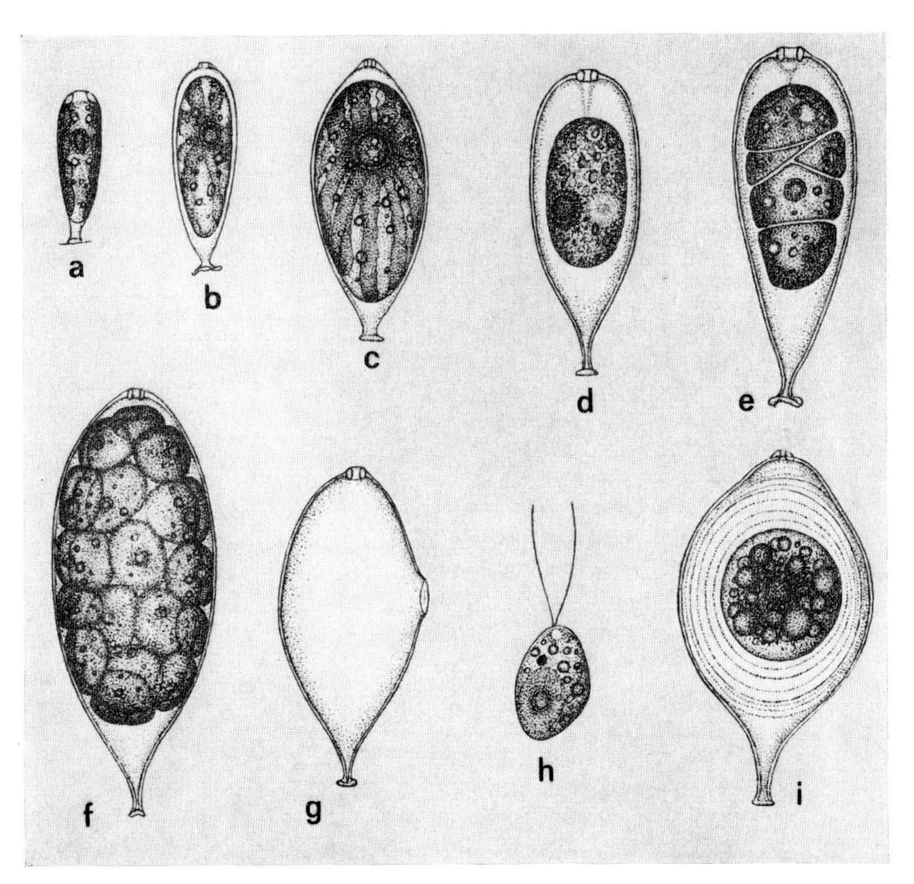

Abb. 3. Lebenszyklus von *Characium obtusum*: a), b) junge Zellen mit Entfaltung des strahlig zerschlitzten Chloroplasten; c) erwachsene Zelle; d) Kontraktion des Protoplasten vor der Zoosporenbildung, zugleich Verformung des Chloroplasten; e), f) Protoplastenteilung während der Zoosporenbildung; g) entleertes Zoosporangium; h) Zoospore; i) Dauerstadium. – Nach Skuja 1964 [1010].

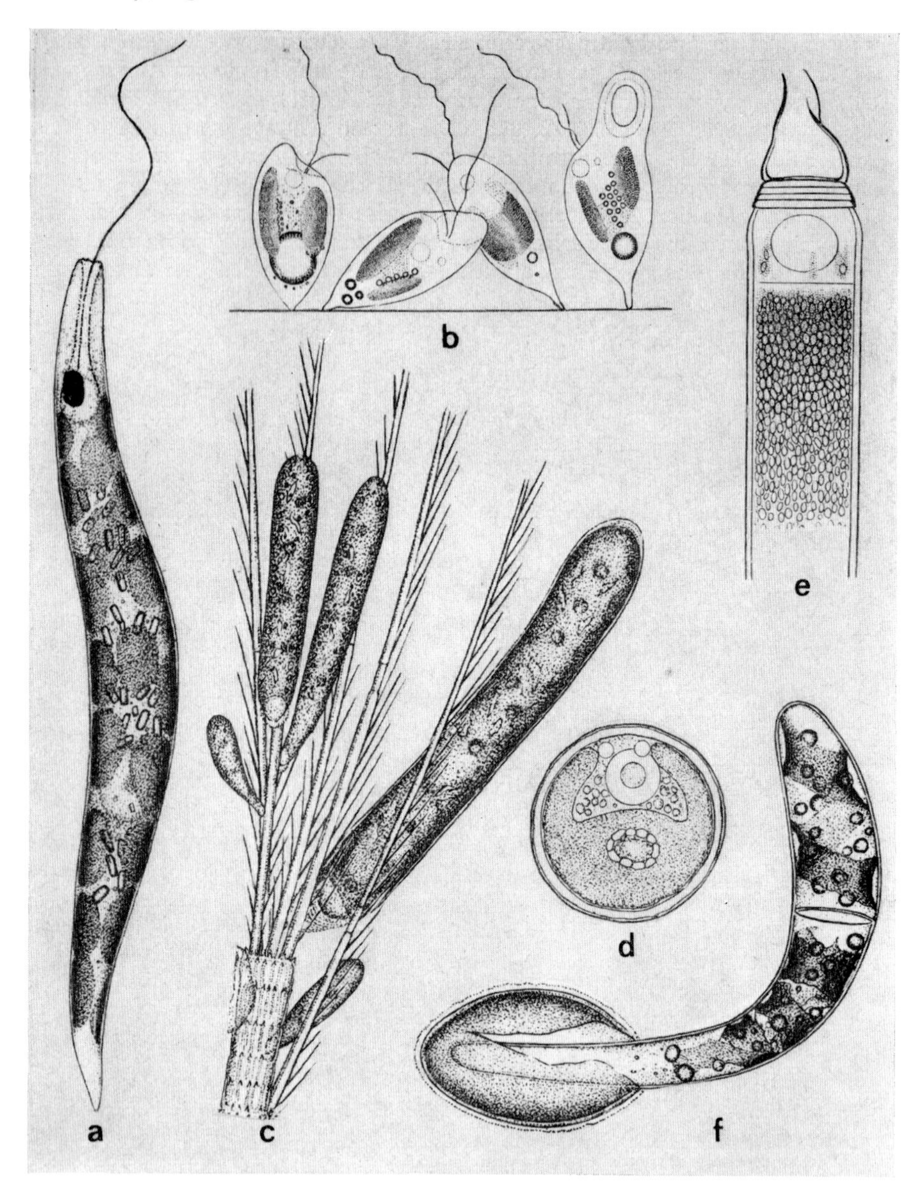

Abb. 4. Polarität der Algenzellen. a) Polarität einer frei lebenden Flagellaten-Zelle (*Euglena adhaerens*); b) vorübergehend festhaftende Zellen von *Ochromonas*; sp.; c) epizootische Alge *Rhopalosolen cylindricus*; d) *Hypnomonas chlorococcoides* mit pulsierenden Vakuolen und topfförmigem Chloroplast; e) Haar- und Kappen-

Formen präsentiert sich das neue, aus der reproduktiven Phase entsprossene Individuum nicht gleich in seiner endgültigen vegetativen Form, sondern es spielen sich vorher Wachstums- und Differenzierungsvorgänge ab, die zwar auf eine relativ kurze Zeitspanne beschränkt sind, aber doch erst durchlaufen werden müssen, bevor die Zelle ihre funktionelle Vollwertigkeit erreicht hat (Abb. 3); dies gilt um so mehr dort, wo die Zellen Einzelglieder eines komplizierten Zellverbandes sind. Dort erfolgt eine richtige Umformung und Differenzierung, von der Fortpflanzungszelle beginnend bis zu den vegetativen Zellen der erwachsenen Algen [981].

2.1.2. Spezifische Merkmale der Algenzellen

Da viele Algenzellen als Einzelwesen vorkommen, müssen sie alle für die Erhaltung erforderlichen Leistungen vollbringen. Bestimmte Funktionen werden von Organellen und besonderen Zellstrukturen ausgeübt, die in Analogie zu den Organen der Metaphyten und Metazoen stehen. So besitzen Flagellaten (wie z. B. *Chlamydomonas, Euglena, Cryptomonas, Peridinium*) Geißeln, Stigma, pulsierende Vakuolen, Reservoire, Pusulen, Extrusome u ä., die in Zellen der höheren Organismen nicht vorkommen. Sie erreichen daher einen höheren Grad an Differenzierung und Selbständigkeit als die Gewebezellen, die stets nur Teilfunktionen im Gesamtbetrieb des Organismus zu erfüllen haben [371].

Bei den meisten Algenzellen ist immer wieder der auffallende Anklang an die Flagellaten zu erkennen, der während der Fortpflanzung in Form begeißelter Zoosporen oder Gameten zum Ausdruck kommt. Unter den Algen gibt es sowohl unbehäutete (nackte) als auch behäutete Zellen. Nackte Zellen kommen vor allem bei der monadoiden und rhizopodialen, teilweise auch bei der capsalen Organisationsstufe vor — also dort, wo der monadoide Charakter noch voll oder teilweise nachweisbar ist. Behäutete Zellen sind dann bei allen übrigen Organisationsstufen und solchen Fortpflanzungszellen zu finden, die keinen Flagellaten-Charakter mehr aufweisen.

Völlig unterschiedlich von normalen Zellen sind die polyenergiden Zellen der zönoblastischen und siphonoblastischen Algen. Hier führt die ursprünglich einkernige, behäutete Initialzelle keine vollständigen Teilungen mehr durch, sondern es kommt durch Mitosen nur zu einer Vermehrung der Zellkerne unter gleichzeitigem Größen- und Längenwachstum der ganzen Zelle. Schließlich entsteht ein makroskopisch sichtbares, bis mehrere Zentimeter großes, polar differenziertes Schlauchgebilde, das eine große Anzahl von Zellkernen enthält. Solche Zellen stellen eine morphogenetische Lebensform für sich dar.

bildung bei *Oedogonium* sp.; f) keimende Zygote von *Spirogyra* sp. — a) nach Skuja 1956 [1008]; b) nach Pascher 1942 [837]; c), f) nach Skuja 1964 [1010]; d) nach Korschikoff aus Pascher 1927 [807]; e) nach Geitler 1961 [315].

2.1.3. Polarität der Algenzellen

Unter Polarität verstehen wir das Vorhandensein innerer Verschiedenheiten an den Achsenenden der Zelle, das eine morphologisch unterschiedliche Ausbildung oder ein verschiedenes physiologisches Verhalten dieser Achsenenden bewirkt (Abb. 4). Eines der auffallendsten Beispiele bieten die heteropolaren Flagellatenzellen, besonders mit der Insertionsweise der Geißeln. Wir unterscheiden einen apikalen Pol, an dem die Geißeln inserieren, und einen antapikalen Pol, ohne Rücksicht auf die Zellgestalt. Die Verbindungslinie von Vorder- und Hinterende kann als Polaritätsachse bezeichnet werden. In bezug auf sie bleibt nicht nur die Orientierung der Zellorganellen, sondern auch die Teilungsrichtung gleich [296, 980].

Altbekannt ist die Polarität der Zellen, der polarisierte Teilungsmodus und die Zellwandbildung von *Oedogonium* [315]. Die Polarität der Riesenzelle der siphonalen *Bryopsis* ist bereits für das unbewaffnete Auge leicht erkennbar. Der im Substrat sich ausbreitende Teil ist farblos und hat die Form eines Rhizoidsystems, wogegen der andere, nach oben strebende Teil grün und regelmäßig fiedrig verzweigt ist [573].

Bei den kugeligen Zellen von *Chlorococcum* oder anderer *Chlorococcales* ist die Polarität der Zellen durch die Anordnung der Organellen, insbesondere der Chloroplasten, gegeben. Mitunter deuten auch die zeitlebens oder nur eine zeitlang vorhandenen pulsierenden Vakuolen auf die Polarität hin. Ob es Algenzellen gibt, die keinerlei Polarität aufweisen, ist fraglich. Schon durch das Phänomen der Teilung und Querwandbildung wird vermutlich allen eine Polarität gegeben – bezogen auf eine Achse, die senkrecht zur Kernteilungsebene oder zur Querwand steht. Für isopol hat man z. B. die Zellen von *Spirogyra* gehalten. Diese sind zwar an beiden Enden gleich geformt, doch kann an einem Pol durch verschiedene Bedingungen stärkeres Wachstum oder die Bildung eines Rhizoids eintreten.

2.2. Zytoplasma

Das Zytoplasma erscheint im Lichtmikroskop als hyaline und homogene Substanz der Zelle, in der lichtmikroskopisch erkennbare Organellen oder Einschlüsse eingebettet sind. Lebend untersucht, erweist es sich als elastisch und kontraktil. Mit fortschreitenden elektronenmikroskopischen Erkenntnissen mußte der Begriff Zytoplasma inhaltlich eingeengt werden. Komplexe Membransysteme, Vesikeln, Fibrillen und andere Strukturen füllen nämlich den lichtoptisch leeren Raum des Zytoplasmas aus [454]. Wir halten uns hier an die Definition des Zytoplasmas als restlichen Zellinhalt nach Ausschluß aller lichtmikroskopisch erkennbarer Organellen (Zellkern, Plastiden, Mitochondrien, Vakuolen u. ä.).

2.2.1. Grundplasma

Das Grundplasma ist die als homogene Matrix wirkende Hauptphase des Zytoplasmas, in die elektronenmikroskopisch definierte Organellen und Membranstrukturen eingelagert sind, wie z. B. Sphaerosomen, Microbodies,

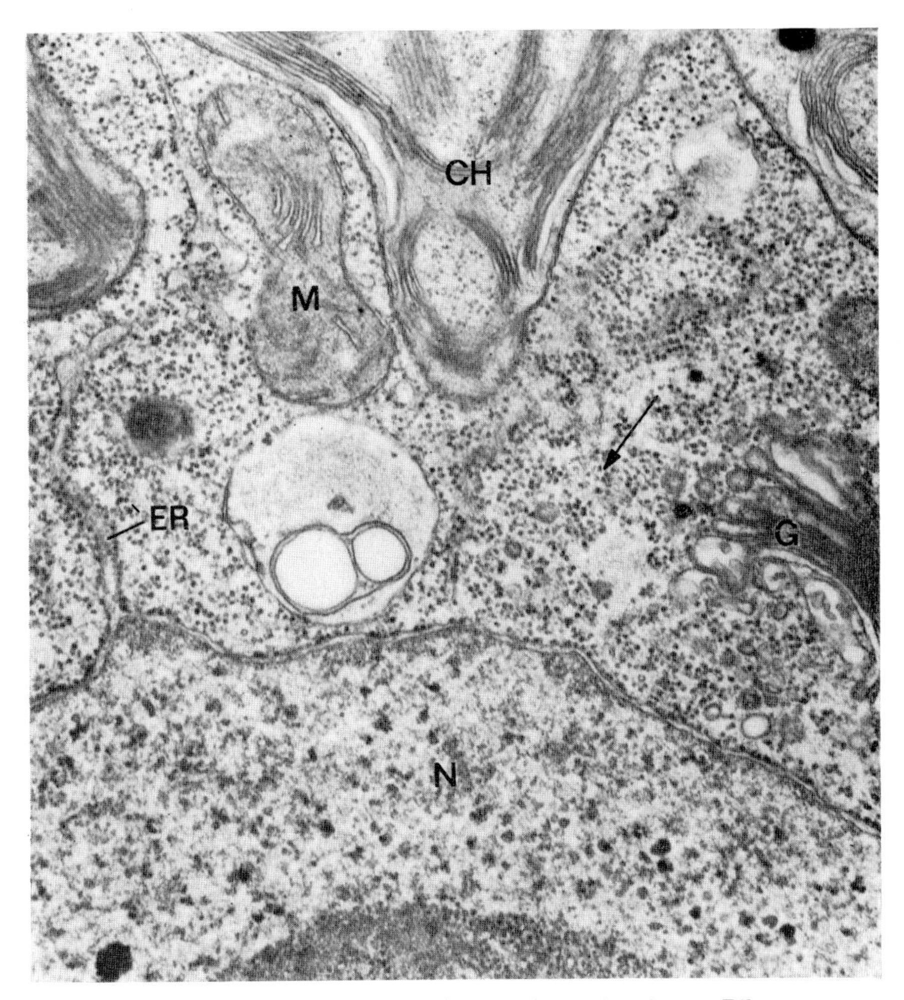

Abb. 5. Grundplasma (Pfeil) mit nicht membrangebundenen Ribosomen von *Chlamydomonas reginae*. Im Grundplasma andere Organellen eingebettet. *N* Zellkern mit Nukleolus, *ER* das an die perinukleäre Zisterne anschließende endoplasmatische Retikulum, *M* Mitochondrie, *CH* Chloroplast, *G* Golgi-Apparat. – 35000 : 1, nach Ettl und Green 1973 [222].

ER, Golgi-Apparat, Mikrotubuli oder Ribosomen. In Zellhomogenaten bleibt es, nachdem sämtliche Partikel und Membranen abzentrifugiert wurden, als Überstand zurück. Es dient als funktionell verbindende Hauptphase der intrazellulären Kompartimente [38, 434]. Das Grundplasma stimmt bei den Algen mit dem der höheren Organismen und der Protozoen in den Grundzügen überein. Es zeigt elektronenmikroskopisch einen fein granulären Aspekt, ist wenig elektronendicht, mit mehr oder weniger regelmäßig verteilten Körnchen und fibrillären Elementen. Hier sind vor allem auch die nicht membrangebundenen Ribosomen vorhanden (Abb. 5) [175, 600].

Bei amöboiden Zellen, aber auch bei manchen Flagellaten, insbesondere den Chrysophyceen und Xanthophyceen, läßt sich eine Differenzierung des Grundplasmas in ein Ektoplasma und ein Endoplasma erkennen, wobei das Ektoplasma eine mehr gelartige, das Endoplasma hingegen eine mehr solartige Beschaffenheit besitzt. Im elektronenmikroskopischen Bild gehen beide kontinuierlich ineinander über.

Das Grundplasma erfüllt neben zahlreichen enzymatisch katalysierten und genetisch gesteuerten biochemischen Funktionen auch verschiedene physikalische Aufgaben. Besonders hervorgehoben seien die Funktionen im Rahmen des intrazellulären Stofftransports und der Morphogenese von zytoplasmatischen Membranen [38]. Eine wesentliche Eigentümlichkeit des lebenden Grundplasmas ist seine Kontraktilität und die Fähigkeit zu geordneter Bewegung [296, 434]. Wir unterscheiden amöboide Bewegung mit Ortsveränderung und Plasmaströmung ohne Ortsveränderung. Letztere erfolgt nicht nur in den behäuteten Zellen höher organisierter Algen, sondern auch bei Flagellaten. Bei großen *Euglena*-Arten oder bei *Menoidium* ist sie genügend stark, um sogar große Paramylum-Körner oder auch den Zellkern zu bewegen [600]. In bewegungsaktiven Zonen des Grundplasmas hat man weitreichende fibrilläre Plasmadifferenzierungen beobachtet. Allerdings ist ihre Kontraktilität nicht völlig bewiesen, sondern indirekt erschlossen [371].

2.2.2. Mikrotubuli

Neben Mikrofibrillen finden sich im Zytoplasma langgestreckte röhrenförmige Gebilde, die Mikrotubuli. Diese ephemeren, offenbar aus dem Grundplasma entstehenden Strukturen enthalten kontraktiles Material. Sie sind

Abb. 6. Mikrotubuli. a) Querschnitt durch den geißelführenden Kanal von *Menoidium* mit quergeschnittenen Mikrotubuli (Pfeile) und Geißeln (F_1, F_2); b) mikrotubuläre Schicht im engen Zwischenraum zwischen Plasmalemma und Chloroplast der Zoosporen von *Chaetosphaeridium*. Mikrotubuli quer geschnitten; c) ein Bündel eng aneinandergereihter und quergestreifter Tubuli im Stroma der Chloroplasten von *Dichotomosiphon*. — a) 50 000 : 1, nach LEEDALE und HIBBERD 1974 [607]; b) 50 000 : 1, nach MOESTRUP 1974 [737]; c) 60 000 : 1, nach MOESTRUP und HOFFMAN 1973 [739].

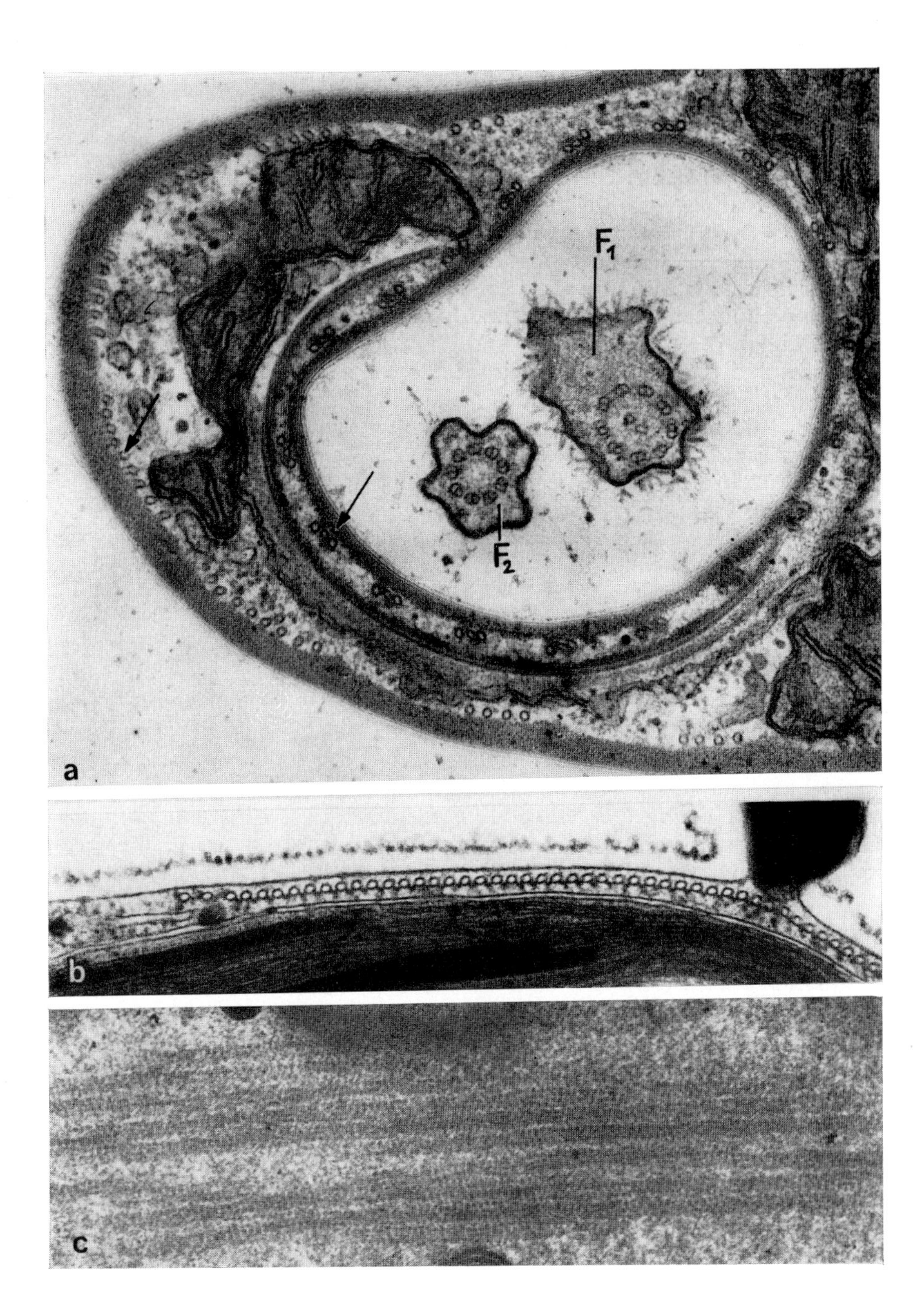
F1
F2
a
b
c

als eines der Grundelemente der plasmatischen Strukturen aufzufassen [38]. Der tubuläre Bau kommt am besten im Querschnitt zum Ausdruck (Abb. 6 a, b). Ein heller Innenraum von etwa 10 nm Durchmesser wird von einer ringförmigen, etwa 7 nm breiten dunklen Zone umgeben. An Längsschnitten erscheint der helle Innenraum von zwei dunklen Linien begrenzt. Die Wand der Mikrotubuli ist aus kleinen globulären Einheiten aufgebaut, die in parallel zur Längsachse verlaufenden Reihen angeordnet sind. An den Mikrotubuli der Geißeln von *Chlamydomonas* werden 13 solche Reihen angegeben [928]. Die in manchen Fällen zu beobachtenden Veränderungen der mikrotubulären Strukturen haben ihre Ursache in der Eigenart der Mikrotubuli, leicht in ihre globulären Untereinheiten zu zerfallen und sich aus diesen wieder neu zu bilden [764].

Mikrotubuli wurden in den verschiedensten Bereichen der Algenzellen beobachtet. Manche Mikrotubuli werden auch als intrazelluläre Stadien während der Bildung von Mastigonemen gedeutet, die in Zisternen des ER entstehen, wie z. B. bei *Gonyostomum semen* und *Woloszynskia micra* [413, 588]. Bündel dicht gedrängter Mikrotubuli (bis 100) kommen in der Nähe des Chloroplasten von *Hymenomonas roseola* vor [679]. Bei *Mougeotia* sowie bei Zoosporen von *Chaetosphaeridium* (Abb. 6 a) finden sich Mikrotubuli entlang des Plasmalemmas [251, 737]. Sie bilden ein peripheres Zytoskelett vieler nackter Flagellaten wie auch der Spermatozoiden von *Volvox* [863] und kommen in den Tentakeln und im Pedunculus von *Pedinella hexacostata* vor [1066]. Mikrotubuli beteiligen sich teilweise auch an der Bildung des Plasmakragens (Collare) von *Codosiga* und umgeben als konzentrische Ringe die Geißelbasis [593]. Quergestreifte Mikrotubuli, die ausschließlich an die Chloroplasten oder Amyloplasten gebunden sind, wurden bei *Dichotomosiphon* beobachtet (Abb. 6 c), ähnlich wie in den Chloroplasten von *Volvox, Oedogonium* und *Chlamydomonas* [77, 158, 440, 739].

Da die Beteiligung der Mikrotubuli an gerichteten Bewegungen und an Gestaltsänderungen als gesichert erscheint und da sie auch für die Formkonstanz der nackten Flagellaten als Zytoskelett mitverantwortlich sind, findet man sie als Bestandteile der Geißeln und Geißelwurzeln, als Spindelfasern bei der Mitose, während der Zytokinese wie auch im peripheren Bereich der Zelle unterhalb des Plasmalemmas. Am besten ist ihre Rolle im Zellkern bekannt, wo sie als Elemente der Spindel die Migration der Chromosomen bewirken. Hierbei können die Spindel-Mikrotubuli auch direkt, ohne Zentromeren, mit den Chromosomen verbunden sein, wie z. B. bei *Volvox* [158].

Das Vorkommen von Mikrotubuli in den steifen Zellen von *Entosiphon* scheint auf eine stützende oder intrazellulär transportierende Funktion zu deuten, ebenso wie ihr Vorkommen um das Reservoir der *Euglenales,* das auch bei den flexiblen Arten seine Grundform beibehält [8, 175, 600]. Nicht beteiligt hingegen dürften die Mikrotubuli an der metabolischen Bewegung der Euglenen sein, obgleich sie mit der Pellikula assoziiert sind. Sie unterstützen auch die strukturelle Integrität des Protoplasten, wo das Auflösen der Mikrotubuli-Gruppierung den Verlust der Zellgestalt zur Folge hat [54, 74, 987]. Während der Zytokinese beteiligen sich die Mikrotubuli vor allem an der Orientierung des Phycoplasten [267].

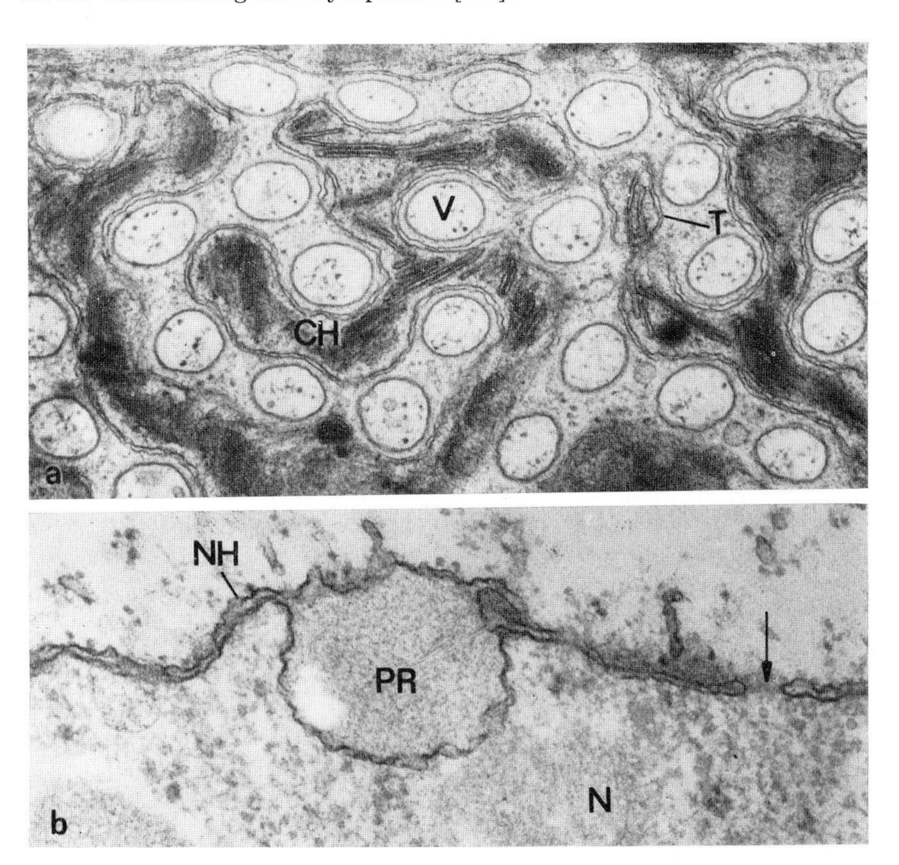

Abb. 7. Membranen. a) in der Zelle von *Chlamydomonas reginae*, Schnitt knapp unter der Zelloberfläche geführt. *V* Vertiefungen in der Plasmaoberfläche mit umgebendem Plasmalemma, *CH* Doppelmembran des Chloroplasten, *T* Thylakoide. b) ein Teil der Kernhülle (*NH*) mit perinukleärem Raum (*PR*), Poren (Pfeil) und einem Teil des Zellkernes (*N*) bei *Euglena*. – 40 000 : 1, nach Ettl und Green 1973 [222]; b) 60 000 : 1, nach Leedale 1967 [600].

Colchizin und Podophyllotoxin blockieren die Proteinsynthese (Tubuline) der Mikrotubuli und verhindern ihre normale Gruppierung und Anordnung. Bei *Chlamydomonas reinhardtii*, wo man die Mikrotubuli für die Mitose, Zytokinese und Geißelbildung für verantwortlich hält, wirken diese Stoffe hemmend [244].

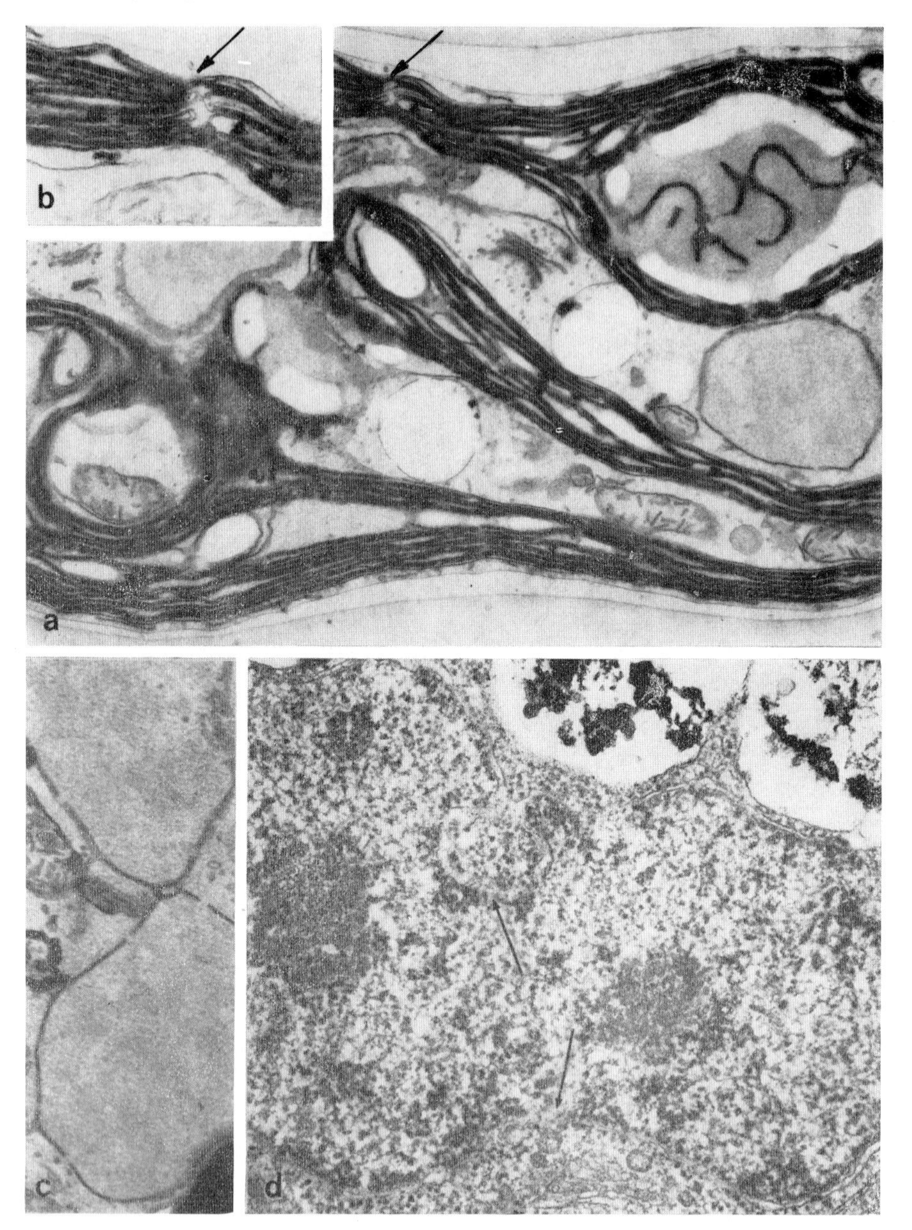

Abb. 8. Fusion von Membranen während der Gametenkopulation bei *Chlamydomonas moewusii,* a) Vereinigung beider Chloroplasten (Pfeil) der Gameten nach erfolgter Fusion der Doppelmembran; b) Detail der Stelle der Fusion; c) Beginn

2.2.3. Membranen

Das Zytoplasma erscheint im Elektronenmikroskop von zahlreichen Membranen durchsetzt. Diese treten als 5–10 nm dicke, dunkle Doppellinien hervor, die einen hellen Zwischenraum einschließen. Das auffallend gleichartige Aussehen hat zur Bezeichnung Elementarmembran (unit membrane) geführt. Die Membranen schaffen die distinkten Stoffwechselräume und führen damit zur Kompartimentierung der mikroheterogenen Systeme des Protoplasten. Alle Zellorganellen werden durch sie begrenzt. Beim Zellkern (Abb. 7b) sowie bei den Plastiden und Mitochondrien liegen Doppelmembranen vor, die aus zwei Elementarmembranen aufgebaut sind.

Nach außen ist die Zelle durch eine typische Elementarmembran, das Plasmalemma, begrenzt (Abb. 7a) [83]. Sie fungiert als physiologische Barriere, indem sie den Stoffeintritt und -austritt kontrolliert, und ist ein integrierter Bestandteil des Zytoplasmas; sie wird von demselben während des Lebens nie getrennt und bei jeder Zellteilung mit geteilt. Das Plasmalemma bildet eine ununterbrochene Grenzschicht. In enger Verbindung mit der Tätigkeit des Plasmalemmas stehen Phagozytose und Pinozytose, die es der Zelle ermöglichen, feste und flüssige Stoffe aufzunehmen [454]. Gegenüber den Vakuolen wird das Zytoplasma im Zellinnern von einer Vakuolenmembran, dem Tonoplast, umgeben, der gleicher Natur wie das Plasmalemma ist.

Neben den stabileren Membransystemen, die die Zellen von der Außenwelt und die Organellen vom Grundplasma abgrenzen, kommt noch ein veränderliches Endomembransystem vor, das als endoplasmatisches Retikulum (ER) bezeichnet wird. Dieses bildet ein System aus mit Elementarmembranen umgrenzter, flacher Hohlräume, Zisternen oder Röhren, die, netzartig zusammenhängend, die Kernhülle mit dem Zytoplasma, vielleicht bis zur Zellperipherie, verbinden [434]. Die Außenseite des ER ist häufig, aber nicht immer, mit Ribosomen bedeckt (Abb. 5). Entsprechend unterscheiden wir ein rauhes und ein glattes ER, die beide gleichzeitig in einer Zelle vorkommen können. Das ER beteiligt sich am Aufbau des Ergastoplasmas, eines submikroskopischen Systems, das aus dicht gestapelten oder gehäuften Säckchen oder Kanälen besteht.

Alle Membranen sind variabel, was sich in günstigsten Fällen als Membranveränderung lichtmikroskopisch an lebenden Zellen verfolgen und mit dem elektronenmikroskopischen Bild korrelieren läßt, meist aber nur mehr oder weniger indirekt nachgewiesen werden kann. Membranveränderungen lassen sich in Membranfluß (Orts- und Größenänderungen) und in Membrantransformationen (qualitative Umwandlungen) einteilen [962]. Oft sind beide Prozesse miteinander gekoppelt. Das ER scheint sich in ständigem Fluß zu befinden.

der Fusion der Kernhüllen der Gameten; d) Verschmelzung beider Gametenkerne im fortgeschrittenen Stadium. (Die Pfeile zeigen Stellen der Verschmelzung.). – a) 15 000 : 1; b) 21 500 : 1; c) 16 800 : 1; d) 35 500 : 1; nach Brown u. Mitarb. 1968 [77].

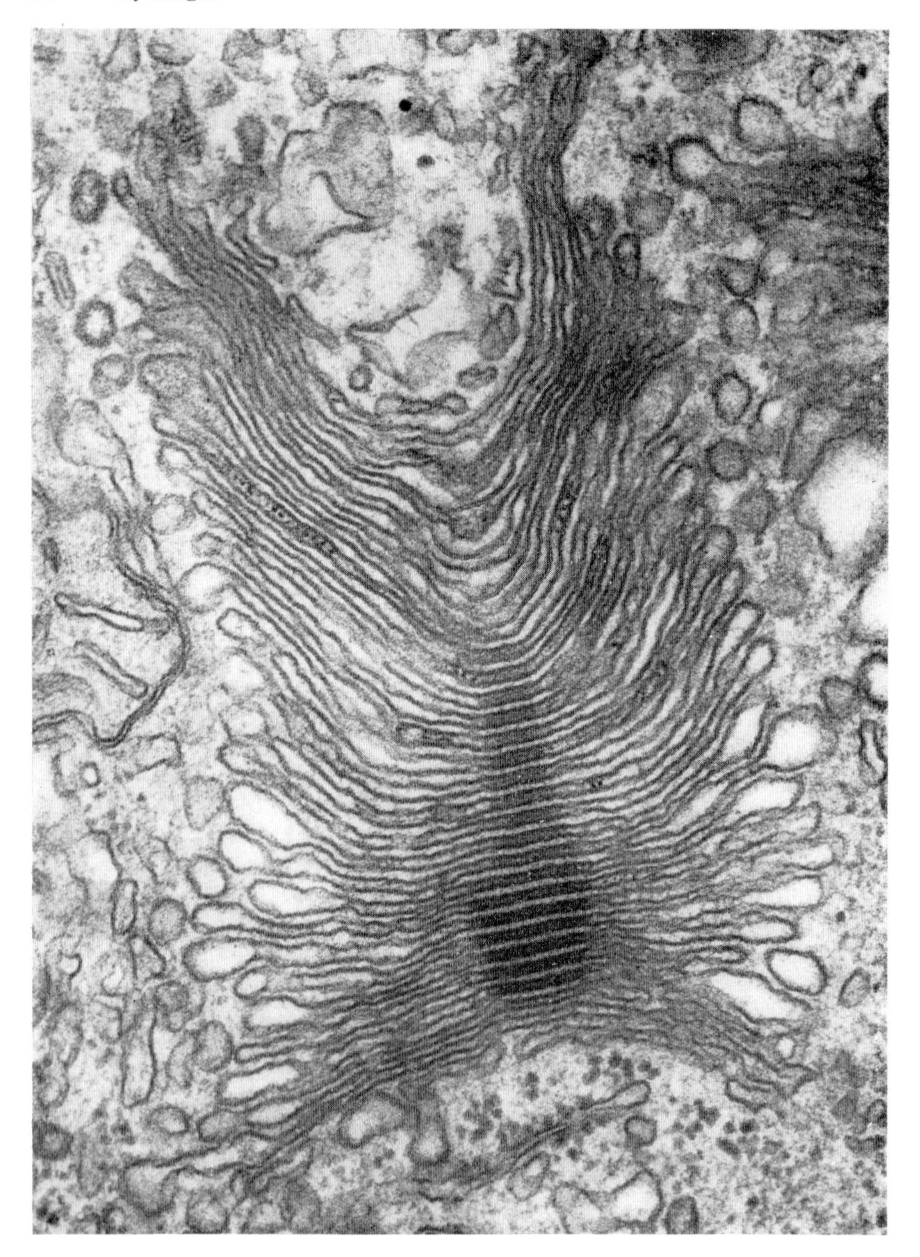

Abb. 9. Dictyosom von *Khawkinea quartana* (Euglenophyceae) mit zahlreichen flachen Golgi-Zisternen. – 50 000 : 1, Original G. F. LEEDALE.

Die plasmatische Fusion sexueller Zellen, vielleicht auch asexueller Zellen bei der Bildung von Plasmodien, beginnt mit der Verschmelzung des Plasmalemmas der Partner. Hierbei kann die Stelle der Vereinigung prädeterminiert sein, wie bei *Prasiola stipitata*. Das Plasmalemma der Eizelle wird durch die Spitze einer der beiden Geißeln des Spermatozoiden penetriert unter gleichzeitiger Verschmelzung des Plasmalemmas beider Zellen [272, 663]. Das erfolgt auch bei den heterokonten Spermatozoiden der Phaeophyceen. Eine Fusion der Membranen von Gameten ohne Beteiligung der Geißeln findet bei *Chlamydomonas* statt. Besonders erwähnenswert sind dic Fusionen der Kernhüllen und der Doppelmembranen der Chloroplasten während der Plasmogamie (Abb. 8) [77, 94, 274].

2.2.4. Golgi-Apparat

Golgi-Apparate in ihrer typischen Form sind in allen Algenzellen vorhanden. In kleinen Zellen, wie z. B. bei *Micromonas* und *Paraphysomonas* [643, 669], ist nur ein einziges Dictyosom vorhanden, während in größeren Zellen und in Zellen mehrzelliger Algen der Golgi-Apparat aus mehreren bis vielen Dictyosomen besteht. In den Rhizoiden von *Chara* wurden mehr als 25 000 gezählt. Meist sind die Dictyosomen gleichmäßig verteilt. In den Flagellaten-Zellen liegen die Dictyosomen in der Nähe der Geißelbasis oder perinuklear [175].

Der Golgi-Apparat besteht aus einzelnen Dictyosomen, die wieder aus abgeflachten, durch eine Elementarmembran begrenzten Zisternen zusammengesetzt sind (Abb. 9). Letztere sind stapelartig übereinandergeschichtet. Der Durchmesser der Zisternen beträgt 1—3 μm, ihre Anzahl pro Dictyosom 3—7, unter Umständen (bei *Euglena*) bis zu 30. Von den Randpartien der Zisternen, die meist etwas angeschwollen erscheinen, werden kleine Golgi-Vesikel in Form von Bläschen abgeschnürt. Häufig ist an den Dictyosomen eine Polarität erkennbar: eine konkave Seite, wo die Zisternen enger zusammenliegen und eine konvexe, wo sie stärker erweitert sind und sich in die Golgi-Vesikel auflösen. Manchmal steht diese Polarität in einer räumlichen Beziehung zum Zellkern (bei *Volvocales*), indem die konkave Seite der Dictyosomen immer zum Zellkern orientiert ist.

In seltenen Fällen sind die Golgi-Apparate abgewandelt. So entsprechen die für die Distomataceen charakteristischen Parabasalkörper den Golgi-Komplexen, doch sind sie komplizierter gebaut und haben immer eine bestimmte Lage innerhalb der Zelle. Die Trichomonadaceen besitzen nur einen, wenn auch manchmal verzweigten Parabasalkörper, der an der Geißelbasis verankert ist und sich um den Achsenstab winden oder gerade nach hinten gestreckt sein kann. Bei den Hypermastigaceen kommen zahlreiche Parabasalkörper vor, die sich kranzförmig um den Zellkern herum gruppieren [454, 371].

Die wesentliche Funktion des Golgi-Apparates liegt offensichtlich in der Synthese und Formung von Sekretprodukten, die in den Golgi-Vesikeln gespeichert und nach außen befördert werden. Die enge Verknüpfung des

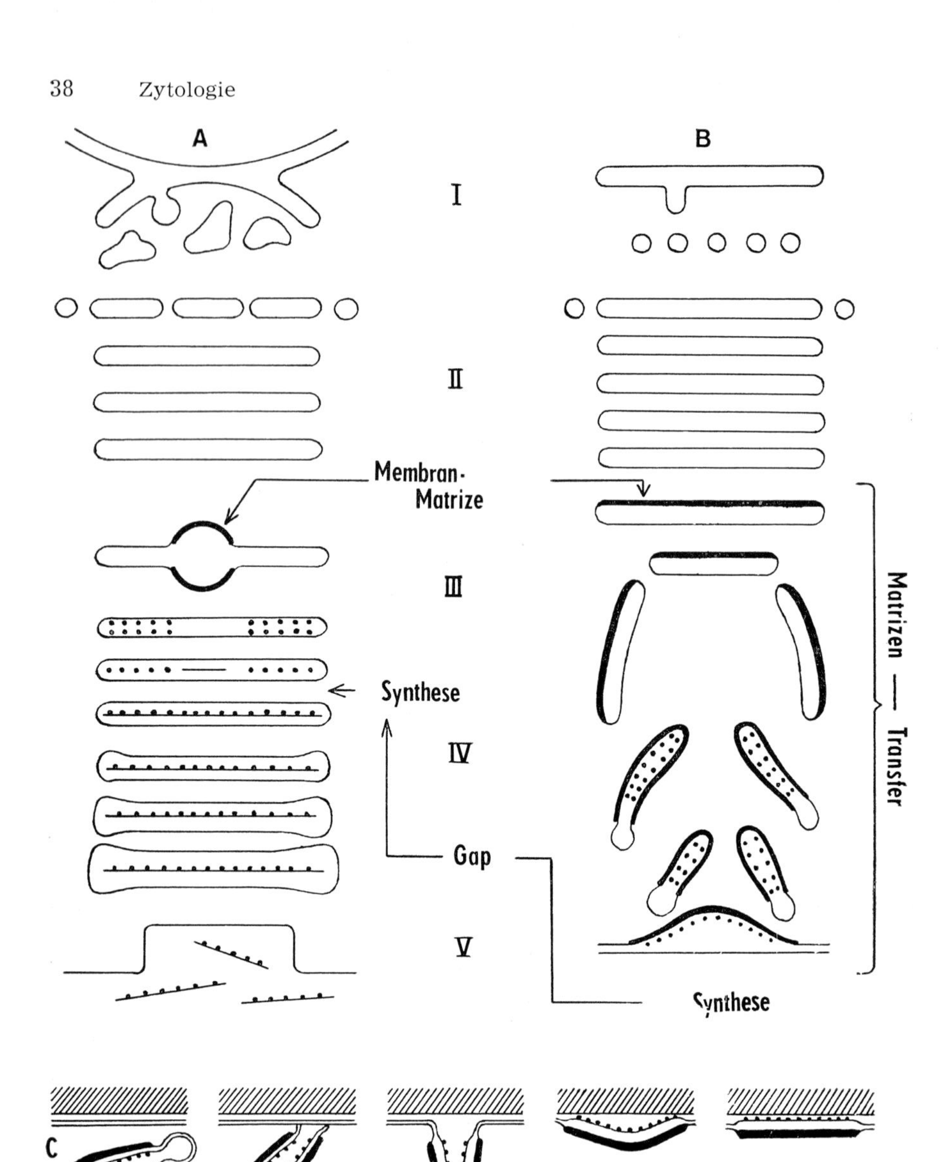

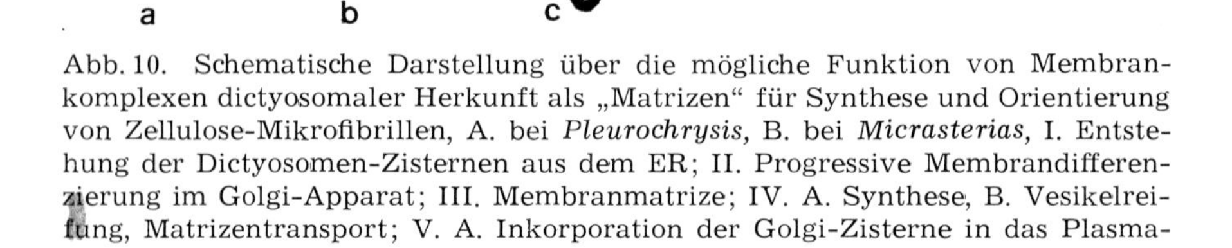

Abb. 10. Schematische Darstellung über die mögliche Funktion von Membrankomplexen dictyosomaler Herkunft als „Matrizen“ für Synthese und Orientierung von Zellulose-Mikrofibrillen, A. bei *Pleurochrysis*, B. bei *Micrasterias*, I. Entstehung der Dictyosomen-Zisternen aus dem ER; II. Progressive Membrandifferenzierung im Golgi-Apparat; III. Membranmatrize; IV. A. Synthese, B. Vesikelreifung, Matrizentransport; V. A. Inkorporation der Golgi-Zisterne in das Plasma-

Golgi-Apparates mit der Zellwandbildung zeigt die Rolle dieser Organellen bei der Morphogenese. Besonders sinnfällig wird dies bei der Ausscheidung artspezifischer Schuppen, die die Zelloberflächen vieler Flagellaten bedecken. Verschiedene Entwicklungsstadien von nichtfertigen bis zu fertigen Schuppen können in sukzessiven Vesikeln von nächster Nähe der Dictyosomen bis zur Peripherie des Zytoplasmas verfolgt werden, so z. B. bei *Mesostigma viride* und *Prymnesium parvum* [662, 653]. Auch bei den übrigen schuppentragenden Flagellaten hat der Golgi-Apparat zentrale Bedeutung für die Schuppenbildung und deren Transport zur Zelloberfläche. Bei *Pyramimonas orientalis* werden in den Dictyosomen sogar 5 Kategorien von Schuppen simultan gebildet, die in einem speziellen Reservoir (Abb. 87 d) an die Zelloberfläche befördert werden [741].

Die Sekretion von Polysacchariden an die Zelloberfläche von *Porphyridium* [908] und die Anhäufung neuen Zellwandmaterials bei *Chlorella vulgaris* [40] erfolgt unter Beteiligung des Golgi-Apparates. Seine Rolle bei der Bildung der Theka der Prasinophyceen wurde auch autoradiographisch erwiesen. Speziell differenzierte Membranen von Golgi-Vesikeln fungieren in den Zellen von *Micrasterias denticulata* als Matrizen (Abb. 10) für die Bildung der Sekundärwand-Mikrofibrillen [515]. Auch bei *Pleurochrysis* scheinen die Matrizen für die Bildung der Mikrofibrillen an den Golgi-Vesikeln zu entstehen [76]. Während die Bildung der Wandelemente bei *Pleurochrysis* schon innerhalb der Golgi-Vesikel erfolgt, beginnt bei *Micrasterias* die Zelluloseproduktion erst nach Inkorporation der Vesikelmembran in das Plasmalemma.

Wie unterschiedlich die ausgeschiedenen Stoffe sind und welche außerordentlich spezifischen Leistungen der Golgi-Apparat aufweisen kann, zeigen beobachtete Wasserausscheidungen bei *Glaucocystis, Vacuolaria* und *Chaetosphaeridium* [967, 968, 969, 737]. Die Dictyosomen bestehen hier aus einer feststehenden Zahl räumlich fixierter Zisternen, die sich rhythmisch nach außen öffnen, lichtmikroskopisch sichtbare Golgi-Vesikel produzieren und auf diese Weise wie pulsierende Vakuolen fungieren. In den Golgi-Vesikeln der Zellen von *Ochromonas* und *Monas* werden neu gebildete Mastigonemen in die Nähe der Geißelbasis befördert [426].

2.2.5. Amöboidie

Die wesentlichen Merkmale der amöboiden Organisation (Rhizopoden) sind die Formveränderlichkeit des Zellkörpers und Bewegung durch Fließen des

lemma, Einbau der „Schuppen"; B. Inkorporation der F-Vesikeln in das Plasmalemma, Synthese, Orientierung. C. Inkorporation eines F-Vesikels (im Schnitt dargestellt) in das Plasmalemma von *Micrasterias*: a) Annäherung mit der Ausstülpung an das Plasmalemma; b) Anheftung; c) Fusion mit dem Plasmalemma; d), e) Ausbreitung im Plasmalemma. – Nach Kiermayer und Dobberstein 1973 [515].

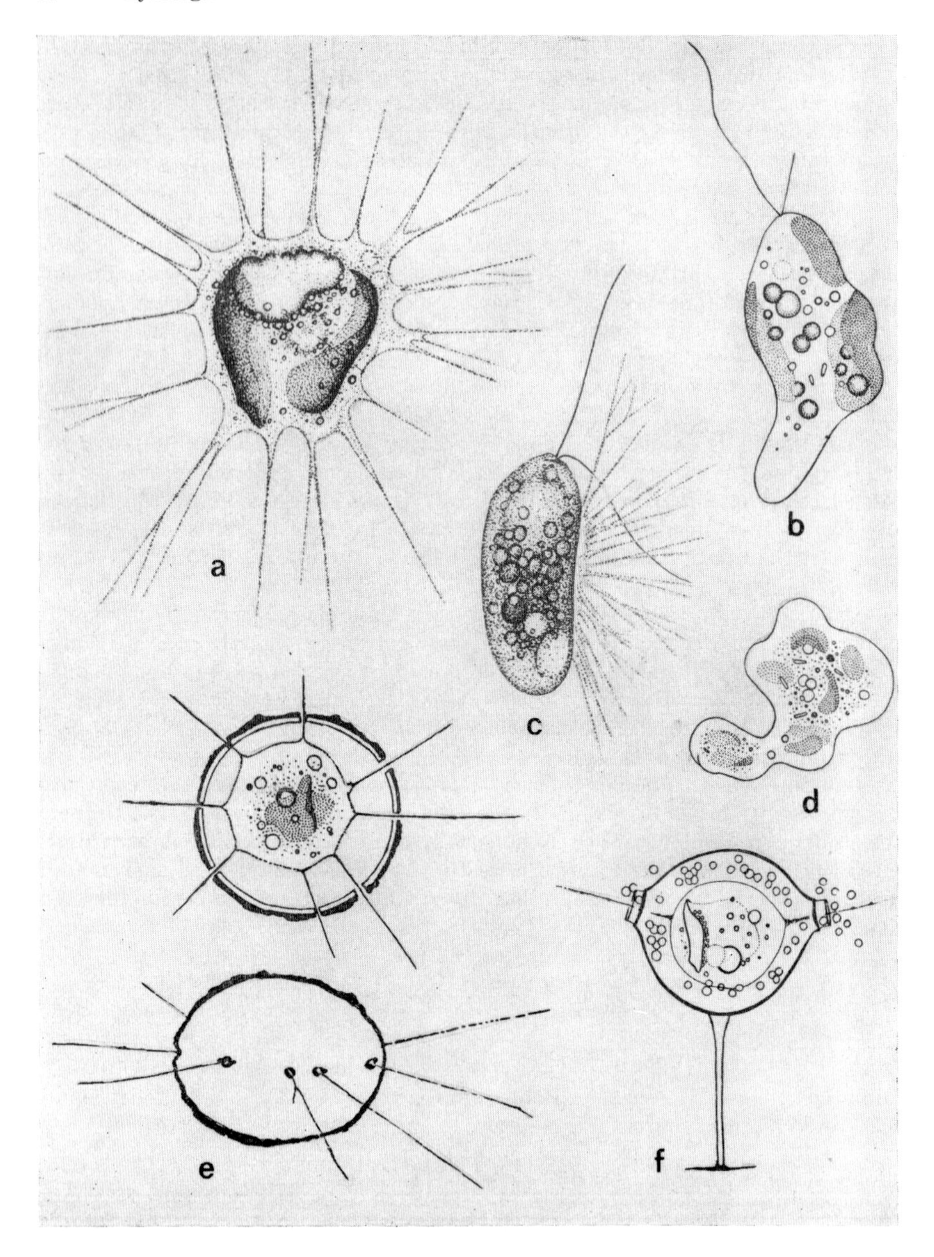

Abb. 11. Amöboidie der Algenzellen. a) *Rhizochrysis nobilis* mit einfachen Rhizopodien; b) *Heterochloris mutabilis,* ein amöboider Flagellat; c) *Protapsis obovata*

Plasmas oder durch Bildung von Pseudopodien. Amöboidie kommt auch unter den nackten Flagellaten und Fortpflanzungszellen vor (Abb. 11). Bei den Zoosporen von *Aphanochaete* oder den Gameten von *Draparnaldia* [807] wechselt ein durch Geißeln bewegliches mit einem amöboiden Stadium. Bei *Pleurochloris vorax* entstehen amöboide Fortpflanzungszellen, die bis zwei Wochen lang amöboid und animalisch sich ernährend leben, bis sie wieder zur Algenzelle werden [829].

Für die Amöboidie wurde der direkte Nachweis erbracht, daß fibrilläre Elemente des Grundplasmas die Kontraktilität des Zytoplasmas bewirken. Amöboide Zellen bilden Pseudopodien, d. h. Fortsätze, die an beliebiger Stelle oder in einem bestimmten Bereich entstehen und jederzeit wieder eingeschmolzen werden können. Im einzelnen sind die Pseudopodien in Form und Größe sehr variabel. Es werden allgemein 3 Typen unterschieden, die sich jedoch manchmal schwer gegeneinander abgrenzen lassen [371, 394, 980]. Lobopodien stellen lappenförmige, mehr oder weniger breite Fortsätze dar (Abb. 11 b, d), von denen in der Regel mehrere zur gleichen Zeit ausgebildet werden können. Diese sind für die Ortsveränderung von besonderer Bedeutung. Demgegenüber stehen die dünnen und fadenförmigen Filopodien (Abb. 11 e, f) und die wurzelartig verzweigten und oft durch Anastomosen verbundenen Rhizopodien (Abb. 11 a, c) im Dienste der Nahrungsaufnahme. Letztere enthalten bei *Chrysamoeba* eine Menge dichter Granula und sind von fibrösem Material umgeben [417]. Spezielle Pseudopodien dienen auch zum Festhaften mancher Flagellaten an der Unterlage, wie z. B. bei *Ochromonas* und *Monas*. Rhizopoden, die in starren Hüllen oder in Gehäusen eingeschlossen leben, senden feine Filopodien durch Poren nach außen, die einer extrazellulären Nahrungsaufnahme dienen, z. B. *Stephanoporos, Chrysocrinus* [835]. Bei *Brehmiella* werden ausgesprochene Fangpseudopodien gebildet, und auf ähnliche Weise werden Nahrungspartikel von Choanoflagellaten aufgenommen [808, 593].

Der Amöboidie nicht unähnlich ist die metabolische Formveränderung mancher *Euglenales* [371, 573]. Sie liegt dann vor, wenn sich die Zellen bald abrunden, bald wieder in die Länge strecken oder wenn Erweiterungen und Verengungen des Zellkörpers an die peristaltischen Wellen des Darmschlauches erinnern, stets aber zur Ausgangsform wieder zurückkehren (Abb. 12 a, b). Die Oberfläche solcher Zellen ist einer starken Dehnung und Deformation fähig, doch bringt ihre Elastizität den Protoplasten wieder in seine ursprüngliche Form zurück. Von der amöboiden Bewegung unterscheidet sie sich auch dadurch, daß die Änderungen der Zellgestalt nicht von der zytoplasmatischen Strömung abhängen [727].

mit ventral ausgestreckten Rhizopodien; d) *Rhizochloris mirabilis* mit Lobopodien; e) *Heliaktis regularis* mit Gehäuse, aus dem Filopodien hervorgekommen, unten Gehäuse von der Seite; f) *Porostylon stipitatum* mit gestieltem Gehäuse und zwei seitlichen Öffnungen für den Austritt der Filopodien. — a), c) nach Skuja 1956 [1008]; sonst nach Pascher 1939, 1940 [829, 835].

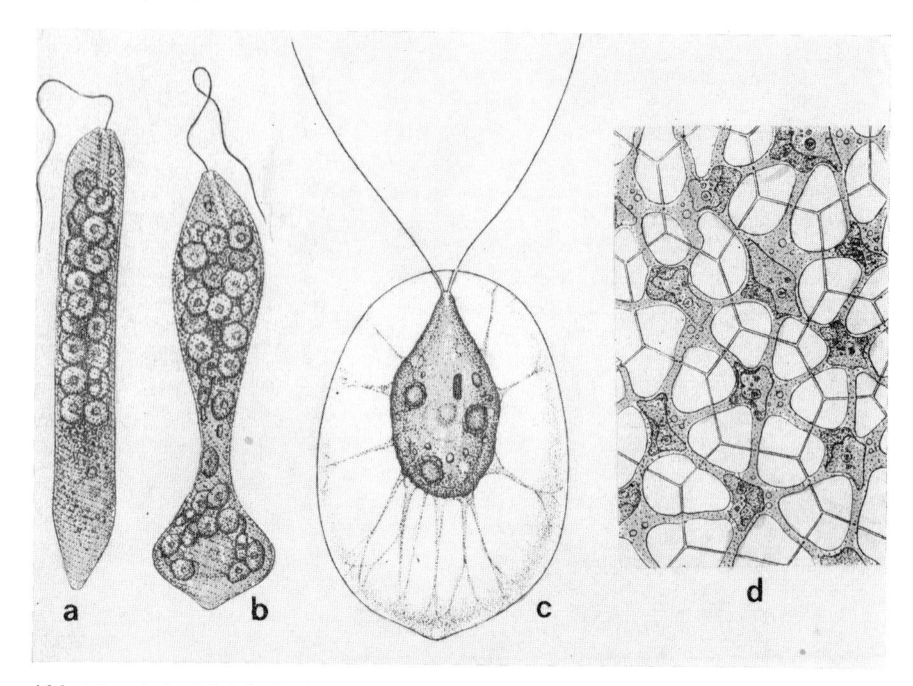

Abb. 12. a), b) Metabolische Bewegung von *Astasia elongata;* c) Plasmafortsätze bei *Haematococcus buetschlii;* d) pseudopodienartige Plasmaverbindungen zwischen den Zellen bei *Volvox globator.* – a)–c) nach SKUJA 1956 [1008]; d) nach JANET aus PASCHER 1927 [807].

Feinen Filopodien ähnlich sind die Plasmafäden bei *Haematococcus* (Abb. 12 c) und *Stephanosphaera,* mittels deren der Protoplast mit der weit abstehenden Hülle verbunden ist. Auch die zytoplasmatischen Verbindungsbrükken zwischen den Einzelzellen von *Volvox* (Abb. 12 d) erinnern an Pseudopodien. Letztere resultieren jedoch aus unvollständiger Zytokinese im Laufe der Zönobienbildung, ähnlich wie bei der Kolonienbildung von *Dangeardinella* (Abb. 13). Elektronenmikroskopische Untersuchungen haben auch gezeigt, daß diese Plasmabrücken in späteren Stadien außer dem Grundplasma auch das ER und Ribosomen enthalten. Deshalb können sie auch nicht als echte Plasmodesmen angesehen werden [45, 863]. Echte Plasmodesmen hingegen kommen bei manchen Phaeophyceen (*Egregia, Fucus, Laminaria*) vor [39]. Sie durchdringen als einfaches Grundplasma mit kontinuierlichem Plasmalemma feine Poren in den Zellwänden zweier benachbarter Zellen. Das Zytoplasma kann durch die Poren von einer Zelle zur anderen strömen [1120]. Plasmodesmen sind auch bei einigen Rhodophyceen, *Ulotrichales* und *Chaetophorales* häufig vorhanden und werden schon während der Zytokinese angelegt.

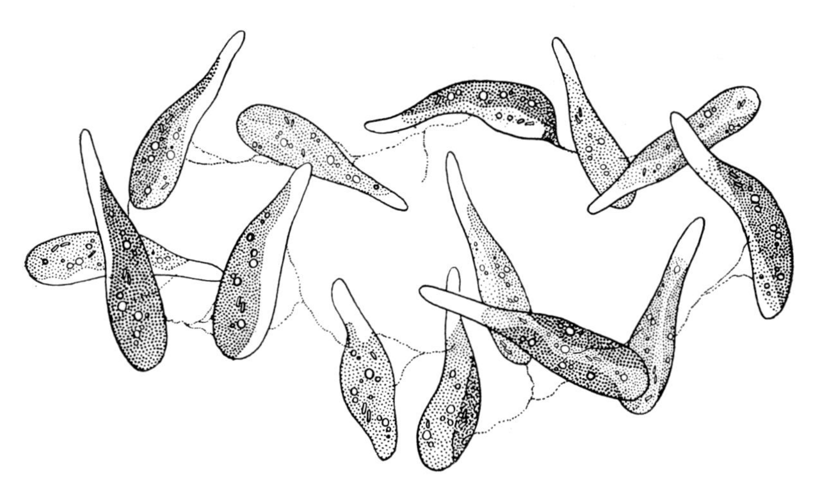

Abb. 13. Kolonie von *Dangeardinella saltatrix*, deren Zellen durch verzweigte Plasmaverbindungen miteinander verbunden sind. – Nach PASCHER 1930 [813].

2.3. Plastiden

Die Plastiden sind Organelle der Photosynthese und Träger der photosynthetisch aktiven Pigmente. Bei den Algen und den meisten Flagellaten wird ein großer Teil der Zellen von den Plastiden eingenommen. Durch den Gehalt an Chlorophyll sind sie meistens grün gefärbt und werden dann als Chloroplasten bezeichnet. Durch Beimengung verschiedener akzessorischer Pigmente (Karotinoide, Phycobiline) können die Plastiden aber auch gelbe, braune oder rote Farbe erhalten. Sie werden, vor allem in älterer Literatur, auch als Chromatophoren bezeichnet. Trotz erheblicher Unterschiede in Struktur und Morphologie handelt es sich um einen einheitlichen Organellentypus. Als Chloroplast oder Chromatophor werden das Membransystem, die Hülle und das Stroma dieser Organellen bezeichnet, wogegen Pyrenoid und Augenflecke, die gewöhnlich integrale Bestandteile des Chloroplasten sind, gesondert beschrieben werden.

2.3.1. Chloroplasten

2.3.1.1. Bau und Struktur

Die einzelnen Algenklassen besitzen nicht nur verschieden pigmentierte Chloroplasten, sondern jede Algenklasse hat auch ihre eigene distinkte und unveränderliche Chloroplastenstruktur [175, 350, 353]. Diese kommt vor

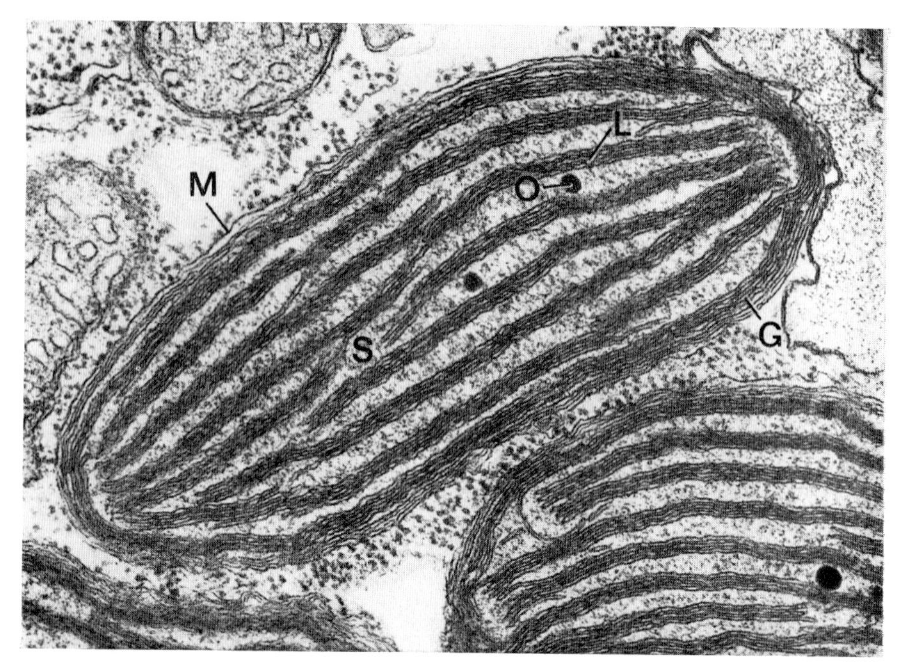

Abb. 14. Feinbau der Chloroplasten von *Melosira varians*. *M* Doppelmembran, *G* Gürtellamelle, *S* Stroma, *L* Lamelle, *O* osmiophiler Globulus. – 40 000 : 1; Original R. M. CRAWFORD.

allem durch verschiedene Anordnung der Membransysteme zum Ausdruck (Abb. 14). Die wichtigsten Bestandteile der Chloroplasten sind die Chloroplastenhülle (Doppelmembran), die Thylakoide und das Stroma mit Ribosomen, DNA, osmiophilen Globuli, Assimilate und anderen, nicht überall auftretenden Komponenten wie Phycobilisome, Kristalle, Mikrotubuli u. a.

Gegen das Zytoplasma sind die Chloroplasten durch eine kontinuierliche Hülle abgegrenzt. Mit Ausnahme der Dinophyceen und Euglenophyceen besteht diese aus einer deutlichen Doppelmembran mit einem bis 10 nm breiten Zwischenraum. Die Doppelmembran besitzt weder Poren noch direkte Verbindungen mit anderen Organellen. Bei den Rhodo-, Prasino- und Chlorophyceen werden die Chloroplasten nur durch diese Doppelmembran abgegrenzt [175]. Die Membranen der Chloroplastenhülle sind nicht immer gleich. Bei *Chlamydomonas* ist die äußere Membran 7,5 nm dick und besitzt die Struktur einer normalen Elementarmembran, wogegen die innere nur 5,5 nm dick ist und der Membran der Thylakoide desselben Chloroplasten ähnelt [769]. Bei *Bangia* ist die äußere Membran glatt, die innere dagegen gefaltet [41]. Dinophyceen und Euglenophyceen besitzen eine Chloroplastenhülle, die aus drei Membranen zusammengesetzt ist [175, 600]. Die Chloroplasten der

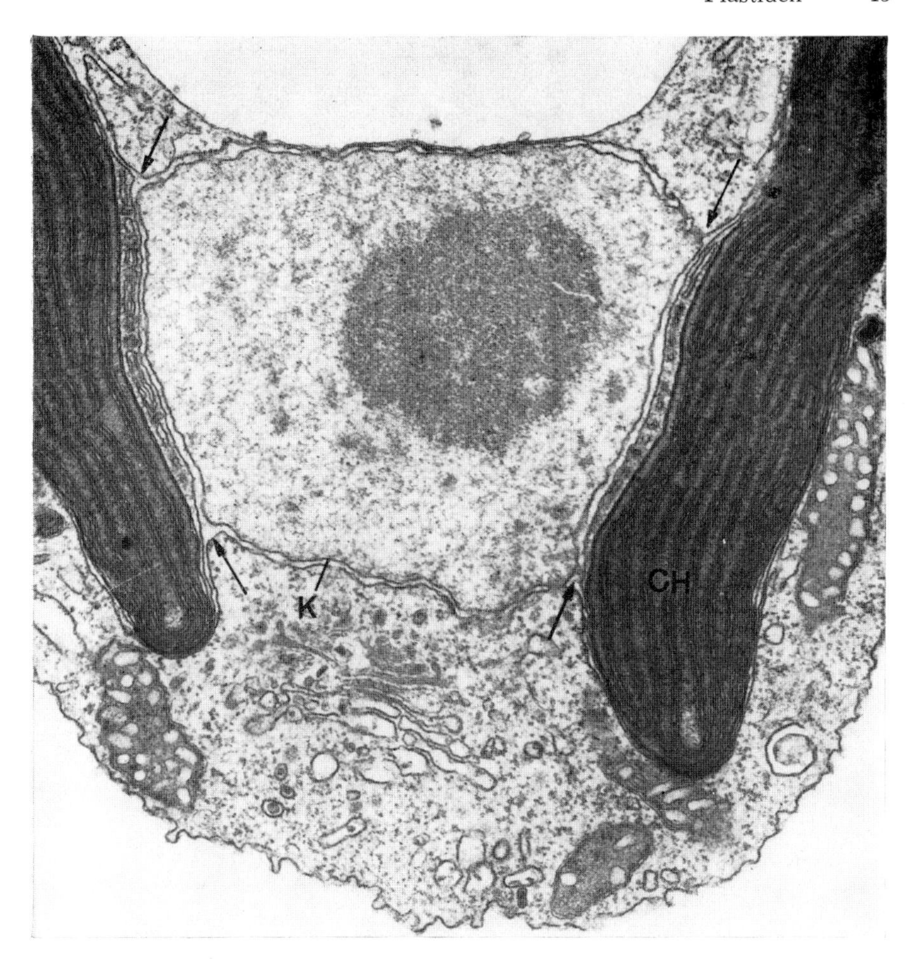

Abb. 15. Kernregion bei *Ochromonas danica* mit benachbartem Chloroplast (*CH*), der von einer Hüllzisterne des ER umgeben ist und mit der Kernhülle (*K*) in Verbindung steht. Die Pfeile zeigen, daß das periplastidiale ER kontinuierlich in die Außenmembran der Kernhülle übergeht. – 24 300 : 1; nach Gibbs 1970 [353].

Crypto-, Chryso-, Phaeo-, Xantho-, Hapto-, Bacillario- und Raphidophyceen werden außer der Doppelmembran noch von einer Hüllzisterne des periplastidialen ER umgeben, die gewöhnlich mit der Kernhülle in Verbindung steht (Abb. 15). Dort, wo der Zellkern dem Chloroplasten eng anliegt, kann der Raum zwischen Kern- und Chloroplastenhülle eine tubuläre oder verzweigt netzförmige Struktur besitzen [229, 230, 349, 353, 423, 693].

Die Grundsubstanz des Chloroplasten wird als Stroma oder Matrix

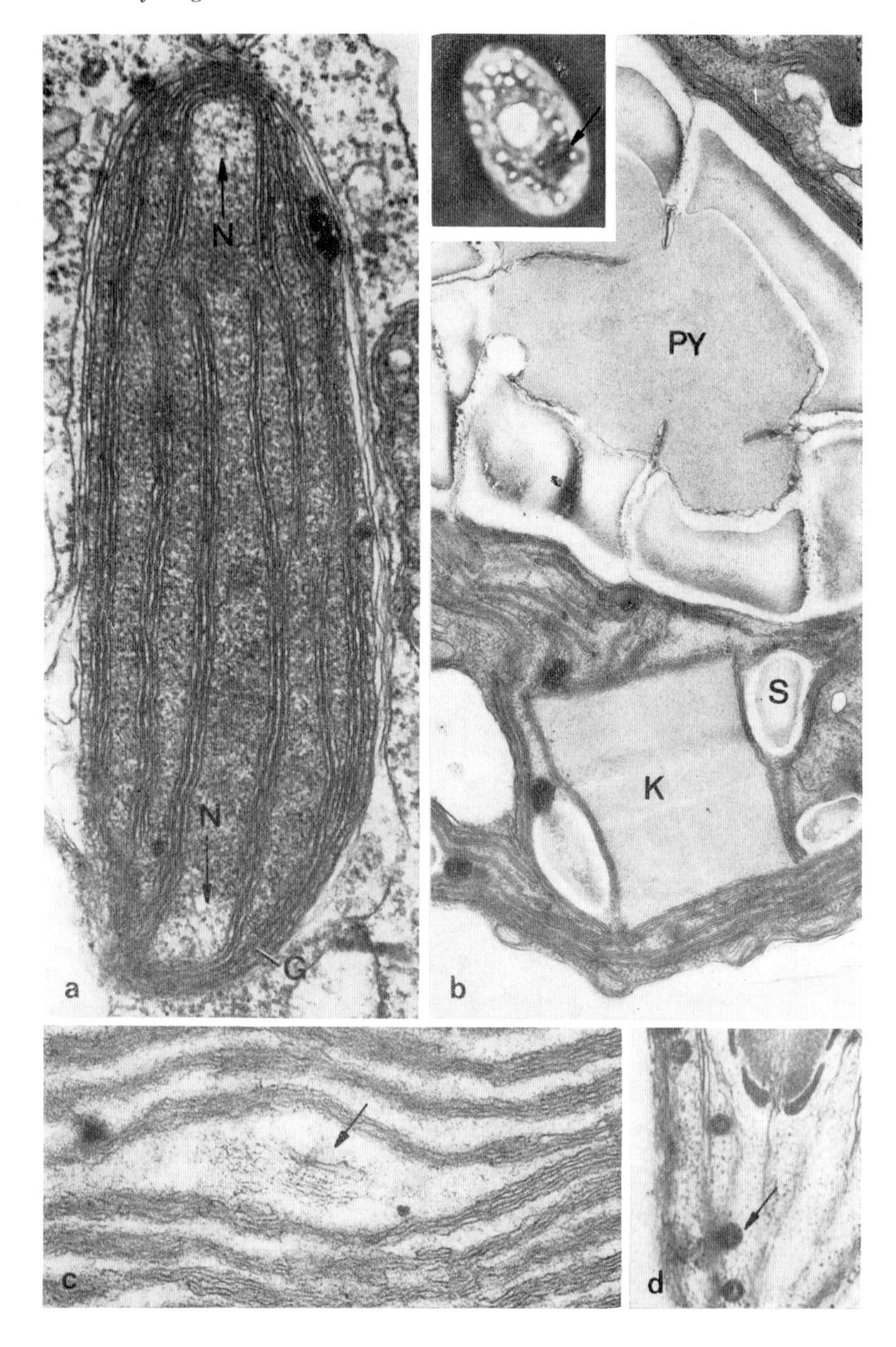
N
N
G
a
PY
S
K
b
c
d

bezeichnet, in dem weitere Bestandteile eingebettet sind. Die im Stroma enthaltenen Ribosomen sind kleiner als die im Zytoplasma. So sind z. B. die zytoplasmatischen Ribosomen von *Ochromonas* oder *Chlamydomonas* um 15–17 % größer als die des Chloroplasten [352, 769]. In den kontrastarmen Bereichen des Stromas häuft sich DNA in Form unregelmäßig angeordneter und 2,5 nm dicker Fibrillen an [42, 363]; sie gehört zu den nicht-chromosomalen Erbträgern, und dort findet die Synthese der Chloroplasten-RNA statt [942]. In Chloroplasten mit Gürtellamellen scheint die DNA ringförmig um die Peripherie des Chloroplasten zu liegen, wie bei *Ochromonas* (Abb. 16 a) und *Sphacelaria* (Abb. 17) [352, 43]. Bei *Prorocentrum* (Abb. 16 c) wurden sogar 80–100 DNA-Stellen in den Chloroplasten in Form von flachen und unregelmäßigen Disken gefunden, bei *Scrippsiella* sind diese Stellen sphaerisch. Die Fibrillen sollen eine ähnliche spiralige Organisation haben wie die DNA der Chromosomen [33, 557, 558].

Osmiophile Globuli (Abb. 16 d) wurden in den Chloroplasten vieler Algen beobachtet, erscheinen aber vor allem dort, wo das Stigma gebildet wird. Phycobilisome sind bei Rhodophyceen als dunkle, verschieden gestaltete Granula zwischen den Thylakoiden oder an ihrer Außenseite vorhanden. In ihnen häufen sich Phycoerythrin und Phycocyanin an. Diese Phycobiline sind zwar auch bei Cryptophyceen vorhanden; sie sind jedoch im interthylakoiden Raum gelagert, ohne an Phycobilisome gebunden zu sein [285]. Im Stroma der Chloroplasten von Chlorophyceen liegen als Reservestoff Stärkekörner zwischen den Lamellen (Stromastärke). Bei anderen Algenklassen werden Polysaccharide als Reservestoffe im Cytoplasma gespeichert. In den Zellen der Cryptophyceen sind die Stärkekörner außerhalb des Chloroplasten um die Pyrenoide herum gelagert, doch liegen sie zwischen der Chloroplastenhülle und dem periplastidialen ER [175]. Zu den weiteren Strukturen, die in Chloroplasten vorkommen können, gehören die zylindrischen Strukturen bei *Sirogonium* [12], Mikrotubuli bei *Volvox*, *Oedogonium* und *Chara* [861, 440, 158] oder quergestreifte Tubuli bei *Dichotomosiphon* (Abb. 6 c) [739]. Kristalle (Abb. 16 b), wahrscheinlich Eiweißkristalle, in Form von Würfeln und Prismen kommen in den Chloroplasten mancher *Chlamydomonas*- und *Chloromonas*-Arten vor, wo sie sogar die Größe der Pyrenoide erreichen [209, 1045].

Abb. 16. Feinbau der Chloroplasten: a) Querschnitt durch einen Lappen des Chloroplasten von *Ochromonas danica*. *N* plastidiale Nukleoide als elektronendurchlässige Stellen mit DNA im Stroma knapp unterhalb der Gürtellamelle (*G*); b) Chloroplast von *Chlamydomonas segnis* mit großem Eiweißkristalloid (*K*): *PY* Pyrenoid, *S* Stärke. Bild links oben: lebende Zelle mit Eiweißkristalloid (Pfeil) im Anoptral-Kontrast; c) DNA-Zentrum (Pfeil) im Chloroplasten von *Prorocentrum micans;* d) osmiophile Globuli (Pfeil) im Stroma des Chloroplasten von *Pedinomonas minor*. – a) 47 400 : 1, nach Gibbs 1974 [J. Cell Sci. 16]; b) 28 000 : 1 (Bild links oben 1500 : 1), nach Ettl 1976 [218]; c) 60 000 : 1, nach Kowallik und Haberkorn 1971 [558]; d) 30 000 : 1, nach Ettl und Manton 1964 [223].

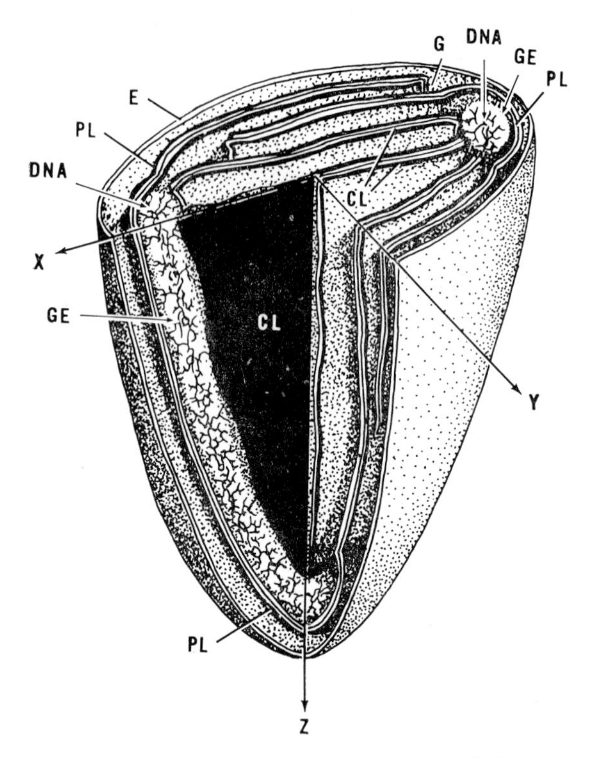

Abb. 17. Modell des Chloroplasten von *Sphacelaria* mit Querschnitt (*XY*) und zwei Längsschnitten – in der Schmalseite (*YZ*) und Breitseite (*XZ*). *E* Chloroplastenhülle, *PL* periphere Lamelle, *G* Lücke zwischen den photosynthetischen Lamellen, *CL* zentrale Lamellen, *GE* Genophor (DNA-enthaltender Ringkörper), der im direkten Kontakt sowohl mit dem peripheren als auch mit dem zentralen Lamellensystem steht. – Nach BISALPUTRA und BISALPUTRA 1969 [43].

Die Haupteinheit des inneren Membransystems des Chloroplasten ist die Lamelle (Abb. 14). Sie besteht aus einzelnen Membraneinheiten, den Thylakoiden, flachen sackförmigen Gebilden aus einer einfachen Membran. Die Membranen der Thylakoide sind aus Proteinen, Lipiden und Chlorophyll aufgebaut [38, 175]. Das Chlorophyll ist am strukturellen Aufbau der Membranen beteiligt, wie Untersuchungen an Mutanten von *Chlamydomonas reinhardtii* gezeigt haben. Diese können im Unterschied zur Wildform im Dunkeln kein Chlorophyll mehr bilden. Bei ständiger Dunkelkultur verschwinden die Lamellen in den Chloroplasten. Werden die Zellen jedoch wieder ans Licht gebracht, so setzt zuerst die Chlorophyllsynthese ein und danach die Lamellenbildung [945, 456]. Die Struktur der Thylakoide der Algenchloroplasten ist weniger bekannt als die der höheren Pflanzen. Die

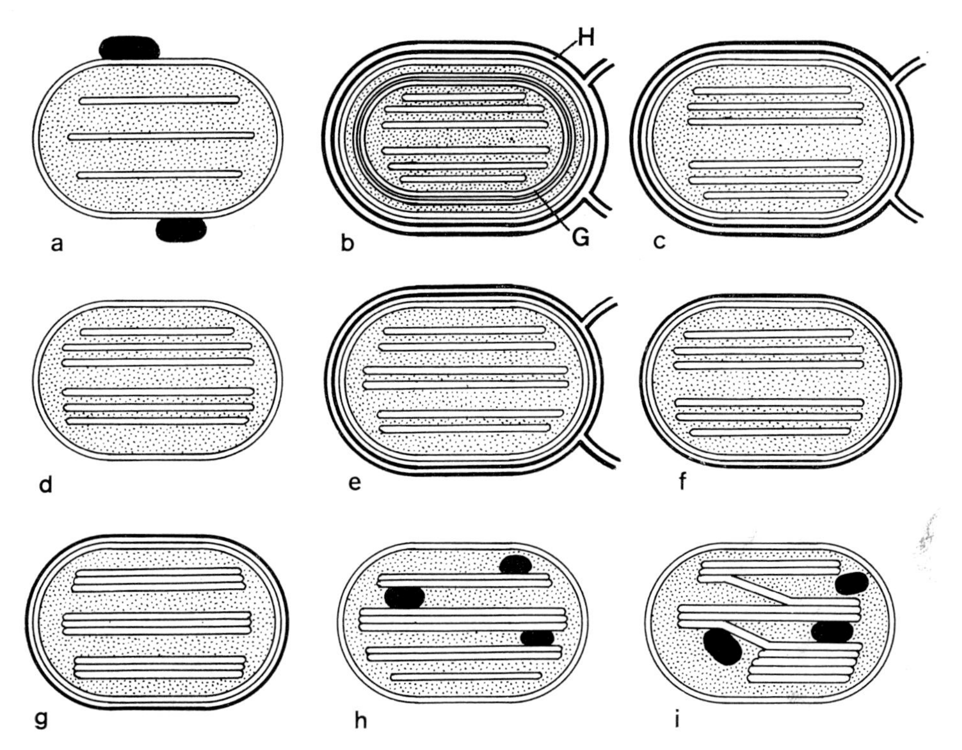

Abb. 18. Schema der Chloroplastenstrukturen bei verschiedenen Algengruppen. a) *Rhodophyceae*, mit extraplastidialer Stärke und einzelnen Thylakoiden; b) *Chryso-*, *Xantho-*, *Bacillario-*, *Phaeo-*, *Raphidophyceae*, mit Gürtellamelle (*G*) und Hüllzisterne (*H*); c) *Haptophyceae*, ohne Gürtellamelle; d) *Eustigmatophyceae*; e) *Cryptophyceae*, mit Hüllzisterne; f) *Dinophyceae*, Chloroplastenhülle wie bei g) aus drei Membranen bestehend; g) *Euglenophyceae;* h) *Chlorophyceae*, ohne Granabildung; i) *Chlorophyceae* und *Prasinophyceae*, mit Granabildung; Stärke ist schwarz eingezeichnet. – Stark schematisiert in Anlehnung an Taylor 1976 [1076].

Thylakoid-Membran von *Scenedesmus* ist etwa 11 nm dick und zeigt eine einfache Schicht von mehr oder weniger sphaerischen Untereinheiten mit lichtem Inhalt und dunkler Außenschicht [1139].

Bei den meisten Algen durchziehen die Thylakoide, meistens zu Lamellen gruppiert, die Chloroplasten der Länge nach (Abb. 18). Die einfachste Anordnung der Thylakoide kommt bei den Rhodophyceen vor, wo nur einzelne Thylakoide im Stroma liegen und mit Ausnahme gelegentlicher Zwischenverbindungen miteinander nicht in Berührung kommen [41]. Mehr oder weniger parallel verlaufen die Thylakoide bei *Laurencia* oder *Porphyra*, wogegen sie bei *Porphyridium*, *Compsopogon* und *Batrachospermum* konzentrisch angeordnet sind. Bei *Smithora* werden die Thylakoide in der Nähe des Pyrenoids manchmal stapelartig zusammengedrängt [700]. Die Thylakoide der Cryptophyceen sind meistens paarig angeordnet [175]. An den Thylakoiden können an beliebiger Stelle oder terminal Gabelungen vorkommen [1138].

In den Lamellen der Chloroplasten einiger Algenklassen sind die Thylakoide zu dritt angeordnet. Hierbei sind die benachbarten Thylakoide der Dinophyceen und Euglenophyceen stark aneinandergedrängt, wogegen sie bei den Phaeophyceen lockerer liegen [353]. Außerdem wurden bei Phaeophyceen und Chrysophyceen Thylakoide beobachtet, die von einer Lamelle zur anderen übergreifen. Chryso-, Phaeo-, Raphido-, Bacillario- und Xanthophyceen besitzen zusätzlich noch eine Gürtellamelle. Diese umgibt das innere Membransystem und liegt gewöhnlich parallel zur Chloroplastenhülle [175, 353, 693]. Bei Haptophyceen wurden gelegentlich einzelne Thylakoide beobachtet, die um die Ränder der Chloroplasten liegen und die Enden der Lamellen umhüllen [353, 654, 657].

Die Stapelung der Thylakoide in den Chloroplasten der Chlorophyceen und Conjugatophyceen ist sehr variabel und ähnelt mehr der der höheren Pflanzen. Oft werden kurze Stapel von Thylakoiden – Grana – gebildet, die an ihren Rändern häufig mit anderen Grana oder Lamellen in Verbindung stehen [611, 737, 1020]. Im Hinblick auf die komplizierte und unregelmäßige Gestalt der Chloroplasten vieler Grünalgen können die Thylakoide normalerweise nicht direkt von einem Rand des Chloroplasten zum anderen verlaufen [464]. Auch die Anordnung der Thylakoide kann unregelmäßig sein, und die Anzahl der gestapelten Thylakoide schwankt zwischen 2 und 6 bei *Chlamydomonas* und 20 bei *Pleurococcus* [769, 387].

Manche autotrophen Flagellaten bilden Proplastiden, die eine Reduktionsform der Plastiden bei Dunkelkultur darstellen. Sie sind jedoch wie letztere teilungsfähig und ermöglichen daher den Zellen, auch nach einer längeren Dunkelperiode wieder zur Photosynthese überzugehen [371]. Bei *Ochromonas danica* sind sie leicht zu erkennen, weil sie wie die ausgewachsenen Plastiden von einer Abfaltung der Kernhülle, dem periplastidialen ER, umschlossen sind. Nach erneuter Belichtung wachsen die Proplastiden binnen kurzer Zeit wieder zu Plastiden heran, wenn auch die Resynthese des Chlorophylls sowie die Ausbildung der Lamellen erst später abgeschlossen werden [349]. Auch bei den im Dunkeln kultivierten *Euglena*-Zellen werden sphaerische, etwa 1–2 μm große Proplastiden gebildet [371, 949]. Diese enthalten keine Lamellen und auch kein Chlorophyll, sondern nur prolamelläre Körper, die aus tubulären Einheiten bestehen [524, 949]. Proplastiden, die durch UV-Bestrahlung und Wirkung bestimmter Stoffe (Streptomycin, Anthihistamin u. ä.) erzielt wurden, sind im allgemeinen irreversibel geschädigt.

2.3.1.2. Pigmente

Die Chloroplasten enthalten photosynthetisch aktive Pigmente-Chlorophylle, Karotinoide und in einigen Fällen auch Phycobiline. Die beiden letz-

	Algenklassen															
Pigmente	*Chrysophyceae*	*Haptophyceae*	*Xanthophyceae*	*Eustigmatophyceae*	*Bacillariophyceae*	*Phaeophyceae*	*Dinophyceae*	*Cryptophyceae*	*Rhodophyceae*	*Raphidophyceae*	*Euglenophyceae*	*Loxophyceae*	*Prasinophyceae*	*Conjugatophyceae*	*Chlorophyceae*	*Charophyceae*
Chlorophylle																
Chlorophyll ***a***	+	+	+	+	+	+	+	+	+	+	+	+	+	+	+	+
Chlorophyll ***b***											+	+	+	+	+	+
Chlorophyll ***c***	+	+	+	+	+	+	+	+		+						
Chlorophyll ***d***									+							
Chlorophyll ***e***			+													
Karotine																
α-Karotin						+		+	+			+	+	+	+	+
β-Karotin	+	+	+	+	+	+	+		+	+	+	+	+	+	+	+
γ-Karotin							+				+			+	+	+
ε-Karotin			+		+	+		+							+	
Xanthophylle																
Neoxanthin	+		+	+	+				+		+	+	+	+	+	
Lutein	+		+			+			+	+	+		+	+	+	
Violaxanthin	+			+		+				+		+	+	+	+	
Antheraxanthin	+		+	+		+			+	+	+	+		+	+	
Zeaxanthin	+		+	+		+		+	+			+	+	+	+	
Fukoxanthin	+	+			+	+	+									
Vaucheriaxanthin			+	+												
Heteroxanthin			+													
Diadinoxanthin	+	+	+		+		+				+					
Diatoxanthin	+	+	+		+	+	+				+					
Peridinin							+									
Neoperidinin							+									
Dinoxanthin	+						+									
Pyrrhoxanthin							+									
Alloxanthin								+								
Crocoxanthin								+								
Monadoxanthin								+								
Cryptoxanthin	+								+		+	+	+	+	+	
Micronon												+				
Siphonoxanthin													+		+	
Neofukoxanthin					+											
Lycopen												+	+			+
Phycobiline																
Phycoerythrine								+	+							
Phycocyanine								+	+							
Allophycocyanin									+							

teren sind akzessorische Pigmente in dem Sinn, daß sie Lichtenergie absorbieren und diese auf das Chlorophyll übertragen. Die Chlorophylle sind die wichtigsten Photosynthesepigmente. Wir unterscheiden bei Algen fünf verschiedene Chlorophylle, von denen jedoch nur das Chlorophyll *a* bei allen Algenklassen vorkommt. Das Chlorophyll *b* ist lediglich bei den Chlorophyten, Charophyten und Euglenophyceen zu finden, wogegen die Chlorophylle *c, d* und *e* bei den meisten übrigen Gruppen vorhanden sind.

Karotinoide kommen als Karotine im engeren Sinne und als Xanthophylle vor. Das gehäufte Vorkommen bestimmter Xanthophylle ist für manche Algenklassen typisch. Oft sind sie in so hohen Konzentrationen vorhanden, daß sie die Farbe des Chlorophylls überdecken und die Gesamtfärbung der Chloroplasten (Chromatophoren) bestimmen. So werden z. B. die Chloroplasten der Bacillariophyceen und der Phaeophyceen durch den hohen Gehalt an Fukoxanthin braun gefärbt [38].

Im Gegensatz zu den Chlorophyllen und Karotinoiden sind die Phycobiline wasserlöslich. Sie sind die charakteristischen hochmolekularen Begleitpigmente der Rhodophyceen und Cryptophyceen (Phycoerythrine, Phycocyanine und Allophycocyanin).

Jede Algenklasse hat ihre spezifische Zusammensetzung der Pigmente, was für die systematische Einordnung einen relativ hohen Wert besitzt. Eine Übersicht über die Verteilung der Pigmente bei Flagellaten und Algen ist in der folgenden Tabelle dargestellt, die nach Casper [91] und Hirose [432] unter Benutzung von Angaben anderer Autoren etwas vereinfacht zusammengestellt wurde [230, 364, 494, 495, 525, 916, 917, 918, 919, 920, 939, 1063, 1147].

2.3.1.3. Morphologie der Plastiden

Während die Chloroplasten der höheren Pflanzen meist linsenförmig gestaltet sind und ihre Zahl pro Zelle beträchtlich ist, liegen sie in den Algenzellen in meist wesentlich geringerer Zahl vor, doch ist ihre Morphologie auffal-

Abb. 19. Morphologie der Algen-Chloroplasten; a) langer plattenförmiger Chloroplast von *Roya cambrica;* b) scheibenförmige Chloroplasten von *Tribonema minus;* c) wandständiger, perforierter Chloroplast von *Rhopalosolen cylindricus;* d) zentraler, gerippter Chloroplast von *Penium polymorphum;* e) schraubenförmig gewundener, bandförmiger Chloroplast von *Spirotaenia;* f) radial angeordnete, bandförmige Chloroplasten von *Oocystis gigas;* g) zweiteilig gespaltener, becherförmiger Chloroplast von *Chrysochaete britannica;* h) radial orientierte, länglich scheibenförmige Chloroplasten von *Gymnodinium limatatum;* i) binnenständiger gefalteter, bandförmiger Chloroplast von *Chrysapion rhigophilos;* j) binnenständiger, muldenförmiger Chloroplast von *Ochromonas klinoplastida;* k) kleine, länglich scheibenförmige, in Schraubenlinien angeordnete Chloroplasten bei *Euglena splendens;* l) radial gelappter Chloroplast von *Chroothece mobilis,* links im Längsschnitt, rechts in der Aufsicht. — a), h), k) nach Skuja 1956 [1008]; b) nach Pascher 1939 [829]; c)—f), j) nach Skuja 1964 [1010]; g) nach Geitler 1968 [327]; i) nach Pascher und Vlk 1941/42 [848]; l) nach Pascher und Petrová 1931 [846].

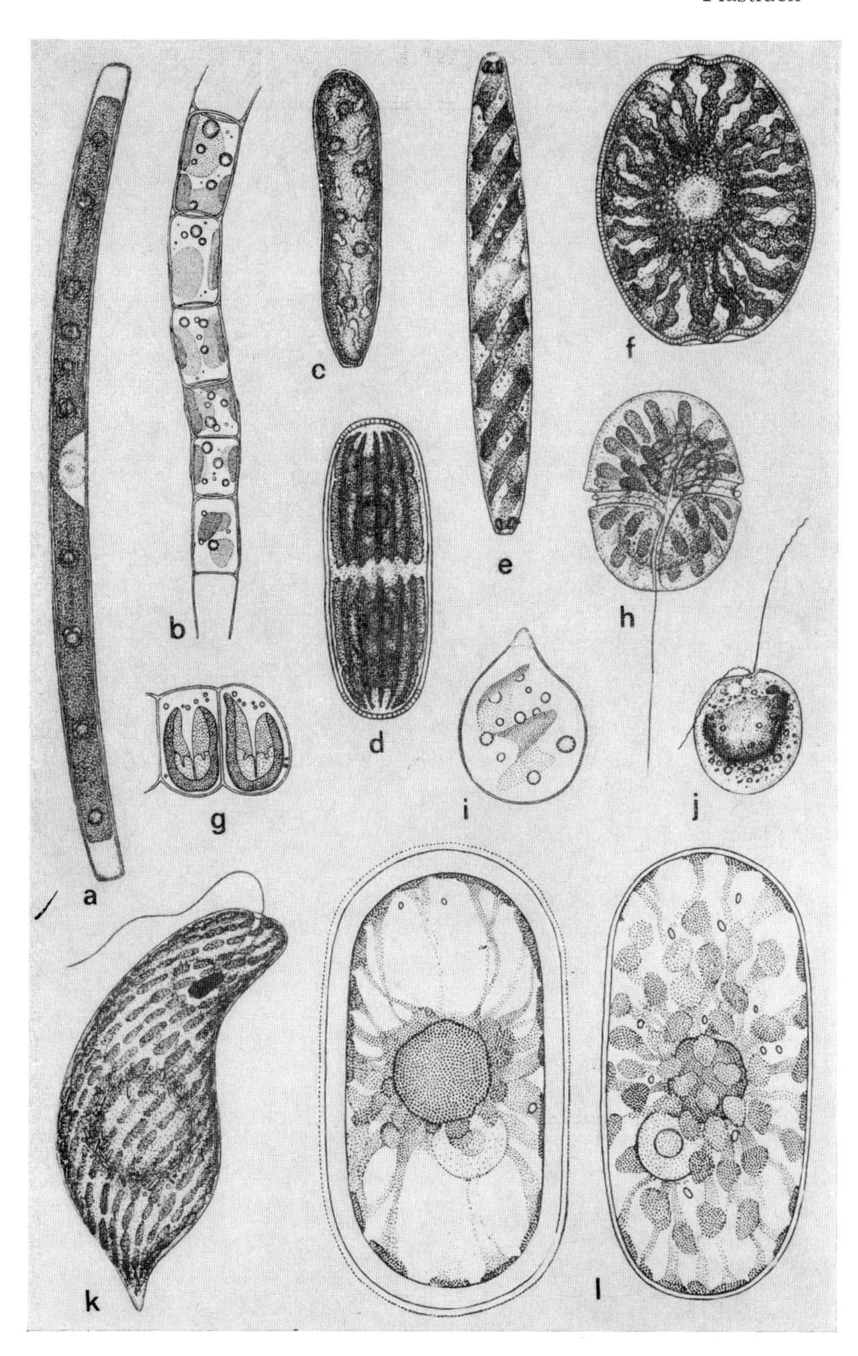
a
b
c
d
e
f
g
h
i
j
k
l

lend vielfältiger und komplizierter. Die Verminderung der Zahl wird durch eine Volumenvergrößerung dieser Organelle kompensiert. Im Extremfall, bei einem oder zwei relativ großen Chloroplasten pro Zelle (z. B. *Mougeotia, Spirogyra*), spricht man von Megaplasten [434]. Die Chloroplasten der Algen zeigen so reiche Formenmannigfaltigkeit, daß diese oft verwirrend erscheint (Abb. 19). Doch lassen sich innerhalb kleinerer oder größerer Algengruppen einige Grundtypen und deren Modifikationen erkennen, so daß die Plastidengestalt bis zu einem gewissen Grad auch eine taxonomische Bedeutung haben kann [981].

Für die *Volvocales* ist ein einziger, oft becherförmiger Chloroplast charakteristisch. Die übrigen Flagellaten besitzen meistens mehrere, manchmal sogar sehr viele Plastiden, die entsprechend kleiner und mehr oder weniger gleichmäßig im Zytoplasma verteilt sind, so bei Eugleno-, Raphido- und Dinophyceen. Auch die Zahl der Chloroplasten in den Algenzellen ist großen Schwankungen unterworfen. Es gibt viele Arten, die nur einen Chloroplasten pro Zelle führen. Als das entgegengesetzte Extrem können die siphonalen Algentypen mit einer ungeheuren Menge kleiner Plastiden angeführt werden (*Vaucheria, Bryopsis*). Meist ist die Zahl der Chloroplasten pro Zelle, auch wenn mehrere vorhanden sind, konstant, so z. B. die Chloroplasten pro Zelle bei *Eunotia pectinalis* var. *polyplastidica* und bei *Diatoma hiemale* var. *mesodon* [336, 221].

Die Plastiden liegen entweder zentral (a x i a l e Chloroplasten) oder seitenständig (p a r i e t a l e Chloroplasten). Ersterer Formentypus ist relativ seltener, wie z. B. bei *Nautococcus, Apiococcus, Trebouxia, Prasiola* und bei manchen Desmidiaceen [708, 807, 1080]. Parietale Chloroplasten sind bei einzelligen Algen in einfachster Form mulden- oder topfförmig (*Chlamydomonas, Chlorococcum*). Bei monoplastidialen Fadenalgen legt sich der plattenförmige Chloroplast der Innenseite der Zellwand an und bildet entweder einen geschlossenen Ring (*Draparnaldia*) oder einen offenen Halbzylinder (*Ulothrix*). Allgemein bekannt sind die schraubenartig gewundenen, bandförmigen Chloroplasten von *Spirogyra* [981]. Falls in den Algenzellen mehrere platten-, band- oder scheibenförmige Plastiden vorhanden sind, verteilen sie sich über die ganze Peripherie des Zytoplasmas, vor allem jedoch an der Seitenwand (*Tribonema, Melosira*). Unter guten Ernährungsbedingungen liegen dann die Chloroplasten oft so dicht, daß sie sich gegenseitig polygonal abplatten.

Abb. 20. Grundtypen der Chloroplasten bei der Gattung *Chlamydomonas* mit den entsprechenden Modifikationen (stark schematisiert). Der apikale Zellpol ist durch eine kleine Papille gekennzeichnet, der Zellkern als schwarzer Punkt eingezeichnet; der Chloroplast ist schwarz oder punktiert, und die Pyrenoide sind als weiße Kreisflächen wiedergegeben. Die Grundtypen sind folgende: A. *Euchlamydomonas*, B. *Chlamydella*, C. *Bicocca*, D. *Chlorogoniella*, E. *Pseudagloë*, F. *Agloë*, G. *Amphichloris*, H. *Pleiochloris*. Die dazu gehörenden Modifikationen sind mit Nummern bezeichnet. – Nach Ettl 1976 [218].

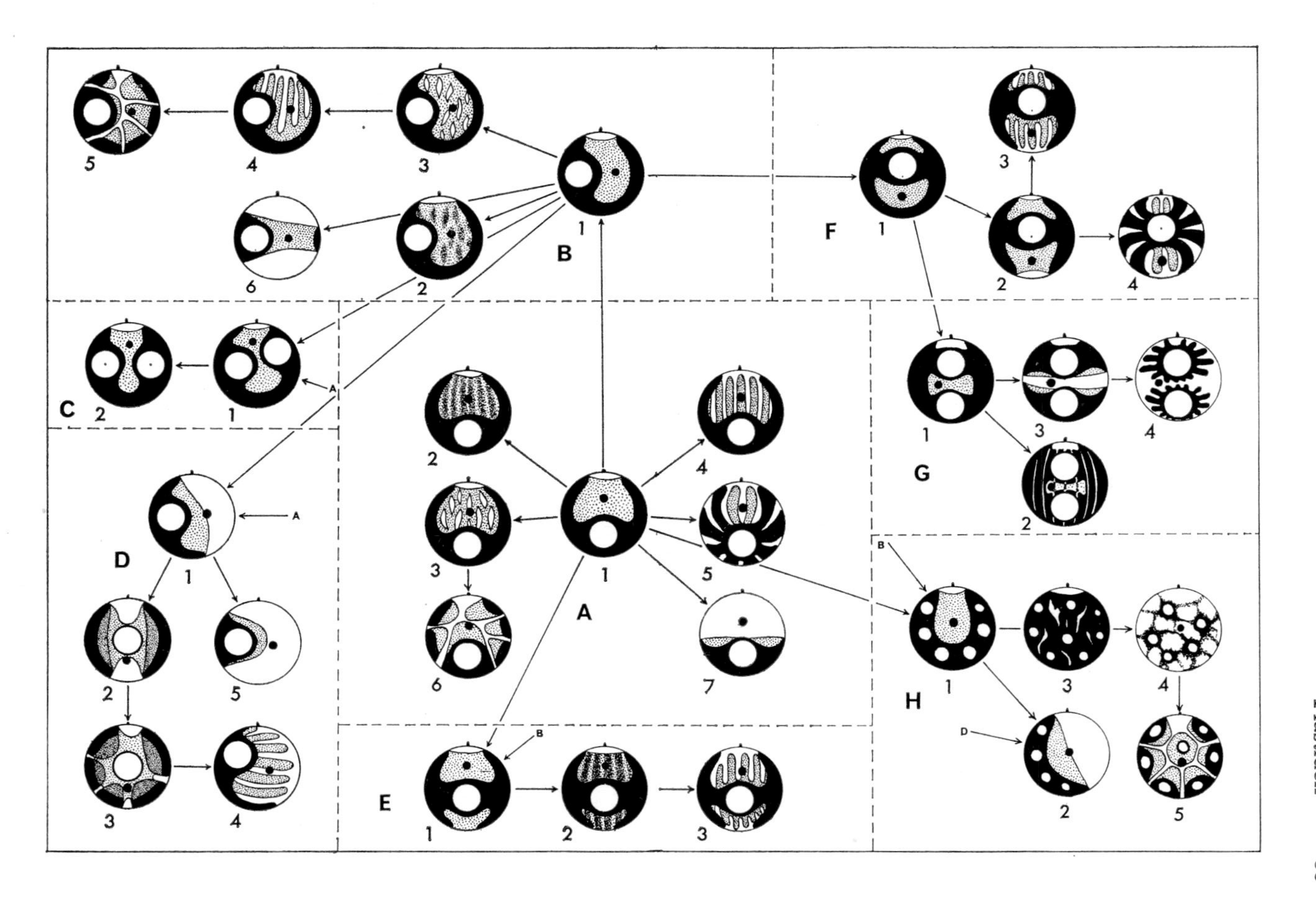

Die ursprünglich topf- oder plattenförmigen Chloroplasten können durch Risse verschiedenartig perforiert (*Pinnularia, Porphyra*) bis netzförmig gestaltet oder durch Einschnitte gelappt bis stark gegliedert sein (*Chlamydomonas, Stigeoclonium, Arachnochloris*). Schließlich können Einschnürungen so weit fortschreiten, daß der Chloroplast sekundär in mehrere einzelne Scheibchen aufgelöst wird. Bei *Chlamydomonas reginae* besitzt die Oberfläche des Chloroplasten viele kleine napfartige Vertiefungen [222]. Verbreitet sind netz- oder gitterförmige Plastiden bei *Oedogonium, Dictyococcus* oder *Chlamydomonas* [573, 1125, 845]. Dreidimensional netzförmige Chloroplasten werden für *Dictyochloris, Dictyochloropsis* und *Spongiochloris* angegeben [324, 1035]. Für eine große Anzahl von Gattungen der Chrysophyceen und Diatomeen ist ein platten- oder becherförmiger parietaler Chloroplast mit einem ± tiefen Einschnitt charakteristisch. Das die beiden gleichen oder ungleichen Hälften verbindende Zwischenstück (Isthmus) ist manchmal so schmal, daß zwei getrennte Plastidenplatten vorgetäuscht werden können, wie z. B. bei *Sphaeridiothrix* oder *Mallomonas* [848, 326]. Komplizierte, zweiteilige Chloroplasten kommen bei *Hydrurus foetidus* vor [636]. Tief eingeschnittene Chloroplasten werden auch für die Grünalge *Myrmecia pyriformis* angegeben [1110].

Durch mehrere radial angeordnete Einschnitte kommen asteroide Chloroplasten zustande, die oft mit zahlreichen Lappen vom Zentrum aus bis an die Peripherie der Zelle reichen – *Trochiscia granulata* [1097], *Asterococcus superbus* [204], *Actinochloris sphaerica* [207], *Chroothece mobilis* [846], *Cylindrocapsa* [58].

Die verschiedene Gestalt der Chloroplasten, die funktionsmäßig den Außenbedingungen und inneren Beziehungen angepaßt ist, beeinflußt wesentlich den Bauplan der Zellen. Oft treten im Rahmen einer einzigen Gattung (z. B. *Chlamydomonas*) die verschiedensten Chloroplastentypen auf, von einfachen schüsselförmigen bis zu kompliziert gelappten oder asteroiden [218]. Die bei *Chlamydomonas* vorkommenden Chloroplasten können in 8 Grundtypen eingeteilt werden: *Euchlamydomonas, Chlamydella, Chlorogoniella, Bicocca, Agloë, Pseudagloë, Amphichloris* und *Pleiochloris* (Abb. 20). Von jedem dieser Grundtypen werden mehrere Modifikationen abgeleitet, die sich als Parallelen bei anderen Grundtypen wiederholen können. Ähnlich ist es auch bei *Chlorella* oder *Chlorococcum*, wenn auch auf anderen Grundtypen fußend [261, 1035].

Gelappte oder zerteilte Chloroplasten haben eine bedeutend größere Oberfläche bei einem mehr oder weniger gleichen Zellvolumen als die kompakten und einfachen Chloroplasten. Sie können die letzteren hinsichtlich der Oberfläche bis um 150 % übertreffen [218]. Besonders stark gelappt und von großer Oberfläche sind die Chloroplasten mancher Desmidiaceen (z. B. *Netrium*). Ein langer massiver Chloroplast trägt hier auf seiner Oberfläche längsverlaufende gelappte Leisten, wobei die Lappen alternierend abstehen [296].

Bei *Ceramium* kann es zu einer Differenzierung der Chloroplasten nach Gestalt und Pigmentgehalt innerhalb eines Individuums kommen – je nachdem, ob es sich um die stark assimilierenden Rindenknotenzellen mit zahlreichen dunkelroten, scheibenförmigen oder eckigen Plastiden oder um die langgestreckten Interstitialzellen handelt, in denen die parietalen Plastiden dünn bandförmig ausgebildet, parallel zur Längsachse orientiert und wesentlich blasser sind [981].

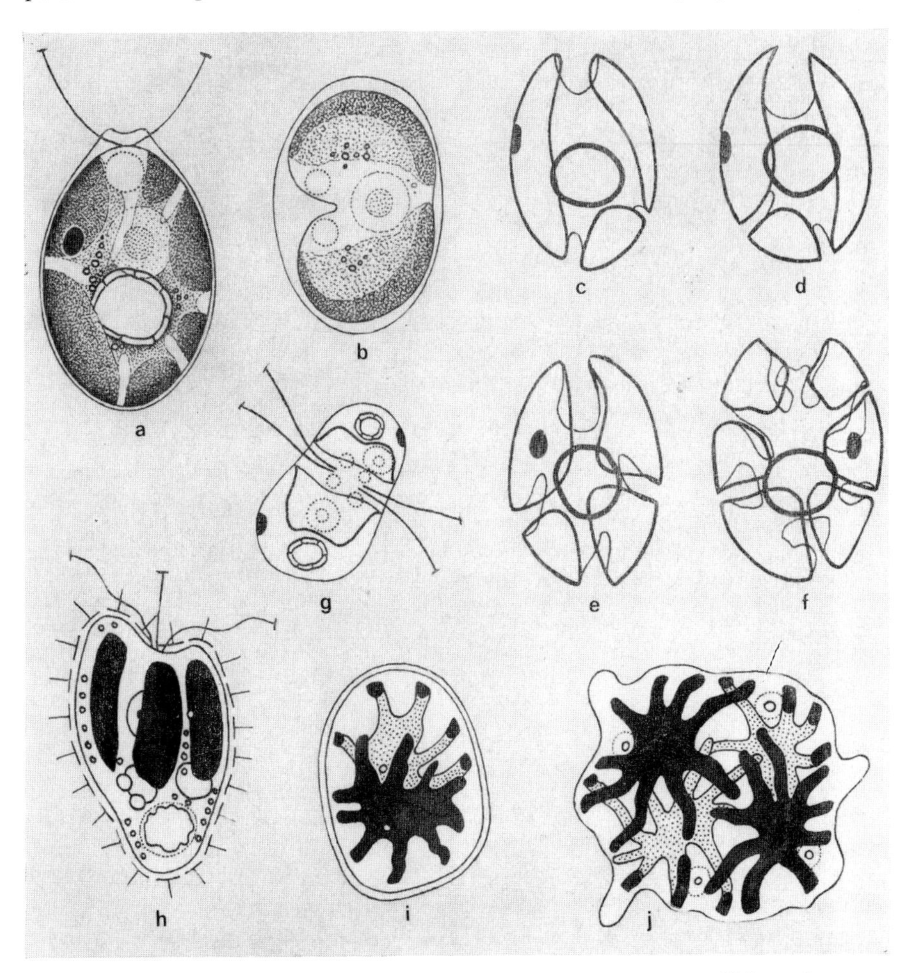

Abb. 21. Plastische Verformung des Chloroplasten, a)–g) bei *Chlamydomonas geitleri,* a) vegetative Zelle mit stark gelapptem Chloroplast; b) Protoplastenteilung mit gleichzeitiger Vereinfachung des Chloroplasten; c)–f) Entfaltung der Lappen an wachsenden Chloroplasten; g) vereinfachte Chloroplasten in kopulierenden Gameten; h)–j) bei *Chrysochromulina brevifilum;* h) begeißelte Zellen mit bandförmigen und ganzrandigen Chloroplasten; i) unbewegliche Ruhezelle mit tief gelappten, sternförmigen Chloroplasten; j) amöboides Stadium. – a)–g) nach Ettl 1976 [218]; h)–j) nach Parke u. Mitarb. 1955 [794].

Kompliziert gebaute Chloroplasten, wie lappig-sternförmige oder gegliederte, ändern während des Wachstums und während der Zellteilung ihre Gestalt. Während des Wachstums werden die Chloroplasten zunehmend gegliedert. Vor der Zellteilung kommt es hingegen zu einer Umgestaltung (Abb. 21). Diese erfolgt jedoch im Sinne einer durchgreifenden Vereinfachung des Umrisses unter einer Art von Zusammenballung und Veränderung der inneren Strukturen [214, 217, 333]. Dieser Vorgang, der an *Chlamydomonas, Actinochloris, Stigeoclonium, Cocconeis* und *Radiosphaera* eingehend untersucht wurde, wird als plastische Verformung oder morphologische Transformation bezeichnet. Eine eigenartige Verformung der Chloroplasten wurde bei einigen *Chrysochromulina*-Arten beobachtet (Abb. 21 h bis j) [794, 795, 796]. In den begeißelten und beweglichen Zellen sind ein oder mehrere mulden-, scheiben- oder kurz bandförmige, aber immer ganzrandige Chloroplasten vorhanden. Sobald die Zellen unbeweglich oder amöboid werden, wandeln sich die Chloroplasten in tief gelappte bis sternartige Gebilde um. Bei manchen Xanthophyceen verändern sich die Chloroplasten auch bei längerem Wachstum und durch verschiedene äußere Einflüsse, so daß manche Zellen der gleichen Art, oft nebeneinander, sehr verschieden gebaute Chloroplasten aufweisen [829].

Als augenfälligste Bestandteile der Algenzellen liefern die Chloroplasten brauchbare Kriterien für die systematische Gliederung der Algen. Der Gedanke der taxonomischen Verwertung von Chloroplastenformen wurde für Chlorophyceen von mehreren Autoren übernommen [95, 296, 708, 807, 1080, 1125]. Ganz besonders geeignet ist die Chloroplastengestalt als taxonomisches Merkmal zur Unterscheidung von Arten bei einzelligen Gattungen wie *Chlamydomonas* (Abb. 20), *Chloromonas, Carteria* [215, 218, 807], *Chlorococcum* [1035], *Chlorella* [261] u. a. Es wurde auch versucht, die Ultrastruktur der Chloroplasten taxonomisch auszuwerten, doch liegen in dieser Richtung bis jetzt nur vereinzelte Erfahrungen vor [465].

2.3.1.4. Teilung und Fusion

Während des Zellzyklus wachsen die Chloroplasten zu einer bestimmten Größe heran, um sich dann zu teilen. Die Chloroplastenteilung ist kein passiver Vorgang, da die Chloroplasten semiautonome Organellen sind, eine spezifische DNA und ein autonomes genetisches System besitzen [363]. Diese Semiautonomie äußert sich auch morphologisch, indem einheitliche Morphologie in der Teilung und ein zeitlicher Abstand im Beginn der Chloroplastenteilung einerseits und der Mitose andererseits herrscht [217, 219, 221, 336, 337]. Oft geht die Chloroplastenteilung der Mitose voraus, wenn auch in einigen Fällen der Chloroplast zum Zeitpunkt des Beginns der Mitose seine Teilung noch nicht vollständig beendet hat.

Die Teilung erfolgt in Form einer Durchschnürung, die als Querteilung von beiden Seitenflanken aus beginnend verläuft (Abb. 22). Die Teilungsfurchen bilden sich gleichzeitig und verlaufen senkrecht zur Längsachse des Chloroplasten. Am besten ist dieser Verlauf an einfachen scheibenförmigen

Chloroplasten zu beobachten, wie bei *Euglena* [949] und *Diatoma* [221]. Mitunter können gewisse Modifikationen auftreten, indem die eine Teilungsfurche tiefer eingreift als die andere, wie z. B. bei *Nitzschia* [337]. Dieser Teilungsmodus bleibt auch bei anders und oft komplizierter gebauten Chloroplasten erhalten (Abb. 22). So verhält sich die Teilung eines rinnenförmigen Chloroplasten wie die eines plattenförmigen, da ersterer vom morphologischen Standpunkt aus eine gebogene Platte darstellt, an der dann die Teilungsfurchen der Biegung des Chloroplasten folgen. Auch bei *Stigeoclonium stagnatile* liegt ein im Prinzip rinnenförmiger Chloroplast vor, dessen Ränder aber gelappt sind (Abb. 22 c). Doch auch in diesem Fall bleibt derselbe Teilungsmodus erhalten [217]. Erfahrungen an den Chloroplasten von *Chlamydomonas*-Arten erlauben auch, den Verlauf beider Teilungsfurchen bei schüssel- oder topfförmigen Chloroplasten darzustellen, auch dann, wenn der Vorderrand des topfförmigen Chloroplasten mit Einschnitten versehen ist [219]. In manchen Fällen verläuft die Chloroplastenteilung auch inäqual, wie bei den Keimlingen von *Coleochaete scutata* [318]. Auf gleiche Weise wie die Chloroplasten werden auch die Proplastiden von *Euglena gracilis* geteilt [600, 949].

Auch bei der Fortpflanzung der Algen hat die Teilung der Chloroplasten ihre spezifischen morphologischen Gesetzmäßigkeiten. Sie soll eine gleichmäßige Verteilung des genetischen Materials der Chloroplasten auf die künftigen Tochterzellen gewährleisten, gleichgültig, ob die Teilung sukzedan oder

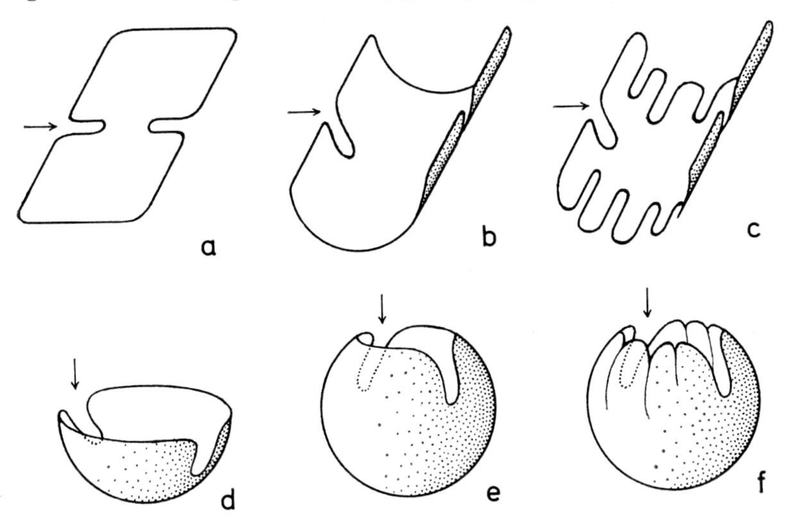

Abb. 22. Schema der Teilung verschieden gestalteter Chloroplasten (die Pfeile zeigen auf die Teilungsfurchen), a) einfacher plattenförmiger Chloroplast; b) rinnenförmiger Chloroplast; c) rinnenförmiger Chloroplast mit gelappten Rändern; d) schüsselförmiger Chloroplast; e) einfacher topfförmiger Chloroplast; f) topfförmiger Chloroplast mit eingeschnittenem Vorderrand. – Nach ETTL 1975 [217].

simultan verläuft. Die komplizierten Formen der Algenchloroplasten werden während der Fortpflanzung einzelliger Algen meist in eine einfachere kompakte Gestalt transformiert, in der sie sich teilen. Bei vielen Algen mit mehreren Chloroplasten bleibt deren Anzahl in den einzelnen Generationen konstant. So werden die Chloroplasten von *Euglena gracilis* in kompletten Nährmedien und bei Licht so aufgeteilt, daß ihre Zahl bei Zellteilungen von einer Generation zur anderen erhalten bleibt. Dasselbe gilt auch für die Proplastiden, die bei Kulturen im Dunkeln auftreten [948, 950]. Andererseits erfolgt bei zönoblastischen Algen mit sehr zahlreichen Chloroplasten ihre Verteilung auf die Tochterzellen nicht immer ganz gleichmäßig (z. B. bei *Botrydiopsis*), und die Zahl der Chloroplasten wird erst während des Wachstums wieder hergestellt.

Im Unterschied zu den einzelligen Algen erfolgen bei den mehrzelligen die Teilung und Verformung der Chloroplasten getrennt (*Stigeoclonium stagnatile*). So findet die Teilung des Chloroplasten nur im vegetativen, die Transformation des Chloroplasten nur im generativen Stadium statt (Abb. 23). Die Verformung des Chloroplasten ist in diesem Fall nicht nur die Vorstufe der Chloroplastenteilung, sondern auch die der Fortpflanzung des ganzen Organismus durch Zoosporen [217]. Ähnliche Verformungen treten auch bei sexueller Fortpflanzung während der Gametenbildung auf, denn die Gameten sind den Zoosporen morphologisch weitgehend ähnlich.

Die genetische Kontinuität der Chloroplasten wird auch bei der Übertragung durch asexuelle oder sexuelle Fortpflanzungszellen gewährleistet. Bei *Oedogonium* erfolgt die Übertragung des Plastidenapparates nur durch die Eizelle, da der Chloroplast des Spermatozoiden äußerst stark reduziert ist. Bei *Spirogyra* kommt es vor, daß der Chloroplast des männlich determinierten Gameten in der Zygote resorbiert wird, so daß auch hier die genetische Kontinuität des Chloroplasten durch den weiblichen Gameten gewährleistet wird [981]. Ein autoradiographischer Beweis einer raschen Desintegration des einen Chloroplasten in der Zygote wurde bei *Ulva mutabilis* erbracht [67]. Dagegen konnte eine Fusion beider Gametenplastiden in den Zygoten von *Chlamydomonas reinhardtii* und *Ch. moewusii* elektronenmikroskopisch nachgewiesen werden (Abb. 8) [94, 77]. Auch bei *Acetabularia* sollen die Chloroplasten der Gameten miteinander verschmelzen [142], doch konnte diese Beobachtung nicht bestätigt werden [1064].

Bei den *Volvocales* wird der Chloroplast in den Gameten oft morphologisch stark vereinfacht. Die Gameten sind den sexuellen Prozessen angepaßt und ent-

Abb. 23. Teilung und Verformung des gegliederten Chloroplasten von *Stigeoclonium stagnatile.* a) Zelle nach erfolgter Teilung; b)–f) Teilungsverlauf des Chloroplasten und der Zelle; g) gestreckte Zelle vom Ende der Seitenzweige; h) im optischen Querschnitt; i)–j) Verformung des Chloroplasten während der Zoosporenbildung; k) Zoospore; l) junger Keimling; m) einzelliger Keimling mit beginnender Umformung des Chloroplasten; n) Keimling vor der ersten Zellteilung; o) zweizelliger Keimling mit völlig entfaltetem Chloroplasten. – Nach Ettl 1975 [217].

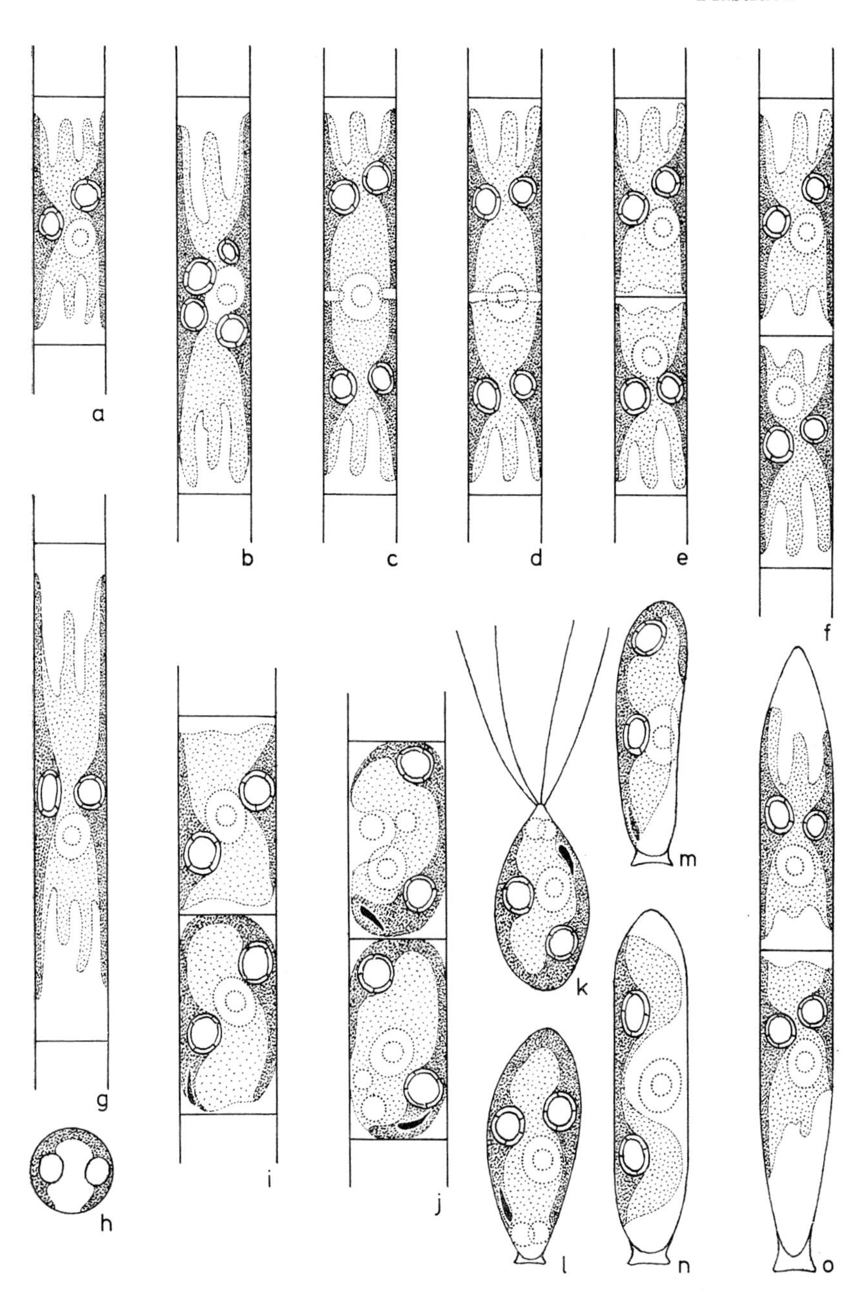
a
b
c
d
e
f
g
h
i
j
k
l
m
n
o

sprechend spezialisiert, wobei die Photosynthese in den Hintergrund getreten ist und nur der nötigsten Erhaltung der Gameten oder der jungen Zygote dient [214]. Das Grün der Chloroplasten der Spermatozoiden der zönobialen Volvocaceen und der oogamen *Chlamydomonas pseudogigante* schlägt nach Gelblich um, und am Ende der Entwicklung verblaßt die Färbung unter Verkleinerung der Chloroplasten, so daß reife Spermatozoiden oft nahezu farblos erscheinen [807, 303].

2.3.1.5. Leukoplasten und Apoplastie

Unter den Flagellaten, weniger häufig auch unter den Algen, kommen farblose, sich ausschließlich heterotroph ernährende Formen vor, die in morphologischer Hinsicht weitgehend mit den grünen, zur Photosynthese befähigten Formen übereinstimmen [371, 898]. Je einfacher die Arten in ihrem Bau sind, um so häufiger finden sich Verwandte, die kein Chlorophyll enthalten. Nicht alle farblosen Algen sind jedoch völlig pigmentfrei. Die meisten apochlorotischen Chlamydomonadaceen färben bei Massenentwicklung durch die noch in kleinen Mengen vorhandenen Karotinoide das Wasser mehr oder weniger orange [898]. Manche Formen sind nur blaß, was durch Verminderung der Pigmentierung zustande kommt, wie z. B. bei *Chlamydomonas pallens*. Ein reduzierter Plastidenapparat tritt bei *Furcilla* auf, wo die wenigen Lamellen des Chloroplasten sehr kurz sind [22]. Oft wird der Chloroplast in den Spermatozoiden strukturell abgebaut (z. B. *Golenkinia, Dichotomosiphon*), und es bleiben nur wenige Thylakoide übrig [736, 740]. Bei der an Süßwasserkrebsen ektoparasitisch lebenden Fadenalge *Cladogonium* sind alle vegetativen Zellen farblos. Demgegenüber besitzen die Zoosporangien und die ausschwärmenden Zoosporen mehrere grüne Chloroplasten [433].

Beim Vergleich der farblosen Flagellaten mit den chlorophyllführenden Formen finden wir oft auffallende Parallelen [822, 898]. Einige Beispiele seien hier angeführt:

farblos	gefärbt	Algenklasse
Oikomonas	*Chromulina*	
Monas	*Ochromonas*	*Chrysophyceae*
Leukochrysis	*Chrysarachnion*	
Chilomonas	*Cryptomonas*	*Cryptophyceae*
Khawkinia	*Euglena*	*Euglenophyceae*
Hyalophacus	*Phacus*	
Hyaliella	*Dunaliella*	
Polytoma	*Chlamydomonas*	*Chlorophyceae*
Hyalogonium	*Chlorogonium*	

In vielen farblosen Algen bleiben Rudimente der Chloroplasten erhalten, die als Leukoplasten oder Amyloplasten Assimilate speichern [175]. Amyloplasten wurden z. B. bei *Caulerpa* gefunden [155, 729]. Die farblosen Leukoplasten besitzen ebenso wie die Chloroplasten eine Doppelmembran, aber fast keine oder keine Thylakoide. Man hat solche bei *Polytoma* (Abb. 21 b) [582], *Prototheca* [751], *Polytomella* [744], *Anthophysa* [29] und

Chilomonas [984] gefunden. Bei *Polytoma* wurden in den Leukoplasten vesikuläre und tubuläre Elemente beobachtet, die mit den Thylakoiden der Chloroplasten homolog sein könnten. Die Leukoplasten von *Nitzschia alba* [961] werden wie die Chloroplasten anderer Diatomeen von einer Hüllzisterne des ER umschlossen (Abb. 24 a). Das Innere der Leukoplasten wird weitgehend von einer ziemlich homogen erscheinenden Matrix eingenommen, in der nur vereinzelt Reste von Thylakoiden vorkommen. Ein Leukoplast, der nur aus einem durch die Doppelmembran begrenzten Bereich besteht, wurde bei der parasitischen Rhodophycee *Choreocolax* beobachtet [570]. Die Leukoplasten von *Hyalogonium* enthalten zwei Pyrenoide mit Stärkehüllen, bei anderen Flagellaten kann auch das Stigma erhalten bleiben [898].

Im Unterschied zu den apochlorotischen Formen, bei denen nur das Membransystem der Plastiden und das Chlorophyll reduziert sind oder ganz verloren gingen, sind die apoplastidialen Formen völlig ohne Plastiden

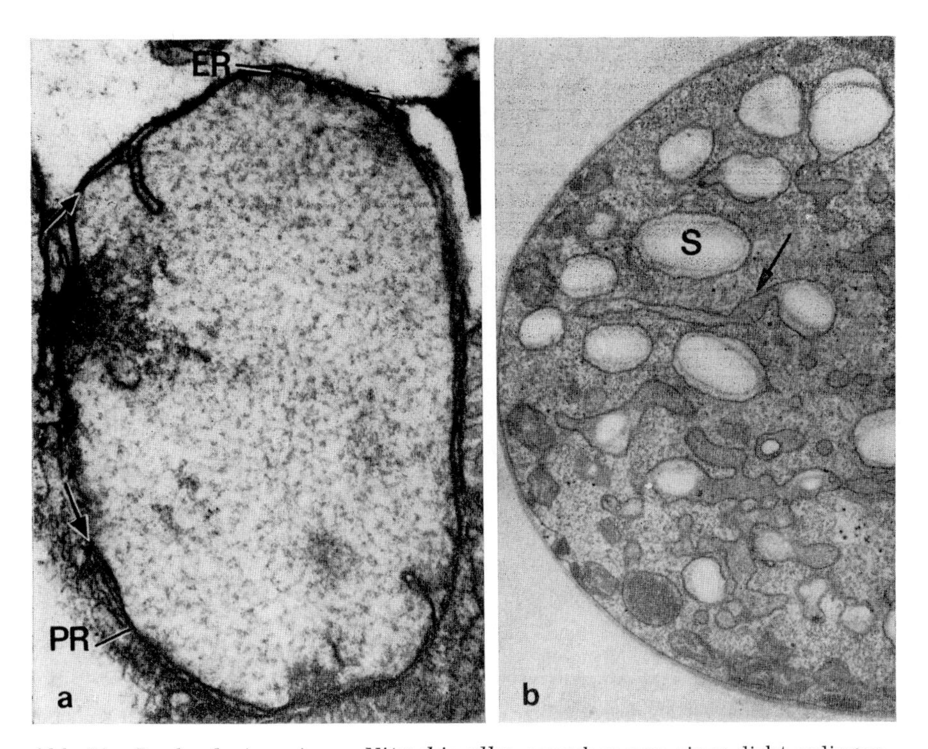

Abb. 24. Leukoplasten, a) von *Nitzschia alba,* umgeben von einer dicht anliegenden Zisterne des *ER* und einem periplastidialen Retikulum (*PR*); b) von *Polytoma papillatum,* der netzartig verzweigt ist (Pfeil) und Stärkekörner (*S*) enthält. – a) 42 000 : 1, nach Schnepf 1969 [961]; b) 8200 : 1, Original P. Gaffal.

oder deren Rudimente (Abb. 25). Das trifft vor allem für die farblosen Parallelformen der Euglenophyceen zu, aber auch unter den *Volvocales* sind sie bekannt, wie z. B. *Aulacomonas* [1069]. Auch die irreversibel gebleichten Stämme von *Euglena gracilis* sind plastidenfrei [950]. Apoplastidiale Orga-

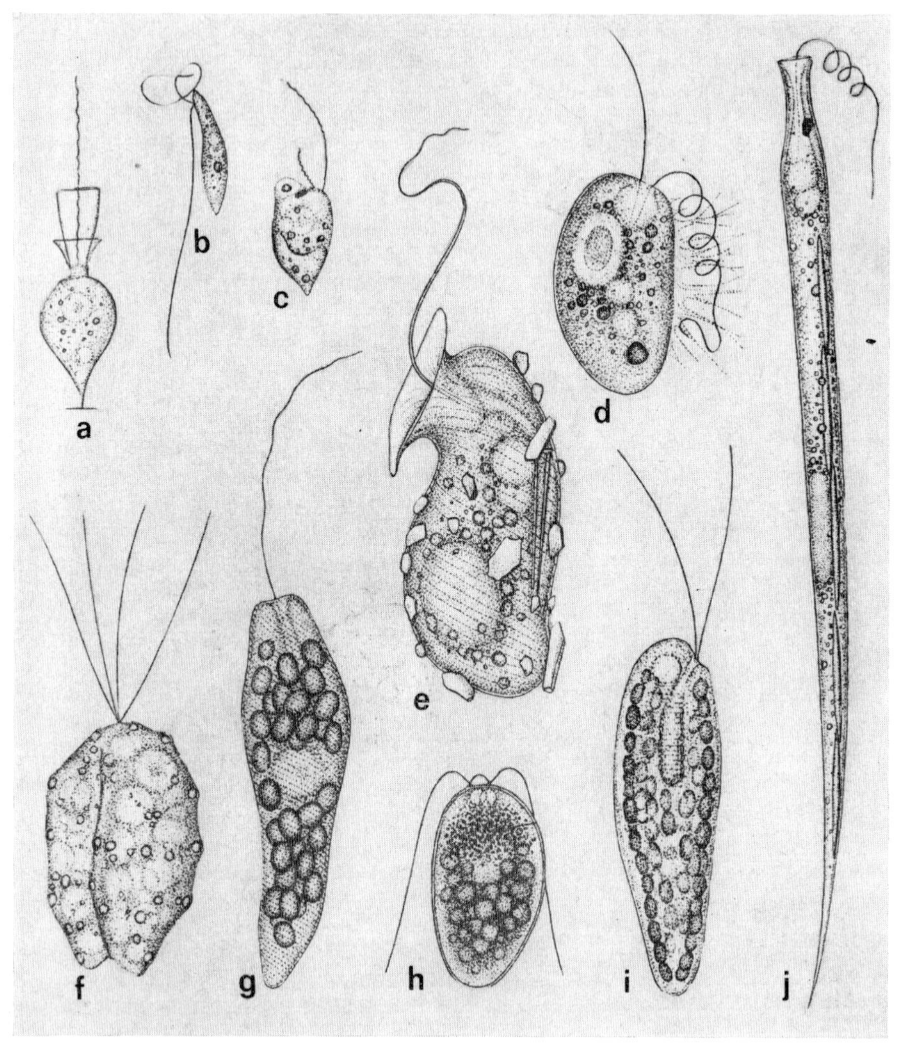

Abb. 25. Farblose Flagellaten. a) *Salpingoeca frequentissima;* b) *Bodo angustatus*; c) *Heterochromonas gotlandica;* d) *Hyaloselene compressa;* e) *Urceolus gloeochlamys;* f) *Collodictyon triciliatum;* g) *Astasia robusta;* h) *Polytoma oligochromatum*; i) *Chilomonas paramaecium;* j) *Cyclidiopsis acus.* – Nach Skuja 1956 [1008].

nismen, die im Aufbau höheren Algen ähneln und saprophytisch leben, gibt es nur wenige. *Saprochaete saccharophila* erinnert in der Verzweigung der Hauptachse an eine *Stigeoclonium*-ähnliche Fadenalge [1055].

2.3.1.6. Oszillation und Bewegung

Phototaktische Chloroplastenbewegungen sind bei höheren Pflanzen ausführlich untersucht worden. Aber auch von den Algen ist schon länger bekannt, daß ihre Chloroplasten Bewegungen ausführen können (Abb. 26). Bei *Mougeotia* dreht sich der plattenförmige Chloroplast, wenn die Fäden vom Licht ins Dunkle und umgekehrt gebracht werden [698]. Bei *Vaucheria* kommt es zu Verlagerungen der scheibenförmigen Chloroplasten. Die Photorezeptoren, die für diese Bewegung verantwortlich sind, liegen nicht in den Plastiden, sondern im Zytoplasma. Als aktive Elemente der Chloroplastenbewegung werden kontraktile Fibrillen angesehen [971]. Eingehend haben sich Haupt und Mitarbeiter mit der phototaktischen Chloroplastenbewegung

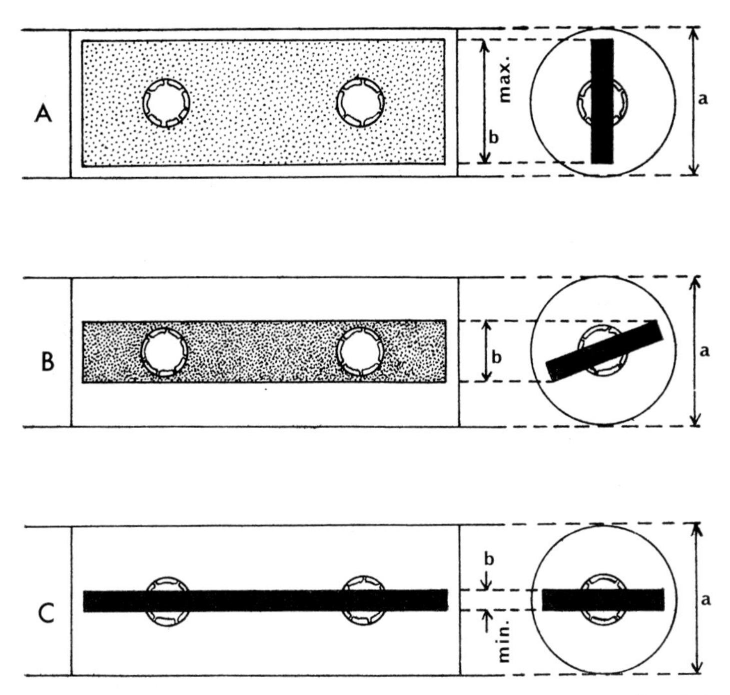

Abb. 26. Schema der Chloroplastenbewegung bei *Mougeotia*. *A* Ausgangslage, bei der der Chloroplast mit seiner größeren Fläche zur Lichtquelle gewandt ist (Epistrophie); *B* Drehung des Chloroplasten; *C* volle Reaktion, der Chloroplast ist mit seiner kleinsten Fläche der Lichtquelle zugewandt (*a* Zelldurchmesser, *b* Breite der dem Licht zugewandten Chloroplastenfläche). – Nach Brezina 1973 [69].

durch Lichtreize befaßt [247, 286, 398, 399, 400, 755]. Die Chloroplastenbewegung bei *Mougeotia* nach Starklichtreiz wurde auch mit Hilfe mikrokinematographischer Registration analysiert [69].

Anderer Natur sind Rotationsbewegungen und Oszillationen der Chloroplasten. So zeigt der topfförmige Chloroplast von *Poloidion* innerhalb der Zelle Verschiebungen und Drehungen bis zu 90° gegenüber der Normallage. Die Polarität des Chloroplasten und der Zelle sind räumlich nicht gekoppelt [843]. In den Haarzellen von *Coleochaete* und *Chaetotheke* vollführt der Chloroplast spontan eine dauernde, gleichmäßige Rotationsbewegung. Hierbei bleibt die Bahn in jeder Zelle die gleiche, ebenso der Drehungssinn für jede einzelne Art [311]. Bei *Coleochaete* oszilliert der Chloroplast außer in jungen Sporangien auch in einzelligen Keimlingen. Der Chloroplast von *Chaetosphaeridium pringsheimii* befindet sich in den haartragenden Zellen in intermittierender Rotation mit mehr oder weniger regelmäßigem Richtungswechsel [312], wogegen der Chloroplast von *Spirotaenia endospira* zusammen mit dem Protoplasten spontan um die Längsachse der Zelle rotiert [339].

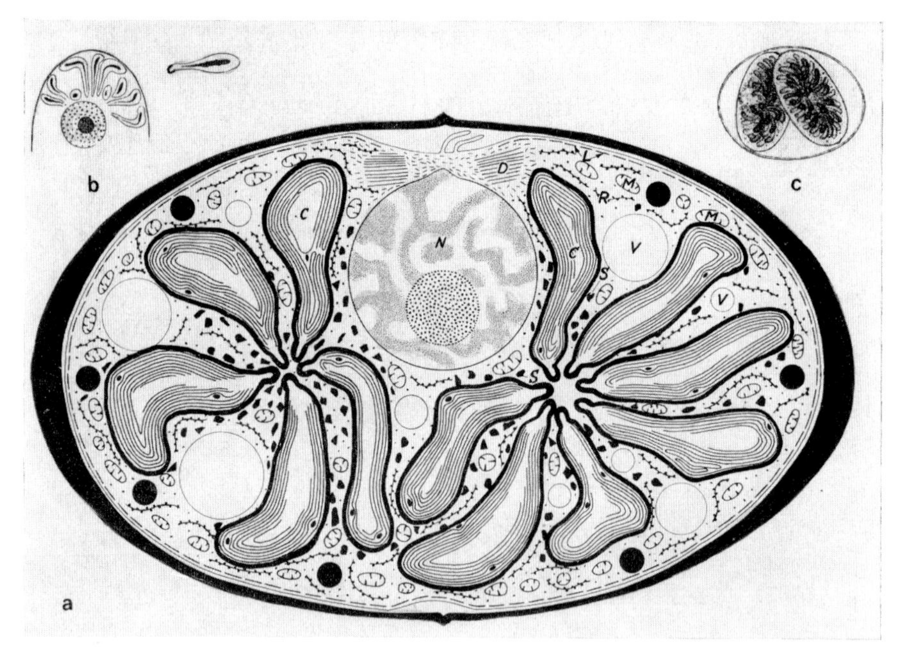

Abb. 27. Schema des Zellbaus von *Glaucocystis*, a) nach elektronenmikroskopischen Untersuchungen; *C* Cyanelle, *D* Dictyosom, *L* Lacune, *M* Mitochondrie, *N* Zellkern, *R* endoplasmatisches Retikulum, *S* Stärkekorn, *V* Vakuole, *Z* Zellwand; b) nach gefärbtem Präparat im Lichtmikroskop, rechts einzelne Cyanelle; c) Autosporenbildung. – a) nach Schnepf u. Mitarb. 1966 [969], b) nach Geitler 1923 [289], c) nach Skuja 1956 [1008].

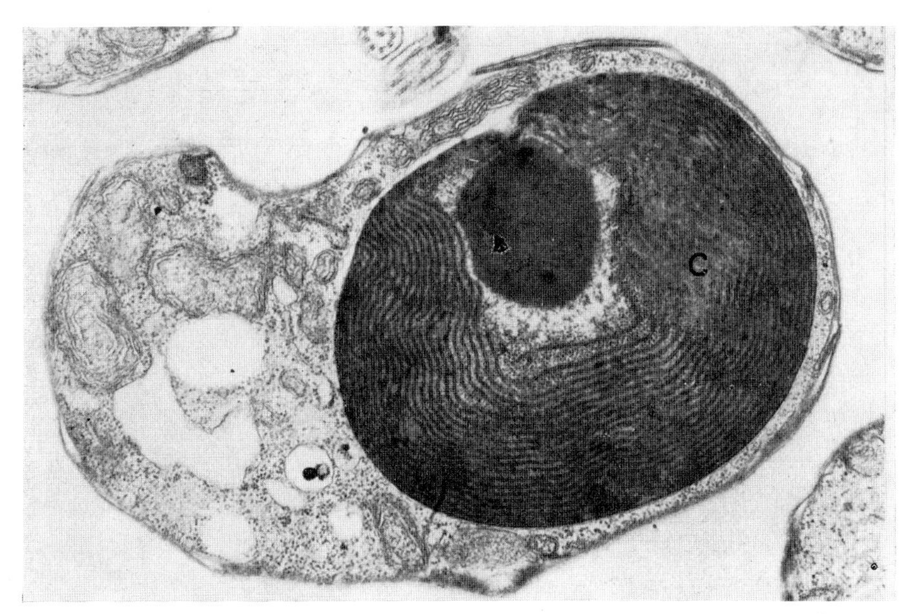

Abb. 28. Elektronenmikroskopische Aufnahme des Längsschnittes von *Cyanophora paradoxa* mit großer Cyanelle (C). – 19200 : 1; nach MIGNOT u. Mitarb. 1969 [725].

2.3.1.7. Cyanellen

Manche apoplastidialen Algen leben in Symbiose mit intrazellulären Blaualgen, die die Funktion der fehlenden Chloroplasten übernehmen. Das Konsortium von Wirt und Blaualge wird Cyanom, die Symbiose Syncyanose, und die symbiotisch lebenden Blaualgen werden Cyanellen genannt [289, 812]. Bislang wurden die Cyanellen nicht frei lebend gefunden und konnten auch nicht separat gezüchtet werden [193]. Es besteht die Frage, ob Cyanellen autonome Blaualgen-Zellen sind, oder ob es sich um besondere Formen von Chloroplasten handelt. Nach SCHNEPF und BROWN [963] gibt es dreierlei Ansichten über die Natur der Cyanellen: a) die Cyanellen werden streng für Cyanophyceen gehalten [381, 382], b) sie werden als Chloroplasten und die Organismen als eine besondere Algengruppe, *Glaucophyta,* aufgefaßt [1007], und c) können sie als semiautonome Endosymbionten angesehen werden.

In letzter Zeit wurden mehrere Cyanome elektronenmikroskopisch untersucht [193, 381, 382, 725], wobei wichtige Ergebnisse erzielt wurden. Eine typische Cyanophyceen-Zellwand fehlt ebenso, wie ihre wichtigen Substanzen (Diaminopimelinsäure). Die Thylakoide sind separat und konzentrisch angeordnet, besitzen jedoch Phycobilisome. Die für die Cyanophyceen typischen Einschlüsse, wie Granula von Polyglukosiden, Cyanophycin und Polyphosphaten, fehlen. Als Pigmente sind zwar das C- und R-Phycocyanin vorhanden, es fehlen aber die Xanthophylle der Cyanophyceen. Die DNA verhält sich eher wie die der Chloroplasten als die der Cyanophyceen. Die Stärke der Wirtsalgen ist mit der extraplastidialen Stärke der Rhodophyceen vergleichbar [963]. Die polaren Regionen in den Cyanellen von *Glaucocystis* (Abb. 27) sind ohne Thylakoide und Ribosomen, so daß sie stark an Pyrenoide erinnern. Demnach besitzen die Cyanellen eher eine Chloroplasten-Natur, die der der Rhodophyceen ähnelt.

Da die große Ähnlichkeit in der Ultrastruktur der Cyanellen (Abb. 28) und der Chloroplasten nicht geleugnet werden kann, versucht man, die Chloroplasten als endosymbiotische, prokaryotische Organismen aufzufassen und damit die Theorie von SCHIMPER, MERESCHKOWSKY und FAMINTZIN neu zu beleben [1064]. Dafür sollen folgende elektronenmikroskopische Strukturen sprechen:

a) die Chloroplasten sind von einer porenlosen Doppelmembran umgeben,
b) die innere und die äußere Membran sind verschieden,
c) sie besitzen innerhalb des Euzyten eine gewisse genetische Selbständigkeit, und
d) sie besitzen dementsprechend ihre eigene DNA [434].

2.3.2. Pyrenoide

Im Unterschied zu den Chloroplasten der höheren Pflanzen enthalten die Plastiden bei vielen Algen Pyrenoide. Es handelt sich um deutlich abgegrenzte Bereiche im Chloroplasten, die von einer dichten proteinhaltigen Matrix ausgefüllt sind. Sie kommen in den Chloroplasten in Einzahl oder in Mehrzahl vor und treten durch ihre hohe Dichte und die oft rings um sie gelagerten Assimilate schon im Lichtmikroskop deutlich hervor (Abb. 29). Ihre Größe schwankt innerhalb weiter Grenzen. Besonders große Pyrenoide

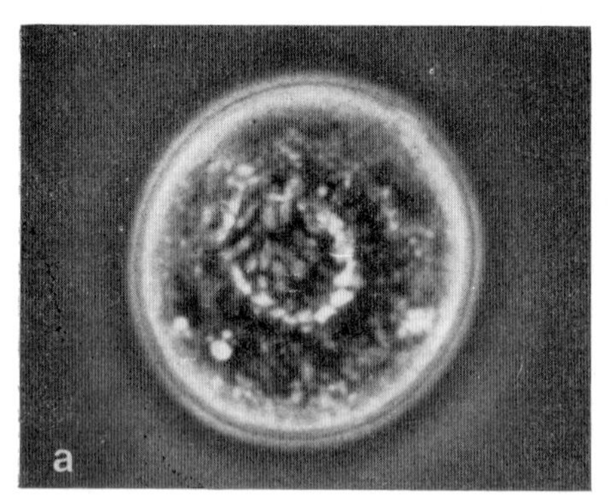

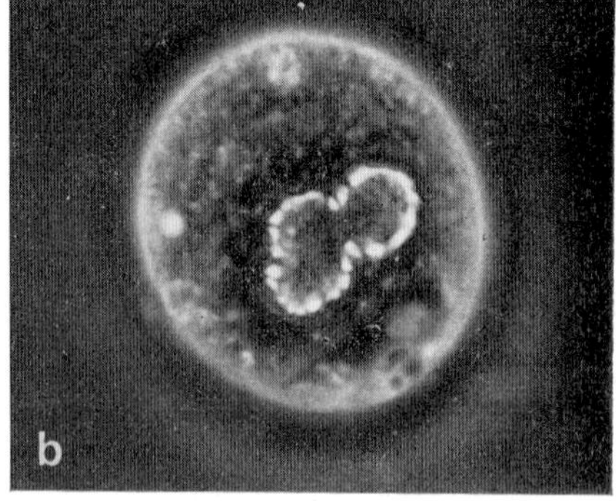

Abb. 29. Pyrenoid in lebenden Zellen von *Chlamydomonas noctigama* im Anoptral-Kontrast, a) in der Aufsicht mit deutlichen Stärkekörnern an der Oberfläche, b) im optischen Längsschnitt. – 1500 : 1, nach ETTL 1965 [209].

haben die Conjugatophyceen (*Spirogyra* bis 18 μm) und manche Dinophyceen (*Discodinium pouchetii* 12—15 μm), sehr kleine Pyrenoide dagegen manche *Volvocales* (1—3 μm) [175, 573].

2.3.2.1. Bau und Struktur

Nach der Art der Lagerung in, an oder außerhalb der Chloroplasten, nach dem Vorhandensein oder Fehlen einer Assimilathülle und deren Beschaffenheit und schließlich nach der Zusammensetzung der Pyrenoide selbst können mehrere Pyrenoidtypen unterschieden werden (Abb. 30). Eine Übersicht der im Lichtmikroskop feststellbaren Pyrenoidtypen wird im folgenden gegeben [145, 290, 981]:

I. Nackte Pyrenoide (ohne Assimilathülle)
   1. intraplastidiale – im Chloroplasten gelagert
      a) einheitliche (Proteinkörper kompakt)
      b) zusammengesetzte (Proteinkörper aus mehreren Teilen bestehend)
   2. exoplastidiale – an der Oberfläche des Chloroplasten gelagert, oft gestielt.

II. Beschalte Pyrenoide (mit Assimilathülle)
   1. intraplastidiale – im Chloroplasten gelagert
      a) einheitliche (Proteinkörper kompakt)
         α) polare – Assimilathülle nur an der nach außen zugekehrten Seite
         β) nicht polare – gleichmäßig und ununterbrochen von einer Assimilathülle umgeben
      b) zusammengesetzte (Proteinkörper aus mehreren Teilen)
         α) zweiteilige, mit zwei plankonvexen Proteinkörpern
         β) vielteilige, mit mehreren Proteinkörpern
   2. exoplastidiale – an der Oberfläche oder außerhalb des Chloroplasten gelagert.

Nackte, nicht mit einer Assimilathülle versehene Pyrenoide sind für Chrysophyceen, Bacillariophyceen, Rhodophyceen, Phaeophyceen, Xanthophyceen und für manche *Euglenales* charakteristisch. Sie sind im Chloroplasten eingesenkt (intraplastidial), wie z. B. bei *Pleurochloris, Tribonema, Hydrurus,* oder sitzen auf einem Stiel (extraplastidial), wie z. B. bei den Phaeophyceen und *Colacium*-Arten. Das nackte Pyrenoid erscheint nicht immer kompakt. So besteht es bei gewissen Diatomeen aus zwei oder mehreren Teilen des Proteinkörpers. Bei *Surirella* und *Cymbella* zeigen die Pyrenoide eine kristallartige Form mit rhombischem Umriß [308, 335]. Besondere Strukturverhältnisse gibt es bei den Pyrenoiden von *Caloneis, Navicula, Diploneis* und *Pinnularia* [1099]. Diese Pyrenoide sind kuppenförmig, mehr oder weniger lang gestreckt und liegen der Innenfläche der Chloroplasten an. Sie werden von senkrecht gerichteten, einfachen oder verzweigten Kanälchen durchzogen. Bei *Chrysochaete* ist das Pyrenoid tief gespalten, so daß zwei Pyrenoide vorgetäuscht werden. Jede der Pyrenoidhälften besitzt außerdem noch einen blind endenden Kanal. Dieses Pyrenoid ist im

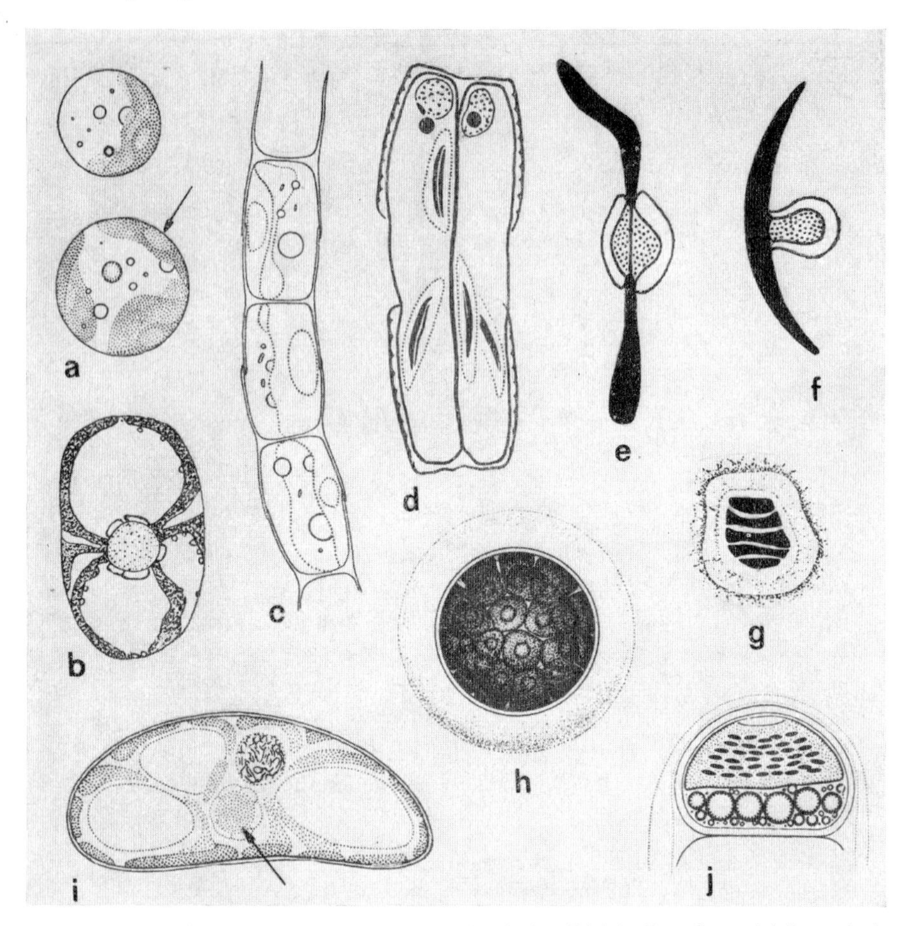

Abb. 30. Verschiedene Pyrenoidtypen, wie sie im Lichtmikroskop sichtbar sind; a) nackte Pyrenoide (Pfeil) von *Pleurochloris pyrenoidosa,* b) zentrales Pyrenoid von *Allogonium smaragdinum,* c) *Tribonema pyrenigerum,* d) flache, zweiteilige Pyrenoide von *Surirella ovata* während der Auxosporenbildung, e) Chloroplast mit Pyrenoid von *Euglena americana* im Längsschnitt, f) gestieltes Pyrenoid von *Colacium* an der Innenseite des Chloroplasten, g) multiples Pyrenoid von *Chlamydomonas,* h) *Planktosphaeria gelatinosa,* jeder einzelne Chloroplast enthält ein Pyrenoid, i) extraplastidiales Pyrenoid von *Cystodinium closterium,* j) Pseudopyrenoid von *Chlorokybus atmophyticus.* – a), c) nach Pascher 1939 [829]; b), e), g) aus Schussnig 1960 [981]; d) nach Geitler 1963 [Österr. Bot. Z., 110]; h) nach Skuja 1956 [1008]; i) nach Pascher 1944 [841]; j) nach Geitler 1955 [304].

Leben wechselnd sichtbar, was offenbar auf Veränderungen in der Lichtbrechung der Zellkomponenten beruht [1106].

Bei den Chlorophyceen, Prasinophyceen, Cryptophyceen, Dinophyceen und manchen *Euglenales* sind die Pyrenoide beschalt, d. h. mit einer Assimilathülle aus Stärke oder ähnlichen Polysacchariden versehen. Die Assimilathülle kann in manchen Fällen einseitig, dem Zellzentrum zu, offen sein, wie z. B. bei *Acanthosphaera, Prasinocladus.* Solche Pyrenoide bezeichnen wir als polar [290]. Während der Entwicklung des betreffenden Organismus und je nach dem physiologischen Zustand der Zelle kann die Assimilathülle in ihrer Mächtigkeit schwanken. Reproduktive Zellen von *Eudorina* besitzen beispielsweise eine wesentlich dünnere Stärkehülle als die vegetativen Zellen [371].

Einen deutlicheren Einblick in die Struktur der Pyrenoide gibt das Elektronenmikroskop. Obgleich die Pyrenoide morphologisch recht unterschiedlich sind, haben sie einen prinzipiellen Grundbau und einige gemeinsame strukturelle Merkmale, so vor allem die Bindung an den Chloroplasten und die Matrix (Proteinkörper) als Grundsubstanz. Letztere besteht aus Proteinen, die eine uniforme Granulation ohne Ribosomen aufweist. Seltener sind die Pyrenoide homogen wie bei *Phaeaster* [27]. Bei *Eutreptiella* geht die Matrix des Pyrenoids fließend in das Stroma des Chloroplasten über [1084]. Von der lichtmikroskopisch sichtbaren Morphologie ausgehend, werden auch elektronenmikroskopisch verschiedene Pyrenoidtypen unterschieden [175]:

a) Einfache intraplastidiale Pyrenoide. Die einfachste Form dieser Pyrenoide ist die, deren granuläre Matrix nicht von Thylakoiden durchzogen wird und keine Assimilathülle besitzt, wie bei einigen Dinophyceen, bei *Phaeocystis* und *Chrysochromulina acantha* [175, 592]. Bei *Chattonella* sind diese Pyrenoide völlig einseitig gelagert (Abb. 31 b) [721]. Etwas komplizierter sind Pyrenoide, deren Matrix von ein oder zwei Thylakoiden durchzogen wird (Abb. 31 a). Diese sind bei den Diatomeen verbreitet [138, 681], wurden jedoch auch bei *Chrysochromulina parva, Platychrysis pigra* und *Prymnesium parvum* gefunden [790, 670]. Bei *Phaeaster pascheri* wird das Pyrenoid außerdem von feinen Kanälen durchzogen, die durch die zwei inneren Grenzmembranen des Chloroplasten begrenzt sind [27].

b) Zusammengesetzte intraplastidiale Pyrenoide. Diese nackten Pyrenoide werden von mehreren gewundenen oder gewellten Thylakoiden oder Lamellen des Chloroplasten durchzogen. Hierher gehören die großen Pyrenoide von *Porphyridium cruentum, Nemalion multifidum* und *Smithora,* die im Zentrum des Chloroplasten eingebettet sind [351, 700]. Bei anderen derartigen Pyrenoiden verlaufen die Chloroplastenlamellen mehr oder weniger parallel, wie z. B. bei *Prorocentrum micans* [556] und *P. mariae-lebouriae* [182]. Pyrenoide mit 2–3 Thylakoiden und dichter Matrix sind bei Xanthophyceen verbreitet, so bei *Botrydium, Bumilleria, Mischococcus, Pleurochloris* und *Bummileriopsis* [229, 424, 693], aber auch bei einigen *Euglenales* und Diatomeen (Abb. 31 a).

c) Gestielte Pyrenoide. Diese ragen knospenartig aus dem Chloroplasten hervor und sind dem Zellzentrum zugewendet. Die Verbindung zwi-

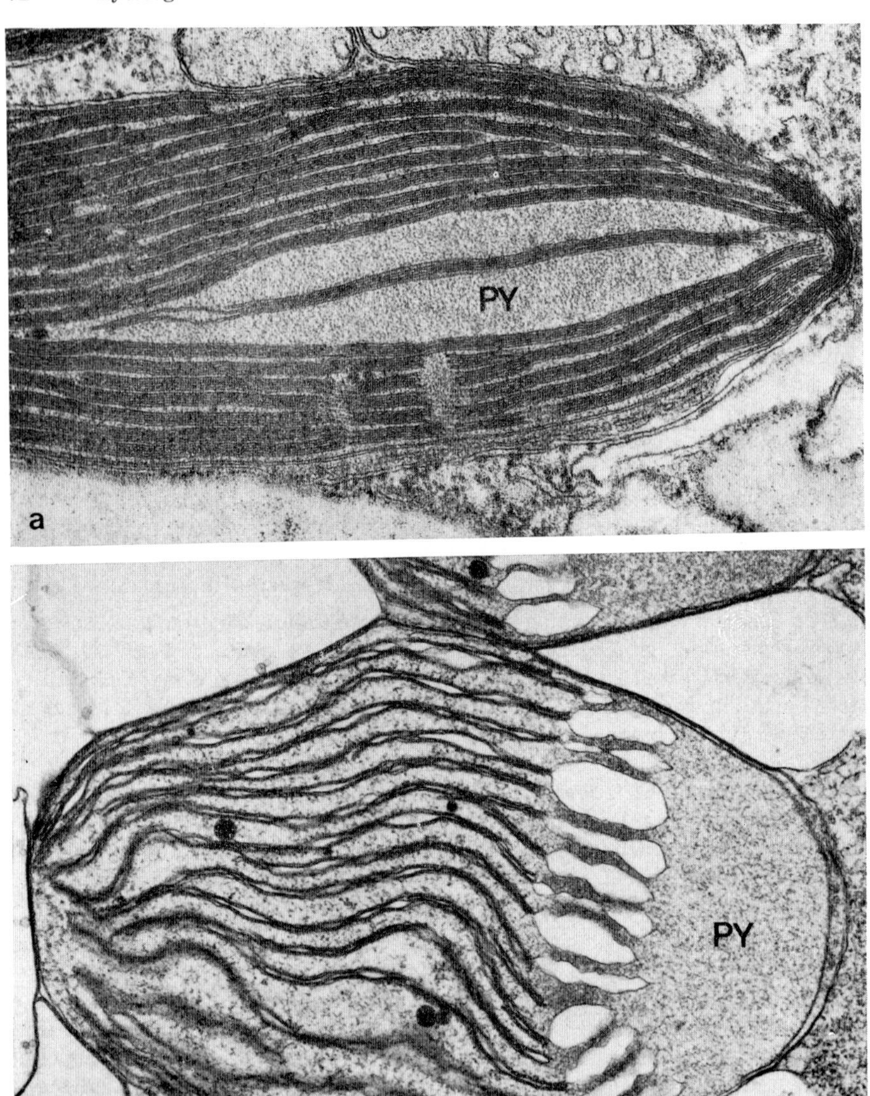

Abb. 31. Elektronenmikroskopische Aufnahmen von Pyrenoiden (*PY*). a) *Melosira varians;* b) *Chattonella subsalsa*, das Pyrenoid liegt völlig seitlich (am inneren Pol). – a) 47 000 : 1, nach Crawford 1973 [138]; b) 20 000 : 1, nach Mignot 1976 [721].

schen Pyrenoid und Chloroplast ist oft dünn (in Form von Stielen), die Pyrenoidmatrix wird von der Doppelmembran des Chloroplasten und der Hüllzisterne des ER umgeben, soweit dieses um den Chloroplasten liegt. Eine Ausnahme bilden die Cryptophyceen, wo das Pyrenoid vom ER nicht direkt umgeben wird, da sich zwischen die Chloroplastenhülle und das ER die Assimilathülle schiebt [1138]. Gestielte Pyrenoide sind gewöhnlich kompakt, nur bei *Colacium-*, *Trachelomonas-* und einigen *Chrysochromulina*-Arten treten Lamellen mit 2 Thylakoiden teilweise in das Pyrenoid ein [175, 600, 651, 660, 661]. Gewöhnlich sind sie auch mit einer Kappe von Reservestoffen versehen. Bei *Vaucheria* wurden einfach gestielte Pyrenoide nur bei keimenden Fäden beobachtet [682]. Ähnlich hat man sie auch bei manchen Phaeophyceen nur in Keimlingen, nicht aber in erwachsenen Thalli gesehen [55, 226, 227]. Hingegen sind die Pyrenoide bei den Eustigmatophyceen in den Plastiden der vegetativen Zellen vorhanden, fehlen jedoch in den Zoosporen [418, 424]. In wenigen Fällen wurden bei Euglenophyceen, Dinophyceen, Cryptophyceen und Rhodophyceen Pyrenoide beobachtet, die von zwei oder mehreren Stielen, Zweigen der Hüllzisterne des plastidialen ER, gestützt werden.

d) Pyrenoide mit Invaginationen des Zellkerns oder des Zytoplasmas. Bei *Rhodella maculata* [228] reicht der Zellkern, bei *Cryptomonas reticulata* [632] das Zytoplasma in Form fingerartiger Invaginationen ins Pyrenoid hinein. In den Spalt des Pyrenoids von *Cryptomonas maculata* reicht sogar das Stigma hinein [1138]. Die Pyrenoide von *Heterocapsa triquetra* und *Chrysamoeba radians* werden durch zahlreiche Invaginationen der Chloroplastenhülle perforiert [182, 417]. Bei *Oedogonium* werden die Invaginationen zu einem System verästelter Kanäle [441, 442], wogegen bei *Platymonas* große und breite Invaginationen an der offenen Seite des polaren Pyrenoids eindringen [678, 793]. Invaginationen der Kernhülle ragen in das Pyrenoid von *Prasinocladus* hinein. Diese werden sowohl durch die Doppelmembran des Chloroplasten als auch durch die der Kernhülle begrenzt und vom Karyoplasma ausgefüllt [792].

e) Pyrenoide, die in stärkehaltigen Chloroplasten eingebettet sind. Dieser Typus kommt nur bei Chlorophyten vor. Die Pyrenoide sind in einem oft verdickten Zentrum des Chloroplasten eingelagert, sie sind homogen oder werden auch allseitig von Lamellen durchzogen [210, 611]. Diese Lamellen bestehen meistens aus 2 Thylakoiden. Manchmal scheinen sie eher einen tubulären als lamellären Charakter zu haben. Zwischen der Pyrenoid-Matrix und dem Chloroplasten liegt eine Stärkehülle, die entweder aus zwei oder wenigen großen und gewölbten Stärkeschalen oder aus vielen kleinen Stärkekörnern besteht [46, 223, 462, 463]. Häufig kommen auch mehrteilige Pyrenoide vor, deren Matrix aus mehreren, oft regelmäßig gebauten Teilen besteht [218, 652]. Bei *Stichococcus* bildet die Matrix 3–4 parallele Scheiben, die durch einzelne Thylakoide voneinander getrennt werden [988]. Aus noch weiteren parallel gelagerten Teilstücken ist das Pyrenoid von *Actinochloris* zusammengesetzt (Abb. 32). Seltener sind die Pyrenoide oder nur die Matrix völlig zersplittert, wie bei *Chlamydomonas gerloffii* und *Leptosira,* die im Bau an Pyrenoide der *Anthocerotales* erinnern [210, 1152].

Die Funktion der Pyrenoide ist noch immer nicht befriedigend geklärt [373]. Die Tatsache, daß an ihnen Assimilate kondensiert werden, zeigt, daß sie an der Bildung und Speicherung von Assimilaten beteiligt sind. Man hält es auch für wahrscheinlich, daß Pyrenoide Orte der Synthese von Chlorophyll *a* oder wegen des Gehaltes an DNA ein genetisches Zentrum der Chloroplasten sein könnten. Da bei *Chrysochromulina chiton* die das Pyrenoid umhüllenden drei Membranen stellenweise durchbrochen sind und an diesen Stellen nur eine einfache Membran auftritt, denkt man auch an die Möglichkeit des Transports der Metabolite [651]. Bei *Platymonas* beginnt die Bildung der Theka der Tochterzellen an einer Stelle nahe des Pyrenoids. Dies

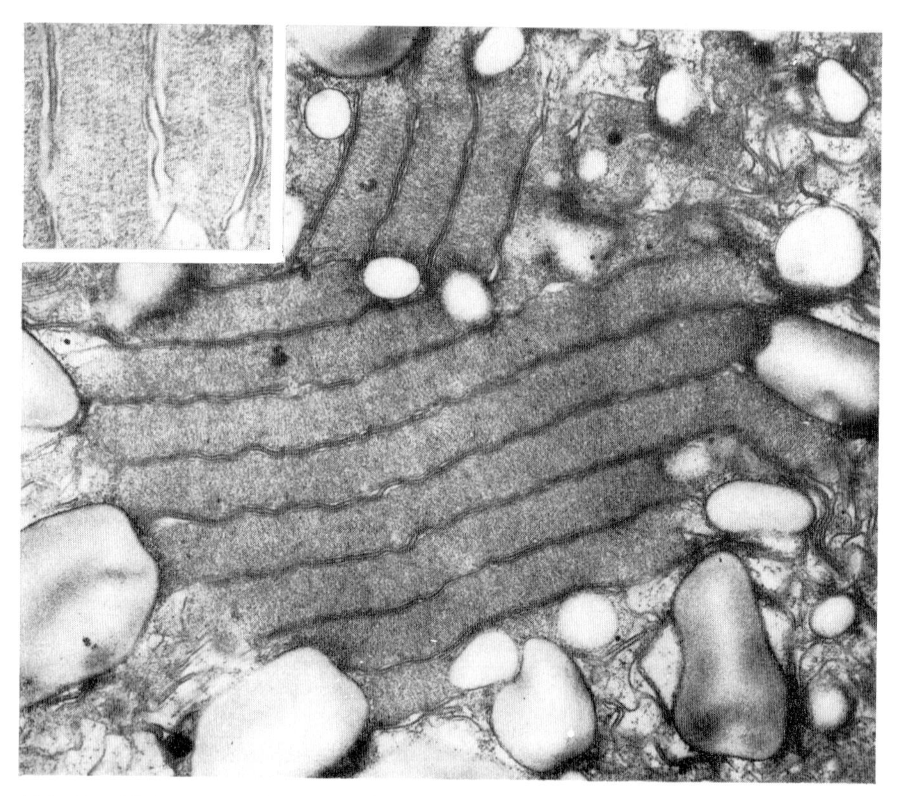

Abb. 32. Elektronenmikroskopische Aufnahme des multiplen Pyrenoids von *Actinochloris sphaerica.* Die diskusartigen Pyrenoidteile werden von den Lamellen des Chloroplasten durchzogen. Links oben im Ausschnitt Detail bei stärkerer Vergrößerung. – 10 000 : 1 (Einschnitt 17 000 : 1), Original G. DEICHGRÄBER.

führt wiederum zur Ansicht, daß im Pyrenoid ein Enzym gebildet werden könnte, daß die Agglutination der Theka-Partikel verursachen soll [678].

Pyrenoide sind ein wichtiges taxonomisches Merkmal zur Unterscheidung von Arten und Gattungen. Hierbei wird nicht nur das Vorhandensein bewertet, sondern auch die Struktur, Lage und Anzahl. Bei *Chlorococcum* und *Chlamydomonas* lassen sich sogar nach der Ultrastruktur der Pyrenoide einzelne Arten unterscheiden [79, 218]. Ebenso werden die ultrastrukturellen Details der Pyrenoide siphonaler Chlorophyceen taxonomisch bewertet [460, 461, 463]. Sogar bei Algengruppen mit stark differenziertem Thallusbau, wie bei den Phaeophyceen, scheint das Pyrenoid eine taxonomische Bedeutung zu haben [226, 458, 459, 460]. Es besteht ein gewisser Zusammenhang zwischen dem Vorkommen der Pyrenoide und der Art der sexuellen Fortpflanzung. Es gibt Übergänge zwischen Formen mit Pyrenoiden und Iso- oder Anisogamie und solchen mit rudimentären Pyrenoiden und Aniso- und Oogamie sowie schließlich solchen ohne Pyrenoid, aber mit Oogamie [458, 459]. Pyrenoidstrukturen werden gemeinsam mit den Strukturen der Chloroplasten auch bei Rhodophyceen als wichtiges taxonomisches Merkmal zur Trennung höherer Taxa verwendet [388].

2.3.2.2. Teilung

Pyrenoide vermehren sich gewöhnlich durch Teilung (Abb. 33) [363, 651]. Bei Diatomeen wird das Pyrenoid einfach mit dem Chloroplasten durchgeteilt. Schon vorher zeichnet sich in teilungsbereiten Pyrenoiden eine hellere Querzone ab und markiert den späteren Teilungsspalt. Die endgültige Teilung erfolgt mit der Durchschnürung des Chloroplasten, und die Tochterpyrenoide liegen vorerst exzentrisch [221, 336]. Eine einfache Teilung der Pyrenoide findet auch bei fadenförmigen Chlorophyceen während der Zellteilung statt – *Klebsormidium, Stigeoclonium* [95, 217]. Bei vielen Chlorophyceen werden die Pyrenoide jedoch während der Zellteilung abgebaut (Abb. 33 d, e) und erst wieder in den Tochterzellen neu differenziert. Das hängt vermutlich sowohl mit der Beschaffenheit des Chloroplasten als auch mit der Struktur der Pyrenoide zusammen [46, 209]. Die Struktur des deutlichen Pyrenoids mit Assimilathülle verschwindet zu Beginn der Zellteilung und wird lichtoptisch aufgelöst. Hierbei kommt es zur Verteilung der Matrix. Diese tritt zunächst als Anhäufung von dichterem Material in den Tochterzellen auf, liegt zwischen zwei breiten Bändern gestapelter Lamellen des Chloroplasten und ist vorerst von zwei kleinen Stärkekörnern umgeben. Bei *Tetracystis* [75] wird während der Zoosporenbildung auch die Grundsubstanz undeutlich, und statt ihrer erscheint eine fibrilläre Struktur. Neue Pyrenoide erscheinen oft ziemlich spät, wenn die anderen Strukturen in den Zoosporen schon entwickelt sind. Die neuen Pyrenoide entwickeln sich in thylakoidfreien Räumen des Chloroplasten. Ähnlich ist es auch bei *Oedogonium* [441], wo als erstes 0,3 μm kleine Anhäufungen mit dicht gelagerten Granula erscheinen. Diese Anhäufungen wachsen an und verschieben die Lamellen des Chloroplasten. Sobald die Größe normaler Pyrenoide erreicht wird, sind schon Stärkekörner um das Pyrenoid herum vorhanden.

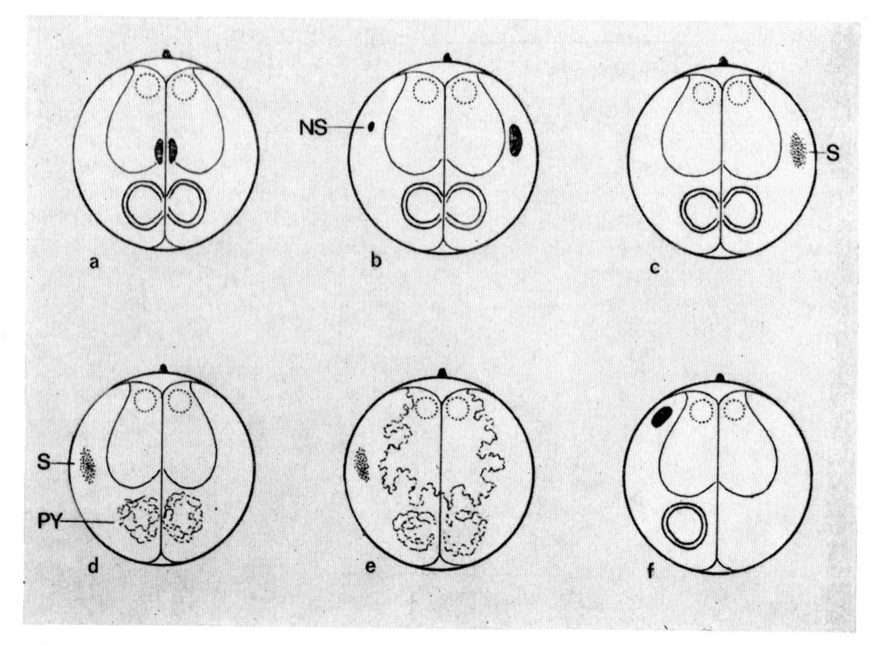

Abb. 33. Verschiedene Modifikationen der ersten Protoplastenteilung bei *Chlamydomonas.* a) Pyrenoid und Stigma werden einfach durchgeteilt; b) Pyrenoid wird durchgeteilt, das zweite Stigma (*NS*) entsteht de novo; c) Pyrenoid wird durchgeteilt, Stigma (*S*) löst sich auf; d) sowohl Pyrenoid (*PY*) als auch Stigma werden aufgelöst; e) außer Pyrenoid und Stigma wird auch die Struktur des Chloroplasten abgebaut; f) Stigma und Pyrenoid werden nicht geteilt, in der anderen Tochterzelle entstehen sie de novo (?). – Nach Ettl 1971 [216].

2.3.2.3. Abweichende Pyrenoidtypen

Nicht immer können die Pyrenoide in das gegebene Schema eingereiht werden. Hierher gehören in erster Linie Doppel- und Satellitenpyrenoide. Im ersten Fall entstehen zwei fast gleich große und dicht nebeneinander liegende, gleichwertige Pyrenoide. Im anderen Fall kommen neben einem normal entwickelten Pyrenoid noch weitere, auffallend kleinere Pyrenoide (Satelliten) vor. Sie entstehen durch Störungen während der Zellteilung [218].

Undeutliche Pyrenoide, die im Lichtmikroskop verschwommen und unscharf abgegrenzt erscheinen, sind selten. Sie werden durch eine stark zerteilte bis zerstückelte Matrix, die von unregelmäßig verlaufenden Lamellen durchzogen wird, sowie unregelmäßig gelagerte Stärkekörner hervorgerufen, wie z. B. bei *Chlamydomonas gerloffii* (Abb. 34 a) [209]. Bei *Carteria acidicola* [504] besteht hingegen das Pyrenoid aus Teilen des Chloroplasten, in denen das Stroma zwischen den benachbarten Lamellen viel dicker ist als

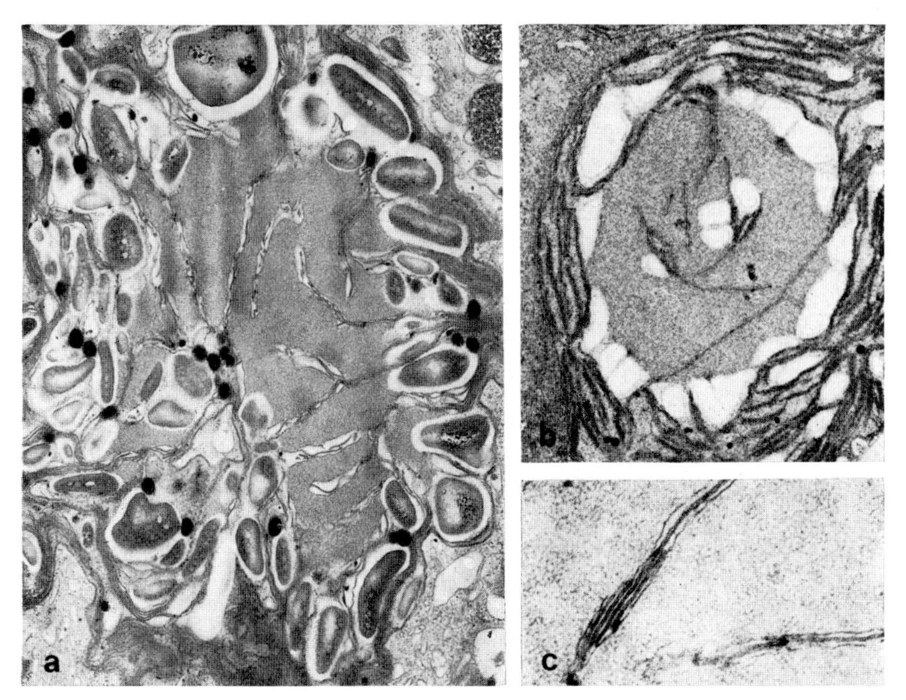

Abb. 34. Besondere Gestaltung der Pyrenoide. a) unregelmäßig zerklüftetes Pyrenoid von *Chlamydomonas gerloffii;* b) Grana- und Stärkebildung innerhalb des Pyrenoids von *Chlamydomonas reginae;* c) Detail der Granabildung. — a) 15 000 : 1; b) 8000 : 1; c) 15 000 : 1; nach Ettl 1976 [218].

an anderen Stellen; es enthält regelmäßig angehäuftes Material. Die Lamellen liegen parallel zueinander, und eine Stärkehülle fehlt. Bei *Chlorokybus atmophyticus* wird Stärke in der Umgebung des Pyrenoids gebildet, ohne daß eine eigentliche, dem Pyrenoid eng anliegende Stärkehülle zustande kommt. Dieses bisher ohne Analogie stehende Organell wird als Pseudopyrenoid bezeichnet. Da es keine Stärkehülle besitzt, ist es wie die nackten Pyrenoide anderer Algengruppen im Leben schwer sichtbar [304].

Das Pyrenoid von *Chaetopeltis* besteht aus zwei Hemisphaeren, die voneinander sowohl durch komplette Chloroplastenhüllen als auch durch eine perforierte diskusartige Doppelmembran getrennt sind [102]. Bei *Leptosiropsis* umgibt das Pyrenoid den Zellkern völlig. Zwischen Zellkern und Pyrenoid befindet sich nur die Chloroplastenhülle, wogegen die Stärkehülle nur an der Außenseite des Pyrenoids liegt. Der Zellkern ist mit dem übrigen Zellinhalt nur durch das ER verbunden, das stellenweise das Pyrenoid durchbricht [175]. Pyrenoide von *Trebouxia, Stichococcus* und *Chlorella variegata* enthalten osmiophile Pyrenoglobuli, die mit eingelagerten Thyla-

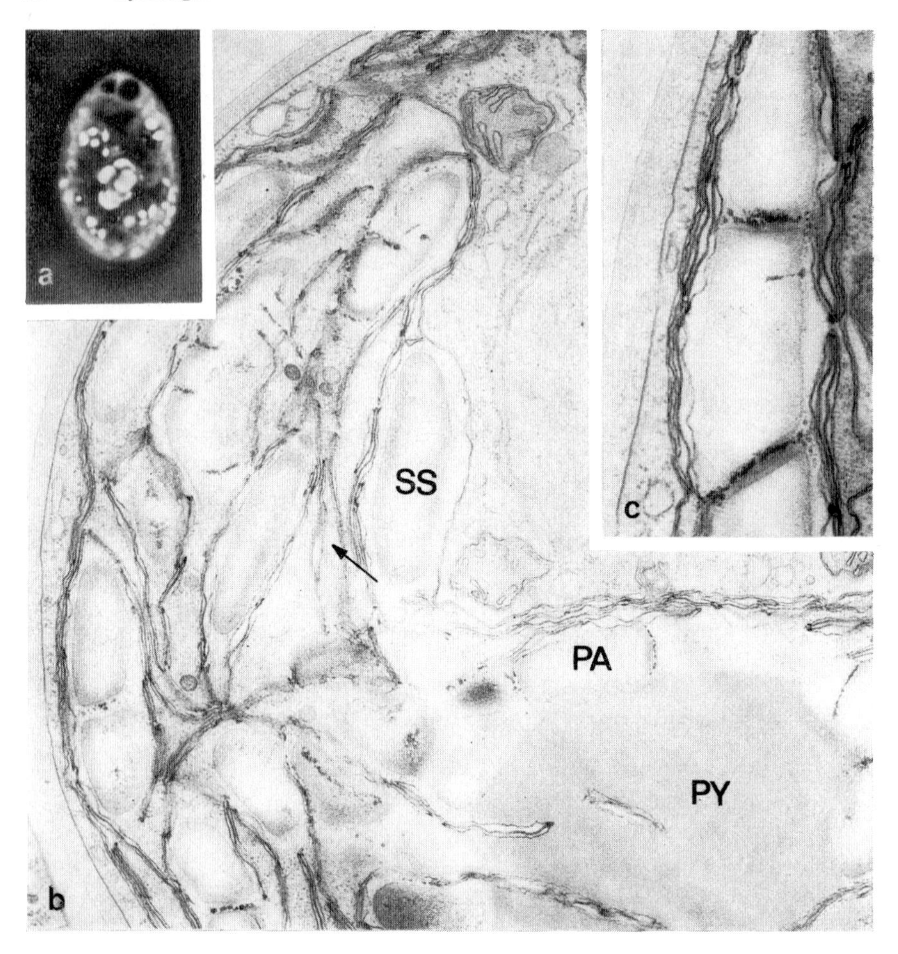

Abb. 35. Stromastärke im Chloroplasten von *Chlamydomonas transita.* a) einzelne Stärkekörner einer lebenden Zelle im Anoptral-Kontrast, Pyrenoidstärke bedeutend größer; b) elektronenmikroskopische Aufnahme, die beide Stärkesorten zeigt. *PY* Pyrenoid, *PA* Pyrenoidstärke, *SS* Stromastärke (der Pfeil zeigt die aufgelockerten Lamellen); c) Stromastärke bei stärkerer Vergrößerung. – a) 1500 : 1; b) 25 000 : 1; c) 38 000 : 1; nach ETTL 1976 [218].

koiden, die vom Chloroplasten ins Pyrenoid hineinreichen, oder mit vesikulären Membransystemen assoziiert sind [238, 239, 857, 988, 989]. Innerhalb des Pyrenoids von *Chlamydomonas reginae* (Abb. 34 b, c) wurden granaartige Stapel solcher eingelagerten Thylakoide beobachtet, und Stärkekörner häufen sich gelegentlich auch im Zentrum der Matrix an [222].

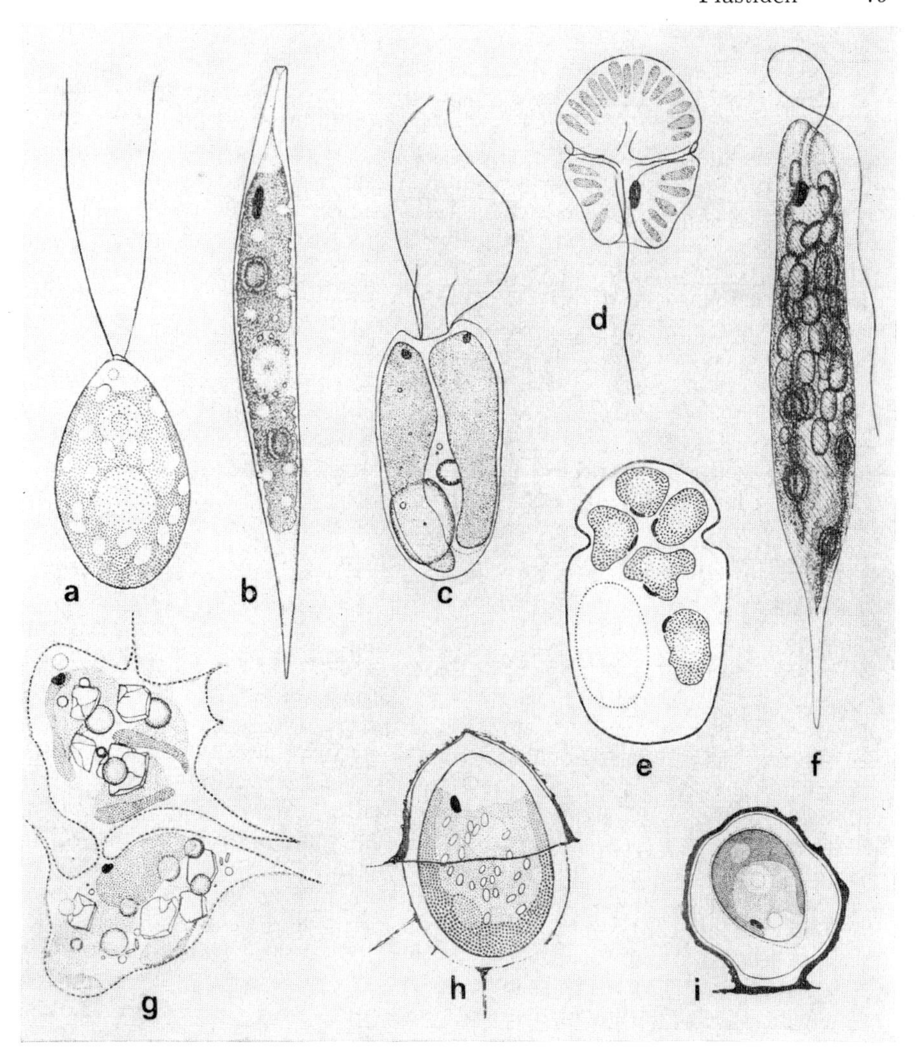

Abb. 36. Stigmen bei verschiedenen Algengruppen. a) *Chlamydomonas convexa*, Zelle ohne Stigma; b) Chloroplasten-gebundenes Stigma bei *Chlorogonium elongatum;* c) zwei Stigmen bei der doppelwertigen Zelle von *Didymochrysis paradoxa*; d) extraplastidiales Stigma bei der Zoospore von *Phytodinedria;* e) Pseudostigmen bei *Gymnodinium amphidinioides;* f) selbständiges, extraplastidiales Stigma von *Euglena vesterbottnica;* g) Stigma der rhizopodialen *Rhizochloris stigmatica;* h) stigmaführende vegetative Zelle von *Kremastochloris;* i) *Chlorophysema contractum.* – a) nach Pascher aus Ettl 1976 [218]; b), f) nach Skuja 1956 [1008]; c) nach Pascher 1929 [810]; d) nach Pascher 1944 [841]; e) nach Geitler 1969 [328]; g) nach Pascher 1939 [829]; h) nach Pascher 1942 [839]; i) nach Pascher 1940 [833].

2.3.2.4 Stromastärke

Von der Pyrenoidstärke unterscheiden wir bei den Chlorophyten noch die Stromastärke [145], die in den interlamellären Räumen der Plastiden diffus ausgeschieden und angehäuft wird. Stromastärke kommt auch in Chloroplasten vor, die keine Pyrenoide führen. Falls Pyrenoide vorhanden sind, entsteht die Stromastärke entweder als Absonderung der Pyrenoidstärke, wie bei *Scenedesmus* [46], oder selbständig in Zentren, die oft entfernt vom Pyrenoid liegen, wie bei *Chlamydomonas* [210]. Es bleibt vorläufig immer noch unklar, inwieweit die Stromastärke mit der Pyrenoidstärke in Zusammenhang steht. Physiologisch besteht einer der Unterschiede darin, daß bei eingestellter Assimilation die Stromastärke schneller, die Pyrenoidstärke hingegen langsamer oder gar nicht abgebaut wird. Die starke Anhäufung von Stromastärke in den Chloroplasten ist von besonderer zytologischer Bedeutung; denn nicht selten sind die Chloroplasten mit Stromastärke so vollgestopft, daß alle Strukturen der Zelle völlig verdeckt werden. Die Stromastärke liegt im Stroma des Chloroplasten zwischen den Lamellen in Form einzelner Körner oder in Gruppen von Körnern (Abb. 35).

2.3.3. Stigma

Stigmen kommen als gelbe oder rote „Augenflecke" nicht nur bei vielen Flagellaten, sondern auch bei beweglichen Fortpflanzungszellen vor (Abb. 36). Manchmal sind in einer Zelle mehrere Stigmen vorhanden. Die rote Farbe des Stigmas wird durch ein Karotinderivat (Astaxanthin) verursacht. Im einfachsten Fall ist das Stigma eine besonders differenzierte Zone am Rande eines Chloroplasten (*Chlamydomonas reinhardtii, Chromulina psammobia*), während es bei den Euglenophyceen und Eustigmatophyceen als distinkter Körper getrennt vom Chloroplasten auftritt [421, 424, 600]. Im Lichtmikroskop zeigt das Stigma eine homogene Struktur, nur selten ist eine Granulation wahrnehmbar. Mit dem Verlust der Beweglichkeit verlieren die Zellen meist auch das Stigma. Ein schönes Beispiel hierfür liefert die Keimung von Zoosporen. Nur in den unbeweglichen Zellen der capsalen Organisationsstufe (z. B. *Tetrasporales*) bleiben die Stigmen oft zeitlebens erhalten. Auch manche farblosen Flagellaten führen ein Stigma, das entweder an einen Leukoplasten gebunden (*Anthophysa, Polytoma*) oder selbständig ist (Euglenophyceen). Stigmen fehlen bei den Raphidophyceen und – mit Ausnahme einer Art – auch bei den Haptophyceen [175].

2.3.3.1. Bau und Struktur

Das Stigma besteht aus einer Menge submikroskopischer osmiophiler Globuli, die das orange-rote oder rote Pigment enthalten. Sie sind in einer einfachen Schicht oder in mehreren gestapelten Schichten angeordnet (Abb. 37).

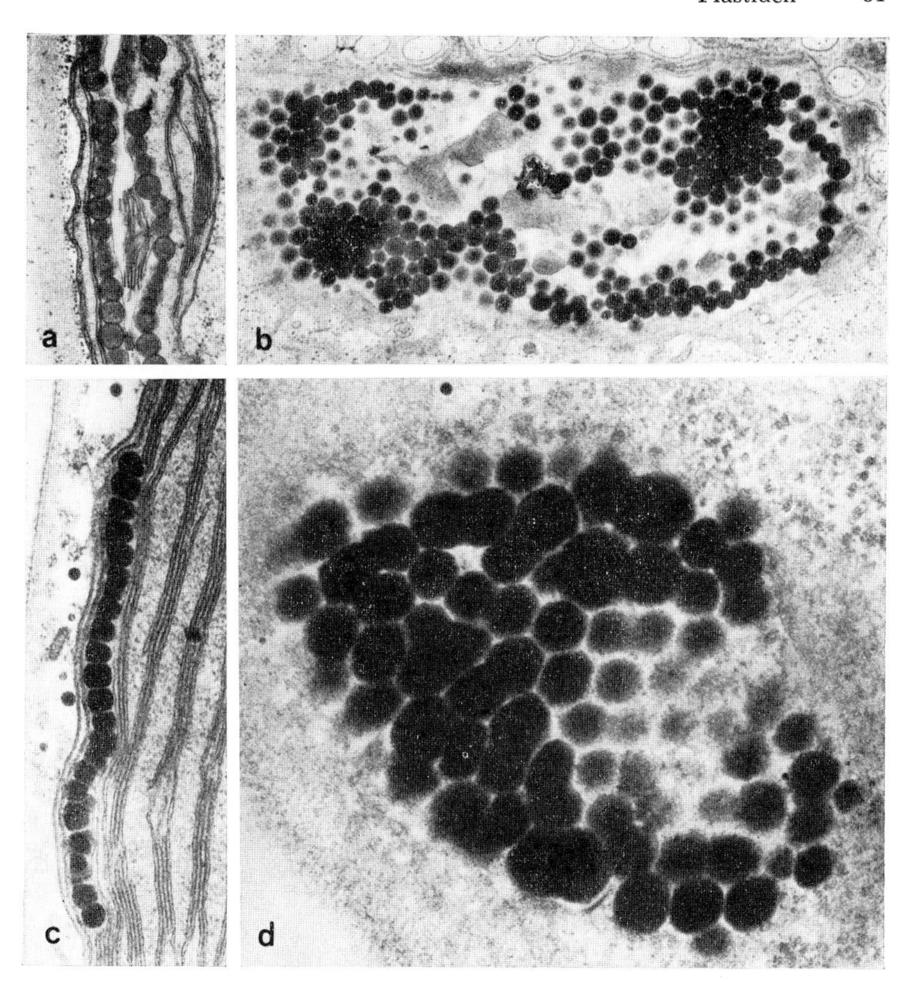

Abb. 37. Feinbau des Stigmas von *Chlamydomonas*. a) zweischichtiges Stigma von *Ch. reginae*. Längsschnitt durch die zwei Schichten von Globuli, zwischen diesen mehrere Thylakoide; b) Oberflächenansicht des ganzen Stigmas von *Ch. reginae*; c) einschichtiges Stigma von *Ch. moewusii;* d) das gleiche bei stärkerer Vergrößerung und Oberflächenansicht. – a), b) 20 000 : 1, nach Ettl und Green 1973 [222]; c) 35 000 : 1; d) 81 600 : 1, nach Walne und Arnott 1967 [1134].

Es lassen sich mehrere Stigmen-Typen unterscheiden, die im wesentlichen mit den systematischen Gruppen korrespondieren [172, 175]. Gewöhnlich ist das Stigma ein Bestandteil des Chloroplasten, mit oder ohne Beziehung zum Kinetom. Keine Beziehung zum Kinetom zeigen die Stigmen der Chlorophyceen, Prasinophyceen und einiger Cryptophyceen. Im allgemeinen nimmt das Stigma bei letzteren einen Teil des Chloroplasten ein und wird gegen das Plasmalemma gedrückt, von dem es durch die Chloroplastenhülle getrennt ist. Die einzelnen Globuli sind bei den Chlorophyceen 100 bis 400 nm groß. Die Schichten dieser Globuli können auch schüsselförmig gebogen und durch Membranen getrennt sein, die offenbar mit den Thylakoiden des Chloroplasten zusammenhängen. Bei *Volvox* werden die Schichten durch ein Thylakoid getrennt [1024]. Die Anzahl der Globuli hängt von der Größe des Stigmas ab. So wurden bei *Chlamydomonas moewusii* 50—60, bei *Tetracystis excentrica* 110 und in den weiblichen Gameten von *Bryopsis* bis zu 3000 Globuli gezählt [1134, 7, 83]. Bei manchen Chlamydomonadaceen-Arten treten analog zu den Pyrenoiden sowohl Doppel- als auch Satellitenstigmen auf [218].

Die Stigmen der heterokonten Chrysophyceen, Xanthophyceen und der männlichen Gameten der Phaeophyceen zeigen enge Beziehungen zum Kinetom. Die kürzere Geißel bildet eine verschieden geformte und fein granulierte oder geschichtete Geißelschwellung, die über dem Stigma liegt (Abb. 40 b). Bei *Ophiocytium* ist die Geißelschwellung 1 μm lang und 0,6 μm breit [423]. Manchmal liegt das Stigma in einer sackartigen Vertiefung des Protoplasten, von der Geißelschwellung umgeben, wie z. B. bei *Chromulina psammobia* [938] oder *Ch. placentula* [26]. Bei *Syncrypta* ist das intraplastidiale Stigma eng mit den Geißelwurzeln der kürzeren Geißel assoziiert, von denen es nur durch die Chloroplastenhülle getrennt ist [116]. Eine strukturelle Verbindung zwischen der Geißelbasis und dem Stigma hat man bei *Dinobryon* festgestellt [567]. In den Spermatozoiden der Phaeophyceen ist das Stigma ein reduzierter Chloroplast, der sowohl die Pigmentglobuli als auch einige abgebaute Thylakoide enthält.

Seltener sind die Stigmen vom Chloroplasten unabhängig und liegen separat. Für die Euglenophyceen ist charakteristisch, daß ein sehr großes selbständiges Stigma dem vorderen Reservoir anliegt (Abb. 38) [600]. Es besteht aus einer variablen Anzahl von Globuli, die dicht gehäuft sind und keine Verbindung mit den Chloroplasten zeigen (extraplastidiales Stigma). Bei experimentell gebleichten *Euglena*-Stämmen bleibt das Stigma erhalten. Die Globuli sind einzeln oder zu 2—5 von einer Elementarmembran umgeben [1134]. Die Anzahl der 240—1200 nm großen Globuli schwankt von 1 oder 2 bei *Eutreptia* und *Khawkinia* bis zu 20—60 bei *Euglena*. Sind nur wenige Globuli vorhanden, so liegen sie in einer Schicht dem Reservoir an [175, 1133]; mehrere Globuli bilden gewöhnlich unregelmäßige Klumpen. Eng an das Stigma sind Mikrotubuli gebunden, die um das Reservoir herum verlaufen. Der paraflagellare Körper der langen lokomotorischen Geißel liegt als ungefähr 1 μm große Schwellung mit kristallartiger Struktur dem Stigma

Abb. 38. Längsschnitt durch das Vorderende von *Euglena granulata* mit Stigma (*S*). *F* Geißel mit Paraflagellar-Körper (dunkles Gebilde gegenüber dem Stigma), *R* Reservoir, *CV* pulsierende Vakuole, *G* Golgi-Apparat, *P* Pellikula. — 15 000 : 1, nach Walne und Arnott 1967 [1134].

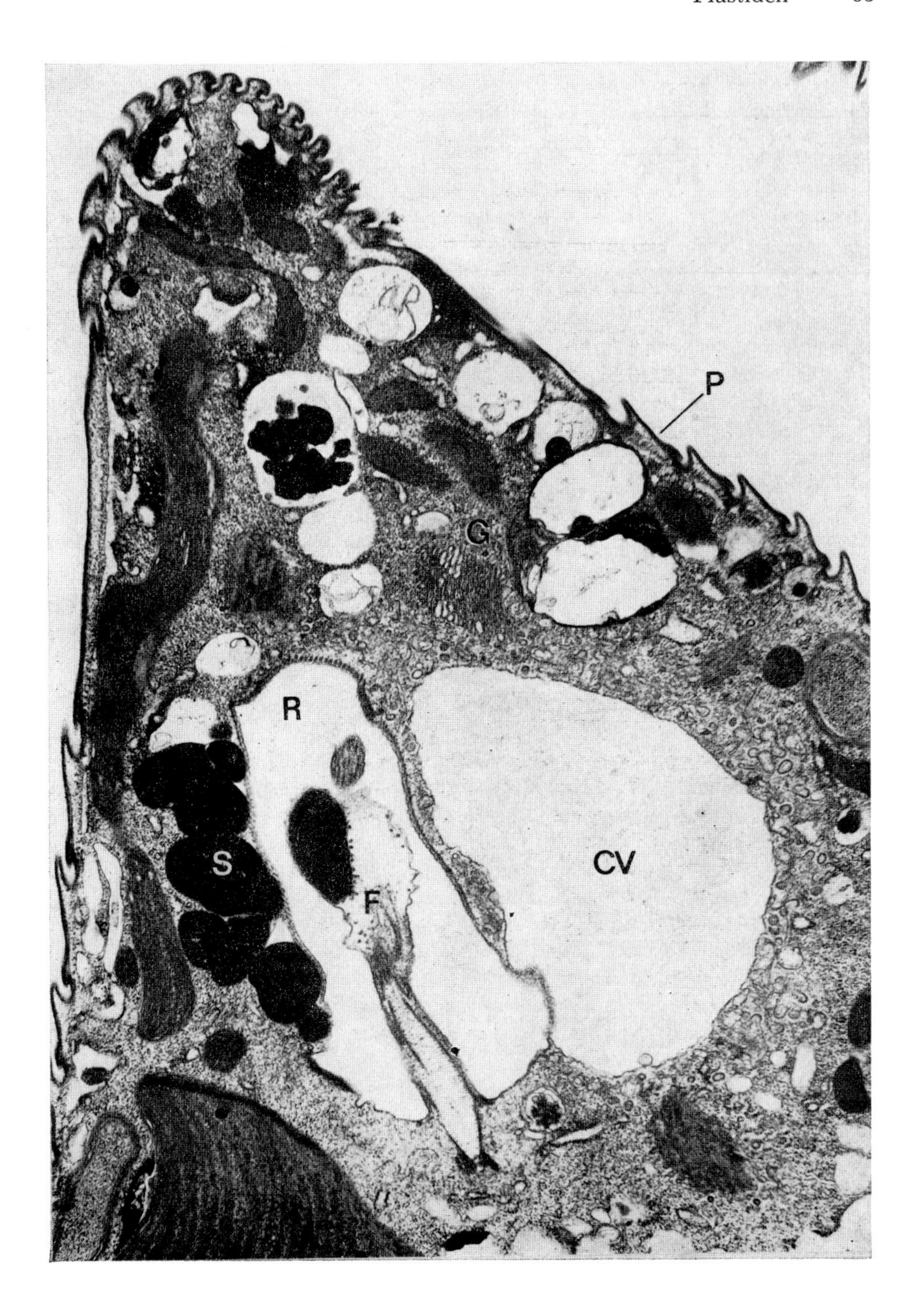
P
G
R
S
F
CV

direkt gegenüber (Abb. 38). Auch bei den Eustigmatophyceen besteht das separate Stigma der Zoosporen aus einer unregelmäßigen Gruppe von Globuli, ohne jedoch von einer Membran umgeben zu sein [421, 424].

Unterschiedlich gebaute Stigmen wurden bei den Dinophyceen beobachtet. Das einfachste Stigma kommt bei *Woloszynskia coronata* vor [139], das aus einer ovoiden Masse nicht umhüllter Globuli besteht. Bei *Woloszynskia tenuissima* ist das Stigma Bestandteil eines oder mehrerer Chloroplasten [140]. Das Stigma von *Glenodinium foliaceum* besitzt einen tiefen Einschnitt, durch den die longitudinale Geißel auftritt. Das Stigma wird von drei Membranen umgeben, die für die Plastidenhülle dieser Algengruppe charakteristisch sind. In seiner Nähe liegt ein besonderer lamellarer Körper, der 3 μm lang ist und aus einem Stapel von 50 flachen, sackartigen Gebilden besteht.

Während der Zellteilung wird das Stigma nicht immer einfach geteilt und auf die Tochterzellen übertragen. Oft findet vorher ein Abbau statt, so daß es schließlich lichtmikroskopisch nicht mehr sichtbar ist; in den Tochterzellen wird es erneut differenziert [216]. Der Abbau und die Neubildung des Stigmas scheinen wohl mit der Umordnung und Transformation der osmiophilen Globuli in Beziehung zu stehen [611]. Dort, wo eine Teilung des Stigmas stattfindet, wird es der Länge nach eingeschnürt. Bei *Volvox* erfolgt in den somatischen Zellen die Teilung des Stigmas, ohne daß der submikroskopische Bau aufgegeben wird [1024]. Das Stigma von *Euglena gracilis* teilt sich nach der Kernteilung, und zum Zeitpunkt der Geißelverdoppelung wandert das eine Stigma um das Reservoir herum in entgegengesetzte Richtung.

2.3.3.2. Abweichende Stigmen

Am Rand der blaugrünen scheibenförmigen Chloroplasten von *Gymnodinium amphidinoides* treten auffallenderweise neben dem eigentlichen, vom Chloroplasten unabhängigem Stigma regelmäßig und je in der Einzahl rote Karotinoidkörper auf, die lichtmikroskopisch durchaus echten Stigmen gleichen und als „Pseudostigmen" bezeichnet wurden (Abb. 36e) [328]. Möglicherweise gleichartige Körper kommen an den Enden der schraubig gewundenen Chloroplasten von *Spirotaenia*-Arten vor. Es handelt sich um polar lokalisiertes Karotin, das eine Zusammensetzung aus Tröpfchen erkennen läßt, wie bei Stigmen der Flagellaten [308].

Am kompliziertesten gebaut sind die die Stigmen vertretenden Ocellen der *Warnowiaceae* (Abb. 39) mit Linse und Pigmentbecher, auch dioptrischer Apparat und Retina genannt [371, 434]. Der dioptrische Apparat besteht aus einer halbkugeligen, über die Zelloberfläche emporragenden „Linse", die peripher eine Lage großer abgeplatteter Mitochondrien enthält, und aus einem stark lichtbrechenden, hantelförmigen „Kristallkörper", der aus 5 in der optischen Achse aufeinanderfolgenden vesikelartigen Schichten aufgebaut ist. Die stark verjüngten mittleren Schichten werden äquatorial von einer dreifachen Lage bandförmiger Strukturen („Konstriktoren") umgeben und von diesen eingeschnürt. Auf den Kristallkörper folgen je eine Schicht

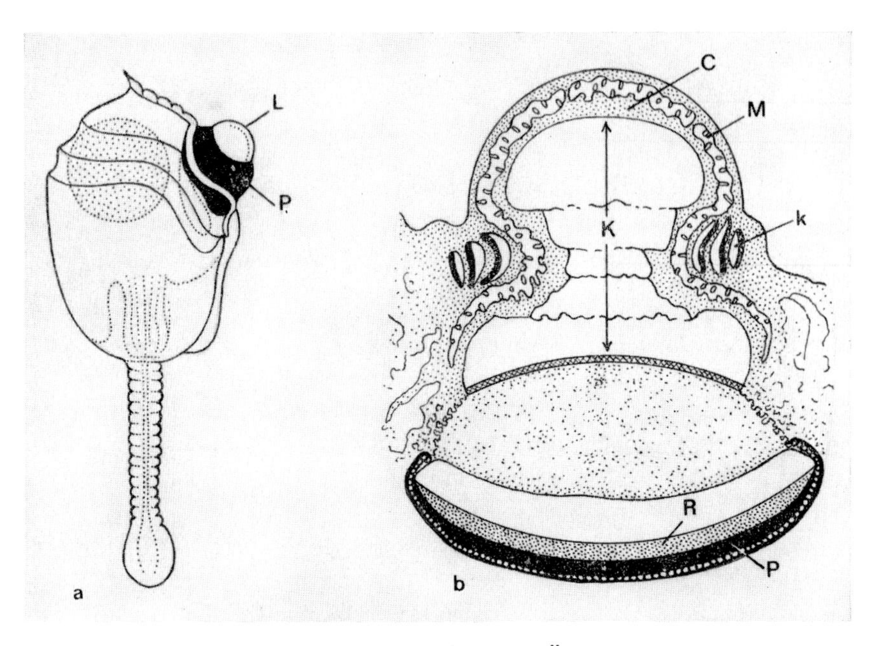

Abb. 39. Ocelloid von *Erythropsis pavillardii*. a) Übersichtsbild des ganzen Organismus nach dem Leben, rechts oben das Ocelloid. *P* Pigment, *L* Linse; b) Feinbau des Ocelloids: *C* Cornea, *K* Kristallkörper, *R* Retina, *P* Pigmentschicht, *k* Konstriktoren, *M* Mitochondrien. Die Pfeile zeigen die Reichweite des Kristallkörpers. – a) Umgezeichnet nach Kofoid und Swezy 1921 [531]; b) umgezeichnet nach einer elektronenmikroskopischen Aufnahme von Greuet aus Grell 1968 [371].

großer und kleiner Karotinglobuli und darauf die lichtempfindliche Struktur (der eigentliche Photorezeptor), die als „Retina" bezeichnet wird. Diese hat einen parakristallinen Feinbau und besteht aus einer Schicht parallel angeordneter Doppellamellen, zwischen denen jeweils eine weitere sinuswellenartig geschwungene Lamelle verläuft (Wellpappenstruktur). Sowohl die Retina als auch der proximale Abschnitt des Kristallkörpers basal und lateral werden von Pigment umschlossen [371, 372].

2.3.3.3. Lichtsinn

Die Bedeutung des Stigmas für die Lichtwahrnehmung scheint bei den begeißelten Zellen verschieden zu sein. Das geht schon aus der Tatsache hervor, daß auch stigmenlose Flagellaten (*Chilomonas, Bodo*) phototaktisch reagieren. Stigmenlose Mutanten von *Chlamydomonas reinhardtii* reagieren zwar geringer und weniger gleichmäßig, können sich aber noch immer nach dem Licht orientieren [371]. Untersuchungen an *Euglena* sprechen dafür, daß das

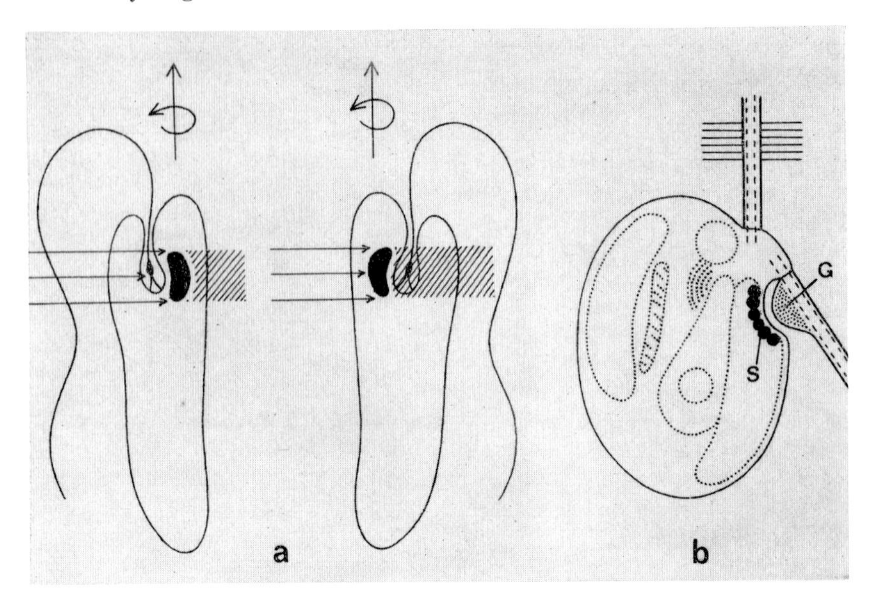

Abb. 40. Bedeutung des Stigmas für die Lichtwahrnehmung. a) *Euglena*-Zelle, von links beleuchtet (Pfeile), in zwei verschiedenen Lagen zum Licht. Das Stigma beschattet den Photorezeptor (Verdickung, Paraflagellarkörper, an der Geißelbasis) in der rechten Stellung. Ergebnis: Kursabweichung beim Vorwärtsschwimmen (Pfeil über der Zelle). Rotation durch einen weiteren Pfeil angedeutet. b) Xanthophyceen-Zoospore mit deutlichem Stigma (*S*) und der darüberliegenden Geißelschwellung (*G*). – a) nach Haupt aus Grell 1968 [371]; b) etwas vereinfacht nach Hibberd und Leedale 1972 [424].

Stigma hier als lichtabsorbierender Schirm fungiert, der zur Beschattung des Paraflagellar-Körpers dient, der als Photorezeptor angesehen werden kann (Abb. 40 a). Auch neuere Arbeiten scheinen die alte Hypothese zu bestätigen, daß das Stigma eine Beschattungsfunktion ausübt [7, 1134]. Diehn [168] ist der Ansicht, daß eine Serie von Schock-Reaktionen durch Beschattung des Photorezeptors hervorgerufen wird und daß diese Reaktionen so lange dauern, bis das Stigma und der Photorezeptor zur Lichtquelle so liegen, daß eine weitere Beschattung nicht mehr möglich ist.

Die Funktion scheint aber doch wohl komplizierter zu sein, denn es gibt auch Stigmen, die keine Beziehung zum Kinetom aufweisen. Vielleicht sind hier auch andere Strukturen als Photorezeptoren wichtig, und das Vorhandensein eines Stigmas erhöht nur die allgemeine Lichtempfindlichkeit [7]. Für die Phototaxis zönobialen Volvocaceen scheint allerdings das Stigma unbedingt notwendig zu sein. Bei *Pleodorina californica* können nur die somatischen Zellen mit Stigmen auf Lichtreize reagieren, die stigmenlosen generativen Zellen dagegen nicht [344].

2.4. Mitochondrien

Die Mitochondrien der Algen sind meist formveränderlich, von langgestreckter, fädiger, oft auch bizarrer und unregelmäßiger Gestalt; sie können jedoch auch sehr kurz und fast kugelig sein. Dementsprechend schwankt ihre Länge zwischen ein bis mehreren Mikrometern, während ihr Durchmesser 0,5 bis 1,5 μm beträgt [175, 764]. Sie sind nicht nur zelltypisch, sondern auch zustandsbedingt. Oft kommt es zu passiven Bewegungen dieser Organellen innerhalb lebender Zellen. Auch zeigen die Mitochondrien gelegentlich eine Anhäufung an bestimmten Stellen oder eine feste Lagebeziehung zu anderen Zellstrukturen [371, 434]. Mitochondrien dienen in erster Linie der Energiegewinnung durch den Abbau energiereicher Kohlenstoffverbindungen. Sie sind Träger aller wesentlichen Fermente des Zitronensäure-Zyklus und der Atmungskette sowie des Fettsäure-Stoffwechsels mit jenen der zugehörigen lebenswichtigen Phosphorylierungsprozesse. Als wichtigste ATP-Lieferanten können die Mitochondrien somit als die Zentren der Energiegewinnung aus

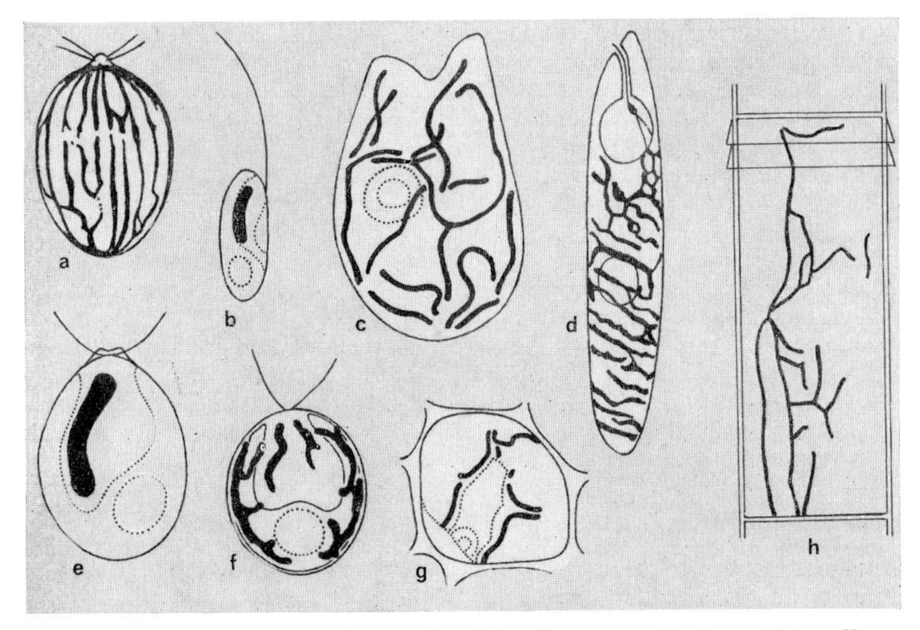

Abb. 41. Einige unterschiedliche Mitochondrien-Typen verschiedener Algenzellen. a) *Polytomella caeca;* b) *Pedinomonas minor;* c) *Scytomonas pusilla;* d) *Euglena gracilis;* e) *Chlamydomonas noctigama;* f) *Chlamydomonas reinhardtii*; g) *Enteromorpha intestinalis;* h) *Oedogonium nodulosum.* – Alle Abbildungen vereinfacht; a), d) nach Schussnig 1960 [981]; b) nach Ettl 1966 [211]; c) nach Mignot 1961 [711]; e), f) nach Ettl 1976 [218]; g), h) nach Chadefaud 1935 [95].

den Atmungsprozessen bezeichnet werden. Es handelt sich um Selbstteilungskörper mit eigener DNA; sie vermehren sich durch Teilung oder Knospung.

Gestalt und Lage der Mitochondrien können für bestimmte Algenarten charakteristisch sein (Abb. 41). Oft ändert sich jedoch die Form außerordentlich stark, und einzelne Mitochondrien können untereinander auch fusionieren. Bei den Flagellaten herrscht die granuläre oder kurze stäbchenförmige Gestalt vor, die seltener in eine kettenförmige übergeht. Verzweigte und zum Teil miteinander anastomosierende Mitochondrien wurden bei Euglenophyceen und bei *Polytomella* nachgewiesen. Für die Algenzellen sind vornehmlich langgestreckte, stäbchen- bis fadenförmige und flexible Mitochondrien charakteristisch. Innerhalb der Gattung *Chlamydomonas* kommen sie als korn-, wurst-, fadenförmige, gabelig oder kompliziert verzweigte Gebilde verschiedener Größe vor [218]. Bei *Chlamydomonas reinhardtii* wurde an Hand von Serienschnitten und danach konstruierten Modellen gezeigt, daß nur wenige Mitochondrien bei dieser Art einfache ellipsoidische Gestalt haben. Die meisten sind langgestreckt und weisen Einschnürungen und Verzweigungen auf. Durch die Verzweigungen können die Mitochondrien eine Gesamtlänge erreichen, die weit größer ist als der jeweilige Zelldurchmesser [6]. Netzförmige Mitochondrien wurden bei den Gameten dieser Art gefunden [374]. Reich verzweigte Mitochondrien sind auch bei anderen Algen weit verbreitet, so z. B. bei *Chlorella* [1020], *Eudorina, Pandorina, Volvox* [453, 582], *Scytomonas* [711].

Die Mitochondrien liegen entweder im Zellinnern unter den Chloroplasten (zentrale Mitochondrien) oder sind an der Peripherie der Zelle, an der Oberfläche der Chloroplasten, vorhanden (periphere Mitochondrien). Seltener kommen auch beide Typen gleichzeitig in einer Zelle vor (zentral-periphere Mitochondrien). Die Lage und Größe der Mitochondrien scheint in starkem Maße auch mit der Gestalt der Chloroplasten zusammenzuhängen. Bei Flagellaten, die zu den schnellsten und beweglichsten gehören (*Pedinomonas, Micromonas, Scourfieldia* u. ä.), befinden sich die Mitochondrien in nächster Nähe der Geißelbasis und sind relativ sehr groß. In den Spermatozoiden von *Dichotomosiphon* sind andererseits zahlreiche (50—100), sehr kleine Mitochondrien vorhanden [740].

In den Zellen der farblosen Alge *Saprochaete* sind die langen fadenförmigen Mitochondrien schon an lebenden Zellen deutlich [1055], ebenso auch das mitochondriale Netz bei einem durch Streptomyzin farblos gewordenen Stamm von *Euglena*

Abb. 42. Feinbau der Mitochondrien. a) große Mitochondrie mit Cristae bei *Chlamydomonas noctigama;* b) Mitochondrien mit Tubuli beim Spermatozoiden von *Vaucheria sescuplicaria* (Querschnitt); c) Mitochondrien mit Tubuli bei *Melosira varians;* d) Detail einer Mitochondrie von *Euglena spirogyra,* die charakteristische Gestalt der Cristae zeigend. — a) 30 000 : 1, nach Ettl 1976 [218]; b) 40 000 : 1, nach Moestrup 1970 [734]; c) 28 500 : 1, nach Crawford 1973 [138]; d) 70 000 : 1, nach Leedale 1967 [600].

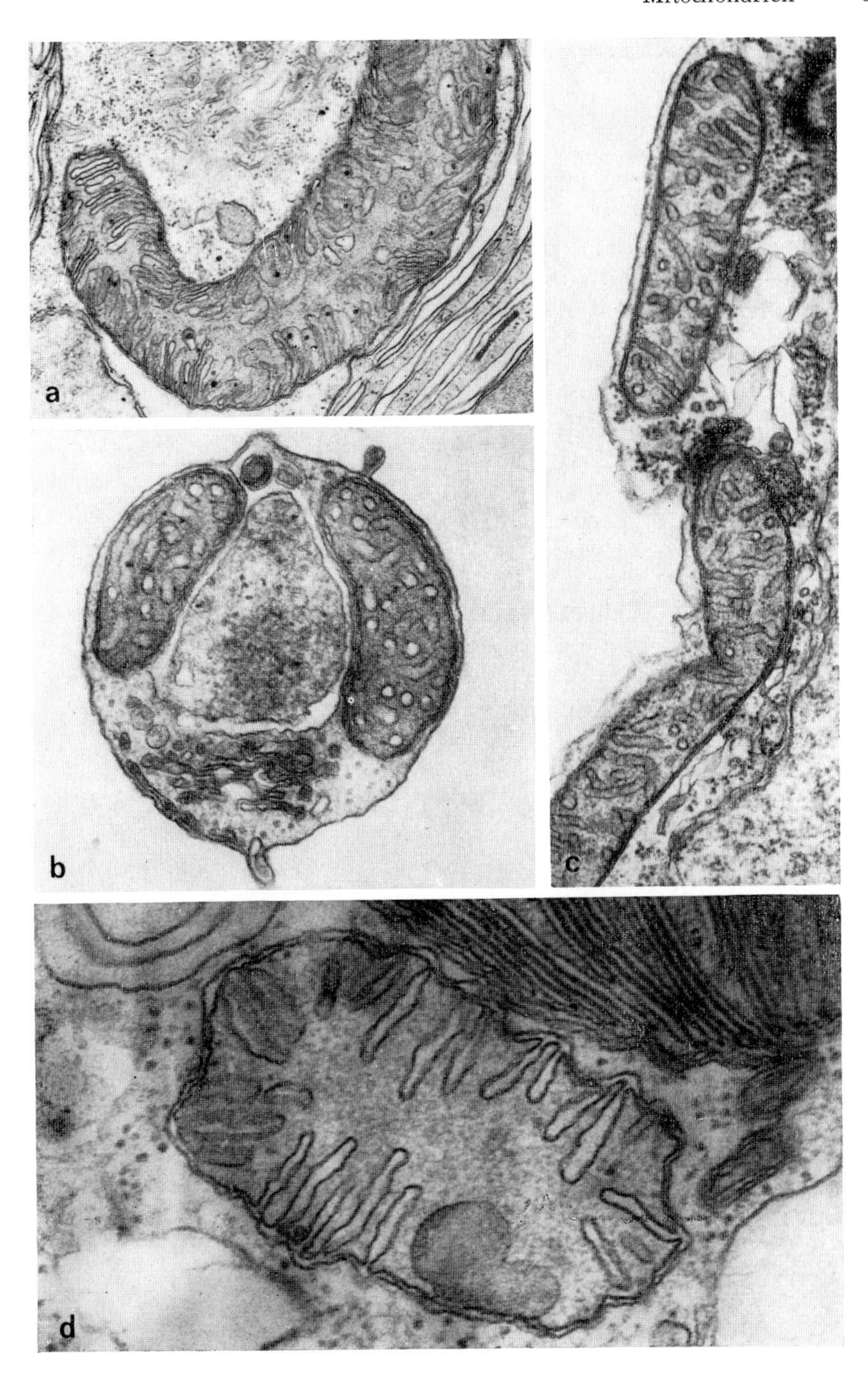
a
b
c
d

gracilis [606]. Letzteres erscheint als labiles, verzweigtes Netzwerk, in dem sich die Elemente kontinuierlich bewegen, verästeln, fragmentieren und fusionieren. Manchmal ändern sich die Mitochondrien während des Zell- oder Lebenszyklus. So sind die Mitochondrien in den Zoosporen von *Blastocladiella* einzeln und schüsselförmig. Während der Keimung der Zoosporen beginnen sich die Mitochondrien jedoch zu verzweigen, bis sie ein stark verästeltes System bilden, um dann wieder zu fragmentieren [72].

Im Elektronenmikroskop erkennt man, daß die Mitochondrien von einer Doppelmembran begrenzt sind. Diese besteht aus zwei Elementarmembranen, die sich trotz ihres gleichartigen Aussehens funktionell stark voneinander unterscheiden. Durch Einstülpungen der inneren Membran kommt es zur Ausbildung von Falten (Cristae, Abb. 42a, d) oder von Röhren (Tubuli, Abb. 42b, c). Die Anzahl der Cristae und Tubuli ist recht verschieden. Die Cristae sind entweder eng aneinandergedrängt, wie bei manchen *Chlamydomonas*-Arten [218], oder spärlich verteilt wie bei *Oxyrrhis* [175]. In jungen Zoosporen von *Oedogonium* wurden an den Cristae feine borstenartige Ausläufer beobachtet [866], die man für verwandt mit den Oxysomen halten könnte. Mitochondrien mit Tubuli wurden z. B. bei *Smithora, Vacuolaria* und *Melosira* beobachtet [700, 968, 138]. Elektronendurchlässige Stellen der Mitochondrien vieler Algen und Flagellaten enthalten DNA-Fibrillen [42]. Ribosomen wurden in Mitochondrien von *Ochromonas* beobachtet.

In den Zellen von *Euglena* sind während der Wachstumsphase unregelmäßig verzweigte Riesen-Mitochondrien vorhanden, deren Matrix nur an der Peripherie mit Cristae durchsetzt ist [776]. Es wird angenommen, daß

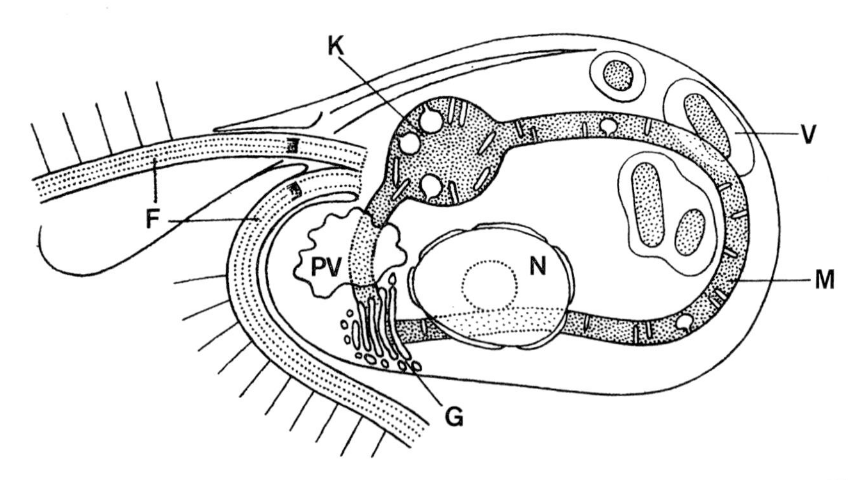

Abb. 43. Schema einer Zelle von *Rhynchomonas nasuta* mit Kinetoplast (*K*). *N* Zellkern, *M* Mitochondrie, *V* Nahrungsvakuole, *F* Geißeln, *PV* pulsierende Vakuole, *G* Golgi-Apparat. – Etwas vereinfach umgezeichnet, nach Swale 1973 [1068].

sie durch Fusion mehrerer normaler Mitochondrien zu einem bestimmten Zeitpunkt entstehen. Noch vor der Zellteilung werden sie jedoch wieder in normale Mitochondrien aufgeteilt [779, 780].

Die Kinetoplasten der Trypanosomideen und der Bodonideen sind spezialisierte, DNA-reiche Mitochondrien [454]. Sie sind Feulgen-positiv, strukturell jedoch weitgehend mit den Mitochondrien übereinstimmend und gehen kontinuierlich in das eigentliche Mitochondrion über. Diese Gebilde, die größer als die meisten Mitochondrien sind, treten immer nur einzeln auf und liegen stets hinter dem Basalkörper der Geißel. Es handelt sich zweifellos auch um Selbstteilungskörper [73, 371]. Ein eigenartiger Kinetoplast in Form einer 1 μm großen Schwellung eines langen, schlingenförmigen Mitochondrions wurde bei *Rhynchomonas* beobachtet (Abb. 43) [1068].

2.5. Vakuolen

Im Zytoplasma kommen mit homogenen Flüssigkeiten gefüllte Räume vor, die man Vakuolen nennt. Die Vakuolen sind vor allem in lebenden Zellen zu beobachten, denn Fixierungsmittel verändern sie stark. Eine Elementarmembran (Tonoplast) trennt die Vakuole vom umliegenden Zytoplasma. Wir unterscheiden mehrere Typen von Vakuolen.

2.5.1. Zentrale Vakuolen

Voll ausgebildete Algenzellen, die eine Zellwand besitzen und ein Größenwachstum aufweisen, entwickeln zentrale Vakuolen (Saftvakuolen), die durch das Zusammenfließen mehrerer kleinerer Vakuolen entstehen und ihr Volumen dann nicht mehr ändern. Oft nimmt die Vakuole den weitaus größten Teil der Zelle ein und drängt das Zytoplasma mit seinen Einschlüssen gegen die Zellwand (Abb. 44). Die Vakuole kann von zarten, gespannten Plasmasträngen durchzogen werden [829, 981]. Am größten sind natürlich die zentralen Vakuolen der siphonalen Algen. Bei einigen *Bryopsidales* (z. B. *Caulerpa*) wird die Vakuole von Verstärkungssträngen aus Kallose und Pektinen durchzogen [939]. Bei *Bryopsis* ist die Vakuole kein einfacher Hohlraum mehr, sondern bildet Ausläufer, die in das Zytoplasma eindringen und Granula sowie Fibrillen enthalten [83]. Bei einigen Algen ist der Zellsaft in den Vakuolen rötlich gefärbt.

2.5.2. Andere nicht kontraktile Vakuolen

An den Zellenden mancher Desmidiaceen (*Closterium, Penium, Pleurotaenium*) sind Vakuolen vorhanden, die große Gipskristalle enthalten. Letztere führen vor allem bei *Closterium* in dem engen Raum eine lebhafte Brown-

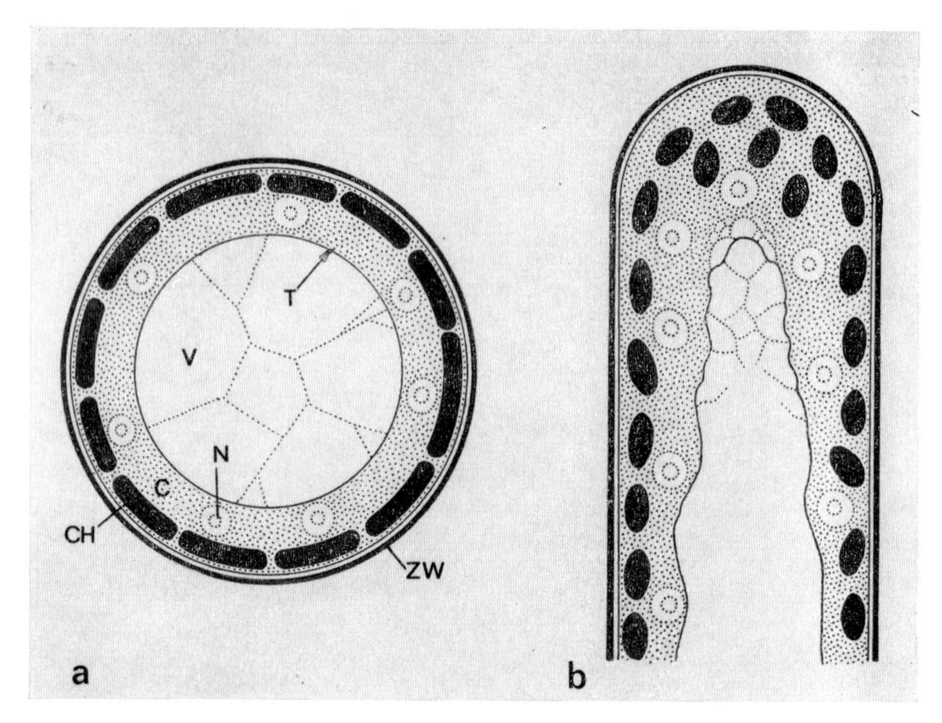

Abb. 44. Zentrale Vakuolen a) bei *Botrydiopsis,* b) bei *Vaucheria. V* Vakuole (teilweise mit Plasmafäden), *C* Zytoplasma, *CH* Chloroplasten, *N* Zellkern, *ZW* Zellwand, *T* Tonoplast. Stark schematisiert, Original H. Ettl.

sche Bewegung aus [540, 573]. Im Vakuolensystem der marinen Grünalgen *Penicillus, Rhipocephalus* und *Udotea* werden Aragonit- und Kalziumoxalat-Kristalle gebildet [276]. Bei den Phaeophyceen finden wir kleine, oft um den Zellkern oder um die Plastiden angehäufte Vakuolen, die Fukosan enthalten und auch Physoden oder Fukosan-Vesikel genannt werden [939]. Wir unterscheiden drei Kategorien von Physoden, von denen die am meisten verbreiteten an die Plastiden gebunden sind. Wahrscheinlich handelt es sich um Produkte der Photosynthese. Im Elektronenmikroskop erscheinen sie als 0,5 bis 5 μm große, elektronendichte Vesikel. Sie enthalten verschiedene phenolische Tannine [55]. Die Physoden kommen in bedeutenden Mengen in meristematischen Assimilations- und Reproduktionszellen vor.

Flagellaten, die zur animalischen Ernährung befähigt sind, sowie Amöben bilden Nahrungsvakuolen. Mehrere Nahrungsvakuolen wurden bei *Anthophysa vegetans* beobachtet, in denen Bakterien gefunden wurden [29]. In den Nahrungsvakuolen von *Chrysochromulina megacylindrica* [661] wurden Diatomeenschalen nachgewiesen, wogegen man bei *Ceratium hirundi-*

nella auch noch Reste von Blaualgen feststellte [181]. Man nimmt im letzteren Fall an, daß die Nahrungspartikel an der ventralen Kammer aufgenommen werden, die nur durch das Plasmalemma begrenzt ist. Im allgemeinen findet die Aufnahme der Nahrungspartikel durch Phagocytose statt. Die Nahrungsvakuolen von *Oxyrrhis marina* sind im frühen Stadium wie bei anderen Flagellaten durch eine einfache Membran und eine schmale Zytoplasmaschicht begrenzt, doch werden sie später außerdem noch von einem Komplex des verdickten ER umgeben [183]. Der ganze Verlauf der Phagocytose, der Bildung der Nahrungsvakuolen sowie der lytischen Auflösung der Nahrungspartikel konnte bei *Ochromonas* verfolgt werden [122].

2.5.3. Pulsierende Vakuolen

Die pulsierenden oder kontraktilen Vakuolen unterscheiden sich von allen übrigen Vakuolen durch ihre rhythmische Tätigkeit. In regelmäßigen Abständen vergrößern sie ihr Volumen, indem sie Flüssigkeit aus dem umgebenden Zytoplasma aufnehmen (D i a s t o l e), und verkleinern sich dann rasch, um ihren Inhalt nach außen zu entleeren (S y s t o l e). Bei der gleichen Zelle wird die Pulsationsfrequenz von verschiedenen Bedingungen beeinflußt, vor allem von der Temperatur und der Salzkonzentration des Milieus [371]. In funktioneller Hinsicht scheinen die pulsierenden Vakuolen Organellen der Osmoregulation zu sein. Deshalb sind sie vor allem bei Süßwasserformen vorhanden, während sie bei Meeres- oder Salzwasserorganismen meistens fehlen. Flagellaten, die man in ein Milieu mit höherer Salzkonzentration überträgt, setzen die Pulsationsfrequenz ihrer Vakuolen herab und umgekehrt [203]. Eine Mutante von *Chlamydomonas moewusii*, die keine pulsierenden Vakuolen ausbilden kann, läßt sich nur in einem Medium am Leben erhalten, in dem der osmotische Druck künstlich erhöht wird [377]. Die pulsierenden Vakuolen kommen meist in Form einfacher Bläschen vor (Abb. 45 a).

Die pulsierenden Vakuolen sind nicht nur bei der monadoiden, sondern auch bei der rhizopodialen und capsalen Organisationsstufe in den vegetativen Zellen vorhanden. Sie kommen auch dort vor, wo die Zellen von einer Zellhülle umgeben sind, aber noch den Charakter einer Flagellaten-Zelle zeigen, wie z. B. bei den *Tetrasporales.* Ebenso finden wir sie in den beweglichen Fortpflanzungszellen. Die Lage und Anzahl der pulsierenden Vakuolen ist bei gewissen Algengruppen für jede Art spezifisch und konstant. Sie gelten meistens für ein gutes taxonomisches Merkmal. Die meisten *Volvocales* und die beweglichen Fortpflanzungszellen der Chlorophyceen tragen am Vorderende 2 pulsierende Vakuolen, die senkrecht zur Geißelebene stehen. Bei *Chlorogonium* finden sich 12–16, bei *Haematococcus* sogar 30–60 solche Vakuolen, die jedoch unregelmäßig über die Zelle verstreut sind. Bei einigen Chrysophyceen liegen sie lateral oder auch am hinteren Zellende (*Mallomonas*). Unregelmäßig auftretende pulsierende Vakuolen wurden auch

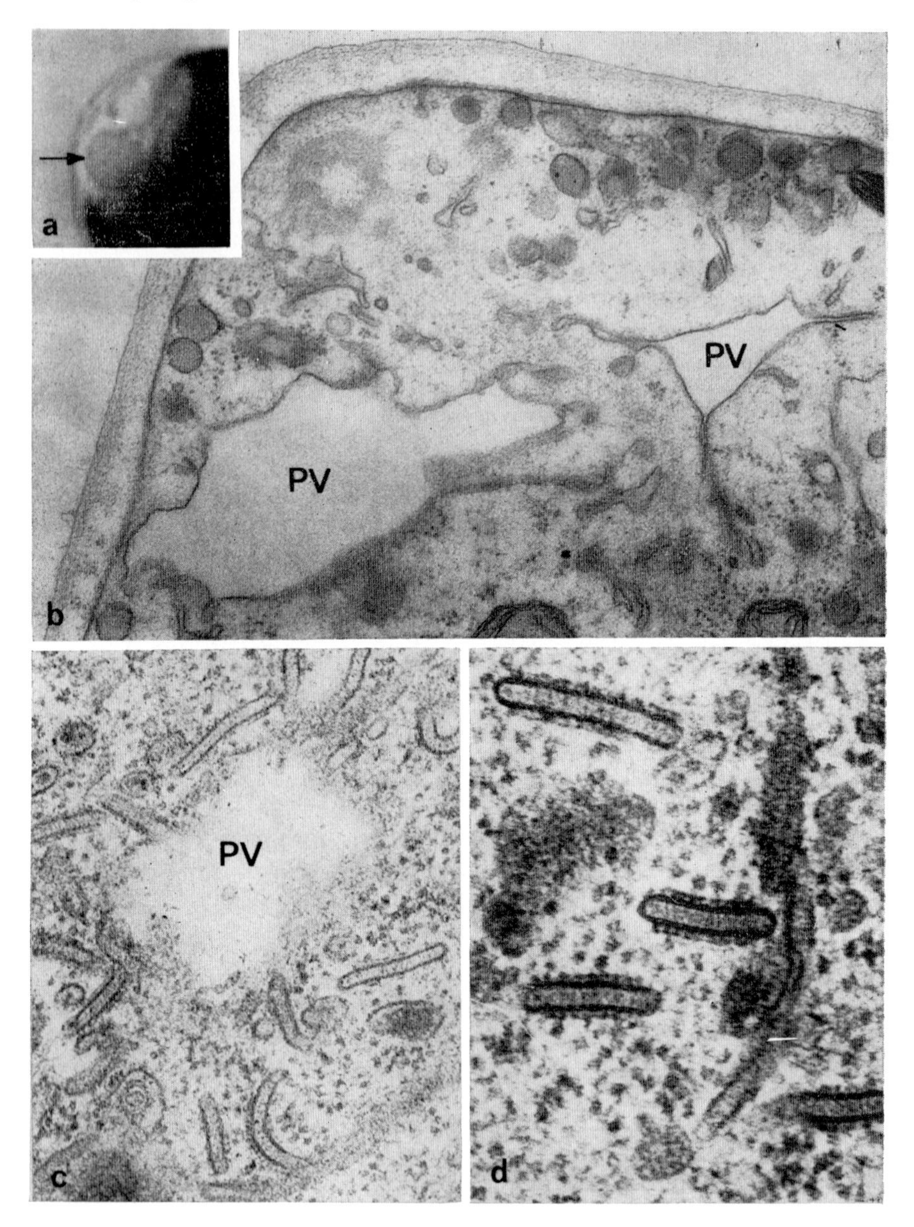

Abb. 45. Pulsierende Vakuolen. a) Vorderende einer lebenden Zelle von *Chlamydomonas,* eine Vakuole voll gefüllt (Pfeil), die andere sich füllend; b) elektronenmikroskopische Aufnahme des gleichen Objektes mit zwei verschieden gefüllten

bei Diatomeen wie *Rhizosolenia* und *Attheya* beobachtet. Eigentümlicherweise fehlen pulsierende Vakuolen in den Spermatozoiden mancher Süßwasseralgen, wie *Dichotomosiphon* oder *Chara* [740, 735].

Bei physiologischen Vorgängen, die zu einer weitgehenden Entwässerung des Protoplasten führen, treten gelegentlich Vakuolen in Tätigkeit, die mit den typischen pulsierenden Vakuolen insofern übereinstimmen, als sie ihren Gehalt an Flüssigkeit nach außen abzugeben imstande sind, so bei Gameten kopulierender *Spirogyra*-Arten und pennaten Diatomeen [573, 828].

Die pulsierenden Vakuolen haben eine spezifische, wenn auch relativ einfache Ultrastruktur (Abb. 45 b) [600, 647, 662]. In den meisten Fällen besteht die Vakuole, wenn sie gefüllt ist, aus einem runden Hohlraum, der von einer einfachen Elementarmembran umgeben ist. Diese wiederum wird von einem besonderen Plasma, dem Spongioplasma, umhüllt, das reich an ergastoplasmatischen Tubuli oder Vesikeln ist. Letztere verschmelzen mit dem Tonoplast und entleeren ihren Inhalt in die Vakuole. Dieser Vorgang konnte an lebenden Zellen von *Chlamydomonas reginae* beobachtet werden, wo die Pulsfrequenz äußerst langsam verläuft [218]. Die kleinen Vesikel, die bei manchen Flagellaten um die pulsierenden Vakuolen liegen, besitzen oft eine Schicht kleiner Partikel an ihrer äußeren Oberfläche und werden als behaarte Vesikel bezeichnet. Bei *Poteriochromonas* sind diese Vesikel gestreckt und mit 8–10 nm großen Partikeln bedeckt, die mittels feiner Stiele an der Membran haften [1112]. Wahrscheinlich steht diese Struktur (Abb. 45 c, d) mit der Osmoregulation im Zusammenhang und ist an den Transportprozessen beteiligt.

Bei *Euglena* liegen unregelmäßig geformte akzessorische Vakuolen um die Hauptvakuole herum [600]. Es wird angenommen, daß sich die Flüssigkeit in diesen sammelt, bevor sie in die Hauptvakuole (Abb. 38) entleert wird. Die Hauptvakuole verschmilzt dann mit dem Plasmalemma, und der Inhalt entleert sich in das Reservoir. Die akzessorischen Vakuolen von *Ochromonas tuberculata* sind gestreckt und haben eine relativ dicke Membran, wogegen sie bei *Anthophysa vegetans* gebogen und durch feine Fibrillen quer gestreift sind [416, 29]. Bei manchen *Ochromonas*- und *Poteriochromonas*-Arten scheint an der Stelle der pulsierenden Vakuole eine permanente Struktur vorhanden zu sein, die aus einem zentralen Hohlraum besteht. Aus diesem laufen nach allen Richtungen flache Sacculi aus. Nach der Systole enthalten diese Sacculi transversale Fibrillen, die während der Diastole weder in den Sacculi noch im Hohlraum zu sehen sind. Die Sacculi verschmelzen und werden in den zentralen Hohlraum eingebaut, wonach die pulsierende Vakuole anschwillt [1]. Die pulsierenden Vakuolen von *Vacuolaria* entstehen auf eine

pulsierenden Vakuolen (*PV*); c) pulsierende Vakuole (*PV*) von *Poteriochromonas stipitata* mit in der Nähe liegenden Zisternen; d) Detail der Zisternen, deren Membranen mit Partikeln besetzt sind. – a) 2000 : 1; b) 41 000 : 1, nach Ettl 1976 [218]; c) 63 000 : 1, d) 105 000 : 1, nach Tsekos und Schnepf 1972 [1112].

völlig andere Art, nämlich durch Fusion zahlreicher kleiner Golgi-Vesikel. Diese entstehen aus der extensiven Golgi-Region (aus 50 Dictyosomen bestehend), die in Form einer Schale um das Vorderende des Zellkernes gelagert ist [968].

2.5.4. Pusulen

Durch besonders komplizierte und permanente osmoregulatorische Apparate zeichnen sich die Dinophyceen aus. Eine mächtig entwickelte, mitunter gelappte Sackpusule mündet mittels eines Ausführungsganges in die Geißelspalte aus (Abb. 46 a, b). Oft findet sich noch eine Sammelpusule, die entweder in die Sackpusule oder getrennt von dieser ebenfalls in die Geißelspalte durch einen eigenen Ausführungsgang mündet. Die Sammelpusule wird von einer konzentrischen Schar ganz kleiner Sekundärpusulen umgeben, die nicht stationär sind und ihre Lage verändern [980]. Obgleich es mehrere Pusulen-Typen gibt, die wieder verschiedene Abweichungen zeigen, ist doch ihr Grundbau gleich [174, 175]. Eine Pusule besteht im typischen Fall aus einem stark gewundenen, mehr oder weniger tief in die Zelle eindringenden Schlauch als Invagination des Plasmalemmas (Abb. 46 c). Die Wandung der Pusule besteht aus dem Plasmalemma und aus einer dicht anliegenden, vielfach durchbrochenen Pusulenzisterne. Das Plasmalemma trägt an der dem Lumen zugekehrten Seite einen Besatz von parallel verlaufenden, feinen Rippen. Die Bildung der Pusulen ist jedoch noch weitgehend unklar [965]. Sehr komplizierte Pusulen kommen bei *Woloszynskia coronata* vor, wo sie einen großen Teil des Zellvolumens einnehmen [139]. Wie formenreich die Pusulen sein können, zeigen Beobachtungen mehrerer Autoren [178, 179, 181, 717, 745].

Der im Wasser mit außerordentlich hohem Salzgehalt lebende farblose Flagellat *Choanogaster* besitzt ein osmoregulatorisches System, das den Pusulen homolog sein soll. Es soll ebenso wie diese umgekehrt wie die pulsierenden Vakuolen arbeiten, also zur Aufnahme des Salzwassers dienen [888].

2.6. Andere Bestandteile

2.6.1. Extrusomen (ejektile Organellen)

Viele Flagellaten bilden im Zytoplasma komplizierte Strukturen, die unter Einwirkung mechanischer, chemischer oder physikalischer Reize ausgeschleudert werden. Hierbei handelt es sich wahrscheinlich um einen Quellungsvorgang, der sich schwer analysieren läßt, da er sich in wenigen Millisekunden abspielt. Im explodierten Zustand erreichen die Extrusomen oft das Zehnfache ihrer ursprünglichen Länge. Obgleich ihre Homologie nicht

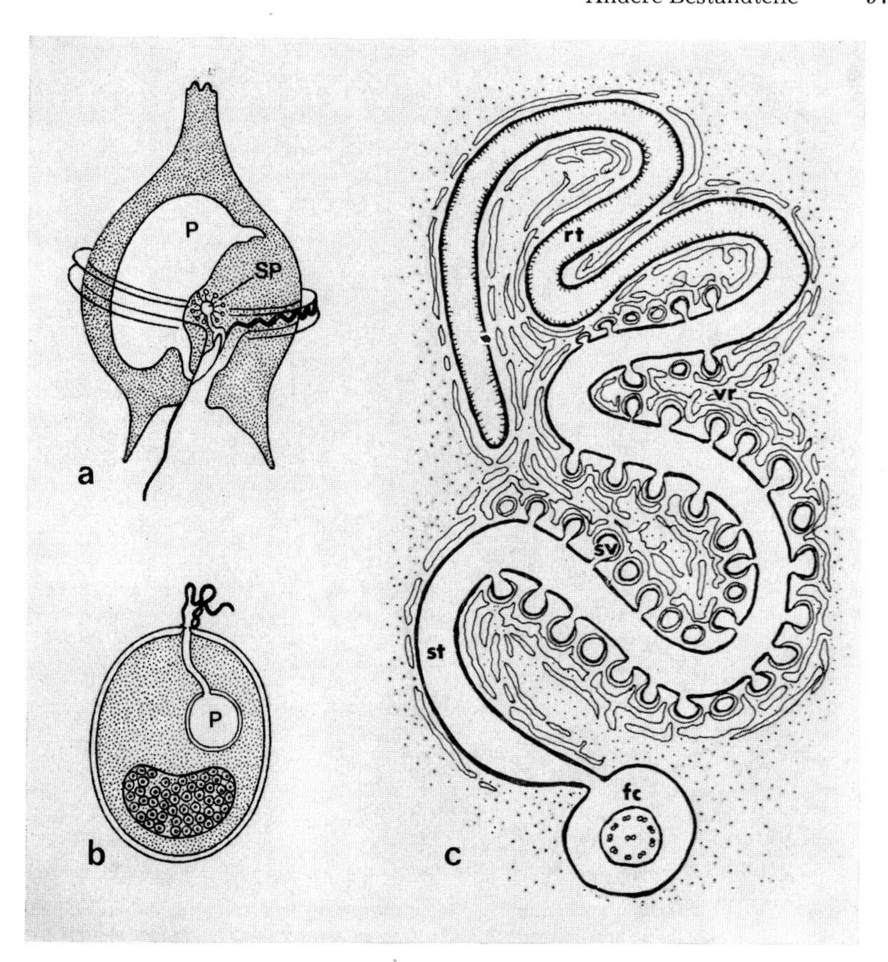

Abb. 46. Pusulen der Dinoflagellaten. a) *Peridinium divergens;* b) *Exuviella marina;* c) Schema des Feinbaues der Pusule von *Woloszynskia coronata*. *P* Sackpusule, *SP* Sammelpusule, *rt* rauher Tubulus, *st* glatter Tubulus, *sv* sphaerische Vesikeln, *vr* vesikuläres Retikulum, *fc* Geißelkanal. – a), b) vereinfacht nach Schütt aus Fott 1971 [257]; c) nach Crawford und Dodge 1974 [139].

erwiesen ist, werden sie unter einem gemeinsamen Begriff zusammengefaßt. Nach Bau und Funktion können mehrere Typen unterschieden werden [175, 371].

Viele Dinophyceen besitzen spindelförmige Strukturen, die stark an Trichozysten der Ciliaten erinnern. Sie liegen an der Peripherie rund um die Zelle, und ihre Anzahl schwankt zwischen wenigen (*Gymnodinium sim-*

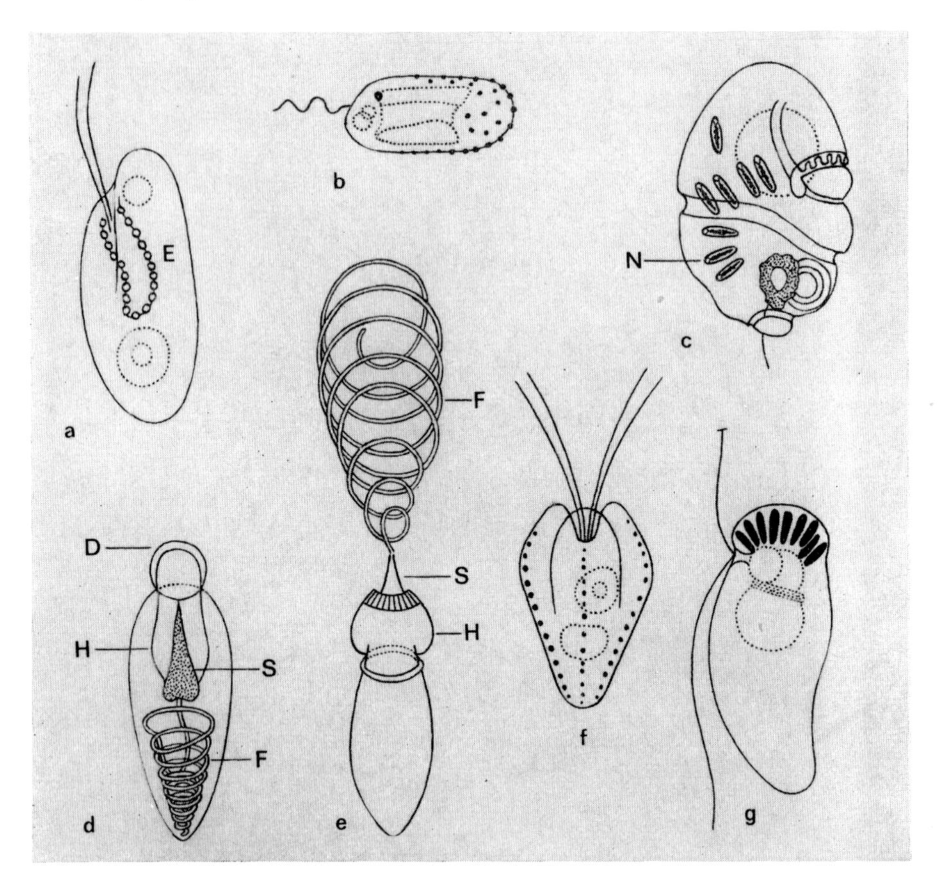

Abb. 47. Extrusomen bei verschiedenen Flagellaten. a) Ejektosomen (*E*) bei *Cryptomonas* sp.; b) Gallertkörperchen bei *Chromulina flavicans;* c) Nematozysten (*N*) von *Nematodinium armatum;* d) Nematozyste von *Polykrikos* in Ruhe; e) dieselbe mit ausgeschleudertem Faden (*D* Deckel, *H* Halsstück, *S* Stilett, *F* Faden); f) Ejektosomen bei *Pyramimonas;* g) Trichozysten bei *Merotricha bacillata.* – Teilweise vereinfacht umgezeichnet: b) nach Bourrelly 1957 [57]; c) nach Kofoid und Swezy aus Fritsch 1935 [277]; d), e) nach Kofoid und Swezy aus Reichenow 1953 [912]; f) nach Chadefaud 1941 [96]; g) nach Fott 1971 [257]; a) Original H. Ettl.

plex) bis mehreren hundert (*Oxyrrhis marina*). Wir unterscheiden an ihnen einen Schaft und eine Spitze. Der Schaft ist im Querschnitt quadratisch oder rhombisch; er besitzt eine kristallartige Feinstruktur. Die Spitze besteht aus einem Bündel schraubig gewundener Fibrillen. Das ganze Gebilde wird von einer einfachen Membran umgeben. Nach ihrer Explosion stellen sie lange quergestreifte Fäden dar.

Kompliziertere Extrusomen mancher Dinophyceen zeigen eine auffallende Ähnlichkeit mit den Nesselkapseln der Cnidarien und werden Nematozysten oder Cnidozysten genannt (Abb. 47 c–e). Bei *Nematodinium* bestehen die ruhenden Nematozysten aus einem zentralen Körper, um den herum eine Gruppe von 14 Rippen eng anliegt und die von einer Membran umgeben wird [745]. Der Körper ist an einem Ende wie eine Harpunenspitze ausgebildet und nach der Außenseite der Zelle gerichtet. Ähnliche Strukturen sind auch bei *Polykrikos* zu finden; sie stellen in gewisser Hinsicht Selbstteilungskörper dar.

Die Ejektosomen der Cryptomonaden sind stark lichtbrechend und werden bis 500 nm groß [371, 723]. Diese liegen einzeln unter dem Periplast um den für die Cryptomonaden charakteristischen Schlund herum (Abb. 47 a). Sie bestehen aus einem an beiden Seiten konisch ausgehöhlten Zylinder, in dem teilweise ein kleinerer Zylinder steckt (Abb. 48). Beide stellen Spulen von aufgewickeltem, bandförmigem Material dar. Die durch Reize verursachte Explosion erfolgt auf ähnliche Weise wie das Auseinanderziehen einer

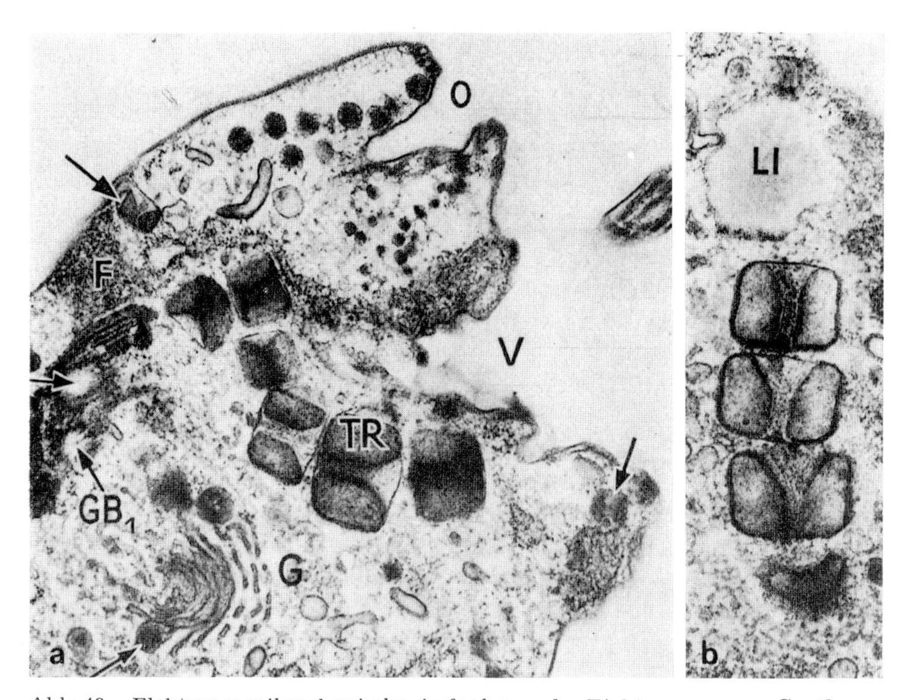

Abb. 48. Elektronenmikroskopische Aufnahmen der Ejektosomen von *Cyathomonas truncata*. a) Längsschnitt des Zellvorderendes in der Nähe des Schlundes, mit Ejektosomen in verschiedenen Stadien; b) drei voll entwickelte Ejektosomen. *TR* große Ejektosomen am Schlund, die Pfeile zeigen die kleineren peripheren Ejektosomen. – 30 000 : 1, nach Mignot 1965 [712].

Papierrolle: zuerst erscheint die zentrale kleinere Spule, die dann die mit ihr verbundene größere mit herauszieht [469]. Die Ejektosomen entstehen in Golgi-Vesikeln [175].

Discobolozysten wurden bei *Ochromonas tuberculata* beschrieben [416]. Es handelt sich um ovoide Gebilde, die rund um die Zellperipherie liegen und feines fibrilläres Material enthalten (wahrscheinlich Mucopolysaccharide). Am distalen Teil tragen sie einen elektronendichten Ring, der ein bestimmtes Stück aus der Zelle hinausgeschleudert wird. Er zieht dabei einen feinen Zylinder des fibrillären Materials mit heraus. Tubuläre Strukturen werden auch von *Pyramimonas* und *Entosiphon* ausgeschleudert. Bei *Pyramimonas* handelt es sich um ein eng zusammengerolltes Band, ähnlich den Ejektosomen. Bei *Entosiphon* haben die tubulären Strukturen abgerundete Enden. Die Trichozysten von *Gonyostomum* sind denen der Dinoflagellaten ähnlich [714, 722]. Für *Vacuolaria* ist das Vorkommen regelmäßig verteilter kugeliger Trichozysten in einer peripheren Plasmaschicht kennzeichnend. Auf äußere Reize hin werden sie ausgeschleudert und verquellen zu Gallerte [1101].

2.6.2. Assimilate

Als wichtigste Assimilate kommen in den Algenzellen Polysaccharide vor. Chlorophyten lagern wie die höheren Pflanzen echte Stärkekörner innerhalb des Chloroplasten ab. Dies geschieht entweder an der Außenseite der Pyrenoide oder im Stroma (Pyrenoid- und Stromastärke). Bei den Cryptophyceen liegt die Stärke außerhalb der Chloroplastenhülle, zwischen dieser und dem umgebenden ER [173]. Die Stärkekörner der Dinophyceen und der Rhodophyceen finden sich völlig frei im Zytoplasma, doch immer der Plastidenhülle eng anliegend. Bei den Rhodophyceen handelt es sich um Florideenstärke (Rhodamylum). In den Zellen der Euglenophyceen wird Paramylum gebildet, ein von der Stärke unterschiedenes Polysaccharid. Es liegt frei im Zytoplasma in Form charakteristischer Scheiben, Stäbchen oder Ringe. Die Gestalt der Paramylum-Körner ist artspezifisch [887]. Bei *Cyclidiopsis acus* wurden Mikrofibrillen gefunden, die mit den Paramylum-Stäbchen verbunden sind. Man ist der Ansicht, daß diese Paramylum-Stäbe zusammen mit der Pellikula-Struktur an der Bildung des Zytoskeletts der steifen Zellen teilnehmen [720]. Chrysolaminarin (Leukosin, Chrysose) tritt in Form kleiner glänzender Tropfen oder Ballen bei Chryso-, Hapto-, Xantho- und Bacillariophyceen auf und kommt dem Laminarin der Phaeophyceen nahe.

Die chemische Beschaffenheit der wichtigsten Polysaccharide:

Stärke (Amylum)	— α — 1 : 4	[1 : 6] — Polyglykan
Florideenstärke (Rhodamylum)	— α — 1 : 4	[1 : 6] — Polyglykan
Paramylum	— β — 1 : 3	[1 : 6] — Polyglykan

Chrysolaminarin	– β – 1 : 3	[1 : 6] – Polyglykan
Laminarin	– β – 1 : 3	[1 : 6] – Polyglykan

Viele Dino-, Chryso- und Xanthophyceen speichern als akzessorische Reservesubstanz Öl in Form von lichtbrechenden Tropfen. Fette sind auch die wichtigsten Reservestoffe bei Diatomeen, bei denen sie außerdem durch Verminderung des spezifischen Gewichts der Zellen das planktische Leben erleichtern. Lipide werden auch in alten Zellen der Chlorophyten oft in so riesiger Menge gelagert, daß die übrigen Bestandteile der Zelle kaum mehr zu erkennen sind. Sie können z. B. bei *Chlorella* bis $^3/_4$ des Zellvolumens einnehmen. Bei den Zoosporen von *Microthamnion* kommen Öl-Vakuolen vor, die von einer Elementarmembran umgeben und mit Öl gefüllt sind [1136a]. Die Phaeophyceen speichern im Zellsaft als akzessorische Reservesubstanz Mannitol.

Reservestoffe in Form von Proteinen wurden bisher bei keiner Alge mit Sicherheit festgestellt. Vielleicht übt diese Funktion das Pyrenoid aus [175]. Proteinkörper nehmen bei *Bryopsis* an der „Wundheilung" und an der Bildung des basalen Septums während der Gametangienbildung teil [84]. Vielleicht gehören hierher auch Eiweißkristalle, die besonders bei Siphonocladaceen, Bryopsidalen und Rhodophyceen gebildet werden. Diese Kristalle erreichen eine beträchtliche Größe in Form von Prismen oder Würfeln mit einer Kantenlänge von 2—4 μm [573].

2.6.3. Haematochrom

Das extraplastidiale rote Haematochrom kommt bei manchen Euglenophyceen und Chlorophyceen vor; seine Tropfen füllen das Zellinnere so reichlich aus, daß die anderen Bestandteile der Zelle, vor allem aber die grünen Chloroplasten, von ihm überdeckt werden. Der hohe Gehalt an Haematochrom bei vielen Algensporen (*Bulbochaete, Oedogonium, Sphaeroplea, Protosiphon*) ist lange bekannt, ebenso wie bei manchen vegetativen Zellen (*Haematococcus, Chlamydomonas nivalis, Chlorococcum wimmeri*). Die Lagerung des Haematochroms wechselt zuweilen mit den Außenbedingungen. Bei starker Belichtung breitet es sich in den Zellen aus, bei schwacher ballt es sich in ihrer Mitte zusammen. Nach den bisherigen Untersuchungen handelt es sich bei den roten Pigmenten hauptsächlich um Oxykarotinoide wie Echinenon, Canthaxanthin und Astaxanthin [149, 150, 243, 584]. Die Pigmenttropfen bilden sich im Grundplasma. Man nimmt an, daß das Haematochrom unter anderem auch zur Abschirmung des kurzwelligen Lichtes dient, besonders bei kryophilen Arten wie z. B. *Chlamydomonas nivalis* oder Neustonten wie z. B. *Euglena sanguinea* [476].

2.6.4. Polyphosphate

Oft werden im Zytoplasma der Algenzellen zahlreiche lichtbrechende Tropfen beobachtet, die im Elektronenmikroskop als mehr oder weniger sphaerische, elektronendichte Strukturen erscheinen, die in Vesikeln eingeschlossen sind. Diese Inklusionen bestehen aus anorganischen Polyphosphaten [600]. Da sich auch Lipide nachweisen lassen, werden sie als phospholipoide Vesikel bezeichnet. In der älteren Literatur werden sie „Volutin" oder „metachromatische Körper" genannt, da sie sich mit Toluidinblau metachromatisch färben.

2.6.5. Microbodies

Diese Organellen sind klein (0,2–0,8 μm), mit fein gekörnter Matrix, die von einer einfachen Membran begrenzt wird. Sie befinden sich sehr oft in der Nähe der Mitochondrien [175]. Bislang wurden sie bei Euglenophyceen und bei Chlorophyten gefunden – *Euglena, Chlorogonium, Polytoma, Pyramimonas, Chlorella, Klebsormidium* [342, 343, 1046]. Eigentümliche Microbodies wurden in den Zoosporen von *Chaetosphaeridium* beobachtet, wo sie dem Zellkern eng anliegen [737]. Sie werden bis 0,5 μm groß und enthalten kristallartige Einschlüsse. Bei *Klebsormidium* teilen sich die Microbodies während der Mitose. Bei *Pyramimonas parkeae* steht ein großer Microbody mit dem Rhizoplasten und mit den Basalkörpern in Verbindung [763].

2.6.6. Plasmalemmasomen

Dabei handelt es sich um Membrankörper, die in Taschen oder Falten zwischen dem Plasmalemma und der Zellwand gebildet werden. Sie bestehen aus komplexen Serien von Vesikeln, Röhren oder flachen Zisternen, von denen jede durch eine Elementarmembran begrenzt wird und die dem Plasmalemma ähnlich ist. Es wurde eine Kontinuität zwischen Plasmalemma und manchen membranösen Strukturen beobachtet. Letztere können durch In- oder Evaginationen gebildet werden [13, 44, 141, 859]. Bei *Batrachospermum* sind die Plasmalemmasomen mit dem Teilungsseptum während der Zellteilung assoziiert.

2.6.7. Gallerte

Gallerte kommt als Ausscheidung der Zellen vor und ist bei Algen allgemein verbreitet in Form von Gallerthüllen oder -scheiden, mitunter auch in Form differenzierter gallertiger Gebilde. Viele Kolonien und Zönobien sind in homogener oder geschichteter Gallerte eingebettet. Bei den Desimidiaceen und manchen einzelligen Rhodophyceen werden die Zellen durch einseitige Gallertausscheidung und deren Quellung fortbewegt. Festhaftende epibiontische Algen entwickeln als Befestigungsorgan Gallertscheiben oder Gallertstiele (Abb. 49). Letztere können oft zu mächtigen Sockeln (*Koinopodion*,

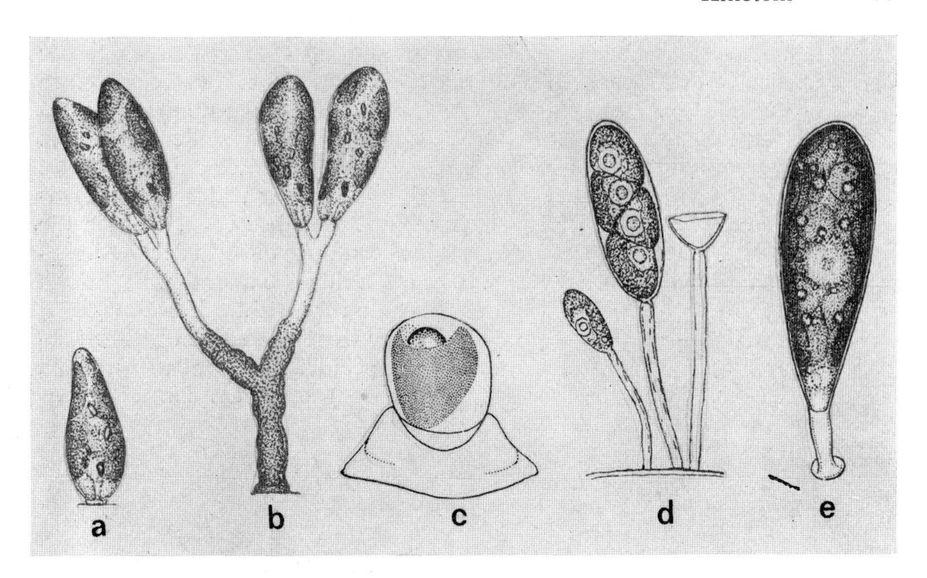

Abb. 49. Gallertausscheidungen festhaftender Algen. a) kurz befestigte Einzelzelle von *Colacium arbuscula;* b) ältere Zellen derselben Art mit verzweigten Gallertstielen, die basal mit Eisenoxidhydrat inkrustiert sind; c) *Koinopodium aggregatum*, Einzelzelle mit mächtigem Gallertpolster; d) *Chlorangiella epizootica*, vegetative Zelle, Zoosporangium sowie Rest eines leeren Zoosporangiums auf Gallertstielen; e) *Chlorangiella polychlora.* – a), b) nach SKUJA 1948 [1004]; c) nach PASCHER und VLK 1941/42 [848]; d) nach KORSCHIKOFF aus PASCHER 1927 [807]; e) nach SKUJA 1964 [1010].

Gloeopodium) heranwachsen. Am bekanntesten sind die einfachen oder verzweigten Gallertstiele von *Colacium* oder *Chlorangiella* [470]. Sie entstehen entweder durch einseitige Gallertausscheidung am Zellvorderende oder durch Verschleimen der Geißeln. Bei kolonienbildenden farblosen Chrysophyceen (*Pseudodendromonas, Chrysodendron, Ochrostylon, Dendromonas*) sitzen die einzelnen Zellen auf dichotomisch verzweigten, röhrenförmigen Stielen. In diesem Fall werden die Gallertstiele jedoch an der Basis der Zellen ausgeschieden [718].

2.7. Kinetom

Geißeln sind bei den Algen, mit Ausnahme der Rhodophyceen, weit verbreitete, fadenförmige Auswüchse der Zellen, die mehr oder weniger regelmäßige Bewegungen ausführen. Sie dienen zur Erzeugung von Flüssigkeitsströmen, die entweder eine Fortbewegung des Organismus oder den Transport von Nahrungspartikeln bewirken. Als Fortbewegungs-Organellen finden wir Geißeln nicht nur bei den Flagellaten, sondern auch bei den beweglichen Fortpflanzungszellen. Die Geißeln bewegen sich allgemein sehr schnell, wobei es drei Bewegungsformen gibt: Pendel-, Ruderschlag- und Wellenbewegung. Die Anzahl der Geißeln pro Zelle variiert innerhalb einer Klasse, doch bleibt die generelle Struktur erhalten. Da zwischen den einzelnen Algenklassen Unterschiede im Geißelbau und in der Geißelinsertion bestehen, werden die Geißeln als maßgebendes taxonomisches Merkmal zur Klassifizierung höherer taxonomischer Einheiten benützt. Unsere Kenntnisse über den Geißelbau sind zwar schon früher an gefärbten Präparaten im Lichtmikroskop [1129] aber jetzt an Hand elektronenmikroskopischer Untersuchungen weiter ausgebaut worden. In speziellen Fällen können die Geißeln bis zur funktionellen Unbeweglichkeit modifiziert sein (Pseudocilien) oder als Haftorganelle (Haptonema) dienen [175, 371].

2.7.1. Morphologie

Die Geißeln sind im Lichtmikroskop als relativ lange fadenförmige plasmatische Differenzierungen mit typischer Flimmerbewegung sichtbar (Abb. 50). Sie entspringen entweder terminal (akrokonte Geißeln der *Volvocales*) oder subterminal (bei Zoosporen der Xanthophyceen), selten lateral (pleurokonte Spermatozoide der Phaeophyceen). Die Lage der Geißeln ist bei den einzelnen Arten erbtypisch bestimmt und zeigt zugleich die Polarität der begeißelten Zelle. Kompliziert gebaute Flagellaten haben differenzierte, verschieden gebaute und fungierende Geißeln (Haupt- und Nebengeißeln, Schleppgeißeln usw.). Wenn die Geißeln mit dem Zytoplasma vor der Insertionsstelle zu breiten Säumen verkleben (kryptokont), spricht man von Saumgeißeln oder undulierenden Membranen. Außer bei Trypanosomideen wurden ähnliche Säume auch bei dem autotrophen, marinen Flagellaten *Ulochloris* beschrieben [803]. Manche Geißeln sind zu mehr oder weniger starren Schwebeeinrichtungen geworden und erreichen eine außergewöhnliche Länge, wie z. B. bei *Bothrochloris* oder *Chlamydomonas parkeae.*

Die Geißeln sind entweder glatt – akronematisch (Peitschengeißeln) oder fein behaart – stichonematisch (Flimmergeißeln). Der Flimmerbau der Geißeln stellt für die Taxonomie der Flagellaten und Algen ein wichtiges Organisationsmerkmal dar (Abb. 51). Ebenso sind die Längenverhältnisse der Geißeln von Bedeutung. Ist nur eine Geißel vorhanden, so kann sie kürzer als die Zelle sein oder diese beträchtlich übertreffen. Bei zwei oder mehreren Geißeln können diese alle gleich lang und gleich gebaut sein; gelegentliche Differenzen von etwa 10 % sind ohne Bedeutung. Man spricht in diesem Fall von isokonter und isomorpher Begeißelung, und bei gleichartiger, synchronisierter Schwimmbewegung von isodynamischen Geißeln. Sind die Geißeln einer Zelle ungleich lang, so liegt eine heterokonte Begeißelung vor. Meist sind sie heteromorph (eine

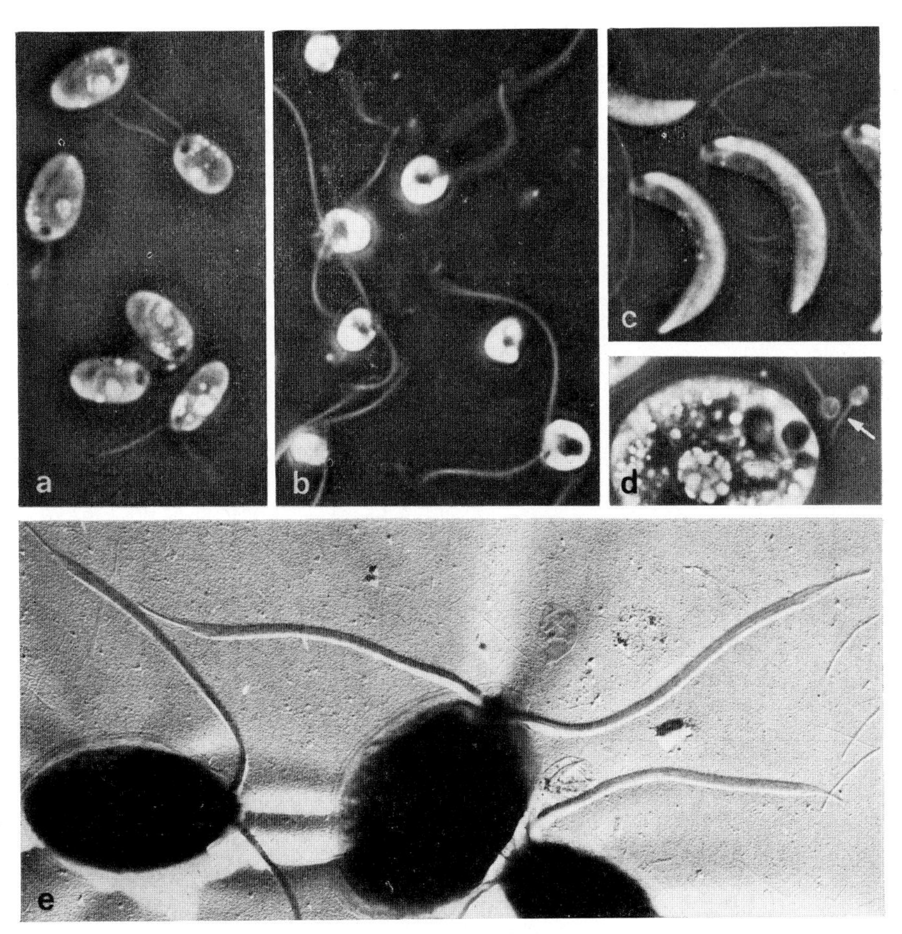

Abb. 50. Äußeres Bild der Geißeln. a) *Chlamydomonas rapa;* b) *Heteromastix rotunda;* c) *Spermatozopsis exsultans;* d) *Chlamydomonas debaryana* mit abgebrochenen und geplatzten Geißeln (Pfeil); e) elektronenmikroskopische Aufnahme eines Totalpräparates von *Chlamydomonas hindakii.* – a)–d) nach dem Leben, 1500 : 1; e) 3000 : 1; – a), e) f) nach Ettl 1976 [218]; b) nach Ettl 1967 [212]; c) nach Ettl 1965 [209].

Peitschen- und eine Flimmergeißel) und heterodynamisch (eine nach vorn gerichtete Hauptgeißel und eine seitlich oder nach hinten gerichtete Nebengeißel) [980]. Die Nebengeißeln beteiligen sich, je kürzer sie werden, immer weniger an der Bewegung, bis sie ab einer bestimmten Kürze völlig funktionslos werden (Zoosporen von *Heterococcus*). Geißeln mit elliptischem Querschnitt werden als Bandgeißeln bezeichnet (Dinophyceen).

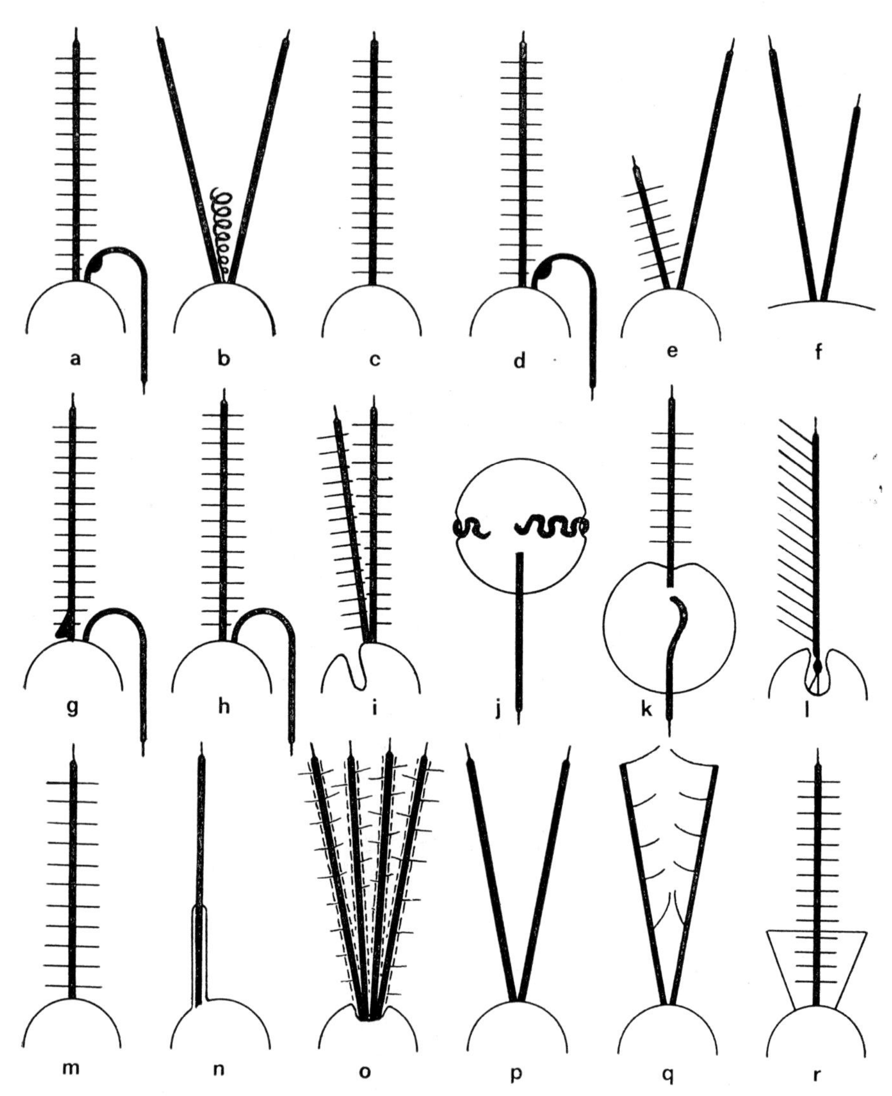

Abb. 51. Geißeltypen bei verschiedenen Algengruppen, schematisch dargestellt. a) *Chrysophyceae;* b) *Haptophyceae;* c) *Bacillariophyceae* (Spermatozoiden); d) *Xanthophyceae;* e) *Vaucheria* (Spermatozoiden); f) *Vaucheria* (ein Geißelpaar der Synzoospore); g) *Eustigmatophyceae;* h) *Phaeophyceae;* i) *Cryptophyceae;* j) *Dinophyceae;* k) *Raphidophyceae;* l) *Euglenophyceae;* m) *Loxophyceae (Pedinomonas)*; n) *Loxophyceae (Micromonas);* o) *Prasinophyceae;* p) *Chlorophyceae;* q) *Chlorophyceae (Haematococcus);* r) *Craspedomonadophycidae.* – In Anlehnung an Taylor 1976 [1076].

Die Geißeln sind entweder einzeln vorhanden (m o n o k o n t e Begeißelung) oder zu 2 bis mehreren zu einem Büschel vereinigt (l o p h o k o n t e Begeißelung). Bei viergeißeligen Formen entspringen die Geißeln meist kreuzartig (*Carteria*) In seltenen Fällen bilden die Geißeln am apikalen Zellpol einen Kranz (s t e p h a n o k o n t e Begeißelung) oder sind über die ganze Zelloberfläche verteilt (h o l o k o n t e Begeißelung) [573].

2.7.2. Struktur

Allgemein unterscheiden wir an der Geißel einen freien (extrazellulären) Geißelschaft mit distaler Geißelspitze und einen intrazellulären Abschnitt mit Geißelbasis und Geißelwurzeln. Zwischen beiden Abschnitten liegt eine Übergangszone.

Der Feinbau der Geißeln wurde erst mit Hilfe des Elektronenmikroskops entdeckt, wobei man fand, daß die Struktur des aus der Zelle herausragenden freien Geißelteiles weitgehend gleich ist. Diese Übereinstimmung deutet weniger auf einen verwandtschaftlichen Zusammenhang als auf einen ähnlichen Wirkungsmechanismus hin [371]. Allgemein zeigt der freie Geißelteil im Querschnitt 2 zentrale Mikrotubuli, die von 9 Mikrotubuli-Paaren kreisförmig umgeben sind (9 + 2 Anordnung). Die Geißeln werden von einer feinen Plasmamembran begrenzt. Ursache für Unterschiede im Geißelbau sind äußere Strukturen an der erweiterten Plasmamembran, teilweise liegen sie auch in der Struktur der Basalkörper und im System der Geißelwurzeln [91, 175, 505, 650].

2.7.2.1. Äußere Beschaffenheit

Nach dem äußeren Aussehen des Geißelschaftes (Abb. 52) unterscheidet man fünf Geißeltypen [175]:

a) A k r o n e m a t i s c h e Geißeln (Abb. 52 a—c) besitzen keine externen Strukturen, sondern sind glatt und einfach (Peitschengeißeln). Sie kommen vor allem bei den Chlorophyceen vor, sind aber auch bei Haptophyceen und als Schleppgeißel der Chryso-, Xantho-, Raphido- und Phaeophyceen vorhanden. Die Geißelspitze ist deutlich verjüngt und bildet das Peitschenende (*Chlamydomonas*). Bei sorgfältiger Präparation können auch an den glatten Geißeln von *Chlamydomonas* [929] und *Ochromonas* [53] ganz feine Haare beobachtet werden. Die kurze Peitschengeißel mancher heterokonter Flagellaten (*Chromulina placentula, Phaeaster pascheri*) kann teilweise oder völlig in einer zytoplasmatischen Tasche versteckt sein und nur als Photorezeptor dienen [26, 27].

b) S t i c h o n e m a t i s c h e Geißeln besitzen eine einfache Reihe sehr feiner, 2—3 μm langer Mastigonemen (Flimmergeißeln I.). Zusätzlich kann die Geißel an der Spitze mit einem Büschel steiferer Haare versehen sein. Solche

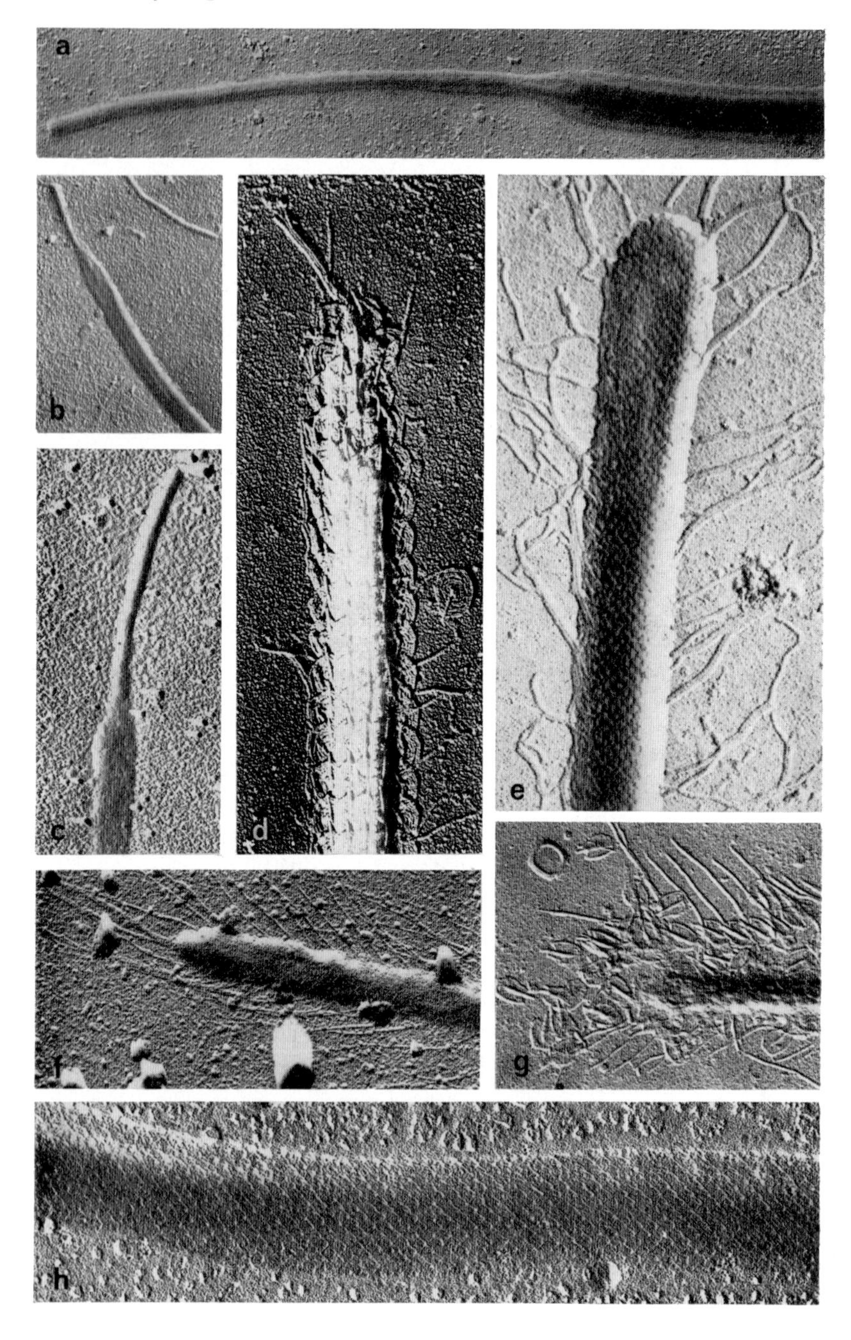
a
b
c
d
e
f
g
h

Geißeln sind bei den Euglenophyceen [600] und als transversale Geißeln bei den Dinophyceen verbreitet [175].

c) Pantonematische Geißeln tragen zwei Reihen ziemlich steifer Mastigonemen, die federartig bilateral angeordnet sind (Flimmergeißeln II.). Sie sind als Hauptgeißel allgemein bei Xantho-, Phaeo-, Eustigmato-, Raphido- und Cryptophyceen vorhanden [175, 412, 420, 608].

d) Geißeln mit Stacheln kommen bei Spermatozoiden mancher Phaeophyceen vor. Sie tragen einen (*Himanthalia, Xiphora*) oder mehrere (*Dictyota*) markante Stachel, die auf einer der äußeren Doppelfibrillen sitzen und wie diese von der Geißelmembran umgeben werden [644, 939].

e) Geißeln mit Schuppen sind vor allem für die Prasinophyceen charakteristisch, kommen aber auch bei manchen anderen Algenklassen vor (Abb. 52 e, h). Die Geißelschuppen haben für jede Art eine spezifische Gestalt und liegen an der Außenseite der Geißelmembran in einer oder zwei relativ kompakten Schichten [680, 678]. Die Geißeln der Zoosporen von *Halosphaera* tragen Schuppen, die in 9 Reihen angeordnet sind, wohl als Korrelat zu den 9 peripheren Doppeltubuli der Geißel. Die Geißelschuppen haben ihren Ursprung in den Golgi-Vesikeln [653]. Geißelschuppen wurden auch bei *Synura* [964], *Sphaleromantis* [664], *Pavlova* [368] und sogar an den Geißeln der Spermatozoiden von *Chara* [735, 861] sowie der Zoosporen von *Coleochaete* [699] und *Chaetosphaeridium* [737] beobachtet.

2.7.2.2. Innere Struktur

Der aus der Zelle herausragende Geißelschaft wird von einem Bündel von Mikrotubuli (Axonema) durchzogen (Abb. 53). Dieses besteht aus einem Zylinder von 9 Paaren zusammenhängender Mikrotubuli, die als periphere Dubletten bezeichnet werden, und aus 2 gesonderten zentralen Mikrotubuli im Innern (9 + 2 Axonema-Muster). Die zentralen Mikrotubuli sind oft von einer Zentralscheide umschlossen, die durch filamentöse Verbindungssehnen mit dem Mikrotubulus *A* einer jeden Dublette verbunden ist. Jeder Mikrotubulus der peripheren Dubletten wird einzeln bezeichnet (*A* und *B*). Der Mikrotubulus *A* besitzt zwei kurze Fortsätze, die im Uhrzeigersinn zur nächsten Dublette gerichtet sind [91, 175, 928]. Die Geißelspitze ist unterschiedlich lang, je nachdem, wo die Mikrotubuli enden. Die zentralen Mikrotubuli sind am längsten und reichen in das Geißelende hinein. Sie bil-

Abb. 52. Äußeres Bild der Geißeln; a) *Monomastix opisthostigma;* b), c) *Chlamydomonas hindakii,* d) *Pyramimonas*-Stadium von *Halosphaera,* e) *Platymonas* sp., f) *Pedinomonas minor,* g) *Pyramimonas orientalis,* h) *Chara corallina,* Spermatozoid. – a) 20 000 : 1, nach Manton 1965 [650]; b) 8000 : 1; c) 20 000 : 1, nach Ettl 1976 [218]; d) 30 000 : 1; e) 40 000 : 1, Original I. Manton; f) 30 000 : 1, nach Ettl und Manton 1964 [223]; g) 16 000 : 1, nach Moestrup und Thomsen 1974 [741]; h) 30 000 : 1, nach Moestrup 1970 [735].

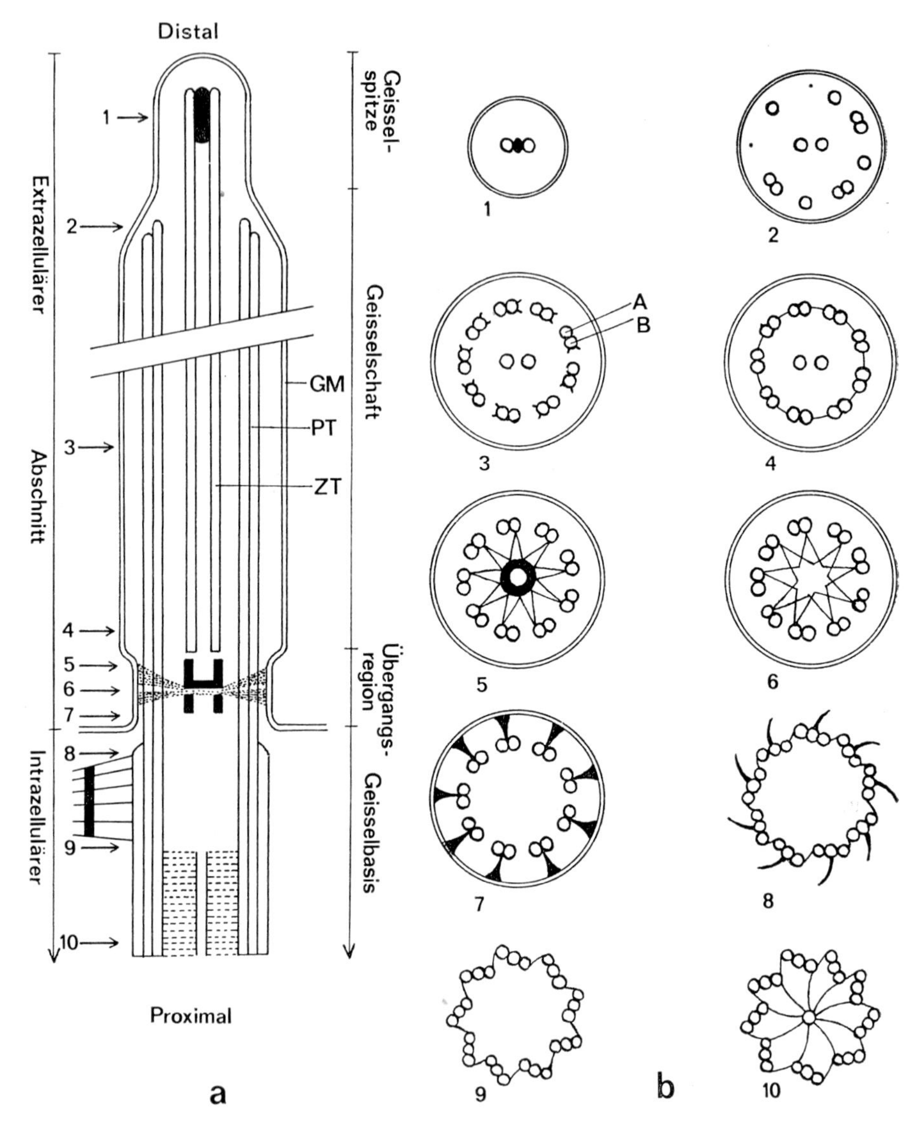

Abb. 53. Schematischer Feinbau des Geiselapparates. a) Längsschnitt durch die Geißeln; b) zehn Querschnitte durch die Geißel an verschiedenen Stellen, deren Zahlen den am Längsschnitt bezeichneten Regionen entsprechen: *GM* Geißelmembran, *PT* periphere Tubuli, *ZT* zentrale Tubuli. – Umgezeichnet nach RINGO 1967 [929] in Anlehnung an CASPER 1974 [91].

den das Peitschenende der Peitschengeißeln [929]. Der Geißelschaft wird von der Geißelmembran (Abb. 54 c), einer Fortsetzung des Plasmalemmas, umgeben, während das Geißelinnere von zytoplasmatischer Matrix ausgefüllt ist.

Viele Geißeln zeigen gewisse Abweichungen von diesem Grundbau. So besitzen die Geißeln der Spermatozoiden von *Golenkinia* (Abb. 54 e–i) nur einen zentralen Mikrotubulus (9 + 1 Axonema-Muster) [736]. Die Geißeln der Spermatozoiden von *Lithodesmium* [681] und *Biddulphia* [403] haben überhaupt keine zentralen Mikrotubuli (9 + 0 Axonema-Muster). Eine ähnliche Situation ist bei einer Mutante von *Chlamydomonas* [1136] oder bei den rudimentären Geißeln von *Glaucocystis* anzutreffen [969]. Bei einigen Flagellaten enthält der Geißelschaft außer dem Axonema noch weitere Strukturen. So kommt in den Geißeln der Euglenophyceen ein mit dem Axonema parallel verlaufender und eng anliegender Paraflagellarkörper vor [600, 713]. Beim Großteil der Dinophyceen ist die Geißelmembran erweitert und enthält einen schmalen, regelmäßig quergestreiften Strang. Dieser wird von dem viel längeren Axonema schraubig umwunden. Beide Strukturen werden durch besonderes Hüllmaterial voneinander getrennt. Auch bei *Pedinella* verläuft in der Geißel ein separates Band [1066].

Zwischen dem Geißelschaft und dem Basalkörper liegt als Verbindungsglied die Übergangszone (Abb. 54 a, b), wo die Geißel eingeschnürt erscheint. Die Geißelmembran liegt an dieser Stelle den peripheren Dubletten eng an. Am distalen Ende der Übergangszone entspringen die zentralen Mikrotubuli einem Axosom. Dieses ist dem Septum aufgesetzt, das das proximale Ende des Geißelschaftes markiert. Im mittleren Abschnitt der Übergangszone sind dann nur die peripheren Dubletten ausgebildet. Im Querschnitt durch diese Region (Abb. 54 d) erscheint eine komplizierte sternförmige Struktur [435, 583, 645, 647, 929], die bei manchen Algen jedoch fehlt oder, wie bei *Volvox* und *Golenkinia*, nicht deutlich ist [771, 736]. Bei den Dinophyceen ist die Übergangszone sehr einfach gebaut.

Die Basalkörper (Abb. 55) oder die Geißelbasen scheinen eine einheitliche Struktur zu haben. In ihrem Bereich gruppieren sich die peripheren Dubletten zu Tripletten um (zusätzlicher Miktrotubulus *C*). Die Tripletten sind gegeneinander versetzt und durch dünne Fäden untereinander verbunden (*A–C*). Außerdem stehen die Tripletten mittels feiner gebogener Stränge mit einer tubulären Achsenfibrille in Verbindung, was im Querschnitt als Radspeichenmuster erkennbar ist. Das proximale Ende der Basalkörper stimmt strukturell mit den Zentriolen überein [91, 231, 434].

Oft kommen bei Flagellaten oder bei begeißelten Fortpflanzungszellen noch weitere freie Basalkörper (Pro-Basalkörper) vor, die mit keinem Geißelschaft in Verbindung stehen (Abb. 55 c). Die Anzahl aller Basalkörper entspricht in diesem Fall der einer doppelten Geißelzahl, wie z. B. bei *Chlamydomonas* [274, 929], *Monomastix* [656] *Volvox* [863], *Gloeomonas* [966]. Eine Degeneration der Basalkörper ist bei reifenden Spermatozoiden von *Vaucheria* und *Chara,* ähnlich wie bei den Spermatozoiden der Moose oder der Tiere zu beobachten [734, 735].

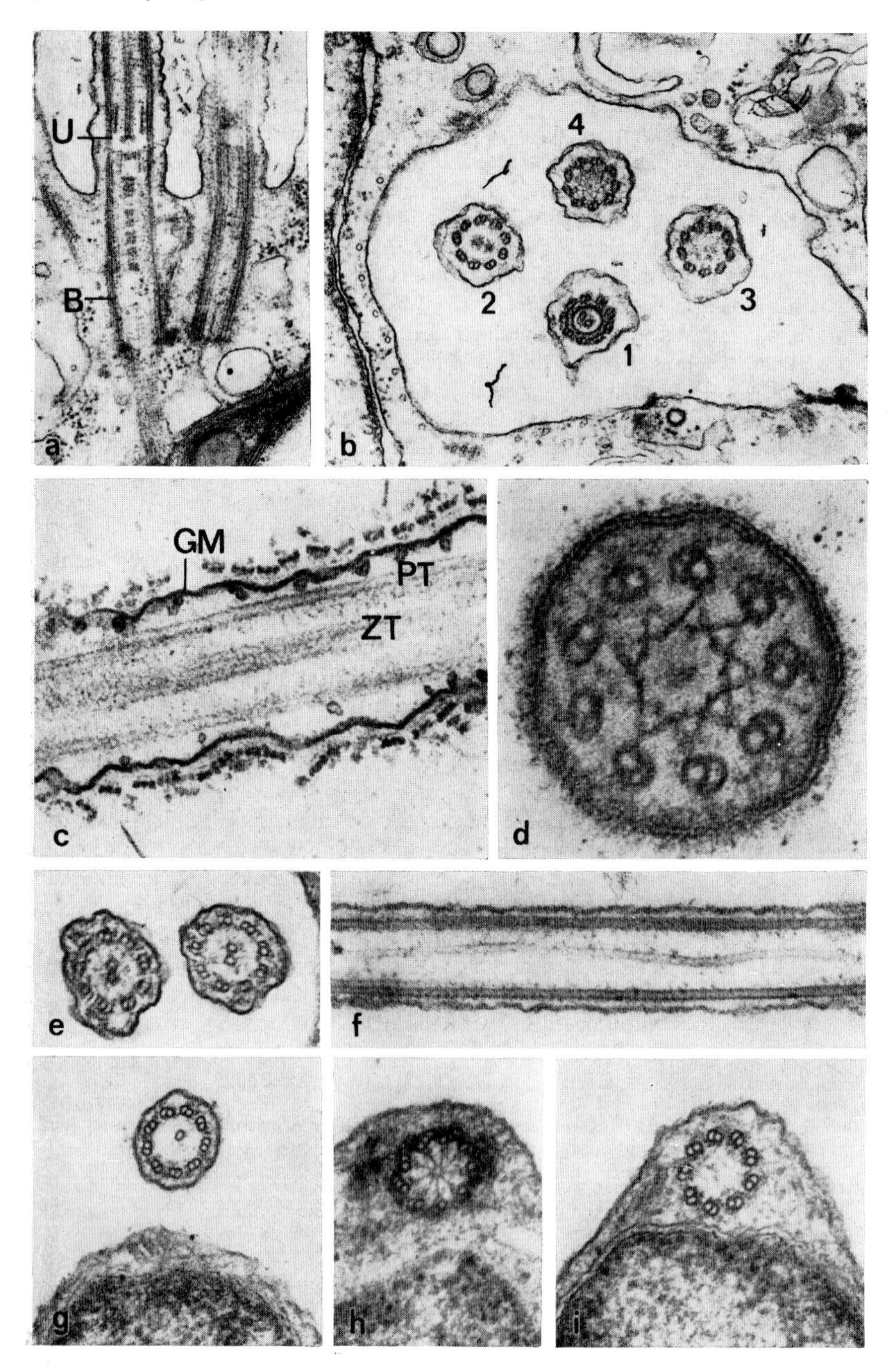
U
B
a
4
2
3
1
b
GM
PT
ZT
c
d
e
f
g
h
i

2.7.2.3. Geißelwurzeln

Die Geißeln sind über die Basalkörper mittels der Geißelwurzeln im Protoplasten verankert. Es gibt zwei Sorten von Geißelwurzeln: Bänder gestreifter Fibrillen (Abb. 56) und Gruppen von Mikrotubuli (Abb. 55). Die Orientierung dieser Wurzeln zu den Basalkörpern und der Zelle ist sehr verschieden. Die vier Geißelwurzeln der Spermatozoiden von *Golenkinia* [736] und der Zoosporen von *Stigeoclonium* [647] sind kreuzartig angeordnet und entspringen aus dichtem Material an den Seiten der Basalkörper. Bei *Chlamydomonas* [929], *Asteromonas* [853], *Aulacomonas* [1069] u. ä. sind die Geißeln an der Basis durch ein breites, quergestreiftes Band miteinander verbunden (Abb. 55 a, b). Von diesem entspringen vier mikrotubuläre Wurzeln, die knapp unter dem Plasmalemma an der Peripherie der Zelle nach hinten verlaufen. In den begeißelten Zellen von *Oedogonium* (Abb. 56 c) verbindet ein breites, gestreiftes Band 100 oder mehr Geißeln, und die Geißelwurzeln alternieren mit den Basalkörpern in gleicher Anzahl [443, 449, 450]. Bei *Gloeomonas* ist das Verbindungsband recht lang (3—5 μm), da die Geißeln relativ weit voneinander inserieren. Es wird durch Fusion von inneren und äußeren Bändern des Geißelwurzel-Systems gebildet [966]. Eine Kombination gestreifter und tubulärer Wurzeln ist recht verbreitet [223, 647]. Bei *Chilomonas* [724] reichen die gestreiften Wurzeln in die Zelle hinein, wogegen die tubulären an der Zellperipherie verlaufen. Manchmal fehlen die gestreiften Geißelwurzeln, wie z. B. bei *Codosiga* [419]; das Wurzelsystem besteht dann aus einer großen Anzahl radial verlaufender Mikrotubuli.

Ein klassischer Rhizoplast [511, 981], als Hauptverbindungsglied zwischen dem Kinetom und dem Zellkern, wurde nur in wenigen Fällen elektronenmikroskopisch in Form eines quergestreiften Bandes erwiesen [566, 663, 964, 1014]. Als direkte Verbindung der äußeren Membran der Kernhülle mit dem Kinetom ist er in den Zoosporen von *Microthamnion* entwickelt [1136 a].

Abb. 54. Innere Struktur der Geißeln. a) Längsschnitt durch die proximalen Enden zweier Geißeln von *Pyramimonas orientalis* mit Übergangszone (*U*) und Basalkörpern (*B*); b) Querschnitt durch alle vier Geißeln von *Pyramimonas orientalis* in unterschiedlichen Ebenen, die höchst gelegene Ebene ist mit 1, die niedrigste mit 4 bezeichnet (vgl. mit Abb. 53); c) Längsschnitt durch die mit Schuppen bedeckte Geißel von *Heteromastix rotunda;* man beachte die Schuppen an der Oberfläche der Geißelmembran (*GM*) sowie auch die peripheren (*PT*) und die zentralen (*ZT*) Tubuli; d) Querschnitt durch die Region mit „Sternmuster" der Geißel der Zoospore von *Stigeoclonium;* e) Querschnitt durch die Geißeln von *Synura petersenii* mit peripheren Dubletten und zwei zentralen Tubuli; f)—i) Geißel des Spermatozoiden von *Golenkinia minutissima* mit einem zentralen Tubulus, f) im Längsschnitt, g) im Querschnitt, h) die Übergangsregion, i) der Basalkörper zeigt ähnliche Struktur wie normale Geißeln. — a) 30 000 : 1; b) 39 000 : 1, nach Moestrup und Thomsen 1974 [741]; c) 60 000 : 1, nach Manton u. Mitarb. 1965 [680]; d) 150 000 : 1, nach Manton 1965 [650]; e) 40 000 : 1, nach Schnepf und Deichgräber 1969 [964]; f)—i) 60 000 : 1, nach Moestrup 1972 [736].

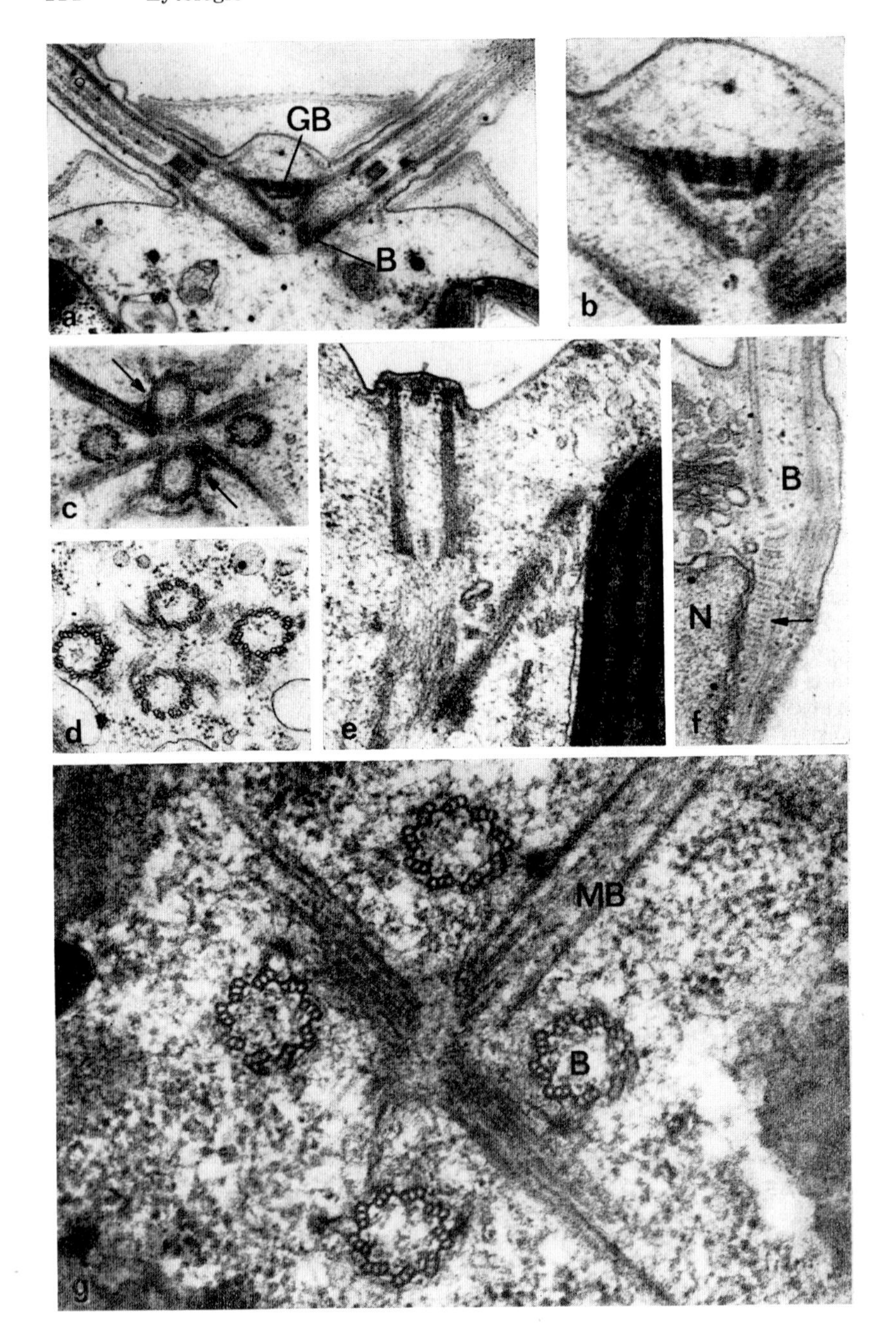
GB
B
a
b
c
d
e
B
N
f
MB
B
g

Auffallend breite Rhizoplasten wurden bei *Pyramimonas* [763], *Platymonas* [1047] und *Prasinocladus* [792] gefunden. Hier verlaufen sie von der Kernhülle aus nach vorn, um distal 4 Verzweigungen zu bilden, die zu den einzelnen Basalkörpern führen. In den Zellen von *Carteria radiosa* wurden 2 Rhizoplasten beobachtet [610]. Der Rhizoplast von *Platymonas* kann bei der Synthese und Organisation des Spindelapparates mit fungieren und ist als solcher nur eine Zeitlang während der prämitotischen Aktivität vorhanden. Bei *Pyramimonas parkeae* ist mit dem Komplex der Basalkörper und dem gestreiften Rhizoplasten ein großer Microbody assoziiert, der auf enzymatische Aktivität schließen läßt [763].

Außerdem kommen in dieser Region noch andere tubuläre Strukturen vor. Die vier Basalkörper von *Pyramimonas parkeae* werden von einem breiten ringförmigen Gebilde (Synistosom) umgeben und verbunden. Mit den Basalkörpern der Zoosporen von *Chaetosphaeridium, Coleochaete* und *Trentepholia* steht eine mikrotubuläre Struktur in Verbindung, die mit den „Vierergruppen" der Moose, Farne und Cycadaceen identisch zu sein scheint [366, 737]. In den Spermatozoiden von *Dichotomosiphon* kommt der Zellkern mittels eines komplizierten Stützapparats mit den Basalkörpern in Berührung [740].

2.7.2.4. Mastigonemen (Flimmerhaare)

Die Flimmergeißeln tragen an ihrer Oberfläche einen Besatz feiner Haare, die als Mastigonemen bezeichnet werden (Abb. 57). Es sind zusätzliche Anhängsel der Geißeln, die deutlich von der Geißel unterschieden und entweder ein- oder zweireihig angeordnet sind. Wir unterscheiden zwei Typen von Mastigonemen: einfache, fadenartige und komplizierte, tubuläre. Letztere bestehen aus einer dickeren fibrösen Basis, aus einem tubulären Schaft und feinen terminalen Fäden [53, 192, 426].

Die Mastigonemen werden als Promastigonemen in ER-Vesikeln gebildet, die als Schwellungen des perinukleären Raumes entstehen. Von dort werden

Abb. 55. Basalkörper und Geißelwurzeln. a)—c) *Chlamydomonas reinhardtii;* a) Längsschnitt durch das Vorderende der Zelle in der Geißelebene, an dem die Vereinigung der beiden Geißeln mit den Basalkörpern (*B*) und mit der gestreiften Geißelbrücke (*GB*) deutlich sichtbar ist; b) Detail der vorigen Aufnahme; c) vier Basalkörper eines Gameten im Querschnitt, wovon zwei mit den Geißeln vereinigt sind (Pfeile), wogegen die übrigen freistehen; zwischen ihnen die Geißelwurzeln; d) vier Basalkörper mit entspringenden Geißelwurzeln bei *Pyramimonas orientalis;* e) Basalkörper von *Synura petersenii* im Längsschnitt mit Strukturen der Geißelwurzel. Die Geißel ist abgeworfen; f) Basalkörper (*B*) von *Pedinomonas minor* mit quergestreifter Geißelwurzel (Pfeil), die dem Zellkern (*N*) eng anliegt; g) Querschnitt durch die vier Basalkörper (*B*) der Pseudocilien von *Schizochlamys* mit kreuzgestellten Mikrotubuli-Bändern (*MB*). — a) 39 000 : 1, b) 100 000 : 1, c) 33 000 : 1, nach FRIEDMANN u. Mitarb. 1968 [274]; d) 30 000 : 1, nach MOESTRUP und THOMSEN 1974 [741]; e) 37 000 : 1, nach SCHNEPF und DEICHGRÄBER 1969 [964]; f) 40 000 : 1, nach ETTL und MANTON 1964 [223]; g) 65 000 : 1, nach LEMBI und WALNE 1969 [612].

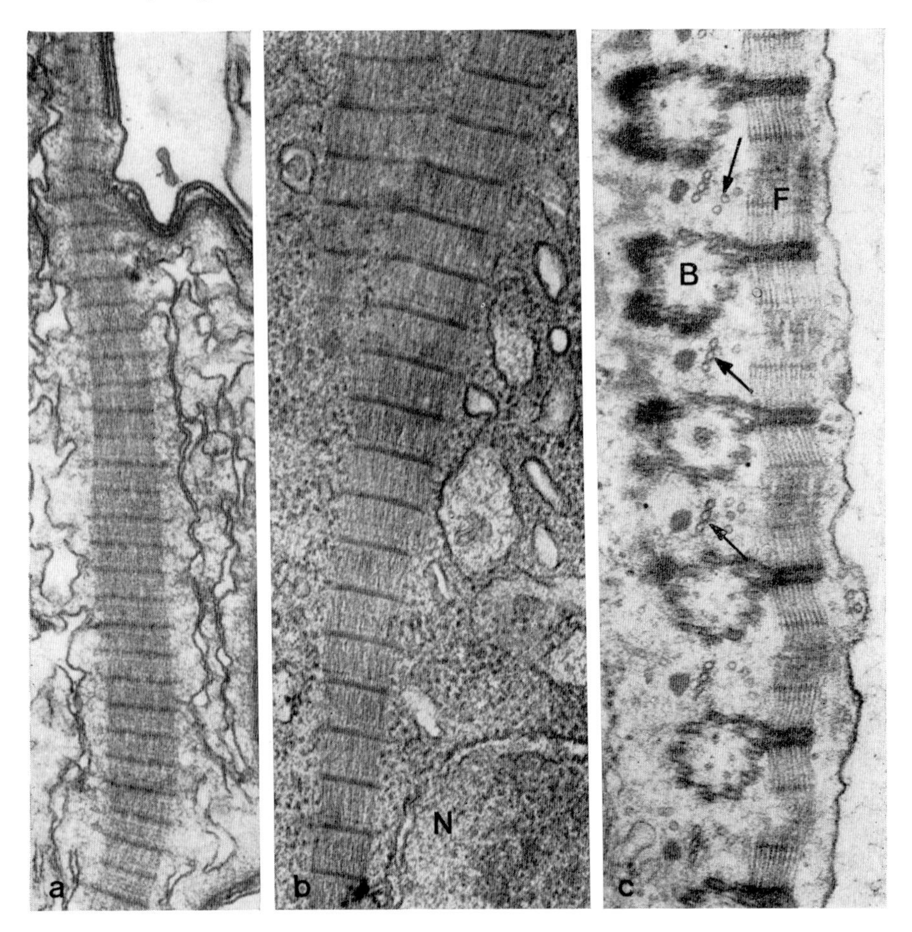

Abb. 56. Quergestreifte Geißelwurzeln, a) von *Ceratium;* b) verzweigte Geißelwurzel einer Zoospore von *Urospora penicilliformis*, die eng an den Zellkern (*N*) angeschmiegt ist; c) Querschnitt durch die Geißelwurzeln (Pfeile) einer *Oedogonium*-Zoospore zwischen den Basalkörpern (*B*) der einzelnen Geißeln, die durch ein fibröses Band (*F*) miteinander verbunden sind. — a) 47 000 : 1, nach Dodge und Crawford 1970 [181]; b) 40 400 : 1, nach Kristiansen 1974 [566]; c) 56 000 : 1, nach Hoffman 1970 [443].

sie über Golgi-Zisternen zur Geißelbasis befördert. Nachdem die fertigen Mastigonemen zur Geißelbasis gelangt sind, werden sie durch umgekehrte Pinozytose nach außen ausgeschieden und an der Geißel befestigt. Dieser Vorgang konnte an Vertretern mehrerer Algenklassen verfolgt werden [156, 413, 426, 608].

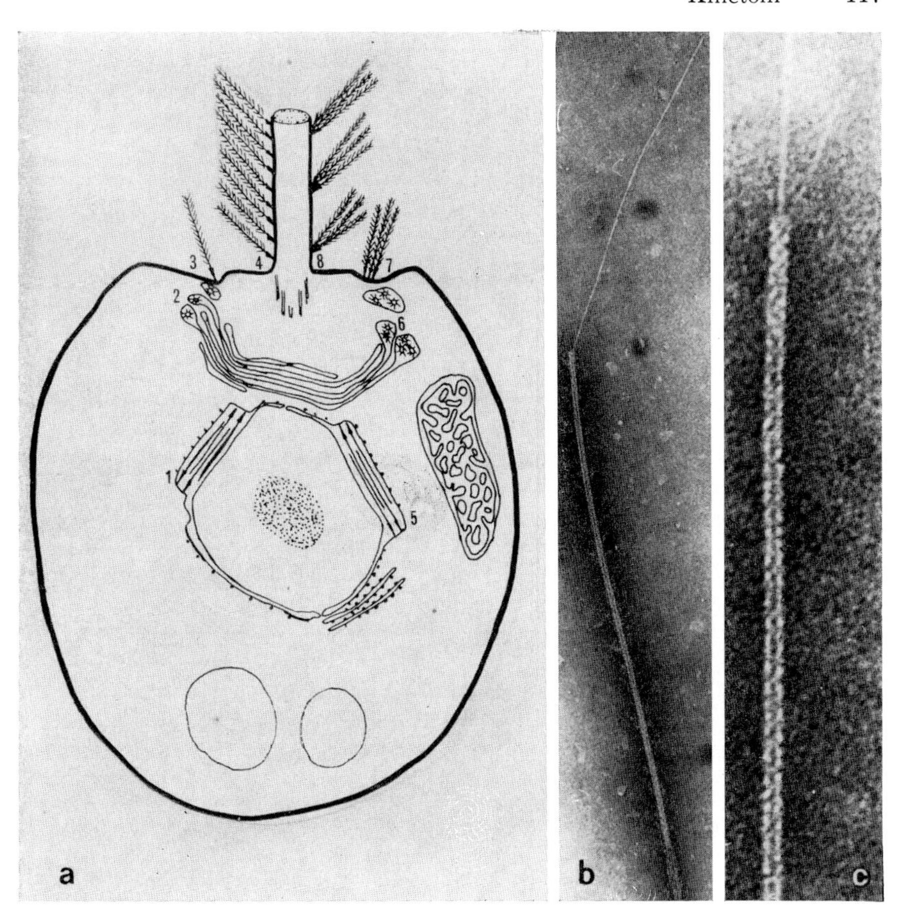

Abb. 57. Mastigonemen. a) schematische Darstellung der Bildung, der Beförderung und des Festsetzens der Mastigonemen bei *Ochromonas minuta;* die Zahlen geben die Reihenfolge sowohl einzelner (1–4) als auch von Gruppen der Mastigonemen (5–8) an. b) Mastigonema von *Synura petersenii;* c) Spitze desselben Mastigonemenschaftes. – a) nach Hill und Outka 1974 [426]; b) 50 000 : 1; c) 180 000 : 1, nach Schnepf und Deichgräber 1969 [964].

2.7.3. Abgewandeltes Kinetom

Statt Geißeln kommen bei vielen *Tetrasporales* starre, oft außergewöhnlich lange, geißelähnliche Gebilde vor, die Pseudocilien (Abb. 58). Ihre Anzahl ist bei den verschiedenen Gattungen recht unterschiedlich. Meistens sind 2 Pseudocilien vorhanden (*Tetraspora, Apiocystis, Chaetochloris*), sel-

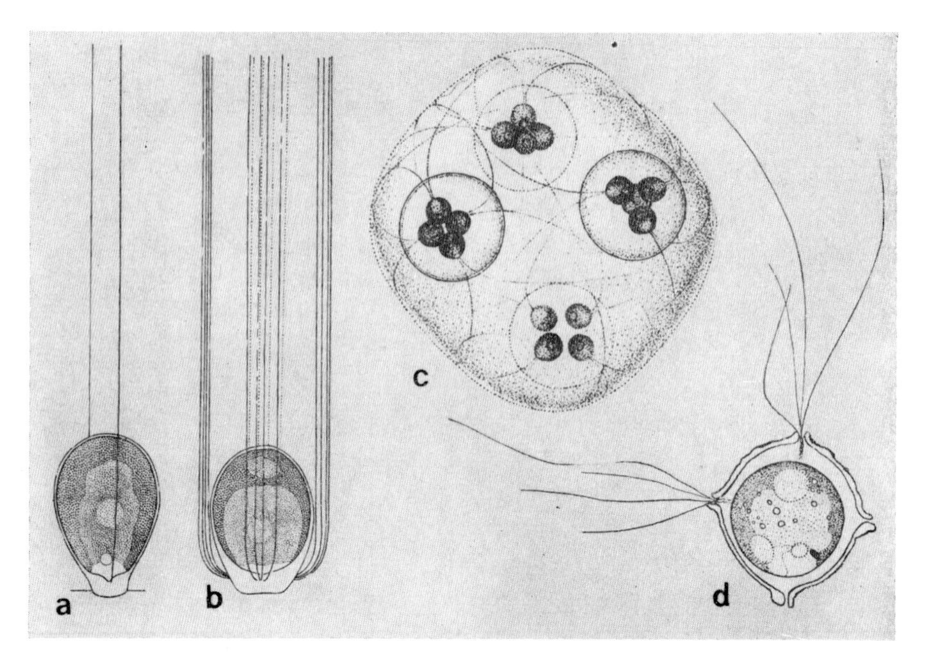

Abb. 58. Pseudocilien einiger *Tetrasporales*. a) *Chaetochloris depauperata;* b) *Polychaetochloris aggregata;* c) *Paulschulzia pseudovolvox;* d) *Porochloris tetragona.* — a), b) nach PASCHER 1940 [833]; c) nach SKUJA 1956 [1008]; d) nach PASCHER 1929 [811].

tener 16 (*Polychaetochloris, Schizochlamys*). Elektronenmikroskopische Untersuchungen zeigen, daß die unbeweglichen Pseudocilien Strukturen enthalten, die von denen der Geißeln abgeleitet sind (Abb. 55 g) [612, 1151, 1154]. Im Schaft fehlen jedoch die zwei zentralen Mikrotubuli (9 + 0 Axonema-Muster), die für die beweglichen Geißeln charakteristisch sind. Die peripheren Dubletten sind meist auch recht kurz, nehmen in der Zahl ab, und oft bestehen die sich allmählich verjüngenden Pseudocilien nur aus einzelnen Mikrotubuli. Die Basalkörper und die Geißelwurzeln sind hingegen mit denen der echten Geißeln von *Chlamydomonas* fast identisch, ebenso die Übergangszone.

Die Flagellaten unter den Haptophyceen (z. B. *Chrysochromulina, Prymnesium*) tragen außer den Geißeln noch ein als Haptonema bezeichnetes geißelähnliches Gebilde (Abb. 59). Es dient in erster Linie dazu, die Zellen an einer Unterlage zu befestigen. Obwohl es keine Schwingungen ausführt, vermag sich das Haptonema zu einer Spirale aufzuwickeln oder in die Länge zu strecken [661, 939]. Es kann bis zu 80 μm lang sein wie bei *Chrysochromulina parva* [790] oder kurz stummelförmig wie bei *Prymnesium parvum* [649]. Strukturell weicht es bedeutend vom Bau der Geißeln ab [175]. Es

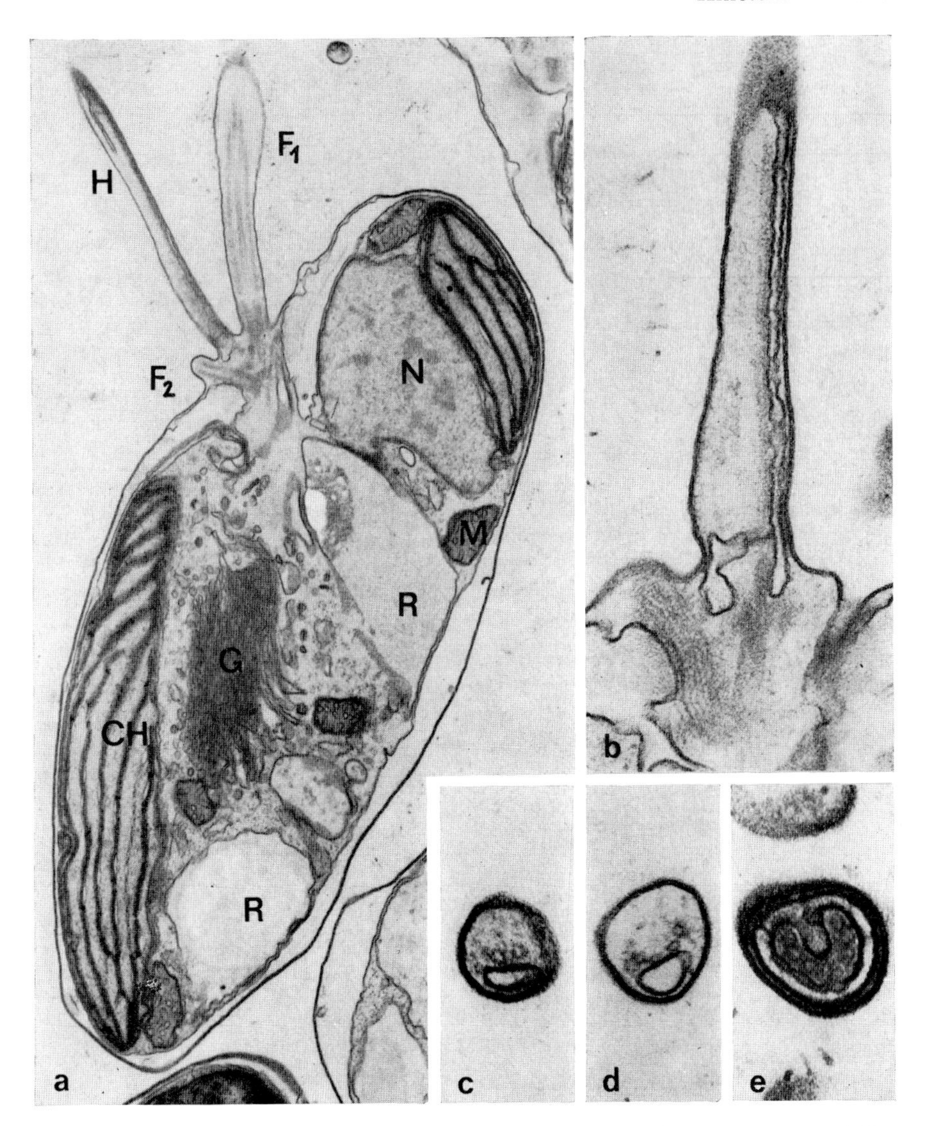

Abb. 59. Haptonema von *Pavlova mesolychnon.* a) Längsschnitt der ganzen Zelle: *H* Haptonema, F_1, F_2 Geißeln, *N* Zellkern, *G* Golgi-Apparat, *R* Reservestoff, *CH* Chloroplast, *M* Mitochondrie; b) Längsschnitt durch einen Teil des Haptonemas; c)–e) Querschnitte durch verschiedene Regionen des Haptonemas, vom distalen (c) bis zum proximalen (e) Ende. – a) 15 000 : 1; b) 55 000 : 1; c)–d) 90 000 : 1, nach Green 1976 [J. mar. biol. Ass. U. K., 56].

besteht aus 6–9 Mikrotubuli, die von 3 konzentrisch angeordneten Membranen umhüllt werden. Wie bei den Geißeln ist die äußere Membran eine Fortsetzung des Plasmalemmas. Im freien Teil sind 6 oder 7 Mikrotubuli vorhanden, vermehren die sich jedoch auf 8 oder 9 innerhalb der Zelle. Der basale Teil des Haptonemas ist ebenso lang wie die Geißelbasis, doch ohne Wurzeln oder andere Strukturen [649, 659, 660, 661]. Bei *Hymenomonas* ist das Haptonema zu einem kurzen knollenartigen Fortsatz reduziert, und bei *Pavlova* besteht der freie Teil nur aus einem halbmondförmigen Profil des ER mit drei Mikrotubuli [368].

2.7.4. Teilung und Regeneration

Die Entstehung der Geißeln ist noch ziemlich ungeklärt. Es steht jedoch fest, daß sie stets von einem Basalkörper ausgehen. Dieser ist in morphogenetischer Hinsicht heteropolar und wächst nur an seinem distalen Ende zu einem Geißelschaft aus [371]. Es besteht kein Zweifel, daß die Basalkörper sowie die mit ihnen strukturell übereinstimmenden Zentriolen ihre eigene DNA enthalten und daß ihnen eine gewisse Autonomie zukommt. Während der Zellteilung werden zuerst die Basalkörper verdoppelt [498, 363]. Da aber weder Teilung noch Knospung eindeutig bewiesen wurden, nehmen die meisten Autoren an, daß die Neubildung der Basalkörper durch einen schon vorhandenen Basalkörper in dessen Nachbarschaft induziert wird. Die Basalkörper weisen die Fähigkeit auf, Geißeltubuli zu bilden und zu organisieren [434].

Noch vor der Zellteilung werden meistens die alten Geißeln abgeworfen, indem die Verbindung mit den Basalkörpern am proximalen Ende der Übergangszone, wo die Tripletten in die Dubletten übergehen, unterbrochen wird. Nach der Verdopplung der fehlenden Basalkörper erfolgt in den Tochterzellen die Geißelneubildung. Aus dem Basalkörper wächst der Geißelschaft heraus, wobei das Plasmalemma ausgestülpt und mitgezogen wird, wobei es sich in die Geißelmembran umwandelt [498, 505, 863]. Die alten Geißeln werden vor allem bei den behäuteten *Volvocales* abgeworfen. Bei den nackten Formen und auch bei manchen anderen Flagellaten kann die Hälfte des alten Kinetoms auf die Tochterzellen übergeben und die fehlende Hälfte neu gebildet werden [212, 807]. Während der geschlechtlichen Fortpflanzung von *Chlamydomonas* gehen in den Zygoten nicht nur die Geißeln der Gameten verloren, sondern auch die Basalkörper, die vom Plasma ausgeschieden werden [77].

Werden Geißeln durch UV-Bestrahlung, thermische oder chemische Einflüsse abgeworfen, so können sie wieder regeneriert werden. Manche Beobachtungen sprechen dafür, daß diese Regeneration von den alten Basalkörpern ausgeht, die offenbar unversehrt geblieben sind [430]. Durch Kolchizin kann jedoch die Regeneration der Geißeln vollkommen blockiert werden [933]. Von *Chlamydomonas* wurden mehrere Mutanten erzielt, die zwar konstant normal entwickelte Basalkörper enthalten, jedoch keine oder nur sehr kurze Axonemata entwickeln [707].

2.7.5. Geißelfunktion

Die Geißeln dienen in erster Linie zur Fortbewegung der Zellen (Abb. 60). Die Bewegungsweise der Geißeln ist recht verschieden. Auch bei der gleichen Art ist sie nicht stereotyp, sondern kann in mannigfacher Weise modifiziert werden [371]. Oft ist die Bewegung der Geißeln gar nicht mit einer Lokomotion der Zelle verbunden. Die Geißelbewegung kommt durch eine periodische Kontraktion der peripheren Mikrotubuli zustande, während die zentralen Mikrotubuli elastische Eigenschaften aufweisen. Die für die Kontraktion nötige freie Energie liefert das ATP [742], das aus dem Zellinnern stammt. Das Zytoplasma in nächster Nähe der Geißelbasis enthält gewöhnlich eine oder mehrere Mitochondrien. Große Mitochondrien befinden sich in Geißel-

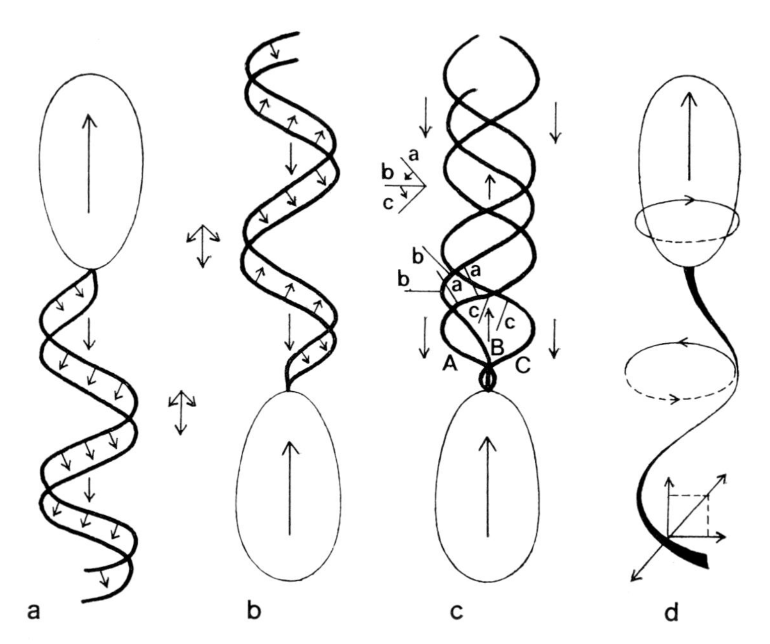

Abb. 60. Bewegungsweisen der Geißeln. a)—c) planar-sinuidale Schwingungen: a) Geißel hinten (Sinus-Wellen: proximal-distal); b) Geißel vorn (Sinus-Wellen: distal-proximal); c) Geißel vorn, mit Mastigonemen (nur zwei eingezeichnet). *A, B, C* drei verschiedene Phasen einer proximal-distal fortschreitenden Welle; d) Geißel hinten, helicoidale Schwingungen. — Nach verschiedenen Autoren aus Grell 1968 [371].

nähe der beweglichsten und schnellsten autotrophen Flagellaten, wie z. B. *Pedinomonas, Micromonas.* Bei *Bodo* sind die Mitochondrien in einen der Geißelbasis anliegenden Kinetoplasten umgewandelt.

Die Geißelbewegung treibt die Zelle vorwärts. Aus ihr resultiert ein Impuls für die Bewegungsrichtung. Sowohl die äußere Mechanik der Geißelbewegung als auch die Bewegungen der Zellen sind vielfältig und kompliziert (Abb. 60). Die Bewegung der Geißel erfolgt entweder in einer Ebene oder im Raum. Die Mechanik des Geißelschlages wird von der Zelle her reguliert; ebenso kann die Schlagfrequenz verändert werden. Viel komplizierter als die Geißelbewegung in einer Ebene ist die Geißelbewegung im Raum [281, 742, 764]. Die Bahn, die der Flagellat beschreibt, hängt in erster Linie von der Schlagweise der Geißeln, von der äußeren Zellform und von der Insertionsstelle der Geißeln ab. Sind mehrere Geißeln vorhanden, so müssen die Geißelschläge auch koordiniert werden, ganz besonders bei Änderungen der Bewegungsrichtung. Noch komplizierter ist die Koordinierung bei Flagellaten, die in Kolonien oder in Zönobien leben [481].

Die Richtung der Ortsbewegung wird meistens durch die Lichtrichtung bestimmt. Die Einstellung der Bewegungsrichtung in die Lichtrichtung erfolgt mittels entsprechender Änderungen des Geißelschlages durch den Impuls des Photorezeptors [383, 742].

Die Geißeln der Gameten spielen oft auch eine wichtige Rolle während der sexuellen Fortpflanzung. Die Geißeln der Kopulationspaare verkleben miteinander um die Gameten eine Zeitlang beisammenzuhalten; dabei werden die Zellen in die richtige Lage für den weiteren Kopulationsverlauf orientiert [77, 618]. Bei epibioptisch lebenden Flagellaten dienen die Geißeln auch zum Festhalten am Substrat. Die kürzere Geißel von *Bicoeca* dient zur Verankerung des Protoplasten an der Innenseite des Gehäuses [25].

2.8. Zellkern

Die Zellen der Flagellaten und der Algen besitzen wie alle Eukaryonten einen genau definierbaren Zellkern. Seltener sind die Zellen dauernd mehrkernig. In vielen Fällen ist der Zellkern lichtmikroskopisch als scharf abgegrenztes Gebilde sichtbar, das einen Nukleolus einschließt. Manchmal ist der Zellkern im Zellzentrum an Plasmafäden aufgehängt (*Spirogyra*) oder liegt in einer zytoplasmatischen Brücke (pennate Diatomeen). Die Zellkerne sind nur selten größer als 2—5 μm. So werden sie bei den Scheitelzellen von *Chara* 20—40 μm und bei Acetabularia bis 100 μm groß. Die größten Algenkerne kommen jedoch in den Rhizoiden der Characeen vor (bis 2800 μm). Funktionell ist der Zellkern der Träger der Erbanlagen (Gene) und somit das genetische Steuerzentrum der Zelle, er spielt aber auch eine Rolle beim Stoffwechsel. Chemisch zeichnet sich der Zellkern durch seinen im Vergleich zu anderen Zellorganellen sehr hohen Gehalt an DNA aus. Nur der Nukleolus besteht hauptsächlich aus RNA und Proteinen.

Kernlose Fragmente der Zellen können vorübergehend gewisse funktionelle Tätigkeiten beibehalten; sie überleben jedoch nur kurze Zeit und sind unfähig, sich zu vermehren. Bei *Acetabularia* bleiben zwar kernlose Stücke bis zu drei Monaten am Leben, können sogar wachsen und assimilieren, gehen jedoch früher oder später zugrunde [386].

Der dem Einfluß eines Kernes unterworfene Zytoplasmabereich wird als Energide bezeichnet. Eine einkernige Zelle stellt somit eine einzige Energide dar (monoenergid). Ein Zönoblast (z. B. *Botrydiopsis*) oder ein Siphonoblast (z. B. *Vaucheria*) besteht aus vielen Energiden und ist somit polyenergid. Eine polyenergide Zelle wird während der Fortpflanzung in so viele monoenergide Teilstücke (künftige Fortpflanzungszellen) zerlegt, wie Kerne vorhanden sind [394].

2.8.1. Interphasischer Zellkern

Der interphasische Zellkern der Algen hat meistens einen typischen eukaryotischen Bau und besteht aus Chromosomen, Karyoplasma, Nukleolus und Kernhülle. Er ist häufig kugelig, erscheint bisweilen auch linsenförmig, ellipsoidisch, kegelförmig oder anders gestaltet, wenn er von anderen Organellen eingeengt wird. In lebenden Zellen zeigt der Zellkern, abgesehen vom kugeligen Nukleolus, keine Struktur und erscheint als helles Bläschen. Die scharfe Begrenzung gegenüber dem Zytoplasma ist durch die Kernhülle gegeben. Nach Färbung mit basischen Farbstoffen wird jedoch eine netzartige Struktur deutlich, die wegen ihrer guten Färbbarkeit als Chromatingerüst bezeichnet wurde (Abb. 61). Es handelt sich um langgestreckte Chromosomen, die regellos im Zellkern verteilt sind. Der Kernraum wird von einem strukturlosen Karyoplasma erfüllt.

Der Zellkern ist von einer Kernhülle umgeben, die aus zwei 7–8 nm dicken Membranen besteht (Abb. 62) [175, 371, 603]. Zwischen beiden Membranen befindet sich ein schmaler perinukleärer Hohlraum, der in Beziehung zum Ergastoplasma steht. Die äußere Membran ist gelegentlich kontinuierlich mit den Membranen des ER verbunden, so daß der perinukleäre Raum mit den Hohlräumen des ER kommuniziert. Die Kernhülle enthält zahlreiche Poren (Abb. 63). Durch diese kann die RNA ins Zytoplasma ausgestoßen werden. Die Poren sind bei *Bumilleria* [693] in geraden Linien angeordnet, bei *Zonaria* [756] wechseln Stellen dicht gehäufter Poren mit porenfreien Zonen. Bei *Prorocentrum* bilden die Poren hexagonale Gruppen, wogegen sie bei *Glenodinium* unregelmäßig zerstreut sind. Manche Dinophyceen, wie z. B. *Noctiluca* [1159] und *Gymnodinium fuscum* [179], besitzen keine normalen Poren, sondern ringförmige Vesikel. Überhaupt findet man bei den Algenzellen viele Abweichungen vom Grundbau der Kernhülle. Ungewöhnlich ist das Vorhandensein kleiner maschenartig angeordneter Felder an der

Kernhülle von *Bumilleria* [693], *Tribonema viride* [230] und *Chrysococcus rufescens* [23]. Ihre Funktion ist unbekannt. Bei *Dunaliella* liegt der Kernhülle eine Platte aus zwei gekreuzten Fibrillenschichten dicht an [853]. In

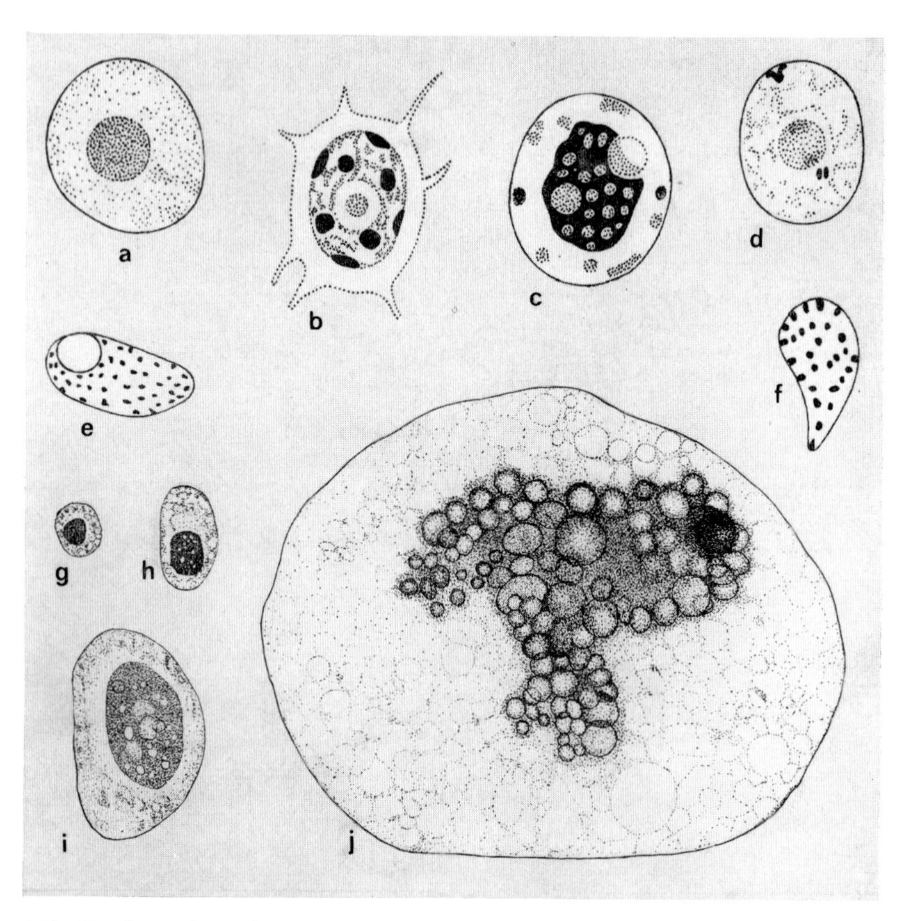

Abb. 61. Interphasische Zellkerne verschiedener Algen nach gefärbten Präparaten im Lichtmikroskop. a) *Chlamydomonas noctigama;* b) *Eunotia formica,* Zellkern mit Chromozentren; c) *Navicula radiosa,* mit Sammelchromozentren; d) *Cladophora crystallina,* mit X + Y-Chromosomenpaar; e) *Batrachospermum moniliforme,* mit peripherem Nukleolus; f) *Ceramium ciliatum,* mit heterochromatischen Schollen; g)–j) Wachstum des Primärkernes von *Acetabularia wettsteinii* (g) mit den kleinsten, j) mit den maximalen Ausmaßen im Vergleich). – a) Original H. Ettl; b), c) umgezeichnet nach Geitler aus Tschermak-Woess 1963 [1104]; d) nach Schussnig 1953 [979]; e) nach Rudzki 1965 [940]; f) vereinfacht nach Tschermak-Woess 1963 [1104]; g)–j) nach Schulze 1939 [978].

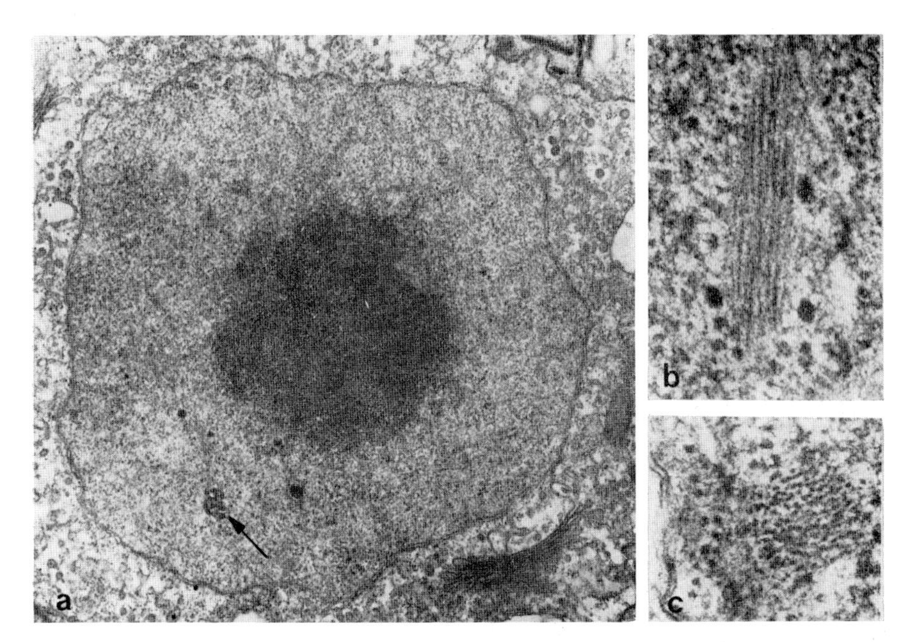

Abb. 62. Elektronenmikroskopische Aufnahme des interphasischen Zellkernes von *Gloeomonas simulans.* a) Gesamtaufnahme mit Nukleolus und Fibrillenbündel (Pfeil); b) Fibrillenbündel längs; c) dasselbe quer. – a) 17 000 : 1; b), c) 70 000 : 1, nach SCHNEPF u. Mitarb. 1976 [966].

den Riesenkernen von *Bryopsis* ist im Karyoplasma ein peripheres Retikulum enthalten, das der Kernhülle von innen anliegt. Dieses besteht aus 4–6 Schichten 20 nm dicker Fibrillen [83]. Bei *Acetabularia* ist der Riesenkern unregelmäßig gestaltet, und die Kernhülle weist viele Invaginationen auf [1157]. Die Kernhülle der Pronuklei in den Zygoten von *Spirogyra* bildet fingerartige, bis 2 μm lange Ausläufer [500].

Als Karyoplasma bezeichnen wir die Kernsubstanz, die den Kernraum ausfüllt und in der das Chromatin sowie der Nukleolus eingebettet sind. Im Interphasenkern ist das Chromatin meist so fein verteilt, daß es mit dem Karyoplasma ein einheitliches System bildet. Der größere Teil des interphasischen Zellkernes wird vom Chromatin (entspiralisierte Chromosomen) eingenommen und erscheint je nach Kernart in Gestalt von feinen Strängen, Balken oder Schollen [1104]. Das Elektronenmikroskop zeigt, daß die strukturelle Einheit des Chromatins fibrillärer Natur ist [434]. Das Chromatin hat eine komplexe chemische Zusammensetzung; wichtigste Bestandteile sind die Nukleoproteine. Die Euglenophyceen besitzen einen interphasischen Zellkern, in dem deutliche Chromosomen im Karyoplasma unregelmäßig verstreut liegen [600, 601]. Bei den mesokaryotischen Dino-

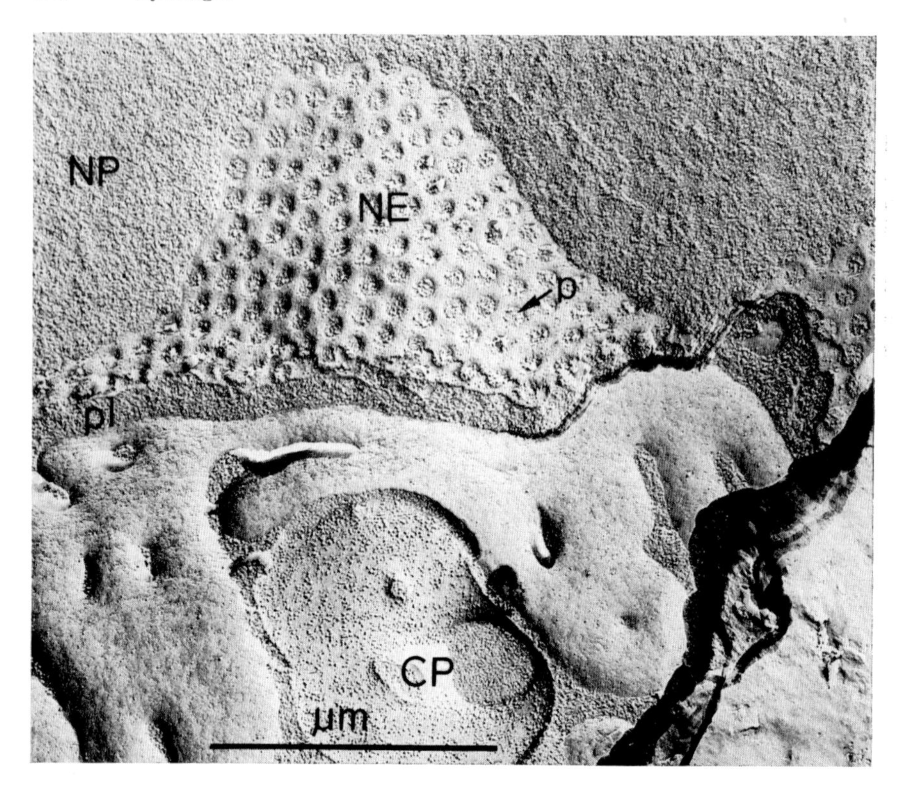

Abb. 63. Ausschnitt aus der Kernhülle (*NE*) von *Acetabularia* und dem anhaftenden Plasmabelag (*pl*), Nukleoplasma (*NP*) und perinukleärem Zytoplasma (*CP*). In der Kernhülle die Poren (*p*). – Nach Gefrierätzung 40 000 : 1, nach ZERBAN u. Mitarb. 1973 [1157].

phyceen sind die Chromosomen stark kondensiert und im Längsschnitt als eine Serie von Querbändern deutlich. Als Grundeinheiten kommen 3–6 nm breite Fibrillen vor, deren Anordnung zu einem Chromosom bislang nicht völlig klar ist.

Der Nukleolus ist an lebenden Zellen wohl der auffallendste Bestandteil des Zellkernes. Er ist ein lichtbrechender, homogener oder ausnahmsweise von Vakuolen durchsetzter Körper, der von keiner Membran begrenzt wird. Größe, Gestalt und Anzahl sind je nach Art der Zellkerne verschieden [175]. Im Elektronenmikroskop ist der Nukleolus durch seine wesentlich dichtere Anhäufung granulöser, 10–20 nm großer Ribonukleo-Proteinkörper gekennzeichnet (Abb. 62). Für den Nukleolus ist überhaupt die RNA charakteristisch. Er ist auch kein autonomer Teil des Kernes, sondern ein von Chromosomen erzeugtes Produkt. Manchmal sind einige Chromosomen mit dem Nukleolus direkt assoziiert und bleiben es auch während der Mitose (*Spirogyra*), indem die Chromosomen um den Nukleolus gefaltet sind [501]. Bei einigen Dinophyceen werden Chromosomen vom Nukleolus umgeben. Auch bei den Euglenophyceen bleibt der Nukleolus während der Mitose erhalten und teilt sich als selbständige, von den Chromosomen unabhängige Einheit (Endosom). Die meisten Nukleolen werden jedoch während der Mitose aufgelöst. Nach ihrem Verhalten unterscheiden wir 4 Typen von Nukleolen: autonome, persistierende, semi-persistierende und dispersive [864].

In den Zellen gewisser Bacillariophyceen (*Gomphonema, Nitzschia, Diatoma*) und *Batrachospermum*-Arten liegen die Nukleolen durchweg exzentrisch an der Peripherie des Zellkerns [940]. Die Zellkerne der somatischen Zellen von *Volvox* besitzen zwei Nukleolen, von denen der größere mit der Kernhülle in Verbindung steht [1024]. Bei *Hymenomonas* wurde ein enger Kanal beobachtet, der die Kernhülle mit dem Nukleolus verbinden soll [175].

Außerdem gibt es noch weitere, nicht immer vorhandene Bestandteile des Zellkernes. So liegt an der Spitze des kegelförmigen Zellkernes von *Melosira* in einer kleinen Vertiefung ein elektronendichter Polarkörper. Aus diesem verlaufen Gruppen von 3–4 Mikrotubuli an der Kernoberfläche zur Kegelbasis, wo sie sich strahlenförmig in einzelne Mikrotubuli auflösen [138]. Bei *Chara* enthalten manche Zellkerne proteinhaltige Kristalle [14], und bei *Gloeomonas* wurden Bündel feiner Fibrillen beobachtet [966]. Auch hexagonale virusartige Partikel hat man in manchen Zellkernen der Algen gefunden. Eigenartig ist das regelmäßige Auftreten lebender Bakterien in den Zellkernen sich normal fortpflanzender Zellen bestimmter Stämme von *Euglena*- und *Trachelomonas*-Arten. Ein solcher Zellkern kann bis zu 200 Bakterienzellen beherbergen, deren Vermehrung gleichzeitig mit der Kernteilung des Wirtes geschieht [602].

Der Interphasenkern vieler Algen zeigt enge Beziehungen zu anderen Organellen, indem er ihnen entweder eng anliegt oder andersartig mit ihnen assoziiert ist. So ist bei *Ochromonas danica* das einzige Dictyosom nicht nur eng an den Kern angeschmiegt, sondern es sind auch die meisten Poren der Kernhülle an dieser Stelle vorhanden. Hier werden auch die Vesikel der Kernhülle abgetrennt, die zu dem Dictyosom wandern [121], wodurch letzteres regeneriert werden soll. Ein ähnlicher Vorgang wurde auch bei *Bumilleria* und *Tribonema* beobachtet [693, 230]. Für manche Algenklassen ist charakteristisch, daß die Kernhülle mit der periplastidialen Hüllzisterne des ER in Verbindung steht [28, 693, 964]. Bei *Bumilleria* enthält das ER Perforationen, die den Poren der Kernhülle genau gegenüberliegen.

Manchmal bestehen enge Verbindungen zwischen Zellkern und Pyrenoid [792]. So ist das polare Pyrenoid von *Prasinocladus* am apikalen Ende von tiefgreifenden und verzweigten Kanälen durchzogen, in die Ausläufer des Zellkernes eindringen. Die Kanäle des Pyrenoids sind somit durch vier Membranen begrenzt, von denen zwei dem Chloroplasten und zwei dem Zellkern angehören. Ein ähnliches Eindringen des Zellkerns in das Pyrenoid wurde auch bei *Asteromonas gracilis* beobachtet [853].

2.8.2. Kernteilung

2.8.2.1. Mitose

Die Zellteilung ist stets mit einer Teilung des Zellkernes verbunden, die nach einem komplizierten Modus erfolgt, der als Mitose bezeichnet wird. Die Mitose ist gekennzeichnet durch die Längsteilung der Chromosomen und die Verteilung der Schwesterchromatiden in zwei Tochterkerne [603]. Dabei erfahren die Chromosomen zunächst eine Umwandlung in die Transportform. Die Mitose erfolgt bei den Algen in gleicher Weise wie bei den höheren Pflanzen und bei den Tieren durch einen mitotischen Apparat (Spindel, Chromosomen und manchmal auch Zentriolen). Je nach Algengruppe bleibt die Kernhülle erhalten oder wird aufgelöst, ebenso der Nukleolus (Abb. 64). Die Spindel besteht aus kontinuierlichen Mikrotubuli, die sich von einem Pol zum anderen erstrecken, und aus chromosomalen Mikrotubuli, die von den Polen zur Berührungsstelle (Zentromer) des jeweiligen Chromosoms führen. Die kontinuierlichen Mikrotubuli treten niemals direkt mit den Chromosomen in Verbindung, sondern bilden nur das Gerüst der Spindel, die die Trennung der Chromatiden bewirkt. Zentriole müssen bei Algen nicht immer auftreten [454, 603].

Der Ablauf der Mitose erfolgt kontinuierlich in vier aufeinanderfolgenden Phasen. Die erste oder Prophase beginnt mit einer schraubigen Aufrollung und Verkürzung der Chromosomen (Transportform), die zu diesem Zeitpunkt bereits in die beiden Chromatiden gespalten sind. Die Kernhülle beginnt, sich zu erweitern oder aufzulösen. Gegen Ende der Prophase lösen sich meist auch die Nukleoli auf, und die Spindel wird aufgebaut. In der zweiten oder Metaphase erfährt die schraubige Aufrollung der Chromosomen ihre Vollendung. Die Spindel ist fertig, und die Chromosomen ordnen sich in der Äquatorialplatte an. In der dritten, der Anaphase, weichen die Chromatiden der Chromosomen nach den Polen auseinander. Schließlich erfolgt in der vierten oder Telophase die Rückverwandlung der Chromosomen aus der Transportform in die Funktionsform. Die Kernhülle wird, soweit sie aufgelöst war, aus den Teilen des ER neu gebildet, und auch der Nukleolus erscheint wieder [764].

In den einzelnen Algengruppen weicht der Mitoseverlauf von diesem Normaltypus etwas ab, so daß er für jede Algenklasse gesondert dargelegt werden sollte [175, 603, 862]:

a) Chrysophyceae. – Während der frühen Prophase bei *Ochromonas danica* sammelt sich eine bedeutende Anzahl von Mikrotubuli um den Zellkern an. An den Polen der Kernhülle bilden sich Öffnungen, die den Eintritt der Spindeltubuli erlauben. Mit jedem Kernpol steht ein Rhizoplast in Ver-

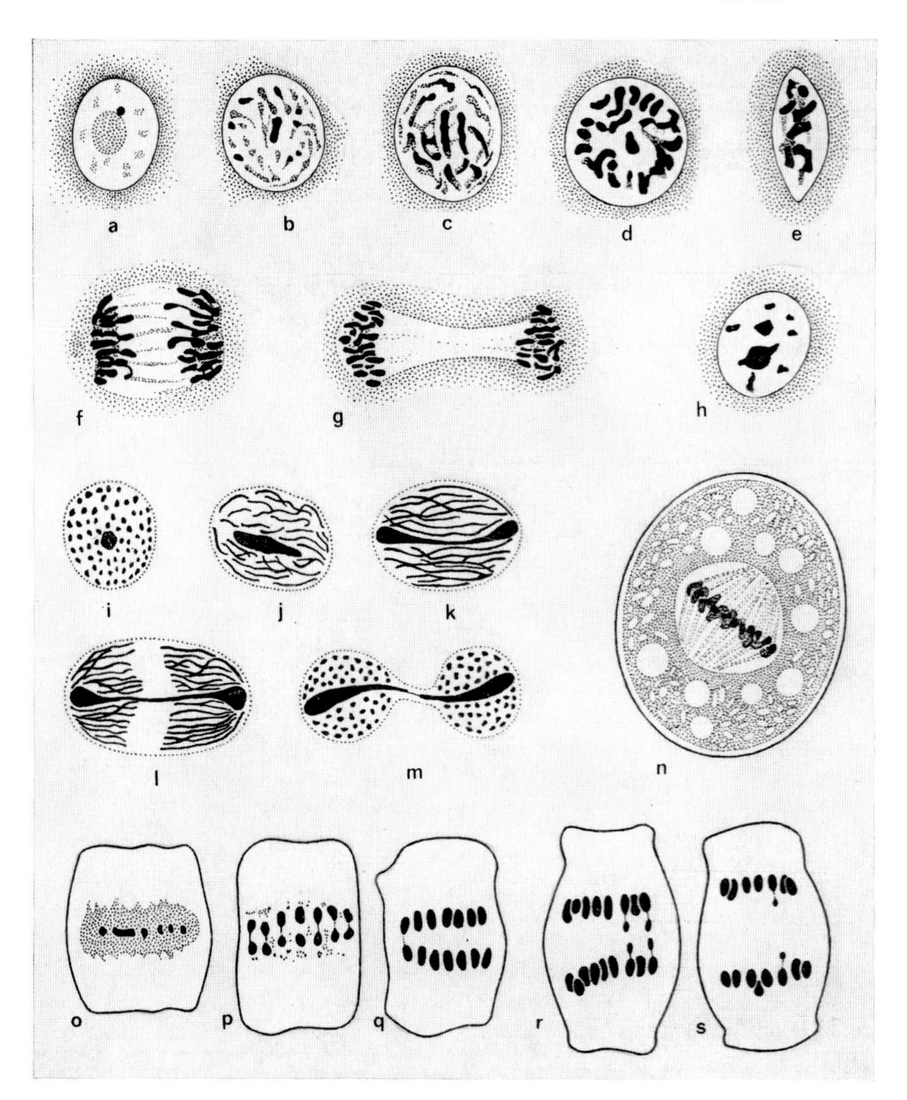

Abb. 64. Mitoseverlauf bei verschiedenen Algen nach gefärbten Präparaten im Lichtmikroskop. a)–h) *Cladophora suhriana*: a) Interphase; b), c) Prophase; d) Metaphase in Polansicht; e) Metaphase in Seitenansicht; f) späte Anaphase; g) Telophase; h) späte Telophase. i)–m) *Colacium vesiculosum*: i) Interphase, j), k) späte Prophase; l) Anaphase; m) Telophase; n) *Chlamydomonas*, Metaphase mit tonnenförmiger Spindel; a)–s) *Spirogyra* sp., Metaphase und Anaphase. – a)–h) umgezeichnet nach Föyn 1934 [265]; i)–m) umgezeichnet nach Johnson 1934 [496]; n) umgezeichnet nach Belar aus Schussnig 1953 [979]; o)–s) nach Geitler 1934 [296].

bindung, und die Spindeltubuli scheinen ihn zu berühren. Die chromosomalen Mikrotubuli sind mit den Chromosomen verbunden, obgleich hier keine ausgeprägten Zentromeren vorhanden sind. Während der fortschreitenden Mitose zerfallen die letzten Reste der Kernhülle mit Ausnahme des Teiles, der dem Chloroplasten anliegt [175, 1014].

b) Haptophyceae. Bei *Prymnesium parvum* wandern während der Prophase die Paare der Basalkörper zur Seite und beeinträchtigen wahrscheinlich die Orientierung der Spindel, wobei sie als Zentriolen fungieren [646]. Die Kernhülle zerfällt komplett; die Chromosomen ordnen sich zur Metaphase-Platte. Die Anaphase verläuft ziemlich rasch, und die Trennung der Schwesterchromatiden wird von einer beträchtlichen Verlängerung der Spindel begleitet. Die Neubildung der Kernhülle um die Tochterkerne erfolgt während der späten Anaphase von den Polen aus.

c) Xanthophyceae. – Bei *Vaucheria* ist ein Paar von Zentriolen mit jedem Zellkern assoziiert [781]. Während der Prophase wandern sie zu den entgegengesetzten Polen, während der Zellkern sich verlängert. Der Nukleolus bleibt in Form von Fragmenten erhalten. Während der Metaphase wird eine intranukleäre Spindel gebildet, die von der intakten Kernhülle umgeben ist. Zentromeren sind nicht vorhanden. Die Kernhülle schnürt sich nach erfolgter Invagination zwischen den auseinanderweichenden Chromosomen ein, um in der Telophase die Tochterkerne zu umhüllen.

d) Bacillariophyceae. Noch bevor die Prophase beginnt, wird bei *Lithodesmium* ein Spindelvorläufer gebildet, der aus einer Serie paralleler Platten besteht [665]. In den Spermatogonien erscheint während der Prophase zwischen dem Vorläufer und der Kernhülle eine eigenartige Spindel. Sie besteht aus Mikrotubuli, die schnell in die Länge wachsen und deren Anzahl zunimmt. Die Pole der Spindel sind durch Ausläufer der Polplatten des Spindelvorläufers gekennzeichnet. Der Rest des Spindelvorläufers zerfällt, was die Verlängerung der Spindel ermöglicht. Nach Zerfall der Kernhülle sinkt die Spindel in das Karyoplasma und durchdringt das Zentrum der Chromosomenmasse. Man ist der Ansicht, daß es sich hier um zwei Halbspindeln handelt, deren Tubuli in der Mitte gebogen sind, da ihre Anzahl in der Nähe des Äquators doppelt so groß ist wie in der Nähe der Pole. Auch bei *Melosira varians* sind zwei Halbspindeln vorhanden, doch sind hier die Spindel-Mikrotubuli zu einem regelmäßigen Prisma angeordnet [1089]. Bei den Bacillariophyceen kann es auch zu einer inäqualen, azytokinetischen Mitose kommen, wie z. B. bei *Amphiprora paludosa.* Während der Anaphase wird der eine Tochterkern pyknotisch und resorbiert [330].

e) Phaeophyceae. Nach lichtmikroskopischen Untersuchungen ähnelt die Mitose der Phaeophyceen mit regelmäßiger Anzahl der Chromosomen der der höheren Pflanzen [225]. Gewisse Unterschiede erscheinen nur in der Ultrastruktur. Bei *Fucus* und *Zonaria* bleibt die Kernhülle intakt, und ein Paar Zentriolen wird sichtbar [175].

f) Rhodophyceae. – Bei *Membranoptera* kommt eine Struktur vor, die als „polarer Ring" bezeichnet wird; es scheint, als ob dort die Mikrotubuli zusammengezogen wären. Jedes Chromosom besitzt ein Paar einfach gebauter Zentromeren. Zentriolen wurden nicht beobachtet [603].

g) Dinophyceae. Schon im Lichtmikroskop zeigt die Mitose der Dinophyceen eine besondere und einmalige Struktur, die gewisse Ähnlichkeiten mit der Mitose der Euglenophyceen hat [171, 998]. Die Mitose weicht von der normalen dadurch ab, daß die Chromosomen keine typischen Zentromeren haben und eine grundsätzlich andere Struktur und chemische Zusammensetzung besitzen. Die Kernhülle bleibt erhalten; die Mikrotubuli entstehen außerhalb des Zellkernes in zytoplasmatischen Kanälen, die den Kern durchdringen. Da keine Mikrotubuli im Kern vorhanden sind, gibt es auch keine mikrotubuläre Verbindung mit den Chromosomen [603]. Zentromeren wurden nur bei einigen frei lebenden Dinophyceen beobachtet, die jedoch die Mikrotubuli nur an jenen Stellen mit der Kernhülle vereinigen, wo die Chromosomen von der inneren Seite her anliegen [766]. Zentriolen fehlen, und die Basalkörper nehmen an der Mitose nicht teil. Der Nukleolus wird nicht aufgelöst, sondern geteilt.

h) Cryptophyceae. Die Mitose verläuft auf ähnliche Weise wie bei den Chrysophyceen und Haptophyceen. Bei *Chroomonas* dringen die Mikrotubuli jedoch von den Basalkörpern nach ihrer Verdoppelung in die Nähe des Kernes vor. Nach dem Zerfall der Kernhülle dringen die Mikrotubuli in den Zellkern ein. Das Chromatin bildet während der Metaphase eine dichte Masse, die von den Spindeltubuli durchdrungen wird. Reste der Kernhülle bleiben erhalten. Zentromeren und Zentriolen wurden nicht beobachtet; es besteht auch keine Verbindung zwischen den Basalkörpern und den Spindeltubuli während der Meta- und Anaphase [765].

i) Raphidophyceae. – Zentromeren wurden bei dieser Algengruppe elektronenmikroskopisch bewiesen [414]. Die Basalkörper sollen als Zentriolen tätig sein. Die Kernhülle bleibt erhalten; in ihr werden die Kernhüllen der Tochterkerne gebildet. Während der späten Prophase wird der Nukleolus aufgelöst [415].

j) Euglenophyceae. Die Mitose der Euglenophyceen ist mit dem sich autonom teilenden Nukleolus (Endosom) ein schönes Beispiel eines abweichenden Mitoseverlaufs [560, 596], der sich innerhalb der intakten Kernhülle abspielt (Abb. 64 i–m). Die Prophase ist bei *Euglena* dadurch gekennzeichnet, daß Mikrotubuli im Karyoplasma erscheinen. Das Endosom verlängert sich in Richtung der Teilungsebene, und die Chromosomen ordnen sich in Form eines lockeren Bandes um ihn herum. Das ist ein Äquivalent der Metaphase. Nachdem sich die getrennten Chromatiden an den Polen gesammelt haben, wird das Endosom geteilt. Die Chromosomen bleiben während des Nuklear-Zyklus kondensiert, und es ist nicht völlig klar, wann sie getrennt werden [175, 601, 603]. Zentriolen und Zentromeren sind nicht vorhanden (Abb. 66).

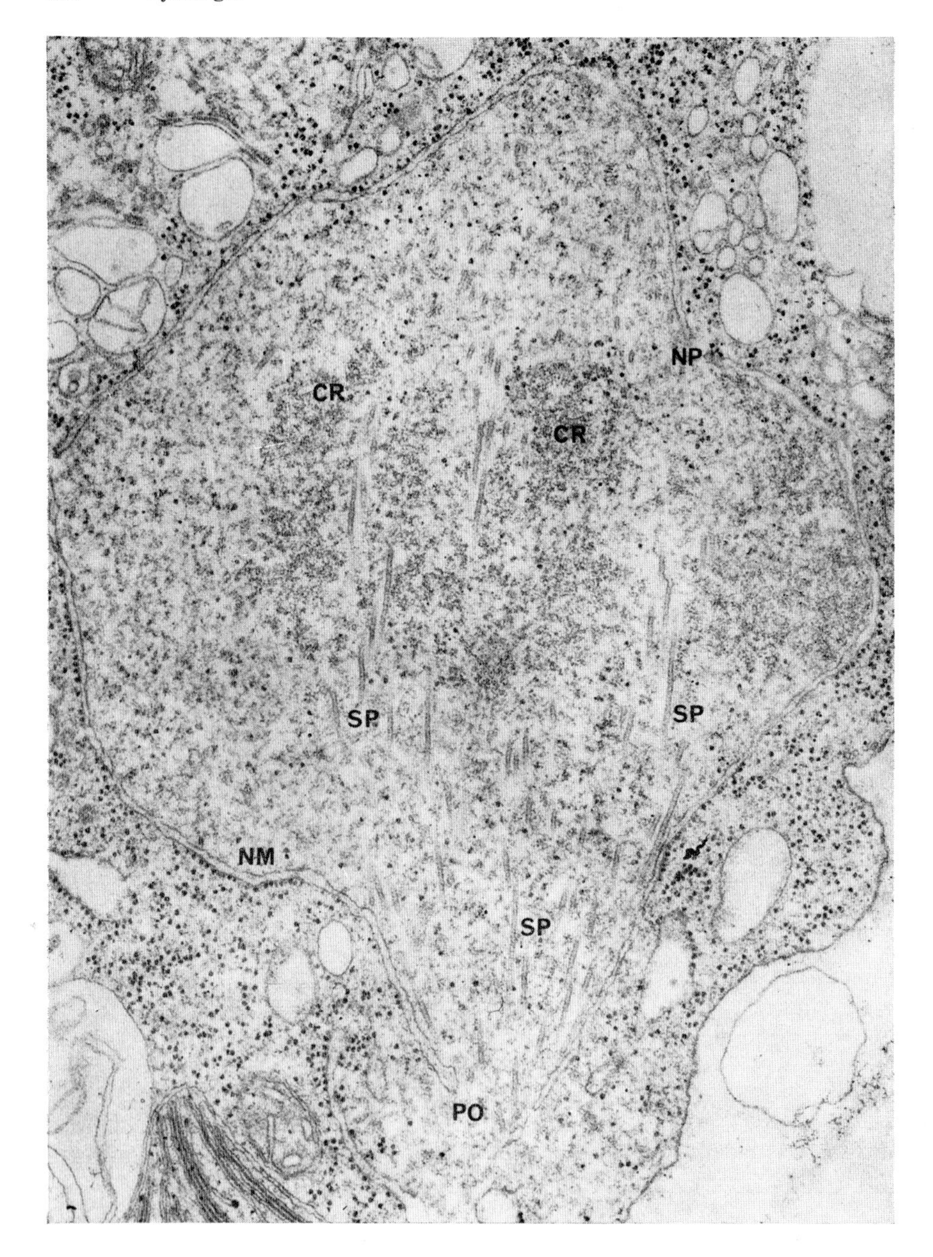
NP
CR
CR
SP
SP
NM
SP
PO

Die Kernhüllen der Tochterkerne entstehen durch Einschnürung der alten Hülle.

k) C h l o r o p h y c e a e. Lichtmikroskopisch scheinen die Mitosen der Chlorophyceen denen der höheren Pflanzen zu ähneln [357]. Erst das Elektronenmikroskop zeigte gewisse Abweichungen. Bei *Chlamydomonas* (Abb. 65) wird die Mitose durch die Reduplikation der Basalkörper eingeleitet, die aber nicht immer als Zentriolen tätig sein müssen [498]. Bei *Chlamydomonas reinhardtii* wandert der Zellkern zum apikalen Zellende, und der Nukleolus wird aufgelöst. Sobald sich die Chromosomen kondensiert haben, nimmt der Zellkern Spindelform an. Die Kernhülle löst sich nicht auf; es entstehen lediglich zwei große Öffnungen an den Polen. Die Spindel-Mikrotubuli verlaufen von einem Pol zum anderen und ragen aus den polaren Öffnungen hinaus. Die Chromatiden wandern an die entgegengesetzten Seiten des Kernes, ohne die Kernhülle zu berühren. Durch Einschnürung der alten Kernhülle bilden sich die Tochterkerne. Bei *Chlamydomonas moewusii* wandern die Basalkörper zum Zellkern, legen sich an die Zellhülle und bilden eine zentrale Spindel. Erst während der Zytokinese werden die Beziehungen zwischen Kern und Basalkörper wieder hergestellt [1094]. Ähnlich wie bei *Chlamydomonas* verläuft auch die Mitose von *Tetraspora* [872, 873] und *Ulva* [631], doch befindet sich bei letzterer in der Nähe der Spindelpole eine zentriolenartige Struktur.

Zentriolen, die gleichzeitig als Basalkörper fungieren, sind von den Arten bekannt, die vorübergehend begeißelte Zellen bilden. Bei *Stigeoclonium* wandern die Basalkörper der Zoosporen nach deren Keimung in die Nähe des Zellkernes [647]. Zentriolen sind z. B. bei *Hydrodictyon* [873], *Schizomeris* [695], *Microspora* [871, 873] und *Coleochaete* ständig vorhanden [685]. Bei *Microspora* werden bei der Zellteilung diese Zentriolen verdoppelt. Sie bilden die Pole der Spindel, und die Mikrotubuli durchdringen den Kern, ohne daß die Kernhülle zerfällt. Die Chromosomen haften mittels Zentromeren an den chromosomalen Mikrotubuli, wogegen die übrigen Spindel-Mikrotubuli kontinuierlich den Zellkern durchqueren [873]. Zentriolen wurden jedoch auch bei solchen Algen festgestellt, bei denen begeißelte Fortpflanzungszellen fehlen, z. B. bei *Kirchneriella, Tetraëdron* oder *Scenedesmus* [865, 869, 878]. Bei *Oedogonium* wurde elektronenmikroskopisch die Entstehung von Halbspindelfasern nachgewiesen, die aus den Zentromeren hervorgehen [874, 875].

l) C o n j u g a t o p h y c e a e. Die komplizierten Verhältnisse in der Mitose mancher *Spirogyra*-Arten wurden schon lichtmikroskopisch beobachtet (Abb. 64 o—s). Die Kernhülle bleibt teilweise erhalten, und die Chromosomen sind

Abb. 65. Elektronenmikroskopische Aufnahme der späten Metaphase bei *Chlamydomonas reinhardtii* (vgl. mit Abb. 64 n). *CR* Chromosomen, *SP* Spindeltubuli, *NM* Kernhülle, *NP* Poren, *PO* Polöffnung in der Kernhülle. — 29 000 : 1, nach Goodenough aus Ettl 1976 [218].

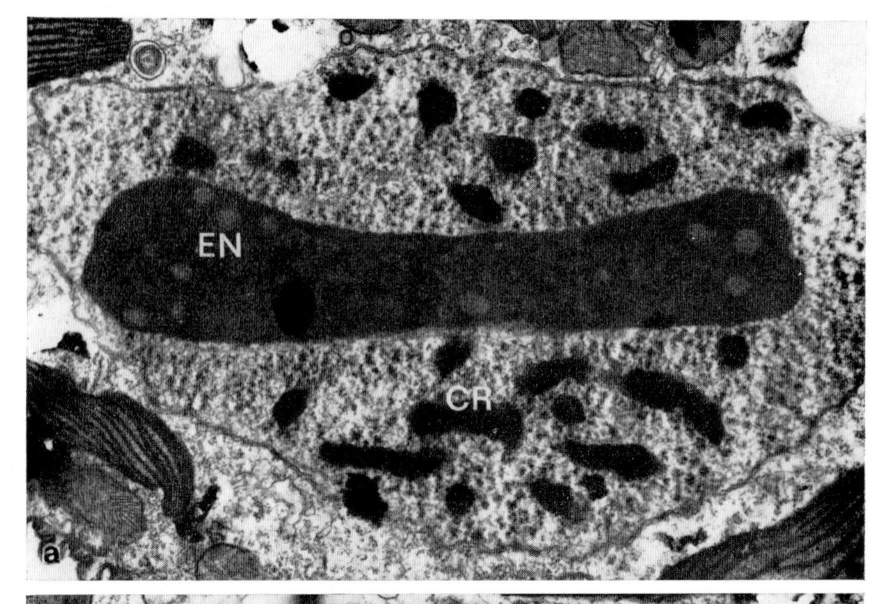
EN
CR
a

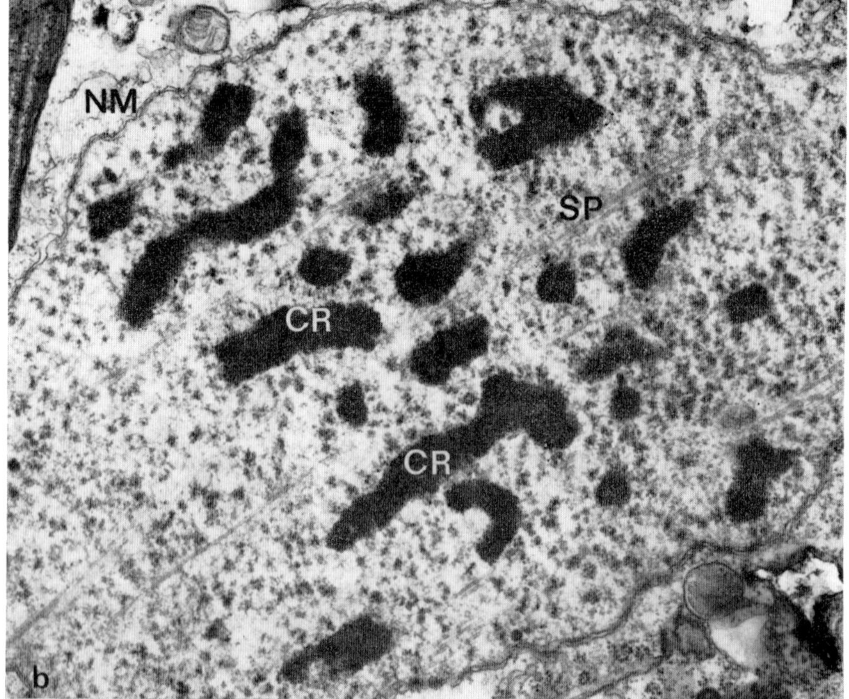
NM
SP
CR
CR
b

während der Anaphase durch Ablagerungen von Nukleolus-Material bedeckt. Manchmal wandern die Chromosomen in den Nukleolus hinein [262, 292, 296]. Bei *Closterium* werden während der Prophase die Kernhülle und der Nukleolus aufgelöst [877]. Während der Telophase, wenn sich die Spindel zusammenzieht, konzentrieren sich die Mikrotubuli an Stellen, die man als „mikrotubuläre Zentren" bezeichnet. Sobald sich die Tochterzellen gebildet haben und die Zellwand die typische Gestalt annimmt, wandert das „mikrotubuläre Zentrum" mit dem Zellkern in die Zellmitte neben den Chloroplasten. Dort wird der Chloroplast in zwei Teile geteilt, womit die Zelle wieder das Aussehen eines typischen *Closterium* annimmt (Abb. 148). Bei *Pleurastrum* entstehen die Spindeltubuli extranukleär in der Zentriolen-Region. Die Mikrotubuli wandern von den Zentriolen weg und werden in die Spindel inkorporiert. Nachdem sich die Tochterkerne gebildet haben, bewegen sich die Zentriolen an die Stelle des neu gebildeten Septums zwischen den beiden Tochterzellen [743].

m) Charophyceae. Bei *Chara* erscheinen Mikrotubuli außerhalb des Zellkerns, dessen Kernhülle aufgelöst wird. Bei vegetativen Zellen sind keine Zentriolen vorhanden. Letztere kommen jedoch in den spermatogenen Fäden vor, wo sie mit der Spindel assoziiert sind und später an der Geißelbildung teilnehmen [860].

Diese wenigen Beispiele zeigen, daß sich die Mitosevorgänge bei den Algen nur schwer in ein Schema einbauen lassen, da keine scharfen Grenzen bestehen. Darauf hat schon Geitler [296] vor Jahren hingewiesen, und die elektronenmikroskopischen Untersuchungen der Gegenwart beweisen die Vielfalt des Mitoseverlaufs. Die wesentlichen Phasen der Mitose, wie sie am Anfang beschrieben wurden, bleiben jedoch immer erhalten.

2.8.2.2. Chromosomen

Die Chromosomen sind die einzigen beständigen Teile des Zellkerns. Jede Art besitzt eine für sie bezeichnende Zahl von Chromosomen, und jedes von ihnen besitzt eine morphologische Individualität (Abb. 67). Es ist deshalb möglich, Karyotypen aufzustellen, die auf dem Gebiet der Systematik von großer Bedeutung sind, bei den Algen jedoch bisher zu wenig untersucht wurden, wo in dieser Hinsicht auch große Schwierigkeiten bestehen, da bei manchen Algengruppen die Chromosomen zu klein sind und die Chromosomenzahl nicht konstant bleibt. Bei den Desmidiaceen haben verschiedene Klone der gleichen Art verschiedene Chromosomenzahlen. Bei Organismen ohne deutliche Zentromeren ist diese Erscheinung anscheinend häufig. Eine

Abb. 66. Elektronenmikroskopische Aufnahmen der Metaphase-Anaphase bei *Euglena gracilis*. a) mit gestrecktem Endosom (*EN*) vor seiner Teilung, umgeben von Chromosomen (*CR*); b) die Bündel der Mikrotubuli (*SP*) verlaufen zwischen den Chromosomen (*CR*), die Kernhülle (*NM*) bleibt intakt. – 20 000 : 1, nach Leedale 1970 [603].

Chromosomenfragmentation kann hier auftreten, ohne daß Bruchstücke verlorengehen [939]. Auch bei einigen *Volvocales* wurde eine variable Chromosomenzahl festgestellt.

Im Lichtmikroskop lassen sich an den Chromosomen der Algen nur im günstigsten Fall verschiedene Bereiche unterscheiden, wie z. B. die Zentromeren. Im Bereich der Zentromeren erscheint das Chromosom meist etwas eingeschnürt. Bei manchen Chromosomen finden sich außer den Zentromeren noch weitere sekundäre Einschnürungen. Die Chromosomen sind schwierig zu fixieren, und so ist ihre Ultrastruktur immer noch relativ wenig bekannt. Da im Elektronenmikroskop sowohl im Karyoplasma des Interphasenkerns als auch in den Chromosomen fibrilläre Elemente von schraubigem

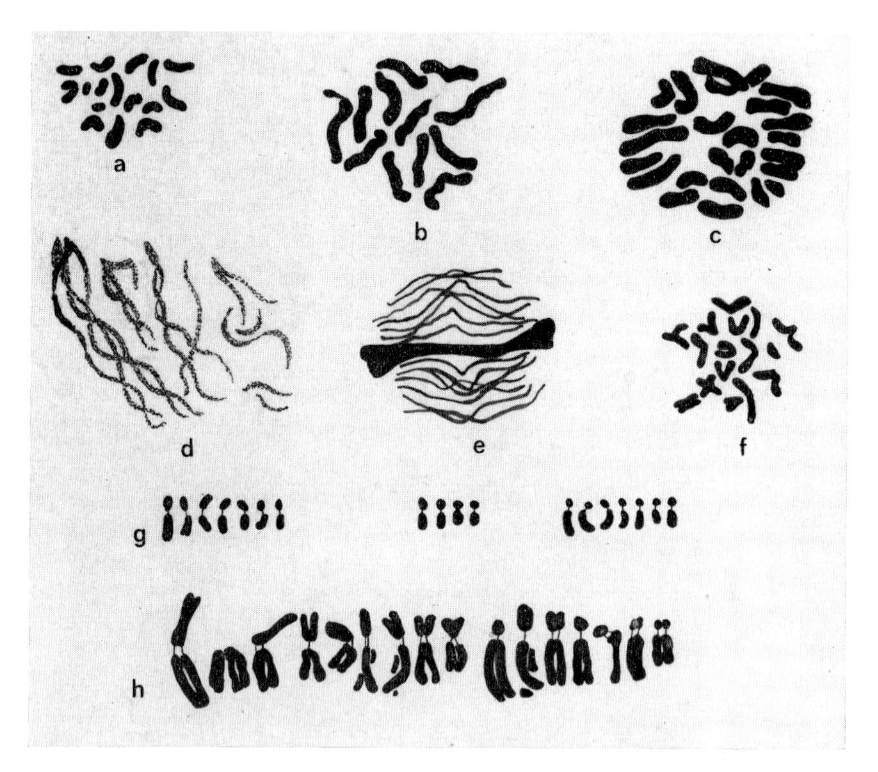

Abb. 67. Chromosomen verschiedener Algen im Lichtmikroskop. a) *Eudorina elegans;* b) *Spirogyra crassa;* c) *Rhizoclonium hieroglyphicum*; d) einige Chromosomen der Äquatorialplatte von *Ceratium cornutum;* e) *Colacium vesiculosum*, mit Endosom; f) *Dictyopteris divariegata;* g) Karyogramm von *Oedogonium pringsheimii;* h) Karyogramm von *Oedogonium capillare*. – Alle Figuren umgezeichnet nach a) Rayns, b) Geitler, c) Balakrishnan, d) Skoczylas, e) Johnson, f) Inoh, h) Henningsen.

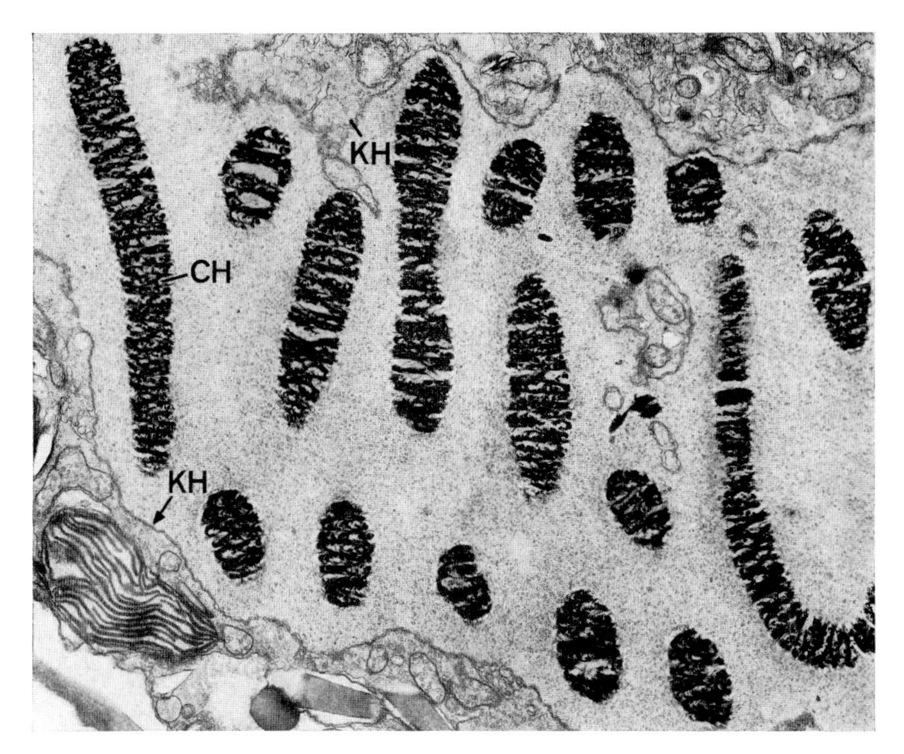

Abb. 68. Elektronenmikroskopische Aufnahme eines Teiles des Zellkernes von *Prorocentrum micans* mit Chromosomen (*CH*) im Längs- und Querschnitt. *KH* Kernhülle mit Poren. – 10 500 : 1, nach KOWALLIK 1971 [557].

Bau zu sehen sind, wird heute allgemein angenommen, daß die Chromosomen aus schraubig gewundenen, fibrillären Elementen aufgebaut sind. Besonders kompliziert gebaute Chromosomen sind bei Dinophyceen vorhanden (Abb. 68), die während des ganzen Zellzyklus kondensiert und stark schraubig verdreht sind. So bestehen die polytaenen Chromosomen von *Prorocentrum micans* aus kreisförmigen Chromatiden, die eine anorthospirale Anordnung zeigen [379, 380, 1025].

Die Morphologie der Chromosomen ist bei den Algen sehr vielfältig. Sie reicht von kleinen, fast kugeligen Chromosomen einiger Desmidiaceen über den normalen länglichen Typ bis zu fadenförmigen Gestalten einiger *Oedogonium*-Arten [439, 559]. Bei *Sacchorhiza* wurde sogar eine XY-chromosomale Determination festgestellt [225], mit einem großen X-Chromosom im weiblichen und einem kleinen Y-Chromosom im männlichen Gametophyten.

Bei Algen mit sexueller Fortpflanzung erfolgt ein Wechsel zwischen einfacher und doppelter Anzahl der Chromosomen (Kernphasenwechsel). Die für die Geschlechtszellen typische Chromosomenzahl bezeichnet man als haploid (n), die durch Verschmelzung der Geschlechtszellen verdoppelte Anzahl als diploid (2n). Während des weiteren Entwicklungsgangs wird die diploide Zahl wieder auf die haploide reduziert. Die haploiden Zellen und Zellgenerationen werden Haplonten genannt, die diploiden Diplonten. Für einige Algenarten wurde Polyploidie beschrieben oder durch Kolchizin-Behandlung künstlich hervorgerufen.

Die Anzahl der Chromosomen pro Zelle ist recht verschieden, bei manchen Algengruppen auch wenig bekannt [357]. Die niedrigste Zahl wurde bei *Pedinomonas*, *Porphyra* (n = 2), *Bangia* und *Prasiola* (n = 3) gefunden. Meistens sind jedoch in einem Satz 5—20 Chromosomen vorhanden. Eine außergewöhnlich große Anzahl kommt bei manchen fadenförmigen Chlorophyceen vor, wie z. B. bei *Klebsormidium* (n = 48), *Oedogonium* (n = 78), *Cladophora* (2n = 96) oder Conjugatophyceen, z. B. *Mougeotia* (n = 94). Noch zahlreichere Chromosomen besitzen die Euglenophyceen, besonders *Peranema* (n = 177), und manche Dinophyceen wie *Ceratium* (n = 274), Cryptophyceen wie *Cryptomonas* (n = 109—209) oder Raphidophyceen wie *Vacuolaria* (n = 97 ± 2). Doch die höchste Chromosomenzahl erreichen die Desmidiaceen wie *Micrasterias* (n = 230) oder *Netrium* (n = 592) [169, 171, 223, 357, 415, 599].

2.8.2.3. Meiose

Die Meiose oder Reduktionsteilung stellt sich nach jedem Befruchtungsvorgang ein, um die haploide Zahl der Chromosomen wieder herzustellen (Abb. 69). Diese Reduktion erfolgt bei den einzelnen Algenarten an verschiedenen Stellen des Lebenszyklus, entweder unmittelbar nach der Befruchtung oder vor der Befruchtung während der Gametenbildung. Die Meiose besteht aus zwei miteinander gekoppelten Teilungsschritten (Abb. 69 g—k), die als I. und II. Reifungsteilung bezeichnet werden. Abweichend von der Mitose, bei der jede Tochterzelle von jedem Chromosom je eine Spalthälfte erhält, werden in der I. Reifungsteilung ganze Chromosomen auf die Tochterzellen verteilt, während die II. Teilung einer Mitose gleicht [296, 371, 764]. Über die Einschaltung der Meiose in den Lebenszyklus der Organismen wird in weiteren Kapiteln berichtet. Schon bei Flagellaten mit sexueller Fortpflanzung erfolgt eine Meiose bei der Keimung der Zygoten, so bei *Chlamydomonas* [218], *Volvox* [1042], Dinoflagellaten [1057].

Elektronenmikroskopisch wurd die Meiose hauptsächlich an *Lithodesmium* studiert [666, 667, 668]. Sie ist der Mitose dieses Organismus sehr ähnlich. Der einzige Unterschied besteht in der Tatsache, daß die Anzahl der Mikrotubuli bei der ersten Reifeteilung anwächst, während sie bei der zweiten auf etwa die Hälfte reduziert wird und die Spindel kleiner ist. Während der Interkinese zwischen der ersten und der zweiten meiotischen Teilung bei der Spermatogenese entstehen Basalkörper in der Nähe der künftigen Spindelpole. Diese Basalkörper bilden während der frühen Prophase auch den externen Teil der einzigen Geißel. Auch bei *Ulva* unterscheidet sich ultrastruk-

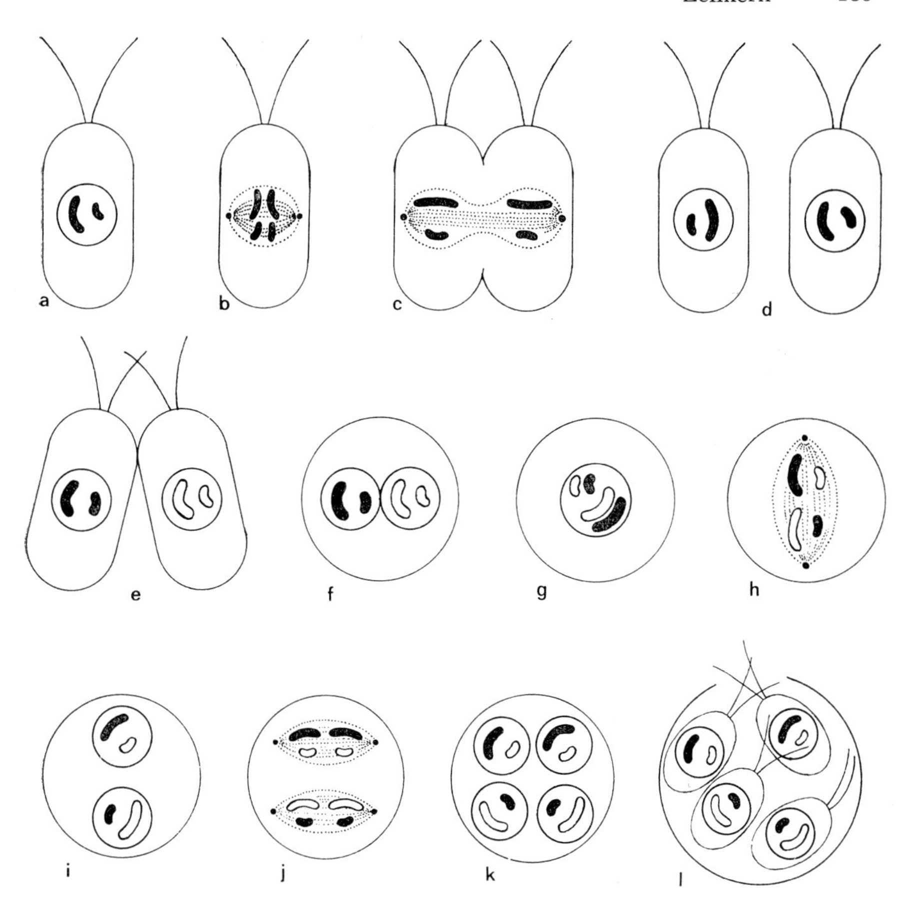

Abb. 69. Schema der Entwicklung und des Kernphasenwechsels von Haplonten (Flagellat). a)–d) Zellteilung (Schizotomie) als asexuelle Fortpflanzung haploider vegetativer Individuen (2 Chromosomen = 1 Satz); e)–l) sexuelle Fortpflanzung; e)–g) Befruchtung, Kopulation zweier haploider Isogameten und Bildung der diploiden Zygote (g) mit 4 Chromosomen (2 Sätze); h)–k) Meiose, Bildung von 4 haploiden Kernen, sofortiger Übergang zur Haplophase; l) Keimung der 4 haploiden Zoosporen oder Gonen. Umgezeichnet und leicht verändert nach HARTMANN 1956 [395].

turell die Meiose kaum von der Mitose mit Ausnahme der Prophase, wo ein deutlicher synaptonematischer Komplex beobachtet wurde [68, 175], der auch bei Rhodo- und Phaeophyceen vorkommt [569, 1091]. Enge Beziehungen des synaptonematischen Komplexes zu den meiotischen Chromosomen sind erwiesen; sein Auftreten dient als Anzeichen der Meiose. Er hat eine charakteristische Struktur von drei parallelen, elektronendichten Elementen, die durch dünnere Regionen voneinander getrennt sind. Das zentrale Element besteht aus zwei parallelen, schmalen Bändern.

2.9. Zellhülle

Die Algenzellen werden immer durch eine Grenzschicht gegen die Außenwelt abgeschlossen. Diese Grenzschicht ist von besonderer Bedeutung, weil sie die Algenzellen nicht nur vor schädlichen Einflüssen schützt, sondern ihnen auch einen koordinierten Stoffaustausch, die Wahrnehmung mechanischer und chemischer Reize sowie den Kontakt mit anderen Zellen ermöglicht. Zahlreiche Flagellaten, Zoosporen und Gameten sind nackt wie tierische Zellen, d. h. nur vom Plasmalemma umgeben. Bei anderen Flagellaten wird die Funktion der Grenzschicht von einem differenzierten Periplast oder von einer Pellikula übernommen. Bei den meisten einzelligen und vielzelligen Algen aber ist die Zelle von einer wohldifferenzierten, von ihr ausgeschiedenen Zellwand mit typischem Schichtenbau umgeben. Zellen ohne differenzierte Zellhülle oder Zellwand werden als nackte Zellen, solche mit Zellhülle oder Zellwand als behäutete Zellen bezeichnet.

2.9.1. Plasmalemma

Im einfachsten Falle besteht die Grenzschicht der Algenzelle aus einer Elementarmembran, auch zytoplasmatische Membran oder Plasmalemma genannt. So sind die Zellen der Raphidophyceen, einiger Gattungen der Chrysophyceen (z. B. *Ochromonas*) und der Chlorophyceen (z. B. *Dunaliella*) nach außen nur durch das Plasmalemma abgegrenzt. Diese Membran ist normalerweise 7–8 nm dick und trägt an der Außenseite oft eine „Behaarung" aus Proteinen. Manche einzelligen Rhodophyceen besitzen nackte Zellen, die aber von einer Gallerthülle (*Rhodella*) oder von einer Kapsel löslicher Polysaccharide (*Porphyridium*) umgeben werden. Nackt sind auch die meisten Fortpflanzungszellen (Zoosporen und Gameten) der sonst behäuteten Algen. Bei den Fortpflanzungszellen handelt es sich jedoch um kurzfristig nackte Stadien, die während der Keimung oder während der Kopulation sogleich von einer neuen Zellwand umgeben werden [931]. Zur Verfestigung gewisser Zellpartien der nackten Zellen tragen teilweise Mikrotubuli bei, die auch ein Zytoskelett bilden können. Das Zytoplasma amöboid gewordener Algenzellen besitzt anscheinend überall und zu jeder Zeit die Fähigkeit, ein neues Plasmalemma abzuscheiden. Andererseits kann das Plasmalemma auch sehr leicht wieder eingeschmolzen werden, beispielsweise beim Zusammenfließen benachbarter Pseudopodien. Auch bei der Pinozytose und Phagozytose muß ein ständiger Umbau der zytoplasmatischen Membran stattfinden [371].

2.9.2. Periplast und seine Modifikationen

2.9.2.1. Periplast

Zahlreiche nackte Flagellaten haben als Grenzschicht einen Periplast, der aus peripheren, wohldefinierten plasmatischen Schichten besteht. Dieser ist komplizierter gebaut als das einfache Plasmalemma. So ist der Periplast von *Micromonas pusilla* dreischichtig: eine äußere und innere dichte Schicht schließen eine weniger dichte ein. Bei *Cryptomonas* [420] und *Chroomonas* [284] liegt unterhalb des Plasmalemmas eine Schicht dünner Platten oder Membranen. Diese bestehen aus Proteinen und sind bei *Cryptomonas* hexagonal oder polygonal, bei *Chroomonas* dagegen viereckig. Gelegentlich liegen auch Mikrotubuli in der Nähe des Periplasten (Abb. 70 a) [175].

2.9.2.2. Pellikula

Die Pellikula der Euglenophyceen unterscheidet sich vom Periplasten dadurch, daß Streifen von halbstarren Bereichen mit Streifen schmiegsamer und elastischer Substanzen abwechseln (Abb. 70 c). Dadurch wird die durch Ausbildung weiterer Schichten und Strukturen erreichte Festigkeit kompensiert. So können viele *Euglena*-Arten, obgleich sie eine ziemlich feste Pellikula besitzen, sich deutlich metabol verhalten [371]. Trotz zytoplasmatischer Natur kann die Pellikula komplizierte Streifenstrukturen und Ornamente aufweisen, die in ein Rostrum auslaufen (*Phacus*) oder spiralig und perlschnurartig angeordnete Knöpfchen darstellen (*Euglena spirogyra*, Abb. 70 b). Die helikoidalen Strukturen der Pellikula (Rillen, Streifen, Rippen) verlaufen meist linksdrehend (S-artig), weniger oft rechtsdrehend (Z-artig) [598, 885, 886].

Bei *Euglena* [600, 716] und auch bei anderen Gattungen der Euglenophyceen [713, 720] besteht die mit Leisten versehene Pellikula submikroskopisch aus einem kontinuierlichen Plasmalemma, das im Längsschnitt gewellt erscheint. In der Nähe der Leisten verlaufen unter dem Plasmalemma etwa 70 nm dicke Streifen aus Proteinen schraubig um die Zelle herum. Daneben liegen regelmäßig angeordnete Mikrotubuli. Bei *Trachelomonas* fehlen diese Streifen, doch sonst bleibt der Aufbau der Pellikula erhalten [177, 175]. Die Pellikula von *Menoidium* und *Rhabdomonas* besteht aus einer kontinuierlichen Schicht amorphen oder fein granulierten Materials, die direkt an das Plasmalemma anschließt [607].

Der Kanal, der bei den Euglenophyceen zum Reservoir führt, ist mechanisch versteift (Abb. 6 a). Das erfolgt durch Aneinanderschließen von Pellikula und Mikrotubuli, zu denen weiterhin noch Zylinder von ER, quergestreiftes Skelettmaterial und Mikrotubuli hinzukommen, die zu einer amorphen, verdickten Schicht zusammenfließen.

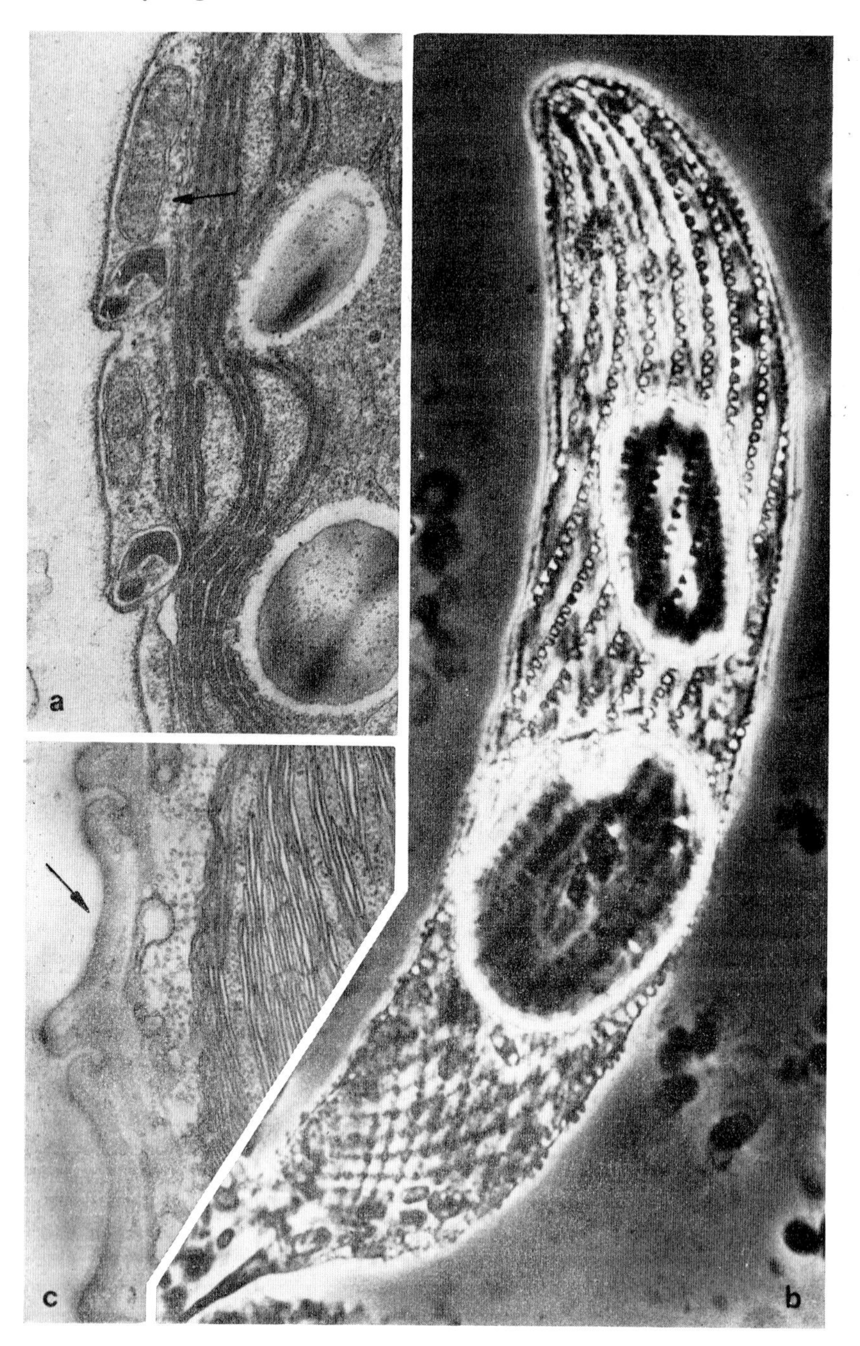
a
c
b

2.9.2.3. Amphiesma

Der Komplex der Zellhülle von Dinoflagellaten wird Amphiesma genannt [180, 625]. Wir finden bei den beweglichen Formen der Dinophyceen alle Übergänge von nackten zu gepanzerten Formen, wobei jedoch eine gewisse Einheitlichkeit in der Zusammensetzung des Amphiesma herrscht [180]. Es besteht aus dem Plasmalemma, in dessen Nähe eine einfache Schicht flacher Vesikel liegt; unter der kann noch eine andere, einfache Membran vorhanden sein. Schließlich sind noch subthekale Mikrotubuli vorhanden, die entweder verstreut oder in Gruppen angeordnet sind. Fließende Übergänge gibt es, indem die Vesikel entweder leer sind oder dünne, dickere bis sehr dicke Platten enthalten. In Korrelation zur zunehmenden Dicke der Platten nimmt ihre Anzahl von mehreren hundert bis auf zwei von gleicher Größe ab [175].

Das primitivste Amphiesma kommt bei *Oxyrhis* vor, wo die Vesikel unregelmäßig gelegen und voneinander getrennt sind. Bei *Gymnodinium* und *Amphidinium* werden die Vesikel mit ihren Rändern aneinandergepreßt, so daß sie einen polygonalen Umriß erhalten. Bei *Aureodinium, Katodinium* und *Gymnodinium* [965] enthalten die Vesikel schon dünne Platten; bei *Woloszynskia* sind die Platten so dick, um auch im Lichtmikroskop sichtbar zu werden. Die Anzahl der Platten wird bei den Gattungen *Gonyaulax*, *Peridinium* und *Ceratium* auf rund 20 reduziert. Sie sind dann sehr dick und tragen Leisten oder Fortsätze (Abb. 71). Jede Platte besitzt auch eine ausgeprägte Morphologie, die von ihrer Lage an der Zelle abhängt [894, 1075]. Die Verbindung der einzelnen Platten erfolgt bei *Ensiculifera loeblichii* durch das Übergreifen der Platten, zwischen denen eine elektronendichte Schicht von Verbindungsmaterial liegt [135]. Bei anderen kommt es zu Verbindungen mittels Nähten (Abb. 72). Einen Extremfall finden wir dann bei den *Prorocentrales,* wo das Amphiesma nur aus zwei großen schalenförmigen Platten besteht. Früher wurden die Dinoflagellaten nach der Dicke und Beschaffenheit des Amphiesma eingeteilt: avalvate Formen sind solche mit zarter strukturloser Haut, prävalvate Formen haben eine lederartige Hülle, wogegen valvate Formen einen Panzer besitzen [622].

2.9.3. Schuppenpanzer

Viele Flagellaten und einige Fortpflanzungszellen tragen als Zellhülle einen Panzer aus ornamentierten und artspezifisch gestalteten Schuppen (Abb. 73). Diese bestehen aus verschiedenen Substanzen und bilden eine bis drei kon-

Abb. 70. Periplast und Pellikula. a) Periplast von *Chroomonas* mit kleinen Furchen (der Pfeil zeigt Mikrotubuli, die zum Periplasten gehören); b) ornamentierte Pellikula von *Euglena spirogyra* im Phasenkontrast; c) Längsschnitt durch die Pellikula (Pfeil) im Elektronenmikroskop. – a) 36 000 : 1, nach Dodge 1973 [175]; b) 1500 : 1; c) 40 000 : 1, nach Leedale 1967 [600].

tinuierliche Schichten um den Zellkörper. Je nach der chemischen Zusammensetzung unterscheiden wir:

2.9.3.1. Schuppen aus organischem Material

Diese kommen vor allem bei den Prasinophyceen vor, oft sogar an einer Zelle in zweierlei oder dreierlei Gestalt. Direkt an der Zelloberfläche befinden sich kleine diskoide, viereckige oder pentagonale Schuppen, die auch auf die Geißeln übergreifen (Abb. 73). Die äußere Schicht wird von großen, anders gestalteten Körperschuppen gebildet. Diese sind sternförmig, würfelig

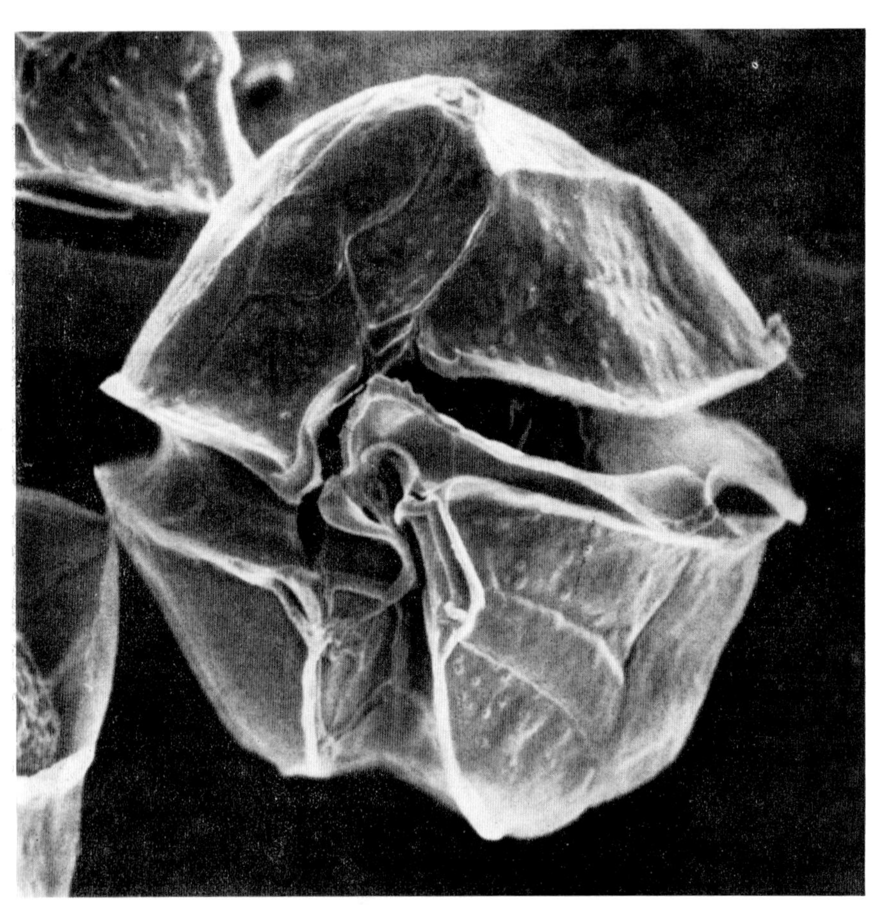

Abb. 71. Amphiesma von *Gonyaulax excavata* von der ventralen Seite mit deutlichem Querfurchensystem. – SEM, 3500 : 1, nach LOEBLICH, L. A. und A. R. LOEBLICH 1975 [Proc. Int. Conf. Toxic Dinofl.].

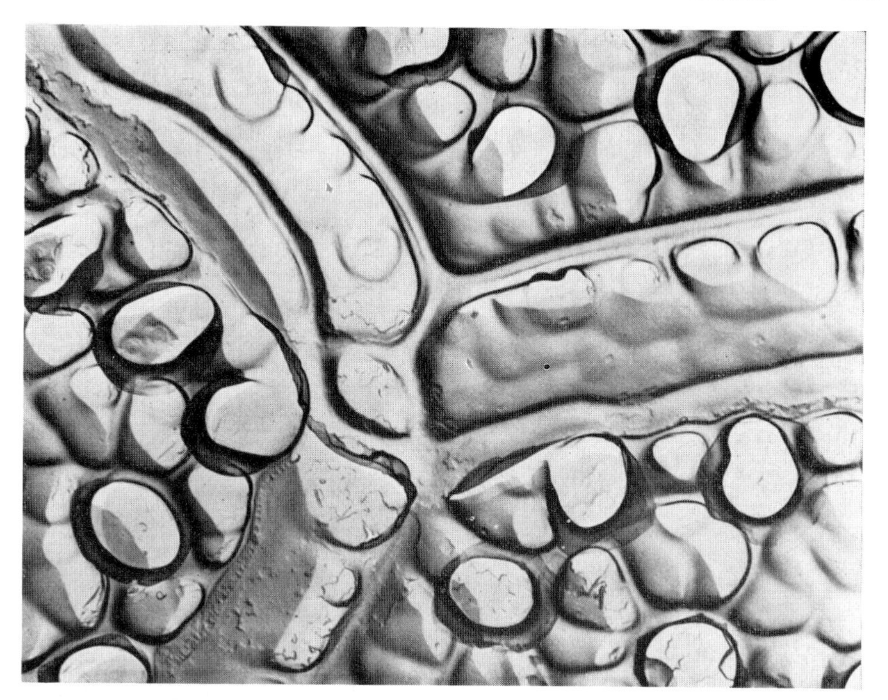

Abb. 72. Struktur der Oberfläche des Amphiesmas von *Gonyaulax polyedra*, Verbindungsstelle von drei Platten. – 10800 : 1, nach Loeblich 1969 [625].

oder haben die Form geflochtener, bizarrer Gebilde [651, 658, 675, 680]. Besonders komplizierte Schuppen wurden bei *Mesostigma viride* gefunden (Abb. 74). Über den kleinen Schuppen, die auch die Geißeln bedecken, liegt eine Schicht wesentlich größerer, naviculoider Schuppen. Daran schließt noch eine weitere Schicht zierlich gebauter „Körbchen" an, die sich von basalen Platten erheben [662]. Drei Schichten von Schuppen wurden auch bei *Pyramimonas tetrarhynchus* gefunden [1067]. Dagegen tragen Arten der gleichen Gattung manchmal nur zwei Schuppenschichten.

Ähnliche Schuppen wurden auch an den begeißelten Fortpflanzungszellen höher organisierter Chlorophyceen gefunden, wie bei *Pseudendoclonium*, *Trichosarcina* und *Coleochaete*, sogar auch an den Spermatozoiden von Charophyten [861, 1113, 735]. Ebenfalls werden die Zellen farbloser, koloniebildender Chrysophyceen (*Pseudodendromonas*) von ornamentierten Schuppen bedeckt [718]. Ganz besonders sind sie aber bei den Haptophyceen, insbesondere bei der Gattung *Chrysochromulina*, mannigfaltig und dienen als ein wichtiges taxonomisches Merkmal für die Artensystematik [660, 661, 677, 791, 796, 797]. Auch hier können zweierlei Schuppenarten auf einem einzigen Organismus vorkommen [590, 591]. Schuppen aus organischen Stoffen treten

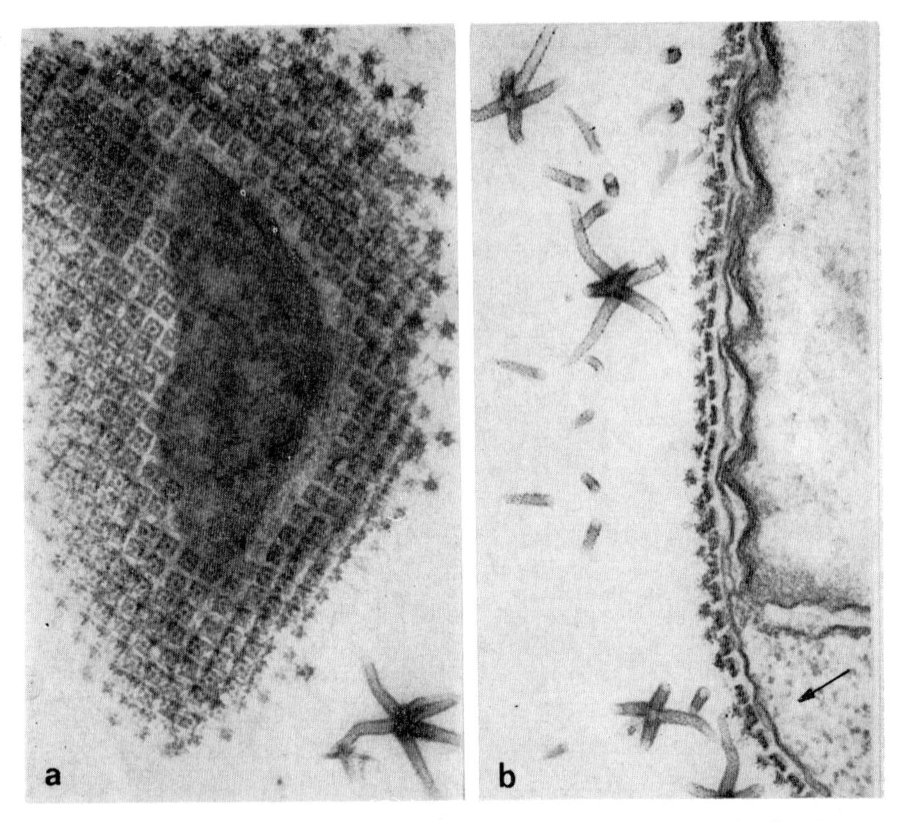

Abb. 73. Schuppen aus organischem Material von *Heteromastix rotunda.* a) tangentialer Schnitt der Zelloberfläche, der die Anordnung der kleinen quadratischen Schuppen in der unteren Schicht und die darüberliegenden kleinen sternförmigen Schuppen zeigt. Die Reihen der kleinen Sterne alternieren mit den Reihen der quadratischen Schuppen. b) Längsschnitt mit Zelloberfläche; dem Plasmalemma (Pfeil) liegen zwei Schichten verschiedener Schuppen an, darüber noch große sternförmige Schuppen. – 50 000 : 1, nach Manton u. Mitarb. 1965 [680].

als untere Schicht auch bei vielen Coccolithophorideen auf (z. B. *Hymenomonas*). Bei *Pleurochrysis* wird die dicke Hülle der unbeweglichen Stadien aus zahlreichen eng aneinandergepreßten Schuppen gebildet, die in pektinartiges Material eingebettet sind und aus Zellulose-Glykoproteinen bestehen [76, 409].

Abb. 74. Schuppen aus organischem Material von *Mesostigma viride.* a) Längsschnitt mit den Schuppenschichten, außen sitzen die „Körbchen"; b) isolierte korb-

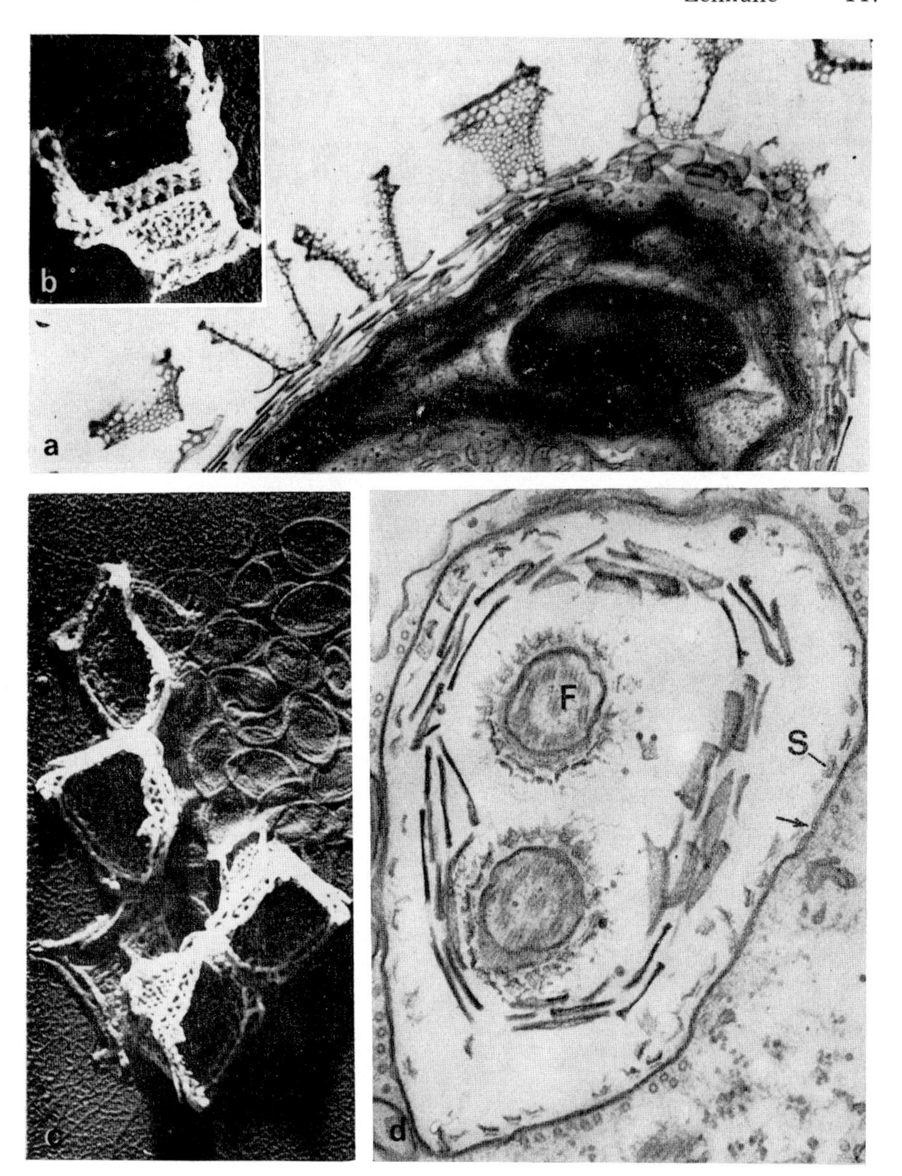

förmige Schuppe; c) zwei verschiedene Sorten von Schuppen, korbförmige und darunterliegende naviculoide; d) Querschnitt durch den Schlund der Zelle, der Pfeil zeigt das Plasmalemma. Man beachte die Geißelschuppen auf den Geißeln (*F*) und die dritte Sorte von Schuppen (*S*). – a), c) 30 000 : 1; b), d) 50 000 : 1, nach MANTON und ETTL 1965 [662].

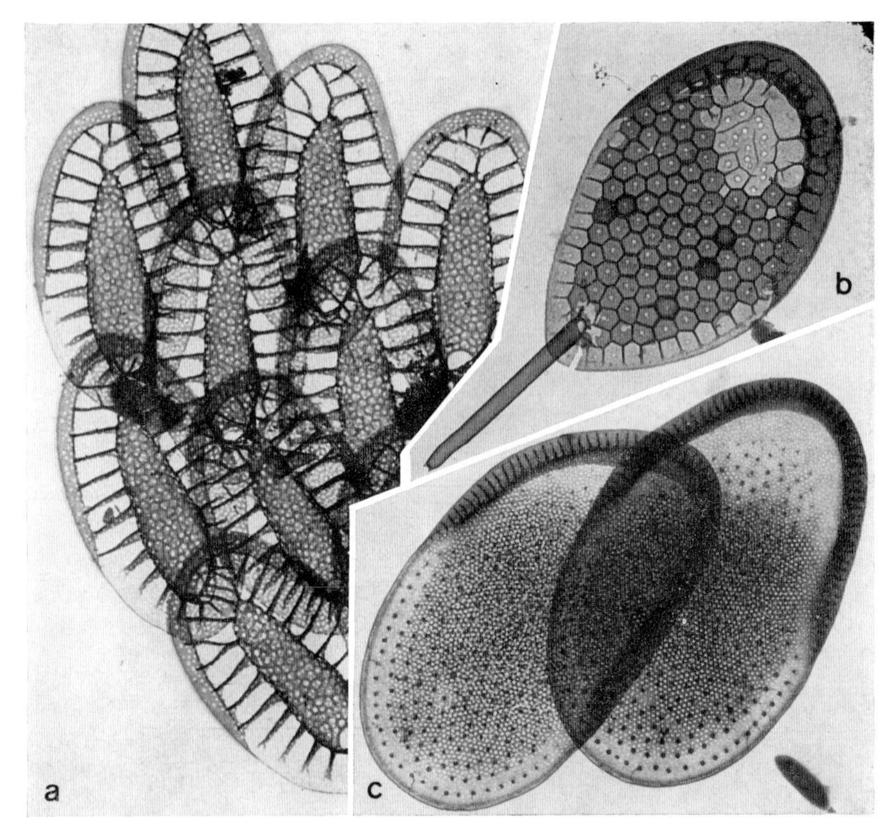

Abb. 75. Kieselschuppen der Chrysophyceen. a) ein Teil des Schuppenpanzers von *Synura petersenii;* b) Schuppe von *Synura spinosa;* c) *Mallomonopsis salina.* – 10 000 : 1, a), b) nach Kristiansen 1975 [Syesis, 8]; c) nach Kristiansen 1975 [Bot. Tidsskr., 70].

2.9.3.2. Kalkschuppen

Kalkschuppen oder Coccolithen der *Prymnesiales* fallen durch ihre Formenmannigfaltigkeit und mitunter auch durch ihren komplizierten Bau ebenfalls auf. Wir unterscheiden Holococcolithen, die aus mikroskopischen Kristallen bestehen, und Heterococcolithen, die aus Platten, Rippen oder Bändern in verschiedenster Weise zusammengesetzt sind. Außerdem sind Pentalithen bekannt, deren Körper aus fünf trapezförmigen oder dreieckigen Bauelementen bestehen. Die einfachsten Coccolithen sind bei *Crystallolithus* vorhanden, wo sie aus einer Anzahl einfacher Kalkkristalle bestehen. Meistens vereinigen sich aber die einzelnen Kristalle in den Coccolithen zu artspezifischen Schuppenmustern. Die Gestalt der Coccolithen ist elektronenmikroskopisch gut erkennbar, und die Arten sind somit leicht bestimmbar. Sehr komplizierte Coccolithen in Form eines offenen Regenschirms, der einer wagenradartigen Basis aufsitzt, zeigt *Papposphaera* [673]. Eine detaillierte Übersicht über den mikroskopischen und submikroskopischen Bau findet man bei Reinhardt [914].

Nicht selten können verschiedene Stadien im Lebenszyklus des Organismus ihre spezifischen Schuppentypen besitzen (z. B. *Crystallolithus-Coccolithus*). Die meisten Schuppen werden zuerst als flache Gebilde angelegt, auf denen sich erst später die Kalkkristalle ablagern. Bei *Cricosphaera* lagern sich die Kristalle nur um den Ausläufer an, wogegen die Basis nur aus organischen Stoffen bestehenbleibt [672].

2.9.3.3. Kieselschuppen

Diese sind nur bei den Chrysophyceen zu finden, wo sie gelegentlich auch in zweierlei Typen an einer Zelle auftreten (*Mallomonas*). Der eine Schuppentypus mit langen Spitzen oder Borsten kommt nur am vorderen oder am basalen Zellende vor, wogegen die anderen Schuppen oval und fein gemustert sind. Letztere liegen dachziegelartig übereinander und bilden einen echten Schuppenpanzer [143, 175, 391]. Die Borsten der erstgenannten Schuppen sind meist nach hinten gerichtet, bilden mit der Längsachse der Zelle einen spitzen Winkel und dienen als Schwebevorrichtung dieser planktischen Flagellaten. Bei *Synura* und auch bei anderen Gattungen besitzt jede Art ihr eigenes Schuppenmuster, das schon teilweise im Lichtmikroskop sichtbar wird, aber erst im Elektronenmikroskop seine volle Ornamentie-

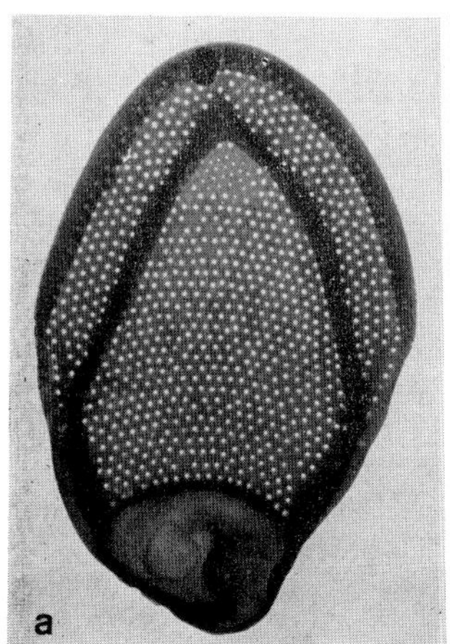

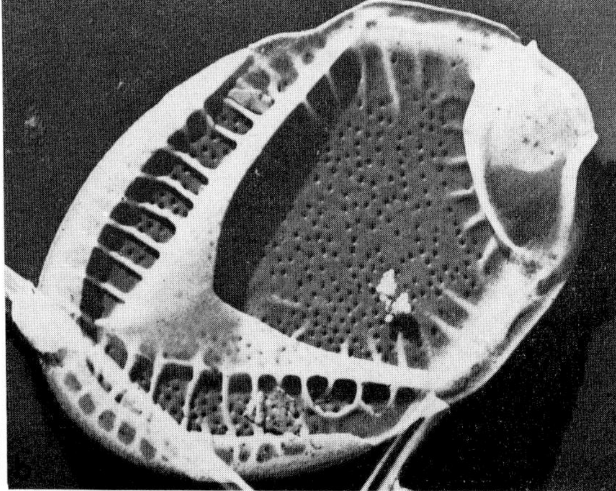

Abb. 76. Kieselschuppen der Chrysophyceen. a) *Mallomonas corymbosa*; b) *Mallomonas acaroides*. – a) 8300 : 1, nach Kristansen 1975 [Syesis, 8]; b) 9800 : 1, nach Kristiansen 1971 [Nova Hedwigia, 21].

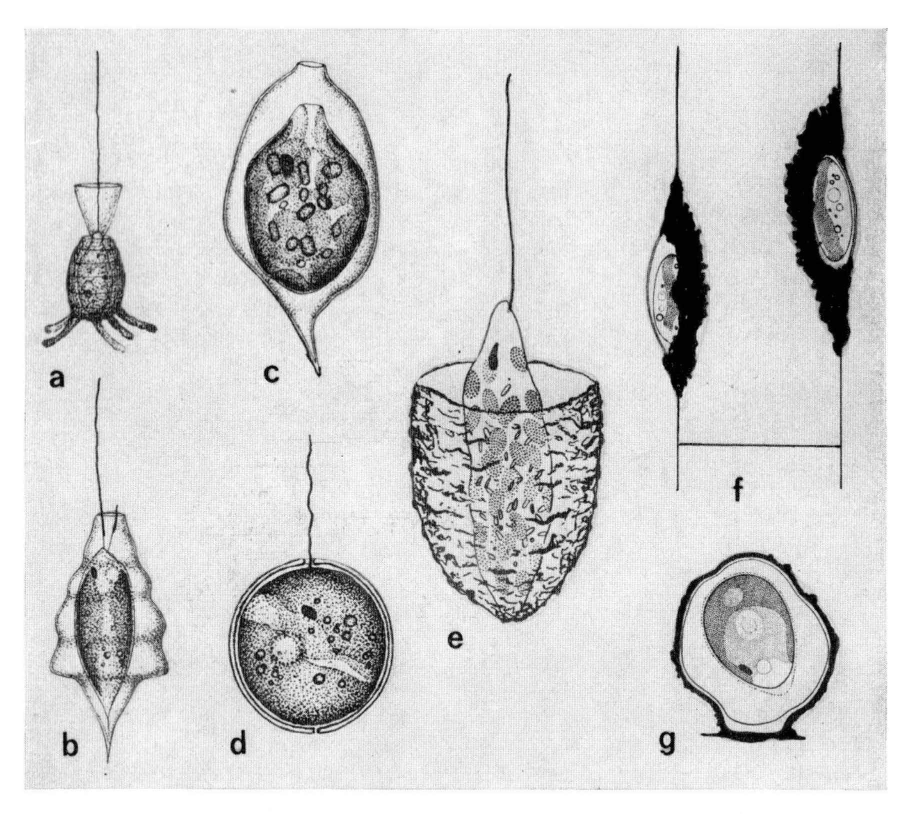

Abb. 77. Gehäuse verschiedener Algen. a) *Salpingoeca urnula;* b) *Pseudokephyrion pulcherrimum;* c) *Strombomonas acuminata;* d) *Chrysococcus diaphanus;* e) *Klebsiella alligata;* f) *Chloremys sessilis;* g) *Chlorophysem contractum.* – a)–c) nach Skuja 1956 [1008]; d) nach Skuja 1950 [Sv. Bot. Tidskr., 44]; e) nach Pascher 1931 [820]; f) nach Pascher 1940 [833].

rung zeigt (Abb. 75, 76) [1073]. Sehr zarte Strukturen wurden an den Schuppen von *Paraphysomonas* beobachtet [669, 851, 852].

Anorganische Substanzen können auch im Zellinnern feste Skelettelemente bilden wie bei den Silicoflagellaten (z. B. *Distephanus* und *Dictyocha*). Sie bestehen aus amorpher Kieselsäure und die Skelette weisen eine außergewöhnliche Formenmannigfaltigkeit auf. Im einfachsten Falle sind zahlreiche isolierte, nadelartige

Abb. 78. Feinbau der Gehäuse. a) Gehäuse von *Bicoeca crystallina;* b) ein Teil des Gehäuses von *Dinobryon pediforme.* – a) 2500 : 1, nach Kristiansen 1972 [565]; b) 10 000 : 1, nach Kristiansen 1972 [Sv. Bot. Tidskr., 66].

a
b

Elemente vorhanden. Durch deren Verschmelzung bei stärkerer Skelettbildung entstehen zusammenhängende einheitliche Gerüste [912]. Entsprechend der pelagischen Lebensweise der meisten Formen herrscht ein radiärer Bauplan vor, der aber verschiedenartig abgeändert werden kann.

2.9.4. Gehäuse (Lorica)

Flagellaten, seltener auch einzellige Algen, sind oft in Gehäusen verschiedener Gestalt und verschiedenen Ursprungs eingeschlossen (Abb. 77). Diese kommen bei mehreren Algengruppen vor, so bei Euglenophyceen (*Trachelomonas, Klebsiella*), Chlorophyceen (*Coccomonas, Phacotus*) und Chrysophyceen (*Dinobryon, Kephyrion, Chrysococcus*). Die Gehäuse besitzen immer eine mehr oder weniger weite Mündung und beteiligen sich nicht an der Zellteilung. Die Tochterindividuen, die allgemein das Muttergehäuse verlassen, bilden ein neues, gleichartiges Gehäuse aus. Manchmal verläßt nur ein Tochterprotoplast das Muttergehäuse, um ein neues zu bilden. Die Wand des Gehäuses kann dünn oder dick, farblos oder durch Eisenablagerungen gelblich bis bräunlich gefärbt sein. Sie kann ferner einheitlich, aus zwei Hälften oder schließlich aus mehreren ineinandergefalzten Ringen zusammengesetzt sein. Die lebende Zelle nimmt oft nur einen kleinen Teil des Gehäuseraumes ein. Bei festsitzenden Formen ist das Gehäuse entweder mit seiner Grundfläche am Substrat festgeheftet oder sitzt mittels eines mehr oder weniger langen Stieles fest.

Bei vielen Chrysophyceen besteht die Lorica aus Mikrofibrillen, die wahrscheinlich aus Zellulose aufgebaut sind [266]. Die Anordnung der Fibrillen variiert von Art zu Art, doch die ganze Lorica scheint in situ außerhalb der Zelle gebildet zu werden. Solche Gehäuse finden wir z. B. bei *Dinobryon* (Abb. 78 b) und *Pseudokephyrion* [21]. Bei letzterem werden Mineralstoffe über den Mikrofibrillen abgelagert. Komplizierter entwickelte Loricae wurden bei *Chrysolykos* und *Bicoeca* (Abb. 78 a) beobachtet [564, 565, 719], wo mehrere Schichten von Mikrofibrillen gefunden wurden, die durch helicoide Septa vereinigt werden. Bei *Bicoeca* und bei den Choanoflagellaten kommen außerdem spiralige, kreisförmige oder grob geflochtene Strukturen hinzu [565, 589, 594].

Völlig anders gebaut sind die Gehäuse von *Trachelomonas* (Abb. 79), die durch extrazelluläre Ausscheidung anorganischen Materials entstehen [605]. Die Gehäuse sind spröde und werden vor allem durch Eisen- und Manganablagerungen mineralisiert [177]. Das Gehäuse besteht aus 3–4 Schichten, deren gekammertes Aussehen im Elektronenmikroskop deutlich wird und deren Außenseite von einer kompakten Schicht begrenzt ist. Die Oberfläche trägt verschiedenartige Skulpturen, die taxonomisch ausgewertet werden können [935, 936].

Die Gehäuse der *Volvocales* und *Tetrasporales* werden durch Umwandlung und Mineralisierung der Zellhüllen gebildet (*Coccomonas, Chlorophy-*

Abb. 79. Submikroskopische Struktur der Gehäuse von *Trachelomonas*. a) Gesamtansicht des Gehäuses von *Trachelomonas hispida* var. *acuminata*, rechts oben Kragen um die Geißelöffnung; b) Detail der Geißelöffnung mit Kragen bei derselben Art; c) Ansicht des Gehäuses mit Geißelöffnung von *Trachelomonas zorensis;* d) Detail eines zerbrochenen Gehäuses der gleichen Art; unter dem Gehäuse ist die gestreifte Pellikula des Flagellaten sichtbar. – SEM a) 2200 : 1; b) 5100 : 1; c) 4300 : 1; d) 10 000 : 1, nach Rosowski u. Mitarb. 1975 [936].

sema). Diese sonst geschlossenen Gehäuse besitzen nur Öffnungen für die Geißeln oder für die Pseudocilien (*Porochloris*). Einige dieser Gehäuse sind zweiteilig, die während der Zoosporenbildung als zwei Schalen auseinanderweichen (*Pteromonas*) oder deckelartig geöffnet werden (*Chlorepithema*) [807, 811, 833].

2.9.5. Schalen der Diatomeen

Die Diatomeen sind unter anderem dadurch charakterisiert, daß sie von zwei kieselsäurehaltigen Schalenhälften umgeben sind. Neben Kieselsäure enthalten die Schalen auch organische Stoffe [913]. Bei einigen Formen, wie z. B. bei *Subsilicea*, sind die Schalen vorwiegend aus organischem Material gebildet [1061]. Organische Stoffe, wahrscheinlich Polysaccharide, werden bei den übrigen Arten auch an der Außenseite des Plasmalemmas abgelagert, nachdem die Kieselschalen entstanden sind [137].

Die Schalen der Diatomeen bestehen aus zwei Hälften, von denen die größere Epitheka die kleinere Hypotheka schachtelartig überdeckt (Abb. 80). Beide Hälften sind gleich hoch und sind aus zwei gesonderten Teilen zusammengesetzt. Decke und Boden werden Valven genannt, die Mantelfläche wird von zwei übereinandergreifenden Gürtelbändern oder Pleuren gebildet. An den Rändern sind die Schalen jedoch mehr oder weniger umgebogen und nehmen an der Mantelbildung entsprechend teil. Die Pleuren besitzen im Gegensatz zu den Valven keine Strukturen. Zwischen der Valva und der Pleura sind manchmal Zwischenbänder (Copulae) eingefügt, die den Gürtelbändern ähnlich sind, jedoch auch das Aussehen von Schuppen oder Ringen haben können (*Attheya, Rhizosolenia*). Manchmal entsenden diese ins Innere der Zelle und parallel zu den Valvarflächen leistenförmige Vorsprünge oder Septen, die das Zellumen gewöhnlich nicht unterbrechen. Geschieht dies aber doch, so kommt es zu einer Kammerung der Zelle. Bei einigen Arten werden innerhalb der Schalen noch sog. Innenschalen gebildet (*Meridion*). Die Kenntnisse über den Schalenbau und über die Schalenstruktur werden mit Hilfe des Elektronenmikroskops laufend erweitert, so daß eine präzisierte Terminologie ausgearbeitet werden mußte [937, 1058, 1062].

Allgemein bekannt ist die regelmäßige und zierliche Skulpturierung der Diatomeenschalen (Abb. 81). Diese kommt durch verschiedene Elemente zustande: entweder durch primäre Poren, die einfach oder verzweigt sind und die Schale durchdringen, oder durch Kammern. Die Kammern können nach innen und außen offen sein (*Pleurosigma, Triceratium*), oder sie sind nur innen offen und außen durch eine homogene Hülle verschlossen (*Pinnularia*). Schließlich können die Kammern nach außen offen und nach innen von einer

Abb. 80. Schalenbau der Diatomeen. a) Pleuralansicht (Gürtelbandansicht) von *Pinnularia viridis;* b) Valvaransicht (Schalenansicht) derselben Art mit Raphe und Transapikalrippen; c) transversaler Schnitt durch die Schalen (*R* Raphe, *S* Schalen,

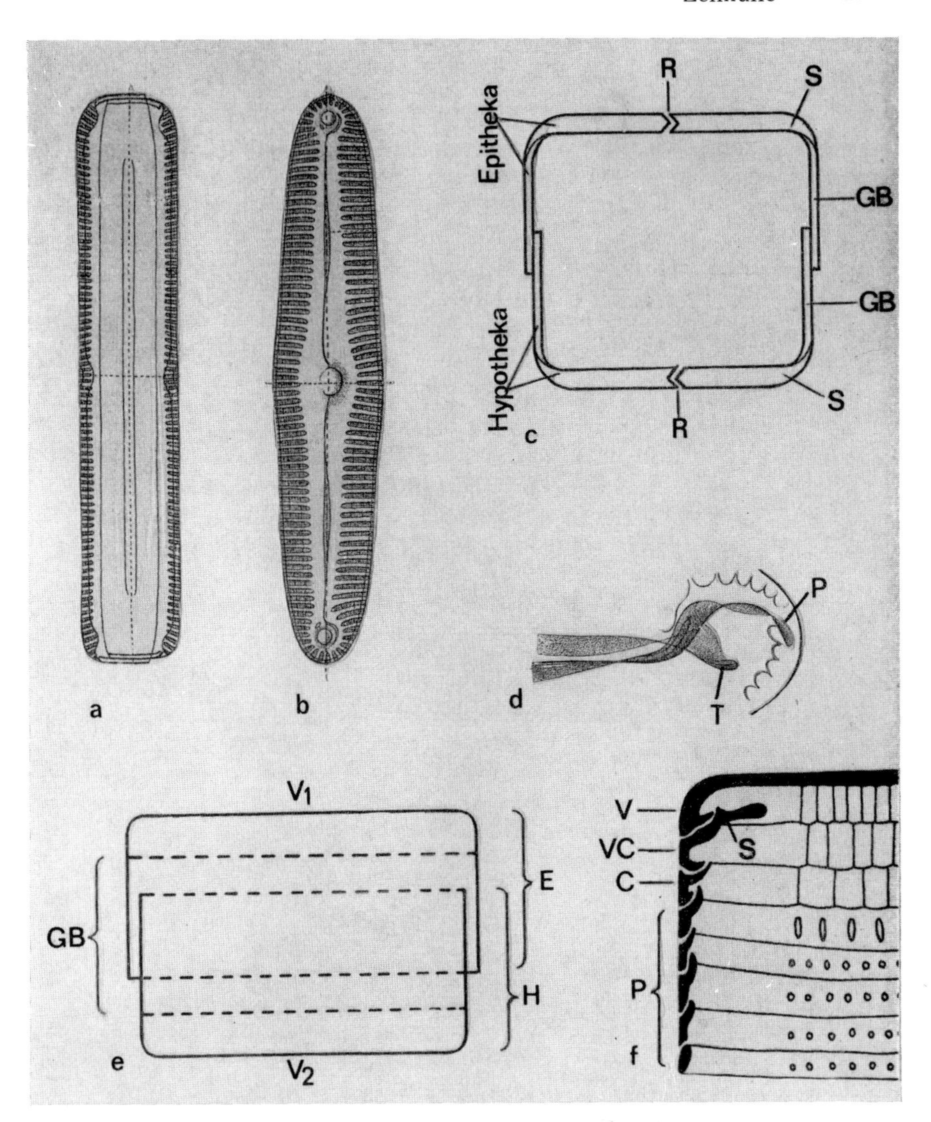

GB Gürtelbänder); d) Detail des Endknotens der Raphe mit Trichterkörper (*T*) und Polspalte (*P*); e) schematische Darstellung des Ineinandergreifens beider Schalenhälften (V_1, V_2 Valven, *GB* Gürtelbänder, *E* Epitheka, *H* Hypotheka); f) Gürtelansicht eines Teiles der spermatogonialen Schale von *Rhabdonema adriaticum* (*V* Valve, *VC* Valvocopula, *C* Copula, *P* Pleurae, *S* Septum). — a)—c) nach Pfitzer aus Oltmanns 1922 [772]; d) nach Müller aus Oltmanns 1922 [772]; e) nach Hustedt 1927 [478]; f) nach v. Stosch 1975 [1058].

Abb. 81. Feinbau der Diatomeenschalen. a) Teil der Valve von *Pleurosigma angulatum* mit Areolen im Lichtmikroskop; b) Areolen bei derselben Art im Elektronenmikroskop (Außenseite liegt unten, innen Foramen und außen Schlitz); c) Areolen mit Velum bei *Triceratium antediluvianum;* d)–f) *Coscinodiscus nodulifer:* d) Gesamtansicht der Valve, e) zentraler Fortsatz, um ihn Areolen mit Velum, f) Detail des Velums; g) *Asteromphalus heptactis,* Außenansicht; h) *Asteromphalus elegans,* Innenansicht, i) Detail derselben Schale, labialer Fortsatz am Ende eines Strahles. – a) 2000 : 1, Original Ettl; b) 17 000 : 1; c) 7200 : 1; d) 600 : 1; e) 5400 : 1; f) 13 250 : 1; g), h) 500 : 1, i) 3000 : 1; alles Originale J. Gerloff.

porösen Hülle geschlossen sein (*Aulacodiscus*). Bei den zentrischen Diatomeen sind es die Kammerwände, die zu Polygonen zusammenschließen und ein charakteristisches Zeichenmuster ergeben. Hierzu gesellen sich noch die Strukturzeichnungen der inneren und äußeren Schalenlamellen [980].

Bei den Diatomeenschalen sind zwei Bautypen zu unterscheiden: a) Die zentrischen Kieselalgen (Abb. 224) haben in der Regel runde Schalen mit mehreren Symmetrieebenen, und die Schalenstruktur zeigt eine radiale Aufteilung. b) Die pennaten Kieselalgen (Abb. 225, 226) sind dagegen zygomorph, stab- oder schiffchenförmig. Das System der Streifen auf der Valva ist fiedrig angeordnet. Die Valven der meisten pennaten Diatomeen besitzen in der Richtung der Apikalachse einen länglichen Spalt, die sog. Raphe. Im einfachsten Fall stellt sie einen in der Mittellinie der Valve verlaufenden geraden Spalt dar, der in der Mitte und an beiden Enden unterbrochen ist. An diesen Stellen biegen die beiden Raphenteile nach innen um, und die Schale ist dort verdickt; sie werden als Endknoten (Abb. 80 d) und Mittelknoten der Raphe bezeichnet. Gewöhnlich hat aber die Raphe einen gewundenen Verlauf, ist innen und außen rinnenartig erweitert und zeigt eine mannigfaltige Entwicklung und Form [288]. Die Raphe dient der Fortbewegung der pennaten Diatomeen, wobei diese mit einer Unterlage in Berührung kommen müssen. Hierbei wird durch die Endporen der Raphe fibröses lokomotorisches Material ausgeschieden, das sich außerdem auch im Raphenspalt der Länge nach bewegen kann. Jede sich bewegende Diatomee hinterläßt auf der Unterlage eine Spur des ausgeschiedenen lokomotorischen Materials [457].

In den Schalen kommen ferner Poren vor, durch die auch Gallerte entweder in amorpher Form oder Polster, Stiele u. ä. ausgeschieden wird. Dadurch werden Kolonien oder Stöcke gebildet, die entweder in Gallertmassen oder Gallertschläuchen eingeschlossen sind (*Encyonema, Cymbella*) oder in spezifischer Weise auf Gallertstielen einzeln oder zu mehreren sitzen (*Synedra superba*). Nach letzten Untersuchungen soll das Gallertmaterial, das die Zellen zu Kolonien vereinigt oder am Substrat befestigt, vom apikalen Porenfeld oder von den gewöhnlichen Poren in den Valven ausgeschieden werden [396].

Die zierliche und mannigfaltige Ornamentierung der Diatomeenschalen hat schon früh zu unzähligen Beobachtungen mit dem Lichtmikroskop geführt [478, 479]. Die Ornamentierung ist artspezifisch und wird deshalb auch taxonomisch ausgewertet. Weitere Details zeigt das Elektronenmikroskop (Abb. 81, 116) [407, 937, 991, 992, 993].

2.9.6. Zellwand

Die meisten Algenzellen, vor allem die der höher organisierten Formen, werden von einer Zellwand umgeben, die in vielen Merkmalen an die Zellwand der höheren Pflanzen erinnert. Neben echten Zellwänden gibt es aber bei begeißelten Formen der Prasino- und Chlorophyceen besondere Wände, die als Theka oder Hülle bezeichnet werden.

2.9.6.1. Theka

Die Theka kommt bei den behäuteten Prasinophyceen (*Platymonas, Prasinocladus*) vor. Sie besteht aus drei Schichten: einer zentralen homogenen Schicht und zwei angrenzenden, fein fibrillierten Schichten [792]. Zellulose ist nicht vorhanden, sondern nur pektinartige Stoffe wie Galaktose, Arabinose u. ä. sowie Kalzium [620, 674]. Am Zellvorderende bildet die Theka eine röhrenartige Vertiefung, die an der Basis offen ist und aus der die Geißeln hervortreten. In der Nähe der Geißelbasis von *Platymonas tetrathele* wurden Halbdesmosomen gefunden, die das Plasmalemma über feine extraplasmatische Fibrillen mit der Theka fest verbinden [970]; im übrigen liegt der Protoplast lose innerhalb der Theka.

Während der Fortpflanzung wird die Theka der Mutterzelle abgeworfen, während die Tochterzellen eine neue ausbilden. Innerhalb der alten Theka kann der Protoplast aber auch weitere neue Theken bilden, ohne sich zu teilen (Häutung). Auf diese Weise entstehen mehrere Schichten ineinandergeschachtelter Theken um den Protoplasten herum.

2.9.6.2. Hülle oder Chlamys

Etwas komplizierter gebaut ist schon die Hülle der behäuteten *Volvocales* (Abb. 82). Die Hülle von *Chlamydomonas* besteht aus 3 Hauptschichten: aus einer locker fibrillären, vorwiegend glykoproteinhaltigen Innenschicht, aus einer gestreiften Mittelschicht und aus einer unterschiedlich dicken Außenschicht (Abb. 82 b) [218, 611]. Die Mittelschicht hat im Querschnitt ein perlschnurartiges Aussehen und besteht aus parallel liegenden Rippen. Eingehendere Untersuchungen der Feinstruktur lassen in dieser Mittelschicht 5 weitere Schichten erkennen [429]. Einen ähnlichen Bau haben auch die Hüllen anderer Chlamydomonadaceen [209, 582, 611] oder die schleimig gewordenen, gemeinsamen Hüllen der koloniebildenden *Volvocales* [45, 583, 863].

Abb. 82. Hüllen der *Volvocales.* a) *Chlamydomonas,* abstehende Hülle bei beginnender Protoplastenteilung, Papille (Pfeil) deutlich; b) elektronenmikroskopischer Längsschnitt der Hülle von *Gloeomonas simulans* (*P* Protoplast mit Plasmalemma, *I* innere Hüllenschicht, *M* strukturierte Mittelschicht, *A* Außenschicht mit Gallerte; c) die gleiche Hülle im Schrägschnitt, an dem die gestreifte Mittelschicht hervortritt; d) Teilausschnitt eines Zoosporangiums mit Zoospore von *Chloromonas rosae.* Es ist sowohl die alte Hülle des Sporangiums (*MS*) als auch die neue Hülle der Zoospore (*MZ*) zu erkennen. An letzterer ist gleichzeitig die Papille mit Geißel im Querschnitt (*F*) sichtbar, die Geißel ist von der Geißelröhre umgeben; e) ein Teil der Geißelröhre mit Geißel und mit deutlicher Streifung der Mittelschicht; f) flügelartig verbreiterte Hülle von *Pteromonas aculeata,* g) Feinbau der Hüllen-Oberfläche von *Pteromonas aculeata.* – a) 3000 : 1, Original H. Ettl; b), c) 36 000 : 1, nach Schnepf u. Mitarb. 1976 [966]; d) 38 000 : 1, nach Ettl u. Mitarb. 1967 [224]; e) 38 000 : 1, nach Ettl 1966 [210]; f) 1200 : 1, nach Ettl 1964 [Nova Hedwigia, 8]; g) 3600 : 1, Original I. Manton.

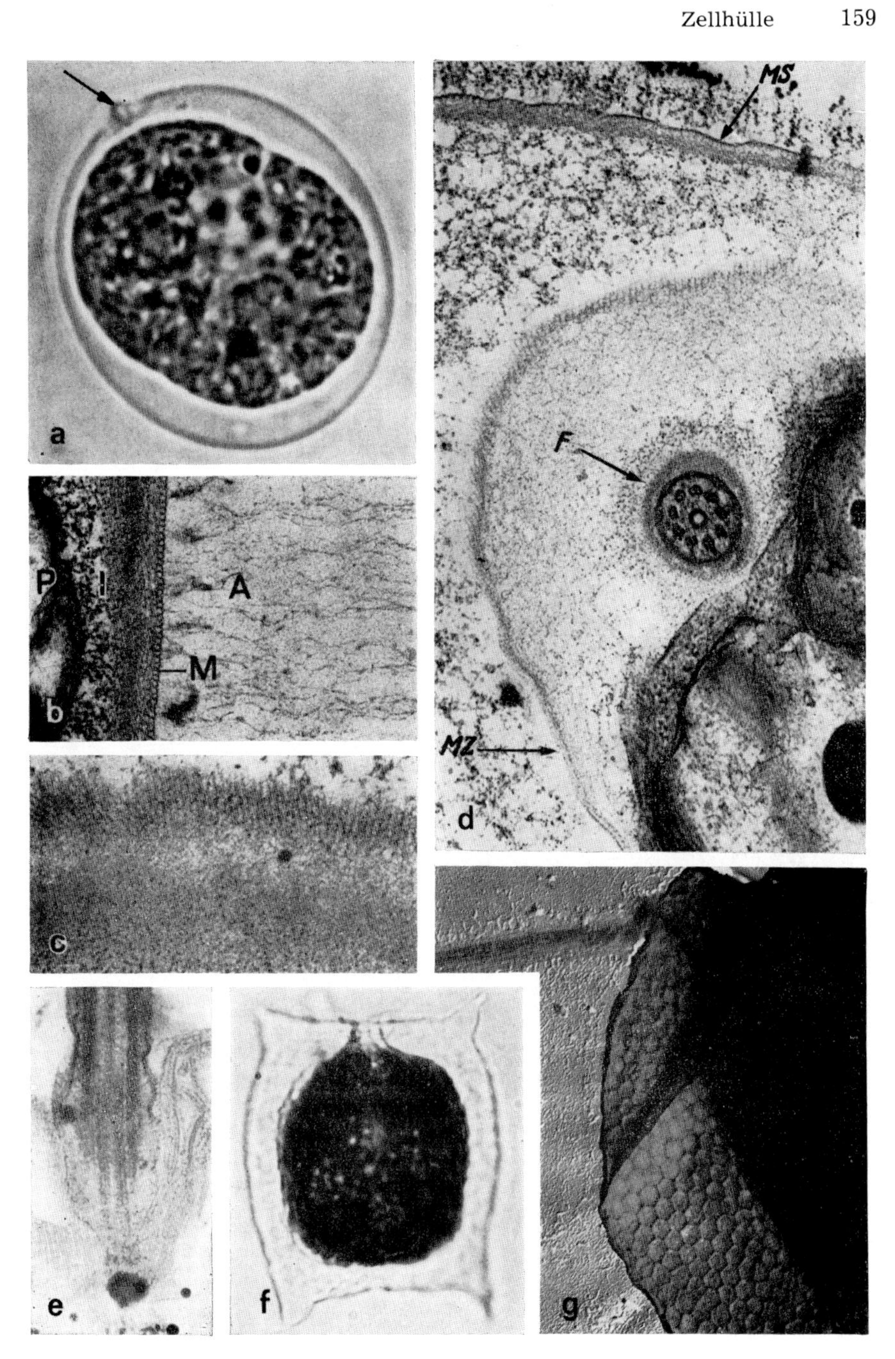
a
P
I
A
M
b
c
MS
F
MZ
d
e
f
g

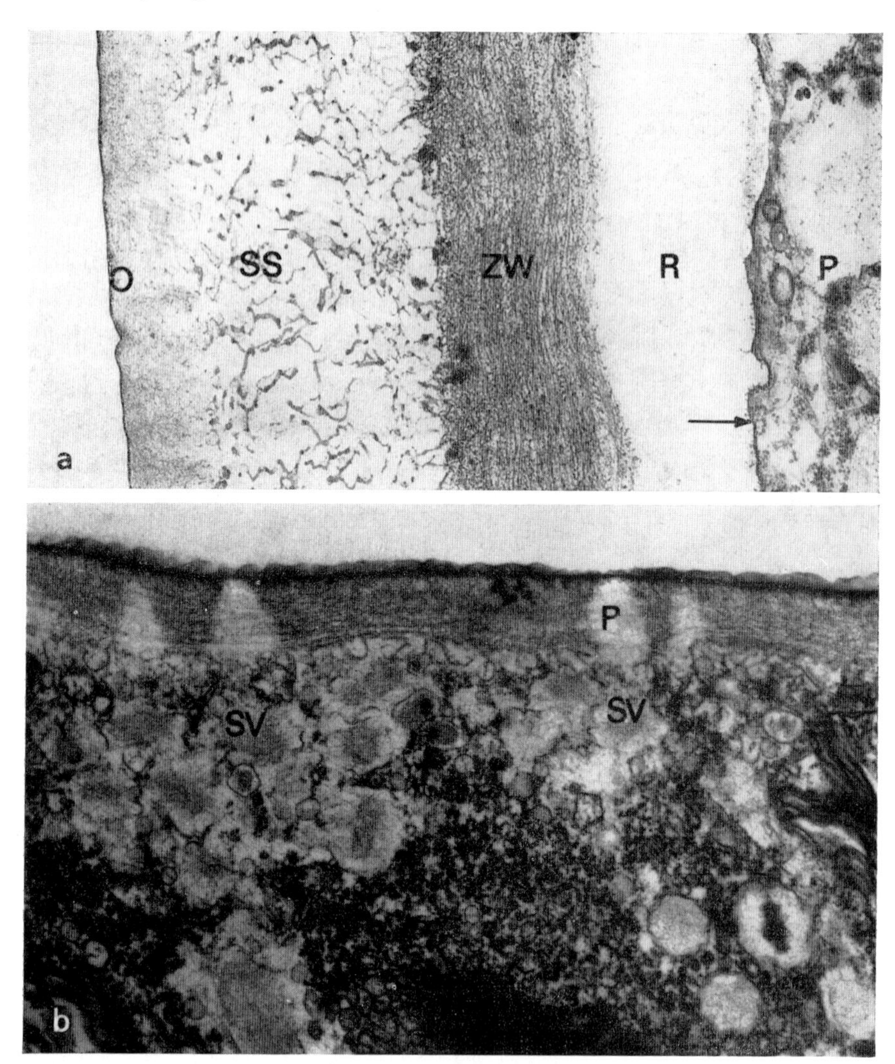

Abb. 83. Elektronenmikroskopische Aufnahmen von Querschnitten der Zellwände. a) bei *Spirogyra:* *O* Oberfläche der Schleimschicht, *SS* Schleimschicht, *ZW* Zellwand, *R* Raum zwischen Zellwand und Protoplast, *P* Protoplast mit Plasmalemma (Pfeil); b) bei *Closterium acerosum* mit kegelförmig sich nach innen erweiternden Porenkanälen (*P*), unter den Poren zahlreiche Schleimvakuolen (*SV*) im Zytoplasma. – a) 28 000 : 1, nach JORDAN 1970 [499]; b) 22 500 : 1, nach MIX 1969 [731].

Die einzelnen Schichten der Hülle besitzen keine Zellulose, sondern bestehen aus Glykoproteinen [930].

Der Protoplast sitzt locker in der Hülle, so daß er darin Kontraktionen oder Drehungen ausführen kann (Abb. 82 a). Die alte Mutterhülle wird nicht mit geteilt, sondern die Tochterprotoplasten bilden gleich nach der Teilung ihre eigenen Hüllen noch innerhalb der alten Mutterhülle aus. In der Hülle befinden sich am Vorderende Öffnungen für die Geißeln in Form kleiner Kanäle (Geißelröhren), die oft eine apikale Verdickung der Hülle, die Papille, durchbrechen. Die Papille ist ein direkter Bestandteil der Hülle, deren Funktion bisher noch nicht geklärt ist. Oft ist die Papille morphologisch ausgeprägt und artspezifisch, so daß sie als taxonomisches Merkmal zur Unterscheidung von Arten dienen kann [218, 345].

2.9.6.3. Zellwand

Allgemein besteht die Zellwand (Abb. 83, 84) aus einem mikrofibrillären Gerüst (Zellulose) und aus einer Menge amorphen Materials (Kittsubstanz). Inkrustierendes Material (Kieselsäure, Sporopollenin) kann manchmal auch vorhanden sein. Die Vielfalt der Wandsubstanzen ist groß, so daß sich eine allgemeine Aussage nur schwer machen läßt. Bei einigen Algengruppen finden wir weitere Stoffe in den Wandschichten, wie z. B. Hemizellulosen, Alginsäure, Fucoidin, Fucin, Gelose [939]. Der Bau und die Struktur der Zellwand variieren sowohl entsprechend der Algenklasse, als aber auch innerhalb derselben.

Die Zellwand einiger Rhodophyceen (*Ptilota, Griffithsia*) besteht aus 20 bis 25 % Zellulose, die in unregelmäßigen Fibrillen angeordnet ist. Bei *Porphyra* ist hingegen überhaupt keine Zellulose vorhanden, sondern nur Xylan und Mannan. Die äußere Wandschicht von *Laurencia* soll aus Pektinen und Proteinen bestehen. Bei vielen Rhodophyceen wurden an den Scheidewänden zwischen benachbarten Zellen Verbindungsöffnungen gefunden. Es handelt sich um stöpselartige Gebilde, die in einem irisblendenartigen Porus in der Scheidewand stecken [44, 595, 907].

Die Zellwände der Phaeophyceen enthalten nur wenige Zellulose-Fibrillen (1,5–20 %), die im allgemeinen unregelmäßig verstreut sind. Nur bei *Laminaria* (Abb. 84 c) sind die Fibrillen überwiegend der Länge nach orientiert. Bei *Ectocarpus* besteht die innere Zone der Zellwand aus kompakten Fibrillen [10]. Unregelmäßig angeordnete Mikrofibrillen wurden auch bei Xanthophyceen gefunden [230, 423]. Bei *Botrydium* ist die Zellwand mehrschichtig, wobei in jeder Schicht die Mikrofibrillen in einer anderen Richtung verlaufen [229]. Die Zellwände unbeweglicher Dinophyceen (*Pyrocystis*) besitzen 24 gekreuzte Schichten von Zellulosefibrillen [1071].

Unter den Chlorophyceen finden wir eine Menge verschiedener Zellwandstrukturen, die man in drei wichtigen Haupttypen zusammenfassen kann [175]. In erster Linie gibt es Zellwände, die vorherrschend Zellulose-Fibrillen aufweisen (40–83 %). Der Hauptteil der Zellwand besteht aus zahlreichen

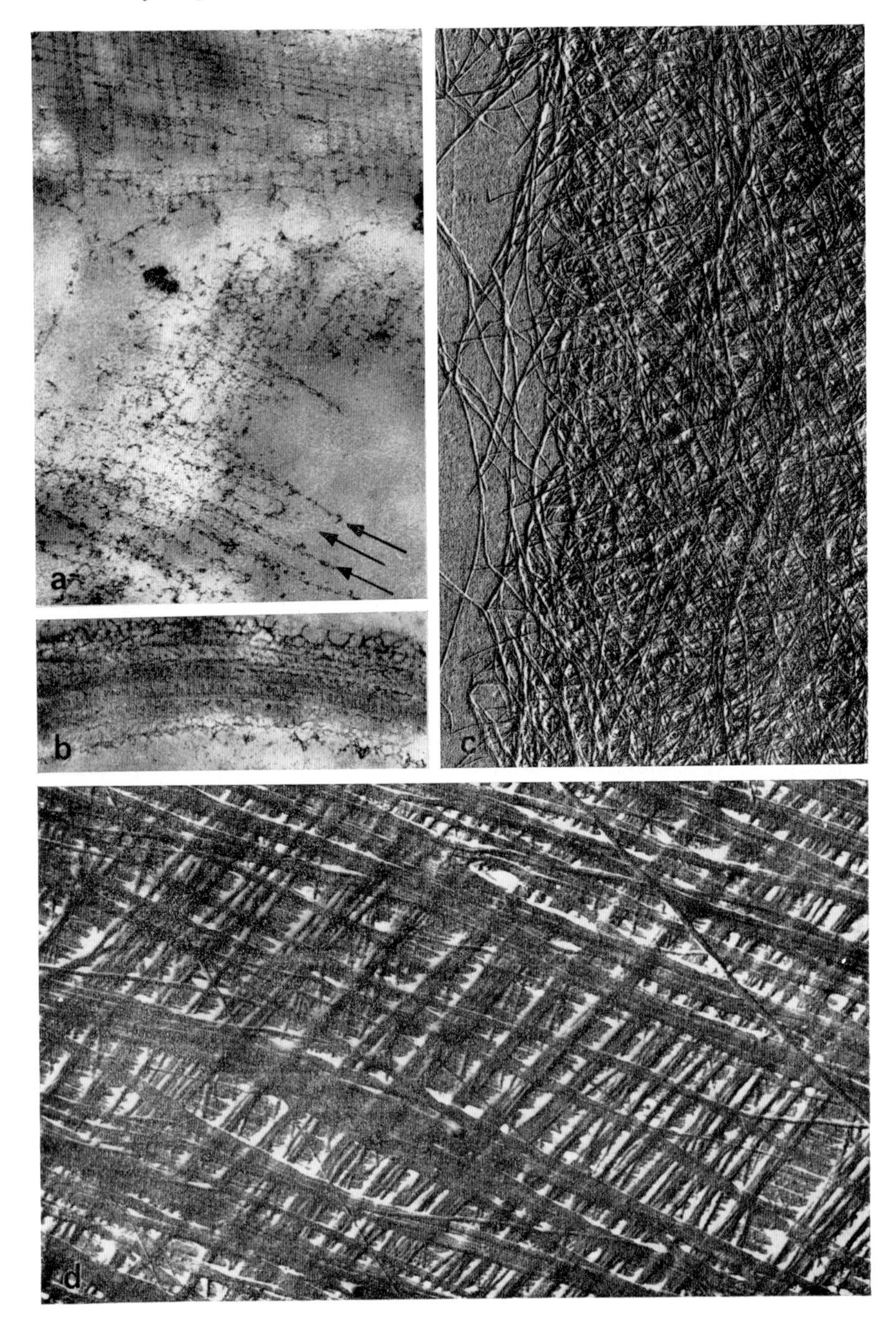
a
b
c
d

Lamellen (bis 40), in denen die Zellulose-Mikrofibrillen mehr oder weniger parallel angeordnet sind. Die benachbarten Lamellen bilden eine sich überkreuzende Paralleltextur von Fibrillen, wodurch der Zellwand große Festigkeit verliehen wird. Das amorphe Material liegt zwischen den Lamellen. Derartige Werte kommen bei *Cladophora, Chaetomorpha, Valonia* (Abb. 84 d) und *Apjohnia* vor [175, 268].

Andere Chlorophyceen zeigen eine weniger deutliche Organisation der Zellulose-Fibrillen in der Zellwand und enthalten viel amorphes Material. Solche Zellwände sind vor allem bei *Enteromorpha, Ulva,* bei den *Chaetophorales, Ulotrichales* und *Oedogoniales* vorhanden. Bei *Spirogyra* und manchen Desmidiaceen [730] besteht der Hauptteil der Zellwand aus flachen Bändern von 8—10 parallel gelagerten Mikrofibrillen verschiedener Breite, die die Zelle umgeben [516, 732]. Die Zellwände setzen sich aus 3 Schichten zusammen, einer amorphen Außenschicht und der fibrillären Primär- und Sekundärwand. Während die Primär- und Sekundärwand bei viele Conjugatophyceen das gleiche Bauprinzip aufweisen, ist die Gestaltung der Außenschicht sehr unterschiedlich [733]. Die Oberfläche der Zellwand ist glatt oder skulpturiert. Als Skulpturen treten Leisten, Warzen oder Stacheln auf, die von verschiedenen Wandschichten gebildet werden können. Auch coccale Formen, wie *Chlorella* [1020] und *Golenkinia* [736], besitzen dreischichtige Wände, von denen nur die mittlere Schicht Zellulose-Fibrillen enthält; einen ähnlichen Aufbau haben auch *Ankistrodesmus* und *Scenedesmus.* Studien an *Scenedesmus*-Arten haben gezeigt, daß die Oberfläche der Außenschicht ein feines hexagonales Maschenwerk aufweisen, das durch komplizierte tubuläre Rosetten, Säulen, Borsten und Stacheln ergänzt wird [46, 425, 538, 539, 1026]. Die dünne Außenschicht der Zellwand von *Pediastrum* enthält regelmäßig angeordnete Stäbe elektronendichten Materials, in dem Kieselsäure gehäuft ist [287]. Auch die sporopolleninhaltige Außenschicht der Zellwand anderer *Chlorococcales* zeigt mannigfaltige Skulpturen.

Viele siphonale Chlorophyceen weisen einen Zellwandbau auf, der nicht an Zellulose-Fibrillen gebunden ist; diese Zellwände bestehen aus Polymeren von Xylen und Mannan (*Bryopsis, Caulerpa, Udotea, Codium, Acetabularia*).

Gewöhnlich sind die Zellwände einteilig, doch können sie mitunter auch aus zwei Teilen bestehen, wie z. B. bei *Centritractus, Ophiocytium, Desmatractum* (Abb. 85) oder *Octogoniella* [829]. Eigenartig ist der Bau der zwei-

Abb. 84. Feinbau der Zellwände verschiedener Algen. a) Tangentialschnitt durch zwei Lamellen einer alten Autosporangium-Zellwand von *Glaucocystis geitleri*; die mit Pfeilen markierten Mikrofibrillen sind besonders klar dargestellt; b) Autosporangium-Zellwand von *Glaucocystis geitleri* im Querschnitt; c) vorwiegend der Länge nach orientierte Mikrofibrillen einer gestreckten Zelle aus der Medulla von *Laminaria;* d) die Textur der Zellwand von *Valonia* mit zwei gekreuzten Schichten von Mikrofibrillen. — a) 42 000 : 1, b) 27 200 : 1, nach Schnepf 1965 [Planta, 67]; c) 16 800 : 1; d) 14 000 : 1, nach Dodge 1973 [175].

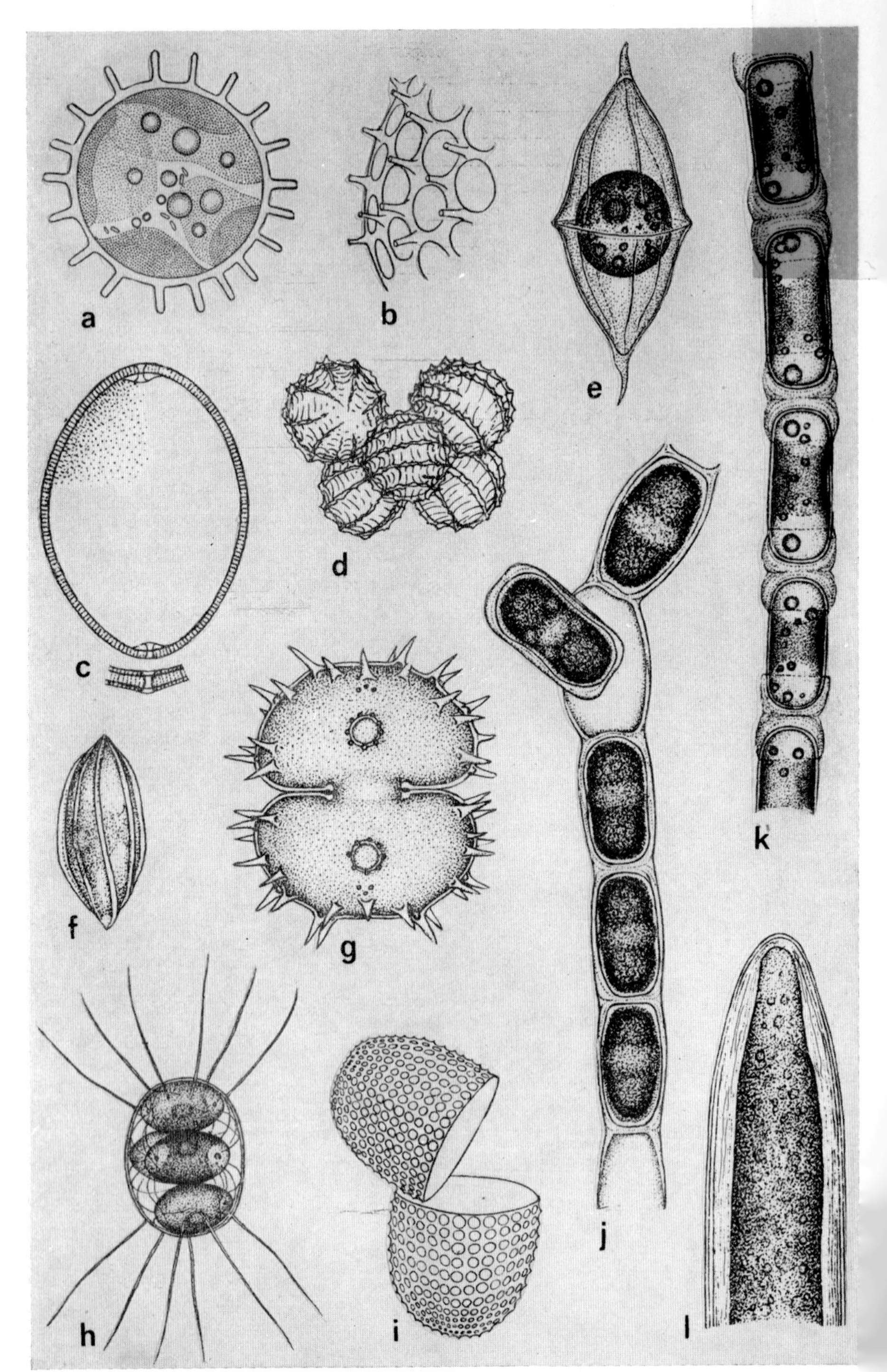
a
b
c
d
e
f
g
h
i
j
k
l

teiligen Zellwand von *Tribonema* und *Microspora* (Abb. 85 j). Die Zellwand besteht hier aus aneinandergereihten Teilen, die im optischen Längsschnitt ein H-förmiges Aussehen haben. Jedes dieser H-Stücke wird von zwei Hohlzylindern gebildet, die an ihrer Berührungsfläche eine Scheidewand bilden und eine äußere Längswand besitzen. Diese H-Stücke gehören immer zwei Zellen an, bzw. jede Zelle wird von zwei Hälften benachbarter H-Stücke umgeben.

Bei planktischen chlorococcalen Formen treten an der Zellwand artspezifische dornen- oder stachelförmige Fortsätze, netzartige Leistenskulpturen u. dgl. auf (Abb. 85 g, h). Die Stacheln der Zellwand von *Golenkinia* bestehen aus regelmäßigen, der Länge nach geordneten Fibrillen. Sie sind an der Innenschicht der Zellwand festgeheftet und durchdringen die äußere Schicht [736]. Doch auch nichtplanktische einzellige Algen haben skulpturierte (*Keriochlamys*) oder mit Fortsätzen (*Thelesphaera*) bzw. Rippen (*Enallax*) versehene Zellwände [839]. Bei einigen *Chlorococcales* stehen die Zellwände vom Protoplasten weit ab, wie bei *Chloropteris, Trigonidium, Scotiella* [826, 321].

Die Zellwände der Desmidiaceen sind mit verschiedenartigen Verzierungen in Form von Warzen, Protuberanzen, Stacheln usw. versehen und werden außerdem von feinen Poren durchdrungen, durch die Gallerte an die Außenfläche der Zellwand ausgeschieden wird [980]. Diese Poren erscheinen im Elektronenmikroskop als runde Öffnungen, die aber keine Beziehungen zur Anordnung der Zellulose-Fibrillen erkennen lassen [730, 731].

In vielen Fällen sind in die Zellwände der Algen anorganische Stoffe eingebaut, vor allem Kalziumkarbonat und Kieselsäure. Bei *Corallina* und *Calliarthron* wird Kalziumkarbonat in Kristallen als Kalzit in der Matrix der Zellwand deponiert [175]. Die Verkalkung beginnt in den inneren Pektinschichten und rückt weiter in die Zelluloselamellen vor. Gewisse Gattungen (*Galaxaura, Peysoniella, Bryopsis*) scheiden das Kalziumkarbonat als Aragonit ab. Bei vielen Xanthophyceen wird in die Zellwand der vegetativen Zellen Kieselsäure eingelagert. Solche Zellwände zeigen auffallende Skulpturen (*Arachnochloris, Polyedriella, Chlorallanthus, Goniochloris*). In einigen Fällen ähnelt die Regelmäßigkeit der verkieselten Skulptur auffallend der Skulptur mancher Diatomeen [829]. Nicht selten kommt es zu Auflagerun-

Abb. 85. Morphologie der Zellwand verschiedener Algen. a) *Akanthochloris brevispinosa;* b) Detail der Zellwand-Skulptur; c) *Oocystis gigas*, Zellwand-Struktur, unten Detail; d) *Coelastrum costatum;* e) *Desmatractum bipyramidatum*, Zellwand zweiteilig und abstehend; f) *Scotiella nivalis*, mit Längsrippen; g) *Xanthidium aculeatum*, Zellwand mit dornigen Fortsätzen; h) *Chodatella ciliata*, mit langen Fortsätzen an den Zellenden; i) zweiteilige Zellwand von *Chlorallantus oblongus*; j) *Microspora willeana*, Zellwand aus H-Stücken bestehend; k) *Binuclearia tatrana*, mit verdickten Querwänden; l) dicke geschichtete Zellwand von *Cladophora* sp. — a), b), i) nach Pascher 1939 [829]; c)—g), l) nach Skuja 1964 [1010]; h), j), k) nach Skuja 1956 [1008].

gen von Eisenoxidhydraten, die die Zellwände in verschiedenen Abstufungen braun färben.

2.9.7. Gallerthüllen

Viele Algen bilden Gallerthüllen, die ihnen eine schleimige bis zäh knorpelige Konsistenz verleihen (Abb. 86). Manchmal gleichen die Algen verschieden gefärbten Schleimmassen (*Hydrurus, Batrachospermum, Tetraspora, Draparnaldia* u. a.). Nicht nur die vegetativen Stadien, sondern auch manche Dauerstadien besitzen reichlich Gallerte. Viele einzellige Formen bilden Gallerthöfe (Abb. 86 a, b). Die Gallerte ist entweder homogen (P a l m e l l e n) oder geschichtet (G l o e o c y s t e n), doch nicht immer ist sie scharf abgegrenzt, sondern manchmal völlig verschwommen und nur nach Färbung deutlich. In den dicken Gallertscheiden von *Kyliniella* leben obligate Bakterien mit Gallertborsten, die den Scheiden eine Querstreifung verleihen [302].

Die Gallerte besteht meistens aus Mucopolysacchariden, die im Elektronenmikroskop eine fein granulierte oder fibröse Struktur zeigen (Abb. 82 b, 83). Die Gallerte wird entweder aus den Zellen durch Poren ausgeschieden, wie z. B. bei Desmidiaceen, manchen Bacillariophyceen und einzelligen Rhodophyceen. Öfters entsteht die Gallerthülle durch Verschleimung der Außenschichten der Zellwand oder deren völlige Verschleimung während der Teilung oder Fortpflanzung. Die Gallertlager der koloniebildenden *Volvocales* und vieler *Tetrasporales* entstehen auf diese Weise aus den Hüllen der Mutterzellen, deren Struktur nur noch an den Grenzflächen des Gallertlagers erkennbar ist [583]. Bei *Mischococcus* gehen die Gallertstiele offenbar durch Verschleimung der Innenseite aus der basalen Hälfte der Mutterzellwand hervor [1121].

2.9.8. Entstehung der Zellhüllen

Die Bildung der Zellhüllen ist immer mit einer großen Aktivität des Golgi-Apparates verbunden. Er ist das zentrale Organell für die Bereitstellung der für die Wandbildung nötigen Stoffe [746]. Vesikel, die von den Dictyosomen abgegliedert werden, bilden komplizierte Hüllelemente (Schuppen) oder dienen als Matrizen für die Mikrofibrillen der sich neu bildenden Wand.

Die Teilnahme des Golgi-Apparates an der Schuppenbildung wurde bei *Prymnesium* bewiesen, wo eine regelmäßige Aufeinanderfolge von unfertigen bis zu fertigen Schuppen in den Golgi-Vesikeln gefunden wurde [653]. In diesen werden sie vom Golgi-Apparat weg an die Zelloberfläche transportiert. Später wurde dieser Verlauf auch bei anderen Flagellaten beobachtet [657]. Besonders deutlich ist der Vorgang bei den auffallend großen und spezialisierten Schuppen von *Chrysochromulina megacylindrica* [661] und *Mesostigma viride* [662]. Bei *Pyramimonas* sammeln sich die Schuppen in

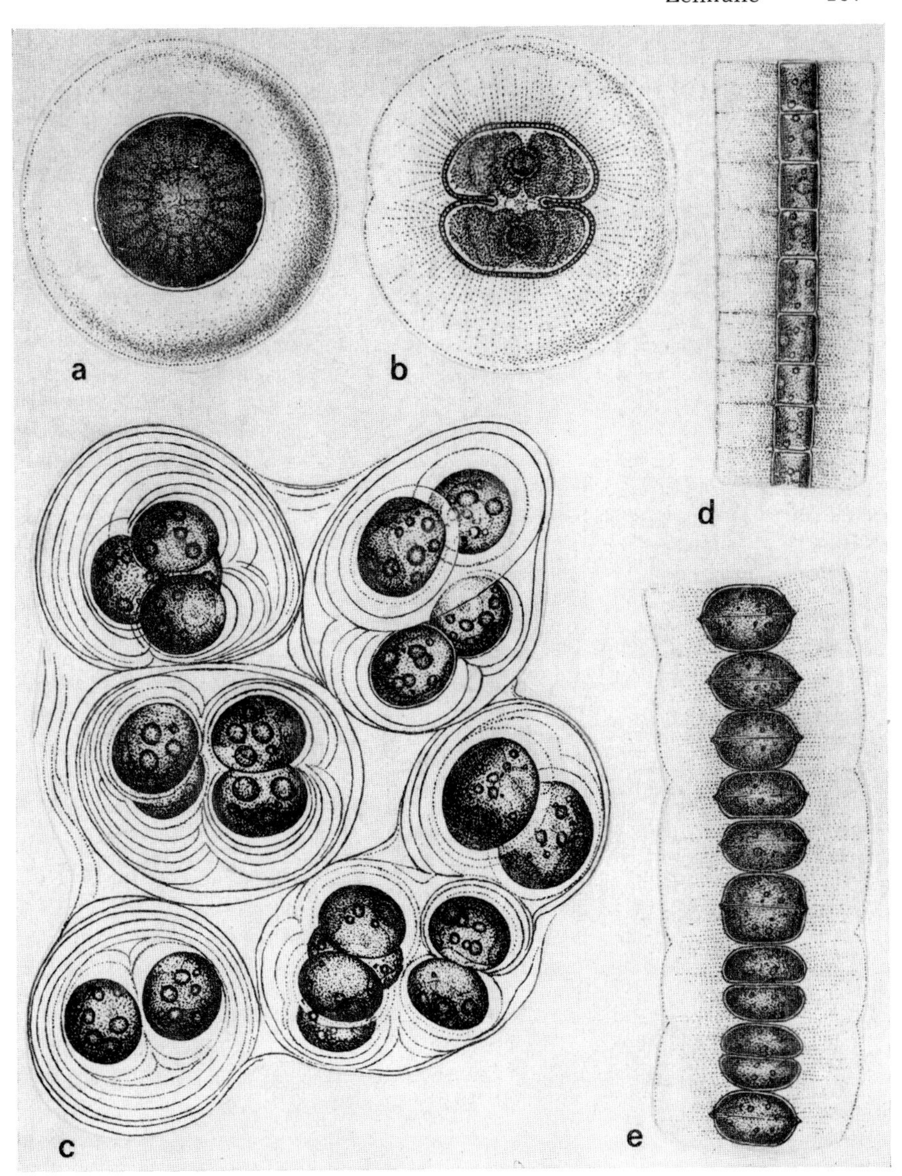

Abb. 86. Gallerthüllen und Gallertscheiden. a) homogene Gallerthülle von *Planktosphaeria gelatinosa;* b) radiär strukturierte Gallerte von *Cosmarium depressum*; c) ineinandergeschachtelte Gallerthüllen von *Gloeocystis vesiculosus;* d) Gallertscheide mit feiner Querstreifung bei *Ulothrix mucosa;* e) *Radiofilum mesomorphum.* – a), d), e) nach SKUJA 1956 [1008]; b), c) nach SKUJA 1964 [1010].

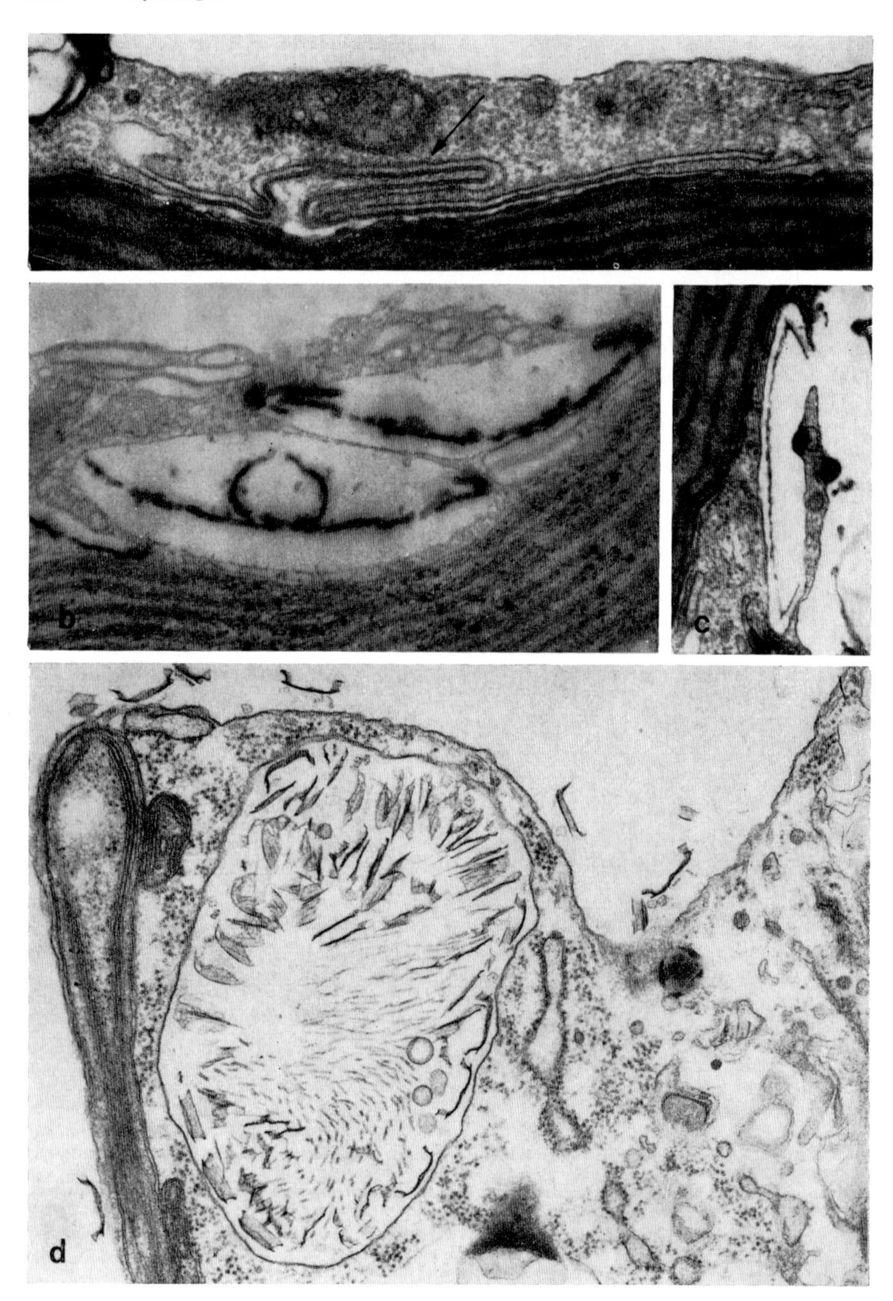
b
c
d

einem Reservoir (Abb. 87 d), das sich nach außen, in die Nähe der Geißelbasis, öffnet [655, 658, 741, 763]. Die Kieselschuppen von *Synura* werden in besonderen Schuppenvesikeln geformt. Diese entstehen nur unter Beteiligung der periplastidären ER-Zisterne und vielleicht der Mikrotubuli zu einer „Gußform“ für die Kieselschuppen. Die Schuppenmorphogenese ist auf eine Morphogenese des Schuppenvesikels zurückzuführen (Abb. 87 a–c) [964]. Auch in der unbeweglichen Phase von *Pleurochrystis,* die durch eine dicke Hülle charakterisiert ist, nehmen an ihrer Bildung Schuppen teil, die in aufgetriebenen Golgi-Zisternen gebildet werden. Hierbei wurde berechnet, daß 41–82 Golgi-Generationen nötig sind, um die Hülle einer aktiv wachsenden Zelle zu synthetisieren.

Die Theka von *Platymonas* und *Prasinocladus* wird auf ähnliche Weise gebildet, doch koagulieren hier kleine sternförmige Partikel, die den Schuppen homolog sind. Diese entstehen auch in Golgi-Vesikeln und werden in den Raum zwischen die Tochterprotoplasten nach erfolgter Zytokinese innerhalb der Theka der Mutterzelle ausgeschieden. Die Koagulation beginnt an einer prädeterminierten Stelle an der Oberfläche eines jeden Protoplasten, gewöhnlich in der Nähe des Pyrenoids. Schließlich wird die Theka bis auf die Geißelöffnung fertig gebildet [678, 792].

Die Schalenbildung der Diatomeen ist eine Folge der Zell- oder Kernteilung [320], wenn auch der eigentliche Prozeß noch früher eingeleitet wird [768]. Das gilt jedoch nicht für die Zwischen- und Gürtelbänder oder für Kieselelemente der Auxosporenhülle [1060]. Normalerweise übernimmt jede Tochterzelle eine der beiden Valven der Mutterzelle, während die fehlende Valve neu gebildet werden muß. Nach der Zytokinese erhält die Mutterschale beide Tochterprotoplasten, die nur vom Plasmalemma umgeben sind. Die Kieselsäure der neuen Valven sammelt sich zunächst in der Nähe des Plasmalemma in Vesikeln an (Silicalemma-Vesikel), und zwar im künftigen Zentrum der neuen Valve [189, 585, 617]. Durch Zusammenfließen der Vesikel entsteht aus deren Membranen ein flacher Sack, das Silicalemma, in dem die neue Schalenhälfte entsteht. Die Kieselsäure wird relativ rasch in der charakteristischen Form der Schalenhälfte abgelagert. Zu einem bislang unbekannten Zeitpunkt müssen das Plasmalemma und ein gewisser Teil des Zytoplasmas, das außerhalb der neuen Schale liegt, zurückgelassen werden, worauf ein neues kontinuierliches Plasmalemma innerhalb der Schale gebildet wird. Dies geschieht wahrscheinlich durch Verschmelzen der inneren Por-

Abb. 87. Morphogenese der Körperschuppen bei Flagellaten. a)–c) Morphogenese der Kieselschuppen von *Synura petersenii;* a) Längsschnitt durch ein junges Schuppenvesikel (Pfeil); b) Schuppen in Schuppenvesikeln; c) ein sich öffnendes Schuppenvesikel; die Vesikelmembran geht in das Plasmalemma über; d) Schuppen-Reservoir von *Pyramimonas orientalis,* in dem verschiedene Schuppen-Typen separiert werden. – a), b) 39 000 : 1, c) 35 000 : 1, nach Schnepf und Deichgräber 1969 [964]; d) 30 000 : 1, nach Moestrup und Thomsen 1974 [741].

tion des Silicalemmas mit dem Rest des alten Plasmalemmas unterhalb der Schalenhälfte der Mutterzelle [131, 132, 133, 913].

Die Zellwandbildung ist bei den Algen mit der Morphogenese der Zellen eng verbunden [512, 513]. Elektronenmikroskopische Untersuchungen zeigen, daß für die Bildung der Zellwand drei ultrastrukturelle Komponenten von Bedeutung sind, nämlich der Golgi-Apparat in enger Verbindung mit dem ER, ferner Mikrotubuli und fibrilläre Elemente und schließlich das Plasmalemma [15, 499, 514]. Über die Bildung der ganzen Zellwand kann uns der Vorgang der Keimung nackter Zoosporen Auskunft geben, wie z. B. bei *Cladophora* [11]. In den nackten Zoosporen sind Mikrotubuli in der Nähe des Plasmalemmas vorhanden. Sobald sich aber die Zoosporen festsetzen und es zur Zellwandbildung kommt, verschwinden die Mikrotubuli. An der äußeren Oberfläche des Plasmalemmas werden dann Granula mit fibrillären Partikeln assoziiert, die man für Initialstadien der Zellulose-Fibrillen hält. Die Granula sollen Enzymkomplexe darstellen, die Zellulose synthetisieren. Nachdem die Zoosporen ihre Geißeln abgeworfen haben, entsteht am Plasmalemma eine charakteristische fibröse Schicht mit unregelmäßig verstreuten Fibrillen [932]. Erst dann folgt eine Schicht geordneter Fibrillen. Fünf Tage nach der Keimung ist schon eine relativ dicke Zellwand vorhanden. Der Vorgang der Einlagerung des amorphen Materials in die Zellwand ist noch nicht eindeutig geklärt.

Bei *Micrasterias* wurde ein neuer Typ von Golgi-Vesikeln (F-Vesikel) gefunden, die während der Bildung der Sekurdärwand auftreten. Speziell differenzierte Membranen dieser Vesikel fungieren wahrscheinlich als Matrizen für die Bildung der Sekundärwand-Mikrofibrillen. Diese Matrizen bilden sich an den Membranen von Golgi-Vesikeln [515]. Die F-Vesikel werden samt Inhalt zum Plasmalemma transportiert. Dort findet eine Fusion der Membran der F-Vesikel mit dem Plasmalemma (Abb. 10) statt. Diese inkorporierten Membranareale scheinen bei der Produktion der in Reihen angeordneten Mikrofibrillen von besonderer Bedeutung zu sein.

2.10. Zellzyklus

Nachdem die einzelnen Bestandteile der Algenzellen beschrieben wurden, bleibt noch die Aufgabe, die Zelle als Ganzes in ihrem dynamischen Wechsel – von der jungen Tochterzelle bis zur erwachsenen Zelle und deren Zellteilung – zu betrachten. Diese ontogenetische Entwicklung der Zelle wird als Zellzyklus bezeichnet. Er ist ein geordneter zeitlicher Verlauf von Wachstum, Organellen-Reduplikation, DNA-Replikation, Mitose und Zytokinese. Der Zellzyklus beginnt mit der durch vorhergehende Teilung entstandenen Zelle und endet wiederum mit der Teilung derselben Zelle. Im Laufe des Zellzyklus müssen sämtliche Strukturen der Zelle zunächst vermehrt und die Zelle selbst so geteilt werden, daß die Tochterzellen genaue und lebensfähige Kopien der Mutterzellen darstellen. Das wird durch den in der DNA enthaltenen Plan gewährleistet, der die genetischen Informationen der Zelle (Genom) bildet. Deshalb kommt es vorher zu einer Replikation der DNA, bevor die Zelle sich teilen kann.

Der Zellzyklus verläuft in 4 Phasen, die als G_1, S, G_2 und M-Phasen bezeichnet werden (Abb. 88). Da als Anfangsstadium des Zellzyklus junge, durch Zellteilung eben entstandene Tochterzellen fungieren, so setzt natürlich als erste Phase das Zellwachstum ein. Diese G_1- oder Unterbrechungsphase dient vor allem der Wiederherstellung des normalen Kern-Plasma-Verhältnisses, das durch die Verdoppelung des Kernvolumens während der Mitose gestört wurde. Es handelt sich um eine mehrstündige, postmitotische Restitutionsphase. In den Algenzellen verläuft eine intensive Assimilation; es werden Substanz und Energie angehäuft, und mit Ausnahme der DNA erfolgt die Synthetisierung sämtlicher Makromoleküle. Eine intensive RNA-Synthese läuft zugleich mit der Synthese von Energieträgern und mit metabolischen Vorgängen ab. Die äußere Erscheinung des Wachstums beruht auf einer Volumenvergrößerung von Kern und Zytoplasma während eines sehr oder weniger langen Zeitabschnitts. Das Wachstum des Zytoplasmas ist mit dem Wachstum und mit der Entfaltung der darin enthaltenen Organellen oder deren sukzedaner Vermehrung verbunden.

In der weiteren S-Phase (Synthese-Phase) erfolgt binnen kurzer Zeit die DNA-Synthese, die während der Mitose praktisch vollständig geruht hat. In dieser Phase beginnt auch die DNA-Replikation und Kopie der chromosomalen Erbinformationen. Die Algenzelle ist zu diesem Zeitpunkt imstande, den weiteren Zellzyklus ohne weitere Energiezufuhr von außen zu vollziehen, also auch im Dunkeln. In dieser Phase erreichen die Algenzellen das größte Volumen im Zellzyklus. Als weitere Phase folgt die prämitotische Vorbereitungsphase (G_2). Es handelt sich von der Kernteilung aus gesehen um eine zweite Ruhepause, in der die nächstfolgende Mitose vorbereitet wird. Es werden Strukturen angelegt, die für die mechanischen Vorgänge der Mitose erforderlich sind. Der Zellkern enthält bereits die doppelte Menge an DNA. Bei manchen Algen werden zu diesem Zeitpunkt die übrigen Organellen geteilt.

Die letzte Phase ist die Mitose (M-Phase). Hier erfolgen die Chromosomenkontraktion, die Herstellung des Verteilungsmechanismus und Trennung der in der S-Phase reduplizierten DNA-Strukturen. Auf die Mitose folgt sofort die Zytokinese, die aber manchmal etwas verzögert sein kann. Hierauf beginnt bei behäuteten Formen die Bildung der Zellhülle. Die Mitose und die Zytokinese nehmen nur 10 % der Gesamtzeit des ganzen Zellzyklus ein. Der Gesamtverlauf des Zellzyklus wird am beigefügten Schema veranschaulicht (Abb. 88).

Alle Zellen entstehen durch Teilung schon vorhandener Zellen. Bei einzelligen Algen ist die Zellteilung zugleich direkt mit der Fortpflanzung gekoppelt, wogegen sie bei mehrzelligen Algen vor allem ein Größenwachstum der ganzen Alge zur Folge hat. Natürlich ist auch bei diesen die Zellteilung

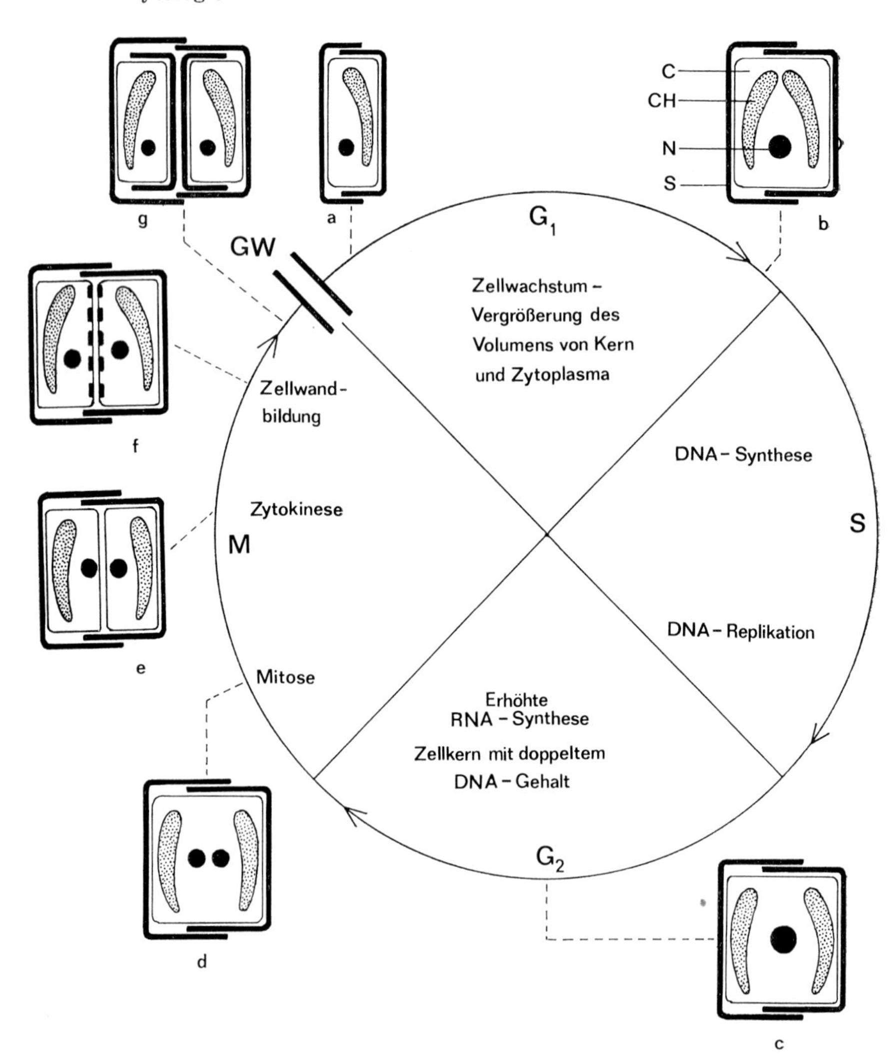

Abb. 88. Schematische Darstellung eines Zellzyklus an einer Diatomeen-Zelle (*C* Zytoplasma, *CH* Chloroplast, *N* Zellkern, *S* Schale). a) junge Tochterzelle; b) wachsende Zelle mit beginnender Teilung des Chloroplasten; c) völlig erwachsene Zelle knapp vor der Zellteilung, Zellkern noch in der Interphase; d) Mitose; e) Zytokinese; f) Schalenbildung; g) vollendete Zellteilung vor der Trennung der Tochterzellen. Weitere Erläuterungen s. im Text. – In Anlehnung an Coombs u. Mitarb. 1967 [130] und Mohr 1969 [742].

eine Voraussetzung für die Bildung der Fortpflanzungszellen. Der Zellzyklus zeigt bei den Algen eine auffallende Rhythmik, die meist durch Licht-Dunkel-Wechsel reguliert wird (diurnale Rhythmik). Das Wachstum ist hierbei an die Lichtperiode, die Teilung an die Dunkelperiode gebunden [629, 879, 880, 1022, 1023]. Außerdem wird der Zellzyklus noch durch endogene Faktoren beeinflußt, da bei manchen Algen (z. B. *Oedogonium*) die Mitoserhythmik sich auch im Dauerlicht fortsetzt [742]. Um den Zellzyklus deutlicher darzustellen, soll auch das Verhalten der einzelnen Organellen und einiger Vorgänge während des Zellzyklus besprochen werden.

2.10.1. Einzelne Organellen und Vorgänge während des Zellzyklus

a) Zytoplasma. Die Algenzelle wächst zwischen je zwei aufeinanderfolgenden Teilungsschritten vor allem durch Volumenzunahme des Zytoplasmas zur Normalgröße heran, die für die betreffende Art charakteristisch ist. Das normale Wachstum wird vornehmlich von inneren zellphysiologischen und erblichen Faktoren gesteuert. Es kann aber auch durch veränderte äußere Bedingungen zu Schwankungen oder Abweichungen kommen [981]. Ein gleichmäßiges Wachstum ohne bevorzugte Wachstumszonen ist praktisch nur bei kugeligen solitären Zellindividuen vorhanden oder bei solchen, die in lockeren Gallertkolonien leben. Bei zylindrischen Algenzellen überwiegen das Längenwachstum und die Streckung der Zellwand an den Seitenflanken gegenüber den Querwänden. Die polare Differenzierung sowie die morphologische und physiologische Ungleichheit der aus der Teilung entstandenen Zellen sind Wesensmerkmale der Apikalzellen von Fäden und Thalli [548].

b) Chloroplasten. Das Verhältnis zwischen dem Volumen der Zelle und der Plastidenmasse kann mit den Entwicklungsstadien der Zelle wechseln, da die Vergrößerung der Zelle und des Plasmas einerseits, der Plastiden andrerseits nicht immer gleichzeitig und mit gleicher Geschwindigkeit fortschreitet. Die Größe der wachsenden Zellen beeinflußt häufig sowohl die Gestalt der Chloroplasten als auch deren Anzahl [295]. Bei erwachsenen Zellen besteht jedoch eine gewisse Korrelation zwischen dem Volumen des Zytoplasmas und der Plastidenmasse. Dort, wo mehrere Chloroplasten vorhanden sind, kommt die Korrelation auch zwischen Zellgröße und Anzahl der Chloroplasten zum Ausdruck [221].

Der Problematik der Chloroplastenteilung während des Zellzyklus wurde bislang wenig Aufmerksamkeit gewidmet, und die Ansichten über den zeitlichen Verlauf der Plastidenteilung sind nicht einheitlich [38, 175]. Einige laufende Untersuchungen an lebenden und präparierten Zellen von Bacillariophyceen [307, 333, 334, 335, 221], *Chlorella* [1021], *Klebsormidium* [873], *Stigeoclonium* [217], *Chlamydomonas* [219] und *Euglena gracilis* [175] haben gezeigt, daß hier die Teilung der Chloroplasten der Mitose vorangeht. Soweit sich die Chloroplasten nicht gänzlich vor dem Eintritt der Mitose durchgeteilt haben, sind wenigstens tiefe Teilungsfurchen vorhanden. In anderen Fällen (z. B. *Ulva*) soll sich der Chloroplast erst nach der Mitose während der Zytokinese teilen. Es scheint, daß an diesem semiautonomen Verhalten die spezifische Plastiden-DNA beteiligt ist. Bei vielen Flagellaten (*Chlamydomonas, Pyramimonas*) kündigt sich die Zellteilung durch einleitende Chloroplastenteilung morphologisch und lichtoptisch sichtbar an [219, 763]. In den wachsenden Zellen von *Diatoma hiemale* werden mit zunehmendem Volumen des Zytoplasmas die Chloroplasten sukzedan von 8 auf 16 vermehrt. Die Teilung aller Chloroplasten ist beendet, wenn sich der Zellkern noch in der Interphase befindet.

c) Mitochondrien. Ein meßbares Symptom für das Wachstum ist die zunehmende Atmungsintensität wachsender Zellen bzw. Organellen. Das wird ermöglicht durch die Vergrößerung oder Vermehrung der Mitochondrien; doch ist dieser Vorgang wenig geklärt. Bei *Euglena gracilis* erscheinen die Mitochondrien in der Phase der Zellteilung als kleine (0,5—2 μm) Körper, die im Zytoplasma spärlich verteilt sind. Während der Wachstumsphase nehmen sie die Form eines Mitochondrialnetzes an, das peripher gelagert ist und an Schnitten größer als 10 μm wird [89]. Im Laufe des Zellzyklus von *Chlamydomonas* und *Euglena* beobachtete man auch Riesenmitochondrien [777, 778, 779, 780], die aber nur vorübergehend am Ende der Wachstumsphase der Zellen gebildet werden, wahrscheinlich durch Fusion kleinerer Mitochondrien. Sie haben mit der Atmungsintensität nichts zu tun. Noch vor der Zellteilung zerfallen sie wieder in kleine, normale Mitochondrien. Die Bildung solcher Riesenmitochondrien ist ein normaler Vorgang, der einen Wechsel genetischer Informationen zur Folge haben könnte [779]. Bei *Chlorella* wird das einzige Mitochondrion in ein extensives Netzwerk umgebildet, das durch Zerfall auf die Tochterzellen verteilt wird [9].

d) Kinetom. Da sich die Geißeln nicht selbst teilen können, müssen sie von neuen Basalkörpern aus regeneriert werden, die in der Nähe der alten Basalkörper entstehen. In der Regel geht die Vermehrung der Basalkörper der Zellteilung voraus [371, 498, 1094]. In manchen Fällen fungieren die Basalkörper während der Mitose als Zentriole oder sind wenigstens mit der Kernhülle assoziiert [1094]. Bei *Euglena* erfolgt die Geißelverdoppelung gleichzeitig mit der Kernteilung. Der neue Geißelapparat hat sich bereits vor der Zytokinese verdoppelt, nachdem die Reservoire der künftigen Tochterzellen entwickelt sind [601, 82]. Bei *Chlamydomonas reinhardtii, Ch. moewusii, Pyramimonas parkae* und *Ochromonas danica* werden die Basalkörper verdoppelt, nachdem die alten Geißeln abgeworfen wurden [498, 763, 1014, 1094]. Die neuen Geißeln bilden sich erst nach der Reorganisation der Basalkörper in den fertigen Tochterzellen, nur bei *Pyramimonas* entstehen die Geißeln gleich nach der Reduplikation der Basalkörper. So ergibt sich bei diesen Zellen noch vor der Kern- und Zellteilung eine doppelte Geißelzahl.

Bei vielen nackten Flagellaten mit zwei Geißeln wird das Kinetom so verteilt, daß die Tochterzellen jeweils die Hälfte der Geißeln vom Mutterindividuum erhalten und nur die fehlenden Geißeln neu gebildet werden, wie z. B. bei *Heteromastix, Dunaliella* [224]. Bei *Chlorogonium* und *Haematococcus* bleibt das alte Kinetom noch während der Aufteilung des Protoplasten in Zoosporen tätig und wird erst dann abgeworfen, wenn die Zoosporen mit ihren eigenen neuen Geißeln das Zoosporangium verlassen.

e) Zellkern. Während des Zellzyklus ist der Zellkern entweder interphasisch oder mitotisch, letzteres nur für kurze Zeit. Der interphasische Zellkern, fälschlich oft als „Ruhekern" bezeichnet, übt seine physiologischen Funktionen aus und zeigt in Korrelation mit dem Zytoplasma auch ein Größenwachstum. Dieses Kernwachstum geht oft während der Interphase sprunghaft vor sich, was wahrscheinlich mit der DNA-Vermehrung zusammenhängt [1109]. Der Höhepunkt der Kernteilung fällt gewöhnlich in den Anfang der Dunkelphase [34, 66, 221, 517, 597, 601]. Meist beginnt die Mitose 1—2 Stunden nach Eintritt der Dunkelperiode und erreicht ihr Maximum etwa 2—4 Stunden danach. Es gibt mehrere Beispiele dafür, daß die Mitose durch den Licht-Dunkel-Wechsel induziert werden kann [194, 195]. Natürlich hängt der Rhythmus der Mitose von der Generationsdauer und von der Länge der Licht- und Dunkelphase ab. Bei *Eudorina,* wo die Generationsdauer 4 Tage beträgt, kommen in Kulturen bei einem Licht-Dunkel-Wechsel von 16 : 8 Stunden zwei Maxima in der Mitose vor, eins in der Lichtphase (primär) und eins in der Dunkelphase (sekundär). Bei einem Licht-Dunkel-Rhythmus von 9 : 15 Stunden wurde nur ein Maximum in der Dunkelphase beobachtet [947].

f) Zytokinese. Nach dem Erreichen eines individuellen Maximalvolumens und der Reduplikation aller Organellen schreitet die Zelle zur Teilung, die zur individuellen Vermehrung der Zelle führt. Der Protoplast wird durch eine Scheidewand getrennt — es erfolgt die Zytokinese (Abb. 89). Bei den meisten Algen erfolgt sie als Furchungsteilung, nur bei wenigen höher organisierten Algen kann sie auch als Phragmoplasten-Teilung auftreten. Der Unterschied besteht nur darin, daß im ersten Fall ein zentripetal, im anderen ein zentrifugal wachsender Spalt angelegt wird. Übergänge zeigen, daß kein grundsätzlicher Unterschied zwischen beiden Teilungstypen besteht [296].

Das wesentliche Merkmal der Furchungsteilung besteht darin, daß die Zelle von einer sich allmählich einsenkenden Furche zentripetal durchgeschnürt wird [296]. Die durch Furchungen entstandenen Oberflächen können entweder nachträglich oder gleichzeitig behäutet werden, wobei es den Anschein hat, als ob ein Zellwandring das „passiv" sich verhaltende Plasma durchtrennt. Wir können drei Typen von Furchungsteilungen unterscheiden [164]. Die einfachste ist die Protoplastenteilung der nackten Flagellaten (Abb. 90 a), die mit der Ausbildung einer Furche beginnt, die sich irisblendenartig vertieft und schließlich die Zelle in zwei Teile trennt (Schizotomie). Bei den mit Hüllen versehenen Flagellaten (Abb. 90 b) und bei den mit einer Zellwand umgebenden coccalen Algen wird zunächst der nackte Protoplast,

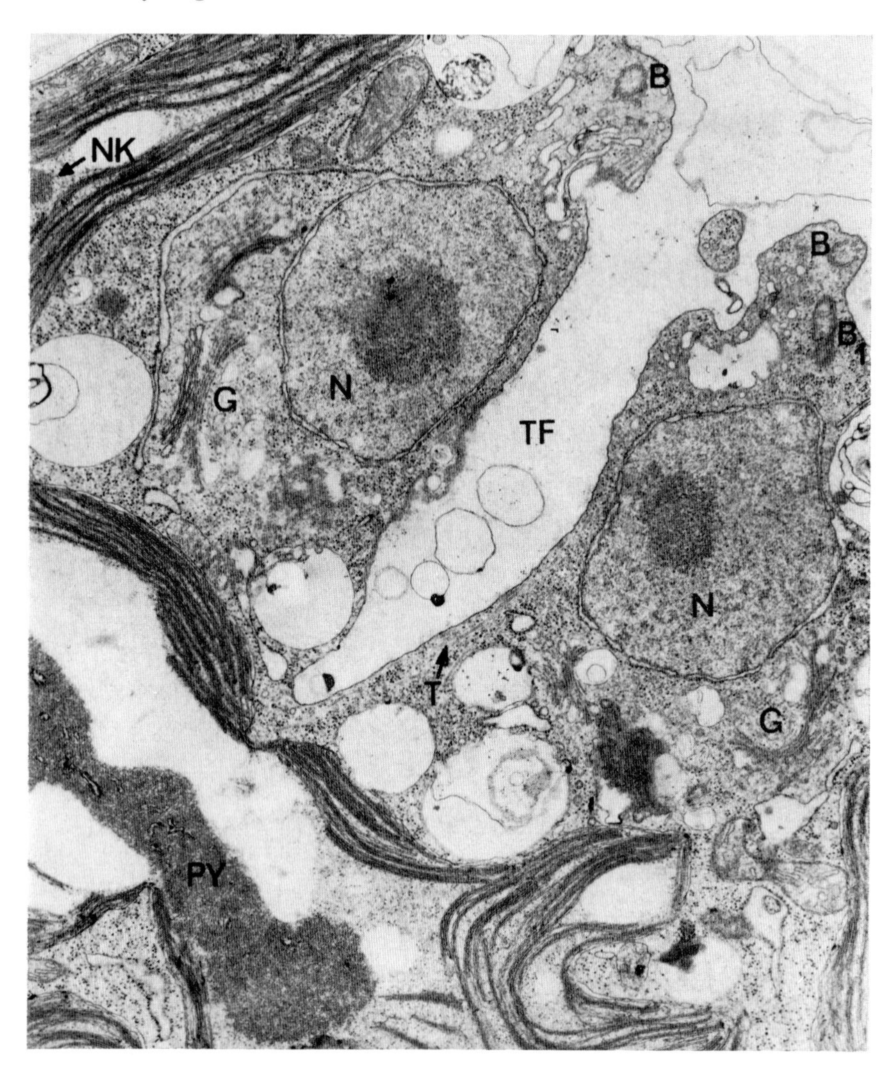

Abb. 89. Zytokinese bei *Chlamydomonas reinhardtii*. Zellkern bereits geteilt und Basalkörper verdoppelt, Pyrenoid in Teilung. Man beachte die Teilungsfurche und die unter dem Plasmalemma liegenden Mikrotubuli des Phycoplasten. *B* Basalkörper, B_1 neuer Basalkörper, *TF* Teilungsfurche, *N* Zellkern, *G* Golgi-Apparat, *PY* Pyrenoid, *T* Mikrotubuli, *NK* Nukleoide des Chloroplasten mit DNA. – 25 000 : 1, nach Goodenough 1970 [363].

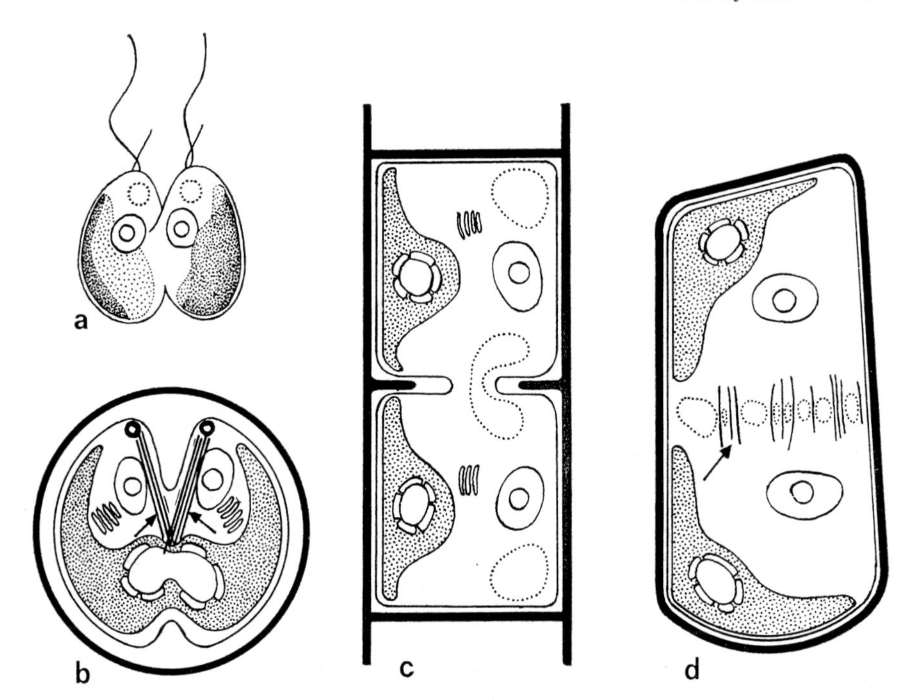

Abb. 90. Schematische Darstellung verschiedener Arten der Zytokinese. a) einfache Schizotomie eines nackten Flagellaten; b) Schizogonie eines behäuteten Flagellaten mit Phycoplast (Pfeile); c) Zytotomie einer einfachen Fadenalge, die als Furchungsteilung erfolgt; d) Phragmoplasten-Bildung. – a) Original, b)–d) umgezeichnet nach elektronenmikroskopischen Aufnahmen nach PICKETT-HEAPS 1975 [873].

der sich zu diesem Zweck von der Wand ablöst, durch Furchung in zwei (meist aber durch weitere Furchungen in mehrere) nackte Teilprotoplasten zerlegt. Diese bilden dann ihre eigenen Hüllen oder Zellwände de novo aus (S c h i z o g o n i e). Schließlich folgt beim dritten Typus während der Zellteilung der langgestreckten Zellen fadenbildender Algen (Abb. 90 c) auf die Scheidewandbildung sofort die Bildung der neuen Querwand, die an der Innenseite der alten Zellwand als ringförmige Verdickungsleiste angelegt wird. Sie folgt der Furchung, indem sie sich irisblendenartig gegen die Zellmitte vorschiebt und die Tochterzellen trennt (Z y t o t o m i e).

Von diesen Typen unterscheidet sich jener seltenere Teilungsmodus, bei den die Ausbildung der Scheidewand zentrifugal erfolgt. Während sich nach der Mitose die Tochterkerne bilden, werden zwischen ihnen von der späten Anaphase an neue Fasern, die Verbindungsfäden, sichtbar. Sie sind zunächst gegen die Kerne gerichtet, erreichen diese aber nicht und bilden zusammen den Phragmoplasten (Abb. 90 d). In dessen Äquator sammeln sich alsdann Vesikel, die die Grundsubstanz für die neue Wand enthalten [296, 394, 164].

Elektronenmikroskopisch wurde festgestellt, daß die Furchungsteilung durch Mikrotubuli gesteuert, möglicherweise auch verursacht wird. In letzter Zeit bezeichnet man als Phycoplast (Abb. 90 b) ein kompliziertes System von Mikrotubuli, die immer in der Ebene der Zytokinese entstehen und die in die Zytokinese mit eingeschlossen werden [862, 868, 870, 873]. Dies ist im Falle von *Chlamydomonas* sehr deutlich, wo ein besonderer Satz von Mikrotubuli, der den Furchungsapparat bildet, am Ende der Telophase erscheint [498, 1094]. Diese Tubuli gehen von den Basalkörpern aus und verlaufen an beiden Seiten der Teilungsfurche dicht unter dem Plasmalemma. Einen ähnlichen Verlauf hat auch die Zytokinese von *Tetraspora* [872] und *Ochromonas* [1014]. Furchungsteilungen mit Phycoplasten sind sogar auch bei den *Chlorococcales* bekannt, wie *Kirchneriella, Tetraëdron, Ankistrodesmus* oder *Scenedesmus* [175, 864, 869, 873]. Die zum Phycoplasten gehörenden Mikrotubuli dringen zwischen die Tochterkerne ein, während andere Mikrotubuli den Protoplasten umschließen, wo sie die künftige Furchungsebene markieren. Der Protoplast wird nun durch Membranfurchen geteilt, die durch die Zone der Phycoplasten-Tubuli verlaufen und das Septum bilden. Phycoplasten begleiten auch die Furchungsteilung fadenbildender Algen, wie *Oedogonium, Bulbochaete* und *Microspora* [248, 249, 267, 871, 874]. Immerhin gibt es aber auch Furchungsteilungen ohne Phycoplastenbeteiligung, so bei *Ulva, Raphidonema, Radiofilum* und *Microthamnion*.

Dem Phycoplasten steht die Bildung des Phragmoplasten gegenüber, wo die Mikrotubuli senkrecht zur Ebene der Zytokinese orientiert sind. Bisher wurde er bei *Chara* [860, 873] und *Coleochaete* [685] elektronenmikroskopisch nachgewiesen. Nach erfolgter Mitose werden zwischen den Tochterkernen der Länge nach orientierte Mikrotubuli sichtbar, zwischen denen Vesikel mit dem Material für die neue Zellwand erscheinen. Die Vesikel fließen zusammen und bilden die Querwand [873]. Elektronenmikroskopisch wurde im Detail prinzipiell das erwiesen, was schon lichtmikroskopisch über die Zytokinese bekannt war. *Spirogyra* nimmt insofern eine Übergangsstellung ein, als beide Typen der Scheidewand-Bildung vereinigt werden. Die Querwand kommt durch zentripetale Bildung eines Zellwandrings zustande. Sobald aber der Zellwandring zur Hälfte fertig ist, treten an den Stellen der späteren Querwand flächenhafte plasmatische Differenzierungen auf, die zentrifugal heranwachsen [111, 296]. Elektronenmikroskopisch wurde festgestellt, daß die Zytokinese sowohl durch Furchung als auch durch Bildung eines Phragmoplasten vollzogen wird [262, 263]. Man nimmt an, daß bei *Spirogyra* ein rudimentärer Phragmoplast vorliegt.

Von ungünstigen Wachstumsbedingungen oder Einwirkungen bestimmter Stoffe wird die Cytokinese in den Zellen erst betroffen und eingestellt. Es entstehen dann Riesenzellen, die ein- bis achtmal größer sind, da sich das Genom ungehindert noch mehrmals vermehren kann. Sobald die Zytokinese nicht mehr blockiert ist, können diese Riesenzellen in normale Zellen zerlegt werden.

g) Zellhülle. Der Periplast und der Schuppenpanzer werden mit den Zellen geteilt und lediglich ergänzt. Die fehlenden Schalen der sich teilenden Diatomeen sind wie die neuen Zellwände der coccalen Algenzellen und werden nach vollendeter Zytokinese angelegt. Mit der völligen Ausbildung der Zellhüllen ist der Zellzyklus der einen Generation abgeschlossen und es beginnt ein neuer.

Bei den Chlamydomonadaceen und *Chlorococcales* werden die Hüllen oder Zellwände von den Tochterprotoplasten völlig neu gebildet, die alte Mutterzellwand wird abgesteift. Desmidiaceen und Bacillariophyceen behalten nach der Teilung die eine Hälfte der alten Wand oder Schale und bilden nur die fehlende Hälfte neu aus. Bei *Closterium* wird die neue Zellwandhälfte während der Zytokinese angelegt und zugleich mit dem Wachstum des Protoplasten zur ursprünglichen Gestalt (symmetrisch) in die Länge gezogen [877]. Ähnlich verhalten sich auch die Primärwände von *Cosmarium.* Die Sekundärwände scheinen hingegen erst dann zu entstehen, wenn die neuen Halbzellen fast völlig entwickelt sind [867].

Bei der Zellteilung der Fadenalgen werden meist nur die Querwände neu gebildet. Besonders deutlich zu sehen ist dies bei *Chaetomorpha,* wo die sich bildende Querwand längs des Radius mit gleichmäßiger Geschwindigkeit vorrückt [549]. Modifiziert ist die Querwandbildung dort, wo H-Stücke vorhanden sind (*Microspora, Tribonema*). Sie erfolgt in zwei getrennten Teilschritten. Noch während der Interphase wird dicht unter der alten Zellwand ein neues Röhrenstück angelegt, während das Querstück erst während der Zytokinese entsteht [871].

2.10.2. Inäquale Teilung

Die bei der Mitose sich abspielenden Vorgänge sichern eine gleichmäßige Verteilung des Chromatins auf die Tochterzellen. Doch kommt es neben der äqualen auch zu inäqualen Teilungen, ohne daß eine Differenzierung in der weiteren Entwicklung auftreten muß. Inäqual nennen wir die Teilungen, bei denen zwei verschieden ausgestattete, ungleichartige Tochterzellen entstehen. Sie sind aber von erbungleichen Teilungen zu unterscheiden, wo Anteile, die die Zelle nicht neu zu bilden vermag, ungleich auf die Tochterzellen verteilt werden. Erbungleiche Tochterzellen sind solche, bei denen die eine kernlos [597] oder plastidenfrei [829] bleibt, die andere aber mit allen Organellen ausgestattet ist. Gleiches gilt, wenn die Tochterzellen eine ungleiche Anzahl Chromosomen enthalten.

Als die einfachste inäquale Teilung ist diejenige aufzufassen, bei der sich die Tochterzellen, oder besser: die Schwesterzellen, nur durch ihre Größe unterscheiden. Sehr erhebliche Größenunterschiede wurden bei *Dangeardinella saltatrix* beobachtet [813]. Doch nicht immer handelt es sich nur um quantitative Unterschiede. Untersuchungen der Zellteilungsfolge bei *Ulothrix aequalis* haben gezeigt, daß die Zellteilung im Zellfaden oft zum Ent-

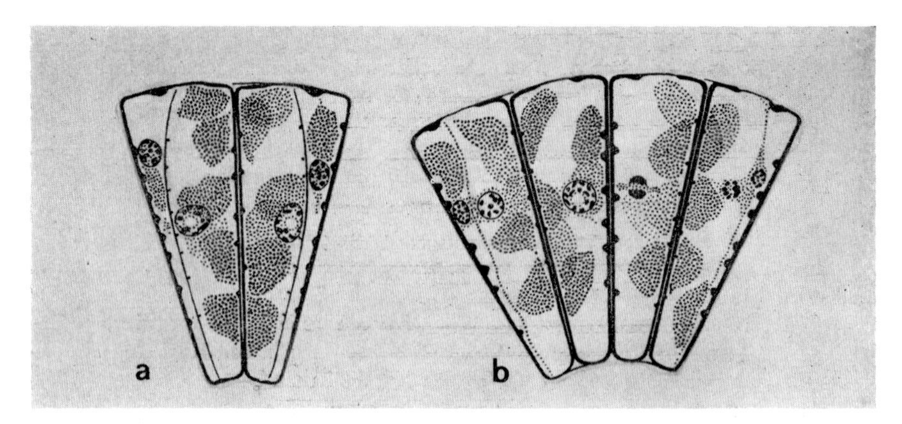

Abb. 91. Inäquale Teilung bei der Bildung der Innenschalen von *Meridion circulare*. a) Innenschalen unmittelbar nach ihrer Entstehung; b) vier Enkelzellen während der inäqualen Teilungen (Zellkerne in verschiedenen Stadien der Mitose). – Nach Geitler 1971 [332].

stehen eines Paares ungleichwertiger Zellen führt, die sich in ihrer Generationszeit und auch in ihrer Größe und Wachstumsrate unterscheiden [692]. Morphologisch bedingte Ungleichheit der Schwesterzellen besteht für die nach dem *Closterium*-Typus sich teilenden Desmidiaceen. Unvermeidlich sind inäquale, schon morphologisch in ihrer Unterschiedlichkeit deutlich gekennzeichnete Teilprodukte bei asymmetrisch gebauten Zellen, wie z. B. bei *Ceratium* [573]. Die Bildung der Innenschalen bei *Meridion circulare* (Abb. 91) und *Amphiprora paludosa* ist mit einer obligaten inäqualen Teilung verbunden, als deren Ergebnis eine große vollwertige und eine kleine defekte Tochterzelle entstehen [330, 332]. Der Ablauf dieser Teilung ist die Folge einer intraprotoplastischen Differenzierung, die sich in einer besonderen Verschiebung der Organellen ausdrückt. Infolgedessen enthält die kleinere Tochterzelle keinen oder nur einen oder zwei Chloroplasten, der Zellkern wird nicht normal rekonstruiert, und es fehlt die Fähigkeit zur Bildung einer eigenen Hypovalva.

Inäquale Teilungen sind für die normale Gewebedifferenzierung der höheren Algen unerläßlich. Die Scheitelzelle von *Dictyota dichotoma* teilt sich beim Fortgang des Wachstums, das zur Verlängerung des Thallus führt, inäqual in eine Segment- und eine neue Scheitelzelle [573].

2.10.3. Schema eines konkreten Zellzyklus

Obgleich der Zellzyklus bei allen Algenzellen, einschließlich Flagellatenzellen einen im Prinzip gleichen Verlauf hat (Wachstum, Reifung und Teilung),

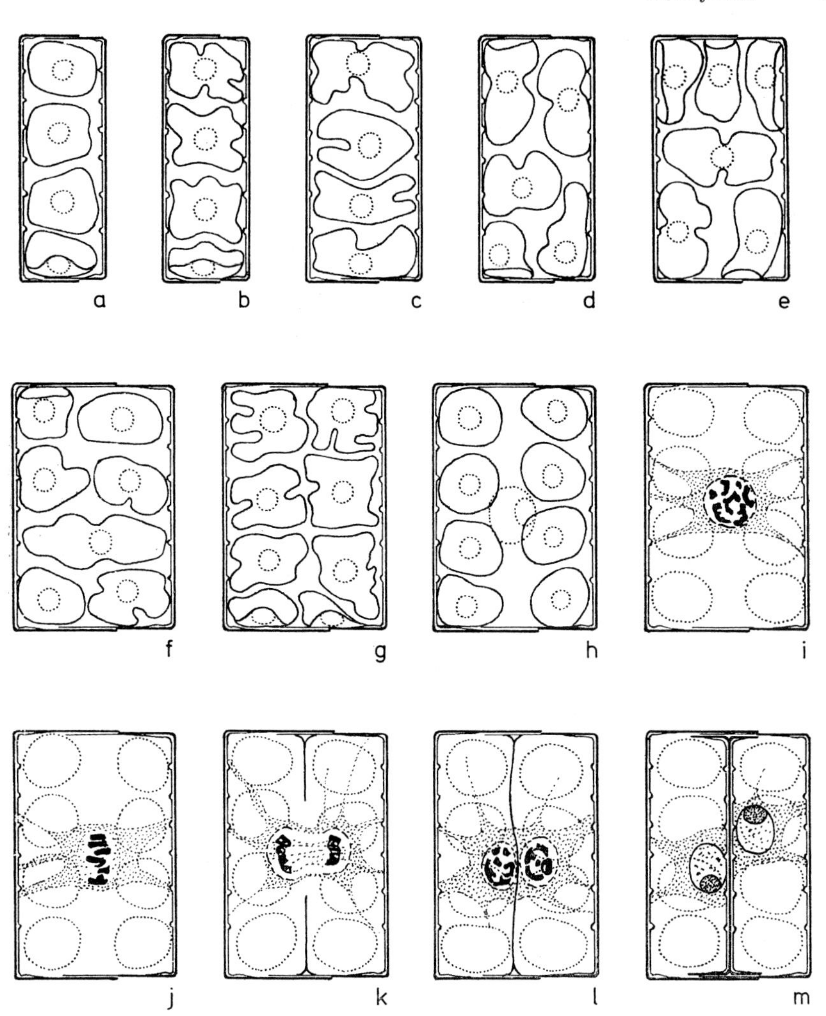

Abb. 92. Verlauf des Zellzyklus von *Diatoma hiemale* var. *mesodon*. a) junge Tochterzelle mit einfachen Chloroplasten; b) Tochterzelle mit leicht gelappten Chloroplasten; c)–g) Zellwachstum mit gleichzeitig verlaufender sukzedaner Chloroplastenteilung, die Chloroplasten sind gelappt und besitzen Einschnitte; h) erwachsene Zelle vor der Zellteilung, die Chloroplasten sind peripher in Doppelreihen (8 + 8) angeordnet, haben glatte Umrisse und lassen eine deutliche hyaline Zwischenzone frei, in der der Zellkern sichtbar wird (a–h, nach dem Leben); i)–m) Mitose und Zytokinese: i) Prophase, j) Metaphase, k) Anaphase mit beginnender Zytokinese, l) Telophase und vollendete Zytokinese, m) Differenzierung der Tochterzellen (i–m nach fixiertem und gefärbtem Material – Umrisse der Chloroplasten punktiert). – Nach Ettl und Brezina 1975 [221].

gibt es eine Menge Modifikationen. Sie hier anzuführen oder zu verallgemeinern, würde den Rahmen dieses Buches sprengen. Als Beispiel eines Zellzyklus einer konkreten Zelle sei der von *Diatoma hiemale* var. *mesodon* angeführt (Abb. 92) [221].

Der Zellzyklus von *Diatoma hiemale* var. *mesodon* beginnt mit den soeben geteilten Tochterzellen nach der Ausbildung der neuen Hypovalven. Solche Zellen sind auffallend schmal und besitzen regelmäßig 8 Chloroplasten. Anfangs sind die Chloroplasten dicht aneinandergedrängt und haben auch meist glatte Umrisse. Mit fortschreitendem Zellwachstum vergrößern sie sich, verlängern sich in Richtung ihrer Längsachse, und die Umrisse werden leicht gewellt bis gelappt. Beim weiteren Zellwachstum beginnen die Chloroplasten, sich sukzedan zu teilen. In der Reihenfolge der Teilungen wurden bisher keine Gesetzmäßigkeiten gefunden. Wachsende Zellen haben eine unbeständige und unbestimmte Anzahl von Chloroplasten, je nachdem, wie deren Teilungen fortschreiten. Die Zahl wächst so lange, bis sich schließlich alle 8 ursprünglichen Chloroplasten verdoppelt haben. Im Laufe des Zellwachstums ist nicht nur die Anzahl, sondern auch die Lage der Chloroplasten in den Zellen veränderlich (im Unterschied zum Anfangs- und Endstadium des Zyklus). Es kommt zu deutlichen Bewegungen und Verschiebungen der Chloroplasten. Nach beendetem Wachstum der Zellen stabilisiert sich auch die Anzahl der Chloroplasten (16 in jeder erwachsenen Zelle). Gleichzeitig

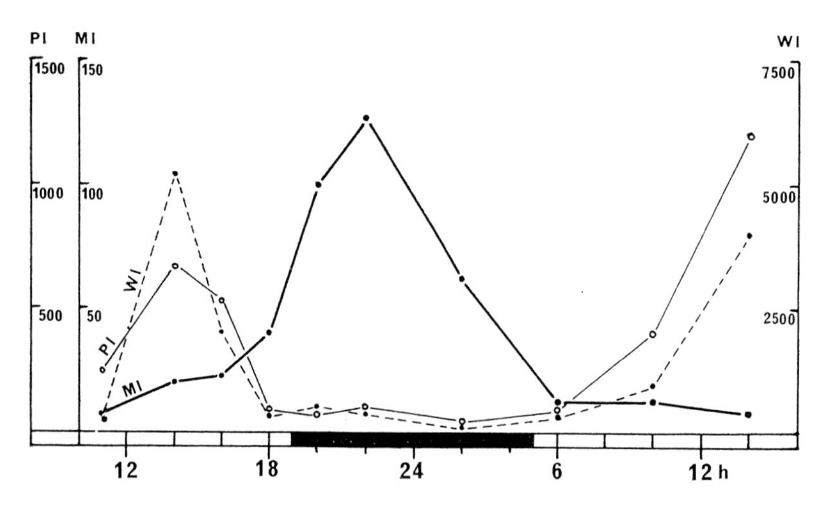

Abb. 93. Graphische Darstellung des Zellzyklus von *Diatoma hiemale* var. *mesodon* (einer Population), insbesondere des Verlaufs der Chloroplastenteilung, der Mitose und des Zellwachstums. Die Werte sind in den entsprechenden Indizes angegeben. Zeitabschnitte von je zwei Stunden, Dunkelperiode durch dicke schwarze Linie gekennzeichnet. *MI* mitotischer Index, *PI* Plastiden-Index, *WI* Wachstums-Index. – Nach Ettl und Brezina 1975 [221].

werden sie peripher zu zwei Doppelreihen (8 + 8) in entgegengesetzter Richtung angeordnet. Diese Lage entspricht der zukünftigen Anordnung der Chloroplasten in den Tochterzellen.

Bis zu diesem Zeitpunkt verharrt der Zellkern in der Interphase. Die frühe Prophase beginnt erst, nachdem die beschriebene Chloroplastenanordnung erfolgt ist. Dann verläuft die Mitose bis zur späten Anaphase relativ rasch. In letzterer beginnt die zentripetale Einschnürung des Protoplasten. Die gesamte Zytokinese wird in der späten Telophase beendet, wobei jeder Tochterprotoplast wieder 8 Chloroplasten besitzt. Die neuen Zellkerne verbleiben zunächst in der Nähe der plasmatischen Scheidewand. Zu diesem Zeitpunkt wird das Silicalemma tätig und beginnt, Kieselsäure abzulagern. Dies ist jedoch nur elektronenmikroskopisch nachweisbar [129, 130]. Die fehlenden Hypotheken der Tochterzellen beginnen sich in der frühen Interphase zu formen und werden durch ihre typische Struktur schon lichtmikroskopisch deutlich. Damit endet der Zellzyklus dieses Organismus. Im Laufe des Zellzyklus gibt es zwei „Ruhepausen“, in denen sämtliche Parameter im Minimum vorhanden sind. Eine graphische Darstellung des Zellzyklus einer ganzen Population wird in Abb. 93 gegeben [221].

3. Morphologie

Die große Vielfalt der Algen ist durch ihre äußerst unterschiedliche Morphologie gegeben. Die kleinsten einzelligen Algen mit Größen von nur 5—10 μm stehen vielzelligen makroskopischen Formen gegenüber, die die beachtliche Länge von mehreren Metern erreichen können. Die Gestaltung der Algen reicht von einzelligen Organismen über koloniebildende, fadenbildende und siphonale Typen bis zu den kompliziert gebauten und differenzierten Thalli der Großalgen. Diesen komplizierten Bau weisen außer einigen Chlorophyceen die Charophyceen und die meisten Phaeo- und Rhodophyceen auf [277, 278, 279, 280]. Einzellige Formen kommen, abgesehen von den Charophyceen und Phaeophyceen, in allen Algenklassen vor, und bei einigen stellen sie sogar die einzige Organisationsstufe dar. Es sei gleich betont, daß einzellige Flagellaten nicht immer die einfachsten Zelltypen repräsentieren. Als Ausgangspunkt für die Betrachtung einer Algengruppe sind sie jedoch gut geeignet, da sie alle zytologischen und physiologischen Merkmale der entsprechenden Algenklasse an einer einzigen Zelle zeigen [939]. Der charakteristische Zellbau der Flagellaten äußert sich auch in den beweglichen Fortpflanzungszellen höherer Organisationsstufen. Es scheint, als ob bei den meisten Algenklassen die Flagellaten (monadoide Organisationsstufe) mit allen anderen Organisationsstufen in einen konvergenten Zusammenhang gebracht werden können [821].

Die Morphologie der Algen kommt vor allem durch Organisationsstufen zum Ausdruck, die den meisten Algenklassen in der Regel gemeinsam sind (Abb. 94). Einzellige Algen können wir in vier Organisationsstufen einteilen, je nachdem, ob die vegetativen Zellen mittels Geißeln beweglich (monadoide), amöboid beweglich (rhizopodiale) oder unbeweglich sind (capsale und coccale). Neben einzelligen, einzeln lebenden Formen sind bei den erwähnten Organisationsstufen auch solche zu finden, die in Kolonien oder Zönobien leben und Anklänge an echte mehrzellige Organismen zeigen. Wenn bei einer wiederholten Querteilung die Tochterzellen nicht getrennt werden, entstehen mehr- bis vielzellige Fäden, die sich durch seitliche Sprossungen und Querwandbildungen verzweigen können. Eine solche Organisationsstufe echter mehrzelliger Organismen wird als trichal bezeichnet. Durch Differenzierung in kriechende und aufrechte Fäden kommen heterotrichale Fadensysteme zustande, die durch dichte Zusammenlagerung gewebeartige Thalli bilden können. Nematoblastische und stichoblastische Thalli von kompliziertem Bau bilden sich bei den Rhodophyceen und bei einigen Phaeophyceen im Prinzip durch Verzweigungen eines einzigen Zentralfadens (uniaxial) oder eines ganzen Bündels von Fäden (multiaxial). Nematoparenchymatische Thalli entstehen durch Teilungen von Fadenzellen in einer oder mehreren

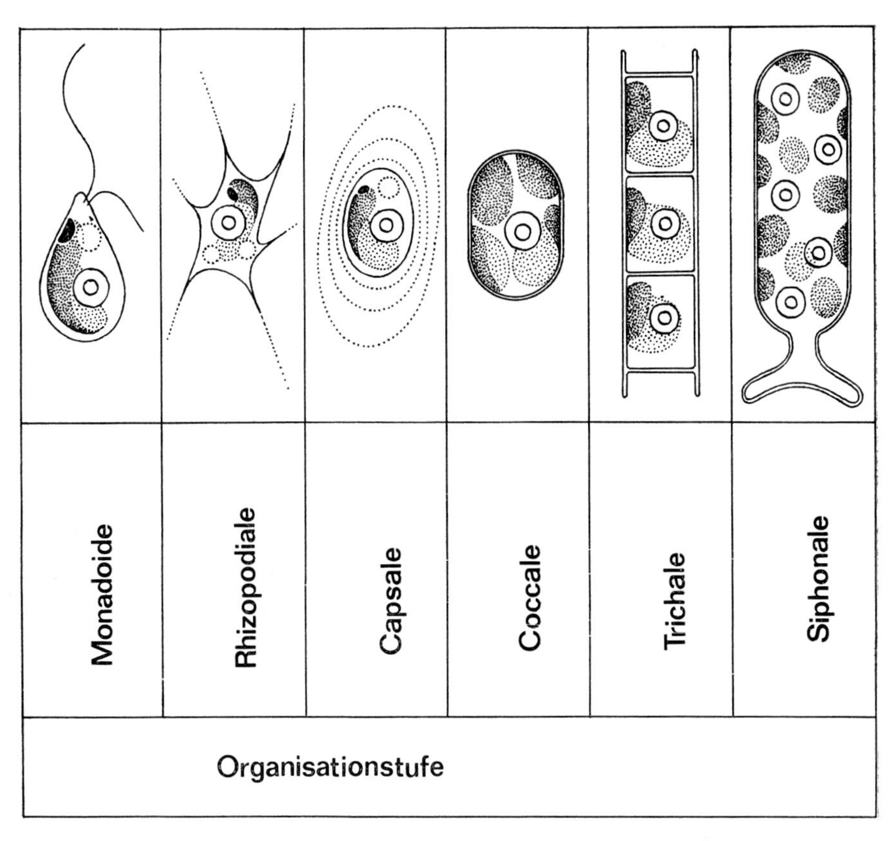

Abb. 94. Schematische Darstellung der Organisationsstufen der Algen. – Original H. Ettl.

Ebenen. Die Aufeinanderfolge zahlreicher Kernteilungen ohne Querwandbildung, wobei mehrkernige, blasen- oder schlauchartige Gebilde entstehen, ist charakteristisch für die siphonale Organisationsstufe. Innerhalb der Algen kommt es zu den verschiedensten Entfaltungen und Gestaltungen der einzelnen Organisationsstufen [99, 277, 279, 772, 773, 980, 981, 1017]. Wir wollen sie im folgenden in Form einer übersichtlichen Aufzählung kurz erläutern.

3.1. Monadoide Organisationsstufe (Flagellaten)

Die einzelligen Algen stellen eine Entwicklungsstufe dar, bei der eine einzelne Zelle als selbständiger Organismus mit seinem spezifischen Lebenszyklus und seiner Fortpflanzung fungiert. Im Zellbau sind jedoch bei den einzelnen Gestaltungstypen der Einzelligen deutliche Unterschiede erkennbar. Am deutlichsten tritt der spezialisierte Zellbau bei den Flagellaten auf [980, 296], die in erster Linie durch den Besitz aktiv beweglicher Geißeln charakterisiert sind (Abb. 95). Durch die Geißeln ist die mit einer Ortsveränderung verbundene Eigenbewegung des Flagellaten in reizbestimmten, gerichteten Bahnen bedingt. Die Zahl der Geißeln ist je nach systematischer Zugehörigkeit verschieden, sie kann 1, 2 oder ein Vielfaches davon bis unzählbar viele betragen. Zahl, absolute und relative Länge, Form und Struktur wie auch die Insertionsweise der Geißeln sind innerhalb eines natürlichen Verwandtschaftskreises konstant. Unter gewissen Umständen können die Geißeln jedoch eine Zeitlang zurückgebildet werden, sei es beim Übergang in ein Ruhestadium oder während der Fortpflanzung. Weiter können die Geißeln auch andere Funktionen übernehmen, wie z. B. das Festheften am Substrat oder im Gehäuse oder auch das Heranstrudeln fester Nahrungskörper.

Manche Flagellaten gehören zu den kleinsten eukaryotischen Zellen überhaupt, da ihre Größe teilweise im Bereich der Bakterienzellen liegt. So sind die Zellen von *Micromonas pusilla* nur 1—3 μm groß [676], wobei alle Organellen in Einzahl auftreten und auf den kleinsten Raum beschränkt sind [211]. Die meisten Flagellaten haben jedoch eine durchschnittliche Größe von 10—20 μm. Daneben gibt es aber auch relativ riesige Zellen, die mit freiem Auge wahrnehmbar sind, wie z. B. *Vacuolaria virescens* (100 μm) und einige *Euglena*-Arten (300—500 μm).

Der Großteil der Flagellaten enthält wie alle Algenzellen Chloroplasten verschiedenster Form. Daneben gibt es aber eine Menge farbloser, apochromatischer und apoplastischer Flagellaten (Abb. 25), die — mit Ausnahme des fehlenden Chloroplasten oder der Pigmente — entsprechend pigmentierten Flagellaten völlig ähnlich sind (z. B. *Chlamydomonas-Polytoma, Cryptomonas-Chilomonas, Chromulina-Monas*). Außerdem existieren zahlreiche Flagellaten, die keinen Anklang mehr an autotrophe Formen zeigen und mehr zu den Zooflagellaten tendieren [277]. Je nachdem, ob es sich um Arten ohne oder mit einer Zellhülle handelt, unterscheiden wir nackte und behäutete Flagellaten. Unter den Flagellaten kommt auch Bildung von Kolonien oder Zönobien vor.

3.1.1. Einzeln lebende Flagellaten

Die Organisation der Flagellaten kann an den einzeln lebenden Formen am deutlichsten demonstriert werden (Abb. 95, 96). Die Insertionsweise der Gei-

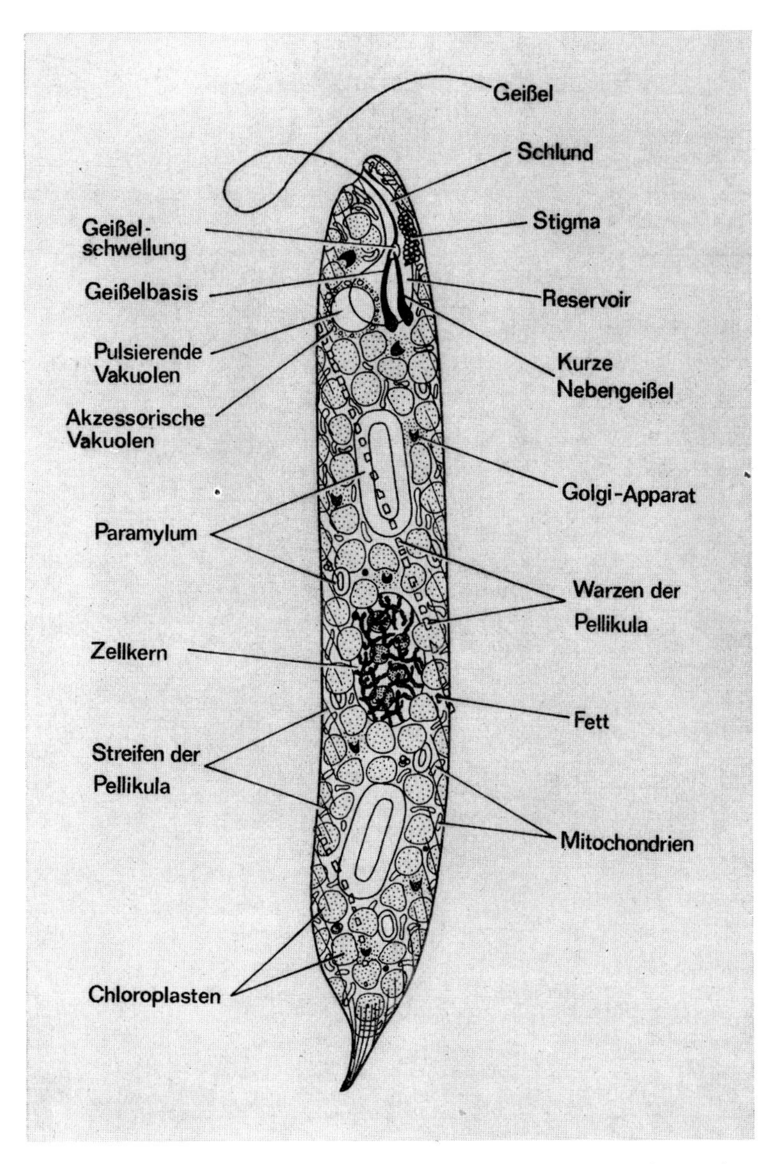

Abb. 95. Schema einer Flagellaten-Zelle, dargestellt an *Euglena spirogyra*. – Nach LEEDALE aus FOTT 1971 [257].

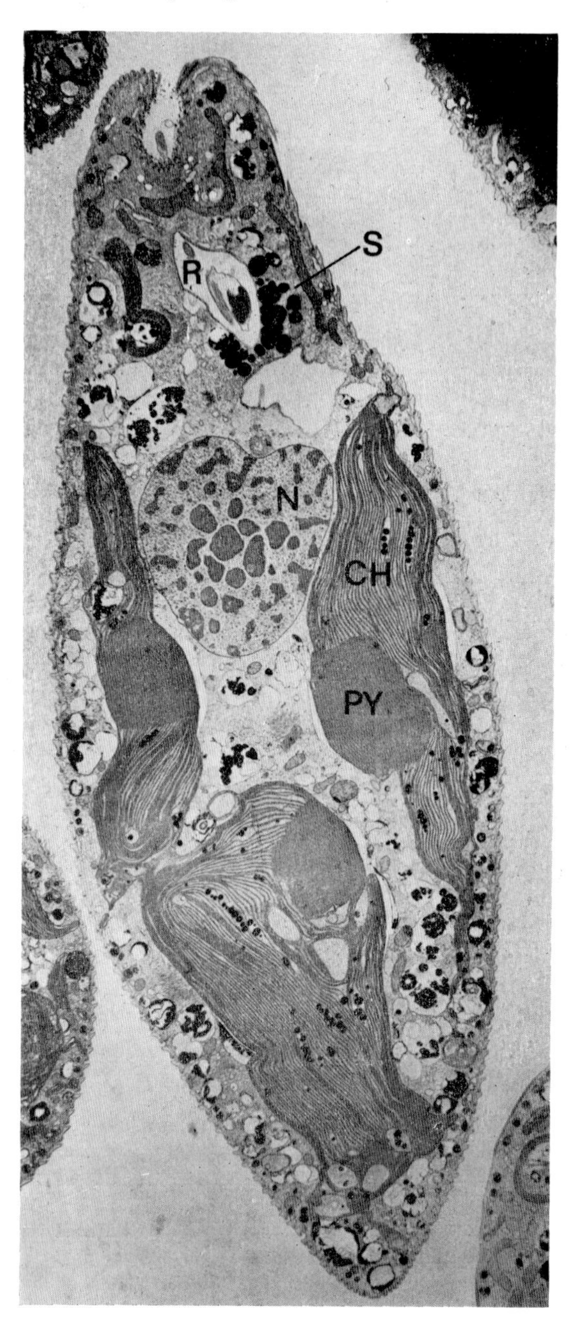
S
R
N
CH
PY

ßeln und die Lage des Kinetoms sind bei den einzelnen Flagellaten der entsprechenden Algenklassen erbtypisch fixiert. Dadurch ist sowohl in morphologischer als auch in zellphysiologischer Hinsicht eine erkennbare Polarität der Flagellatenzelle gegeben. Es können somit, gleichgültig, ob die Zelle formbeständig ist oder nicht, ein apikaler oder Geißelpol und ein antapikaler Pol unterschieden werden. Die Grundform der Flagellaten-Zelle ist radiärsymmetrisch und hat die Form eines Tropfens mit einem mehr oder weniger zugespitzten Geißelpol. Viele Flagellaten weichen von dieser Grundform stark ab und werden nicht selten völlig asymmetrisch [980]. Andere Flagellaten sind ausgesprochen dorsiventral gebaut und haben auch dementsprechend gelagerte Organellen, wie z. B. *Pedinomonas* und *Spermatozopsis* [209, 211]. Hierbei steht die Geißelinsertion zur Gestalt und Symmetrie der Zelle in einer gesetzmäßigen Beziehung.

In vielen Fällen ist an der Insertionsstelle der Geißeln eine Vertiefung ausgebildet, die im weiteren Verlauf zu einem Cytopharynx oder zu einem komplizierten Furchensystem entwickelt werden kann (Abb. 97 l, m). Bei den *Euglenales* ist das Vorderende der Zellen zu einem Reservoir eingestülpt, an dessen Grund die Haupt- und Nebengeißel entspringen. In der Nähe des Reservoirs liegen die pulsierenden Vakuolen und das Stigma. Bei den Cryptophyceen (*Cryptomonas, Chroomonas*) besitzt die Zelle eine apikale Einbuchtung, in der zwei fast gleichlange Geißeln inserieren (Abb. 97 l). Diese Einbuchtung ist mit Ejektosomen besetzt. Die farblose Flagellatengattung *Stomatochone* besitzt eine Mundgrube, die zur Aufnahme fester Nahrung dient [837].

Entsprechend den Algenklassen ist die Begeißelung verschieden. Bei den Chlorophyceen haben die meisten Flagellaten 2 oder 4 gleichlange und gleichwertige Geißeln (isokonte Begeißelung). Die Dinoflagellaten besitzen 2 in verschiedenen Ebenen schwingende, ungleichwertige Geißeln, und bei den Xanthophyceen schwingen meist 2 ungleichlange Geißeln in einer Ebene (heterokonte Begeißelung). Die Chrysophyceen weisen 1 oder 2, die pigmentierten Euglenophyceen meist 1 lange und wenigstens in einigen Fällen auch noch 1 kurze, reduzierte Geißel auf. Oft ist bei heterokonter Begeißelung die eine Geißel (die kürzere) sekundär reduziert und nur als Teil des Photorezeptors erhalten. Auch die Länge der Geißeln ist sehr verschieden. Gewöhnlich sind sie körperlang oder etwas kürzer. Nur selten sind Geißeln stummelartig rückgeblidet oder aber außergewöhnlich lang. Bei *Bothrochloris* sind sie bis 10mal länger als die Zelle [829].

Der polare Bau der Flagellatenzelle wird ferner durch die Lage des Zellkerns und die der pulsierenden Vakuolen bestimmt. Der Zellkern liegt ge-

Abb. 96. Elektronenmikroskopische Aufnahme von *Euglena granulata* im Längsschnitt. *R* Reservoir mit einem Teil der Geißel und Paraflagellar-Körper, *N* Zellkern, *CH* Chloroplast, *PY* Pyrenoid, *S* Stigma. Zum Vergleich mit Abb. 95. – 5200 : 1, nach WALNE und ARNOTT 1967 [1134].

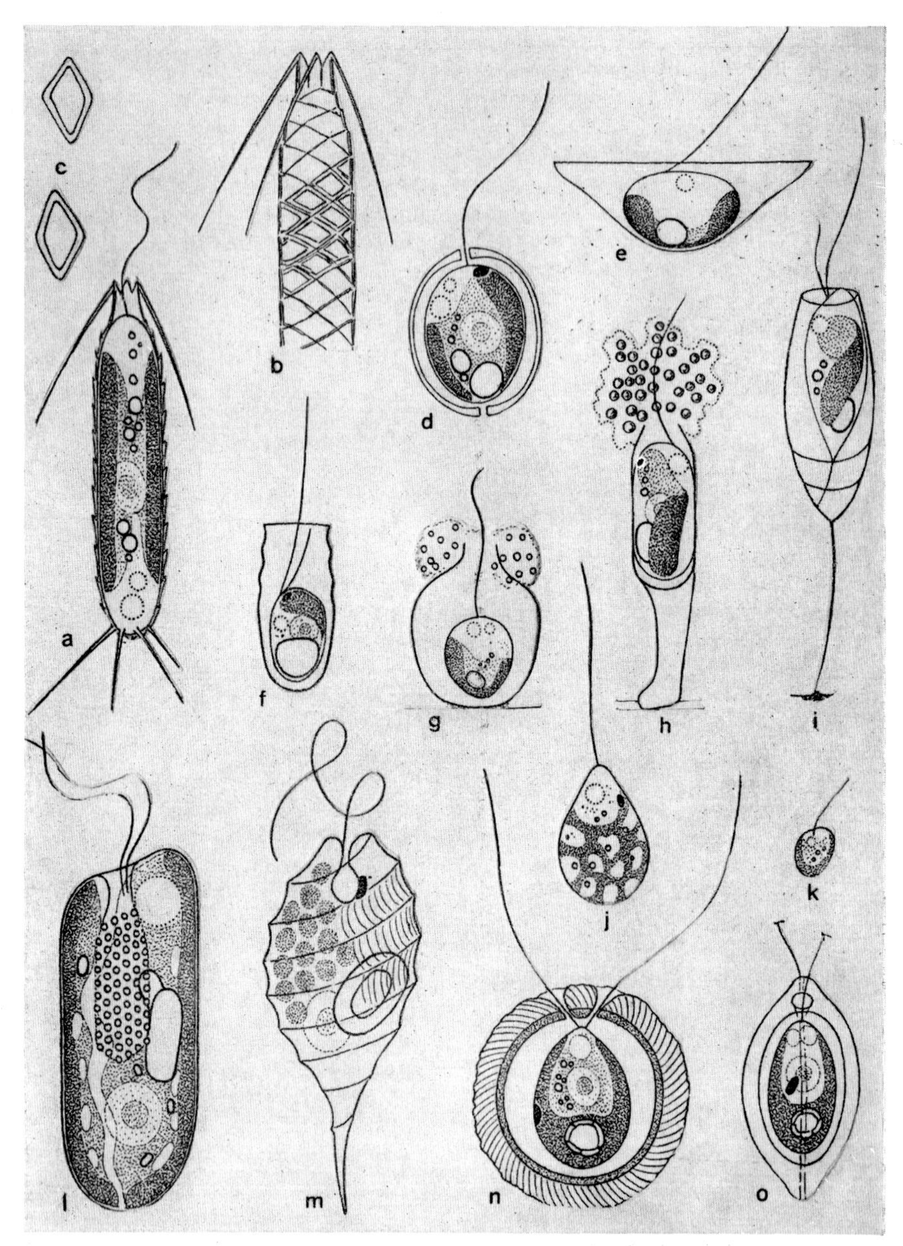

Abb. 97. Morphologie einzeln lebender Flagellaten. a)–c) *Mallomonas coronifera* a) Zelle, b) Teil des Schuppenpanzers mit Kragen und Borsten, c) einzelne Schup-

wöhnlich im vorderen Zelldrittel oder zentral, selten nahe antapikalen Zellende. Seine Lage ist axial, seltener lateral. Auch die Lage der pulsierenden Vakuolen ist im allgemeinen fixiert, bei den *Volvocales* meist so, daß sie senkrecht zur Geißelebene liegen. Weniger häufig finden wir einzelne oder mehrere pulsierende Vakuolen seitlich oder basal, ohne Lagebeziehung zum Kinetom, wie z. B. bei manchen Chrysomonaden. Die pulsierenden Vakuolen der *Euglenales* münden in das Reservoir. Bei den dorsiventral gebauten Dinoflagellaten sind statt der pulsierenden Vakuolen komplizierte Pusulen vorhanden, die ventral liegen und mit dem Geißelspalt in Verbindung stehen [980].

Die Grundgestalt der nackten Flagellatenzelle, ihre dynamische Stabilität, ist das Resultat verschiedener Strukturen, die außerhalb und besonders innerhalb des Zytoplasmas durch das mikrotubuläre Zytoskelett eine gesetzmäßige Anordnung zeigen. Trotzdem sind viele nackte Flagellaten formveränderlich, wobei sie mit oder ohne Geißeln metabolisch oder amöboid werden. Im letzteren Fall können sie vorübergehend auch Pseudo- oder Rhizopodien bilden. Das formbedingende Element der nackten Flagellatenzellen, das nicht amöboid werden kann, sind der Periplast und die Pellikula. Letztere besitzt bei den Euglenophyceen eine Streifenstruktur. Sie ist entweder geschmeidig (bei vielen *Euglena*-Arten) und ermöglicht metabolische Formveränderungen der Zelle, oder aber sie ist fest und steif (*Phacus*-Arten). Vertreter farbloser Euglenophyceen (z. B. *Gyropaigne, Rhabdomonas, Calycimonas, Petalomonas, Notosolenus*) weisen mehr oder weniger kräftig ausgebildete Rippen oder Kiele auf. Bisher sind diese Erscheinungen rein deskriptiv vermerkt und als Ausdruck der natürlichen Formenmannigfaltigkeit der Euglenophyceen betrachtet worden, ähnlich anderen Unebenheiten der Körperoberfläche wie Striae, Spiren und Gyren [112, 114, 600, 885, 886]. Bei Arten mit fakultativ oder obligat animalischer Ernährungsweise gelangen feste Nahrungskörper in das Zytoplasma, wo sie in Verdauungsvakuolen resorbiert werden, aber können sie für eine gewisse Zeit die Zellgestalt beeinflussen. Eine besondere Zelldifferenzierung kommt bei nackten Dinoflagellaten der Gattung *Erythropsis* vor, wo einziehbare Tentakel und ein differenziertes lichtempfindliches Organell (Ocelloid) vorhanden sind [371].

Zwischen Zellbau der autotrophen Flagellaten und den Chloroplasten bestehen enge Beziehungen. Letztere sind wie bei den übrigen Algen äußerst formenreich und den gegebenen Raumverhältnissen in den Zellen weitgehend angepaßt. Zu den Chloroplasten werden auch Pyrenoide und Stigma gerechnet. Wegen der morphologischen Vielfalt der Chloroplasten und Artspezifität können die einzelnen Arten oft leicht identifiziert werden.

pen; d) *Chrysococcus diaphanus;* e) *Kephyrion skujae;* f) *Pseudokephyrion hyalinum;* g) *Lepochromulina bursa;* h) *Lepochromulina calyx;* i) *Arthrochloris gracilis*; j) *Chrysapsis fenestrata;* k) *Monorhiza parva;* l) *Cryptomonas cylindracea;* m) *Monomorphina pyrum;* n) *Phacotus lendtneri* von der Breitseite, o) von der Schmalseite. – e), g) nach Ettl 1960 [202]; die übrigen Figuren nach Ettl 1968 [213].

Eine feste, unveränderliche Gestalt bekommen die Flagellaten erst dann, wenn sie entweder ein Gehäuse (Lorica) oder eine Hülle (Chlamys) besitzen. Ersteres läßt noch gewisse Formveränderungen zu, die Hülle bestimmt dagegen ausschließlich die Gestalt des Flagellaten. Als Verbindungsglied zwischen nackten und behäuteten Flagellaten gibt es solche, die von einem Panzer verschieden geformter Schuppen umgeben sind. Erwähnt seien die Gattungen *Mallomonas* und *Synura* [57, 391, 256], wo die Schuppen nur den Geißelpol unbedeckt lassen (Abb. 97 a–c).

Häufig werden von den Flagellaten Gehäuse ausgeschieden (Abb. 97 d–i), die vor dem Geißelpol eine mehr oder weniger breite Öffnung für den Durchtritt der Geißeln besitzen, wie z. B. bei *Kephyrion, Kephyriopsis, Stylopyxis* [981]. Die Gehäuse liegen nicht immer dem Protoplasten eng an wie bei *Chrysococcus,* sondern in vielen Fällen besteht zwischen dem Gehäuse und dem Protoplasten ein weiter Zwischenraum (*Stylopyxis*). Hierbei werden die Protoplasten oft durch feine Plasma- oder Gallertfäden an der Innenfläche der Gehäuse verankert – *Dinobryon* [838], *Klebsiella* [820], *Stenocodon, Codonodendron* [837]. Das Gehäuse wird während der Zellteilung entweder von beiden oder nur von einem der Tochterprotoplasten verlassen. Die Oberfläche der Gehäuse ist entweder glatt oder mit warzigen bis stacheligen Skulpturen versehen, oft durch Eisen- oder Manganablagerungen gelb bis braun gefärbt [411, 709, 710, 935]. Ähnlich den nackten Flagellaten sind auch die in Gehäusen lebenden Formen fähig, in ein amöboides Stadium überzugehen, wobei sie das Gehäuse verlassen können. Ein schönes Beispiel dafür ist *Dinobryon* [838].

Die Gehäuse sind nicht nur verschiedenartig gebaut und verschiedener Herkunft, sondern haben auch eine artspezifische Gestalt [59, 427, 428]. So besitzen *Hyalobryon* und *Dinobryon* trichterförmige, *Bicoeca* schalenförmige, *Chrysococcus* kugelige und *Bitrichia* spindelförmige Gehäuse. Bei den Chrysophyceen können die in Gehäusen lebenden Flagellaten auch an einer Unterlage festsitzen. Das geschieht entweder direkt wie bei *Lepochromulina* oder mittels zarter oder derber Stiele wie bei *Epipyxis*.

Das Amphiesma der Dinoflagellaten stellt durch die Platten, die für jede Gattung in geregelter Anzahl und Anordnung vorhanden sind, einen Sondertypus der äußeren mechanischen Versteifung der Zellen dar (Abb. 98). Diese Platten sind durch Leisten gegeneinander abgesetzt und häufig mit Poren, Warzen oder Stacheln versehen (*Peridinium, Ceratium*). Die charakteristische Gestalt aller Dinoflagellaten wird durch das Furchensystem bestimmt (Quer- und Längsfurche). Die Seite der Dinoflagellaten, an der Quer- und Längsgeißel sich kreuzen, wird als Ventralseite, die gegenüberliegende als Dorsalseite bezeichnet. Durch die Querfurche wird die Zelloberfläche in zwei ungleiche Hälften (apikale und antapikale) geteilt. Das apikale Ende ist durch die Schwimmrichtung derart bestimmt, daß die Längsgeißel nachgeschleppt wird. Zwischen apikaler und antapikaler Zellhälfte liegt das in einer mehr oder weniger steilen Spirale verlaufende Querfurchenband. Zu seinen beiden Seiten liegen in bestimmter Anordnung und in für jede Art bestimmter

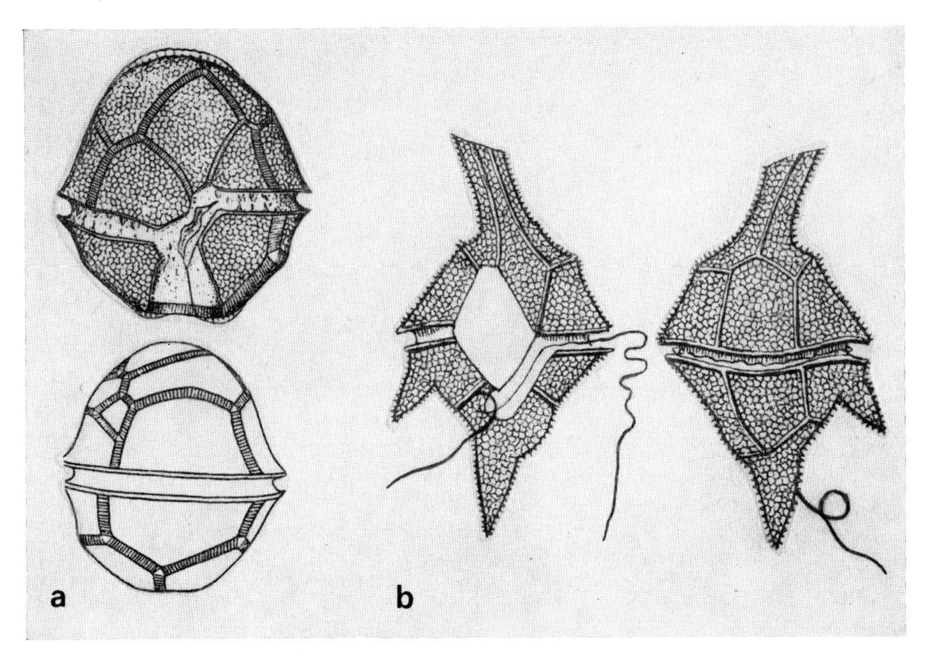

Abb. 98. Morphologie der Dinoflagellaten. a) *Peridinium palustre*, oben Ventralseite, unten Dorsalseite; b) *Ceratium cornutum*, links Ventralseite, rechts Dorsalseite. – Nach LEFEVRE, SCHILLING aus HUBER-PESTALOZZI 1950 [475].

Anzahl die Platten des Amphiesmas. Ober- und unterhalb des durch die Querfurche bezeichneten Äquators befinden sich die Prääquatorial- und Postäquatorial-Platten. Diesen zwei äquatorialen Panzergürteln schließen sich die den Abschluß des Amphiesmas nach beiden Seiten vermittelnden Apikal- und Antapikalplatten an. Im Schnittpunkt der Apikalplatten befindet sich der Apikalporus. Die Platten beider Hälften werden im Äquator durch die Querfurchenplatten oder durch das Querfurchenband (Cingulum) verbunden. Platten, die in der Längsfurche liegen und gewöhnlich anders gestaltet sind, werden Schloß- oder Ventralplatten genannt. In der Schloßplatte befindet sich der Geißelporus. Außerdem finden sich manchmal noch Zwischenplatten zwischen die oben erwähnten Platten eingeschaltet [981]. In Anpassung an planktische Lebensweise können manche Platten auch dornenartige Fortsätze ausbilden, wie bei *Ceratium* [181, 622]. Die mächtige Entfaltung von Stacheln und Leisten oder die Kombination beider (*Ornithocercus, Histioneis*) dient zweifellos zur Verminderung der Sinkgeschwindigkeit.

Die meisten einzelligen *Volvocales* werden von einer festen Hülle umgeben, die mit wenigen Ausnahmen (z. B. bei *Sphaerellopsis*) dem Protoplasten eng anliegt (*Chlamydomonas*). Die Hülle trägt nur kleine Öffnungen für den

Geißelaustritt. Die Zahl der Öffnungen entspricht der Geißelzahl. Häufig ist die Hülle lokal um den Geißelaustritt zu einer Papille verdickt [218]. Bei *Haematococcus* (Abb. 12 c) besteht zwischen Hülle und Protoplast ein weiter Zwischenraum, der mit gallertiger Substanz ausgefüllt ist und von zahlreichen feinen, starren Plasmafäden durchzogen wird, die den Protoplasten mit der Innenseite der Hülle verbinden. In manchen Fällen wird bei den *Volvocales* die Hülle außen noch von einer deutlichen Gallertschicht umgeben (*Gloeomonas*). In anderen Fällen ist die Hülle mit dornartigen Fortsätzen ausgestattet (*Brachiomonas, Diplostauron*), oder sie ist gewellt (*Lobomonas*) [807]. Die Hülle der Phacotaceen ist inkrustiert und spröde, oft mit Eisenablagerungen inkrustiert oder verkalkt und somit in ein Gehäuse umgewandelt. Solche Gehäuse sind entweder einteilig (*Coccomonas*) oder bestehen aus schalenartigen Hälften, deren Ränder in der Sagittalebene zusammenstoßen (*Phacotus*) (Abb. 97 n, o). Bei *Pteromonas* bildet die flache zweiteilige Hülle flügelartige Verbreiterungen.

Eine besondere Ausbildung der Flagellatenzellen stellen Doppelindividuen dar, die schon lange als *Distomatineae* bekannt sind. Ihre Doppelnatur besteht darin, daß sie zwei Kerne besitzen [912]. Beim pigmentierten Flagellaten *Amphichrysis* sind die Chloroplasten und die pulsierenden Vakuolen verdoppelt [551], bei *Didymochrysis* außerdem noch die Geißeln und das Stigma [810, 832], ähnlich wie bei *Carteria geminata* [208]. Man kann diese Doppelindividuen in Beziehung zur geschlechtlichen Vereinigung bringen [551] oder sie auf Teilungsvorgänge zurückführen [291, 832]. Letztere Auffassung wird durch Beobachtungen über gelegentliche Doppelzellen-Bildung von sonst einwertigen Zellen, wie z. B. bei *Pyramimonas, Dunaliella* u. a., unterstützt [209, 291]. Dies erfolgt entweder durch ungewöhnliche Geißel- und Chloroplastenvermehrung oder durch gehemmte Protoplastenteilung. Flagellaten mit verdoppelten Organellen sind immer schwer in die üblichen morphologischen Schemata einzuordnen. Interessanterweise sind die verdoppelten Organellen meist auch bilateral-symmetrisch angeordnet.

3.1.2. Koloniebildende Flagellaten

Diese Flagellaten sind entweder zu Kolonien oder zu Zoenobien vereinigt. Eine noch unvollständige kolonieartige Vereinigung kann schon bei einzeln lebenden Flagellaten dadurch erfolgen, daß die durch Teilung entstandenen Zellindividuen mittels lockerer Gallerte oder mittels Plasmafäden vorübergehend oder dauernd zusammengehalten werden. Die Ausgestaltung echter kolonieartiger Zellverbände erreicht bei den Flagellaten oft höherwertige Systeme, die zu mehr oder weniger weitgehender Arbeitsteilung und vereinheitlichter Reaktionsnorm führen [981].

Die einfachsten Kolonien entstehen dadurch, daß die Zellen nach der Teilung kettenartig verbunden bleiben, wie z. B. bei einigen *Gonyaulax*- und *Ceratium*-Arten. Zellaggregate sind bei den Chrysophyceen häufig, so bei *Chrysosphaerella* oder *Synura*. Bei *Uroglena* sitzen die einzelnen Zellen auf Gallertstielen, die von einem zentralen Punkt ausgehen. Zellen und Stiele

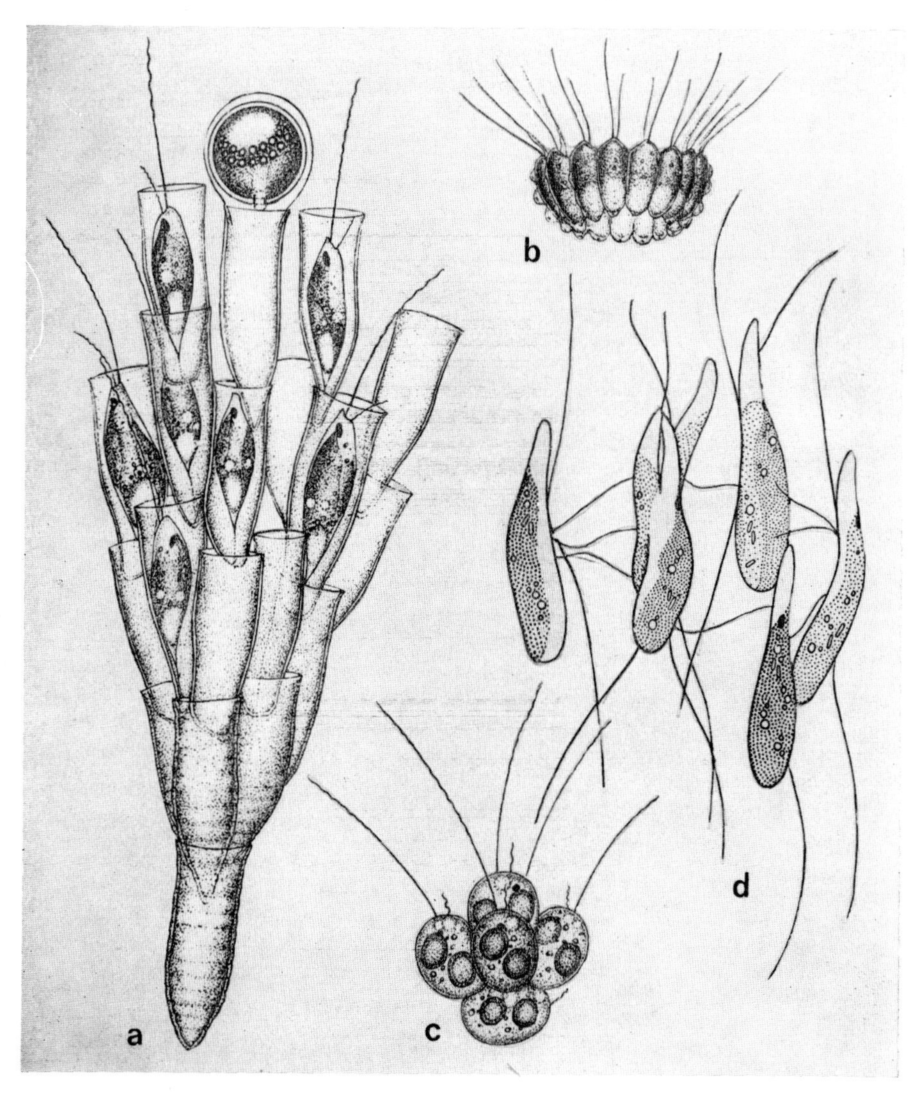

Abb. 99. Koloniebildende Flagellaten. a) *Dinobryon sertularia*, mit einer Zyste am Gehäuserand; b) *Cyclonexis annularis;* c) *Chrysomoron ephemerum;* d) *Dangeardinella saltatrix*. – a) nach SKUJA 1964 [1010]; b), c) nach SKUJA 1956 [1008]; d) nach PASCHER 1930 [813].

sind in einer Schleimmasse eingeschlossen, aus der nur die Geißeln herausragen. *Cyclonexis* (Abb. 99 b) besitzt ringförmige Kolonien. Eigenartige hohle Kolonien von Gastrula- oder Medusen-ähnlichem Habitus bildet *Eusphaerella* [1004, 1008]. Bei *Monadodendron* oder *Cladonema* entstehen durch Wiederholung von Teilungsprozessen eines Initialindividuums, bäumchenartig verzweigte, festsitzende Kolonien, bei denen die Zellen immer am Ende der jüngsten Verzweigung einzeln sitzen [837]. Es können sich aber auch an den distalen Enden der Stiele mehrere Zellen befinden, wie bei *Anthophysa* [29]. *Mycochrysis* bildet bis zu 3 mm große, zusammengesetzte, verzweigte, gallertige Kolonien, die an der Peripherie der pilzhutförmig verbreiterten Astenden die Flagellatenzellen tragen [1009]. Bei der Chlorophycee *Dangeardinella* (Abb. 99 d) entstehen primitive Kolonien dadurch, daß die Einzelindividuen nach der Teilung durch plasmatische Fäden miteinander verbunden bleiben. Hierbei sind die dorsiventral gebauten Zellen oft kranzartig vereinigt [813].

Die Tendenz zur Zusammenlagerung mehrerer artgleicher Individuen kommt auch bei den mit Gehäusen versehenen, schwimmenden oder festhaftenden Flagellaten zum Ausdruck – *Dinobryon* (Abb. 99 a), *Codonodendron*, *Codonobotrys*. Diese Komplexe bezeichnet man als Stöcke. Zum Unterschied von den in Gallerte lebenden koloniebildenden Flagellaten, bei denen in der Regel alle Zellen genetisch gleichwertig sind, weil sie von einer Initialzelle ihren Ausgangspunkt nehmen, muß dies bei der Stockbildung nicht der Fall sein. Es können sich auch Zellen fremder Stöcke am Aufbau des heterogenen Stockes beteiligen. Bei der Zellteilung kann die eine Tochterzelle entweder die Lorica und somit auch den Stock verlassen, oder die Tochterindividuen verbleiben im Verbande des Mutterstockes [980, 981].

Höher organisierte Aggregate werden unter geregelter Vereinigung mehrerer Zellindividuen mittels Gallerte gebildet, die durch Verschleimung der Mutterzellenhülle entsteht. Als Beispiel seien die Volvocaceen erwähnt, wo es zur Bildung spezifisch geformter Zönobien kommt, die eine weitgehende physiologische Koordinierung der Einzelindividuen erkennen lassen. Diese Koordinierung drückt sich in der Synchronisierung des Geißelschlages im Dienste einer gerichteten Bewegung des Zönobiums, in seiner polaren Differenzierung und, bei den hochentwickelten, in der topographischen Lokalisation der reproduktiven Zellindividuen aus.

Ein solches Zönobium entsteht dadurch, daß durch Mehrfachteilung (merogene Schizogonie) aus einer vegetativen Zelle ein Zellverband hervorgeht, der dieselbe Anzahl und dieselbe Anordnung der Zellen hat wie ein erwachsenes Zönobium. Bei den einfacheren Spondylomoraceen (*Spondylomorum*, *Uva*) werden die Zellen ohne äußere Gallertschichten zusammengehalten, indem die Zellen direkt oder mittels gallertiger Ausläufer miteinander verkleben. Sie liegen in Kränzen zu zweit oder zu viert beisammen, die zu mehreren übereinander angeordnet sind, wobei die Zellen des einen Kranzes „auf Lücke" zu den Zellen des benachbarten Kranzes stehen. Bei den Volvocaceen (Abb. 100) liegen hingegen die Einzelzellen in der erweiterten und

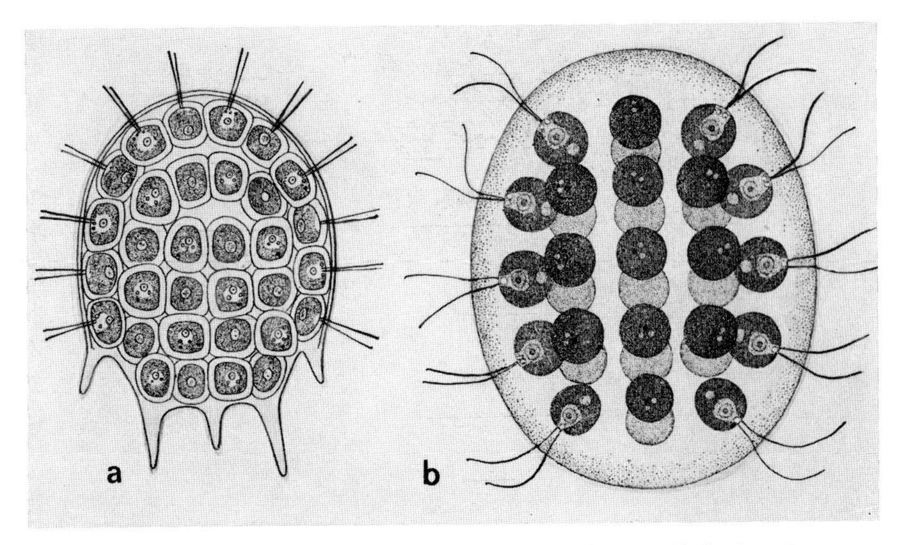

Abb. 100. Zönobiale Flagellaten. a) *Platydorina caudata*; b) *Eudorina elegans*. – Nach KOFOID, HARTMANN aus PASCHER 1927 [807].

vergallerteten Mutterzellwand, innerhalb der sie wieder mittels ihrer eigenen Gallerthüllen Zönobien verschiedener Formen bilden [583]. Wir finden entweder leicht gewölbte Platten (*Gonium, Platydorina*) oder ellipsoidisch-kugelige Verbände, in denen die Zellen nur zentral vereinigt (*Pandorina*) oder peripher über die ganze Fläche (oft in Kränzen oder auch ohne solche) verteilt sind, die nach außen durch eine dichtere Gallertschicht abgegrenzt ist (*Eudorina, Pleodorina*) [807]. Die Zahl der Zellen eines solchen Zönobiums beträgt dabei 8, 16, 32, 64 oder 128.

Die Zellen in den Zönobien der Volvocaceen sind nicht gleichwertig, wenn sie auch bei den einfacheren Formen morphologisch gleich aussehen. Das ganze Zönobium gewinnt durch eine weitgehende funktionelle und damit manchmal in Verbindung stehende morphologische Differenzierung seiner Zellen den Charakter einer Einheit höheren Ranges [807]. Bei den einfachen Formen, bei denen noch alle Zellen teilungsfähig sind, besitzen die vorderen größere Stigmen als die hinteren. So lassen sich am Zönobium zwei Pole unterscheiden. Die Zellen mit den größeren Stigmen sind bei der Bewegung nach vorn gerichtet. Die Stigmen in den Zellen des hinteren Pols sind manchmal völlig verkümmert (*Pandorina, Eudorina*). Es gibt aber noch eine andere Differenzierung, bei der die Teilung der Zellen vom Vorderende des Zönobiums gegenüber den anderen Zellen verzögert ist (Abb. 101). Das kann bei *Eudorina illionoisensis* so weit gehen, daß die vorderen vier kleinen Zellen nicht mehr teilungsfähig sind. Bei der vielzelligen *Pleodorina californica* ist die Hälfte aller Zellen (nämlich die in der vorderen Hälfte) kleiner und im

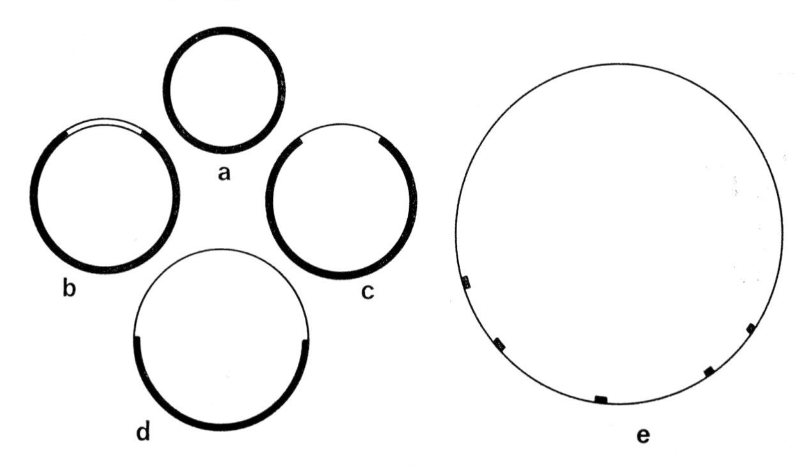

Abb. 101. Schematische Darstellung der Differenzierung der reproduktiven Zellen bei den zönobialen *Volvocaceae*. Die Kreise stellen Umrisse des immer mehr oder weniger kugeligen Zönobiums dar, die dick ausgezogenen Kreisbögen den Bereich des Zönobiums, in dem sich die Zellen fortpflanzen können; der zart ausgeführte Kreisbogen gibt den Bereich der rein vegetativen, nicht mehr fortpflanzungsfähigen Zellen wieder. a) *Pandorina,* alle Zellen fortpflanzungsfähig; b) *Eudorina elegans,* der vordere vierzellige Kranz mit gehemmter, doch nicht völlig unterdrückter Fortpflanzungsfähigkeit; c) *Eudorina illinoisensis,* der vordere Kranz aus vier auffallend kleineren und nicht fortpflanzungsfähigen Zellen bestehend; d) *Pleodorina californica,* nur die Zellen der hinteren Zönobiumhälfte fortpflanzungsfähig; e) *Volvox,* nur wenige Zellen in der hinteren Zönobiumhälfte fortpflanzungsfähig. – Nach Pascher 1927 [807].

Hinblick auf die ungeschlechtliche und geschlechtliche Fortpflanzung funktionslos geworden, während diese Funktionen für fast sämtliche Zellen der hinteren Hälfte erhalten bleiben [344, 361, 807]. Eine eigenartige Differenzierung zeigt auch *Astrephomene,* bei der sich am abgeflachten hinteren Pol des Zönobiums 4 kleine Zellen befinden, deren Apikalende so orientiert ist, daß ihre Geißeln einen Steuerungsapparat bilden [889].

Bei der Gattung *Volvox* geht diese Differenzierung noch weiter. Die meisten Zellen sind nur noch rein vegetativ, nur relativ wenige Zellen können sich ungeschlechtlich oder geschlechtlich fortpflanzen. In diesem Fall muß ein solcher Organismus schon als echter Vielzeller angesehen werden, auf den der morphologische Terminus Zönobium im engeren Sinne nicht mehr paßt [764, 807]. Die Zellen, deren Anzahl bei manchen Arten bis zu 16000 je Individuum betragen kann, sind in gallertige Masse eingebettet und bilden eine Hohlkugel. Die Geißeln sind nach außen gerichtet. Untereinander stehen die Zellen durch Plasmafortsätze in Verbindung. Die Polarität im Bau von *Volvox* besteht darin, daß eine vegetative und eine generative Hemisphäre unterschieden werden können, wobei in letzterer die Geschlechtszellen angelegt werden. Die Zellen des vegetativen Poles besitzen längere Geißeln und größere Stigmen. Nach der Befruchtung gehen die vegetativen Zellen zugrunde. Es kommt hier also, im Gegensatz zur potentiellen Unsterblichkeit der Flagellaten, zum regelmäßigen Absterben des Organismus. Der Zönobium-Typus von *Volvox* stellt einen Höhepunkt der aggregativen Gestaltung innerhalb der Flagellaten dar [980].

Bei *Volvox* geht die Differenzierung der zu Fortpflanzungszwecken bestimmten Zellen so weit, daß sie bei manchen Arten schon innerhalb der Mutterzönobien an den ganz jungen Tochterzönobien differenziert und frühzeitig determiniert sind. Ungeschlechtliche Fortpflanzungszellen werden früh im Embryo angelegt, nach einer Teilung des Embryos von 16 zu 32 Zellen; dagegen differenzieren sich Eizellen und Spermatangien erst dann, wenn die Zahl von 32 oder 64 Zellen erreicht wird [509, 530, 1039].

3.2. Rhizopodiale Organisationsstufe

Die nackten Flagellaten haben oft die Tendenz zur Bildung von Pseudopodien oder zur völligen Amöboidie, meist unter Beibehaltung der Geißeln (Abb. 102). Es handelt sich um eine in Richtung animalischer Ernährungsweise hinneigende Metabolie. Diese führt schließlich über mannigfache Zwi-

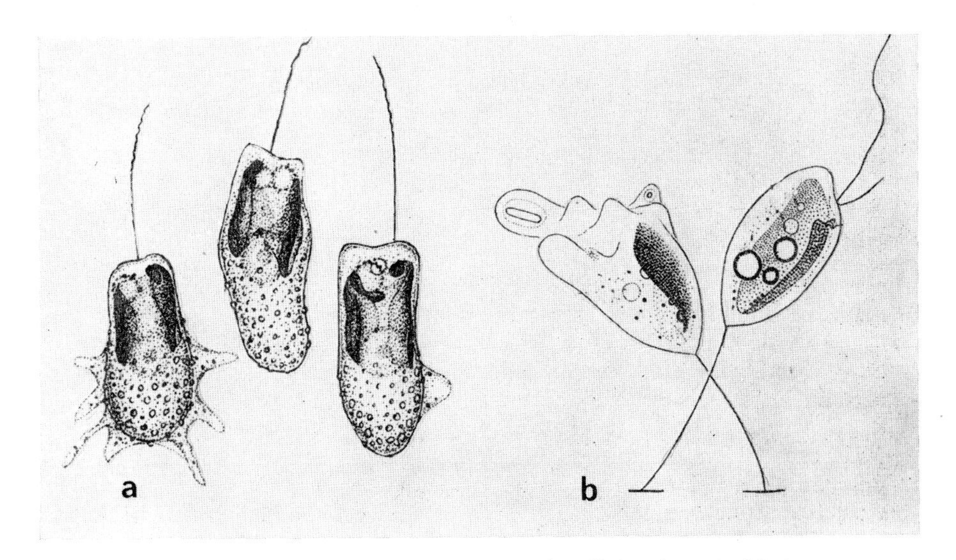

Abb. 102. Pseudopodiumbildung bei nackten Flagellaten in verschiedenen Stadien. a) *Chromulina flavicans;* b) *Ochrostylon epiplankton.* – a) nach Skuja 1964 [1010]; b) nach Pascher 1942 [837].

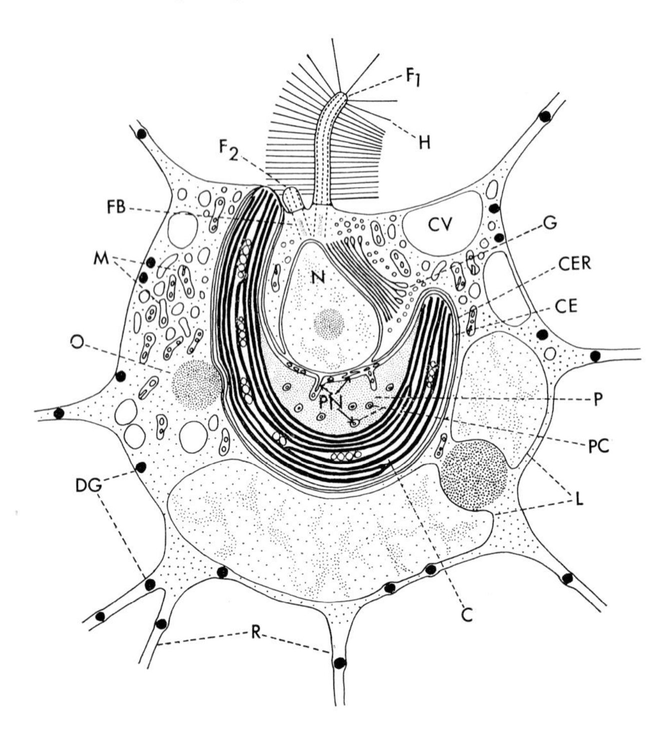

Abb. 103. Schema des Feinbaues von *Chrysamoeba radians*. F_1 Hauptgeißel, F_2 Nebengeißel, *H* Mastigonemen, *FB* Basalkörper, *N* Zellkern, *CV* pulsierende Vakuole, *G* Golgi-Apparat, *C* Chloroplast, *CE* Chloroplastenhülle, *CER* plastidiales ER, *PN* periplastidiales Retikulum, *P* Pyrenoid, *PC* Kanäle im Pyrenoid, *M* Mitochondrien, *O* Öltropfen, *L* Vesikel mit Chrysolaminarin, *DG* dichte Globuli, *R* Rhizopodien. – Nach Hibberd 1971 [417].

schenstufen zur Ausprägung einer metamorphen Organisationsstufe, die man als rhizopodial (amöboid) bezeichnet. Rhizopodiale Zellen finden wir im Anklang an die Flagellaten auch bei vielen anderen Algengruppen (*Chrysophyceae, Xanthophyceae, Dinophyceae*) als vegetative Stadien, bei Chlorophyceen auch als vorübergehende Stadien begeißelter Fortpflanzungszellen [798, 801].

Im amöboiden Zellzustand bleiben oft noch der Geißelapparat und die ursprüngliche Polarität sowie die spezifische Grundgestalt einer Flagellatenzelle mehr oder weniger deutlich erhalten [801]. Viele Flagellaten, besonders aber die Chrysomonaden, wandeln sich fließend mit oder ohne Geißelverlust in rhizopodiale Zellen um. Ein schönes Beispiel dafür bietet *Chrysamoeba* (Abb. 103) [417]. Derartige rhizopodiale Organisationsstufen sind für fast alle Reihen gefärbter Flagellaten nachweisbar. Auch bei so stark spezialisierten

Vertretern wie den Dinoflagellaten scheint in der Gattung *Dinamoeba* die animalischen Ernährungsweise durchweg angenommen und die Arten in Anpassung daran völlig rhizopodial geworden zu sein [800].

Nur bei extrem amöboider Gestaltung treten die Flagellatenmerkmale zurück; die Zelle hat dann die Form einer Amöbe mit weitgehendem Verlust der ursprünglichen Zellorientierung, wie z. B. bei *Rhizochloris* [825]. Die wesentlichen Merkmale dieser Amöben sind Formveränderlichkeit des Zellkörpers und Beweglichkeit durch Fließen des Plasmas oder durch Bildung von Pseudopodien [296].

3.2.1. Einzeln lebende Rhizopoden

Der amöboide Formwechsel steht mit metabolischen Prozessen und mit den lokal vor sich gehenden Änderungen der Oberflächenspannung der Zelloberfläche in Zusammenhang. Sichtbarer Ausdruck dafür sind im einfachsten Falle die Bildung von Pseudopodien und die animalische Ernährung. Letztere erfolgt bei manchen Formen, wie z. B. *Rhizochrysis* (Abb. 11 a), ziemlich selten, bei anderen, wie z. B. bei *Rhizochrysidopsis,* häufig. Bei der aufgenommenen Nahrung handelt es sich um Bakterien und kleinzellige Algen; manchmal werden auch große Organismen aufgenommen, die dann den Zellkörper der sich ernährenden Zellen entsprechend deformieren. Dabei bleichen die Chloroplasten von *Rhizochrysidopsis* in lebhaft fressenden Individuen nicht aus. Sie werden auch nicht kleiner, sondern wachsen proportional zur Zellgröße [300]. Bei *Brehmiella* sind dagegen die Chloroplasten klein und zudem noch meist sehr blaß gefärbt. Auch hier erfolgt die animalische Ernährung häufig [808], wobei die Nahrung in das strömende Plasma der vorderen Pseudopodien oder direkt mit der Vorderfläche aufgenommen wird.

Manche amöboide Zellen sind polar gebaut, obgleich sie keine Geißeln mehr tragen. So sitzt *Brehmiella* mit einem derben kurzen Pseudopodium fest und sendet in entgegengesetzte Richtung mehrere breite, fingerförmig aufwärts stehende Pseudopodien aus [808]. Bei *Amoeba stigmatica* wird die Polarität durch ein großes, rinnenförmiges Stigma betont [818]. Bei vielen rhizopodialen Formen (z. B. *Rhizochrysis)* findet eine Rückkehr zur Monadenform niemals mehr statt. Einige farblose Amöben lassen die Zugehörigkeit zu den Algen nur noch schwierig erkennen, z. B. bei *Leukochrysis* die Zugehörigkeit zu den Chrysophyceen durch die typischen verkieselten, endoplasmatisch angelegten Zysten [772, 804].

Viele rhizopodiale Algen sind zu einer festsitzenden Lebensweise übergegangen und bilden verschieden geformte, zarte oder derbe, hyaline oder durch Eisenablagerungen gelb bis braun gefärbte Gehäuse (Abb. 104). Diese sind gestielt oder ungestielt, schließen auch den Organismus mehr oder weniger ein. Die auffallendsten Formen sind solche, deren Gehäuse, oft mit einer sehr derben Wand, von mehreren bis vielen radiär angeordneten Poren durchbrochen werden. Sie sind im allgemeinen über das ganze Gehäuse mehr oder weniger regelmäßig verteilt. Vom eingeschlossenen Protoplasten treten

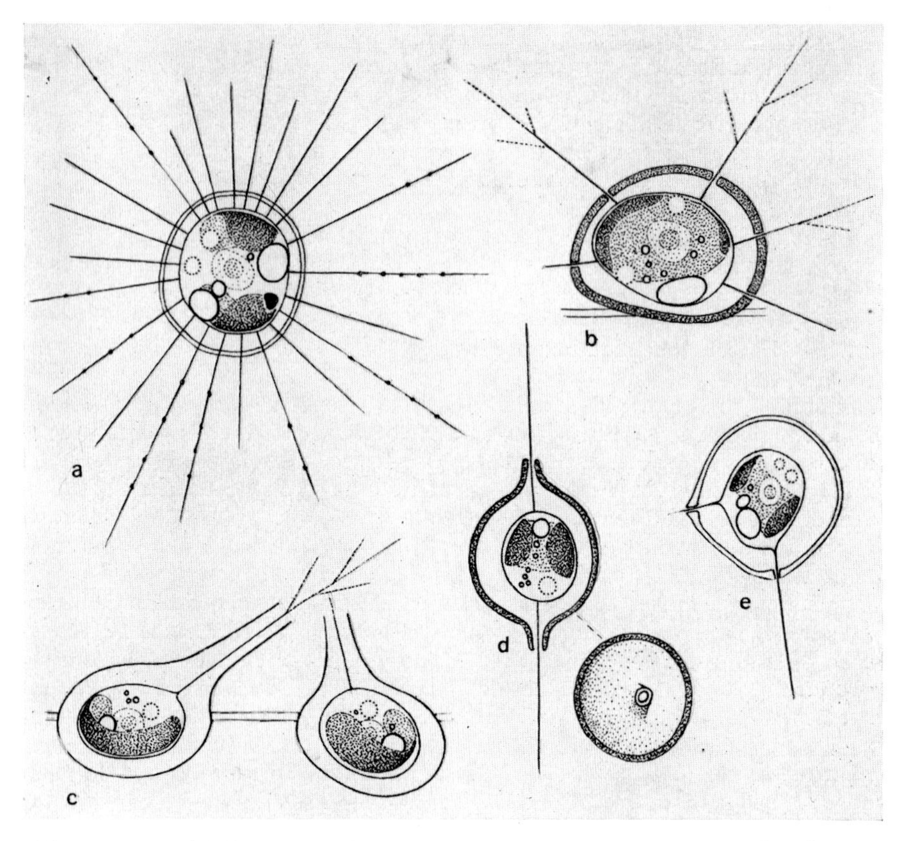

Abb. 104. Verschiedene, in Gehäusen lebende Rhizopoden. a) *Heliochrysis eradians*; b) *Chrysocrinus irregularis;* c) *Lagynion cystodinii*; d) *Chrysamphitrema brunnea,* unten Gehäuse senkrecht zum Porus gesehen; e) *Diporidion bicolor.* – Nach ETTL 1968 [213].

dann meist zarte Filopodien oder wenig verzweigte Rhizopodien durch die Poren aus [57, 835]. Diese dienen als Fangeinrichtung bei extrazellulärer Nahrungsaufnahme. Hierher gehören *Heliochrysis, Heliaktis, Chrysocrinus* und *Stephanoporos,* deren Gehäuse direkt an einer Unterlage haftet. Gestielte Gehäuse besitzen z. B. *Porostylon* oder *Stipitoporos* [220, 835]. Manche Gehäuse haben nur eine einzige Öffnung, die halsartig verlängert ist und dem Gehäuse ein flaschenartiges Aussehen verleiht (*Eleutheropyxis, Leukopyxis, Kybotion, Chrysothylakion*). Das austretende Rhizopodium ist dann stark verzweigt [835].

Es gibt auch schalenförmige Gehäuse, mit oben breiter Öffnung. Bei *Rhizo-*

lekane sind sie ungestielt, bei *Stipitococcus* und *Rhizaster* dagegen fein gestielt [800, 829]. Der Protoplast reicht mit seiner Oberfläche bis zum Gehäuserand und bildet lange, ganz feine Rhizopodien. In den meisten Fällen werden die Gehäuse durch Inkrustationen und Ablagerungen sehr massiv und tiefbraun gefärbt, so daß der Inhalt nur noch schwer zu erkennen ist. Bei *Heterolagynion* wird der Protoplast vom derben Gehäuse glockenartig überdeckt und ans Substrat gedrückt [126].

3.2.2. Kolonien- und plasmodienbildende Rhizopoden

Auch die amöboiden Zellen können sich zu mehreren artgleichen Individuen, zu Verbänden oder Aggregaten von spezifischer Form vereinigen. Ganz besondere Verbände einzelner, nicht verwachsener Individuen bildet *Chrysostephanosphaera*. Hier liegen 4–16 Protoplasten äquatorial in einer mehr oder weniger kugeligen Gallerte eingebettet; sie besitzen feine Rhizopodien, die radiär nach außen strahlen [1006]. *Heimiochrysis* bildet große, einfache, zylindrische Gallertkolonien, die zuweilen makroskopische Ausmaße erreichen. Die Protoplasten bilden feine Rhizopodien, die zur Peripherie des Gallertschlauches gerichtet sind [56, 1010].

Aggregate wie Filarplasmodien, bei denen die einzelnen Zellen durch feine Filopodien netzartig verbunden erscheinen, treten als polyenergide Fortentwicklung rhizopodialer Chryso- und Xanthophyceen auf [980, 981]. So ist die Entstehung der Zellverbände bei *Chrysarachnion* und *Chlorarachnion* (Abb. 105 a) ein einfaches Beispiel eines Filarplasmodiums [293, 802]. Die filopodienartigen Zellfortsätze begünstigen die netzartige Vereinigung der einzelnen Individuen und können, da es sich in diesem Fall um autotrophe Organismen handelt, eine für die Ernährungsprozesse günstige Oberflächenvergrößerung herbeiführen. Außerdem stehen sie auch im Dienste einer auxiliaren holozoischen Nahrungsaufnahme, wie aus dem Fang lebender Organismen hervorgeht.

Als einfachstes Filarplasmodium kann *Chrysidiastrum* angesehen werden, das kleine 4–8zellige Ketten kleiner Amöben bildet, die durch einen, seltener mehrere zarte Plasmastränge linear verbunden sind. Die Bildung solcher Zellverbände kommt wohl durch unvollständige Protoplastenteilung zustande, bei der die Protoplasten mittels Plasmafäden verbunden bleiben. Bei *Chrysarachnion insidians* kommen die Filarplasmodien durch Vereinigung der Rhizopodien zustande, und die Netzbildung ist in ständiger Veränderung begriffen [802, 834]. Hier stehen bis 200 kleine Amöben durch Rhizopodien miteinander in Verbindung. Gelegentlich kann bei der Zellteilung die Teilung der Chloroplasten unterbleiben, so daß chloroplastenfreie Zellen entstehen. Falls sich diese farblosen Zellen gelegentlich weiterteilen, kommt es zur Bildung kleiner Nester farbloser Zellen innerhalb des Verbandes. Bei *Leukapsis* sind alle Zellen farblos [834]. Das Netzplasmodium ist sehr ungleichmäßig und besteht aus vielen kleinen, unregelmäßig polygonalen, farb-

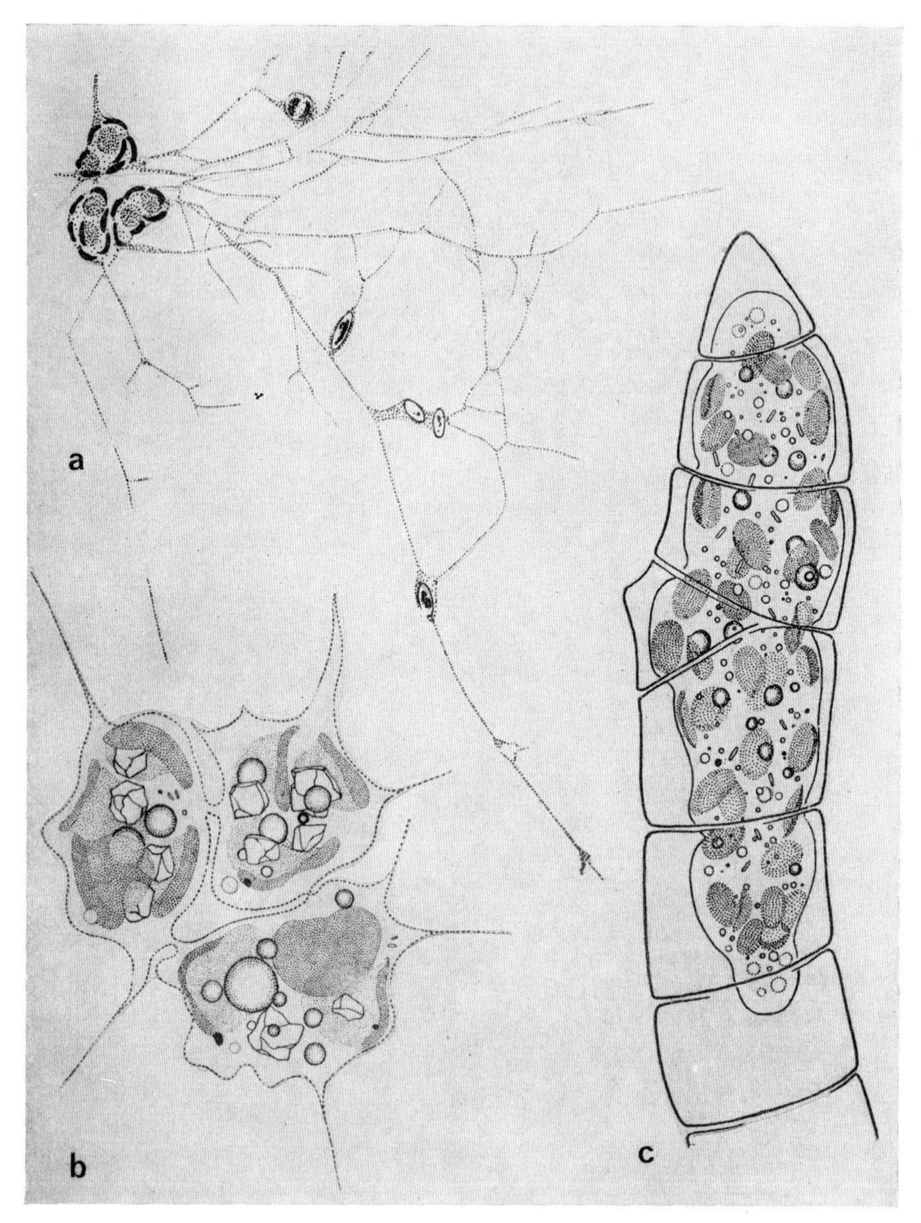

Abb. 105. Plasmodiale Rhizopoden. a) Randpartie des Filarplasmodiums von *Chlorarachnion reptans*. Die verzweigten Filopodien, die netzartig verbunden sind, nehmen Organismen auf. b) Übergang zu einem Aggregatplasmodium von *Rhizo-*

losen Amöben. An der Netzbildung sind neben kernhaltigen auch kernlose Plasmakörper beteiligt.

Eine besondere Stellung nimmt *Heliapsis* ein; die Protoplasten leben hier in kugelig-linsenförmigen Gehäusen. Aus den äquatorialen Poren der Gehäuse treten Plasmafäden aus, die in Verbindung mit den Plasmafäden anderer Zellen stehen und außerdem noch verzweigt und untereinander netzig verbunden sind. Dieses Plasmodium liegt auf verschiedenen Substraten in Form eines typischen Filarplasmodiums, nur mit dem Unterschied, daß die Protoplasten hier in Gehäusen eingeschlossen bleiben [834, 835].

Die Vereinigung von Amöben kann aber auch in der Weise erfolgen, daß die Zellen mit ihren nackten, unregelmäßig konturierten Oberflächen in Kontakt treten, wobei die Grenzen der Einzelzellen noch teilweise erhalten bleiben (Abb. 105 b). In diesem Falle sprechen wir von einem Aggregatplasmodium [980]. Bei *Rhizochloris congregata* erinnern die mehrzelligen Anhäufungen an traubenartige Gebilde. Es kommt zu einer Fusion von Zellteilen im Zentrum des Verbandes, aus dem aber noch freie Zellteile mit Filopodien ausstrahlen [206].

Die höchste Stufe einer plamodialen Aggregation wird dann erreicht, wenn es zu einer vollkommenen Verschmelzung der Amöben kommt. So sind die einzelnen Zellen im Fusionsplasmodium nur durch die enthaltenen Zellkerne symbolisiert. Ein Beispiel gibt *Myxochloris* (Abb. 105 c), das in den Wasserzellen von *Sphagnum* lebt und durch Verschmelzung mehrerer einkerniger Schwärmer oder amöboider Protoplasten entsteht. Es läßt sich hier sogar eine Art polarer Differenzierung des Fusionsplasmodiums feststellen, da die eine Seite des Gebildes chloroplastenfrei ist und auch die pulsierenden Vakuolen dort gehäuft auftreten [829]. Etwas komplizierter gebaut ist das Fusionsplasmodium von *Myxochrysis* [802]. Der Organismus lebt in völlig ausgebildeter Form als vielkerniges Plasmodium, das mit einer derben Hülle umgeben ist. Die Hülle selbst ist durch Eisenablagerungen braun gefärbt. Die Ernährung erfolgt oft animalisch, indem durch große, lappige, hyaline Pseudopodien, die die Hülle durchbrechen, kleine Organismen aufgenommen werden.

3.3. Capsale Organisationsstufe

Unter bestimmten Umständen gehen Flagellaten unter Geißelverlust auch in ein Gallertstadium über [277], in dem sie eine bestimmte Zeit verbleiben. Diese Gallertstadien bieten einen Schutz gegen ungünstige Umweltbedingun-

chloris stigmatica, indem die Zellen nach der Teilung beisammenbleiben; c) großes Fusionsplasmodium von *Myxochloris,* das zum großen Teil die Wasserzellen von Torfmoosen ausfüllt. – a) nach Geitler; b), c) nach Pascher aus Pascher 1939 [829].

gen. Da die Zellteilung in diesem als palmelloid bezeichneten Zustand nicht eingestellt wird, entstehen häufig durch sukzedane Teilungen in der Gallerte zahlreiche Generationen. Diese Palmellen werden jedoch nur eine Zeitlang in den Lebenszyklus eingeschaltet, worauf der Organismus wieder in das Flagellatenstadium übergeht.

Bei der capsalen Organisationsstufe bleibt dieses Stadium jedoch lebenslänglich bestehen. Hierbei kommt es entweder zu einem völligen Geißelverlust, oder die Geißeln werden in Pseudocilien umgebildet. Gallerte wird bei den capsalen Algen häufig und in großen Mengen gebildet, ist jedoch für die Charakterisierung dieser Organisationsstufe allein nicht maßgebend. Obwohl die Zellen der capsalen Organisationsstufe im vegetativen Zustand unbeweglich sind, zeigen sie während ihres ganzen Lebens noch Merkmale der Flagellaten, vor allem die Polarität der Zellen, die pulsierenden Vakuolen und manchmal auch ein Stigma. Sie stellen einen Übergang zwischen den Flagellaten und den echten Algenzellen dar. Je nach Algenklasse sind die Zellen der capsalen Formen nackt oder mit einer Hülle versehen [201].

3.3.1. Mit Gallerte

Sämtliche capsalen Algen, die in Gallerte eingeschlossen leben, bilden bis auf seltene Ausnahmen mehrzellige Kolonien. Abgesehen von der Lagerung in einer gemeinsamen Gallertmasse sind die Zellen voneinander unabhängig und stellen sowohl vegetativ als auch reproduktiv selbständige Individuen dar. Die gallertigen Kolonien besitzen unterschiedliche, oft auch unregelmäßige Form [277]. Die Gallerte wird entweder von den Protoplasten ausgeschieden oder entsteht, besonders bei den Chlorophyceen, durch Verschleimen der Hüllen der Mutterzellen und früherer Generationen.

Am einfachsten gebaut sind die mehr oder weniger amorphen Palmellen, in denen die Zellen innerhalb der Gallerte keine regelmäßige Anordnung erkennen lassen (Abb. 106). Durch Anpassung an diese Lebensweise kann es aber zur Ausgestaltung spezifisch geformter Gallertmassen kommen. Wir sprechen in diesem Falle schon von Kolonialverbänden, in denen zunächst eine schwache Differenzierung darin zu erkennen ist, daß die Zellen vorwiegend an der Peripherie des Gallertthallus angeordnet sind, wie z. B. bei *Celloniella palensis* [809]. Den Höhepunkt der Organisation eines solchen palmelloiden Thallus erreicht *Hydrurus* (Abb. 107c–e) [213, 636]. Der reich büschelförmig verzweigte Thallus wird in seinem Wachstum, d. h. in der polarisiert erfolgenden Gallertausscheidung, von einer in der Spitze der Haupt- und Nebenäste gelegenen, teilungsfähigen Zelle gesteuert. In diesem und anderen Fällen nimmt die Gallerte eine festere Konsistenz an, die dem ganzen System einen konstanten Habitus verleiht [980].

Bei vielen capsalen Algen fällt der Gallerte der Hauptanteil bei der Gestaltung von Kolonien zu, so bei manchen Tetrasporalen, Chrysocapsalen und Heterocapsalen, wie *Apiocystis, Tetraspora, Phaeosphaera, Chlorosaccus* u. a.

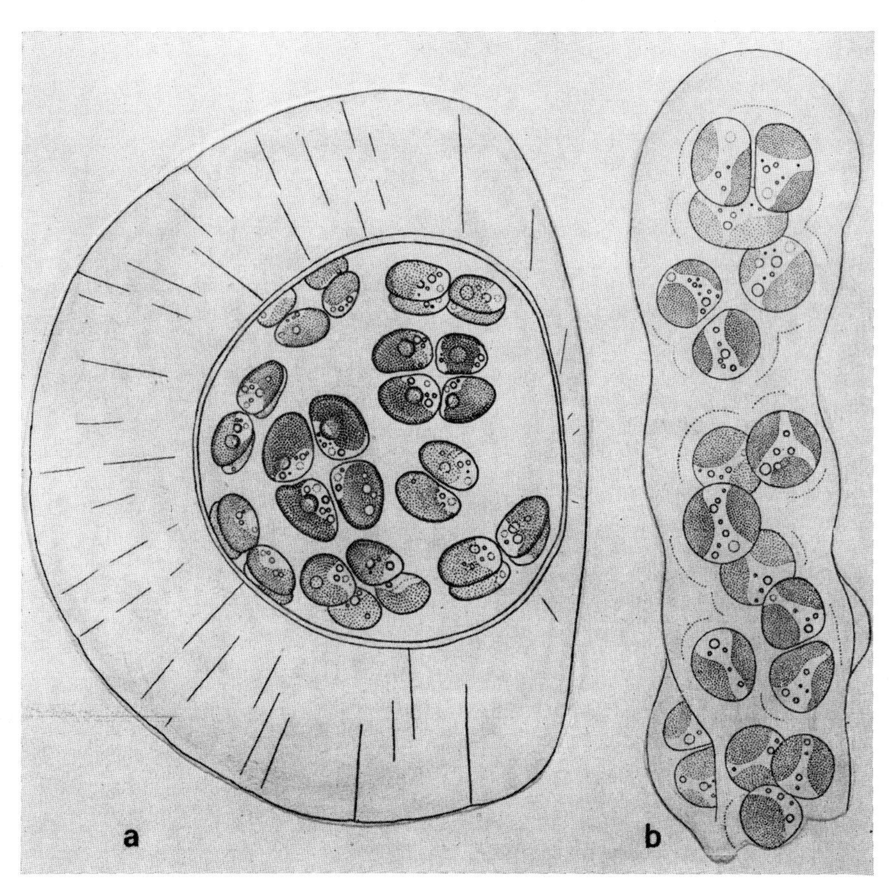

Abb. 106. Capsale Formen mit Gallerte. a) *Chalkopyxis tetrasporoides,* kleines Lager mit drei Gallertschichten. In der Zentralgallerte liegen die Zellen meist in Vierergruppen. Die Zwischengallerte ist dünn und hautartig. Die äußere Hüllgallerte ist deutlich radiär gestreift. b) *Helminthogloea ramosa,* Ende eines Gallertstranges. – a) nach Pascher 1931 [819]; b) nach Pascher 1939 [829].

Differenzierung der Gallertmasse in eine basale Haftscheibe zeigt *Apiocystis.* Teils durch die Polarität, teils durch die ernährungsphysiologischen Bedürfnisse der einzelnen Zellen bedingt, nehmen diese ähnlich wie bei *Tetraspora* vornehmlich eine periphere Lage ein. Bei anderen sind die Zellen in der Gallerte unregelmäßig verteilt, und die Gallertmassen erreichen mitunter makroskopische Größen, wie z. B. bei *Chrysocapsella* [637]. Die Gallerte erscheint nach der Färbung geschichtet, in Form von Spezialhüllen um die einzelnen Zellen oder um kleine Zellgruppen. Deutlich geschichtete Gallerthül-

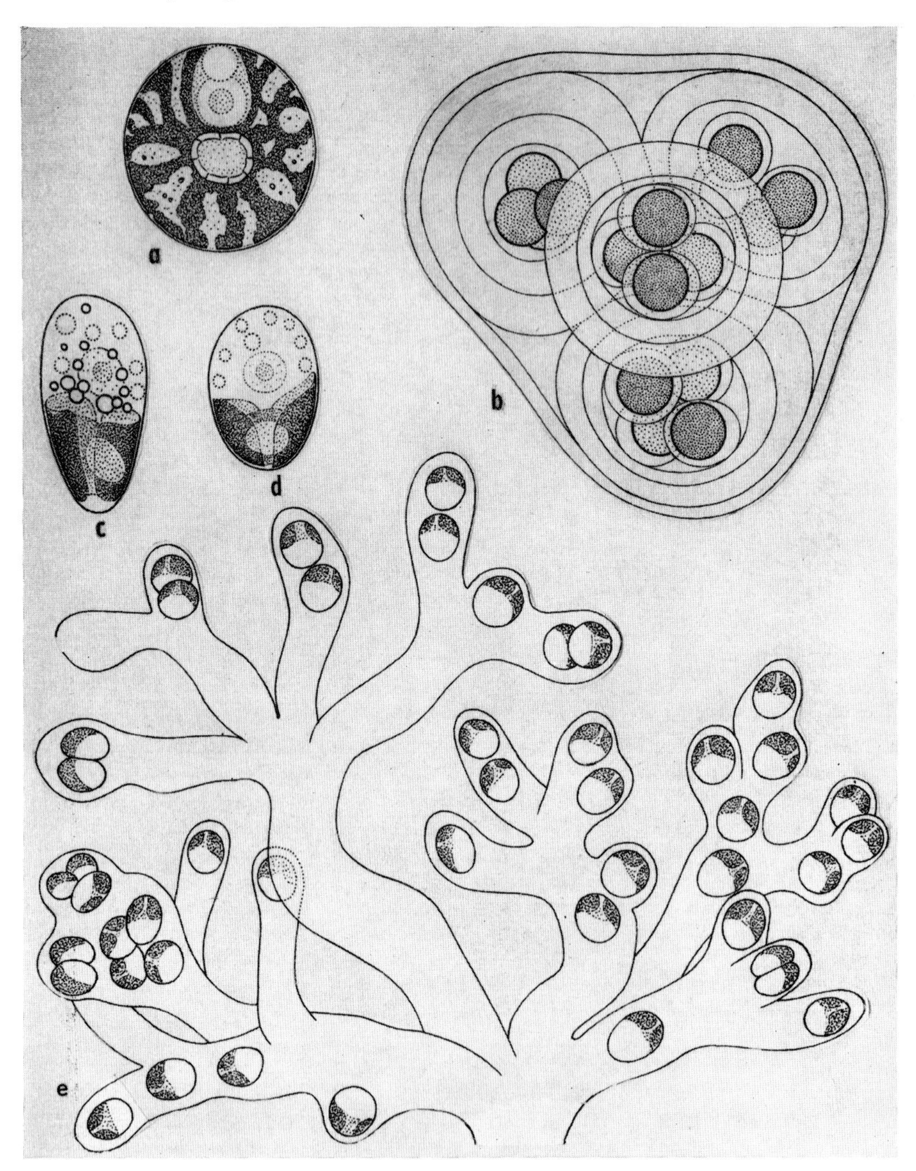

Abb. 107. Capsale Formen mit Gallerte. a) Einzelzelle von *Asterococcus superbus* mit asteroidem Chloroplasten und apikalen pulsierenden Vakuolen; b) kleine Gallertkolonie derselben Art. Gallerte in Form mehrschichtiger, ineinandergeschachtelter Gallertsysteme. Zellen nur punktiert gezeichnet. c), d) Einzelzellen von *Hydrurus foetidus* mit zweiteiligem Chloroplast und mehreren pulsierenden Va-

len, bei denen oft komplizierte ineinandergeschachtelte Systeme entstehen, werden als Gloeocysten bezeichnet. Diese sind oft schon ohne Färbung sichtbar; siehe *Asterococcus* (Abb. 107 a, b) [204].

Von den Zellen der Gattungen *Apiocystis, Tetraspora, Paulschulzia* oder *Schizochlamys* ragen starre und bewegungslose, geißelähnliche Pseudocilien nach außen. Diese erreichen bei *Chaetochloris* und *Polychaetochloris* eine beträchtliche Länge [833]. Capsale Formen anderer Algenklassen bilden Gallertborsten, wie z. B. *Naegeliella* und *Chrysochaete* [327]. Eine gesetzmäßige Polarisicrung der Zellteilungs- und Gallertausscheidungsprozesse führt schließlich zur einseitigen Bildung von Gallertpolstern, Gallertfüßen oder dicker, gallertiger dendroider Gebilde, wie z. B. bei *Malleodendron* [829] und *Malleochloris* [807]. Durch Verbindungen von Gallertstielen der Tochterzellen mit den Resten der Stiele und der Hüllen der Mutterzellen läßt sich der dendroide Typus von *Chlorangiella* leicht erklären [470].

3.3.2. Ohne Gallerte

Nicht alle Zellen der capsalen Organisationsstufe bilden Gallerte. Die Flagellaten sind durch Übergänge mit den coccalen Algenzellen verbunden, auch wenn keine Gallertstadien gebildet werden [807]. In letzter Zeit sind viele Formen bekannt geworden, die eine Zwischenstellung zwischen Flagellaten und coccalen Algen einnehmen, indem sie unbeweglich und mit einer Zellwand versehen sind, aber zeitlebens auch noch die charakteristischen Merkmale der Flagellaten behalten [552, 555]. Diese Zusammenhänge werden besonders an den Beispielen *Chlamydomonas-Hypnomonas-Chlorococcum* deutlich. *Chlamydomonas* stellt mit den begeißelten und aktiv beweglichen Zellen den Flagellatentypus dar. Ruhezellen ohne Gallerte, die den vegetativen Zellen von *Hypnomonas* und *Chlorococcum* sehr ähnlich sehen, treten nur gelegentlich im Lebenszyklus auf. Bei *Hypnomonas* bildet die unbewegliche, geißellose Zelle das vegetative Stadium allerdings mit den sonstigen Merkmalen einer Flagellatenzelle. Begeißelte Zellen kommen nur vorübergehend während der Fortpflanzung als *Chlamydomonas*-ähnliche Zoosporen vor. Bei *Chlorococcum* sind echte Algenzellen ohne Merkmale einer Flagellatenzelle als vegetatives Stadium vorhanden. Auch hier werden begeißelte Zellen nur vorübergehend als *Chlamydomonas*-ähnliche Zoosporen gebildet, die jedoch durch unbewegliche Autosporen immer mehr zurückgedrängt werden.

Unter den gallertlosen capsalen Formen gibt es sowohl freilebende als auch festhaftende Zellen. Von den freilebenden sei an erster Stelle *Hypnomonas* (Abb. 108 a, b) mit einfachen ellipsoidischen oder kugeligen, einker-

kuolen; e) Teil des Gallertlagers, Gallerte homogen und verzweigt, Zellen meist in den Enden der Verzweigungen liegend. – a), b) nach Ettl 1964 [204]; c)–e) nach Ettl 1968 [213].

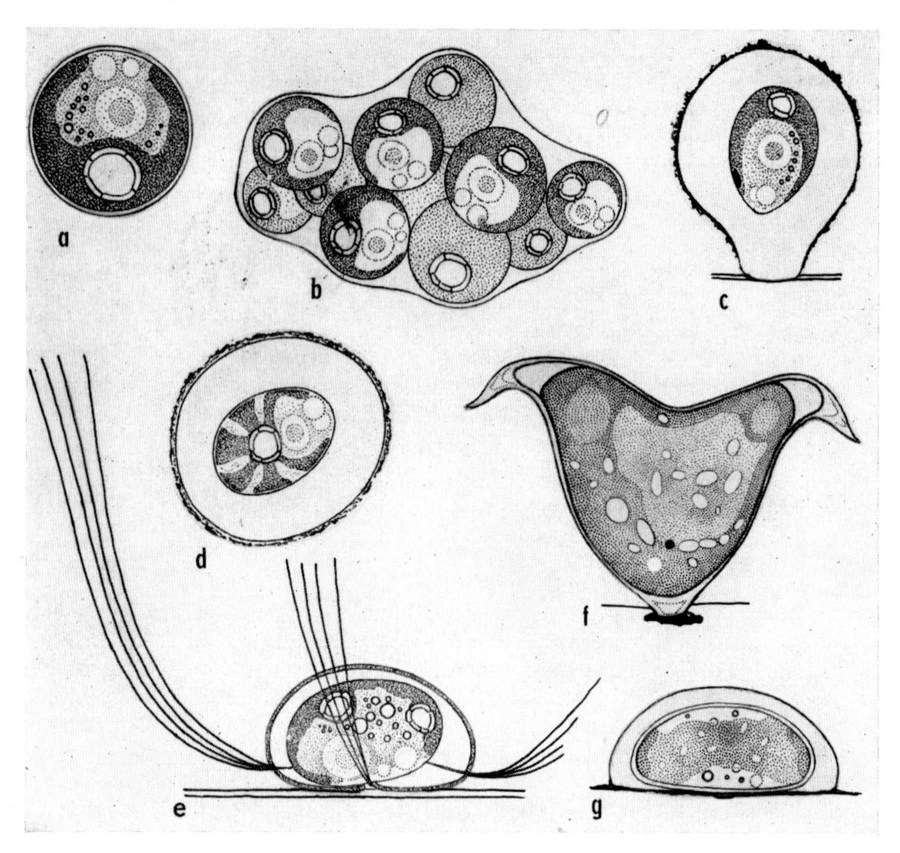

Abb. 108. Capsale Formen ohne Gallerte. a) *Hypnomonas chlorococcoides;* b) Tochterzellen derselben Art, die durch die alte Zellwand zusammengehalten werden; c) *Chlorophysema contractum;* d) *Sphaerellocystis stellata;* e) *Porochloris filamentosum;* f) *Bicuspidella incus;* g) *Chloremys sessilis.* – a)–e) nach ETTL 1968 [213]; f) nach PASCHER 1932 [827]; g) nach PASCHER 1940 [833].

nigen Zellen angeführt. Diese zeigen eine gewisse Formenmannigfaltigkeit im inneren Zellbau wie bei *Chlamydomonas,* vor allem in der verschiedenen Ausbildung des Chloroplasten. Eine polyenergide Entfaltung dieses Zelltypus stellt die kugelige, bis 120 µm große *Actinochloris* dar (Abb. 119). Zwischen den radiären Lappen des asteroiden Chloroplasten befinden sich zahlreiche (bis zu 128) Zellkerne. Entsprechend ihrer Anzahl werden viele einkernige *Chlamydomonas*-ähnliche Zoosporen gebildet [207, 1035]. *Nautococcus* bildet einer neustischen Lebensweise angepaßte Zellen mit Zellwandkappen [4, 807].

Viele gallertlose Formen sind entweder mittels Gallertpolstern, spezialisierter Haftscheiben oder Stiele an Unterlagen befestigt. Die Gallertpolster werden oft durch Eisenablagerungen braun gefärbt (*Characiochloris, Chlorangiella*). Haftscheiben entstehen als Fortsätze der Zellhüllen, die sich manchmal auch an der Bildung der Stiele beteiligen können (*Stylosphaeridium, Bicuspidella*, Abb. 108 f). Gallertstiele bilden sich durch polarisierte Sekretion von Gallerte, in einigen Fällen auch durch Verschleimen der Zoosporengeißeln [807]. Ähnliche capsale Formen sind auch von den Xanthophyceen bekannt, wobei *Pleurochloridella* den freilebenden, *Characidiopsis* den festsitzenden Typus darstellt [200, 829].

Die Zellhülle kann ähnlich wie bei der monadoiden Organisationsstufe durch Eisenablagerungen oder durch Inkrustationen in ein Gehäuse umgewandelt werden (Abb. 108 c–e). Ein schönes Beispiel dafür gibt *Chlorophysema*, wo die vom Protoplasten abstehende Hülle zunächst zart und gallertig ist. Durch zunehmende Eisenablagerungen wandelt sie sich in ein derbes, sprödes, oft tiefbraun gefärbtes Gehäuse um [833]. Die Eisenablagerungen können mitunter so stark sein, daß die ursprüngliche Gestalt des Organismus verlorengeht. Manche Gehäuse sind sehr flach, brotlaibförmig und liegen direkt der Unterlage an, wie z. B. bei *Chloremys* (Abb. 108 j). Bei *Chlorepithema* öffnet sich das Gehäuse während der Zoosporenentleerung durch einen Deckel. Die Gehäuse von *Porochloris* besitzen vier kleine Öffnungen, durch die je vier lange Pseudocilien hervorkommen [811]. Unter den freilebenden, gallertlosen Formen besitzt *Sphaerellocystis* (Abb. 108 d) weit abstehende bis aufgeblähte Hüllen, die unter bestimmten Umständen auch in braune Gehäuse umgewandelt werden [202, 205].

3.4. Coccale Organisationsstufe

Die Zellen der coccalen Organisationsstufe sind im vegetativen Zustand völlig unbeweglich und haben eine differenzierte und oft auch skulpturierte Zellwand. Sie stellen eine echte Algenzelle dar, die in nichts mehr an die Monadenorganisation erinnert. Sie leben einzeln oder in Kolonien, mit oder ohne Gallerte. Bei den Flagellaten ist die monadoide als vegetative Phase vorherrschend, während die Ruhephase nur gelegentlich eingeschaltet wird. Bei den coccalen Algen ist das quantitative Verhältnis zwischen diesen Phasen gerade umgekehrt: die ruhende, behäutete Zelle stellt die vegetative Phase dar, während die monadoiden Stadien (als begeißelte Zoosporen) nur eine kurze reproduktive Phase im Lebenszyklus ausmachen [980]. Die Zoosporen werden hierbei immer mehr durch die unbeweglichen und behäuteten Autosporen ersetzt, so daß die Teilprodukte schon innerhalb der Mutterzelle zu jungen vegetativen Individuen vorgebildet werden [829, 981].

3.4.1. Monoenergide Zellen – Haploblast

Die geometrische Grundgestalt der coccalen Algenzelle ist die Kugel; das erklärt sich daraus, daß eine Flagellatenzelle beim Übergang in den Ruhezustand ihre formbedingte Spannung aufgibt und in den äquidynamischen Zustand eines Plasmatropfens übergeht. Das ist besonders deutlich an den Zoosporen zu erkennen, die eine spezifische Formspannung sowie die Polarität von Flagellatenzellen besitzen, die aber beim Übergang in das vegetative kugelige Stadium der Algenzelle verlorengeht [980]. Die solitären coccalen Algen weichen jedoch oft von der Kugelgestalt ab und nehmen ellipsoidische, spindelförmige, zylindrische, polyedrische oder andere Formen an (Abb. 109). Die Abweichung von der kugeligen Gestalt der freilebenden coccalen Formen erfolgt hauptsächlich in Richtung der Verlängerung der Zellhauptachse oder einer der Radiärachsen. Das ist besonders deutlich bei den langgestreckten Zellen von *Ankistrodesmus* und *Podohedra* zu erkennen [191, 322]. Ausnahmen hiervon stellen manche Arten der Gattungen *Tetraëdron* und *Pediastrum* dar, bei denen eine mehr oder weniger deutliche Verkürzung der Hauptachse stattgefunden hat.

Neben den relativ einfachen geometrischen Ausbildungen der Zellen gibt es auch abweichende, oft stark modifizierte Formen. Einige von ihnen sind ausgesprochen tetraëdrisch (*Tetraëdron, Tetraëdriella*), unregelmäßig polyedrisch (*Polyedriella*), flach kissenförmig (*Goniochloris*), halbkugelig bis napfförmig (*Chlorogibba*) oder sogar sternartig gelappt (*Trypanochloris*). Die Gestalt wird außerdem noch durch Bildung von verschiedenen Ausläufern, einseitigen Verdickungen oder Borsten stark beeinflußt (*Arachnochloris, Excentrochloris*). Lange Borsten oder Stacheln tragen die Zellen von *Golenkinia, Acanthosphaera, Franceia* u. a. [80, 555].

Doch auch bei einfach gebauten coccalen Algen herrscht eine große Mannigfaltigkeit, die durch die innere Zellstruktur und Formenverschiedenheit der Organellen, ganz besonders der Chloroplasten, gegeben ist [408, 1125]. Der Chloroplast kann äußerst stark gegliedert, hohlkugelig netzförmig oder in Lappen und Stränge zerlegt sein wie bei *Dictyochloris* [1035] und *Dictyochloropsis* [324]. Bei *Characium obtusum* ist der Chloroplast in radial angeordnete Lappen zerteilt, die von dem pyrenoidführenden Zentrum ausgehen [1010].

Die Zellwand besteht in der Regel aus einem Stück, doch haben besonders die coccalen Xanthophyceen und manche Chlorophyceen auch zweiteilige Zellwände (Abb. 109 c, 110 c). Die beiden Wandhälften greifen mit ihren zugeschärften Rändern übereinander (*Acanthochloris*). Die beiden Teile müssen nicht immer gleich groß sein: z. B. *Ophiocytium* [423]. Die planktischen *Ankyra*-Arten besitzen deutlich heteropolare Zellen mit zweiteiliger Zellwand. Die eine Wandhälfte trägt einen einfachen, die andere einen in einen zweiarmigen Anker gespaltenen Stachel [259]. Bei manchen coccalen Algen ist die Zellwand reich skulpturiert oder mit stachelartigen Fortsätzen besetzt. Bei den Xanthophyceen sind ähnlich wie bei Bacillariophyceen die reich ornamentierten Zellwände verkieselt [829]. Als Beispiel sei die Gattung

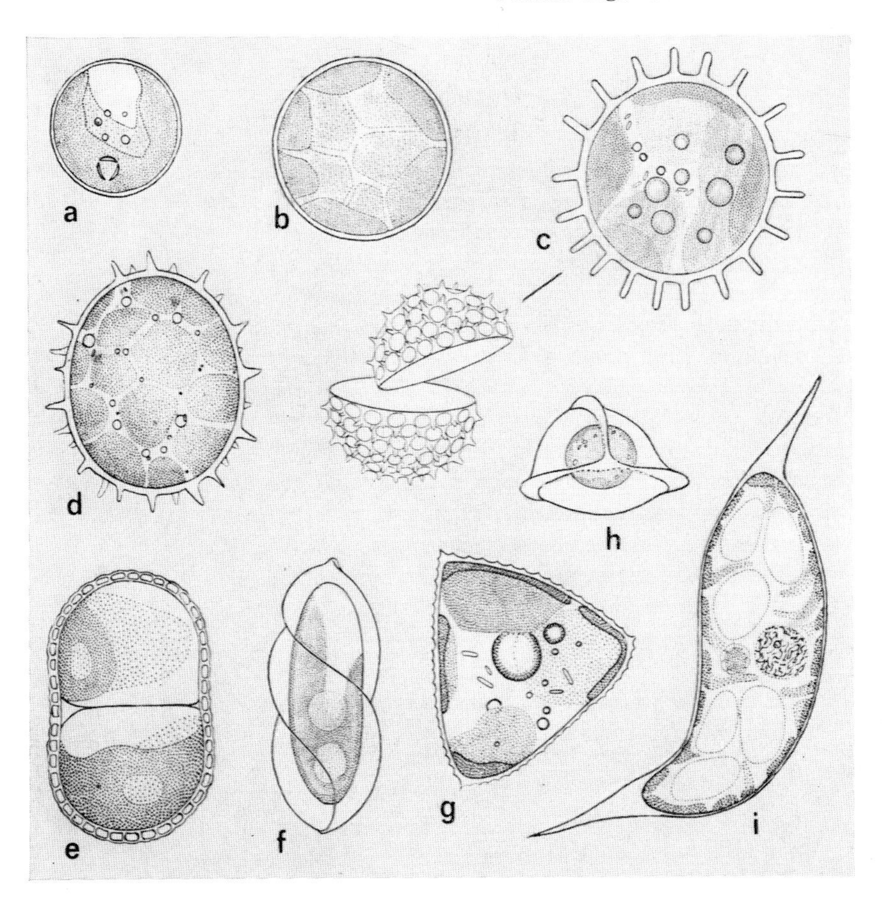

Abb. 109. Coccale Formen. a) *Chlorella vulgaris;* b) *Bracteococcus minor.* c) *Acanthochloris brevispinosa,* links unten die zweiteilige Zellwand dargestellt; d) *Chlorallanthus spinosus;* e) *Keriochlamys styriaca* während der Protoplastenteilung; f) *Chloropteris tetragona;* g) *Tetraëdriella acuta;* h) *Trigonidium galea;* i) *Cystodinium steinii.* – a), b) nach DESORTOVÁ 1974 [167]; c), d), g) nach PASCHER 1939 [829]; e) nach PASCHER 1943 [839]; f), h) nach PASCHER 1932 [826]; i) nach PASCHER 1944 [841].

Acanthochloris genannt (Abb. 109 c). Ihre kugeligen Zellen haben eine eigenartige Skulptur an der Zellwand-Außenseite, die aus regelmäßig angeordneten kreisrunden oder länglichen Vertiefungen besteht, zwischen denen vorstehende Wandleisten zu fast regelmäßigen, sechseckigen Waben zusammenschließen. Außerdem kommen auch kurze, radiär orientierte Stacheln vor, die bei manchen Arten sehr kurz, bei anderen aber auch länger sein können.

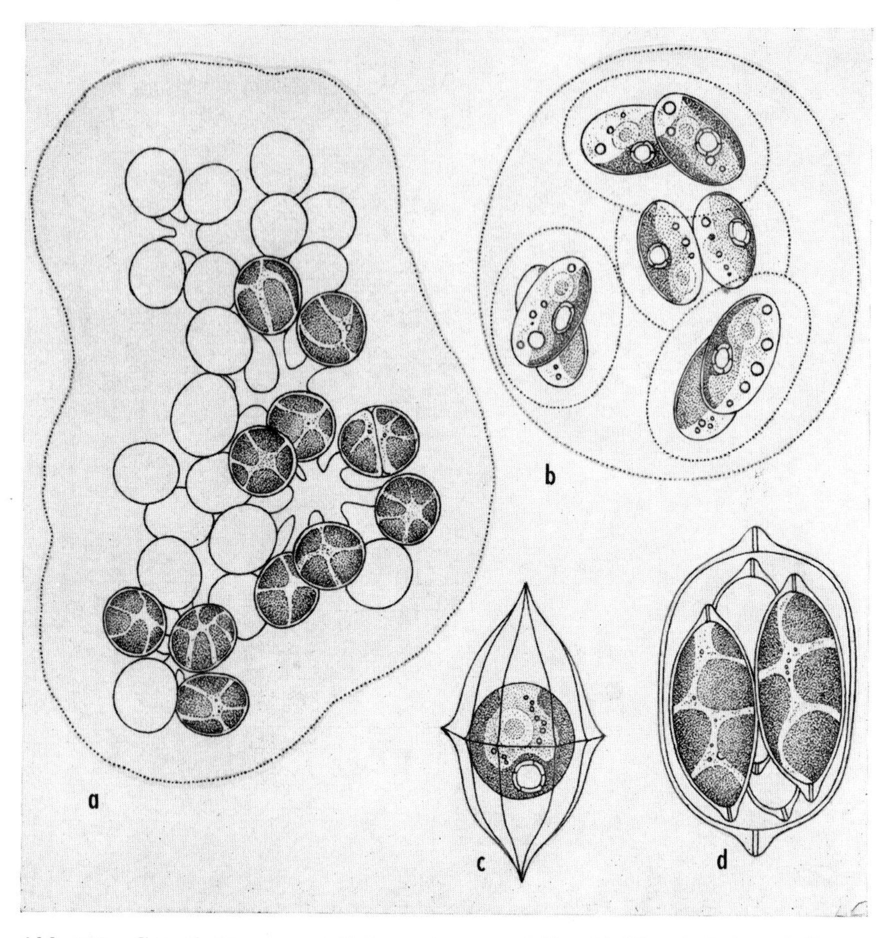

Abb. 110. Coccale Formen. a) *Botryosphaera sudetica;* b) *Elakatothrix gelatinosa;* c) *Desmatractum bipyramidatum;* d) *Oocystis solitaria,* Autosporenbildung. – Nach ETTL 1968 [213].

Die mit Borsten versehenen, nahe verwandten *Meringosphaera*-Arten können gewissermaßen als Weiterentwicklung solcher bestachelter *Acantochloris*-Zellen aufgefaßt werden. Da *Acanthochloris* nicht planktisch lebt, *Meringosphaera* aber eine ausgesprochene Planktonalge ist, liegt es nahe, hier an eine Beziehung zwischen Borstenbildung und Lebensweise zu denken [824].

Manchmal ist die Zellwand mit breiten Rippen oder Flügeln versehen (Abb. 109 f, h), die um die Zelle herumlaufen, wie z. B. bei *Scotiella* [321], *Chloropteris, Trigonidium* (Abb. 109 f, h) [826]. Bei *Desmatractum* ist die

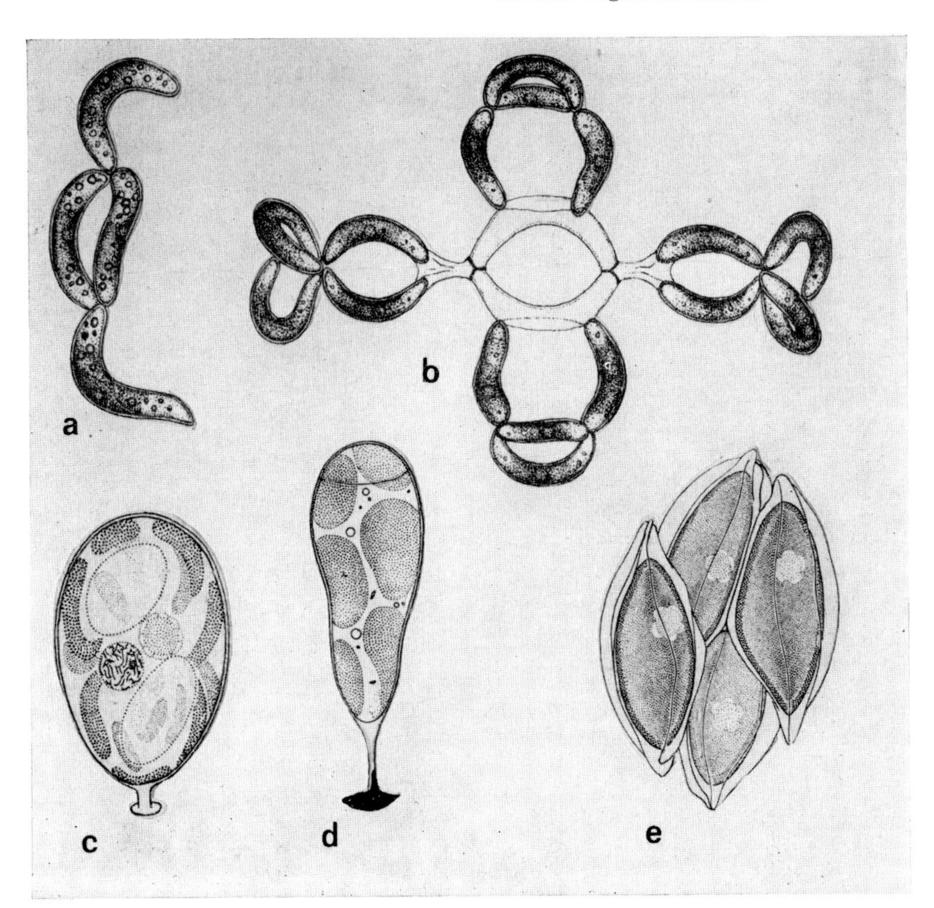

Abb. 111. Coccale Formen. a) *Tetrallantos lagerheimii;* b) vier Tochterzönobien, die durch die alte Zellwand noch zusammengehalten werden; c) *Dinopodiella phaseolum;* d) *Chlorothecium clavum;* e) *Enallax alpinus.* – a), b) nach SKUJA 1956 [1008]; c) nach PASCHER 1944 [841]; d) nach PASCHER 1939 [829]; e) nach PASCHER 1943 [839].

Zellwand bipyramidal entwickelt und steht vom Protoplasten weit ab, so daß die scharfen Kanten deutlich werden [814]. Bei *Keriochlamys* (Abb. 109 e) ist die äußerst dicke Zellwand wabig gebaut, was der Oberfläche ein mosaikartiges Aussehen verleiht. Große halbkugelige Warzen kommen auf der Zellwand von *Thelesphaera* vor [839]. Die Zellwand der Gattung *Siderocelis* ist an der Oberfläche mit deutlichen braunen Warzen bedeckt [260, 410].

Festsitzende Formen sind ihrer Lebensweise durch Ausbildung von Gallertpolstern, Haftscheiben und Stielen weitgehend angepaßt (Abb. 111 c, d): *Tetraciella,*

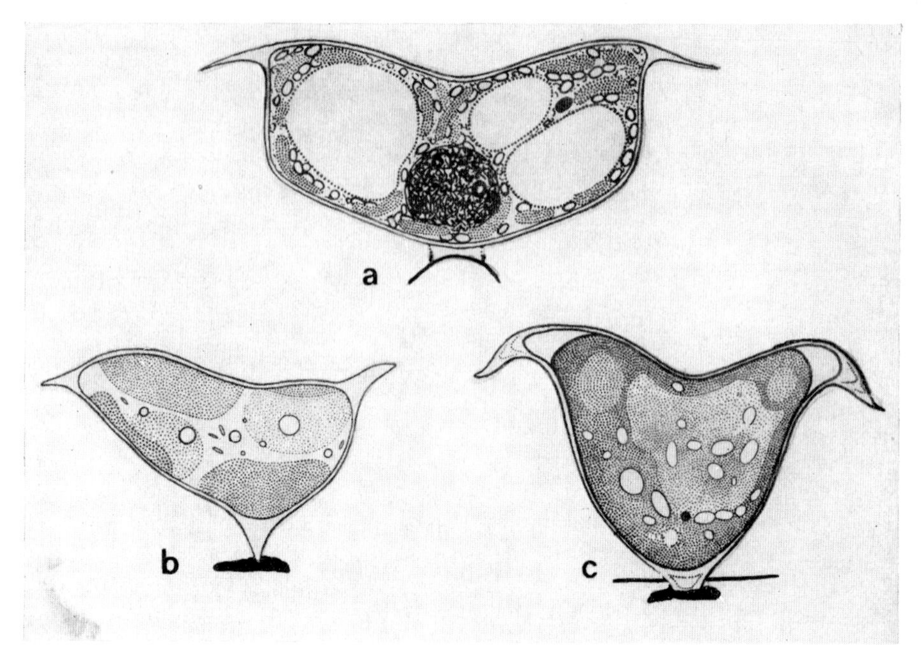

Abb. 112. Konvergenz bei festsitzenden coccalen Formen. a) *Dinococcus incus, Dinophyceae;* b) *Dioxys incus, Xanthophyceae;* c) *Bicuspidella incus, Chlorophyceae.* – Nach Pascher 1932 [827].

Epichrysis, Dinopodiella, Stylodinium, Characium, Hydrianum, Characiopsis [555, 841, 855]. Durch die gleiche Lebensweise kommt es bei verschiedenen Algenklassen zur Entfaltung von Konvergenzen (Parallelformen), die auf der steten Wiederholung und Abwandlung der gleichen Raumformen beruhen. Ein Beispiel, wie sich Konvergenzen bei ganz verschiedenen, untereinander nicht verwandten Algenreihen entwickeln können, geben die epiphytischen Gattungen *Bicuspidella* (*Chlorophyceae*), *Dinococcus* (*Dinophyceae*), *Dioxys* (*Xanthophyceae*) (Abb. 112) [827].

Ähnlich wie bei den vorherigen Organisationsstufen werden auch bei coccalen Algen mehrzellige Verbände gebildet, entweder in Form von Kolonien (Abb. 110 a, b) oder seltener auch als regelmäßige Zönobien (Abb. 111 a, b, e). Der einfachste Zusammenschluß der Zellen erfolgt durch mächtige, undifferenzierte und strukturlose Gallerte (*Gloeobotrys*). *Sphaerocystis* bildet kugelige Gallertkolonien, in denen die Zellen zu 4–16 in Gruppen zerstreut liegen, *Palmella* hat unregelmäßige, gestreckte Kolonien mit homogener Gallerte. Bei *Gloeocystis* ist die Gallerte geschichtet, wobei jede Zelle ihre eigenen Gallertschichten erkennen läßt [257]. *Radiococcus* besitzt Gallertlager mit radiärer Struktur. Dagegen zeigen andere Formen die Zellgenerationen flächig angeordnet und durch Gallertschichten zusammengehalten (*Chlorobo-*

trys). Gallertplatten bilden *Dispora* oder *Disporopsis*. Bandförmige Gallertstränge mit 2–8 parallel angeordneten Zellreihen sind bei *Parallela* vorhanden [246]. Bei *Palmodictyon* sind die Gallertstränge röhrenförmig, mitunter auch verzweigt.

Nicht immer braucht die Gallerte die Zellen allseitig zu umgeben, sondern sie kann auch nur einseitig entwickelt sein und bäumchenförmig verästelte Kolonien bilden: *Gloeopodium* [829], *Hormotila, Heleococcus* [555]. Kolonien kommen auch dadurch zustande, daß die Tochterzellen an den Resten der vergallerteten Mutterzellwand haften bleiben, so daß oft bizarre Gebilde entstehen: *Dictyosphaerium, Coronastrum, Lobocystis*. Reste der alten Zellwand bilden mitunter auch verschiedene Anhängsel [80, 277, 1082, 1083]. In einem Fall (*Mischococcus*) werden bäumchenförmige Kolonien durch in eine Richtung quellende Innenschicht der Zellwand gebildet. Die Gallertstiele selbst gehen durch Verschleimung der Innenseite aus der basalen Hälfte der Zellwand der Mutterzelle hervor. Der ganze Inhalt einer sich teilenden Mutterzelle wird auf den so vorgehenden Gallertstiel emporgehoben [1121]. Völlig anders erfolgt die doldenförmige Koloniebildung bei *Ophiocytium*, wo freigesetzte Zoosporen sich am Rande der leeren, alten Zellwand festsetzen und zu neuen Zellen auskeimen [829].

Manche Kolonien kommen einfach dadurch zustande, daß die Zellen nur miteinander verkleben. Manche Arten von *Ankistrodesmus* bilden Bündel zusammengedrängter oder verflochtener, dünner spindelförmiger Zellen [555]. Bei anderen coccalen Algen wird zur Koloniebildung fast oder überhaupt keine Gallerte benötigt. Die zu zweit oder zu viert entstandenen Autosporen werden durch die Reste der erweiterten alten Zellwand einfach zusammengehalten: *Quadricoccus, Dichotomococcus*. Bei *Oocystis* (Abb. 110 d) oder *Chodatella* bleiben die jungen Tochterzellen oft längere Zeit in der erweiterten alten Zellwand eingeschlossen [555, 1008]. Viele Kolonien können auch dadurch gebildet werden, daß die Autosporen durch die gedehnte Zellwand dauernd zusammengehalten werden und sich in dieser weiterteilen: *Chloropedia* [829], *Borodinella* [555]. Oft entstehen wie bei *Chlorokybus* Zellpakete mit 2–32 Zellen, wobei sich die Zellen den Raumgegebenheiten innerhalb der gemeinsamen Zellwand anpassen müssen und nicht völlig isomorph ausgebildet werden können [926].

Aggregate coccaler Algen, bei denen die Einzelzellen in mehr oder weniger geregelter Anzahl und gesetzmäßiger Anordnung auftreten, kommen fast nur bei den Chlorophyceen vor. Als Beispiel seien die Zellplatten von *Pediastrum*, das Netzwerk von *Hydrodictyon* und die radiäre Anhäufung von *Sorastrum* genannt [939]. In diesem Fall handelt es sich um Zönobien, in denen jede Zelle befähigt ist, mittels Hemizoosporen wieder neue Zönobien mit der gleichen Anzahl von Zellen zu bilden [455]. *Hydrodictyon* erzeugt makroskopische Netze, in denen die bis 1 cm langen Zellen zu sechseckigen Maschen angeordnet sind [891]. Bei den Scenedesmaceen entstehen Autosporen, die sich gleich nach der Teilung noch in den alten Zellwänden zu neuen Zönobien zusammenschließen. *Scenedesmus* bildet Zönobien von 4–8 reihenartig angeordneten Zellen, deren Zellwand reichlich ornamentiert sein kann; die äußeren Zellen tragen oft lange Stacheln oder Borsten [110, 538, 539, 1115]. Bei *Enallax* (Abb. 111 c) bestehen die Zönobien aus zwei hintereinandergelagerten Zellpaaren, bei denen die im Prinzip spindelförmigen Zellen zu je zwei der Länge nach miteinander verbunden und dabei so ausgerichtet sind, daß die Ebenen beider Zellpaare der Längsachse um 90° gegeneinander verschoben sind [839]. Eigenartige und spezifische Zönobien aus hörnchenförmig gebogenen Zellen, die in zwei senkrecht zueinander stehenden Ebenen angeordnet sind, kommen bei *Tetrallantos* vor (Abb. 111 a, b). Zönobien mit viereckiger Anordnung der Zellen finden wir bei *Crucigenia*, wo die Zellen in einer Ebene kreuzartig liegen – zu zwei gegenüberliegenden Paaren angeordnet sind, die in einer Ebene liegen [537].

3.4.2. Diatomeen-Typus

Eine besondere Art coccaler Formen stellen die Diatomeen mit ihren spezifischen Kieselschalen dar. Der Protoplast wird von den beiden Schalenhälften, der Hypo- und Epitheka, eingeschlossen. Hierbei greifen die Pleuralränder wie Schale und Deckel übereinander (vgl. 2.9.5.). Kommt es

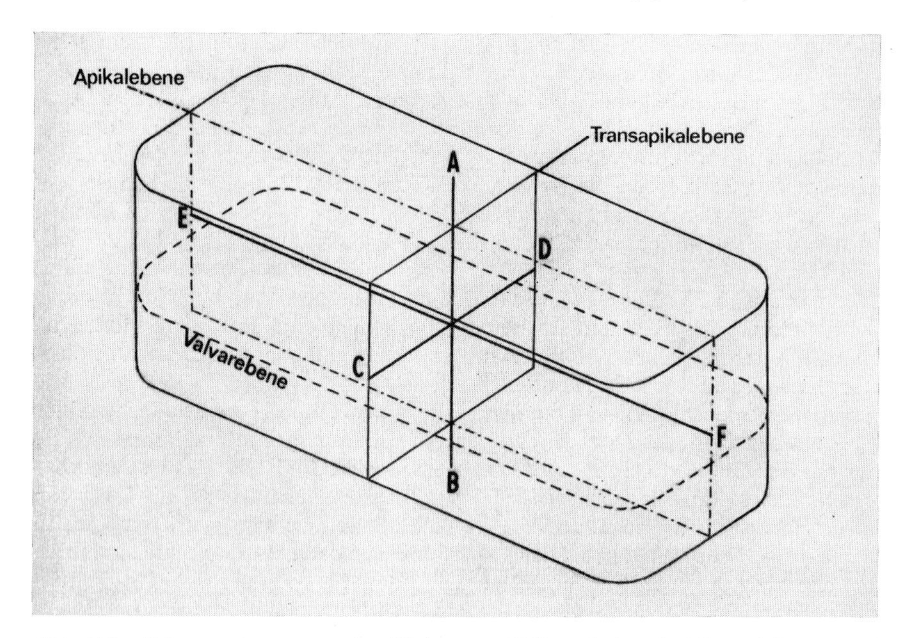

Abb. 113. Schema einer pennaten Diatomeen-Zelle mit den drei Hauptebenen und Achsen. *AB* Pervalvarachse, *CD* Transversalachse, *EF* Apikalachse. – Original H. ETTL.

zu einer völligen Kammerung der Zellen durch Zwischenbänder, so werden die Kontinuität des Zellumens und die Verbindung mit der Außenwelt durch Poren vermittelt (*Mastogloia*) [980].

Der Schalenbau und die starke Verkieselung der Schalen bedingen einen regelmäßigen geometrischen Grundbau der Diatomeenzelle (Abb. 113). An den Zellen der pennaten Diatomeen lassen sich drei wichtige Ebenen unterscheiden: die Valvarebene (Grundsymmetrieebene), die Apikalebene (Sagittalschnitt) und die Transapikalebene (Transversalschnitt). Die Teilungsebene fällt mit der Valvarebene zusammen. Da die Epitheka um die Schalendicke der Hypotheka, die sie überdeckt, breiter ist, sind beide Zellhälften – streng genommen – nicht vollkommen gleich, sondern die Pervalvarachse ist deshalb in geringem Maß heteropolar (Abb. 114). Bei den pennaten Diatomeen ist diese Achse gewöhnlich die kürzeste, bei den zentrischen Formen in der Regel die längste. Die Zahl der Transversalachsen ist bei den zentrischen Diatomeen mit polygonalem Umriß der Valven eine bestimmte, bei solchen mit kreisrundem Umriß unendlich. Bei pennaten Formen, die weder einen kreisrunden noch polygonalen Umriß zeigen, unterscheiden wir noch eine Apikalachse [980].

Die regelmäßige und zierliche Skulpturierung der Diatomeenschalen ist allgemein bekannt. Sie kommt durch verschiedene Elemente zustande (vgl.

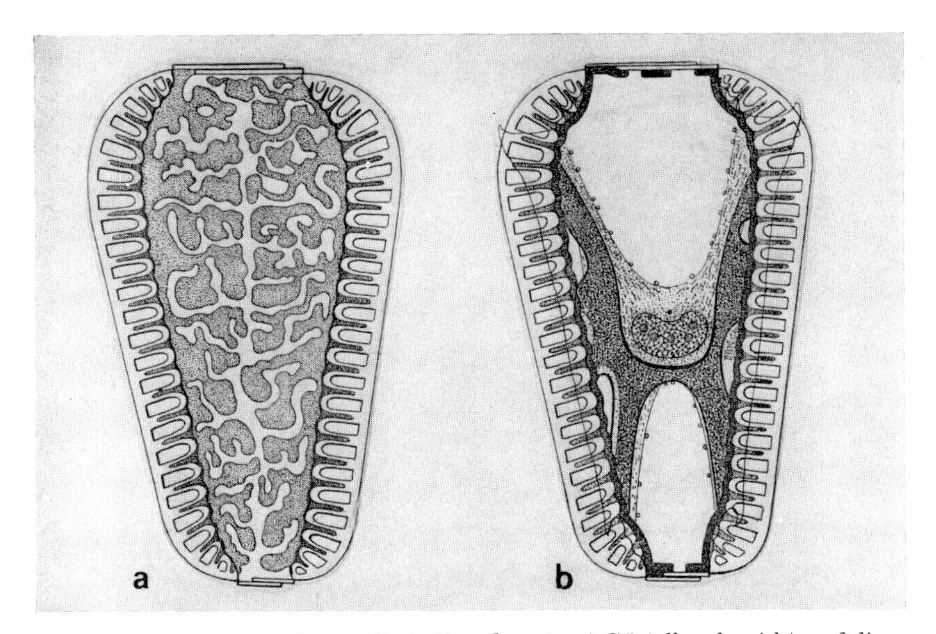

Abb. 114. Diatomeen-Zelle von *Surirella calcarata*. a) Gürtelbandansicht; auf die Wandfläche eingestellt; b) dieselbe Ansicht, aber im optischen Längsschnitt. – Nach LAUTERBORN aus OLTMANNS 1922 [772].

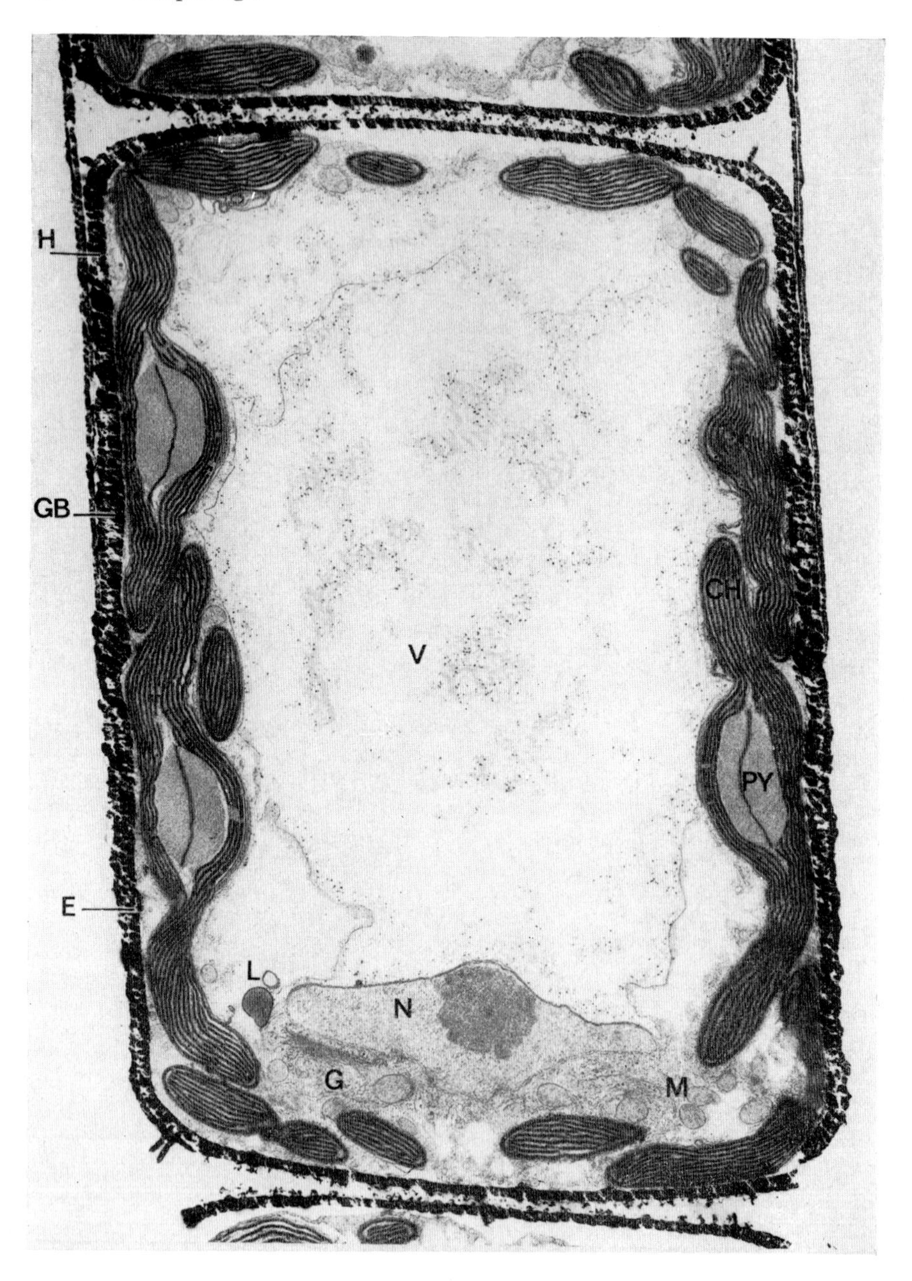
H
GB
E
CH
V
PY
L
N
G
M

2.9.5.) und bewirkt im großen Maße die mannigfaltige Morphologie der Bacillariophyceen (Abb. 116). Dazu treten die am Rand der Valven gebildeten dornen-, stachel-, stäbchen- oder strahlenförmigen Fortsätze, die teils zur Verkettung mehrerer Einzelindividuen, teils als Schwebevorrichtungen dienen.

Der glasig erscheinende Protoplast füllt den Innenraum der beiden Kieselschalen vollkommen aus. Der Zellkern befindet sich bei den pennaten Formen in einer zentralen Plasmabrücke (Abb. 114). Zu beiden Seiten des Zellkerns liegen zwei oder mehrere Vakuolen. Bei den zentrischen Formen ist meist nur eine zentrale Vakuole vorhanden, und der Zellkern liegt im Wandbelag des Plasmas (Abb. 115). Außerdem lassen sich häufig an beiden Seiten des Zellkernes Paare von Dictyosomen erkennen, die lichtmikroskopisch als „Doppelstäbchen“ hervortreten. Die Chloroplasten der meisten Arten sind wandständig, scheibchen- oder plattenförmig, nicht selten auch stark gelappt und häufig mit nackten Pyrenoiden versehen. Diatomeen mit Raphe besitzen gewöhnlich 1—2 Chloroplasten, Diatomeen ohne Raphe in der Regel zahlreiche. Häufig kommen als Assimilationsprodukte auffallend große Öltropfen im Plasma vor [257].

Koloniebildung ist bei den Bacillariophyceen eine verbreitete Erscheinung (Abb. 117). Durch gerichtetes, intensives Ausscheiden von Gallerte können verzweigte Gallertstiele entstehen, an denen die Zellen zu bäumchenartigen Kolonien vereinigt sind. Dadurch, daß die Teilung der Zellen in festsitzendem Zustand erfolgt und die Tochterzellen ihrerseits Gallertstiele ausscheiden, kommt es zu fächerartigen Aggregaten, die für die Gattung *Licmophora* und ähnlich für *Synedra superba* charakteristisch sind [980]. Das manche Diatomeen mittels Haftgallerte als Epiphyten auftreten, ist eine altbekannte Tatsache (z. B. *Gomphonema*); ebenso daß diese Gallerte aus nahe an den Schalenpolen liegenden Poren ausgeschieden wird und daß eine gleichartige Gallerte auch den Zusammenhalt der Tochterzellen von *Diatoma elongatum* und *D. vulgare* und ihrer Nachkommen bewirkt [331]. Es kommt hiermit zu einer Koloniebildung, die dadurch gekennzeichnet ist, daß beide Tochterzellen durch kleine Gallertpolster am apikalen Teil der Hypovalvarkante miteinander verbunden bleiben, während die entgegengesetzten Enden früher oder später auseinanderweichen. Durch wiederholte Zellteilungen können lange Zickzackketten oder sternförmige Verbände entstehen. Von den Süßwasservertretern sind erstere für einige Arten der Gattungen *Diatoma* und *Tabellaria*, die anderen besonders für *Asterionella formosa* typisch. Bei *Diatoma elongatum* und *Tabellaria fenestrata* können beide Kolonieformen vorkommen, daneben aber auch Zickzackketten mit eingelagerten Sternverbän-

Abb. 115. Feinbau der Zelle von *Melosira varians* (Längsschnitt). *E* Epitheka, *H* Hypotheka, *GB* Gürtelband (Insertionsstelle), *N* Zellkern mit Nukleolus, *G* Golgi-Apparat, *M* Mitochondrien, *L* Fetttropfen, *V* zentrale Vakuole, *CH* Chloroplast, *PY* Pyrenoid. — 5600 : 1, nach Crawford 1973 [138].

a
b
c
d
e
f
g

den [689, 690]. Bandförmgie Kolonien dicht nebeneinanderliegender Zellen bilden *Bacillaria paradoca* und *Diatoma hiemale* sowie *Fragilaria*-Arten.

Für planktische Diatomeen ist die Mitwirkung der Schalenfortsätze als Befestigungsmittel für die zu Kettenkolonien vereinigten Zellindividuen typisch. Bei *Chaetoceras,* deren Schalenenden in lange Hörner ausgezogen sind, hängen die Zellen mit dem basalen Teil der Hörner zusammen. Die Verkettung erfolgt durch Gallerte und außerdem auch durch Umwindung der Hornansätze [772]. Bei *Skeletonema* sind es dünne, verkieselte, zu einem Kranz angeordnete Stäbchen, die den Kettenverband bedingen [785, 980]. Ähnlich verhält sich *Hemiaulus.* Die langen nadelförmigen Zellketten von *Rhizosolenia* kommen in der Weise zustande, daß sich schon bei der Zellteilung die den asymmetrischen Valven aufgesetzten dornartigen Fortsätze in die Schale der Nachbarzelle eindrücken. Bei *Cerataulina bergonii* werden neben den zwei Dornen noch zwei Höcker in der Valva ausgebildet, die in entsprechende napfförmig vertiefte Fortsätze der gegenüberliegenden Valva des Nachbarindividuums hineinpassen.

3.4.3. Polyenergide Zellen – Zönoblast

Bei den coccalen Algen kommt es öfters vor, daß die Zellen der vegetativen Phase eine größere Zahl von Zellkernen aufweisen, besonders kurz vor der Aufteilung des Protoplasten während der Fortpflanzung. Unter einem Zönoblasten verstehen wir jedoch eine Gestaltungseinheit, die zwar von einer einkernigen Zelle abgeleitet wird, aber schon früh, also noch während der vegetativen Phase, in den mehrkernigen Zustand übergeht und in diesem eine Zeitlang verharrt. Der Zönoblast (auch Zönozyt genannt) verbleibt trotzdem noch in der Größenordnung und Gestaltung einer mikroskopischen Zelle (Abb. 119). Die coccale Organisationsstufe ist weiterhin erhalten, da keine Differenzierung in einen assimilationsfähigen und reproduktiven Teil noch in einen hyalinen rhizoidartigen Teil vorkommt wie bei der siphonalen Organisationsstufe [220, 829]. Es ist aber verständlich, daß solche „Zellen“, die während der Hauptphase ihrer Entwicklung mehrkernig sind, nicht mehr streng der klassischen Definition der Zelle entsprechen. Sie stellen somit ein anderes System von Zellen dar.

Die Zönoblasten zeigen oft ein bedeutendes Wachstum, so daß der Protoplast schließlich nur noch einen Wandbelag bildet, von dem aus oft ein zartes Maschenwerk aus besonderen Plasmasträngen das Zellinnere durchdringt

Abb. 116. Diatomeen-Typus, SEM-Aufnahmen der Schalen. a) *Biddulphia biddulphiana;* b) *Stephanodiscus hantzschii;* c) *Arachnoidiscus ornatus,* Innenansicht; d) *Nitzschia sinuata,* Innenansicht; e) *Navicula tuscula,* Gesamtansicht; f) Detail derselben Schale; g) *Cyclotella pseudostelligera,* Ausschnitt der Innenansicht. – a) 450 : 1; b) 12000 : 1; c) 330 : 1; d) 3800 : 1; e) 2000 : 1; f) 4700 : 1; g) 6000 : 1. – b) Original G. Cronberg, sonst Originale J. Gerloff.

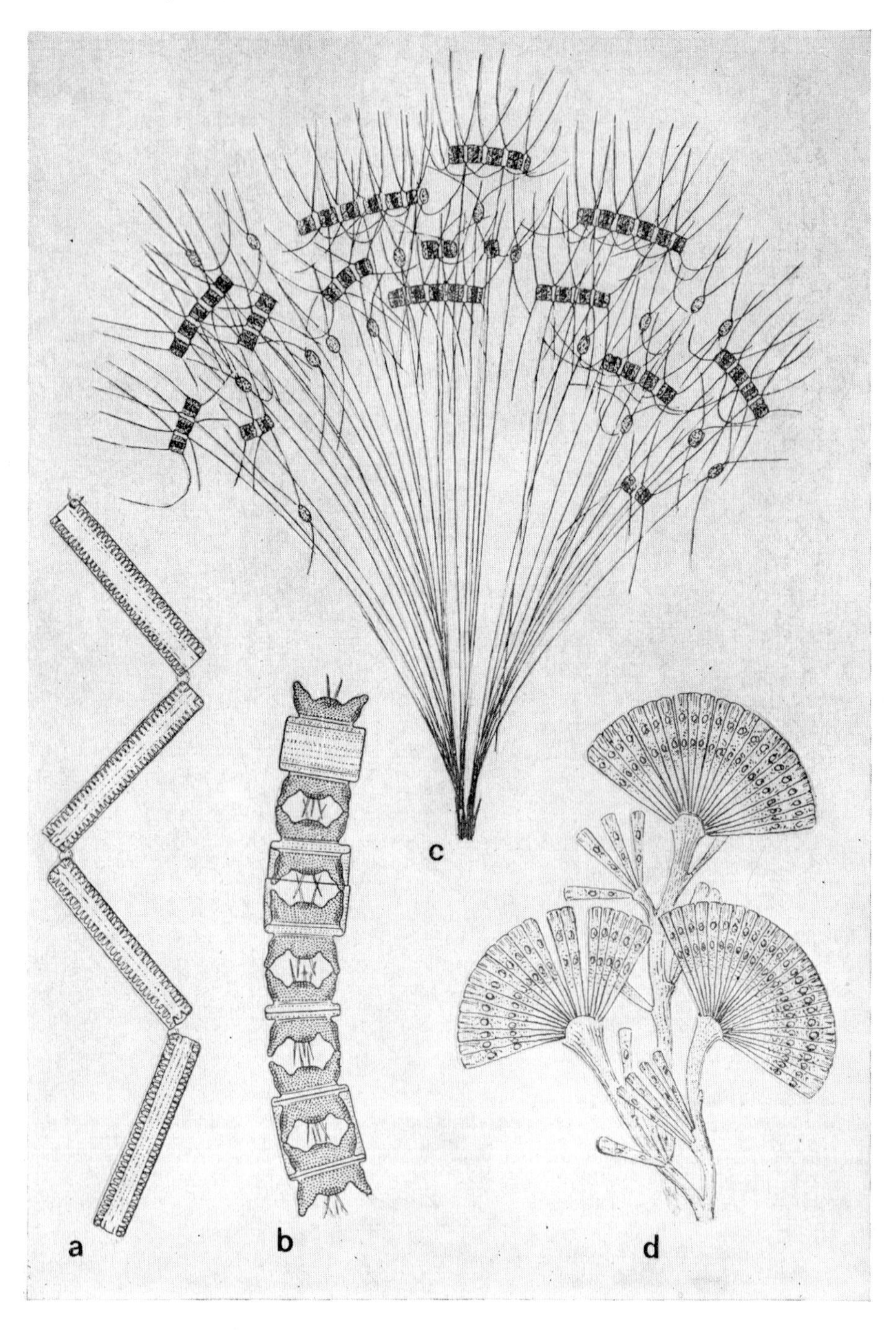
c
a
b
d

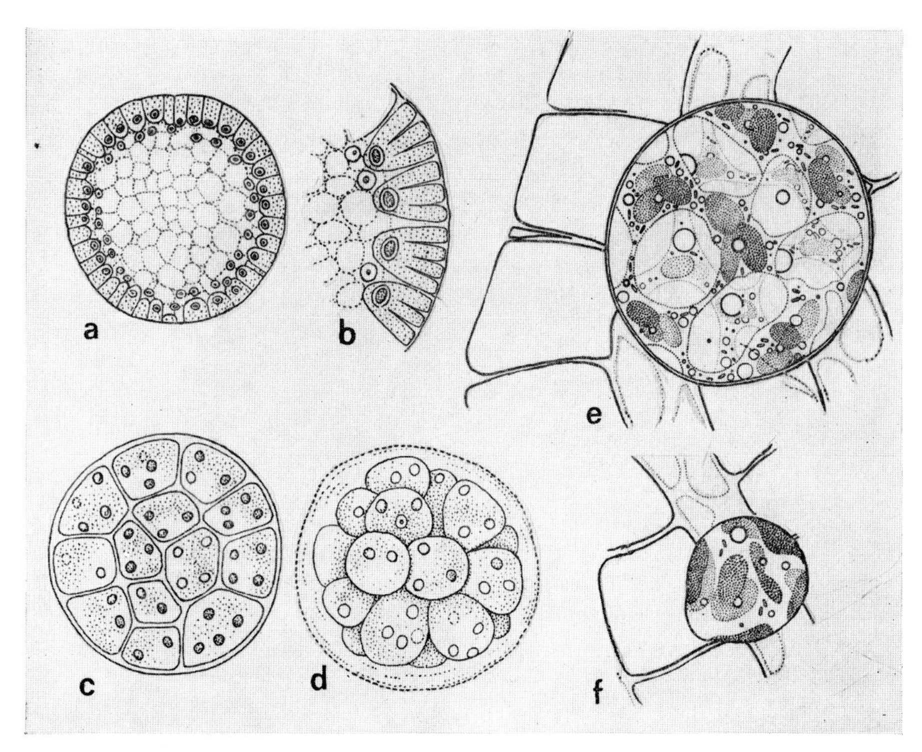

Abb. 118. Zönoblastische Formen. a)–d) *Follicularia paradoxalis*; a) mehrkernige vegetative Zelle im Querschnitt; b) Detail mit Chloroplasten und Zellkernen; c), d) Protoplastenteilung; e) große Zelle von *Perone dimorpha;* f) junge Zelle. – a)–d) nach Miller 1924 [728]; e), f) nach Pascher 1939 [829].

(Abb. 118). Die erwachsenen Zellen haben ein ungleich größeres Volumen als die jungen, das aber zum Großteil von einer zentralen Vakuole eingenommen wird (*Botrydiopsis, Perone*). *Follicularia paradoxalis* sieht äußerlich einer haploblastischen coccalen Grünalge ähnlich und hat die Form einer Kugel mit zahlreichen peripher gelagerten Chloroplasten [728]. Hinter jedem Chloroplasten mit Pyrenoid befindet sich jedoch ein Zellkern.

Abb. 117. Koloniebildung bei Diatomeen. a) *Diatoma vulgare;* b) *Biddulphia aurita;* c) *Chaetoceras sociale;* d) *Licmophora flagellata.* – Nach Mangin, Smith aus Oltmanns 1922 [772].

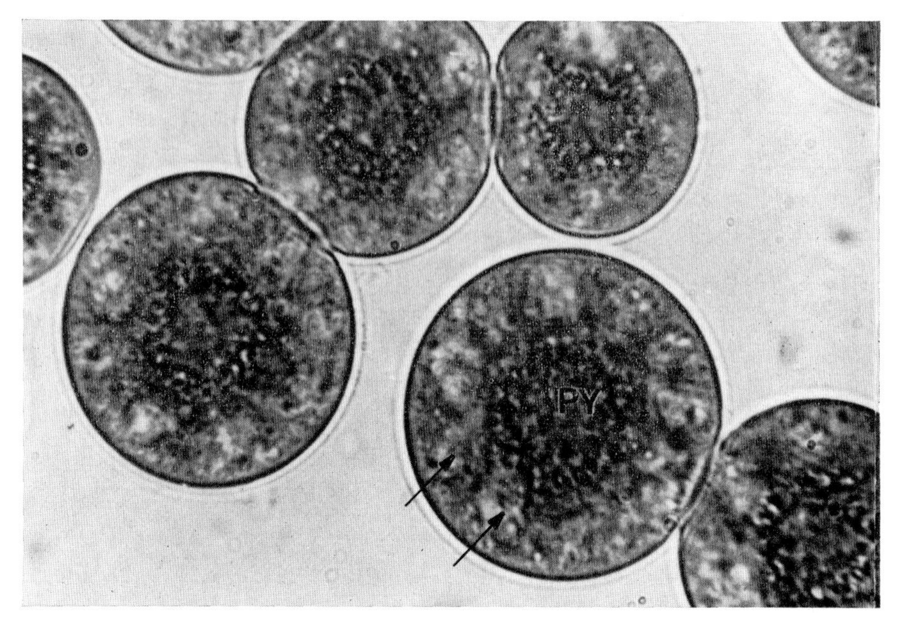

Abb. 119. Vegetative Zellen der zönoblastischen Grünalge *Actinochloris sphaerica*. Die Pfeile zeigen die Zellkerne, in der Mitte das Pyrenoid (*PY*). – 1000 : 1, Original H. Ettl.

3.5. Siphonale Organisationsstufe

Die gestaltliche Entwicklung des mehrkernigen Zönoblasten geht in eine differenzierte vielkernige Blase oder in einen Schlauch über – den Siphonoblast. Dieser kann sich mitunter weiter bis zu einem reich gegliederten Thallus entfalten (Siphonoblastem). Eine Differenzierung kommt durch das Spitzenwachstum oder durch vorwiegend einseitiges Wachstum zum Ausdruck. Da es sich durchweg um submerse oder an die Anwesenheit flüssigen Wassers gebundene Formen handelt, stehen die verlängerte Schlauchform und die reiche Gliederung und Verzweigung des Siphonoblastems mit dem Prinzip der Vergrößerung der absorbierenden Oberfläche und somit mit dem Baustoffwechsel und den Wachstumsgesetzen in direktem Zusammenhang. Charakteristisch für alle siphonoblastischen Typen ist die Differenzierung des Thallus in einen assimilationsfähigen, blasen- oder schlauchförmigen Teil und in farblose Rhizoide. Ein weiteres Charakteristikum ist die wandständige Lage des Protoplasten, der somit im Innern einen oder mehrere große Vakuolenräume (zentrale Vakuolen) umschließt. Dazu kommt eine deutliche Zonierung der Organellen in Bezug zur Wachstumsrichtung. Im

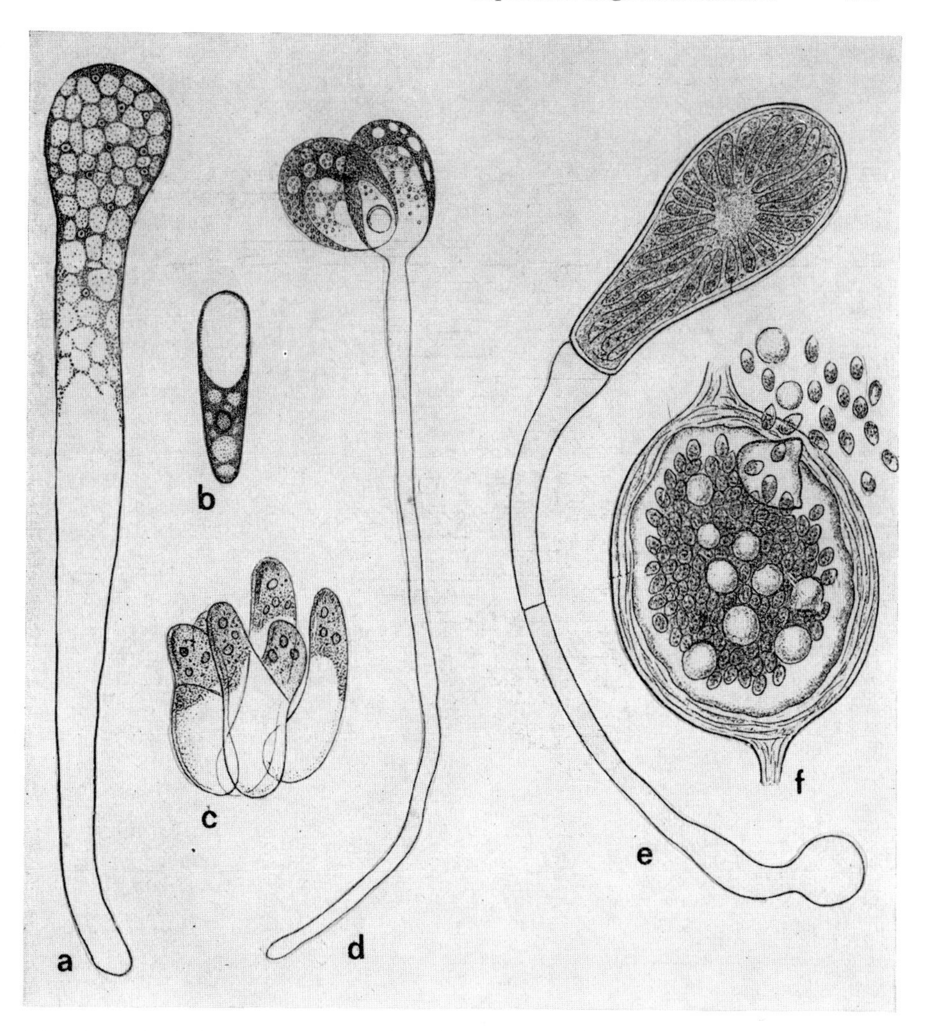

Abb. 120. Einfache Formen der siphonalen Organisationsstufe. a)–d) *Protosiphon botryoides:* a) erwachsener Siphonoblast, b) Keimling, c) Keimling mit differenziertem farblosem Rhizoid, d) verzweigter Siphonoblast; e), f) *Phyllobium dimorphum,* e) Gametangium an einem leeren Keimschlauch, f) Gametenentleerung. – a), b) nach Moewus 1933 [Arch. Protistenk. 80]; c)–f) nach Klebs aus Oltmanns 1922 [772].

Protoplasten liegen die Plastiden gewöhnlich peripher in einfacher oder mehrfacher Schicht, wogegen die Zellkerne weiter innen liegen. Trotz der Vielkernigkeit verhält sich der Siphonoblast als einheitlicher und ganzheitlich reaktionsfähiger Organismus [980, 981].

3.5.1. Vaucheria-Typus

Dieser Siphonoblasten-Typus besitzt keinerlei Querwände; der ganze Thallus bildet eine ununterbrochene Einheit. Der primitivste Siphonoblast wird durch *Protosiphon* dargestellt, dessen Thallus ebenso gebaut ist und sich ebenso fortpflanzt wie die makroskopischen Formen (Abb. 120 a–d). Für alle ist bei der Fortpflanzung die segregative Zerklüftung des Protoplasten typisch, d. h. die Zerspaltung des Plasmas ist nicht mit den Kernteilungen synchronisiert. Einen ähnlichen mikroskopischen Thallus bildet auch die endophytisch lebende Gattung *Phyllobium* (Abb. 120 e, f). Ganz analog zu *Protosiphon* verhält sich die Xanthophycee *Botrydium*, die auch in Vorkommen und Lebensweise große Ähnlichkeit aufweist. Diese beiden Gattungen zeigen eine Differenzierung des Siphonoblasten in eine oberirdische, plastidenführende Blase und in einen in das Substrat eindringenden, farblosen Rhizoidteil. Letzterer kann einfach oder auch verzweigt sein.

Noch deutlicher ist der siphonale Bau bei *Vaucheria* (Abb. 121, 122 a). Der vegetative Thallus ist schlauchförmig, reich verzweigt und bildet im Wasser ausgedehnte Watten oder auf feuchter Erde ausgebreitete Rasen. Das Plasma ist wandständig und umschließt einen weiten, mit Vakuolen erfüllten Hohlraum. Das Wachstum des Schlauches erfolgt apikal. Der vegetative *Vaucheria*-Faden kann vom Scheitel nach hinten in drei Abschnitte (Abb. 121) gegliedert werden: in einen apikalen, einen subapikalen und einen vakuolisierten Teil. Der apikale Abschnitt stellt den aktiv wachsenden Teil des Siphonoblasten dar. Hier befinden sich zahlreiche Vesikel und Mitochondrien, während Chloroplasten und Zellkerne fehlen. In den älteren Abschnitten werden die Vesikel durch zahlreiche Chloroplasten und Zellkerne ersetzt. Die Vesikel enthalten fibröses Material, das wahrscheinlich der Zellwandbildung dient. Im subapikalen Abschnitt treten die Chloroplasten, die Zellkerne und andere Organellen auf. Die Zahl der Vesikel nimmt hingegen deutlich ab. In diesen beiden Abschnitten fehlt jedoch noch die zentrale Vakuole, die erst im dritten, vakuolisierten Abschnitt vorhanden ist. Diese eigenartige Verteilung der Organellen in den einzelnen Abschnitten spielt eine wichtige Rolle bei der Kontrolle der morphogenetischen Vorgänge [782]. Eine ähnliche Gliederung des Siphonoblasten wurde auch bei der Chlorophycee *Penicillus* festgestellt [1114].

Querwände treten im vegetativen Siphonoblasten nur dann auf, wenn ein Endabschnitt eines Schlauchastes zur Fortpflanzung schreitet. Hierin erkennt man die Funktion der Querwandbildung: ein fertiler Abschnitt wird vom übrigen vegetativen Teil des Thallus abgegrenzt.

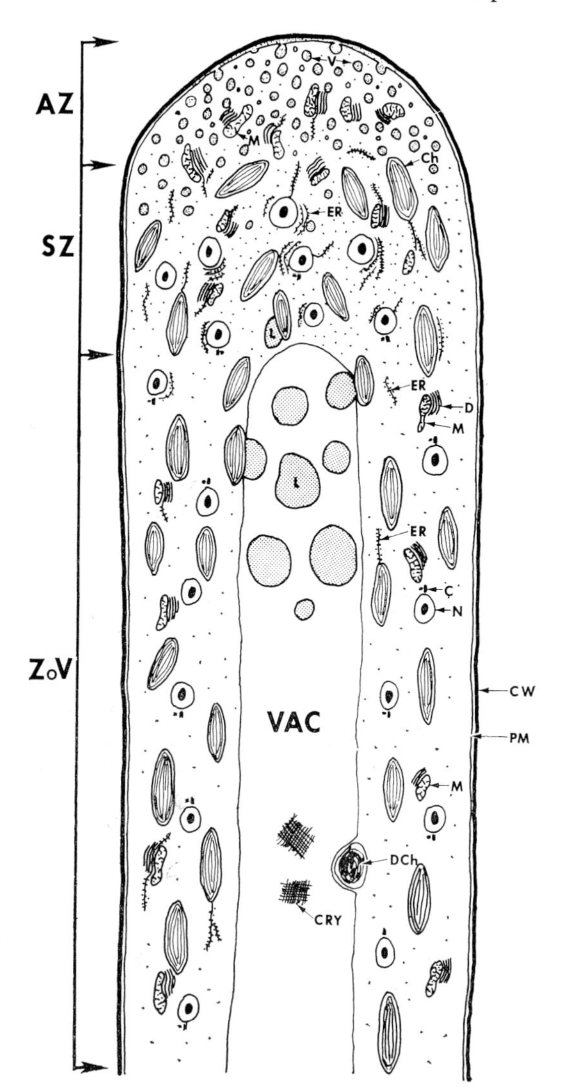

Abb. 121. Schematische Darstellung des Fadenendes des Siphonoblasten von *Vaucheria dillwynii*. *AZ* apikale Zone, *SZ* subapikale Zone, *ZoV* vakuolisierte Zone – *V* Vesikeln, *M* Mitochondrien, *Ch* Chloroplasten, *ER* endoplasmatisches Retikulum, *D* Dictyosomen, *N* Zellkerne, *C* Zentriolen, *CW* Zellwand, *PM* Plasmalemma, *DCh* degenerierender Chloroplast, *CRY* Kristalle, *VAC* zentrale Vakuole. – Nach Ott und Brown 1974 [782].

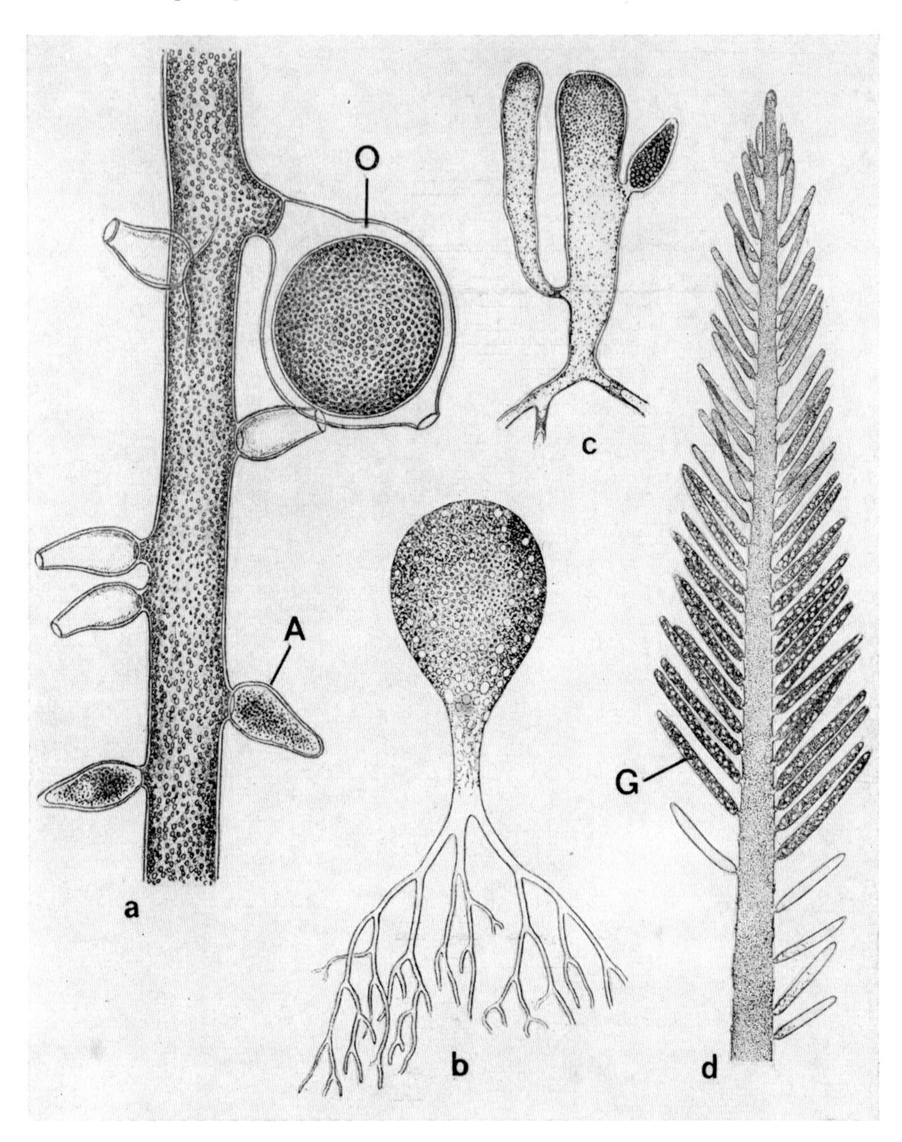

Abb. 122. Höher organisierte siphonale Algen. a) *Vaucheria dichotoma*, ein Teil des Schlauches mit Antheridien (*A*) und Oogonium (*O*); b) *Botrydium granulatum*, plastidenführende Blase mit reich verzweigten farblosen Rhizoiden; c) *Codium tomentosum;* d) *Bryopsis cupressoides,* gefiederter Seitensproß, der Gametangien (*G*) bildet. – b) nach PASCHER 1939 [829]; sonst nach OLTMANNS 1922 [772].

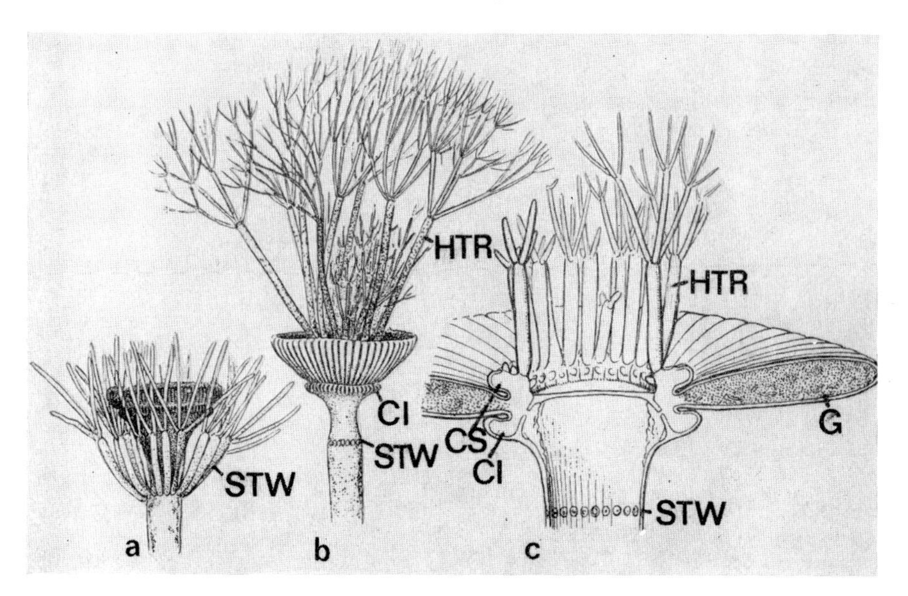

Abb. 123. *Acetabularia mediterranea.* a), b) jugendliche Schirme, c) Schema des Sproßaufbaues. *CS* Corona superior, *CI* Corona inferior, *G* Gametangien, *STW* sterile Wirtel, *HTR* Haartriebe. – nach Oltmanns 1922 [772].

Die in warmen Meeren vorkommenden makroskopischen siphonalen Algen haben einen verschiedenartig und oft kompliziert geformten Siphonoblast, an dem die ursprüngliche Schlauchform nicht immer erkennbar ist. An die einfachen, oben erwähnten Formen schließen sich *Derbesia* und *Dichotomosiphon* an. Aber schon *Caulerpa* hat eine an der Spitze wachsende Hauptachse, die farblose Rhizoide in den Boden entsendet und aufrechte, blattartig gestaltete, grüne Thalluslappen (Assimilatoren) trägt. Der Thallus erreicht eine Größe bis zu 1 Meter. Der querwandlose Raum wird von mehreren stützenden Querbalken durchzogen. Bei *Bryopsis* (Abb. 122 d) sind die Assimilatoren fiedrig gebaut, bei *Penicillus* sind sie pinselförmig, und bei *Codium* (Abb. 122 c) sind die Äste so dicht miteinander verflochten, daß ein scheinbar parenchymatischer Pflanzenkörper entsteht, der in eine Mark- und Rindenschicht differenziert ist. Der ganze Thallus ist, wie bei vielen anderen, in warmen Meeren vorkommenden siphonalen Algen, verkalkt [257, 939].

Einen besonderen Typus der siphonalen Gestaltung stellen die sog. verticillaten Siphoneen dar, die durch regelmäßig wirtelige Verzweigung der Hauptachse gekennzeichnet sind. Die Bezeichnung siphonal ist hier nur bedingt zutreffend, denn *Acetabularia* (Abb. 123) und *Dasycladus* haben anfangs in der vegetativen Phase ihrer Entwicklung nur einen, allerdings großen und mehrwertigen Zellkern. Dieser ist in einem Ast des Rhizoidsystems verborgen. Erst beim Übergang zur reproduktiven Phase wird der Pflanzenkörper nach zahlreichen Mitosen des Primärkerns vielkernig. Die schlauchförmige Hauptachse der verticillaten Siphoneen (*Dasycladales*) ist orthotrop und deutlich polar differenziert. Die Wirtel setzen sich aus di- bis trichotom

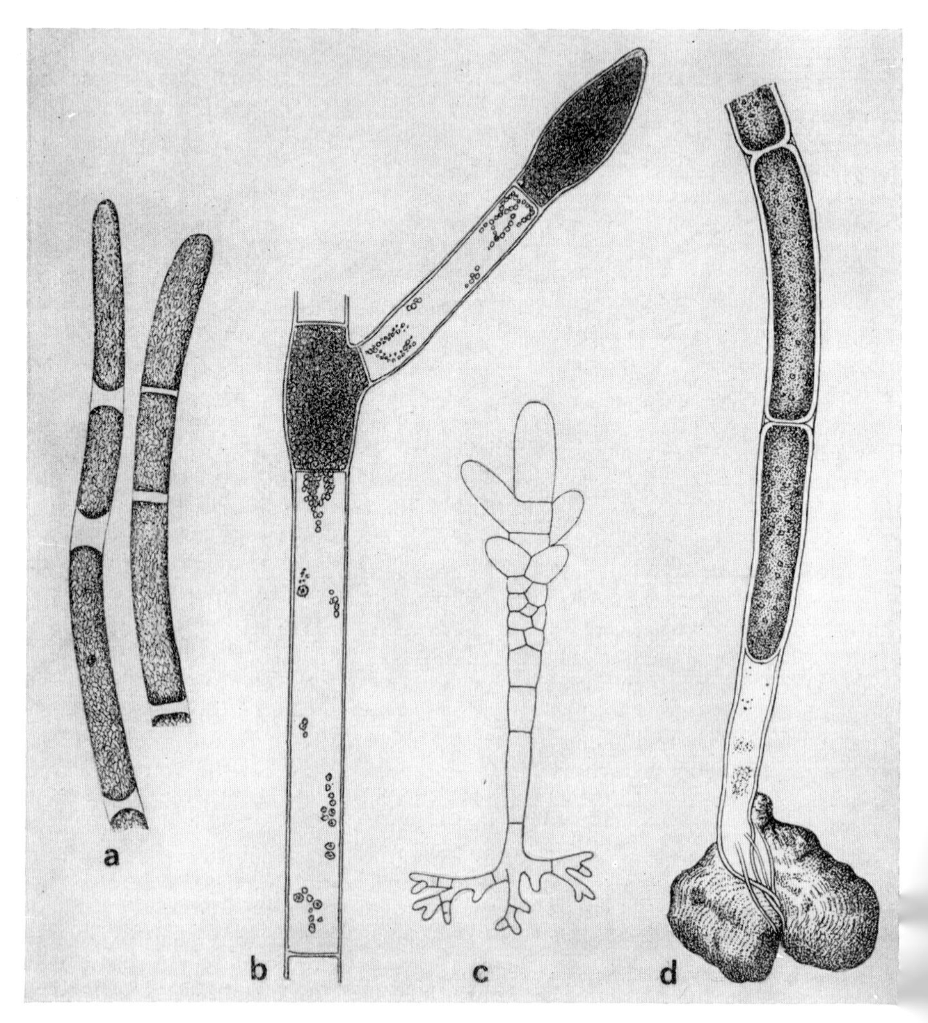

Abb. 124. Siphonoblast vom *Cladophora*-Typus. a) *Cladophoropsis*, Septierung des Schlauches; b) *Pithophora kewensis*, Akinetenbildung; c) *Siphonocladus pusillus*, Thallusaufbau; d) Basalteil von *Chaetomorpha aerea*. – Nach verschiedenen Autoren aus Oltmanns 1922 [772].

verzweigten Astsystemen zusammen, die teils als Assimilatoren, teils als Haartriebe ausgebildet sind. Letztere können reich büschelig verzweigt sein und sind infolge Rückbildung der Chloroplasten farblos [980].

3.5.2. Cladophora-Typus

Vom Siphonoblasten des *Vaucheria*-Typus ohne Querwände kann der des Cladophora-Typus abgeleitet werden, indem Querwände den Thallus in mehrere vielkernige Segmente teilen (Abb. 124). Der Übergang beider Typen ist am besten am vegetativen Wachstum des Thallus bei der schlauchförmigen Grünalge *Cladophoropsis* zu sehen (Abb. 124a). Hier werden durch dehydrative Kontraktion ungleich lange Abschnitte des Siphonoblasten abgegrenzt, die sich innerhalb des Mutterschlauches mit einer eigenen Zellwand umgeben und nun ein autonomes Längenwachstum erfahren. Dadurch berühren die vorgewölbten Endflächen benachbarter Abschnitte einander, wodurch an ihren Berührungsflächen innerhalb des Mutterschlauches Querwände entstehen. Entsprechend ihrer Entstehungsweise sind diese Querwände aus zwei Schichten zusammengesetzt. Das Längenwachstum dieser Segmente bedingt eine Längenzunahme des gesamten Siphonoblastems. Außerdem kann das Längenwachstum zu einem seitlichen Ausweichen eines Segmentes unterhalb der nächstoberen Querwand führen, wodurch eine seitliche Verzweigung des Siphonoblastems zustande kommt. Bei *Siphonocladus* liegt bereits eine deutliche Differenzierung zwischen Apex und Basis vor (Abb. 124c). An der Basis finden wir ein der Festheftung am Substrat dienendes Rhizoidsystem von plagiotrop wachsenden und teilweise septierten Schlauchästen ausgebildet [980].

Bei weiter entwickelten Formen erfolgt die Teilung der einzelnen Segmente dadurch, daß die gebildeten Wände der Teil-Siphonoblasten (Segmente) in die Mutterwand eingebaut werden, die daher mit zunehmendem Alter mehrschichtig wird. Die Querteilung ist mit der Individualisierung zweier benachbarter Teil-Siphonoblasten synchronisiert und spielt sich äußerlich in Form eines zentripetal wachsenden, irisblendenartig sich schließenden Septums ab. Das trifft beispielsweise bei den Cladophoraceen zu, die neben unverzweigten auch reich verzweigte Siphonoblasteme umfassen. Bei *Cladophora* besteht der büschelig verzweigte Thallus gewöhnlich aus langgestreckten Teil-Siphonoblasten („Zellen“) und sitzt mit einem rhizoidartigen Gebilde fest. Die einzelnen Teil-Siphonoblasten besitzen den gleichen Bau wie einzelne Zönoblasten oder Assimilatoren der Siphonoblasten, d. h. sie haben einen plasmatischen Wandbelag und eine große zentrale Vakuole. *Anadyomene* (Abb. 125) zeigt einen blattartigen Thallus, der einem kurzen Stiel aufsitzt und mittels mehrerer verzweigter Rhizoide befestigt ist. Die Thallusfläche ist aus reich verzweigten Fadensystemen aufgebaut, in denen man zwei Arten von Teil-Siphonoblasten (Segmenten) unterscheiden kann: große keulenförmige „Rippenzellen“ und kleine „Zwischenzellen“, die von

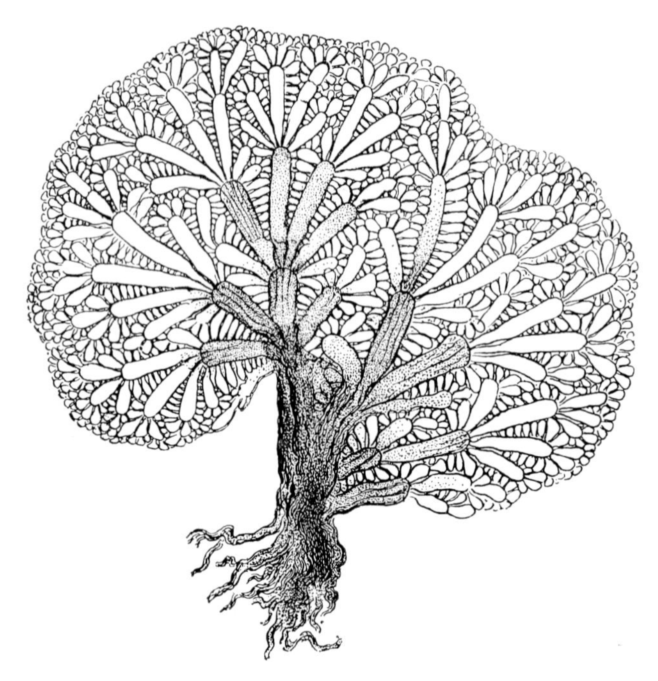

Abb. 125. Siphonoblastem von *Anadyomene stellata*. – Nach OLTMANNS 1922 [772].

den Seiten der Rippen ausstrahlen und die großen Räume zwischen den Rippen ausfüllen.

3.6. Trichale Organisationsstufe

Die trichale Organisationsstufe zeigt im Grundbau einfache Fäden, in denen die Zellen einreihig hintereinander geordnet sind. Stellt man sich vor, daß nach der Zellteilung einer Algenzelle die zwei Tochterzellen noch innerhalb der Mutterzellwand mit den einander berührenden Zellwandflächen verwachsen, so erhalten wir ein zweizelliges Gebilde, das nur in Richtung einer Achse wachsen kann, die durch die beiden Zellen, parallel zur Kernspindelachse, läuft. Wiederholt sich diese Teilung (Zweiteilung) in beiden Individuen, so erhalten wir eine fadenförmige, vierzellige Kolonie. Durch weitere Teilungen entsteht dann jenes Gebilde, das in der Algenmorphologie als Zellfaden (Blastonema) bezeichnet wird [980].

Prinzipiell stellt ein einfacher Algenfaden eine Summe polar übereinandergelagerter Autosporen dar, deren Zellwände, entsprechend den Teilungsfolgen, sukzessiv ineinandergeschachtelt werden. Die Teilung einer Fadenzelle in zwei Toch-

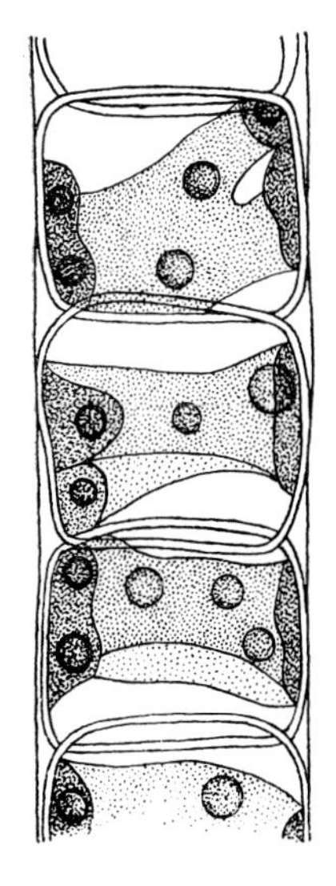

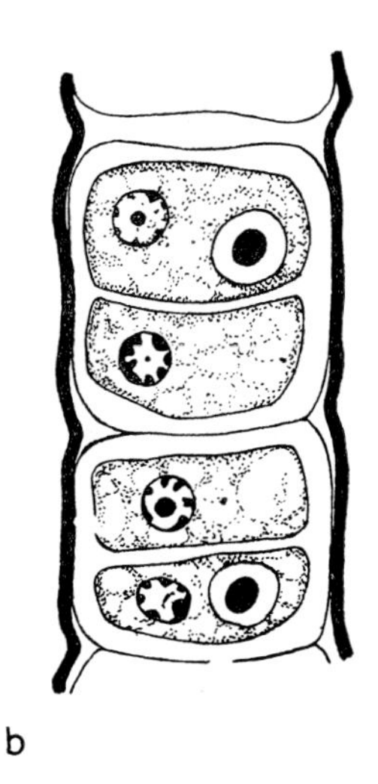

Abb. 126. Fadenbildung bei *Ulothrix.* a) nach dem Leben; es ist die fadenförmige Aneinanderreihung der Zellen, zugleich aber auch ihre relative Selbständigkeit zu sehen; b) Zytotomie, nach gefärbtem Präparat gezeichnet; man sieht, wie sich jeder Teilprotoplast mit einer eigenen Zellwand innerhalb der Mutterzellwand umgibt. – a) nach West aus Pascher 1927 [807]; b) nach Schussnig 1954 [980].

terzellen ist nach dieser Auffassung nichts anderes als die Bildung zweier Autosporen innerhalb einer Zelle, die sich in der Längsachse des Fadens anordnen [829].

Da bei dieser Art des bipolar orientierten Zellzuwachses Kernteilung und Querwandbildung zwischen je zwei benachbarten Zellen synchronisiert sind, so entsteht das spezifische Bild einer Zell-Zweiteilung, die man als Zytotomie bezeichnet. In älteren Arbeiten wird sie auch vegetative Zellteilung genannt [277]. Daß die Zytotomie nur einen Grenzfall der Zytogonie darstellt, geht besonders aus dem Zellteilungsbild von *Ulothrix* hervor (Abb. 126). Jede Tochterzelle umgibt sich mit einer eigenen Zellwand. Die Verwachsung der Berührungsflächen der beiden Zellwände liefert die Querwand, die infolgedessen zweischichtig erscheint. Von diesem Prinzip der einfachen Fadenbildung sind wohl alle anderen, oft kompliziert gebauten Fadensysteme abgeleitet.

3.6.1. Unverzweigte Fäden

Das oben Gesagte gilt ganz besonders für die Grundform des einfachen unverzweigten Algenfadens, der als H a p l o n e m a bezeichnet wird (Abb.

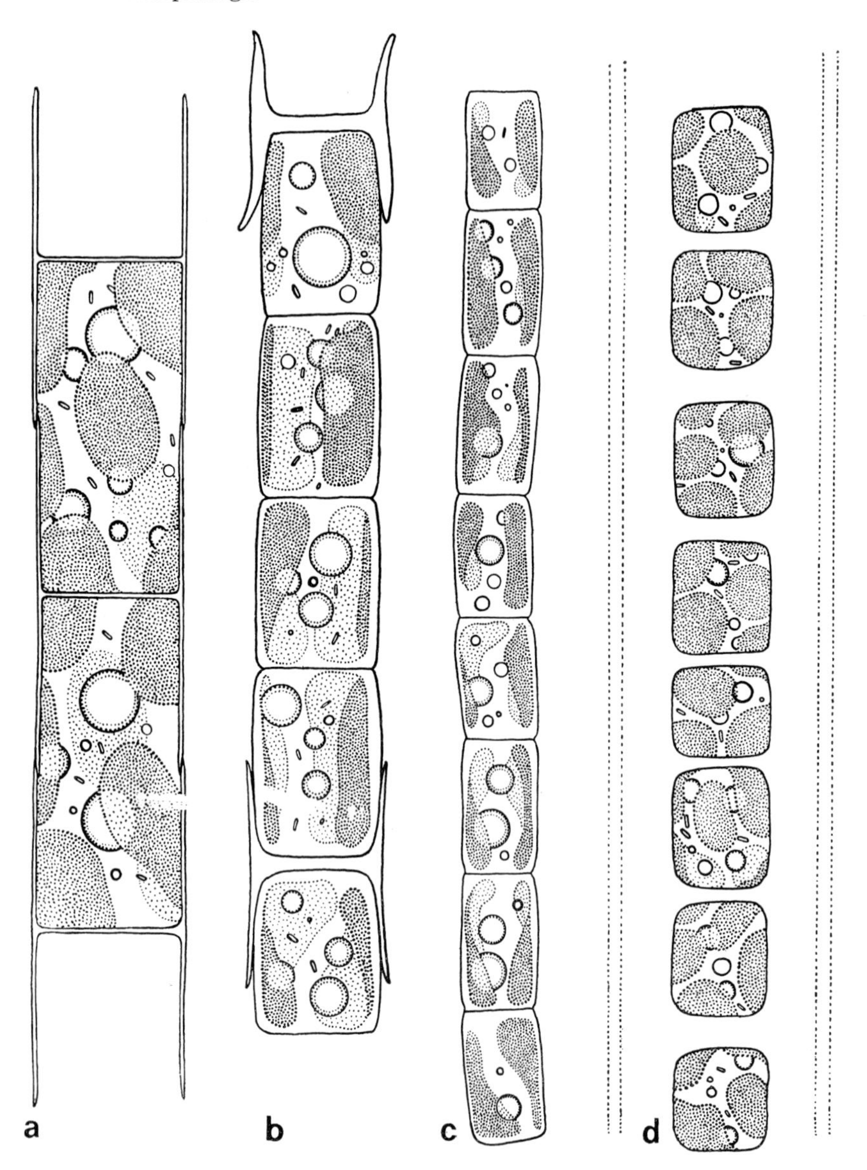

Abb. 127. Einfache Fäden einiger Xanthophyceen. a) *Tribonema*; b) *Bumilleria*; c) *Heterothrix;* d) *Neonema.* – Nach PASCHER 1939 [829].

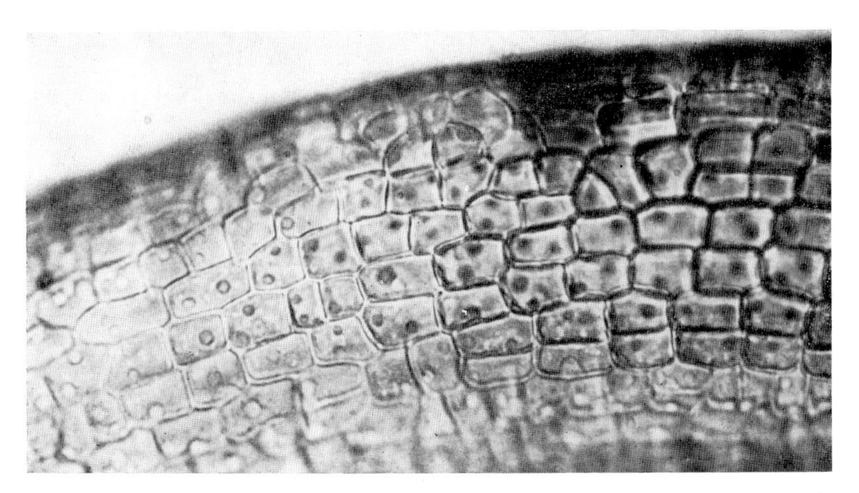

Abb. 128. Teil des flächenförmigen Thallus von *Enteromorpha intestinalis*. – 500 : 1, Original H. ETTL.

127). Der Faden kann aber auch von Anfang an mehrreihig oder polystich sein und wird dann S t i c h o n e m a genannt. Während beim Haplonema die Zytotomie nur als Querteilung auftritt und deren Teilprodukte sich in Richtung der Fadenachse anordnen, sind die Teilungen beim Stichonema pleopolar, d. h., Teilung und die Wandbildung erfolgen nach zwei oder drei Richtungen des Raumes. Auf diese Weise entstehen die flachen blatt- oder röhrenförmigen Thalli (z. B. *Ulva, Enteromorpha,* Abb. 128). Auch die Fäden von *Trichosarcina* sind anfangs einreihig, werden aber später mehrreihig [758].

Da es sich bei den Algenfäden beider Grundtypen in der überwiegenden Mehrzahl um primär festsitzende Formen handelt, so stellt sich eine Polarität des ganzen Systems ein. Sie äußert sich an der Basis in der Ausbildung von Rhizoidzellen als Haftsystem und am Apex in der mehr oder weniger scharf begrenzten Lokalisierung der das Wachstum bewirkenden Zellen. Schon so einfach gebaute Fäden wie die von *Spirogyra* haben eine Neigung zur Entwicklung von Haftrhizoiden an den Fadenenden. Dabei wächst der Rhizoidfaden in der Regel zunächst unverzweigt, um dann basal eine Haftscheibe aus von einem Punkt wirtelig ausstrahlenden, gabelig verzweigten Ästchen zu bilden [146, 925]. Einfache Haftscheiben haben *Tribonema, Oedogonium* u. a. Fast halbkugelige Basalzellen sind bei *Nematochrysis* zu beobachten [806].

Der einfachste Fadentypus wird von Formen wie *Ulothrix, Klebsormidium* oder *Stichococcus* repräsentiert. Die Fäden der letzteren zwei Gattungen zerfallen leicht in wenigzellige Gruppen oder sogar in Einzelzellen. Durch zahlreiche Teilungen quer zur Längsachse entstehen hieraus wieder Fäden.

Dabei behält jede Zelle des Fadens ihre Teilungsfähigkeit bei, das Wachstum erfolgt interkalar. Nicht teilungsfähig sind bei festsitzenden Fäden die Rhizoidzellen, in denen die Chloroplasten zugrunde gegangen sind. Da bei unverzweigten Fäden grundsätzlich jede Fadenzelle auch zur Bildung von Zoosporen und Gameten befähigt ist, sind die Zellen untereinander gleichwertig [939, 764]. Nicht immer sind die Zellen im Faden miteinander verwachsen, sondern sie können getrennt liegen und sind dann reihenweise hintereinander in eine schlauchartige Gallerte eingebettet (*Neonema, Chadefaudiothrix, Geminella*). Durch die Zytotomie der Zellen geht ihre Zugehörigkeit zu den Fadenalgen, ebenso wie bei den in Einzelzellen zerfallenden Formen, eindeutig hervor.

Die Zellwand der Fadenalgen ist nicht einheitlich gebaut; außerdem ist sie von Gattung zu Gattung verschieden. Anschaulich ist das bei den einfachen *Heterotrichales* festzustellen (Abb. 127). Bei *Tribonema* besteht die Zellwand jeder Zelle aus zwei H-Stücken, zwei benachbarte H-Stücke bilden die Zellwand jeder einzelnen Zelle. Bei *Bumilleria* sind die Zellen mit einer einteiligen Zellwand umgeben, doch werden in Abständen von 2 oder 4 Zellen kräftige H-Stücke eingeschal-

Abb. 129. Fadenverzweigungen. a)—c) *Chantransia chalybea;* d) *Stigeoclonium* sp. – a), b) 350 : 1; c) 580 : 1; d) 100 : 1; Original H. Ettl.

tet, die den Faden deutlich gliedern. *Heterothrix* ist völlig ohne H-Stücke [825, 829]. Allgemein bekannt sind auch die mehrschichtigen H-Stücke in den Zellwänden von *Microspora* [1149].

3.6.2. Verzweigte Fäden

Bei verzweigten Algenfäden haben die Fadenzellen die Fähigkeit, seitlich unterhalb der Nachbarzelle auszuwachsen, wodurch eine lateral inserierte Fadenachse höherer Ordnung entsteht (Abb. 129). Die Initialzelle eines solchen Seitenastes grenzt sich durch eine synkline Scheidewand von der neuen Achse ab, so daß diese in organischem Zusammenhang mit der relativen Hauptachse (nächsttieferer Ordnung) verbleibt. Daraus ergibt sich eine echte

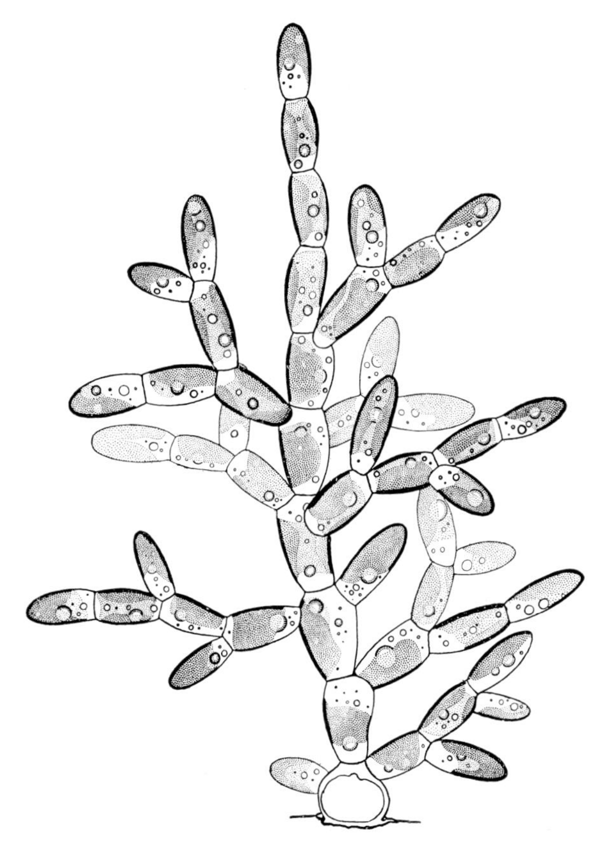

Abb. 130. Einfaches Zweigsystem mit unterschiedlicher Basalzelle von *Phaeothamnion confervicola*. – Nach PASCHER aus FOTT 1971 [257].

Verzweigung, wodurch die absorbierende Oberfläche eines aus einer Keimzelle hervorgegangenen Individuums wesentlich vergrößert wird. Ebenso erfolgt die Vergrößerung der Assimilationsfläche. Bei den verzweigten Fäden ist die Teilungsfähigkeit der Zellen an den Ästen geringer als im Hauptstamm und außerdem an den oberen Ästen beschränkter als an den unteren. Natürlich gibt es Übergänge sowohl in der Verzweigung als auch in der Teilungsfähigkeit.

Nach ROUND [939] existieren drei Haupttypen von Thalli, die sich aus verzweigten Fäden aufbauen:

a) Einfache Zweigsysteme, die mittels einer Basalzelle am Substrat befestigt sind. Als Beispiele seien *Phaeothamnion* und *Heterodendron* genannt (Abb. 130). Hier entwickelt sich eine halbkugelige, festhaftende Basalzelle, auf der ein bäumchenartig verzweigter Thallus mit keulenförmigen Zellen sitzt [806, 829].

b) Der heterotrichale Typus mit einem System kriechender (plagiotroper) Fäden, aus denen aufrechte (orthotrope) Fäden entspringen. Hier seien besonders die Formen von *Heterococcus, Trentepohlia* oder *Phycopeltis* erwähnt [844, 902]. *Fritschiella* (Abb. 131), die dem Leben am Boden angepaßt ist, besitzt ein unterirdisches Fadensystem, aus dem oberirdische Fadenbüschel hervorkommen. Diese oberirdischen Fäden bilden blattartige, pseu-

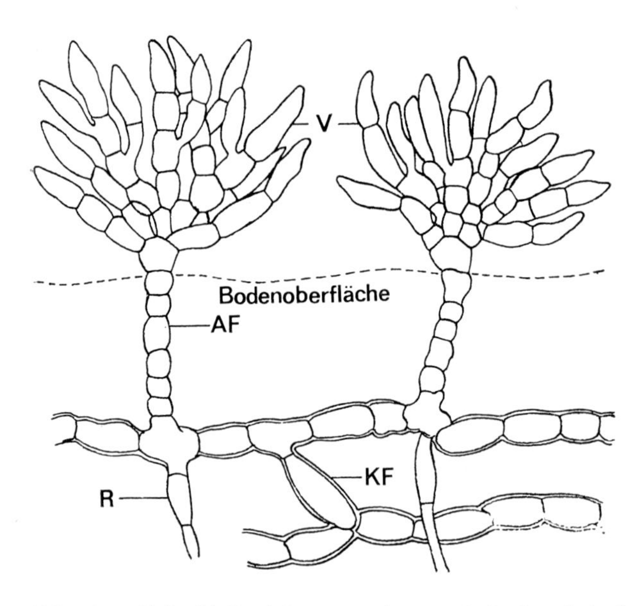

Abb. 131. *Fritschiella tuberosa* mit unterirdischen kriechenden Fäden (*KF*) und aufrechten Fäden (*AF*). Erstere senden Rhizoide (*R*) aus, die anderen tragen sekundäre Fadenverzweigungen (*V*). – Nach SINGH aus FOTT 1971 [257].

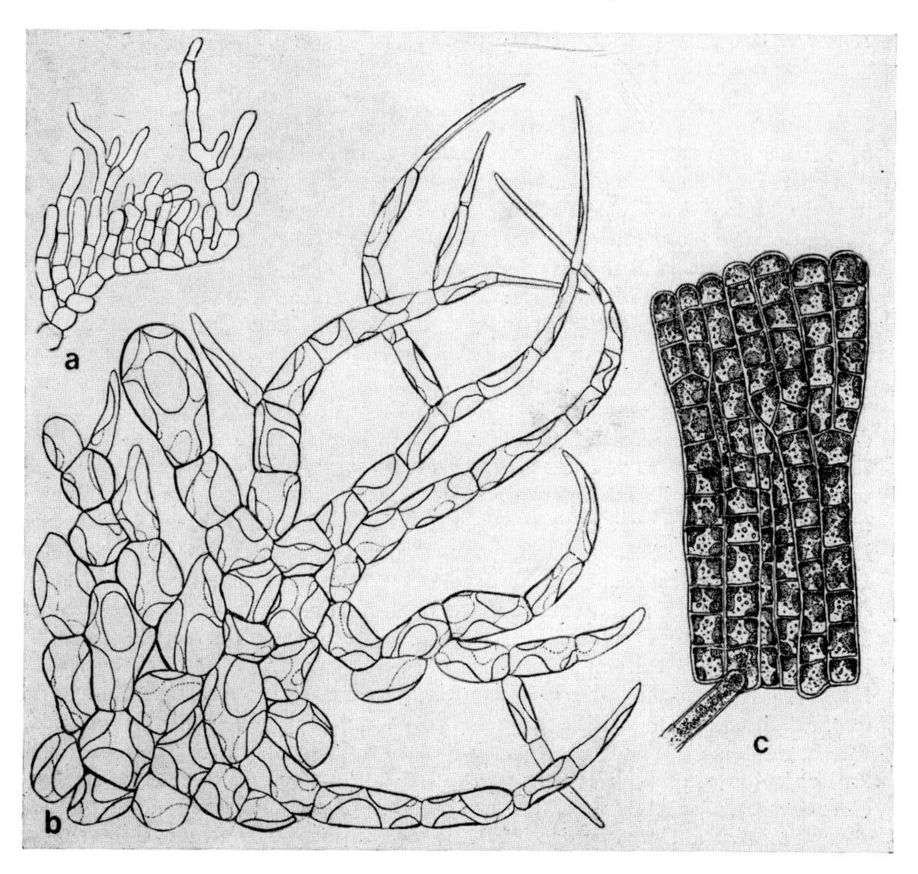

Abb. 132. Verzweigte Fadensysteme. a) heterotrichaler Typus von *Heterococcus*; b) Bildung eines Nematoparenchyms bei *Chaetopedia;* c) im Vergleich dazu Nematoparenchym von *Hildenbrandia.* – a), b) nach PASCHER 1939 [829]; c) nach SKUJA 1938 [1001].

doparenchymatisch angeordnete Fadensysteme [487]. Auch viele *Ectocarpus*-Arten sind heterotrichal gebaut [279, 280].

c) Ein System einzelner oder zahlreicher Zentralfäden, deren Seitenäste mit ihren Endverzweigungen eine Nematoparenchym bilden oder sich pseudoparenchymatisch zusammenschließen (siehe unter 3.6.3.).

Heterotrichie kommt besonders bei den *Chaetophorales* vor. Hier sind alle Entwicklungsstufen dieses Systems vertreten. *Stigeoclonium* (Abb. 129 d) nimmt eine Mittelstellung ein [136, 1122]. Die Alge zeigt sowohl ein gut entwickeltes System orthotroper als auch plagiotroper Fäden. Bei weiteren

Arten ist das eine oder andere System stärker ausgeprägt. Bei *Draparnaldia* z. B. sind die orthotropen Fäden besser ausgebildet als die kleine plagiotrope Sohle. Das aufrechte System besteht aus einem großzelligen, kräftigen Hauptfaden, an dem mehrfach verzweigte, kleinzellige, büschelige Seitenäste sitzen. Aus den Basalzellen der Seitenzweige mancher Arten entspringen rhizoidartige Fäden, die die Hauptachse berinden. Die morphologischen und physiologischen Unterschiede im Thallus von *Draparnaldia* bestehen darin, daß die Kurztriebe als Assimilatoren und reproduktive Teile entwikkelt sind, während die plastidenarmen Langtriebe den Charakter steriler Tragachsen haben [128, 903]. Bei *Chaetophora* ist der ganze Thallus in zähe Gallerte eingebettet. Die Fadenzweige sind oft in feine Haarspitzen ausgezogen. Bei manchen Arten ist die Teilungsfähigkeit auf die Basalzone der Thalli beschränkt [939].

Eine Weiterentwicklung der trichalen Organisationsstufe ist die Ausbildung von flächigen Zellverbänden, des sog. Nematoparenchyms (Abb. 132). Es entsteht dadurch, daß die Zweige eines plagiotropen Fadens mehr oder weniger in einer Ebene unregelmäßig ausstrahlen und so dicht nebeneinander liegen, daß schließlich einschichtige Zellflächen zustandekommen. Diese Zellflächen können zunächst noch deutlich ihre Entstehung aus der Länge nach verwachsenen Fadensystemen erkennen lassen. Sie behalten den fädigen Charakter auch an ihren Randpartien bei, aus denen einzelne Fäden oft lang hervorwachsen. Im Zentrum solcher Zellflächen ist dagegen ihr Ursprung nicht mehr sichtbar. Die Zellteilungen, die bei dieser dichten Lagerung nicht mehr polar erfolgen können, erzeugen schließlich eine pseudoparenchymatische Zellfläche mit polygonal abgeplatteten Zellen. Dadurch, daß sich die Zellen auch parallel zum Substrat teilen, werden diese Zellschichten auch mehrschichtig, wie bei den Chlorophyceen *Apatococcus, Coccobotrys, Jaagiella* [1128] oder bei den Xanthophyceen *Heteropedia, Aeronemum* und *Chaetopedia* [829]. Bei den Chlorophycen zeigt *Coleochaete* das klassische Beispiel eines Nematoparenchyms (Abb. 238 f). Die Arten dieser Gattung sind sehr vielgestaltig. Sie reichen von verzweigten Systemen (*C. divergens*) bis zu den kreisförmigen Scheibenthalli (*C. scutata, C. soluta, C. orbicularis*) [311]. Bei der Rhodophycee *Hildenbrandia* bestehen die Thalli aus aufrechten, parallel verlaufenden Fäden, die seitlich dicht zusammenschließen und daher in der Aufsicht ein Pseudoparenchym vortäuschen [294].

Nematoparenchyme stellen oft Typen dar, die aus einer morphologischen Anpassung an die epiphytische Lebensweise hervorgegangen sind. Charakteristisch ist eine mehr oder weniger weitgehende Rückbildung der orthotropen Fadenachse,

Abb. 133. *Spermatochnus paradoxus*. a) Sproßspitze im Längsschnitt, die berindete Zentralachse mit wirteligen Seitenästen zeigend; b) Querschnitt; c) Längsschnitt durch einen älteren Sproß. *ZF* Zentralfaden, *R* Rinde, *S* Seitenäste. – Nach Reinke aus Oltmanns 1922 [773].

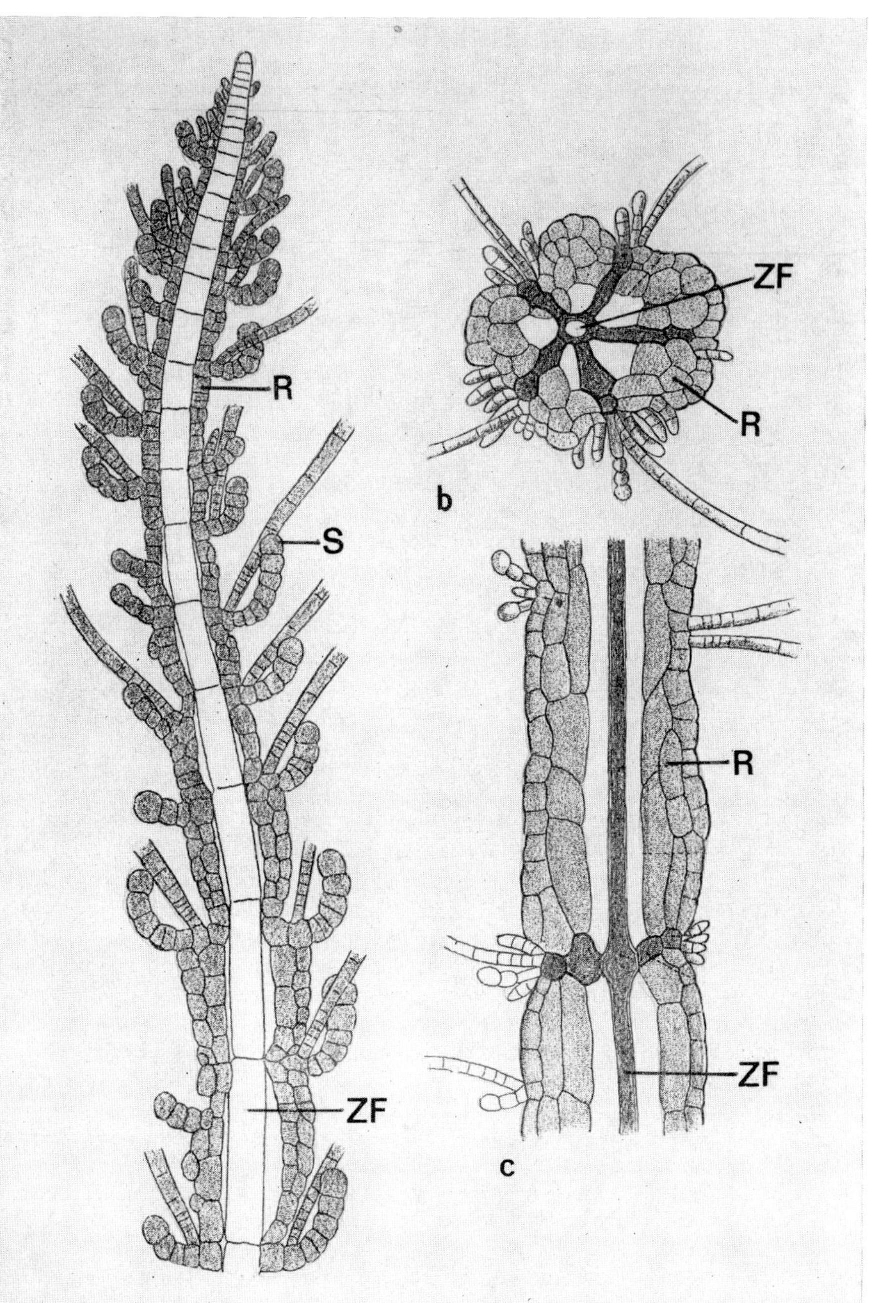
R
S
ZF
a
ZF
R
b
R
ZF
c

verbunden mit einer stärkeren Entfaltung der plagiotropen, dem Substrat anliegenden Fadensysteme.

Besonders komplizierte Thalli, die vom Fadentypus abgeleitet werden können, sind die der meisten makroskopischen Phaeo- und Rhodophyceen. Wegen ihrer spezifischen Eigenschaft werden sie gesondert von den oben angeführten Fadentypen behandelt.

3.6.3. Nematoblastem

Der besondere Bau des Thallus höher organisierter Phaeo- und Rhodophyceen kommt dadurch zustande, daß sich die kleinzelligen Seitenzweige, wie wir sie vom heterotrichalen Typus her kennen, dicht an den großlumigen Zellen des Hauptfadens anlegen, so daß ein zylindrischer Mantel entsteht, der die Achsenfäden umhüllt (Abb. 133). Die Rinden- und Achsenzellen haben verschiedene Funktionen: Die kleinen Rindenzellen übernehmen die Assimilation, wogegen die großen Achsenzellen das Mark bilden. Ein solcher Thallus, der aus einem einfachen Hauptfaden unter Verwachsung seiner Zweigsysteme entstanden ist, wird Nematoblastem genannt. Die Verzweigungen des Thallus stehen zweifellos in Beziehung zur Vergrößerung der adsorbierenden und assimilierenden Oberfläche. Die Verwachsung der benachbarten Zellwandflächen in der Teilungsebene und die Verwachsung dieser Querwände mit der Seitenwand des zylindrischen Fadens gewährleisten die mechanische Festigkeit des ganzen Zellaggregats, die noch durch entsprechende Verdickung der Zellwände oder auch durch Verflechtung mehrerer Fadenachsen erhöht werden kann. Charakteristisch für solchen Fadentypus ist die äußere Gesamtform, sein Habitus, der im allgemeinen, bei ungestörter Entfaltung, spezifisch konstant bleibt [980].

Nimmt der morphologische und funktionelle Unterschied zwischen den Haupt- und Seitenachsen eines wirtelig verzweigten Nematoblastems zu, so liegt ein Thallus vom Zentralfadentypus vor, der für viele Rhodophyceen charakteristisch ist (Abb. 134). Die zentrale Hauptachse übernimmt von der Keimpflanze an die Führung, während die mehr oder weniger stark verzweigten Wirtelsysteme hauptsächlich die assimilatorischen und reproduktiven Funktionen des gesamten Systems ausüben (*Calosiphonia, Plumaria, Antithamnion*). Bei gesteigerter mechanischer Inanspruchnahme setzt an der Zentralachse eine mehr oder minder starke Versteifung durch basipetal wachsende Berindungsfäden ein. Als Beispiel dafür sei *Batrachospermum* angeführt (Abb. 135). Die Berindung kann auch größeren Umfang annehmen, so daß die Zentralachse von einem festen Rindenmantel umgeben erscheint, der zugleich auch assimilatorische Funktion übernimmt. Die Berindung geht nicht nur von der Zentralachse aus, sondern gelegentlich auch von den proximalen Zellen der Wirtelachsen, wie z. B. *Spermatochnus paradoxus*.

Eine weitere Modifikation des Nematoblastems, die beiden höher ent-

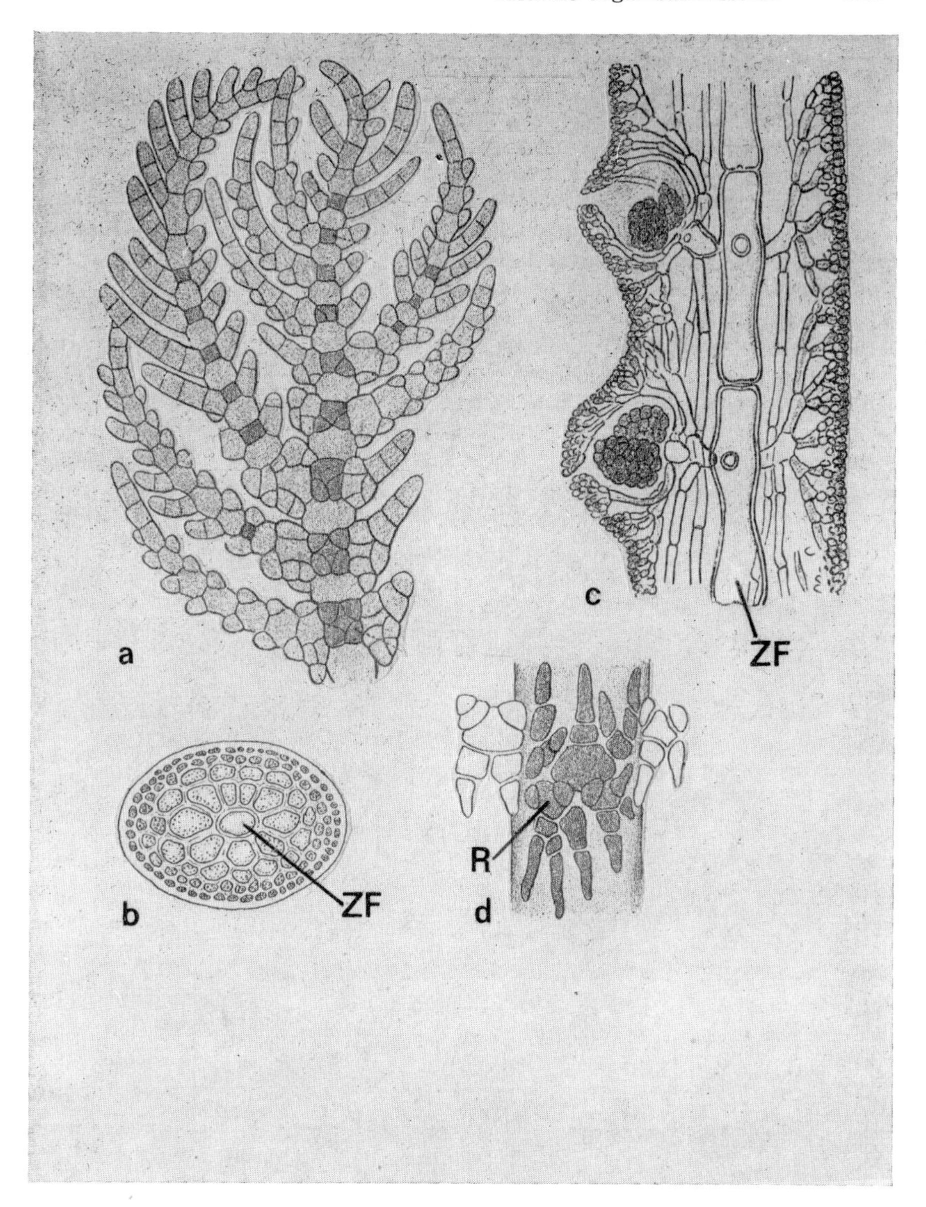

Abb. 134. *Plumaria elegans*. a) Thallusspitze; b) Thallusquerschnitt; c) Berindung; d) *Calosiphonia finisterrae*, Thallusaufbau nach dem Zentralfadentypus. *ZA* Zentralachse, *R* Rindenzellen. – Nach CRAMER, KÜTZING aus OLTMANNS 1922 [773].

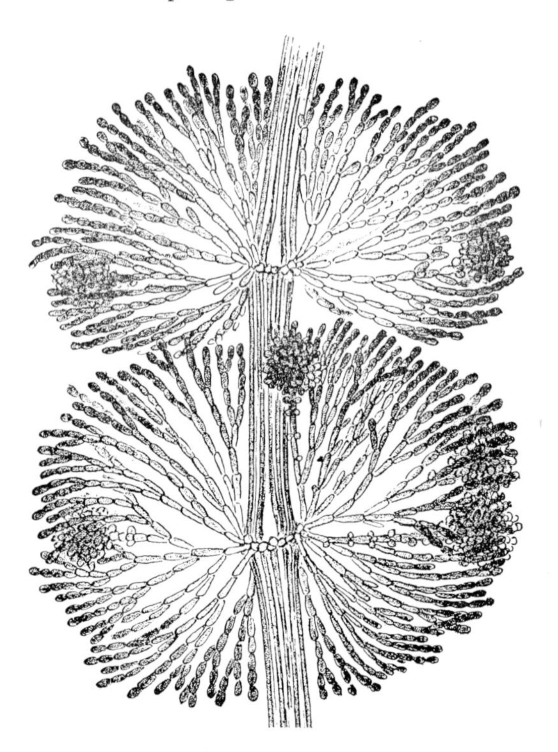

Abb. 135. *Batrachospermum moniliforme,* wirtelige Verzweigung an der berindeten Längsachse. – Nach SIRODOT aus OLTMANNS 1922 [773].

wickelten makroskopischen Phaeo- und Rhodophyceen auftritt, ist das Cauloblastem oder der Sproßthallus. Die Astwirtelsysteme, die an der zentralen Hauptachse ansetzen, sind anfangs noch frei. Doch kommt es in gewissen Abständen zu wiederholten Verzweigungen, so daß die sich entwickelnden Wirteläste zu einer mehr oder weniger kompakten Rindenschicht zusammenschließen. Bei dieser Verbindung der Zellfäden wird eine dichte interzelluläre Substanz ausgeschieden, die die Zellen zu einer festen Gewebeschicht vereinigt. Die Rindenschicht bedingt nicht nur die mechanische Festigkeit des Thallus, sondern übernimmt auch wieder die Funktion eines Assimilationsgewebes, denn die Zellen des Rindensystems sind reich an Chloroplasten, deren Zahl gegen das Zentrum des Cauloblastems ständig abnimmt. In der Längsachse des Sprosses verläuft die primäre, haplostiche Zentralachse, von der in bestimmten Internodialabständen die Wirteläste ausgehen. Die Zentralachse kann dick oder dünn, nackt oder berindet sein. Bleibt zwischen ihr und dem nematodermatischen System (Rindensystem) ein Hohlraum, so sprechen wir von einem Solenoblastem, wie z. B.

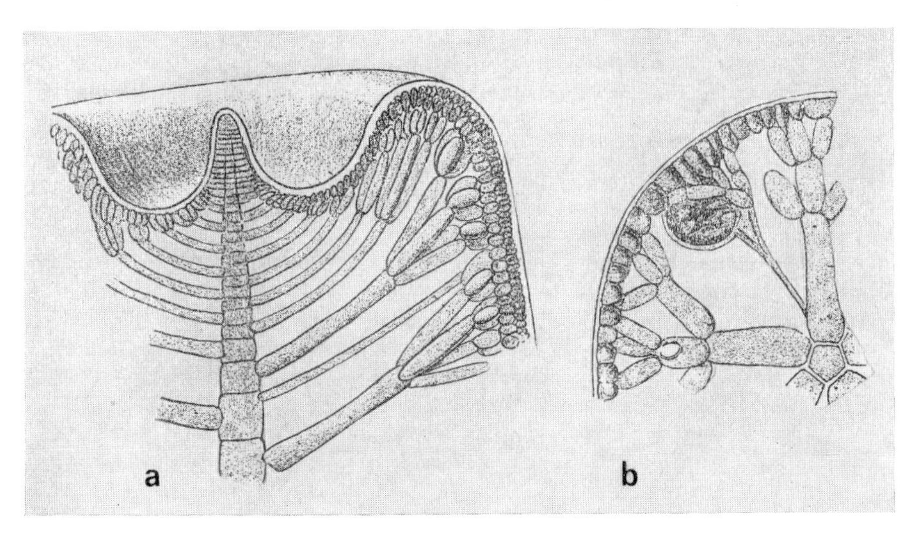

Abb. 136. Solenoblastem des Zentralfadentypus von *Chondria tenuissima.* a) Längsschnitt durch den Thallusscheitel; b) Querschnitt. – Nach THURET, FALKENBERG aus OLTMANNS 1922 [773].

bei *Chondria tenuissima* (Abb. 136). Setzt aber eine stärkere Berindung der Zentralachse ein, oder schließen schon die Wirtelachsen niederster Ordnung zu einem festen Nematoderm zusammen, so entsteht daraus ein kompakter Sproß, ein Stereoblastem. In diesem ist oft eine Markschicht (medulla) zu erkennen, die aus weitlumigen Zellelementen besteht und im wesentlichen die Funktion eines Leitsystems oder auch eines Speichersystems übernimmt. Die Funktion des mechanischen Systems bleibt, wie bei allen cauloblastematischen Algen überhaupt, der Rinde als äußerem festem Mantel vorbehalten (*Polysiphonia, Pterosiphonia*) [773, 980].

3.6.4. Stichoblastem

Ein anderer Weg führt zur Gestaltung des Gewebethallus, des Stichoblastems, es ist bei den Phaeophyceen mannigfaltig entwickelt [280]. Den Ausgangspunkt für diesen Thallustypus bildet das Stichonema. Der aus der Keimzelle hervorgehende Keimling wächst zunächst durch interkalare oder scheitelbürtige Querteilungen zu einem einreihigen Faden heran. Bald aber setzen in den Fadenzellen perikline Teilungen ein, wodurch die ursprünglichen Fadenzellen in mehrere perikline Segmente aufgeteilt werden. Der wachsende Thallus erscheint nun quer- und längsgeteilt. Durch Vermehrung solcher Segmente, bzw. durch deren weitere anti- und perikline Zerteilung, baut sich allmählich der heranwachsende Gewebethallus auf. Die fortschreitenden Zerteilungen führen sowohl zu einem Dickenwachstum des Stichoblastems, als auch zu einer histologischen Grunddifferenzierung im Innern desselben. Als Beispiel kann *Scytosiphon lomentarius* (Abb. 137 b, c) dienen. Hier erheben sich aus einer plagiotrop wachsenden, nematoparenchymatischen Keimscheibe orthotrope einreihige Keimfäden, in denen frühzeitig perikline Teilungen einsetzen. Am jungen Thallus sind dann die primär polystichen Quersegmente sichtbar. Außerdem entstehen am akroskopen Ende von periklinen Segmentzellen einreihige Haartriebe (Trichome) mit interkalarer Wachstumszone [980].

Bei zunehmendem Dickenwachstum der stichoblastematischen Thallussprosse kommt es zu einer Differenzierung zwischen einer mehr oder weniger scharf abgegrenzten Rindenzone (Cortex), die aus kleineren, mit Chloroplasten reich ausgestatteten Zellen besteht, und einer zentralen Markzone (Medulla) mit bedeutend großlumigeren, saftreichen und plastidenarmen Zellen. Die Rinde vermittelt auch hier den mechanischen Abschluß des Thal-

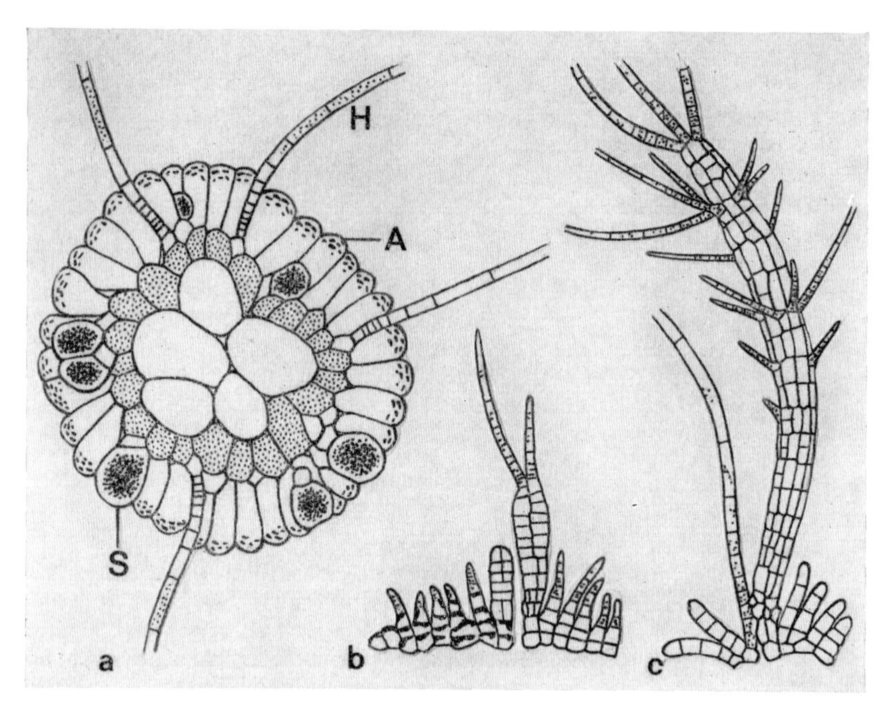

Abb. 137. Stichoblastem. a) *Delamarea attenuata*, Querschnitt durch den Thallus mit Assimilatorenrinde (*A*), Haaren (*H*) und unilokulären Sporangien (*S*); b), c) Keimpflanzen von *Scytosiphon lomentarius*. – Nach Kuckuck aus Oltmanns 1922 [773].

lus nach außen; zugleich fungiert sie als Assimilationssystem. Die Markzone hingegen dürfte auch in den vorliegenden Fällen Leitungs- und Speicherungsfunktionen ausüben. Der Querschnitt von *Delamerea attenuata* zeigt deutlich diese histologische Differenzierung (Abb. 137 a).

Soweit das zelluläre Gefüge der stichoblastematischen Sprosse lückenlos bleibt, liegt der Typus eines Stereoblastems vor. Weichen aber die Zellen der zentralen Markzone auseinander, so kommt es zur Ausbildung eines schlauchartigen Solenoblastems, dessen Rindensystem einen mit Wasser oder dünnflüssigem Schleim erfüllten Hohlraum umschließt (z. B. *Asperococcus*). Die Haartriebe (Trichome), die schon während der ersten Phase der Entwicklung angelegt werden, sind bei hochentwickelten Formen nicht mehr unregelmäßig über die ganze Thallusoberfläche verstreut, sondern entspringen gehäuft an bestimmten, örtlich begrenzten Sori. Diese Stellen können grubenartig vertieft sein, wie bei *Colpomenia, Soranthera* u. a., oder es kommt schließlich zur Ausbildung von Haargruben (Nemathecien), wie z. B. bei *Splachnidium* (Abb. 138).

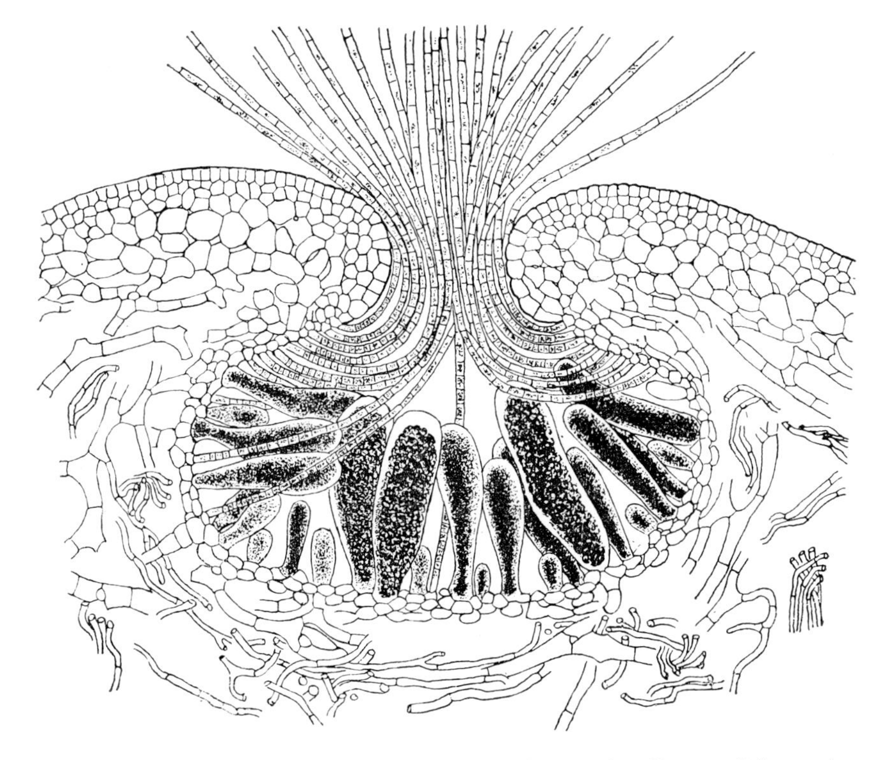

Abb. 138. *Splachnidium rugosum,* eingesenkter Sporangien-Sorus mit hervortretenden Haaren. – Nach KUCKUCK aus OLTMANNS 1922 [773].

Die reichste Entfaltung erfährt das Stichoblastem im Bereich der höher organisierten Phaeophyceen [279, 280, 980]. Die äußere Form dieser Gewebethalli kann verschiedenartig gegliedert sein. An festen Unterlagen sind die Thalli durch Rhizoide oder Rhizomscheiben befestigt, die sich in einem Stengelorgan (Kauloid) fortsetzen, das eine blattartige Sproßfläche tragen kann. An verschiedenen Teilen des Algenkörpers können sich spezielle, mit Luft gefüllte Schwimmorgane bilden. Das Wachstum der Thalli erfolgt durch eine Scheitelzelle oder durch Ausbildung besonderer Teilungszonen (Meristemgewebe).

Schussnig [980] unterscheidet folgende Konstruktionstypen des Stichoblastems:

a) Sphacelariaceen-Typus. Charakteristisch ist das Längenwachstum mittels einer großen dunkelbraunen Scheitelzelle, die basipetal Quersegmente abgliedert. Die Verzweigung erfolgt durch peri- oder synkline Teilungen der Scheitelzelle, so daß Wachstum und Verzweigung von dieser kontrolliert werden. Die Scheitelsegmente werden durch perikline Wände aufgeteilt, wodurch die meristematische Struktur des Thallus zustande kommt (*Sphacelaria, Cladostephus, Ptilopogon*).

b) Dictyotaceen-Typus (Abb. 139). Der Keimling von *Dictyota* ist anfangs ein haplostícher Faden, der mit einer ansehnlichen Scheitelzelle in die Länge

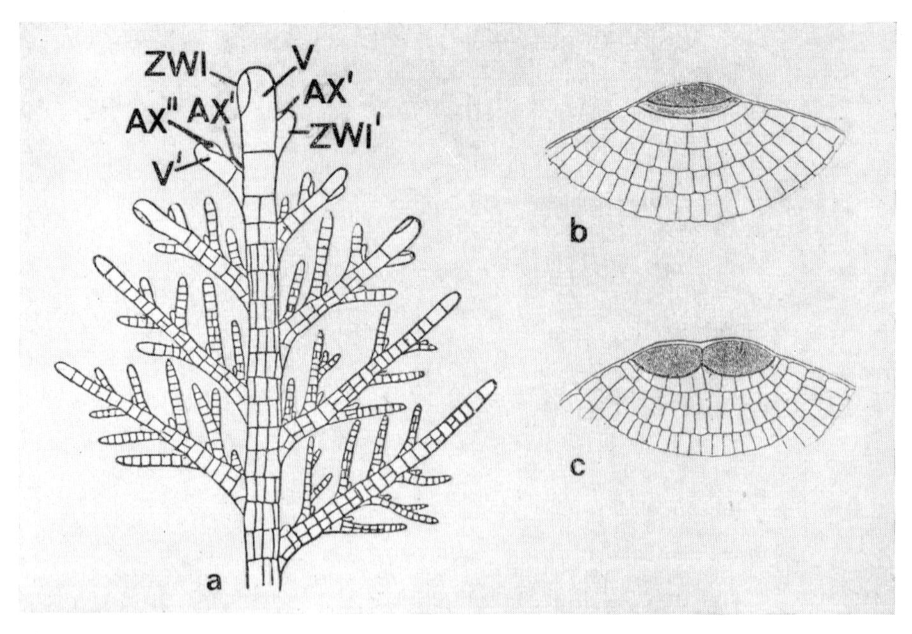

Abb. 139. a) *Halopteris filicina*, Endstück eines Thallus; *V, V'* Scheitelzellen, *ZWI, ZWI'* Zweiginitialen, *AX'*, *AX''* Anlagen von pseudoaxillären Sprossen. b), c) *Dictyota dichotoma*, Thallusscheitel mit ungeteilter und geteilter Scheitelzelle. – Nach Oltmanns 1922 [773].

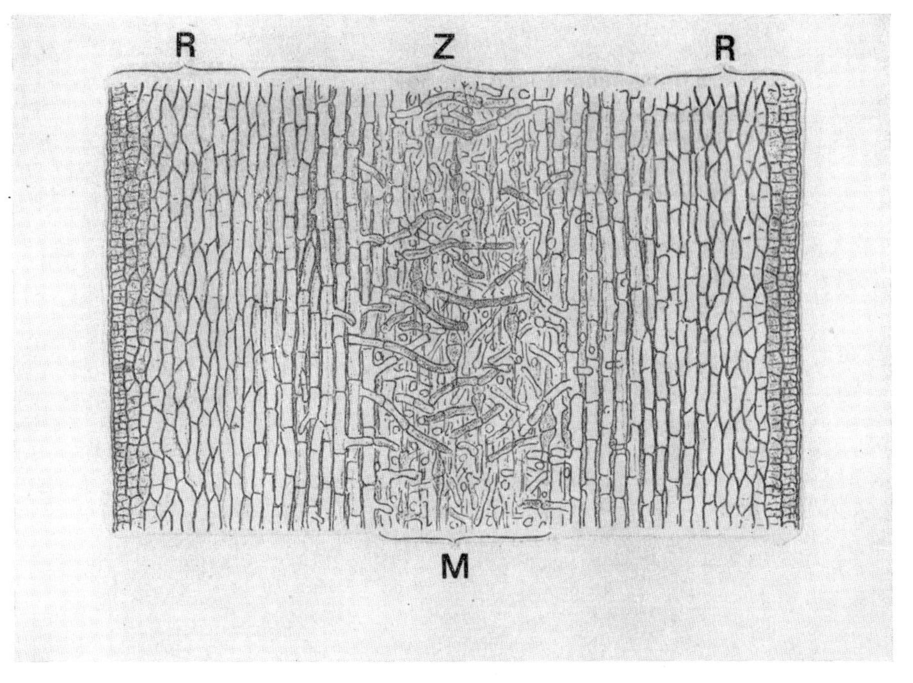

Abb. 140. Längsschnitt durch das Kauloid eines *Laminaria*-Keimlings. *R* Rinde, *Z* Zentralkörper, *M* Mark. – Nach OLTMANNS 1922 [773].

wächst. Die von dieser basalwärts abgegliederten Quersegmente werden durch perikline Wände derart zerteilt, daß im Innern ein ein- bis zweischichtiger Zentralkörper mit plastidenarmen Zellen entsteht. Die Rinde besteht aus kleineren, plastidenreichen Zellen und ist ein-, bei *Zonaria* 2–3schichtig. Verzweigungen gehen von der Scheitelzelle aus, die durch eine perikline Längswand in zwei gleiche Tochterzellen geteilt wird, wovon jede zur Scheitelzelle eines neuen Thallussprosses wird (dichotome Verzweigung).

c) Fucaceen-Typus. Auch hier wird (bei *Fucus*) die Keimpflanze schon frühzeitig in Zentralkörper und Rindenzone gegliedert. In der Scheitelgrube befindet sich ein Scheitelmeristem, dessen Zellen durch anti- und perikline Teilungen das Längenwachstum bewirken. Die embryonale Natur der Scheitelmeristem-Zellen zeigt sich auch darin, daß sie typische Trichome bilden, die aus der Scheitelgrube hervorragen.

d) Laminariaceen-Typus. Die Keimlinge sind zunächst monosiphone Fäden mit interkalarem Längenwachstum. Schon bald setzt aber die stichomeristematische Zergliederung ein, die am distalen Fadenende beginnt. Es kommt somit zur Ausdifferenzierung eines großlumigen Zentralkörpers und einer Rindenzone (Abb. 140). Während letztere wenigschichtig bleibt, nimmt der Zentralkörper an Mächtigkeit rasch zu. Scheitelmeristeme sind bei diesem Typus nicht ausgebildet, sondern die Zuwachszonen liegen interkalar in der Basalzone der Phylloide (*Laminaria, Chorda, Alaria*).

3.6.5. Symphyoblastem

Unter Symphyoblastem als Einheit, die durch Vereinigung zweier oder mehrerer untergeordneter Einheiten entsteht, faßt Schussnig [980] alle jene orthotropen und plagiotropen Thallusbildungen zusammen, deren Innenbau sich aus dem allelotaktischen Wachstum nematoblastischer, stichoblastischer oder auch siphonoblastischer Achseneinheiten ergibt. Es ist dadurch charakterisiert, daß statt einer einzigen Zentralachse ein zentraler Strang mehrerer Fadenachsen vorliegt. Die meist monopodial verzweigten Achsen sind entweder morphologisch gleichwertig oder innerhalb des ganzen Systems verschieden differenziert. Das Symphyoblastem ist ein integrales, ganzheitliches System von progressiver Gestaltung und von höherer Wertigkeitsstufe, in dem das syntaktische und das relative Wachstum der Bauelemente von endonomen Korrelationen gesteuert werden. Das ganze System besitzt als Individuum gegenüber der Umwelt eine einheitliche Reaktionsnorm, bei der die Teilindividualitäten der Bauelemente hierarchisch koordiniert und subordiniert sind.

Als typische Vertreter symphyoblastischer Thallusbildungen können Rhodophyceen vom Springbrunnentypus gelten, bei denen ein zentraler Strang mehrerer parallel gerichteter Fadenachsen vorhanden ist, von denen im rechten oder spitzen Winkel freie Astbüschel von begrenztem Wachstum gegen die Peripherie des Thallus abzweigen (z. B. *Nemalion, Helminthocladia*). Einen Paralleltypus unter den Phaeophyceen stellt *Mesogloea crassa* dar (Abb. 141 a). Bei *Platoma* (Abb. 141 b, c) sind die Seitentriebe zwar noch frei, aber innerhalb der stützenden Gallerte behalten sie einen gleichen Abstand vom Zentralstrang. Dies vermittelt uns das Verständnis für das Zustandekommen eines geschlossenen synkladialen Rindensystems oder Nematoderms. Es entsteht so allmählich ein geschlossenes Thallusgebilde, dessen sekundär ausgestaltete Sprosse im Innern aus fädigen Elementen aufgebaut sind, wie z. B. bei *Scinaia, Corallina, Chrysimenia.* Im konzentrischen Raum zwischen Zentralstrang und Nematoderm können die primären Achsen der nematodermalen Kurztriebe locker und frei sein. Allmählich schließen sich aber auch diese zu einem pseudoparenchymatischen Gefüge zusammen. Das Längenwachstum wird durch das Spitzenwachstum der Zentralachsen gesteuert, während das Dickenwachstum vom entsprechend abgestimmten relativen Wachstum der seitlichen Kurztriebachsen kontrolliert wird.

Unter den Chlorophyceen zeigen die Codiaceen mit ihrem siphonalen Thallus einen deutlich symphyogenen Bau. Hier sind die Bauelemente reich verzweigte siphonoblastische Schläuche, die durch Verflechtung den Thalluskörper aufbauen. Gegen die Peripherie zu werden blasenartige Schlauchabschnitte (Assimilatoren) abgegliedert, die pallisadenartig aneinanderliegen

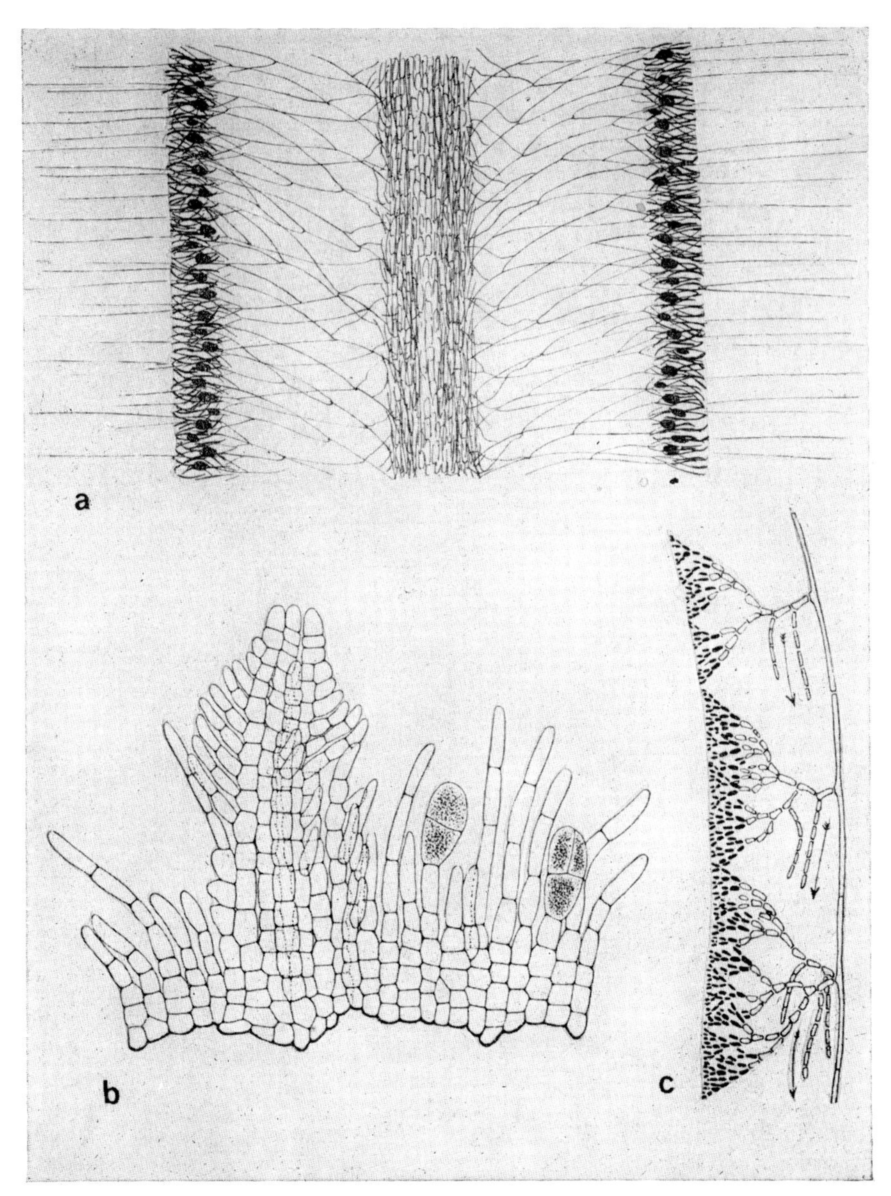

Abb. 141. Symphyoblastem. a) *Mesogloea crassa,* Teil eines Längsschnitts durch den Thallus; b) *Platoma bairdii,* Sohle mit junger Sproßanlage; c) Rindensystem-Büschel mit basipetal wachsenden Stolonen. – Nach Kuckuck aus Oltmanns 1922 [773].

und so ein geschlossenes Rindensystem mit assimilatorischer und mechanischer Funktion bilden.

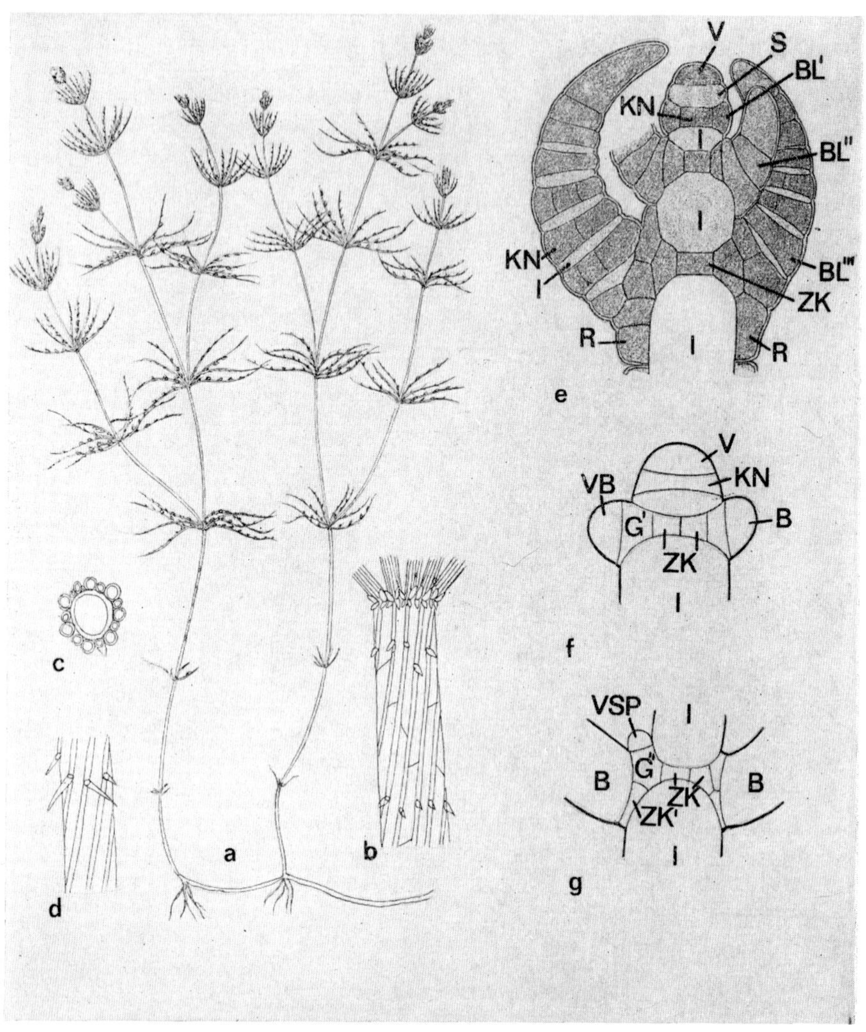

Abb. 142. a)–d) *Chara foetida.* a) Habitusbild, b) Stipularkranz und Berindung, c) Stengelquerschnitt, d) Rinde; e) *Chara fragilis,* Längsschnitt durch den Thallusscheitel, mit Anlage der Rinde; f) *Nitella gracilis,* Thallusscheitel; g) Längsschnitt durch die Knoten. *R* Rinde, *I* Internodialzelle, *KN* Knotenzellen, *ZK* zentrale Knotenzelle, *BL'–BL'''* Kurztriebe, *V, V', VB, VSP* Scheitelzellen, *S* Segmente, *G', G''* Gliederzellen, *B* Blattzellen. – a)–d) nach Migula 1925 [726]; e)–g) nach Oltmanns 1922 [772].

3.7. Chara-Typus

Diese eigenartigen makroskopischen submersen Pflanzen werden allgemein noch zu den Algen gerechnet. Sie sind durch ihren Habitus auffallend. Der Thallus ist in typischer Weise in Langtriebe und in wirtelig daran angeordnete Kurztriebe gegliedert (Abb. 142 a—d), die im Prinzip die gleiche anatomische Struktur besitzen. Ihr Wachstum geht auf die Segmentierung einer einkernigen, kalottenförmigen Scheitelzelle zurück. Alle Körperachsen sind in kurze Nodien (Knotenzellen) und lange Internodien (Internodialzellen) gegliedert, die schon im Vegetationsscheitel angelegt werden (Abb. 142 e—g). Dieser wird durch zwei parallel gerichtete, konvex gebogene Querwände in drei Segmentzellen geteilt, von denen die apikale ihren Charakter als Scheitelzelle bewahrt, die mittlere zur Anlage des Knotens und die dritte, indem sie sich nicht weiter teilt, zum Internodium wird. Die Internodialzellen sind die Tragachsen des verticillaten Systems. Sie wachsen zu einem vielkernigen Schlauch heran, der mitunter eine ungewöhnliche Länge bis zu 25 cm erreichen kann. Nur bei wenigen Charophyten bestehen die Internodien aus einer einzigen Zelle. Meist werden diese von einer Schicht aus den Nodien entspringender Berindungszellen umhüllt [980].

Das nodiale Segment teilt sich während des Wachstums und bildet schließlich einen Kreis von 6—8 randständigen Zellen, die innen 2 zentral gelegene Zellen umschließen. Alle diese Zellen sind einkernig. Die Randzellen teilen sich weiter und bilden in gleicher peraxialer Reihenfolge die Kurztriebe, die wirtelig angeordnet sind und zu Wirtelsprossen werden.

In der Wachstumsweise und ihrer Gliederung in Knoten und Internodien sowie auch in der Wirtelastbildung stimmen die Kurztriebe mit den Langtrieben (Hauptachsen) überein. Verzweigungen der Pflanzen, wobei neue seitliche Hauptachsen entstehen, kommen dadurch zustande, daß zuerst eine Gliederzelle an der Basis der Kurztriebe abgegrenzt wird. Diese macht ähnlich wie eine Knotenzelle einige Teilungen durch. Aus dem so entstandenen Basalknoten geht durch Differenzierung einer neuen Scheitelzelle die neue Langtriebachse hervor. Auf diese Weise kommt der strauchige Habitus der Characeen zustande. Zellteilung und Wandbildung zeigen weitgehende Übereinstimmung mit den entsprechenden Vorgängen im echten Meristem der höheren Pflanzen [980].

3.8. Polarität während der Morphogenese

Im weitesten Sinn besitzen fast alle Algen einen polaren Bau. Dieser äußert sich morphologisch in der polaren Anordnung der Geißeln, in der Orientierung der Chloroplasten und anderer Organellen bei Einzellern (Abb. 143), ferner im Wachstum und Verzweigungsmodus bei fadenbildenden Formen und schließlich im Aufbau der komplexeren Thalli der Rhodo- und Phaeo-

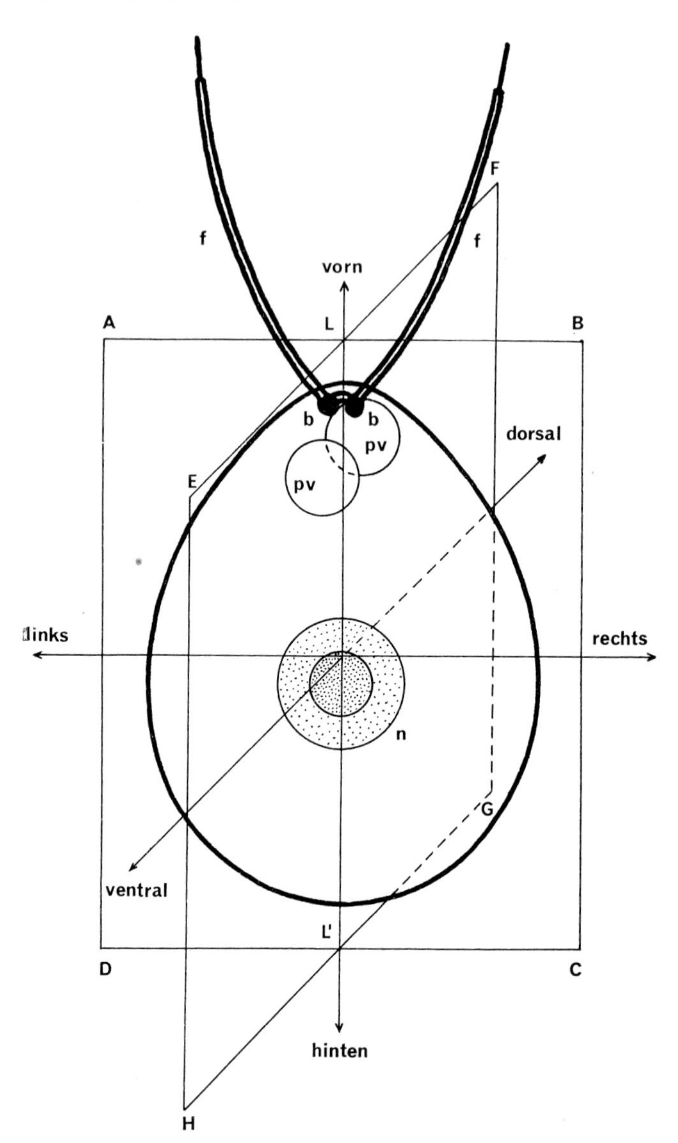

Abb. 143. Polarität einer Flagellaten-Zelle (*Chlamydomonas*), schematisch dargestellt. *L* Vorderende (apikaler Pol), *L'* Hinterende (antapikaler Pol), *LL'* morphologische Längsachse, *ABCD* Geißelebene (Transversalebene), *EFGH* Vakuolenebene (Sagittalebene), *f* Geißeln, *b* Basalkörper, *pv* pulsierende Vakuolen, *n* Zellkern. – Nach ETTL 1976 [218].

phyceen [939]. Bei den mehrzelligen Algen muß angenommen werden, daß in jeder Zelle gewisse Stoffe oder Strukturen polar ungleichmäßig verteilt sind, so daß ein stoffliches Gefälle (Gradient) besteht. Jede Zellwand, die

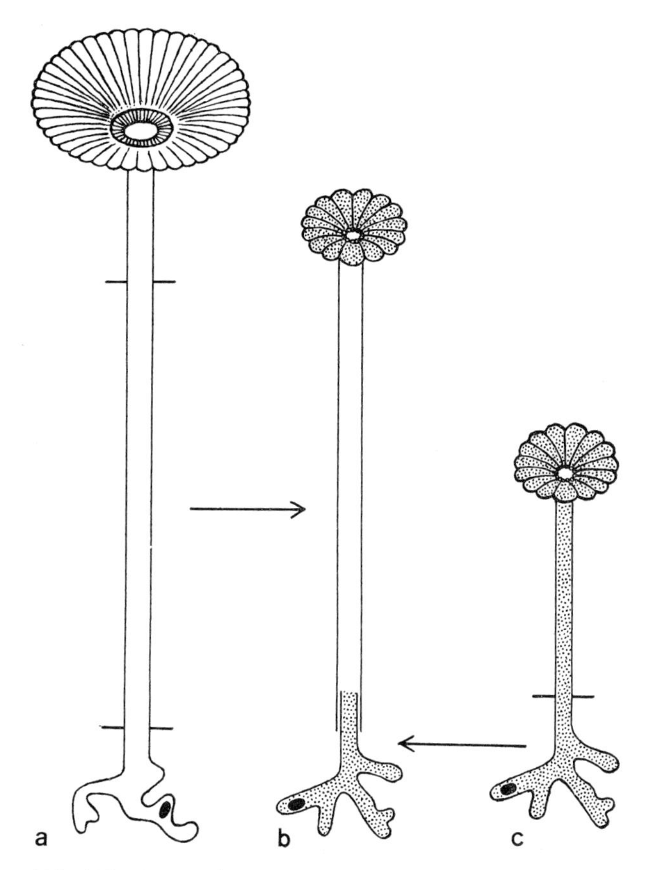

Abb. 144. Transplantation bei *Acetabularia;* ein kernloses Stielstück von *Acetabularia mediterranea* (a, weiß) wird einem kernhaltigen Rhizoidstück von *Acetabularia wettsteinii* (c, punktiert) aufgepfropft. Der durch Regeneration am Stiel gebildete neue Hut entspricht dem von *Acetabularia wettsteinii* (b). – Nach HÄMMERLING aus NULTSCH 1971 [764].

quer zu diesem Gefälle angelegt wird, teilt infolgedessen die Zelle in zwei ungleiche Tochterzellen. Die apikal abgegliederte Scheitelzelle besitzt die größere Teilungsfähigkeit, während die basale Schwesterzelle sich nur noch begrenzt teilen kann; da ist sie überdies häufig erst nach einer kürzeren oder längeren Ruhepause oder Regenerationsphase befähigt (inäquale Zellteilung)

[164]. Hinzu kommen gewiß auch noch spezifische morphogenetische Substanzen.

Dies trifft offensichtlich für die schirmförmige Chlorophycee *Acetabularia* zu, wo die Existenz von morphogenetischen Substanzen aus Pfropfungsexperimenten erkannt wurde (Abb. 144). *Acetabularia* ist in ihrem ersten Entwicklungsabschnitt einzellig und einkernig. Schneidet man nun den kernhaltigen Rhizoidteil einer Art, z. B. von *A. wettsteinii,* ab und pfropft diesem ein kern- und hutloses Stielstück einer anderen Art, z. B. *A. mediterranea,* auf, so entwickelt sich aus dessen oberem Ende ein Hut, der dem von *A. wettsteinii* entspricht. Entscheidend für die Hutbildung ist also der Zellkern, von dem „hutbildende" Stoffe an das Plasma abgegeben werden [385, 386, 742, 764, 982].

Schon die einzelligen Flagellaten sind deutlich polarisiert, und deshalb weisen auch die flagellatenähnlichen Zoosporen entsprechende polare Differenzierung auf. Meist setzen sich die Zoosporen mit ihrem apikalen Pol fest, um zu neuen Thalli heranzuwachsen. Dieser Pol wird in der Regel zu einem Haftorgan oder Rhizoid umgewandelt. Bei besonders ausgeprägter Polarität der Keimlinge bleibt die Teilungsaktivität mehr oder weniger deutlich auf die Spitzenzone des heranwachsenden Thallus beschränkt. Im äußersten Fall kann die Teilungsfähigkeit nahezu ausschließlich auf eine Scheitelzelle begrenzt sein.

Die Polarität der *Oedogonium*-Zellen, ihr polarisierter Teilungsmodus und die besondere Art der Zellwandbildung sind altbekannt. Ganz besonders aber kommt die Polarität bei der Haarbildung zum Ausdruck. Der Entstehung dieser Haare liegt offensichtlich ein polares Gefälle des ganzen Fadens zugrunde [315], in das äußere Bedingungen allerdings modifizierend eingreifen können. Die einzelligen Haare entstehen durch eine von einer normalen Zellteilung unterschiedene inäquale, differentielle Zytokinese. Ausgelöst wird diese Teilung durch das Vorhandensein eines primären oder sekundären freien Fadenendes. Mehrzellige Haare werden durch sukzessive Verschmälerung des Zellinhalts im Laufe mehrerer Teilungen gebildet. Auch hier ist, wenn auch auf andere Art, eine inäquale Teilung die Ursache.

Bei *Cladophora* ist der apikale Teil des Teil-Siphonoblasten die Zone der Wachstumsaktivität, es findet ein unipolares Spitzenwachstum statt. Die Zellwand ist deshalb auch an der Spitze am dünnsten. Sowohl die Seitenzweige als auch die Poren, durch die die Zoosporen und Gameten austreten, werden apikal gebildet. Die polare Plasmadifferenzierung in den großen Scheitelzellen von *Sphacelaria* ist schon durch die unterschiedliche Farbe des apikalen und des basalen Plasmateils zu erkennen. Die Spitzenregion ist durch Einlagerung von Fukosan viel dunkler gefärbt. Durch inäquale Querteilungen werden nach hinten hellere Segmente abgegliedert.

Auch Eizellen von *Fucus* und Zygoten von *Acetabularia,* von denen man annehmen könnte, daß sie nicht polarisiert sind, zeigen bei der Keimung eine Polarität. Diese äußert sich durch Ausstülpung des künftigen Rhizoids an einem Pol und des embryonalen Thallus am anderen [939].

4. Fortpflanzung

Das Verhalten der einzelligen wie auch der mehrzelligen Algen im Lebenszyklus beruht auf zwei fundamentalen Vorgängen: auf dem Wachstum und auf der Fortpflanzung. Das Grundphänomen jeglicher Fortpflanzung ist die Zellteilung; damit ist die Zelle die Grundeinheit jeder Fortpflanzung. Wenn eine Algenzelle eine gewisse, in der Regel nur innerhalb geringer Grenzen schwankende Größe und zugleich Reife erreicht hat, teilt sie sich durch Zwei- oder Vielfachteilung. Sie hat sich somit fortgepflanzt [394, 981].

Der Begriff Fortpflanzung wird häufig bei einzelligen Formen durch den Begriff Vermehrung ersetzt. In diesem Buch benütze ich jedoch für alle Algen einheitlich den Begriff Fortpflanzung. Von dieser sprechen wir, wenn ein Organismus vor seinem Tode einen Tochterorganismus erzeugt, der die Erhaltung der Art garantiert. Demgegenüber ist der Begriff der Vermehrung gleichbedeutend mit einer Vervielfachung der Anzahl. In der Natur ist in den meisten Fällen die Fortpflanzung zugleich auch eine Vermehrung. Das ist wohl damit zu erklären, daß viele Tochterorganismen zugrunde gehen, bevor sie sich selbst wieder fortpflanzen können, so daß durch die Erzeugung nur eines einzigen Tochterorganismus die Erhaltung der Art in der Regel nicht garantiert wäre [764].

Während bei den Einzellern jede Zelle die Funktion der Fortpflanzung übernehmen kann, kommt es mit steigender Organisationshöhe und zunehmender arbeitsteiliger Differenzierung der Zellen in Kolonie und Thallus auch zur Ausbildung besonderer Fortpflanzungsanlagen oder -organe, in denen die Fortpflanzungszellen gebildet werden. Bei den höheren Algen dienen die Zellteilungen zunächst dem Wachstum und der Entwicklung des vielzelligen Individuums (Thallus). Die Zellteilungen haben in diesem Fall ihre ursprüngliche Bestimmung zur Fortpflanzung der Art zunächst aufgegeben und ihre Funktion der Entfaltung des ganzen mehrzelligen Individuums untergeordnet. Unter gewissen Bedingungen kommt es im vielzelligen Organismus zu einer Isolierung von Zellen oder Zellgruppen, die ihren ursprünglichen embryonalen Charakter bewahrt haben und die Bildung von Fortpflanzungszellen herbeiführen können. Somit tritt auch bei höheren Algen die völlige Übereinstimmung dieser Fortpflanzung durch Einzelzellen mit der einfachen Zellteilung und Zellvermehrung der Flagellaten und einzelligen Algen ohne weiteres zutage. Die Fortpflanzung der höheren Algen ist somit im Prinzip auch eine Fortpflanzung durch Einzelzellen [394].

Zur Zellfortpflanzung (Zytogonie) wird nicht nur die asexuelle Fortpflanzung durch Einzelzellen (Agameten) gerechnet, sondern auch die sexuelle Fortpflanzung durch Gameten. Bei letzterer kommt es zu einer Kombination von Zytogonie mit Sexualität und Befruchtung. Wenn die Befruchtung der Gameten manchmal unterbleibt oder nur die Gameten des einen Geschlechts zur Ausbildung gelangen und sich unbefruchtet weiterentwickeln, sprechen wir von Parthenogenese. Die sexuelle Fortpflanzung kann auch sekundär zurückgebildet sein, indem vegetative Zellen als Fortpflanzungszellen fungieren (Apogamie).

Unter ungünstigen Bedingungen wandeln sich Algen oder einzelne Zellen asexuell in Dauerstadien oder Ruhezustände um, durch die sie sich beim Wiedereintreten günstiger Bedingungen auch fortpflanzen können. Falls sich vielzellige Fortpflanzungsprodukte, die vielfach schon am Elternorganismus differenziert sind, von diesem loslösen, sprechen wir von einer vegetativen Fortpflanzung. Durch verschiedene Modifikationen der Grundtypen der Fortpflanzung ist diese bei den Algen äußerst mannigfaltig.

4.1. Asexuelle Fortpflanzung

Als asexuelle oder ungeschlechtliche Fortpflanzung bezeichnen wir einen Fortpflanzungstypus, wo alle Vorgänge ausgeschlossen sind, die mit der Ausbildung von Gameten, ihrer Vereinigung und deren unmittelbaren Folgen, also auch der Zygote und ihrer Keimung, zu tun haben. Ferner zählen dazu auch Prozesse der Zellvermehrung, soweit sie nur dem Wachstum und der Entfaltung des vielzelligen Thallus dienen, d. h. wo die Zellteilung als Grundlage des Wachstums von der Fortpflanzung getrennt ist. Bei den Einzellern, die wir als Einzelindividuen betrachten, ist die Zellteilung zugleich die asexuelle Fortpflanzung, auch wenn dieser Vorgang das Wachstum einer Population ausmacht. Es gibt bei den Algen eine Vielzahl von asexuellen Fortpflanzungsarten, von Zoosporen bis zu Dauerzellen und Brutkörpern; ihnen allen ist gemeinsam, daß sie ungeschlechtlich entstehen [224].

Die Art und Weise der asexuellen Fortpflanzung hängt vor allem von der Organisationsstufe der entsprechenden Alge ab. Die Lebensformen der niederen Algengruppen widerspiegeln sich insofern in der Fortpflanzung der höheren, als sie und ihre eigenen Fortpflanzungsweisen auch bei jenen noch auftreten und von ihnen nur zögernd aufgegeben werden. So kommt bei Flagellaten und rhizopodialen Formen die Zweiteilung der Zellen als einzige Fortpflanzungsart vor, abgesehen von Dauerzuständen. Die capsalen Formen haben hingegen außer der Zweiteilung bei nackten Formen auch die Möglichkeit, Zoosporen und Hemiautosporen zu bilden. Bei den coccalen Formen kommt noch die Bildung von Autosporen hinzu, während Zweiteilung nicht mehr auftritt, da die Zellen eine Zellwand besitzen. Für die trichalen Formen ist sowohl die Zytotomie als auch die Bildung von Zoosporen und Aplanosporen charakteristisch. Schließlich sind die siphonalen Algen durch simultanen Zerfall in eine sehr große Menge von Zoosporen oder Aplanosporen gekennzeichnet [220].

Bei einzelligen Algen können in der Regel alle Zellen zu einem Sporangium werden. Ähnlich liegen die Verhältnisse auch bei vielzelligen Algen, bei denen ein großer Teil der Thalluszellen fertil bleiben kann. Manchmal werden besonders spezialisierte Sporangien ausgebildet, wie z. B. bei manchen Chlorophyceen und bei der Mehrzahl der Phaeo- und Rhodophyceen. Der Bildung ungeschlechtlicher Fortpflanzungszellen geht gewöhnlich eine Kernteilung voraus, der dann die Protoplastenteilung folgt. Bei *Chlamydomonas* werden z. B. 2, 4 oder 8 Zoosporen durch aufeinanderfolgende Längsteilungen innerhalb der Mutterzellwand gebildet. In diesem Fall ist die ganze Zelle zu einem Zoosporangium geworden. Ähnlich verläuft auch die Bildung von Autosporen (z. B. bei *Chlorococcum* oder *Chlorella*), die Mutterzelle wird in diesem Fall jedoch Autosporangium genannt. Die Zahl der sexuellen Fortpflanzungszellen, die pro Mutterzelle gebildet werden, ist sehr unterschiedlich. Bei *Oedogonium* wird der ganze Zellinhalt in eine einzige Zoospore umgewandelt, bei einigen *Tetrasporales* oder bei siphonalen Formen in mehrere hundert Zoosporen. Bei den Fadenalgen sind die Zoosporen in der Größe verschieden, je nachdem, ob sie einzeln oder zu mehreren in den Sporangien gebildet werden [939].

4.1.1. Zweiteilung

Wie am Anfang erwähnt wurde, ist das Grundphänomen aller Fortpflanzungsvorgänge die Zellteilung, besonders die einfache Zweiteilung (Schizotomie). Die koordinierte Reduplikationsfähigkeit der Zellorganellen ist bedingt durch die ganzheitlich gesteuerte Teilungsfähigkeit der Zelle. Die Teilung des Kernes, des Kinetoms, der Plastiden, des Zytoplasmas und anderer mehr oder weniger autonomer Teilsysteme sind synchronisiert. Nach der Vermehrung (Verdoppelung) aller Organellen und Zellbestandteile werden durch Durchschnürung zwei selbständige und komplette Tochterzellen (bzw. Schwesterzellen) gebildet. Die Zweiteilung verläuft quer zur Kernspindel-Achse. So vollzieht sich die Zweiteilung beim Großteil aller Flagellaten der Länge nach, bei vielen Dinoflagellaten und bei den Diatomeen und Desmidiaceen quer. Zu gewissen Abweichungen kommt es bei asymmetrisch gebauten Flagellaten oder bei solchen mit kompliziert gebauten Organellen. Bei den rhizopodialen Formen verläuft die Zweiteilung einfach quer zur Achse der Kernspindel. Trotzdem kann in einigen Fällen die unmittelbare Beziehung der Teilungsrichtung der Zelle zur Kernteilung fehlen [394].

Die Längsteilung der heteropolar gebauten Flagellaten (Schizotomie) scheint durch eine, wenn auch nicht immer sichtbare Orientierung des Protoplasten, von der wohl auch die Anordnung des Kinetoms in der Längsachse abhängt, bedingt zu sein. Die Teilungsebene liegt parallel zur Längsachse

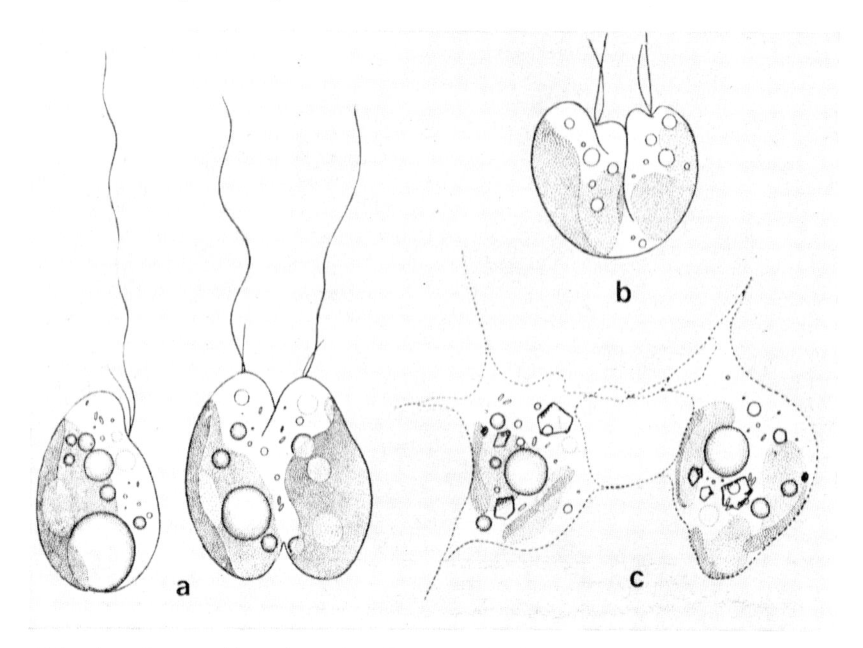

Abb. 145. Längsteilung bei Flagellaten und Rhizopoden (Schizotomie). a) *Ankylonoton pyreniger*, links vegetative Zelle, rechts Zweiteilung; b) *Bothrochloris longeciliata* (Geißeln zu kurz gezeichnet); c) *Rhizochloris stigmatica*. – Nach PASCHER 1939 [829].

(Transversalebene), wobei die Durchtrennung des Protoplasten wie eine Eifurchung erfolgt (Abb. 145). Sie beginnt oft an einem, meist aber an beiden Zellpolen und schreitet bis zur völligen Durchschnürung zentripetal fort [980]. Mit der Spaltung des Zellkörpers ist nicht nur die Mitose und die Ergänzung des Kinetoms, sondern auch die Verdoppelung oder Vermehrung aller übrigen Organellen verbunden. So sind die Tochterzellen schon während ihrer Entfaltung mit allen physiologisch und genetisch wichtigen Zellbestandteilen sowie auch mit allen energieliefernden Reservesubstanzen ausgestattet. Die Längsteilung der Flagellaten kann je nach der Anzahl und Anordnung der Geißeln sowie der mit ihnen verbundenen Organellen sehr verschieden verlaufen [224, 807, 981].

Viele Flagellaten können die Teilung während der beweglichen Phase vollziehen, zumal noch vor oder während der Zweiteilung des Zellkörpers die neuen Geißeln gebildet werden (z. B. *Pyramimonas, Euglena*). Da sich die Geißeln nicht selbst teilen können, müssen sie von Basalkörpern regeneriert werden, die in der Nähe der alten Basalkörper entstehen. In der Regel geht die Vermehrung der Basalkörper der Zellteilung voraus. Die Zweiteilung erfolgt auch dann, wenn sich die Flagellaten nach Geißelabwurf temporär oder stationär im gallertigen (palmelloiden) Zustand befinden und Gallertlager bilden [224].

Nicht immer erfolgt die Teilung äqual, sondern oft werden inäquale Teilprodukte gebildet, die nicht nur eine verschiedene Anzahl von Chloroplasten, sondern auch anderer Organellen aufweisen. Bei *Euglena* wurden sogar Tochterzellen beobachtet, die entweder die doppelte Kernzahl besaßen oder völlig kernlos waren [597]. Meist äußert sich die inäquale Teilung in auffallenden Größenunterschieden der Tochterzellen.

Die Chrysomonaden teilen sich vorzugsweise im begeißelten Zustand. Die Zweiteilung ist nur dort etwas modifiziert, wo die nackten Zellen in Gehäusen leben, und die eine Tochterzelle das Gehäuse verläßt (*Chrysococcus, Kephyrion, Stenocalyx, Dinobryon*). Der Tochterprotoplast tritt nackt aus und bildet frei oder in nächster Nähe des Muttergehäuses, oft diesem selbst angeheftet, ein neues Gehäuse aus. Schließlich vermögen bei den verschiedensten gehäusebewohnenden Formen die Zellen ungeteilt als nackter Flagellat oder als Amöbe aus dem Gehäuse auszutreten und sich außerhalb davon zu teilen, wie z. B. *Dinobryon* [838]. Arten mit Schuppenpanzer, wie *Synura, Mallomonas, Chrysosphaerella,* teilen sich gewöhnlich mit ihrem Panzer, indem die fehlenden Schuppen während der Zytokinese ergänzt werden [224]. Auf ähnliche Weise teilen sich auch die begeißelten Haptophyceen, gleichgültig ob sie Schuppen oder Kokkolithen tragen. Bei Kolonien, wo die Verbindung zwischen den Zellen durch nicht lebendes Material hergestellt wird (*Dinobryon*), erfolgt die Neugründung der Kolonien durch freiwerdende Einzelmonaden. Dort, wo die Zellen selbst (*Cyclonexis*) oder ihre basalen Enden (*Synura*) die Verbindung herstellen, kommt es daneben auch zu Teilungen der ganzen Kolonien [492, 468].

Die Dinoflagellaten sind dadurch gekennzeichnet, daß sie meistens eine Querteilung aufweisen. Dies beruht darauf, daß die Basalkörper der Geißeln, die die Teilungsebene bestimmen, nicht am Vorderende, sondern an der Seite (quer) liegen. Bei Arten mit asymmetrischem Amphiesma (*Ceratium*) kann die Teilung auch schräg verlaufen, weil sie den Nähten bestimmter Panzerplatten folgt [371]. Dinoflagellaten mit terminaler Geißelinsertion (*Exuviella*) teilen sich wie üblich der Länge nach [789]. Bei *Gymnodinium* verläuft die Teilung schief zur Längsachse durch einfache Einschnürung. Bepanzerte Zellen können den Panzer vor der Teilung auch völlig abstoßen (*Ecdysis*). Danach erfolgt die Teilung des nackten Protoplasten, und die Teilprodukte bilden ihren eigenen neuen Panzer. Schließlich können die Zellen, nachdem sie das Amphiesma abgestoßen haben, in ein Gallertstadium übergehen, um sich dort einfach zu teilen [224, 257].

Die Zweiteilung der Euglenophyceen beginnt am apikalen Zellpol und schreitet als Längsteilung im beweglichen oder unbeweglichen Zustand nach Geißelabwurf, aber ohne wesentliche Formveränderung fort [496, 981]. Sie kann aber auch unter gewissen Umständen im abgerundeten Zustand, der meist durch stärkere Gallertausscheidung gekennzeichnet ist, stattfinden, wie z. B. bei *Euglena gracilis* [560]. Falls die Zellen nicht wieder ausschwärmen, entstehen mehr oder weniger stark vergallertete Palmellen. Die Teilungen erfolgen jedoch auf gleiche Weise wie bei den beweglichen Individuen. Über den eigentlichen Verlauf der Zellteilung finden wir nur wenige Angaben. Die Teilung einer *Euglena*-Zelle beginnt am Vorderende zwischen den neu gebildeten Öffnungen der Tochterkanäle. Die Teilungsebene verläuft schraubig nach hinten zwischen den verdoppelten Reservoiren und Zellkernen, den schraubenartigen Windungen der Pellikula folgend. Am Hinterende lösen sich dann die Tochterzellen voneinander [600]. Von besonderem Interesse ist der Teilungsmechanismus der starren Euglenophyceen mit Rippen oder Kielen. Bei farblosen Euglenophyceen (z. B. *Gyropaigne*) werden bei der Zellteilung die Kiele längsgespalten, so daß jede Tochterzelle wieder die volle Anzahl erhält. Wahrscheinlich stellen die Kiele Zonen intensiven Wachstums der Pellikula dar [113]. Die bei den meisten metabolischen Arten (*Euglena, Astasia*) und auch bei den starren Gattungen (*Phacus, Lepocinclis*)

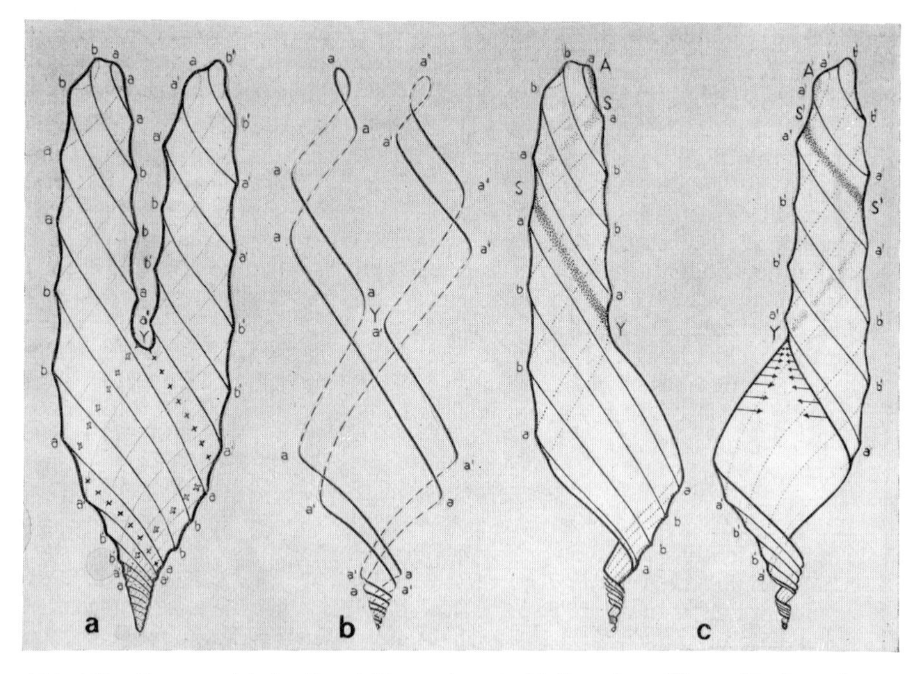

Abb. 146. Topographische Darstellung einer in Teilung begriffenen Euglenophyceen-Zelle. a) Medianspur ++++, *a*, *b* cismediane, *a'*, *b'* transmediane Gyren, Y Teilungsknotenpunkt; b) Verlauf der der Medianspur benachbarten Gyren *a* und *a'* im Teilungsstadium; c) Darstellung der nach der Mediane voneinander getrennt gedachten und im diagonal-symmetrischen Sinne gegeneinander verkehrten Zellhälften. Die Pfeile deuten die progressive Annäherung und Verbindung der vorderseitigen und rückseitigen Äquatorialpartien an. – Nach POCHMANN 1953 [885].

vorhandenen Spiralstreifen (Gyren) stellen die Organellen des interkalaren Wachstums der Pellikula dar [885, 886]. Bei der Teilung schnüren sich die Zellen in der Längsrichtung ein, wobei die Schraubenwindungen auf komplizierte Weise geteilt werden, ohne aber eine Unterbrechung zu erfahren (Abb. 146).

Die Zweiteilung der in Gehäusen lebenden Euglenophyceen (*Trachelomonas*) erfolgt im Innern des Gehäuses. Der eine Tochterprotoplast zwängt sich dann sofort durch Kontraktionsbewegungen durch die kleine Öffnung im Gehäuse nach außen. Nach gewisser Zeit bildet er sein eigenes Gehäuse aus [356].

Ähnlich wie bei den Euglenophyceen, doch ohne Pellikula, verläuft die Teilung auch bei den Raphidophyceen *Vacuolaria* [892], *Gonyostomum* [467], *Chattonella* [36] und bei den Cryptophyceen [453]. Der Verlauf der Längsteilung nackter *Volvocales* kann an *Dunaliella* demonstriert werden [616, 850]. Nach erfolgter Kernteilung, nachdem sich vorher der Chloroplast und das Pyrenoid gespalten haben und die pulsierenden Vakuolen und das Stigma verdoppelt sind, schnürt sich der Protoplast, von beiden Polen ausgehend, der Länge nach zentripetal durch. Die Geißeln werden meist aufgeteilt, so daß jede Tochterzelle die Hälfte der Geißeln vom Mutterindividuum erhält [209, 807, 981]. Manche Formen teilen sich inäqual, so daß die eine Tochterzelle beträchtlich größer wird als die andere. Sogar sprossungsartige Vorgänge kommen vor, oder die Tochterzellen werden wie bei *Dangeardinella* nach erfolgten Teilungen durch Plasmaverbindungen in Gruppen zusammengehalten [813].

Bei manchen Loxophyceen und Prasinophyceen wird die Zweiteilung durch die Asymmetrie des Organismus beeinflußt. So kann man bei *Pedinomonas,* auf die Zellpolarität bezogen, von einer schräg verlaufenden Teilung mit einseitiger Durchschnürung sprechen [223]. Sie beginnt an der Stelle, wo das Stigma liegt. Die Durchschnürung der Zellen von *Heteromastix* wird durch die Teilung des Pyrenoids eingeleitet [211, 680]. Bei *Pyramimonas* und *Mesostigma* ist es die apikale Vertiefung, die auf die Tochterzellen aufgeteilt wird [96, 97, 209, 662, 807].

In den Zellen der Trypanosomiden wächst der neu entstandene Basalkörper schon während der Kernteilung zu einem Fibrillenbündel aus, das zum „Randfaden“ einer neuen undulierenden Membran wird. Die Zellteilung beginnt hier am morphologischen Hinterende, wobei die eine Tochterzelle die alte undulierende Membran, die andere eine neue enthält. Bei den Hypermastigineen, die zu den am stärksten differenzierten Flagellaten gehören, kann die Teilung stark abgewandelt sein [371].

Als Zweiteilung ist auch die individuelle asexuelle Fortpflanzung der Bacillariophyceen anzusehen. Die Teilung wird durch den Schachtelbau der Kieselschalen stark beeinflußt sowie durch seine Folgeerscheinung, die Verkleinerung der mittleren Zellgröße, kompliziert [224]. In bezug auf die Symmetrieachsen der Diatomeenzellen handelt es sich in diesem Fall um eine

Querteilung. Nach der Durchschnürung des Protoplasten, die in der Valvarebene erfolgt, werden die Schalen in der Gürtelbandzone gesprengt. Jede der beiden Tochterzellen behält die eine Schalenhälfte der Mutterzelle, während die andere Hälfte sich neu bildet, und zwar auf die Weise, daß sie in die alte hineingeschachtelt wird (Abb. 147). Die Folge davon ist eine mit jedem Zellteilungsschritt um die Dicke der jeweiligen Mutterschale eintretende Verkleinerung der Tochterindividuen, die bis zu einem für jede Art fixierten

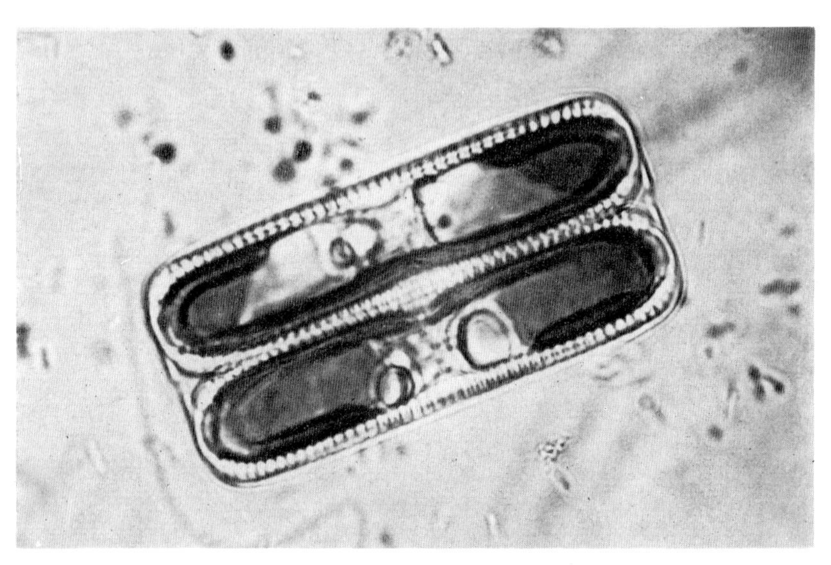

Abb. 147. Zweiteilung von *Pinnularia viridis,* Tochterzellen fast ganz ausgebildet. – 750 : 1, Original H. Ettl.

Größenminimum fortschreitet [980]. Diese Größenabnahme ist im allgemeinen von allometrischen Proportionsveränderungen begleitet. Schlanke pennate Diatomeen-Zellen verringern weniger die Dicke (Transapikalmaß) als die Breite (Valvarachse). Es fallen auch Strukturelemente, entweder durch Verminderung ihrer Zahl oder durch Totalverlust aus. Das geschieht sowohl bei pennaten als auch bei zentralen Diatomeen. So fehlt bei sehr kleinen Zellen von *Coscinodiscus perforatus* die Zentralarea [224]. Diese Verkleinerung macht dann periodische Zellvergrößerungen notwendig, die im allgemeinen durch Bildung von Auxosporen erreicht werden – ein Zusammenhang, den man als Pfitzer-McDonalsches Entwicklungsgesetz bezeichnet [295]. In Wirklichkeit verläuft aber die Teilung der Diatomeen, sowohl in Kultur als auch in der Natur, nicht immer genau nach diesem Gesetz [911].

Neben echten sexuellen Auxosporen gibt es rein asexuelle, sprunghafte

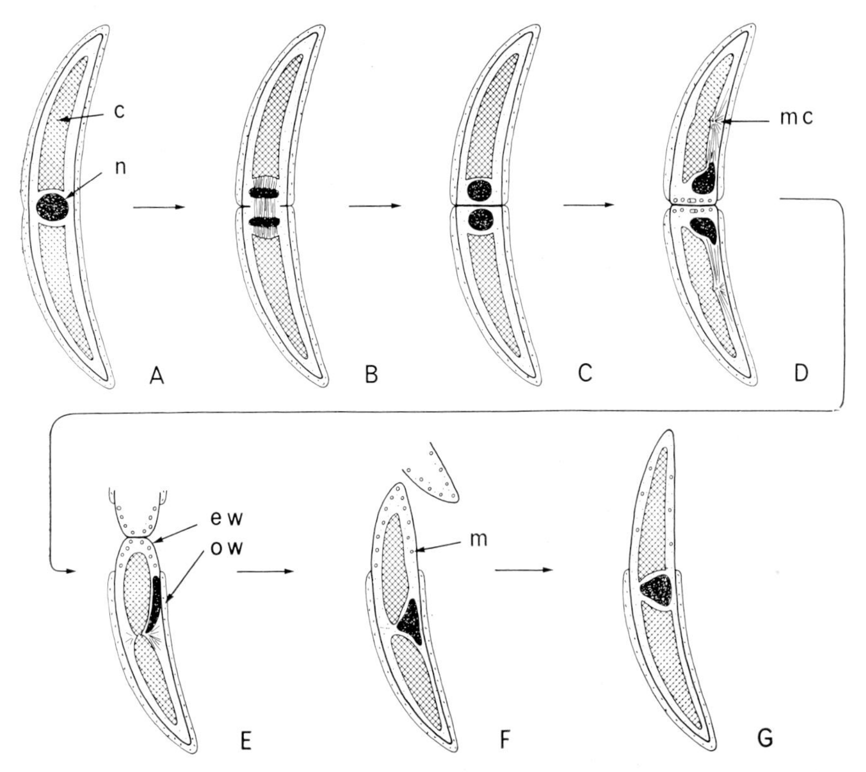

Abb. 148. Schematische Darstellung der Zweiteilung von *Closterium littorale*. A. Zelle vor der Teilung: *c* Chloroplast, *n* Zellkern; B. während der Mitose entsteht das Septum; C. dieses wird erst nach der Telophase vollendet; D. in der Nähe des Septums erscheinen quer gelagerte Mikrotubuli, die Tochterzellen wachsen in die Länge. Während des Wachstums (E–G) erscheinen die Mikrotubuli entlang der wachsenden Zellwand (*ew*), die alte Wand (*ow*) bleibt unverändert. In der Nähe der Chloroplastenmitte erscheint ein Migrationszentrum (*mc*). E. der Zellkern wandert zum Migrationszentrum, der Chloroplast beginnt sich zu teilen; F. der Zellkern kommt zwischen die beiden Chloroplastenhälften zu liegen; G. nachdem der Zellkern seine definitive Lage eingenommen hat, vollendet die neue Halbzelle das Wachstum, die Symmetrie der vegetativen Zelle ist wieder hergestellt. – Nach Pickett-Heaps and Fowke 1970 [877].

Zellvergrößerungen, die ungeregelt verlaufen. Daneben treten am Rande des Abnormen auch sprunghafte Zellverkleinerungen ein. Beide Vorgänge kommen häufig als Abnormitäten bei Kulturexperimenten, aber auch in der Natur vor [295, 624, 1054]. Bei einer asexuellen Zellvergrößerung tritt auch Auseinanderweichen der Schalen der Protoplast einfach aus, schwillt mehr oder weniger an und bildet neue vergrößerte Schalen, wie z. B. bei *Ditylum brightwellii* [375, 1054]. Bei einigen Diatomeen wird durch verschiedene Maßnahmen und Einrichtungen der allzu raschen Verkleinerung vorgebeugt. Bei *Melosira* teilt sich jeweils nur die größere der beiden Tochterzellen, während die kleinere bei dieser Teilungsperiode in Ruhe verharrt. Andere Diatomeen besitzen Gürtelbänder mit gewisser Elastizität, die bei der Entstehung der neuen Schalen soweit nachgeben, daß die Verkleinerung minimal ist [257].

Bei Desmidiaceen (z. B. *Cosmarium, Euastrum, Micrasterias*), deren Zellwand aus zwei Stücken besteht, erfolgt bei der Zweiteilung ein Auseinanderweichen der Zellwandhälften, worauf der Protoplast durchgeteilt wird [257, 277]. Nach der Durchschnürung des Protoplasten in der Ebene des Isthmus (soweit er bei vegetativen Zellen vorhanden ist) weichen die beiden Halbzellen auseinander. Dann sproßt bei beiden die fehlende Halbzelle aus der Mitte hervor, bis die neue Zellhälfte sich vervollständigt hat. Die neu gebildeten Zellhälften sind zuerst nur mit einer elastischen Primärwand versehen, bevor sie sich endgültig mit der skulpturierten Zellwand bedecken [867, 873, 877]. Zuweilen erfolgen die Teilungen jedoch so rasch nacheinander, daß die jüngste Hälfte bis zum Eintritt der neuen Teilung noch nicht völlig die Form und Skulptur der Mutterzelle angenommen hat, so daß Formen von einfacherem Aussehen entstehen. Die Zellwand der beiden Zellhälften ist immer ungleich alt. Eine Modifizierung dieses Teilungsvorganges finden wir bei *Closterium*, wo die Querwand nicht an der Grenze zwischen beiden Halbzellen, sondern ein wenig in die jüngere Halbzelle verschoben gebildet wird (Abb. 148). Bei manchen Arten entstehen Gürtelbänder, die sich in Form von ein bis zwei röhrenförmigen Segmenten der Zellwand zwischen die ursprünglichen Zellwandhälften legen.

4.1.2. Vielfachteilung (multiple Teilung)

Wenn sich die Zweiteilung einer Algenzelle mehrmals wiederholt, ohne daß zwischen die einzelnen Teilungen eine Wachstumsperiode eingeschaltet ist, kommt es zu einer Vielfachteilung. Diese erfolgt stets innerhalb der Hülle oder Zellwand der Mutterzelle entweder schrittweise (sukzedan) oder plötzlich (simultan). Letztere ist bei polyenergiden Zellen verbreitet, die am Ende des Wachstums mit einem Schlage in so viele Fortpflanzungszellen zerfallen, wie Kerne vorhanden waren [394]. Das Ergebnis einer Vielfachteilung ist die Bildung von Fortpflanzungszellen in wechselnder Anzahl. In der Regel handelt es sich um ein Vielfaches von 2, im Minimalfall um 4 Teilprodukte als Folge nur zweier aufeinanderfolgender Kernteilungen. Je nachdem, ob die Fortpflanzungszellen begeißelt und beweglich oder ohne Geißeln und unbeweglich sind, unterscheiden wir Zoosporen und Autosporen, die durch verschiedene Übergangsformen miteinander verbunden sind. Alle diese Teilprodukte werden stets nackt angelegt, doch bilden sie manchmal noch innerhalb der alten Zellwand ihre eigene Wand aus [981].

4.1.2.1. Zoosporen

Die Zoosporen sind bewegliche asexuelle Fortpflanzungszellen zahlreicher Algen. In letzter Zeit wurden sie auch dort beobachtet, wo bisher ausschließlich andere, unbewegliche Fortpflanzungszellen bekannt waren. Die Zoosporen sind stets begeißelt und haben den Zellbau eines Flagellaten der entsprechenden Algenklasse. Sie schwärmen eine Zeitlang herum, um nach geraumer Zeit zu keimen und zu einer neuen Alge auszuwachsen. Die Zellen, in denen die Zoosporen gebildet werden, bezeichnen wir als Zoosporangien, auch wenn bei den einzelligen Formen das ganze Individuum zu einem Zoosporangium wird (z. B. *Chlamydomonas*). Vor der Zoosporenbildung wird der Protoplast der betreffenden Zelle in vier oder mehrere, seltener auch nur zwei Teile aufgeteilt (Abb. 149). Erst dann erfolgt die Differenzierung zu Zoosporen, indem es zu einer heteropolaren Anordnung innerhalb des Protoplasten und zur Ausbildung der Geißeln kommt. Der ganze Vorgang ist mit einer gewissen Umgruppierung der Organellen verbunden.

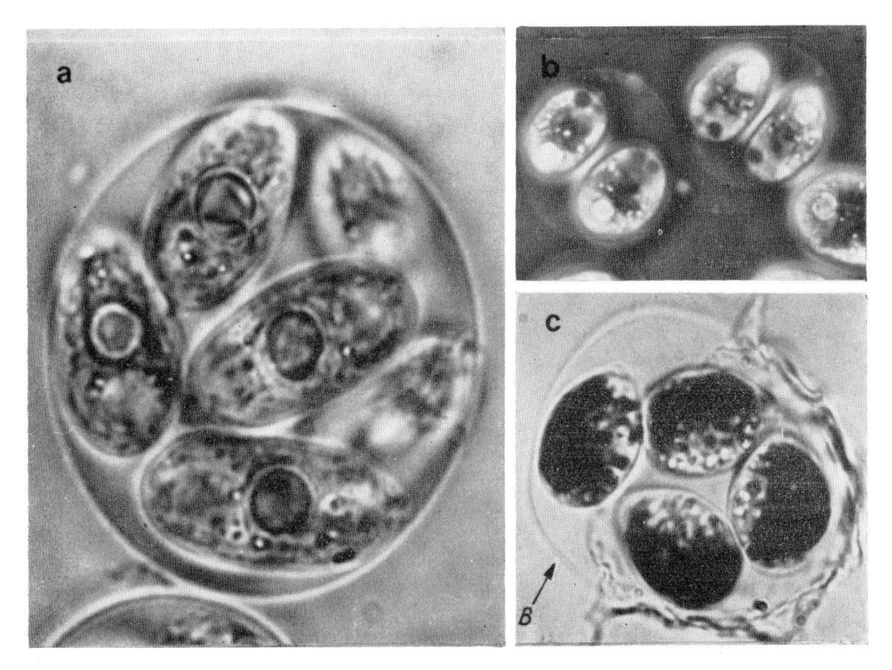

Abb. 149. Zoosporenbildung. a) *Carteria crucifera*, Zoosporangium mit 8 voll entwickelten Zoosporen; b) *Chlamydomonas debaryana*, Zoosporangien mit nur 2 Zoosporen; c) *Pteromonas aculeata*, Teilprotoplasten vor der Umwandlung in Zoosporen. Das Zoosporangium ist gesprengt, doch die Teilprotoplasten werden bis zur Vollendung in einer Gallertblase (*B*) eingeschlossen. — a) 2500 : 1, Original H. Ettl; b) 1500 : 1, nach Ettl 1976 [218]; c) nach Ettl u. Mitarb. 1967 [224].

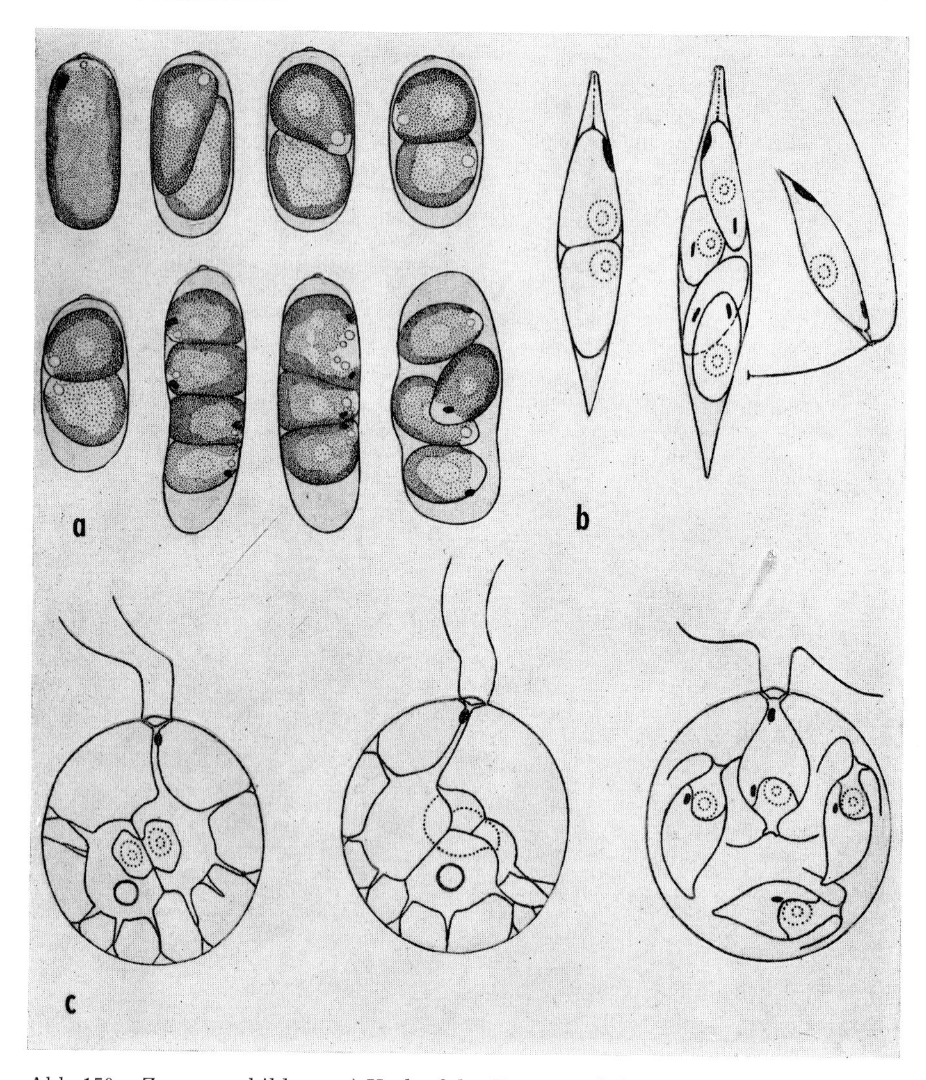

Abb. 150. Zoosporenbildung. a) Verlauf der Zoosporenbildung mit hintereinander gelagerten Teilprotoplasten von *Chloromonas seriata;* b) Verhalten des Stigmas während der Zoosporenbildung bei *Chlorogonium euchlorum;* c) der Fortbestand des alten Kinetoms und des Stigmas bis zum Ausschlüpfen der Zoosporen bei *Haematococcus capensis.* – a) nach PASCHER 1943 [840]; b) nach GEITLER 1934 [296]; c) nach POCOCK 1960 [890].

Niemals werden jedoch vom Zoosporangium aus zwischen den Teilprotoplasten feste Zellwände ausgeschieden. Jeder Teilprotoplast ist primär nackt, und so verläßt er das Zoosporangium. Nur in wenigen Fällen bildet jede Zoospore noch vor dem Ausschlüpfen eine eigene neue Wand aus. Nach dem Verlassen der Zoosporen bleibt die leere Zellwand des Zoosporangiums mehr oder weniger erhalten zurück.

Unter den Flagellaten kommt die Vielfachteilung nicht so häufig vor und sie ist eigentlich, mit Ausnahme der behäuteten *Volvocales*, nur bei manchen Dinoflagellaten bekannt. So findet bei *Noctiluca miliaris* neben der Zweiteilung, die die häufigste Fortpflanzungsweise darstellt, gelegentlich auch eine Vielfachteilung unter Zoosporenbildung statt [371]. Die pelagische Art *Dissodinium lunula* bildet große blasenförmige Zellen, die durch fortgesetzte Zweiteilung 16 sichelförmige Tochterzellen liefern. In diesen finden dann abermals mehrere Zweiteilungen statt, so daß schließlich eine große Anzahl kleiner, *Gymnodinium*-artiger Zoosporen entsteht. Eine eigenartige Abwandlung hat die sukzedane Vielfachteilung bei solchen Dinophyceen erfahren, die verschiedene Meerestiere als Ektoparasiten (*Oodinium, Apodinium*) oder Endoparasiten (*Blastodinium, Haplozoon, Syndinium*) befallen und einen komplizierten Entwicklungszyklus haben [86, 100, 371].

Die Zoosporenbildung der behäuteten *Volvocales* ist ebenso wie bei den nackten Formen ein Ergebnis der Protoplastenteilung, die zwar modifiziert, aber im Prinzip als Längsteilung beibehalten wird [807, 1094]. Der bedeutendste Unterschied besteht darin, daß sich der Protoplast innerhalb der erhaltenbleibenden Mutterzellhülle sukzedan teilt und die Tochterzellen (Zoosporen) erst nach der Protoplastenteilung differenziert werden (Abb. 151). Es ist zu betonen, daß sich die Längsteilung auf den Protoplasten allein bezieht [216, 325, 981], ohne Rücksicht darauf, wie er im Augenblick der Teilung in der Zellhülle und in bezug auf den alten Geißelpol orientiert ist. Der von der Hülle eingeschlossene Protoplast verhält sich ebenso wie die Zellen der nackten Flagellaten [296]. Auch die weiteren sukzedanen Teilungsschritte erfolgen als Längsteilungen. Der Protoplast ändert vor der ersten Teilung entweder seine ursprüngliche Lage innerhalb des Zoosporangiums durch eine Drehung bis zu 90° oder er bleibt unverändert liegen [216, 218]. Zu Drehungen der Protoplasten kommt es jedoch immer bei den weiteren Teilungen. Die Anordnung der Zoosporen im Zoosporangium ist meist tetraëdrisch, selten ordnen sie sich in einer Reihe hintereinander an, wie bei *Chloromonas seriata* (Abb. 150 a) [840].

Pro Mutterzelle können dann je nach der Zahl der sukzedanen Teilungsschritte zwei oder mehrere Teilprodukte entstehen (Abb. 149 a, b). Jede Tochterzelle (Zoospore) bildet vorher ihre eigene Hülle und auch den Geißelapparat neu aus, ehe sie das Zoosporangium verläßt. Die Zoosporenbildung erfolgt entweder im beweglichen oder im unbeweglichen Zustand, je nachdem ob die alten Geißeln frühzeitig oder erst nach der Teilung abgeworfen werden. Im ersten Fall kann sich die zum Zoosporangium gewordene Mutterzelle noch lange mit ihren alten Geißeln fortbewegen (Abb. 150 b, c), ob-

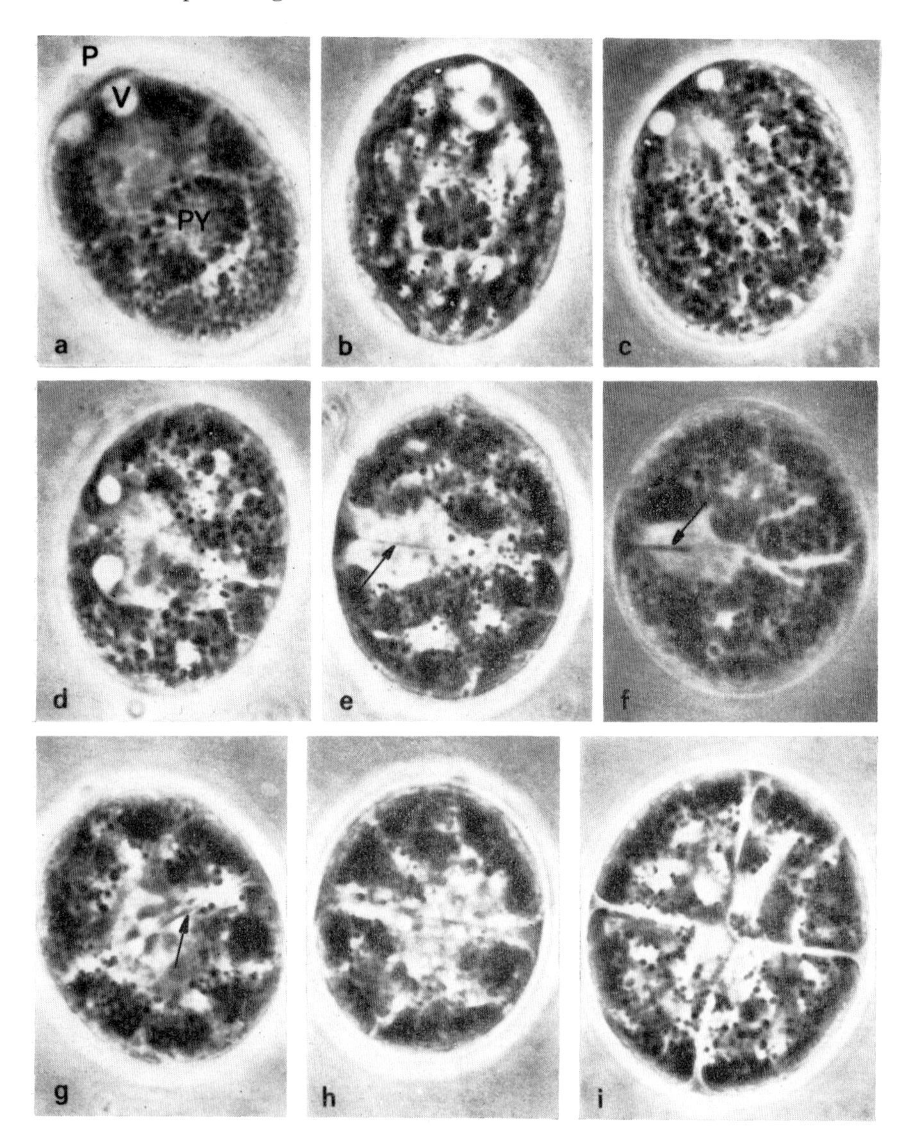

Abb. 151. Verlauf der Protoplastenteilung während der Zoosporenbildung von *Chlamydomonas chlorostellata.* a) vegetative Zelle, das apikale Zellende ist durch die Papille (*P*) und beide pulsierende Vakuolen (*V*) gekennzeichnet, Pyrenoid (*PY*) sichtbar; b) vor beginnender Teilung wandert der Zellkern zum Vorderende, erster Anfang der Chloroplastenteilung; c) Drehung des Protoplasten innerhalb der alten Zellhülle, fortschreitende Chloroplastenteilung und Auflösung des Pyrenoids; d)

gleich die Zoosporen schon fertig und mit eigenen Geißeln versehen sind, wie bei *Chlorogonium* und *Haematococcus* [296, 890]. Bei den gehäusetragenden Phacotaceen (z. B. *Pteromonas*) bleiben die Zoosporen vorerst unbeschalt, auch wenn das Gehäuse der Mutterzelle gesprengt wird. Sie verbleiben eine Zeitlang in einer von der Mutterzelle gebildeten Gallertblase, bis sie ihr eigenes Gehäuse fertig ausgeschieden haben (Abb. 149 c) [807].

Bei den kolonienbildenden Volvocaceen können entweder alle Zellen in Tochterkolonien aufgeteilt werden, oder es besteht eine Differenzierung in somatische und generative Zellen, wobei normalerweise nur die letzteren Tochterkolonien bilden können [360, 490]. Wie die Gattung *Eudorina* zeigt, erfolgt die Zerteilung der Mutterzelle nach einem festgelegten Muster [344]. Die erste Teilungsebene verläuft parallel zu den Schwingungsebenen der beiden Geißeln. Die zweite Teilungsebene steht senkrecht auf der ersten, so daß vier gleichgroße Zellen gebildet werden. Der dritte Teilungsschritt ist inäqual und dexiotrop. Er führt zu einer als „*Volvox*-Kreuz" bezeichneten Anordnung, bei der vier Zellen in der Mitte zusammenstoßen, während die anderen die Lücken der Kreuzfigur schließen. Auch die folgenden Teilungen verlaufen in festgelegter Weise. Schließlich entsteht eine Zellplatte, die sich schüsselförmig vertieft. In diese Höhlung wachsen die Geißeln hinein [371]. Da die Geißeln in diesem Stadium, das bei *Volvox* bis auf eine kleine Öffnung (Phialopore) eine Hohlkugel ist, nach innen gerichtet sind, muß im Anschluß an die Furchung ein Umstülpungsprozeß (Inversion) stattfinden, damit die Geißeln nach außen zu liegen kommen (Abb. 152 f—k). Dieser Vorgang, der sich sehr schnell abspielt, ist in seiner Mechanik noch wenig erforscht [224, 277, 807]. Bei *Volvox* hat das 8zellige Stadium schon die Form einer napfartigen Platte, die sich im 32—128zelligen Stadium fast zu einer Hohlkugel zusammenschließt. Nach der Inversion ist die Orientierung der Zellen definitiv, und die Tochterkolonien werden direkt oder nach weiterer Wachstumsperiode frei [153, 530, 863, 873]. Bei *Astrephomene* erfolgt die Krümmung hingegen nach außen, so daß eine Inversion bei der Bildung der Tochterkolonien überflüssig ist (Abb. 152 a—e) [889].

Auch bei den unbeweglichen, mit einer Zellwand umgebenen coccalen oder trichalen Algen erfolgt die asexuelle Fortpflanzung unter Zurückgreifen auf das Flagellatenstadium durch Zoosporen (Abb. 163 A). Sie treten aus den Zoosporangien nackt aus, nur ausnahmsweise kommen behäutete Zoosporen vor (*Chlorococcaceae*). Die Zoosporen haben auch in diesen Organisationsstufen, ähnlich wie die vegetativen Flagellaten, ein für die betref-

Protoplast um 90° gedreht (an der Lage der pulsierenden Vakuolen deutlich erkennbar, Chloroplast durchgeteilt, ebenso Kernteilung vollendet, beginnende Zytokinese; e)—g) fortschreitende Protoplastenteilung in verschiedenen Phasen, mit deutlicher Furchung (Pfeil) unter Abhebung der Hülle an der Stelle der Furchung; h) Protoplast völlig geteilt; i) durch wiederholte Teilung entstehen schließlich 4 Teilprotoplasten, die sich zu Zoosporen umformen. Nach dem Leben im Phasenkontrast; 2000 : 1, Original H. Ettl.

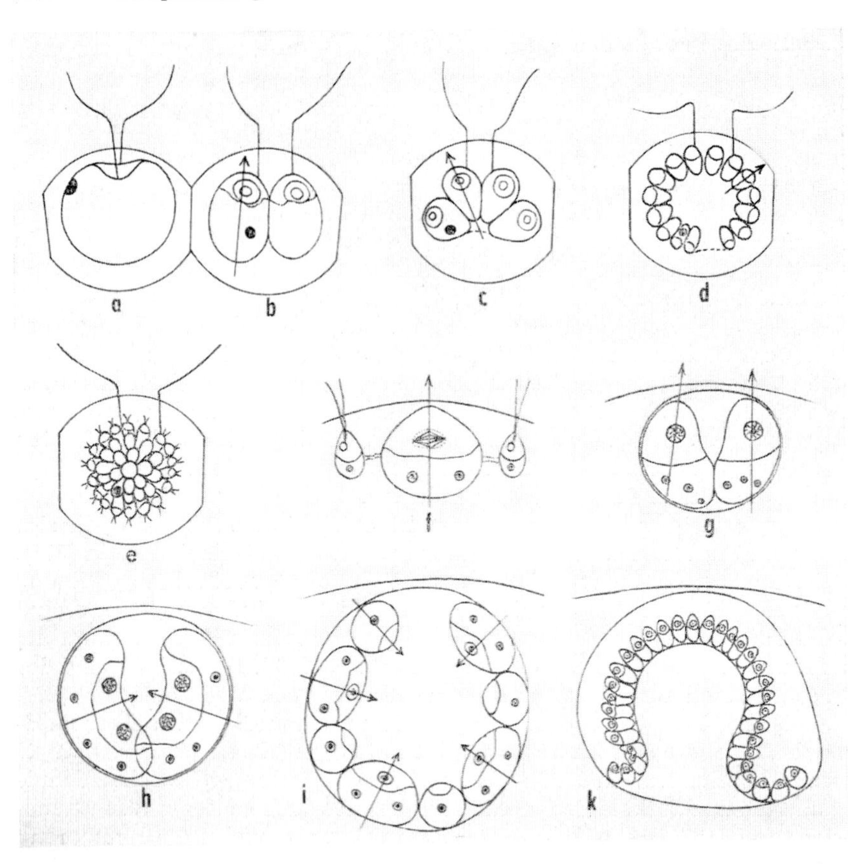

Abb. 152. Asexuelle Bildung von Tochterzönobien der Volvocaceen. a—e) *Astrephomene gubernaculifera*: a) Beginn der Längsteilung; b) erste Längsteilung, bei der ein Teilprodukt das Stigma, beide aber eine der alten Geißeln mitbekommen; c) Viererteilung; d) das fast fertige Tochterzönobium; e) fertiges Tochterzönobium mit neu entwickelten Geißeln an den Zellen. f—k) *Volvox aureus*: f) Beginn der Längsteilung; g) vollzogene Längsteilung der sporogenen Zellen; h) weitere Teilung der Protoplasten, wobei die Vorderenden nach innen zu liegen kommen; i) hohlkugelige Anordnung, bei der die Vorderenden der Teilprotoplasten nach innen gerichtet sind; k) Inversion, wodurch die Vorderenden der Protoplasten und künftigen Zellen nach außen gerichtet werden. Die Pfeile zeigen die Polarität der Zellen. — a—e nach Pocock 1956 [889]; f—k nach Zimmermann aus Ettl u. Mitarb. 1967 [224].

fende Algenklasse charakteristisches Aussehen und eine typische Begeißelung. So sind die Zoosporen der Chlorophyceen vom Volvocalen-Typus, wenn auch zuweilen mit gewissen Abweichungen. Sie sind multiradiat, ei-

oder birnenförmig bis langgestreckt, mit 2 oder 4 Geißeln am Vorderende [830]. In einigen Fällen sind sie auch asymmetrisch und dorsiventral gebaut (*Klebsormidium, Coleochaete*). Jede Zoospore besitzt einen großen oder mehrere kleine Chloroplasten und meist auch ein rotes Stigma, das in der Regel

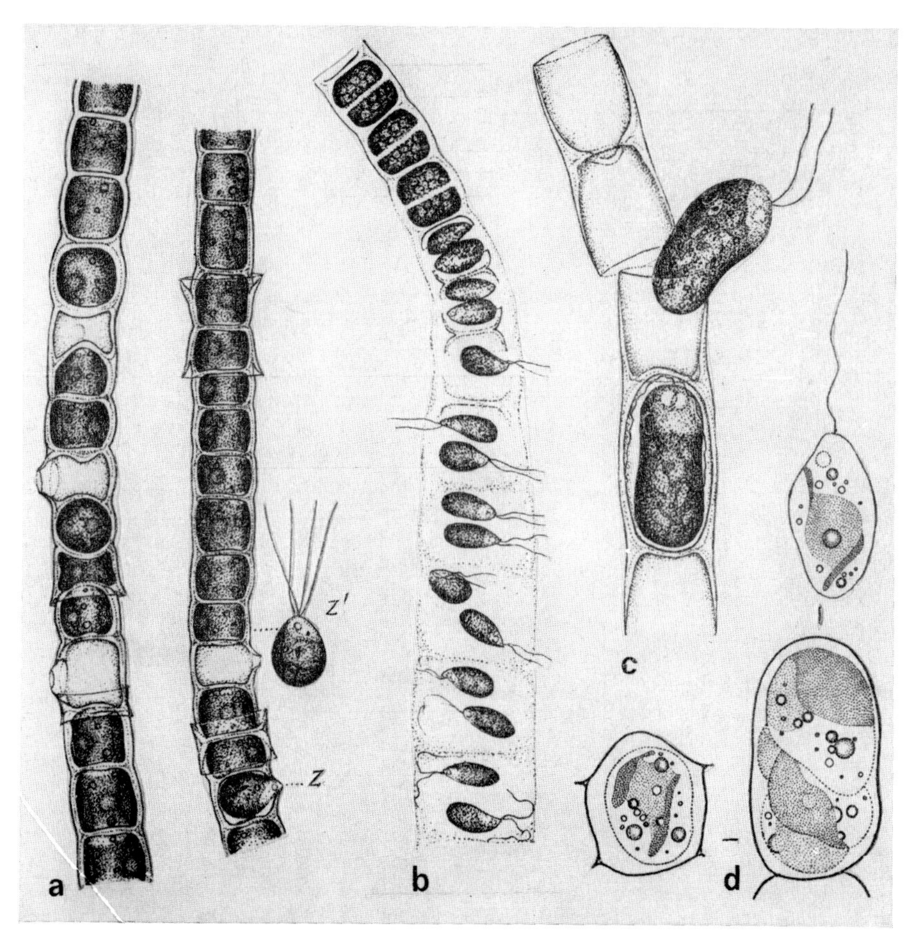

Abb. 153. Zoosporenbildung trichaler Chlorophyceen und Xanthophyceen. a) *Ulothrix moniliformis*: *z* entschlüpfende Zoospore, *z'* bereits ausgeschlüpfte Zoospore; man beachte auch die leeren Zoosporangien im Faden; b) *Microspora quadrata*, die Entleerung der Zoosporen erfolgt durch Verschleimen der Zellwände; c) *Microspora willeana*, die Zoosporen werden durch Zerfall der Zellwand in einzelne H-Stücke frei; d) *Heteropedia simplex*, links Zoosporenbildung in einer nematoparenchymatischen Zelle, rechts in einer Zelle der peripheren Fäden, oben die Zoospore. — a)—c) nach Skuja 1956 [1008]; d) nach Pascher 1939 [829].

als Neubildung entsteht. Bei Süßwasserarten sind auch pulsierende Vakuolen vorhanden. Nur die großen stephanokonten Zoosporen der Oedogoniaceen und die ähnlichen der Derbesiaceen weichen morphologisch vom Typus einer Chlorophyceen-Zoospore ab. Bei den einfacheren Chlorophyceen (*Tetrasporales*) kann sich der Zellinhalt der vegetativen Zellen ohne vorherige Protoplastenteilung in eine Zoospore umwandeln (*Chlorangiella, Asterococcus*).

Bei vielen fadenbildenden Chlorophyceen entstehen die Zoosporen in Zoosporangien, die ebenso wie die vegetativen Zellen des Zellfadens aussehen (Abb. 153). *Schizomeris* und *Klebsormidium* bilden pro Zelle nur eine Zoospore [88, 895]. Demgegenüber entstehen bei *Cylindrocapsa* 2–8, bei *Ulothrix* sogar 2–32 Zoosporen [448, 628]. Morphologisch differenzierte Fadenalgen zeigen eine bestimmte Lokalisierung und eine gestaltliche Differenzierung der zoosporenbildenden Zellen (Abb. 154). So können Zoosporangien nur an Endzellen entstehen oder sich auch, wo strenge Trennung zwischen Hauptsproß und Seitenästen besteht (*Draparnaldia*), nur aus Zellen der Äste entwickeln. Bei *Fritschiella* werden die Zoosporen merkwürdigerweise nur in den Zellen des prostraten Systems gebildet [994, 995], wogegen bei *Didymosporangium* spezialisierte Zoosporangien durch zwei sukzedane Teilungen aus den mittleren Fäden entstehen. Bei *Gongrosira, Chlorocloniuum* und *Epibolium* entstehen Zoosporangien durch Anschwellen der äußersten Zweigstellen [901, 1017]. *Cephaleuros*-Arten, die parasitisch in Blattgeweben leben, bilden lange Träger mit Zoosporangien, die aus dem Gewebe des Wirtes hervorkommen [772]. Morphologisch und physiologisch spezialisierte Zoosporangien sind allgemein auch bei den atmophytischen Trentepohliaceen verbreitet [245, 902]. Die sogenannten Hakensporangien bei *Trentepohlia* sind ellipsoidisch-eiförmige Zoosporangien, die sich vom Thallus auf mehr oder weniger hakenförmig gekrümmten, inhaltsarmen Trägerzellen erheben (Abb. 154 f, g). Die Hakensporangien werden bei trokkenem Wetter von der Trägerzelle abgeworfen, was zwei ringförmige Zellwandverdickungen zwischen Sporangien und Trägerzellen bewirken. Der Inhalt der Sporangien wird in mehrere Zoosporen aufgeteilt, die nach Benetzung mit Niederschlagswasser mittels einer schnabelartigen Entleerungspapille frei werden. Das Ausschwärmen der Zoosporen erfolgt also erst nach der Trennung von der Mutterpflanze [224].

Einige Fadenalgen, wie *Ulothrix, Stigeoclonium, Fritschiella, Draparnaldiopsis* u. a. bilden bei ein und derselben Art zweierlei Zoosporen, nämlich Makro- und Mikrozoosporen. Diese unterscheiden sich sowohl durch ihre Größe als auch durch die Zahl der Geißeln. Die Makrozoosporen von *Stigeoclonium subspinosum* keimen direkt, wogegen sich die Mikrozoosporen zuerst zu Aplanosporen abrunden und mit einer dicken Wand umgeben, worauf sie nach kürzerer oder längerer Zeit zu Zellfäden auswachsen [506]. Auch in physiologischer Hinsicht sind beide Zoosporensorten verschieden.

Über die eigentliche Umbildung der vegetativen Algenzellen zu Zoosporen sind wir immer noch sehr wenig unterrichtet. Bei *Draparnaldiopsis* wandeln

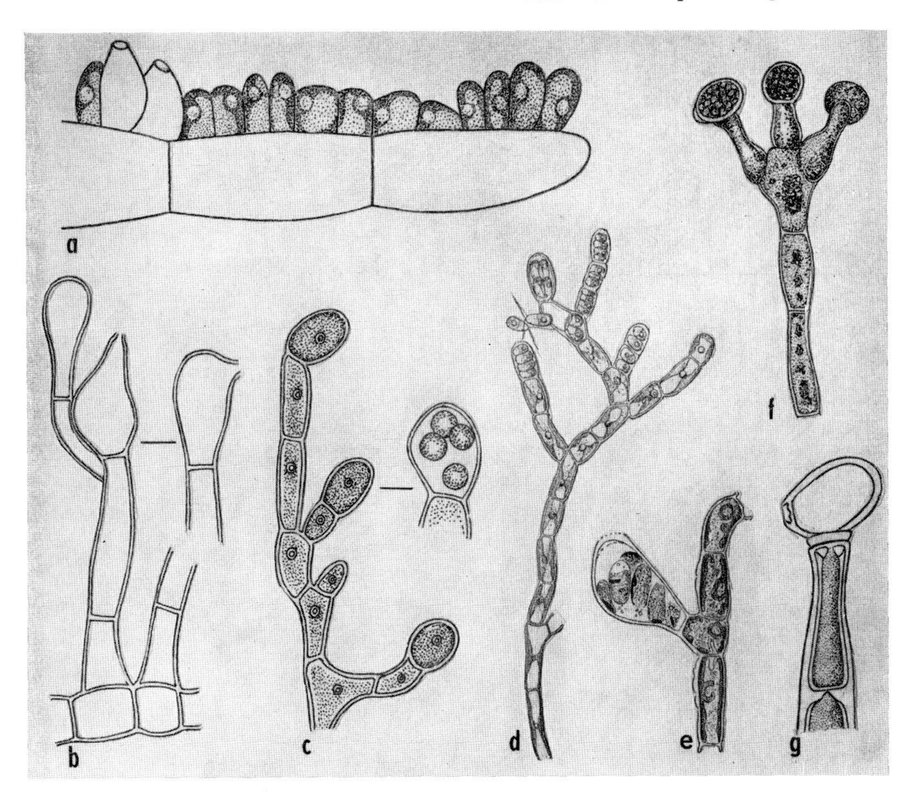

Abb. 154. Differenzierte Zoosporangien trichaler Chlorophyceen. a) *Didymosporangium repens;* b) *Gongrosira stagnalis,* mit einem reifen und zwei entleerten Zoosporangien; c) *Epibolium dermaticola,* Zweigspitze mit jungen Zoosporangien, rechts oben ein reifes Zoosporangium; d) *Chloroclonium,* die Zellen der kurzen Seitenzweige wandeln sich, vom Ende aus zum Hauptfaden fortschreitend, in Zoosporangien um; e) *Sporocladus,* als Zoosporangien dienen häufig die einzelligen Seitenzweige; f) *Trentepohlia umbrina,* Hakensporangien; g) Detail des Hakensporangiums von *Trentepohlia annulata* mit Zellwandring. – Nach verschiedenen Autoren aus Ettl u. Mitarb. 1967 [224].

sich die sporogenen Zellen fließend durch Anschwellen in Sporangien um, wobei der ringförmige Chloroplast topfförmig wird. Danach trennt sich der Protoplast von der Zellwand, rundet sich ab und wird weiter durch Umgestaltung und das Auftreten des Stigmas, der pulsierenden Vakuolen und schließlich auch des Kinetoms zur Zoospore [996]. Ein ähnlicher Verlauf wurde auch bei *Stigeoclonium* beobachtet (Abb. 23), wo als erstes Anzeichen der Zoosporenbildung die Transformation des Chloroplasten erfolgt [217]. Bei *Klebsormidium* wird die Zoosporenbildung durch Entstehung einer seit-

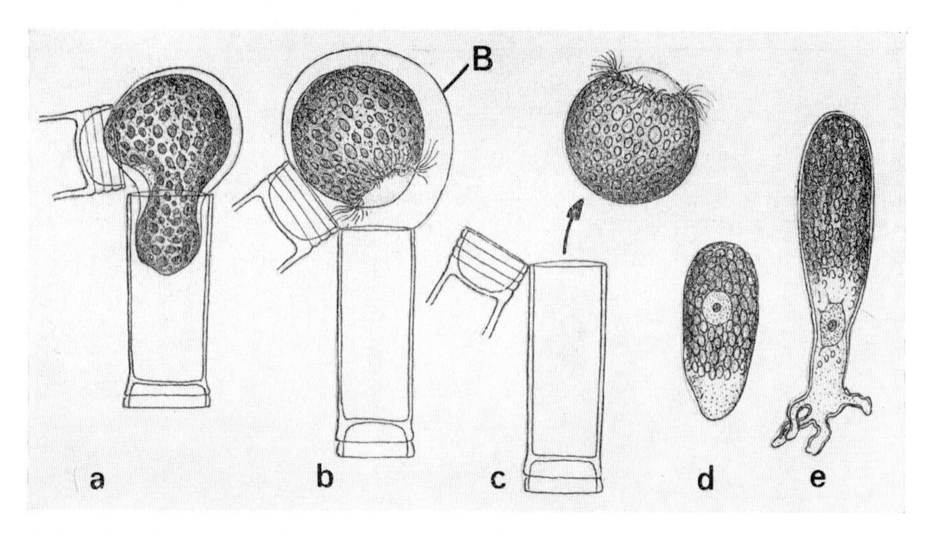

Abb. 155. Zoosporenentleerung (a–c) und Keimung einer Zoospore (d, e) von *Oedogonium; B* Gallertblase, die die Zoospore bei ihrem Austritt aus dem Zoosporangium umgibt. – Nach HIRN aus OLTMANNS 1922 [772].

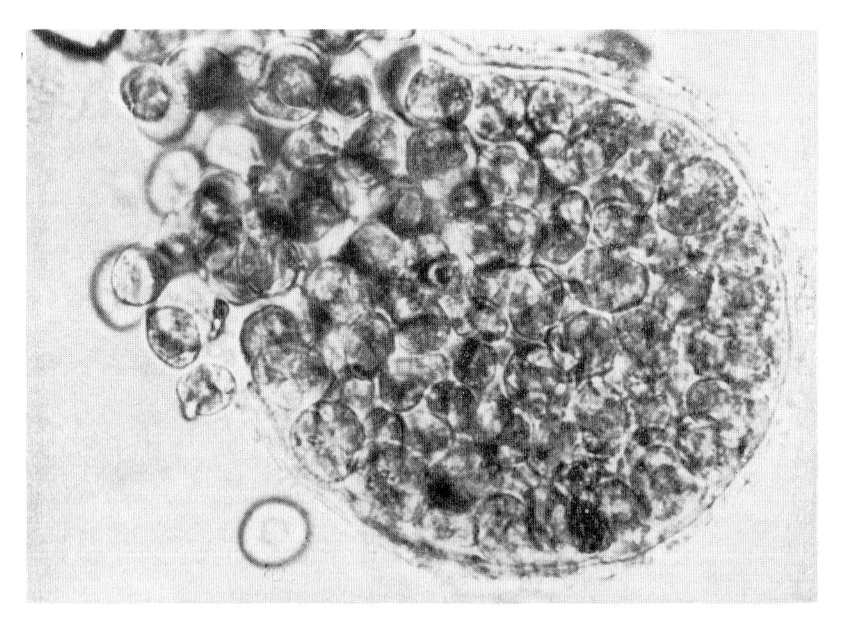

Abb. 156. Simultaner Zerfall eines Sporangiums in zahlreiche Zoosporen bei der zönoblastischen Alge *Botrydiopsis arrhiza.* 1000 : 1, Original H. ETTL.

lichen Ausstülpung in der Zellwand eingeleitet, darauf eine Drehung des Chloroplasten zur Seite dieser Ausstülpung erfolgt. Schließlich erscheinen die pulsierenden Vakuolen [88, 686].

Die relativ großen Zoosporen der Oedogoniaceen entstehen in jeder Zelle einzeln (Abb. 155). Sowohl bei *Oedogonium* [642] als auch bei *Bulbochaete* [127] vermag sich der Inhalt jeder Zelle, mit Ausnahme der Haftzelle, in eine Zoospore umzuwandeln. Falls die Bedingungen zur Zoosporenbildung während des Festsetzens und der Keimung der Zoosporen fortbestehen, kann der Inhalt der einzelligen Keimlinge erneut als Zoospore ausschlüpfen, was sich mehrmals wiederholen kann [642].

Die Zoosporenbildung der zönoblastischen und siphonoblastischen Formen erfolgt durch simultanen Zerfall des vielkernigen Protoplasten in zahlreiche Zoosporen, deren Anzahl der der Zellkerne im Sporangium entspricht (Abb. 156). Der Teilungsvorgang erfolgt bei den oberirdischen Blasen von *Protosiphon* in zwei Schritten. Der Protoplast wird zuerst durch fortschreitende segregative Plasmotomie nach und nach in Zoosporenanlagen zerteilt. Der weitere Teilungsschritt der so entstandenen individualisierten, einkernigen

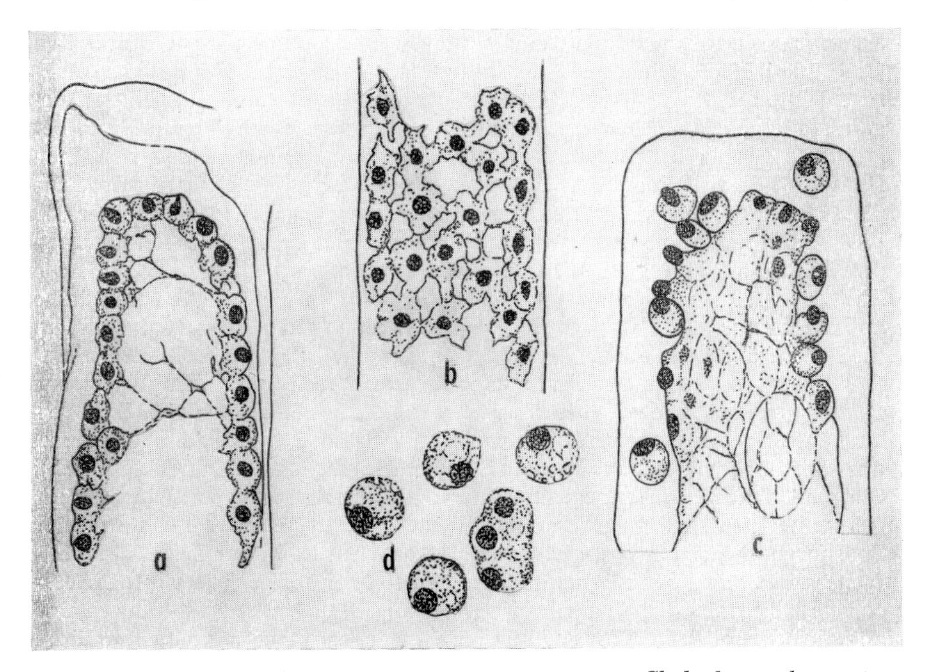

Abb. 157. Segregativer Zerfall des Siphonoblasten bei *Cladophora glomerata* während der Zoosporenbildung. a) im Längsschnitt; b) Flächenansicht, beide Figuren zeigen den Beginn der Fertilisierung; c) Stadium der Fertilisierung vor der Zoosporenbildung mit einzelnen losgelösten Zoosporenanlagen; d) abgetrennte Zoosporenanlagen. – Nach Czempyrek aus Ettl u. Mitarb. 1967 [224].

Zoosporenanlagen ist eine schizotome Längsspaltung, wodurch erst die definitiven Zoosporen gebildet werden [52]. Ähnlich entstehen die Zoosporen auch bei *Cladophora* (Abb. 157). Die Teil-Siphonoblasten („Zellen"), in denen es zur Zoosporenbildung kommt, sind durch starke Kernvermehrung zu erkennen [144, 981]. In den vegetativen Teil-Siphonoblasten ist dagegen die Zahl der sich zu einem bestimmten Zeitpunkt teilenden Kerne immer beschränkt.

Das Freiwerden von Zoosporen erfolgt am Abschluß des ungeschlechtlichen Fortpflanzungsprozesses. Auffallende Veränderungen der Zellwände der Zoosporangien, wie z. B. die Bildung von Poren (*Cladophora*) oder seitlicher Ausstülpungen (*Klebsormidium, Caulerpa*) für das Entlassen der Zoosporen oder die gänzliche Auflösung der Sporangiumwand bei einzelligen Algen, deuten darauf hin, daß im Bereiche der Zellwand besondere Mechanismen ablaufen müssen. Bei *Chlamydomonas* wird ein wandlösendes Enzym ausgeschieden, das die Hüllen der sporulationsreifen Zellen auflöst. Die Zellwand-Autolyse ist nach letzten Untersuchungen ein normaler und streng stadienspezifischer Vorgang in der Ontogenese der *Chlamydomonas*-Arten [957, 958].

Die morphologisch äußerst kompliziert gebauten Phaeophyceen bilden Zoosporen in eigenartigen plurilokulären und unilokulären Sporangien (Abb. 158). Plurilokuläre Sporangien werden durch eine oder mehrere Zellteilungen aus jedem Fadenabschnitt oder aus einer einzelnen Ausgangszelle gebildet. Jeder Teilungsschritt wird von einer Wandbildung begleitet, so daß ein gekammerter Behälter entsteht, aus dessen einzelnen Kammern (Loculi) im reifen Zustand je eine Zoospore entlassen wird. Die Gesamtzahl der Zoosporen pro Sporangium beträgt bei *Ectocarpus* über 800 [748], kann sicher aber noch weit größer sein. Bei manchen Formen kommen plurilokuläre Sporangien mit verschieden großer Fächerung vor [279]. Die Entleerung der plurililokolären Sporangien findet im allgemeinen durch eine apikale Öffnung statt, durch die die Zoosporen einzeln austreten, nachdem die Innenwände der einzelnen Loculi teilweise aufgelöst wurden. Bei manchen Spacelariaceen entweicht jedoch jede Zoospore einzeln durch eine eigene Öffnung in der Außenwand des Loculus direkt nach außen [224]. Unilokuläre Sporangien entstehen aus einzelnen Zellen eines Fadenverbandes, aus freistehenden oder zu vielen in Sori angehäuften Anlagen (Abb. 158a, b). Sie sind dadurch gekennzeichnet, daß das einzelne Zoosporangium nicht gekammert ist, sondern einen einheitlichen Behälter darstellt. Die Zahl der Zoosporen, die pro Sporangium gebildet werden, ist in der Regel ein Vielfaches von 2; sie liegt bei vielen Arten bei 16 oder 32, kann jedoch bei *Ectocarpus* 256 beträchtlich überschreiten [748]. Die Entleerung erfolgt durch eine apikale oder seitliche Öffnung, durch die im Gegensatz zu den plurilokulären Sporangien die Zoosporen in ihrer Gesamtheit entweichen, was mehr oder weniger ruckartig geschieht. Die Zoosporen sind dabei noch in eine schleimige Masse eingehüllt, aus der sie sich erst allmählich befreien müssen, um ihre Beweglichkeit zu erlangen [528, 975]. Bei *Laminaria* sollen die den Sporangien anliegenden Paraphysen eine Rolle beim Entleerungsmechanismus spie-

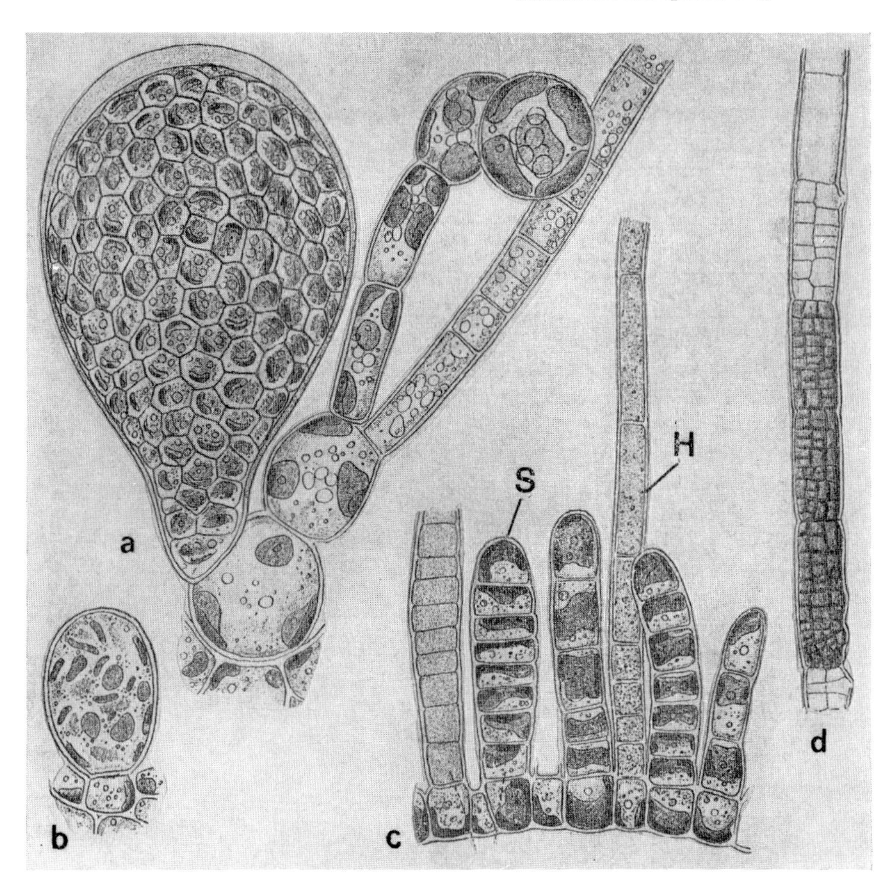

Abb. 158. Zoosporangien der Phaeophyceen. a) fast reifes unilokuläres Sporangium von *Spermatochnus paradoxus;* b) dasselbe im Jugendstadium; c) plurilokuläre Sporangien (*S*) von *Ascocyclus secundus*, zwischen ihnen Haartriebe (*H*); d) plurilokuläres Sporangium von *Pogotrichum filiforme*. – Nach REINKE aus OLTMANNS 1922 [772].

len. In letzter Zeit liegen auch elektronenmikroskopische Untersuchungen über die Zoosporenbildung der Phaeophyceen vor [103, 627, 1090].

4.1.2.2. Modifizierte Zoosporen

a) Amöboide Zoosporen. Die nackten Zoosporen sind oft recht formveränderlich, manchmal sogar völlig amöboid. Nicht selten werden sie unter Abwurf der Geißeln zu vollständigen Amöben (amöboide Zoosporen) oder treten auch direkt als Amöben aus den Sporangien aus (Abb. 159 b), um zu neuen Algenzellen auszukeimen, so bei *Tetraspora, Stigeoclonium* und *Draparnaldia* [807]. Bei *Pleurochloris vorax* werden, soweit beobachtet, niemals begeißelte Zoosporen gebildet; die Fortpflanzung geschieht vielmehr immer – soweit sie nicht durch Autosporen erfolgt – durch kleine Amöben [817]. Amöboide Zoosporen von *Stigeoclonium* bleiben länger beweglich als die begeißelten. Sie zeigen auch lebhafte animalische Ernährung, wobei die Aufnahme der Partikel wie bei echten Amöben erfolgt [224]. Die chlorococcale Alge *Marthea* entwickelt in den Zellen vier amöboide Zoosporen, die innerhalb der Mutterzellwand umherkriechen (Abb. 159 a). Sie ordnen sich noch dort zu den typischen kreuzförmigen Tochterkolonien an [805].

b) H e m i z o o s p o r e n. Hier handelt es sich um übliche begeißelte Zoosporen, die jedoch nur kurze Zeit innerhalb des Zoosporangiums oder in einer von diesem erzeugten Gallertblase beweglich sind. Sie wandeln sich inner-

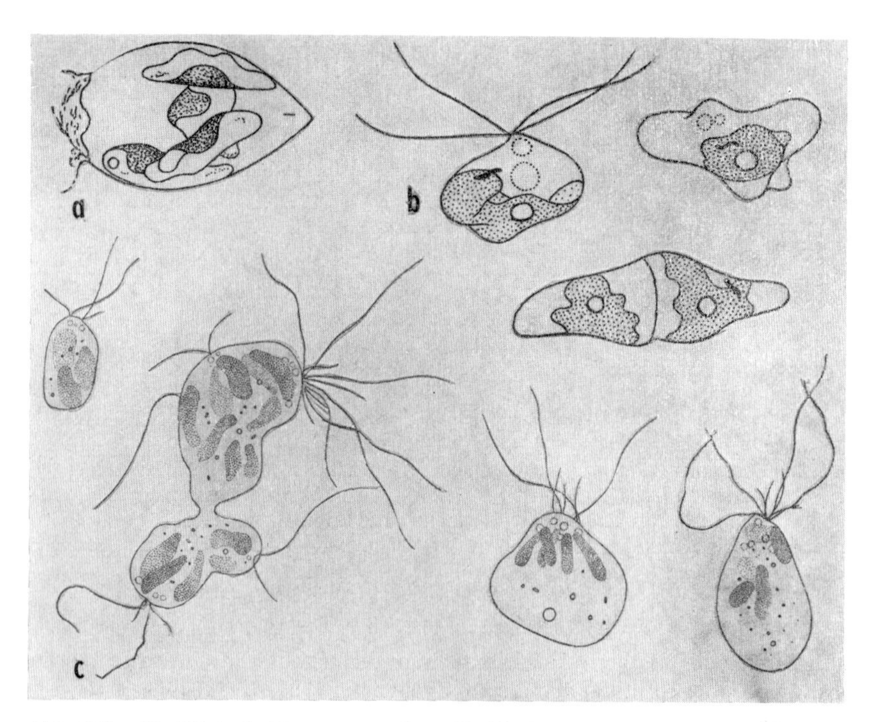

Abb. 159. Modifizierte Zoosporen. a) amöboide Zoosporen in der Mutterzellwand herumkriechend bei *Marthea tetras;* b) amöboide Zoosporen von Chaetophoraceen, oben rechts völlig geißellos, unten zweizelliger Keimling, aus einer amöboiden Zoospore herangewachsen; c) mehrere verbundene, synzoosporenartige Zoosporen von *Tribonema,* rechts mit polar angeordneten Geißelpaaren. – a), b) nach Pascher aus Ettl u. Mitarb. 1967 [224]; c) nach Pascher 1939 [832].

halb des Sporangiums, ohne es zu verlassen, in das unbewegliche vegetative Stadium um. Öfters wurden sie bei *Dictyococcus, Hypnomonas, Chlorophysema* und *Characium* beobachtet [555, 856]. Bei *Sphaeroplea* wurden zweigeißelige Hemizoosporen festgestellt, deren bewegliche Phase jedoch so kurz ist, daß sie binnen weniger Minuten noch im Sporangium unbeweglich werden [921].

Eigenartige Hemizoosporen entstehen bei den Hydrodictyaceen [154, 891]. Der durch eine Serie von Mitosen vielkernig gewordene Protoplast der Mutterzelle wird simultan in 2 Hemizoosporen aufgeteilt, je nachdem, wie viele Zellen im Zönobium vereinigt sind. Bei *Sorastrum* und *Pediastrum* bleiben die Hemizoosporen in einer aus dem Innern der Mutterzellwand entstandenen Gallertblase eingeschlossen. Sie zeigen nur eine zitternde Bewegung, die sich schließlich völlig aufgeben, um sich zu einem neuen Zönobium anzuordnen. Erst das fertige Zönobium verläßt die Blase. Bei *Hydrodictyon* ordnen sich die zahlreichen Hemizoosporen noch innerhalb der Mutterzellwand zu den netzförmigen Tochterzönobien an.

Die Ultrastruktur der Hemizoosporen von *Pediastrum* entspricht allgemein der der Zoosporen [684]. Doch liegt der Zellkern völlig exzentrisch und reicht mit einem Ende in die Papille hinein. Ähnlich sind auch die Hemizoosporen von *Hydrodictyon* gebaut [401]. Die beiden Gattungen zeigen eine Korrelation zwischen der Zoosporen-Symmetrie und der Symmetrie, die durch Anordnung zum Zönobium entsteht. Auch unterliegen die Hemizoosporen während des Zyklus einer starken Formveränderung. Die Determinierung der Anordnung der Hemizoosporen zu den künftigen Zönobien ist nicht völlig geklärt. Man nimmt an, daß Mikrotubuli unter dem Plasmalemma der Hemizoosporen bei der Anordnung eine wichtige Rolle spielen [873]. Die Anordnung erfolgt noch, solange die Hemizoosporen nackt und begeißelt sind. Somit könnte man bei *Pediastrum* auch annehmen, daß die Orientierung der Hemizoosporen durch Verkleben der Geißeln zustande kommt, da die Geißeln der angehäuften Zellen alle in eine Richtung zeigen [455].

c) Synzoosporen. Im Gegensatz zu allen anderen siphonalen Algen, wo bei der Zoosporenbildung ein Einkern-Stadium auftritt, werden die Zoosporen von *Vaucheria* nicht individualisiert, sondern ungeteilt als Synzoospore aus einem terminalen Fadenabschnitt entleert [882]. Es handelt sich um große, vielkernige Gebilde, deren ganze Oberfläche mit vielen Paaren von Geißeln besetzt ist (holokont), von denen jedes Geißelpaar einem der peripher gelagerten Zellkerne entspricht. Die Synzoosporie der Gattung *Vaucheria* stellt eine besonders weitgehende Stufe der siphonalen Ausbildungsweise dar [832]. Das beweisen auch elektronenmikroskopische Untersuchungen (Abb. 160). Die Synzoosporenbildung von *Vaucheria* wird dadurch eingeleitet, daß sich an der Fadenspitze sämtliche Organellen ansammeln. Die mit den Zellkernen assoziierten Zentriolenpaare beginnen interne Geißeln zu bilden. Zellkerne und Geißeln gruppieren sich am Rande von Vesikeln, in die die Geißeln hineinragen. Die Vesikel wandern dann an die Protoplastenoberfläche und verschmelzen mit dem Plasmalemma. Auf diese Weise gelangen die Geißeln an die Oberfläche der künftigen Synzoospore. Zu diesem

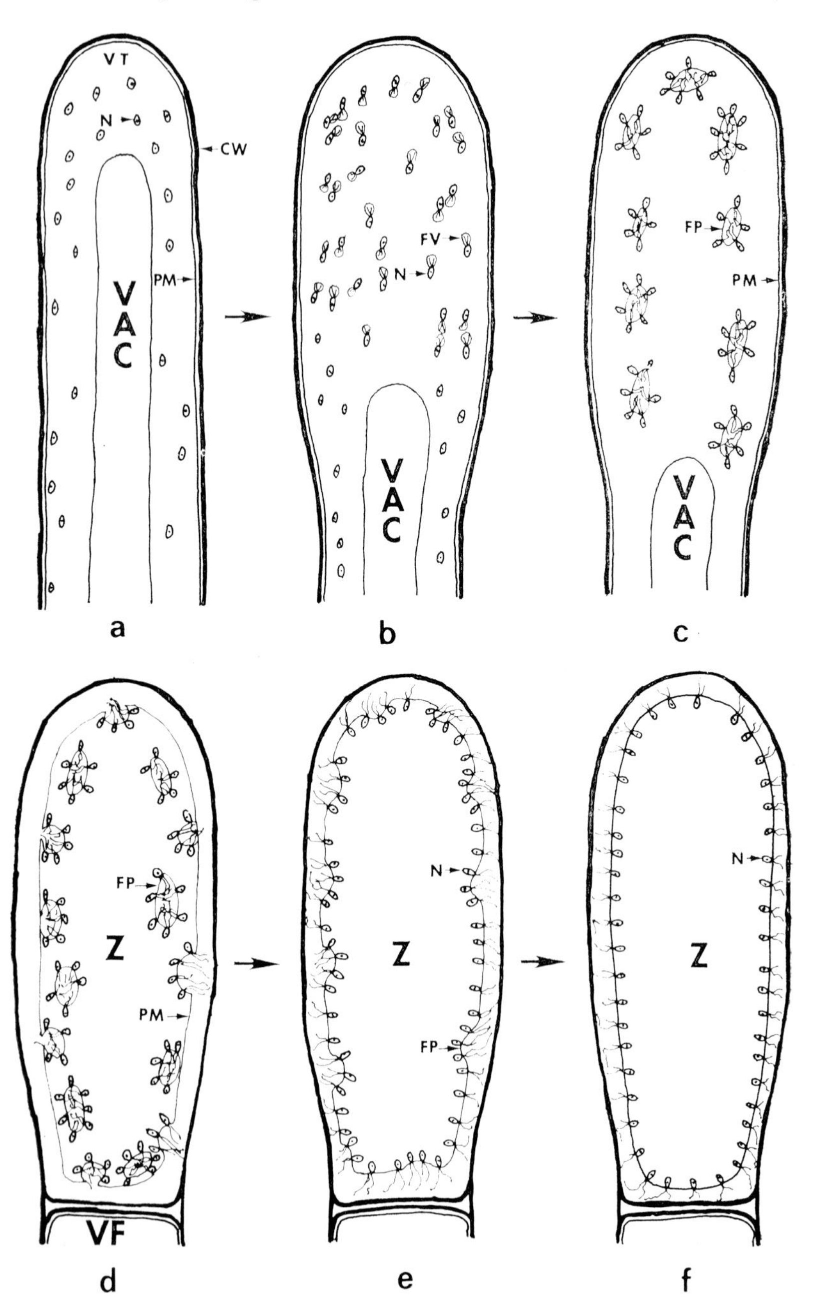
VT
N
CW
PM
VAC
a
FV
N
VAC
b
FP
PM
VAC
c
FP
Z
PM
VF
d
N
Z
FP
e
N
Z
f

Zeitpunkt entsteht im Faden ein Septum, das die Synzoospore vom vegetativen Faden abtrennt. Während der Keimung der Synzoospore werden die Geißeln wieder eingezogen und nach der Ausscheidung der Zellwand abgebaut. Die Zentriolen nehmen dann ihre übliche Lage knapp neben den Zellkernen wieder ein [783, 784].

Während echte Synzoosporen nur bei *Vaucheria* als Normaltypus auftreten, wurde gelegentlich eine synozoosporenähnliche Zoosporenanhäufung, die durch Teilungshemmungen hervorgerufen wird, bei einer Reihe weitere Xanthophyceen und Chlorophyceen beobachtet (Abb. 159 c) [829, 831, 832]. So bildet *Botrydium* neben normalen Zoosporen solche, bei denen mehrere Chloroplasten und pulsierende Vakuolen im Vorderende der nicht durchgeteilten Protoplasten liegen, oder solche, bei denen die Zoosporen nur an der Basis vereinigt bleiben, während die Vorderenden frei sind. Relativ häufig konnten verschmolzene Zoosporen bei *Botrydiopsis* oder *Sphaeroplea* beobachtet werden, wo ebenfalls sämtliche begeißelten Fortpflanzungszellen einer Zelle mit ihren Hinterenden verbunden sind. Unterbleibt die Protoplastenteilung gänzlich, so sind die Zoosporen nur noch an der Zahl der Geißelpaare, der Chloroplasten und der Zellkerne zu erkennen. Auch bei *Tribonema, Heterothrix* und *Heterococcus* kommen zuweilen ähnliche Gebilde vor [882]. Gelegentliche Vielfachschwärmer sind auch von *Cladophora* und *Protosiphon* bekannt, wenn die Zoosporenanlagen nicht vollständig getrennt werden [224].

4.1.2.3. Hemiautosporen

Die Hemiautosporen (Abb. 163 B) sind unbewegliche, autosporenähnliche Fortpflanzungszellen, bei denen von der Monadenorganisation der Zoosporen noch die Polarität der Zellen, die pulsierenden Vakuolen und oft auch das Stigma vorhanden sind [201, 203]. Sie wandeln sich schon innerhalb des Sporangiums, meist aber erst nach ihrem Freiwerden in das vegetative Stadium um. Ältere Autoren legten den Hemiautosporen entwicklungsgeschichtlich besondere Bedeutung zu, bezeichneten sie jedoch als Autosporen mit Stigma und pulsierenden Vakuolen. Sie ersetzen gelegentlich die Autosporen bei *Tetraciella* [855], wurden aber auch bei anderen typischen coccalen Formen beobachtet [826]. So vollzieht sich bei *Trigonidium galea* die Fortpflanzung durch Bildung von vier tetraëdrisch gelagerten Teilprotoplasten (Abb.

Abb. 160. Schematische Darstellung der Synzoosporenbildung bei *Vaucheria* nach elektronenmikroskopischen Untersuchungen. a) typischer vegetativer Faden im aktiven Wachstum; b) Rückgang der zentralen Vakuole von der Fadenspitze, die etwas anschwillt und Zellkerne anhäuft; es werden auch die internen Geißeln ausgebildet; c) die internen Geißeln gruppieren sich um die entstehenden Geißelvesikel, die sich dem Plasmalemma nähern; d) die Geißelvesikel wandern zum Plasmalemma, wo sie mit diesem verschmelzen; die Geißeln gelangen nach außen; zu dieser Zeit ist auch ein Doppelseptum entwickelt, das das Zoosporangium vom vegetativen Faden abgrenzt; e) Synzoospore vor völliger Geißelbildung; f) reife Synzoospore. *VT* Fadenspitze, *N* Zellkerne, *PM* Plasmalemma, *FV* interne Geißeln, *VAC* zentrale Vakuole, *FP* Geißelvesikel, *Z* Zoosporangium, *VF* vegetativer Faden. – Nach Ott and Brown 1974 [783].

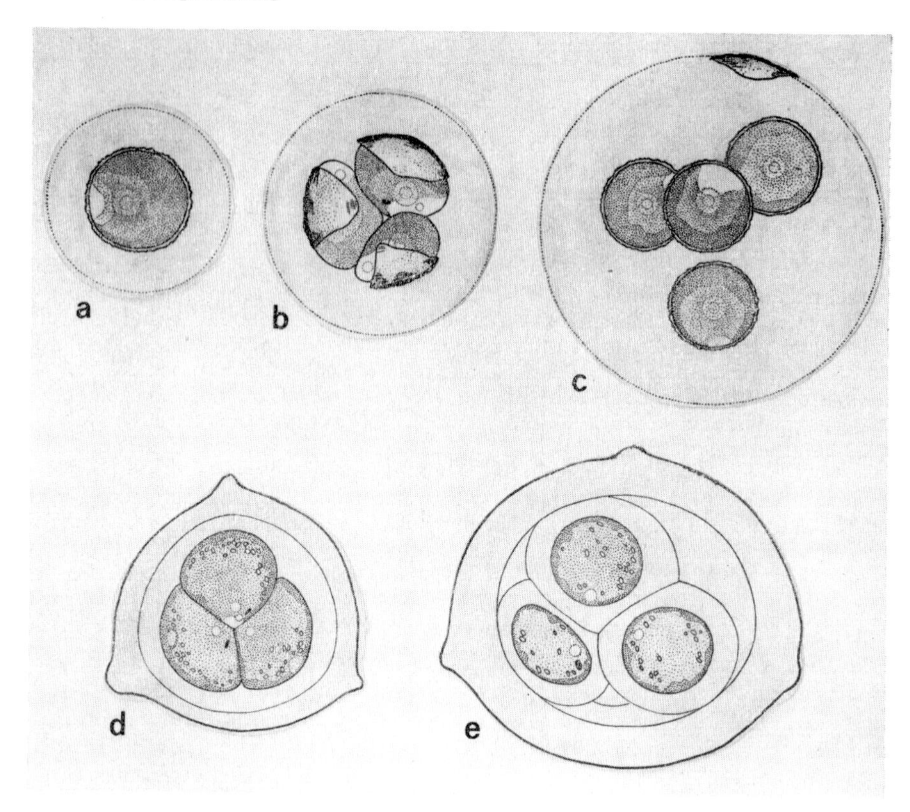

Abb. 161. Hemiautosporen. a)–c) *Thorakochloris tetras*: a) Einzelzelle mit derber und spröder Zellwand und mit Gallerthülle; b) Teilungsstadium mit tetraëdrisch angeordneten Hemiautosporen, an denen Stigma und pulsierende Vakuolen sichtbar sind; c) junge Tochterzellen in der Gallerthülle der Mutterzelle. d), e) *Trigonidium galea*: d) Teilungsstadium mit Hemiautosporen; e) weiter fortgeschrittenes Stadium. – Nach Pascher 1932 [826].

161 d, e). Diese besitzen einen großen topfförmigen Chloroplasten, zwei pulsierende Vakuolen und ein deutliches Stigma. Sie wandeln sich dann unter Rückbildung des Stigmas und der pulsierenden Vakuolen direkt in behäutete vegetative Zellen um. Ähnlich verhält sich *Thorakochloris* (Abb. 161 a bis c), und bei einer besonderen Form von *Asterococcus superbus* ist die einzige Fortpflanzungsart, die durch Hemiautosporen [204]. Die Hemiautosporen treten nicht immer nackt aus, sondern sie können sich noch innerhalb des Sporangiums mit einer eigenen Zellwand umgeben, wodurch sie den echten Autosporen noch mehr ähneln [555, 1035]. *Trochiscia aciculifera* bildet Hemiautosporen sogar mit bestachelter Zellwand [224].

Aplanosporen, deren Bildung über Hemiautosporen führt, sind bei *Elakatothrix gelatinosa* bekannt. Jede Zelle bildet eine Hemiautospore, indem sich der Protoplast von der Zellwand abhebt und die nackte Spore durch Zerfall der Mutterzellwand frei wird; danach scheidet sie unter Vakuolenverlust eine neue, relativ dicke Wand aus. Ähnliche Sporen wurden auch bei anderen Chlorophyceen beobachtet [224].

An dieser Stelle sei noch eine besondere Art der Zoosporen- oder auch Hemiautosporenbildung erwähnt, die sogenannte Durchwachsung. In diesem Fall wird für die Fortpflanzung nicht der ganze Protoplast verbraucht (*Dioxys, Chytridiochloris, Hydrianum*). Nach der ersten Protoplastenteilung wandelt sich nur der in der vorderen Zellhälfte vorhandene Teilprotoplast durch weitere Teilung in die Fortpflanzungszellen um, wogegen der basale Teil an der Umformung nicht teilnimmt. Nach der Entleerung der Sporen wächst der übriggebliebene Teil des alten Protoplasten über das offene Ende der durchgerissenen Mutterzellwand zur normalen Größe heran. Hierbei wird eine neue Zellwand gebildet, die innerhalb des Restes der alten Zellwand den Protoplasten umgibt. Dieser Vorgang kann manchmal wiederholt werden, wobei dann ineinandergeschachtelte Systeme von Zellwänden entstehen. Eine Abänderung der Durchwachsung findet bei *Trypanochloris* statt, wo auch nur ein Teil des Protoplasten zu Fortpflanzungszellen wird (hier sind es Autosporen), während die Restprotoplasten wieder heranwachsen, um den Raum der Mutterzelle erneut auszufüllen [829].

4.1.2.4. Autosporen

Im Gegensatz zur zoosporinen Fortpflanzung steht die durch Autosporen mit wesentlich vereinfachtem Entwicklungsgang. Auch hier werden die Protoplasten der Mutterzelle in mehrere Teilstücke zerlegt, doch bleiben diese unbeweglich. Sie lassen keine Züge der Monadenorganisation mehr erkennen und werden durch Behäutung noch innerhalb des Sporangiums zu fertigen kleinen vegetativen Zellen, die man Autosporen nennt [203, 220, 224]. Die Umwandlung des Teilprotoplasten in die neue vegetative Zelle ist somit stark abgekürzt und vollzieht sich nicht mehr auf dem Umweg über begeißelte Zoosporen, die erst keimen müssen, ehe sie sich allmählich in die vegetativen Zellen umwandeln (Abb. 163 C). Die Autosporen bilden eine Art kleiner Kopien der vegetativen Zellen (Abb. 162). Sie sind nur bei der coccalen Organisationsstufe vorhanden. Je spezialisierter die coccalen Algen sind, desto mehr tritt die Autosporenbildung in den Vordergrund, während das Vorkommen von Zoosporen seltener wird oder überhaupt aufhört [1021, 220].

Daß die Autosporen schon fertige kleine vegetative Zellen sind, wird besonders dort deutlich, wo die Zellwand skulpturiert ist bzw. Fortsätze oder Stacheln trägt (*Bohlinia, Franceia, Coelastrella* u. ä.). Auffallend ist auch die Autosporenbildung bei *Keriochlamys* oder *Goniochloris,* wo die vegetativen Zellen eine dicke, mit eigenartig wabenförmiger Skulptur versehene Zell-

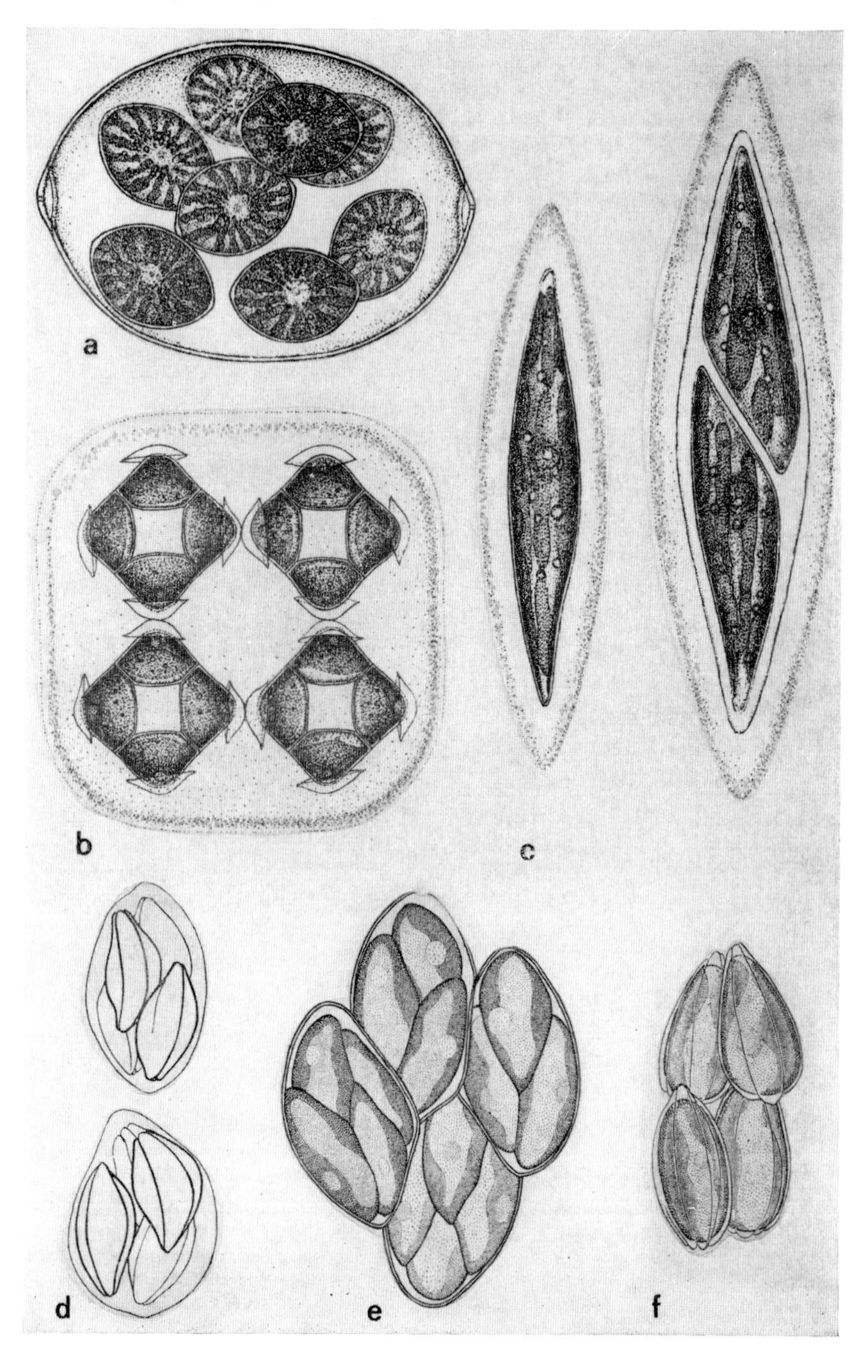
a
b
c
d
e
f

wand haben [829, 839]. Die Autosporen nehmen noch innerhalb der Sporangiumwand nicht nur die charakteristische Gestalt, sondern auch die volle Zellwandskulptur an. Auch die innere Anordnung der Organellen bei den Autosporen stimmt mit der der vegetativen Zellen überein, wie z. B. bei *Oocystis* (Abb. 162 a).

Bei begrenztem Raum einer nicht gedehnten Sporangiumwand kommt es zur Verformung der jungen Autosporen, die ihre spezifische Gestalt erst nach dem Freiwerden erhalten. So werden bei einer *Oocystis*-Art sukzedan vier tetraëderförmige Autosporen gebildet [1098] und bei *Jaagichlorella* entstehen gewöhnlich vier Teilprodukte durch streng geometrische und winkelgenaue Teilung [915], die bei weiterer Teilung, durch Aneinanderpressen völlig deformiert werden und in der Aufsicht polygonal erscheinen.

Die asexuelle Fortpflanzung der zönobialen Chlorococcale *Scenedesmus* erfolgt durch Bildung von 4, seltener von 2 oder 8 Autosporen, die sich noch innerhalb der Mutterzelle in charakteristischer Weise zu Tochterzönobien zusammenlegen. Zuerst sind die Tochterzellen ellipsoidisch und sehr zartwandig, strecken sich aber noch innerhalb der Mutterzelle zur definitiven Form und bilden auch die Wandskulpturen (Borsten, Stacheln usw.). Die Protoplasten von *Scenedesmus* teilen sich nach zwei oder drei Mitosen in eine entsprechende Anzahl von Teilprotoplasten, die sich einzeln und simultan mit der neuen Zellwand umgeben [760]. Ähnlich verläuft dieser Vorgang auch bei *Enallax* (Abb. 162 d–f). Bei anderen coccalen Algen bleiben die Tochterzönobien eine Zeitlang mittels der alten Zellwand miteinander verbunden, z. B. bei *Crucigenia* (Abb. 162 b).

Unter bestimmten, nicht näher erklärbaren, sicher aber endogen bestimmten Umständen, können Formen, die sich üblicherweise nur durch Autosporen fortpflanzen, auch Zoosporen erzeugen. Diese Fähigkeit ist wahrscheinlich genetisch verankert. Bei *Eremosphaera* treten in den Spindelpolen der die Fortpflanzung einleitenden Mitosen Zentriolen auf. Sie können als Rest eines früher vorhandenen Geißelapparates aufgefaßt werden [981]. Übrigens wurden in letzter Zeit auch bei typischen autosporinen Formen Zoosporen gefunden, sogar bei solchen, wo man von einer ausschließlichen Fortpflanzung durch Autosporen überzeugt war, wie z. B. bei *Planktosphaeria gelatinosa, Tetraëdron bitridens* [1032, 1033] und überraschenderweise auch bei *Scenedesmus obliquus* [1092]. Auch bei den coccalen Dinophyceen treten

Abb. 162. Autosporenbildung. a) *Oocystis gigas*, erweiterte Mutterzellwand mit acht Autosporen; b) *Hofmania lauterbornii*, die vier Autosporen bleiben zusammen und bilden die Teilkolonie, man beachte die Reste der Sporangienwand; c) *Elakatothrix viridis*, links vegetative Zelle, rechts modifizierte Autosporenbildung; es werden nur zwei Autosporen gebildet; d)–f) *Enallax alpinus*, Bildung der Tochterzönobien innerhalb der Mutterzelle: d) vegetatives Stadium; e) die nackten Teilprotoplasten ordnen sich zu den charakteristischen Zönobien an; f) noch innerhalb der alten Zellwand erhält die Zellwand der Tochterzellen ihre charakteristische Skulptur. – a)–c) nach Skuja 1964 [1010]; d)–f) nach Pascher 1943 [839].

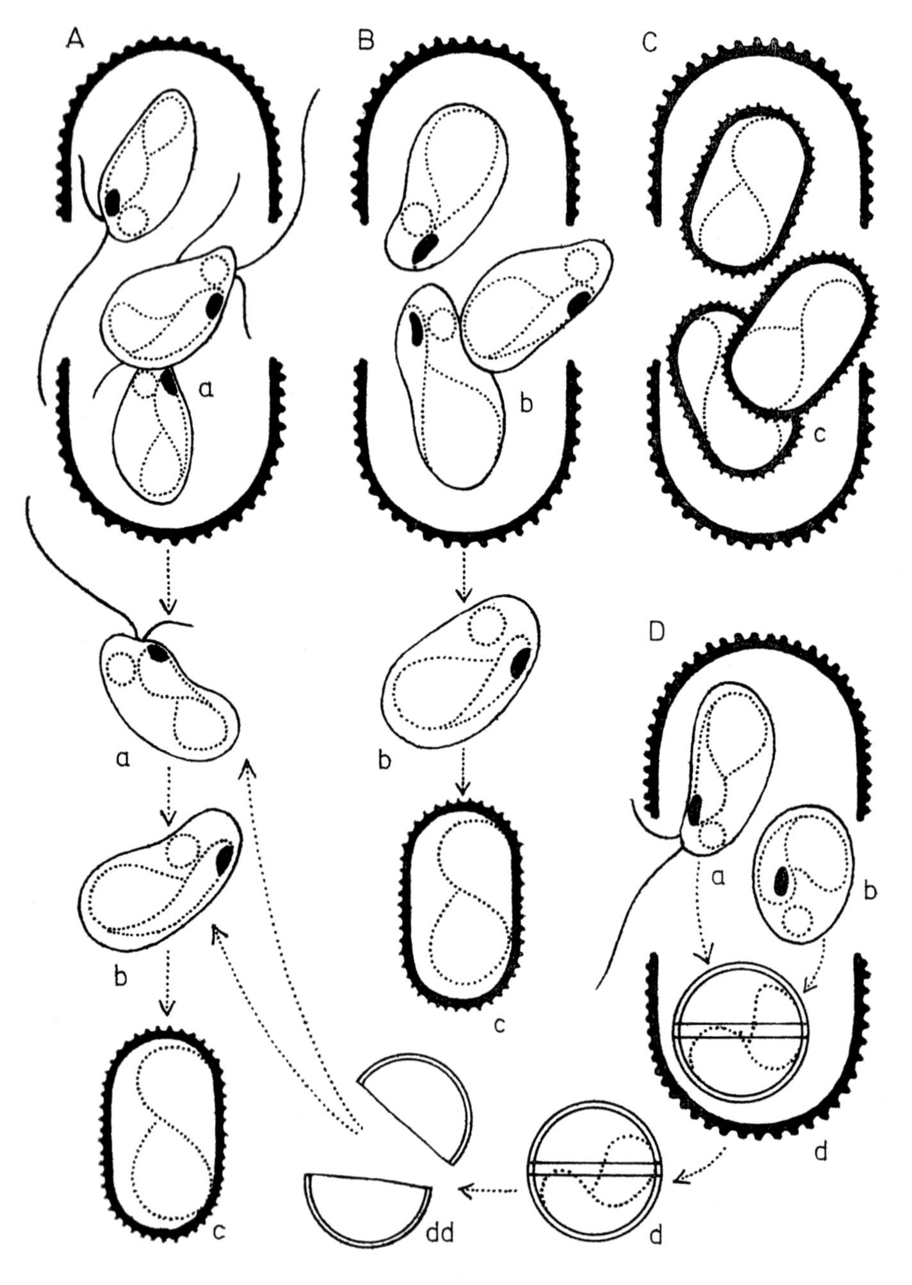
A
B
C
a
b
c
a
b
c
b
c
D
a
b
d
d
dd

beide Typen von Fortpflanzungszellen nebeneinander auf. So erfolgt die asexuelle Fortpflanzung von *Dinastridium sexangulare* und *Tetradinium minus* wahlweise durch Zoosporen oder Autosporen [224].

Die Anzahl der gebildeten Autosporen pro Sporangium hängt mitunter auch von den Umweltbedingungen ab. Meist werden bei einzelligen Formen 4 Autosporen (Tetraden) gebildet. Diese sind bei kugeligen Zellen (*Chlorella*) tetraëdrisch, bei ellipsoidischen Zellen rhombisch angeordnet [1019]. Durch verschiedene Einflüsse erfolgt eine Verminderung oder Erhöhung der Autosporenzahl. Ein Überwiegen der Oktadenteilung über geringere Autosporenzahlen tritt z. B. bei *Chlorella* beim Übergang vom latenten Zustand in günstige Kulturbedingungen auf. Bei Einsaat von ölhaltigem Ausgangsmaterial können sogar 16 Autosporen vorkommen. Weitere Faktoren, die die Zahl der gebildeten Autosporen beeinflussen, sind Belichtungsdauer, Lichtintensität, Alter der Population usw. [629, 880]. Treten abnorme Autosporenzahlen auf (3, 5, 7), so ist das auf Ungleichheiten der aus dem ersten Teilungsschritt resultierenden Produkte zurückzuführen, die sich dann mit ungleicher Geschwindigkeit sukzedan weiterteilen [1019].

4.1.2.5. Autosporine Fadenbildung (Zytotomie)

Als spezialisierte Autosporenbildung kann man die Entstehung von Zellfäden durch Zytotomie bei einfachen Fadenalgen auch deuten. Obwohl dieser Vorgang vor allem dem Wachstum der Fäden dient, läßt er sich auch als Fortpflanzungsart im weiteren Sinne auffassen, weil mit dem Wachstum der Fäden gleichzeitig die Fragmentation oder die Bildung vegetativer Fortpflanzungsorgane gekoppelt ist. Die Fadenbildung kann man folgendermaßen erklären: Wenn zu zweit gebildete Autosporen durch die Zellwand der Mutterzelle zusammengehalten werden und sich polar übereinander lagern, um dann wieder in gleicher Weise orientierte Autosporen zu bilden, entsteht der Zellfaden (Abb. 164), d. h. ein System hintereinander angeordneter, in die sukzedan gebildeten Zellwände eingeschachtelter Zellen [807, 871]. Die gewisse Selbständigkeit der Zellen in den Zellfäden zeigen *Ulothrix* und *Microspora* besonders gut. Diese Ansicht findet in den Untersuchungen an *Ulotrichales* eine wesentliche Stütze wo die Teilung des Protoplasten sowohl beim ersten Teilungsschritt als auch bei den nachfolgenden als eine zentripetale

Abb. 163. Schematischer Vergleich der wichtigsten asexuellen Fortpflanzungsweisen. *A* Zoosporenbildung, *B* Bildung von Hemiautosporen, *C* Autosporenbildung, *D* Bildung von Aplanosporen. Die vegetativen Zellen sind durch die dicke, mit Warzen versehene Zellwand gekennzeichnet. Eine solche haben auch die Autosporen und die jungen Zellen. Die Pfeile zeigen die weitere Entwicklung der Fortpflanzungszellen. Man beachte die allmähliche Verkürzung während der Entwicklung zu jungen Zellen, die bei den Autosporen ohne Zwischenstadium verläuft. *a* Zoosporen, *b* Hemiautosporen, *c* Autosporen oder junge Zellen, *d* Aplanosporen, *dd* Keimung der Aplanosporen. – Nach Ettl 1977 [220].

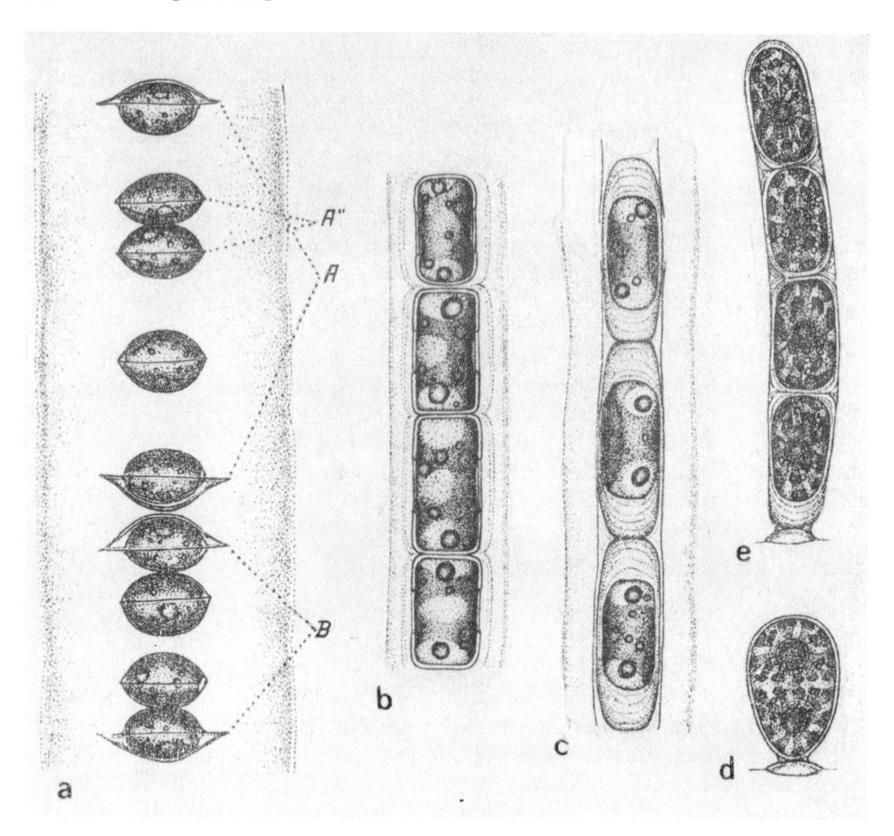

Abb. 164. Zytotomie einfacher Fadenalgen als modifizierte Autosporenbildung. a) *Radiofilum mesomorphum*, das Wachstum des Fadens wird durch Zellteilungen bewirkt, bei denen noch die alte Mutterzellwand (*A*, *B*) erhalten bleibt; b) *Binuclearia tatrana* bei gutem Wuchs, bei der Zytotomie wird die alte Wand gesprengt, c) mit verdickter Querwand, die Selbständigkeit der Zellen ist besonders deutlich; d) Einzelliger Keimling von *Cylindrocapsa geminella*, e) mehrzelliger Faden in Form ineinandergeschachtelter Wandsysteme, die durch die Bildung einer eigenen Zellwand der Teilprotoplasten entstehen. — a)—c) nach SKUJA 1956 [1008]; d), e) nach SKUJA 1964 [1010].

Spaltung des Protoplasten vor sich geht. Die Autosporenbildung ist ihrem Wesen nach immer noch erkennbar, sie hat aber den höchsten Grad der Rückbildung auf zwei Teilprodukte erreicht [981]. Eine Fortpflanzung durch nur zwei Autosporen, die hintereinander liegen, ist bei einigen Chlorococcalen bekannt, z. B. bei *Elakatothrix* (Abb. 162 c).

Da in den eben erwähnten Fällen die Mutterzellwand erhalten bleibt, kommt es zu einer Vereinigung und Verschmelzung der neuen Zellwände wie auch der Zellwandflächen im Teilungsspalt, woraus die Querwände resultieren. Das Prinzip der Bildung ganzer neuer Zellwände nach jeder Teilung wird bei anderen Fadenalgen von einem anderen Vorgang verdrängt. Nach der Protoplastenteilung übernimmt jede Tochterzelle die halbe Zellwand der Mutterzelle und bildet lediglich die fehlende Hälfte neu. Das wird bei vielen Formen in verschiedenster Weise modifiziert. Im Extremfall wird nur eine Querwand gebildet, was wahrscheinlich für die meisten höheren trichalen Algen kennzeichnend ist [296]. Fließende Übergänge erlauben jedoch keine strenge Absonderung der modifizierten Autosporenbildung von der eigentlichen Zytotomie mit Querwandbildung.

Eine spezialisierte Fadenbildung, die mit einem besonderem Zuwachs der Zellwände verbunden ist, findet man bei den *Oedogoniales* (Abb. 165). Bei *Oedogonium* wird während der Zellteilung zunächst subapikal ein innen an der Zellwand gelagerter Zellulosering gebildet; erst danach kommt es zur Kernteilung. Dann reißt die Zellwand der Mutterzelle durch einen ringartigen Riß außerhalb dieses Zelluloserings auf und der Ring streckt sich zu einem zylindrischen Wandstück. Die Stelle des Risses ist genau fixiert, indem vorher die inneren Zellwandschichten dünner werden [874, 876]. Gleichzeitig hebt sich die junge Querwand in die Höhe, bis sie den unteren Rand des Querrisses erreicht hat. Der oberhalb des Ringes liegende Teil der Mutterzelle wird als Kappe, der untere als Scheide bezeichnet. Das neu gebildete Wandstück wächst dann heran, bis es die normale Länge der vegetativen Zellen erreicht hat. Bei wiederholten Teilungen bilden sich die neuen Ringe stets unter der Kappe, so daß mehrere Kappen hintereinander liegen. So entsteht die für die Oedogonien charakteristische Kappenbildung [257].

4.1.2.6. Andere Fortpflanzungsgebilde

Hierher gehören die Monosporen und Tetrasporen der Phaeo- und Rhodophyceen. Bei den Phaeophyceen kann das Tetrasporangium als homolog zum unilokulären Sporangium betrachtet werden [981]. Dies ist klar erkennbar bei den *Dictyotales,* wo neben Arten mit vier Tetrasporen pro Sporangium (*Dictyota*) auch Arten mit acht Sporen (*Zonaria*) vertreten sind, für die dann der allgemeinere Ausdruck Aplanospore verwendet wird. In beiden Fällen findet schon bei der Ausbildung der Sporangien eine Reduktionsteilung statt. Es gibt eine Menge von Freilandbeobachtungen, aus denen hervorgeht, daß an vielen Standorten die Tetrasporophyten-Generation stark überwiegt. Möglicherweise wird dies durch eine zusätzliche, außerhalb des regulären Generationswechsels erfolgende Fortpflanzung bewirkt [224]. Als Monosporangien bezeichnet man bei den Phaeophyceen Behälter, aus denen eine einzelne, unbewegliche Fortpflanzungszelle (Monospore) entlassen wird, wie bei Vertretern der *Tilopteridales* und bei einigen *Ectocarpales* [541]. Meist sind die Monosporen einkernig. Es gibt aber auch vierkernige Monosporen, bei denen zytologische Beobachtungen für eine vorangegangene

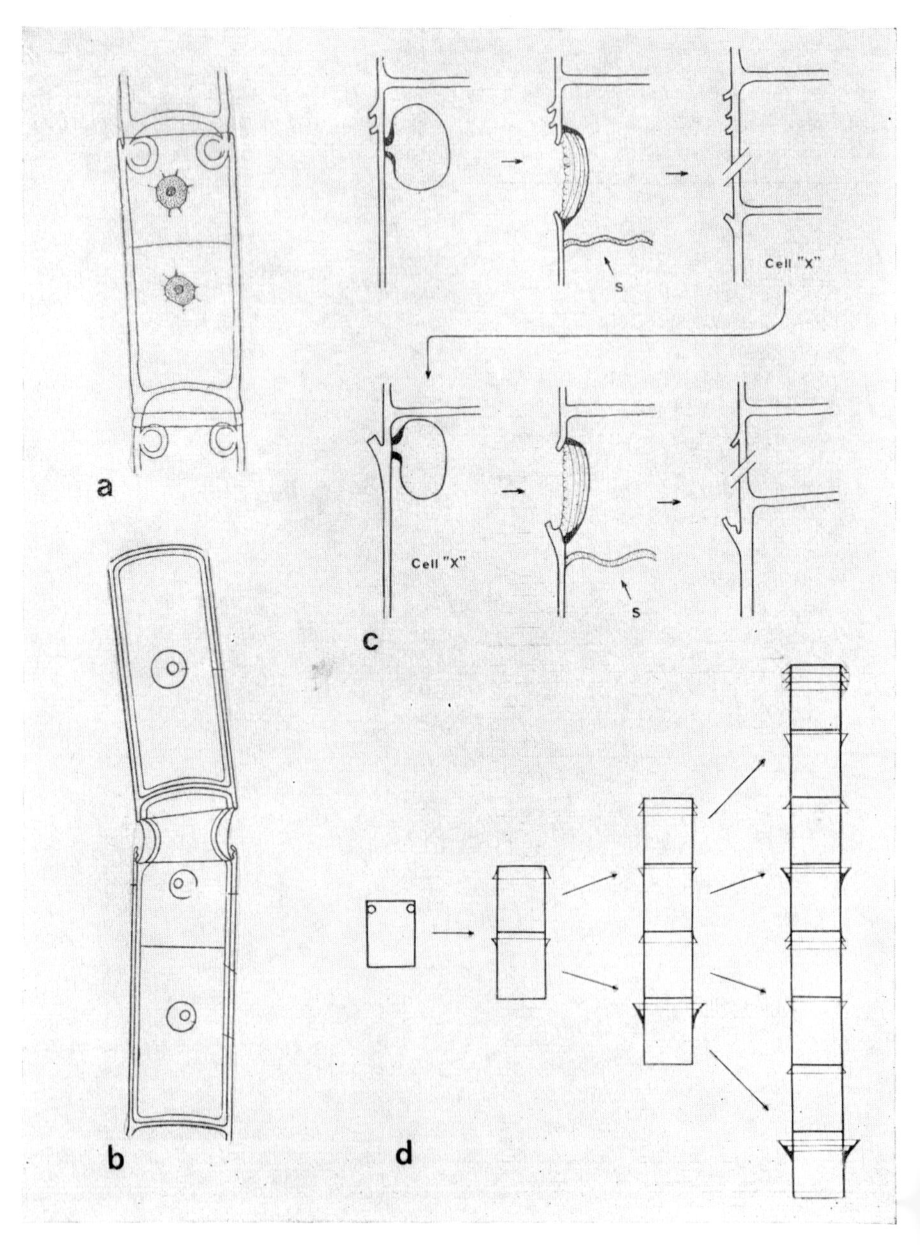

Abb. 165. Zytotomie bei *Oedogonium*. a) vor dem Zerreißen der alten Zellwand mit Ringbildung; b) nach Zerreißen der alten Zellwand an der Stelle des Ringes

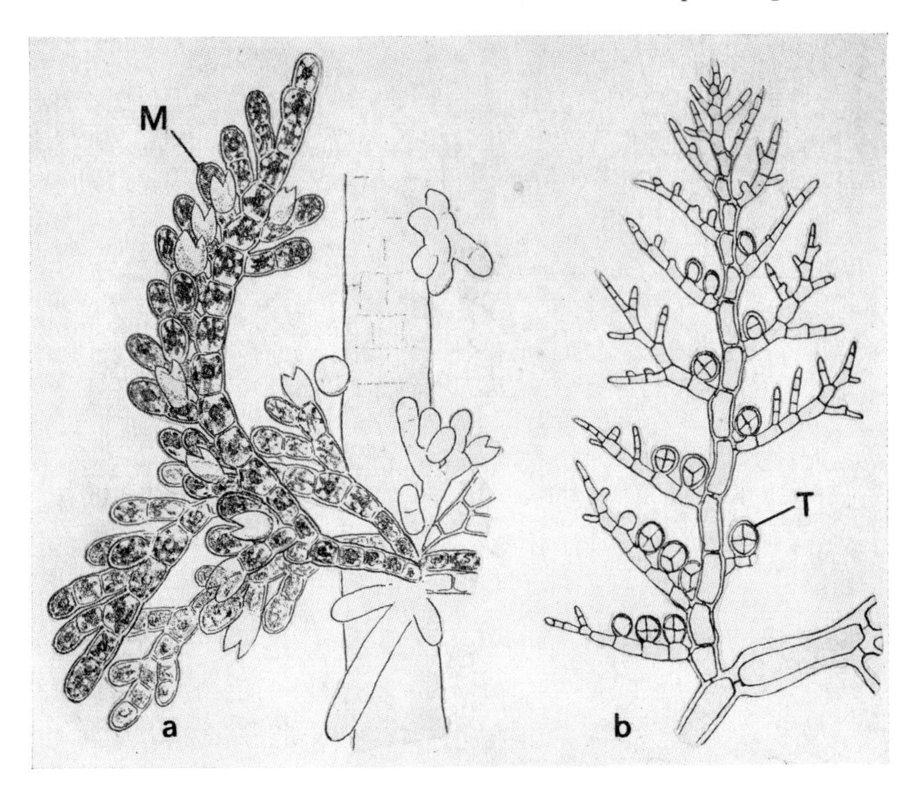

Abb. 166. a) Monosporangien (*M*) von *Chantransia secundata;* b) Tetrasporangien (*T*) von *Callithamnion scopulosum.* – Nach SCHUSSNIG 1954 [980].

Reduktionsteilung sprechen. Nähere Einzelheiten sind leider nicht bekannt [224].

Die asexuelle Fortpflanzung der Rhodophyceen erfolgt durch spezifische unbegeißelte Einzelzellen, die als Monosporen, Tetrasporen und Parasporen bezeichnet werden [224]. Diese werden zum Teil in den Generations- und

und die darauffolgende Dehnung der oberen Zelle; c) Schema der aufeinanderfolgenden Kappenbildung: *s* Septum. Die obere Reihe zeigt, wie eine neue Kappe zu den schon vorhandenen Kappen hinzugefügt wird. Der Ring wird unterhalb der alten Kappen angelegt. Die untere Reihe zeigt die basale Tochterzelle (cell „X"), wo der Ring an der nach oben ragenden Kappe angelegt wird. Beim Zerreißen der Zellwand entsteht eine zusätzliche Reihe zu dieser einzelnen Kappe. d) schematische Darstellung verschiedener Kappenmuster, die innerhalb von drei Zellgenerationen durch Teilung im Faden entstanden sind. – a), b) nach OLTMANNS 1922 [772]; c), d) nach PICKETT-HEAPS and FOWKE 1970 [876].

Kernphasenwechsel eingeschaltet. Monosporen entstehen einzeln in Monosporangien (Abb. 166 a). Der mit Reservesubstanz angereicherte und oft infolge verstärkter Chloroplastenbildung kräftig rot gefärbte Inhalt der Sporangienzelle wird als nackte, geißellose Spore entleert, die sich erst nach einiger Zeit mit einer Wand umgibt. Die Monosporen keimen im allgemeinen ohne Ruheperiode aus. Die Fortpflanzung durch Monosporen ist auf die *Bangiales* und, von wenigen Ausnahmen abgesehen, auf die Florideenordnung *Nemalionales* beschränkt. Bei *Porphyridium* wurde das gelegentliche Vorkommen nackter, amöboid beweglicher Monosporen festgestellt [1123]. In den verzweigten Fäden von *Asterocytis ramosa* können die Monosporen sowohl in den Endzellen als auch in den Gliederzellen entstehen. Deutlich gegenüber den vegetativen Zellen differenzierte Monosporangien besitzen *Erythrotrichia, Erythrocladia* und *Porphyropsis* [934]. Bei *Rhodochaete* geht der Monosporenbildung die Fusion einer bisher unbekannten kleinen Spore mit der vegetativen Zelle voraus, von der das Monosporangium abgegliedert wird [638, 639]. Diese kleinen Sporen entstehen in gleicher Weise wie Monosporen. Die bei den *Bangiales* vorkommenden Monosporen werden in drei Gruppen eingeteilt [187]: a) Monosporen, die in differenzierten Sporangien entstehen, b) Monosporen, die in undifferenzierten Zellen entstehen, c) mehrere Monosporen, die aus einer Mutterzelle durch sukzedane Teilung entstehen.

Unter den Florideen ist die Monosporenbildung nur bei den *Nemalionales* von größerer Bedeutung. Die Monosporen sind hier akzessorische Keimzellen, die die haploide oder auch die diploide Phase produzieren, ohne in den Kernphasenwechsel eingeschaltet zu sein. Die Sporangien von *Acrochaetium* sitzen einzeln oder in kleinen Gruppen seitlich an den Fäden oder stellen die Endzellen kurzer Seitenzweige dar. Bei *Colaconema* stehen sie lateral an den vegetativen Zellen in Gruppen von 2–6 [579]. Bei den meisten *Batrachospermum*-Arten ist die Fortpflanzung durch Monosporen auf die Jugendstadien (*Chantransia*-Stadium) beschränkt, doch treten Monosporen auch bei den erwachsenen Thalli von *Batrachospermum sporulans* und *B. vagum* auf, bei denen die geschlechtliche Fortpflanzung fast ganz fortgefallen ist. Das Fehlen von Monosporen wird bei *Lemanea* durch vegetative Fortpflanzung ausgeglichen, während bei *Chantransia*-Arten des Süßwassers und bei den Thoreaceen die Monosporenbildung die einzige bisher bekannte Fortpflanzungsweise ist [224, 1000]. Die Bildung und Freisetzung der Monosporen wurde bei *Smithora naiadum* auch elektronenmikroskopisch untersucht [701].

Tetrasporen werden bei Rhodophyceen auf den Tetrasporophyten unter Reduktionsteilung gebildet. Im allgemeinen stehen die Tetrasporangien an den Enden kurzer Seitenzweige, nur in seltenen Fällen interkalar. Das ist besonders deutlich an monosiphonen, reich verzweigten, aber lockeren Sproßsystemen (*Callithamnion* (Abb. 166 b), *Antithamnion*). Die Tetrasporangien sind vergrößerte Zellen mit dichtem plasmatischen Inhalt. Je nach dem Modus der Teilung sind die vier Tetrasporen im Sporangium verschieden angeordnet (Abb. 167 a–c):

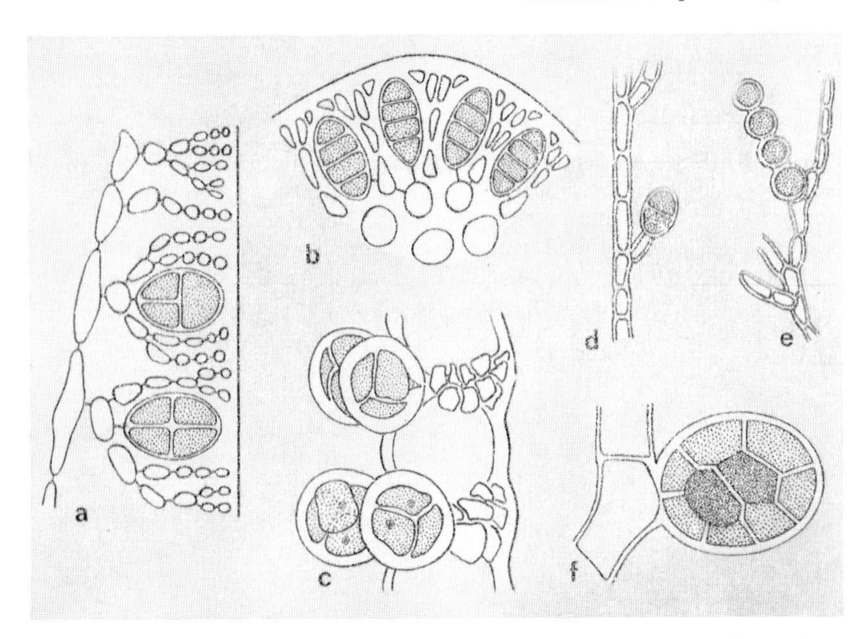

Abb. 167. a)–c) Teilungstypen bei den Tetrasporangien der Florideen. a) paarig bei *Nemastoma laingii;* b) quergeteilt bei *Hypnea musciformis;* c) tetraëdrisch bei *Spyridia filamentosa;* d) Bisporen von *Rhodochorton rothii;* e) Parasporen derselben Alge; f) Polysporen von *Pleonosporium vancouverianum.* – Nach verschiedenen Autoren aus Ettl u. Mitarb. 1967 [224].

a) In den paarig geteilten Sporangien entsteht zunächst eine Querwand, dann in beiden Hälften je eine Längswand, wobei die beiden Längswände entweder in einer Ebene liegen oder senkrecht zueinander stehen.

b) In den quergeteilten Sporangien wird die keulenförmig gestreckte Mutterzelle durch drei parallele Querwände meist simultan in vier übereinanderliegende Zellen zerlegt.

c) In den tetraëdrisch geteilten Sporangien entstehen die Sporen simultan durch Zerlegung der kugeligen Mutterzelle mittels radialer Wände [224].

Es sind Arten bekannt, die sich nur durch Tetrasporen fortpflanzen, wie *Lomentaria rosea* und *Rhodochorton*-Arten. Man kann oft nicht scharf zwischen Tetra- und Monosporen unterscheiden. Fritsch [279] möchte die Tetrasporangien nur als geteilte Monosporangien betrachten und bringt auch die bei einigen *Acrochaetium*-Arten auftretenden Bisporen und Polysporen damit in Verbindung. Die Tetrasporenbildung wurde bei *Ptilota* und *Levrengiella* eingehend elektronenmikroskopisch untersucht [568, 983]. Eine Anzahl von Florideen (z. B. *Crouania, Callithamnion*) erzeugt Sporangien mit nur zwei Sporen (Bisporen, Abb. 167 d). Besonders charakteristische Bisporenbildung kommt bei vielen Corallinaceen vor. Es werden obligat und fakultativ bisporische und tetrasporische Arten unterschieden [16].

Polysporen bilden sich in größerer Zahl in besonderen Polysporangien (Abb. 167 f). Sie sind bei den Ceramiaceen häufig und treten außerdem bei *Gonimophyllum* und *Chylocladia* auf. Die Polysporangien von *Gonimophyllum* entstehen aus einkernigen Anlagen. Der Zellkern der Initialzelle teilt sich in 30–50 Tochterkerne, um die sich dann durch Aufteilung des Plasmas entsprechend viele radial gestellte Sporen bilden. Die Polysporen scheinen hier wie auch bei *Pleonosporium* die Stelle der Tetrasporen einzunehmen [581]. Bei *Spermothamnion snyderae* erzeugt die ungeschlechtliche Generation ausschließlich Polysporangien [185]. Bei *Seirospora*-Arten können die Zellen an den Enden jüngerer Zweigbüschel reihenweise stark anschwellen und sich in dickwandige, einkernige Parasporen umbilden (Abb. 167 e). Die Zellen lösen sich bei der Reife voneinander ab, der Inhalt tritt aus der Zellwand heraus und keimt wie eine Tetraspore. Nach neuesten Auffassungen ist es unwahrscheinlich, daß die Parasporangien überhaupt genetisch mit echter Sporenbildung zusammenhängen.

4.1.3. Vegetative Fortpflanzung

Die einfachste vegetative Fortpflanzungsweise bei Algen ist die Fragmentation des Thallus oder der Zerfall von Kolonien. Damit ist ein Zerfall in kleinere Stücke gemeint, die zu neuen Pflanzen heranwachsen können. Oft erfolgt das ohne sichtbare Änderung in der Beschaffenheit der vegetativen Zellen [901, 939]. Die Trennung kommt durch Auflösung der verbindenden Materie (Gallerte, Zellwand) zustande. Bei den Chlorophyceen ist der Zerfall von *Klebsormidium*-Fäden in einzelne Zellen bekannt. Bei *Stichococcus* ist das der einzig beobachtete Fortpflanzungsmodus, bei den Prasiolaceen der häufigste [277]. Einige *Ulva*-Arten können aus den sekundären Rhizoiden durch Sprossung neue Tochterpflanzen bilden. Bei den Blastoporaceen und Valoniaceen erfolgt die Fortpflanzung zum großen Teil durch losgelöste Thallusstücke. Die Seitentriebe der Bryopsidaceen können sich von der Stammzelle lösen, im Wasser umhertreiben und, wenn sie an ein Substrat gelangen, zu neuen Individuen direkt heranwachsen [224]. Sehr leicht zerbrechen im allgemeinen die Fäden der *Zygnemales*. Bei vielen Arten sind spezielle Einrichtungen vorhanden, die diese Fragmentation erleichtern. Das erfolgt entweder durch einen einfachen Mechanismus wie bei *Mougeotia* oder durch einen komplizierten Vorgang wie bei Spirogyra [224, 772, 901, 1017]. Der Mechanismus des Zerfalles wird im Zerreißen der lateralen Zellwände gesehen, was wohl durch den verschiedenen Turgor in den benachbarten Zellen verursacht wird.

Auch bei den höher organisierten Phaeophyceen gibt es für die vegetative Fortpflanzung durch Fragmentation eine Reihe von eindrucksvollen Beispielen [486, 529, 1065]. So konnten *Laminaria*-Gametophyten, von einer einzigen Zoospore ausgehend, durch häufiges Zerteilen zu einer unbeschränkt großen Zahl von Pflänzchen vermehrt werden [975]. Es gibt auch Beobachtungen über das Auswachsen abgebrochener Thallusteile von *Halopteris* zu ganzen Pflanzen. Unter den *Fucales* sind Fälle bekannt, bei denen sich große Bestände ausschließlich durch Regenerationsprozesse erhalten [759]. Ähnlich verhalten sich die pelagischen *Sargassum*-Arten [347]. Viele Phaeophyceen können sich mit Hilfe ihrer Haftscheiben auf der Unterlage ausbreiten und an neuen Stellen den aufrechten Teil des Thallus ausbilden [279]. Vielfach heften sich auch zu Stolonen umgebildete Seitenäste bei erneutem Kontakt mit der Unterlage fest unter Bildung eines neuen Basalteils, aus dem dann wieder die aufrechten Teile der Pflanzen hervorgehen, z. B. *Cladostephus* [279], *Acinetospora* [541]. Auch für die Rhodophyceen ist die vegetative Fortpflanzung durch isolierte Thallusstücke von gewisser Bedeutung.

Brutkörper (Propagules) werden bei höheren Algen in vielgestaltiger Weise angelegt. Es handelt sich um modifizierte Seitenzweige, die sich nach ihrer Ausbildung an einer vorgebildeten Stelle ablösen und zu einer neuen Pflanze heranwachsen. Solche sind bei der Phaeophyceen-Gattung *Sphacelaria* bekannt. Bei *Zonaria farlowii* entstehen am Thallus junge Adventivthalli aus vegetativen Zellen. Typische Brutkörper kommen auch bei den siphonalen Chlorophyceen vor (*Codium*-Arten), die ähnlich wie Gametangien an den Blasen entstehen und durch Zellwandpfropfen von diesen getrennt werden [277, 901]. Hingegen sind spezielle Brutkörper nur bei wenigen Rhodophyceen bekannt (*Melobesia, Polysiphonia, Chondria*). Mehrfächerige Brutkörper von *Batrachospermum breuteli* (Abb. 168) erinnern lebhaft an ähnliche Organe der vegetativen Fortpflanzung vieler Laubmoose [999]. Diese lösen sich, sobald sie reif sind, als Ganzes von den sie erzeugenden Fäden ab. Zur Auskeimung sind offenbar nur die polaren, nicht oder selten aber die mittleren Zellen eines Brutkörpers befähigt.

Spezifisch verläuft die vegetative Fortpflanzung der Charophyten (Abb. 169), wo Sproßknoten und Bulbillen gebildet werden. Bei der Entstehung der Sproßknoten sind die Knoten beteiligt, da einige periphere Zellen immer noch einen embryonalen Charakter behalten. Diese besitzen als ruhende Vegetationspunkte die Fähigkeit, akzessorische Seitensprosse zu bilden, andere können nach weiteren Teilungen adventive Sprosse und Rhizoide hervorbringen [32, 358]. So besitzen die normalen Knoten bereits ein vegetatives Fortpflanzungsvermögen, das bei der unbeschädigten Pflanze aber einer korrelativen Hemmung durch die Vegetationspunkte der Haupt- und Seitenachsen unterliegt. Zur Aufhebung dieser Hemmung kommt es, wenn die Pflanzen ihre Sproßspitzen an Haupt- und Seitentrieben verlieren oder wenn ein Knoten durch Absterben der benachbarten Internodien durch Frost oder Tierfraß zugrunde geht. Dies kann auch experimentell erzeugt werden [184, 224, 355].

Bei den Sproß- und Wurzelknöllchen (Bulbillen) wird das vegetative Fortpflanzungsvermögen normaler Knoten durch Vermehrung der embryonalen

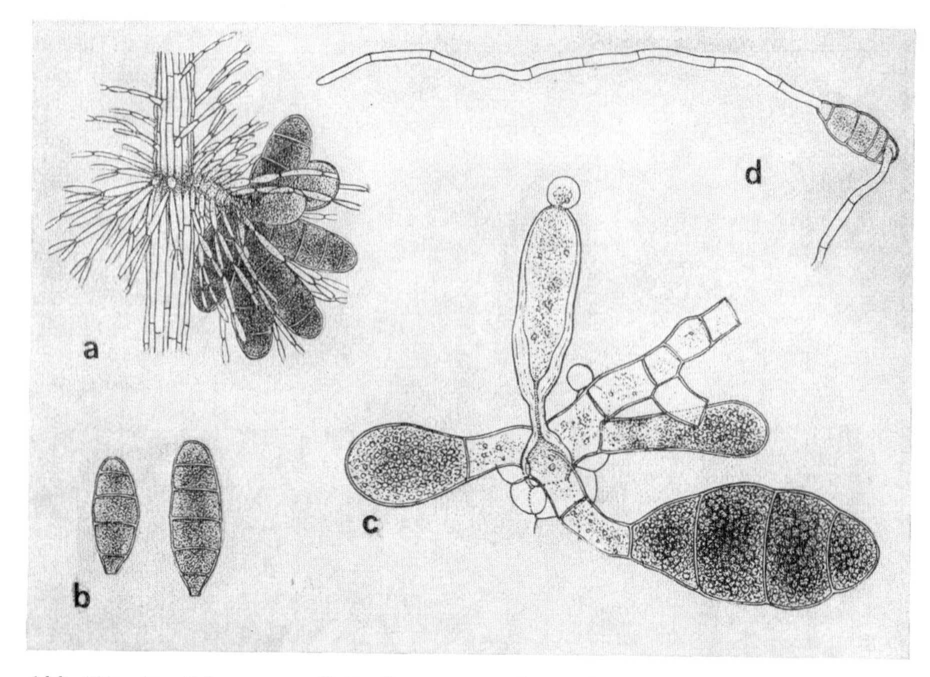

Abb. 168. Brutkörper von *Batrachospermum breutelii.* a) Brutkörper an einem Wirtel; b) einzelne Brutkörper; c) verschiedene Stadien der Brutkörper-Reifung; d) Keimung der Brutkörper. Nach SKUJA 1933 [999].

Zellen verstärkt. Die Entwicklung der Sproßknöllchen führt bis zur Bildung der Blattbasalknoten, denen die kegelförmige Scheitelzelle direkt aufsitzen kann. Häufig bilden die ersten Knoten des Seitensprosses mit dem Knöllchen des Hauptsprosses einen zusammenhängenden Komplex. Wurzelknöllchen sind besonders im Herbst und im Winter als weiße Kügelchen oder Spindeln einzeln oder in Gruppen zu zwei bis vier an den Verzweigungsknoten der Rhizoiden zu finden [354]. Sie entstehen aus den vier Primärzellen des Knotens, die normalerweise zu weiteren Rhizoiden auswachsen. Die Wurzelknöllchen dienen als vegetative Fortpflanzungsgebilde nicht nur der Überwinterung, sondern sie fördern zuweilen auch die Verbreitung während der Vegetationsperiode [1088].

4.1.4. Asexuelle Dauerzustände

Sowohl vegetative Zellen als auch junge Tochterzellen der Flagellaten und Algen sind befähigt unter ungünstigen Bedingungen in Dauerzustände überzugehen, in denen sie eine gewisse Zeit verharren. Der Übergang in ein Dauerstadium ist mit einer teilweisen Entwässerung des Zytoplasmas, mit der Anhäufung von Assimilaten und mit der Ausbildung einer schützenden

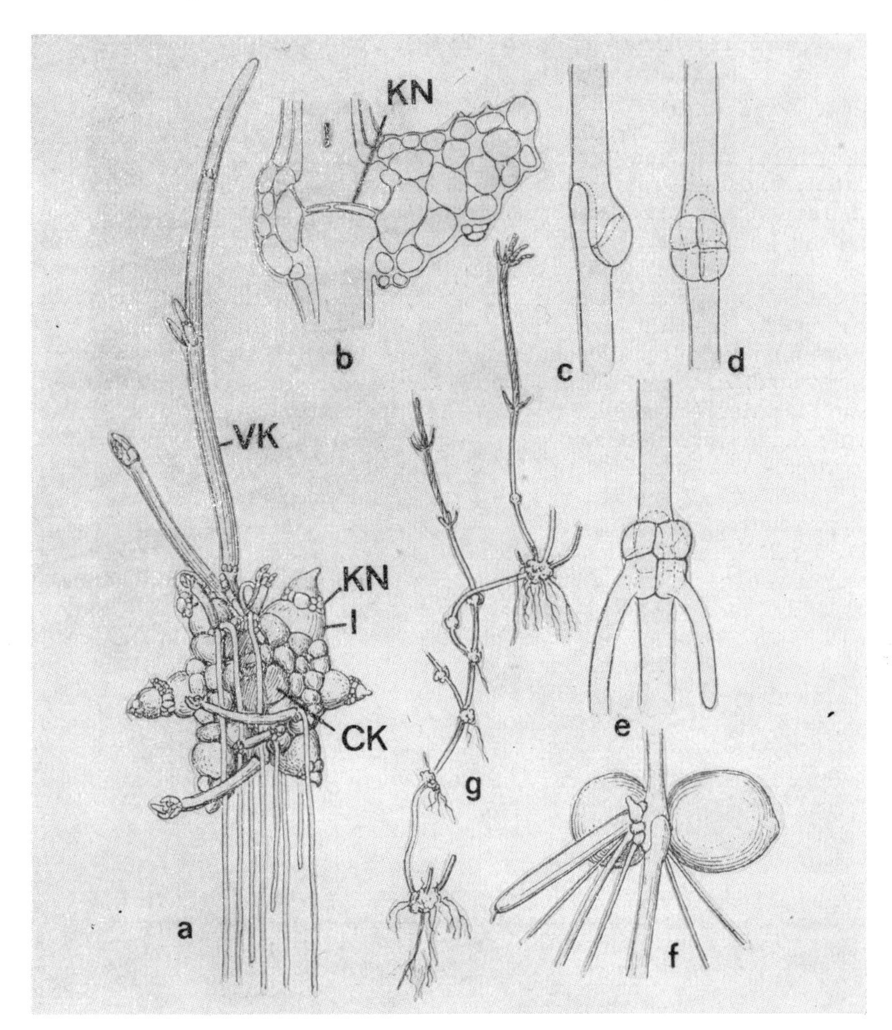

Abb. 169. Vegetative Fortpflanzung der Charophyten durch Knöllchenbildung. a) austreibendes Sproßknöllchen von *Chara stelligera;* b) Sproßknöllchen von *Chara baltica* im Längsschnitt; c)–e) Verzweigung der Rhizoiden von *Chara aspera;* f) Wurzelknöllchen derselben Art; g) untere Teile des Sprosses von *Chara baltica* mit Knöllchen. *vk* Vorkeim, *ck* zentrale Knotenzelle, *i* Internodien, *kn* Knoten. – Nach Giesenhagen aus Oltmanns 1922 [772].

Gallerthülle oder dicken Wand verbunden. Die Dauerzustände (Ruhezustände) sind viel resistenter als die normalen vegetativen Zellen. Dauerstadien dienen zugleich auch der Fortpflanzung, da es in ihnen oder bei ihrer Keimung zu einer Vermehrung des Zellinhalts kommt. Wir unterscheiden drei Typen asexueller Dauerstadien: Zysten, Palmellen und Dauerzellen.

4.1.4.1. Zysten

Als Zysten bezeichnen wir Dauerzellen von Flagellaten, Rhizopoden und Diatomeen, deren Protoplasten sich einfach einkapseln. Vor der Enzystierung runden sich die Zellen ab, wobei die Oberfläche durch eine dicke widerstandsfähige Wand aus verschiedenen Hüllmaterial (Gallerte, Pektin, Zellulose) geschützt wird. Mitunter ist die Hüllsubstanz anderer Herkunft oder mit $CaCO_3$ bzw. Kieselsäure stark imprägniert. An der Hüllwand lassen sich oft zwei bis vier Schichten erkennen, wovon die inneren gewöhnlich am stärksten entwickelt und oft auch durch verschiedene Einlagerungen braun gefärbt sind. An der äußeren Oberfläche werden nicht selten Skulpturen mannigfachster Art gebildet. Der Zysteninhalt zeichnet sich durch seine Dichte, durch Rückbildung oder Umordnung mancher Organellen und durch Speicherung von primären und sekundären Reservestoffen aus [74 a, 980]. Die Wand der Zysten bildet sich entweder periplasmatisch (e x o g e n) oder intraplasmatisch (e n d o g e n).

Die einfachsten periplasmatischen Zysten entstehen dort, wo der Protoplast nur von mächtiger Gallerte umgeben wird, die die Schutzfunktion übernimmt. Zysten mit dickeren, gallertigen Wänden werden besonders bei den Euglenophyceen [359, 497], Cryptophyceen [453, 1008] und Raphidophyceen [849] gebildet. Bei den Euglenophyceen stellen Temporärzysten [378] eine Anpassung an das Leben an der Grenze von Schlamm und Luft dar. Diese sind beschränkt trockenresistent und exzystieren sich beim Übertragen ins Wasser. Die Dauerzysten von *Euglena granulata* erinnern an *Trachelomonas*-Gehäuse, da die Gallerte durch Einlagerung von Eisenoxidhydrat bräunlich gefärbt ist [1072]. Die Keimung erfolgt, indem der Zysteninhalt wieder zum Flagellaten wird [224]. Zysten von *Polytomella agilis* (*Chlorophyceae*) bilden vierschichtige Wände. Die Enzystierung führt zur Reduzierung der Größe des ER, des Golgi-Apparats und der Leukoplasten [74 a].

Was bei den Dinophyceen als Zysten bezeichnet wird, ist von sehr verschiedenartiger Form und Entstehung. Die Zysten können sowohl gallertige Hüllen besitzen als auch dünne bis feste Wände. Beides kommt auch zusammen vor, indem innerhalb des Amphiesmas des Flagellaten eine dünnwandige Zyste gebildet und mit der Mutterzelle gemeinsam in derbe Gallerte eingebettet wird, wie z. B. bei *Peridinium borgei* [199]. Die Gallerte entsteht in einigen Fällen durch Ausstoßen von Trichozysten [37]. Die feste Zystenwand wird von der Oberfläche des Protoplasten ausgeschieden. Bei den gepanzerten Formen liegen die Zysten häufig innerhalb des Panzers, der dadurch zum Epispor wird. Die Zysten sind verschieden skulpturiert und gestaltet. Manchmal entsprechen sie dem mehr oder weniger vereinfachten Ausguß des Panzers, wie bei *Ceratium*-Arten. Ihre Wand ist zuweilen in ein äußeres, manchmal mehr oder weniger tiefbraun gefärbtes Exospor und ein farbloses Endospor differenziert [224]. *Peridinium trochoideum* bildet Kalkzysten, deren Wände aus Kalzit bestehen [1132]. Bei der Keimung der Zysten kann der Inhalt direkt als *Gymnodinium*-Stadium ausschlüpfen wie bei *Peridinium borgei* [199] oder sich zunächst ein- oder zweimal teilen wie bei *Gymnodinium fuscum* und *Discodinium pouchetii* [152]. Der Keimungsverlauf ist bei *Ceratium hirundinella* vom Alter der Zysten abhängig. Es zeigen sich Keimungsverzögerungen beim Altern. Die Zyste von *Ceratium cornutum* keimt durch einen Riß in der Zystenwand [1053]. Beim Aufreißen spielt eine starke Quellung des Endospors offenbar die Hauptrolle, denn dieses tritt auch als Hülle des jungen „Gymnoceratium" mit aus. Der Keimlingsschwärmer wird nachher frei und verwandelt sich durch die Bildung von Vorder- und Hinterschale in das vegetative Stadium.

Endogene Zysten mit intraplasmatisch angelegter Zystenwand finden sich bei den Chryso- und Xanthophyceen. Die Wände sind aus zwei mehr oder weniger ungleich großen Teilstücken zusammengesetzt. Bei den Chrysophyceen wird zuerst die verkieselte Hüllschale ausgebildet, in der eine kleine Öffnung ausgespart bleibt (Abb. 170 a—c). Die Öffnung kann einfach sein oder einen halsartigen Fortsatz tragen. In diese Öffnung paßt ein Kieselpfropfen hinein, der erst nach dem Verschwinden des extrazystären Plasmas seine definitive Form annimmt. Ein solcher Zystenbau (Stomatozysten) stellt ein spezifisches Organisationsmerkmal der auto- und heterotrophen Chrysophyceen dar, in Form und Ornamentierung mannigfaltig abgewandelt [57, 224, 980]. Der Pfropfen wird bei der Keimung in einigen Fällen aufgelöst, in anderen aber herausgedrückt. Elektronenmikroskopische Untersuchungen an *Mallomonas eoa* zeigen, daß die Zellen während der Zystenbildung anschwellen und die Panzerschuppen verlieren [143].

Bei den Xanthophyceen entstehen zwei ungleiche Schalenhälften, die mit ihren Rändern übereinandergreifen. Vor der Zystenbildung wird im Innern des Protoplasten eine zarte, etwa halbkugelige Schale angelegt (z. B. *Chloromeson, Myxochloris*), durch die der Protoplast deutlich in einen intra- und extrazystären Teil zerlegt wird (Abb. 170 e—g). In diese endoplasmatische Schale wandern die Chloroplasten und der Zellkern, höchstwahrscheinlich auch die übrigen Organellen; außerdem werden Reservestoffe gespeichert. Inzwischen häuft sich das extrazystäre Plasma mützenartig an der offenen Seite der Schale an und dort wird schließlich der zweite, meist kleinere Teil der Zystenwand gebildet. Letzterer ist ebenfalls schalenförmig und schließt die Zyste ab. Ein großer Teil des Protoplasten, der nicht in die Zyste eingeschlossen wird, geht zugrunde [829].

Verkieselte Zysten werden auch bei den Diatomeen als Dauerzustände gebildet, die sich von den vegetativen Zellen durch ihre Gestalt, geringere Größe und Dickwandigkeit unterscheiden (Abb. 170 d). Die Genese im einzelnen ist nur in wenigen Fällen ausreichend untersucht worden. Bei den

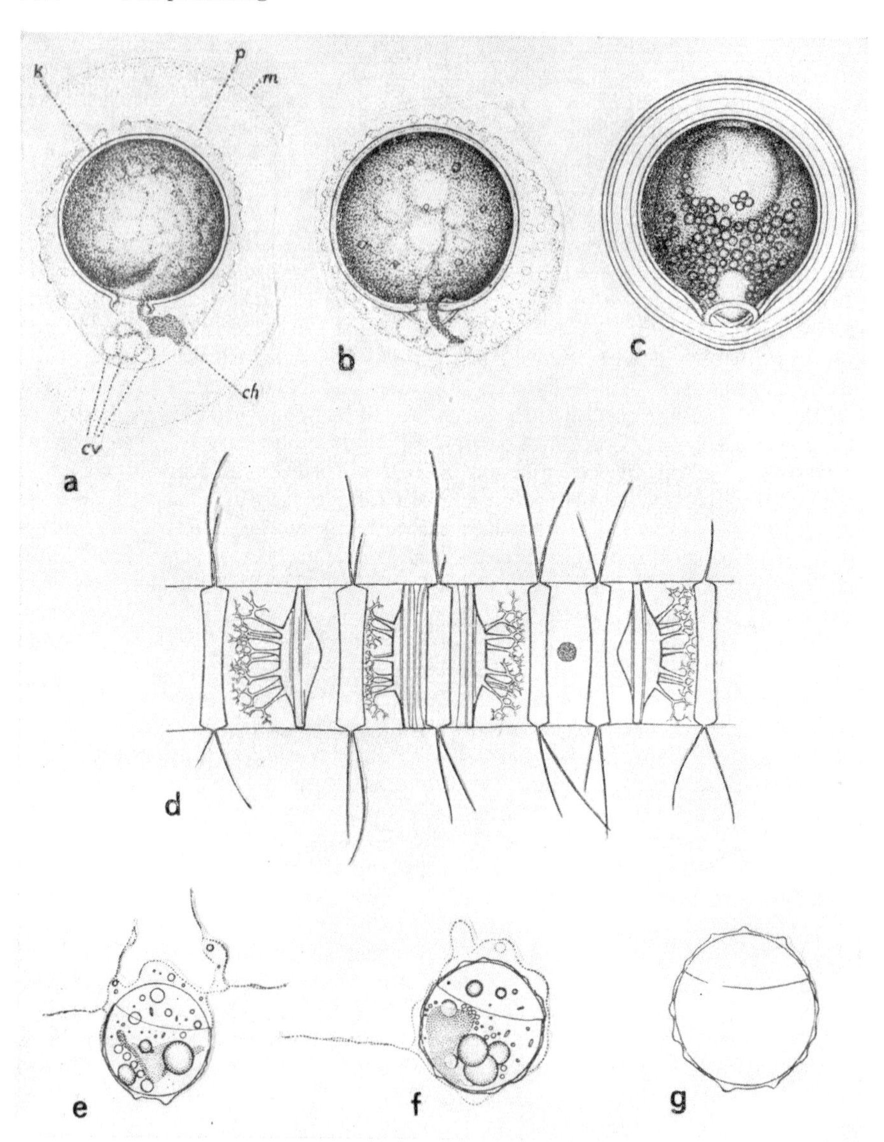

Abb. 170. Endoplasmatische Zystenbildung. a)–c) *Chromulina suprema*: a) Anlage der Zyste, *m* bei der Inzystierung ausgeschiedene Gallerthülle, *p* Rest des Periplasten, *k* Zystenwand, *ck* noch außerhalb der Zyste befindlicher Teil des Chloroplasten, *cv* pulsierende Vakuole; b) weiter fortgeschrittenes Stadium; c) ausgebildete Zyste; d) kurze *Chaetoceras*-Kette mit endogenen Zysten; e)–g) *Chlo-*

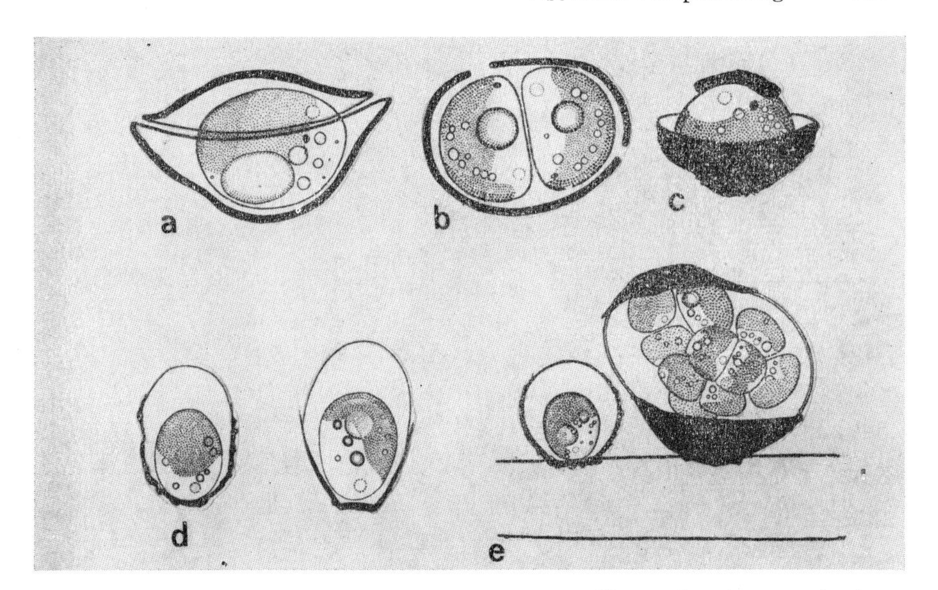

Abb. 171. Pseudozysten bei Chrysophyceen. a)–c) *Chrysotilos ferrea*: a) eine breit ellipsoidische, am Rande verbreiterte, derb inkrustierte, sehr ungleichschalige Pseudozyste, bei der der obere Teil den unteren deckelartig abschließt; b) keimende Pseudozyste mit geteiltem Protoplast; c) keimende, außerordentlich derbwandige Pseudozyste; d), e) *Chalkopyxis tetrasporoides*; d) die Wand der Pseudozyste besteht deutlich aus zwei Teilen, e) eine eben gekeimte Pseudozyste (rechts). – Nach PASCHER 1931 [819].

Haptophyceen bedürfen Angaben über das Vorhandensein von Kieselzysten wohl einer Überprüfung [90, 786]. Die Coccolithophorideen liefern entweder homogen verkalkte Zysten in Ampullenform (wie bei *Pontosphaera steueri*) oder solche ohne Öffnung und mit einer aus Kokkolithen zusammengesetzte Hülle (*Rhabdothorax erinaceus* und *Coccolithus fragilis*). Bei manchen Arten sind die Elemente der Zystenhüllen (Rhabdolithen) von den Kokkolithen der vegetativen Zellen (Placolithen) stark verschieden.

Bei einigen Chrysophyceen werden außer echten Zysten auch zystenähnliche Dauerstadien, sog. Pseudozysten, gebildet (Abb. 171). Sie sind bei den Gallertlager bildenden Arten *Chalcopyxis tetraspora* und *Chrysotilos ferrea* beschrieben worden [819]. Hier werden Einzelzellen, bei der ersteren auch kleinere Zellgruppen, mit exogenen, vererzten und dadurch verfärbten, zweischaligen Kapseln umhüllt. Beide Teile der Wände sind im Gegensatz zu den echten Zysten annähernd gleich

romeson, dessen Zyste innerhalb des amöboid gewordenen Protoplasten gebildet wird; g) fertige Zyste, deren Wand aus zwei ungleichen Schalen besteht. a)–c) nach SKUJA 1956 [1008]; d)–g) nach PASCHER 1939 [829].

groß. Bei der Keimung öffnen sich diese Schalenhälften und entlassen bereits wieder kleine Gallertkolonien. Auch die Plasmodien von *Myxochrysis* umgeben sich in der wärmeren Jahreszeit mit einer Eisenoxidhydrat enthaltenden Kruste [802]. Schließlich sei noch auf die Verbreitungseinrichtung der atmophytischen Gattung *Geochrysis* hingewiesen [816]. In Trockenperioden bilden deren Zellen dickwandige und feste Gallertwände und lösen sich aus dem Verband. Das Freiwerden der Einzelzellen wird durch die derbe eisen- und salzinkrustierte Außenschicht des Lagers erleichtert, indem diese beim Austrocknen zerreißt. Die Pseudozysten können dann durch den Wind leicht verbreitet werden [224].

4.1.4.2. Palmellen

Ein Großteil aller Algen ist imstande, in gallertumhüllte Zustände überzugehen [277, 807]. Sie werden sowohl bei monadoiden als auch bei höher organisierten Formen gebildet, indem durch Teilungen nach zwei oder drei Richtungen einzelne Zellen oder Zellhaufen entstehen (Abb. 172), die in mehr oder weniger dicke Gallerte eingebettet sind [224]. Sehr häufig werden sie bei Flagellaten durch Kulturbedingungen, besonders auf festen Nährböden, hervorgerufen. Oft überleben dann manche Klone nur in Gallertstadien, auch dann wenn sie erneut in flüssiges Medium übertragen werden, wie z. B. manche *Chlamydomonas*-Arten [218]. Die Gallertzustände können unter Normalbedingungen oder durch bisher unbekannte Faktoren wieder in die vegetative Form übergehen, was meist über Zoosporen verläuft. Es sei betont, daß innerhalb der Gallerte oft eine reiche Vermehrung der Individuen erfolgen kann. Über die Bildung der Gallerte wissen wir derzeit ziemlich wenig. Es wird vermutet, daß entweder Schleimmassen der Außenschicht der Zellwände daran beteiligt sind oder daß ganze Zellwände verschleimen. Bei nackten Formen wird die Gallerte vom Protoplasten ausgeschieden. Sie ist in ihrer Konsistenz sehr verschieden, oft so dünn und flüssig, daß es innerhalb der Gallerte zu unbehinderten Drehungen oder leichten Bewegungen der Zellen kommt, andererseits sehr zäh bis knorpelig. Nicht selten bildet die Gallerte große makroskopische Lager mit einer ungeheueren Anzahl von Zellen.

Einzellige Algen bilden Palmellen, indem die aus den Zellen austretenden Zoosporen sich nicht in behäutete Zellen umwandeln, sondern sich nur abrunden eine eine Gallerthülle ausscheiden. Durch weitere Teilungen und weitere Ausscheidung von Gallerte entstehen dann mehr oder weniger große Gallertlager. Bei mehrzelligen Formen können sich die in einer Zelle entstandenen Teilprotoplasten, ohne daß sie sich in Fortpflanzungszellen umbilden, innerhalb der Mutterzelle mit Gallerte umgeben, wobei die Mutterzellwand oft gleichzeitig auch verschleimt. Bei den fadenbildenden Algen kann es auf diese Weise zu einem palmelloiden Zerfall des ganzen Fadens kommen. Die Gallerten sind oft geschichtet, da eben die Zellwände mit verquellen. Es resultiert zunächst eine Reihe von abgerundeten, mit Gallerthöfen umgebenen Zellen, die die ursprüngliche Fadenform noch deutlich erkennen lassen (Abb. 172 d). Sehr bald verquellen die Gallertschichten völ-

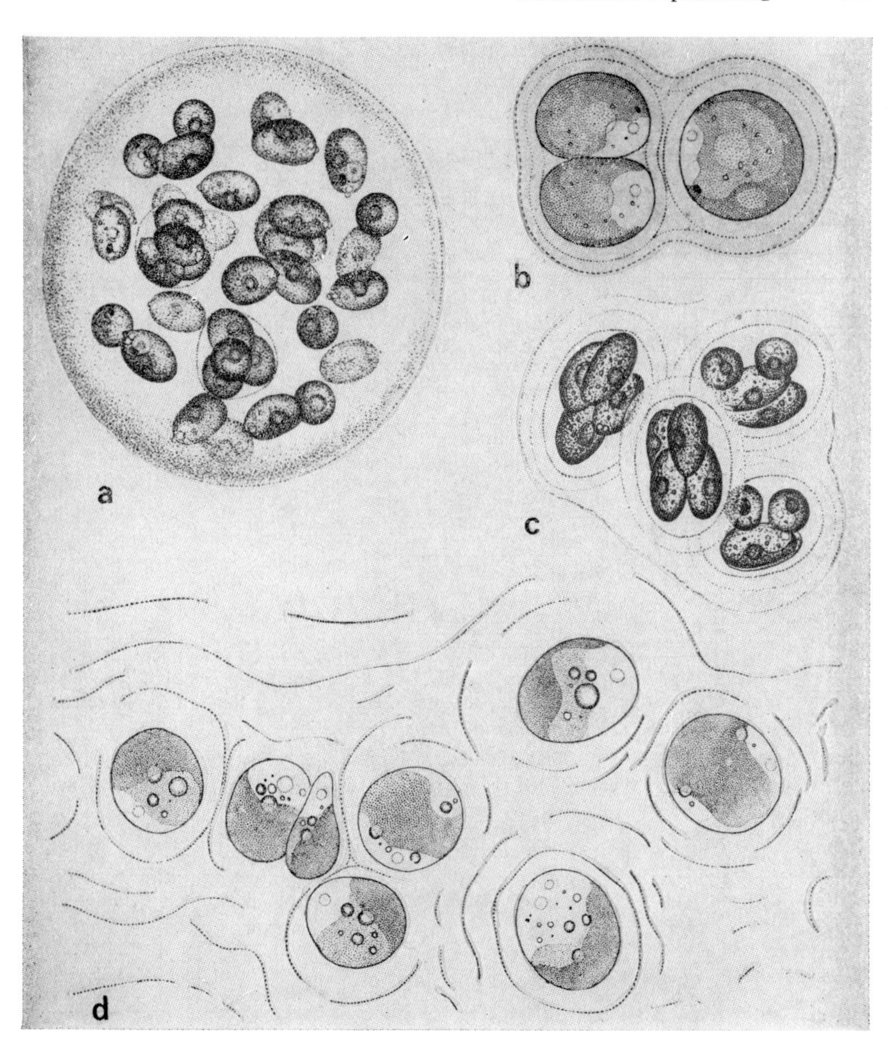

Abb. 172. Gallertige Dauerzustände. a) palmelloides Gallertlager von *Chlamydomonas quiescens;* b) Gloeozyste von *Kremastochloris conus;* c) paketartige Gloeozysten von *Chlamydomonas gloeopara;* d) in ein Gallertlager umgewandelter *Tribonema*-Faden, durch weitere Teilungen der Protoplasten entsteht die geschichtete Gallerte. – a)–c) nach SKUJA und PASCHER aus ETTL u. Mitarb. 1967 [224]; d) nach PASCHER 1939 [829].

lig. Dadurch, daß sich die Protoplasten weiterteilen und immer wieder Gallerte ausscheiden, verwischt sich die frühere Fadenform immer mehr, bis schließlich ein unregelmäßiger Haufen gallertumhüllter Zellen entstanden ist [329, 806, 829].

Stadien, an denen die Gallerte ungeschichtet und auch ohne andere Struktur ist, werden Palmellen genannt (Abb. 172 a). Wo die Gallerte jedoch deutliche Schichtungen zeigt und als Ergebnis verschiedener Teilungsfolgen oft kompliziert ineinandergeschachtelter Systeme bildet, sprechen wir von Gloeozysten (Abb. 172 b, c) [224].

4.1.4.3. Dauerzellen

Auf das Eintreten ungünstiger Lebensbedingungen können die Algen auch so reagieren, daß sich einzelne Zellen mit einer dicken Zellwand umgeben und damit unter gleichzeitiger, reichlicher Speicherung von Reservestoffen in Dauerzellen übergehen. Dauerzellen treten sowohl bei monoenergiden als auch bei polyenergiden Algen auf. Diese können sich entweder bald weiterentwickeln oder auch in ein mehr oder weniger langes Ruhestadium eintreten. Sie entstehen auf zweierlei Art: entweder als Aplanosporen oder als Akineten.

Als Aplanosporen bezeichnen wir solche Dauerzellen, die eine eigene neue Zellwand bilden (Abb. 173). Entweder tritt der Protoplast als nackte Zoospore oder Hemiautospore aus der Mutterzellwand aus, um dann zu Aplanospore zu werden (Abb. 163 D) oder die vegetativen Zellen wandeln sich direkt um, indem sich der Protoplast von der alten Zellwand abhebt und innen eine neue, dicke Wand ausscheidet. Die ursprüngliche Mutterzellwand nimmt an der Aplanosporenbildung nie teil [224, 807]. Aplanosporenbildung unter Kontraktion des Protoplasten ist nicht nur unter behäuteten Flagellaten (z. B. *Chlamydomonas*) verbreitet, sondern kommt auch bei fadenbildenden Algen vor, z. B. bei *Spirogyra* [218, 120]. Alle Aplanosporen verhalten sich bei der Keimung gleich: der Inhalt tritt entweder ungeteilt oder geteilt in Form einer oder mehrerer Zoosporen aus. Nur bei den Conjugatophyceen keimt ein neuer Zellfaden oder eine Conjugaten-Zelle. Die aus den Aplanosporen entstandenen Zoosporen bilden aber nicht immer direkt vegetative Individuen. So entstehen manchmal bei den Xanthophyceen zuerst nur dünnwandige Zellen, deren Zellwand bald wieder aufreißt, wobei ihr Inhalt erneut als Zoosporen austritt [829].

Bei *Haematococcus* keimen die durch Haematochrom blutrot gefärbten Aplanosporen in der Weise, daß entweder Zoosporen austreten oder daß sich der Inhalt zwei- oder mehrmals teilt, wobei die Teilprodukte erneut zu Aplanosporen werden [807]. Bei Wiederholung dieses Vorganges entstehen ganze Haufen von Aplanospo-

Abb. 173. Aplanosporen. a) *Hemitoma maeandrocystis;* b) *Kremastochloris conus*; c) *Microspora quadrata,* die Zellwände der Fadenzellen völlig verschleimt; d)

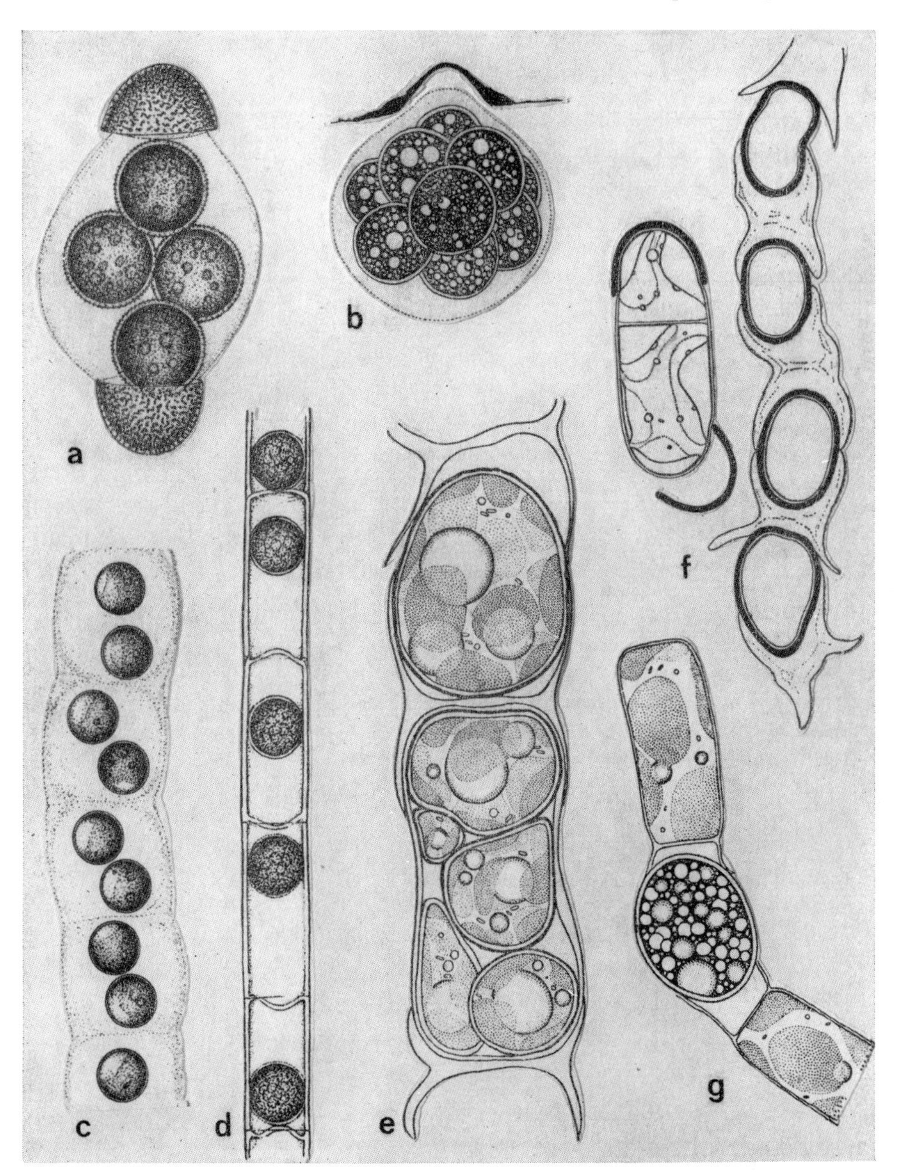

Microspora spirogyroides, die Aplanosporen verbleiben in der persistierenden Zellwand; e) *Tribonema* sp., zwei Zellen mit verschieden großen Aplanosporen; f) *Tribonema intermixtum*, Aplanosporen mit derber Wand, die bei der Keimung gesprengt wird; g) *Heterothrix* sp. – a)–d) nach SKUJA und PASCHER aus ETTL u. Mitarb. 1967 [224]; e)–g) nach PASCHER 1939 [829].

ren. Fädige Chlorophyceen bilden entweder einzelne (Abb. 173d) oder mehrere Aplanosporen in jeder Zelle (Abb. 173e). Oft kommt es vor, daß Aplanosporen noch innerhalb des Fadens, innerhalb der Mutterzellwand, durch direkte Umwandlung der Mikro- oder Makrozoosporen erzeugt werden [224, 901].

Asexuelle Aplanosporen sind auch bei den Conjugatophyceen eine häufige Erscheinung [306, 309], wobei die Sporenwände ebenso ornamentiert sein können wie die der Zygoten. Sie werden vor allem bei den *Zygnemales* gebildet, wurden aber auch bei den *Desmidiales* gefunden [472]. Bei den *Zygnemales* bleiben die alten Zellwände noch lange erhalten, die die Aplanosporen zu rosenkranzartigen Gebilden verketten [148]. Bei *Zygnema* und *Spirogyra* wurde auch die Keimung der Aplanosporen innerhalb des Mutterfadens gesehen. Bemerkenswert erscheint dabei der Befund, daß einer der Keimlinge noch innerhalb der Mutterzelle abermals ein Dauerstadium ausbildet. Bei *Closterium* wird die Aplanosporenbildung durch das Auseinanderweichen der beiden Wandhälften der Mutterzelle eingeleitet [1037]. An der Stelle des Bruches bildet sich Gallerte, die den heraustretenden Protoplasten umhüllt. Danach wandelt er sich in eine kugelige Aplanospore um, indem er sich mit einer neuen dicken Wand umgibt.

Eine andere Art von Dauerzellen sind die Akineten (Abb. 174). Diese entstehen dadurch, daß die Zellwand der Mutterzelle durch Verdickung bei der Bildung der Akinetenwand mitverwertet wird [224]. Es werden oft noch nachträgliche Schichten zwischen dem Protoplasten und der ursprünglichen Zellwand angelegt. Die Schichtungen sind oft recht deutlich sichtbar. Manchmal finden auch nur die inneren Schichten der alten Zellwand Verwendung. Die Oberfläche der Akinetenwand kann später auch warzig und durch Eisenablagerungen braun bis tiefbraun gefärbt werden. Bei Fadenalgen lösen sich während der Akinetenbildung die Zellen aus dem Verband; doch können sie auch weiterhin verbunden bleiben. Auf diese Weise entstehen reihenartig angeordnete Akineten, sog. Fadenakineten [224, 829].

Akineten treten auch bei behäuteten Flagellaten auf, vor allem bei solchen, die sich in kurzen Zeiträumen abwechselnd enzystieren und wieder beweglich werden. Akineten besonderer Art bildet *Chlamydomonas rapa*, wo die vegetativen Zellen unter außergewöhnlichem Größenwachstum direkt in Dauerzellen übergehen, so daß der Durchmesser der Akineten die Länge der vegetativen Zellen fast um das Doppelte übertrifft [209]. Sehr deutlich zeigen die von Conrad [125] gegebenen schematischen Darstellungen die Unterschiede zwischen Akineten und Aplanosporen bei *Coccomonas*. Akineten im weiten Sinne wurden auch bei *Scenedesmus quadricauda* gefunden. Diese sind groß, oval, mit verdickter Zellwand, aber ohne Stacheln. Sie keimen direkt wieder in typische vierzellge Zönobien aus [471].

Die einfachsten Formen von Vermehrungsakineten finden wir bei *Klebsormidium* (Abb. 174c) und manchen *Ulothrix*-Arten, wo einzelne Zellen sich abrunden und vom Mutterfaden ablösen. Eine andere Art von Akinetenbildung ist bei *Acrosiphonia*, *Spongomorpha* und *Chaetomorpha* bekannt. Die Rhizoide bilden manchmal nematoparenchymatisches Gewebe, in dessen Zellen Reservestoffe angehäuft werden. Während die übrigen Thallusteile

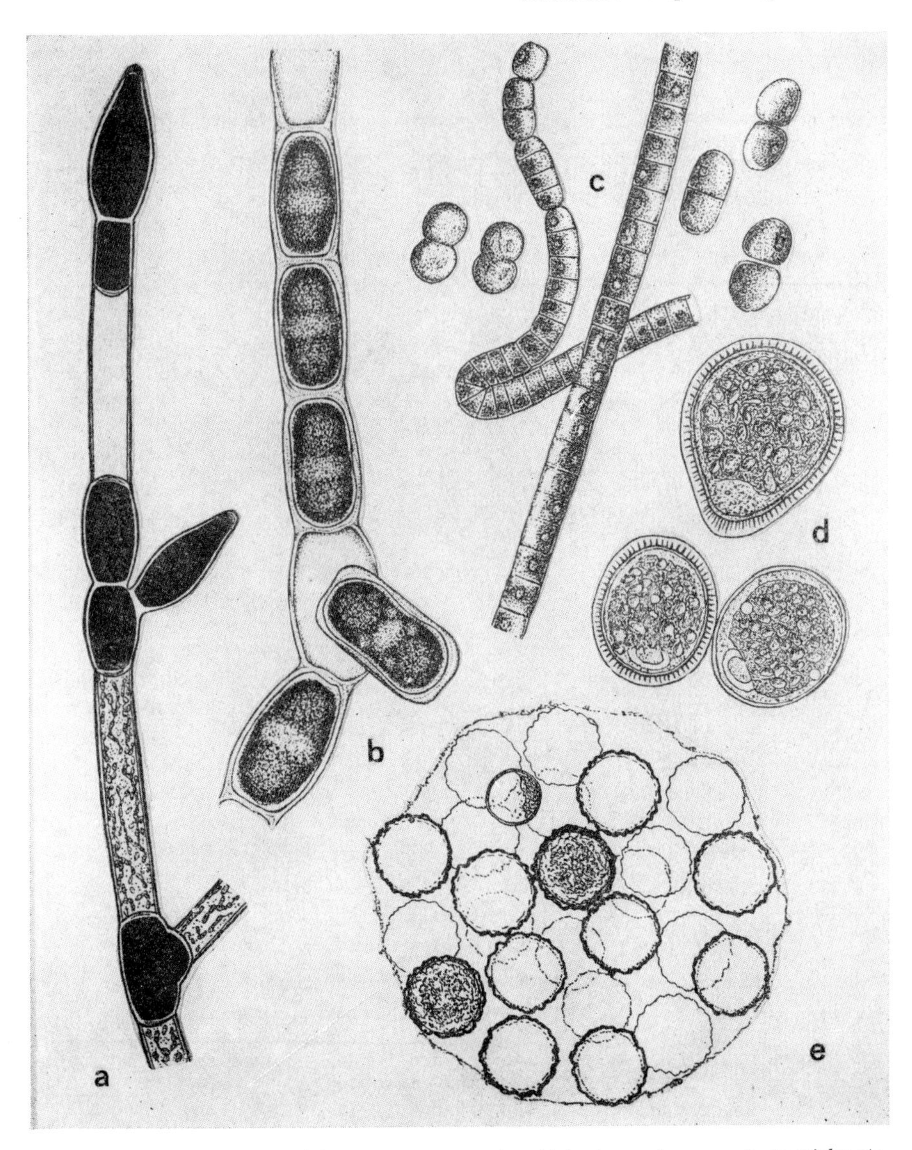

Abb. 174. Akineten. a) *Pithophora pragensis,* Akineten schwarz eingezeichnet; b) *Microspora willeana;* c) Vermehrungsakineten von *Klebsormidium flaccidum,* die beim Fadenzerfall entstehen, d) *Nautococcus pyriformis,* e) Umwandlung der vegetativen Zellen von *Eudorina elegans* in Akineten innerhalb des Zönobiums. – Nach verschiedenen Autoren aus Ettl u. Mitarb. 1967 [224].

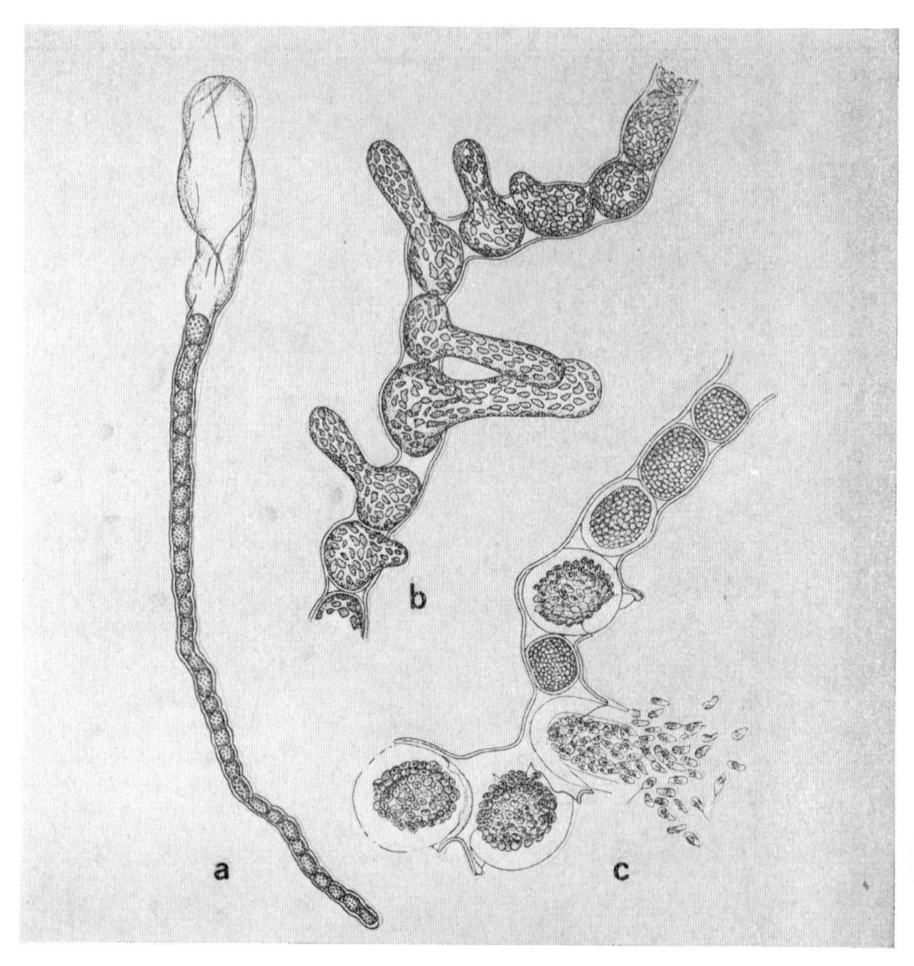

Abb. 175. Rhizozysten von *Botrydium granulatum*. a) der Inhalt der vielkernigen Zelle hat sich in das Rhizoid zurückgezogen und in mehrkernige Portionen zerteilt, die hintereinander liegen und derb behäutet werden; b) Rhizozysten keimen entweder direkt aus oder bilden c) sehr viele Zoosporen. – Nach PASCHER 1939 [829].

absterben, überdauern diese Rhizoide und wachsen später zu neuen Pflanzen aus. Bei *Pithophora* schwellen die zur Akinetenbildung bestimmten terminalen und interkalaren Zellen an ihren oberen Enden an (Abb. 174 a). Der größere Teil des Inhaltes sammelt sich hier und wird durch ein Septum abgegrenzt, worauf sich das Gebilde mit einer dicken Zellwand umgibt [981]. Bei differenzierten Fadenalgen ist die Produktion von Dauerzellen ebenso wie die Zoosporenbildung an die reproduktiven Zellen der Seitenäste gebunden. *Fritschiella* bildet entsprechend ihre Akineten in der nematoparenchymatischen Sohle, die sich auflöst, nachdem die Zellwände verdickt wurden [909].

Auch bei Conjugatophyceen entstehen Akineten auf dieselbe Weise aus vegetativen Zellen unter Speicherung von Reservestoffen und unter erheblicher Verdickung der Zellwand [772]. Bei *Zygnema pectinatum* wird die derbe Zellwand sogar braun wie bei den Zygoten. *Mougeotia*-Arten, die in stark beschatteten Wasserlachen wachsen oder in Tümpeln der alpinen oder arktischen Region vorkommen, haben in den Fäden isolierte Zellen, die eine dicke Zellwand bekommen. Ähnliche Akineten wurden bei *Spirogyra*-Arten schnell fließender Gewässer oder bei erdbewohnenden *Zygnema*-Arten gefunden [1017]. Die Akinetenwand von *Zygnema* wird durch Ausscheidung sekundären Wandmaterials gebildet. Wahrscheinlich erfolgt die Beförderung des Materials an die Protoplasten-Oberfläche durch Vesikel, die durch erhöhte Tätigkeit des Golgi-Apparates entstehen. Im Protoplasten selbst geht die Chloroplastenstruktur verloren; außerdem werden Assimilate in Form von Fetten angehäuft [706].

Außer diesen hier besprochenen Dauerstadien gibt es noch andere, die nicht in das gegebene Schema eingereiht werden können und deren Entwicklungsgeschichte noch recht unklar ist. Hierher gehören vor allem Dauerstadien, die bei der siphonalen Gattung *Botrydium* bekannt sind (Abb. 175). Der Zellinhalt kann sich in die unterirdischen Rhizoide zurückziehen und dort in mehrkernige Portionen zerfallen, die sich mit derben Wände umgeben (Aplanosporen?). Sie werden als Rhizoidzysten bezeichnet. Der oberirdische Teil stirbt dabei ab. Daneben treten auch große Dauerzellen auf, indem sich der vielkernige Protoplast der Blase durch Bildung einer geschlossenen Wand in eine große derbe Aplanospore (Makrozyste) umwandelt. Es kann aber auch der Protoplast in mehrere Portionen aufgeteilt werden, so daß mehrere Aplanosporen (Sporozysten) im oberirdischen Teil entstehen [829].

4.2. Sexuelle Fortpflanzung

Die sexuelle oder geschlechtliche Fortpflanzung ist durch die Verschmelzung (Kopulation, Befruchtung) zweier geschlechtsverschiedener Zellen (G a m e t e n) zu einer Zygote charakterisiert. Zum Wesen der Befruchtung gehört, daß in der Zygote eine Karyogamie, d. h. eine Vereinigung der beiden Gametenkerne zu einem Synkaryon erfolgt. Durch ihre Verschmelzung entsteht aus den beiden mit je einer Chromosomengarnitur ausgestatteten (haploiden) Gameten die diploide Zygote, die zwei Chromosomengarnituren besitzt. Die Verdoppelung der Chromosomenzahl, die hiermit verbunden ist, wird durch die Reduktionsteilung (Meiose) wieder rückgängig gemacht [371]. Die Befruchtung stellt somit nicht nur einen einfachen Vorgang dar wie die Gametenkopulation, sondern sie ist der Ablauf eines komplizierten Geschehens, das schon vor der Kopulation mit der sexuellen Differenzierung beginnt und mit den meiotischen Vorgängen bei der Reduktion zum Abschluß gelangt [395].

Die einfachste sexuelle Fortpflanzung ist die Isogamie, d. h. Vereinigung zweier morphologisch gleicher Gameten, die in den meisten Fällen beweglich und ähnlich wie die Flagellaten des Verwandtschaftskreises der entsprechenden Algenklasse gestaltet sind. Eine feste Zellwand fehlt gewöhnlich. Unterscheiden sich die Gameten in Größe und Beweglichkeit, so sprechen wir von Anisogamie. Der größere und oft weniger bewegliche Gamet (Gynogamet) nimmt dann den kleineren und beweglicheren Androgameten auf. Der Zustand der Oogamie liegt dann vor, wenn ein Gamet (Eizelle) völlig unbeweglich wird. Die beweglichen, stark reduzierten Gameten des anderen Geschlechts werden Spermatozoiden genannt. Die Eizelle kann frei werden (*Fucus*) oder innerhalb der Oogoniumwand verbleiben (*Rhodophyceae*). Oogamie kommt bereits bei Flagellaten vor (*Chlorogonium*, *Volvox*). Am meisten verbreitet ist sie jedoch bei den morphologisch höher organisierten Phaeo- und Rhodophyceen. Einen Sonderfall der geschlechtlichen Fortpflanzung finden wir als Autogamie bei einigen Diatomeen, wo sich nur die Tochterkerne vereinigen, ohne daß Gameten die Mutterzelle verlassen [939].

Sexuelle Fortpflanzung ist nicht bei allen Algengruppen bekannt, wie dies aus der beigefügten Übersicht hervorgeht. Nur bei wenigen sind alle Formen der Sexualität beobachtet worden.

Überblick über das Vorkommen der sexuellen Fortpflanzung (nach Moestrup [738], etwas abgeändert):

1. *Chrysophyceae* — Isogamie (Hologamie)
2. *Haptophyceae* — Isogamie
3. *Xanthophyceae* — Oogamie (nur bei *Vaucheria*!)
4. *Eustigmatophyceae* —
5. *Bacillariophyceae* — Iso-, Aniso-, Oogamie (Auxosporen)
6. *Phaeophyceae* — Iso-, Aniso-, Oogamie
7. *Rhodophyceae* — Oogamie (Gameten geißellos)
8. *Cryptophyceae* — Isogamie (Hologamie)
9. *Dinophyceae* — Iso-, Anisogamie
10. *Raphidophyceae* —
11. *Euglenophyceae* —
12. *Prasinophyceae* — Isogamie (?)
13. *Chlorophyceae* — Iso-, Aniso-, Oogamie
14. *Conjugatophyceae* — Iso-, Anisogamie (Gameten geißellos)
15. *Charophyceae* — Oogamie (spezifischer Fortpflanzungsakt).

4.2.1. Sexualität und Determination

Die Erscheinung, daß die Gameten, die miteinander kopulieren oder die Individuen, die diese Gameten erzeugen, voneinander geschlechtsverschieden sind, nennen wir Sexualität [371]. Bei einigen Flagellaten können alle Zellen unter bestimmten Umständen zu Gameten werden. In der Regel wird aber bei Algen zunächst ein Gamont (Gametenmutterzelle) gebildet, der durch eine besondere Zwei- oder Vielfachteilung (Gamogonie) die Gameten erzeugt. Die Determination der sexuellen Differenzierung kann auf verschiedene Weise erfolgen. Wenn Gene darüber entscheiden, welches Geschlecht verwirklicht wird, so sprechen wir von genotypischer oder genetischer Geschlechtsbestimmung. Sind dagegen nicht-genetische Faktoren ausschlaggebend, so wird die Geschlechtsbestimmung als phänotypisch oder modifikatorisch bezeichnet [371, 533].

Daß tatsächlich immer nur Gameten verschiedenen Geschlechts miteinander kopulieren, läßt sich unter Umständen auch bei isogamen Formen durch Markierung der einen Gametensorte erweisen (Abb. 176). Bei *Dunaliella salina* nehmen Zellen in stickstoffarmen Nährlösungen infolge Karotinbildung eine rote Farbe an, bei *Chlamydomonas reinhardtii* speichern die Zellen hingegen viele Stärkekörner. Auf diese Weise kann man möglich die eine Gametensorte leicht markieren, so daß sie auf den ersten Blick von anderen Gameten zu unterscheiden ist [616, 944]. Wenn Mutanten zur Verfügung stehen, so lassen sich genetisch verschiedene Klone kombinieren; die Bipolarität der Gameten geht aus Kreuzungsanalysen hervor [371].

Werden Gameten, die miteinander kopulieren, innerhalb des gleichen Klons oder von den gleichen Gamonten gebildet, so sprechen wir von Monözie (Gemischtgeschlechtlichkeit). Können dagegen nur Gameten kopulieren, die verschiedenen Klonen angehören oder von verschiedenen Gamonten stammen, so handelt es sich um Diözie (Getrenntgeschlechtlichkeit). Bei allen diözischen Arten, die bisher untersucht wurden, ist die Geschlechtsbestimmung genotypisch [616, 943, 974]. Bei den monözischen *Volvocales* mit Isogamie ist der Nachweis einer sexuellen Differenzierung und Bipolarität viel schwieriger und nur experimentell zu erbringen. Über die sexuelle Differenzierung der diözischen isogamen Arten besteht kein Zweifel, da die Bipolarität sich durch Kombinationsversuche beweisen läßt. Werden Klone, die aus den Zellen einer natürlichen Population oder aus den Gonen einer Zygote stammen, paarweise miteinander vermischt, so findet bei bestimmten Kombinationen regelmäßig eine Kopulation statt, bei anderen nicht. Nach ihrem Kopulationsverhalten lassen sich alle Klone zwei Typen zuordnen, die als +- und —-Typ bezeichnet werden. Da es sehr unwahrscheinlich ist, daß diese Typen-Differenzierung etwas grundsätzlich anderes darstellt als die sich in der Anisogamie äußernde sexuelle Differenzierung, kann man beide Typen auch als +- und —-Geschlecht bezeichnen [371].

Monözie und Diözie können bei den *Volvocales* innerhalb kleinster Verwandtschaftskreise nebeneinander vorkommen. Bei *Dunaliella* und *Chlamydomonas* gibt es sowohl monözische als auch diözische Arten. Aber auch bei den zönobienbildenden Formen kann man diese Erscheinung beobachten. So kommen bei *Gonium sociale* neben diözischen auch monözische Stämme vor [1036, 1043, 1044]. Ebenso konnten bei *Pandorina morum* neben diözischen

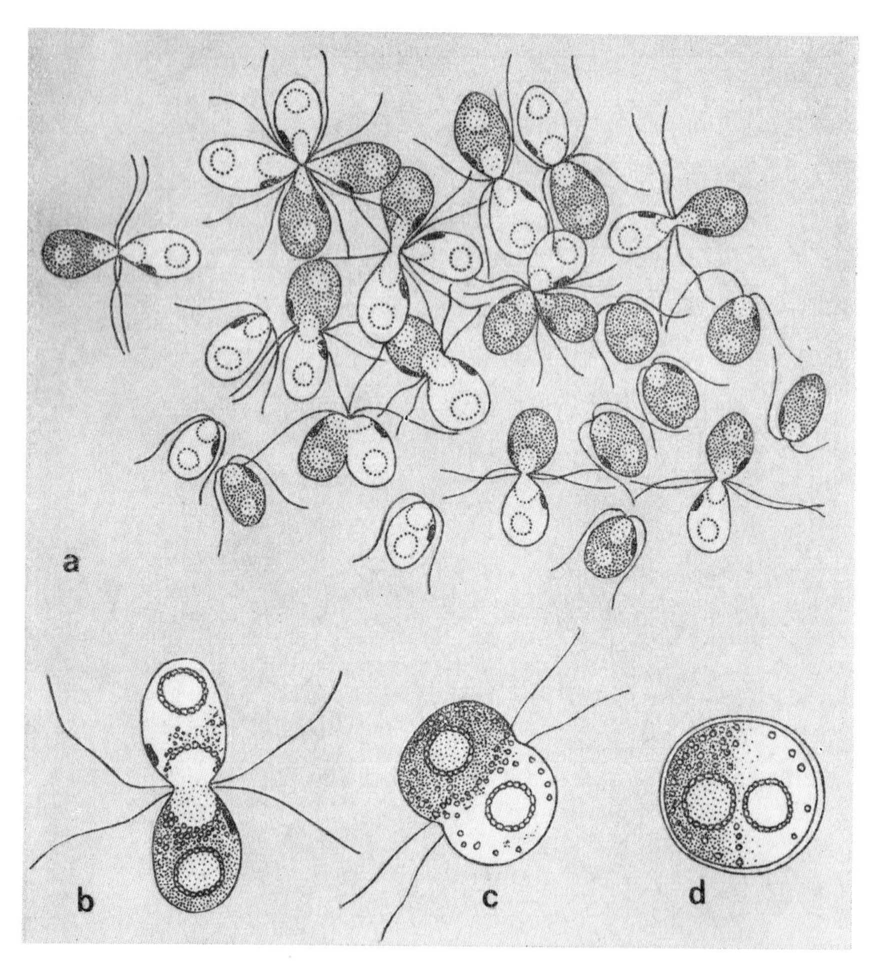

Abb. 176. Gruppenbildung und Kopulation roter und grüner Isogameten von *Dunaliella salina.* a) die Isogameten wurden durch verschiedene Kulturbedingungen markiert, das eine Geschlecht grün, das andere rot. Die dunkel dargestellten sind rot, die helleren grün gefärbt; b)–d) Kopulation und fertige Zygote. – Umgezeichnet nach LERCHE 1937 [616].

auch einige monözische Klone isoliert werden [124]. Die Gattung *Eudorina* zeigt besonders variable Verhältnisse [360]. Hier werden auch Klone hervorgebracht, die nur weibliche Kolonien, und solche, die nur männliche Kolonien bilden. *Volvox globator* bildet im gleichen Zönobium Eizellen und Spermatozoid-Bündel, ist also zönobial monözisch, wogegen *Volvox aureus* eine klonale Monözie zeigt [153]. *Volvox perglobator* und *V. carteri* sind diözisch. Aus der Zygote entschlüpft entweder eine weibliche oder eine männliche Gone [530].

4.2.2. Verlauf des sexuellen Vorganges

Die sexuelle Fortpflanzung beginnt in dem Augenblick, wo die sexualisierten Gameten miteinander in Kontakt treten. An bestimmten Stellen der Zelloberfläche haften die Gameten zunächst eine gewisse Zeit aneinander, und dann drehen sie sich in die Lage, die für die Verschmelzung am günstigsten ist [533]. Voraus geht eine Adsorptions- oder Agglutinationsreaktion, die die kopulierenden Partner in Kontakt bringt und für gewisse Zeit zusammenhält. Kommen Gameten verschiedenen Geschlechts zusammen, so tritt augenblicklich Gruppenbildung (clumping) ein (Abb. 177). Der erste Kontakt der Gameten erfolgt durch die Geißeln, wobei vorwiegend die Geißelspitzen miteinander verkleben (Abb. 178). Im Elektronenmikroskop sind bei *Chlamydomonas moewusii* lange Fäden amorphen Materials zu sehen, die

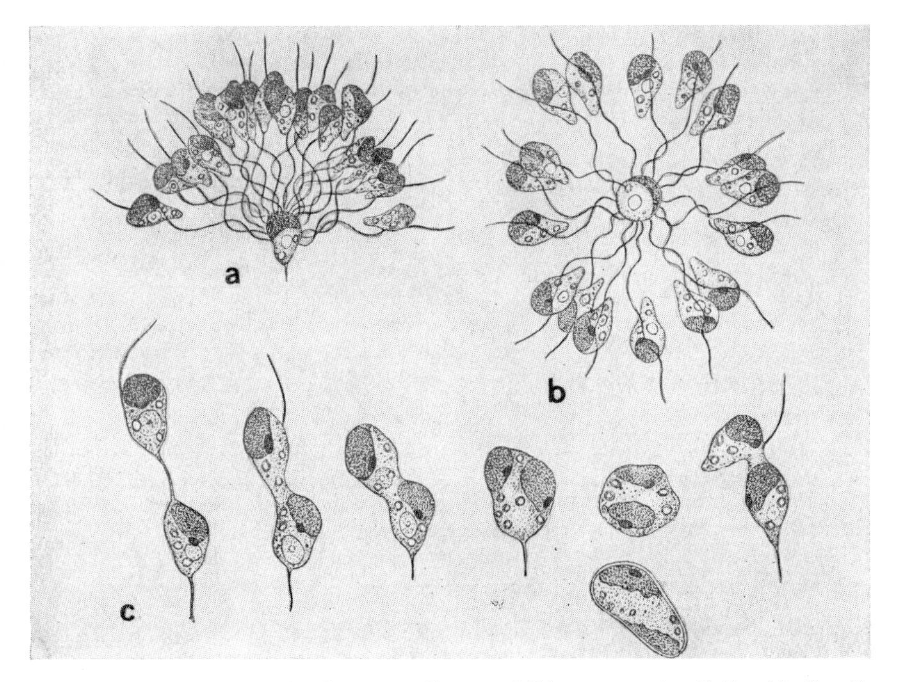

Abb. 177. *Ectocarpus siliculosus.* a) Gruppenbildung von der Seite; b) dieselbe von oben gesehen; c) Verlauf der Gametenkopulation. – Nach Berthold aus Oltmanns 1922 [772].

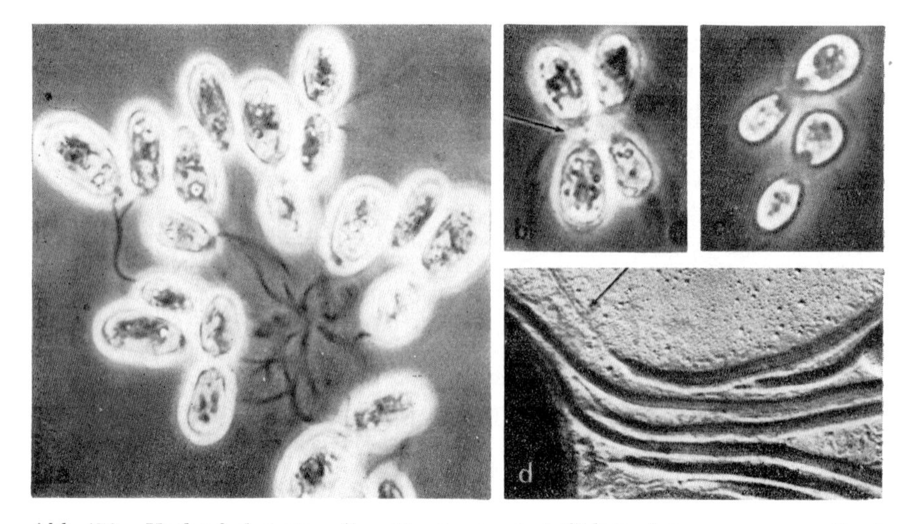

Abb. 178. Verlauf des sexuellen Vorganges bei *Chlamydomonas moewusii*. a) Gruppenbildung der Gameten mit Agglutination der Geißeln; b) Bildung von Gametenpaaren, beim linken Paar beginnende Verlängerung der Plasmapapillen (Pfeil); c) Paare mit vereinigten Plasmabrücken; d) Ausscheidung von Material an den Geißelenden (Pfeil) während der Gruppenbildung der Gameten. — a)—c) nach dem Leben im Phasenkontrast 1300 : 1; d) 9000 : 1, nach Brown u. Mitarb. 1968 [77].

aus den Geißelenden der sexuell aktiven Gameten hervortreten (Abb. 178 d) [77]. Später finden sich viele Paare, deren Geißeln paarweise eng spiralisiert sind. Dadurch werden die Paare soweit genähert, daß an ihren Flanken oder häufiger an den Vorderenden die Gametenverschmelzung beginnen kann. Anschließend entspiralisieren sich die Geißeln und dienen oft noch als lokomotorische Organellen für die Planozygoten. Die Kopulation kann möglicherweise bei allen isogamen Chlorophyceen nach dem gleichen Schema (*Chaetomorpha, Dasycladus, Chlamydomonas*) verlaufen [533].

An den Geißeln der Gameten wurden große Partikel von Glykoproteinen (Gamonen) beobachtet, die man mit der Geißelverklebung in Zusammenhang bringt [618, 621]. Nach den letzten Untersuchungen sollen diese Partikel jedoch nur Membranvesikel sein, die ganz feine Geißel-Mastigonemen enthalten [705].

Die Bedeutung der Geißeln für die Gruppenbildung wurde zuerst bei *Chlamydomonas* erkannt, doch konnte der Geißelkontakt auch bei anderen Algengruppen bewiesen werden. Lange bekannt ist die Gruppenbildung bei der anisogamen Phaeophycee *Ectocarpus*. Der weibliche Gamet wird nicht befruchtet, solange er freibeweglich ist (Abb. 177). Erst nachdem er sich festgesetzt und seine Geißeln eingebüßt hat, tritt eine für die Phaeophyceen typische Gruppenbildung auf: Ein in der Mitte der Gruppe befindlicher Gynogamet wird von vielen Androgameten umgeben [533]. Bei den oogamen Phaeophyceen wird die Eizelle von vielen Spermatozoiden umgeben, die mit der Spitze der längeren Geißel an der gallertigen Hülle der Eizelle haften. Sie umgeben bei *Cutleria* die Eizelle im Abstand einer Geißellänge. Die Gruppenbildung dauert etwa 3 Minuten. Dann vereinigt sich plötzlich ein Spermatozoid mit der Eizelle, und damit hört jede Anlockung und Gruppenbildung auf [393]. Ähnlich ist es bei *Fucus,* wo sich jedoch die Spermatozoiden mit der kürzeren Geißel festheften sollen [279]. Diese Art der Befruchtung verläuft auch bei der Grünalge *Prasiola* [271, 272]. Obgleich hier die Geißeln der Spermatozoiden gleichlang sind, berührt nur eine von ihnen die Eizelle und wird im Verlauf der Kopulation auch zuerst in das Ei aufgenommen.

Die G a m e t e n f u s i o n beginnt mit dem Verschmelzen ihrer Protoplasten unter Vereinigung des Plasmalemmas beider Partner. Das kann entweder durch einfache Berührung stattfinden oder durch spezielle Einrichtungen. Da manchmal die Gameten behäutet sind (z. B. bei *Chlamydomonas*), müssen die Hüllen zunächst enzymatisch aufgelöst werden, da alle Gameten nur nackt miteinander kopulieren können. Bei *Chlamydomonas reinhardtii* ist der eine Geschlechtspartner (+-Gamet) durch einen Kopulationstubulus, der als ein rüsselartiges Organell entsteht, charakterisiert (Abb. 179 a). Die Vereinigung der Gameten wird durch das Eindringen des Kopulationstubulus eingeleitet, wobei das Plasmalemma beider Gameten verschmilzt (Abb. 179 b–d) [274, 1096]. Bei *Chlamydomonas moewusii* beginnt die Fusion der Gameten mit der Vereinigung der Plasmapapillen (nach lokaler Auflösung der Hüllen) zu einer Plasmabrücke (Abb. 179 e–g) [77]. Sobald die beiden Gameten ein gemeinsames Plasmalemma haben, beginnt das frühe Stadium der Zygote. Die P l a s m o g a m i e geht binnen wenigen Minuten vor sich. Gleichzeitig kommt es auch zu einer Fusion der Chloroplasten. Diese wurde jedoch einstweilen nur bei *Chlamydomonas* eindeutig bewiesen [77, 94]. Danach erfolgt noch die K a r y o g a m i e , durch Fusion der Kernhüllen. Das vom Zellkern aus hervorkommende ER der beiden Gameten ragt in die Plasmabrücke, wo es verschmilzt und eine Verbindung zwischen den äußeren Kernmembranen beider Gametenkerne herstellt. Während der Plasmogamie nähern sich die Kerne durch Verkürzung des ER-Netzwerkes. Sobald sich die äußeren Kernmembranen berührt haben, verschmelzen sie und es kommt zur Fusion der inneren Kernmembran [1095].

Schon im frühen Stadium der Z y g o t e n b i l d u n g wird die primäre Zygotenwand ausgeschieden. Die Bildung der sekundären Zygotenwand findet erst nach der Karyogamie statt. Diese Wand besteht aus zwei oder drei Schichten (Abb. 180); sie bildet auch die Warzen und die gesamte Skulptur der Zygotenoberfläche. Mit der Reifung der Zygote in eine H y p n o z y g o t e vollzieht sich eine Anhäufung von Stärke und Fett analog zur Bildung von Dauerzellen. Der Chloroplast wird kondensiert und nimmt eine

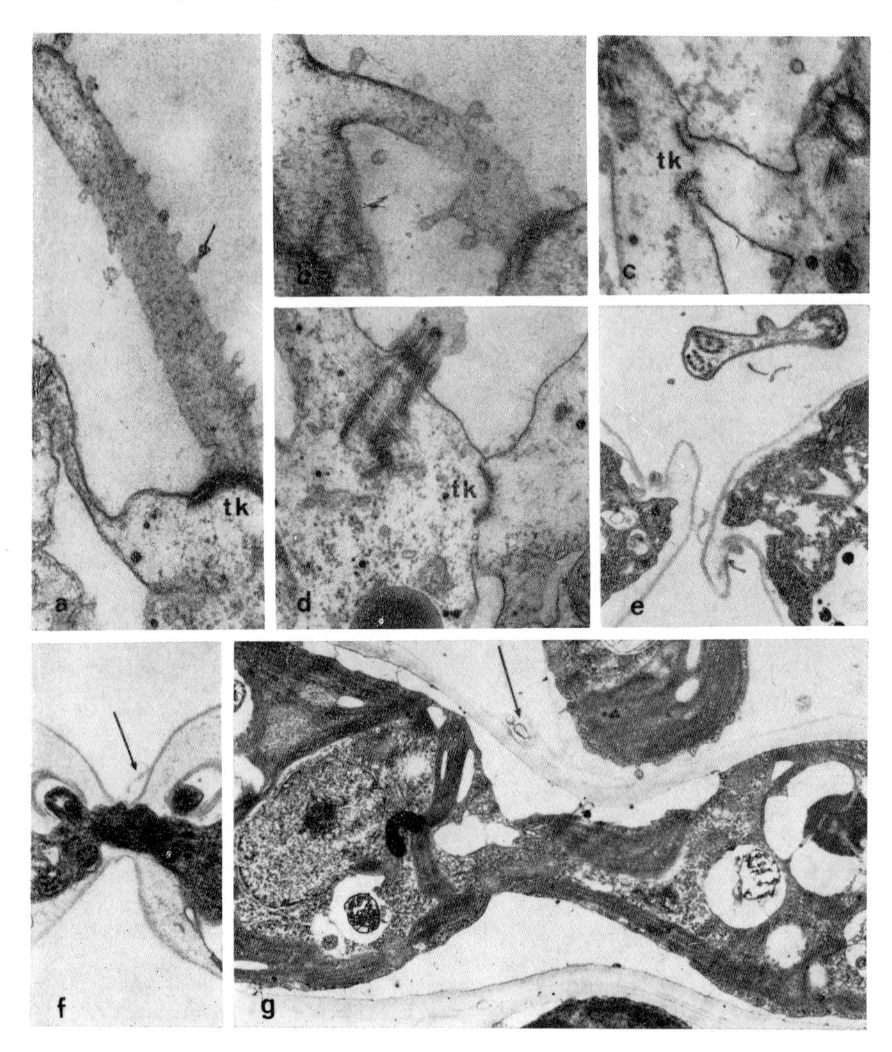

Abb. 179. Verlauf des sexuellen Vorganges. a)–d) *Chlamydomonas reinhardtii*: a) Längsschnitt durch den Kopulationstubulus mit Kragenkörper (*tk*) an der Basis und mit rhizoidartigen Ausstülpungen (Pfeil) an der Oberfläche; b) Detail der Vereinigung mittels des Kopulationstubulus; c) dasselbe im späteren Stadium, beide Gameten durch ein gemeinsames Plasmalemma vereinigt, links Rest des Kragenkörpers; d) Stadium knapp vor der Plasmogamie, Kopulationstubulus fast verschwunden, Kragenkörper wird langsam aufgelöst; e)–g) *Chlamydomonas moewusii*: e) Schnitt durch ein Gametenpaar mit agglutinierenden Geißeln vor der Bildung der Plasmabrücke; f) vereinigte Gameten mittels Plasmabrücke, Vereinigung von Plasmapapillen. Der Pfeil zeigt den Rest der Zellwandpapille; g)

kristallartige Beschaffenheit an [77]. Ähnlich verläuft die Zygotenbildung auch bei anderen Algen, wenn auch mit verschiedenen Modifikationen.

Die Zygotenwand von *Micrasterias papillifera* ist wie die aller bisher untersuchten Conjugatophyceen dreischichtig. Um die abgerundete, soeben gebildete

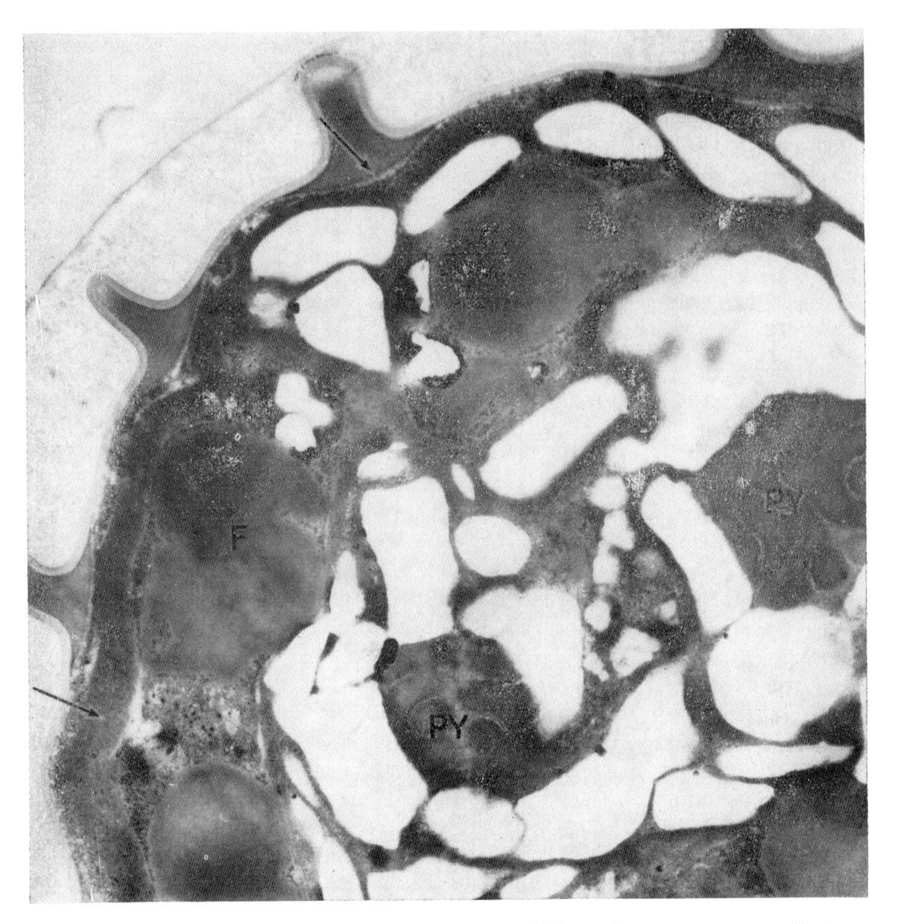

Abb. 180. Verlauf des sexuellen Vorganges bei *Chlamydomonas moewusii*, Querschnitt durch einen Teil einer reifen Zygote. Man beachte den kondensierten Chloroplast (Pfeil unten), die sekundäre Zygotenwand (Pfeil oben), die beiden Pyrenoide (*PY*) und Fetttropfen (*F*). — 17 600 : 1, nach Brown u. Mitarb. 1968 [77].

Beginn der Plasmogamie, wobei schon die primäre Zygotenwand gebildet ist. — a) 37 600 : 1; b) 52 000 : 1; c), d) 26 500 : 1, nach Friedmann u. Mitarb. 1968 [274]; e) 13 600 : 1; f) 12 000 : 1; g) 8500 : 1, nach Brown u. Mitarb. 1968 [77].

Zygote wird zunächst eine stark dehnbare primäre Wand in Streutextur gebildet (primäres Exospor). Die Stacheln entstehen in regelmäßiger Anordnung als plasmaerfüllte Aussackungen dieser Wand. Nachdem sie ihre typische Form erreicht haben, wird von innen eine dicke Sekundärwand angelagert (sekundäres Exospor). Diese füllt die Stacheln völlig aus, die dadurch zu soliden Gebilden werden. Es folgt eine aus mehreren Lagen bestehende, lichtmikroskopisch braun gefärbte Mittelschicht (Mesospor), die Stoffe enthält, die dem Sporopollenin nahestehen. Diese Mittelschicht bedingt die Resistenz der Zygoten während ungünstiger Umweltbedingungen. Ganz innen schließt sich die aus Zellulose bestehende Primärwand an, das sogenannte Endospor [520, 521]. Bei *Mesotaenium dodekahedron* erfolgt die Kopulation, nachdem die Kopulationspapillen offenbar vergallertet sind, unter Bildung einer neuen dünnen Kopulationsblase, die keinen Zusammenhang mit den Zellwänden der Mutterzellen besitzt. Erst in ihr entsteht die primäre Zygotenwand (Abb. 183). Das Wachstum der Zygote erfolgt dann in mehreren Schritten. Die primäre Wand wird hierbei gesprengt und abgestreift, die sekundäre, vermutlich dem Mesospor anderer Zygoten entsprechend, bildet das Fünfeckmuster und wird zur definitiven Außenhülle der als Pentagondodekaeder ausgebildeten Zygote [323].

Die Zygoten haben meist den Charakter eines Dauerstadiums (Hypnozygote), das nach einer mehr oder minder ausgedehnten Latenzperiode, die ökologisch oder jahreszeitlich bedingt sein kann, und nach der Reduktionsteilung mittels Gonen (Keimzellen) auskeimt. Manchmal erfolgt die Reduktionsteilung erst zu einem späteren Zeitpunkt des Lebenszyklus, so daß also die Gonen diploid austreten. In vielen Fällen werden 4 Gonen gebildet, was den zwei meiotischen Teilungsschritten entspricht, aus denen die vier haploiden Tetradenkerne hervorgehen. In abgeleiteten Fällen können drei von den vier Tetradenkernen resorbiert werden, so daß nur eine einzige Gonenzelle zur vollen Ausbildung gelangt. Da in der Regel bei der Meiose eine genotypische Aufspaltung der beiden Geschlechtsanlagen auf je zwei Dyadenkerne erfolgt, so sind die aus der Zygote hervorgehenden Keimzellen (bzw. Gameten) zur Hälfte weiblich, zur anderen Hälfte männlich determiniert. Bei der Entstehung einer einzigen Keimzelle ist diese entweder weiblich oder männlich. Je nach der Art und teilweise auch nach den herrschenden Umweltbedingungen, können die Gonen entweder zuerst als Keimzellen und erst später als Gameten fungieren, oder sie übernehmen gleich nach Verlassen der Zygotenwand die Funktion von Gameten.

4.2.3. Hologamie

Die einfachste bekannte Form der Sexualität besteht in der Vereinigung zweier Flagellaten- oder Algenzellen. Alle anderen sexuellen Erscheinungsformen sind als abgeleitet zu betrachten. Wenn sich vegetative Zellen ohne vorherige Teilung in Gameten umwandeln, die von den ersteren morphologisch nicht unterscheidbar sind, und paarweise kopulieren, so liegt Hologamie vor. Das Produkt der Verschmelzung ist eine Zygote, die aber bei den

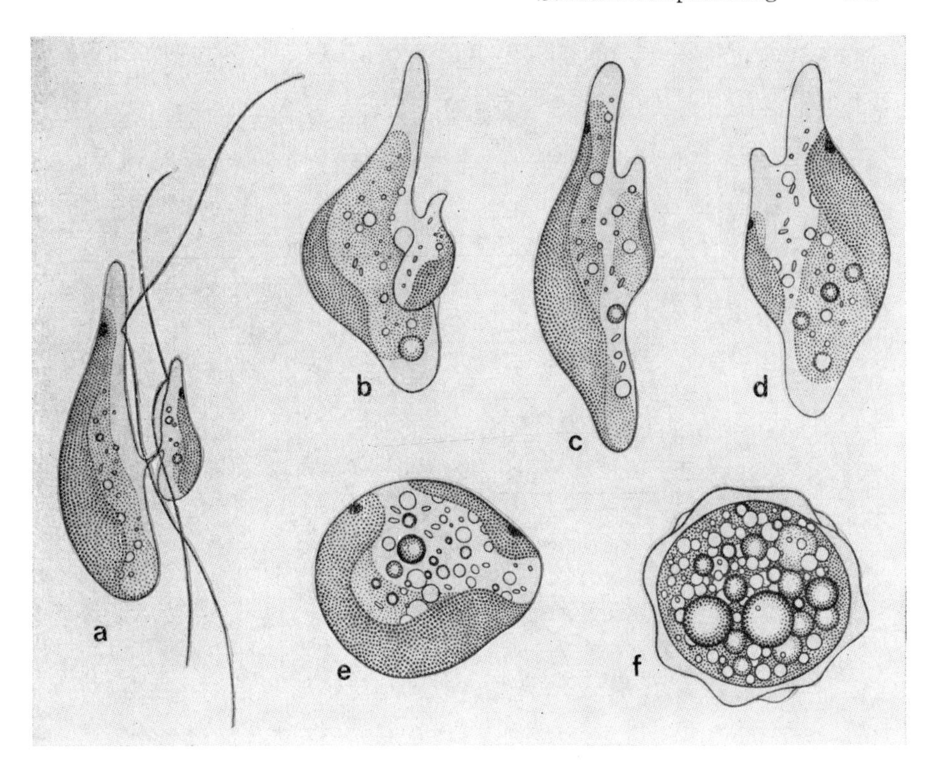

Abb. 181. Anisomorphe Hologamie von *Dangeardinella saltatrix*. a) Beginn der Kopulation extrem anisomorpher Gameten; b)–d) Verlauf der Plasmogamie; e) junge Zygote mit noch deutlichen Organellen der Gameten; f) reife Zygote. – Original A. PASCHER.

Flagellaten eine Zeitlang aktiv beweglich sein kann (Planozygote). Die kopulierenden Zellen sind entweder gleich (isomorph) oder ungleich groß (anisomorph). Bei *Dangeardinella* sind die Größenunterschiede zwischen den kopulierenden Zellen ganz enorm (Abb. 181). Es können aber auch ganz große und ganz kleine Gameten untereinander wie auch wechselseitig kopulieren, wobei alle Übergänge vorhanden sind [813].

Daß die vegetativen Zellen zu Gameten werden können, beruht auf äußeren Bedingungen, die bei den einzelnen Algen sehr unterschiedlich sein können oder in verschiedener Weise zusammenwirken. Oft wird die phaenotypische Determination der Gameten in erster Linie durch Stickstoffmangel hervorgerufen [944]. Allerdings spielt hierbei auch die Belichtung eine Rolle [253]. Bei *Dunaliella salina* ruft die Herabsetzung des Salzgehaltes die Gametenbildung hervor [616].

Hologamie in einfachster Form kommt bei den gehäusetragenden Chrysophyceen vor, z. B. bei *Kephyrion, Kephyriopsis, Dinobryon, Stenocalyx*

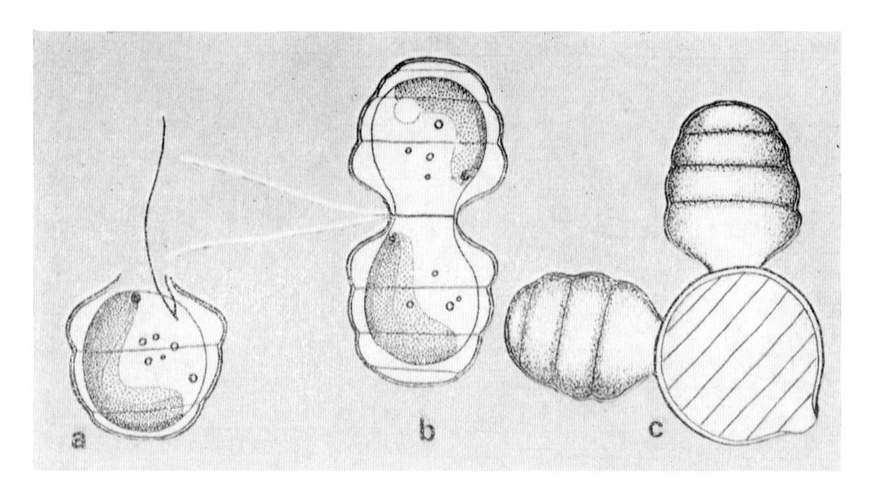

Abb. 182. Isomorphe Hologamie von *Kephyriopsis cincta.* a) vegetative Zelle; b) Beginn der Kopulation; c) Zyste mit noch anhaftenden leeren Gehäusen der Gameten. – Nach FOTT 1959 [255].

(Abb. 182). Hierbei berühren sich die Zellen mit ihren Vorderenden; dabei kommen die Protoplasten etwas aus den Gehäusen hervor. Im weiteren Verlaufe schlüpfen sie völlig aus den Gehäusen und verschmelzen zu einer kugeligen Zygote, die von einer anliegenden Gallertschicht umschlossen wird. Aus der Zygote bildet sich endogen eine für die Chrysophyceen typische Zyste [255, 563]. Hologame Kopulation kann man auch bei der sich sonst asexuell fortpflanzenden Gattung *Cryptomonas* beobachten [1137].

Bei den Dinoflagellaten erfolgt sowohl isomorphe als auch anisomorphe Hologamie. Letztere kommt besonders bei *Ceratium* vor [1053, 1056]. Die männlichen Gameten fallen durch die geringe Größe der Zellen und der Zellkerne sowie durch den veränderten Plastiden- und Farbstoffgehalt auf. Die jungen, noch zweikernigen Zygoten ähneln in Größe, Gestalt und Panzerbau den vegetativen Zellen. Der Kern des männlichen Gameten tritt in die weibliche Zelle über. Die Zygoten bleiben lange beweglich und wachsen dabei durch Verbreiterung der Interkalarstreifen heran. Erst zu diesem Zeitpunkt erfolgt die Karyogamie. Die Zygotenwand wird im Innern des Panzers gebildet. Die Zygoten keimen nach einer Ruhepause durch einen Riß in der Wand, wobei der Inhalt als *Gymnodinium*-artiges Stadium austritt. Bald folgt aber die Bildung des Vorder- und Hinterhorns, womit der Zustand des „Präceratium“ erreicht ist. Bei *Gymnodinium pseudopalustre* erfolgt eine Differenzierung der Gameten durch Depauperation [1057]. Durch Verschmelzung der Gametenpaare entsteht zuerst eine bewegliche Planozygote mit den beiden hinteren Geißeln. Erst später folgt ähnlich wie bei *Woloszynskia* die Bildung der Hypnozygoten. Die Zygotenwand besteht aus einem punktierten oder stacheligen Exospor und einem dünnen Mesospor. Das dicke Endospor ist aus Zellulose aufgebaut.

Auch bei den einzeln lebenden *Volvocales,* insbesondere bei den Arten der Gattungen *Chlamydomonas, Dunaliella* und *Polytoma,* kommt Hologamie häufig vor. Beim Eintritt der für die Kopulation notwendigen inneren und äußeren Voraussetzungen kann jede Zelle, gleich welcher Herkunft, sich als Gamet verhalten und mit jeder andersgeschlechtlich differenzierten Zelle verschmelzen. Werden kopulationsbereite Zellen oder auch die beiden Partner eines Kopulationspaares einzeln in frische Nährlösung gebracht, so pflanzen sie sich asexuell wie jede andere vegetative Zelle fort [371, 900].

Zur Hologamie im weitesten Sinne gehört auch die sexuelle Konjugation der Conjugatophyceen. Die Befruchtung vollzieht sich zwischen ganzen, ungeteilten, sexualisierten Zellen, ohne daß vorher besondere Gameten gebildet werden. Beim Sexualakt werden entweder die Zellwände gesprengt, so daß die Verschmelzung in einer gemeinsam ausgeschiedener Gallerte stattfindet (*Desmidiales,* Abb. 183), oder es werden hierzu Kopulationskanäle aus Gallerte und Zellwandsubstanz gebildet, durch die die Partner zueinander fließen (*Zygnemales* — Abb. 184). Die Vereinigung kann dann entweder im

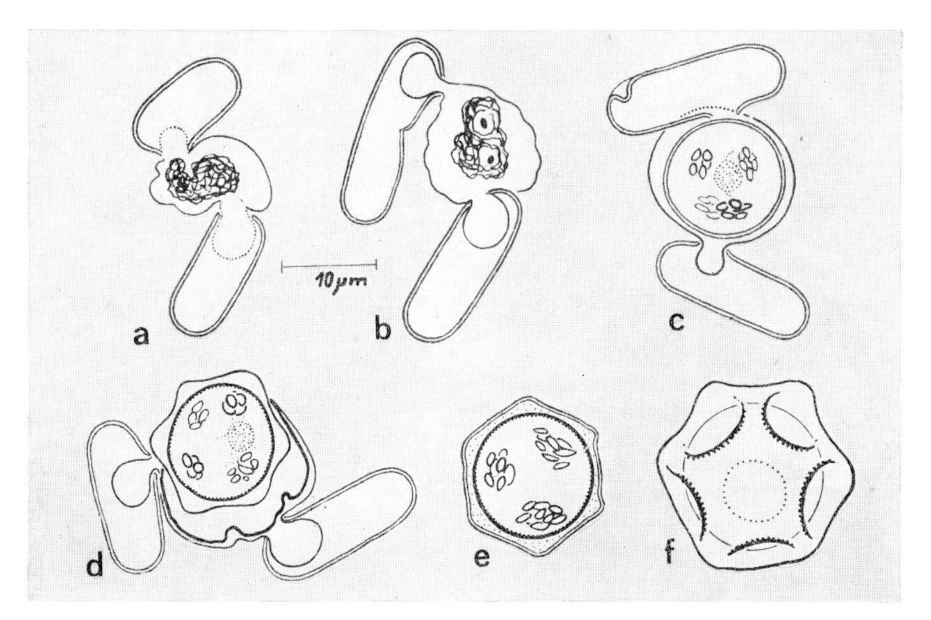

Abb. 183. *Mesotaenium dodekahedron.* a) frühestes Stadium der Zygotenbildung, die in den Mutterzellen zurückgebliebenen Abschnitte unbehäutet; b) allseitig behäutet; c) eben gebildete Zygote mit primärer Wand in der Kopulationsblase; d) ältere Zygote mit ihren Partnern; e), f) reife Zygoten in unterschiedlichen Ansichten. — Nach Geitler 1965 [323].

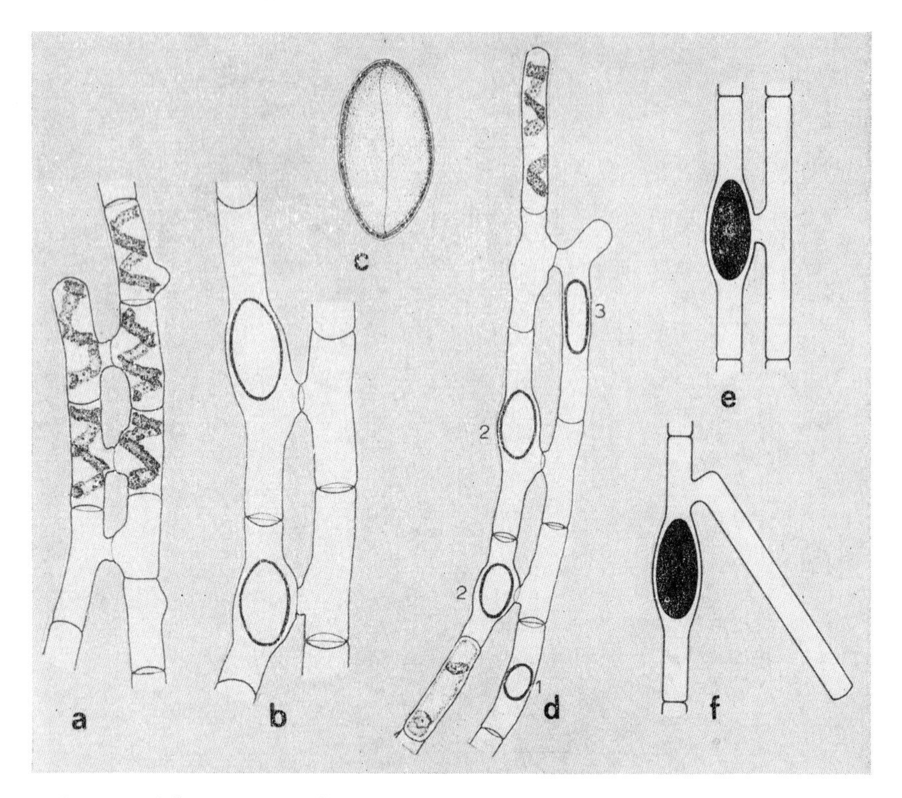

Abb. 184. *Spirogyra mirabilis.* a) junges Konjugationsstadium; b) altes Konjugationsstadium mit Zygoten; c) reife Zygote mit Rißlinie; d) Teil eines Fadensystems, das gleichzeitig Aplanosporen (1), Zygoten (2) und Parthenosporen (3) enthält; e) schematische Darstellung einer normalen erfolgreichen Konjugation; f) End-Seitenkonjugation mit gestörter Konjugation. – Nach Rieth 1972 [Kulturpflanze, 20].

Kanal selbst erfolgen (*Mougeotia, Spirogyra*) oder es fließt der männliche Protoplast zu dem weiblichen (*Spirogyra*). Daraus ergibt sich bei den fadenförmigen *Zygnemales* das Bild einer leiterförmigen skalaren oder, wenn benachbarte Zellindividuen miteinander kopulieren, einer lateralen Konjugation. Bei *Spirogyra* legen sich zwei getrenntgeschlechtliche Fäden nebeneinander. Der erste Kontakt zwischen ihnen erfolgt durch schleimartige Substanzen. Sobald sich Kopulationspapillen gebildet haben, werden die Fäden durch deren Wachstum auseinandergeschoben, und die Papillen wandeln sich durch Auflösen der sich berührenden Wände in Konjugationskanäle um. Schleimmassen, die vom Golgi-Apparat produziert werden, verursachen das Abheben des männlichen Gameten von der Zellwand des

Fadens; wahrscheinlich nehmen sie auch an der Wanderung des Gameten in den anderen Faden teil [264]. Nach erfolgter Verschmelzung findet bald darauf auch die Karyogamie statt. Das Produkt ist eine Zygote mit dicker, mehrschichtiger und eventuell auch skulpturierter Wand sowie mit verschieden langer Latenzzeit. *Mougeotia heterogama* weist einen sexuellen Dimorphismus auf, der durch verschieden breite vegetative Fäden auffällt. Die Kopulation erfolgt ausnahmslos zwischen einem schmalen und einem breiten Faden, also anisomorph [306].

Bei den Desmidiaceen werden zwei sexuell verschiedene Zellen durch Ausscheiden besonderer Gallerte zusammengehalten [519, 522, 623]. Als nächster Schritt erfolgt die Vorwölbung der Kopulationspapillen [482]. Das geschieht in den meisten Fällen in der Weise, daß nach der Zellwandsprengung von beiden Partnern eine unbehäutete Plasmapapille in Richtung auf den anderen Partner vorgestreckt wird. Die Gametenverschmelzung findet dann binnen weniger Minuten statt. Allmählich ziehen sich die Gameten aus den Zellwänden heraus und runden sich zur Zygote ab. Darauf folgt die Zygotenreifung [65, 1034]. Auch bei dieser Gruppe wurde anisomorphe Hologamie beobachtet (*Pleurotaenium subcoronulatum*), wo der eine Partner nur $^1/_4$—$^1/_5$ der Zellänge des anderen erreicht [905].

Bei der Keimung der Zygote entstehen nach erfolgter Reduktionsteilung 4 Gonen (*Cylindrocystis*) bzw. 2 Gonen (*Closterium, Hyalotheca*), oder es bildet sich auch nur eine einzige Keimzelle (*Zygnema, Spirogyra*). In den letzteren Fällen werden zwei bzw. drei Tetradenkerne resorbiert [148, 466, 980].

4.2.4. Merogamie

Am häufigsten differenzieren sich Teilprotoplasten zu Gameten, die durch sukzedane Vielfachteilung (Merogonie) in den Gamonten entstanden sind. Die Befruchtung dieser speziell gebildeten Gameten wird Merogamie genannt. Auch äußerlich unterscheiden sich die Gameten meist von den vegetativen Zellen. Nur bei den einzelligen *Volvocales* ist der morphologische Unterschied noch undeutlich. Da der Gamont aber mehrere Teilungsschritte (2—6) durchmacht, sind die Gameten oft kleiner als die asexuellen Zoosporen [371, 394]. Bei *Chlorogonium oogamum* bildet der männliche Gamont etwa 64 kleine Spermatozoiden, während der weibliche sich ungeteilt durch Austritt des Protoplasten aus der Gamontenhülle direkt in eine Eizelle umwandelt [823]. Die Merogamie zeigt mannigfache Übergänge von morphologischer Isogamie bis zur ausgesprochenen Oogamie. Doch findet man solche Reihen in der sexuellen Differenzierung nur unter den Chloro- und Phaeophyceen [394]. Die Gattung *Chlamydomonas* gibt ein instruktives Beispiel, wie innerhalb einer einzigen Gattung diese fortschreitende Geschlechtsdifferenzierung vor sich gehen kann (Abb. 185) [218].

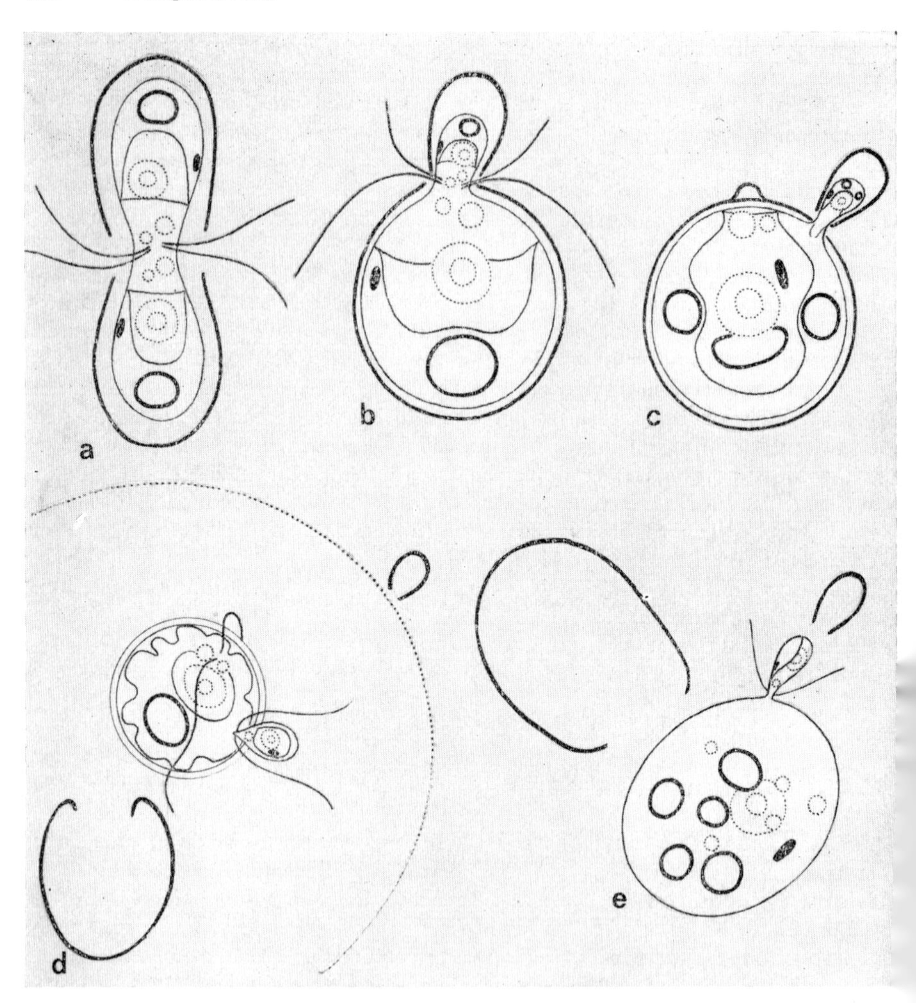

Abb. 185. Verschiedene Typen der Merogamie innerhalb der Gattung *Chlamydomonas* (alle Figuren leicht schematisiert, Gametenhülle dick eingezeichnet). a) Isogamie; b) Anisogamie; c) Oogoniogamie; d) Suboogamie; e) Oogamie. – Nach Ettl 1976 [218].

4.2.4.1. Isogamie

Unter einer morphologischen Isogamie verstehen wir eine Kopulation von gleich großen und morphologisch nicht unterscheidbaren Gameten (Abb. 185 a). Daß es aber auch bei isogamen Arten eine ganze Reihe sexueller Differenzierungen geben kann, lehren einfache Beispiele von isogamen *Chla-*

mydomonas- Arten [252]. Entweder wird durch Gameten eines Geschlechts der erste Kopulationsschritt imitiert oder die Bewegung der Kopulationspaare wird durch einen Partner bestimmt. Bei den primitiven Phaeophyceen sind die Isogameten sowohl in Form als auch in Reaktionsweise völlig gleich, wogegen bei den höher stehenden Formen Unterschiede in der Beweglichkeit auftreten. So setzt sich bei *Ectocarpus siliculosus* die eine Gametensorte (weibliche) bald fest, während die andere (männliche) beweglich bleibt. Die Befruchtung erfolgt, indem die Geißeln der beweglichen Gameten den unbeweglichen Gameten berühren. Isogamie ist keineswegs nur auf morphologisch einfache Algenformen beschränkt, wie das Beispiel von *Acetabularia mediterranea* veranschaulicht. Bei dieser Alge besteht der fertile Astwirtel aus mehreren langgestreckten, blasenartigen Strahlen, die seitlich miteinander verwachsen und den bekannten Schirm bilden. In diesen Schirmstrahlen werden die Gametangien erzeugt [978, 980].

Bei der Dinophycee *Noctiluca miliaris* erfolgt in den diploiden Gamonten vor der Gametenbildung eine Meiose. Darauf folgen mehrere synchrone mitotische Teilungen, woraus bis zu 1024 eingeißelige Isogameten resultieren. Nach dem Ausschwärmen verschmelzen sie gleich zu einer Zygote [1158]. Bei *Peridinium cinctum* fo. *ovoplanum* oder bei *Woloszynskia apiculata* werden Gameten durch Teilung des Protoplasten innerhalb des Amphiesmas gebildet. Die nackten Gameten kopulieren zunächst unter Bildung einer Planozygote, die sich relativ spät in eine dickwandige Hypnozygote umwandelt [858, 1057].

4.2.4.2. Anisogamie

Sobald ungleich große oder morphologisch unterschiedliche Gameten (Anisogameten) miteinander kopulieren, sprechen wir von Anisogamie (Abb. 185 b). Es liegt hier eine erkennbare sexuelle Differenzierung vor, die meist durch die größeren weiblichen Gynogameten und die kleineren männlichen Androgameten zum Ausdruck kommt. Wir können dabei noch zwischen der Anisogamie im engeren Sinne und der Heterogamie unterscheiden. Wenn die Gameten nur in ihrer Größe differenzieren, sprechen wir von Anisogamie (z. B. *Chlamydomonas upsaliensis*). Die Größe kopulierender Gameten variiert in ziemlich weiten Grenzen. Heterogamie liegt erst dann vor, wenn sich die beiden Gameten außer durch ihre ungleiche Größe noch anderweitig unterscheiden, was sich im einfachsten Fall durch die Unbeweglichkeit des Gynogameten ausdrückt (Abb. 185 c). Gynogameten entstehen immer nur infolge von 2 oder 4 Teilungen des Protoplasten im Gametangium, wogegen die Androgameten durch häufigere Teilungen entstehen, woraus 8–32 Gameten resultieren, die deshalb bedeutend kleiner sind. Ihr Chloroplast und Stigma sind oft leicht reduzierlich; nicht selten ist auch die Gestalt etwas unterschiedlich (z. B. *Chlamydomonas braunii*).

Die merkwürdige Anisogametenbildung der siphonalen Alge *Bryopsis* wird dadurch eingeleitet, daß ein Pfropfen gebildet wird, der die Äste vom

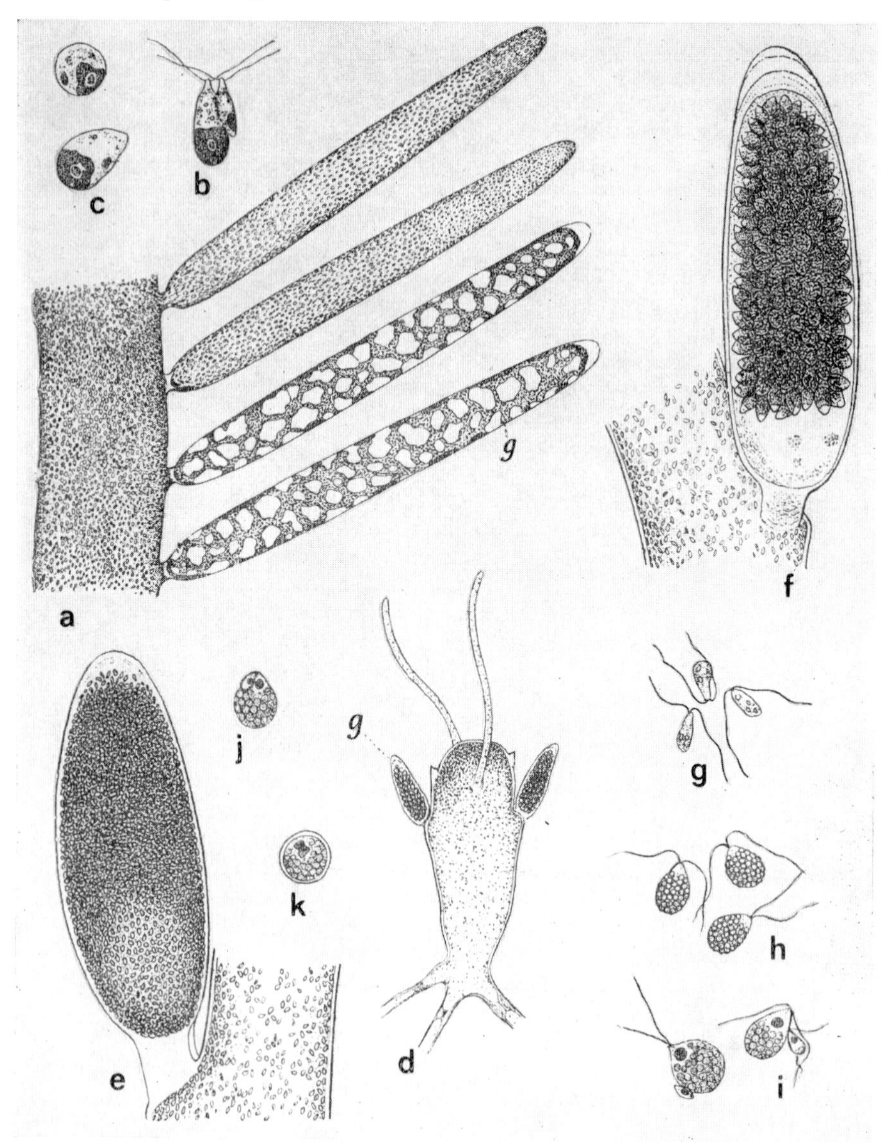

Abb. 186. a)–c) *Bryopsis cupressoides.* a) Stück eines Thallus mit fast reifen Gametangien (*g*); b) Kopulation der Anisogameten; c) junge Zygoten; d)–k) *Codium tomentosum:* d) Rindenschläuche mit Gametangien (*g*); e) männliches Gametangium; f) weibliches Gametangium; g) männliche Gameten; h) weibliche Gameten; i) Kopulation; j) junge Zygote; k) reife Zygote. – Nach BERTHOLD aus OLTMANNS 1922 [772].

übrigen Thallus abtrennt (Abb. 186 a) und in Gametangien umwandelt. In diesen vergrößert sich die Zahl der Chloroplasten, die sich im peripheren Plasma anordnen [83]. Gleichzeitig mit den Plastiden erfolgt auch die Vermehrung der Zellkerne durch Mitose. Sowohl Gyno- als auch Androgameten entstehen in demselben Gametangium, wobei die männlichen im proximalen, die weiblichen im distalen Sektor gebildet werden. Invaginationen des Plasmalemmas leiten Zytokinese und Formung der Gameten ein. Beide Gameten unterscheiden sich auch in ihrer Feinstruktur. Die Androgameten enthalten ein sehr großes Mitochondrion, das den größten Teil der Zelle einnimmt, und einen stark reduzierten Chloroplast. Demgegenüber enthalten die Gynogameten alle normal entwickelten Organellen, außerdem noch ein Stigma [175]. Die Karyogamie erfolgt in der Weise, daß sich beide Zellkerne nebenein-

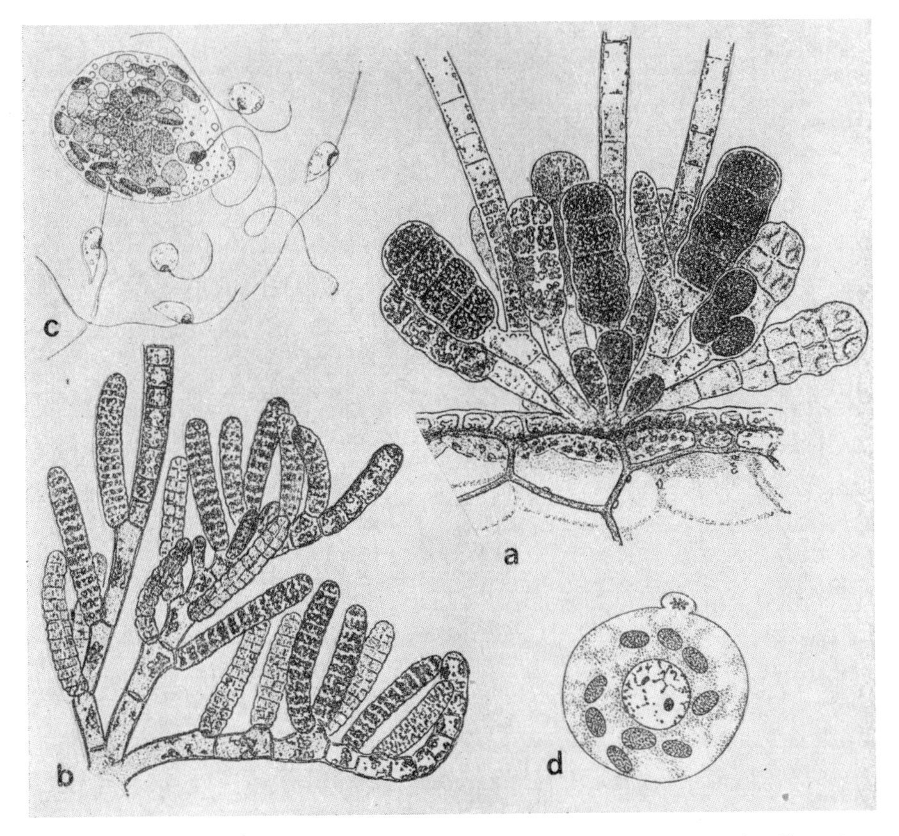

Abb. 187. *Cutleria multifida.* a) weibliche Gametangien; b) männliche Gametangien; c) Anlockung der Androgameten durch den viel größeren Gynogameten; d) Plasmogamie. – Nach Oltmanns 1922 [772].

anderlegen und durch Stränge des ER verbunden werden. Diese Stränge entstehen um den Zellkern des Gynogameten. Erst dann wird die Kernhülle aufgelöst, worauf beide Kerne verschmelzen. Bei *Codium* erfolgt ebenfalls eine Anisogamie, doch werden hier die Gameten je nach Geschlecht in gesonderten Gametangien gebildet (Abb. 186 d–k). Die anisogamen Arten der Phaeophyceen-Familie *Cutleriaceae* fallen schon durch die unterschiedlichen Gametangien auf, von denen die Gynogametangien (Makrogametangien) bedeutend größer sind als die Androgametangien (Mikrogametangien) (Abb. 187).

Außer Kopulationen der Iso- und Anisogameten im monadoiden Zustand können die Gameten unter Geißelverlust völlig amöboid werden, als Amöben miteinander kopulieren und regelrechte Zygoten bilden, wie z. B. bei einer nicht näher bestimmten *Chlamydomonas*-Art [807].

4.2.4.3. Oogamie

Die Oogamie ist die am besten differenzierte sexuelle Fortpflanzungsart. In diesem Fall bleiben die gametogenen Teilungen des weiblich determinierten Gamonten meistens aus; der ganze Gamont wandelt sich in ein Oogonium um, das eine einzige Eizelle (Oosphaere) enthält. Eine Ausnahme bilden nur einige Phaeophyceen. Parallel damit verläuft eine quantitative Steigerung der Androgametenbildung in den Antheridien. Die Androgameten (Spermatozoiden oder Spermien) werden zahlreicher und entsprechend kleiner. Sie suchen das weibliche Individuum durch chemotaktische Anlockung auf, und befruchten die aus dem Oogonium austretende nackte Eizelle, wie z. B. bei *Chlorogonium oogamum* (Abb. 188). Falls die Eizelle im Oogonium eingeschlossen bleibt und innerhalb der Hülle oder Zellwand befruchtet wird, sprechen wir von Oogoniogamie [840, 1005]. Oogamie im engsten Sinne ist nur dann vorhanden, wenn die Eizelle zum unbeweglichen und nackten befruchtungsfähigen Ei geworden ist (z. B. *Chlamydomonas pseudogigantea*) [303]. Natürlich sind dann auch die Spermatozoiden nackt (Abb. 185 e). Die Grenze zwischen Oogamie und Oogoniogamie ist nicht immer scharf zu ziehen. Manchmal bleibt die Eizelle im Oogonium eingeschlossen, löst sich jedoch von der Zellwand ab und wird nackt befruchtet.

Manche Eizellen treten bei den *Volvocales* zwar nackt, aber noch begeißelt aus dem Oogonium, wie bei *Chlamydomonas suboogama* (Abb. 185 d) [1102, 1103]. Die Oogamie von *Pleodorina indica* und *Eudorina elegans* (Abb. 189) verläuft durch Kopulation eines nackten Spermatozoiden mit einer nackten Eizelle, wobei beide begeißelt sind. Nach der Befruchtung entsteht eine viergeißelige Planozygote durch Vereinigung der Geißelpaare der Gameten [490]. Ebenso sind die Eizellen von *Platydorina caudata* zweigeißelig [390].

Die Gamonten von *Volvox*, die im Laufe der weiteren Teilungen die Spermatozoiden liefern, teilen sich in derselben Weise wie die asexuellen Fortpflanzungszellen [159]. Es kommt zur Bildung einer Zellplatte oder einer

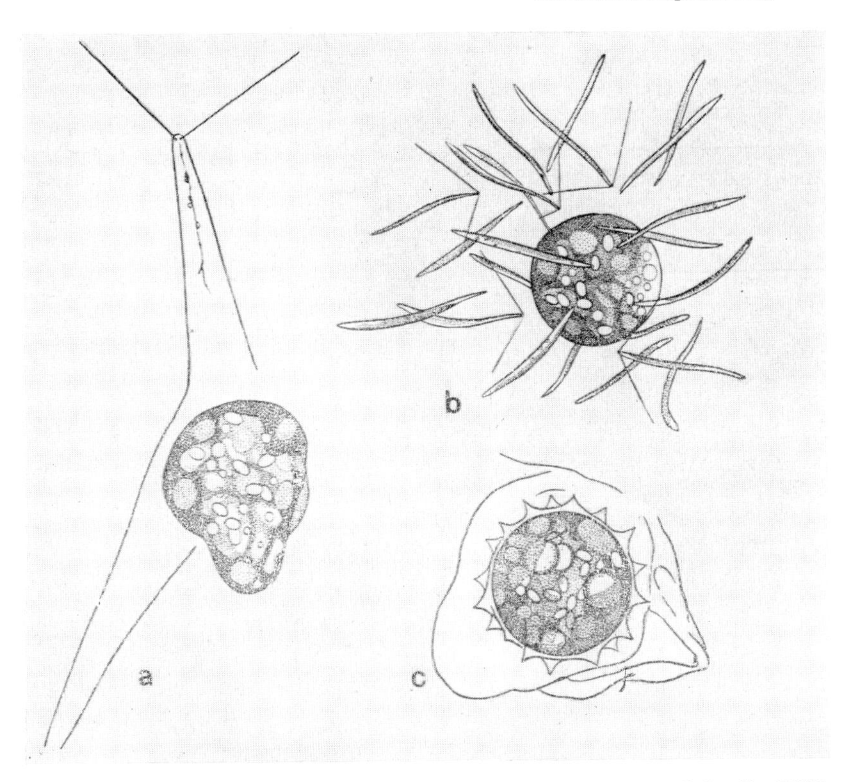

Abb. 188. *Chlorogonium oogamum.* a) die nackte Eizelle verläßt die Hülle des Gametangiums; b) die ausgetretene, empfängnisbereite Eizelle von Spermien umschwärmt (die hyaline Zone an der Eizelle ist der Empfängnisfleck); c) reife Zygote, die noch vom abgehobenen und aufgerissenen Exospor umgeben ist. — Nach Pascher 1931 [823].

Zellkugel (z. B. *Volvox aureus*). Dann lösen sich die Spermienverbände entweder noch innerhalb der Kolonie auf, oder sie treten als Ganzes aus. Sie sind von einer Gallerthülle umgeben, die ähnlich wie bei den jungen vegetativen Zönobien aussieht. Inversionen kommen jedoch nicht vor. Die Spermatozoiden sind sehr gestreckt, länglich spindelförmig, mit einem oft sehr langen, spitzen und hyalinen Vorderende, das mit zwei langen Geißeln versehen ist. Sie sind blaßgrün bis gelbstichig. Bei *Volvox carteri* werden 64 oder 128 Spermatozoiden gebildet [1039]. Andere Gamonten wandeln sich in große Oogonien mit einer geißellosen Eizelle um, von denen nur wenige im Zönobium vorhanden sind [807]. *Volvox*-Arten sind monözisch oder diözisch [1041]. Bei der diözischen *Volvox gigas* erfolgt der erste Kontakt zwischen den Gameten dadurch, daß sich ganze Spermienverbände an der Oberfläche

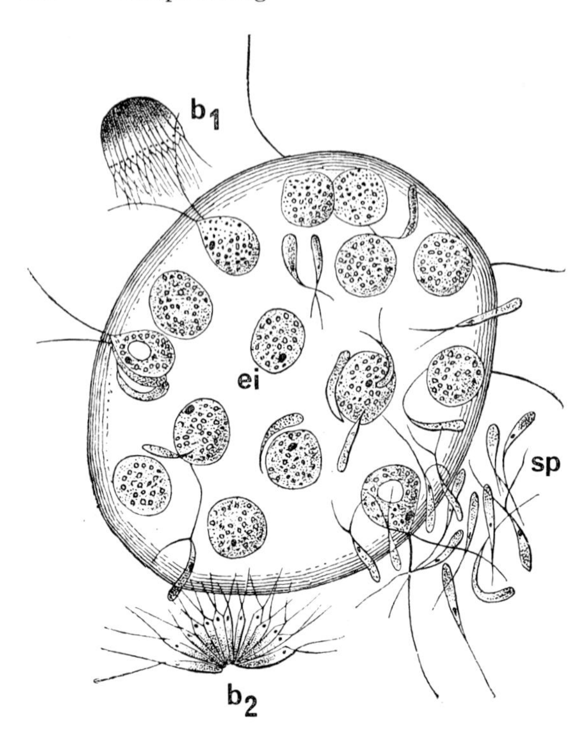

Abb. 189. Oogamie bei *Eudorina elegans;* weibliches Zönobium von Spermatozoiden (*sp*) umgeben. *ei* Eizellen, b_1 Spermatozoidenbündel, b_2 zerfallendes Spermatozoidenbündel. – Nach GOEBEL aus OLTMANNS 1922 [772].

der weiblichen Zönobien festhalten. Zugleich trennen sich die individuellen Spermatozoiden simultan und dringen ins Innere der Gallerte des weiblichen Zönobiums ein, wo sie die Eizellen umschwärmen. Bei *Volvox gigas* durchdringt der ganze Spermienverband die Gallerte der weiblichen Zönobien [1039].

Die Gattung *Volvox* bietet außergewöhnliche Möglichkeiten für Untersuchungen und Experimente hinsichtlich Differenzierungen und Geschlechtsbestimmungen einfacher vielzelliger Organismen [1040]. Die Differenzierung der sexuellen Fortpflanzungszellen ist eine Reaktion auf eine spezifische Induktion, die gewöhnlich durch das männliche, in einem Fall auch von beiden Geschlechtern hervorgerufen werden. Bei *Volvox aureus* wurde festgestellt, daß die sexuellen Fortpflanzungszellen eine Substanz bilden, die die Entwicklung von Individuen der nächsten Generation beeinflussen können [153]. Embryonen, die sich eigentlich asexuell entwickeln, werden durch diese Substanzen sexualisiert. Ähnliche Systeme wurden auch bei anderen Arten beschrieben [530, 702, 1039].

Bei den *Chlorococcales* ist Oogamie recht selten und wurde bisher nur bei

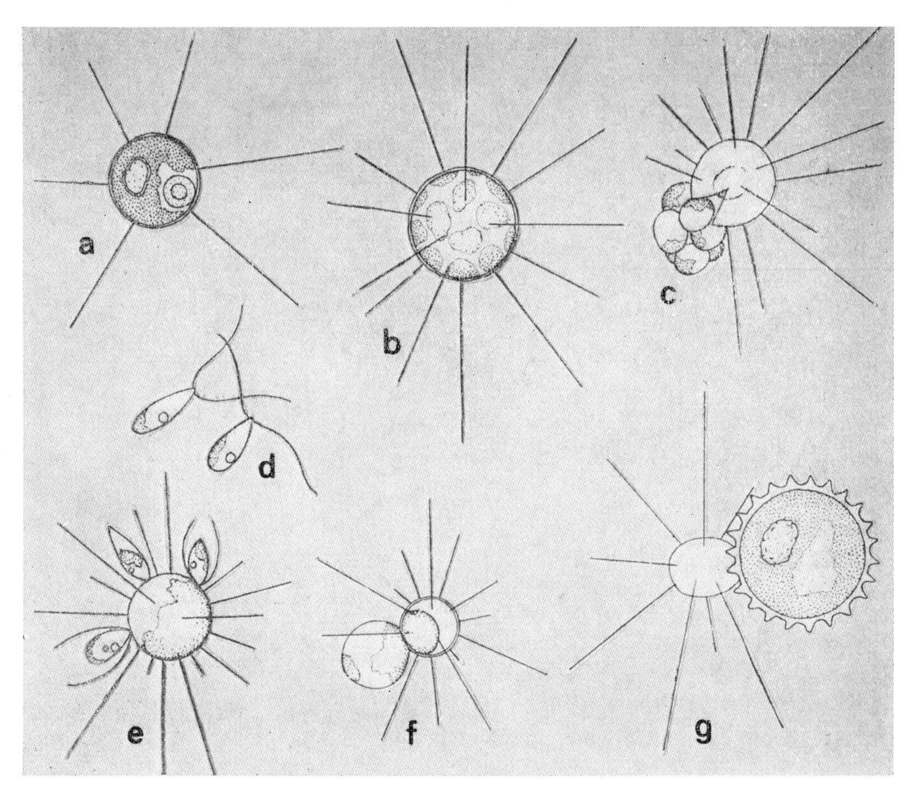

Abb. 190. *Golenkinia minutissima.* a) vegetative Zelle; b) Antheridium mit Spermienbildung; c) Freiwerden der Spermatozoiden; d) freie Spermatozoiden; e) Oogonium mit angelockten Spermatozoiden; f) Kopulation unter gleichzeitigem Austreten der Eizelle aus dem Oogonium; g) reife Zygote. – Nach STARR 1963 [Studies on Microalgae and Photosynth. Bacteria].

wenigen Gattungen beobachtet: *Golenkinia* (Abb. 190, 191) [555, 197, 736], *Micractinium* [555], *Dictyosphaerium* [489] und *Eremosphaera* [518]. Die Eizellen entstehen einzeln in den Oogonien, nur bei *Dictyosphaerium* zu zweit. Die Spermatozoiden werden zu mehreren durch sukzedane Teilung gebildet (8–64); sie sind mit Ausnahme von *Golenkinia* und *Micractinium* nackt. Bei diesen Gattungen verläßt aber die Eizelle die Hülle des Oogoniums, um außerhalb befruchtet und zur Oospore zu werden. Die Oogamie von *Eremosphaera viridis* wurde experimentell ausgelöst. Durch sukzedane Teilungen entstehen in einem Antheridium 16–64 zweigeißelige Spermatozoiden. Ihre Entwicklung ist mit einer Degeneration der Chloroplasten verbunden. Die Spermatozoiden werden noch innerhalb des Antheridiums frei

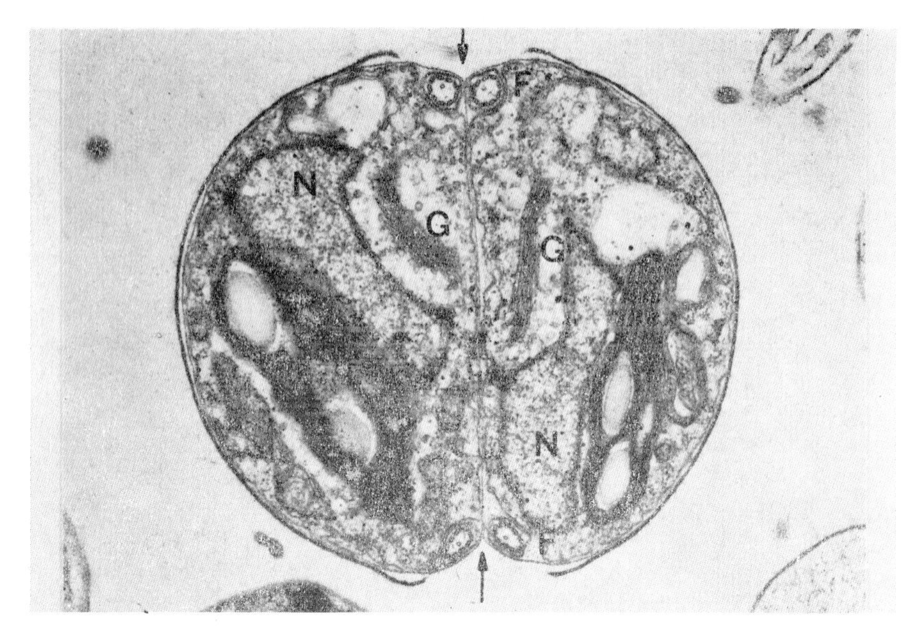

Abb. 191. *Golenkinia minutissima;* elektronenmikroskopische Aufnahme eines Längsschnittes durch ein Antheridium. Die Antheridiumwand ist zerrissen (Pfeil), die Wand der Spermien ist jedoch noch intakt. *F* Geißeln, *G* Golgi-Apparat, *N* Zellkern. – 20 000 : 1, nach Moestrup 1972 [736].

beweglich und verlassen dieses einzeln durch eine sich allmählich bildende Öffnung. In den Oogonien entsteht je eine Eizelle, die nach Ausbildung einer Empfängnispapille in situ befruchtet wird. Die von einer skulpturierten Wand umgebene Oospore verbleibt innerhalb der Oogoniumwand [518].

Viel häufiger ist Oogamie bei fadenbildenden und thallösen Chlorophyceen verbreitet. Bei *Prasiola stipitata* umschwärmen zweigeißelige Spermatozoiden die unbewegliche Eizelle. Die eine Geißel des befruchtenden Spermatozoiden wird vom Plasma der Eizelle absorbiert, wodurch die Fusion beginnt [270]. Die Planozygote bleibt eine Zeitlang mittels der nicht absorbierten Geißel des Spermatozoiden beweglich [663]. In bestimmten Zellen von *Cylindrocapsa indica* werden verschieden große Zoosporen gebildet, die als Gamonten fungieren. Die größeren Zoosporen keimen zu einem einzelligen Oogonium mit Eizelle, die kleineren dagegen zu einem Antheridium mit 4 Spermatozoiden [488]. Bei *Chaetonema* sind die Eizellen geißellos, werden jedoch amöboid und treten als Amöben aus den Oogonien aus, um befruchtet zu werden.

Eigenartig verläuft die Oogamie bei der polyenergiden *Sphaeroplea,* wo zu diesem Zweck Segmente im Faden zu Gametangien umgewandelt werden

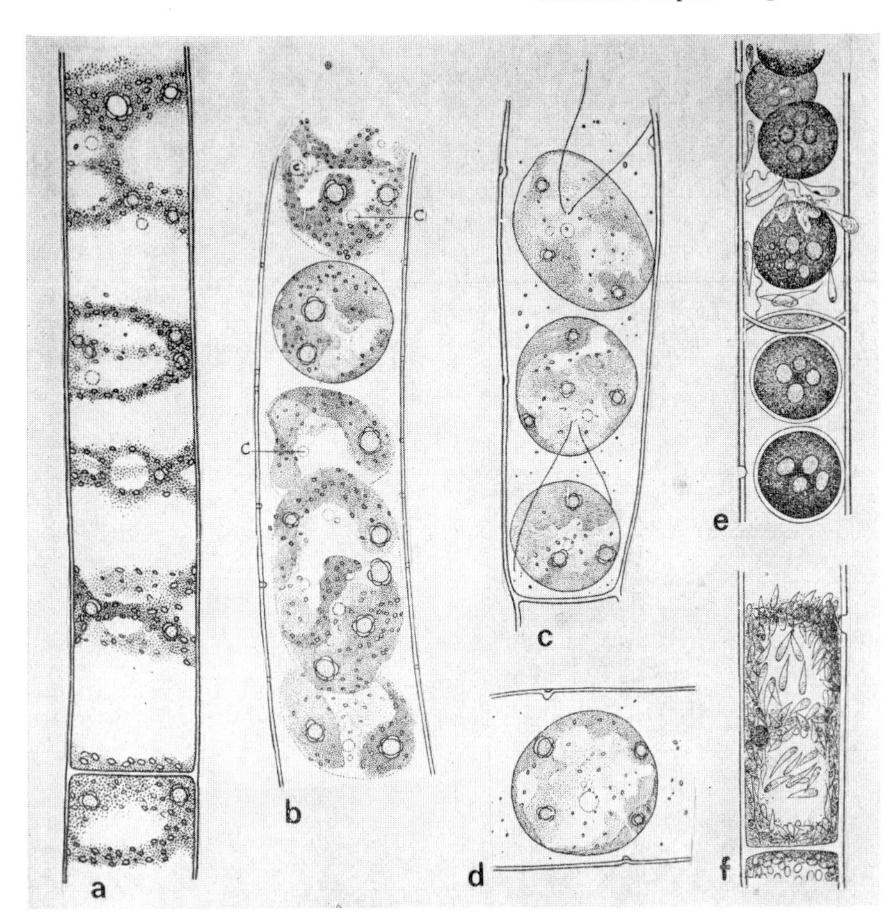

Abb. 192. a)–d) *Sphaeroplea cambrica*: a) Stück eines vegetativen Siphonoblasten mit ringförmigen bis netz-ringförmigen Chloroplasten; b) Teil eines weiblichen Siphonoblasten mit noch nicht fertigen Eizellen (*c* pulsierende Vakuolen); c) fertige Eizellen mit zwei Geißeln; d) geißellose Eizelle mit pulsierenden Vakuolen; e), f) *Sphaeroplea annulina*: e) weiblicher Siphonoblast mit Eizellen und Spermien, die durch Löcher in der Zellwand eingedrungen sind; f) männlicher Siphonoblast mit Spermien. – a)–d) nach Pascher 1939 [831]; e), f) nach Cohn aus Oltmanns 1922 [772].

(Abb. 192). In den männlich determinierten Fäden erfolgt dies nach vorangegangener Kernvermehrung durch einen fortschreitenden segregativen Zerfall des plasmatischen Wandbelags in eine Menge kleiner schlanker Spermatozoiden. In den weiblichen Fäden, in denen ebenfalls bei der Fertilisierung eine, allerdings schwächere Kernvermehrung erfolgt, wird der Protoplast segregativ in eine geringere Anzahl bedeutend größerer Eizellen aufgespaltet, die man besser als Zönomeren bezeichnen sollte. Diese sind in der Anlage (Gamonten) mehrkernig. Ihre polyenergide Konstitution drückt sich bei *Sphaeroplea cambrica* auch dadurch aus, daß sie anfangs eine größere Anzahl von Geißelpaaren besitzen; später werden sie schließlich durch weitere Zerteilung der Anlagen zweigeißelig. Nach der Befruchtung wird eine dicke, skulpturierte Wand um die Zygote (O o s p o r e) ausgeschieden. Da nur ein Spermatozoid mit dem Ei verschmilzt, erfolgt die Karyogamie nur zwischen einem Kern der weiblichen Zönomere und dem männlichen Kern; die übrigen degenerieren [829, 980].

Die spezifische Oogamie bei den *Oedogoniales* ist vor allem durch die stephanokonten Spermatozoiden gegeben [257, 772]. Bei *Oedogonium* (Abb. 193) entwickeln sich die Antheridien entweder aus den vegetativen Zellen der normalen Fäden (m a k r a n d r i s c h e Arten) oder aus den Zellen kleiner, nur aus wenigen Zellen bestehender Fäden, den sogenannten Zwergmännchen (n a n a n d r i s c h e Arten). Die m a k r a n d r i s c h e n Arten sind entweder monözisch oder diözisch, je nachdem, ob die Fäden die Gametangien beider Geschlechter oder nur des einen Geschlechts aufweisen. Die

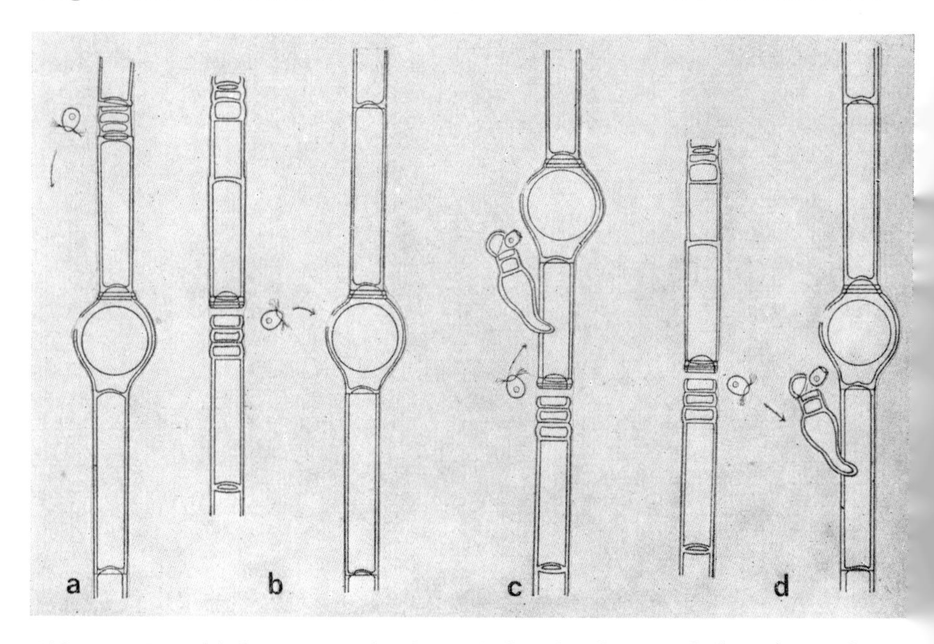

Abb. 193. Verschiedene Typen der Oogamie bei der Gattung *Oedogonium* (schematisch). a) monözisch makrandrisches *Oedogonium,* b) diözisch makrandrisches *Oedogonium,* c) monözisch nanandrisches (gynandrospores) *Oedogonium,* d) diözisch nanandrisches (idioandrospores) *Oedogonium.* – Nach KNIEP 1928 [527].

Antheridien gehen aus vegetativen Zellen unter Ringbildung hervor. Sie sind sehr niedrig, und durch wiederholte Teilungen bildet sich eine Reihe von Antheridienzellen. In jedem Antheridium entwickeln sich 1 oder 2 Spermatozoiden mit einem Geißelkranz. Sie treten durch einen Riß in der Antheridienwand innerhalb einer vergänglichen Gallertblase aus. Die Oogonien entstehen durch Teilung der Oogoniummutterzelle, die interkalar oder terminal angelegt wird. Die distale Kappenzelle entwickelt sich zum Oogonium, die proximale Scheidenzelle wird zur Stützzelle, von der noch weitere Oogonien abgegliedert werden können. Die Oogonien sind kugelig oder ellipsoidisch und stets dicker als die vegetativen Zellen. Die reifen Oogonien enthalten einzelne Eizellen, die während der Reife nur vom Plasmalemma umgeben sind. Der Zellkern befindet sich nahe der Eioberfläche gegenüber dem künftigen Porus in der Oogoniumwand [444]. Durch diesen Porus tritt dann das Spermatozoid ein. Komplizierter sind die Verhältnisse bei den n a n a n d r i s c h e n Arten. Hier werden besondere, den Antheridien ähnliche Zellen gebildet, die A n d r o s p o r a n g i e n ; sie entlassen sogenannte A n d r o s p o r e n. Die Androsporen setzen sich auf die Fäden in der Nähe eines Oogoniums oder auch auf die Oogonien selbst und keimen zu kleinen Gebilden aus, den Zwergmännchen (N a n a n d r i e n). Die Nanandrien bestehen aus der Fußzelle, die sich aus der Androspore entwickelt hat, und aus einer oder mehreren Antheridienzellen, aus denen die Spermatozoiden in der üblichen Weise hervorgehen. Das sich entwickelnde Zwergmännchen induziert die Teilung des weiblichen Gamonten in das eigentliche Oogonium und die Stützzelle. Die Androsporangien und die Oogonien können auf denselben Fäden (g y n a n d r i s c h e Arten) oder getrennt auf verschiedenen Fäden vorkommen (i d i o a n d r i s c h e Arten).

Die Befruchtung verläuft bei beiden Typen gleich (Abb. 194). Vor der Plasmogamie verjüngt sich das Spermatozoid stark und wird formveränderlich. Es dringt durch den Porus in das Oogonium ein. Der erste Kontakt mit der Eizelle kommt dadurch zustande, daß er mit den Geißeln die Oberfläche der Eizelle berührt. Die Gametenfusion findet unter Verlust der Geißeln mit dem Vorderende des Spermatozoids und am farblosen Pol der Eizelle statt. Die ganze Plasmogamie dauert nur etwa 30 Sekunden [445]. Manchmal kommt auch Polyspermie vor [446]. Die Spermatozoiden werden durch das Oogonium chemotaktisch angelockt [437, 533]. Gleich nach der Plasmogamie erfolgt die Karyogamie, wobei der männliche Kernteil noch längere Zeit durch das dichtere Chromatinmaterial erkennbar ist [447]. Die Zygote umgibt sich mit einer zwei- bis dreischichtigen Wand, die verschiedenartig skulpturiert und oft gelblichbraun bis leuchtend rot gefärbt sein kann. Die reifen Oosporen machen ein längeres Ruhestadium durch. Bei der Keimung entstehen nach der Meiose 4 Zoosporen, aus denen bei den makrandrischen Arten je 2 männliche und 2 weibliche Fäden hervorgehen [642]. Manchmal unterbleibt jedoch die Meiose, so daß ein einzelner diploider Keimling entsteht [438]. Ähnlich wie bei *Oedogonium* verläuft der sexuelle Vorgang auch bei *Bulbochaete* [127].

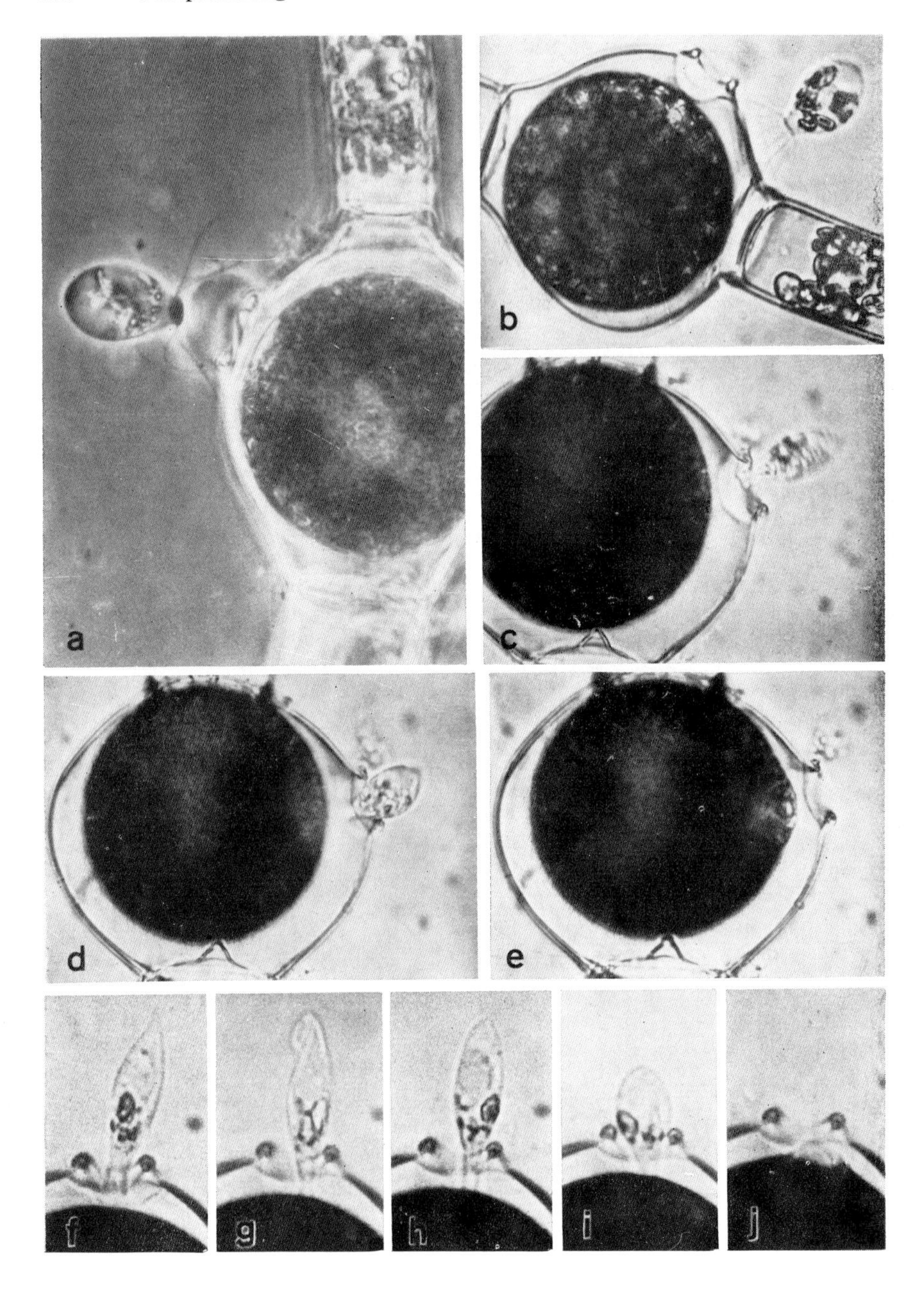
a
b
c
d
e
f
g
h
i
j

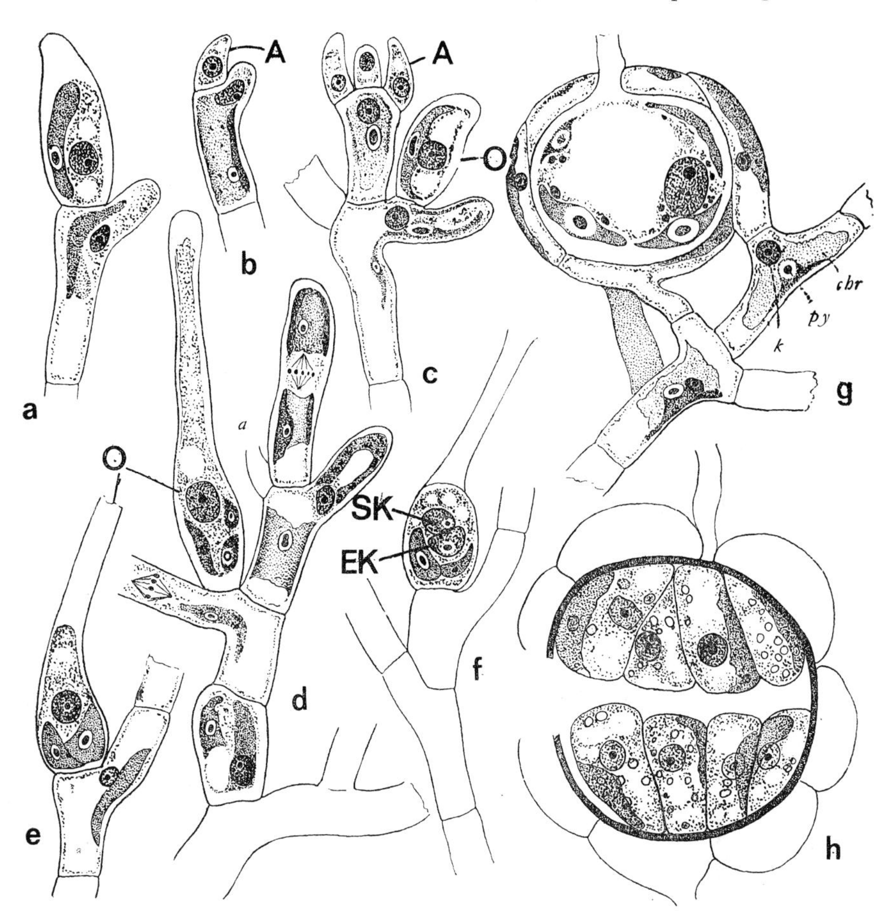

Abb. 195. Oogamie bei *Coleochaete pulvinata.* a) junger Zweig; b), c) Antheridienstände und junges Oogonium; d) Oogonium kurz vor dem Öffnen; e) nach dem Öffnen; f) zweikernige Zygote; g) Zygote durch Umwachsung zur Sporenfrucht entwickelt; h) keimende Zygote. *O* Oogonium, *SK* Spermienkern, *A* Antheridienstände, *EK* Eikern. – Nach OLTMANNS 1922 [772].

Abb. 194. Verlauf der Oogamie bei *Oedogonium cardiacum.* a) Spermatozoid mit Geißeln an der aus dem Porus des Oogoniums ausgeschiedenen Substanz festhaftend (im Phasenkontrast); b) Aufsuchen des Oogonium-Porus durch das Spermatozoid; c) Eindringen des Spermatozoiden in das Oogonium, wobei sich das Spermatozoid deutlich verschmälert; d) Beginn der Plasmogamie; e) Spermatozoid in die Eizelle eingedrungen, der Rest ist noch zu sehen; f)–j) Plasmogamie nach mikrokinematographischen Aufnahmen detailliert dargestellt. – a) 1000 : 1; b)–e) 800 : 1; f)–j) 1200 : 1, nach HOFFMAN 1973 [445].

Die höchste Stufe in der Entwicklung der Oogamie unter den Chlorophyceen erreicht *Coleochaete* (Abb. 195). Das flaschenförmige Oogonium besitzt einen farblosen halsartigen Ausläufer, der sich an der Spitze zur Aufnahme der Spermatozoiden öffnet. Die Spermatogonien entstehen durch inäquale Teilung, wobei der Spermatozoid ein blasses, pyrenoidloses Stück des Chloroplasten zugeteilt bekommt [316, 317]. Die Spermatogonien entstehen zu zweit oder zu dritt als Abgliederung der Endzellen, oft schon an wenigzelli-

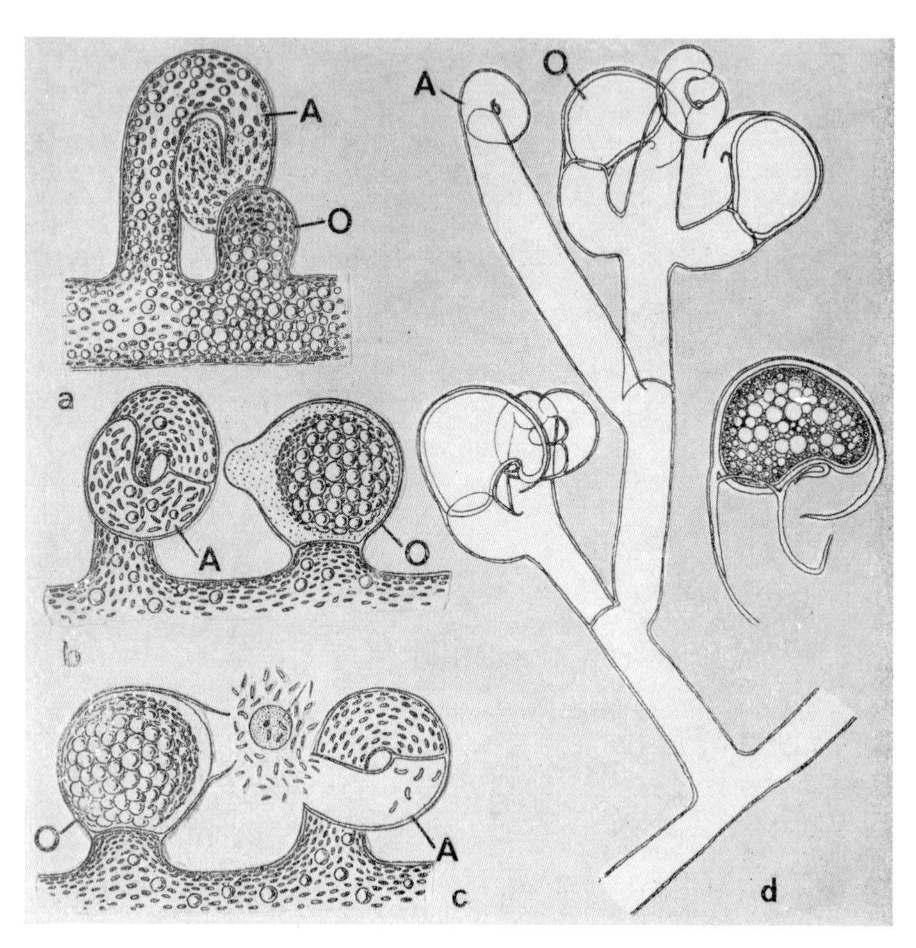

Abb. 196. a)–c) *Vaucheria sessilis.* a) junge Sexualorgane; b) reife Sexualorgane; c) dieselben nach ihrer Öffnung, Ausschwärmen der Spermatozoiden; d) *Vaucheria lii,* sympodial verzweigter Sexualorganstand, daneben Oogonium mit reifer Oospore. *A* Antheridium, *O* Oogonium. – a)–c) nach OLTMANNS 1922 [772]; d) nach RIETH 1963 [Arch. Protistenk. 106].

gen Thalli. Oogonien werden erst auf größeren Thalli entwickelt. Nach Befruchtung der Eizelle vergrößert sich diese und wird zur Zygote. Gleichzeitig wachsen aber von ihrer Tragzelle und von benachbarten Zellen Zellfäden um sie herum, so daß ein einschichtiges, nematoparenchymatisches Gewebe (Rinde) die Zygote umhüllt. An der Berührungsstelle zwischen der Rinde und der Oospore entsteht später eine dicke braune Lamelle, an deren Bildung sich sowohl die Rinde als auch die Zygotenwand beteiligt. Auf diese Weise kommt eine Zygotenfrucht zustande, die eine Ruhezeit durchmacht und überwintert. Die Oospore keimt, indem sich ihr Inhalt in 16–32 Zellen teilt. Darauf reißt die Zygotenfrucht auf und entläßt aus jeder Zelle eine große Zoospore, die unmittelbar zu einem neuen Thallus auskeimt [277].

Unter den Xanthophyceen kommt Oogamie nur bei der Gattung *Vaucheria* vor (Abb. 196). Hier werden die Sexualorgane als kurze, besonders gestaltete Seitenäste des vegetativen Schlauches angelegt, mit dem sie anfangs in offener Verbindung stehen. Später kommt es zur Abgrenzung durch eine Querwand. Die Morphologie der Sexualorgane ist mannigfaltig und artspezifisch [927]. Die sexuelle Differenzierung im weiblichen Organ erfolgt so, daß die überzähligen Zellkerne entweder in den vegetativen Schlauch zurückfließen oder nach der Abtrennung durch die Querwand bis auf einen degenerieren, der zum Eikern wird. Im männlichen Organ hingegen, das in gleicher Weise angelegt wird, bleibt die zönokaryotische Innenstruktur erhalten und führt schließlich durch eine schizotome Aufspaltung zur Bildung einer großen Anzahl kleiner, heterokonter Spermien [980]. Im Elektronenmikroskop zeigen die Spermatozoiden einen stark spezialisierten Bau ohne Chloroplast und ohne Stigma, jedoch mit großem Mitochondrion (Abb. 197) [734]. Vor der Befruchtung öffnen sich die Wände am distalen Ende. Durch die Krümmung des Spermatangiums gelangt dessen Mündung in die Nähe

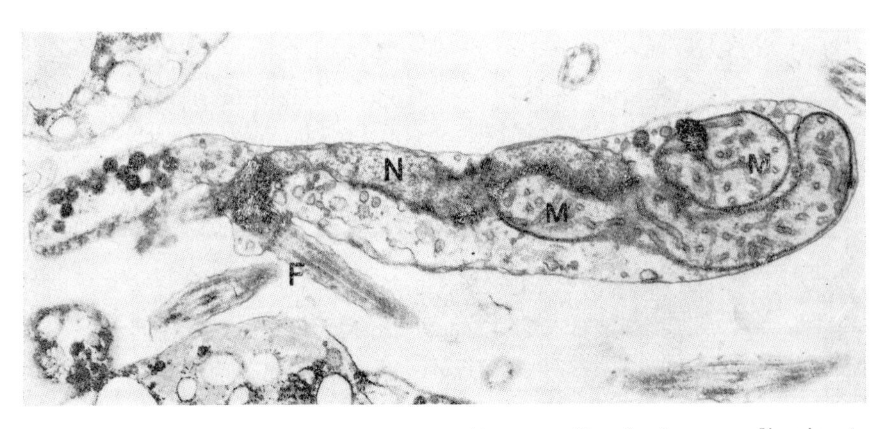

Abb. 197. Längsschnitt eines Spermatozoiden von *Vaucheria sescuplicaria,* der die Anordnung der Organellen zeigt. *N* Zellkern, *M* Mitochondrien, *F* Geißeln. – 17 000 : 1, nach Moestrup 1970 [734].

der Oogoniumöffnung, und die Spermatozoiden schwimmen zur Eizelle hin. Diese umgibt sich gleich nach der Befruchtung mit einer resistenten Wand. Die Reduktionsteilung erfolgt in der keimenden Oospore [922].

Bei den Phaeophyceen ist Oogamie nur bei den höher organisierten Typen bekannt. Bei *Desmarestia* besteht der Gametophyt aus mikroskopisch kleinen, einfachen oder wenig verzweigten, haplostichen Fäden, die nur die Geschlechtsorgane tragen. Die Gametophyten sind diözisch, die Geschlechteraufteilung geht auf genotypischem Weg vor sich. Die Oogonien kommen aus seitlichen Zellen des weiblichen Protonemas hervor, die durch eine apikale Öffnung eine unbewegliche Eizelle entlassen. Auch die männlichen Organe sind nur auf eine Initialzelle beschränkt, die lediglich einen Spermatozoiden entläßt [980]. Auch bei den Laminariaceen sind Oogonien und Spermatogonien monogon (d. h. einen Gameten entlassend). Bei *Dictyota* sind sowohl Oogonien als auch Spermatogonien zu Sori angehäuft (Abb. 198).

Eine Sonderstellung innerhalb der Phaeophyceen nehmen hinsichtlich der oogamen Fortpflanzung die *Fucales* ein. Die Enden der Thalluszweige sind bei *Fucus* etwas angeschwollen und tragen dichtstehende, krugförmige Einsenkungen (K o n z e p t a k e l), in denen zwischen sterilen Haaren (P a r a p h y s e n) die Antheridien- und Oogonien stehen (Abb. 199). Noch vor

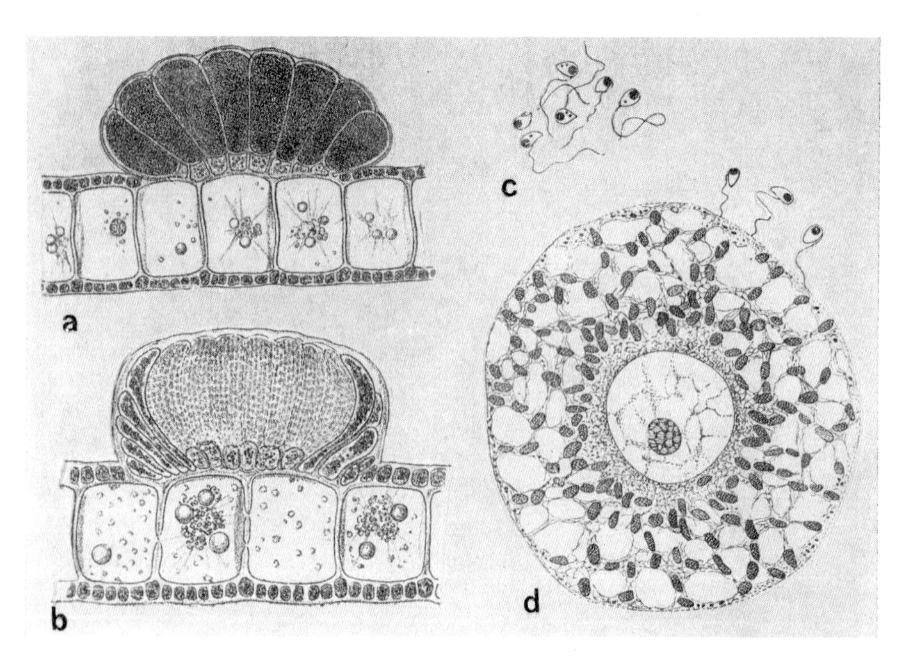

Abb. 198. *Dictyota dichotoma*. a) Oogonium-Sorus; b) Antheridien-Sorus; c) Spermatozoiden; d) Eizelle im Augenblick der Befruchtung. – Nach THURET, WILLIAMS aus OLTMANNS 1922 [773].

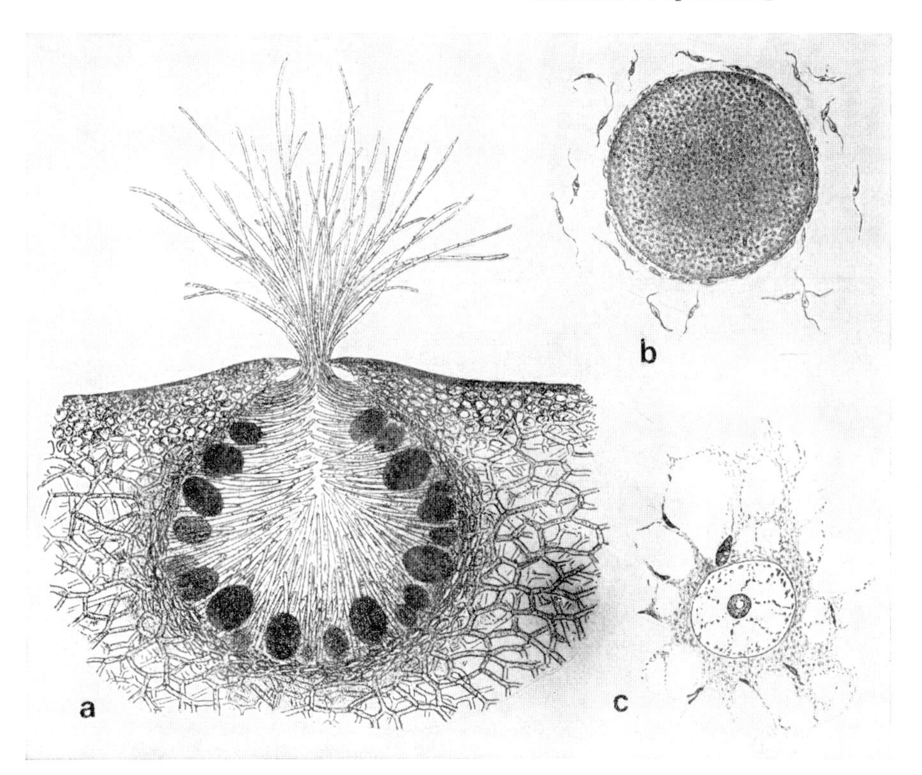

Abb. 199. a) *Fucus platycarpus,* Konzeptakel mit Oogonien und Antheridien; b) *Fucus vesiculosus,* Befruchtung der Eizelle; c) Spermienkern in der Nähe des Eikernes. – Nach FARMER, YAMANOUCHI, THURET aus OLTMANNS 1922 [773].

der Differenzierung der Geschlechtsorgane erfolgt die Meiose. Die Antheridien sitzen als ovale Zellen dicht gedrängt an reich verzweigten kurzen Fäden. Der Inhalt jedes Antheridiums teilt sich in 64 Spermatozoiden. Er wird als Ganzes von der dünnen inneren Wandschicht umgeben und entläßt dann die birnförmigen Spermatozoiden. Letztere bestehen hauptsächlich aus dem Zellkern und sind mit einem aus dem Chloroplasten entstandenen Stigma sowie 2 seitlichen Geißeln versehen, von denen die längere nach hinten gerichtet ist [648]. Die Oogonien sind große, rundliche, auf einzelligem Stiel sitzende Gebilde, die 8 große, aus der Oogoniummutterzelle durch Teilungen entstandene Eizellen enthalten. Bei anderen Formen können auch 4 oder 2 Eizellen, im Extremfall nur eine einzige gebildet werden. Der Oogoniuminhalt tritt, von einer dünnen, aber noch aus mehreren Schichten bestehende Hülle umgeben, aus der aufplatzenden Oogoniumwand heraus. Die äußerste Hüllschicht verquillt nun am oberen Teil und stülpt sich teilweise zurück, worauf auch die innerste Schicht gesprengt wird und die nackten braunen Eier sich nun ins freie Wasser entleeren. Die Spermatozoiden werden von den Eizellen in großen Mengen angelockt, wobei natürlich nur einer die Befruchtung vollzieht. Für *Fucus* liegen sorgfältige Untersuchungen über die chemotaktische Anlockung der Spermatozoiden durch die Eizelle vor [533]. Die perinukleäre Region der Zygoten wird nach gewisser Zeit polarisiert, indem sich Zelleinschlüsse an jener Seite dicht anhäufen, wo das primäre Rhizoid gebildet wird. Außerdem erscheinen mehrere Fortsätze der Kernhülle an der dem künftigen Rhizoid zugewandten Kernseite [175].

Mit stark abgewandelter Oogamie treten uns die Rhodophyceen entgegen. Für sie ist typisch, daß beide Gameten stets unbeweglich sind. Die Geschlechtsorgane der Rhodophyceen haben auch eine eigene Terminologie. Die männlichen Organe sind monogome Gametangien, die Spermatangien genannt werden (Abb. 201 a). Diese entlassen durch einen Riß in der Wand einen einzigen farblosen, akonten Gameten, das Spermatium. Die Spermatangien entstehen an den Ästen letzter Ordnung einzeln oder zu mehreren an einer Spermatangien-Mutterzelle. Manchmal werden die Spermatangien von besonderen Stützzellen getragen und zu Nemathecien angehäuft. Es kommt auch zur Bildung von Sori, die schließlich in konzeptakelähnliche, im Rindensystem des Thallus versenkte Androthecien übergehen können, die mittels einer ± weiten Mündung mit dem freien Wasser in Verbindung stehen [980]. Die reifen Spermatien besitzen eine einfache Struktur, bestehen aus dem Zellkern, einigen Mitochondrien, 1–2 spezifischen Vesikeln und enthalten bei vielen auch Proplastiden [568, 983, 990]. Das Freiwerden der Spermatien geschieht bei *Ptilota densa* durch Ausscheiden von fibrösen Vesikeln an der Zellbasis unter gleichzeitigem Aufreißen der Zellwand des Spermatangiums. Die freien Spermatien sind von einer dünnen Schleimhülle umgeben.

Besondere Beachtung verdienen wegen ihres komplizierten Baues die weiblichen Geschlechtsorgane (Abb. 200). Das eigentliche Sexualorgan ist das Karpogonium. Dieses ist morphologisch in den eigentlichen oogonialen, den Eikern führenden Basalteil und in das Empfängnisorgan, die, mehr oder weniger langgestreckte Trichogyne, gegliedert. Letztere enthält gewöhnlich auch einen Zellkern (Trichogynkern). Die Karpogon-Differenzierung erfolgt in drei zytologischen Entwicklungsstadien [571]. In der Regel sitzt das Karpogonium an der Spitze eines 3–4zelligen (selten einzelligen) Ästchens (Karpogonast), dessen Zellen durch Größe und dichten Inhalt von denen der benachbarten Fadenachse unterschieden sind. Der Karpogonast entspringt lateral an einer Fadenachse niederer Ordnung eines mehr oder weniger reich verzweigten Astsystems, das topographisch auch als Gynokladium bezeichnet wird. Die Zellen des Gynokladiums sind in manchen Fällen besonders inhaltsreich und dienen beim Befruchtungsvorgang physiologisch als Nährzellen oder Auxiliarzellen. Diese sind häufig mit den Karpogonästen zu einem besonderen Gebilde, dem Prokarp, verbunden. Die Auxiliarzellen dienen nur als trophische Hilfs-

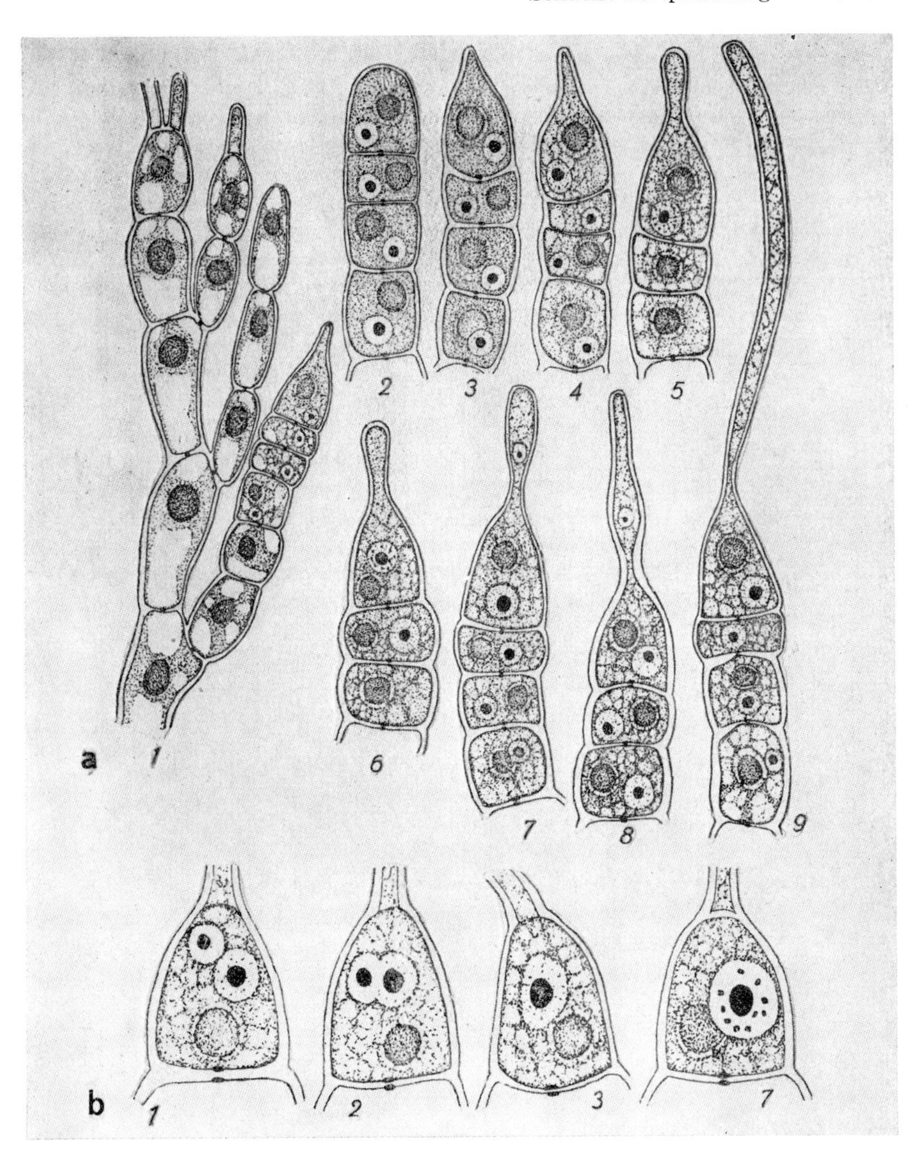

Abb. 200. *Nemalion multifidum.* a) Karpogonäste in verschiedenen Stadien ihrer Entfaltung; b) Befruchtung (Karyogamie) im Karpogon. – Nach KYLIN aus SCHUSSNIG 1954 [930].

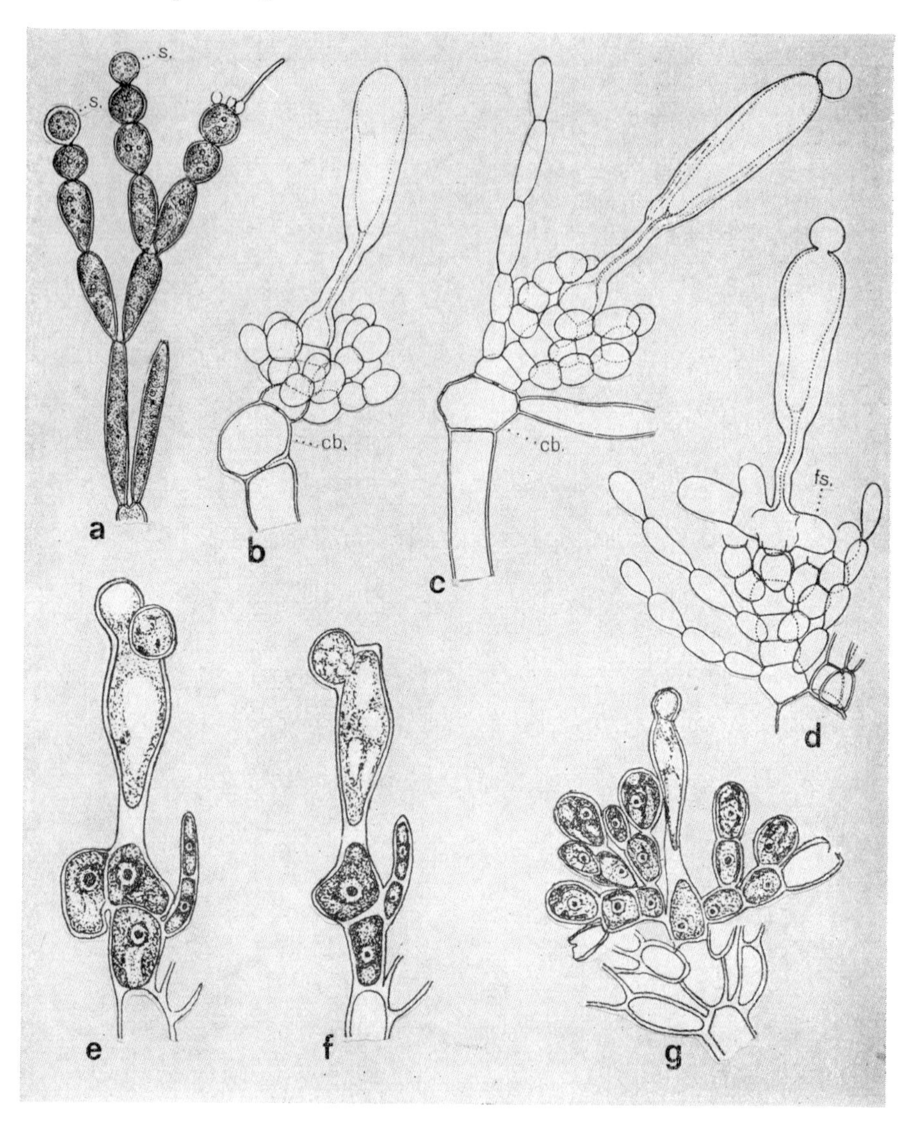

Abb. 201. a)–d) *Batrachospermum breutelii*: a) primärer Kurztrieb mit Spermatangien (*S*); b) Karpogonast mit unbefruchtetem Karpogon (*cb* Basalzelle des primären Kurztriebes); c) Karpogon mit anhaftendem Spermatium; d) befruchtetes Karpogon, aus dessen Basalteil die sporogenen Fäden (*fs*) entspringen; e)–g) *Batrachospermum* sp., Befruchtung und Karposporenbildung, bei g) reife Karposporangien, zwei entleert. – a)–d) nach SKUJA 1933 [999]; e)–g) nach KYLIN aus OLTMANNS 1922 [773].

zellen oder als Ausgangspunkt der Karposporenbildung. Im Gegensatz zur durchwegs exponierten Lage der Spermatangien werden die Karpogonäste mehr im Innern des Thallus angelegt, was ökologisch verständlich ist. Daraus ergibt sich die mitunter ungewöhnliche Länge der in das freie Wasser hinausragenden Trichogyne. Ein weiterer Unterschied zwischen den männlichen und weiblichen Organen besteht darin, daß die Spermatangien in ungeheurer Anzahl erzeugt werden, während die Zahl der Karpogonien am gleichen Artindividuum wesentlich niedriger ist [980].

Die Spermatien gelangen durch das bewegte Wasser passiv und rein zufällig auf die Spitze der Trichogynen, die faden- oder keulenförmig, lappig oder sogar verzweigt sein können (Abb. 201). An der Anheftungsstelle wird die Trichogynenwand aufgelöst, der Spermatienkern gelangt durch die Trichogyne zum weiblichen Kern und verschmilzt mit ihm. Aus der Zygote entstehen Karposporen entweder direkt (*Bangiales*), oder die Zygote wächst zum Karposporophyten heran. Im letzten Fall findet nach der Befruchtung alsbald die Reduktionsteilung statt. Nach dem ersten meiotischen Teilungsschritt erfolgt eine Querspaltung des Karpogoninhaltes in eine untere Stielzelle und in eine obere fertile Zelle, die die Gonimoblastanlage darstellt. In der Stielzelle unterbleibt die Teilung des Dyadenkernes, während in der oberen der Reduktionsvorgang vollendet wird. Die fertile Zelle

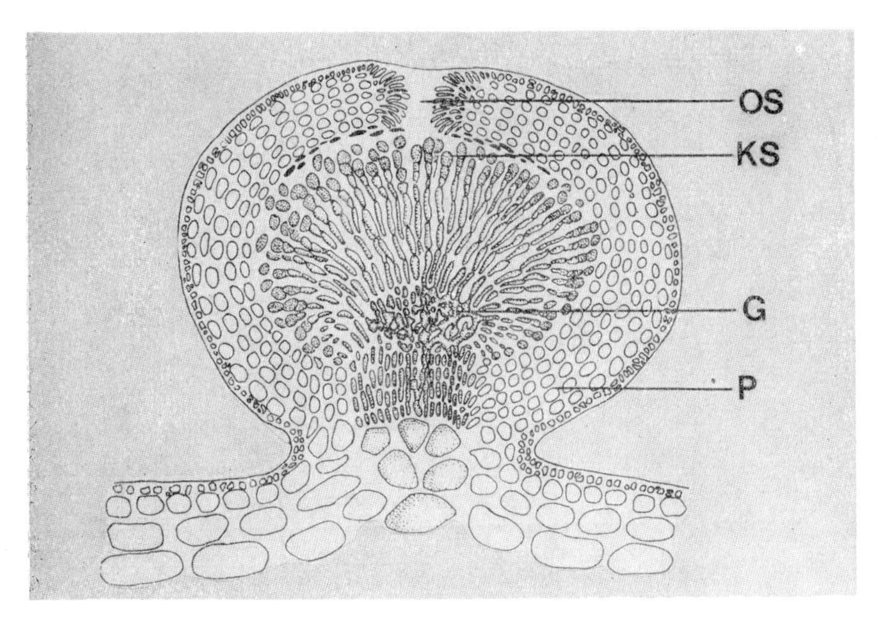

Abb. 202. Zystokarp von *Sarcodonia montagneana* (schematisiert). *OS* Ostiole, *KS* Karposporangium, *G* Gonimoblast, *P* Perikarp. – Nach Rasmussen 1964 [Phycologia, 4].

enthält somit zwei haploide Kerne (Tetradenkerne). Nun entstehen aus dieser Zelle durch Teilungen verzweigte Ästchen, die sich zu kugeligen Büscheln anordnen (Karposporophyt). Die Endzellen dieser Ästchen vergrößern sich und wandeln sich zu Karposporangien um, die organogenetisch den Monosporangien gleichzustellen sind. Ihr Inhalt bleibt ungeteilt und tritt schließlich als Karpospore aus. Das nach vollzogener Befruchtung sich entwickelnde, fertile Astsystem nennt man Gonimoblast. Die Entfaltung des Gonimoblasten geht nicht vom Karpogon, sondern von der hypogynen Zelle aus. Bei manchen Rhodophyceen entwickeln sich bei der Karposporenbildung Verbindungsfäden, mit denen die Auxiliarzellen in Kontakt treten. Dadurch wird der Karposporophyt ernährt [257, 980]. Die aus der Zygote heranwachsenden Fäden sind entweder frei oder zu einer nematoparenchymatischen

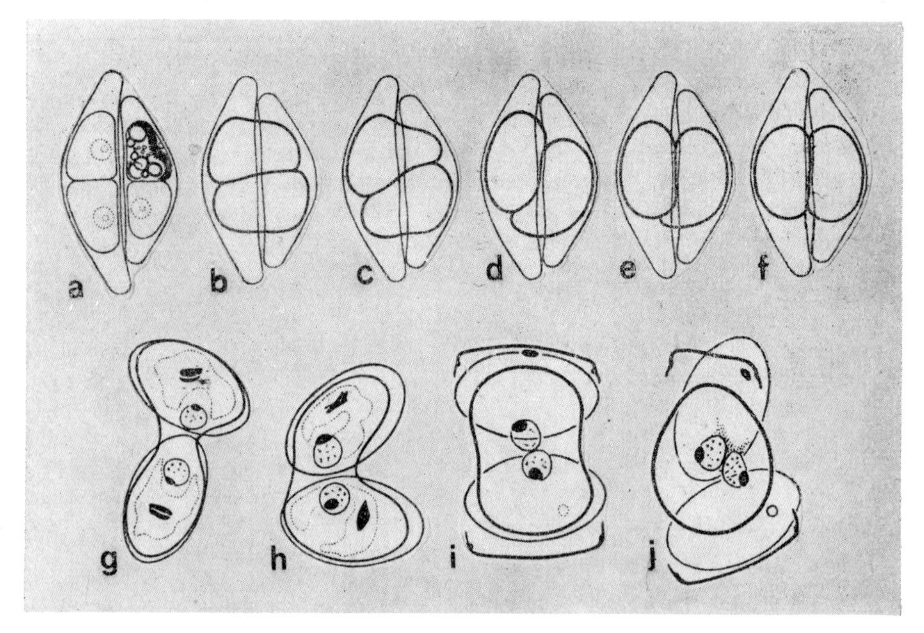

Abb. 203. Darstellung der Auxosporenbildung bei pennaten Diatomeen. a)–f) *Cymbella cistula*: a) Kopulationspaar mit reifen Gameten, in einem Gameten optischer Schnitt des Chloroplasten und Inhaltskörper eingezeichnet, in den drei übrigen Gameten nur die Kerne dargestellt; b)–f) halbschematische Darstellung des Ablaufs der Gametenfusion von einem frühen Stadium bis zur Endlage der Zygoten. Zwischen je zwei Figuren liegt ein Zeitraum von ± 2 Minuten (nach dem Leben); g)–j) *Cocconeis placentula* var. *euglyptoides*: Kopulationsverlauf von der Fusion bis zur jungen sich abkugelnden Zygote; in g), h) auch die Chloroplasten mit dem Pyrenoid, in i), j) auch die Richtungskörper dargestellt (schwarz, oben an der hypothekischen raphelosen Schale liegend). Nach gefärbtem Präparat. – a)–f) nach Geitler 1954 [301]; g)–j) nach Geitler 1958 [Österr. Bot. Z., 105].

Masse verflochten. Mitunter sprossen aus der Tragzelle des Karpogons Hüllzweige, die sich um die sporogenen Fäden anhäufen und mit ihnen eine Hüllfrucht (Z y s t o k a r p) bilden (Abb. 202). Bei manchen Rhodophyceen ist diese Hüllfrucht in Form einer kelchartigen Scheide entwickelt, in deren Mitte die Karposporen liegen (P e r i k a r p). Die Hüllfrüchte dienen offensichtlich zum Schutz der Karposporangien und der sich bildenden Sporen [257].

4.2.5. Auxosporen

Die Auxosporenbildung ist eine spezifische sexuelle Fortpflanzungsweise der Diatomeen (Abb. 203). Bei der Bildung der Auxosporen sowie in der Art der Gametenfusion herrscht große Mannigfaltigkeit, doch führt sie stets zur Herstellung der ursprünglichen Größe der Diatomeenzellen. Die Diatomeen sind durch ein überindividuelles Altern ausgezeichnet, das seine Manifestation und seinen Grund in der Verkleinerung der Zellen nach den Zellteilungen findet [295] (vgl. auch 4.1.1.). Dadurch werden bei jeweils einer Tochterzelle primär die Zellbreite und -dicke, sekundär auch das Volumen geändert. Deutlich wird dies allerdings erst dann, wenn sich die verkleinernden Zellteilungen häufig wiederholen. Die Volumina können schließlich auf minimal $^{1}/_{20}$ des maximalen Zellinhaltes bei *Melosira varians* oder $^{1}/_{12}$ bei *Coscinodiscus curvulatus* absinken. Die natürliche Art, die Folgen der Zellverkleinerung auszugleichen, besteht für die Diatomeenzelle in der Bildung von Auxosporen, bei der nach einem Sexualakt die Zygote anschwillt und in einem mehrstufigen, streng geregelten Prozeß der Formbildung eine vergrößerte Erstlingszelle entsteht (Abb. 204). Dieser sexuelle Prozeß äußert sich bei den *Biddulphiales* in einer typischen Oogamie mit begeißelten Spermatozoiden. Bei den *Bacillariales,* mit Ausnahme von *Rhabdonema adriaticum,* werden keine begeißelten Gameten gebildet, sondern der Verlauf ist iso- oder anisogam, bei manchen Arten auch apomiktisch [1139 a]. Die Gameten entstehen in Gametangien, die morphologisch von den vegetativen Zellen nicht abweichen. Kurz vor der Gametenbildung erfolgt die Reduktionsteilung, die Zygote sowie die nachfolgenden Zellgenerationen sind wieder diploid.

Die Kopulation der Gameten bei pennaten Diatomeen spielt sich innerhalb von Gallertbildungen oder Kopulationsschläuchen ab (Abb. 203). Vor dem eigentlichen Sexualakt klaffen die beiden Schalen auf, um das Ausschlüpfen der beweglichen, wenn auch unbegeißelten Gameten zu ermöglichen. Nachdem die Gameten zusammengeflossen sind, nimmt die Zygote sofort an Länge zu und umgibt sich innerhalb der Gallerte mit einer neuen primären Wand, dem P e r i z o n i u m. Es handelt sich um eine Neubildung, die im Prinzip ein bipolar wachsendes System von ineinandergeschachtelten, einseitig offenen Ringen darstellt [980]. Damit ist die Auxospore ausgebildet. Innerhalb des Perizoniums werden die endgültigen Schalen mit ihrem charakteristischen Schalenbau und der spezifischen Skulptur ausgeschieden. Damit sind

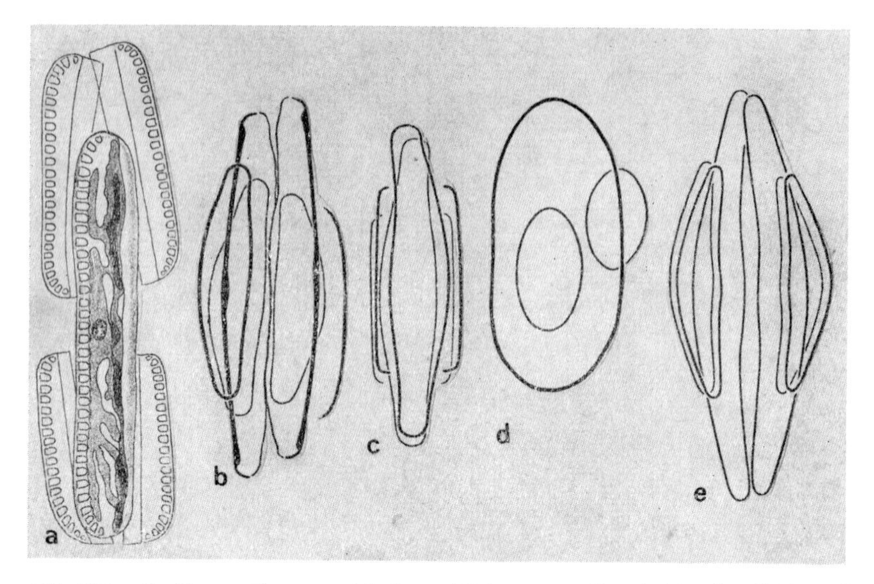

Abb. 204. Erstlingszellen verschiedener Diatomeen mit anhaftenden Mutterschalen. a) *Surirella saxonica;* b) *Cymbella sumatrensis;* c) dieselbe um 90° gedreht; d) *Cocconeis placentula* var. *pseudolineata;* e) *Cymbella lanceolata.* – a) nach KARSTEN aus OLTMANNS 1922 [772]; d) nach GEITLER 1958 [Österr. Bot. Z., 105]; sonst nach GEITLER 1953 [Österr. Bot. Z. 100].

die neuen vegetativen Zellen (Erstlingszellen) von normaler (maximaler) Größe wieder hergestellt (Abb. 204).

GEITLER [295, 305, 335] unterscheidet auf Grund der Zahl der Gameten einerseits und der Ausprägung der sexuellen Fortpflanzung als Allogamie, Automixis, oder Apomixis andererseits bei pennaten Diatomeen 4 Typen von Vorgängen, die zur Auxosporenbildung führen. Gleichzeitig wurde die Terminologie vereinheitlicht. Unter Isogamie ist das gleichartige Verhalten, unter Anisogamie das bewegungsaktive bzw. passive Verhalten der morphologisch gleichartigen Gameten bei ihrer Fusion zu verstehen [335]. Allogamie bedeutet Interaktion nicht näher verwandter Gamonten (als Grenzfall auch von Schwestergamonten), Pädogamie die Fusion zweier individualisierter Tochtergameten einer Mutterzelle, Autogamie die Fusion zweier Geschlechtskerne im ungeteilten Protoplasten einer Mutterzelle (Gamonten). Der Überbegriff für Pädogamie und Autogamie ist Automixis.

Überblick über die Typen und Untertypen der Auxosporenbildung (nach GEITLER): I. Typus (auch als „Normaltypus" bezeichnet): zwei gepaarte Mutterzellen bilden durch Meiose je zwei funktionsfähige Gameten und zwei Zygoten bzw. Auxosporen. Bei der Gametenbildung folgt auf die erste meiotische Telophase eine

Längsteilung des Mutterprotoplasten. In den Tochterprotoplasten läuft unmittelbar danach eine weitere mitotische Kernteilung ab. Einer der beiden Tochterkerne abortiert früher oder später. Die Kopulation erfolgt derart, daß der eine Gamet der einen Mutterzelle (Gametangium) zu einem am Ort verharrenden Gameten der anderen Mutterzelle hinüberwandert, und der zweite Gamet dieser Zelle sich in entgegengesetzter Richtung zu dem unbeweglichen der erstgenannten hinbewegt. Danach verschmelzen beide Gametenpaare binnen weniger Minuten [295, 301, 305].

– I A. Gameten anisogam, als Wander- und Ruhegameten ausgebildet
  1. Wander- und Ruhegameten mit gegenläufiger Fusion, Apikalachsen der Mutterzellen und Auxosporen parallel
    a) Mit Umlagerung der Gameten unter ± weitgehender Abkugelung
      α) Ohne Kopulationsschlauch und morphologisch distinkte Durchtrittsstellen in der Kopulationsgallerte (*Cymbella, Gomphonema*)
      β) Mit zwei distinkten Durchtrittsstellen (*Frustulia, Amphipleura pellucida*)
      γ) Mit Kopulationsschlauch am Zelläquator (*Nitzschia sigmoidea, N. dissipata*)
    b) Ohne Umlagerung und Abkugelung der Gameten, mit Kopulationsschlauch (*Nitzschia*-Arten)
  2. Fusion der Wander- und Ruhegameten in einer Richtung
    a) Mit Umlagerung und Abkugelung der Gameten (*Diatoma halophila, Diatoma elongatum*)
    b) Ohne Umlagerung, Kontraktion der Gameten (*Synedra ulna*)

– I B. Gameten geregelt isogam, Achsenlage der Auxosporen in bezug auf die Mutterzellen fixiert
  1. Apikalachsen der Auxosporen mit denen der Mutterzellen gekreuzt, Paarung der Mutterzellen seitlich
    a) Mit vollständiger Umlagerung (*Amphora ovalis*)
    b) Mit ± unvollständiger Umlagerung (*Epithemia, Denticula*)
  2. Apikalachsen der Auxosporen und Mutterzellen parallel, ohne Umlagerung der Gameten
    a) Paarung an den Gürtelseiten, Fusion in transapikaler Richtung (*Navicula radiosa, N. cryptocephala* fo.)
    b) Paarung an den Zellpolen, Fusion in apikaler Richtung (*Surirella ovata*)

– I C. Gameten ± willkürlich isogam, umgelagert, abgekugelt, relativ frei in weicher Kopulationsgallerte, daher Auxosporen beliebig ausgerichtet oder ihre Apikalachse untereinander und zu denen der Mutterzelle ± parallel (*Anomoeoneis exilis*)

II. Typus. Zwei gepaarte Mutterzellen bilden je einen funktionsfähigen Gameten und eine Zygote bzw. Auxospore. Auch in diesem Fall wird der Protoplast der Mutterzelle in zwei ungleiche Portionen geteilt, von denen sich die größere zum Gameten entwickelt, die kleinere dagegen abortiert.

– II A. Isogam
  1. Mit Kopulationsschlauch oder mit Andeutung eines solchen
    a) Paarung und Kopulationsschlauch an beliebiger Stelle an den Gürtelseiten (*Cocconeis placentula*-Sippen)

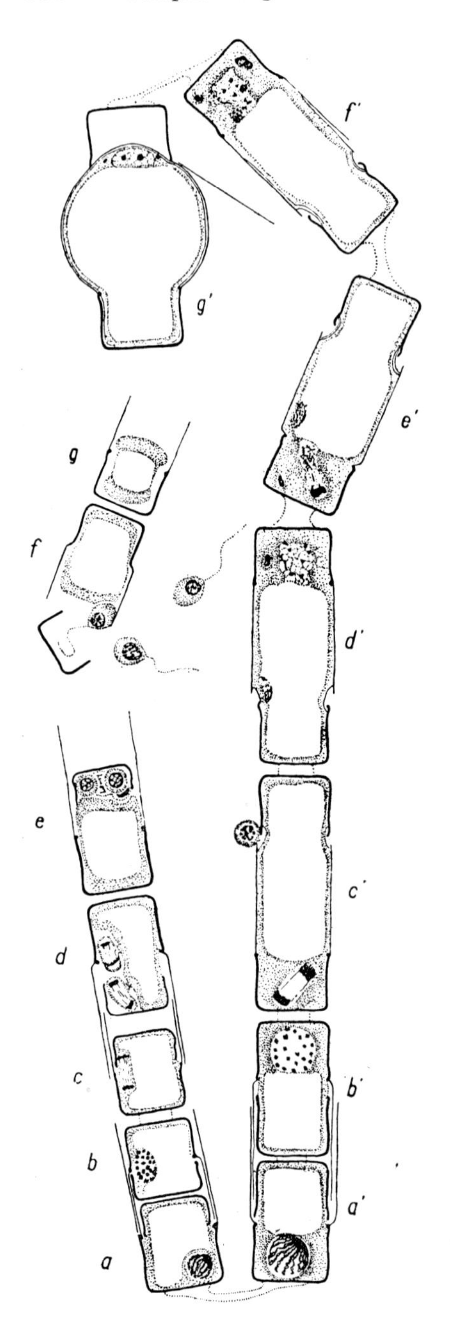
f'
g'
e'
g
f
d'
e
c'
d
c
b'
b
a'
a

b) Paarung beliebig, Kopulationsschlauch an einer von 4 subapikalen Stellen der Gürtelseite (*Eunotia*)
c) Kopulationspapillen an den Zellpolen (*Nitzschia amphibia*)

2. Ohne Kopulationsschlauch
a) Paarung an den Gürtelseiten (*Navicula cryptocephala* var. *veneta*)
b) Paarung an den Zellpolen (*Surirella*-Arten)

– II B. Anisogam
1. Mit ± deutlichem Kopulationsschlauch oder mit -papillen, Fusion langsam (*Cocconeis placentula*-Sippen)
2. Ohne deutlichen Kopulationsschlauch, Fusion schnell (*Navicula seminulum*)

III. Typus. Abgeleiteter Typus von I., entstanden durch Automixis, diese in ungepaarten oder manchmal (schein)gepaarten Mutterzellen.

– III A. Pädogamie, in einer Mutterzelle zwei umgelagerte Gameten, die miteinander fusionieren (*Gomphonema constrictum* var. *capitatum*, *Cymbella aspera*, *Amphora normani-veneta*)

– III B. Autogamie, in einer Mutterzelle fusionieren unter Ausfall der Zytokinese zwei Gonenkerne (*Denticula tenuis*, *Cymbella ventricosa* fo.), aus einer Mutterzelle entsteht immer eine Auxospore

IV. Typus. Abgeleiteter Typus von II. Diploid parthenogenetische Entwicklung einer Auxospore aus einer Mutterzelle unter Ablauf einer Pseudomeiose; sicher bekannt nur von bestimmten Sippen von *Cocconeis placentula*. Unter Apomixis entsteht aus der Mutterzelle eine Azygote und aus dieser die Auxospore.

Bei den zentrischen Diatomeen ist die Auxosporenbildung eine Oogamie [1048, 1049, 1051, 1139 a]. Ein schönes Beispiel liefert *Melosira varians* (Abb. 205). Diese bildet fadenförmige Kettenverbände, die entweder männlich oder weiblich determiniert sind (in selteneren Fällen auch hermaphroditisch). In beiden Zellsorten setzt die sexuelle Fertilisierung mit der Reduktionsteilung des Kernes ein. In den Oogonien abortieren drei Kerne, der vierte wird zum Sexualkern. In den männlichen Zellen (Antheridien) bleibt die Kerntetrade unversehrt erhalten. Aus dem Protoplasten werden vier Spermatozoiden herausdifferenziert, wobei ein Plasmarestkörper unverbraucht zurückbleibt. Die Gameten gelangen durch einen Spalt zwischen Gürtelband und Schalenrand ins freie Wasser und erreichen schwimmend die weiblichen Fäden, zu deren reife Eizellen sie durch einen in ähnlicher Weise entstehenden Befruchtungsspalt gelangen. Nach erfolgter Karyogamie

Abb. 205. *Melosira varians*, Schema der Auxosporenentwicklung in einem zwittrigen Faden; im linken Schenkel die Entwicklung der Spermatozoiden, im rechten die Auxosporenbildung dargestellt. *a,a'* Synapsis, *bb'* Diakinese, *cc'* Telophase, I, *d* Anaphase II, *e* reifes Mikrogametangium (Antheridium), *f* geöffnetes und *g* entleertes Mikrogametangium, *d* weibliche Zelle mit Kern in Interkinese, männlicher Kern am Befruchtungsspalt, *e'* Telophase II, *f'* Karyogamie und zwei Richtungskörper, *g'* junge Auxospore mit Synkaryon und zwei Richtungskörpern. Nach v. Stosch aus Schussnig 1954 [980].

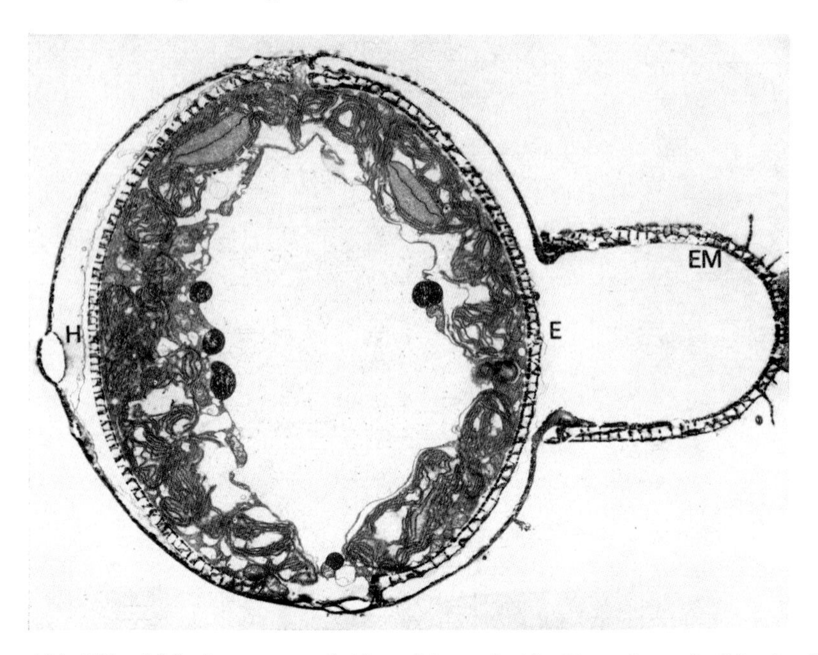

Abb. 206. *Melosira nummuloides*: Längsschnitt (Pervalvarschnitt) durch eine Auxospore nach der Bildung der primären Valven. Die primäre Epivalve (*E*) ist mehr entwickelt als die primäre Hypovalve (*H*). Rechts davon die Epivalve der Mutterzelle (*EM*). – 2800 : 1, nach CRAWFORD 1974 [Br. Phycol. J., 9].

wandelt sich die befruchtete Eizelle in die Auxospore um, die zwischen den beiden Schalenhälften des Oogoniums liegt und im vorliegenden Fall interkalar heranwächst. Die Auxosporenwand verkieselt schließlich (Abb. 206). Innerhalb dieser Wand entstehen die beiden Kieselschalen der Erstlingszelle. Auch für weitere zentrische Formen wurde Oogamie nachgewiesen, z. B. für *Biddulphia mobiliensis* [1050] und *Stephanopyxis turis* [1059]. Die Spermienbildung wurde auch elektronenmikroskopisch an *Lithodesmium undulatuum* [681] und *Biddulphia* [403] untersucht. Nur bei einer pennaten Art, *Rhabdonema adriaticum,* konnte bisher Oogamie nachgewiesen werden

Abb. 207. Sexualorgane der Charophyten. a) Blattstück von *Chara fragilis* mit Antheridium (*A*) und Oogonium (*O*) im erwachsenen Zustand; b)–h) *Nitella flexilis*: b) Antheridium am Ende eines Blattes; c) Manubrium mit Köpfchen und spermatogenen Fäden; d), e) Entwicklung der Spermatozoiden; f) freie Spermatozoiden; g) junges Antheridium; h) junges Oogonium. *B* Basalzelle, *K* Köpfchen, *F* spermatogene Fäden, *M* Manubrium, *W* Wand, *KR* Krönchen, *S* Hüllschläuche, *WZ* Wendezelle, *EZ* Eizelle. – Nach SACHS aus OLTMANNS 1922 [772].

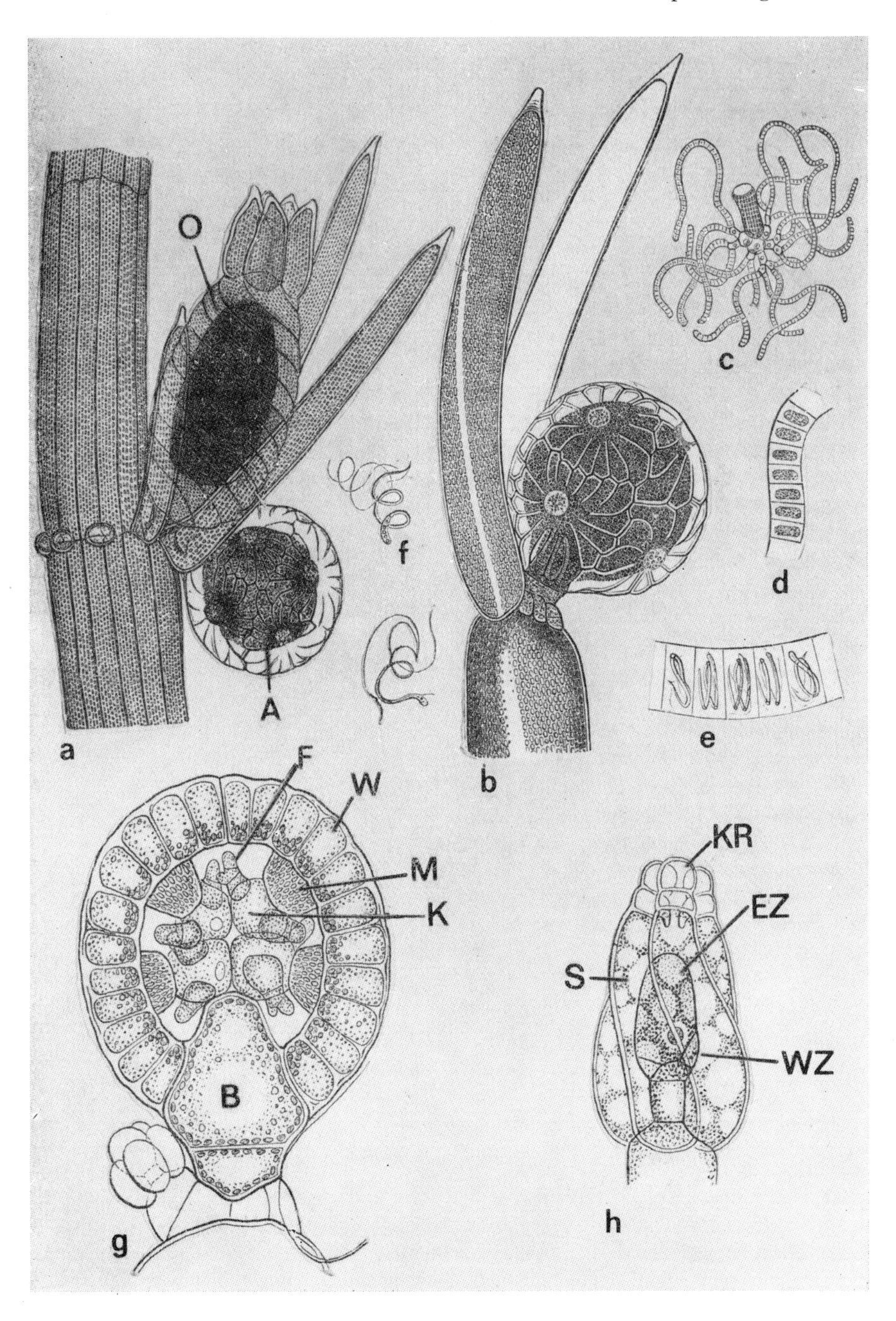
O
A
a
f
b
c
d
e
F
W
M
K
B
g
KR
EZ
S
WZ
h

[1052]. Die Spermien sind jedoch unbegeißelt, ihre Bewegung erfolgt mittels feiner Pseudopodien. Nähere Angaben über Auxosporen siehe in WERNER [1139 a].

4.2.6. Sexuelle Fortpflanzung bei Charophyten

Die sexuelle Fortpflanzung der Charophyten ist im Vergleich mit anderen Algen wohl noch eigenartiger als ihr Thallusbau. Die Entstehung der Geschlechtsorgane kann mit den Antheridien und Oogonien anderer Algengruppen nicht homologisiert werden (Abb. 207). Das führte auch zur Ausarbeitung einer eigenen Terminologie. Die Geschlechtsorgane, die mehr oder weniger kompliziert gebaut sind, gehen aus einem embryonalen Meristem hervor. Die Anlage der S a m e n k n o s p e n (Antheridium) stellt im wesentlichen einen gestauchten Axillarsproß dar (Abb. 207 g). Die auf 1—2 Basalzellen sitzende Initialzelle wird durch mehrere, verschieden verlaufende Teilungen in eine meristematische Knospe umgebildet, die aus einem inneren, mittleren und äußeren Segment besteht. Durch ungleiches Wachstum der einzelnen Segmente entfaltet sich allmählich die künftige Samenknospe. Die peripheren Zellen werden durch starkes Flächenwachstum zu den W a n d z e l l e n , deren Lumen durch zentripetal wachsende, radial gestellte Zellwandsepten in kleinlumige Fächer aufgeteilt wird (die Wandzelle bleibt aber dabei einkernig). Die mediane Zelle der Knospe wächst dagegen stark in die Länge und wird so zum M a n u b r i u m. Die innerste Zelle schwillt nur kugelig an und liefert den C a p i t u l u s (Köpfchen). Die Köpfchen legen sich der Basalzelle an, die sich unterdessen vergrößert und als C o l u - m e l l a in den von den flächig verbreiterten Wandzellen oder Schilden (S c u t e l l i) eingeschlossenen Hohlraum hineinragt. Zu dieser Zeit entspringen aus den Köpfchenzellen einfache oder verzweigte spermatogene Fäden (A n t h e r i d i a l f ä d e n). Diese werden durch Querwände in zahlreiche, ganz flache Abschnitte geteilt, die je ein Spermatozoid zur Ausreifung bringen. Das schraubig gewundene, zweigeißelige Spermatozoid entsteht nach mannigfacher Veränderung aus dem Plasma und Zellkern der Fadensegmente [735, 980]. In den Zellen der spermatogenen Fäden treten Zentriolen auf, die sich schließlich zu den Basalkörpern der Geißeln differenzieren. Eingehende elektronenmikroskopische Untersuchungen der reifen Spermien (Abb. 208) haben bemerkenswerterweise das Vorhandensein von Plastiden erwiesen. Im übrigen zeigen sich viele Ähnlichkeiten mit den Spermien mancher Moose und Farne.

Die E i k n o s p e (Oogonium) stellt ein längliches Gebilde dar, das aus der eigentlichen E i z e l l e und der R i n d e besteht (Abb. 207 h). Letztere setzt sich aus spiralig verlaufenden Berindungsfäden oder -schläuchen zusammen, die am distalen Ende die Krönchenzellen abgliedern. Das Krönchen (C o r o n u l a) umschließt einen halsförmigen Kanal, durch den die Spermatozoiden zum hyalinen Empfängnisfleck der Eizelle gelangen. Grundsätz-

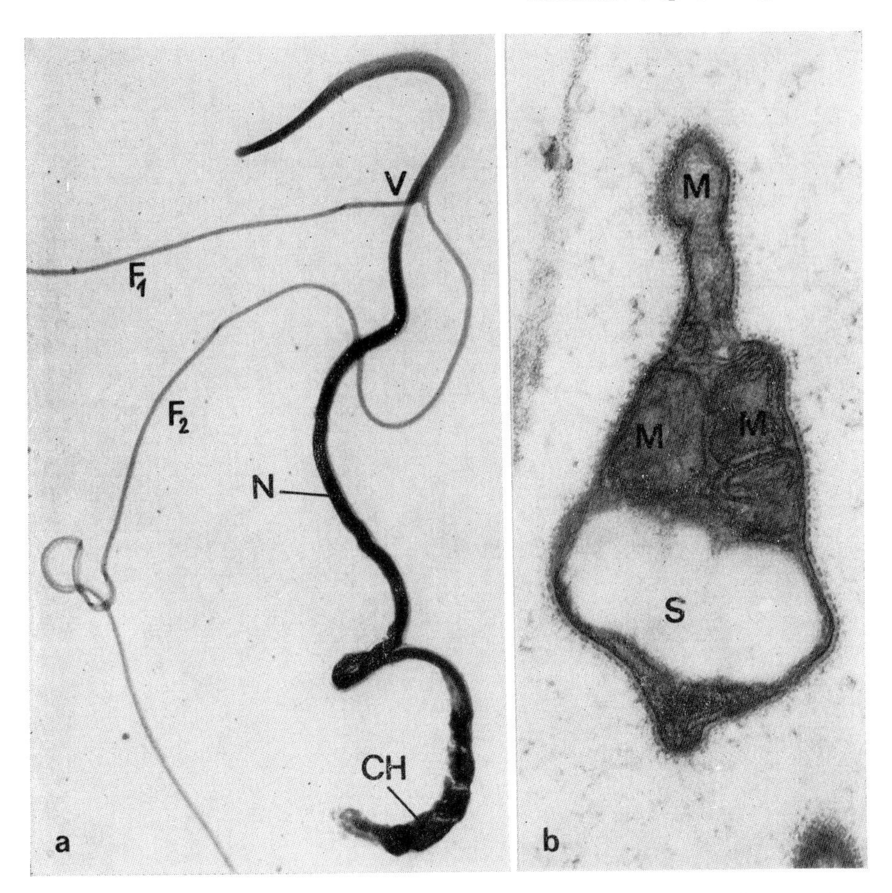

Abb. 208. Feinbau des Spermatozoiden von *Chara corallina*. a) Totalpräparat mit beiden Geißeln; b) Querschnitt durch das Vorderende des Spermatozoiden, an der Zelloberfläche Schuppen deutlich erkennbar. *CH* Chloroplast, *S* Stärkekörner, *N* Zellkern, *M* Mitochondrien, F_1, F_2 Geißeln, *V* Verbindungsstück der Geißeln. – a) 3600 : 1; b) 45 000 : 1, nach MOESTRUP 1970 [735].

lich entspricht die Anlage des weiblichen Apparates einer Axillarknospe und geht von einer endständigen, fertilen Initialzelle des weitgehend gestauchten Axillarsprosses aus. Die Initialzelle teilt sich horizontal in zwei Zellen. Die obere wird zur Oogoniummutterzelle, die untere teilt sich erneut in zwei übereinanderliegende Zellen, von denen die obere die Sporostegiuminitiale ist und die untere zur Tragzelle wird. Durch Teilungen entwickelt sich aus der Oogoniummutterzelle das Oogonium mit einer Eizelle und 1–3 sterilen Oogonialzellen. Aus der Sporostegiuminitiale entsteht eine Knotenzelle und fünf Sporostegiumzellen, die sich zur Oogoniumhülle (S p o r o s t e g i u m) zusammenschließen. An den distalen Enden gliedern die spiralig verlaufenden Sporostegium-Zellen das 5—10zellige Krönchen ab. Die Berindungszellen entsprechen nicht den Schildzellen des männlichen Apparates, sondern stellen spezifisch umgewandelte Wirtelsprosse aus dem Knoten des Axillarsprosses dar [257, 980].

Nach der Befruchtung umgibt sich die Eizelle mit einer festen Wand, die sich später braun färbt; im Plasma häufen sich Reservestoffe an. Veränderungen im Sporostegium führen zur Entstehung eines komplizierten Gebildes, das die Oospore umgibt und O o s p o r a n g i u m genannt wird. Die reifen Oosporangien keimen nach einer Ruheperiode zu einen fädigen Vorkeim aus (P r o c h a r a). Noch vor der Keimung verläuft in der Oospore die Reduktionsteilung. Aus dem Oosporangium entwickelt sich zunächst eine Hauptwurzel und eine kurze Internodialzelle, die einen Wurzelknoten mit Rhizoiden trägt. Dann entsteht eine lange Internodialzelle mit dem Knoten der ersten Wirtelsprosse. Die eigentliche *Chara*-Pflanze wächst erst aus der Achsel des ersten Sprosses im Sproßwirtel heran.

4.2.7. Parthenogenese

Algengameten, die keinen Partner finden und nicht allzu stark differenziert sind, können sich oft parthenogenetisch zu neuen vegetativen Zellen entwikkeln [981]. Am einfachsten verläuft dieser Vorgang dort, wo Hologamie vorkommt. Bei Formen, die Isogameten bilden, ist die Parthenogenese bei beiden Geschlechtern recht häufig — also auch Androgenese [296]. Dies erfolgt deshalb, weil in den unteren Stufen der verschiedenen Verwandtschaftskreise die sexuelle und asexuelle Determination noch wenig scharf fixiert sind. Eine vegetative Entwicklung von Gameten ist deshalb weit verbreitet. Bei *Chlamydomonas*-Arten kann sich in den meisten Fällen jede Zelle entweder als Gamet oder Agamet verhalten [395]. Eine Entwicklung von Parthenogameten zu Gametophyten ist u. a. bei fadenbildenden Chlorophyceen [48, 544], bei *Ectocarpales* [31] und *Cutleria* [393] beobachtet worden. Die Fortpflanzung durch Parthenogameten ist zuweilen bei *Enteromorpha compressa* [48] und *Ectocarpus virescens* [527] die vorherrschende Fortpflanzungsart.

Bei den Chrysophyceen werden parthenogenetische Zysten bei *Dinobryon borgei* [1006] und *Stenocalyx inconstans* [1008] gebildet, die vor der Mündung der Gehäuse ungepaarter Individuen liegen. Sie unterscheiden sich durch geringere Größe von den sexuellen Zysten. Unter den Diatomeen ist parthenogenetische Auxosporenbildung beim Typus IV der pennaten Diatomeen bekannt [335], der keine Gametenverschmelzung vorangeht. Bei *Cocconeis placentula* sind einige Rassen obligat parthenogenetisch. In den meisten Fällen findet jedoch vor der parthenogenetischen Entwicklung eine „Scheinpaarung“ von zwei Mutterzellen statt, der die Meiose folgt, was den

Charakter eines rudimentären Sexualvorganges deutlich macht [224]. Bei Nordsee-Stämmen von *Stephanopyxis* konnte niemals das Eindringen des Spermatozoiden in das Oogonium beobachtet werden, obgleich normale Spermatozoiden gebildet werden. Sie sind aller Wahrscheinlichkeit nach autogam [224].

Unter den *Volvocales* ist Parthenogenese keine Seltenheit. Die Gameten von *Chlamydomonas* oder *Chlorogonium* weisen keine Entwicklungshemmungen auf, wenn eine Kopulationsmöglichkeit nicht besteht [807, 977, 1102]. Sie wachsen ohne Zwischenschaltung eines Ruhestadiums parthenogenetisch heran und werden zu normalen vegetativen Individuen, die dann erneut in die Gametenbildung eintreten. Bei der getrenntgeschlechtlichen *Eudorina* gehen in isolierten Klonen die männlichen Klone zugrunde, da sich die Kolonien in der Spermienbildung erschöpfen. Die weiblichen Gameten können sich indessen, wenn die Befruchtung ausbleibt, leicht wieder vegetativ teilen und Tochterkolonien erzeugen [527, 641]. Auch die Eizellen von *Volvox* sind befähigt, ohne Befruchtung neue Zönobien auszubilden [493, 641]. In Klonkulturen reifen bei *Volvox aureus* die Eizellen ausnahmslos zu Parthenosporen, die vollkommen den Zygoten gleichen.

Die trichalen Chlorophyceen, wie z. B. *Ulothrix*, erzeugen Parthenosporen, die zu neuen Fäden auswachsen. Bei *Cylindrocapsa* bilden unbefruchtete Eizellen direkt neue Fäden [772, 901]. Bei *Stigeoclonium subspinosum* sind die parthenogenetischen Keimlinge jedoch dünner und weniger grün; sie sterben offenbar später ab [506]. Auch bei den *Chaetophorales* scheint Parthenogenese verbreitet zu sein [527]. Bei den *Oedogoniales (Oedogonium)* können sich Oogonien in vereinzelten Fällen ohne Befruchtung weiterentwickeln. Bei *Bulbochaete pygmaea* wurde typische Fadenbildung, ausgehend von einem unbefruchteten Ei beobachtet. Die Tatsache, daß bei vielen *Oedogonium*-Arten keine Antheridien gefunden wurden und den Oogonien die Befruchtungsöffnung fehlte, hat zu der Vermutung geführt, daß Azygoten und deren pathogenetische Entwicklung nicht ganz selten vorkommen [127, 527]. Chlorophyceen mit Generationswechsel sind manchmal imstande, parthenogenetisch Pflanzen mit Sporophytenwuchs zu entwickeln, wie z. B. *Cladophora suhriana* [265] oder *Monostroma grevellii* [544].

Wenn bei den Conjugatophyceen der normale Kopulationsverlauf gestört oder gehemmt wird, so daß die Fusion beider Gameten unterbleibt, kommt es häufig zur Ausbildung von zygotenähnlichen Parthenosporen (Abb. 209). Bei *Spirogyra* geschieht dies recht häufig, bei *Spirogyra mirabilis* ist die Parthenosporenbildung sogar die Regel. Daß gewöhnlich sowohl männliche als auch weibliche Gameten der Parthenogenese unterliegen, geht ohne Zweifel daraus hervor, daß zwar häufig zwei Zellen eine Kopulationsbrücke bilden, deren Inhalte aber nicht fusionieren, sondern sich abrunden und mit Wänden umgeben [527]. Hier kann auch die „vegetative Konjugation" von *Mougeotia pulchella* angeführt werden, bei der wohl die Bildung von Papillen und Kopulationsbrücken mit darin erfolgender Fusion der Gameten beobachtet wurde, deren Kerne jedoch nicht verschmelzen. Bei *Mougeotia*

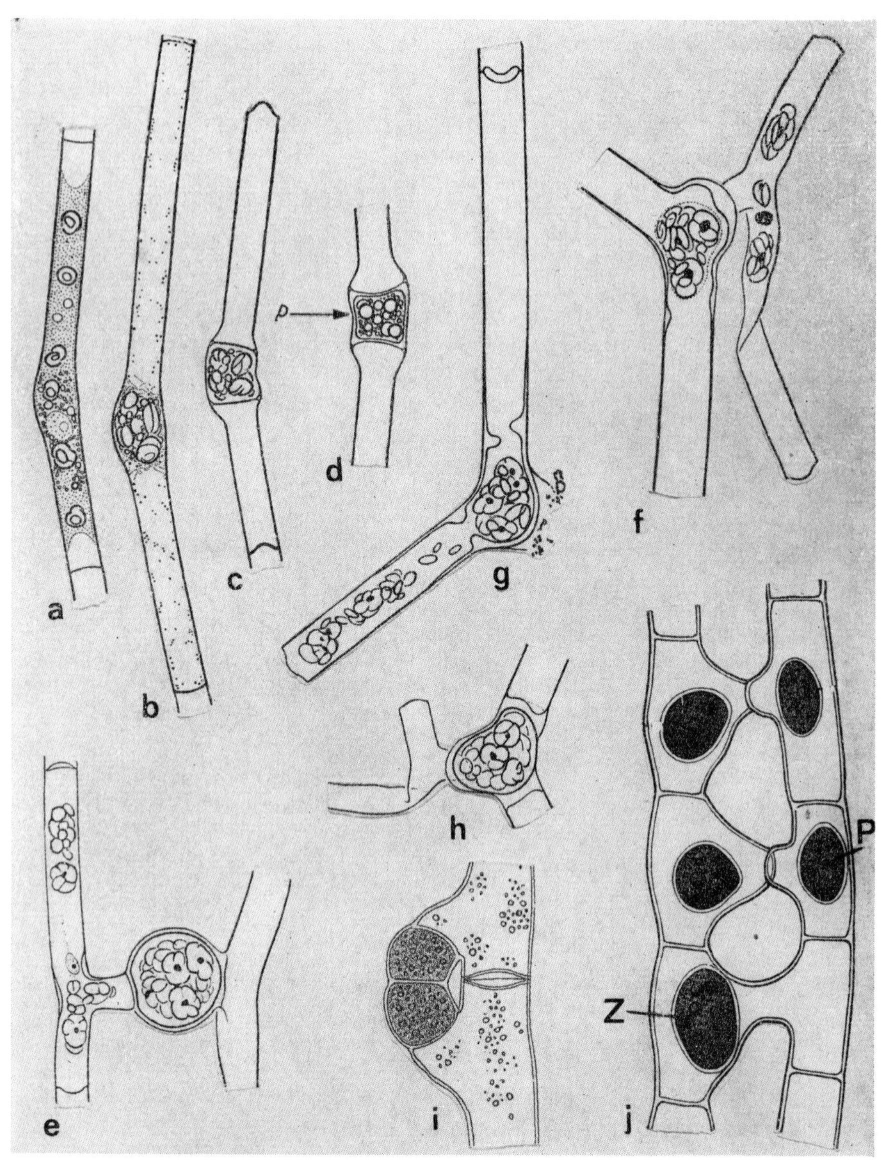

Abb. 209. Parthenogenese bei Conjugatophyceen. a)–d) Azygotenbildung bei *Mougeotia transeaui*: a) Inhalt noch unkontrahiert und mit deutlichen Organellen; b) fortgeschrittenes Stadium der Zusammenballung; c) junge Azygote; d) reife Azygote (*p*) mit Öltropfen; e)–h) *Mougeotia heterogama*: e) Azygotenbildung, hervorgerufen durch Absterben des männlichen Partners nach Pilzbefall; f) männ-

heterogama gehen die Parthenosporen aus einer unterbrochenen Kopulation hervor; sie entstehen gewöhnlich dadurch, daß der eine, in der Regel der männliche Partner, infolge einer Pilzinfektion abstirbt (Abb. 209 e). Weibliche Azygoten sind deshalb viel häufiger als männliche [306]. *Mougeotia transeaui* (Abb. 209 a—d) bildet Azygoten in ungepaarten Fäden in deutlichen Blöcken, die durch vegetative Fadenabschnitte getrennt sind [309].

Unter den Phaeophyceen kommt die Entwicklung unbefruchteter Gameten bei den isogamen *Ectocarpales* und *Sphacelariales* häufig vor. Bei den morphologisch isogamen, aber physiologisch anisogamen Arten *Cladostephus spongiosus* [976] und *Ectocarpus siliculosus* [392] sind sowohl die weiblichen als auch die männlichen Gameten ohne Befruchtung entwicklungsfähig. Leider ist nur in wenigen Fällen die Art der aus unbefruchteten Gameten entstehenden Pflanzen bekannt. So entwickeln sich unbefruchtete Gameten von *Ectocarpus confervoides* [252] und *E. siliculosus* [748] zu haploiden Pflanzen mit Sporophytencharakter. Dagegen gehen aus unbefruchteten Gameten von *E. siliculosus* aus der Nordsee wieder Geschlechtspflanzen hervor [543]. Auch bei den oogamen Phaeophyceen wurde parthenogenetische Entwicklung unbefruchteter Eizellen beobachtet. Ihre Bedeutung ist jedoch gering, da die Keimlinge frühzeitig absterben. Bei *Fucus*-Eiern ist Parthenogenese nur nach künstlichem Eingriff möglich, ebenso bei *Cutleria*, wo die parthenogenetischen Keimlinge langsamer als die Zygotenkeimlinge wachsen [956]. Eine pathogenetische Entwicklung bei den Rhodophyceen (Florideen) wurde nicht mit Sicherheit nachgewiesen. Die Schwierigkeit des Nachweises hängt mit der Kleinheit der männlichen Reproduktionsorgane zusammen [224].

licher Partner ebenfalls abgestorben; g) männlicher Partner abgerissen; h) reife weibliche Azygote; i) zwei Azygoten von *Mougeotia mirabilis*, bei der Seitenkonjugation entstanden; j) vier Parthenosporen (*p*) und eine Zygote (*z*) von *Spirogyra varians*. — a)—d) nach GEITLER 1958 [306]; e)—h) nach GEITLER 1959 [309]; i), j) nach WITTROCK, KLEBS aus OLTMANNS 1922 [772].

5. Lebenszyklus

Nachdem sich eine Alge fortgepflanzt hat, setzt im Leben eines jeden jungen Individuums eine mehr oder weniger längere Phase des Wachstums ein. Danach erfolgt die Reifung, bis das Individuum wieder zur Fortpflanzung schreitet, um junge Individuen der nächsten Generation zu bilden. Hierbei kann das Wachstum entweder nur eine Volumenvergrößerung oder auch (bei höher organisierten, vielzelligen Algen) mit einer Differenzierung des Algenkörpers verbunden sein. Je nachdem, ob die Fortpflanzung asexuell oder sexuell vor sich gehen wird, erfolgt die Reifung mit der Ausbildung bestimmter Fortpflanzungszellen oder Fortpflanzungsorgane. Die Aufeinanderfolge dieser mehr oder weniger deutlichen Entwicklungsstadien bezeichnen wir als Lebenszyklus, gleich viel, ob es sich um einzellige oder vielzellige Algen handelt. Es ist verständlich, daß Algen mit asexueller Fortpflanzung einen einfacheren Lebenszyklus besitzen als solche mit sexueller Fortpflanzung.

Eingehende Untersuchungen des Lebenszyklus führen zu komplexen und allgemein biologischen Erkenntnissen nicht nur bei einzelnen Algenarten, sondern auch bei höheren taxonomischen Einheiten. Das kommt vor allem dort zum Ausdruck, wo ein heteromorpher Generationswechsel vorliegt, bei dem Gameto- und Sporophyten ohne diese Kenntnisse zu verschiedenen, völlig unterschiedlichen taxonomischen Einheiten gestellt würden. Aber auch dort, wo die Algen ohne Generationswechsel ihre Entwicklung durchmachen, kann die Kenntnis dieses Zyklus im Leben der Algen vieles klären.

Zum Lebenszyklus gehört auch der Kernphasen- und Generationswechsel. Wie bereits dargelegt wurde (vgl. 2.8.2.3.), ist die Meiose die unerläßliche Voraussetzung für die Zygotenbildung und somit für die Bildung der Gameten. Damit ist jedoch nicht gesagt, daß die Reduktionsteilung unbedingt erst während der Gametenbildung stattfinden muß, sondern sie kann schon wesentlich früher, und zwar bereits bei der Zygotenkeimung, d. h. bei den ersten Teilungen des Zygotenkerns erfolgen. Der Unterschied zwischen beiden Typen ist evident. Demnach unterscheiden wir Diplonten und Haplonten. Außerdem gibt es noch Diplohaplonten, wo eine haploide Generation mit einer diploiden abwechselt [764].

5.1. Lebenszyklus ohne Sexualität

Einen einfachen Lebenszyklus hat z. B. die einzellige Chlorophycee *Chlorella* (Abb. 210). Dieser ist auch infolge vieler entwicklungsphysiologischer, physiologischer und biochemischer Untersuchungen sehr gut bekannt [749, 1019, 1074]. Den Entwicklungszyklus einer *Chlorella*-Zelle können wir in mehrere Phasen (Entwicklungsstadien) gliedern, die irreversibel verlaufen. Junge Zellen (Autosporen), die soeben durch Zerreißen der Mutterzellwand

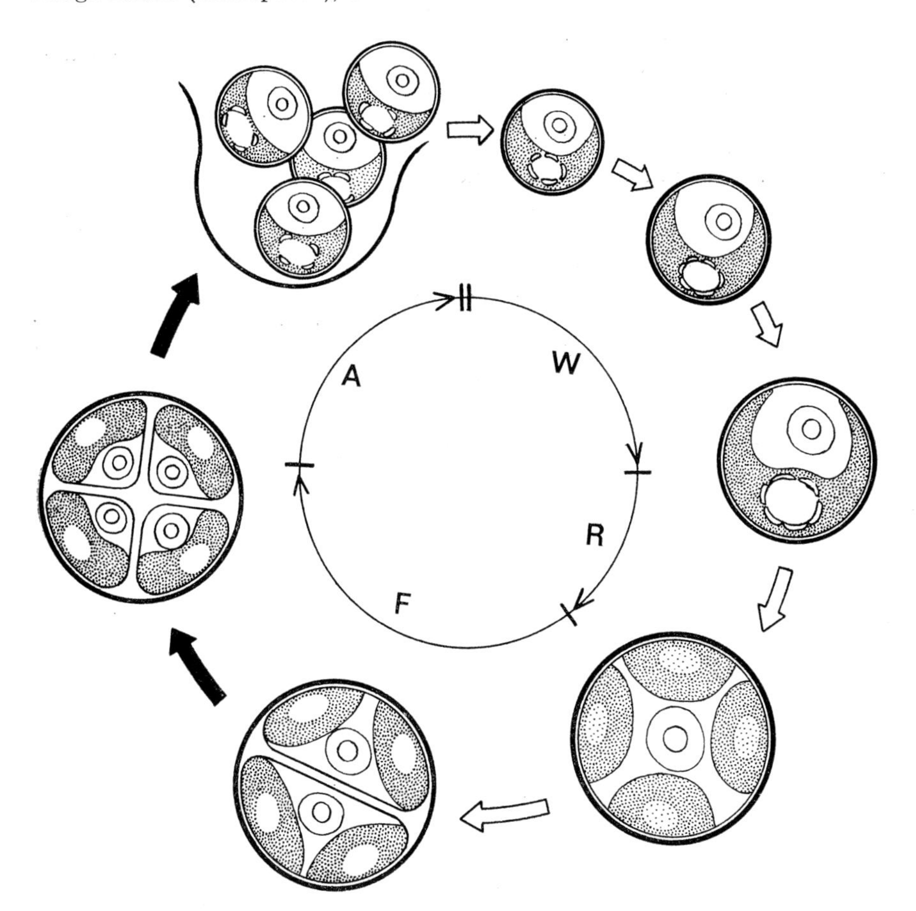

Abb. 210. Lebenszyklus der einzelligen Grünalge *Chlorella*. Helle Pfeile bedeuten Entwicklungsschritte, die nur im Licht ablaufen, schwarze Pfeile solche, die auch im Dunkeln verlaufen. *W* Wachstumsphase, *R* Reifungszustand, *F* Fortpflanzungsphase, *A* Freiwerden der Autosporen. In Anlehnung an Murakami u. Mitarb. 1963 [749].

freigesetzt wurden, beginnen ihre Wachstumsphase (*W*). Durch die photosynthetische Aktivität vergrößert sich das Zellvolumen, und durch endogen bedingte Faktoren entfalten sich auch die Organellen zu ihrer entsprechenden Größe, Gestalt und Lage in der erwachsenen Zelle. Damit ist die wachsende Zelle zum erwachsenen Individuum geworden. Dieses erlangt nach bestimmter Zeit den Reifezustand (*R*). In dieser Phase bereitet sich die *Chlorella*-Zelle auf die Fortpflanzung. Es kommt erneut zu einer entsprechenden Umlagerung des Zellinhalts; Chloroplast und Pyrenoid werden entsprechend der Anzahl der künftigen Tochterzellen geteilt, während der Zellkern noch in der Interphase verbleibt. Durch den Beginn der Kernteilung wird die Fortpflanzungsphase (*F*) eingeleitet. Die Bildung der Autosporen erfolgt meistens durch 2 Teilungsschritte des Protoplasten in 4 Tochterprotoplasten, die vorerst innerhalb der Mutterzellwand nackt sind. Die Autosporenbildung ist dann beendet, wenn die Teilprotoplasten ihre eigene Zellwand ausgeschieden haben. In der letzten Phase erfolgt durch enzymatische Prozesse das Zerreißen der Mutterzellwand, wodurch die Autosporen frei werden (*A*). Hiermit endet der Lebenszyklus der beschriebenen Generation, und es beginnt der nächste. Ähnlich verläuft der Lebenszyklus aller einzelligen Algen der coccalen Organisationsstufe, die sich ausschließlich durch Autosporen fortpflanzen [118, 829]. Das gilt auch für den Fall, daß bei zönobialen Formen (z. B. *Scenedesmus*) statt einzelner Autosporen neue Tochterzönobien in den Mutterzellen gebildet werden.

Etwas komplizierter ist der Entwicklungszyklus dort, wo neben Autosporen auch Zoosporen entstehen können (*Chlorococcum, Pleurochloris*). Im Prinzip bleibt aber die Aufeinanderfolge der einzelnen Phasen erhalten. Es wird nur dort eine weitere Phase (Keimung) eingeschaltet, wo die ausgeschlüpften Zoosporen zu neuen vegetativen Zellen keimen, wo es also zu einer Umgestaltung der Fortpflanzungszelle in eine Alge kommt. Die Keimung muß als qualitativ unterschiedliche Phase besonders bewertet werden (vgl. Keimung der Zoosporen bei *Characium*, Abb. 3).

Die einzelligen coccalen Algen bieten für Untersuchungen des Lebenszyklus den Vorteil, daß man durch geeignete Vorbehandlung der Kulturen (z. B. Licht-Dunkel-Wechsel) die vollsynchrone Fortpflanzung des Organismus erreichen kann. Hierbei bezieht sich der Begriff „synchron“ meist nur auf bestimmte Vorgänge, hier auf die synchrone Fortpflanzung. Bei den einzelligen Algen verläuft das Wachstum und die Reifung bei Licht, die Fortpflanzung und das Freisetzen der Autosporen aber im Dunkeln. Das mikroskopisch beobachtende und das biochemisch analysierende Studium synchronisierter Algen erlaubt eine fast beliebig genaue Bestimmung der Reihenfolge der Ereignisse im Lebenszyklus des Organismus, weil die Eigenschaften einer solchen Kultur mit den gleichzeitig auftretenden Eigenschaften des einzelnen Individuums identifiziert werden dürfen [629].

Als Beispiel für einen Lebenszyklus mehrzelliger Algen ohne sexuelle Fortpflanzung kann *Tribonema* dienen (Abb. 211). Hier werden neben der normalen Fortpflanzung durch entsprechende Fortpflanzungszellen auch die Zytotomie und verschiedene Dauerzustände in den Zyklus eingeschaltet. Bei

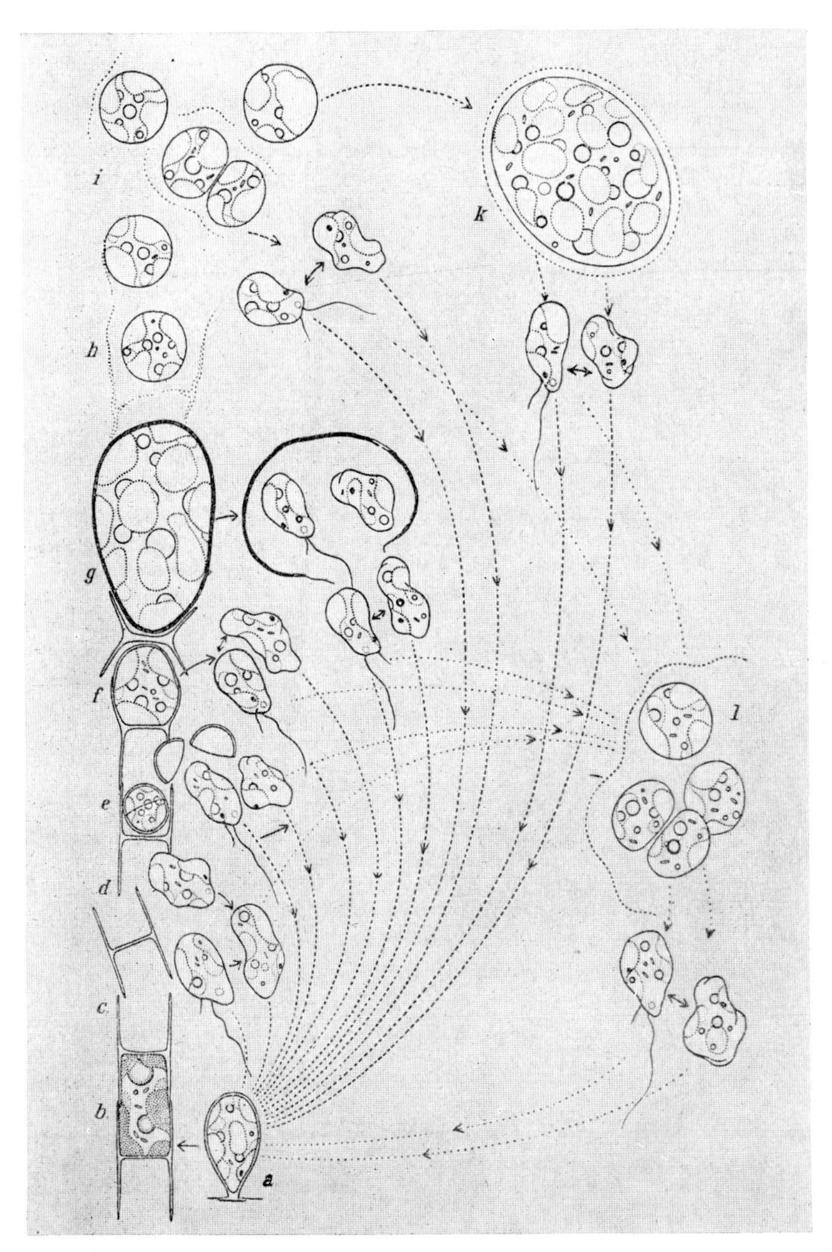

Abb. 211. Lebenszyklus der Fadenalge *Tribonema*. Erklärungen im Text. – Nach PASCHER 1939 [829].

Tribonema ist das vegetative Stadium ein einfacher Faden; der Lebenszyklus stellt sich folgendermaßen: Die Entwicklung beginnt mit einem einzelligen Keimling (*a*), der normalerweise aus einer Zoospore hervorgeht und zu einem Zellfaden (*b*) heranwächst. Die vegetativen Fadenzellen teilen sich quer (Zytotomie), wodurch der Faden in die Länge wächst. An den Fadenzellen erfolgen während dieses Wachstums keine auffallenden Änderungen. Der Inhalt jeder vegetativen Fadenzelle kann entweder ungeteilt oder geteilt in Form von Zoosporen (*c*) austreten. Manchmal unterbleibt die Geißelbildung, so daß amöboide Zoosporen (*d*) hervorkommen. Die Teilprotoplasten oder schon fertige Zoosporen können sich auch in Aplanosporen (*e*) umwandeln, die behäutet den Zellfaden verlassen und dann wieder als Zoosporen oder Amöben keimen. Manchmal werden aus den vegetativen Zellen dünnwandige Akineten (*f*) gebildet, aus denen ebenfalls Zoosporen oder Amöben austreten können. Wenn Riesenzellen entstehen, die sich in große Aplanosporen (*g*) umwandeln, keimen diese zu mehreren Zoosporen oder Amöben. Der Zellfaden kann sich aber auch in gallertige Stadien (*h*) auflösen, die unter weiteren Protoplastenteilungen zu Gallertlagern (*i*) heranwachsen. Aus diesen treten die Protoplasten als Zoosporen oder Amöben aus, oder — allerdings selten — sie wachsen zu großen vielkernigen, gallertumhüllten Riesenzellen (*k*) heran, die wieder Zoosporen in größerer Anzahl bilden. Die in allen Entwicklungsstadien gebildeten Zoosporen können sich entweder als einzellige Keimlinge festsetzen oder aber sich erneut mit Gallerte umgeben und zu Gallertlagern (*l*) heranwachsen. In dieser schematischen Darstellung sind nicht alle Entwicklungsmöglichkeiten berücksichtigt, so z. B. die Bildung von Akineten und Fadenakineten, mehrkerniger Zysten innerhalb von Riesenzellen oder die vegetative Vermehrung durch Fadenfragmente [220, 829].

Unter den Haptophyceen sind Formen bekannt, bei denen im Lebenszyklus eine bewegliche Phase (Coccolithophorideen) von einer unbeweglichen coccalen oder trichalen Phase zu unterscheiden ist [787]. Diese würde ohne die Kenntnisse des Lebenszyklus als völlig verschiedene Organisationsstufen und damit unterschiedliche taxonomische Einheiten eingestuft werden. Die bewegliche Form von *Ochrosphaera* dient nur als kurzlebige Zoospore oder als Gamet der im übrigen unbeweglichen Phase. Der begeißelten Form *Coccolithus pelagicus* steht die unbewegliche und mit anders gestalteten Kalkschuppen versehene *Crystallolithus*-Phase gegenüber [788]. Eine Anzahl dieser Formen besitzt grundsätzlich unbegrenzte asexuelle Fortpflanzungsfähigkeit in beiden Zuständen, so z. B. *Phaeocystis*, *Coccolithus pelagicus* und die Coccolithophorideen mit *Apistonema*-Phase [224, 369, 370, 671, 786].

5.2. Lebenszyklus mit Sexualität

Als Beispiele für den Lebenszyklus mit Sexualität wurden *Chlamydomonas* und *Acetabularia* ausgewählt, die seit geraumer Zeit als Modellorganismen für verschiedene Untersuchungen dienen. Der Lebenszyklus von *Chlamy-*

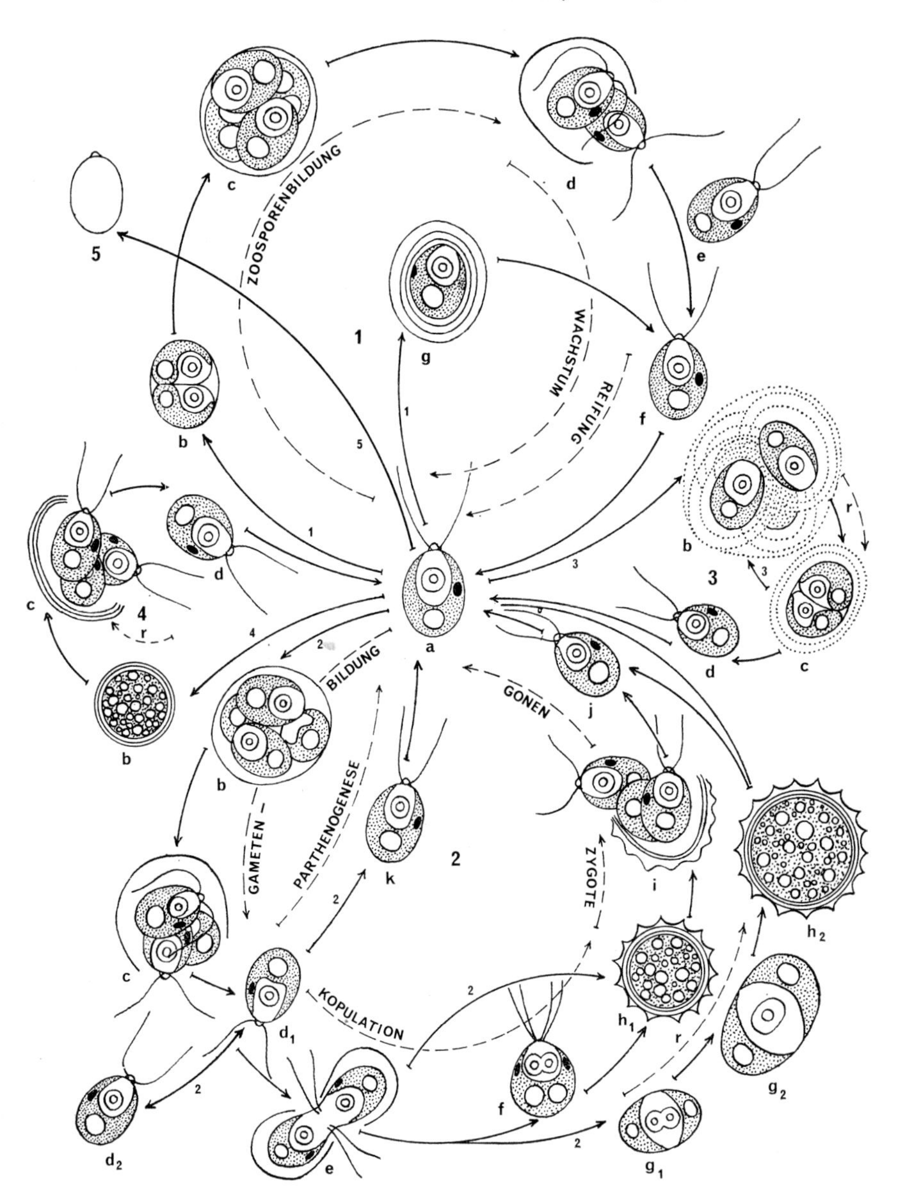

Abb. 212. Lebenszyklus von *Chlamydomonas;* 1 asexuelle Fortpflanzung; 2 sexuelle Fortpflanzung; 3 Bildung von Dauerzuständen; 4 Bildung von Dauerzellen; 5 Absterben vegetativer Individuen. Weitere Erklärungen im Text. – Nach ETTL 1976 [218].

domonas ist, trotz Einzelligkeit des Organismus nicht so einfach wie bei manchen anderen einzelligen Algen. Das hängt vor allem mit der Sexualität zusammen und wohl auch mit der Fähigkeit, Dauerzustände zu bilden. In ihrem Lebenszyklus überwiegen immer die haploiden Zellen. Diploid sind nur die Zygoten und ihre Stadien vor der Meiose. Der Lebenszyklus einer *Chlamydomonas*-Art mit sexueller Fortpflanzung kann theoretisch in vier untergeordneten Zyklen verlaufen – als asexueller, sexueller, palmelloider und schließlich als aplanosporer Zyklus, was durch das beigefügte Schema veranschaulicht wird (Abb. 212). Die bedeutendste Phase im Lebenszyklus stellt die vegetative Zelle dar, die deshalb im Mittelpunkt des Schemas steht. Von ihr ausgehend sind die vier untergeordneten Zyklen dargestellt, die in Richtung der Pfeile verlaufen. Der Verlauf der Zyklen ist irreversibel. Der asexuelle Zyklus (1) beginnt mit der reifen vegetativen Zelle (*a*), die durch Protoplastenteilung in eine bestimmte Anzahl (2^n) von Zoosporen geteilt wird (*b*, *c*). Nach dem Freiwerden (*d*) wandeln sich die Zoosporen in junge vegetative Zellen um (*e*, *f*), die erneut zu den reifen vegetativen Zellen heranwachsen. Damit ist der Zyklus geschlossen; die reifen Zellen können wieder Zoosporen produzieren. In einigen Fällen bildet der Protoplast jedoch mehrere ineinandergeschachtelte Hüllen (*g*), ohne sich zu teilen; er kann jedoch aus diesen ausschlüpfen. Immer wieder sterben einzelne vegetative Zellen während dieses Zyklus ab (5), doch geschieht dies auch während der anderen Zyklen. Der asexuelle Zyklus besteht wie bei *Chlorella* aus den Phasen des Wachstums, der Reifung, der Bildung und des Freisetzens der Fortpflanzungszellen.

Der Zyklus der sexuellen Fortpflanzung (2) beginnt wie der asexuelle Zyklus mit einer Protoplastenteilung (*b*). Doch werden in diesem Fall sexualisierte Gameten gebildet (*c*). Diese benötigen, soweit sie nicht monözisch sind, zur Kopulation fremde, dem entgegengesetzten Typus oder Geschlecht zugehörende Gameten (d_1, d_2). Nach der Fusion der Gameten (*e*) werden entweder zuerst bewegliche Planozygoten (*f*) oder sogleich unbewegliche Zygoten (*g*) gebildet. Letztere zeigen entweder weiteres Wachstum und photosynthetische Aktivität, so daß die reife Zygote (h_2) bedeutend größer wird als die junge, oder die Reifung der Zygote geht ohne weiteres Wachstum vor sich (h_1). Auch die Planozygoten gehen schließlich in die Hypnozygote über. Das Stadium der Zygote ist die einzige Diplophase im Lebenszyklus von *Chlamydomonas*, die bei einigen Arten durch das weitere Wachstum der Zygote hinausgeschoben werden kann. Nach kürzerer oder längerer Ruheperiode keimen nach erfolgter Reduktionsteilung die Gonen (*i*), die entweder als Tochterzellen (*j*) zu vegetativen Zellen oder erneut zu Gamonten werden. Gameten, die nicht kopulieren (*k*), wandeln sich wieder in vegetative Zellen um und pflanzen sich parthenogenetisch fort. Der sexuelle Zyklus besteht also aus den Phasen der Gametenbildung mit Sexualisierung, der Kopulation, der Zygotenreifung und der Keimung der Gonen.

Zum Lebenszyklus gehören auch Dauerzustände, die unter ungünstigen Bedingungen gebildet werden. Das geschieht entweder in Form gallertiger

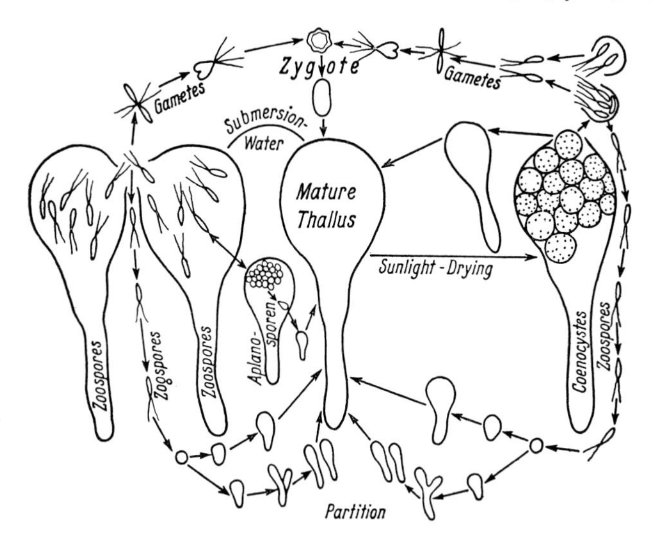

Abb. 213. Lebenszyklus der siphonoblastischen Grünalge *Protosiphon*. – Nach Bold 1933 [52].

Stadien: palmelloider Zyklus (3), oder in Form einer dickwandigen Dauerzelle: aplanosporer Zyklus (4). Diese untergeordneten Zyklen können sich mehrmals wiederholen, indem sich die Protoplasten teilen (c) oder sich wieder in vegetative Zellen umwandeln (*a*), sobald günstige Bedingungen eintreten. Mit Ausnahme der asexuellen Fortpflanzung kann bei jedem Zyklus eine Ruheperiode (*r*) eingeschaltet werden [218].

Bei höher organisierten Algen wird der Lebenszyklus durch Thallusbildung und durch Einsetzen modifizierter Fortpflanzungszellen oder Dauerstadien erweitert. Eigenartig verläuft der Lebenszyklus bei der siphonalen Schirmalge *Acetabularia*. Die Zygote entsteht durch die Kopulation von zwei Isogameten. Sie keimt zu einem ungegliederten, zylindrischen Stiel aus, der an seinem unteren Ende ein gelapptes Rhizoid besitzt, das den einzigen Zellkern (Primärkern) der siphonalen Pflanze enthält. Der Stiel wächst zunächst sowohl in die Länge als auch in die Breite. Die gegebene Größe ist einige Zeit vor der Schirmbildung erreicht (vgl. auch 3.5.1.). Das geschieht unter günstigen Standortbedingungen in etwa 3 Monaten; für die Schirmbildung ist ein weiterer Monat notwendig. Der Schirm ist im fertigen Zustand in etwa 75 Strahlen gegliedert, die Zystenbehälter darstellen. Die Zysten sind hier den Gametangien homolog. Sobald der Schirm entwickelt ist, beginnt der Riesenkern zu desintegrieren. Wahrscheinlich stößt er dabei einen einzigen kleinen, diploiden Sekundärkern aus, der sich noch im Rhizoid mitotisch in etwa 7000–15 000 diploide Sekundärkerne teilt. Diese werden durch eine gerichtete Plasmaströmung in die Hutstrahlen transportiert, wo einkernige

Zysten zur Ausbildung gelangen. In den geschlossenen Zysten finden erneut mehrere Mitosen statt. Schließlich erfolgt unter Reduktionsteilung die Bildung der haploiden Gameten. Die Schirme zerfallen, und die Zysten sinken zum Grund. Nach einer Ruheperiode öffnen sich die Zysten, so daß die Gameten frei werden. Diese kopulieren paarweise, und die Zygote keimt unmittelbar zum Keimschlauch aus [742, 978]. Daß der Lebenszyklus auch bei mikroskopisch kleinen siphonalen Algen kompliziert sein kann, zeigt *Protosiphon* [52]. Die verschiedenen Entwicklungsstadien sind aus Abbildung 213 ersichtlich. Neben den asexuellen und sexuellen Phasen sind auch die Phasen der Dauerzellen erkennbar.

5.3. Kernphasen- und Generationswechsel

Als Generationswechsel bezeichnen wir allgemein jeden periodischen oder auch unregelmäßigen Wechsel zwischen einer sexuell sich fortpflanzenden Generation und einer oder mehreren asexuellen, gleichviel ob die sich verschieden fortpflanzenden Generationen morphologisch zu unterscheiden sind oder nicht. In der Mehrzahl der Fälle handelt es sich um zwei Generationen, von denen die eine, der Gametophyt, mit der keimenden Spore beginnt und mit der Bildung von Gameten abschließt, während die andere, der Sporophyt, mit der Zygote beginnt und sich durch Sporen fortpflanzt. Die Zygote und die Keimzellen allein können dagegen nicht als Generation bezeichnet werden, da der Generationsbegriff fordert, daß die Keimzelle zunächst eine gewisse Individualentwicklung durchmacht, die durch mitotische Teilungen gekennzeichnet ist, ehe die Bildung weiterer Keimzellen erfolgt [394, 395, 764]. Häufig ist der Generationswechsel mit dem Wechsel der Kernphasen verbunden, d. h., es wechselt ein haploider Gametophyt mit einem diploiden Sporophyten. Wir beschreiben zunächst den Wechsel zwischen Haplo- und Diplophase, um dann die große Mannigfaltigkeit des Generationswechsels bei den Algen besser verstehen zu können.

Wie schon früher erwähnt, verschmelzen bei der Befruchtung zwei Zellen (Gameten) und ihre Zellkerne mit je einem einfachen Chromosomensatz. Dadurch entstehen in der Zygote diploide Kerne mit doppelter Chromosomenzahl. Diese wird vor einem weiteren Befruchtungsvorgang durch die Meiose wieder auf die Hälfte reduziert. Je nachdem, wann die Reduktionsteilung eintritt und wie lange die Kernphasen dauern, unterscheiden wir Haplonten, Diplonten oder Diplohaplonten [394, 395, 586].

a) Haplonten (Abb. 214a). Alle vegetativen Zellen und Individuen sind haploid, auch wenn sie sich zwischenzeitlich asexuell fortpflanzen. Die Gameten können sich also direkt daraus ableiten; nach ihrer Verschmelzung entsteht die Zygote, die einzige Diplophase des Zyklus. Die Reduktionsteilung erfolgt während der Zygotenkeimung (zygotische Reduktion). Zu den bekanntesten Haplonten gehören die *Volvocales*. Bei den Chlamydomonada-

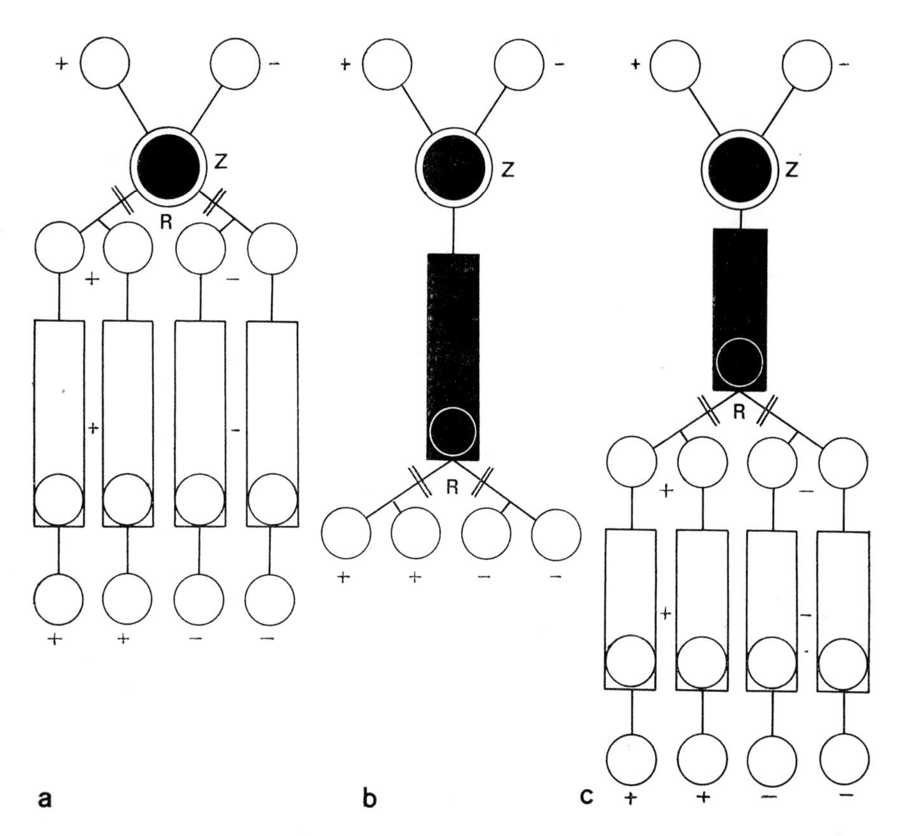

Abb. 214. Schematische Darstellung des Kernphasenwechsels a) eines reinen Haplonten, b) eines reinen Diplonten, c) eines Diplohaplonten. In dem Schema bedeutet schwarz die diploide Phase (Sporophyt), weiß die haploide Phase (Gametophyt). Einzelne Zellen sind als Kreise, die als echte Generationen auftretenden Entwicklungsstadien durch langgestreckte Rechtecke dargestellt. *R* Ort der Reduktion, *Z* Zygote, +, – unterschiedliche Geschlechter. – Umgezeichnet nach HARTMANN 1956 [395].

ceen teilt sich der Zygoteninhalt in 4, manchmal auch in 8 oder mehr Teile (Gonen). Die beiden ersten Teilungen sind immer Reduktionsteilungen. Bei den Volvocaceen verläuft der Vorgang analog. Doch kann hier auch nur eine einzige Gone freigesetzt werden, während die drei anderen Teilprodukte der Meiose degenerieren. Ebenso degenerieren drei der durch postzygotische Meiose gebildeten Gonen bei den Conjugatophyceen.

b) Diplonten (Abb. 214 b). Hierher gehören streng genommen nur solche Organismen, bei denen die Diplophase, die aus der Gametenverschmelzung hervorgegangen ist, während des gesamten vegetativen Zyklus fortbesteht. Die Haplophase ist einzig und allein auf die Gameten beschränkt, wobei die Meiose erst bei den letzten Gametenteilungen einer Geschlechtsgeneration stattfindet (gametische Reduktion). Es gibt hier ebenso wie bei den Haplonten keine diploiden oder haploiden Generationen und somit keinen Generationswechsel, sondern nur einen Kernphasenwechsel. Zu den bekannten diploiden Algen gehören die Diatomeen. Die Reduktionsteilung erfolgt erst während der Gametenbildung, ob es sich nun um Iso- oder Anisogamie der *Bacillariales* oder um Oogamie der *Biddulphiales* handelt. Ebenso wird auch bei den *Fucales* die Haplophase lediglich durch die Gameten repräsentiert. Die Gameten entstehen durch aufeinanderfolgende Kernteilungen, drei für die weiblichen und sechs für die männlichen Gameten. Es konnte mit Sicherheit nachgewiesen werden, daß die ersten beiden dieser Teilungen meiotisch sind, so daß der große und hoch organisierte Thallus der *Fucales* ein Sporophyt ist. Einige Chlorophyceen können ohne Zweifel in die gleiche Kategorie eingeordnet werden (*Dasycladus, Acetabularia, Codium*).

c) Diplohaplonten (Abb. 214 c). In diesem Fall wechselt eine Haplophase (Gametophyt) mit einer Diplophase (Sporophyt) ab. Im Idealfall sollte ein Gleichgewichtszustand zwischen beiden bestehen. In den meisten Fällen ist jedoch dieses Gleichgewicht zugunsten einer der beiden Phasen verschoben. Die Aufeinanderfolge von unabhängigen diploiden und haploiden Phasen bei den Algen führt zu einem Generationswechsel, der mit dem der Moose und Farne vergleichbar ist. Die Algen sind zwar weniger auffällig und geringer differenziert als die höher organisierten Gruppen, stimmen jedoch mit ihnen im Wechsel haploider und diploider Phasen überein. Diese grundsätzliche Übereinstimmung wird jedoch durch die ungewöhnliche Vielfalt von Abweichungen in den Lebenszyklen der Algen oft verschleiert. Das führt zu einer Mannigfaltigkeit, die bei anderen Pflanzengruppen sonst nicht bekannt ist. Diese Komplikationen sind sowohl durch die Verlängerung der haploiden als auch der diploiden Phase her bedingt. Ihren Höhepunkt erreicht diese Entwicklung bei den Rhodophyceen mit der Ausbildung zusätzlicher Generationen und zusätzlicher Sporen [586, 939]. Die Reduktionsteilung ist an eine agame Zytogonie zwischen zwei Befruchtungsvorgängen gebunden (intermediäre Reduktion). Hier ist der Generationswechsel mit einem Kernphasenwechsel aufs engste verknüpft. Aus der Zygote geht eine asexuelle diploide Generation hervor (Sporophyt), die sich fortpflanzt. Die daraus hervorgegangenen Sporen sind haploid, weil bei der Sporenbildung die Reduktion stattfindet. Aus ihnen entsteht eine haploide Geschlechtsgeneration (Gametophyt), die die Geschlechtszellen bildet. Man bezeichnet diesen Generationswechsel zweckmäßig als heterophasischen Generationswechsel im Gegensatz zum homophasischen Generationswechsel, der sich nur in einer reinen Haplophase oder in einer reinen Diplophase abspielt [394].

Beim heterophasischen Generationswechsel unterscheiden wir gleichgestaltete (isomorphe) und verschieden gestaltete (heteromorphe) Gameto- und Sporophyten. So treten manche höhere Chlorophyceen (*Cladophora, Ulva,*

Enteromorpha) in Form morphologisch identischer Individuen auf, die entweder haploid oder diploid sein können (isomorph). Der haploide Gametophyt erzeugt morphologisch gleiche +- und −-Gameten. Die Kopulation findet nur zwischen konträren Gameten statt. Aus der Zygote entsteht eine diploide Sporophytenpflanze, die dem Gametophyten morphologisch völlig gleicht. Der Sporophyt erzeugt Zoosporangien, die den Gametangien gleichen, durch Meiose. Dabei erfolgt die Geschlechtsbestimmung so, daß in

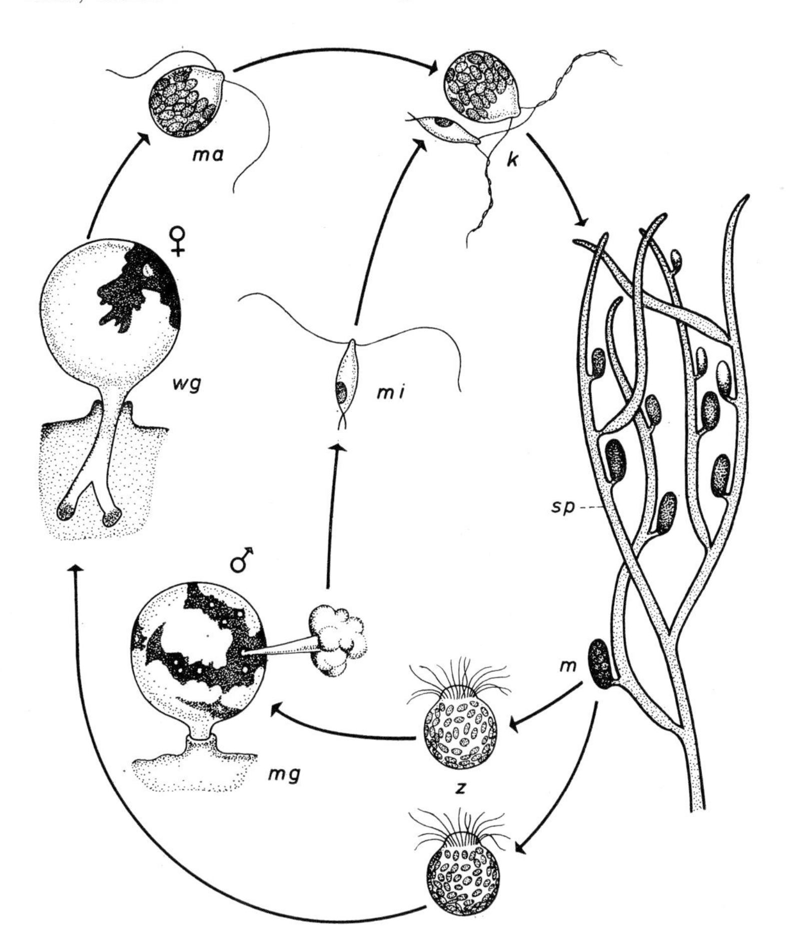

Abb. 215. Heteromorpher, heterophasischer Generationswechsel von *Derbesia marina* und *Halicystis ovalis* (schematisch). Die haploide Phase ist dünn, die diploide dick umrandet. *k* Kopulation, *m* Meiose, *ma* Makrogamet, *mg* männlicher Gametophyt, *mi* Mikrogamet, *wg* weiblicher Gametophyt, *sp* Sporophyt, *z* Zoosporen. Nach KORNMANN, NEUMANN, verändert aus NULTSCH 1971 [764].

gleicher Anzahl +- und --Zoosporen entstehen, die zu haploiden Gametophyten werden.

Auch bei *Dictyota dichotoma* sind beide Generationen äußerlich völlig gleich gestaltet. Die agame diploide und die sexuelle haploide Generation unterscheiden sich – abgesehen von der verschiedenen Chromosomenzahl – nur dadurch, daß erstere unbewegliche Tetrasporen liefert, bei deren Bildung sich die Reduktion vollzieht, während der Gametophyt Oogonien und Antheridien hervorbringt.

Bei den Cutleriaceen ist hingegen die asexuelle Generation von der gametenbildenden auch morphologisch ganz verschieden (heteromorph). Die erstere wurde, ehe der genetische Zusammenhang bekannt war, als besondere Gattung *Aglaozonia* bezeichnet. Bei der Zoosporenbildung dieser Generation findet die Reduktion statt. *Aglaozonia* ist der diploide Sporophyt, aus dessen Sporen der haploide Gametophyt entsteht, die *Cutleria*-Pflanze. Die von ihr gebildeten Anisogameten ergeben nach der Befruchtung wieder die diploide *Aglaozonia*. Der Generationswechsel ist also mit einem ausgeprägten Dimorphismus der Generationen verbunden [394, 395, 586]. Ein weiteres Beispiel eines heterophasischen, heteromorphen Generationswechsels ist *Derbesia-Halicystis* (Abb. 215). Auch hier sind die beiden Generationen in ihrer Gestalt so grundverschieden, daß sie früher für zwei verschiedene Pflanzen gehalten und deshalb mit eigenen Namen bezeichnet wurden: *Halicystis ovalis* und *Derbesia marina*. *Halicystis* ist der Gametophyt, der einen blasenförmigen Thallus hat und getrenntgeschlechtlich ist. Der männliche Gametophyt bildet kleine, zweigeißelige Androgameten, der weibliche große, ebenfalls zweigeißelige Gynogameten. Durch die Kopulation entsteht eine Zygote, bei deren Keimung ein diploider, fädiger und verzweigter Thallus, der Sporophyt *Derbesia*, entsteht. Dieser bildet durch Meiose haploide stephanokonte Zoosporen. Diese sind sexuell differenziert und keimen zu männlichen bzw. weiblichen Gametophyten aus, womit der Kreislauf geschlossen ist [753, 754, 764].

Unter gewissen Umständen kann man auch von einem „Generationswechsel" bei einigen Haptophyceen sprechen. Bei *Syracosphaera carterae*, von der zytologische Untersuchungen vorliegen, ist die monadoide coccolithophore Phase haploid und die algenartige *Apistonema*-Phase diploid [224]. Etwas anders verläuft der Generationswechsel *Hymenomonas-Apistonema*: Das *Hymenomonas*-Stadium kann sich durch Mitose weiter vermehren. Nur nach erfolgter Meiose kommt es zur Bildung des *Apistonema*-Stadiums, das sich durch haploide Schwärmer ohne Coccolithen wieder als *Apistonema* vermehrt. Durch Syngamie kommt es erneut zum diploiden *Hymenomonas*-Stadium. An Hand der Ultrastruktur konnte dieser Zyklus detailiert dargestellt werden [587]. Bei den anderen Formen wissen wir derzeit über den „Generationswechsel" nur sehr wenig. Für *Coccolithus fragilis* wird aus Naturbeobachtungen ein komplexer Lebenszyklus angegeben [30].

Da der Generationswechsel vor allem bei Chloro-, Phaeo- und Rhodophyceen auftritt, sei ihnen mehr Platz eingeräumt.

5.3.1. Chlorophyceen

Bei den Chlorophyceen finden wir sowohl reine Haplonten als auch Diplonten, aber auch Diplohaplonten (Abb. 216). Dementsprechend können wir 3 Typen unterscheiden:

a) *Chlamydomonas*-Typus (früher *Ulothrix*-Typus) mit Reduktionsteilung während der Zygotenkeimung (Haplonten).

b) *Codium*-Typus mit Reduktionsteilung während der Gametenbildung (Diplonten).

c) *Cladophora*-Typus[1] mit Reduktionsteilung während der Zoosporenbildung und mit regelmäßigem Wechsel der Generationen (Diplohaplonten) [578].

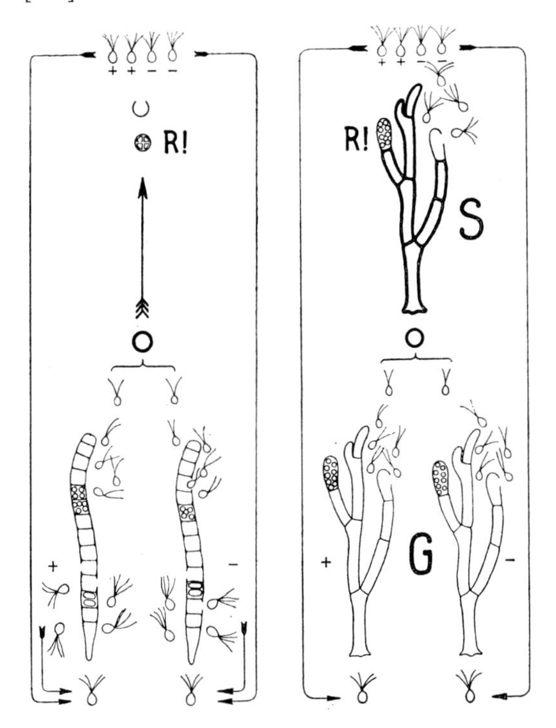

Abb. 216. Schematische Darstellung zweier Haupttypen des Kernphasen- und Generationswechsels bei Chlorophyceen: links Haplont, rechts Diplohaplont, haploide Phase mit dünnen, diploide mit dicken Linien gezeichnet. *G* Gametophyt, *S* Sporophyt, ○ Zygote, *R* Reduktionsteilung. – Nach Harder aus v. Denffer u. Mitarb. 1971 [164].

---

1 *Cladophora glomerata* ist jedoch diploid.

Für den ersten Typus wurde früher gern als Beispiel *Ulothrix* gewählt. Nach den Untersuchungen von Kornmann [545, 546, 547] soll aber *Ulothrix* ein Diplohaplont sein, auch wenn die eine Generation einzellig ist. Es scheint daher angebrachter, *Chlamydomonas* als Typus der Haplonten zu wählen.

Die meisten siphonalen Chlorophyceen stellen Diplonten dar. Die Reduktionsteilung während der Gametenbildung wurde erstmals an *Codium* bewiesen. Es gibt aber bei den siphonalen Chlorophyceen auch Abweichungen im Lebenszyklus, indem eine Phase im Wechsel ausfallen kann [17].

Der dritte Typus ist dadurch gekennzeichnet, daß die beiden Generationen entweder isomorph oder heteromorph sind. Als isomorph sind außer *Cladophora* auch *Chaetomorpha, Enteromorpha* und *Ulva* zu nennen [630, 761]. Zu den heteromorphen gehört *Urospora-Codiolum* und *Halicystis-Derbesia*, sowie *Prasiola*. Bei *Prasiola meridionalis* wurde das fadenförmige Stadium als eine selbständige Alge, *Rosenvingiella constricta*, beschrieben [123, 270]. Der Generationswechsel von *Urospora* und *Monostroma* wird bereits allgemein als heteromorph anerkannt, der Sporophyt ist jedoch einzellig. Einzellige Sporophyten in Form des *Codiolum*-Stadiums besitzen auch Vertreter der Gattungen *Gomontia, Hormiscia, Spongomorpha* [550]. Das epiphytische *Chlorochytrium inclusum* bildet 4geißelige Zoosporen, die in Form des *Spongomorpha*-Thallus keimen. Hier werden 2geißelige Gameten erzeugt, die nach Kopulation und Zygotenkeimung erneut das *Chlorochytrium*-Stadium bilden [106].

Es gibt zahlreiche Abweichungen vom Normalschema des Generationswechsels, wie z. B. Verschiebung des Zeitpunkts der Reduktionsteilung, Ausfall einer Generation usw. Nicht selten wird eine Anzahl gleicher Generationen eingeschaltet (akzessorische Reproduktion). Diploide Sporophyten bilden in diesem Fall keine haploiden Zoosporen, sondern ohne Reduktionsteilung diploide Schwärmer, die wieder zu Sporophyten auswachsen, während die haploiden Gametophyten Schwärmer erzeugen, die sich ohne Kopulation wieder zu Gametophyten entwikkeln. Jene Generation kann sich also auch unabhängig vom Generationswechsel vermehren, aber früher oder später tritt dieser dann doch ein [17].

Den Wechsel zwischen haploiden und diploiden Generationen kann man wahrscheinlich durch Verschiebung der Meiose bei Haplonten erklären. Schon bei *Chlamydomonas chlamydogama* und *Ch. moewusii* kann die Zygote, die sonst häufig ein mehr oder weniger ausgeprägtes Ruhestadium darstellt, eine neue Qualität bekommen [218]. Sie wächst durch photosynthetische Aktivität beträchtlich heran, bevor sie zur Reduktionsteilung schreitet, und kann eine Zeitlang ein eigenes Dasein führen. Hier wird also die Meiose nicht durch die Einschaltung mitotischer Teilungen verzögert, sondern einfach durch die Übernahme von Funktionen der vegetativen Phase durch die Zygote selbst. Ein solches Verhalten könnte als physiologische Vorbereitung für die Bildung einer ausgedehnteren diploiden Phase dienen. Die Entstehung des Generationswechsels könnte auch so vor sich gegangen sein, wie es an *Stigeoclonium subspinosum* deutlich wird [506]. Unter bestimmten Bedingungen unterbleibt die Meiose in der Zygote; aus ihr keimt ein mikroskopisch kleiner, wenigzelliger Faden, dessen Zellen meiotisch 4–8 Sporen bilden. Hier bahnt sich also schon ein diploider Sporophyt an.

5.3.2. Phaeophyceen

Unter den Phaeophyceen finden wir die folgenden 4 Typen der Generations- und Kernphasenwechsel (Abb. 217):

a) *Dictyota*-Typus. Generationswechsel vorhanden, isomorph, Reduktionsteilung während der Sporenbildung.

b) *Cutleria*-Typus. Generationswechsel vorhanden, heteromorph, Gametophyt kräftiger als Sporophyt, Reduktionsteilung während der Sporenbildung.

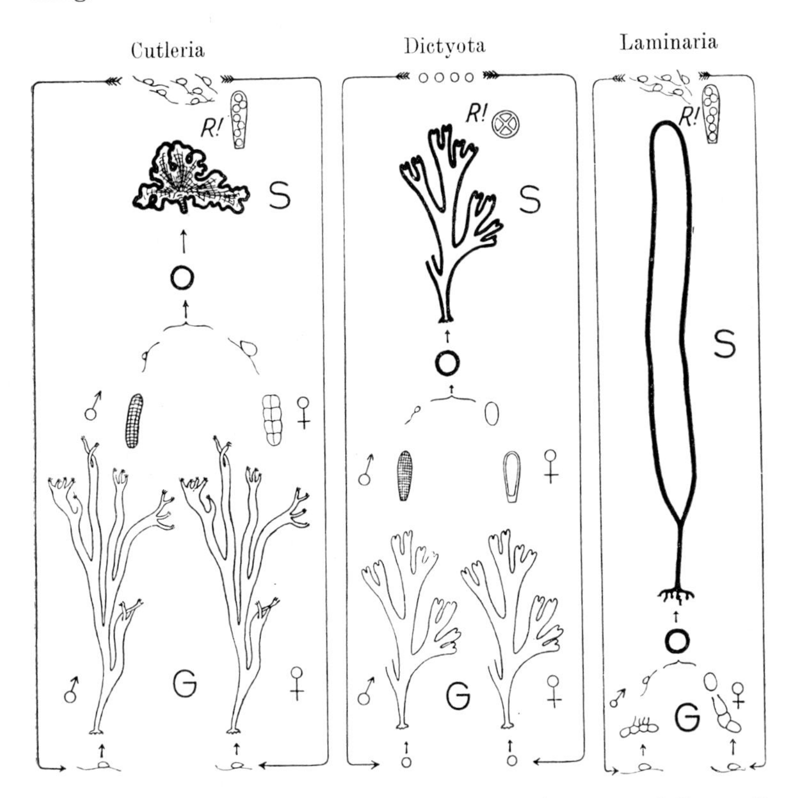

Abb. 217. Schematische Darstellung des Kernphasen- und Generationswechsels einiger Phaeophyceen; haploide Phase mit dünnen, diploide mit dicken Linien gezeichnet. *G* Gametophyt, *S* Sporophyt, ○ Zygote, *R* Reduktionsteilung. – Nach HARDER aus. v. DENFFER u. Mitarb. 1971 [164].

c) *Laminaria*-Typus. Generationswechsel vorhanden, heteromorph, Sporophyt kräftiger als Gametophyt, Reduktionsteilung während der Sporenbildung.

d) *Fucus*-Typus. Generationswechsel fehlt, Pflanze diploid, nur Gameten haploid, Reduktionsteilung während der Gametenbildung [578].

Eine Sonderstellung nehmen die diploiden *Fucales* ein, bei denen kein Generationswechsel mehr erkennbar ist. Da aber bei den *Laminariales* der weibliche Gametophyt gelegentlich nur aus einer einzigen Zelle besteht, indem sich der Inhalt der zur Ruhe gekommenen Zoospore entleert und direkt zum Ei wird, kann man die Verhältnisse bei *Fucus* so erklären, daß der Gametophyt noch weiter reduziert wurde, indem die asexuelle Spore selbst zum Ei bzw. zum Spermatozoiden geworden ist. Diese Annahme wird dadurch gestützt, daß die Antheridien und Oogonien der *Fucales,* im Gegensatz zu denen der anderen Phaeophyceen, nicht pluri-, sondern unilokulär sind. Die *Fucales* sind somit das Endglied in der Reduktion des Gametophyten. Die diploide *Fucus*-Pflanze ist danach als Sporophyt zu betrachten, dem der bis auf den Gameten reduzierte Gametophyt aufsitzt [164, 224].

Bei *Dictyota* und *Laminaria* scheint der Generationswechsel obligatorisch zu sein; bei vielen anderen Formen, besonders bei den relativ primitiveren *Ectocarpales,* kommen aber zahlreiche Abweichungen vor. So sind bei dem heteromorphen, leicht kultivierbaren *Ectocarpus confervoides* u. a. folgende Abweichungen bekannt: relative Sexualität, parthenogenetische Entwicklung von Gameten, Unterdrückung der Meiose während der Zoosporenbildung. Bei *Ectocarpus confervoides* kann sich der diploide Sporophyt mit Hilfe plurilokulärer Sporangien selbständig vermehren. Aus den Schwärmern der unilokulären Sporangien dieses Sporophyten entstehen die anders gestalteten Gametophyten. Die auf diesem in plurilokulären Gametangien gebildeten Gameten kopulieren, und aus den Zygoten entstehen wieder diploide Sporophyten [542]. Nicht kopulierte Gameten werden parthenogenetisch zu Pflanzen mit Sporophyten-Wuchsform (haploide Sporophyten), die wieder imstande sind, sich mit Hilfe von Schwärmern aus plurilokulären Sporangien selbständig zu vermehren. Einzelne Fadenbereiche der haploiden Sporophyten können jedoch zum Gametophyten-Habitus umschlagen (Aposporie), deren plurilokulären Behälter wieder Gameten liefern [224]. Noch kompliziertere Verhältnisse fand Müller [748] bei *Ectocarpus siliculosus* aus Neapel. Auch hier liegen haploide und diploide Sporophyten vor, die sich beide durch Schwärmer aus plurilokulären Sporangien selbständig vermehren. Während aber im unilokulären Sporangium des diploiden Sporophyten die Reduktionsteilung abläuft, fällt sie im unilokulären Sporangium des haploiden Sporophyten aus. Außerdem tritt bei den Schwärmern aus unilokulären Sporangien der haploiden und diploiden Sporophyten Heteroblastie auf, d. h. sie können sich jeweils entweder zu haploiden Sporophyten oder Gametophyten entwickeln. Gametophyten entstehen jedoch teilweise auch apospor auf haploiden Sporophyten.

Bei *Sphacelaria furcigera* können sich weibliche Gameten parthenogenetisch entweder zu neuen weiblichen Gametophyten entwickeln oder auch zu haploiden Pflanzen, die unilokuläre Zoosporangien anstelle von plurilokulären bilden. Diese Pflanzen treten mehrmals nacheinander auf, bis schließlich alles in einer „Sackgasse“ des Lebenszyklus endet [1119]. Neuere Untersuchungen zeigen, daß auch bei den übrigen Phaeophyceen der Lebenszyklus äußerst mannigfaltig ist und daß immer neue Entwicklungsgänge gefunden werden, wie z. B. bei *Splachnidium*, *Punctaria*, *Elachista* [117, 896, 1135].

5.3.3. Rhodophyceen

Ein Generationswechsel im eigentlichen Sinne kommt erst bei den Florideen vor (Abb. 218). Bei den *Bangiales* entstehen die haploiden Karposporen bereits im Karpogon. Immerhin wurde bei *Pophyra* an Hand von Kulturen festgestellt, daß die im Winter von den blattförmigen Thalli gebildeten Karposporen zu in Muschelschalen lebenden (shell-perforating) Fäden keimen, die lange Zeit als *Conchocelis* bekannt waren. Diese Fäden bilden im Herbst Monosporen, die sich direkt wieder in die blattartigen Thalli umwandeln [186, 282].

Bei den Florideen keimt nach der Befruchtung die Zygote, ohne das Karpogon zu verlassen, sofort aus und entwickelt den aus Zellfäden bestehenden Karposporophyten (auch Gonimoblast genannt), der Karposporen erzeugt. Bei der überwiegenden Mehrzahl der Arten entsteht aus diesen diploiden Karposporen eine meist dem Gametophyten gleichende, diploide Pflanze, an der sich durch Meiose haploide Tetrasporen bilden. Diese Generation wird deshalb Tetrasporophyt genannt. Die Tetrasporen keimen zu neuen Gametophyten aus, so daß hier 3 Generationen aufeinander folgen: der haploide Gametophyt, der diploide Karposporophyt und der ebenfalls diploide Tetrasporophyt. Die Entwicklung der drei Generationen vollzieht sich auf zwei Vegetationskörpern (diplobiontisch) [164]. Gametophyt und Tetrasporophyt sind meist gleich, doch können sie manchmal auch ganz anders aussehen [750], so daß man sie früher nicht nur zu verschiedenen Gattungen, sondern sogar zu ganz entfernt voneinander stehenden Ordnungen gestellt hat. So z. B. *Halymenia-Acrochaetium* [1118] oder *Acrosymphyton-Hymenoclonium* [134].

Als charakteristische Erscheinung kommt hier die Ausbildung des diploiden Karposporophyten hinzu. Diese Zwischengeneration wächst auf dem Gametophyten heran und wird auch von ihm ernährt. Der Karposporophyt zeigt bei einzelnen Arten eine große Formenvariabilität, ist relativ klein und morphologisch sowohl vom Gametophyten als auch vom Tetrasporophyten völlig verschieden. Er baut sich aus Fäden auf, die entweder direkt aus dem Karpogon oder aber aus Auxiliarzellen entspringen, nachdem die diploiden Kerne in diese transportiert wurden. Das kann unmittelbar geschehen, wenn die Auxiliarzellen dem Karpogon anliegen, oder aber über Verbindungsfäden (z. B. bei *Platoma*). Die kurzen Gonimoblastfäden sprossen aus den Auxiliar-

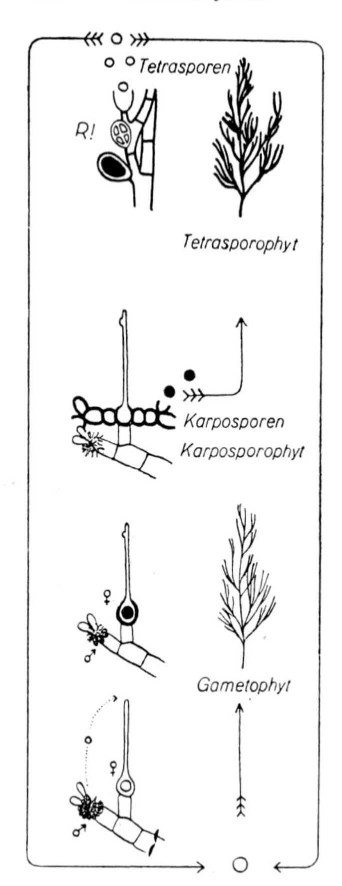

Abb. 218. Schematische Darstellung des Kernphasen- und Generationswechsels bei Rhodophyceen; haploide Phase mit dünnen, diploide mit dicken Linien gezeichnet. – Nach HARDER aus v. DENFFER u. Mitarb. 1971 [164].

zellen hervor. Sie können diffus im Thallus verstreut sein oder kompakte Lager bilden. Die Endzellen, gelegentlich auch alle Zellen des Gonimoblasten, bilden diploide Karposporen. Nach ihrem Freisetzen keimen sie zum Tetrasporophyten aus [939].

Auch im Generationswechsel der Rhodophyceen gibt es viele Abweichungen vom Schema [1141]. So werden bei *Rhodochorton concrescens* in Kulturen sukzessiv nur Generationen der Tetrasporangien-bildenden Pflanzen erzeugt [1140]. In der Natur können ebenfalls überraschende Entdeckungen im Lebenszyklus gemacht werden. So entstehen aus den Karposporen von *Asparagopsis* und *Bonnemaisonia* einfacher gebaute Pflanzen, die als *Falkenbergia* und *Hymenoclonium* bekannt waren [234].

Große Mannigfaltigkeit herrscht auch innerhalb einer einzigen Familie. So sind bei den Bonnemaisoniaceen drei verschiedene Typen des Lebenszyklus bekannt [104, 105, 107]. In den letzten Jahren sind die Kenntnisse über den Lebenszyklus nicht nur bei den Rhodophyceen enorm angestiegen, so daß es nicht möglich ist, in diesem Buch darauf näher einzugehen [640].

6. Formenübersicht

6.1. Allgemeines über das Algensystem

In einem Buch über allgemeine Algologie kann das System der Algen selbstverständlich nicht eingehend und erschöpfend dargestellt werden. Immerhin erscheint ein Überblick zweckmäßig, der die höheren Taxa der Algen bis zu den Familien hinab enthält. Von den Gattungen werden dann nur die in diesem Buch erwähnten bzw. die wichtigsten und verbreiteten angeführt. Hierbei wird von allen phylogenetischen Erwägungen und Spekulationen Abstand genommen. Es ist bekannt, daß die Pflanzensystematik in den letzten Jahrzehnten in eine kritische Phase geraten ist, die sich vor allem bei der Gliederung der Algen deutlich manifestiert [346]. In dem Maße, wie unsere Kenntnisse der Entwicklungsgeschichte, der Zytologie, der Ultrastruktur, der Genetik, der Physiologie und anderer Eigenschaften der Organismen zunehmen, wird die bisherige Algensystematik immer weniger befriedigend. Deshalb trägt das System der Algen den Zug des Provisorischen. Es wird zu einem Notbehelf, um die Vielzahl der Erscheinungsformen in ein Ordnungssystem zu bringen, das dann eine Übersicht über alle Algen ermöglicht [899]. Unter diesem Gesichtspunkt wurde auch die folgende Formenübersicht ausgearbeitet.

Die modernen Lehrbücher der Algensystematik übernehmen praktisch mit kleinen Abweichungen das bekannte System von Pascher [821, 112, 257, 1017]. Die Vorstellung, daß bei verschiedenen Algengruppen die monadoiden, coccalen, trichalen und siphonalen Organisationsstufen parallel auftreten, ist heute allgemein verbreitet und anerkannt. Am deutlichsten sind diese Organisationsstufen wohl unter den Chlorophyceen ausgebildet. Davon ging Pascher aus, als er erkannte, daß ähnliche parallele Organisationsstufen auch bei anderen Algenreihen festzustellen sind. Seitdem gilt diese Konzeption als Kriterium für die systematische Gliederung innerhalb der Algenklassen, was wohl auch praktischen Wert hat. Die einzelnen Organisationsstufen haben wir im Kapitel über die Morphologie kennengelernt.

Die Einordnung der Algen in das System erfolgt – wie bei den höheren Pflanzen – nach der Zugehörigkeit zu bestimmten Sippen (Taxa), worunter wir Algen irgendeiner Rangstufe verstehen. Jede Alge ist mehreren solcher Rangstufen zuzuordnen, die ihrerseits einander unter- oder übergeordnet sind. Das grundlegende Taxon ist die Art (species), in der man jene Organismen zusammenfaßt, die mit ihrer Nachkommenschaft in allen wichtigen Merkmalen übereinstimmen. Die nächsthöhere Einheit ist die Gattung (genus), die mehrere Arten zusammenfaßt. Die jeweils nächsthöheren Taxa sind: Familie (familia), Ordnung (ordo), Klasse (classis) und Stamm (phylum). Die Endungen der mit den Familien beginnenden höheren Taxa sind durch die nomenklatorischen Regeln gegeben: *-aceae* für Familien, *-ales* für Ordnungen, *-phyceae* für Klassen und *-phyta* für Stämme [257, 764].

Zu den höheren Pflanzen scheinen nur die Chlorophyceen engere Beziehungen zu zeigen. Die übrigen Algenreihen stehen völlig isoliert da, manche sogar nur auf der Organisationsstufe der Flagellaten. Zwar erreichen die Rhodo- und Phaeophyceen eine viel höhere Differenzierung ihres Thallus und einen komplizierteren Generationswechsel als die Chlorophyceen, doch haben sie eine ganz andere Struktur, und auch ihre Entfaltung verläuft in anderer Richtung. Neueste elektronenmikroskopische und biochemische Untersuchungen führen zu den verschiedensten Auffassungen verwandtschaftlicher Beziehungen in der Organismenwelt. Das gilt insbesondere von den Flagellaten, in deren farblosen Parallelen die Wurzeln des Tierreiches gesehen wurden. Heute erscheint es absurd, die Lebewelt nur in Pflanzen und Tiere einteilen zu wollen, und wir werden vielmehr eine größere Anzahl selbständiger Organismenreihen anerkennen müssen [176, 604, 687, 688, 1076, 1146].

Der Verlust der photosynthetischen Fähigkeit scheint bei den Algen, außer bei parasitisch lebenden Chloro- und Rhodophyceen, nur auf einer relativ einfachen Organisationsstufe Überlebenschancen zu haben — nämlich dort, wo die Entwicklung in der Richtung auf Photoautotrophie noch nicht zu weit fortgeschritten ist [898]. Nach der vorherrschenden Meinung stammen die chlorophyllfreien Algen von den chlorophyllführenden ab. Man ist sogar geneigt, alle heterotrophen Lebewesen von den autotrophen abzuleiten. Diese Vorstellungen sind jedoch bis auf wenige Ausnahmen unbewiesen.

6.2. System der Algen

Das folgende Algensystem fußt in groben Zügen ebenfalls auf der Einteilung von Pascher [821], wobei natürlich gewisse Änderungen entsprechend dem neuesten Stand der Kenntnisse vorgenommen wurden. Das Ziel ist ein natürliches System, von dem wir allerdings noch weit entfernt sind. Auch die Forderung, daß das System die entwicklungsgeschichtlichen Beziehungen der Organismen zueinander widerspiegeln und gleichzeitig den praktischen Bedürfnissen nach Übersicht entsprechen soll, kann nicht überall erfüllt werden. Die folgende Einteilung der Algen in Stämme und Klassen darf nicht darüber hinwegtäuschen, daß diese z. T. noch recht heterogen zusammengesetzt sind. Wer sich näher mit der Algensystematik vertraut machen will, sei auf zusammenfassende Werke hingewiesen [60, 61, 62, 97, 99, 115, 277, 279, 257, 772, 773, 912, 1017, 1087].

I. Stamm Chrysophyta

Meist einzellige, seltener mehrzellige Algen, mit braunen, gelben bis gelbgrünen Chloroplasten. Chlorophyll *b* fehlt, Karotinoide überwiegen oft und überdecken das Chlorophyll *a*, was die gelbstichige bis braune Farbe verursacht. Als Assimilationsprodukte treten Chrysolaminarin und Fette auf. Zysten mit verkieselten Wänden werden endogen gebildet. Mit 5 Klassen.

1. Klasse Chrysophyceae (Abb. 219, 220, 221 a–g, k–p)

Meist einzellige, seltener kolonie- oder fadenbildende Algen. Chloroplasten in der Regel 1–2, gelb bis braun, je nach der Menge der Karotinoide. Pyrenoide nackt. Assimilationsprodukt Chrysolaminarin und Fette. Endogen gebildete Zysten stark verkieselt, kugelig, Öffnung durch einen Stöpsel verschlossen. Bewegliche Zellen mit 2 ungleichen oder nur mit einer Geißel, die längere als Flimmergeißel. Fortpflanzung durch Zweiteilung oder sexuell durch isomorphe Hologamie, bei coccalen und trichalen Formen durch Zoosporen. Vorkommen hauptsächlich im Süßwasser, nur wenige Familien überwiegend marin [57, 61, 257, 277, 340, 473, 614, 696, 697, 799, 800, 806, 912, 1004, 1008, 1010, 1027].

Mit 3 Unterklassen.

A. Unterklasse Chrysophycidae

Mit den Merkmalen der Klasse, 5 Ordnungen.

1. Ordnung Chrysomonadales

Zellen begeißelt, mit 1 oder 2 ungleichen Geißeln. Einzeln, seltener in Kolonien. Farblose Formen bekannt, Ernährung auch animalisch. Zellen nackt, mit Schuppenpanzer versehen oder in einem Gehäuse lebend. Fortpflanzung durch Zweiteilung, weniger häufig sexuell unter Zystenbildung.

a) Unterordnung Chrysomonadineae

Ohne inneres Kieselskelett, jedoch oft mit Kieselschuppen an der Zelloberfläche. Meeres- und Süßwasserformen.

Abb. 219. Chrysophyceae. a) *Chromulina magnifica;* b) *Ochromonas klinoplastida;* c) *Didymochrysis paradoxa;* d) *Monas major;* e) *Dendromonas virgaria*; f) *Cyclonexis annularis;* g) *Ochrostylon epiplankton;* h) *Chrysococcus diaphanus*; i) *Kephyrion boreale;* j) *Dinobryon stokesii;* k), l) *Mallomonas schwemmlei;* m) *Synura sphagnicola.* – Nach Skuja, Pascher, Glenk.

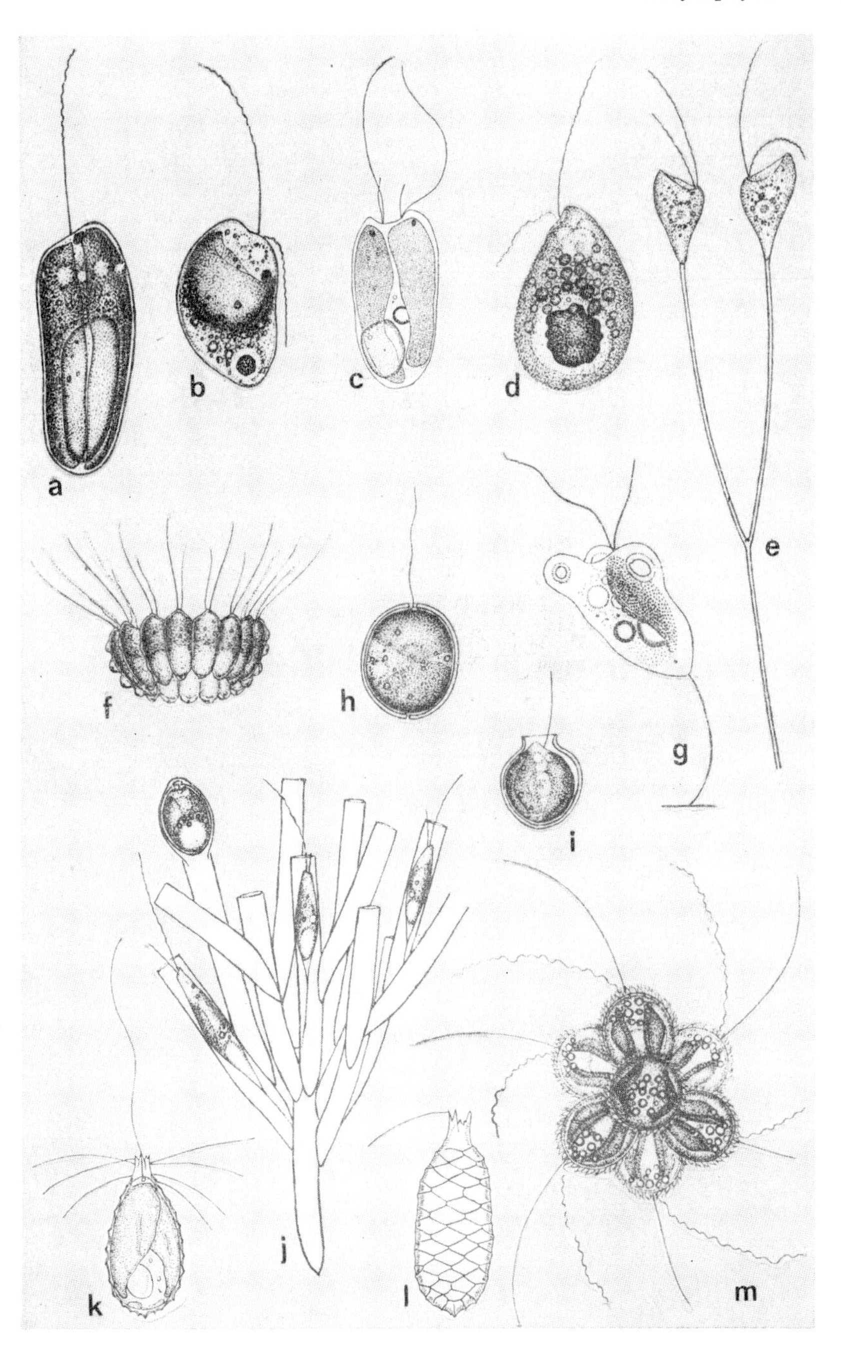
a
b
c
d
e
f
h
g
i
j
k
l
m

1. Fam. *Ochromonadaceae* – Zellen nackt. *Ochromonas, Chromulina, Monas, Amphichrysis, Sphaleromantis, Phaeaster, Didymochrysis, Oicomonas, Pseudendromonas, Dendromonas, Monadodendron, Cladonema, Chrysodendron, Anthophysa, Ochrostylon, Cyclonexis, Eusphaerella, Mycochrysis, Uroglena.*

2. Fam. *Dinobryonaceae* –Zellen in Gehäusen lebend. *Dinobryon, Hyalobryon, Epipyxis, Kephyrion, Chrysococcus, Stenocalyx, Stylopyxis, Chrysolykos, Pseudokephyrion, Kephyriopsis, Poteriochromonas, Stenocodon, Codonobotrys, Lepochromulina.*

3. Fam. *Synuraceae* – Zellen mit Schuppenpanzer aus Kieselschuppen. *Synura, Mallomonas, Mallomonopsis, Catenochrysis, Chrysosphaerella, Paraphysomonas.*

b) Unterordnung Dictyochineae (= Silicoflagellineae)
Mit innerem Kieselskelett, das aus einem polygonalen Ring besteht, aus dessen Ecken Fortsätze hervorkommen. Ausschließlich Meeresformen.

1. Fam. *Dictyochaceae* – *Dictyocha, Corbisema.*

2. Ordnung Rhizochrysidales

Zellen zeitlebens in Form von Amöben, mit Pseudo-, Rhizo- oder Filopodien. Manche Arten auch ohne Chloroplasten. Ernährung meist auch animalisch. Nackt oder in Gehäusen lebend. Fortpflanzung durch Zweiteilung. Süßwasserformen.

1. Fam. *Rhizochrysidaceae* – Amöben nackt. *Rhizochrysis, Chrysamoeba, Rhizochrysidiopsis, Leukochrysis, Brehmiella, Chrysostephanopshaera.*

2. Fam. *Lagyniaceae* – Amöben in Gehäusen lebend. *Lagynion, Chrysopyxis, Stephanoporos, Eleutheropyxis, Chrysocrinus, Heliochrysis, Porostylon, Kybotion, Heterolagynion, Leukopyxis.*

3. Fam. *Myxochrysidaceae* – Amöben zu Plasmodien vereinigt. *Myxochrysis, Chrysarachnion, Chrysidiastrum.*

3. Ordnung Chrysocapsales

Zellen unbeweglich, zu wenigen oder zu vielen in homogener oder geschichteter Gallerte eingebettet. Fortpflanzung durch Zweiteilung oder durch Austritt von Zoosporen. Süßwasserformen.

1. Fam. *Crysocapsaceae* – Gallertlager nicht differenziert, alle Zellen gleich teilungsfähig. *Chrysocapsa, Geochrysis, Chalkopyxis, Celoniella, Phaocystis, Heimiochrysis, Chrysocapsella, Chrysonebula, Koinopodion.*

2. Fam. *Naegeliellaceae* – Gallertlager in Gallertfäden auslaufend. *Naegeliella, Chrysochaete.*

Abb. 220. Chrysophyceae. a) *Brehmiella chrysohydra;* b) *Diporidion bicolor;* c) *Kybotion eremita;* d), e) *Heliapsis mutabilis;* f) *Chalkopyxis tetrasporoides*; g) *Geochrysis turfosa;* h) *Stichogloea olivacea;* i) *Phaeodermatium rivulare;* j) *Naegeliella flagellifera;* k) *Diceras chodatii;* l) *Cyrtophora pedicellata.* – Nach Pascher, Skuja.

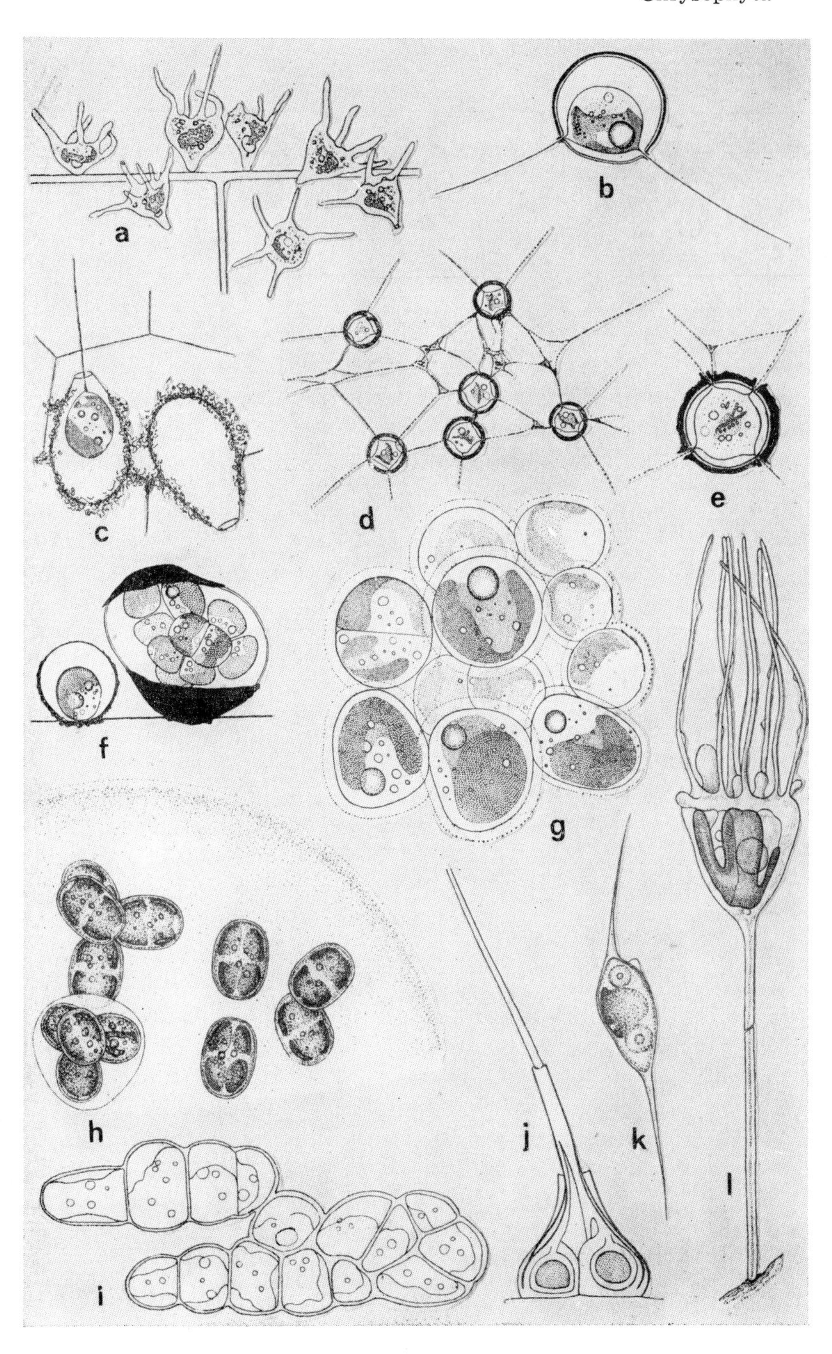
a
b
c
d
e
f
g
h
i
j
k
l

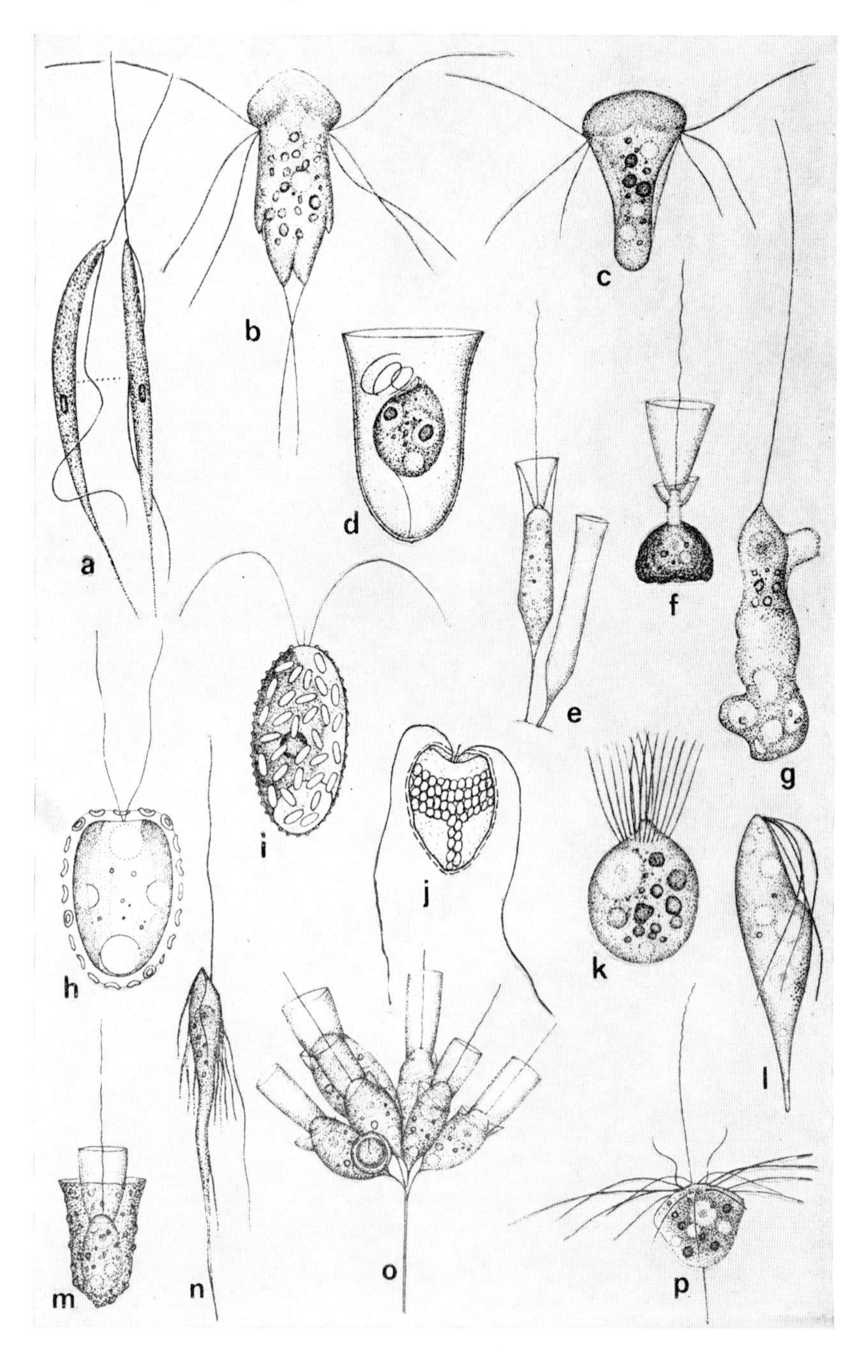
a
b
c
d
e
f
g
h
i
j
k
l
m
n
o
p

3. Fam. *Hydruraceae* — Gallertlager polarisiert, terminales Wachstum mit terminalen, teilungsfähigen Zellen. *Hydrurus.*

4. Ordnung Chrysosphaerales

Zellen mit fester Zellwand, unbeweglich, in Form echter Algenzellen. Frei oder festsitzend. Fortpflanzung durch Zoosporen oder Autosporen. Systematik unsicher.

1. Fam. *Chrysosphaeraceae* — festsitzende Formen. *Chrysosphaera, Epichrysis, Chrysobotrys.*
2. Fam. *Stichogloeaceae* — planktische Süßwasserformen, kleine Gallertkolonien bildend. *Stichogloea.*
3. Fam. *Pterospermaceae* — planktische Meeresformen. *Pterosperma.*

5. Ordnung Phaeothamniales

Zellen zu unverzweigten oder verzweigten Fäden vereinigt, oft mit differenzierter Haftzelle und aufrechtem Thallus. Wenige Formen bilden plagiotrope nematoparenchymatische Thalli. Fortpflanzung durch 1—2geißelige Zoosporen.

1. Fam. *Phaeoplacaceae* — mit flachem einschichtigem Thallus. *Phaeoplaca.*
2. Fam. *Sphaeridiotrichaceae* — einfache Fäden oder Gallertfäden. *Nematochrysis, Sphaeridiothrix.*
3. Fam. *Phaeothamniaceae* — verzweigtes Fadensystem mittels einer differenzierten Haftzelle festsitzend, aufrecht. *Phaeothamnion.*

B. Unterklasse — Craspedomonadophycidae

Mit trichterförmigem Plasmakragen am Vorderende rund um die Geißel, Zellen frei oder festsitzend. Meeres- und Süßwasserformen. [61, 198, 257, 762].

1. Ordnung Monosigales

Mit den Merkmalen der Unterklasse.

1. Fam. *Pedinellaceae* — Zellen nackt, mit Chloroplasten, Rhizopodien in einem Ring um die Geißel, kein definitiver Kragen. *Cyrtophora, Pedinella.*

Abb. 221. Chrysophyceae und Haptophyceae (h—j). a) *Bodo falcatus*; b) *Hexamitus eurykephalus;* c) *Trigonomonas compressa;* d) *Bicoeca campanulata*; e) *Salpingoeca gracilis;* f) *Diplosigopsis siderotheca;* g) *Mastigamoeba torulosa*; h) *Hymenomonas roseola;* i) *Cricosphaera carterae;* j) *Chrysochromulina polylepis*; k) *Paramastix conifera;* l) *Tetramitus descissus;* m) *Lagenoeca variabilis;* n) *Cercobodo draco;* o) *Codonosigopsis robinii;* p) *Pteridomonas pulex.* — Nach Skuja.

2. Fam. *Monosigaceae* — Zellen nackt oder in Gallerte, nur eine Art mit Chloroplasten, Rhizopodien dicht um die Geißel angeordnet, deutlicher Kragen. *Monosiga, Desmarella, Codonosiga.*

3. Fam. *Salpingoecaceae* — Zellen in Gehäusen, ohne sichtbare Streifung, ohne Chloroplasten. *Salpingoeca, Diploeca.*

4. Fam. *Acanthoecaceae* — Zellen in Gehäusen, die aus netzartigen verflochtenen Fibrillen bestehen.
Acanthoeca, Ellisiella.

C. Unterklasse — Bodonophycidae [1]

Farblose Flagellaten mit verschiedener Anzahl von Geißeln oder mit undulierender Membran. Ernährung animalisch. Fortpflanzung durch Zweiteilung. Meeres- oder Süßwasserformen, einige leben auch saprotrophisch oder parasitisch [257, 371, 614, 912, 1027].

1. Ordnung Bodonales

Mit den Merkmalen der Unterklasse.

1. Fam. *Bodonaceae* — Zellen frei lebend, mit 2 Geißeln (1 Schleppgeißel), Kinetoplast und Zytostomum. *Bodo, Rhynchomonas.*

2. Fam. *Bikosoecaceae* — Zellen in Gehäusen, mittels der kürzeren Geißel in diesem befestigt, mit Peristomum. *Bikosoeca* (= *Bicoeca*), *Codonomonas, Codonodendron.*

3. Fam. *Rhizomastigaceae* — amöboide Flagellaten. *Multicilia, Mastigamoeba.*

4. Fam. *Distomataceae* — Zellen mit doppelter Anzahl von Organellen, die symmetrisch angeordnet sind, osmo- und phagotroph. *Trepomonas, Trigonomonas, Hexamitus.*

5. Fam. *Tetramitaceae* — Zellen mit 4 Geißeln an der konkaven Bauchseite. *Tetramitus, Choanogaster.*

6. Fam. *Paramastigaceae* — mit 12—24 Geißeln, die kranzartig am apikalen Zellende angeordnet sind. *Paramastix.*

7. Fam. *Trypanosomaceae* — Zellen mit undulierender Membran und Blepharoplast, Blut- und Darmparasiten. *Trypanosoma, Leishmania.*

8. Fam. *Trichomonadaceae* — Zellen mit 4 oder mehr Geißeln, mit Axostylen. *Trichomonas.*

9. Fam. *Hypermastigaceae* — Zellen mit zahlreichen Geißeln, aber mit 1 Zellkern. *Trichonympha.*

---

1 Nur provisorisch und mit Vorbehalt zu den Chrysophyceen gestellt. Wahrscheinlich teilweise zu einer selbständigen Formengruppe gehörend, teilweise wohl echte Zooflagellaten.

2. Klasse Haptophyceae
(Abb. 221 h–j)

Hauptsächlich einzellige, seltener mehrzellige Flagellaten oder Algen (unbewegliche Stadien). Mit einem Haptonema und 2 akronematischen Geißeln, sonst den Chrysophyceen ähnlich, zu denen sie früher gestellt wurden. Wahrscheinlich gehören hierher alle Coccolithophorideen. Größtenteils Meeresbewohner, selten Süßwasserformen [90, 115, 367, 508, 939, 951]. Mit 3 Ordnungen.

1. Ordnung Isochrysidales

Bewegliches Stadium mit wenig deutlichem Haptonema, mit 2 isomorphen und isodynamischen Geißeln.

1. Fam. *Isochrysidaceae – Isochrysis, Derepyxis, Cladomonas.*

2. Ordnung Prymnesiales

Zwischen beiden Geißeln ein deutliches, oft langes Haptonema. Ernährung photo- und phagotroph. Bilden oft unbewegliche oder trichale Stadien. Systematik unsicher.

1. Fam. *Prymnesiaceae* – Flagellaten an der Zelloberfläche mit ornamentierten Schuppen aus organischem Material. *Prymnesium, Chrysochromulina, Cricosphaera, Papposphaera, Corymbellus.*

2. Fam. *Coccolithophoraceae* – Flagellaten mit Coccolithen. *Hymenomonas, Pontosphaera, Lohmannosphaera, Coccolithus, Crystallolithus, Syracosphaera, Pleurochrysis, Ochrosphaera.*

3. Fam. *Apistonemaceae* – Flagellaten mit Coccolithen, es wechseln bewegliche mit unbeweglichen, trichalen Stadien. *Apistonema, Chrysonema, Thallochrysis.*

3. Ordnung Pavlovales

Bewegliche oder palmelloide Organismen mit Zoosporenbildung. Geißeln ungleich lang und oft anisokont.

1. Fam. *Pavlovaceae – Pavlova, Diacronema.*

3. Klasse Xanthophyceae
(Abb. 222, 223 a, d–g)

Einzellige bis mehrzellige und fadenbildende, mitunter auch zöno- und siphonoblastische Algen. Mit gelbgrünen Chloroplasten; die Chlorophyll *a* und die Xanthophylle Lutein, Violaxanthin und Neoxanthin enthalten. Assimilate in Form von Chrysolaminarin und Fetten. Zellwand oft zweiteilig und manchmal verkieselt. Endogen gebildete Zysten zweiteilig und stark verkieselt. Bewegliche Zellen mit 2 ungleichen Geißeln (die längere als Flimmergeißel, die kürzere oft reduziert). Fortpflanzung durch Zweiteilung, Zoo- und Autosporen, bei den Vaucherien sexuell durch Oogamie. Meist Süßwasserformen, seltener Meeresformen [61, 160, 200, 220, 257, 277, 473, 829, 901, 1028, 405, 923, 924, 1029]. Mit 7 Ordnungen.

1. Ordnung Heterochloridales

Begeißelte Formen mit dorsiventralem Bau, nackt, mit 1 oder 2 Geißeln. Nicht selten etwas formveränderlich. Meeres- und Süßwasserformen.

1. Fam. *Heterochloridaceae* – Zellen ohne schlundartige Vertiefung. *Heterochloris.*

2. Fam. *Bothrochloridaceae* – Zellen mit tiefer schlundartiger Vertiefung. *Bothrochloris.*

2. Ordnung Rhizochloridales

Amöboide Formen mit Pseudo-, Rhizo- oder Filopodien. Manchmal zu Plasmodien vereinigt. Ernährung auch animalisch, trotzdem immer mit Chloroplasten. Süßwasser- und Meeresformen.

1. Fam. *Rhizochloridaceae* – Amöben einzeln und nackt. *Rhizochloris, Amoeba stigmatica* (?).

2. Fam. *Stipitococcaceae* – Amöben einzeln in Gehäusen. *Stipitococcus, Stipitoporos, Rhizolekane.*

3. Fam. *Myxochloridaceae* – Amöben zu Plasmodien vereinigt. *Myxochloris, Chlorarachnion.*

3. Ordnung Heterogloeales

Zellen nackt oder mit Zellwand, mit oder ohne Gallerte, jedoch immer mit Merkmalen der monadoiden Organisationsstufe (mit pulsierenden Vakuolen und oft mit Stigma). Fortpflanzung durch Zweiteilung, Zoosporen oder Hemiautosporen. Vorwiegend Süßwasserformen.

1. Fam. *Heterogloeaceae* – Zellen nackt, in Gallertlagern eingebettet. *Heterogloea, Gloeochloris.*

2. Fam. *Malleodendraceae* – Zellen nackt, auf Gallertstielen sitzend. *Malleodendron.*

3. Fam. *Pleurochloridellaceae* – Zellen mit Zellwand, frei lebend. *Pleurochloridella.*

4. Fam. *Characidiopsidaceae* – Zellen mit Zellwand, festsitzend. *Characidiopsis.*

Abb. 222. Xanthophyceae. a) *Ankylonoton pyreniger;* b) *Stipitococcus vas;* c) *Gloeochloris planctonica;* d) *Chloridella neglecta;* e) *Myxochloris sphagnicola;* f) *Chlorallanthus spinosus;* g) *Characiopsis lagena;* h) *Dioxys rectus;* i), j) *Aulakochloris reticulata* (links Wabenstruktur der Zellwand, rechts mit Zellinhalt). – Nach Pascher.

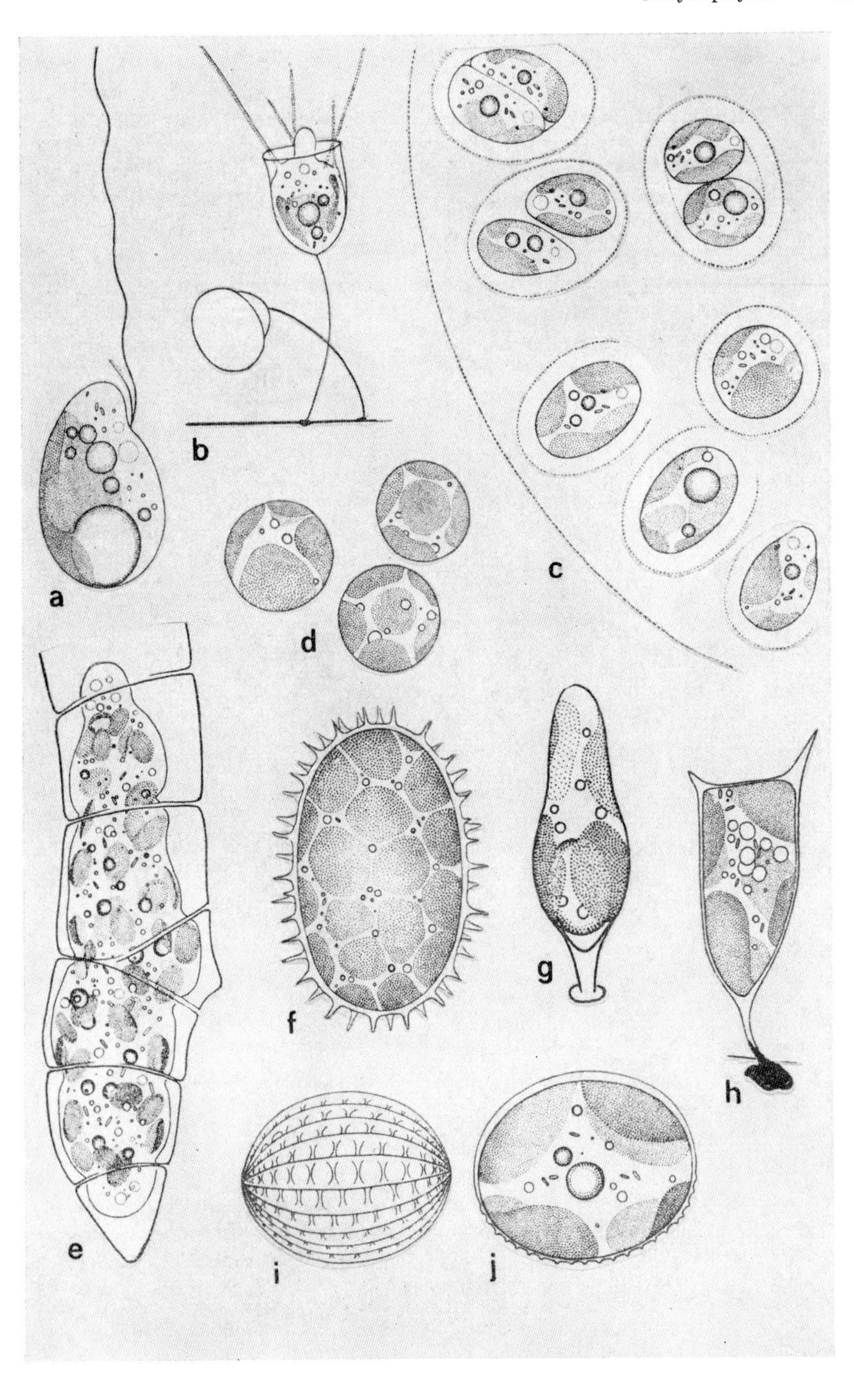
a
b
c
d
e
f
g
h
i
j

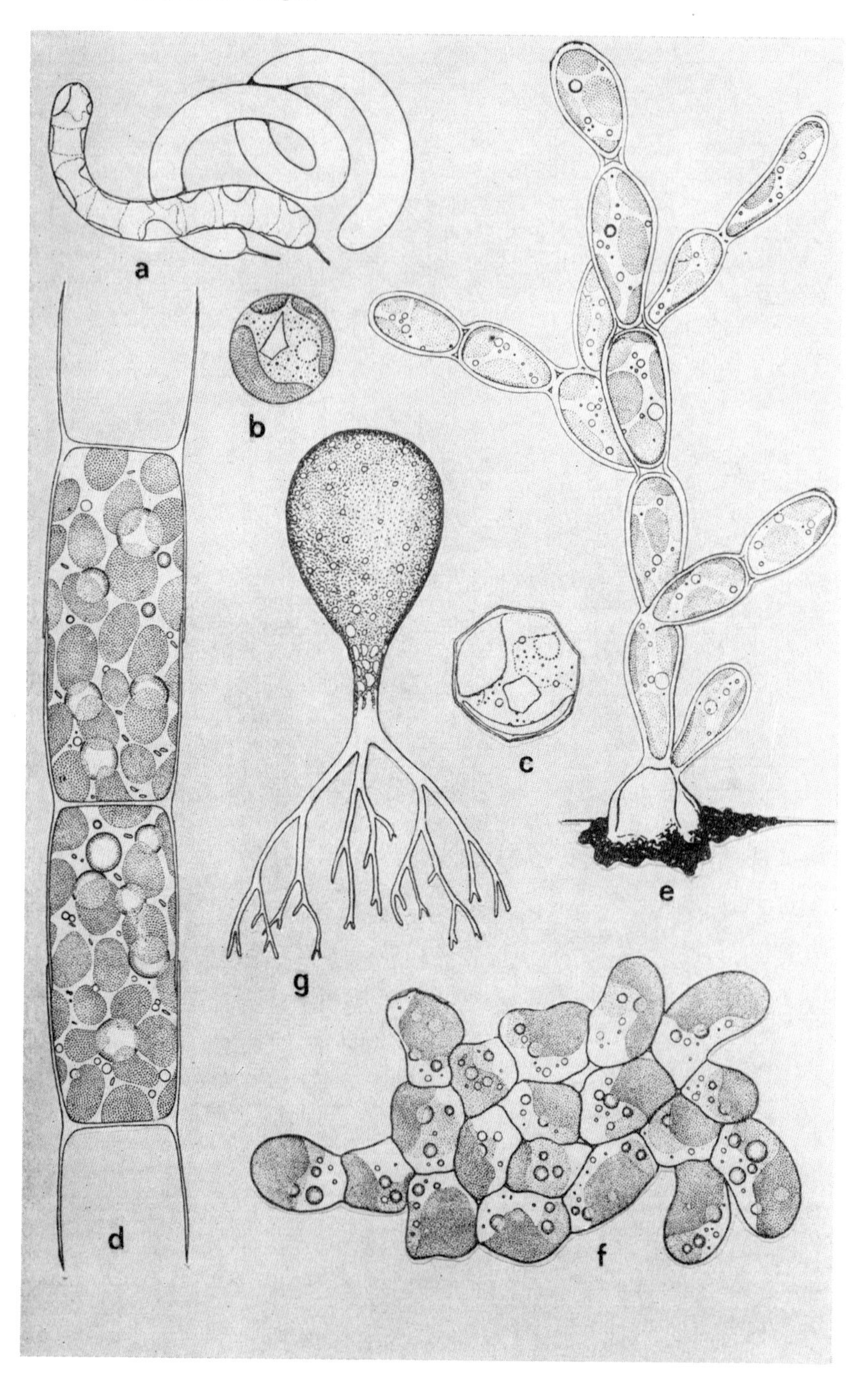
a
b
c
d
e
f
g

4. Ordnung Mischococcales

Echte Algenzellen mit fester Zellwand, frei oder festsitzend, einzeln oder in Kolonien. Zellwand oft zweiteilig und verkieselt. Fortpflanzung auch durch Autosporen. Systematik künstlich. Süßwasserformen, seltener Meeresformen.

1. Fam. *Pleurochloridaceae* – Zellen einzeln, verschieden geformt, Zellwand glatt oder skulpturiert. *Pleurochloris, Chloridella, Monodus, Akanthochloris, Arachnochloris, Tetraëdriella, Meringosphaera, Goniochloris.*

2. Fam. *Botrydiopsidaceae* – Zellen mit auffallendem Größenwachstum, vielkernige Zönoblasten bildend. *Botrydiopsis, Chlorapion, Perone, Excentrochloris.*

3. Fam. *Gloeobotrydaceae* – Kolonienbildend, Zellen in Gallerte eingebettet. *Gloeobotrys, Chlorobotrys, Chlorosaccus.*

4. Fam. *Botryochloridaceae* – Koloniebildend, ohne Gallerte, Zellen traubenförmig angehäuft. *Botryochloris.*

5. Fam. *Gloeopodiaceae* – Zellen auf dicken Gallertstielen sitzend. *Gloeopodium.*

6. Fam. *Mischococcaceae* – Zellen an den Enden doldenartig verzweigter Gallertschläuche sitzend. *Mischococcus.*

7. Fam. *Characiopsidaceae* – Zellen am Substrat direkt oder mittels Stielen bzw. Haftscheiben festsitzend. *Characiopsis, Dioxys, Chlorothecium.*

8. Fam. *Chloropediaceae* – Zellen zu pseudoparenchymatischen Zellflächen angehäuft. *Lutherella, Chloropedia.*

9. Fam. *Trypanochloridaceae* – Zellen in Schalen von Mollusken lebend. *Trypanochloris.*

10. Fam. *Centritractaceae* – Zellen gestreckt, Zellwand zweiteilig mit Einschubstück. *Bumilleriopsis, Centritractus.*

11. Fam. *Ophiocytiaceae* – Zellen mit auffallendem Längenwachstum, oft schlauchartig, mehrkernig. *Ophiocytium.*

5. Ordnung Heterotrichales

Zellen in Reihen zu Fäden angeordnet. Zellwand oft zweiteilig, mitunter H-Stücke bildend. Fäden primär meist festhaftend, mit oder ohne Gallerte, einfach oder verzweigt. Gelegentlich Nematoparenchyme bildend. Fortpflanzung durch Zytotomie oder Zoosporen. Süßwasserformen.

1. Fam. *Neonemataceae* – Zellen lose reihenartig in Gallertschläuchen. *Neonema, Chadefaudiothrix.*

2. Fam. *Tribonemataceae* – Einfache Zellfäden. Zellwand mitunter H-Stücke bildend. *Heterothrix, Bumilleria, Tribonema.*

3. Fam. *Heterodendraceae* – Fäden aufrecht, bäumchenartig verzweigt, mit differenzierter Haftzelle. *Heterodendron.*

4. Fam. *Heteropediaceae* – Fäden verzweigt, oft in kriechende Fadensysteme

Abb. 223. Xanthophyceae und Eustigmatophyceae (b, c). a) *Ophiocytium cochleare;* b) *Pleurochloris magna;* c) *Polyedriella helvetica;* d) *Tribonema viride;* e) *Heterodendron* sp.; f) *Heteropedia simplex;* g) *Botrydium granulatum.* – Nach PASCHER, BOYE-PETERSEN.

und aufrechte Sprosse differenziert, in einigen Fällen Nematoparenchyme. *Heterococcus, Aeronemum, Heteropedia, Chaetopedia.*

6. Ordnung Botrydiales

Mehrkernige Siphonoblasten in Form von Blasen. Mit deutlichen farblosen Rhizoiden. Fortpflanzung durch simultanen Zerfall in zahlreiche Zoosporen. Atmophytische Formen.

1. Fam. *Botrydiaceae – Botrydium.*

7. Ordnung Vaucheriales

Mehrkernige Siphonoblasten in Form von Schläuchen mit Rhizoiden. Fortpflanzung durch ungeschlechtliche mehrkernige Synzoosporen oder sexuell durch ausgeprägte Oogamie. Süßwasser- und Meeresformen.

1. Fam. *Vaucheriaceae – Vaucheria.*

4. Klasse Eustigmatophyceae
(Abb. 223 b, c)

Äußerlich den Xanthophyceen sehr ähnlich. Unterscheiden sich jedoch durch das Vorhandensein 1 Geißel bei den Zoosporen, durch das selbständige, nicht an den Chloroplasten gebundene Stigma und durch das Fehlen einer Gürtellamelle im Chloroplasten. Pyrenoid nur in den vegetativen Zellen vorhanden, gestielt. Systematik bisher unsicher, da nur wenige Formen bekannt sind, die früher zu den Xanthophyceen gestellt wurden. *Pleurochloris commutata, P. magna, Polyedriella helvetica, Ellipsoidion acuminatum, Vischeria punctata, Chlorobotrys regularis* [421, 422, 424].

5. Klasse Bacillariophyceae
(Abb. 224–226)

Morphologisch ausgeprägte Formen, deren Gestaltungstypus komplexer Natur ist. Protoplast von zwei Kieselschalen umgeben, die ineinandergeschachtelt sind (Epi- und Hypotheka). Verschieden geformt und skulpturiert. Protoplast mit 1 bis mehreren, auch zahlreichen braunen Chloroplasten. Außer Chlorophyll *a* und *c*, sowie *β*-Karotin auch die Xanthophylle Diadinoxanthin

Abb. 224. Bacillariophyceae. a) *Aulacodiscus kittonianus;* b) *Auliscus sculptus;* c) *Actinoptychus splendens;* d) *Triceratium splendens;* e) *Biddulphia pulchella;* f) *Coscinodiscus oculus-viridis.* – b) 800 : 1, die übrigen Figuren 400 : 1. – Original H. Ettl.

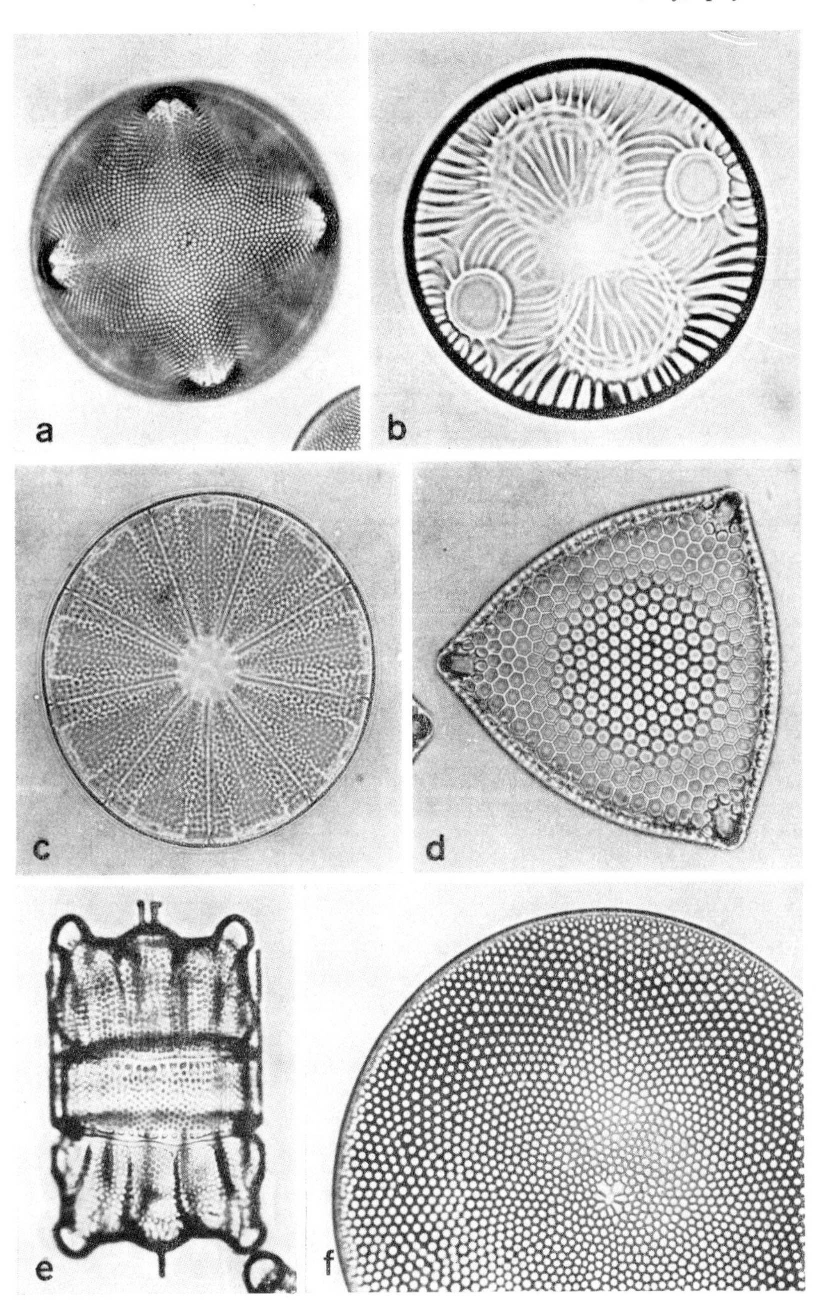
a
b
c
d
e
f

und Fukoxanthin vorhanden. Pyrenoide nackt. Assimilate als Fette und Chrysolaminarin. Ungeschlechtliche Fortpflanzung durch Zweiteilung, sexuell durch Auxosporenbildung (Iso- bis Oogamie). Verkieselte Zysten endogen angelegt. Süßwasser- und Meeresformen [61, 119, 257, 277, 295, 407, 474, 478, 479, 510, 959, 985, 1155]. Mit 2 Ordnungen.

1. Ordnung Biddulphiales (Centrales)

Schalen zentrisch gebaut, symmetrisch, kreisförmig oder elliptisch, manchmal auch polygonal. Ohne Raphe. Skulptur konzentrisch, radiär, manchmal auch unregelmäßig, jedoch niemals fiederig bilateral angeordnet. Dem planktischen Leben angepaßt. Auxosporenbildung durch Oogamie. Meistens Meeresformen, seltener im Süßwasser. Systematik künstlich nach der Valvenskulptur.

1. Fam. *Coscinodiscaceae* – Zellen kurz zylindrisch, Valven gleichmäßig skulpturiert, an den Rändern oft mit Stacheln. *Coscinodiscus, Cyclotella, Melosira, Sceletonema, Stephanodiscus.*

2. Fam. *Arachnoidiscaceae* – Valven in radiäre Kreissegmente geteilt. *Arachnoidiscus, Actinoptychus.*

3. Fam. *Eupodiscaceae* – Valven mit „Augen“ oder Höckern. *Auliscus, Aulacodiscus.*

4. Fam. *Rhizosoleniaceae* – Schalen lang röhrenförmig, mit zahlreichen schuppen- oder ringförmigen Zwischenbändern. *Rhizosolenia.*

5. Fam. *Chaetoceraceae* – Zellen gestreckt zylindrisch, mit zahlreichen Zwischenbändern. Zellen mittels langer Borsten, die mehrmals länger als die Zellen sind, zu Ketten vereinigt. *Chaetoceros.*

6. Fam. *Biddulphiaceae* – Zellen mit Borsten, die kürzer als die Zellen sind, zu Ketten vereinigt. *Biddulphia, Attheya, Triceratium, Lithodesmium, Cerataulus, Hemiaulus, Cerataulina.*

2. Ordnung Bacillariales (Pennales)

Schalen primär bilateral symmetrisch, mit primär fiederig angeordneter Skulptur. Die meisten Arten besitzen eine längliche Raphe (oder Pseudoraphe) in der Mediane. Fiederige Skulptur in bestimmten Winkeln zur Raphe angeordnet. Schalen echt zygomorph, im Querschnitt schiffchen- oder stabförmig. Auxosporenbildung iso- oder anisogam. Dem benthischen Leben angepaßt. Meeres- und Süßwasserformen. Systematik ebenfalls künstlich. Je nach der Ausbildung der Raphe in 4 Unterordnungen geteilt.

Abb. 225. Bacillariophyceae. a) *Synedra capitata;* b) *Synedra splendens*; c) *Achnanthes brevipes;* d) *Eunotia undulata;* e) *Achnanthes subsessilis*, Gürtelbandansicht; f) Schalenansicht derselben Art; g) *Pinnularia maior;* h) *Cymbella lanceolata*, rechts oben Detail der Schalenmitte; i) *Didymosphenia geminata;* j) *Stauroneis phoenicentron.* – a), b) und Ausschnitt 1000 : 1; h) 600 : 1, die übrigen Figuren 800 : 1. – Original H. Ettl.

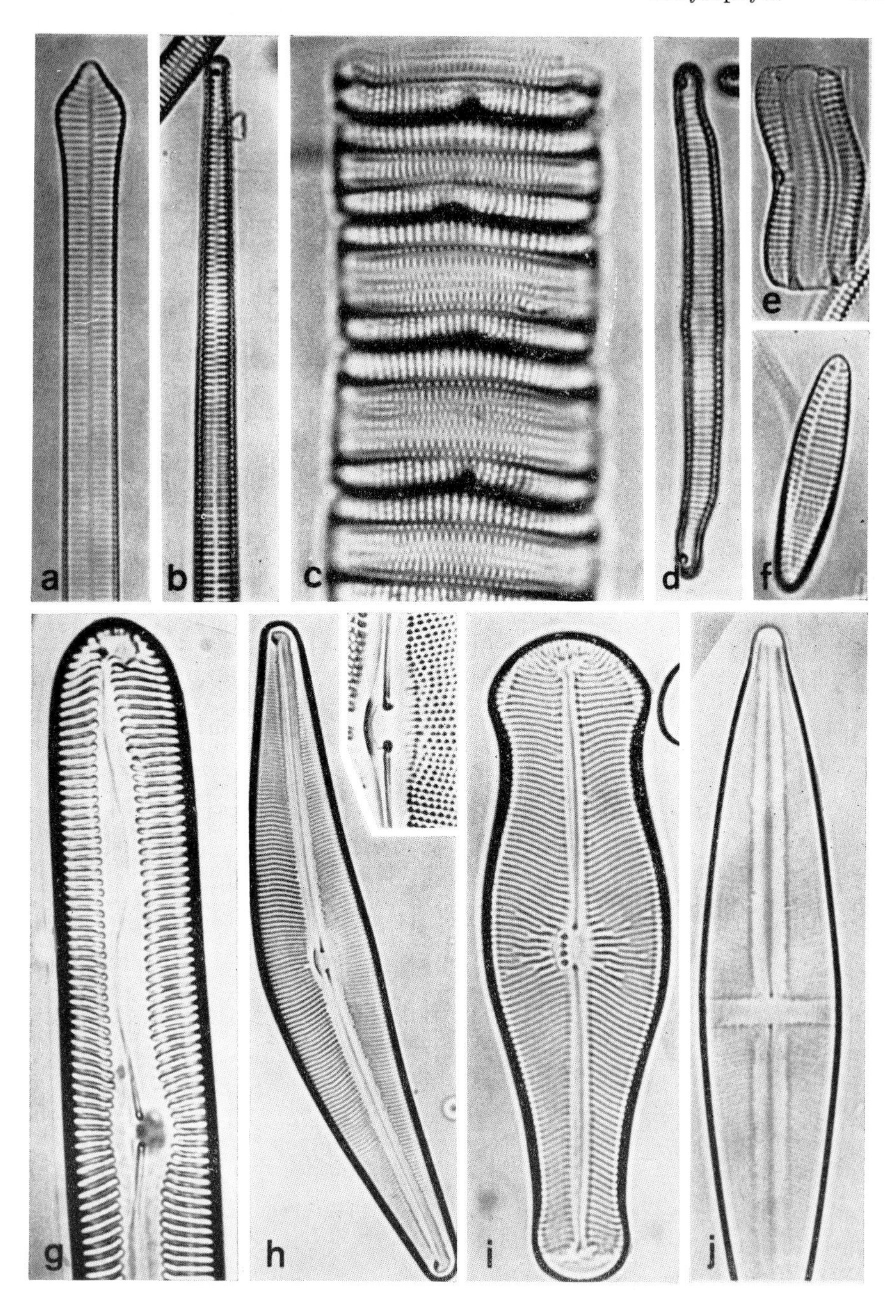
a
b
c
d
e
f
g
h
i
j

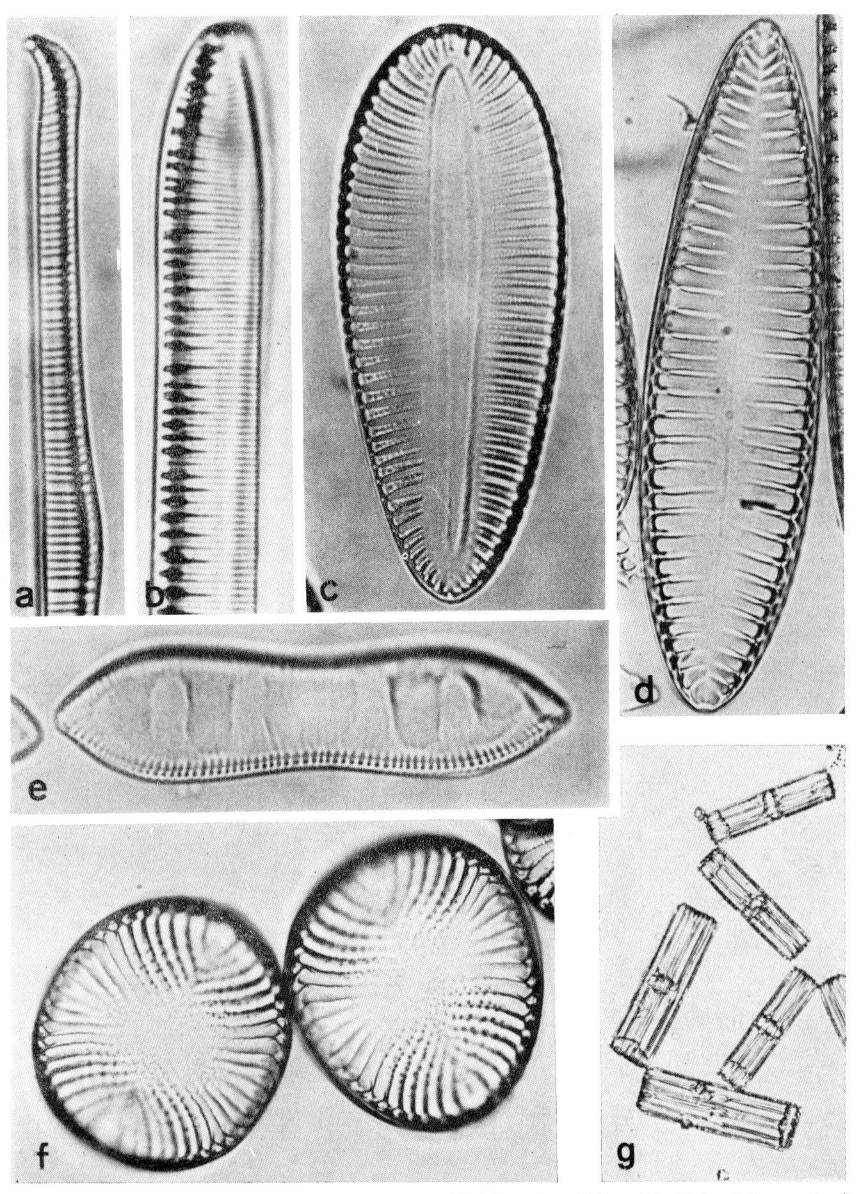

Abb. 226. Bacillariophyceae. a) *Epithemia gibba;* b) *Nitzschia scalaris;* c) *Surirella tebigerii;* d) *Surirella biseriata;* e) *Cymatopleura solea;* f) *Campylodiscus noricus* var. *hibernicus;* g) *Tabellaria fenestrata.* – a), b) 800 : 1; d) 600 : 1; die übrigen Figuren 400 : 1. – Original H. Ettl.

a) Unterordnung Araphidineae
Valven ohne echte Raphe, höchstens mit Pseudoraphe.

1. Fam. *Fragilariaceae* – *Fragilaria, Synedra, Asterionella, Diatoma, Meridion, Tabellaria, Rhabdonema, Ceratoneis, Licmophora, Thalassionema, Thalassiothrix.*

b) Unterordnung Raphidioidineae
Mit rudimentärer Raphe an den Zellenden.

1. Fam. *Eunotiaceae* – *Eunotia, Actinella.*

c) Unterordnung Monoraphidineae
Echte Raphe auf der einen Valve, auf der anderen Pseudoraphe oder rudimentäre Raphe.

1. Fam. *Achnanthaceae* – *Achnanthes, Cocconeis, Rhoicosphenia.*

d) Unterordnung Biraphidineae
Mit echter Raphe auf beiden Valven.

1. Fam. *Naviculaceae* – Raphe symmetrisch sowohl zur apikalen als auch transapikalen Achse, meistens in der Mittellinie der Valve liegend. *Navicula, Pinnularia, Caloneis, Stauroneis, Gyrosigma, Cymbella, Pleurosigma, Frustulia, Gomphonema, Diploneis.*
2. Fam. *Epithemiaceae* – Raphe bogenartig gebrochen, als Kanalraphe entwickelt. *Epithemia, Encyonema.*
3. Fam. *Nitzschiaceae* – Raphe mehr oder weniger kielartig gehoben, in der Valvarfläche oder an einem Schalenrand liegend. *Nitzschia, Hantzschia.*
4. Fam. *Surirellaceae* – Kiel mit Kanalraphe rings um die Schale in der Valvarkante verlaufend, *Surirella, Cymatopleura, Campylodiscus.*

2. Stamm Phaeophyta

Fädige oder thallöse Algen, allgemein makroskopisch, oft sehr groß, von brauner Farbe. Chlorophyll *b* fehlt, Chlorophylle *a* und *c* werden vom braunen Xanthophyll Fukoxanthin und weiteren Xanthophyllen (Violaxanthin, Neoxanthin) überdeckt. Assimilationsprodukte Laminarin, Mannit und Fett. Charakteristische Gebilde in den Zellen sind die Physoden. Thallus immer mehrzellig; monadoide, coccale und siphonale Organisationsstufen fehlen. Thallus kompliziert gebaut (Nemato- und Stichoblastem), jedoch von der trichalen Organisationsstufe abgeleitet. Fortpflanzung durch vegetativen Zerfall des Thallus, ungeschlechtlich durch Zoosporen, sexuell durch Iso- oder Anisogameten; einige Gattungen sind oogam. Bewegliche Fortpflanzungszellen birnförmig, mit 2 Geißeln, die ungleich lang sind und seitlich inserieren (1 als Schwimm- und 1 als Schleppgeißel entwickelt), Stigma in der Nähe der Geißeln, Chloroplasten basal. Sie entstehen in unilokulären (ungekammerten) zu vielen oder in plurilokulären (gekammerten) Sporangien, d. h. einzeln in den Kammern. Bis auf einige Ausnahmen Meeresformen, die vorwiegend im Litoral vorkommen [99, 115, 278, 279, 384, 397, 574, 577, 580, 757, 773, 1031, 1077, 1078, 1131].

1. Klasse Phaeophyceae
(Abb. 227, 228)

Wird in drei Ordnungsgruppen eingeteilt.

1. Gruppe – Isogeneratae

Lebenszyklus aus zwei morphologisch gleichen, abwechselnden Generationen bestehend. Einfacher gebaute, faden- bis blattförmige Phaeophyceen. Vermehrung des Sporophyten durch Zoosporen oder Aplanosporen, die des Gametophyten durch Iso-, Aniso- oder Oogamie. Systematische Gliederung nicht einheitlich. Mit 5 Ordnungen.

1. Ordnung Ectocarpales

Thallus fadenförmig (heterotrichal) oder in Form von nematoparenchymatischen Flächen, mit interkalarem Wachstum. Ungeschlechtliche Fortpflanzung durch Zoosporen aus uni- oder plurilokulären Sporangien. Geschlechtliche Fortpflanzung meist Isogamie, seltener Anisogamie.

1. Fam. *Ectocarpaceae – Ectocarpus, Bodanella.*
2. Fam. *Ralfsiaceae – Lithoderma. Heribaudiella, Ralfsia.*

2. Ordnung Sphacelariales

Thallus relativ klein, doch schon kompliziert gebaut, Wachstum apikal durch Scheitelzelle. Ungeschlechtliche Fortpflanzung durch Zoosporen aus unilokulären Sporangien, geschlechtliche durch Isogamie.

1. Fam. *Sphacelariaceae – Sphacelaria, Sphacella.*
2. Fam. *Stypocaulaceae – Stypocaulon, Halopteris, Ptilopogon.*
3. Fam. *Cladostephaceae – Cladostephus.*
4. Fam. *Choristocarpaceae – Choristocarpus.*

3. Ordnung Cutleriales

Thallus handgroß, kompliziert gebaut. Bei *Cutleria* Generationswechsel nicht isomorph, wird daher als modifizierter Vertreter der Isogeneratae angesehen. Ungeschlechtliche Fortpflanzung durch Zoosporen aus unilokulären Sporangien, geschlechtliche durch deutliche Anisogamie.

1. Fam. *Cutleriaceae – Cutleria, Zanardinia.*

4. Ordnung Tilopteridales

Thallus heterotrichal, mit interkalarem Wachstum.

1. Fam. *Tilopteridaceae – Tilopteris, Haplospora, Pylaiella.*

5. Ordnung Dictyotales

Thallus meist dichotom verzweigt. Wachstum durch eine große Scheitelzelle. Sporophyten bilden ungeschlechtliche, unbewegliche Tetrasporen in unilokulären Sporangien. Sexuelle Fortpflanzung durch Oogamie, Gametangien zu Sori angeordnet.

1. Fam. *Dictyotaceae – Dictyota, Zonaria, Padina, Spatoglossum.*

2. Gruppe – Heterogeneratae

Lebenszyklus aus zwei morphologisch unterschiedlichen Generationen bestehend. Gametophyt mikroskopisch, einfach gebaut, fadenförmig. Sporophyt makroskopisch, stark entwickelt, kompliziert gebaut (Nemato- oder Stichoblastem). Mit 5 Ordnungen.

1. Ordnung Chordariales

Formen mit verzweigten Fäden, die oft verflochten sind (haplostichisch). Grundbau in Form aufrechter paralleler Fäden, die aus einer kriechenden Basalfläche emporwachsen. Alles oft in Gallerte eingebettet. Wachstum trichothallisch, bei wenigen apikal.

1. Fam. *Myrionemataceae – Myrionema, Nemoderma.*
2. Fam. *Elachistaceae – Elachista.*
3. Fam. *Corynophlaeaceae – Corynophlaea.*
4. Fam. *Chordariaceae – Chordaria, Mesogloea, Heterochordaria.*
5. Fam. *Spermatochnaceae – Spermatochnus.*
6. Fam. *Acrothrichaceae – Acrothrix.*
7. Fam. *Chordariopsidaceae – Chordariopsis.*
8. Fam. *Splachnidiaceae – Splachnidium.*

2. Ordnung Sporochnales

Thallus verzweigt, kompliziert gebaut, vom uniaxialen Typus abgeleitet. Wachstum interkalar. Ungeschlechtliche Fortpflanzung durch Zoosporen, die in unilokulären Sporangien entstehen. Diese sind in geschwollenen Rezeptakeln angehäuft, die ein Haarbüschel tragen. Sexuelle Fortpflanzung durch Oogamie.

1. Fam. *Sporachnaceae – Sporochnus, Nereia.*

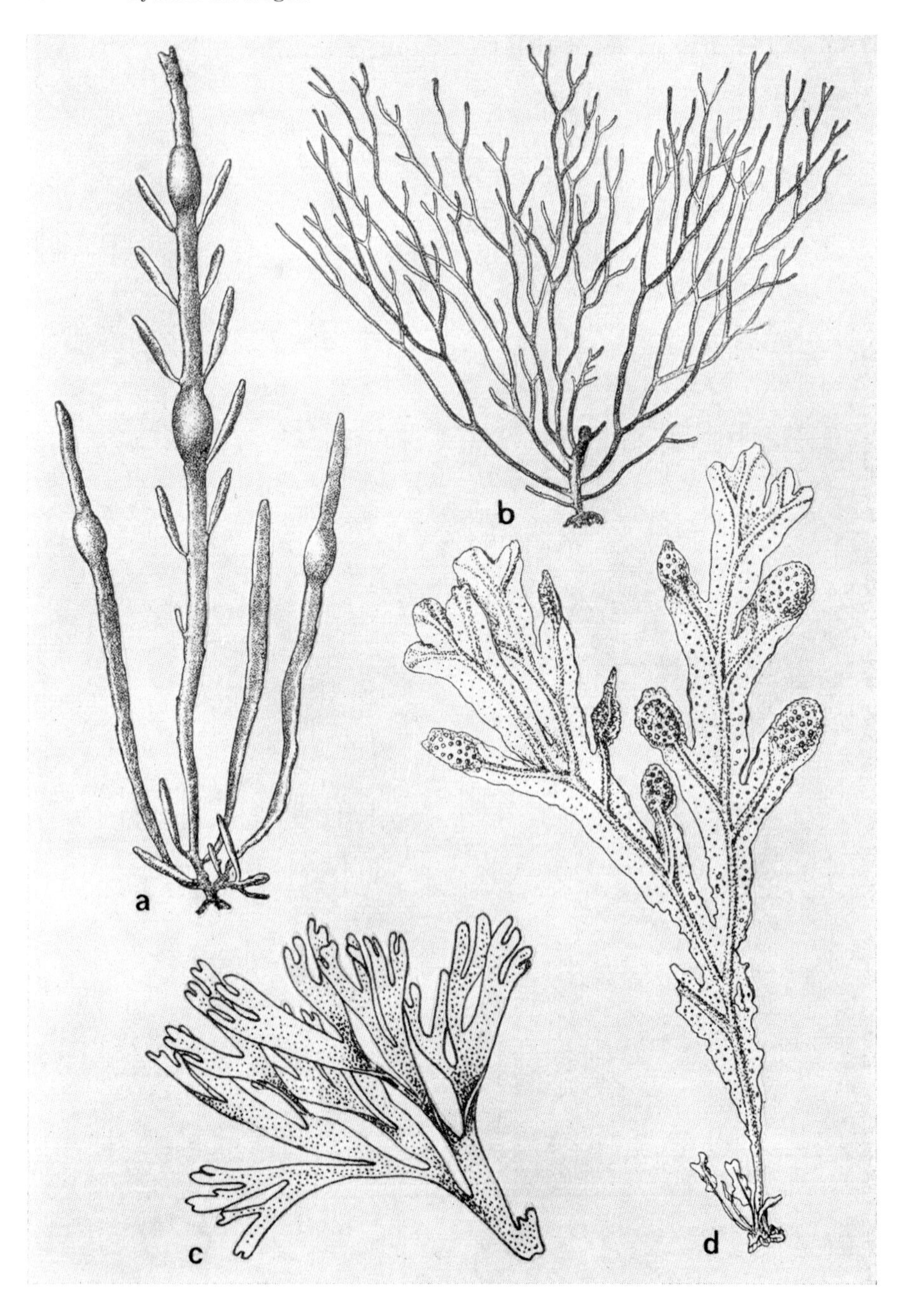
a
b
c
d

3. Ordnung Desmarestiales

Thallus uniaxial, mit interkalarem Wachstum. Ungeschlechtliche Fortpflanzung durch Zoosporen aus unilokulären Sporangien, sexuelle durch Oogamie.

1. Fam. *Arthrocladiaceae – Arthrocladia.*
2. Fam. *Desmarestiaceae – Desmarestia.*

4. Ordnung Dictyosiphonales

Thallus bildet durch Bildung von Längssepten aus primären Fäden ein pseudoparenchymatisches Gebilde mit differenzierter Medulla und Cortex. Polystichische Formen mit interkalarem Wachstum.

1. Fam. *Striariaceae – Striaria, Stictyosiphon.*
2. Fam. *Giraudyaceae – Giraudya.*
3. Fam. *Myriotrichaceae – Myriotrichia.*
4. Fam. *Punctariaceae – Punctaria, Asperococcus, Soranthera.*
5. Fam. *Scytosiphonaceae – Scytosiphon, Colpomenia, Petalonia.*
6. Fam. *Chnoosporaceae – Chnoospora.*
7. Fam. *Dictyosiphonaceae – Dictyosiphon.*

5. Ordnung Laminariales

Sporophyten mit hoher morphologischer und histologischer Differenzierung, oft gewaltige Ausmaße erreichend. Gametophyt zwerghaft, mikroskopisch klein. Sekundäre Geschlechtsmerkmale bekannt. Wachstum interkalar. Ungeschlechtliche Fortpflanzung durch Zoosporen aus unilokulären Sporangien, geschlechtliche durch Oogamie.

1. Fam. *Chordaceae – Chorda.*
2. Fam. *Laminariaceae – Laminaria, Sacchorhiza, Phyllaria.*
3. Fam. *Lessoniaceae – Lessonia, Postelsia, Macrocystis, Nereocystis.*
4. Fam. *Alariaceae – Alaria, Egregia.*

3. Gruppe – Cyclosporae

Thallus als diploider Sporophyt entwickelt, in Haftorgane, Stengel und flache Assimilationssprosse differenziert. Wachstum mittels Scheitelzelle. Oft mit Schwimmblasen. Gametangien (Gametophyten) in Konzeptakeln des Thallus gebildet. Keine Zoosporenbildung. Sexuelle Fortpflanzung oogam, Befruchtung der Oosphaeren nach dem Freiwerden. Haploide Phase (Gametophyt) nur auf die Gameten beschränkt.

Abb. 227. Phaeophyceae. a) *Ascophyllum nodosum;* b) *Cystoseira barbata;* c) *Dictyota dichotoma;* d) *Fucus platycarpus.* – Nach Oltmanns, Thuret, Valiante.

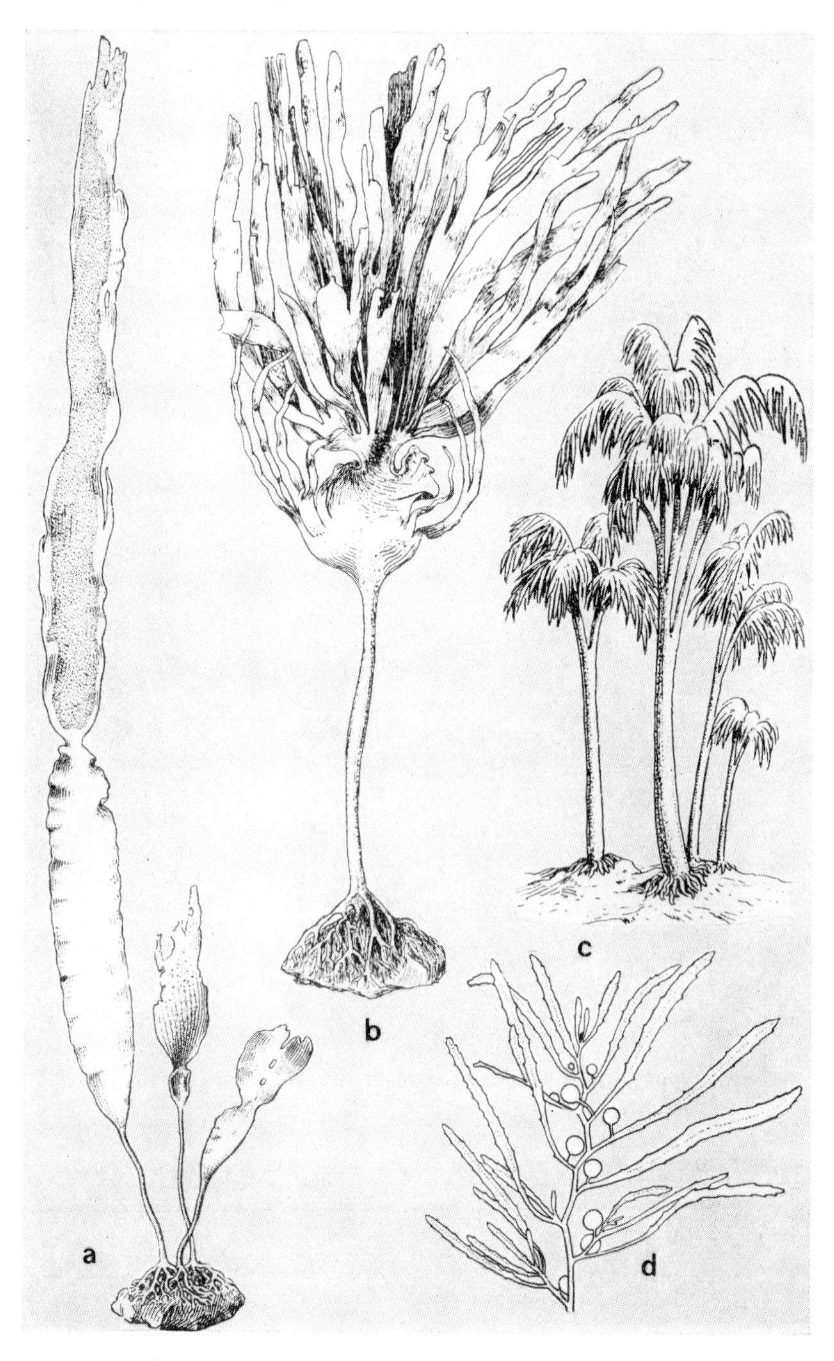
a
b
c
d

1. Ordnung Fucales

Mit den Merkmalen der Gruppe.

1. Fam. *Ascoseiraceae – Ascoseira.*
2. Fam. *Durvilleaceae – Durvillea.*
3. Fam. *Hormosiraceae – Hormosira.*
4. Fam. *Fucaceae – Fucus, Ascophyllum, Pelvetia.*
5. Fam. *Himanthaliaceae – Himanthalia.*
6. Fam. *Cystoseiraceae – Cystoseira, Halidrys.*
7. Fam. *Sargassaceae – Sargassum.*

3. Stamm Rhodophyta

Einzellige, fadenförmige, am häufigsten jedoch kompliziert gebaute thallöse Formen. Thalli auf Systeme verzweigter Fäden zurückgehend (Nemato-, Sticho- oder Symphyoblastem). Größtenteils rot oder rotstichig, seltener violett oder grau-grün gefärbt. Außer Chlorophyll *a* und einigen Karotinoiden vor allem Phycobiline (Phycoerythrin und Phycocyanin) vorhanden. Begeißelte Zellen nicht bekannt (weder Zoosporen noch geißeltragende Gameten). Assimilationsprodukt Florideenstärke, außerhalb der Chloroplasten abgelagert. Als Reservestoffe auch Floridosid und Lipide. Ungeschlechtliche Fortpflanzung durch Monosporen und Tetrasporen. Geschlechtliche Fortpflanzung in Form typischer Oogamie. Männliche Geschlechtszellen (Spermatien) werden nur passiv übertragen, um die im Karpogon liegende Oosphaere zu befruchten. Zygoten entweder frei oder umhüllt (Zystokarp). Nach der Zygotenkeimung mehr oder weniger komplizierte Entwicklungszyklen. Bei der Mehrzahl der Arten Generationswechsel. Eine für die Rhodophyten charakteristische Erscheinung ist die Ausbildung von Karposporophyten. Bei manchen kommt der Wechsel der haploiden und der diploiden Phase in 3 Generationen vor (Gameto-, Karposporo- und Sporophyt). Hauptsächlich im marinen Litoral verbreitet, nur wenige im Süßwasser oder atmophytisch lebend. Einige Arten sind Teil- oder Vollparasiten auf anderen Meeresalgen [99, 115, 170, 279, 485, 575, 576, 581, 757, 773, 847, 999, 1000, 1001, 1003, 1031, 1077, 1078].

1. Klasse Rhodophyceae
(Abb. 229, 230)

Wird in 2 Unterklassen eingeteilt.

Abb. 228. Phaeophyceae. a) *Laminaria saccharina;* b) *Laminaria cloustonii,* Thallus im Laubwechsel; c) *Lessonia flavicans;* d) *Sargassum natans.* – Nach Setchel, Oltmanns, Hooker und Harvey, Parr.

A. Unterklasse Bangiophycidae

Einfachste Rhodophyceen, entweder einzellig oder fadenförmig, auch in Form einfacher Thalli. Wachstum immer interkalar, Tüpfelverbindungen sehr selten. Ungeschlechtliche Fortpflanzung durch nackte Monosporen. Zygote bildet unmittelbar nach der Befruchtung unter Reduktionsteilung Karposporen. Systematik bisher etwas unsicher.

1. Ordnung Bangiales

Mit den Merkmalen der Unterklasse.

1. Fam. *Porphyridiaceae – Porphyridium, Chroothece, Rhodospora.*
2. Fam. *Goniotrichaceae – Asterocytis, Goniotrichum.*
3. Fam. *Phragmonemataceae – Kyliniella.*
4. Fam. *Bangiaceae – Bangia, Porphyra, Conchocelis, Colaconema.*
5. Fam. *Boldiaceae – Boldia.*
6. Fam. *Erythropeltidaceae – Erythrotrichia, Erythrocladia, Porphyropsis.*
7. Fam. *Compsopogonaceae – Compsopogon.*
8. Fam. *Rhodochaetaceae – Rhodochaete.*

B. Unterklasse Florideophycidae

Komplizierter gebaute Rhodophyceen, mit Thallus vom Typus des Nemato-, Sticho- oder Symphyoblastems. Wachstum durch apikale Scheitelzelle. Tüpfelverbindungen vorhanden. Zygote bildet Gonimoblastfäden, an denen früher oder später die Karposporangien mit Karposporen gebildet werden. Generationswechsel haplodiplontisch und trimorph. Meistens marin, nur wenige Süßwasserformen. Geschlossene systematische Einheit mit 6 Ordnungen.

1. Ordnung Nemalionales

Thallus von uni- oder multiaxialem Bau (Zentralfaden- oder Springbrunnentyp). Karpogon einfach; falls Auxiliarzelle vorhanden, wird sie von einer Zelle des Karpogonastes oder dessen Abkömmlingen geliefert. Reduktionsteilung allgemein unmittelbar nach der Befruchtung. Bei verschiedenen Gattungen selbständige Vermehrungssporen von Gameto- und Sporophyt. Tetrasporangien kreuzgeteilt.

1. Fam. *Acrochaetiaceae – Acrochaetium, Rhodochorton, Chantransia.*

Abb. 229. Rhodophyceae. a) *Chroothece mobilis;* b) *Hildenbrandia rivularis;* c) *Compsopogon aeruginosus*, rechts oben Seitenansicht einer Zelle, rechts unten im Querschnitt; d) *Sirodotia (Batrachospermum) fennica*, links Fortpflanzungsorgane; e) *Chantransia violacea.* – Nach Pascher und Petrová, Skuja.

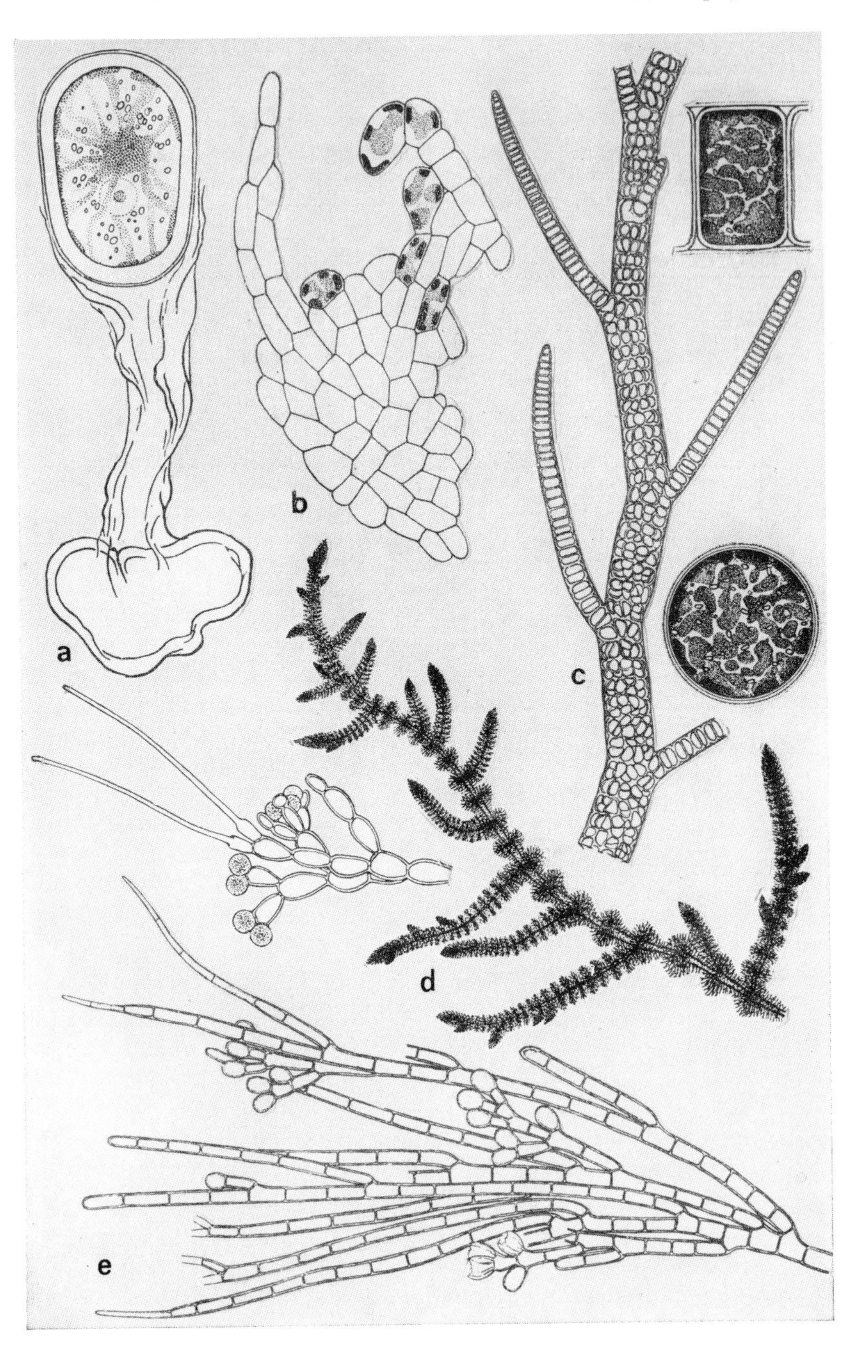
a
b
c
d
e

2. Fam. *Batrachospermaceae – Batrachospermum, Sirodotia.*
3. Fam. *Lemaneaceae – Lemanea.*
4. Fam. *Thoreaceae – Thorea.*
5. Fam. *Helminthocladiaceae – Helminthocladia, Nemalion.*
6. Fam. *Chaetangiaceae – Scinaia, Galaxaura.*
7. Fam. *Naccariaceae – Naccaria.*
8. Fam. *Bonnemaisoniaceae – Asparagopsis, Bonnemaisonia.*

2. Ordnung Gelidiales

Thallus uniaxial. Karpogonien einfach, zu mehreren vereinigt, Auxiliarzellen fehlen. Im Entwicklungszyklus drei Generationen. Tetrasporangien kreuzgeteilt.

1. Fam. *Gelidiaceae – Gelidium.*

3. Ordnung Cryptonemiales

Thallus uni- oder multiaxial. Karpogonäste immer auf besonderen, akzessorischen Ästen, manchmal in Sori, Nemathezien oder Konzeptakeln vereinigt. Auxiliarzellen auf besonderen Fäden. Generationswechsel durch drei, seltener zwei Generationen. Tetrasporangien kreuz- oder quergeteilt. Enthält 12 Familien, von denen jedoch nur einige angeführt werden.

1. Fam. *Squamariaceae – Peyssonelia.*
2. Fam. *Hildenbrandiaceae – Hildenbrandia.*
3. Fam. *Corallinaceae – Corallina, Lithophyllum, Lithothamnion, Melobesia, Amphiroa, Epilithon.*
4. Fam. *Choreocolaceae – Choreocolax.*

Außerdem: *Dumontiaceae, Gloiosiphonaceae, Endocladiaceae, Trichocarpaceae, Rhizophyllidaceae, Polyidaceae, Cryptonemiaceae, Kallymeniaceae.*

4. Ordnung Gigartinales

Thallus uni- oder multiaxial. Karpogonäste von normalen Thalluszellen gebildet. Auxiliarzellen aus einer interkalaren Thalluszelle oder der Tragzelle des Karpogonastes hervorkommend. Generationswechsel von drei, seltener zwei Generationen. Enthält 21 Familien, von denen nur einige angeführt werden.

1. Fam. *Calosiphoniaceae – Calosiphonia.*
2. Fam. *Nemastomaceae – Platoma.*
3. Fam. *Solieriaceae – Solieria, Eucheuma.*
4. Fam. *Phyllophoraceae – Phyllophora, Ahnfeltia.*
5. Fam. *Gigartinaceae – Gigartina, Chondrus.*

Abb. 230. Rhodophyceae. a) *Scinaia furcellata;* b) *Lithothamnion* sp.; c) *Pterosiphonia parasitica;* d) *Corallina* sp.; e) *Polysiphonia rhunensis;* f) *Chondria tenuissima.* – Nach Oltmanns, Thuret, Falkenberg.

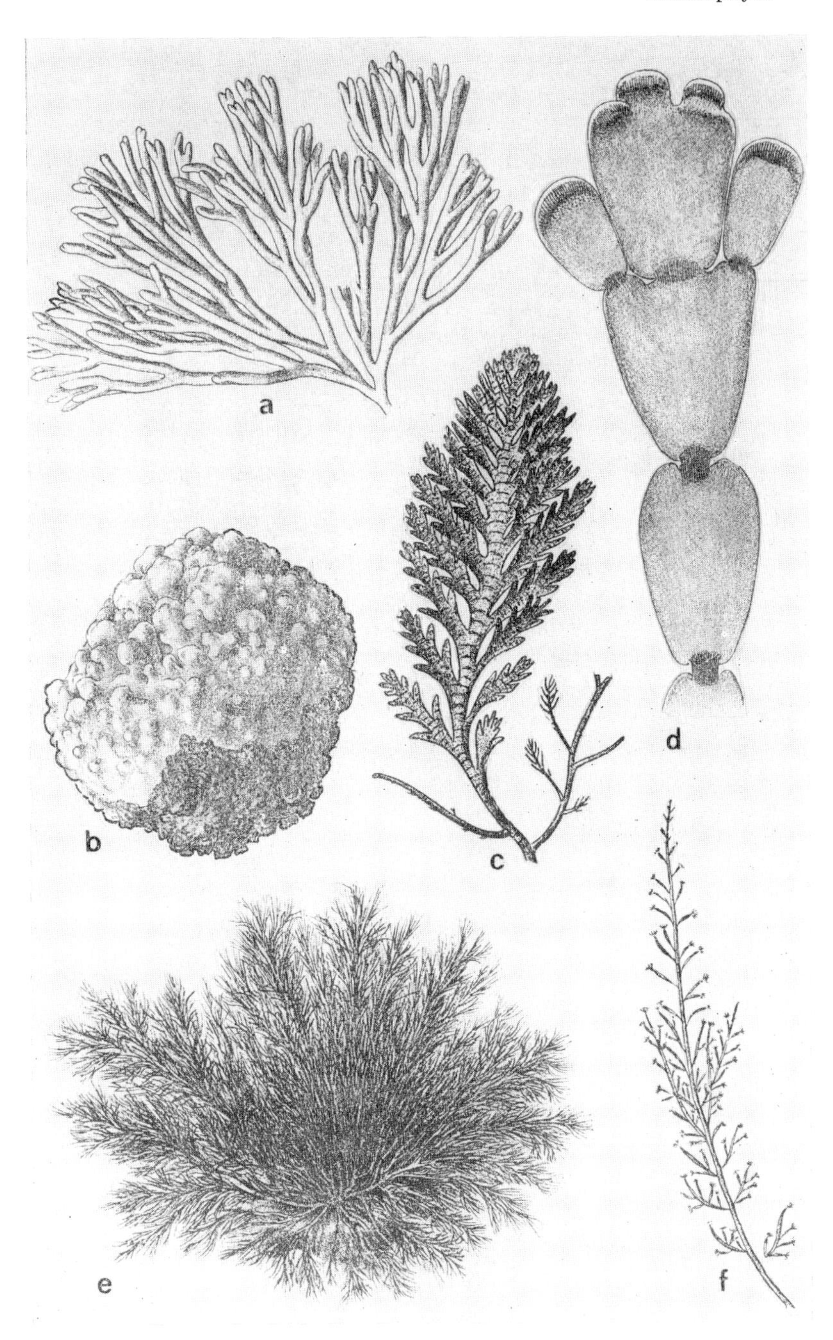
a
b
c
d
e
f

Außerdem: *Cruoriaceae, Sebdeniaceae, Gracilariaceae, Plocamiaceae, Sphaerococcaceae, Stictosporaceae, Sarcodiaceae, Furcellariaceae, Rissoellaceae, Rhabdoniaceae, Rhodophyllidaceae, Hypneaceae, Mychodeaceae, Dicranemataceae, Acrotylaceae, Chondriellaceae.*

5. Ordnung Rhodymeniales

Thallus multiaxial. Karpogonast drei- oder vierzellig, in jedem Prokarp eine oder zwei Auxiliarzellen. Sie entstehen aus dem thallusauswärts abgegliederten Zweig, der von der Tragzelle des Karpogonastes gebildet wird. Entstehung vor der Befruchtung, Differenzierung erst nach der Befruchtung. Drei Generationen, Tetrasporangien kreuzgeteilt oder tetraëdrisch.

1. Fam. *Rhodymeniaceae – Rhodymenia, Chrysimenia.*
2. Fam. *Lomentariaceae – Lomentaria.*
3. Fam. *Champiaceae – Champia, Chylocladia.*

6. Ordnung Ceramiales

Thallus uniaxial. Karpogonast vierzellig, immer auf einer Perizentralzelle entstehend. In jedem Prokarp eine oder zwei Auxiliarzellen, die nach der Befruchtung entweder direkt aus der Tragzelle des Karpogonastes oder einer entsprechenden Perizantralzelle entstehen. Im allgemeinen drei Generationen. Reduktionsteilung bei der Bildung der Tetrasporen. Tetrasporangien gewöhnlich tetraëdrisch, seltener kreuzgeteilt.

1. Fam. *Ceramiaceae – Ceramium, Antithamnion, Griffithsia, Plumaria, Pleurosporium, Ptilota, Crouania, Seirospora, Spermothamnion, Platythamnion.*
2. Fam. *Delesseriaceae – Delesseria, Membranoptera, Nitophyllum.*
3. Fam. *Dasyaceae – Dasya.*
4. Fam. *Rhodomelaceae – Chondria, Polysiphonia, Pterosiphonia, Delisia.*

4. Stamm Cryptophyta

Vorwiegend Flagellaten, seltener als capsale oder coccale Organisationsstufen ausgebildet. Zellen meist nackt, mit Periplast, dorsiventral gebaut, am Vorderende mit einer mehr oder weniger deutlichen Einstülpung (Schlund), oft auch mit Schrägfurche. Mit lichtbrechenden Ejektosomen. Geißeln 2, geringfügig ungleich lang. Mit 1–2 Chloroplasten von olivgrüner, blauer, roter oder brauner Farbe. Außer Chlorophyll *a* und *c* sowie Karotinoiden auch noch Phycobiline (Phycoerythrin und Phycocyanin) vorhanden. Assimilationsprodukt Stärke, diese wie auch die Pyrenoide extraplastidial. Fortpflanzung durch Zweiteilung. Meistens Süßwasserformen [62, 277, 475, 523, 799, 1004, 1008, 1010, 1030].

1. Klasse Cryptophyceae
(Abb. 231)

Mit 2 Ordnungen.

1. Ordnung Cryptomonadales

Sehr empfindliche Flagellaten mit 2 geringfügig ungleich langen Geißeln.

1. Fam. *Cryptomonadaceae* – Vordere Einstülpung (Schlund) und Längsfurche vorhanden. Ejektosomen am Schlund. *Cryptomonas, Rhodomonas, Chroomonas, Chilomonas.*

2. Fam. *Cryptochrysidaceae* – Zellen nur mit Längsfurche, Schlund fehlt. Ejektosomen in der Furche. *Cryptochrysis.*

3. Fam. *Senniaceae* – Zellen nierenförmig, Geißeln seitlich an der Bauchseite inserierend. *Sennia.*

4. Fam. *Cyathomonadaceae* – Zellen ohne Chloroplasten, Ernährung phagotroph, mit sackartiger Vertiefung in der Nähe der Geißeln. *Cyathomonas.*

5. Fam. *Katablepharidaceae* – Farblose Formen, Ernährung phagotroph. Mit

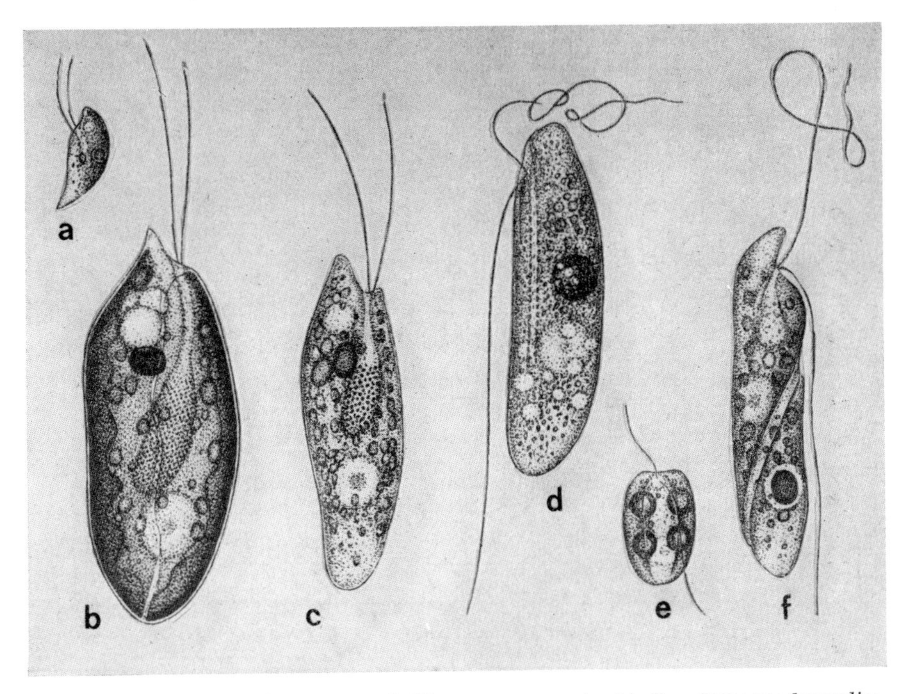

Abb. 231. Cryptophyceae. a) *Chroomonas acuta;* b) *Cryptomonas borealis*; c) *Chilomonas paramaecium*; d) *Katablepharis phoenikoston*; e) *Cyanophora tetracyanea;* f) *Cryptaulax thiophila.* – Nach Skuja.

Schlund und Längsfurche. Geißeln in Schwimm- und Schleppgeißel differenziert. *Katablepharis, Cyanophora.*

2. Ordnung Tetragonidiales

Coccale Organisationsstufe mit derber Zellwand. Fortpflanzung durch *Cryptomonas*-ähnliche Zoospore.

1. Fam. *Tetragonidiaceae – Tetragonidium, Bjornbergiella.*

5. Stamm Dinophyta

In der Mehrzahl als einzellige Flagellaten, seltener koloniebildend, coccal oder fadenbildend; mit spezifischer Zytologie und Morphologie. 2 Geißeln, die im Bau und gewöhnlich auch in der Orientierung verschieden sind, eine davon meist bandförmig. Mit Stigma und Pusulen, auch große Zentralvakuole vorhanden. Kern (Dinokaryon) auffallend groß, auch in der Interphase mit dicht gedrängten, überdauernden Chromosomen. Chloroplasten linsenförmig, rotbraun, braun, grünbraun oder grün gefärbt. Karotinoide überdecken meist das Chlorophyll *a*. Assimilationsprodukte extraplastidiale Stärke und Fett. Häufig auch farblose Formen mit animalischer oder parasitischer Ernährungsweise. Sowohl Meeres- als auch Süßwasserformen [37, 62, 100, 101, 257, 277, 365, 475, 502, 523, 531, 609, 622, 626, 952, 953, 955, 1004, 1008, 1010, 1030]. Mit 3 Klassen.

1. Klasse Desmophyceae

Geißeln am Scheitel der Zellen inserierend, heterodynamisch. Protoplast von zähem Periplast oder zweiteiligem Panzer in Form uhrglasähnlicher Schalenhälften umgeben. Panzer in der Sagittalnaht zusammengehalten, ohne Felder oder Platten. Vor allem Meeresformen, seltener im Süßwasser.

1. Ordnung Haplodiniales

1. Fam. *Haplodiniaceae* – Zellen nackt oder mit zähem Periplast. *Pleromonas, Desmomastix, Haplodinium.*
2. Fam. *Prorocentraceae* – Zellen mit Panzer. *Prorocentrum, Exuviella.*

2. Klasse Dinophyceae
(Abb. 232)

Flagellaten oder auch capsale, coccale oder trichale Formen. Begeißelte Zellen (auch Zoospore) mit charakteristischer Gestalt. Zellen dorsiventral, mit deutlicher Längs- und Querfurche, in denen die Geißeln liegen. Diese inserieren seitlich, wo sich beide Furchen treffen. Die in der Querfurche liegende Geißel ist als Bandgeißel entwickelt; Längsgeißel etwas länger als die Zelle. Mit 5 Ordnungen.

1. Ordnung Peridiniales

Nackte oder gepanzerte Flagellaten (mit Amphiesma). Behäutete oder gepanzerte Formen deutlich gefeldert oder Amphiesma aus Platten zusammengesetzt. Bei nackten Formen auch animalische Ernährungsweise. Ungeschlechtliche Fortpflanzung durch Zweiteilung oder durch Zoosporen, sexuelle durch Kopulation. Systematik künstlich. Meeres- und Süßwasserformen. Mit 3 Unterordnungen.

a) Unterordnung Gymnodiniineae

Zellen nackt oder mit Periplast, Längs- und Querfurchen deutlich. Manchmal ohne Chloroplasten. Bei einigen Vertretern ein hoch organisiertes Stigma (Ocellus).

1. Fam. *Pronoctilucaceae* – Zellen mit tentakelähnlichem Fortsatz, Furchen schwach ausgebildet, Meeresformen. *Oxyrrhis, Pronoctiluca.*
2. Fam. *Gymnodiniaceae* – Zellen mit deutlichen Furchen. *Gymnodinium, Amphidinium, Katodinium.*
3. Fam. *Polykrikaceae* – Kolonien aus 2, 4 bis 8 Zellen bestehend, die hintereinander liegen. *Polykrikos.*
4. Fam. *Noctilucaceae* – Zellen mit einem mehr oder weniger beweglichen Tentakel, 2 mm groß, Meeresleuchten verursachend. *Noctiluca.*
5. Fam. *Warnowiaceae* – Zellen mit Ocellen, Querfurche spiralig, Längsfurche gedreht. *Warnowia, Erythropsis.*

b) Unterordnung Dinophysidineae

Amphiesma aus Zellulose, panzerartig, mit Längs- und Querfurche. Panzer jedoch in 2 Längshälften geteilt und durch Sagittalnaht zusammengehalten, aus ornamentierten Platten bestehend. Dem planktischen Leben angepaßt, mit flügelartigen Ausläufern und trichterförmigen Flächen. Meeresformen.

1. Fam. *Dinophysidaceae – Dinophysis.*
2. Fam. *Amphisoleniaceae – Amphisolenia.*
3. Fam. *Ornithocercaceae – Ornithocercus.*
4. Fam. *Citharistaceae – Citharistes.*

c) Unterordnung Peridiniineae

Zellen mit hautartigem und gefeldertem oder panzerartigem und aus Platten zusammengesetztem Amphiesma. Platten durchlöchert. Mit deutlicher Längs- und Querfurche. Oft auch ohne Chloroplasten. Meeres- und Süßwasserformen. Mit 15 rezenten und 7 fossilen Familien, von denen nur einige angeführt werden.

1. Fam. *Pyrophacaceae – Pyrophacus.*
2. Fam. *Glenodiniaceae – Glenodinium, Hemidinium, Crypthecodonium.*

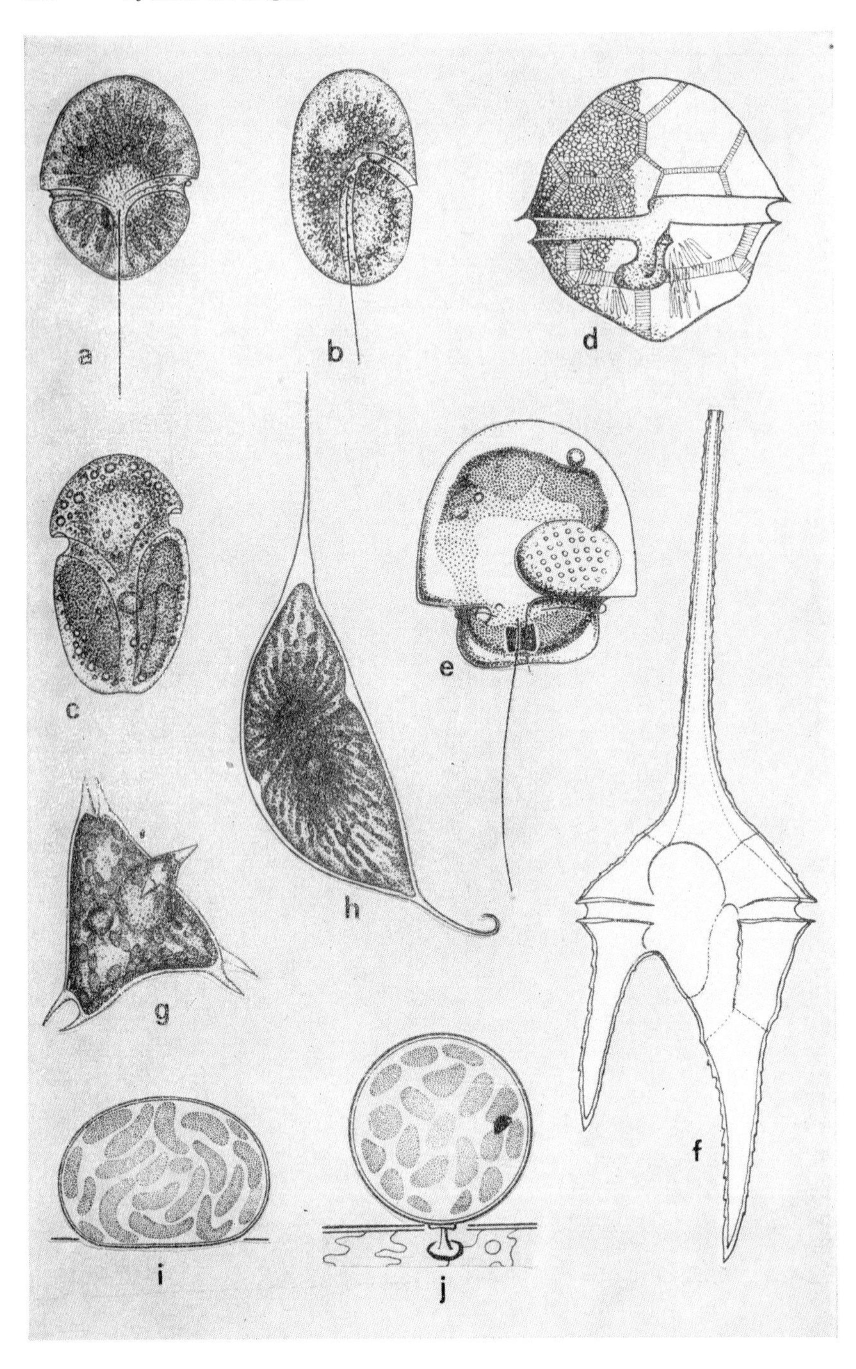
a
b
d
c
e
h
g
f
i
j

3. Fam. *Peridiniaceae – Peridinium, Woloszynskia.*
4. Fam. *Gonyaulacaceae – Gonyaulax.*
5. Fam. *Protoceratiaceae – Protoceratium.*
6. Fam. *Ceratiaceae – Ceratium.*

Außerdem die rezenten Familien: *Ptychodiscaceae, Congruentidiaceae, Goniodomaceae, Ceratocoryaceae, Oxytocaceae, Cladopyxidiaceae, Ostreopsiaceae, Podolampaceae, Lissodiniaceae,* und die fossilen Familien: *Eodiniaceae, Apteodiniaceae, Hystrichodiniaceae, Deflandreaceae, Nelsoniellaceae, Belodiniaceae, Pseudoceratiaceae.*

2. Ordnung Dinamoebidiales

Organismen in Form typischer Amöben mit breiten Pseudopodien, ohne Chloroplasten. Ernährung phagotroph. Fortpflanzung durch *Gymnodinium*-artige Zoosporen, die aus breit spindelförmigen Zysten ausschwärmen.

1. Fam. *Dinamoebidiaceae – Dinamoebidium.*

3. Ordnung Gloeodiniales

Capsale Organisationsstufe, Zellen in mächtigen, geschichteten Gallertlagern. Fortpflanzung durch *Hemidinium*-artige Zoosporen.

1. Fam. *Gloeodiniaceae – Gloeodinium.*

4. Ordnung Dinococcales

Zellen im vegetativen Stadium unbeweglich, mit deutlicher, oft dicker Zellwand. Protoplast jedoch mit typischem Dinophyceen-Bau. Frei lebend oder festsitzend, manchmal auch ohne Chloroplasten. Fortpflanzung durch *Gymnodinium*-artige Zoosporen oder Hemizoosporen. Hauptsächlich Süßwasserformen, häufig in Moorgewässern.

1. Fam. *Dinococcaceae – Dinococcus* (= *Raciborskia*), *Cystodinium, Phytodinedria, Tetradinium, Phytodinium, Stylodinium, Pyrocystis, Dissodinium, Dinastridium, Dinopodiella.*

5. Ordnung Dinotrichales

Fadenbildende Formen, Fäden kurz, einfach verzweigt. Protoplasten mit typischem Dinophyceen-Bau. Fortpflanzung durch *Gymnodinium*-artige Zoosporen oder Hemizoosporen.

1. Fam. *Dinotrichaceae – Dinothrix, Dinoclonium.*

Abb. 232. Dinophyceae. a) *Gymnodinium neglectum;* b) *Hemidinium nasutum;* c) *Amphidinium lacunarum;* d) *Peridinium gatunensis;* e) *Katodinium mazuricum;* f) *Ceratium hirundinella;* g) *Tetradinium intermedium;* h) *Cystodinium steinii;* i) *Phytodinedria aeruginosa;* j) *Stylodinium sphaera.* – Nach Skuja, Pascher, Popovsky, Javornicky.

3. Klasse Blastodinophyceae

Künstliche Gruppe parasitischer Formen. Morphologisch stark verändert, durch parasitische Lebensweise recht vereinfacht. Sie schmarotzen an der Oberfläche oder im Körper verschiedener Meerestiere und Diatomeen. Fortpflanzung durch *Gymnodinium*-artige Zoosporen.

1. Ordnung Blastodiniales

1. Fam. *Blastodiniaceae — Blastodinium, Oodinium, Apodinium, Haplozoon.*
2. Fam. *Syndiniaceae — Syndinium.*
Außerdem noch die Familien: *Paradiniaceae, Endodiniaceae, Ellobiopsidaceae.*

6. Stamm Raphidophyta

Hoch entwickelte und spezialisierte Flagellaten, einzeln lebend, ohne Anklang an echte Algen. Durch den spezialisierten Zellbau auch von den übrigen Flagellaten scharf abgetrennt. Zellen groß, dorsiventral abgeplattet, mit deutlicher Längsfurche an der Bauchseite, vorn mit schlundartiger Vertiefung, aus der 2 Geißeln kommen; eine als behaarte Schwimmgeißel nach vorn gerichtet, die andere als glatte Schleppgeißel nach hinten. Zellen nackt, mit Trichocysten. Oberhalb des Zellkernes der große Golgi-Apparat, der in direkter Beziehung zur Bildung der pulsierenden Vakuolen steht. Die meisten Formen mit vielen kleinen, grünen Chloroplasten; diese mit Chlorophyll *a*, *β*-Katorin und mehreren Xanthophyllen. Assimilationsprodukt Fett. Fortpflanzung durch Zweiteilung. Hauptsächlich Süßwasserformen, selten in Salzgewässern [62, 475, 714, 799, 893, 1004, 1008, 1010, 1030].

1. Klasse Raphidophyceae
(Abb. 233 a—c)

Mit den Merkmalen des Stammes.

Abb. 233. Raphidophyceae (a—c) und Euglenophyceae (d—m). a) *Gonyostomum semen;* b) *Vacuolaria virescens;* c) *Merotricha capitata,* rechts Detail des Vorderendes (*tr* Trichozysten, *f* Geißeln, *ch* Chloroplasten, *cv* pulsierende Vakuole, *vp* Verdauungsvakuole, *ct* Zytopharynx, *r* rechter Vorsprung am Zytostom); d) *Euglena viridis;* e) *Khawkinia proxima;* f) *Phacus curvicauda;* g) *Menoidium costatum;* h) *Lepocinclis steinii;* i) *Astasia curta;* j) *Cyclidiopsis acus;* k) *Strombomonas acuminata;* l) *Trachelomonas rugulosa;* m) *Petalomonas steinii.* — Nach Skuja.

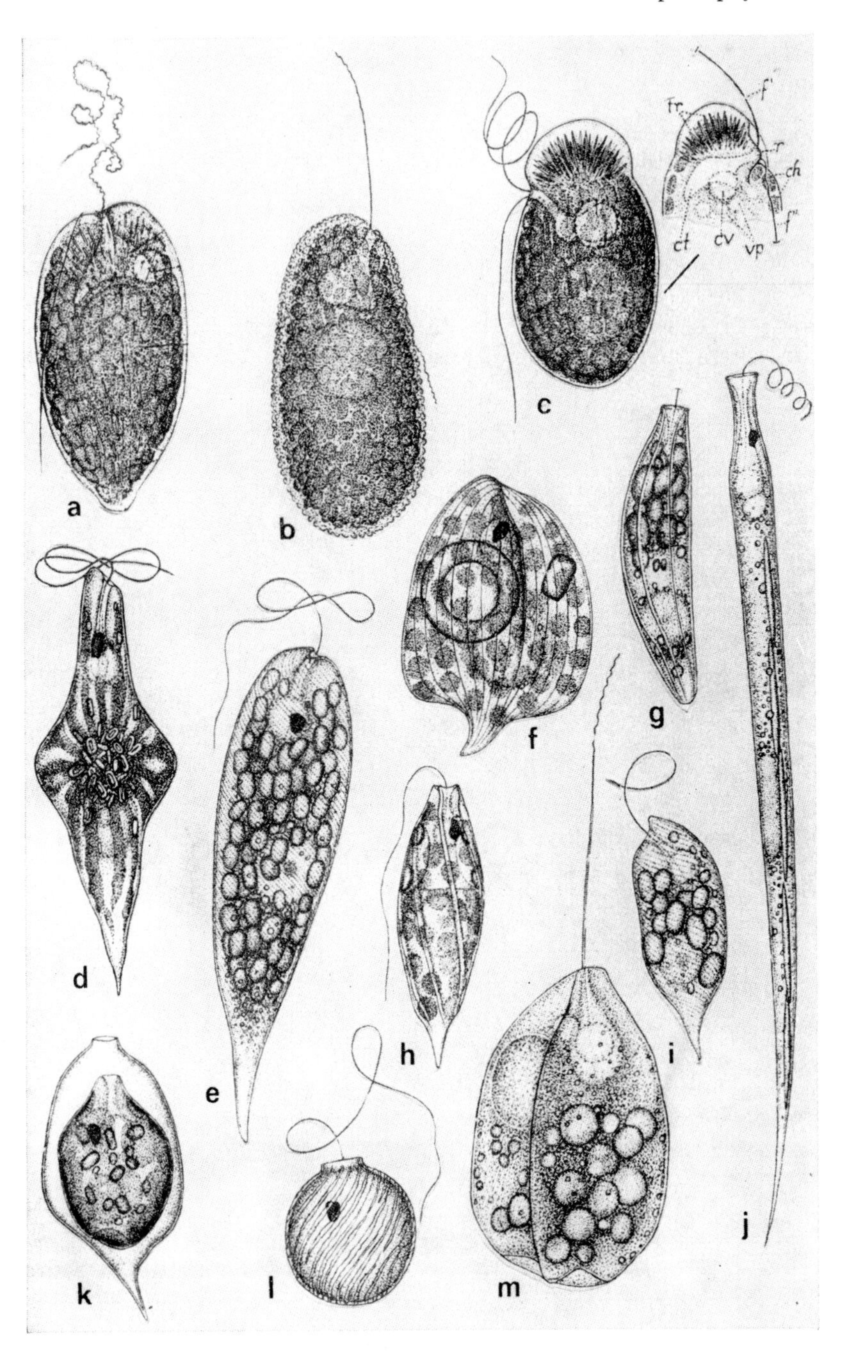
a
b
c
fr
f'
r
ch
f''
ct
cv
vp
d
e
f
g
h
i
j
k
l
m

1. Ordnung Vacuolariales

1. Fam. *Vaculariaceae* – autotrophe Formen. *Vacuolaria, Gonyostomum, Merotricha, Chattonella.*

2. Fam. *Thaumatomastigaceae* – farblose, sich animalisch ernährende Formen. *Thaumatomastix, Hyaloselene, Synoikomonas.*

7. Stamm Euglenophyta

Ähnlich wie der vorige Stamm hoch entwickelte und stark spezialisierte Flagellaten enthaltend. Diese sind ohne Anklang an echte Algen, immer einzeln lebend. Neben autotrophen Formen auch zahlreiche farblose Parallelen. Durch den differenzierten Bau auch von den übrigen Flagellaten deutlich verschieden. Zellen groß, tordiert, mit biegsamer oder starrer Pellikula, die gestreift oder ornamentiert ist. Metabolische Bewegung bekannt. Am Vorderende mit einer schlundartigen Vertiefung, die in einem Reservoir endet. Geißeln 1–2, selten mehrere, einreihig behaart. Bei den eingeißeligen Formen ist die zweite Geißel nur als Kurzgeißel entwickelt, die nicht aus dem Reservoir hervorragt. Stigma groß, dem Reservoir anliegend, nicht an die Chloroplasten gebunden. Gewöhnlich mehrere scheibenförmige Chloroplasten, mit oder ohne Pyrenoid. Chlorophyll *a* und *b*, Assimilationsprodukt Paramylum, manchmal auch Öl. Farblose Formen heterotroph, selten phagotroph. Fortpflanzung durch Zweiteilung. Systematik künstlich. Meistens Süßwasserformen, seltener im Brackwasser oder im Meer lebend [62, 162, 163, 277, 359, 476, 600, 613, 710, 884, 893, 897, 1004, 1008, 1010].

1. Klasse Euglenophyceae
(Abb. 233 d–m)

Mit den Merkmalen des Stammes.

1. Ordnung Euglenales

Grüne, phototrophe oder mixotrophe Formen, teilweise auch farblos und heterotroph.

1. Fam. *Eutreptiaceae* – nackte Zellen mit zwei langen Geißeln, eine davon als Schleppgeißel, größtenteils Meeresformen. *Eutreptia, Distigma.*

2. Fam. *Euglenaceae* – nackte Formen mit einer langen Geißel, frei lebend, hauptsächlich Süßwasserformen. *Euglena, Lepocinclis, Phacus, Astasia, Menoidium, Khawkinia, Hyalophacus, Gyropaigne, Rhabdomonas.*

3. Fam. *Trachelomonadaceae* – Zellen in eiseninkrustierten Gehäusen. *Trachelomonas, Strombomonas, Klebsiella.*

4. Fam. *Colaciaceae* – epizootische Formen, die mittels Gallertpolster oder Gallertstielen festsitzen. *Colacium.*

5. Fam. *Euglenomorphaceae* – mit drei oder mehreren gleichlangen Geißeln, mit oder ohne Chloroplasten, endozootisch lebend. *Euglenomorpha, Hegneria.*

2. Ordnung Peranemales

Farblose phagotrophe Formen, bei denen manchmal ein pharyngialer Apparat entwickelt ist. Bewegung meist schlängelnd.

1. Fam. *Sphenomonadaceae* – Zellen mit Längskielen oder Streifen. *Sphenomonas, Petalomonas, Anisonema, Scytomonas, Calycimonas.*

2. Fam. *Peranemataceae* – mit einem speziellen Organell zur Nahrungsaufnahme (Pharyngialapparat). *Peranema, Heteronema, Urceolus, Entosiphon.*

8. Stamm Chlorophyta

Unter den Algen kommt diesem Stamm eine besondere Bedeutung zu, denn die Färbung und die Assimilationspigmente der Chloroplasten sind denen der höheren Pflanzen gleich (mit Chlorophyll *a* und *b*). Als Assimilationsprodukt wird echte intraplastidiale Stärke gebildet. Zellwände meistens aus Zellulose oder zellulosehaltig, mit einem Gemisch anderer Polysaccharide (Pektine). Auch in der Zytologie und Ultrastruktur den höheren Pflanzen ähnlich. Das gilt auch für die akzessorischen Pigmente, vor allem für das Mengenverhältnis der Karotine und Xanthophylle. Süßwasser- und Meeresformen. Mit 4 Klassen, wovon nur eine (Chlorophyceae) alle Organisationsstufen aufweist.

1. Klasse Loxophyceae
(Abb. 234 a–d)

Kleine grüne, nackte Flagellaten mit asymmetrischem Zellbau, einzeln lebend. Geißeln 1–2, oft seitlich inserierend, wenn 2 vorhanden, ungleich lang. Fortpflanzung durch Zweiteilung, sexuelle Vorgänge unsicher. Bilden jedoch Gallertstadien und Zysten [115, 211, 223, 807].

1. Ordnung Pedinomonadales

1. Fam. *Pedinomonadaceae* – Zellen eingeißelig. *Pedinomonas, Micromonas, Monomastix, Scourfieldia.*

2. Klasse Prasinophyceae
(Abb. 234 e–g)

Bewegliche geißeltragende oder unbewegliche coccale Formen, einzeln oder auch koloniebildend, mit charakteristischem Bau. Die begeißelten Formen

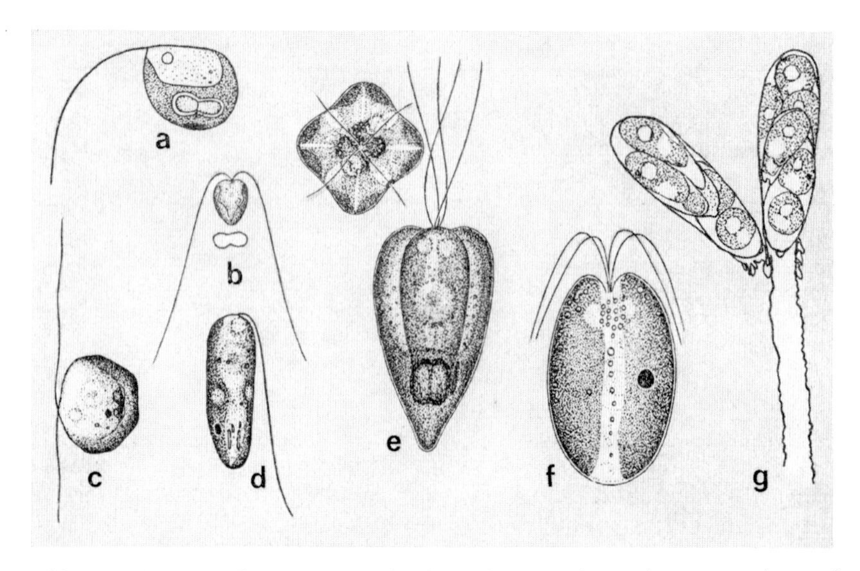

Abb. 234. Loxophyceae (a, b, d) und Prasinophyceae (c, e–g). a) *Pedinomonas major;* b) *Scourfieldia cordiformis,* unten Querschnitt; c) *Nephroselnus olivacea;* d) *Monomastix opisthostigma;* e) *Pyramimonas tetrarhynchus,* links oben Scheitelansicht; f) *Platymonas bichlora;* g) *Prasinocladus ascus.* – Nach Skuja, Korschikoff, Ettl, Proskauer.

(auch Zoosporen) tragen am Vorderende eine deutliche Vertiefung (vestibulärer Krater), aus dem 2–4 (selten 8) Geißeln entspringen. Zellen mit einer Hülle organischer Schuppen oder mit Zellwand (Theka). Fortpflanzung durch Zweiteilung oder durch Zoosporen. Meeres- und Süßwasserformen [96, 97, 115, 792, 807].

1. Ordnung Pyramimonadales

Vegetatives Stadium beweglich, Zellen mit Schuppenhülle oder behäutet.

1. Fam. *Pyramimonadaceae* – Zellen nur mit Schuppenhülle. *Pyramimonas, Mesostigma, Nephroselmis.*
2. Fam. *Platymonadaceae* – Zellen behäutet, mit Theka. *Platymonas.*

2. Ordnung Prasinocladales

Zellen im vegetativen Stadium unbeweglich, an Gallertstielen festhaftend, oft größere, reich verzweigte Kolonien bildend. Fortpflanzung durch Zoosporen vom *Platymonas*-Typus. Meeresformen.

1. Fam. *Prasinocladaceae* – *Prasinocladus.*

3. Ordnung Halosphaerales

Zellen im vegetativen Stadium unbeweglich, groß, kugelig, mit Zellwand. Fortpflanzung durch Zoosporen vom *Pyramimonas*-Typus. Meeresplankter.

1. Fam. *Halosphaeraceae – Halosphaera.*

3. Klasse Chlorophyceae
(Abb. 235–239)

Echte Grünalgen mit allen Organisationsstufen. Bei höher entwickelten Formen wie bei echten Pflanzenzellen mit Zellwand und zentraler Vakuole. Zellwand auch bei niederen Formen zellulosehaltig. Nur wenige Zellen sind nackt, wie einige Flagellaten oder die beweglichen Fortpflanzungszellen (Zoosporen und Gameten). Geißeln 2 oder 4, gleich lang und isomorph. Bei einer Ordnung stephanokonte Begeißelung. Chloroplasten 1 bis viele, wandständig, seltener axial, verschieden geformt, mit oder ohne Pyrenoid. Bei beweglichen Formen meist ein intraplastidiales Stigma. Farblose Formen bekannt, mitunter mit Leukoplasten. Ungeschlechtliche Fortpflanzung durch Zoosporen, Hemizoosporen, Hemiautosporen oder Autosporen. Sexuelle Fortpflanzung in allen Formen bis zur hoch entwickelten Oogamie. Mit oder ohne Generationswechsel (iso- oder heteromorph). Hauptsächlich Süßwasserformen, aber auch reichlich im Brackwasser und Meer vorkommend. Nicht selten auch als atmophytische Algen oder Bodenalgen verbreitet [60, 99, 115, 257, 277, 772, 807, 901]. Mit 11 Ordnungen.

1. Ordnung Volvocales
(Abb. 235 a–m)

Flagellaten mit 2 oder 4 isomorphen Geißeln, nackt oder behäutet, seltener mit Gehäusen, einzeln oder in Zönobien lebend. Ungeschlechtliche Fortpflanzung durch Zweiteilung oder Zoosporen, geschlechtliche durch Iso- bis Oogamie. Gallertstadien und Zysten bekannt [85, 161, 215, 218, 345, 477, 554, 616, 807, 889, 890, 1004, 1008, 1016].

a) Unterordnung Chlamydomonadineae

Einzeln lebende Formen.

1. Fam. *Polyblepharidaceae* – Zellen nackt, ungeschlechtliche Fortpflanzung durch Zweiteilung. *Dunaliella, Asteromonas, Spermatozopsis, Dangeardinella, Ulochloris, Polytomella, Hyaliella, Aulacomonas.*

2. Fam. *Chlamydomonadaceae* – Zellen behäutet, ungeschlechtliche Fortpflanzung durch Zoosporen. *Chlamydomonas, Chloromonas, Carteria, Chlorogonium, Sphaerellopsis, Brachiomonas, Diplostauron, Gloeomonas, Polytoma, Tetrablepharis, Hyalogonium, Furcilla.*

3. Fam. *Phacotaceae* – Zellen mit stark inkrustierten Gehäusen. *Phacotus, Coccomonas, Pteromonas.*

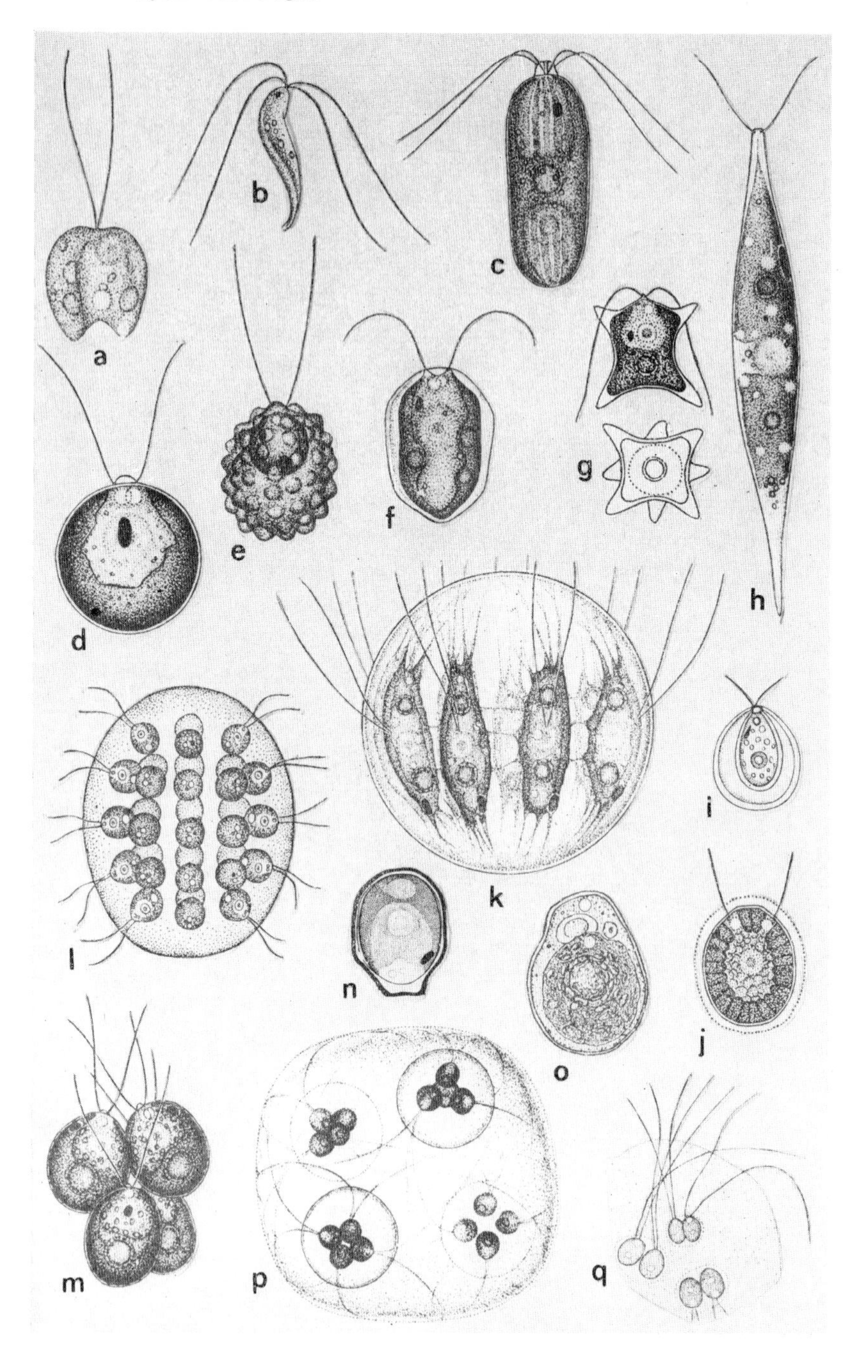
a
b
c
d
e
f
g
h
i
j
k
l
m
n
o
p
q

4. Fam. *Haematococcaceae* – Zellen mit weit abstehender Hülle, die mit dem Protoplasten mittels zahlreicher Plasmafäden verbunden ist. Eine Form mit mehreren Protoplasten in der Hülle. Durch reiche Hämatochrom-Anhäufung bei Massenentwicklung rote Waserfärbung verursachend. *Haematococcus, Stephanosphaera.*

b) Unterordnung Volvocineae
In differenzierten Zönobien lebende Formen.

1. Fam. *Spondylomoraceae* – Zönobien traubenförmig, ohne äußere Gallerte, mit 2 oder 4 Geißeln. *Spondylomorum, Uva* (= *Pyrobotrys*).

2. Fam. *Volvocaceae* – Zönobien mit radiär angeordneten Zellen, die in tafel- oder kugelförmiger Gallerte eingebettet sind. Während der Entwicklung der Tochterkolonien kommt es zu einer Inversion. Fortschreitende morphologische und funktionelle Differenzierung der Zellen. *Gonium, Platydorina, Pandorina, Eudorina, Pleodorina, Volvulina, Volvox.*

3. Fam. *Astrephomenaceae* – Zönobien in Form einer Hohlkugel. Während der Entwicklung der Tochterkolonien kommt es zu keiner Inversion. *Astrephomene.*

2. Ordnung Tetrasporales
(Abb. 235 n–q)

Zwischenstufe zwischen Flagellaten und den echten Algenzellen. Im vegetativen Stadium unbeweglich, jedoch die Polarität einer Flagellatenzelle, pulsierende Vakuolen und meist auch das Stigma beibehaltend. Zellen nackt oder behäutet, mit mächtiger Gallerte oder auch ohne diese. Bei manchen Formen Pseudocilien. In wenigen Fällen auch mit spröden, eiseninkrustierten Gehäusen. Einzeln oder in Kolonien, frei oder festsitzend. Ungeschlechtliche Fortpflanzung durch Zoosporen oder Hemiautosporen [258, 312, 807, 833, 901, 1004, 1008, 1010].

1. Fam. *Gloeococcaceae* – Zellen in homogener Gallerte. *Gloeococcus.*

2. Fam. *Asterococcaceae* – Zellen in geschichteter Gallerte. *Asterococcus.*

3. Fam. *Tetrasporaceae* – Zellen in Gallerte, mit Pseudocilien. *Tetraspora, Apiocystis, Paulschulzia, Schizochlamys, Gloeochaete, Chaetochloris, Polychaetochloris.*

4. Fam. *Chaetopeltidaceae* – Zellen pseudoparenchymatisch zusammengehäuft, mit Pseudocilien. *Chaetopeltis.*

5. Fam. *Chlorangiellaceae* – Zellen festsitzend (oft epibiontisch), mit Gallertpolstern oder Gallertstielen. Hülle oft blasig abgehoben und in ein sprödes Gehäuse umgewandelt. *Chlorangiella, Chlorangiopsis, Malleochloris, Bicuspidella, Characiochloris, Chlorophysema, Chlorepithema, Chloremys.*

Abb. 235. Chlorophyceae. a) *Aulacomonas hyalina;* b) *Spermatozopsis exsultans;* c) *Carteria crucifera;* d) *Chloromonas ulla;* e) *Lobomonas verrucosa;* f) *Pteromonas angulosa;* g) *Diplostauron elegans;* h) *Chlorogonium elongatum*; i) *Coccomonas orbicularis;* j) *Gloeomonas kupfferi;* k) *Stephanosphaera pluvialis*; l) *Eudorina elegans;* m) *Pascherina tetras;* n) *Chlorophysema contractum;* o) *Nautococcus pyriformis;* p) *Paulschulzia pseudovolvox;* q) *Tetraspora gelatinosa,* Teil des Schleimlagers. – Nach Skuja, Pascher, Hartmann, Korschikoff, Klyver.

6. Fam. *Nautococcaceae* – Behäutete Formen ohne Gallerte und ohne Pseudocilien, einzeln oder in Gruppen. *Nautococcus, Hypnomonas, Sphaerellocystis, Nautocapsa.*

7. Fam. *Characiosiphonaceae* – Zellen zu einer schlauchförmigen Gallertkolonie angeordnet. *Characiosiphon.*

8. Fam. *Actinochloridaceae* – Zönoblastische, vielkernige Formen. *Actinochloris.*

3. Ordnung Chlorococcales
(Abb. 236, 237 a–e)

Echte Algenzellen mit deutlicher Zellwand, einzeln oder in Kolonien, frei oder festsitzend. Zellwand verschiedenartig skulpturiert, mit oder ohne Gallerte. Gewöhnlich einkernig, nur kurz vor der Fortpflanzung vielkernig werdend. Größere Formen mit zentraler Vakuole. Ungeschlechtliche Fortpflanzung vor allem durch Autosporen, aber auch durch Zoosporen oder Hemizoosporen. Sexuelle Fortpflanzung nur bei relativ wenigen Arten bekannt, in einigen Fällen sogar typische Oogamie. Allgemein verbreitete Algengruppe des Süßwassers, die besonders der planktischen Lebensweise angepaßt ist. Viele Formen kommen auch als aerophytische Algen oder als Bodenalgen vor. Systematik künstlich [5, 80, 110, 261, 555, 891, 1004, 1008, 1010, 1015, 1018, 1035, 1115].

1. Fam. *Chlorococcaceae* – Zellen kugelig oder oval, einzeln oder in Gruppen. Fortpflanzung durch Zoosporen. *Chlorococcum, Trebouxia, Bracteococcus, Spongiochloris, Planktosphaeria, Dictyococcus, Myrmecia, Tetracystis.*

2. Fam. *Chlorochytriaceae* – Zellen groß, unregelmäßig geformt, endophytisch lebend. *Chlorochytrium.*

3. Fam. *Characiaceae* – Zellen einzeln, meist länglich spindelförmig, frei oder festsitzend, Fortpflanzung durch Zoosporen. *Characium, Hydrianum, Acrochasma, Korshikoviella, Pulvinococcus, Tetraciella.*

4. Fam. *Hydrodictyaceae* – Zellen Zönobien bildend. Fortpflanzung durch Hemizoosporen, die sich noch innerhalb der Mutterzelle zu neuen Zönobien anordnen. *Pediastrum, Hydrodictyon, Sorastrum.*

5. Fam. *Treubariaceae* – Zellen einzeln, Zellwand zweiteilig. *Treubaria, Desmatractum, Octogoniella, Ankyra.*

6. Fam. *Micractiniaceae* – Zellen mit langen feinen oder dicken Borsten besetzt. *Micractinium, Golenkinia, Acanthosphaera.*

7. Fam. *Gloeocystidaceae* – Zellen kugelig oder ellipsoidisch, in homogenen oder geschichteten Gallertlagern eingebettet. *Gloeocystis, Radiococcus, Thorakochloris, Palmodictyon, Palmella.*

Abb. 236. Chlorophyceae. a) *Chlorella vulgaris;* b) *Chlorococcum infusionum;* c) *Poloidion didymos;* d) *Keriochlamys styriaca;* e) *Characium naegelii;* f) *Oocystis marssonii;* g) *Gloeocystis rupestris;* h) *Korshikoviella gracilipes*; i) *Scenedesmus acutus;* j) *Enallax coelastroides;* k) *Lagerheimia cingula;* l) *Tetrallantos lagerheimii;* m) *Hormotilopsis* sp.; n) *Tetrastrum staurogeniaeforme;* o) *Tetraëdron caudatum;* p) *Pediastrum boryanum;* q) *Actinastrum hantzschii.* – Nach Skuja, Pascher.

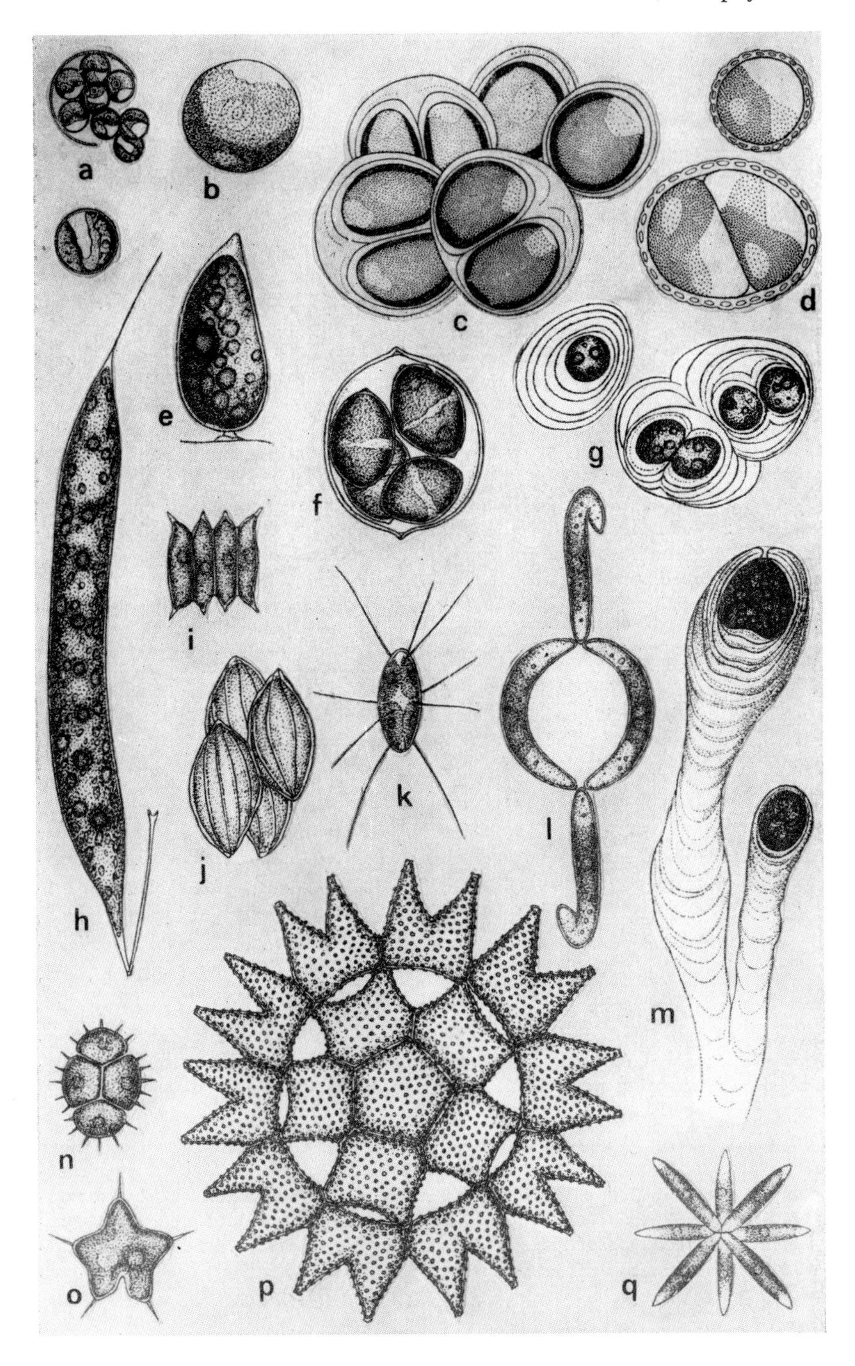
a
b
c
d
e
f
g
h
i
j
k
l
m
n
o
p
q

8. Fam. *Hormotilaceae* – Zellen auf schlauchartigen Gallertstielen sitzend. *Hormotila*.

9. Fam. *Heleochloridaceae* – Zellen mit großen Saftvakuolen, Gallertkolonien bildend. *Heleochloris, Heleococcus*.

10. Fam. *Botryococcaceae* – Kolonien traubig-kugelig, aus radiär ausstrahlenden Teillagern bestehend, Zellen an der Peripherie liegend. *Botryococcus, Botryosphaera*.

11. Fam. *Dictyosphaeriaceae* – Zellen durch Reste der aufgerissenen Mutterzellwand zu Kolonien zusammengehalten. *Dictyosphaerium, Quadricoccus, Westella, Dictyochloris, Lobocystis*.

12. Fam. *Oocystaceae* – Zellen einzeln oder in Kolonien, Zellwand oft aufgebläht und Tochterzellen enthaltend. Autosporenbildung. *Oocystis, Chlorella, Siderocelis, Chodatella, Lagerheimia, Kirchneriella, Glaucocystis, Tetraëdron, Scotiella, Chloropteris, Thelesphaera, Poloidion, Keriochlamys, Trigonidium, Franceia, Prototheca, Jaagichlorella, Echinosphaerella*.

13. Fam. *Scenedesmaceae* – Zellen in einfachen oder doppelten Reihen, kreuzartig, radial oder ringförmig zu Zönobien angeordnet. Fortpflanzung durch Bildung von Tochterzönobien. *Scenedesmus, Tetrallantos, Coronastrum, Crucigenia, Actinastrum, Coelastrum, Enallax, Marthea*.

14. Fam. *Ankistrodesmaceae* – Zellkern langgestreckt, gerade oder gebogen, einzeln oder in Kolonien. Autosporenbildung. *Ankistrodesmus, Raphidium, Hyaloraphidium, Keratococcus, Podohedra*.

15. Fam. *Eremosphaeraceae* – Zellen einzeln, groß, mit vielen kleinen Chloroplasten an der Peripherie, einkernig. Autosporenbildung. *Eremosphaera*.

4. Ordnung Ulotrichales

(Abb. 237 f–j, l)

Zellen zu einfachen Zellfäden angeordnet, die mitunter kurz sind oder leicht in wenigzellige Gruppen oder in Einzelzellen zerfallen. Zellen immer gleichgestaltet und gleichwertig, nur die Basalzelle kann, ebenso wie die Apikalzelle, ein anderes Aussehen haben. Fäden primär meist festsitzend. Chloroplasten ring- oder halbringförmig, seltener plattenförmig oder binnenständig. Ungeschlechtliche Fortpflanzung durch Zoosporen oder Fadenzerfall. Bei wenigen Gattungen H-Stücke in der Zellwand. Süßwasser- und Meeresformen, auch Boden- und Schneealgen [136, 402, 404, 550, 628, 694, 901, 903, 906, 1029, 1149].

1. Fam. *Ulotrichaceae* – Fäden eine ununterbrochene Einheit bildend, Chloroplast wandständig, ringförmig. *Ulothrix, Klebsormidium, Ulotrichopsis, Geminella, Uronema, Stichococcus, Raphidonema, Elakatothrix*.

Abb. 237. Chlorophyceae. a) *Chodatella longiseta;* b) *Coelastrum proboscideum;* c) *Hofmania lauterbornii;* d) *Dictyosphaerium ehrenbergianum;* e) *Quadrigula pfitzeri;* f) *Ulothrix moniliformis;* g) *Klebsormidium flaccidum;* h) *Stichococcus bacillaris;* i) *Cylindrocapsa geminella;* j) *Binuclearia tatrana*; k) *Oedogonium crispum,* Fadenstück mit Antheridium (*an*) und Oogonium; l) *Planctonema lauterbornii*. – Nach Skuja.

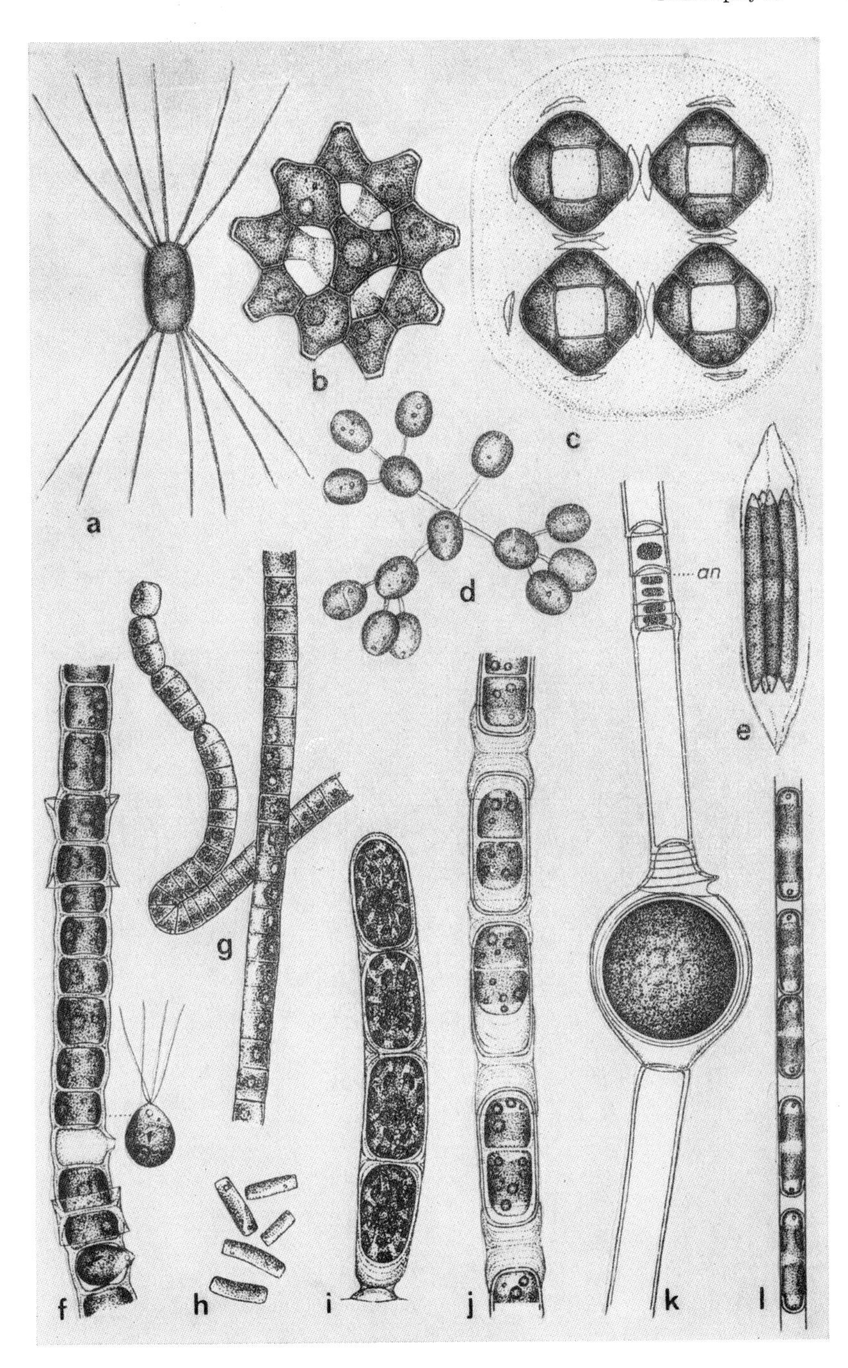
a
b
c
d
an
e
f
g
h
i
j
k
l

2. Fam. *Microsporaceae* – Zellwände aus H-Stücken aufgebaut, Chloroplast wandständig, plattenförmig. *Microspora.*

3. Fam. *Cylindrocapsaceae* – Zellen im Faden noch deutliche Selbständigkeit zeigend, Chloroplast binnenständig, radiär gelappt. *Cylindrocapsa.*

5. Ordnung Ulvales
(Abb. 238 a, b)

Thallus primär einreihig, dann aber flächenförmig pseudoparenchymatisch, seltener röhrenförmig; aus 1–2 Schichten bestehend. Zellteilungen in 2–3 Richtungen [49, 50, 404, 526, 901, 903].

1. Fam. *Ulvaceae* – Chloroplasten parietal, bandförmig. *Ulva, Monostroma, Enteromorpha, Blidingia.*

2. Fam. *Prasiolaceae* – Chloroplast binnenständig, sternförmig. *Prasiola, Apiococcus.*

Kornmann [550] bildet eine neue Klasse, *Codiolophyceae,* in die Formen mit heteromorphem Generationswechsel gestellt werden. Als Sporophyt wird das einzellige *Codiolum*-Stadium angesehen. Zu dieser Klasse gehören die Ordnungen *Ulotrichales, Monostromatales, Codiolales* und *Acrosiphonales.*

6. Ordnung Chaetophorales
(Abb. 238 c–g)

Fäden immer verzweigt, oft heterotrichal. Entweder ein System aufrechter orthotroper oder kriechender plagiotroper Fäden bildend oder auch beides. Kriechende Systeme erzeugen oft Nematoparenchyme. Gewisse Formen tragen Borsten, die aus umgewandelten Endzellen hervorgegangen sind. Chloroplasten parietal, ring- oder plattenförmig, manchmal gelappt. Ungeschlechtliche Fortpflanzung durch Zoosporen, geschlechtliche durch Iso- bis Oogamie. Süßwasserformen, seltener im Meer lebend oder aerophytisch [136, 404, 484, 901, 902, 903, 1029, 1122, 1127, 1128].

1. Fam. *Chlorosarcinaceae* – ein- bis wenigzellige Formen, die sich nur selten zu verzweigten Fadengebilden entwickeln. *Chlorosarcina, Planophila, Chlorokybus, Borodinella.*

2. Fam. *Chaetophoraceae* – Thallus vielfach verzweigt, oft in Haupt- und Seitenfäden differenziert, mit Haarbildung. Sporangien nicht von den vegetativen Zellen verschieden. *Stigeoclonium, Draparnaldia, Draparnaldiopsis, Chaetophora, Chaetotheke, Chaetonema, Aphanochaete, Pringsheimia, Ochlochaete, Didymosporangium, Saprochaete.*

Abb. 238. Chlorophyceae. a) *Ulva lactuca;* b) *Prasiola crispa;* c) *Draparnaldia glomerata;* d) *Endoderma perforans;* e) *Trentepohlia aurea;* f) *Coleochaete scutata;* g) *Pleurococcus naegelii;* h) *Cladophora glomerata.* – Nach verschiedenen Autoren aus Fott, Oltmanns; d) nach Fetzmann.

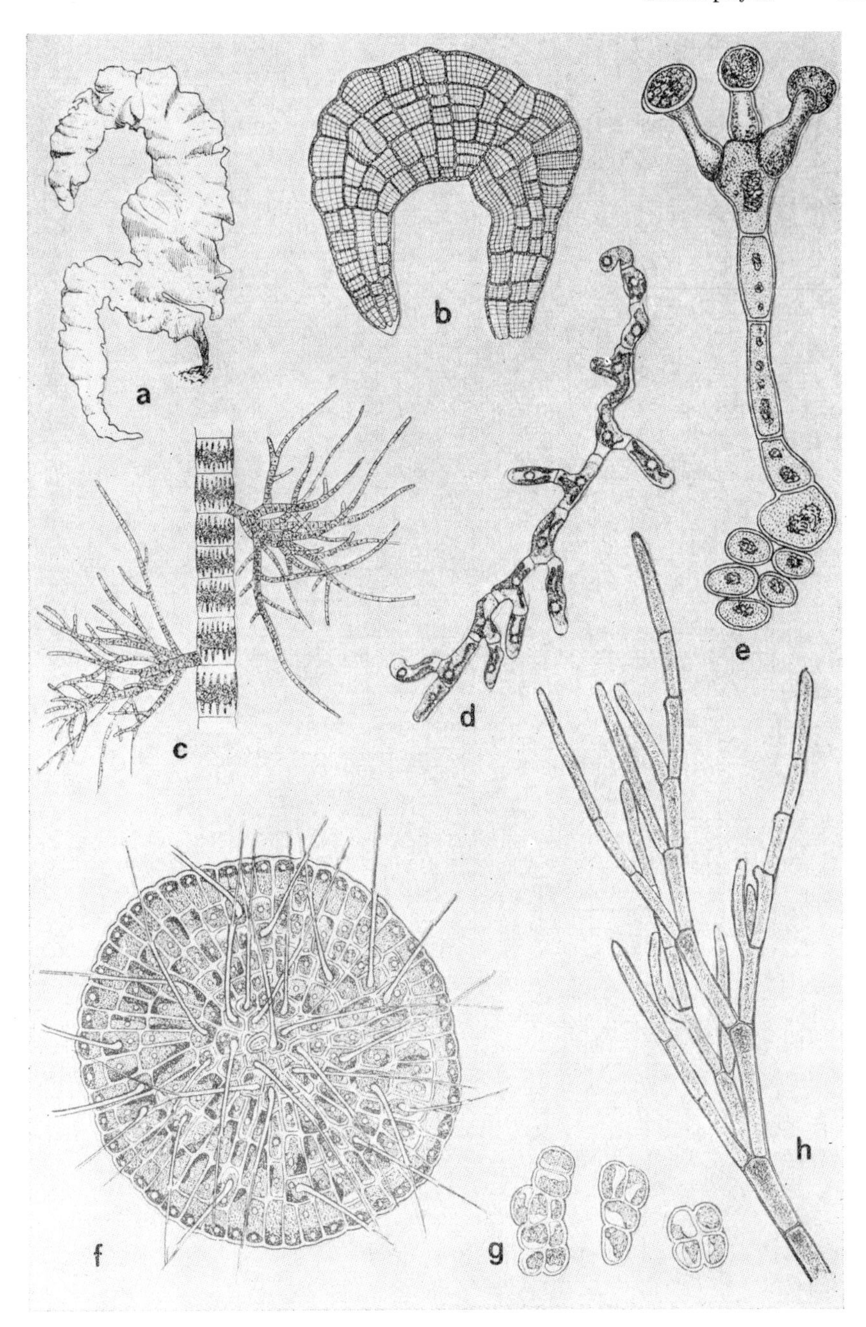
a
b
c
d
e
f
g
h

3. Fam. *Leptosiraceae* – Thallus vielfach verzweigt, ohne Haarbildung, die Fadenenden abgerundet. *Leptosira, Leptosiropsis, Microthamnion, Jaagiella, Pseudendoclonium, Gongrosira, Fritschiella, Chloroclonium, Ctenocladus, Epibolium, Pleurastrum, Trichosarcina, Desmococcus, Coccobotrys.*

4. Fam. *Chaetosphaeridiaceae* – Thallus einzellig oder aus lose aneinandergereihten Zellen bestehend, mit Borsten. Wohl sekundär vereinfachte Formen *Chaetosphaeridium, Conochaete.*

5. Fam. *Pleurococcaceae* – aerophytische Algen mit reduzierten wenigzelligen Fäden, Fortpflanzung durch Schizotomie. *Pleurococcus.*

6. Fam. *Coleochaetaceae* – Thallus nur manchmal fadenförmig, meistens polster- oder scheibenförmig (Nematoparenchym). Sexuelle Fortpflanzung durch Oogamie, Zygote von einer plektenchymatischen Hülle umgeben. *Coleochaete.*

7. Fam. *Trentepohliaceae* – Thallus in kriechende und aufrechte Fadensysteme gegliedert, in der Regel ohne Haare. Sporangien (Hakensporangien) deutlich von den vegetativen Zellen verschieden. Hauptsächlich aerophytisch. *Trentepohlia, Cephaleuros, Phycopeltis.*

7. Ordnung Oedogoniales
(Abb. 237 k)

Fäden einfach oder verzweigt, Zellen einkernig, Chloroplast parietal, netzartig durchbrochen. Zellteilung polar unter Bildung charakteristischer Kappen. Zoosporen einzeln in den Zellen entstehend, ebenso wie die Spermien stephanokont. Sexuelle Fortpflanzung durch ausgeprägte Oogamie [341, 404, 431, 747, 1085, 1086].

1. Fam. *Oedogoniaceae – Oedogonium, Bulbochaete.*

8. Ordnung Sphaeropleales

Einreihige Fäden mit mehrkernigen Zellen, Fortpflanzung sexuell durch Oogamie. Gametangien äußerlich nicht von den vegetativen Zellen abweichend. Systematische Stellung noch umstritten [901, 1029].

1. Fam. *Sphaeropleaceae – Sphaeroplea.*

9. Ordnung Siphonocladales
(Abb. 238 h, 239 a)

Thallus in Form einfacher oder verzweigter Fäden; manchmal auch kompliziert gebaute Thalli. Zellen groß, vielkernig, mit zentralen Vakuolen. Chloroplast groß, wandständig, durchbrochen. Fortpflanzung durch simultane Bildung vieler Zoosporen oder Gameten. Bei manchen Formen Generations-

Abb. 239. Chlorophyceae. a) *Valonia utricularis;* b) *Acetabularia mediterranea;* c) *Caulerpa macrodisca;* d) *Halimeda tuna;* e) *Codium tomentosum.* – Nach Oltmanns.

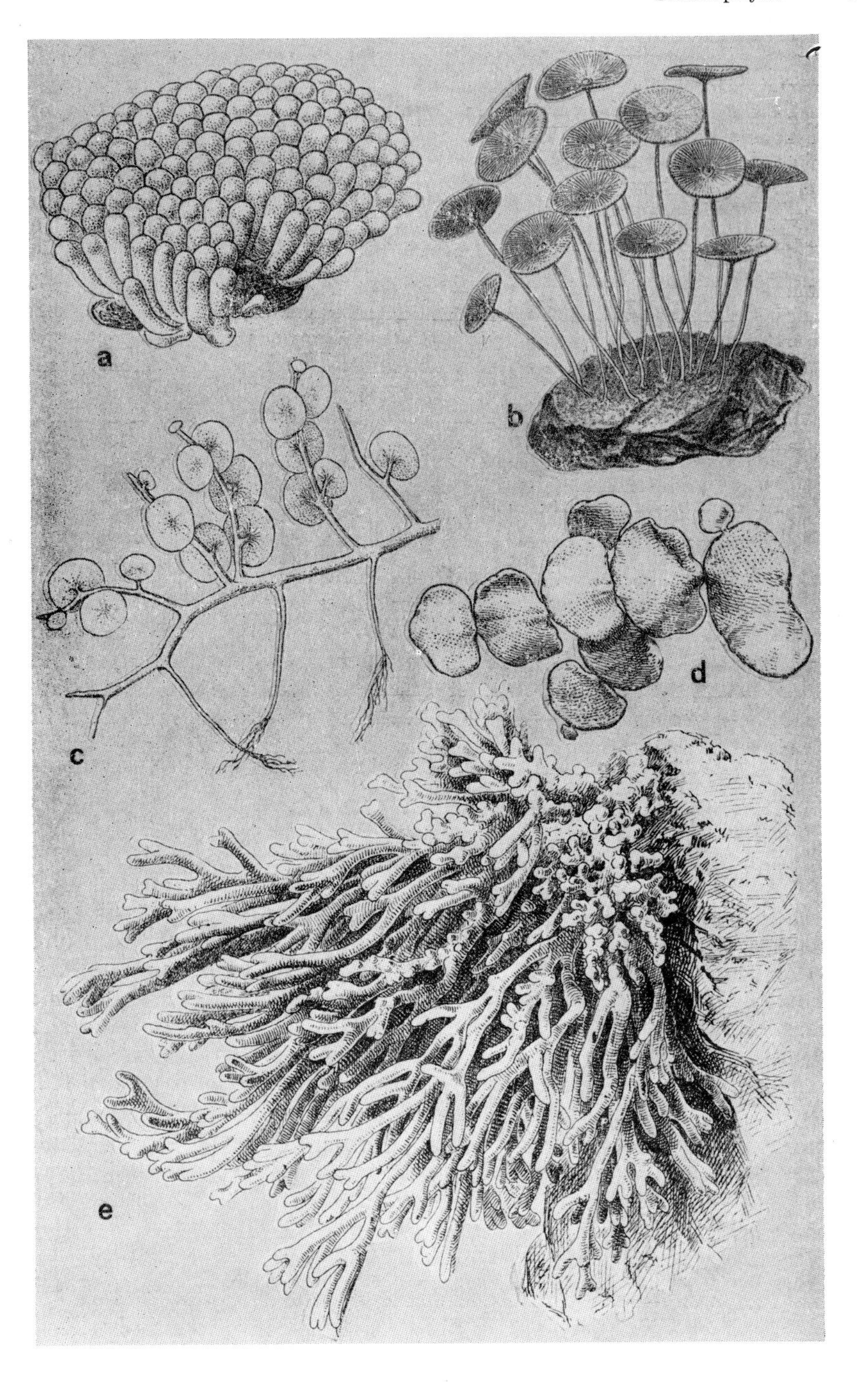
a
b
c
d
e

wechsel. Meeresformen, einige Formen auch im Süßwasser [98, 99, 277, 405, 901, 1029, 1117].

1. Fam. *Cladophoraceae* – Fäden unverzweigt oder einfach verzweigt, Zellen bis auf die Basalzelle gleichartig. Zellteilung durch einfaches Hineinwachsen einer Ringleiste. *Cladophora, Rhizoclonium, Pithophora, Chaetomorpha, Urospora, Spongomorpha.*

2. Fam. *Anadyomenaceae* – Thallus kompliziert gebaut, aus netzförmig oder blattartig zusammengewachsenen Zellen. Verzweigungen in einer Ebene. *Anadyomene.*

3. Fam. *Boodleaceae* – Thallus polsterförmig, aus einer mit Rhizoiden befestigten, reich verzweigten Hauptachse bestehend. *Boodlea, Cladophoropsis.*

4. Fam. *Siphonocladaceae* – Thallus aus großen zylindrischen oder keulenförmigen Stammzellen bestehend, mit Rhizoiden und mehreren verzweigten Ästen. *Siphonocladus, Chamaedoris.*

5. Fam. *Valoniaceae* – Thallus aus einer großen blasenförmigen Zelle bestehend, die kleinere oder größere Zellen abtrennen kann. *Valonia, Dictyosphaeria.*

10. Ordnung Dasycladales
(Abb. 239 b)

Thallus radial gebaut, meist verkalkt, besteht aus einer langgestreckten, axialen Stammzelle, die unten mittels Rhizoiden befestigt ist und einen oder zahlreiche Wirtel von einfachen oder verzweigten Seitenästen trägt. An den Zweigen werden Gametangien oder Aplanosporen gebildet. Thallusbau im Prinzip siphonal, mit großer zentraler Vakuole und dünnem Plasmabelag. Im Rhizoid ein großer Primärkern, der vor der Fortpflanzung mitotisch in viele kleine Sekundärkerne geteilt wird. Meeresalgen, auch als Fossilien bekannt [99, 277, 772, 901, 1116].

1. Fam. *Dasycladaceae* – *Acetabularia, Dasycladus, Batophora.*

11. Ordnung Bryopsidales
(Abb. 239 c–e)

Siphonoblastische Formen verschiedener Gestalt, meist makroskopisch und fädig-schlauchförmig. Wachstum ohne Querwandbildung. Bei höheren Formen Thallus kompliziert, verzweigt und verflochten. Immer vielkernig, mit zentraler Vakuole und plasmatischem Wandbelag. In farblose Rhizoide und grüne Assimilationsflächen differenziert. Vorwiegend in wärmeren Meeren vorkommend, im Süßwasser nur wenige mikroskopische Arten [97, 99, 196, 232, 277, 772, 901, 986, 1130].

1. Fam. *Protosiphonaceae* – Thallus einfach, mikroskopisch, früher zu den *Chlorococcales* gerechnet. *Protosiphon, Follicularia, Phyllobium, Sphaerosiphon.*

2. Fam. *Derbesiaceae* – Thallus fädig, einfach oder verzweigt, Sporangien von den Ästen durch Doppelwände abgetrennt. Zoosporen mit einem Geißelkranz. *Derbesia.*

3. Fam. *Dichotomosiphonaceae* – Thallus ein mehrfach gabelig verzweigter Schlauch. Zoosporen fehlen, Oogamie oder Akinetenbildung. *Dichotomosiphon.*

4. Fam. *Phyllosiphonaceae* – Thallus reich verzweigt, endophytisch oder parasitisch lebend. *Phyllosiphon.*

5. Fam. *Caulerpaceae* – Thallus mit einer am Scheitel wachsenden Hauptachse, die unten farblose Rhizoide und oben blattartige Assimilationsteile bildet. *Caulerpa.*

6. Fam. *Bryopsidaceae* – Thallus gegliedert, die Hauptachse trägt zahlreiche fiedrige oder radial angeordnete Äste. *Bryopsis, Pseudobryopsis.*

7. Fam. *Codiaceae* – Thallus reich verzweigt, Äste dicht verflochten, so daß ein scheinbar parenchymatischer Pflanzenkörper entsteht (Symphyoblastem). Gameten und Zoosporen entstehen in gesonderten Sporangien. *Codium, Halimeda, Udotea, Penicillus, Rhipocephalus.*

4. Klasse Conjugatophyceae

(Abb. 240)

Von den Chlorophyceen durch den eigenartigen Verlauf der sexuellen Fortpflanzung (Konjugation) durch unbegeißelte Gameten abgegrenzt. Auch begeißelte ungeschlechtliche Fortpflanzungszellen sind unbekannt. Einzellige oder fadenbildende Formen, manchmal mit reichlicher Gallerte. Zellen einkernig, mit großen axialen oder lateralen Chloroplasten (Megaplasten) verschiedener Gestalt, häufig reich gegliedert, mit Rippen versehen, asteroid, plattenförmig oder schraubig gewunden. Süßwasserformen, seltener auch Brackwasserformen [147, 148, 507, 536, 561, 562, 733, 901, 910, 946, 1010, 1081, 1093, 1142].

Mit 2 Ordnungen, die sich im Zellbau, Ausgestaltung der Zellwand und der Chloroplasten sowie durch verschiedene Kopulationsprozesse unterscheiden.

1. Ordnung Zygnemales

Einzellige oder fadenbildende Formen. Chloroplast parietal (schraubig bandförmig) oder axial (band- oder sternförmig). Oft mit Gallerthüllen. Ungeschlechtliche Fortpflanzung durch Zweiteilung oder Fadenzerfall.

1. Fam. *Mesotaeniaceae* – einzellige Formen. *Mesotaenium, Netrium, Cylindrocystis, Spirotaenia.*

2. Fam. *Zygnemataceae* – fadenbildende Formen. *Zygnema, Mougeotia, Spirogyra, Sirogonium, Zygogonium.*

2. Ordnung Desmidiales

Zellen einzeln, seltener in Gallertkolonien oder fadenartigen Kolonien lebend. Mit Ausnahme weniger Gattungen (*Closterium, Gonatozygon*) in der Mitte durch eine Verengung (Isthmus) in zwei gleiche Halbzellen geteilt; ebenso besteht die Zellwand aus zwei Teilen. Zellwand häufig ornamentiert. Gallerte wird durch Porenapparate ausgeschieden. Zellkern in der Mitte,

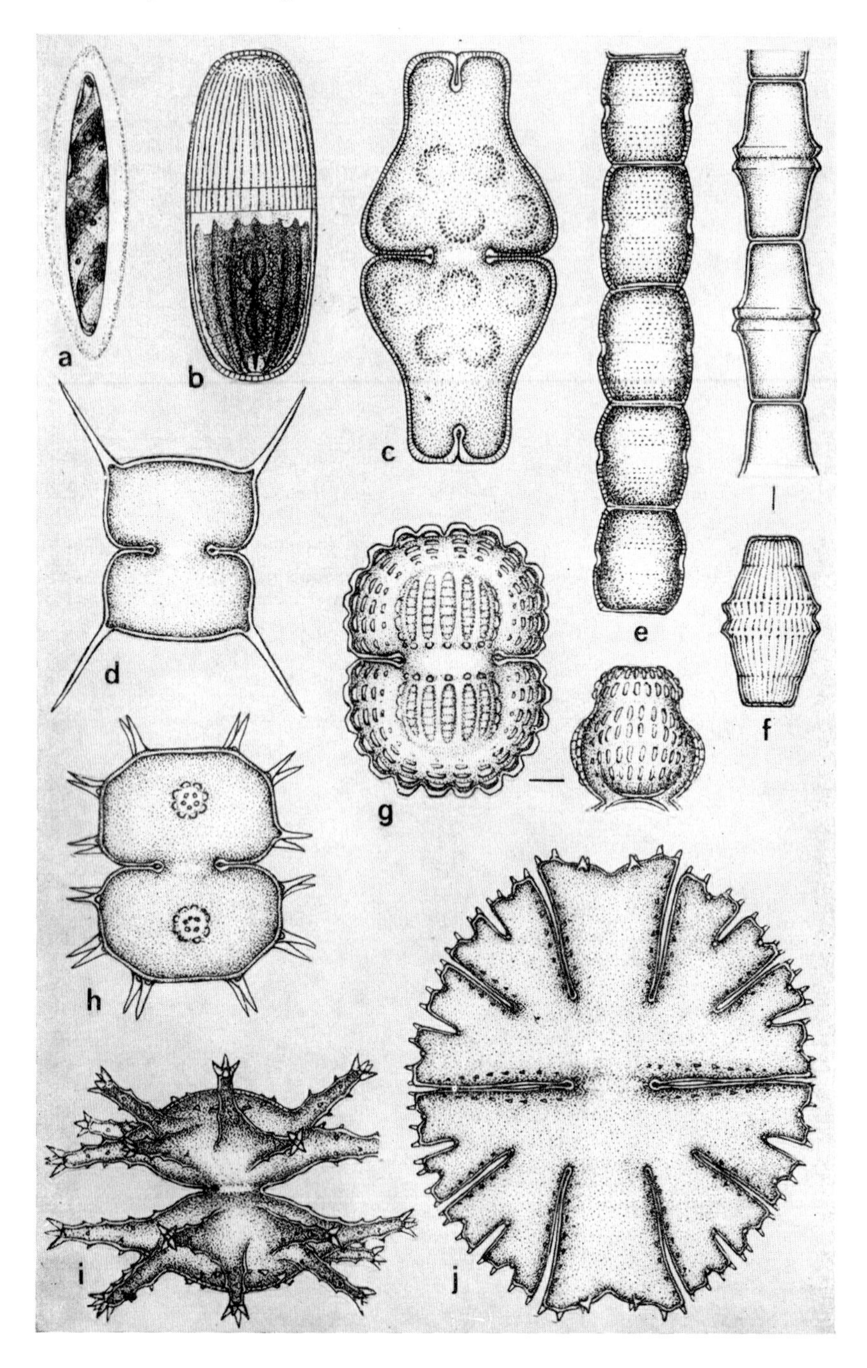
a
b
c
d
e
f
g
h
i
j

Chloroplasten und Pyrenoide symmetrisch auf die Halbzellen verteilt. Süßwasserformen, meistens in Moorgewässern auftretend.

1. Fam. *Gonatozygaceae – Gonatozygon.*
2. Fam. *Peniaceae – Penium.*
3. Fam. *Closteriaceae – Closterium.*
4. Fam. *Desmidiaceae – Desmidium, Hyalotheca, Cosmarium, Euastrum, Micrasterias, Xanthidium, Staurastrum.*

9. Stamm Charophyta

(Abb. 142)

Formen mit aufrechtem makroskopischen Thallus, der abwechselnd aus langen Internodial- und kurzen Knotenzellen besteht und mit Rhizoiden im Boden befestigt ist. An den Knotenzellen stehen wirtelig angeordnete Kurztriebe. Von den Chlorophyten durch den völlig abweichenden Bau der Geschlechtsorgane und der Spermatozoiden unterschieden. Mit den Grünalgen haben sie nur die Assimilationspigmente und -produkte gemeinsam. Ungeschlechtliche Fortpflanzungszellen, z. B. Zoosporen, fehlen. Nur vegetative Vermehrung bekannt. Sexuelle Fortpflanzung durch Oogamie. Geschlechtsorgane (Oogonien und Antheridien) besonders differenziert. Vorwiegend Süßwasserformen [151, 726, 770, 901, 1150].

1. Klasse Charophyceae

1. Ordnung Charales

1. Fam. *Characeae – Chara, Nitella.*

Abb. 240. Conjugatophyceae. a) *Spirotaenia erythrocephala;* b) *Penium polymorphum;* c) *Euastrum ansatum;* d) *Arthrodesmus bulnheimii;* e) *Hyalotheca dissiliens;* f) *Gymnozyga moniliformis,* oben Fadenstück, unten Struktur der Zellwand; g) *Cosmarium costatum,* rechts Seitenansicht; h) *Xanthidium fasciculatum;* i) *Staurastrum sexangulare;* j) *Micrasterias papillifera.* – Nach Skuja.

7. Ökologie und Verbreitung

Algen sind in der Natur in den verschiedensten Gewässern verbreitet und kommen auch an periodisch bewässerten oder feuchten Stellen vor. Sie kommen aber auch an Standorten mit ungewöhnlichen Lebensbedingungen, z. B. in Wüsten, auf Felsen, in heißen Thermalquellen oder auf Schneefeldern vor. Algen wachsen bei niedrigen Lichtintensitäten in tiefen Meeren und Seen, in Höhlen und auch als Bodenalgen. Da viele Algen mikroskopisch klein sind, werden sie meist mit dem freien Auge erst dann sichtbar, wenn sie sich stark vermehren und sich durch ihre Farbe verraten. Dauerzustände mikroskopischer Algen sind stets in der Luft anwesend, wo sie durch Luftströmungen weit verbreitet werden und an geeigneten Stellen wieder keimen. Deshalb kann ihre weite Verbreitung nicht überraschen [257]. Sobald ein neues, noch nicht besiedeltes Biotop entsteht, wie entblößte Felsen, Bodenflächen oder neue Wasserbecken, wird es sofort von Algenarten besiedelt, die an die Lebensbedingungen dieser neuen Biotope angepaßt sind. Ein schönes Beispiel dafür liefert die Erstbesiedlung der neu entstandenen Insel Surtsey durch Algen [20].

Obwohl die Algen in ihrer Gesamtheit anpassungsfähig und anspruchslos sind, haben einzelne Arten doch ihre spezifischen Ansprüche und wachsen nur an ganz bestimmten und ihnen entsprechenden Standorten. Sie reagieren viel schneller auf Änderungen der Lebensbedingungen als die höheren Pflanzen. Algen, die sich in ihren Ansprüchen auf die Unterschiede der Biotope sehr fein eingestellt haben, können deshalb zwar in allen Regionen der Erde, aber überall nur an den jeweils für sie geeigneten Standorten leben. Falls eine Reihe von auffälligen Algenformen, wie z. B. die coccalen Grünalgen, in jedem Teich vorkommt, so liegt das einfach daran, daß in unserer Kulturlandschaft fast alle solche Gewässer auf gleiche Weise eutrophiert sind. Solche Algen sind auf keinen Fall Ubiquisten, denn in anderen Gewässertypen werden sie nicht gefunden [19].

Die ökologischen Faktoren bestimmen das Vorkommen einzelner Algenarten oder Algengesellschaften. Dies führt dazu, daß es auch für Algen mehr oder weniger große Areale ihres Vorkommens gibt, also begrenzte Gebiete, auf die Arten oder größere systematische Einheiten der Algen beschränkt sind. Dies ist bei Meeresalgen häufiger als bei Süßwasseralgen und bei großen festsitzenden Algen wieder häufiger als bei kleinen Planktonalgen. So wird z. B. die Verbreitung von Meeresalgen hauptsächlich durch Wärmeansprüche bestimmt, die sich nicht nur aus der mittleren Jahrestemperatur des Meerwassers, sondern auch aus der Schwankungsbreite von Maximal- und Minimaltemperatur ergibt. Wir können hier eine Reihe von klimatischen Zonen unterscheiden: die boreale, südboreale, nördlich gemäßigte, nördlich subtropische, tropische, südlich subtropische, südlich gemäßigte usw. [257, 347]. Auch für viele Süßwasseralgen ist die Wassertemperatur ausschlaggebend. Nicht weniger wichtige ökologische Faktoren sind auch das Licht, die chemische Zusammensetzung und die physikalischen Eigenschaften des Milieus. Den Algen genügt allgemein zur optimalen Photosynthese nur ein Bruchteil der aktuellen Lichteinstrahlung. Trotzdem sind verschiedene Formen an unterschiedliche Lichtintensitäten angepaßt. So finden wir in den Tiefen der Seen oder der Meere völlig andere Algen vor als in den oberen oder obersten Schichten. In bezug auf die chemischen Eigenschaften des Milieus unterscheiden wir kalkliebende Algen (*Hydrurus, Lithoderma, Coccomonas*) oder solche, die in sauren Moorgewässern vorkommen (viele Desmidiaceen). Zahlreiche Arten beanspruchen reichliche Nährstoffe sowohl anorganischer als auch organischer Natur (*Volvocales, Chlorococcales, Euglenophyceae*). Von den physikalischen Eigenschaften sei auch die Wasserströmung erwähnt.

Die ökologische Einteilung der Algen erfolgt hier nach den Standorten, die die Lebensansprüche der dort wachsenden Algen widerspiegeln.

7.1. Algen in Binnengewässern

Sämtliche Binnengewässer werden von Algen besiedelt. Die Binnengewässer sind durch eine äußerst große Zahl von Biotopen gekennzeichnet, die von den verschiedensten Typen von Quellen über Bäche, Flüsse, Teiche, Seen bis zu den Mooren reichen. Dementsprechend reich ist auch die Zusammensetzung der Algengesellschaften, die an den einzelnen Biotopen anzutreffen sind.

7.1.1. Algen strömender Gewässer

Das strömende Wasser ist als Lebensraum dadurch charakterisiert, daß das Medium in ständiger, gleichgerichteter Bewegung und in dauernder Erneuerung begriffen ist. In strömenden Gewässern bekommen die Algen durch Wasserbewegung dauernd Sauerstoff und neue Nährstoffe zugeführt. Das strömende Wasser, obgleich nährstoffarm, ist in Wirklichkeit potentiell nährstoffreich und physiologisch wirksam [1144].

7.1.1.1. Quellen

a) Kalte Quellen. Das in den Quellen an die Erdoberfläche tretende Grundwasser besitzt im allgemeinen sehr konstante physikalische und chemische Eigenschaften [767, 1143]. Das Wasser zeichnet sich durch niedrige und relativ gleichbleibende Temperatur (im Bereich von 5—10 °C) und durch das Vorkommen einer bestimmten Menge gelöster Mineralstoffe (Karbonate, Phosphate, Nitrate) aus. In vielen Quellen ist die Konzentration von Ca- und HCO_3-Ionen hoch. Der Lebensraum der quellenbesiedelnden (katharoben) Algen ist auf offene Quellen und ihre direkten Abflüsse beschränkt. Diese Algen gehen rasch zugrunde, sobald die Wassertemperatur steigt, das Wasser verunreinigt und die Wasserströmung verlangsamt wird. Viele von diesen

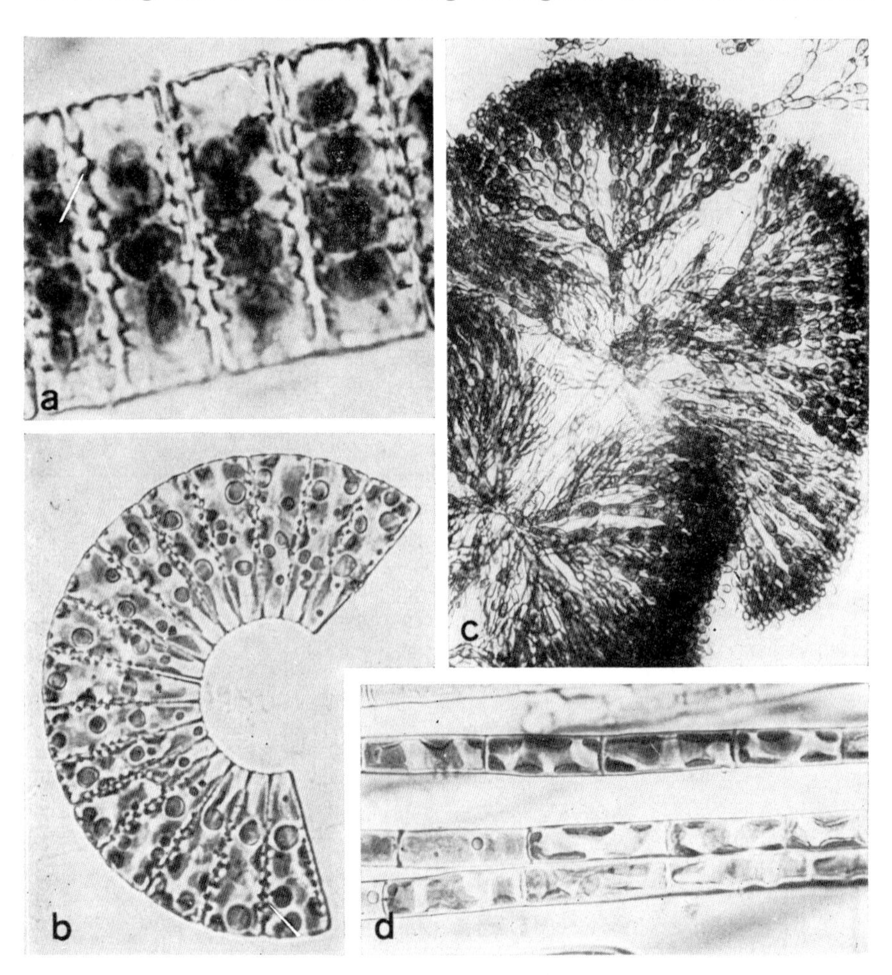

Abb. 241. Algen kalter Quellen. a) *Diatoma hiemale* var. *mesodon;* b) *Meridion circulare;* c) *Batrachospermum moniliforme;* d) *Chantransia chalybea.* — a) 1200 : 1; c) 150 : 1; b), d) 600 : 1. Original H. Ettl.

Algenarten finden wir aber auch an anderen Standorten mit reinem strömenden Wasser. Trotzdem gibt es eine Reihe von Arten, die ausschließlich an Quellwasser gebunden sind (Abb. 241).

Zu den charakteristischen Algen, die in kalten Quellen vorkommen, sind von den Chrysophyceen *Hydrurus foetidus, Lithoderma fontanum, Phaeodermatium rivulare* vertreten. Es gibt auch eine spezifische Diatomeenflora, von denen *Diatoma hiemale* und *Meridion circulare* gemeinsam mit anderen Arten (*Amphora ovalis, Cocconeis pediculus, Nitzschia linearis, Fragilaria nitzschioides, Rhoicosphenia curvata, Synedra ulna, Melosira varians, M. roeseana*) als Indikatoren von Quellengewässern dienen. Sie bilden oft Überzüge an anderen Algen oder Pflanzen. Die koloniebildenden Diatomeen sind vermutlich an Sandkörnern festgeheftet, da sie andernfalls durch die starke Strömung weggeschwemmt würden. Von den Xanthophyceen scheinen einige *Tribonema*-Arten (*T. viride, T. minus*) sowie vereinzelte *Heterothrix*-Arten ausgesprochen katharob zu sein, desgleichen manche auf ihnen epiphytisch vorkommenden Formen (*Lutherella globosa, Chytridiochloris acus*). Verbreitet in Quellen ist *Vaucheria sessilis*, die im Sommer oft große Watten bildet. Chlorophyceen sind weniger vertreten (*Chlorotylium cataractarum, Ulothrix tenerrima, Draparnaldia glomerata, Tetraspora gelatinosa, Prasiola fluviatilis*). Von den Conjugaten kommen nur einige kaltstenotherme *Spirogyra*-Arten vor, die meist steril sind, sowie *Closterium ehrenbergii*. Von den größeren Rotalgen ist die Gattung *Batrachospermum* in Quellen weitverbreitet. Von den übrigen Rhodophyceen können auch noch *Hildenbrandia rivularis, Lemanea torulosa* und *Chantransia chalybea* hinzutreten [535, 997].

Im nordmährischen Quellengebiet wurden in den einzelnen Quellen Algengesellschaften mit folgenden Dominanten gefunden:

a) *Tribonema viride, Melosira varians, Batrachospermum moniliforme.*
b) *Tribonema minus, Meridion circulare, Vaucheria sessilis,*
c) *Tribonema minus, Chaetophora elegans, Draparnaldia glomerata,*
d) *Microspora amoena, Vaucheria sessilis,*
e) *Batrachospermum pyramidale, Vaucheria sessilis,*
f) *Microspora stagnorum, Acrochasma uncum,*
g) *Draparnaldia glomerata, Tetraspora gelatinosa,*
h) *Stigeoclonium stagnatile, Diatoma hiemale,*
i) *Chantransia chalybea, Phormidium setchelianum, Diatoma hiemale,*
j) *Leptothrix ochracea, Sphaerellocystis stellata, Tribonema vulgare* und weitere siderophile Algen (*Cryptomonas, Trachelomonas, Closterium* u. a.).

b) Mineralquellen. Diese sind durch einen höheren Gehalt gelöster Mineralstoffe charakterisiert. Das Wasser enthält in der Regel reichlich Nährstoffe für das Wachstum autotropher Organismen, Kohlendioxyd sogar oft im Überschuß. Je nach den physikalischen und chemischen Eigenschaften einzelner Mineralquellen kommen spezialisierte Algen oder Algengesellschaften vor.

Im Gebiet der westböhmischen Badeorte besteht ein bemerkenswerter Gegensatz zwischen der Algenflora der Quellen mit und ohne CO_2. In allen Quellen dominieren Cyanophyceen [63]. Trotzdem findet sich auch eine reiche Diatomeenflora (*Synedra vaucheriae, S. familica, Achnanthes lanceolata, A. grimmii, Navicula cincta, N. rhynchocephala, N. peregrina, N. pygmea, Pinnularia maior, P. viridis, Rhopalodia gibberula, Nitzschia kittlii*). An gefaßten Quellen ist eine Algenflora von Diatomeen, Chlorophyceen (*Oocystis pusilla, Pleurococcus, Stichococcus, Klebsormidium flaccidum, Microspora tumidula, Microthamnion kützingianum*) und Xanthophyceen (*Botrydiopsis arhiza, Heterococcus* spp.) vorhanden. Hierbei läßt sich eine deutliche Zonierung der Algenbeläge erkennen. In der submersen Zone und an den feuchtesten Stellen vegetieren Chlorophyceen, an weniger feuchten Stellen kommen Cyanophyceen vor. Die Außenzone nehmen Diatomeen ein, doch fehlen sie auch in anderen Zonen nicht ganz. Die Diatomeenbeläge dehnen sich bis zum äußersten Spritzbereich des Quellenwassers aus. In den Quellabflüssen überwiegen Conjugaten, Xanthophyceen, Chlorophyceen und Cryptomonaden.

Einige Mineralquellen besitzen extrem niedrige pH-Werte im Bereich von 1—3,2 (mineralog-azidotypische Gewässer), deren Säuregrad auf großen Mengen anorganischer Säuren beruht. Solche wurden als Vulkangewässer in Japan [752], als schwefelsaure Tonteich-Gewässer bei Hamburg [348] oder als Gewässer der Eisenmoore der Soos in Westböhmen [254] entdeckt. Als typisch azidophile Organismen gelten *Chlamydomonas acidophila, Klebsormidium vulcanum, Stichococcus minor, Microspora tumidula, Lepocinclis teres, Euglena mutabilis.*

c) T h e r m a l q u e l l e n. Das Wasser dieser Quellen zeichnet sich durch höhere Wassertemperaturen und durch einen höheren Gehalt an gelösten Mineralstoffen aus. Sie sind ein extremer Biotop und haben deshalb eine ganz spezifische Vegetation. Ein wichtiger Faktor für das Vorkommen von Organismen ist die Temperatur der Thermalquellen. Je höher die Temperatur liegt, umso weniger artenreich ist die Algenflora, und in den heißen Quellen über 50 °C wachsen hauptsächlich nur noch Cyanophyceen und Bakterien. Bewohner von Thermen sind vor allem die Cyanophyceen *Mastigocladus laminosus* und *Phormidium laminosum.* Algen wachsen erst bei Temperaturen unter 60 °C [71].

In Thermen sind Diatomeen in großer Menge zwischen Cyanophyceen eingestreut. Obwohl ihr Vorkommen durch bestimmte Arten (*Nitzschia amphibia, N. punctata, N. subvitrea, Achnanthes exigua, A. brevipes, Navicula gracilis, Cymbella pusilla, Denticula thermalis*) charakterisiert wird, ist keine Art bekannt, die ausschließlich an Thermalwasser gebunden wäre und nicht auch in kalten Gewässern vorkäme [347]. Da die höchsten, für Diatomeen einwandfrei festgestellten Temperaturen bei 40—41 °C liegen, stellt das Vorkommen von *Navicula halophila* fa. *subcapitata* und *Rhopalodia gibberula* in den Thermen auf Ischia bei 51,5 °C einen sehr interessanten Fund dar [883]. Auch unter den Chlorophyceen und Conjugaten fehlen in den Thermen ausgesprochen endemische Vertreter; einen auffälligen Bewuchs bilden oft allgemein verbreitete Arten der Gattungen *Ulothrix, Stigeoclonium, Oedogonium, Rhizoclonium, Spirogyra, Cosmarium* und *Mesotaenium, Cladophora fracta, Rhizoclonium* sp. und *Oedogonium capillare* wurden bis zu Temperaturen von 32 °C, *Cosmarium botrytis* var. *mediolaeve* auch noch bei 35 °C in den Thermalgewässern auf Island gefunden [35].

7.1.1.2. Bäche und Flüsse

Bäche und Flüsse unterscheiden sich als Biotope von den Quellen deutlich durch eine größere Zahl veränderlicher Faktoren. In einem Flußlauf ändern sich die Tiefe, die Abflußmenge, der geologische Aufbau der Landoberfläche und des Flußbettes, die Konzentration von gelösten Mineralstoffen, der Trübungsgrad, die anthropogenen Einflüsse usw. Daraus ergibt sich eine Vielzahl von Biotopen, die von verschiedenen Algen besiedelt werden [939]. Die Algenbesiedlung wird durch den Wechsel der Jahreszeiten noch weiter verändert. Die Strömung des Wassers begünstigt das Wachstum und die Fortpflanzung der Algen, so daß untergetauchte Gegenstände binnen weniger Tagen bewachsen sind [51]. Hierbei sind auch Substrat und Wassertemperatur entscheidend. Chlorophyceen kommen allgemein bei höheren Temperaturen (15 °C) vor als andere Algengruppen [1145].

Die in rasch strömenden Gewässern lebenden Algen sind dieser Lebensweise angepaßt (Abb. 242). Sie bilden reich verzweigte Thalli (*Cladophora*), verzweigte Gallertlager (*Hydrurus*) oder gallertige Polster (*Chaetophora*), mitunter auch krustenartige Überzüge (*Hildenbrandia*). Bei *Batrachospermum* wurde sogar eine morphologische Anpassung gegen mechanische Schädigungen des rasch fließenden Wassers beobachtet [1011]. Seltener sind in Flüssen echte Planktonalgen vorhanden; nur große Flüsse führen ein ständiges Plankton wie stehende Gewässer [257, 939]. Die Algen werden, je nachdem welches Substrat sie besiedeln, wie folgt eingeteilt:

a) Epilithische Algen. Sie besiedeln die Oberfläche von Steinen, bilden entweder krustenartige Überzüge, flache Polster oder besitzen besondere Haftorgane (Rhizoide), mit denen sie am Substrat festgewachsen sind. Bei anderen flutet der biegsame Thallus im Wasserstrom (*Cladophora glomerata*) [347]. Manche Arten besiedeln die Seiten der Steine, die der Strömung am meisten ausgesetzt sind (*Chantransia, Hildenbrandia*). Als epilithische Algen kommen vor allem Vertreter der Rhodophyceen, Chlorophyceen und Diatomeen vor (*Lemanea fluviatilis, Batrachospermum* spp., *Ulothrix zonata, Chaetophora pisiformis, Draparnaldia plumosa, Microspora amoena, M. pachyderma, Tetraspora gelatinosa, Zygnema melanosporum, Spirogyra fluviatilis, Oedogonium* spp., *Closterium ehrenbergii, Achnanthes minutissima, Gomphonema olivaceum, Cymbella* spp. u. a.). Oft bilden sie reine Bestände einer einzigen Art, wie z. B. die roten Krusten von *Hildenbrandia* oder die braunen Flecken von *Lithoderma*. Die Turbulenz des Wassers hat dabei einen starken Einfluß auf die Gestalt und Größe der epilithischen Algenbestände [51].

b) Epiphytische Algen. Diese besiedeln die Oberfläche großer Algen, Moose und Wasserpflanzen. Manche Wirtspflanzen werden völlig von den epiphytischen Algen eingehüllt. Die Anheftung der Epiphyten hängt vor allem von der Oberflächenstruktur der Wirte ab. So kann auf *Cladophora,* die eine rauhe Zellwand besitzt, eine Vielzahl von Algen festhaften. Zu den häufigsten epiphytischen Algen gehören *Chaetophorales* wie *Aphanochaete, Coleochaete* oder *Chaetonema,* Keimlinge von *Oedogonium* und *Tribonema* und ganz besonders eine Menge verschiedener Diatomeen. Von diesen sind einige an das Substrat gepreßt (*Cocconeis, Epithemia*), andere sitzen auf kurzen oder langen, oft auch verzweigten Gallertstielen (*Achnanthes, Cymbella, Gomphonema*) oder auf Gallertpolstern und ragen einzeln oder in Bündeln über die Oberfläche hinaus (*Eunotia, Synedra*). Zwischen diesen festhaftenden Algen kommen bewegliche oder unbewegliche freilebende Formen vor (*Euglena, Phacus, Scenedesmus, Navicula, Nitzschia*). Fadenalgen mit Gallerthüllen wie *Mougeotia, Zygnema* oder *Spirogyra* haben meist keine oder nur eine arme Epiphytenflora. Eine besonders reiche Flora epiphytischer Algen besitzen höhere Pflanzen, besonders das Quellmoos *Fontinalis (Cocconeis placentula, Achnanthes minutissima, Tabellaria flocculosa, Gomphonema acuminata, Meridion circulare*). Die Artenzusammensetzung der Epiphyten ändert sich auch mit dem Grad der Eutrophierung oder Verschmutzung der strömenden Gewässer [939].

c) Epipelische Algen. In stillen Buchten von Bächen und Flüssen werden Sedimente von grobem Sand über feinen Sand bis zu mächtigen Schichten organischer Stoffe abgelagert. An deren Oberfläche gedeiht eine besondere epipelische Algenflora, vor allem Bacillariophyceen, Euglenophyceen und coccale Grünalgen [939]. Dunkelbraune Überzüge werden von Diatomeen gebildet, die den Gattungen *Frustulia, Gyrosigma, Caloneis, Neidium, Diploneis, Stauroneis, Navicula, Amphora, Cymbella, Nitzschia, Cymatopleura, Surirella* und *Campylodiscus* angehören. Stärker verunreinigte Zonen mit schwarzem organischem Schlamm zeigen grüne Überzüge von *Euglena intermedia, E. hemichromata, E. deses, E. spirogyra, E. viridis,* begleitet von farblosen Formen wie *Distigma, Cyclidiopsis, Astasia, Anisonema* und *Petalomonas.* Nicht selten sind in den Buchten auch Watten von *Spirogyra, Mougeotia* oder *Ulothrix* anzutreffen.

Die Algenflora der Oberläufe von Bächen und Flüssen kommt wegen der unbedeutenden Verunreinigung und des hohen Gehaltes an Sauerstoff der der Quellen etwas nahe. Das ist am Vorkommen mancher Arten ersichtlich: *Batrachospermum moniliforme, Lemanea fluviatilis, Hildenbrandia rivularis, Meridion circulare, Hydrurus foetidus, Chaetophora pisiformis, Cladophora glomerata, Draparnaldia plumosa, Achnanthes microcephala, A. lanceolata, Ceratoneis arcus, Cymbella ventricosa* u. a. [347, 960].

Völlig unterschiedlich ist jedoch die Algenvegetation der übrigen, durch anthropogene Einflüsse belasteten Abschnitte der strömenden Gewässer. Die Zusammensetzung der Algengesellschaften variiert dann quantitativ und qualitativ, je nach der chemischen Zusammensetzung des Wassers. Besonders empfindlich reagieren die Algen auf die Anwesenheit organischer Stoffe. Die bei bakteriellen Abbauprozessen entstehenden Zersetzungsprodukte werden von den Algen als Nähr- oder Wuchsstoffe aufgenommen [635]. Da der Grad der Wasserverunreinigung durch die Menge zersetzbarer organischer Stoffe bestimmt wird, liefert die durch diese Produkte bedingte Algenflora der Gewässer ein charakteristisches Bild über den Stand der Verunreinigung und über den Verlauf der Selbstreinigungsprozesse nicht nur des strömenden Wassers [257].

Je nach dem Grad der Verunreinigung werden die Gewässer in Saprobienzonen eingeteilt. Diese sind durch entsprechende Organismengesellschaften gekennzeichnet, in denen die Algen eine große Rolle spielen. Das System der Saprobität wurde von vielen Autoren erweitert, präzisiert und ergänzt; oft wurden die einzelnen Stufen auch noch weiter aufgeteilt und weitere Algen als Indikatoren einbezogen [18, 92, 93, 240, 241, 242, 1013, 1156]. Für den allgemeinen Überblick sei hier nur eine einfache, aber etwas veränderte Einteilung nach Fjerdingstad [240] gegeben:

1. Koprozoische Zone (äußerst stark verunreinigt). Pigmentierte Algen fehlen, es kommen nur Bakterien- oder *Bodo*-Gesellschaften vor (*Bodo putridum, Cercobodo longicauda, Hexamitus inflatus*).

2. α-polysaprobe Zone (stark verunreinigt). Mit *Euglena*-Gesellschaft, sonst mit Rhodo-Thio-Bakterien, vereinzelt auch *Chloromonas* spp., *Polytoma uvella, Hexamitus, Tetramitus, Chlorogonium euchlorum, Euglena* spp., *Trigonomonas* u. a.

3. β-polysaprobe Zone. Mit *Beggiatoa-, Thiothrix nivea-* oder *Euglena*-Gesellschaften. Manche Algen tolerieren bereits diesen Verunreinigungsgrad, z. B. Vertreter der Gattungen *Euglena, Chloromonas, Chlamydomonas, Chlorella, Stigeoclonium, Nitzschia, Navicula.*

4. γ-polysaprobe Zone. Mit *Oscillatoria chlorina*-Gesellschaft oder *Sphaerotilus natans*-Gesellschaft. Außerdem kommen zahlreiche Flagellaten der oben genannten Gattungen vor.

5. α-mesosaprobe Zone (mäßig verunreinigt). Mit *Ulothrix zonata-, Oscillatoria benthonicum-* oder *Stigeoclonium tenue*-Gesellschaften. Von Begleitformen seien erwähnt – *Nitzschia palea, Hantzschia amphioxys, Cyclotella meneghiniana, Navicula cryptocephala, Cryptomonas erosa, Chilomonas paramaecium, Astasia klebsii, Bodo saltans, Gonium pectorale, Pandorina morum* und einige Vertreter der Gattungen *Chlamydomonas, Carteria* und *Uva.*

6. β-mesosaprobe Zone. Mit *Cladophora fracta-* oder *Phormidium*-Gesellschaften und einer Begleitflora von *Synedra ulna, Gomphonema* spp., *Fragilaria crotonensis, Melosira granulata, Tabellaria fenestrata, Stephanodiscus astraea, Diatoma vulgare, Asterionella formosa, Pandorina morum, Eudorina elegans, Volvox* spp., *Peridinium* spp., *Ceratium hirundinella, Dictyosphaerium pulchellum, Ankistrodemus* spp., *Cladophora glomerata, Ulothrix zonata, Microthamnion kützingianum,* zahlreiche *Chlorococcales, Volvocales,* einige Arten der Gattungen *Oedogonium, Spirogyra* und *Mougeotia,* sowie verschiedene Euglenophyceen und Cryptophyceen.

7. γ-mesosaprobe Zone. Rhodophyceen (*Batrachospermum vagum* oder *Lemanea fluviatilis*)- oder Chlorophyceen (*Cladophora glomerata* oder *Ulothrix zonata*)-Gesellschaft, begleitet von vielen oben erwähnten Formen.

8. Oligosaprobe Zone (reines Wasser). Mit mehreren Gesellschaften wie *Draparnaldia glomerata-, Meridion circulare-, Phormidium inundatum-, Vauche-*

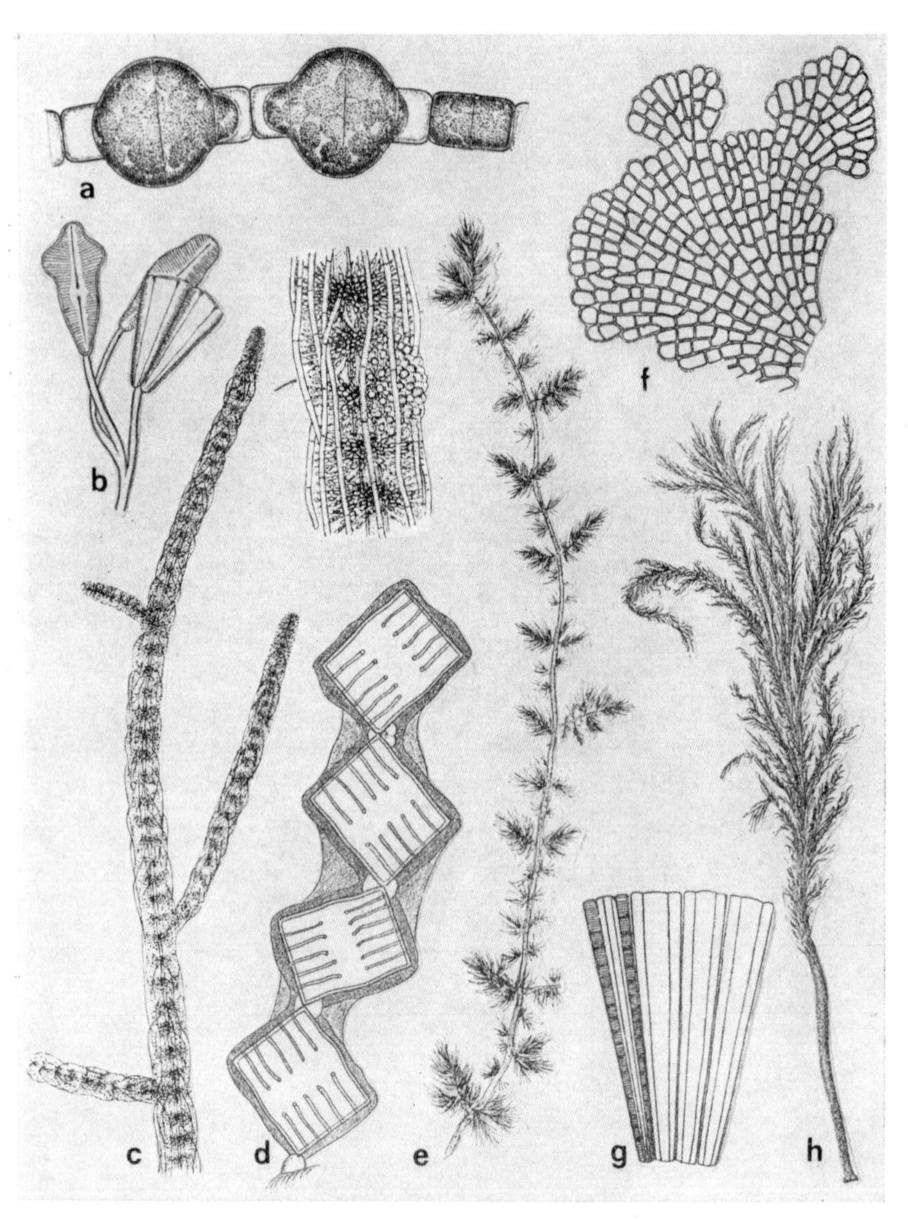

Abb. 242. Algen klarer Bäche und Quellabflüsse. a) *Melosira varians* mit Auxosporen; b) *Gomphonema* sp.; c) *Batrachospermum vagum* var. *periplocum* mit Berindungsfäden, rechts oben Detail; d) *Tabellaria flocculosa;* e) *Draparnaldia*

ria- oder Rhodophyceen (*Lemanea, Batrachospermum, Hildenbrandia*)-Gesellschaft. Vorhanden sind auch *Cyclotella comta, Rhizosolenia longiseta, Attheya zachariasii, Asterionella formosa, Melosira varians, Meridion circulare, Diatoma elongatum, D. vulgare, Eunotia* spp., *Stauroneis acuta, Synedra ulna, Tribonema vulgare, Mischococcus* spp., *Tetraspora gelatinosa, Ulothrix tenuissima, Microspora quadrata, M. amoena, Cladophora glomerata, Closterium* spp., reichliche Desmidiaceen und *Zygnemales, Lemanea nodosa, Lemanea fluviatilis, Batrachospermum vagum, Thorea ramosissima.*

9. Katharobe Zone (Quellwasser). Mit Chlorophyceen (*Chlorotylium cataractarum, Draparnaldia glomerata*)-, Rhodophyceen (*Batrachospermum moniliforme, Lemanea annulata*)-, Xanthophyceen (*Tribonema viride, Vaucheria sessilis*)-, Diatomeen (*Diatoma hiemale*)- oder Chrysophyceen (*Hydrurus foetidus*)-Gesellschaften. Vergesellschaftet finden wir auch *Melosira arenaria, M. varians, Achnanthes coarctata, Amphora ovalis, Meridion circulare, Tribonema minus, Microspora amoena, Prasiola fluviatilis* u. a.

7.1.2. Algen stehender Gewässer

Der grundlegende Unterschied zwischen strömenden und stehenden Gewässern ist der, daß bei letzteren die Wassermasse trotz aller Bewegungsvorgänge innerhalb kürzerer Zeitabschnitte im wesentlichen dieselbe bleibt. Es kommt nur zu einer untergeordneten Wasserbewegung, der Turbulenz, die durch Wind und Temperaturkonvektionsströmungen entsteht [347]. Diese Bewegung ist es, die dem Phytoplankton das Schweben erleichtert und die Algen der Uferregion beeinflußt.

7.1.2.1. Tümpel und Teiche

Die Algenflora kleiner Wasserkörper wird nicht nur durch deren Gestalt, sondern auch durch die direkte und indirekte Umgebung beeinflußt. Eine scharfe Grenze zwischen Teichen und Seen kann nicht gezogen werden, obwohl die Algenflora häufig sehr verschieden ist. Brauchbare Kriterien zur Bestimmung des Begriffes Teich sind das Fehlen einer Strandlinie, die durch windbewegte Wellen entstanden ist, eine relativ geringe Tiefe und ein geringes Wasservolumen, das eine rasche Änderung der Wasserzusammensetzung ermöglicht. Es kommt zu schnellem Wechsel von Temperatur, CO_2-Gehalt und pH-Wert [939]. Außerdem ist noch zu bemerken, daß Teiche meistens intensiv bewirtschaftet werden. Viele der ganz kleinen Wasseransammlungen (Tümpel) sind ausschließlich auf Regen- oder Sickerwasser angewiesen. Durch die chemische Zusammensetzung des Wassers wird natürlich die Algenflora maßgeblich bestimmt.

glomerata; f) *Hildenbrandia rivularis;* g) *Meridion circulare, Hydrurus foetidus,* Habitus. — Nach Skuja, Oltmanns.

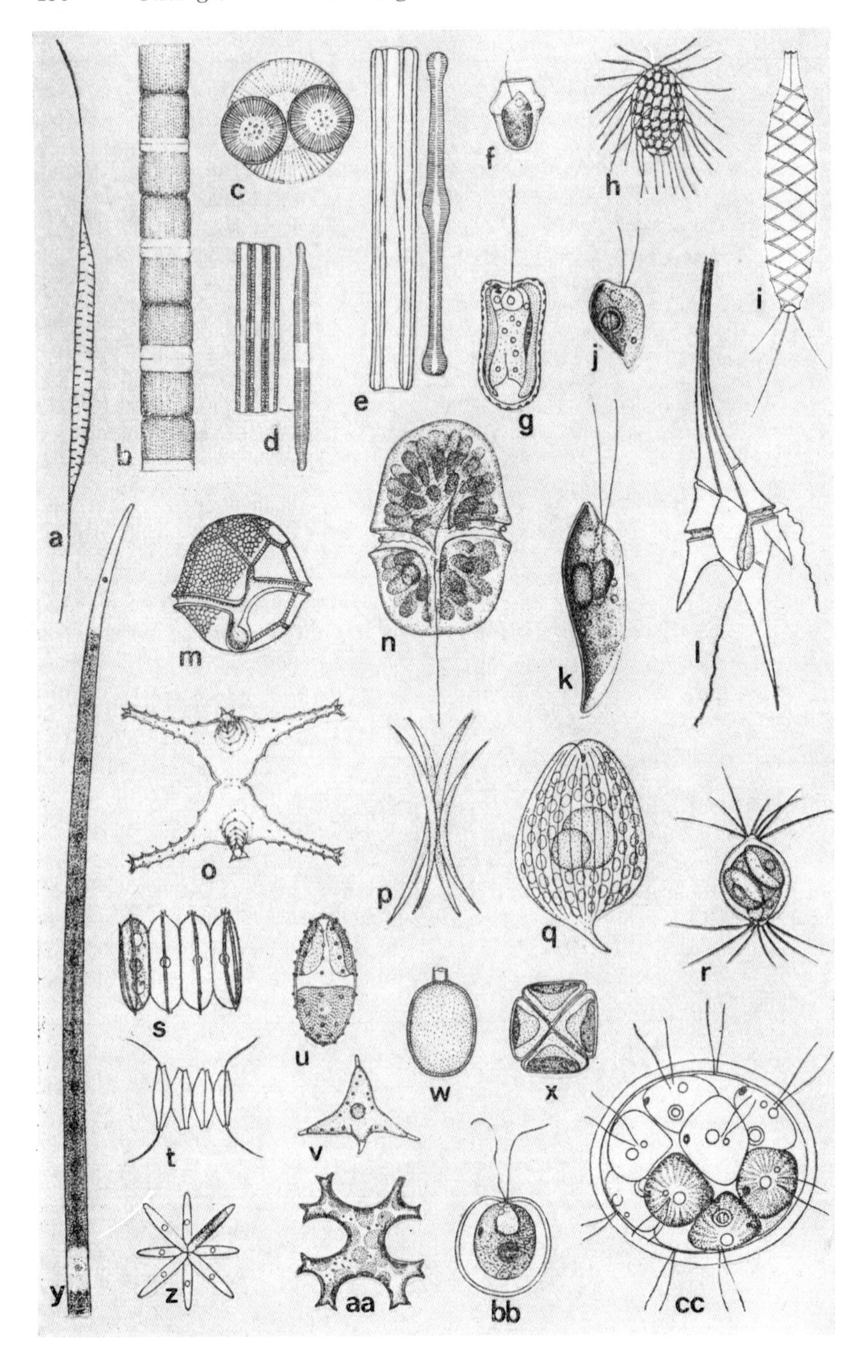
a
b
c
d
e
f
g
h
i
j
k
l
m
n
o
p
q
r
s
t
u
v
w
x
y
z
aa
bb
cc

In kalziumreichen und eutrophen Teichen sind im Phytoplankton die häufigsten Arten *Eudorina elegans, Pediastrum duplex, P. boryanum, Oocystis lacustris, O. crassa, Dictyosphaerium pulchellum, Tetraëdron limneticum, Scenedesmus quadricauda, S. opoliensis, Closterium aciculare, Staurastrum paradoxum, Melosira islandica, M. binderiana, Stephanodiscus dubius, S. astrae, Asterionella formosa* und *Synedra ulna*. Die Häufigkeit der *Chlorococcales* und die ziemliche Seltenheit der Flagellaten und Desmidiaceen ist bemerkenswert (Abb. 243). Hingegen zeigen kalziumarme, im wesentlichen oligotrophe Teiche und Tümpel nicht nur eine andere Artenzusammensetzung, sondern auch eine geringere Artenzahl. Es herrschen Diatomeen vor *(Asterionella formosa, Melosira ambigua, Tabellaria fenestrata, T. flocculosa, Rhizosolenia longiseta)*, die Flagellaten sind häufiger *(Mallomonas* spp., *Dinobryon divergens, D. sertularia, Synura uvella, Uroglena volvox, Peridinium cinctum, Gymnodinium uberrinum, Ceratium hirundinella, Eudorina elegans, Gonium pectorale)*, die *Chlorococcales* dagegen seltener *(Dictyosphaerium pulchellum, Botryococcus braunii, Ankistrodesmus falcatus, Pediastrum duplex)*.

Heute werden die meisten Teiche regelmäßig und intensiv bewirtschaftet. Die Teichwirtschaft ist um einen größtmöglichen Fischzuwachs bemüht und deshalb bestrebt, oligotrophe Teiche durch Düngung und Uferregulation zu eutrophieren. Infolgedessen ändert sich die Zusammensetzung der ursprünglichen Planktongesellschaften wesentlich. Zuerst stellt sich eine Vegetationstrübung ein, in den weiteren Jahren eine Vegetationsfärbung des Wassers, verursacht durch *Chlorococcales*, Diatomeen oder Flagellaten, und schließlich Wasserblüten von Cyanophyceen, z. B. *Aphanizomenon* oder *Microcystis* [257]. In Teichen mit vielen Crustaceen ist begreiflicherweise das Phytoplankton sehr arm. Da dann der Grund solcher Teiche genügend belichtet ist, herrschen gute Bedingungen für ein Massenvorkommen von Fadenalgen (*Cladophora fracta, Oedogonium* spp., *Spirogyra* spp.).

Die Algengesellschaften der durch organische Stoffe reichlich verunreinigten saprotrophen Tümpel und Teiche sind hinsichtlich der Artenzahl ungewöhnlich reich. Von den *Chlorococcales* sind besonders vertreten die Gattun-

Abb. 243. Einige Vertreter des Phytoplanktons von Teichen. a) *Rhizosolenia longiseta;* b) *Melosira islandica;* c) *Cyclotella kützingiana,* Auxosporenbildung; d) *Fragilaria capucina;* e) *Tabellaria fenestrata;* f) *Kephyrion rubriclausti*; g) *Microglena punctifera;* h) *Mallomonas acaroides;* i) *Mallomonas coronifera;* j) *Chroomonas acuta;* k) *Cryptomonas gracilis;* l) *Ceratium hirundinella;* m) *Peridinium cinctum;* n) *Gymnodinium uberrinum;* o) *Staurastrum paradoxum*; p) *Ankistrodesmus falcatus;* q) *Phacus orbicularis;* r) *Chodatella citriformis;* s) *Scenedesmus brasiliensis;* t) *Scenedesmus opoliensis;* u) *Siderocelis ornata;* v) *Tetraëdron incus*; w) *Trachelomonas planctonica;* x) *Crucigenia tetrapedia;* y) *Closterium aciculare,* nur die eine Zellhälfte gezeichnet; z) *Actinastrum hantzschii;* aa) *Isthmochloron lobulatum;* bb) *Coccomonas orbicularis;* cc) *Pandorina morum.* — Nach verschiedenen Autoren.

gen *Scenedesmus, Ankistrodesmus, Actinastrum, Dictyosphaerium, Oocystis, Tetraëdron* und *Chlorella*. Diese werden von zahlreichen Arten der *Volvocales* und *Euglenophyceen* begleitet (*Chlamydomonas, Chlorogonium, Uva, Euglena, Phacus, Trachelomonas*). Charakteristisch ist auch die große Anzahl farbloser Flagellaten (*Polytoma, Polytomella, Chilomonas, Astasia, Peranema, Monas, Bodo*), die sich saprotroph oder phagotroph ernähren.

7.1.2.2. Seen

Die Seen sind meist durch ihre große Ausdehnung charakterisiert, so daß sie deutlich abgegrenzte Biotope enthalten. Das Plankton ist mehr ausgeprägt und schärfer von den Litoralgesellschaften abgetrennt. Die größere Wassermenge dämpft alle Umwelteinflüsse wirksam ab, so daß Veränderungen viel langsamer ablaufen als in Teichen. Die größere Tiefe begrenzt den Lichteinfall und ermöglicht zu bestimmten Jahreszeiten die Ausbildung einer stabilen Temperaturschichtung mit allen ihren Nebenwirkungen auf die Algenflora [347, 633, 939]. Die durch den Wind verursachte Wellenbewegung verändern den Strandbereich um, Strömungen halten gewisse Bereiche schlammfrei und lagern andersorts Schlamm ab. Diese Vorgänge bedingen u. a. einen Wechsel der Algenflora.

a) Phytoplankton. Es tritt im wesentlichen in drei Größenklassen auf – als Mikroplankton mit Organismen der Größen zwischen 50–500 μm, als Nanoplankton mit kleineren Organismen (unter 50 μm) und als weniger bekanntes Ultraplankton (unter 5 μm) zu dem die sog. μ-Algen gehören. Eine Voraussetzung für die planktische Lebensweise ist die Fähigkeit im Wasser zu schweben. Planktische Arten haben oft eine relativ langsame Sinkgeschwindigkeit, seltener besitzen sie spezielle Schwebeeinrichtungen. Für die Schwebefähigkeit spielt die Viskosität des Wassers eine wichtige Rolle. Als Schwebeeinrichtungen werden verschiedene Borsten, Fortsätze, Gallerte, Schwebeflächen, Anhäufungen von Öl u. ä. gedeutet. Ob dies jedoch wirklich zutrifft, ist fraglich. Die Hauptbedeutung beim Schweben des Planktons kommt wohl der Wasserbewegung (Turbulenz) zu [347, 939].

Die Planktongesellschaften (Abb. 244) wechseln im Rhythmus der Jahreszeiten gleichzeitig mit Temperatur, Licht und chemischen Änderungen [634, 635]. In Seen gebirgiger Lagen mit reinem durchsichtigen Wasser (oligotrophe Seen) besteht das Plankton hauptsächlich aus Diatomeen und Chrysophyceen (z. B. *Tabellaria flocculosa, Mallomonas allorgei, Uroglena palustre*). In eutrophen Seen der Niederungen finden sich häufig *Chlorococcales* und Flagellaten, aber auch bestimmte Diatomeen (*Cyclotella meneghiniana, Stepha-*

Abb. 244. Einige Vertreter des Phytoplanktons von Seen, dargestellt mit dem Rastermikroskop. a) *Stephanodiscus astraea* (700 ×); b) *Synura petersenii* (800 ×); c) *Pediastrum simplex* (800 ×); d) *Scenedesmus acuminatus* (2000 ×); e) *Cosmarium* sp. (550 ×); f) *Trachelomonas verrucosa* (1600 ×). – Original G. Cronberg.

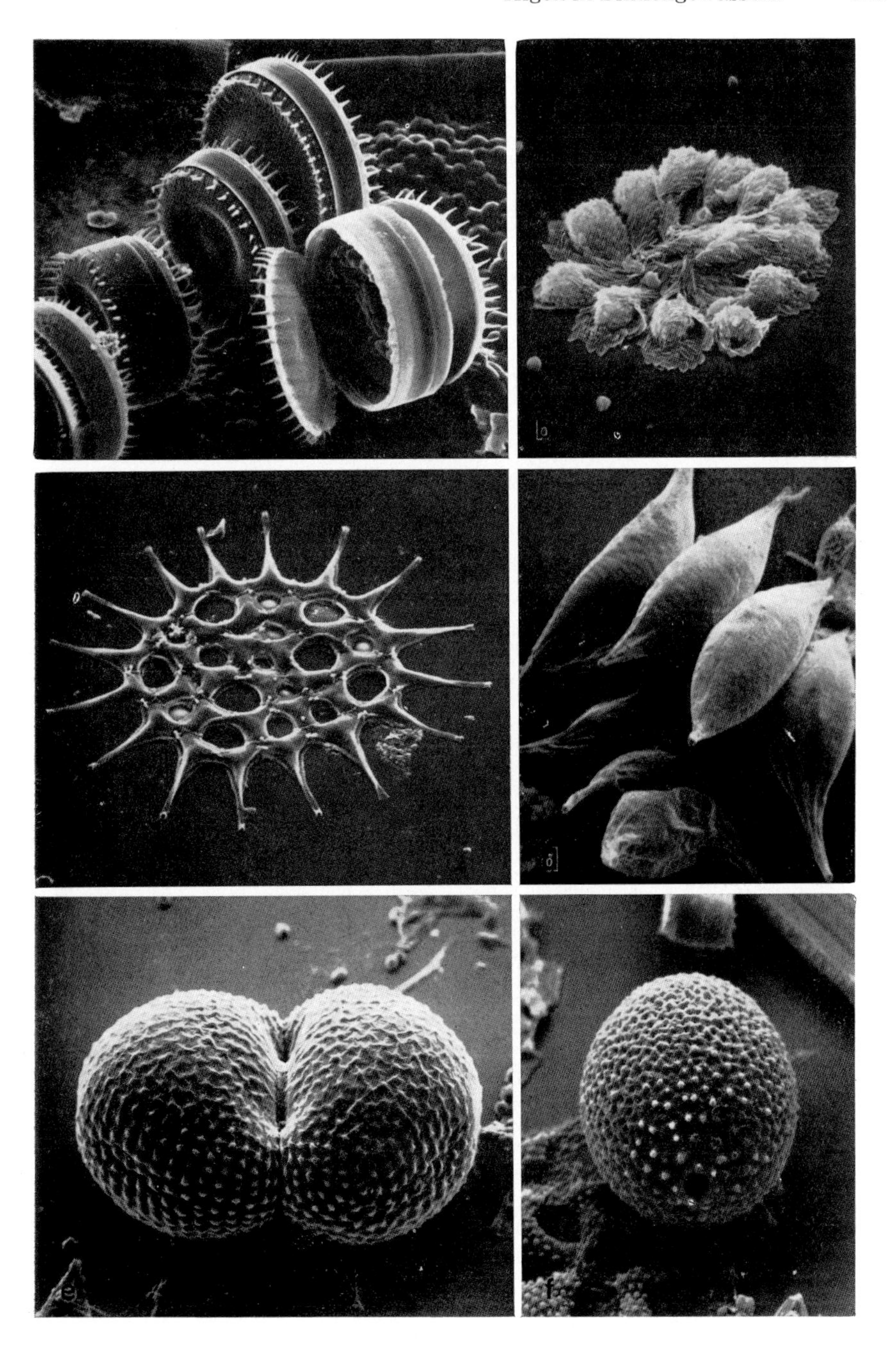

nodiscus hantzschii, Attheya zachariasii, Peridinium palatinum, Kirchneriella lunaris, Pediastrum duplex, Oocystis lacustris, Staurastrum tetracerum, Closterium acerosum). Für dystrophe Seen sind außer Desmidiaceen typisch *Dinobryon pediforme, Synura sphagnicola, Gymnodinium fuscum* und *Gonyostomum semen.*

Die räumliche Verteilung des Phytoplanktons wird durch Form und Größe des Seebeckens, Lage des Zuflusses, Grad der Temperaturschichtung und andere Faktoren beeinflußt [633]. In kleinen Seen sind horizontale Unterschiede in der Verteilung gewöhnlich gering.

Das Phytoplankton der großen seenartigen Teiche unterscheidet sich von dem der Seen dadurch, daß es häufig Algen enthält, die sich normalerweise im Litoral entwickeln. Die erhöhte Nährstoffkonzentration im Teichwasser ermöglicht ihnen die Entfaltung in der Planktonzone. An der Zusammensetzung des Phytoplanktons großer oligotropher Teiche haben ähnlich wie in Seen wesentlichen Anteil *Synura, Mallomonas, Dinobryon, Chrysococcus, Cryptomonas, Ceratium, Peridinium, Gymnodinium* und wenige Diatomeen und *Chlorococcales* [257].

b) Epilithische Algen. Ähnlich wie in strömenden Gewässern entfaltet sich in Seen auch eine epilithische Algengesellschaft. Die Algen wachsen an der Oberfläche von Steinen oder auf dem Geröll in der Litoralzone. Infolge der Wasserbewegung erscheinen hier Arten, die im fließenden Wasser in ähnlicher Häufigkeit vorkommen (z. B. *Cladophora glomerata*). Die Zusammensetzung der Arten wird vom Gestein, vom Chemismus des Wassers, von der Lage am Ufer und durch die Intensität der Wellenbewegung bestimmt [939]. Über die verschiedenen Aspekte im Wechsel der Jahreszeiten ist wenig bekannt, doch kommt es auch hier zu bedeutenden Änderungen in der Zusammensetzung der Arten. In der Litoralzone ist eine beachtliche Anzahl von Chlorophyceen vorhanden (*Oedogonium, Bulbochaete, Stigeoclonium, Ulothrix, Gongrosira, Cladophora*), ferner zahlreiche Diatomeen (*Gomphonema olivaceum, Navicula, Rhoicosphenia, Synedra, Achnanthes*) und *Zygnemales* (*Spirogyra, Mougeotia*).

c) Epiphytische Algen. Diese finden wir auf submersen Teilen höherer Pflanzen und auch auf großen Fadenalgen in der Litoralzone. Sie sind ähnlichen Einflüssen ausgesetzt wie die epilithischen Algen. Als wichtigste Faktoren für ihre Entfaltung sind die Lebensdauer sowie das Alter und die Oberflächenstruktur der Wirtspflanzen. Hinzu gesellt sich auch die Beschattung durch den Pflanzenbestand [691]. Die epiphytischen Algen sind durch ihre Morphologie dieser Lebensweise gut angepaßt. Sie liegen der Oberfläche des Wirtes oft dicht an (*Coleochaete, Protoderma, Aphanochaete, Chaetotheke, Stigeoclonium farctum, Cocconeis, Eunotia*). Andere bilden kleine Haftscheiben (*Characium, Characiopsis,* Keimlinge von *Oedogonium*), gallertige Haftpolster (*Synedra, Tabellaria*), mehr oder weniger lange, einfache oder verzweigte Gallertstiele (*Achnanthes, Cymbella, Gomphonema, Malleodendron*), oder sie können auch mittels kleiner Stielchen befestigt sein

(Ophiocytium, Characium, Characiopsis). Zwischen den echten Epiphyten kommen zahlreiche Flagellaten, *Chlorococcales*, Desmidiaceen oder *Zygnemales* vor. Diese sind zwar nicht besonders an diesen Lebensraum angepaßt, finden dort aber günstige Lebensbedingungen und werden so zu konstanten Begleitern dieser Vegetation [939].

d) Epipelische Algen. Diese sind auf allen Sedimenttypen vertreten und erstrecken sich vom Litoral bis in jene Tiefe, die noch vom photosynthetisch wirksamen Licht erreicht wird. Faktoren, die die epipelische Algengesellschaft beeinflussen, sind vor allem Struktur und Chemismus des Sediments, Nährstoffgehalt des Wassers, Wassertiefe und Lichtdurchlässigkeit. Am häufigsten kommen hier Diatomeen vor. In alkalischen Gewässern sind *Amphora ovalis, Neidium dubium, Navicula pupula, N. placentula, Cymatopleura solea, C. elliptica, Nitzschia angustata* und *Cymbella ehrenbergii* auf Kalksedimenten verbreitet. Auf Torfsedimenten finden sich hingegen *Amphipleura pellucida, Cymbella prostrata* und *C. lanceolata*. In oligotrophen Gewässern sind häufiger freie schleimige Massen oder Watten von *Spirogyra, Mougeotia, Zygnema, Ulothrix, Vaucheria, Tetraspora, Chaetophora* u. ä. anzutreffen, die diverse einzellige Algen beherbergen können. Diese Algen wachsen meist in größeren Gruppen, so daß ihr Bewuchs mit bloßem Auge sichtbar ist. In tieferen Seen kommen oft zusammenhängende Bestände von Characeen vor [939].

Die epipelischen Algen eutropher Seen und großer Teiche werden von Mengen verschiedener Purpur- und Schwefelbakterien sowie Cyanophyceen (*Oscillatoria* spp.) begleitet. Als Vertreter der epipelischen Algen treten zahlreiche Flagellaten auf, wie z. B. *Euglena, Phacus, Cryptomonas, Chloromonas, Chlamydomonas* (Abb. 245), ferner einzellige Grünalgen und Diatomeen *(Gyrosigma acuminata, Caloneis silicula, Diploneis ovalis, Stauroneis phoenicentron, Navicula cryptocephala, N. rhynchocephala, Cymbella ventricosa, Nitzschia sigmoidea, Synedra ulna)*. In stark eutrophen Gewässern können die epipelischen Algen stark limitiert werden, teils dadurch, daß die Lichtdurchlässigkeit des Wassers durch Massenentwicklung des Phytoplanktons stark herabgesetzt ist, andrerseits durch Beweidung von Fischen. Dort, wo in den Sedimenten ein H_2S-haltiges Milieu entsteht, treten häufig zahlreiche farblose Flagellaten auf, z. B. *Distigma, Cyclidiopsis, Menoidium, Astasia, Anisonema, Chilomonas, Polytoma, Bodo* u. a. [691].

Als Anhang zum Kapitel der stehenden Gewässer werden noch Algen der Grenzschicht zwischen Wasser und Luft behandelt.

e) Neuston. Unter dieser Bezeichnung verstehen wir die mikroskopischen Algen, die an der Grenzfläche Wasser-Luft des Wasserspiegels oder knapp unter ihr leben (Abb. 246). Das Neuston bildet sich nur bei vollständiger Ruhe des Wassers und wellenfreier Oberfläche besonders in kleinen, windgeschützten Wasserbecken oder in stillen Buchten größerer Gewässer. Am bekanntesten ist wohl das goldschimmernde Neuston, das durch *Chromulina rosanoffii* hervorgerufen wird. Bei günstiger Beleuchtung und ruhi-

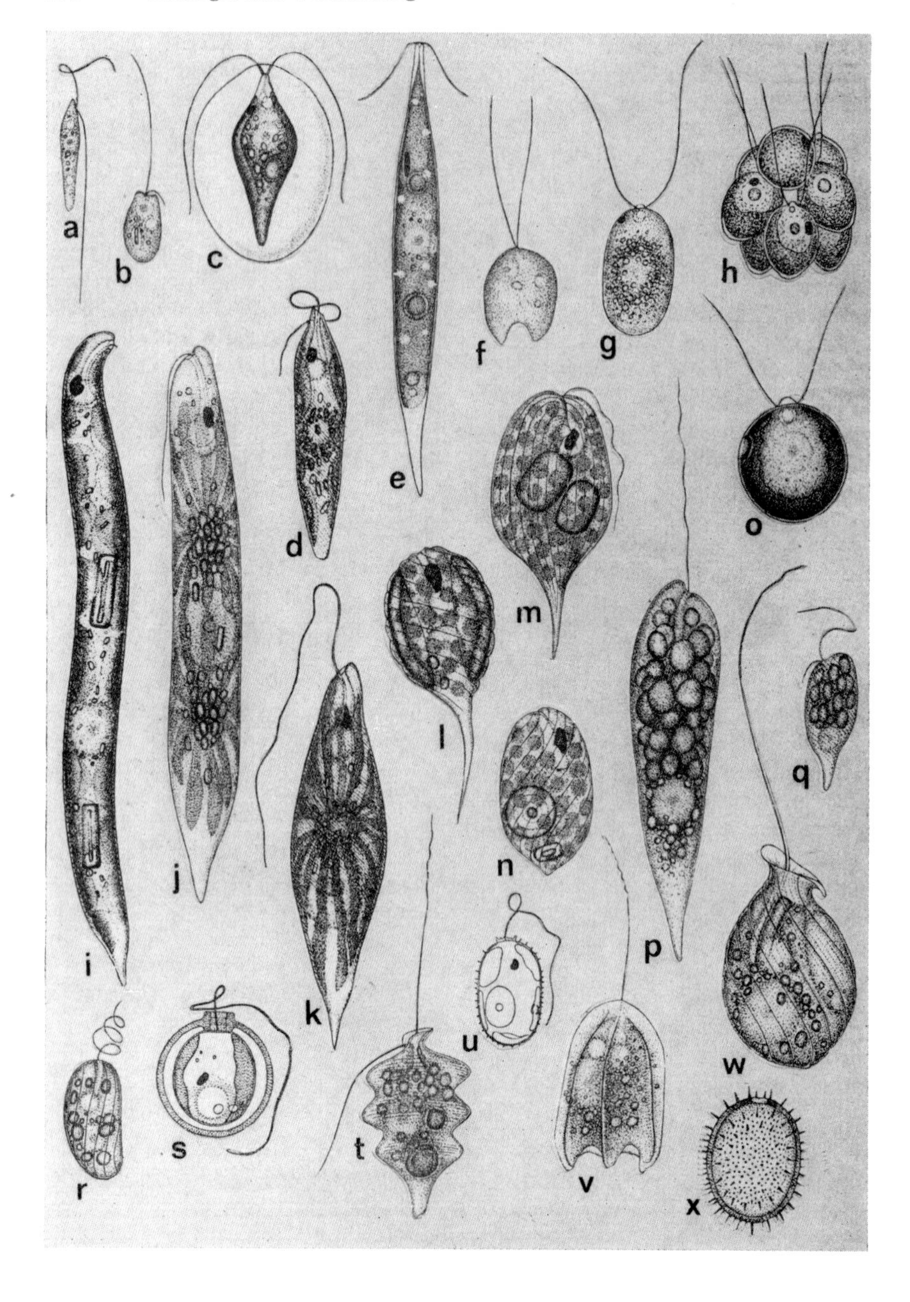
a
b
c
d
e
f
g
h
i
j
k
l
m
n
o
p
q
r
s
t
u
v
w
x

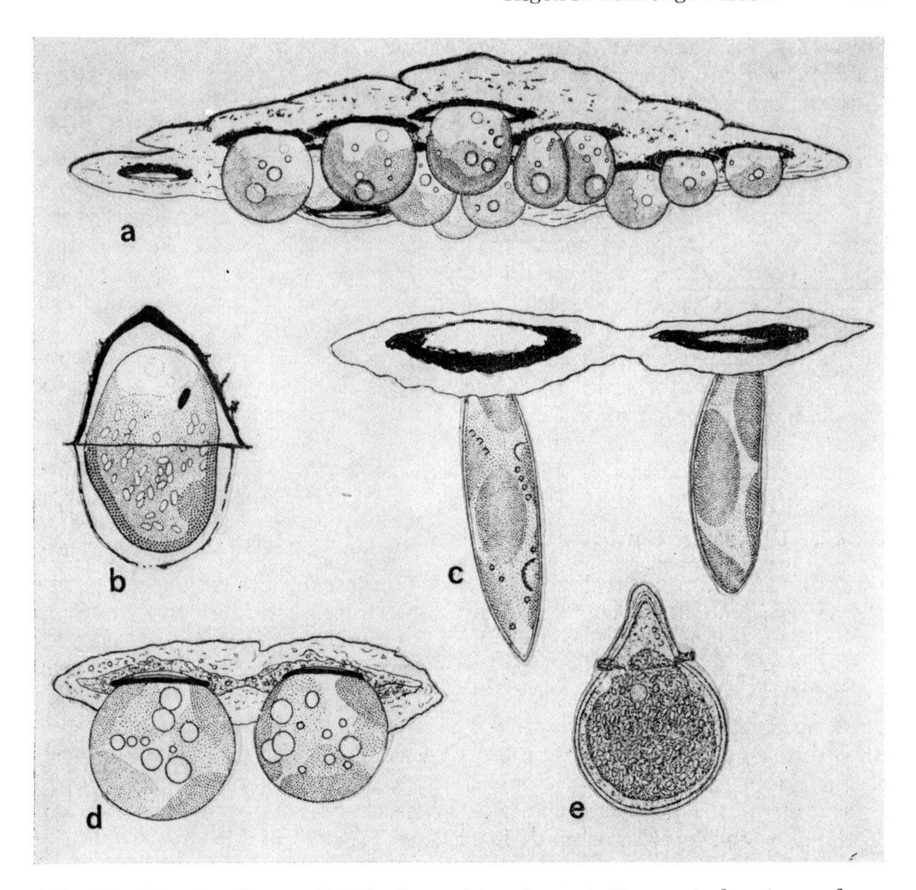

Abb. 246. Neustonalgen mit Schwimmschirmchen. a) *Kremastochrysis pendens*; b) *Kremastochloris conus;* c) Keimlinge von *Tribonema* sp.; d) junge Zellen von *Botrydiopsis arrhiza;* e) *Nautococcus constrictus.* – a)–d) nach PASCHER 1942 [836]; e) nach KORSCHIKOFF aus PASCHER 1927 [807].

Abb. 245. Epipelische Flagellaten. a) *Bodo angustatus;* b) *Monas neglecta*; c) *Sphaerellopsis fluviatilis;* d) *Euglena gracilis;* e) *Chlorogonium elongatum;* f) *Aulacomonas hyalina;* g) *Polytoma uvella;* h) *Uva stellata;* i) *Euglena intermedia*; j) *Euglena terricola;* k) *Euglena viridis;* l) *Phacus pyrum*; m) *Phacus caudatus*; n) *Phacus pusillus;* o) *Chloromonas ulla*; p) *Astasia dangeardii;* q) *Distigma curvatum;* r) *Menoidium incurvum;* s) *Trachelomonas volvocina;* t) *Heteronema plicatum;* u) *Trachelomonas hispida;* v) *Petalomonas mira;* w) *Urceolus cyclostomus*; *Trachelomonas superba.* Nach SKUJA, KORSCHIKOFF, MIDDELHOEK.

ger Wasseroberfläche steigt der Flagellat zum Wasserspiegel empor, scheidet Gallerte aus und gelangt so über die Oberfläche [1124]. Manche Euglenen (*Euglena sanguinea, E. rubra, E. haematodes, E. heliorubescens*) bilden einen ziegelroten Oberflächenfilm, der seine Färbung den reichlich erzeugten Karotinoiden verdankt. Oft werden weite Wasserflächen oder ganze Teiche von diesem Neuston bedeckt. Zu einem raschen Farbwechsel von Rot zu Grün oder umgekehrt kommt es durch den Wechsel der Lichtintensität, was oft binnen weniger Minuten geschehen kann [389, 406]. Gelegentlich können *Botrydiopsis arrhiza* und Keimlinge von *Tribonema*-Arten neustontisch leben. Hierbei dienen bei letzteren die etwas breiter gewordenen Haftscheiben als Schwimmschirmchen [829, 836]. Manche einzellige Algen verbringen ihr vegetatives Leben vorherrschend als Neustonten, indem sie mittels besonderer Schwimmschirmchen schweben, die der Wasseroberfläche aufliegen, wie z. B. *Kremastochrysis, Kremastochloris, Nautococcus* [836]. Über die Raumorientierung der Zellen im Neuston, ob hypo- oder epineustisch, berichtet Geitler [299].

7.1.2.3. Dystrophe Gewässer und Moore

Dystrophe Gewässer entstehen dort, wo Bedingungen für das Wachstum von Torfmoos (*Sphagnum*) vorhanden sind. Dieses wächst dann an den Ufern und nicht selten auch auf dem Grunde. Huminstoffe, die vom Torfmoosbewuchs ausgeschieden werden, verleihen dem Wasser eine bräunliche Farbe und niedrige pH-Werte. Das Phytoplankton ist zwar quantitativ gering, aber reich an Arten (Abb. 247). Es ist durch Desmidiaceen charakterisiert, aber auch durch gewisse Flagellaten wie *Synura sphagnicola, Uroglena americana, Dinobryon pediforme, Gonyostomum semen, Gymnodinium fuscum, Phacus suecica, Peridinium* spp. Dystrophe Gewässer gehen durch weitere Verlandung in Moortümpel und Moore über [236, 237, 257, 572].

In echten Moorgewässern setzt sich dann die Algenflora hauptsächlich aus Desmidiaceen (*Cosmarium, Staurastrum, Arthrodesmus, Euastrum*) und einigen Diatomeen zusammen, die an extrem saures Wasser angepaßt sind (*Eunotia, Frustulia, Pinnularia*). Dazu kommen noch einige Arten der *Chlorococcales, Volvocales* und anderer Flagellatengruppen. In den sauersten Moorschlenken (pH-Wert von 3,5–4,6) dominieren *Cylindrocystis brebissonii, C. minor, Netrium digitus, Staurastrum scaber, Cosmarium cucurbita, Tetme-*

Abb. 247. Einige Mooralgen. a) *Cylindrocystis brebissonii;* b) *Netrium oblongum;* c) *Penium rufescens;* d) *Closterium striolatum;* e) *Closterium rostratum;* f) *Closterium libellula;* g) *Cosmarium obliquum;* h) *Cosmarium pygmaeum;* i) *Desmidium schwartzii;* j) *Oocystis solitaria;* k) *Cosmarium quadratum;* l) *Staurastrum furcigerum;* m) *Saturnella saturnus;* n) *Euastrum sinuosum;* o) *Euglena mutabilis;* p) *Vacuolaria virescens;* q) *Petalomonas steinii;* r) *Dicranochaete reniformis;* s) *Arthrodesmus octocornis;* t) *Asterococcus superbus;* u) *Gloeotila turfosa.* – Nach Skuja, Ruzicka.

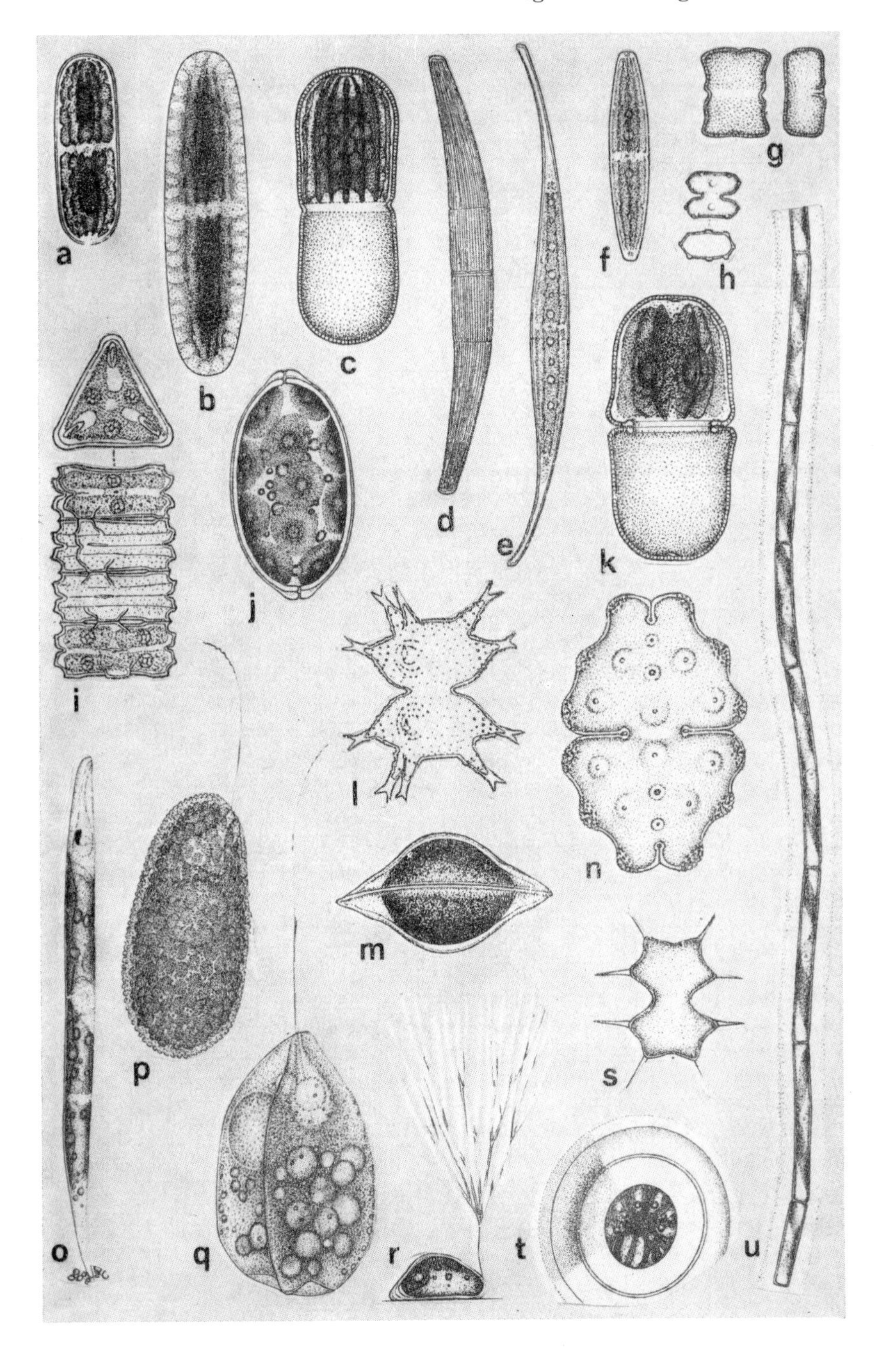
a
b
c
d
e
f
g
h
i
j
k
l
m
n
o
p
q
r
s
t
u

morus laevis u.a. Weniger verbreitet sind *Pinnularia viridis, Frustulia saxonica, Penium* spp., *Euastrum* spp., *Arthrodesmus incus, Staurastrum* spp., *Gymnozygan moniliformis, Tetracoccus botryoides, Gloeodinium montanum, Oedogonium itzigsohnii, Microspora stagnorum, Acrochasma uncum, Microthamnion kützingianum.* In weniger sauren Gewässern werden Arten von *Closterium, Xanthidium, Micrasterias, Cosmarium* und Diatomeen häufiger (pH-Wert 5–6). Charakteristisch für Moorgewässer ist, da Zu- und Abfluß fehlen, ein konstanter Chemismus des Wassers. Die Torfmoose und die dort lebenden Wasserpflanzen sind gewöhnlich reich mit epiphytischen, aber an saure Gewässer gebundenen Arten besetzt. Die Algenflora ändert sich je nach dem Grad des künstlichen Eingriffs in die Moore (künstliche Gräben, Torfstiche). Oft ist das mit dem Auftreten eines höheren Eisengehalts verbunden, der die Vermehrung siderophiler Algenarten fördert (*Trachelomonas, Closterium, Cryptomonas, Sphaerellocystis*).

Zu den verbreitetsten Mooralgen gehören u. a. folgende: *Cymbella gracilis, Eunotia lunaris, E. robusta, Frustulia saxonica, Pinnularia gibba, P. viridis, P. microstauron, Navicula subtilissima, Stauroneis phoenicentron, Tabellaria flocculosa, Spirotaenia condensata, Roya obtusa, Cylindrocystis brebissonii, Netrium digitus, Penium inconspicuum, P. polymorphum, Closterium abruptum, C. libellula, C. striolatum, Tetmemorus laevis, Euastrum ansatum, E. binale, E. oblongum, Micrasterias papillifera, Cosmarium globosum, Staurastrum gladiosum, St. monticulosum, St. muticum, Hyalotheca dissiliens, Sphaerozosma granulatum, Chlamydomonas sphagnicola, Eremosphaera viridis, Chlorobotrys polychloris, Peridinium palustre, Gloeodinium montanum* [63, 213, 237].

7.1.2.4. Salzgewässer

Binnenländische Salzgewässer entstehen dort, wo im Boden Steinsalz vorkommt, das mitunter von verschiedenen Sulfaten begleitet ist. Zu den Salzgewässern rechnet man auch die Salinen an Meeresküsten. Die dort vorkommende Algenflora (Abb. 248) wird als halophil bezeichnet; echte Meeresalgen fehlen jedoch.

Hustedt [480] teilt die Algen entsprechend ihrer Salztoleranz in 5 Gruppen ein:

a) Polyhalobe Formen – bis 144 ‰ Salzgehalt, Algen in Salinen.
b) Euhalobe Formen – 30–40 ‰ Salzgehalt, vor allem NaCl, MgCl.
c) Mesohalobe Formen – 5–20 ‰ Salzgehalt, Algen in Salinen mit niedriger Salzkonzentration.
d) Oligohalobe Formen – unter 5 ‰ Salzgehalt.
e) Halophobe Formen – vertragen keinen erhöhten Salzgehalt.

Abb. 248. Algen der Salzgewässer. a) *Navicula cryptocephala*; b) *Navicula rhynchocephala;* c) *Nitzschia palea;* d) *Anomoeoneis sphaerophora;* e) *Dunaliella* sp.;

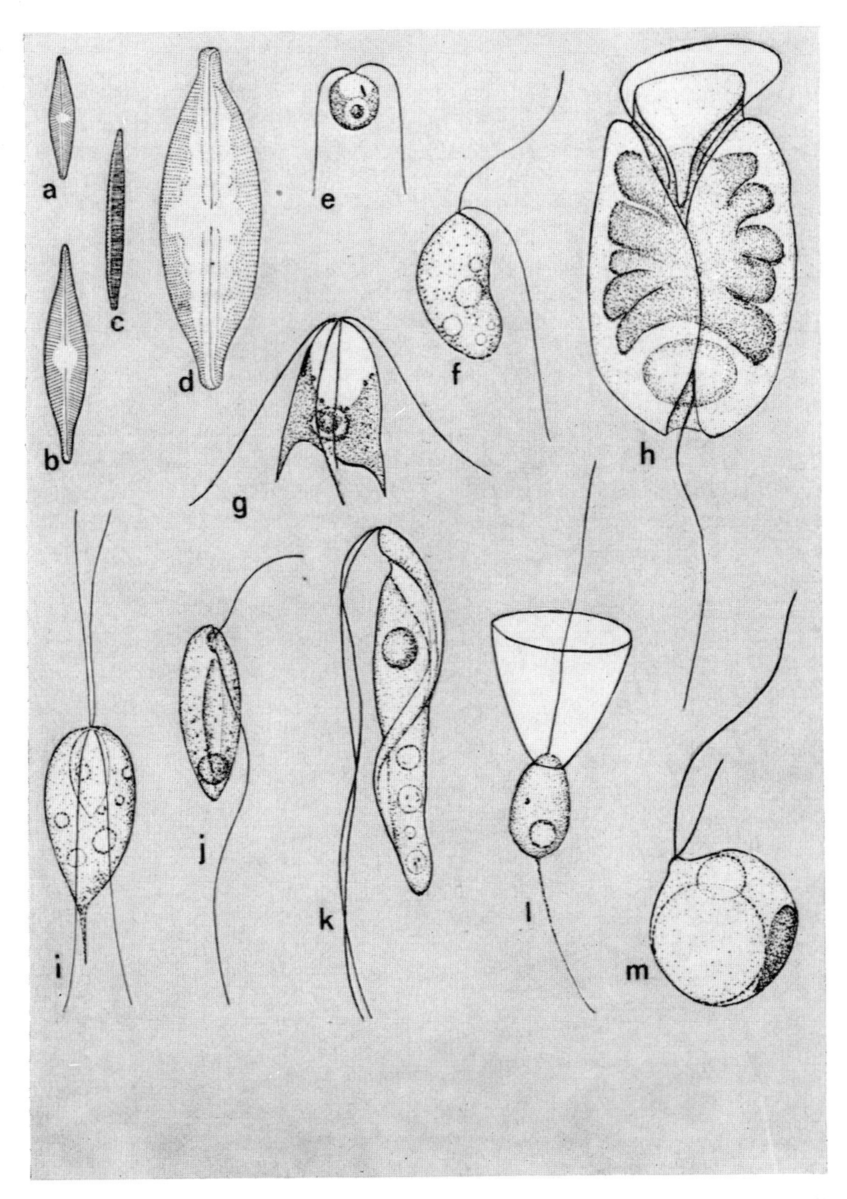

f) *Bodo underboolensis;* g) *Tetrapteromonas cornelii;* h) *Amphidinium salinum;* i) *Tetramitus salinus;* j) *Phyllomitus yorkeensis;* k) *Pleurostomum flabellatum;* l) *Monosiga ovata;* m) *Monas guttula.* – a)–d) nach HUSTEDT 1930 [479]; e)–m) nach RUINEN 1938 [941].

Ein typischer Polyhalobiont ist die kosmopolitisch in Salinen verbreitete Flagellaten-Gattung *Dunaliella*. Das Optimum für ihr Wachstum liegt bei 60–80 ‰ Salzgehalt. Bei massenhafter Entwicklung von *Dunaliella* kommt es wegen hohen Karotin-Gehalts zur Rotfärbung der Salinenfelder.

Flagellaten von Salzgewässern besitzen eine weite osmotische Resistenz. So vertragen *Amphidinium höfleri* 0,3–2,4fachen, *Oxyrrhis marina* 0,1–3,0-fachen Salzgehalt des Meerwassers [451]. Es gibt aber eine Menge von Salzflagellaten, die in noch konzentrierteren Salzlösungen leben können, wie z. B. *Tetrapteromonas* spp., *Amphidinium salinum, Bodo edax* [616, 941].

Als besonders gute Indikatoren des Salzgehaltes in Gewässern dienen Diatomeen [81, 480]. In den mesohalinen Natronseen des Tschads kommen als Dominanten im Phytoplankton außer Cyanophyceen nur Diatomeen vor [483]. In Gewässern mit hohem Karbonat-Gehalt (Soda-Seen), wie z. B. im Van-See in Ostanatolien, wurden dagegen relativ viele Algen gefunden *(Chaetoceros orientalis, Navicula cryptocephala, Amphora coffeaeformis, Surirella armenica, Cryptomonas* sp., *Oocystis borgei).* Große Ähnlichkeit zeigen die Natronseen und Natrontümpeln von Ungarn und Österreich [348].

Von den binnenländischen mesohalophilen oder halophilen Algen, die unter Begleitung ausgesprochener Halophyten vorkommen können, seien genannt: *Enteromorpha intestinalis, Dangeardinella saltatrix, Vaucheria dichotoma, V. woroniniana, V. intermedia, Anomoeoneis sphaerophora, Navicula cincta, N. anglica* var. *subsalsa, N. salinarum, N. halophila, Pinnularia, globiceps* var. *krockii, Denticula gibberula, Nitzschia kittlii, N. vitrea, N. palea, Surirella patella, Campylodiscus clypeus, Amphora coffeaeformis, A. veneta* [63, 923, 924].

7.2. Meeresalgen

Im Meer ist die Zahl der Biotope wesentlich geringer als im Süßwasser. Die Algen kommen entweder in den oberflächlichen Wasserschichten oder in der schmalen Litoralzone vor. Immerhin sind die Algen als Primärproduzenten über die Gesamtfläche der Meere verbreitet. Die Algen des freien Ozeans (pelagische Arten) sind meist mikroskopisch kleine, schwebende Arten. Eine Ausnahme bilden nur wenige große *Sargassum*-Arten, die sich im offenen Wasser der Sargasso-See halten. In der Litoralzone hingegen herrschen die makroskopischen Vertreter der *Rhodo-*, *Phaeo-* und *Chlorophyta* vor, die fast ausnahmslos auf Felsen oder losen Gesteinen festgewachsen sind. Auf ihnen und zwischen ihnen wächst außerdem noch eine Menge mikroskopischer Formen [166, 939].

Die Algen reichen im Meer nur bis in eine gewisse Tiefe hinab, die durch die eindringende Lichtintensität bestimmt wird. In 20 m Tiefe herrscht an klaren Tagen immer noch eine Lichtstärke von über 3000 lux, und selbst in Tiefen von 100 m findet man noch einen Wert von 300 lux. Es ist somit nicht verwunderlich, daß hier noch Algen wachsen können [347]. Eine Alge dringt in umso tiefere Regionen vor, je besser ihre physiologische Adaptation an die stark geschwächten, tiefgehenden grün-blauen Strahlen ist und je besser ihre Pigmente der spektralen Zusammensetzung des Lichtes komplementär angepaßt sind. Die chromatische Adaptation durch Phycoerythrin und Phycocyanin ermöglicht deshalb den Rhodophyten im blaugrünen Licht eine größere Lichtabsorption als den Chlorophyceen.

7.2.1. Phytoplankton

In allen Meeren kommen stärkere oder schwächere Strömungen vor, die die physikalischen und chemischen Eigenschaften der Wassermassen ändern. Als Folge davon ist die Artenzusammensetzung und Produktivität des Phytoplanktons sehr unterschiedlich. An ruhigen Stellen oder an solchen mit gemäßigten Strömungen kommt es ähnlich wie in Seen zu einer Stratifikation des Wassers und der in ihm befindlichen Organismen. Das marine Phytoplankton besteht vor allem aus Diatomeen, Haptophyceen, Coccolithophoridineen und Dinophyceen (Abb. 249). Silicoflagellaten und Xanthophyceen sind qualitativ geringer vertreten. Seltener sind Euglenophyceen und andere pigmentierte Flagellaten; coccale Chlorophyceen fehlen vollständig. Es gibt offensichtlich Gattungen, die in einigen Meeresgebieten oder auch zu bestimmten Jahreszeiten dominieren. Im allgemeinen sind es Gattungen der Dinophyceen, wie *Exuviella, Prorocentrum, Phalacroma, Dinophysis, Ornithocercus, Histioneis, Gymnodinium, Peridinium, Gonyaulax* und *Ceratium*. Als wichtige Gattungen der Diatomeen sind zu nennen – *Thalassiosira, Sceletonema, Stephanopyxis, Cyclotella, Coscinodiscus, Planktoniella, Corethron, Eucampia, Hemidiscus, Guinardia, Rhizosolenia, Chaetoceros, Bacteriastrum, Ditylum, Biddulphia, Fragilaria, Fragilariopsis* und *Thalassiothrix*. Sie alle bilden die Hauptmasse des Mikroplanktons. Die Hauptmenge des Nanoplanktons gehört zu den *Chrysophyta*, vor allem zu den Coccolithophoridineen mit den Gattungen *Discosphaera, Syracosphaera, Coccolithus, Pontosphaera* und den Silicoflagellaten (z. B. *Dictyocha*).

In verschiedenen Ozeanen bzw. Meeresteilen ändert sich die Zusammensetzung des Phytoplanktons quantitativ und qualitativ so auffallend, daß einzelne Meeresgebiete ihr charakteristisches Plankton besitzen. Es gibt gut unterscheidbare arktische und antarktische Artengruppen. Für die Gewässer des Atlantischen Ozeans ist die Art *Coccolithus huxleyi* charakteristisch, von der bis zu 300 000 Zellen in 1 l Meereswasser vorhanden sind [257]. Im Mittelmeer sind Coccolithophoridineen nicht nur zahlenmäßig häufig, sondern auch formenreich (*Coccolithus, Syracosphaera, Calyptrosphaera*). Diatomeen und Dinophyceen hingegen seltener. Von besonderer Art ist das Tiefenplankton tropischer Ozeane, das sich außerhalb der Oberflächenströmung befindet und das sich der geringen Lichtintensität in einer Tiefe von ca. 100 m angepaßt hat. Außer *Halosphaera viridis, Ceratium gravidum, Deutschlandia*

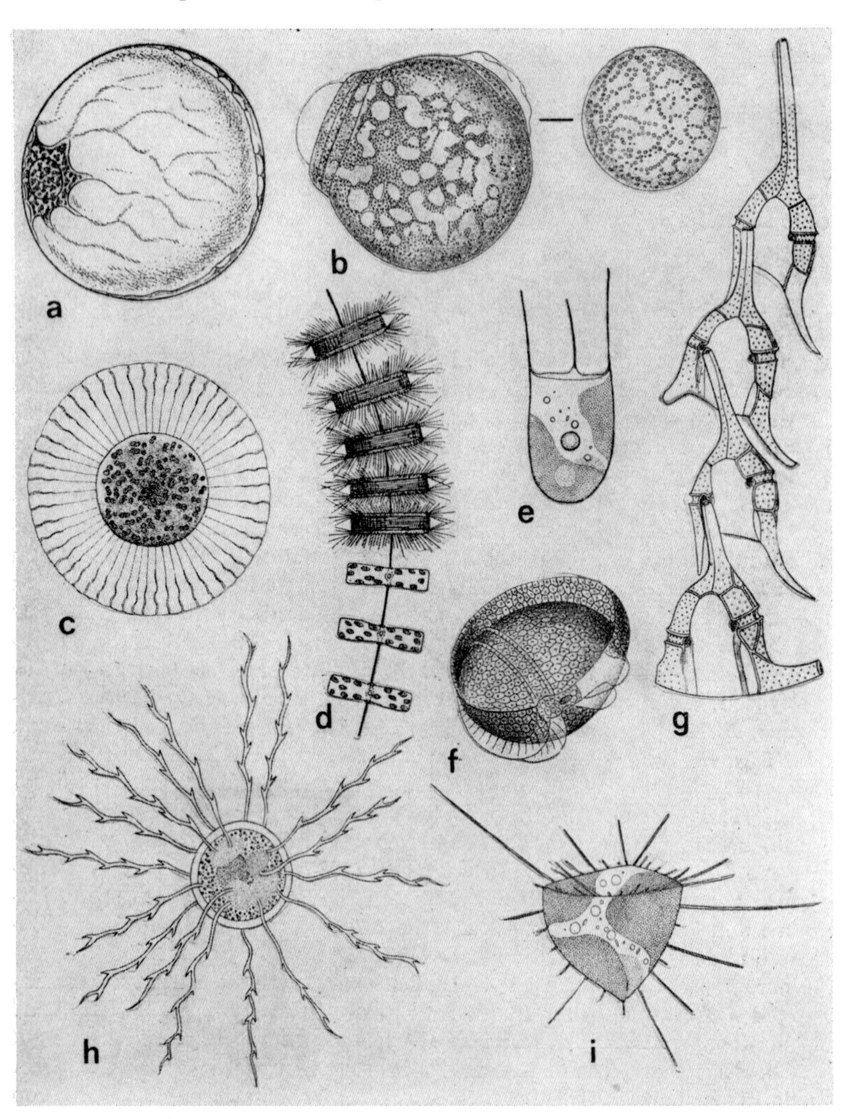

Abb. 249. Meeresplankton. a) *Pyrocystis lunula;* b) *Halosphaera viridis*; c) *Planktoniella sol;* d) *Thalassiosira gravida;* e) *Schilleriella anuraea;* f) *Phalacroma vastum;* g) *Ceratium tripos;* h) *Meringosphaera aculeata;* i) *Tetraëdriella horrida.* – Aus Oltmanns 1922 [772], Pascher 1939 [829].

anthos leben hier besonders charakteristische Diatomeen-Arten aus den Gattungen *Planktoniella, Asteromphallus* oder *Coscinodiscus.* Häufig wird zwischen dem Plankton küstennaher Gewässer (neritischer Bereich) und dem Plankton der Hochsee (ozeanischer Bereich) unterschieden. Dem neritischen Plankton sind Arten zugesellt, die aus den Litoralgesellschaften stammen (z. B. *Licmophora, Actinoptychus*) [166, 939].

7.2.2. Litoral

Die großen Meeresalgen sind auf den Übergangssaum zwischen Land und Meer, auf das Litoral beschränkt (Abb. 250). Die unterste Grenze des Litorals liegt dort, wo das Algenwachstum infolge Lichtmangels aufhört. An steil abfallenden Küsten kann das in unmittelbarer Landnähe sein; an sanft auslaufenden Küsten liegt diese Grenze im allgemeinen weit draußen auf dem Schelf [165, 347, 939]. Die litoralen Meeresalgen kommen bis in eine Tiefe von 100 m, im Mittelmeer ausnahmsweise auch bis in eine Tiefe von 130 bis 180 m vor. In den nördlichen Meeren liegt die Grenze des Vorkommens dagegen etwa bei 40—50 m Tiefe. Die Meeresalgen bilden an den Küsten eine deutliche Zonierung, deren wichtigster Faktor die Lichtverhältnisse sind [166, 233, 1079]. Das Litoral der europäischen Küsten wird eingeteilt in Sublitoral, Eulitoral und Supralitoral (Abb. 251).

a) Sublitoral. Zu ihm gehört die ständig untergetauchte Zone, die unterhalb der Niedrigwasserlinie liegt. Sie ist der litorale Lebensraum mit den konstantesten Bedingungen, wo die Algen immer in der gleichen Tiefe bleiben, wenn wir vom mehr oder weniger starken Tidenhub absehen. Zu den dort wachsenden Algen gehören *Saccorhiza polyschides, S. bulbosa, Halidrys siliquosa, Alaria esculenta, Corallina* spp., *Laminaria digitata, L. saccharina, L. hyperborea* und *Desmarestia viridis. Laminaria* bildet große Bestände, die einem unterseeischen Wald gleichen, in dem *Rhodymenia palmata* und andere Arten epiphytisch leben. *Corallina, Cladostephus verticillatus* bilden eine Art von „Krautschicht" [939]. *Sacchorhiza polyschides* reicht vom unteren Rand des *Laminaria*-Waldes bis in größere Tiefen. Es scheint, daß an jedem Standort irgendein bis jetzt unbekannter Faktor *Laminaria* auf eine bestimmte Tiefe beschränkt. Unterhalb dieser Linie wird sie durch *Sacchorhiza* ersetzt. Im Unterwuchs des *Laminaria*-Waldes sind häufig *Cutleria multifida, Dictyota dichotoma, Desmarestia aculeata, Cryptopleura ramosa, Delesseria sanguinea, Phycodrys rubens, Odonthalia dentata, Pterosiphonia parasitica, Callophyllis laciniata* und *Nitophyllum* zu finden.

b) Eulitoral. Es handelt sich um die Zone, die im Rhythmus der Gezeiten ständig überflutet wird und wieder trockenfällt und breitet sich zwischen der Hoch- und Niedrigwasserlinie aus (Abb. 250). Wesentliches Kennzeichen der hier lebenden Algen ist, daß sie ein längeres Trockenliegen vertragen (Gezeitenalgen). Innerhalb dieser Zone muß eine weitgehende

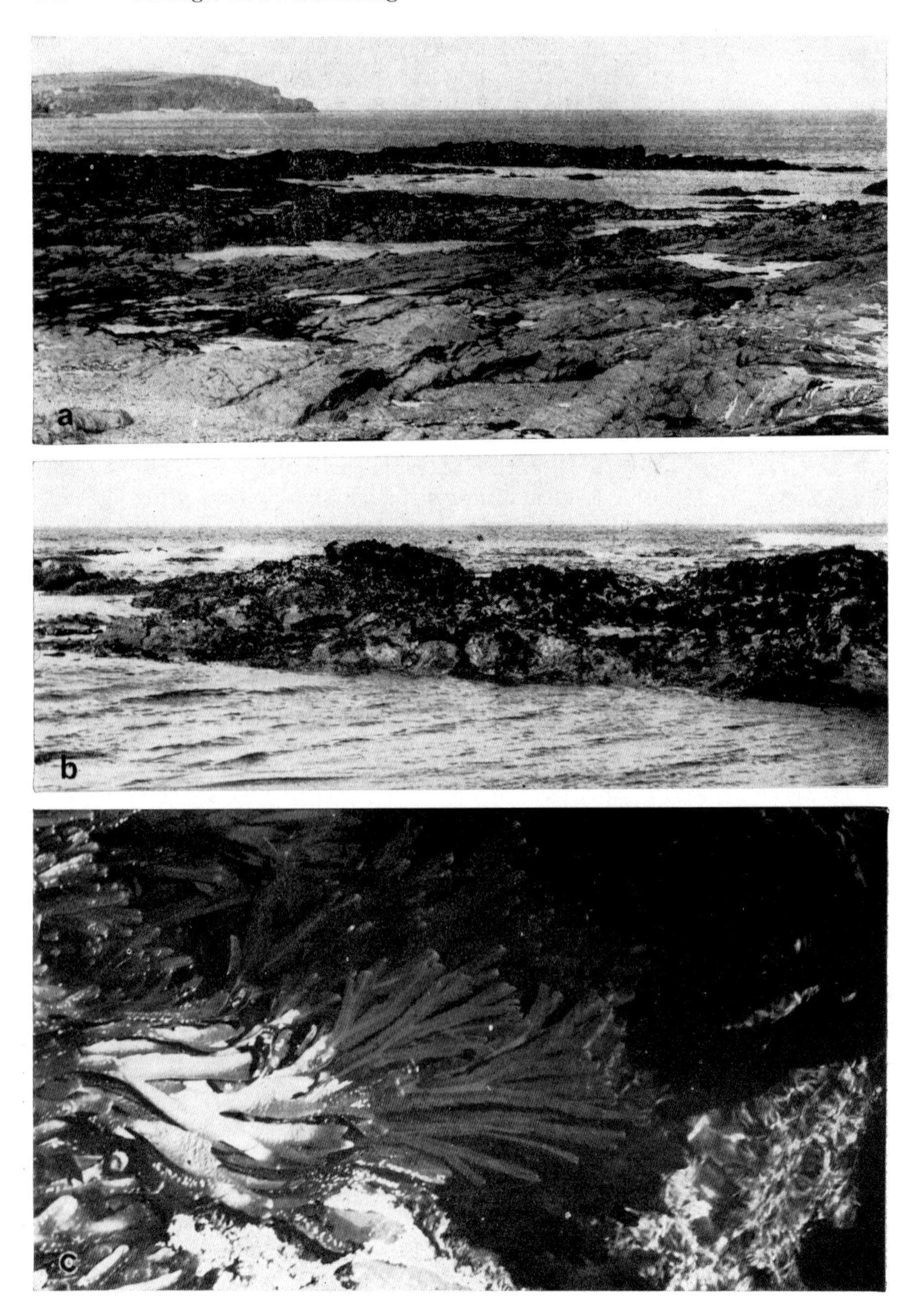
a
b
c

Abstufung im Resistenzgrad vorhanden sein, da die Algen des unteren Eulitorals viel kürzere Zeit trocken liegen als die des oberen [347]. An Sandküsten sind hier nur mikroskopische Algen häufig, die auf dem Sand gefärbte Flecken bilden können (z. B. *Amphidinium, Gymnodinium, Prorocentrum, Euglena, Navicula, Pleurosigma*). Siltbedeckte Uferabschnitte an Wattenküsten sind oft reich mit Fadenalgen bewachsen, die den Sand binden (*Vaucheria, Ulothrix*). An Sandküsten zeigt sich recht selten ein makroskopischer Algenbewuchs. Auf siltbedeckten Strecken, besonders an Wattenküsten, ist oft eine Großalgenflora anzutreffen (*Enteromorpha* spp., *Bostrychia scorpioides*, freischwimmende Formen von *Fucus spiralis, F. vesiculosus* und *Ascophyllum mackai*). Von den Algen des steinigen oder felsigen Eulitorals sind zu nennen: *Halimeda, Galaxaura, Himanthalia, Chorda, Gigartina, Laurencia, Rhodymenia, Ceramium, Lithothamnion, Chaetomorpha, Sargassum, Dictyota, Goniolithon, Jania* und *Penicillus* [257, 939]. Die größeren Eulitoralalgen sind häufig dicht mit Epiphyten bedeckt (*Elachista fucicola, Blidingia minima, Ulothrix pseudoflacca, Rhizoclonium riparium, Polysiphonia spiralis, Spongonema tomentosum, Cladophora rupestris, Ceramium* spp. und *Ulva lactuca*). Das mittlere Eulitoral der englischen Küsten bildet gewöhnlich eine Zone, in der *Fucus vesiculosus, F. serratus, Ascophyllum nodosum, Chondrus crispus und Gigartina stellata* reichlich vertreten sind.

c) Supralitoral. Dieses ist die Zone oberhalb der Hochwasserlinie. Es ist am undeutlichsten abgrenzbar. In der Spritzwasserzone treten im Boden Diatomeen wie *Caloneis amphisbaena, Achnanthes brevipes, Nitzschia obtusa* u. a. auf. Steine und Felsen haben eine Flora, die sich aus winzigen rasen- oder krustenbildenden Arten zusammensetzt (*Prasiole stipitata, Hildenbrandia rosea*). Die Thalli von *Blidingia minima* und *Porphyra umbilicalis* hängen von den Felswänden herab. An der englischen Küste kann man über der Springtiden-Flutmarke drei Algengesellschaften unterscheiden: ein oberes Stockwerk mit der vorherrschenden Chlorophycee *Entocladia perforans*, ein mittleres Stockwerk mit lichtbraunen Vertretern der Chrysophyten *Apistonema, Chrysotilos, Thallochrysis* und *Gloeochrysis*, vergesellschaftet mit *Endoderma* und *Ulothrix*, und schließlich ein unteres Stockwerk mit *Enteromorpha*-Arten und einigen Chrysophyten.

In kleinen Wasseransammlungen der Spritzwasserzone vermehren sich häufig Flagellaten wie *Brachiomonas submarina, Oxyrrhis marina, Cryptomonas* spp., *Glenodinium armatum, Massartia* spp. und *Gyrodinium fissum*. Diese kleinen Wasserbecken sind durch große Populationsdichte bei geringer Artenzahl charakterisiert. Bei Verunreinigungen durch organische Stoffe tritt *Chlamydomonas pulsatilla* in reicher Menge auf [939]. Alle diese Formen besitzen eine weite osmotische Resistenz, da die Salzkonzentration in diesen Wasseransammlungen stark variiert.

Abb. 250. Gezeitenalgen bei Ebbe an der atlantischen Küste Englands bei Trevoone. a) Ansicht der Küste mit freigelegten Algen (dunkle Bewüchse); b) freigelegte Felsen; c) Detail der teilweise freigelegten Meeresalgen. – Original H. Ettl.

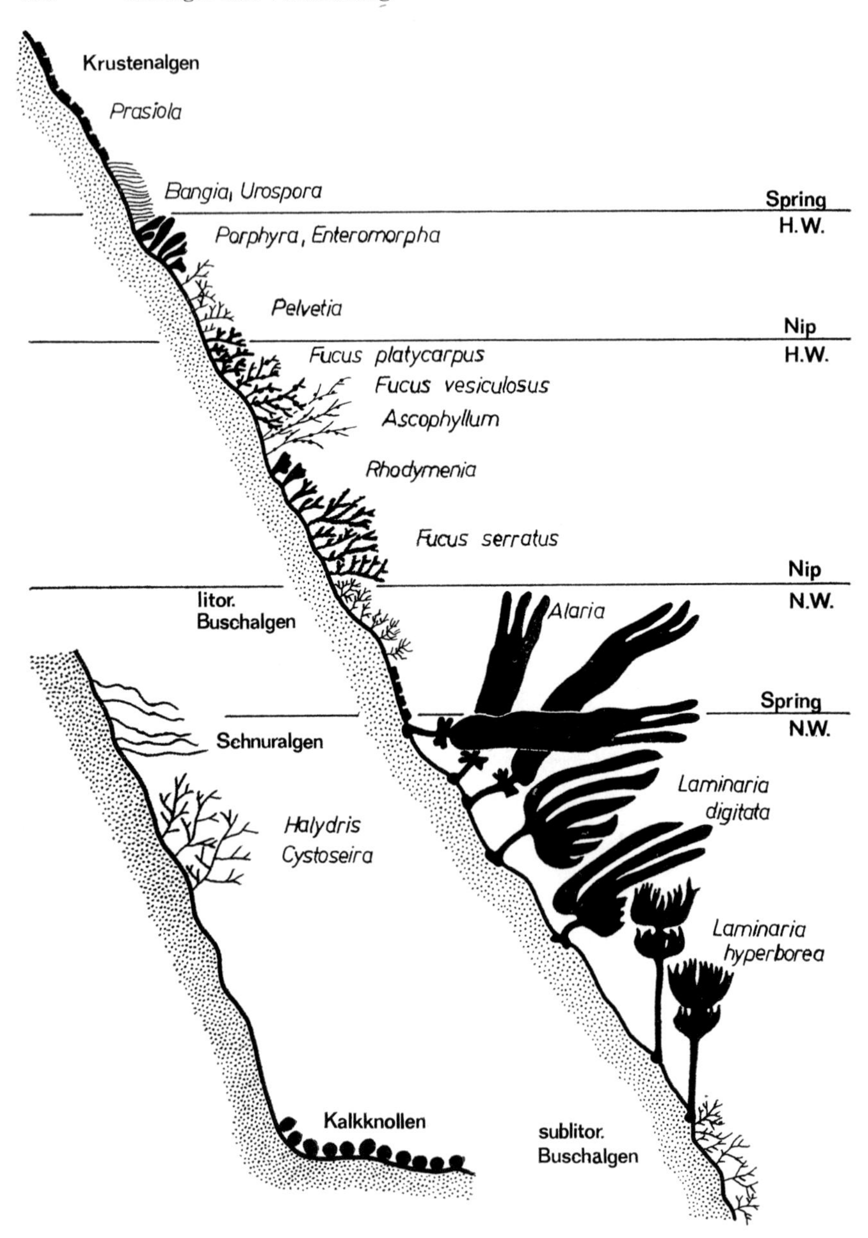

Abb. 251. Vegetationsprofil an der Kanalküste. *H.W.* Hochwasser. *N.W.* Niedrigwasser. – Etwas vereinfacht nach NIENBURG aus v. DENFFER u. Mitarb. 1971 [164].

7.2.3. Besondere Vorkommen von Meeresalgen

Als interessante Biotope von Algen gelten die Mangroveküsten und die Korallenriffe der Tropen. In den Mangroven leben die Algen teils epiphytisch auf den Stämmen und Wurzeln der Mangrovepflanzen, teils auf den Sedimenten der geschützten Lagunen. *Bostrychia tenella* und *Catenella repens* leben als Epiphyten auf den oberen Teilen der Pneumatophoren von Mangrovebäumen in Westindien. Beide Arten vertragen das Trockenfallen bei Niedrigwasser. Unter ihnen finden wir *Caloglossa leprieurii, Murrayella periclados, Caulerpa verticillata, Polysiphonia* spp., *Bryopsis* spp., *Ceramium nitens* u. a. Die sedimentreichen Lagunen sind der Lebensraum der größeren siphonalen Chlorophyceen (*Halimeda, Caulerpa, Udotea, Penicillus*).

Korallenriffe sind charakteristische Bildungen tropischer Meere, bei deren Wachstum die Algen beinahe ebenso bedeutungsvoll sind wie die Korallen selbst. Letztere enthalten außerdem endosymbiontische Zooxanthellen, und auf ihren Kalkskeletten wachsen Fadenalgen. Es liegt also auf der Hand, daß die Riffbildung von der Photosynthese abhängig ist. Sie findet deshalb auch nur im flachen Wasser statt. Auf der Seeseite der Riffe wächst ein Algensaum (*Lithothamnion, Corallina*), der über und unter den Wasserspiegel reicht. Er ist oft der heftigsten Wellentätigkeit ausgesetzt, so daß nur verkalkte, krustenbildende Arten gedeihen können, wie z. B. *Lithophyllum, Goniolithon, Porolithon* und *Archaeolithothamnion* [939].

Freilebende makroskopische Meeresalgen kommen in der Sargasso-See im Karibischen Meer vor. Hier fluten riesige Mengen von verschiedenen *Sargassum*-Arten. Die Hauptmasse bilden die beiden Arten *Sargassum natans* und *S. fluitans.* Im Gegensatz zu den festgewachsenen Litoralformen von *Sargassum* vermehren sich die Arten der Sargasso-See nur vegetativ. Von Gebiet zu Gebiet ist die Algenmenge sehr verschieden. Die Thalli sind hauptsächlich in den obersten Wasserschichten angereichert. Die Herkunft dieser Algenmengen in der Sargasso-See ist bisher unbekannt.

7.3. Kryophile Algen

Die auf Schnee und Eis lebenden Algen bezeichnen wir als Kryophyten (Abb. 252). Günstige Bedingungen für ihre Entwicklung treten auf altem Schnee ein, der im Sommer in kühlen Tälern oder auf Hochgebirgsgletschern liegen bleibt. Eine ganz besondere und reichliche Algenflora entwickelt sich im Polarsommer auf Gletschern zirkumpolarer Gegenden. Die Entfaltung kryophiler Algen kommt durch auffallende, unterschiedliche Verfärbung des Schnees zum Ausdruck, je nach der Art der vorkommenden Algen. Eine häufige Erscheinung bei kryophilen Algen ist das Vorkommen von roten Karotinoiden (Hämatochrom) in den Zellen, durch die sie möglicherweise gegen die kurzwellige Strahlung im Hochgebirge geschützt sind [257].

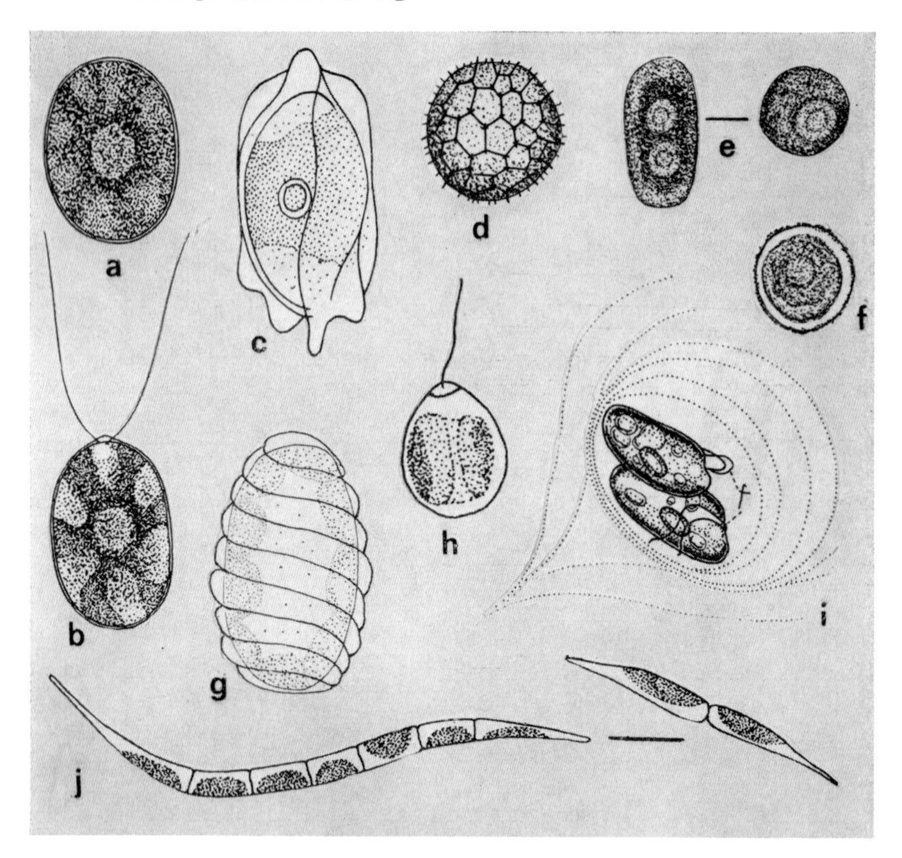

Abb. 252. Kryophile Algen. a) *Chlamydomonas nivalis,* Ruhezellen; b) bewegliche Zellen derselben Art; c) *Scotiella nivalis;* d) *Trochiscia americana*; e) *Ancylonema nordenskioldii;* f) *Cystococcus nivicolus;* g) *Scotiella polyptera*; h) *Chromulina chionophila;* i) *Cryptomonas frigoris;* j) *Raphidonema nivale.* – Nach verschiedenen Autoren.

Nur wenige Arten haben sich diesem extremen Biotop angepaßt. Die Artenzusammensetzung ändert sich mit dem pH-Wert des Schnees, der seinerseits wieder durch den Niederschlag feinsten Gesteinsstaubes beeinflußt wird. Dieser Staub setzt sich auf der Oberfläche ab und dringt langsam in den Schnee oder das Eis ein. Die Kryovegetation auf der ganzen Welt besteht aus den gleichen Arten [347]. Auch unter dem Eis und im Schneebrei findet sich im Winter eine große Anzahl von streng kaltstenothermen Algen [954]. Echte Kryophyten wachsen jedoch dauernd bei Temperaturen unter 10 °C [452].

Der bekannte rote Schnee wird am häufigsten durch reiche Vermehrung von *Chlamydomonas nivalis* hervorgerufen. Die rote Farbe wird durch unbewegliche Ruhezellen verursacht, die reichlich Hämatochrom enthalten. Eine grüne Färbung tritt auf, wenn sich *Chlorella, Scotiella, Raphidonema, Stichococcus* oder *Klebsormidium* stark vermehren. Charakteristische Algen alpiner Gletscher sind die Desmidiaceen *Ancylonema nordenskioldii* und *A. meridionale.*

In der Antarktis und Arktis findet man am Rande der polaren Eiskappen das marine Gegenstück zur Süßwasserkryoflora. Oft ist die Unterseite des Meereises von einem braunen Überzug bedeckt, der auf reiche Vermehrung von Diatomeen zurückzuführen ist.

Die auf Schnee und Eis angesiedelten Algen werden nach dem Charakter der Biotope und nach dem Grade der Anpassung an diese eingeteilt [534]. Sie werden aber auch nach der charakteristischen Färbung des Schnees und des Eises gegliedert. Rote Färbung verursachen *Chlamydomonas nivalis, Ch. sanguinea, Sphaerellopsis rubra* und *Trochiscia rubra,* grüne Färbung *Carteria györffyi, C. nivalis, Ankistrodesmus antarcticus, Koliella tatrae, Raphidonema nivale, Cryodactylum glaciale* und *Stichococcus* spp. Eine gelbe bis gelbbraune Färbung kommt zustande durch *Cystococcus nivicolus, Scotiella antarctica, Chromulina ettlii* sowie *Gyrodinium* sp. und eine purpur-braune Farbe schließlich durch *Ancylonema nordenskioldii* [108, 109, 534, 774].

7.4. Aërophytische Algen

Die aërophytischen Algen (Abb. 253) sind in ihrem Leben ausschließlich auf Regen oder hohe Luftfeuchtigkeit angewiesen. Sie leben entweder epiphytisch oder epilithisch, manchmal auch auf Bodenoberflächen. Unter Umständen müssen sie starke Austrocknung vertragen können, wie z. B. die Algenüberzüge auf Baumrinden im gemäßigten Klima. Zu der weit verbreiteten Luftalge *Pleurococcus vulgaris* gesellen sich in den pulverigen grünen Anflügen auf Baumrinden, Holzwerk und Holzzäunen noch *Dactylococcus, Cystococcus, Desmococcus, Apatococcus, Trebouxia, Keratococcus, Stichococcus, Klebsormidium, Mesotaenium* und *Monodus* [64, 257, 1010]. Auffällig sind die Überzüge von *Trentepohlia umbrina,* die im trockenen Zustand eine braune Farbe zeigen. Viele Luftalgen sind noch unerforscht.

Auch auf Fruchtkörpern von Baumschwämmen finden wir aërophytische Algen in ähnlicher Zusammensetzung wie auf Baumrinden. Einige Algen wachsen jedoch nicht nur an der Oberfläche, sondern sie dringen auch in das Plektenchym des Pilzes ein, wo sie sich vermehren. Ein interessantes Zusammenleben kommt bei *Chlamydomonas augustae* mit einem Pilz der Gattung *Pyronema* zustande [1002]. Im feuchten Klima der Tropen gedeihen Diatomeen auf dem Laub der Bäume gemeinsam mit Cyanophyceen. Einige Epiphyten können zugleich auch Halbparasiten sein, wie z. B. *Cephaleuros, Stomatochroon* oder *Phycopeltis* [939].

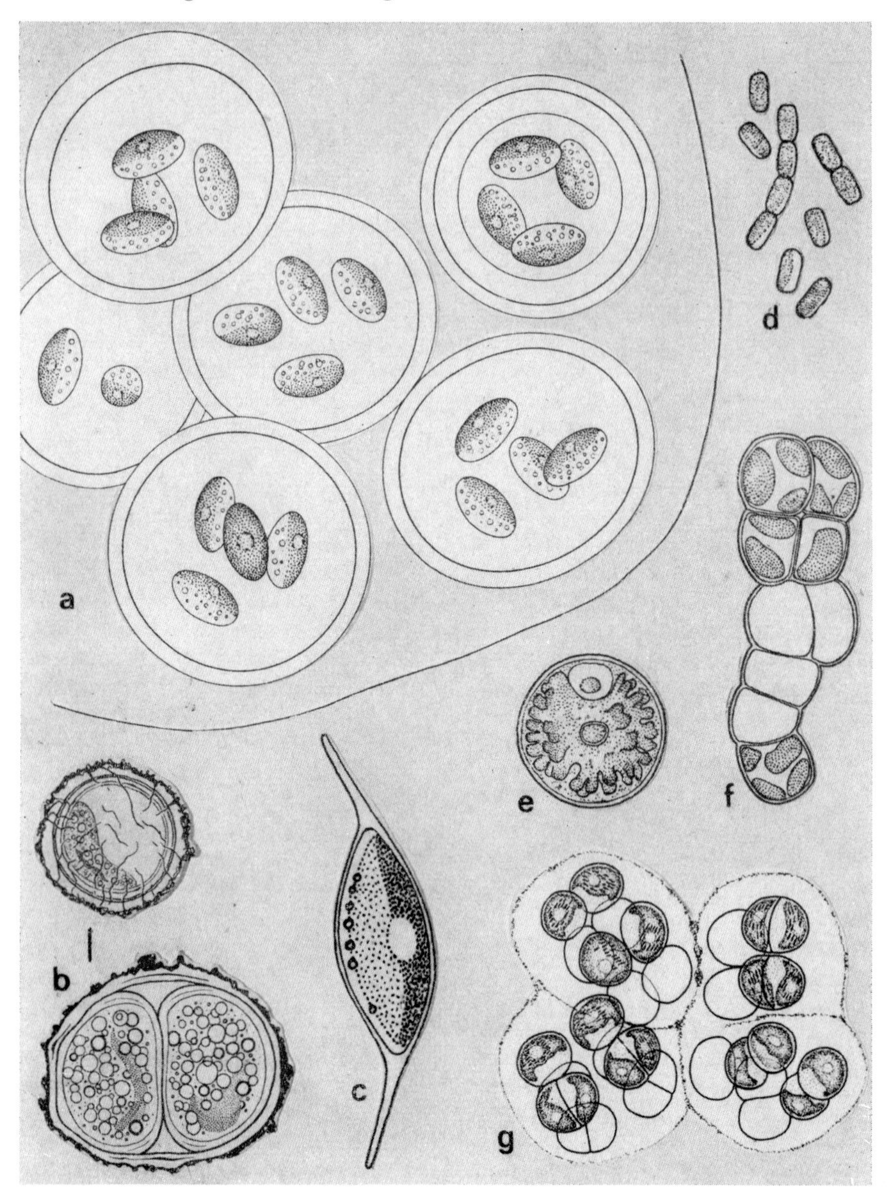

Abb. 253. Aërophytische Algen. a) *Gloeocystis vesiculosus;* b) *Geochrysis turfosa,* oben Oberflächenansicht mit der spröden, inkrustierten Hülle; c) *Keratococcus bicaudatus;* d) *Stichococcus bacillaris;* e) *Trebouxia arboricola;* f) *Pleurococcus vulgaris;* g) *Chlorokybus atmophyticus.* – Nach verschiedenen Autoren.

Ebenso ist die Oberfläche von Fels und Geröll mit aërophytischen Algen besiedelt. Erhält die Gesteinsoberfläche ausschließlich atmosphärische Feuchtigkeit, so zeigen ihre Algengesellschaften große Ähnlichkeit mit dem Bewuchs auf Baumrinden. Sie wachsen vor allem an der Schattenseite. Dort, wo Felswände durch herabrieselndes Wasser befeuchtet werden, finden wir zahlreiche Diatomeen (*Melosira roeseana, M. arenaria, Diatoma hiemale, Pinnularia borealis, Achnanthes coarctata, Navicula sörensis, Hantzschia amphioxys*), Chlorophyceen (*Gloeocystis vesiculosus, Klebsormidium flaccidum, Stichococcus* spp., *Chlorokybus atmophyticus*), Conjugaten (*Cylindrocystis, Mesotaenium, Penium, Zygnema*) und von den Rhodophyceen *Rhodospora*. Zu den häufigsten epilithischen Luftalgen gehören die an diese Lebensweise voll angepaßten *Trentepohlia*-Arten. *T. aurea* bildet goldgelbe filzige Überzüge auf Felsen und Steinmauern. *T. iolithus* bedeckt in den Bergen Steine und felsige Gipfel und ist durch ihren besonderen Duft auffallend (Veilchensteine).

Eine besondere Erscheinung sind mächtig entwickelte Überzüge aërophiler Algen an großen vegetationslosen Moor- oder Bodenoberflächen. Vertreten sind *Goeochrysis turfosa, Chroothece mobilis, Monodus obliqua, Chlorella vulgaris, Ch. ellipsoidea, Euglena klebsii, E. intermedia, E. deses* und zahlreiche Diatomeen der Gattungen *Anomoeoneis, Navicula, Pinnularia, Nitzschia, Rhopalodia* [63].

Eine große Zahl von Luftalgen und Sporen von Bodenalgen schwebt ständig in der Luft, besonders an windigen Tagen [704]. Je stärker die Luftströmung, umso mehr Algen befinden sich in der Luft. Sie können in manchen Fällen die Ursache von Allergien sein. Meistens wurden Chlorophyceen gefunden (*Chlorococcales, Ulotrichales*), seltener auch Diatomeen und vereinzelt Chrysophyceen. Man fand schätzungsweise bis zu 3000 Algenzellen pro 1 m^3 Luft [78]. Die Luftalge *Geochrysis* hat sich der Verbreitung durch den Wind angepaßt [816]. Das Lager wird bei anhaltender Trockenheit völlig mehlig-mulmig und zerfällt in einzelne Zellen oder in kleine Zellgruppen, die vom Wind aufgenommen und verstäubt werden.

7.5. Bodenalgen

In den Oberflächenschichten der meisten Böden ist eine artenreiche Algenflora vorhanden (Abb. 254). Die Bodenalgen besiedeln die dünne Wasserschicht auf den Bodenteilchen oder das in den Zwischenräumen befindliche Wasser. Sie bilden eine wichtige Komponente des Edaphons, denn ihre Menge ist im Boden recht bedeutend. Sporen und Fragmente von Algen werden auch in größere Tiefen eingeschwemmt. Das aktive Wachstum beschränkt sich jedoch wahrscheinlich nur auf die Oberflächenschicht [257, 939]. Die im Dunkeln der tieferen Bodenschichten lebenden Algen ernähren sich wohl fakultativ heterotroph. Viele Algen der Böden sind kosmopolitisch verbreitet, andere wiederum sind auf bestimmte Bodentypen beschränkt (Moorbö-

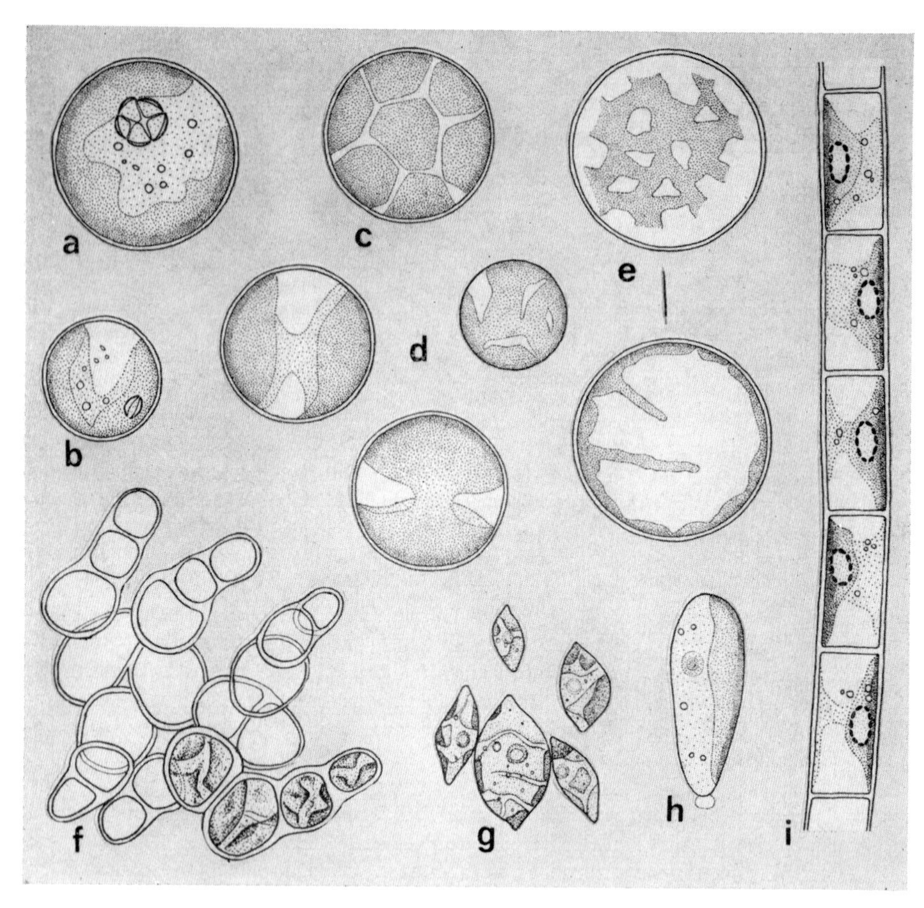

Abb. 254. Bodenalgen. a) *Chlorococcum hypnosporum;* b) *Chlorella vulgaris;* c) *Bracteococcus minor;* d) *Myrmecia bisecta;* e) *Dictyochloris fragrans,* oben Oberflächenansicht, unten Querschnitt; f) *Leptosira vischeri;* g) *Scotiella terrestris;* h) *Pseudococcomyxa adhaerens;* i) *Klebsormidium flaccidum.* – f), g) nach Reisigl 1964 [915], die übrigen Figuren nach Desortová 1974 [167].

den, Salzböden). Sie kommen auch reichlich in den Böden des Hochgebirges vor [882, 915, 1126]. Meist überwiegen in den Böden die Chlorophyceen, gefolgt von Diatomeen und Xanthophyceen [47, 157]. Zu den verbreiteten und häufigen Bodenalgen gehören Chlorophyceen wie *Chlamydomonas, Carteria, Chlorococcum, Bracteococcus, Radiosphaera, Muriella, Cystococcus, Trebouxia, Myrmecia, Chlorella, Dictyococcus, Spongiochloris, Keratococcus, Coccomyxa, Neochloris, Stichococcus, Klebsormidium.* Conjugatophyceen sind vor allem mit den Gattungen *Cylindrocystis, Mesotaenium* und *Cosmarium* vertreten. Von den Xanthophyceen sind die Arten der Gattungen *Pleurochloris, Chloridella, Monodus, Botrydiopsis, Bumilleria, Heterothrix, Heterococcus* häufig. Von Diatomeen gedeihen in Böden vor allem *Nitzschia palea, Pinnularia viridis, P. interrupta, P. microstauron, Navicula minima, N. seminulum, N. atomus, N. cryptocephala, Hantzschia* spp. Seltener kommen Rhodophyceen (*Porphyridium, Chroothece*), Chrysophyceen (*Geochrysis*) und Euglenophyceen (*Euglena klebsii, E. deses, E. mutabilis*) vor [70, 167, 362, 491, 829, 854].

Algen besiedeln oft als erste unter Bildung von organischen Substanzen frische Mineralböden und bilden dort die ersten Ökosysteme. Die zeitweise plötzlich auftretende Färbung von Bodenflächen bei feuchtem Wetter wird durch rapide und massenhafte Vermehrung mancher Bodenalgen (*Chlamydomonas, Klebsormidium, Ulothrix*) verursacht. Diese als „Bodenblüten" (flos humi) bezeichneten Massenproduktionen deuten auf günstige Bedingungen des nutritiven Substrats hin und dienen gewissermaßen als Bodenindikatoren desselben. Nach der Zusammensetzung der Bodenalgen kann man in gewissem Grad auf die chemischen und physikalischen Eigenschaften des Bodens und seine Fruchtbarkeit schließen [257].

Algen kommen auch unter den extremen Bedingungen der Arktis oder der Wüsten vor. In den arktischen und antarktischen Böden wurde eine erstaunliche Vielfalt von Algen, vor allem von Chloro- und Xanthophyceen gefunden [3]. In den Wüsten von Israel, Süd- und Nordamerika leben Bodenalgen sogar an extrem trockenen Standorten. Es kommen Gattungen wie *Chlamydomonas, Chlorococcum, Spongiochloris, Bracteococcus, Radiosphaera, Protosiphon, Botrydium, Klebsormidium* u. a. vor. Hier scheint die ökologische Grenze erreicht zu sein, wo Algen noch selbständig leben können [273, 275]. Bislang war man der Ansicht, daß Algen nur im symbiontischen Verband mit Flechten derart extreme Bedingungen überstehen könnten.

7.6. Epibiontische Algen

Als epibiontische Algen verstehen wir solche, die auf Pflanzen oder Tieren festsitzend leben und dieser Lebensweise angepaßt sind (Abb. 255). Viele von ihnen stellen spezifische Ansprüche an das Substrat. Die Anpassung an diese Lebensweise führte zur Ausbildung spezieller Haftorgane (Haftscheiben, Gallertpolster, Gallertstiele) und zu einer konvergenten Morphologie der epibiontischen Vertreter verschiedener Algenklassen. Hierfür geben ein schönes Beispiel die Gattungen *Bicuspidella-Dioxys-Dinococcus* (Abb. 112) oder *Characium-Characiopsis-Stylodinium*, um Vertreter der Chloro-, Xantho- und Dinophyceen zu nennen.

Algen, die auf Tieren leben (epizootische Algen), sind auf einen bestimmten Wirt oder sogar auf einen bestimmten Körperteil spezialisiert. Die Zoosporen dieser Algen werden höchstwahrscheinlich chemotaktisch angelockt,

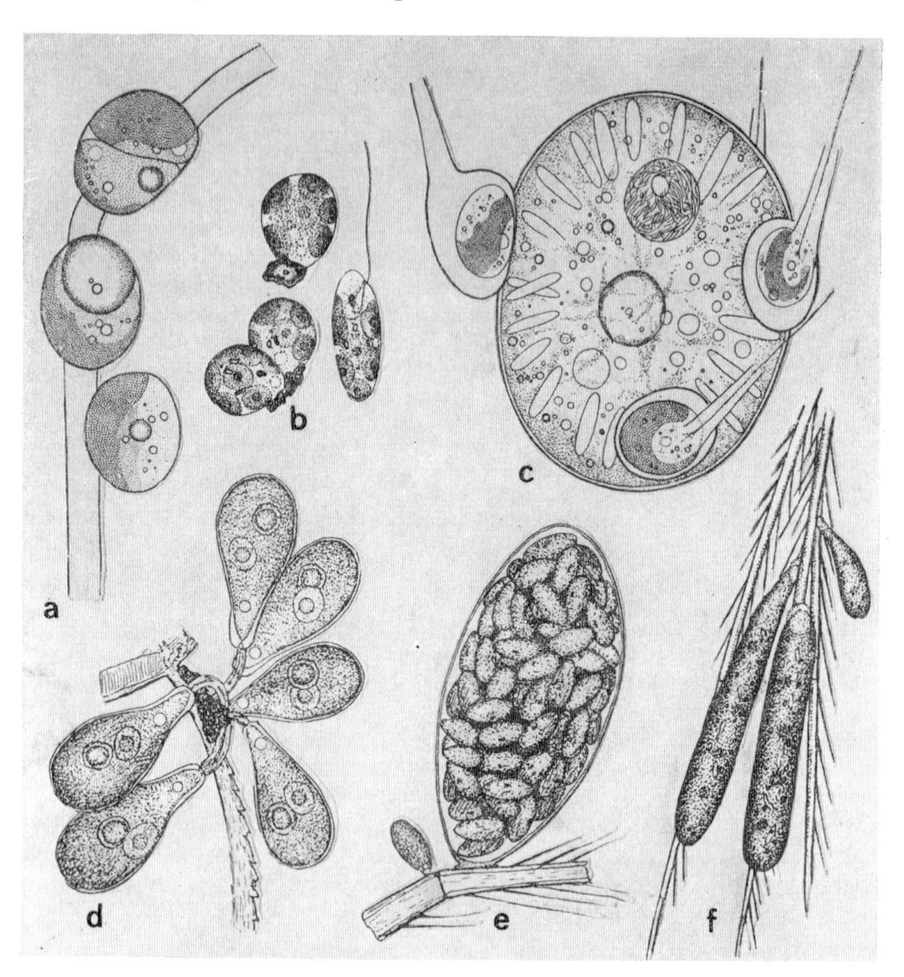

Abb. 255. Epibiontische Algen. a) *Epicystis peridinearum* auf *Peridinium;* b) *Colacium sideropus*, rechts freie Monade; c) *Lagynion cystodinii* auf *Cystodinium*; d) *Chlorangiella pyriformis;* e) *Chlorangiella epizootica*, rechts Zoosporangium; f) *Rhopalosolen cylindricus*. Die letzten drei genannten Organismen auf Cladoceren. – Nach Pascher, Skuja, Korschikoff.

da sie sich auf eine andere Unterlage nicht festsetzen. Planktische Rotatorien und Crustaceen sind oft von so vielen Algen besiedelt, daß die Tiere infolge der dichten Algendecke eine grünliche Farbe bekommen. Zu den typischen epizootischen Algen gehören Chlorophyceen wie *Chlorangiella, Chlorangiopsis*, einige *Chlamydomonas*-Arten, *Lambertia, Rhopalosolen, Protoderma,* die Euglenophycee *Colacium* und farblose Flagellaten wie *Cephalothamnion* und *Codonosiga* [257]. Als Raumparasiten im weitesten Sinne sind die Zellen von *Chlamydomonas dinobryonis* aufzufassen, die in leeren, aber auch in besiedelten Gehäusen von *Dinobryon* leben [218].

Eine etwas andere Lebensweise haben *Chlamydomonas*-Arten, die in Gallerte tierischer Herkunft eindringen, z. B. in den Schleim von Froschlaich (*Ch. mucicola*) oder in die Gallerte von Rotatorien (*Ch. gloeophila*). Oft entwickelt sich in den Gallertkolonien von Rotatorien und Ciliaten eine reiche Algenflora, die sich – abgesehen von zufällig angetriebenen Zellen verschiedener Arten, aus charakteristischen Vertretern von Diatomeen zusammensetzt [338]. *Gomontia* und *Trypanochloris* leben unter dem Periostrakum und in dessen oberflächlichen Schichten oder auf den Schalen von Mollusken [298, 901].

Eine anders spezialisierte Algengruppe lebt auf anderen Algen und auf höheren Pflanzen. Da über solchen Epiphytismus schon früher berichtet wurde, wenden wir uns nur besonderen Formen zu. In der Art und Weise der Befestigung gibt es Regelmäßigkeiten, besonders was die Orientierung zum Wirt anbelangt. Auf wasserbewohnenden Angiospermen bevorzugen die Epiphyten die Vertiefungen über den antiklinen Wänden der Epidermiszellen [191]. In einigen Fällen kann der Wirtsorganismus durch die Besiedlung der epiphytischen Algen geschädigt werden oder auch absterben [842]. Der Übergang vom harmlosen Festhaften zum Ektoparasitismus scheint fließend zu sein *(Phytodinedria)*.

Viele der epiphytischen Algen kommen ohne Einschränkungen auf Fadenalgen verschiedenster taxonomischer Zugehörigkeit vor (*Characium, Characiopsis*). Andere Epiphyten sind jedoch spezialisiert und besiedeln nur einen bestimmten Wirt. *Porochloris* und *Octogoniella* kommen vorherrschend auf den grünen Zellen von Sphagnum vor. Eine *Porochloris*-Art ist jedoch noch stärker spezialisiert, indem sie nur auf den Borsten von *Bulbochaete* festhaftet [811]. Gewisse *Epicystis*- und *Lagynion*-Arten (Abb. 255 a, c) leben nur auf bestimmten Dinophyceen [815].

7.7. Symbiontische Algen und Symbionten von Algen

Die Beziehungen zwischen Algen und anderen Organismen können sehr verschieden sein; sie reichen vom einfachen Zusammenleben bis zur engen Gemeinschaft. Nicht selten dringen Algen in den Körper anderer Organismen ein, und zwar entweder in die Zwischenräume der Gewebe oder direkt in die Zellen. Sie bewahren ihren eigenen Stoffwechsel, ohne den Wirt zu schädigen. Umgekehrt können auch andere Organismen (Bakterien, Cyanophyceen) in die Algen einwandern. Solche gegenseitige Beziehungen bezeichnen wir als Mutualismus. Ein noch engeres Zusammenleben von Algen und anderer Organismen, wie Zoochlorellen und Flechten, wird bereits als Symbiose angesehen. Wir unterscheiden drei wichtige Typen des Zusammenlebens.

7.7.1. Cyanellen

In einigen farblosen Flagellaten und Algen findet man endosymbiontische Cyanophyceen, die das Aussehen von Algenchloroplasten haben (Abb. 256). Diese Cyanophyceen sind mit keiner frei lebenden Art identisch, und es ist auch nicht gelungen, diese Endosymbionten außerhalb des Wirts zu kultivieren [310]. Ein derartiges Zusammenleben wird als Endocyanose, das Konsortium beider Organismen als Cyanom bezeichnet. Die Cyanophyceen nennt man Cyanellen [812]. Die Cyanellen übernehmen im Wirtsorganismus die Funktion von Chloroplasten. Elektronenmikroskopische Untersuchungen haben eindeutig bewiesen, daß es sich die Cyanellen der Ultrastruktur nach tatsächlich um Cyanophyceen oder Cyanophyceen-ähnliche Endosymbionten handelt [381, 382].

Von Flagellaten, die Cyanellen enthalten, ist *Cyanophora paradoxa* am besten bekannt, weniger gut *Peliaina* und *Cryptelle* [812]. Die Algen *Gloeo-*

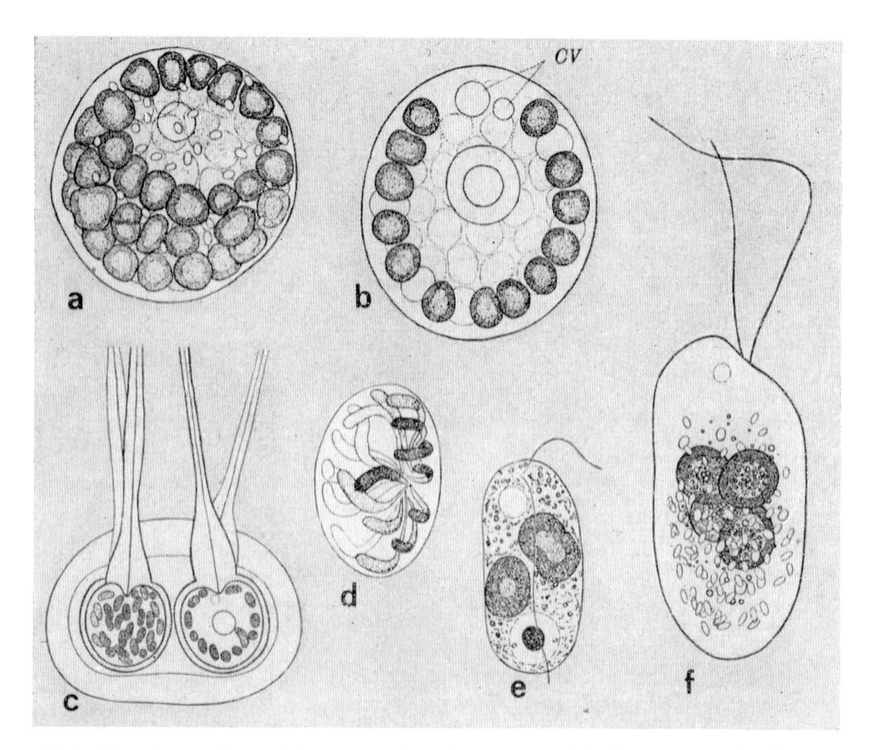

Abb. 256. Cyanellen. a) *Cyanoptyche gloeocystis,* Scheitelansicht; b) Querschnitt derselben Alge, die kugeligen Cyanellen bilden eine topfförmige Schicht (*cv* pulsierende Vakuolen); c) *Gloeochaete wittrockiana*; d) *Glaucocystis nostochinearum*; e) *Cyanophora paradoxa;* f) *Peliaina cyanea.* – Aus Pascher 1929 [812].

chaete und *Cyanoptyche* werden wegen der vorhandenen Pseudocilien und und pulsierenden Vakuolen zu den *Tetrasporales* gestellt [289, 310]. Hier liegen die Cyanellen in der peripheren Schicht des Protoplasten. *Glaucocystis,* eine der chlorococcalen Gattung *Oocystis* ähnliche Form, enthält Cyanellen in Gestalt von blaugrünen, asteroid angeordneten Bändern. Symbiontische Cyanophyceen wurden auch in der Diatomee *Rhopalodia* gefunden [190].

Bisher ist es nicht gelungen, eine befriedigende Theorie aufzustellen, die die Entstehung der Endocyanose erklären könnte. Bei der Fortpflanzung der Wirtsalge werden die Cyanellen auf die Tochterzellen übertragen, doch muß die Teilung der Cyanellen nicht mit der Teilung der Wirtszellen synchronisiert sein. Mitunter entstehen auch völlig cyanellenfreie Tochterzellen des Wirtsorganismus [812]. Leider ist das weitere Schicksal dieser Zellen, denen Cyanellen fehlen, nicht bekannt.

7.7.2. Zoochlorellen

Die als Zoochlorellen bzw. Zooxanthellen bezeichneten Symbionten sind autotrophe einzellige Algen (Abb. 257). Im allgemeinen scheinen sie den Wirt mit dem bei der Photosynthese freiwerdenden Sauerstoff zu beliefern und das von diesem abgegebene CO_2 zu binden. Es gibt aber auch noch weitere, engere Beziehungen im Metabolismus beider Organismen. Im Gegensatz zu den Cyanellen lassen sich jedoch Zoochlorellen in geeigneter Nährlösung isoliert züchten. Sie leben innerhalb von Zellen und Geweben von Tieren. Die Chlorophyceen, die in Amoeben, Ciliaten, Forimaniferen, Coelenteraten, Süßwasserschwämmen, Turbellarien und Mollusken vorkommen, werden gewöhnlich als Arten der Gattung *Chlorella* angesehen. In manchen Fällen handelt es sich jedoch um völlig andere Chlorophyceen, wie *Carteria, Platymonas, Coccomyxa, Scenedesmus* u. ä. [257, 277]. Die meisten Zoochlorellen leben intrazellulär im Endoplasma von Protozoen (*Stentor, Paramaecium*), im entodermalen Epithel der Coelenteraten (*Chlorohydra*) und in den Phagocyten mancher Mollusken [188]. Bei Turbellarien sind die Algen meist extrazellulär in den Hohlräumen des subepidermalen Parenchyms anzutreffen.

Der Algensymbiont von *Convoluta* wurde als *Platymonas roscoffensis* identifiziert [793]. Diese Symbiose wurde auch in vitro resynthetisiert, indem die frisch geborenen farblosen Larven mit verschiedenen Klonen von *Platymonas* gefüttert wurden [904]. Es wird deshalb angenommen, daß in diesem Fall Neuinfektionen immer in den Larven stattfinden. Bei den Protozoen ist die Weitergabe der Symbionten viel einfacher, da diese bei der Teilung des Wirtes einfach auf die Tochterzellen übergehen. Bei den Coelenteraten werden die Eizellen noch vor ihrer Reife infiziert, indem die Zoochlorellen einfach in die Eizelle einwandern.

Bei Zooxanthellen handelt es sich in den meisten Fällen um Dinophyceen (*Symbiodinium*), seltener auch um Flagellaten anderer taxonomischer Herkunft. *Symbiodinium* vermehrt sich in den Wirtszellen durch einfache Zwei-

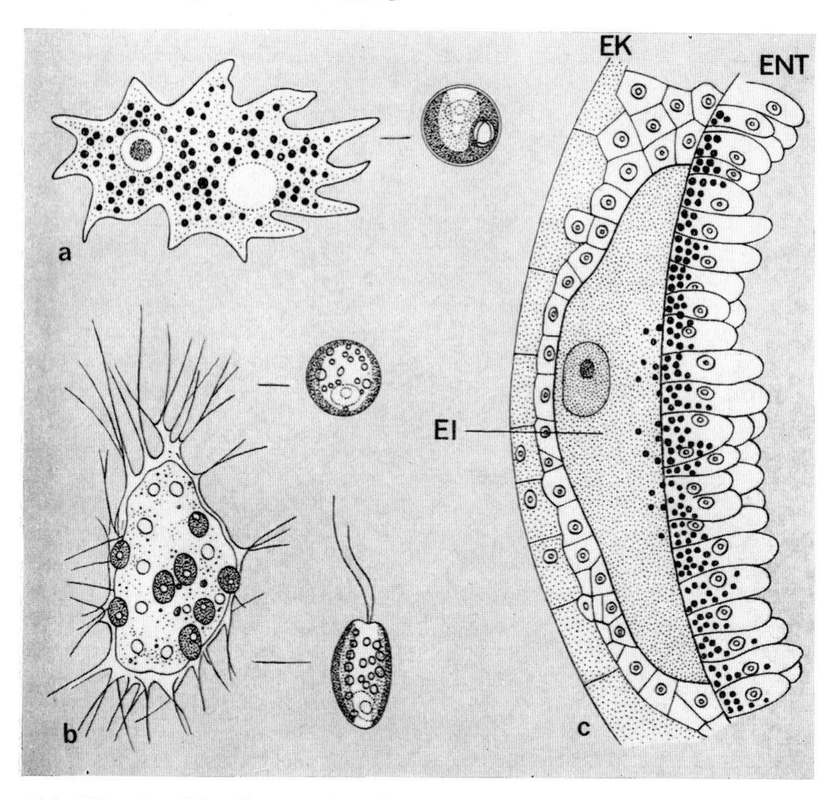

Abb. 257. Zoochlorellen. a) *Amoeba viridis* mit Zoochlorellen (schwarze Körper), rechts einzelne Zoochlorelle bei starker Vergrößerung; b) *Collozoon inerme* (Radiolarie) mit Zooxanthellen (punktiert), rechts oben einzelne unbewegliche Zooxanthelle, rechts unten bewegliches Stadium; c) Teil eines Längsschnittes durch die Leibeswand von *Hydra viridis* mit Zoochlorellen (schwarze Körper). Diese wandern aus dem Entoderm (*ENT*) auch in die Eizelle (*EI*) ein. *EK* Ektoderm. – a) Nach Gruber aus Reichenow 1953 [912]; b) nach Brandt; c) nach Hamann und Beijerinck aus Oltmanns 1922 [772].

teilung, gelegentlich kommt es aber auch zu einer multiplen Teilung, nach der kleine *Gymnodinium*-artige Schwärmer austreten, um andere Wirtsorganismen aufzusuchen. Sie kommen vor allem bei Polychaeten, Riesenmuscheln und Cnidarien vor. Sie leben dort in bestimmten Trägerzellen des Entoderms und der Mesogloea. Besonders verbreitet sind die Zooxanthellen bei Seerosen und Korallen warmer Meere [188, 269, 371]. In den großen Zellen von *Noctiluca miliaris* leben manchmal symbiontisch kleine Flagellaten der Gattung *Pedinomonas* [1070].

7.7.3. Flechtenalgen

Die symbiontische Vereinigung von Alge und Pilz zur Flechte ist wohl das bekannteste Beispiel einer Symbiose (Abb. 259). Es ist aber der Pilzpartner, der den Bau und die Gestalt dieses neuen Systems vorwiegend bestimmt. Nur in seltenen Fällen tritt die Alge formbestimmend in Erscheinung. Die Algenzellen werden entweder von den Pilzhyphen dicht umsponnen, oder die Pilzhyphen dringen als Haustorien in die Algenzelle ein, ohne letztere in ihrer trophischen Funktion oder im Wachstum zu hemmen (Abb. 258). Der Ausschluß der Haustorien bei der Autosporenbildung der Algen und die Einkapselung in alten Zellen zeigen, daß die Haustorien nicht direkt im Protoplasten liegen, sondern gewissermaßen eine Einstülpung desselben darstellen, d. h., das Zytoplasma beider Partner bleibt getrennt [297, 980, 1105]. Dies wurde schließlich auch elektronenmikroskopisch bewiesen [283].

Die Symbiose bietet beiden Partnern gegenseitige Vorteile. Die Algen sind meistens bodenbewohnende oder aërophytische Arten sehr verschiedener systematischer Stellung. Daß die Anzahl der Arten aber viel größer ist, als früher vermutet wurde, läßt sich erst aus neueren, mit verfeinerten Methoden unternommenen Untersuchungen erkennen. Neuerdings wurden außer den bekannten Cyanophyceen und Chlorophyceen auch Xanthophyceen als

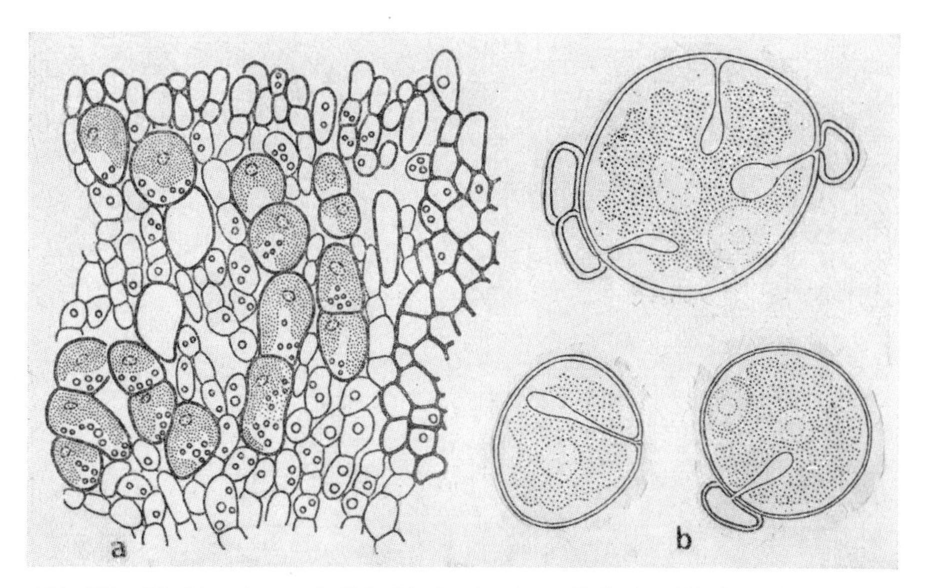

Abb. 258. Flechtenalgen. a) Schnitt durch einen Teil des Flechtenthallus von *Verrucaria adriatica* mit der Alge *Dilabifilum arthropyreniae* (punktiert); b) *Cystococcus*-Zellen mit eindringenden Haustorien des Pilzpartners. – a) nach Tschermak-Woess 1976 [1108]; b) nach Geitler 1934 [297].

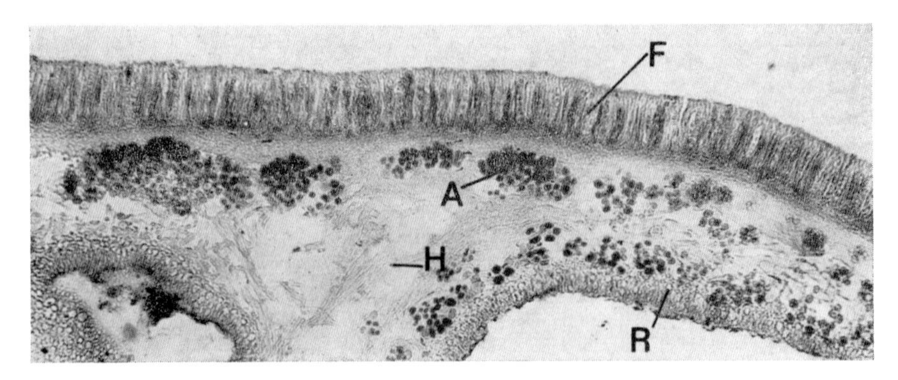

Abb. 259. Querschnitt durch den Flechtenthallus von *Xanthoria parietina*. Oben Fruchtschicht (*F*) des Apotheciums, innen als dunkle Körper zwischen den Hyphen (*H*) die Flechtenalgen (*A*); *R* Rindensystem. – 100 : 1, Original H. Ettl.

obligate Partner in Flechten gefunden [2, 314]. Allgemein ist für jede bestimmte Flechtenart eine bestimmte, physiologisch an diese angepaßte Algenart charakteristisch. Doch kommt es auch vor, daß in einem Flechtenlager zwei verschiedene Algenpartner enthalten sind, was zur Ausbildung morphologisch verschiedener Lager führt.

Überblick einiger Algengattungen, die in Flechten als Algenpartner (Gonidien) gefunden wurden (nach Ahmadjan [2] unter Berücksichtigung auch anderer Autoren):

Algen	Flechten
Chlorophyceae:	
Cephaleuros	*Strigula, Raciborskiella*
Leptosira	*Thrombium, Vezdaea*
Phycopeltis	*Strigulaceae, Opegraphaceae*
Pseudopleurococcus	*Verrucaria*
Trentepohlia	*Coenogonium, Graphis, Racodium*
Chlorella	*Lepraria, Lecidea, Calicium*
Chlorosarcina	*Lecidea*
Coccomyxa	*Peltigera, Solorina, Botrydina*
Myrmecia	*Biatorella, Dermatocarpon, Phlyctis*
Pleurococcus	*Dermatocarpon, Endocarpon, Lecidea, Verrucaria*
Pseudochlorella	*Lecidea*
Stichococcus	*Coniocybe, Lepraria, Chaenotheca*
Trebouxia	*Cladonia, Xanthoria, Ramalina*
Xanthophyceae:	
Heterococcus	*Verrucaria*

[314, 319, 1012, 1100, 1105, 1107, 1108, 1111].

7.8. Parasitische Algen

Die epiphytische oder symbiontische Lebensweise kann bei Algen leicht in Parasitismus übergehen. Parasitische Algen sind dann nicht nur in höheren Pflanzen und in Tieren vorhanden, sondern schmarotzen auch auf anderen Algen (Abb. 260). Begreiflicherweise sind die Grenzen des Parasitismus nicht scharf zu ziehen, besonders dort, wo die epiphytische Lebensweise in eine endophytische übergeht. Endophytische Algen kommen in den intrazellulären Räumen von höheren Algen, Moosen und Angiospermen vor. In der Gallerte von *Zygnema* lebt *Gonatoblaste,* die den Wirt zu erhöhter Gallertausscheidung reizt [774]. Fester in die Zellwand von Algen und Wasserpflanzen nistet sich *Endoderma* ein. *Endoderma perforans* dringt in die Epidermis von *Zostera marina* ein, meist aber bei abgestorbenen Zellen [235]. Endophytische Florideen (z. B. *Schmitziella*) entwickeln ihren ganzen Thallus in den peripheren Zellwandschichten von Chloro- und Phaeophyceen. *Chaetonema* und *Acrochaete* dringen in *Batrachospermum* und *Laminaria* ein.

Allgemein bekannt ist *Chlorochytrium,* das in den Intrazellularräumen von *Lemna, Elodea, Potamogeton, Ceratophyllum* u. a. lebt. *Phyllobium* bevorzugt *Lysimachia, Ajuga* und *Cardamine.* Die Gattung *Rhodochytrium* aus derselben Familie (*Chlorochytridiaceae*) ist bereits eindeutig zur parasitischen Lebensweise übergegangen. Sie besitzt keine Chloroplasten mehr und lebt in *Artemisia, Asclepias* und *Spilathes*-Arten. *Phyllosiphon* verursacht auffallende Flecke auf Blättern von *Zamioculcas.* Arten der tropischen Chlorophyceen-Gattung *Cephaleuros* sind sowohl epiphytisch als auch parasitisch (Abb. 260 c). Die verästelten Fäden bilden einen polsterförmigen Belag auf der Oberfläche tropischer Pflanzen. Einige Arten sind jedoch lästige Krankheitserreger verschiedener tropischer Kulturpflanzen. Die Zoosporen gelangen durch Regen in die Atemhöhlen ihrer Wirtspflanze, wo sie zu Fäden auswachsen, die in die Zellen der Epidermis eindringen. *Cephaleuros virescens* verursacht den „red rust tea“, eine sehr gefährliche Erkrankung bei Teepflanzen [901]. Infektionen wurden auch an anderen Kultur- und Zierpflanzen beobachtet, insbesondere an Arten von *Citrus, Persea, Magnolia* und *Rhododendron.*

Einen anderen Übergang vom Epiphytismus zum Parasitismus zeigt *Chantransia cytophaga* [774]. Diese Alge wächst unter der Kutikularschicht von *Porphyra,* entsendet aber in einzelne Zellen Fortsätze, die den Haustorien von Pilzen ähnlich sind. Als typische Parasiten können z. B. *Harveyella* (Abb. 260 d) und *Rhodochytrium* betrachtet werden, da sie sich allein auf Kosten des Wirtes ernähren. Die meisten anderen parasitisch lebenden Formen haben Chloroplasten. Der Parasitismus von Algen auf Algen kann an folgenden Beispielen gezeigt werden: *Notheia anomale* auf Phaeophyceen, *Choreocolax polysiphoneae* und *Harveyella mirabilis* auf Rhodophyceen und *Phyllosiphon arisari* auf Chlorophyceen [99].

Unter den Flagellaten zeigen die Dinoflagellaten (*Blastodinophyceae*) die verschiedenartigsten Formen von Parasitismus [86, 100]. Die parasitische

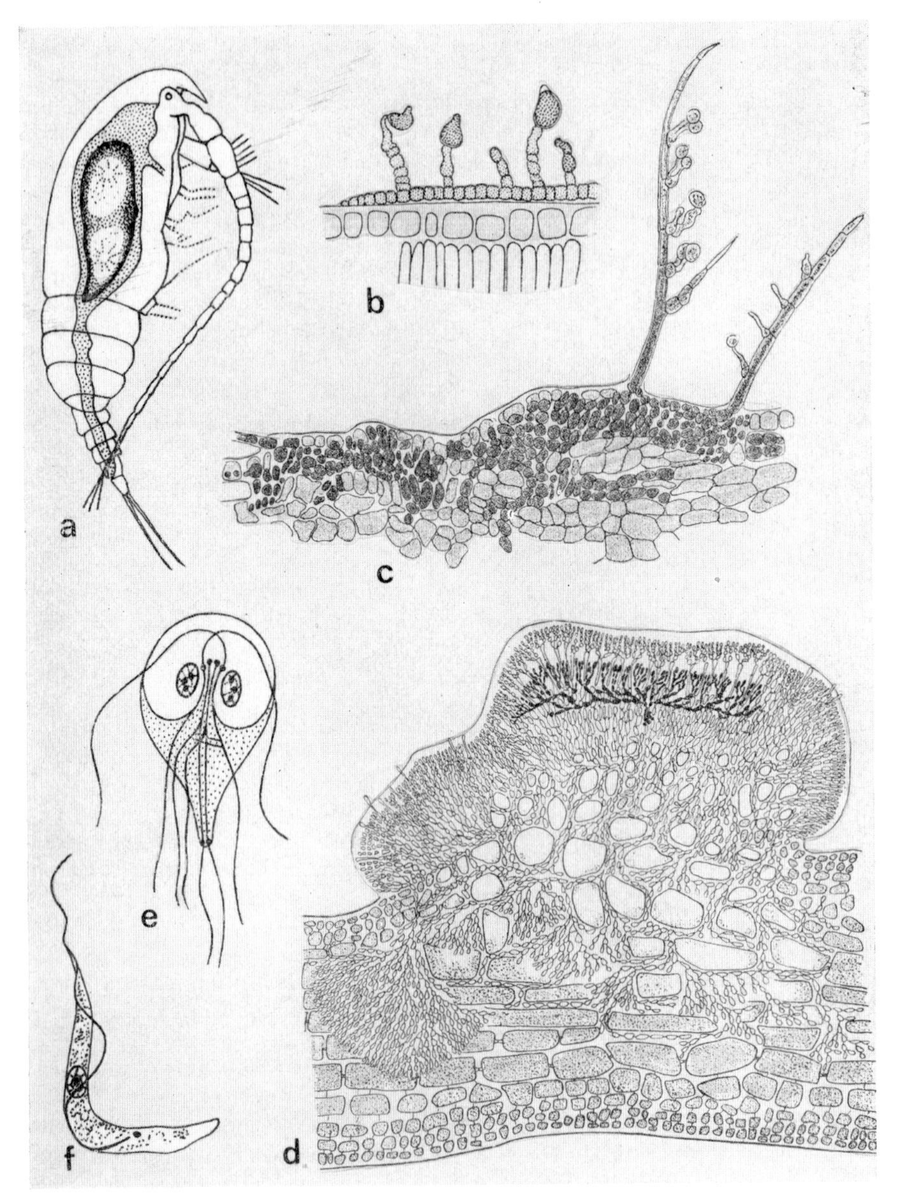

Abb. 260. Parasitische Algen. a) *Blastodinium crassum* im Darm von *Paracalanus parvus;* b) *Phycopeltis treubii* an einer Blattoberfläche; c) *Cephaleuros minimus*, Thallus im Mesophyll von Blättern. Aus dem Blatt brechen einzelne Luftfäden der Alge nach außen, an deren Seitenzweigen sich Zoosporangien bilden; d) *Harveyella*

Lebensweise hat bei ihnen meistens zum Verlust der Geißeln und häufig zu einer so weitgehenden Umgestaltung der Zellorganisation geführt, daß ihre Zugehörigkeit zu den Dinophyten nur aus den Kernverhältnissen und dem Auftreten *Gymnodinium*-artiger Zoosporen erschlossen werden kann [371]. Im Darm mariner Copepoden leben Arten der Gattung *Blastodinium* und wachsen hier zu großen Keimkörpern heran (Abb. 260 a). Sie pflanzen sich durch kleine Zoosporen fort, die schubweise durch den After des Wirts nach außen gelangen, wo sie weitere Copepoden infizieren. *Blastodinium* enthält noch Chloroplasten, wogegen *Syndinium*-Arten zu reinen farblosen Parasiten in den Leibeshöhlen der Copepoden geworden sind. In Fischeiern schmarotzen *Ichthyodinium*-Arten. Parasitische Dinoflagellaten befallen auch Radiolarien, indem sie als Zoosporen in die Zentralkapsel eindringen und sich häufig im Zellkern entwickeln. Andere befallen Ciliaten oder sogar andere, frei lebende Dinoflagellaten [86, 87].

Als Parasiten in den Verdauungsorganen von Tieren und Menschen leben farblose Flagellaten, wie *Hexamitus, Giardia* und *Lamblia. Lamblia intestinalis* (Abb. 260 e) verursacht in wärmeren Gegenden Europas Darmstörungen, die sog. Lambliasen. Zu den krankheitserregenden Parasiten, die als Blut- oder Darmschmarotzer von Säugetieren und Menschen auftreten, gehören die Trypanosomaceen (*Trypanosoma* – Abb. 260 f, *Leishmania*) und die Trichomonadaceen (*Trichomonas*), doch werden diese meist zu den Zooflagellaten gestellt [371, 912], so daß hier nicht näher auf sie eingegangen wird.

mirabilis, auf *Rhodomella* parasitierend; Sporophyt schwarz eingezeichnet; e) *Lamblia intestinalis;* f) *Trypanosoma gambiense.* – a), e), f) nach Reichenow 1953 [912]; b)–d) nach Oltmanns 1922 [772, 773].

8. Literatur

1. AARONSON, S., and U. BEHRENS: Ultrastructure of an unusual contractile vacuole in several Chrysomonad phytoflagellates. J. Cell Sci. **14**, 1–9 (1974).
2. AHMADJIAN, V.: A guide to the algae occuring as lichen symbionts: isolation, culture, cultural physiology and identification. Phycologia **6**, 127–166 (1967).
3. AKIYAMA, M.: Some soil algae from the arctic Alasca, Canada and Greenland. Mem. Fac. Educ. Shimane Univ. Nat. Sci. **4**, 53–75 (1970).
4. ARCHIBALD, P. A.: The genus *Nautococcus* KORSHIKOV (*Chlorophyceae, Chlorococcales*). Phycologia **11**, 207–212 (1972).
5. – and H. C. BOLD: Phycological studies XI. The genus *Chlorococcum* MENEGHINI. Univ. Texas Publ. No. 7015, 1–115 (1970).
6. ARNOLD, C. G., O. SCHIMMER, F. SCHÖTZ und H. BATHELT: Die Mitochondrien von *Chlamydomonas reinhardii*. Arch. Mikrobiol. **81**, 50–67 (1972).
7. ARNOTT, H. J., and R. M. BROWN: Ultrastructure of the eyespot and its possible significance in phototaxis of *Tetracystis excentrica*. J. Protozool. **14**, 529–539 (1967).
8. – and H. E. SMITH: Analysis of microtubule structure in *Euglena granulata*. J. Phycol. **5**, 68–74 (1969).
9. ATKINSON, A. W., P. C. L. JOHN and B. E. S. GUNNING: The growth and division of the single mitochondrion and other organelles during the cell cycle of *Chlorella*, studied by quantitative stereology and three dimensional reconstruction. Protoplasma **81**, 77–109 (1974).
10. BAILEY, A., and T. BISALPUTRA: Some structural aspects of the cell wall of *Ectocarpus acutus* SETCHELL and GARDNER and *Elachista fucicola* (VELLEY) ARESCHOUG. Phycologia **8**, 57–63 (1969).
11. BARNETT, J. R., and R. D. PRESTON: Arrays of granules associated with the plasmalemma in swarmers of *Cladophora*. Ann. Bot. (London) **34**, 1011–1017 (1970).
12. BARTELS, P. G., and R. W. HOSHAW: Cylindrical structures in the chloroplasts of *Sirogonium melanosporum*. Planta **82**, 293–298 (1968).
13. BARTON, R.: Electron microscope studies on surface activity in cells of *Chara vulgaris*. Planta **66**, 95–105 (1965).
14. – Occurrence and structure of intranuclear crystals in *Chara* cells. Planta **77**, 203–211 (1967).
15. – Autoradiographic studies on wall formation in *Chara*. Planta **82**, 302–306 (1968).
16. BAUCH, R.: Die Entwicklung der Bisporen der Corallinaceen. Planta **26**, 365–390 (1937).
17. BAUER, L.: Determination von Gametophyt und Sporophyt. In: RUHLAND, W. (ed.): Handbuch der Pflanzenphysiologie, Bd. 18, S. 235–256. Springer, Berlin – Heidelberg – New York 1967.
18. BEGER, H.: Leitfaden der Trink- und Brauchwasserbiologie. 2. Aufl. G. Fischer, Stuttgart 1966.
19. BEHRE, K.: Zur Algensociologie des Süßwassers (unter besonderer Berücksichtigung der Litoralalgen). Arch. Hydrobiol. **62**, 125–164 (1966).
20. – und G. H. SCHWABE: Auf Surtsey/Island im Sommer 1968 nachgewiesene nicht marine Algen. Schr. Naturw. Ver. Schlesw.-Holst., Sonderband 1970, 31–100 (1970).
21. BELCHER, J. H.: Lorica construction in *Pseudokephyrion pseudospirale* BOURRELLY. Brit. phycol. Bull. **3**, 495–499 (1968).
22. – The fine structure of *Furcilla stigmatophora* (SKUJA) KORSHIKOV. Arch. Mikrobiol. **60**, 84–94 (1968).
23. – A morphological study of the phytoflagellate *Chrysococcus rufescens* KLEBS in culture. Brit. phycol. Bull. **4**, 105–117 (1969).
24. – Some remarks upon *Mallomonas papillosa* HARRIS and BRADLEY and *M. calceolus* BRADLEY. Nova Hedwigia **18**, 257–270 (1969).

25. – The fine structure of the loricate colourless flagellate *Bicoeca planctonica* KISSELEW. Arch. Protistenk. **117**, 78–84 (1975).
26. – and E. M. F. SWALE: *Chromulina placentula* sp. nov. (*Chrysophyceae*), a freshwater nannoplankton flagellate. Brit. phycol. Bull. 3, 257–267 (1967).
27. – – The microanatomy of *Phaeaster pascheri* SCHERFFEL (*Chrysophyceae*). Brit. phycol. J. **6**, 157–169 (1971).
28. – – Some features of the microanatomy of *Chrysococcus cordiformis* NAUMANN. Brit. phycol. J. **7**, 53–59 (1972).
29. – – The morphology and fine structure of the colourless colonial flagellate *Anthophysa vegetans* (O. F. MÜLLER) STEIN. Brit. phycol. J. **7**, 335–346 (1972).
30. BERNARD, F.: Recherches sur le cycle du *Coccolithus fragilis* LOHM. Flagellé dominant les mers chaudes. J. conseil, Conseil perm. intern. explor. mer **15**, 177–188 (1948).
31. BERTHOLD, G.: Die geschlechtliche Fortpflanzung der eigentlichen Phaeosporeen. Mitt. Zool. Stat. Neapel **2**, 401–413 (1881).
32. BESSENICH, K.: Über Beziehungen zwischen dem Vegetationspunkt und dem übrigen Pflanzenkörper bei *Chara*. Jb. wiss. Bot. **62**, 214–243 (1923).
33. BIBBY, B. T., and J. D. DODGE: The fine structure of the chloroplast nucleoid in *Scrippsiella sweeneyae* (*Dinophyceae*). J. Ultrastruct. Res. **48**, 153–161 (1974).
34. BIEBEL, P.: The sexual cycle of *Netrium digitus*. Amer. J. Bot. **51**, 697–704 (1964).
35. BIEBL, R., und E. KUSEL-FETZMANN: Beobachtungen über das Vorkommen von Algen an Thermalstadorten auf Island. Österr. Bot. Z. **113**, 408–423 (1966).
36. BIECHELER, B.: Sur la division de la Chloromonadine *Chattonella subsalsa* BIECHELER. C. R. Soc. Biol. (Paris) **123**, 1126 (1936).
37. – Recherches sur les Péridiniens. Bull. biol. France et Belg., Suppl. **36**, 1–145 (1952).
38. BIELKA, H. (ed.): Molekulare Biologie der Zelle. G. Fischer, Stuttgart 1973.
39. BISALPUTRA, T.: Electron microscopic study of the protoplasmic continuity in certain brown algae. Can. J. Bot. **44**, 89–93 (1966).
40. – F. M. ASHTON and T. E. WEIER: Role of dictyosomes in wall formation during cell division of *Chlorella vulgaris*. Amer. J. Bot. **53**, 213–216 (1966).
41. – and A. BAILEY: The fine structure of the chloroplast envelope of a red alga, *Bangia fusco-purpurea*. Protoplasma **76**, 443–454 (1973).
42. – and A. A. BISALPUTRA: Chloroplast and mitochondrial DNA in a brown alga, *Egregia menziesii*. J. Cell Biol. **33**, 511–520 (1967).
43. – – The ultrastructure of chloroplast of a brown alga *Sphacelaria* sp. I. Plastid DNA configuration-the chloroplast genophore. J. Ultrastruct. Res. **29**, 151–170 (1969).
44. – P. C. RUSANOWSKI and W. S. WALKER: Surface activity, cell wall, and fine structure of pit connection in the red alga *Laurencia spectabilis*. J. Ultrastruct. Res. **20**, 277–289 (1967).
45. – and J. R. STEIN: The development of cytoplasmic bridges in *Volvox aureus*. Can. J. Bot. **44**, 1697–1702 (1966).
46. – and T. E. WEIER: The pyrenoid of *Scenedesmus quadricauda*. Amer. J. Bot. **51**, 881 bis 892 (1964).
47. BISCHOFF, H. W., and H. C. BOLD: Phycological studies IV. Some soil algae from Enchanted Rock and related algal species. Univ. Texas Publ. Nr. 6318, 1–95 (1963).
48. BLIDING, C.: Über Sexualität und Entwicklung bei der Gattung *Enteromorpha*. Sv. Bot. Tidskr. **27**, 233–256 (1933).
49. – A critical survey of european taxa in *Ulvales*. Part I. Opera Bot., **8**, 1–160 (1963).
50. – A critical survey of european taxa in *Ulvales*, II. Bot. Not. **121**, 535–629 (1968).
51. BLUM, J. L.: The influence of water currents on the life functions of algae. Ann. New York Acad. Sci. **108**, 353–358 (1963).
52. BOLD, H. C.: The life history and cytology of *Protosiphon botryoides*. Bull. Torrey Bot. Club **60**, 241–299 (1933).
53. BOUCK, G. B.: The structure, origin, isolation and composition of the tubular mastigonems of the *Ochromonas* flagellum. J. Cell Biol. **50**, 362–384 (1971).
54. – and D. L. BROWN: Microtubule biogenesis and cell shape in *Ochromonas* – I. The distribution of cytoplasmic and mitotic microtubules. J. Cell Biol. **56**, 340–359 (1973).
55. BOURNE, V. L., and K. COLE: Some observations on the fine structure of the marine brown alga *Phaeostrophion irregulare*. Can. J. Bot. **46**, 1369–1375 (1968).
56. BOURRELLY, P.: Un nouveau cas de convergence morphologique entre Chrysophycées et Chlorophycées: *Heimiochrysis actinotrichia* (nov. gen. et sp.). C. R. Acad. Sci. (Paris) **228**, 272–273 (1949).
57. – Recherches sur les Chrysophycées. Rev. Algol., Mém. Hors-Sér. No. **1**, 1–412 (1957).
58. – La structure du plaste dans le genre *Cylindrocapsa* REINSCH. Österr. Bot. Z. **108**, 314–317 (1961).

59. – Loricae and cysts in the *Chrysophyceae*. Ann. New York Acad. Sci. **108**, 421–429 (1963).
60. – Les algues d'eau douce. Tome I. Boubée, Paris 1966.
61. – Les algues d'eau douce. Tome II. Boubée, Paris 1968.
62. – Les algues d'eau douce. Tome III. Boubée, Paris 1970.
63. BRABEZ, R.: Zur Kenntnis der Algenflora des Franzensbader und Sooser Thermenbereiches. Beih. Bot. Centralbl. **61/A**, 137–236 (1941).
64. BRAND, F.: Analyse der aërophilen Grünalgenanflüge, insbesondere der proto-pleurococcoiden Formen. Arch. Protistenk. **52**, 265–355 (1925).
65. BRANDHAM, P. E.: Time-lapse studies of conjugation in *Cosmarium botrytis*. I. Gamete fusion and spine formation. Rev. Algol. **8**, 312–316 (1967).
66. – and M. B. GODWARD: Mitotic peaks and mitotic time in the *Desmidiaceae*. Arch. Mikrobiol. **51**, 393–398 (1965).
67. BRÅTEN, T.: Autoradiographic evidence for the rapid desintegration of one chloroplast in the zygote of the green alga *Ulva mutabilis*. J. Cell Sci. **12**, 385–389 (1973).
68. – and O. NORDBY: Ultrastructure of meiosis and centriole behaviour in *Ulva mutabilis* FØYN. J. Cell Sci. **13**, 69–81 (1973).
69. BŘEZINA, V.: Analyse der Chloroplastenbewegung bei *Mougeotia* nach Starklichtreiz. Arch. Hydrobiol./Suppl. **41**, Algological Studies, **8**, 333–340 (1973).
70. BRISTOL, B. M.: On the algae of some normal English soils. J. Agric. Sci. **17**, 563–586 (1927).
71. BROCK, T. D.: Life at high temperatures. Science **158**, 1012–1019 (1967).
72. BROMBERG, R.: Mitochondrial fragmentation during germination in *Blastocladiella emersonii*. Devel. Biol. **36**, 187–194 (1974).
73. BROOKER, B. E.: Fine structure of *Bodo saltans* and *Bodo caudatus* (Zoomastigophora: Protozoa) and their affinities with the Trypanosomidae. Bull. Br. Mus. Nat. Hist. (Zool) **22**, 90–102 (1971).
74. BROWN, D. L., and G. B. BOUCK: Microtubule biogenesis and cell shape in *Ochromonas* – II. The role of nucleating sites in shape development. J. Cell Biol. **56**, 360–378 (1973).
74a. – G. G. LEPPARD and A. MASSALSKI: Fine structure of encystment of the quadriflagellate alga, *Polytomella agilis*. Protoplasma **90**, 139–154, 155–171 (1976).
75. BROWN, R. M., and H. J. ARNOTT: Structure and function of the algal pyrenoid. I. Ultrastructure and cytochemistry during zoosporogenesis of *Tetracystis exentrica*. J. Phycol. **6**, 14–22 (1970).
76. – W. W. FRANKE, H. KLEINIG, H. FALK and P. SITTE: Scale formation in chrysophycean algae. I. Cellulosic and noncellulosic wall components made by the Golgi apparatus. J. Cell Biol. **45**, 246–271 (1970).
77. – S. C. JOHNSON and H. C. BOLD: Electron and phasecontrast microscopy of sexual reproduction in *Chlamydomonas moewusii*. J. Phycol. **4**, 100–120 (1968).
78. – D. A. LARSON and H. C. BOLD: Airborne algae: their abundance and heterogenity. Science **143**, 583–585 (1964).
79. – and R. J. McLEAN: New taxonomic criteria in classification of *Chlorococcum* species. II. Pyrenoid fine structure. J. Phycol. **5**, 114–118 (1969).
80. BRUNNTHALER, J.: *Protococcales*. In: A. PASCHER (ed).: Süßwasserflora Deutschlands, Österreichs und der Schweiz. H. 5, p. 52–205, G. Fischer, Jena 1915.
81. BUDDE, H.: Die Algenflora westfälischer Salinen und Salzgewässer. 1. Teil. Arch. Hydrobiol. **23**, 462–486 (1931).
82. BUETOW, D. E.: Morphology and ultrastructure of *Euglena*. In: D. E. BUETOW (ed.): The Biology of *Euglena*, Vol. 1, S. 110–184. Academic Press, New York – London 1968.
83. BURR, F. A., and J. A. WEST: Light and electron microscope observations on the vegetative and reproductive structures of *Bryopsis hypnoides*. Phycologia **9**, 17–37 (1970).
84. – Protein bodies in *Bryopsis hypnoides*: Their relationship to wound-healing and branch septum development. J. Ultrastruct. Res. **35**, 476–498 (1971).
85. BUTCHER, R. W.: An introductory account of the smaller algae of the British coastal waters I. Fish. Invest., London 1959.
86. CACHON, J.: Contribution à l'étude des péridiniens parasites. Cytologie, cycles évolutifs. Ann. Sci. Nat. Zool. **6**, 1–158 (1964).
87. – et M. CACHON-ENJUMET: Cycle évolutif et cytologie de *Neresheimeria catenata* NERESHEIMER, péridinien parasite d'appendiculaires. Rapports de l'hôte du parasite. Ann. Sci. Nat. Zool. **4**, 779–800 (1964).
88. CAIN, J. R., K. R. MATTOX and K. D. STEWART: The cytology of zoosporogenesis in the filamentous green algal genus *Klebsormidium*. Trans. Amer. Micros. Soc. **92**, 398 bis 404 (1973).
89. CALVAYRAC, R., O. BERTAUX, M. LEFORT-TRAN et R. VALENCIA: Généralisation

du cycle mitochondrial chez *Euglena gracilis* Z en cultures synchrones, héterotrophe et phototrophe. Protoplasma **80**, 355–370 (1974).

90. CARTER, N.: New or interesting algae from brackish water. Arch. Protistenk. **90**, 1–68 (1937).
91. CASPER, J.: Grundzüge eines natürlichen Systems der Mikroorganismen. VEB G. Fischer, Jena 1974.
92. CASPERS, H.: Stoffwechseldynamische Gesichtspunkte zur Definition der Saprobitätsstufen. Verh. Internat. Ver. Limnol. **16**, 801–808 (1966).
93. – und L. KARBE: Vorschläge für eine saprobiologische Typisierung der Gewässer. Internat. Rev. Hydrobiol. **52**, 145–162 (1967).
94. CAVALIER-SMITH, T.: Electron-microscopic evidence for chloroplast fusion in zygotes of *Chlamydomonas reinhardi*. Nature, **228**, 333–335 (1970).
95. CHADEFAUD, M.: Le cytoplasme des algues vertes et brunes, ses éléments figurés et ses inclusions. L. Jean, Paris 1935.
96. – Sur l'organisation et la position systématique des flagellés du genre *Pyramidomonas*. Rev. Sci. Paris, Année **79**, 113–114 (1941).
97. – Les végétaux non vasculaires (Cryptogamie). In: M. CHADEFAUD et L. EMBERGER: Traité de Botanique systématique, Tom 1. Masson, Paris 1960.
98. CHAPMAN, V. J.: The *Siphonocladales*. Bull. Torrey Bot. Club **81**, 76–82 (1954).
99. – The Algae. St. Martin's Press, London 1962.
100. CHATTON, E.: Les péridiniens parasites, morphologie, reproduction, éthologie. Arch. Zool. exp. et gén. **59**, 1–473 (1920).
101. – Classe des Dinoflagellés ou Péridiniens. In: P. P. GRASSÉ (ed.): Traité de Zoologie 1, Fasc. 1, S. 309–390. Masson, Paris 1952.
102. CHELUNE, P., and D. E. WUJEK: An ultrastructural study of pyrenoids in *Chaetopeltis* sp. (*Chlorophyceae, Tetrasporales*). Phycologia **13**, 27–30 (1974).
103. CHI, E. Y., and M. NEUSHUL: Electron microscopic studies of sporogenesis in *Macrocystis*. In: K. NISIZAWA (ed.): Proc. 7th Internat. Seaweed Symp., Tokyo, S. 181–187 (1972).
104. CHIHARA, M.: The life cycle of the Bonnemaisoniaceous algae in Japan (2). Sci. Rep. Tokyo Kyoiku Daigaku, Sect. B, **10**, 121–153 (1962).
105. – Germination of the carpospores of *Bonnemaisonia nootkana*, with special reference to the life cycle. Phycologia **5**, 71–79 (1965).
106. – Culture study of *Chlorochytrium inclusum* from the northeast Pacific. Phycologia **8**, 127–133 (1969).
107. – *Rhodophyta*, their life-histories. In: J. TOKIDA and H. HIROSE (ed.): Advance of phycology in Japan, S. 137–150. VEB G. Fischer, Jena 1975.
108. CHODAT, R.: Les neiges colorées. Rev. Gén. Sci. **1**, 1–18 (1917).
109. – Sur les algues de la neige rouge dans le massif du Grand St. Bernard. Bull. Soc. Bot. Genève **13**, 75–80 (1921).
110. – *Scenedesmus*. Rev. d'Hydrol. **3**, 71–258 (1926).
111. CHOLNOKY, B.: Vergleichende Studien über Kern- und Zellteilung der fadenbildenden Conjugaten. Arch. Protistenk., **78**, 522–542 (1932).
112. CHRISTEN, H. R.: New colourless Eugleninae. J. Protozool. **6**, 292–303 (1959).
113. – *Gyropaigne* SKUJA, eine bemerkenswerte Gattung der farblosen Eugleninen. Z. Schweiz. Forstv. **30**, 31–37 (1960).
114. – Zur Taxonomie der farblosen Eugleninen. Nova Hedwigia **4**, 437–464 (1963).
115. CHRISTENSEN, T.: Alger. In: T. W. BÖCHER, M. LANGE and T. SÖRENSEN (ed.): Systematisk Botanik, Bd. II, Nr. 2. Munksgaard, København 1962.
116. CLARKE, K. J., and N. C. PENNICK: *Syncrypta glomerifera* sp. nov., a marine member of the *Chrysophyceae* bearing a new form of scale. Br. phycol. J. **10**, 363–370 (1975).
117. CLAYTON, M. N., and S. C. DUCKER: The life history of *Punctaria latifolia* GREVILLE (*Phaeophyta*) in Southern Australia. Austr. J. Bot. **18**, 293–300 (1970).
118. CLÉMENCON, H.: Kultur und Entwicklung von *Chlorocloster engadinensis* VISCHER (*Xanthophyceae*). Arch. Mikrobiol. **51**, 199–212 (1965).
119. CLEVE-EULER, A.: Die Diatomeen von Schweden und Finnland I–V. Kungl. Svenska Vetensk. Handl. 2 (1), 1–162, 3 (3), 1–153, 4 (1), 1–158, 4 (5), 1–255, 5 (4), 1–232 (1951–1955).
120. COCKE, E. C., and N. H. WOODING: Aplanospore formation and germination in *Spirogyra* sp. Va. J. Sci. **21**, 52–56 (1970).
121. COLE, G. T., and M. J. WYNNE: Nuclear pore arrangement and structure of the Golgi complex in *Ochromonas danica* (*Chrysophyceae*). Cytobios **8**, 161–173 (1973).
122. – Endocytosis of *Microcystis aeruginosa* by *Ochromonas danica*. J. Phycol. **10**, 397–410 (1974).

123. COLE, K., and S. AKINTOBI: The life cycle of *Prasiola meridionalis* SETCHEL and GARDNER. Can. J. Bot. **41**, 661–668 (1963).
124. COLEMAN, A. W.: Sexual isolation in *Pandorina morum*. J. Protozool. **6**, 249–264 (1959).
125. CONRAD, W.: Flagellates nouveaux ou peu connus. Arch. Protistenk. **70**, 657–680 (1930).
126. – Notes protistologiques XXXII. Bull. Mus. Roy. d'Hist. Nat. Belg. **24**, 1–6 (1948).
127. COOK, P. W.: Growth and production of *Bulbochaete hiloënsis* in unialgal culture. Trans. Amer. Microsc. Soc. **81**, 384–395 (1962).
128. – An unusual new species of *Draparnaldia* from lake Champlain. J. Phycol., **6**, 62–67 (1970).
129. COOMBS, J., P. J. HALICKI, O. HOLM-HANSEN and B. E. VOLCANI: Studies on the biochemistry and fine structure of silica shell formation in diatoms. Exper. Cell Res. **47**, 302–314 (1967).
130. – Studies on the biochemistry and fine structure of silica shell formation in diatoms. Exper. Cell Res. **47**, 315–328 (1967).
131. COOMBS, J., J. A. LAURITIS, W. M. DARLEY and B. E. VOLCANI: Studies on the biochemistry and fine structure of silica shell formation in diatoms V. Z. Pflanzenphysiol. **59**, 124–152 (1968).
132. – Studies on the biochemistry and fine structure of silica shell formation in diatoms VI. Z. Pflanzenphysiol. **59**, 274–284 (1968).
133. – and B. E. VOLCANI: Studies on the biochemistry and fine structure of silica shell formation in diatoms. Planta **82**, 280–292 (1968).
134. CORTEL-BREEMAN, A. M., and C. VAN DEN HOEK: Life-history studies on *Rhodophyceae* I. *Acrosymphyton purpuriferum* (J. AG.) KYL. Acta Bot. Neerl. **19**, 265–284 (1970).
135. COX, E. R., and H. J. ARNOTT: The ultrastructure of the theca of the marine dinoflagellate, *Ensiculifera loeblichii* sp. nov. In: B. C. PARKER and M. R. BROWN (ed.): Contribution in Phycology, S. 121–136. Allen Press, Lawrence 1971.
136. – and H. C. BOLD: Phycological studies VII. Taxonomic investigations of *Stigeoclonium*. Univ. Texas Publ. No. 6618, 1–165 (1966).
137. CRAWFORD, R. M.: The organic component of the cell wall of the marine diatom *Melosira nummuloides* (DILLW.) C. AG. Br. phycol. J. **8**, 257–266 (1973).
138. – The protoplasmic ultrastructure of the vegetative cell of *Melosira varians* C. A. AGARDH. J. Phycol. **9**, 50–61 (1973).
139. – and J. D. DODGE: The dinoflagellate genus *Woloszynskia*. II. The fine structure of *W. coronata*. Nova Hedwigia, **22**, 699–719 (1974).
140. – – and C. M. HAPPEY: The dinoflagellate genus *Woloszynskia*. I. Fine structure and ecology of *W. tenuissima* from Abbot's pool, Somerset. Nova Hedwigia **19**, 825–840 (1970).
141. CRAWLEY, J. C. W.: A cytoplasmic organelle associated with the cell walls of *Chara* and *Nitella*. Nature **205**, 200–201 (1965).
142. – Some observations on the fine structure of the gametes and zygotes of *Acetabularia*. Planta **69**, 365–376 (1966).
143. CRONBERG, G.: Development of cysts in *Mallomonas eoa* examined by scanning electron microscopy. Hydrobiologia **43**, 29–38 (1973).
144. CZEMPYREK, H.: Beiträge zur Kenntnis der Schwärmerbildung bei der Gattung *Cladophora*. Arch. Protistenk. **72**, 433–452 (1930).
145. CZURDA, V.: Morphologie und Physiologie des Algenstärkekornes. Beih. Bot. Centralbl. **45**/I, 97–270 (1928).
146. – Zur Morphologie und Systematik der Zygnemalen. Beih. Bot. Centralbl. **48**/II, 238–285 (1931).
147. – *Zygnemales*. In: A. PASCHER (ed.): Süßwasserflora Mitteleuropas. 2. Aufl., H. 9. G. Fischer, Jena 1932.
148. – Conjugatae. In: LINSBAUERs Handbuch der Pflanzenanatomie, 2. Abt., Bd. 6/2 B: b. Gebr. Borntraeger, Berlin 1937.
149. CZYGAN, F. C.: Sekundär-Carotinoide in Grünalgen I. Arch. Mikrobiol. **161**, 81–102 (1968).
150. – und E. KESSLER: Nachweis von 3-Oxi-4.4'-dioxo-β-carotin in den Grünalgen *Chlorococcum wimmeri* und *Haematococcus* spec. Z. Naturf. **22** b, 1085–1086 (1967).
151. DAMBSKA, I.: *Charophyta*. In: K. STARMACH (ed.): Flora slodkowodna Polski, T. 13. PWN, Warszawa 1964.
152. DANGEARD, P.: Mémoire sur la famille des Péridiniens. Botaniste **29**, 3–180 (1938).
153. DARDEN, W. H.: Sexual differentiation in *Volvox aureus*. J. Protozool. **13**, 239–255 (1966).
154. DAVIS, J. S.: The life cycle of *Pediastrum simplex*. J. Phycol. **3**, 95–103 (1967).
155. DAWES, C., and D. BARILOTTI: Cytoplasmic organization and rhythmic streaming in growing blades of *Caulerpa prolifera*. Amer. J. Bot. **56**, 3–15 (1969).

156. DEASON, T. R.: The origin of flagellar hairs in the xanthophycean alga *Pseudobumilleriopsis pyrenoidosa*. Trans. Am. Microscop. Soc. 90, 441–448 (1971).
157. – and H. C. BOLD: Phycological studies I. Exploratory studies of Texas soil algae. Univ. Texas Publ. No. 6022, 1–72 (1960).
158. – and W. H. DARDEN: The male initial and mitosis in *Volvox*. In: B. C. PARKER and M. R. BROWN (ed.): Contributions in Phycology, S. 67–79. Allen Press, Lawrence 1971.
159. – – and S. ELY: The development of sperm packets of the M 5 strain of *Volvox aureus*. J. Ultrastruct. Res. 26, 85–94 (1969).
160. DEDUSENKO-ŠČEGOLEVA, N. T., et M. M. GOLLERBACH: *Xanthophyta*. In: M. M. GOLLERBACH, V. I. POLJANSKIJ et V. P. SAVIČ (ed.): Opredelitel presnov. vodoroslej SSSR, T. 5. IAN, Moskau – Leningrad 1962.
161. – A. M. MATVIENKO et L. A. ŠKORBATOV: *Chlorophyta: Volvocineae*. In: M. M. GOLLERBACH, V. I. POLJANSKIJ et V. P. SAVIČ (ed.): Opredelitel presnov. vodoroslej SSSR, T. 8. IAN, Moskau – Leningrad 1959.
162. DEFLANDRE, G.: Monographie du genre *Trachelomonas*. Nemours 1926.
163. – *Strombomonas*, nouveau genre d'Euglenacées. Arch. Protistenk. 69, 551–614 (1930).
164. DENFFER von, D., K. MÄGDEFRAU, W. SCHUMACHER und F. EHRENDORFER: Lehrbuch der Botanik für Hochschulen. 30. Aufl. G. Fischer, Stuttgart 1971.
165. DEN HARTOG, C.: The epilithic algal communities occuring along the coast of the Netherlands. North-Holland Publ., Amsterdam 1959.
166. DESIKACHARY, T. V.: Marine plants. Nat. Council Educ. Res. and Training, New Delhi 1975.
167. DESORTOVÁ, B.: Some interesting algae from soil. Arch. Hydrobiol./Suppl. 46, Algolog. Studies, 10, 105–119 (1974).
168. DIEHN, B.: Action spectra of the phototactic responses in *Euglena*. Biochim. Biophys. Acta 177, 136–143 (1969).
169. DIXON, P. S.: The *Rhodophyceae*. In: M. B. E. GODWARD (ed.): The chromosomes of the algae, S. 168–204. E. Arnold, London 1966.
170. – Biology of the *Rhodophyta*. Oliver and Boyd, Edinburgh 1973.
171. DODGE, J. D.: The *Dinophyceae*. In: M. B. E. GODWARD (et.): The chromosomes of the algae, S. 96–115. E. Arnold, London 1966.
172. – A review of the fine structure of algal eyespots. Br. phycol. J. 4, 199–210 (1969).
173. – The ultrastructure of *Chroomonas mesostigmatica* BUTCHER (Cryptophyceae). Arch. Mikrobiol. 69, 266–280 (1969).
174. – The ultrastructure of the dinoflagellate pusulean unique osmo-regulatory organelle. Protoplasma 75, 285–302 (1972).
175. – The fine structure of algal cells. Academic Press, London – New York 1973.
176. – Fine structure and phylogeny in the algae. Sci. Prog., Oxf., 61, 257–274 (1974).
177. – The fine structure of *Trachelomonas* (*Euglenophyceae*). Arch. Protistenk. 117, 65–77 (1975).
178. DODGE, J. D., and R. M. CRAWFORD: Fine structure of the dinoflagellate *Amphidinium carteri* HULBERT. Protistologica 4, 231–242 (1968).
179. – – The fine structure of *Gymnodinium fuscum* (*Dinophyceae*). New Phytol. 68, 613–618 (1969).
180. – – A survey of thecal fine structure in the *Dinophyceae*. Bot. J. Linn. Soc. 63, 53–67 (1970).
181. – – The morphology and fine structure of *Ceratium hirundinella* (*Dinophyceae*). J. Phycol. 6, 137–149 (1970).
182. – – A fine-structural survey of dinoflagellate pyrenoids and food-reserves. Bot. J. Linn. Soc. 64, 105–115 (1971).
183. – – Fine structure of the dinoflagellate *Oxyrrhis marina* III – Phagotrophy. Protistologica 10, 239–244 (1974).
184. DREW, K. M.: The „leaf" of *Nitella opaca* AG. and adventivus branch development from it. Ann. Bot. 40, 321–348 (1926).
185. – *Spermothamnium snyderae* FARLOW, a floridean alga bearing polysporangia. Ann. Bot., N. S. 1, 463–476 (1937).
186. – *Conchocelis*-phase in the life-history of *Porphyra umbilicalis* (L.) KÜTZ. Nature 164, 748–749 (1949).
187. – Reproduction in the *Bangiophycidae*. Botan. Rev. 22, 553–611 (1956).
188. DROOP, M. R.: Algae and invertebrates in symbiosis. Symp. Soc. Gen. Microbiol. 13, 173–199 (1963).
189. DRUM, W. R., and H. S. PANKRATZ: Pyrenoids, raphes and other fine structure in diatoms. Amer. J. Bot. 51, 405–418 (1964).

190. – Fine structure of an unusual cytoplasmic inclusion in the diatom genus, *Rhopalodia*. Protoplasma 60, 141–149 (1965).
191. DÜRINGER, I.: Über die Verteilung epiphytischer Algen auf den Blättern wasserbewohnender Angiospermen sowie systematisch-entwicklungsgeschichtliche Bemerkungen über einige grüne Algen. Österr. Bot. Z. **105**, 1–43 (1958).
192. DYNESIUS, R. A., and P. L. WALNE: Ultrastructure of the reservoir and flagella in *Phacus pleuronectes* (*Euglenophyceae*). J. Phycol. **11**, 125–130 (1975).
193. ECHLIN, P.: The biology of *Glaucocystis nostochinearum*. I. The morphology and fine structure. Br. phycol. Bull. 3, 225–239 (1967).
194. EDMUNDS, L. N.: Studies on synchronously dividing cultures of *Euglena gracilis* KLEBS (strain Z). I. Attainment and charakterization of rhythmic cell division. J. Cell and comp. Physiol. **66**, 147–158 (1965).
195. – Studies on synchronously dividing cultures of *Euglena gracilis* KLEBS (strain Z). III. Circadian components of cell division. J. Cell Physiol. **67**, 35 (1966).
196. EGEROD, L. E.: An analysis of the siphonous Chlorophycophyta with special reference to the *Siphonocladales*, *Siphonales* and *Dasycladales* of Hawaii. Univ. Calif. Publ. Bot. 25, 325–454 (1952).
197. ELLIS, R. J., and L. MACHLIS: Control of sexuality in *Golenkinia*. Amer. J. Bot. **55**, 600–610 (1968).
198. ELLIS, W. N.: Recent researches on the Choanoflagellata (Craspedomonadines). Ann. Soc. Roy. Zool. Belg. **60**, 49–88 (1929).
199. ENTZ, G.: Zur Morphologie und Biologie von *Peridinium borgei* LEMMERMANN. Arch. Protistenk. **56**, 397–446 (1926).
200. ETTL, H.: Ein Beitrag zur Systematik der Heterokonten. Bot. Not. **109**, 411–445 (1956).
201. – Einige Bemerkungen zur Systematik der Ordnung *Chlorangiales* PASCHER. In: J. KOMÁREK und H. ETTL (ed.): Algologische Studien, S. 291–349. ČSAV, Praha 1958.
202. – Die Algenflora des Schönhengstes und seiner Umgebung. I. Nova Hedwigia **2**, 509–544 (1960).
203. – Über pulsierende Vakuolen bei Chlorophyceen. Flora **151**, 88–98 (1961).
204. – Über eine besondere Form von *Asterococcus superbus* und deren systematische Stellung. Österr. Bot. Z. **111**, 354–365 (1964).
205. – Zwei neue Arten der Chlorophyceen-Gattung *Sphaerellocystis*. Phycologia **4**, 93–98 (1964).
206. – *Rhizochloris congregata* nov. sp. Nova Hedwigia **8**, 319–321 (1964).
207. – Der Zellbau und die systematische Stellung der Alge *Actinochloris* KORSCHIKOFF. Protoplasma **59**, 298–309 (1964).
208. – Eine neue *Carteria*-Art mit doppelten Organellen. Österr. Bot. Z. **111**, 366–371 (1964).
209. – Untersuchungen an Flagellaten. Österr. Bot. Z. **112**, 701–745 (1965).
210. – Vergleichende Untersuchungen der Feinstruktur einiger *Chlamydomonas*-Arten. Österr. Bot. Z. **113**, 477–510 (1966).
211. – *Pedinomonadineae*, eine Gruppe kleiner asymmetrischer Flagellaten der Chlorophyceen. Österr. Bot. Z. **113**, 511–528 (1966).
212. – Der Verlauf der Zellteilung bei zwei marinen *Heteromastix*-Arten. Int. Rev. ges. Hydrobiol. **52**, 441–445 (1967).
213. – Ein Beitrag zur Kenntnis der Algenflora Tirols. Ber. natur. med. Ver. Innsbruck **56**, 177–354 (1968).
214. – Über einen gelappten Chromatophor bei *Chlamydomonas geitleri* nova spec., seine Entwicklung und Vereinfachung während der Fortpflanzung. Österr. Bot. Z. **116**, 127–144 (1969).
215. – Die Gattung *Chloromonas* GOBI emend. WILLE. Beih. Nova Hedwigia 34, 1–283 (1970).
216. – Die erste Protoplastenteilung im Verlauf der ungeschlechtlichen Fortpflanzung bei *Chlamydomonas*. Österr. Bot. Z. **119**, 521–530 (1971).
217. – Die Teilung und Verformung des gegliederten Chromatophors von *Stigeoclonium stagnatile* (*Chlorophyceae*). Plant Syst. Evol. **124**, 179–186 (1975).
218. – Die Gattung *Chlamydomonas* EHRENBERG. Beih. Nova Hedwigia **49**, 1–1122 (1976).
219. – Über den Teilungsverlauf des Chloroplasten bei *Chlamydomonas*. Protoplasma **88**, 75–84 (1976).
220. – *Xanthophyceae*. In: H. ETTL, J. GERLOFF und H. HEYNIG (ed.): Süßwasserflora von Mitteleuropa. 3. Aufl., Bd. 3. G. Fischer, Stuttgart 1977.
221. – und V. BŘEZINA: Teilungsverhalten der Chromatophoren in bezug auf die Mitose während des Lebenszyklus von *Diatoma hiemale* var. *mesodon*. Plant Syst. Evol., **124**, 187–203 (1975).
222. – and J. C. GREEN: *Chlamydomonas reginae* sp. nov. (*Chlorophyceae*), a new marine

flagellate with unusual chloroplast differentiation. J. mar. biol. Ass. U. K. 53, 975–985 (1973).
223. – und I. MANTON: Die feinere Struktur von *Pedinomonas minor* KORSCHIKOFF. Nova Hedwigia 8, 421–451 (1964).
224. – D. G. MÜLLER, K. NEUMANN, H. A. von STOSCH und W. WEBER: Vegetative Fortpflanzung, Parthenogenese und Apogamie bei Algen. In: W. RUHLAND (ed.): Handbuch der Pflanzenphysiologie, Bd. 18, S. 597–776. Springer, Berlin – Heidelberg – New York 1967.
225. EVANS, L. V.: The *Phaeophyceae*. In: M. B. E. GODWARD (ed.): The chromosomes of the algae. S. 122–148. E. Arnold, London 1966.
226. – Distribution of pyrenoids among some brown algae. J. Cell Sci. 1, 449–454 (1966).
227. – Chloroplast morphology and fine structure in British fucoids. New Phytol. 67, 173–178 (1968).
228. – Electron microscopical observations on a new red algal unicell, *Rhodella maculata* gen. nov., sp. nov. Br. phycol. J. 5, 1–13 (1970).
229. FALK, H.: Zum Feinbau von *Botrydium granulatum* GREV. (*Xanthophyceae*). Arch. Mikrobiol. 58, 212–227 (1967).
230. – und H. KLEINIG: Feinbau und Carotinoide von *Tribonema* (*Xanthophyceae*). Arch. Mikrobiol. 61, 347–362 (1968).
231. FAWCETT, D. W.: Cilia and flagella. In: J. BRACHET and A. E. MIRSKY (ed.): The cell. Vol. 2, S. 217–298. Academic Press, New York – London 1961.
232. FELDMANN, J.: Sur l'hétéroplastie de certaines *Siphonales* et leur classification. C. R. Acad. Sci. (Paris) 222, 752–753 (1946).
233. – Ecology of marine algae. In: G. M. SMITH (ed.): Manuel of Phycology, S. 313–334. Chronica Bot. Co., Waltham 1951.
234. – et G. FELDMANN: Recherches sur les Bonnemaisoniacées et leur alternance de générations. Ann. Sci. Nat. Bot. 11, 75–175 (1942).
235. FETZMANN, E.: Zum Vorkommen von *Endoderma perforans* HUBER im Salzlachengebiet am Neusiedler See. Österr. Bot. Z. 107, 456–462 (1960).
236. – Einige Algenvereine des Hochmoorkomplexes Komosse. Bot. Not. 114, 185–212 (1961).
237. – Zur Algenflora zweier steirischer Moore. Protoplasma 57, 334–343 (1963).
238. FISHER, K. A., and N. J. LANG: Ultrastructure of the pyrenoid of *Trebouxia* in *Ramalina menziesii* TUCK. J. Phycol. 7, 25–37 (1971).
239. – Comparative ultrastructure of cultured species of *Trebouxia*. J. Phycol. 7, 155–165 (1971).
240. FJERDINGSTAD, E.: Pollution of streams estimated by benthal phytomicro-organisms I. A saprobic system based on communities of organisms and ecological factors. Internat. Rev. Hydrobiol. 49, 63–131 (1964).
241. – Taxonomy and saprobic valency of benthic phytomicro-organisma. Int. Rev. ges. Hydrobiol. 4, 475–604 (1965).
242. – Microbial criteria of environment qualities. Ann. Rev. Microbiol. 25, 563–582 (1971).
243. FJERDINGSTAD, E., KEMP, E. FJERDINGSTAD and L. VANGGAARD: Chemical analysis of „red snow“ from East-Greenland with remarks on Chlamydomonas nivalis (BAU.) WILLE. Arch. Hydrobiol. 73, 70–83 (1974).
244. FLAVIN, M., and C. SLAUGHTER: Microtubule assembly and function in *Chlamydomonas*: inhibition of growth and flagellar regeneration by antitubulins and other drugs and isolation of resistant mutants. J. Bacteriology, 118, 59–69 (1974).
245. FLINT, E. A.: The occurrence of zoospores in *Physolinum* PRINTZ. New Phytol. 58, 267–270 (1959).
246. – *Parallela,* a new genus of freshwater *Chlorophyta* in New Zealand. New Zealand J. Bot. 12, 357–364 (1974).
247. FLOHRS, H., und W. HAUPT: Tagesperiodische Empfindlichkeitsschwankungen der lichtinduzierten Chloroplastenbewegung von *Mougeotia*. Z. Pflanzenphysiol. 65, 65–69 (1971).
248. FLOYD, G. L., K. D. STEWART and K. R. MATTOX: Cytokinesis and plasmodesmata in *Ulothrix*. J. Phycol. 7, 306–309 (1971).
249. – Comparative cytology of *Ulothrix* and *Stigeoclonium*. J. Phycol. 8, 68–81 (1972).
250. – Cellular organization, mitosis and cytokinesis in the ulotrichalean alga, *Klebsormidium*. J. Phycol. 3, 176–184 (1972).
251. FOOS, K.: Mikrotubuli bei *Mougeotia* sp. Z. Pflanzenphysiol. 62, 201–203 (1970).
252. FÖRSTER, H.: Die Geschlechtsfaktoren bei haplogenotypischer Bestimmung. In: W. RUHLAND (ed.): Handbuch der Pflanzenphysiologie, Bd. 18, S. 31–50. Springer, Berlin – Heidelberg – New York 1967.

253. FÖRSTER, H., und L. WIESE: Untersuchungen zur Kopulationsfähigkeit von *Chlamydomonas eugametos*. Z. Naturf. **9** b, 470–471 (1954).
254. FOTT, B.: Flagellata extrémně kyselých vod. Preslia **28**, 145–150 (1956).
255. – Zur Frage der Sexualität bei den Chrysomonaden. Nova Hedwigia **1**, 115–129 (1959).
256. – Taxonomy of *Mallomonas* based on electron micrographs of scales. Preslia **34**, 69–84 (1962).
257. – Algenkunde. 2. Aufl. VEB G. Fischer, Jena 1971.
258. – *Tetrasporales*. In: G. HUBER-PESTALOZZI: Das Phytoplankton des Süßwassers, T 6. Schweizerbart, Stuttgart 1972.
259. – Taxonomische Übersicht der Gattung *Ankyra* FOTT 1957 (*Characiaceae, Chlorococcales*). Preslia **46**, 289–299 (1974).
260. – und H. HEYNIG: *Siderocelis nana* spec. nova. Preslia, **33**, 351–353 (1961).
261. – and M. NOVÁKOVÁ: A monograph of the genus *Chlorella*. The fresh water species. In: B. FOTT (ed.): Studies in Phycology, S. 10–59. Academia, Praha 1969.
262. FOWKE, L. C., and J. D. PICKETT-HEAPS: Cell division in *Spirogyra*. I. Mitosis. J. Phycol. **5**, 240–259 (1969).
263. – – Cell division in *Spirogyra*. II. J. Phycol. **5**, 273–281 (1969).
264. – – Conjugation in *Spirogyra*. J. Phycol. **7**, 285–294 (1971).
265. FÖYN, B.: Lebenszyklus, Cytologie und Sexualität der Chlorophycee *Cladophora suhriana* KÜTZING. Arch. Protistenk. **83**, 1–56 (1934).
266. FRANKE, W. W., and W. HERTH: Cell and lorica fine structure of the chrysomonad alga *Dinobryon sertularia* EHR. (*Chrysophyceae*). Arch. Mikrobiol. **91**, 323–344 (1973).
267. FRASER, T. W.: Involvement of the Golgi apparatus and microtubules in the formation and final positioning of the protoplast of *Bulbochaete hiloënsis* (NORDST.) TIFFANY. Protoplasma **83**, 103–110 (1975).
268. FREI, D., and R. D. PRESTON: Cell wall organization and wall growth in the filamentous green algae *Cladophora* and *Chaetomorpha*. Proc. Roy. Soc. B. **154**, 70–94 (1961).
269. FREUDENTHAL, H. D.: *Symbiodinium* gen. nov. and *Symbiodinium microadriaticum* sp. nov., a zooxanthella: taxonomy, life cycle and morphology. J. Protozool. **9**, 45–52 (1962).
270. FRIEDMANN, I.: Gametes, fertilization and zygote development in *Prasiola stipitata* SUHR. 1. Light microscopy. Nova Hedwigia **1**, 333–344 (1959).
271. – Cinemicrography of spermatozoids and fertilization in *Fucales*. Bull. Res. Counc. Israel, Sect. D, **10**, 73–79 (1961).
272. – Cell membrane fusion and the fertilization mechanism in plants and animals. Science **136**, 711–712 (1962).
273. – Ecology of lithophytic algal habitats in Middle eastern and North American deserts. Eco-physiological foundation of ecosystems productivity in arid zone. Internat. Symp., USSR, 182–185 (1972).
274. FRIEDMANN, I., A. L. COLWIN and L. H. COLWIN: Fine-structural aspects of fertilization in *Chlamydomonas reinhardii*. J. Cell Sci. **3**, 115–128 (1968).
275. – Y. LIPKIN and R. OCAMPO-PAUS: Desert algae of the Negev (Israel). Phycologia **6**, 185–200 (1967).
276. – W. C. ROTH, J. B. TURNER and R. S. McEWEN: Calcium oxalate crystals in the aragonite-producing green alga *Penicillus* and related genera. Science **177**, 891–893 (1972).
277. FRITSCH, F. E.: The structure and reproduction of the algae. Vol. 1. Univ. Press, Cambridge 1935.
278. – Studies in the comparative morphology of the algae III. Evolutionary tendencies and affinities among *Phaeophyceae*. Ann. Bot. N. S. **7**, 63–87 (1943).
279. – The structure and reproduction of the algae. Vol. 2. Univ. Press, Cambridge 1945.
280. – The evolution of a differentiated plant: a study in cell differentiation. Proc. Linn. Soc. **163**, 218–233 (1952).
281. FUCHS, B., und R. JAROSCH: Rotierende Fibrillen in der *Synura*-Geißel. Protoplasma **79**, 215–223 (1974).
282. FUKUHARA, E.: Studies on the taxonomy and ecology of *Porphyra* of Hokkaido and its adjacent water. Bull. Hokk. Fish. Res. Lab. **34**, 40–99 (1968).
283. GALUN, M., Y. BEN-SHAUL and N. PARAN: Fungus-alga association in lichens of the *Teloschistaceae*: An ultrastructural study. New Phytol. **70**, 837–839 (1971).
284. GANTT, E.: Micromorphology of the periplast of *Chroomonas* sp. (*Cryptophyceae*). J. Phycol. **7**, 177–184 (1971).
285. – M. R. EDWARDS and L. PROVASOLI: Chloroplast structure of the *Cryptophyceae*: Evidence for phycobiliproteins within intrathylakoidal spaces. J. Cell Biol. **48**, 280–290 (1971).
286. GÄRTNER, R.: Die Bewegung des *Mesotaenium*-Chloroplasten im Starklichtbereich.

I. Zeit- und temperaturabhängige Sekundärprozesse. Z. Pflanzenphysiol. 63, 147–161 (1970).
287. GAWLIK, S. R., and W. F. MILLINGTON: Pattern formation and the fine structure of the developing cell wall in colonies of *Pediastrum boryanum*. Amer. J. Bot., 56, 1084–1093 (1969).
288. GEISSLER, U., und J. GERLOFF: Elektronenmikroskopische Beiträge zur Phylogenie der Diatomeenraphe. Nova Hedwigia 6, 339–352 (1963).
289. GEITLER, L.: Der Zellbau von *Glaucocystis nostochinearum* und *Gloeochaete wittrockiana* und die Chromatophoren-Symbiosetheorie von MERESCHKOWSKY. Arch. Protistenk. 47, 1–24 (1923).
290. – Zur Morphologie und Entwicklungsgeschichte der Pyrenoide. Arch. Protistenk. 56, 128–144 (1926).
291. – Zur Kenntnis der Gattung *Pyramidomonas*. Arch. Protistenk. 62, 356–370 (1928).
292. – Über die Kernteilung von *Spirogyra*. Arch. Protistenk. 71, 79–100 (1930).
293. – Ein grünes Filarplasmodium und andere neue Protisten. Arch. Protistenk. 69, 615–636 (1930).
294. – Notizen über *Hildenbrandia rivularis* und *Heribaudiella fluviatilis*. Arch. Protistenk. 76, 581–588 (1932).
295. – Der Formwechsel der pennaten Diatomeen (Kieselalgen). Arch. Protistenk. 78, 1–226 (1932).
296. – Grundriß der Cytologie. Gebr. Borntraeger, Berlin 1934.
297. – Beiträge zur Kenntnis der Flechtensymbiose. IV, V. Arch. Protistenk. 82, 51–84 (1934).
298. – *Trypanochloris*, eine neue grüne Alge in den Schalen von Landschnecken, und ihre Begleitflora. Biol. gener. 11, 135–148 (1935).
299. – Zur Kenntnis der Bewohner des Oberflächenhäutchens einheimischer Gewässer. Biol. gener. 16, 450–475 (1942).
300. – *Rhizochrysidopsis vorax*, n. gen., n. sp. Österr. Bot. Z. 100, 302–307 (1953).
301. – Lebendbeobachtung der Gametenfusion bei *Cymbella*. Österr. Bot. Z. 101, 74–78 (1954).
302. – Die Süßwasserbangiacee *Kyliniella latvica* und ihr obligater bakterieller Bewohner. Österr. Bot. Z. 101, 304–314 (1954).
303. – Echte Oogamie bei *Chlamydomonas*. Österr. Bot. Z. 101, 570–578 (1954).
304. – Über die cytologisch bemerkenswerte Chlorophycee *Chlorokybus atmophyticus*. Österr. Bot. Z. 102, 20–24 (1955).
305. – Die sexuelle Fortpflanzung der pennaten Diatomeen. Biol. Rev. 32, 261–295 (1957).
306. – Sexueller Dimorphismus bei einer Konjugate (*Mougeotia heterogama* n. sp.). Österr. Bot. Z. 105, 301–322 (1958).
307. – Notizen über Rassenbildung, Fortpflanzung, Formwechsel und morphologische Eigentümlichkeiten bei pennaten Diatomeen. Österr. Bot. Z. 105, 408–442 (1958).
308. – Morphologische, entwicklungsgeschichtliche und systematische Notizen über einige Süßwasseralgen. Österr. Bot. Z. 106, 159–171 (1959).
309. – Bildung von Azygoten in „Blöcken“ bei *Mougeotia transeaui*. Österr. Bot. Z. 106, 431 bis 471 (1959).
310. – Syncyanosen. In: W. RUHLAND (ed.): Handbuch der Pflanzenphysiologie, Bd. 9, S. 530–536. Springer, Berlin – Heidelberg – New York 1959.
311. – Spontane Rotation des Chromatophors, lokalisierte Plasmaströmung und elektive Vitalfärbung in den Haarzellen von Coleochaeten. Österr. Bot. Z. 107, 45–79 (1960).
312. – Zur Entwicklungsgeschichte und Chromatophorenbewegung von Coleochaeten. Österr. Bot. Z. 107, 409–424 (1960).
313. – Spontane Rotation und Oscillation des Chromatophors in den Haarzellen und Zoosporangien von *Coleochaete scutata*. Planta 55, 115–142 (1960).
314. – Über Flechtenalgen. Schweiz. Z. Hydrol. 22, 131–135 (1960).
315. – Über die Polarität der Zellen und Fäden von *Oedogonium*. Österr. Bot. Z. 108, 5–19 (1961).
316. – Entwicklungsgeschichtliche Untersuchungen an *Coleochaete*-Arten. Österr. Bot. Z. 109, 495–509 (1962).
317. – Die Entwicklungsgeschichte von *Coleochaete nitellarum* und das Rechts-Links-Problem. Österr. Bot. Z. 109, 529–539 (1962).
318. – Inäquale Teilungen von Chromatophoren und die ersten Teilungen des Keimlings von *Coleochaete scutata*. Planta 58, 521–530 (1962).
319. – Über Haustorien bei Flechten und über *Myrmecia biatorellae* in *Psora globifera*. Österr. Bot. Z. 110, 270–280 (1963).
320. – Alle Schalenbildungen der Diatomeen treten als Folge von Zell- oder Kernteilungen auf. Ber. Deutsch. Bot. Ges. 75, 393–396 (1963).
321. – Zwei neue Sippen von *Scotiella* (*Chlorophyceae*). Österr. Bot. Z. 111, 166–172 (1964).

322. – Die Gattung *Podohedra* (*Chlorophyceae, Chlorococcales*). Österr. Bot. Z. **112**, 173–183 (1965).
323. – *Mesotaenium dodekahedron* n. sp. und die Gestalt und Entstehung seiner Zygoten. Österr. Bot. Z. **112**, 344–358 (1965).
324. – Die Chlorococcalen *Dictyochloris* und *Dictyochloropsis* nov. gen. Österr. Bot. Z. **113**, 155–164 (1966).
325. – Längs- und Querteilung bei *Chlamydomonas*. Ber. Deutsch. Bot. Ges. **79**, 267–270 (1966).
326. – Die Zweiteiligkeit der Chromatophoren bei Diatomeen und Chrysophyceen. Österr. Bot. Z. **114**, 183–188 (1967).
327. – Der Zellbau der Chrysophycee *Chrysochaete*. Österr. Bot. Z. **115**, 134–143 (1968).
328. – „Pseudostigmen" bei dem blaugrünen *Gymnodinium amphidinioides*. Ber. Deutsch. Bot. Ges. **82**, 639–641 (1969).
329. – Beiträge zur epiphytischen Algenflora des Neusiedler Sees. Österr. Bot. Z. **118**, 17–20 (1970).
330. – Die Entstehung der Innenschalen von *Amphiprora paludosa* unter acytokinetischer Mitose. Österr. Bot. Z. **118**, 591–596 (1970).
331. – Über Differenzierung der Kettenkolonien von *Diatoma elongatum* und *vulgare*. Österr. Bot. Z. **119**, 404–409 (1971).
332. – Die inaequale Teilung bei der Bildung der Innenschalen von *Meridion circulare*. Österr. Bot. Z. **119**, 442–446 (1971).
333. – Die plastische Verformung reich gegliederter Chromatophoren während der Zellteilung und Zellorganisation von *Cocconeis*. Österr. Bot. Z. **120**, 207–212 (1972).
334. – Zur Lebensgeschichte und Morphologie pennater Diatomeen. I. Allogamie bei *Gomphonema constrictum* var. *capitatum* (EHR.) CLEVE. Österr. Bot. Z. **122**, 35–49 (1973).
335. – Auxosporenbildung und Systematik bei pennaten Diatomeen und die Cytologie von *Cocconeis*-Sippen. Österr. Bot. Z. **122**, 299–321 (1973).
336. – Bewegungs- und Teilungsverhalten der Chromatophoren von *Eunotia pectinalis* var. *polyplastidica* und anderer *Eunotia*-Arten bei der Zellteilung. Österr. Bot. Z. **122**, 185–194 (1973).
327. – Lebendbeobachtung der Chromatophorenteilung der Diatomee *Nitzschia*. Plant Syst. Evol. **123**, 145–152 (1975).
338. – Über die Algenflora der Gallertkolonien des Ciliaten *Ophrydium versatile*. Arch. Hydrobiol. **76**, 24–32 (1975).
339. – Spontane Rotation und Oszillation des Chromatophors und Cytoplasmas bei zwei *Spirotaenia*-Arten. Protoplasma **88**, 265–278 (1976).
340. GEMEINHARD, K.: *Silicoflagellatae*. In: RABENHORST's Kryptogamenflora, Bd. 10, Abt. 2. Akad. Verlag, Leipzig 1930.
341. GEMEINHARDT, K.: *Oedogoniales*. In: RABENHORST's Kryptogamenflora, Bd. 12, Abt. 4. Akad. Verlag, Leipzig 1939.
342. GERGIS, M. S.: The presence of microbodies in three strains of *Chlorella*. Planta **101**, 180–184 (1971).
343. GERHARDT, B.: Zur Lokalisation von Enzymen der Microbodies in *Polytomella caeca*. Arch. Mikrobiol. **80**, 205–218 (1971).
344. GERISCH, G.: Die Zellendifferenzierung bei *Pleodorina californica* SHAW und die Organisation der Phytomonadinenkolonien. Arch. Protistenk. **104**, 292–358 (1959).
345. GERLOFF, J.: Beiträge zur Kenntnis der Variabilität und Systematik der Gattung *Chlamydomonas*. Arch. Protistenk. **94**, 311–502 (1940).
346. – Vorschläge zur systematischen Gliederung der *Chlorophyta*. Sitzber. Ges. Naturf. Freunde, N. F., **6**, 18–29 (1966).
347. GESSNER, F.: Hydrobotanik. Bd. 1. VEB Deutsch. Verl. Wiss., Berlin 1955.
348. – Hydrobotanik. Bd. 2. VEB Deutsch. Verl. Wiss., Berlin 1959.
349. GIBBS, S. P.: Chloroplast development in *Ochromonas danica*. J. Cell Biol. **15**, 343–361 (1962).
350. – The ultrastructure of the chloroplasts of algae. J. Ultrastruct. Res. **7**, 418–435 (1962).
351. – The ultrastructure of the pyrenoids of algae, exclusive of the green algae. J. Ultrastruct. Res., **7**, 247–261 (1962).
352. – Autoradiographic evidence for the in situ synthesis of chloroplast and mitochondrial RNA. J. Cell Sci. **3**, 327–340 (1968).
353. – The comparative ultrastructure of the algal chloroplast. Ann. New York Acad. Sci. **175**, 454–473 (1970).
354. GIESENHAGEN, K.: Untersuchungen über die Characeen. Marburg 1902 (Sonderausgabe der in Flora **82**: 381–433, **83**: 160–202, **85**: 19–64 erschienenen Arbeiten).
355. GILLET, C.: Recherches expérimentales sur la morphogénese de *Chara vulgaris* L. Lejeunia **20**, 5–14 (1956).

356. GIMESI, N.: Die Geburt von *Trachelomonas volvocina* EHRBG. Arch. Protistenk. 72, 190–197 (1930).
357. GODWARD, M. B. E. (ed.): The chromosomes of the algae. E. Arnold, London 1966.
358. GOEBEL, K.: Zur Organographie der Characeen. Flora 110, 344–387 (1918).
359. GOJDICS, M.: The genus *Euglena*. Univ. Wisconsin Press, Madison 1953.
360. GOLDSTEIN, M.: Speciation and mating behavior in Eudorina. J. Protozool. 11, 317–344 (1964).
361. – Colony differentiation in *Eudorina*. Can. J. Bot., 45, 1591–1596 (1967).
362. GOLLERBACH, M. M., and E. A. SHTINA: Soil algae (russisch). Acad. Sci. Press „Nauka", Leningrad 1969.
363. GOODENOUGH, U. W.: Chloroplast division and pyrenoid formation in *Chlamydomonas reinhardi*. J. Phycol. 6, 1–6 (1970).
364. GOODWIN, T. W.: Algal carotenoids. In: T. W. GOODWIN (ed.): Aspects of terpenoid chemistry and biochemistry, S. 315–356. Academic Press, London 1971.
365. GRAHAM, H. W.: Studies on the morphology, taxonomy and ecology of the *Peridiniales*. Carnegie Inst. Wash. Publ. 542, 1–129 (1942).
366. GRAHAM, L. E., and G. E. McBRIDE: The ultrastructure of multilayered structures associated with flagellar bases in motile cells of *Trentepohlia aurea*. J. Phycol. 11, 86–96 (1975).
367. GREEN, J. C.: *Corymbellus aureus* gen. et sp. nov., a new colonial member of the *Haptophyceae*. J. mar. biol. Ass. U. K. 56, 31–38 (1976).
368. – and I. MANTON: Studies in the fine structure and taxonomy of flagellates in the genus *Pavlova*. I. A. revision of *Pavlova gyrans*, the type species. J. mar. biol. Ass. U. K., 50, 1113–1130 (1970).
369. – and M. PARKE: A reinvestigation by light and electron microscopy of *Ruttnera spectabilis* GEITLER (*Haptophyceae*), with special reference to the fine structure of the zoids. J. mar. biol. Ass. U. K., 54, 539–550 (1974).
370. – – New observations upon members of the genus *Chrysotila* ANAND, with remarks upon their relationships within the *Haptophyceae*. J. mar. biol. Ass. U. K., 55, 109–121 (1975).
371. GRELL, K. G.: Protozoologie. 2. Aufl. Springer, Berlin – Heidelberg – New York 1968.
372. GREUET, C.: Structure fine de l'ocelle d'*Erythropsis pavillardi* HERTWIG, péridien Warnowiidae LINDEMANN. C. R. Acad. Sci. (Paris) 261, 1904–1907 (1965).
373. GRIFFITH, D. J.: The pyrenoid. Bot. Rev. 36, 29–58 (1970).
374. GROBE, B., und C. G. ARNOLD: Evidence of a large, ramified mitochondrium in *Chlamydomonas reinhardi*. Protoplasma 86, 291–294 (1975).
375. GROSS, F.: The development of isolated resting spores into auxospores in *Ditylum brightwellii*. J. mar. biol. Ass. U. K. 24, 375–380 (1940).
376. GROSS, I.: Entwicklungsgeschichte, Phasenwechsel und Sexualität bei der Gattung *Ulothrix*. Arch. Protistenk. 73, 206–234 (1931).
377. GUILLARD, R. L.: A mutant of *Chlamydomonas moewusii* lacking contractile vacuoles. J. Protozool. 7, 262–268 (1960).
378. GÜNTHER, F.: Über den Bau und die Lebensweise der Euglenen, besonders der Arten *E. terricola, geniculata, proxima, sanguinea* und *luceus* nov. sp. Arch. Protistenk. 60, 511–590 (1928).
379. HAAPALA, O. K., and M. O. SOYER: Structure of dinoflagellate chromosomes. Nature New Biol. 244, 195–197 (1973).
380. – – Electron microscopy of whole-mounted chromosomes of the dinoflagellate *Gyrodinium cohnii*. Hereditas 78, 146–150 (1974).
381. HALL, W. T., and G. CLAUS: Ultrastructural studies on the blue-green algal symbiont in *Cyanophora paradoxa* KORSCHIKOFF. J. Cell Biol. 19, 551–563 (1963).
382. – – Ultrastructural studies on the cyanelles of *Glaucocystis nostochinearum* ITZIGSOHN. J. Phycol. 3, 37–51 (1967).
383. HALLDALL, P.: Phototaxis in Protozoa. In: S. H. HUTNER (ed.): Biochemistry and physiology of Protozoa, Vol. 3, S. 227–295. Academic Press, New York – London 1964.
384. HAMEL, G.: Phéophycées de France. Paris 1931–1939.
385. HÄMMERLING, J.: Entwicklungsphysiologische und genetische Grundlagen der Formbildung bei der Schirmalge *Acetabularia*. Naturwiss. 22, 829–836 (1934).
386. – Nucleo-cytoplasmic interaction in *Acetabularia* and other cells. Ann. Rev. Plant Physiol. 14, 65–95 (1963).
387. HANDLEY, R., R. OVERSTREET and K. GROSSENBACHER: The fine structure of *Protococcus* as the algal host of *Ramalina reticulata*. Nova Hedwigia 18, 581–596 (1969).
388. HARA, Y., and M. CHIHARA: Comparative studies on the chloroplast ultrastructure in

the *Rhodophyta* with special reference to their taxonomic significance. Sci. Rep. Tokyo Daigaku, Sec. B, **15**, 209–235 (1974).

389. HÄRDTL, H.: Einiges über den Bau und die Lebensweise einer neustonbildenden roten *Euglena* EHRENB. Beih. Bot. Centralbl. 53/A, 606–619 (1935).

390. HARRIS, D. O., and R. C. STARR: Life history and physiology of reproduction of *Platydorina caudata* KOFOID. Arch. Protistenk. **111**, 138–155 (1969).

391. HARRIS, K., and D. E. BRADLEY: A taxonomic study of *Mallomonas*. J. gener. Microbiol. 22, 750–777 (1960).

392. HARTMANN, M.: Untersuchungen über die Sexualität von *Ectocarpus siliculosus*. Arch. Protistenk. **83**, 110–153 (1934).

393. – Beiträge zur Kenntnis der Befruchtung und Sexualität mariner Algen. I. Über die Befruchtung von *Cutleria multifida*. Pubbl. Staz. Zool. Napoli, **22**, 120–128 (1950).

394. – Allgemeine Biologie. 4. Aufl. G. Fischer, Stuttgart 1953.

395. – Die Sexualität. 2. Aufl. G. Fischer, Stuttgart 1956.

396. HASLE, G. R.: The „mucilage pore“ of pennate diatoms. Beih. Nova Hedwigia **45**, 167–186 (1974).

397. HAUCK, F.: Die Meeresalgen. In: RABENHORST's Kryptogamenflora, Bd. 2. Acad. Verlag, Leipzig 1885.

398. HAUPT, W.: Die Phototaxis der Algen. In: W. RUHLAND (ed.): Handbuch der Pflanzenphysiologie, Bd. 17/1, S. 318–370. Springer, Berlin – Heidelberg – New York 1959.

399. – Die Chloroplastendrehung bei *Mougeotia*. I. Über den quantitativen Lichtbedarf der Schwachlichtbewegung. Planta **53**, 484–501 (1959).

400. – und R. THIELE: Chloroplastenbewegung bei *Mesotaenium*. Planta **56**, 388–401 (1961).

401. HAWKINS, A. F., and G. F. LEEDALE: Zoospore structure and colony formation in *Pediastrum* spp. and *Hydrodictyon reticulatum* (L.) LAGERHEIM. Ann. Botany **35**, 201 bis 211 (1971).

402. HAZEN, T. E.: The *Ulotricaceae* and *Chaetophoraceae* of the United States. Mem. Torrey Bot. Cl. **11**, 135–250 (1902).

403. HEATH, I. B., and W. M. DARLEY: Observations on the ultrastructure of the male gametes of *Biddulphia levis* EHR. J. Phycol. **8**, 51–59 (1972).

404. HEERING, W.: *Chlorophyceae* III. In: A. PASCHER (ed.): Süßwasserflora Deutschlands, Österreichs und der Schweiz, 1. Aufl., H. 6. G. Fischer, Jena 1914.

405. – *Chlorophyceae* IV. In: A. PASCHER (ed.): Süßwasserflora Deutschlands, Österreichs und der Schweiz, 1. Aufl., H. 7. G. Fischer, Jena 1921.

406. HEIDT, K.: Hämatochromwanderungen bei *Euglena sanguinea* EHBG. Ber. Deutsch. Bot. Ges. **52**, 607–612 (1934).

407. HELMCKE, J. G., und KRIEGER, W.: Diatomeenschalen im elektronenmikroskopischen Bild. Bd. 1–10. Cramer, Lehre 1953–1975.

408. HERNDORN, W.: Some new species of chlorococcacean algae. Amer. J. Bot. **45**, 308–323 (1958).

409. HERTH, W., A. KUPPEL, W. W. FRANKE and R. M. BROWN: The ultrastructure of the scale cellulose from *Pleurochrysis scherffelii* under various experimental conditions. Cytobiol. **10**, 268–284 (1975).

410. HEYNIG, H.: *Siderocelis buderi* nova spec. und *Siderocelis minutissima* (KORSCH.) nova comb. (*Chlorococcales*). Arch. Protistenk. **108**, 41–46 (1965).

411. – Beiträge zur Taxonomie und Ökologie der Gattung *Chrysococcus* KLEBS (*Chrysophyceae*). Arch. Protistenk. **110**, 259–279 (1967).

412. HEYWOOD, P.: Structure and origin of flagellar hairs in *Vacuolaria virescens*. J. Ultrastruct. Res. **39**, 608–623 (1972).

413. – Intracisternal microtubules and flagellar hairs of *Gonyostomum semen* (EHRENB.) DIESING. Br. phycol. J. **8**, 43–46 (1973).

414. – and M. B. E. GODWARD: Centromeric organization in the chloromonadophycean alga *Vacuolaria virescens*. Chromosoma (Berl.) **39**, 333–339 (1972).

415. – – Mitosis in the alga *Vacuolaria virescens*. Amer. J. Bot. **61**, 331–338 (1974).

416. HIBBERD, D. J.: Observation on the cytology and ultrastructure of *Ochromonas tuberculatus* sp. nov. (*Chrysophyceae*), with special reference to the discobolocysts. Br. phycol. J. **5**, 119–143 (1970).

417. – Observations on the cytology and ultrastructure of *Chrysamoeba radians* KLEBS (*Chrysophyceae*). Br. phycol. J. **6**, 207–223 (1971).

418. – Observations on the cytology and ultrastructure of *Chlorobotrys regularis* (WEST) BOHLIN with special reference to its position in the *Eustigmatophyceae*. Br. phycol. J. **9**, 37–46 (1974).

419. – Observations on the ultrastructure of the choanoflagellate *Codosiga botrytis* (EHR.)

SAVILLE-KENT with special reference to the flagellar apparatus. J. Cell Sci. **17**, 191–219 (1975).

420. HIBBERD, D. J., A. D. GREENWOOD and H. BRONWEN GRIFFITHS: Observations on the ultrastructure of the flagella and periplast in the *Cryptophyceae*. Br. phycol. J. **6**, 61–72 (1971).
421. HIBBERD, D. J., and G. F. LEEDALE: *Eustigmatophyceae* – a new algal class with unique organization of the motile cell. Nature **225**, 758–760 (1970).
422. – – A new algal class-the *Eustigmatophyceae*. Taxon **20**, 523–525 (1971).
423. – – Cytology and ultrastructure of the *Xanthophyceae*. II. The zoospore and vegetative cell of coccoid forms, with special reference to *Ophiocytium majus* NAEGELI. Br. phycol. J. **6**, 1–23 (1971).
424. – – Observations on the cytology and ultrastructure of the new algal class, *Eustigmatophyceae*. Ann. Bot. **36**, 49–71 (1972).
425. HIGHAM, M. T., and T. BISALPUTRA: A further note on the surface structure of *Scenedesmus* coenobium. Can. J. Bot., **48**, 1839–1841 (1970).
426. HILL, F. G., and D. E. OUTKA: The structure and origin of mastigonemes in *Ochromonas minuta* and *Monas* sp. J. Protozool. **21**, 299–312 (1974).
427. HILLIARD, D. K.: Observations on the lorica structure of some *Dinobryon species* (*Chrysophyceae*) with comments on related genera. Österr. Bot. Z. **119**, 25–40 (1971).
428. – Notes on the occurrence and taxonomy of some planktonic Chrysophytes in an Alaskan Lake, with comments on the genus *Bicoeca*. Arch. Protistenk. **113**, 98–122 (1971).
429. HILLS, G. J., M. GURNEY-SMITH and K. ROBERTS: Structure, composition, and morphogenesis of the cell wall of *Chlamydomonas reinhardi*. II. Electron microscopy and optical diffraction analysis. J. Ultrastruct. Res. **43**, 179–192 (1973).
430. HIPKISS, A. R.: Immediate loss of flagella from *Chlamydomonas reinhardi* after ultraviolet irradiation. Radiat. Bot. **7**, 347–349 (1967).
431. HIRN, K. E.: Monographie und Iconographie der Oedogoniaceen. Acta Soc. Sci. Fenn. **27**, 1–394 (1900).
432. HIROSE, H.: Photoreactive pigments of algae and algal phylogeny. In: J. TOKIDA and H. HIROSE (ed.): Advance of Phycology in Japan, p. 52–65. VEB G. Fischer, Jena 1975.
433. – and M. AKIYAMA: A colorless, filamentous chlorophyceous alga, *Cladogonium ogishima* gen. et sp. nov., parasitic on fresh-water shrimps. Bot. Mag. Tokyo **84**, 137–140 (1971).
434. HIRSCH, G. CH., H. RUSKA und P. SITTE ed.: Grundlagen der Cytologie. VEB G. Fischer Verlag, Jena 1973.
435. HOBBS, M. J.: The fine structure of *Eudorina illinoiensis* (KOFOID) PASCHER. Br. phycol. J. **6**, 81–103 (1971).
436. – Eyespot fine structure in *Eudorina illinoiensis*. Br. phycol. J. **7**, 347–355 (1972).
437. HOFFMAN, L. R.: Chemotaxis of *Oedogonium* sperms. Southwestern Nat. **5**, 111–116 (1960).
438. – Cytological studies of *Oedogonium*. I. Oospore germination in *O. foveolatum*. Amer. J. Bot. **52**, 173–181 (1965).
439. – Cytological studies of *Oedogonium* II. Chromosome number in twelve species of *Oedogonium*. Amer. J. Bot. **54**, 271–281 (1967).
440. – Observation on the fine structure of *Oedogonium*. III. Microtubular elements in the chloroplasts of *Oe. cardiacum*. J. Phycol. **3**, 212–221 (1967).
441. – Observations on the fine structure of *Oedogonium* IV. The mature pyrenoid of *Oe. cardiacum*. Trans. Amer. Microsc. Soc. **87**, 178–185 (1968).
442. – Observations on the fine structure of *Oedogonium*. V. Evidence for the de novo formation of pyrenoids in zoospores of *Oe. cardiacum*. J. Phycol. **4**, 212–218 (1968).
443. – Observations on the fine structure of *Oedogonium*. VI. The striated component of the compound flagellar „roots" of *O. cardiacum*. Can. J. Bot. **48**, 189–196 (1970).
444. – Observations on the fine structure of *Oedogonium*. VII. The Oogonium prior to fertilization. In: B. C. PARKER and M. R. BROWN (ed.): Contribution in Phycology, S. 93–106. Allen Press, Lawrence 1971.
445. – Fertilization in *Oedogonium*. I. Plasmogamy. J. Phycol. **9**, 62–84 (1973).
446. – Fertilization in *Oedogonium*. II. Polyspermy. J. Phycol. **9**, 296–301 (1973).
447. – Fertilization in *Oedogonium*. III. Karyogamy. Amer. J. Bot. **61**, 1076–1090 (1974).
448. HOFFMAN, L. R., and C. S. HOFMANN: Zoospore formation in *Cylindrocapsa*. Can. J. Bot. **53**, 439–451 (1975).
449. – and I. MANTON: Observation on the fine structure of the zoospore of *Oedogonium cardiacum* with special reference to the flagellar apparatus. J. exper. Bot. **13**, 443–449 (1962).

450. – Observation on the fine structure of *Oedogonium*. II. The spermatozoid of *O. cardiacum*. Amer. J. Bot. **50**, 455–463 (1963).
451. HÖFLER, K., W. URL und A. DISKUS: Zellphysiologische Versuche und Beobachtungen an Algen der Lagune von Venedig. Boll. Mus. St. Nat. Venezia **9**, 63–94 (1956).
452. HOHAM, R. W.: Optimum temperatures and temperature ranges for growth of snow algae. Arctic and Alpine Res. **7**, 13–24 (1975).
453. HOLLANDE, A.: Étude cytologique et biologique de quelques flagellés libres. Arch. Zool. exp. gén. **83**, 1–268 (1942).
454. – Struktur und Funktion der Zelle. In: P. P. GRASSÉ (ed.): Allgemeine Biologie, Bd. 1, G. Fischer, Stuttgart 1971.
455. HONDA, H.: Pattern formation of the coenobial alga *Pediastrum biwae* NEGORO. J. theor. Biol. **42**, 461–481 (1973).
456. HOOBER, J. K., P. SIEKEVITZ and G. E. PALADE: Formation of chloroplast membranes in *Chlamydomonas reinhardti* y–1: Effects of inhibitors of protein synthesis. J. Biol. Chem. **244**, 2621–2631 (1969).
457. HOPKINS, J. T., and R. W. DRUM: Diatom motility: an explanation and a problem. Br. phycol. Bull. **3**, 63–67 (1966).
458. HORI, T.: Survey of pyrenoid distribution in brown algae. Bot. Mag. Tokyo **84**, 231–242 (1971).
459. – Survey of pyrenoid distribution in the vegetative cells of brown algae. Proc. 7th intern. seaweed symp., 165–171 (1971).
460. – Ultrastructure of the pyrenoid of *Monostroma* (*Chlorophyceae*) and related genera. In: I. A. ABBOTT and M. KUROGI (ed.): Contributions to the systematics of benthic marine algae of the North Pacific, S. 17–32. Jap. Soc. Phycol. Kobe 1972.
461. – Comparative studies of pyrenoid ultrastructure in algae of the *Monostroma* complex. J. Phycol. **9**, 190–199 (1973).
462. – Electron microscope observations on the fine structure of the chloroplasts of algae. II. The chloroplasts of *Caulerpa* (*Chlorophyceae*). Int. Rev. ges. Hydrobiol. **59**, 239–245 (1974).
463. – and R. UEDA: Electron microscope studies on the fine structure of plastids in siphonous green algae with special reference to their phylogenetic relationships. Sci. Rep. Tokyo Kyoiku Daigaku, Sec. B, **12**, 225–244 (1967).
464. – – Electron microscope studies on the fine structure of chloroplasts in algae. I. The chloroplast of *Spongomorpha heterocladia* (*Chlorophyceae*). Sci. Rep. Tokyo Kyoiku Daigaku, Sec. B, **14**, 139–143 (1970).
465. – – The fine structure of algal chloroplasts and algal phylogeny. In: J. TOKIDA and H. HIROSE (ed.): Advance of phycology in Japan, S. 11–42. VEB G. Fischer, Jena 1975.
466. HOSHAW, R. W.: Biology of the filamentous conjugating algae. In: Algae, man and the environment. IX, S. 135–184. Univ. Press, Syracuse 1968.
467. HOVASSE, R.: Contribution à l'étude des chloromonadines: *Gonyostomum semen* DIES. Arch. Zool. Exp. Gén., **34**, 239–269 (1945).
468. – Contribution à l'étude des Chrysomonadines. Botaniste, **34**, 243–271 (1949).
469. – J. P. MIGNOT et L. JOYON: Nouvelles observations sur les trichocystes des Cryptomonadines et les „R-bodies" des particules kappa de *Paramaecium aurelia* Killer. Protistologica **3**, 241–255 (1967).
470. – – – et J. BAUDOIN: Étude comparée des disposities servant a la fixation chez les protistes. Ann. Biol. **11**, 1–61 (1972).
471. HŘIB, J. und V. BŘEZINA: Coenobienbildung aus Ruhezellen von *Scenedesmus quadricauda* (TURP.) BRÉB. Experientia **27**, 354 (1971).
472. HUBER-PESTALOZZI, G.: Über die Aplanosporenbildung bei einigen Desmidiaceen. Arch. Hydrobiol. **18**, 651–658 (1927).
473. – Das Phytoplankton des Süßwassers, 2. T., 1. Hälfte. *Chrysophyceae,* farblose Flagellaten und Heterokontae. Schweizerbart, Stuttgart 1941.
474. – Das Phytoplankton des Süßwassers, 2. T., 2. Hälfte. Diatomeen. Schweizerbart, Stuttgart 1942.
475. – Das Phytoplankton des Süßwassers, 3. T. *Cryptophyceae, Chloromonadinae, Peridineae.* Schweizerbart, Stuttgart 1950.
476. – Das Phytoplankton des Süßwassers, 4. T. Euglenophyceen. Schweizerbart, Stuttgart 1955.
477. – Das Phytoplankton des Süßwassers, 5. T. *Volvocales.* Schweizerbart, Stuttgart 1961.
478. HUSTEDT, F.: Die Kieselalgen. In: RABENHORST's Kryptogamanflora, Bd. 7, Teil 1–3. Acad. Verlag, Leipzig 1927–1966.
479. – *Bacillariophyta.* In: A. PASCHER (ed.): Süßwasserflora Mitteleuropas. 2. Aufl., H. 10. G. Fischer, Jena 1930.

480. – Die Systematik der Diatomeen in ihren Beziehungen zur Geologie und Ökologie nebst einer Revision des Halobien-Systems. Sv. Bot. Tidskr. **47**, 509–519 (1953).
481. HUTH, K.: Bewegung und Orientierung bei *Volvox aureus* EHRB. I. Mechanismus der phototaktischen Reaktion. Z. Pflanzenphysiol. **62**, 436–450 (1970).
482. ICHIMURA, T.: Sexual cell division and conjugation-papille formation in sexual reproduction of *Closterium strigosum*. Proc. 7th internat. seaweed symp., 208–214 (1971).
483. ILTIS, A.: Phytoplancton des eaux natronees du Kanem (Tschad). V. Les lacs mesohalins. Cah. O. R. S. T. O. M., sér. Hydrobiol. **5**, 73–84 (1971).
484. ISLAM NURUL, A. K. M.: A revision of the genus *Stigeoclonium*. Beih. Nova Hedwigia **10**, 1–164 (1963).
485. ISRAELSON, G.: The freshwater Floridae of Sweden. Symb. Bot. Upsal. **6**, 1–135 (1942).
486. IWASAKI, H.: The life-cycle of *Porphyra tenera* in vitro. Biol. Bull. **121**, 173–187 (1961).
487. IYENGAR, M. O. P.: *Fritschiella*, a new terrestrial member of the *Chaetophoraceae*. New Phytol. **31**, 329–335 (1932).
488. – On the structure and life-history of *Cylindrocapsopsis indica* gen. et sp. nov., a new member of the *Cylindrocapsaceae*. J. Madras Univ., B, **27**, 49–70 (1957).
489. – and K. R. RAMANATHAN: On sexual reproduction in a *Dictyosphaerium*. J. Ind. Bot. Soc. **18**, 195–200 (1940).
490. – – On the structure and reproduction of *Pleodorina sphaerica* Iyengar. Phytomorphology **1**, 215–224 (1951).
491. JAMES, E. J.: An investigation of the algal growth in some naturally occurring soils. Beih. Bot. Centralbl. **53**/A, 519–553 (1935).
492. JANE, F. W.: Two new Crysophycean flagellates, *Cyclonexis erinus* and *Synochromonas elaeochus*. Proc. Linn. Soc. **152**, 298–309 (1940).
493. JANET, CH.: Le *Volvox*. I. Limoges 1912.
494. JEFFREY, S. W.: The occurrence of chlorophyll c_1 and c_2 in algae. J. Phycol., **12**, 349–354 (1976).
495. – M. SIELICKI and F. T. HAXO: Chloroplast pigment patterns in Dinoflagellates. J. Phycol., **11**, 374–384 (1975).
496. JOHNSON, D. F.: Morphology and life history of *Colacium vesiculosum* EHRBG. Arch. Protistenk., **83**, 241–263 (1934).
497. JOHNSON, L. P.: Euglenae of Iowa. Trans. Amer. Microscop. Soc., **63**, 97–135 (1944).
498. JOHNSON, U. G., and K. R. PORTER: Fine structure of cell division in *Chlamydomonas reinhardi*. J. Cell Biol. **38**, 403–425 (1968).
499. JORDAN, E. G.: Ultrastructural aspects of cell wall synthesis in *Spirogyra*. Protoplasma **69**, 405–416 (1970).
500. – Nuclear envelope projections from pronuclei of *Spirogyra* zygotes. Protoplasma **79**, 31–40 (1974).
501. – and M. B. E. GODWARD: Some observations on the nucleus in *Spirogyra*. J. Cell Sci. **4**, 3–15 (1969).
502. JÖRGENSEN, E.: Die Ceratien. Intern. Rev. ges. Hydrobiol., Suppl. **4**, 1–124 (1911).
503. JOUBERT, J. J., and F. H. J. RIJKENBERG: Studies on the host range of *Cephaleuros* spp. in Natal. Rev. Biol. (Lisb.) **7**, 185–193 (1970/71).
504. JOYON, L., et B. FOTT: Quelques particularités infrastructurales du plaste des *Carteria* (*Volvocales*). J. Microscopie **3**, 159–166 (1964).
505. – et J. P. MIGNOT: Données récentes sur la structure de la cinétide chez les protozoaires flagellés. Ann. Biol. **8**, 1–52 (1969).
506. JULLER, E.: Der Generations- und Phasenwechsel bei *Stigeoclonium subspinosum*. Arch. Protistenk. **89**, 55–93 (1937).
507. KADLUBOWSKA, J. Z.: *Zygnemaceae*. In: K. STARMACH (ed.): Flora slodkowodna Polski, T. 12 A. PWN, Krakow 1972.
508. KAMPTNER, E.: Betrachtungen zur Systematik der Kalkflagellaten. Arch. Protistenk. **103**, 54–116 (1958).
509. KARN, R. C., R. C. STARR and G. A. HUDOCK: Sexual and asexual differentiation in *Volvox obversus* (SHAW) PRINTZ, strains WD 3 and WD 7. Arch. Protistenk. **116**, 142–148 (1974).
510. KARSTEN, G.: *Bacillariophyta*. In: ENGLER-PRANTL: Die natürlichen Pflanzenfamilien, Bd. 2, S. 105–303. Engelmann, Leipzig 1928.
511. KATER, J. M.: Morphology and division of *Chlamydomonas* with reference to the phylogeny of the flagellate neuromotor system. Univ. Calif. Publ. Zool. **33**, 125–168 (1929).
512. KIERMAYER, O.: Elektronenmikroskopische Untersuchungen zum Problem der Cytomorphogenese von *Micrasterias denticulata* BRÉB. I. Allgemeiner Überblick. Protoplasma **69**, 97–132 (1970).

513. – Causal aspects of cytomorphogenesis in *Micrasterias*. Ann. New York Acad. Sci. **175**, 686–701 (1970).

514. – Feinstrukturelle Grundlagen der Cytomorphogenese. Ber. Deutsch. Bot. Ges. **86**, 287 bis 291 (1973).

515. KIERMAYER, O., und B. DOBBERSTEIN: Membrankomplexe dictyosomaler Herkunft als „Matrizen" für die extraplasmatische Synthese und Orientierung von Mikrofibrillen. Protoplasma **77**, 437–451 (1973).

516. – and L. A. STAEHELIN: Fine structure of the cell wall and plasma membrane in *Micrasterias denticulata* BRÉB. after freeze-etching. Protoplasma **74**, 227–237 (1972).

517. KIES, L.: Über Zellteilung und Zygotenbildung bei *Roya obtusa* (BRÉB.) WEST et WEST. Mitt. Staatsinst. Allg. Bot. Hamburg, **12**, 35–42 (1967).

518. – Oogamie bei *Eremosphaera viridis* DE BARY. Flora, Abt. B, **157**, 1–12 (1967).

519. – Über die Zygotenbildung bei *Micrasterias papillifera* BRÉB. Flora, Abt. B, **157**, 301–313 (1968).

520. – Elektronenmikroskopische Untersuchungen über Bildung und Struktur der Zygotenwand bei *Micrasterias papillifera* (*Desmidiaceae*) I. Das Exospor. Protoplasma **70**, 21–47 (1970).

521. – Elektronenmikroskopische Untersuchungen über Bildung und Struktur der Zygotenwand bei *Micrasterias papillifera* (*Desmidiaceae*) II. Die Struktur von Mesospor und Endospor. Protoplasma **71**, 139–146 (1970).

522. – Geschlechtliche Fortpflanzung von *Micrasterias papillifera* (*Conjugatophyceae*). Inst. f. wiss. Film, Wiss. Film C 1064/1971, 3–12 (1972).

523. KISELEV, J. A.: *Pyrrhophyta*. In: M. M. GOLLERBACH, V. I. POLJANSKIJ et V. P. SAVIČ: Opredelitel presnovod. vodoroslej SSSR, T. 6. IAN, Moskau 1954.

524. KLEIN, S., J. A. SCHIFF and A. W. HOLOWINSKY: Events surrounding the early development of *Euglena* chloroplasts II. Normal development of fine structure and the consequences of preillumination. Develop. Biol. **28**, 253–273 (1972).

525. KLEINIG, H., und K. EGGER: Carotinoide der *Vaucheriales Vaucheria* und *Botrydium* (*Xanthophyceae*). Z. Naturf., **22 b**, 868–872 (1967).

526. KNEBEL, G.: Monographie der Algenreihe der *Prasiolales*, insbesondere von *Prasiola crispa*. Hedwigia **75**, 1–120 (1935).

527. KNIEP, H.: Die Sexualität der niederen Pflanzen. G. Fischer, Jena 1928.

528. KNIGHT, T.: Studies in the *Ectocarpaceae*. II. The life history and cytology of *Ectocarpus siliculosus* DILLW. Trans. Roy. Soc. Edinb. **56**, 307–332 (1931).

529. KOCH, W.: Entwicklungsgeschichtliche und physiologische Untersuchungen an Laboratoriumskulturen der Rotalge *Trailliella intricata* BATTERS (*Bonnemaisoniaceae*). Arch. Mikrobiol. **14**, 635–660 (1950).

530. KOCHERT, G.: Differentiation of reproductive cells in *Volvox carteri*. J. Protozool. **15**, 438–452 (1968).

531. KOFOID, C. A., and O. SWEZY: The free-living unarmored Dinoflagellata. Mem. Univ. Calif. **5**, 1–562 (1921).

532. KÖHLER, K.: Entwicklungsgeschichte, Geschlechtsbestimmung und Befruchtung bei *Chaetomorpha*. Arch. Protistenk. **101**, 224–268 (1956).

533. – Phänotypische Geschlechtsbestimmung bei Algen. In: W. RUHLAND: Handbuch der Pflanzenphysiologie, Bd. 18, S. 110–133. Springer, Berlin – Heidelberg – New York 1967.

534. KOL, E.: Kryobiologie I. Kryovegetation. In: A. THIENEMANN (ed.): Die Binnengewässer. Bd. 24. Schweizerbart, Stuttgart 1968.

535. – Algologische und hydrobiologische Quellen-Untersuchungen im nördlichen Bakony-Gebirge. Mitt. Mus. Kom. Veszprém **7**, 131–146 (1968).

536. KOLKWITZ, R., und H. KRIEGER: *Zygnemales*. In: RABENHORST's Kryptogamenflora, Bd. 13, Abt. 2. Acad. Verlag, Leipzig 1941.

537. KOMÁREK, J.: The morphology and taxonomy of Crucigenioid algae (*Scenedesmaceae, Chlorococcales*). Arch. Protistenk., **116**, 1–75 (1974).

538. – und J. LUDVÍK: Die Zellwandstruktur als taxonomisches Merkmal in der Gattung *Scenedesmus*. 1. Die Ultrastrukturelemente. Arch. Hydrobiol./Suppl. **39**, Algological Studies **5**, 301–333 (1971).

539. – – Die Zellwandstruktur als taxonomisches Merkmal in der Gattung *Scenedesmus*. 2. Taxonomische Auswertung der untersuchten Arten. Arch. Hydrobiol./Suppl. **41**, Algological Studies **6**, 11–47 (1972).

540. KOPETZKY-RECHTPERG, O.: Über die Kristalle in den Zellen der Gattung *Closterium* NITZSCH (*Desmidiaceae*). Beih. Bot. Centralbl. **47**/I, 291–324 (1931).

541. KORNMANN, P.: Der Formenkreis von *Acinetospora crinita* (CARM.) nov. comb. Helgol. Wiss. Meeresunters. **4**, 205–224 (1953).

542. – Über die Entwicklung einer *Ectocarpus confervoides*-Form. Pubbl. Staz. Zool. Napoli 28, 32–43 (1956).
543. – Artspezifische Entwicklungsgänge in der Gattung *Ectocarpus*. Helgol. Wiss. Meeresunters. 6, 84–99 (1957).
544. – Die Entwicklung von *Monostroma grevillei*. Helgol. Wiss. Meeresunters. 8, 195–202 (1962).
545. – Der Lebenszyklus einer marinen *Ulothrix*-Art. Helgol. Wiss. Meeresunters. 8, 357–360 (1963).
546. – Die *Ulothrix*-Arten von Helgoland. Helgol. Wiss. Meeresunters. 11, 27–38 (1964).
547. – Ontogenie und Lebenszyklus der *Ulotrichales* in phylogenetischer Sicht. Phycologia 4, 163–172 (1965).
548. – Wachstum und Aufbau von *Spongomorpha aeruginosa* (*Chlorophyta, Acrosiphoniales*). Blumea 15, 9–16 (1967).
549. – Gesetzmäßigkeiten des Wachstums und der Entwicklung von *Chaetomorpha darwinii* (*Chlorophyta, Cladophorales*). Helgol. Wiss. Meeresunters. 19, 335–354 (1969).
550. – *Codiolophyceae*, a new class of *Chlorophyta*. Helgol. Wiss. Meeresunters. 25, 1–13 (1973).
551. KORSCHIKOFF, A. A.: Studies on the Chrysomonads. I. Arch. Protistenk. 67, 253–290 (1929).
552. – Studies in the Vacuolatae. I. Arch. Protistenk. 78, 557–612 (1932).
553. – On the sexual reproduction (oogamy) in the *Micractinieae*. Proc. Kharkov State Univ. 10, 109–126 (1937).
554. – *Volvocineae*. In: J. V. ROLL (ed.): Viznačn. prisnov. vodoroslej URSR. 4. T. VAN, Kiew 1938.
555. – *Protococcineae*. In: J. V. ROLL (ed.): Viznačn. prisnov. vodorostej URSR. 5. T. VAN, Kiew 1953.
556. KOWALLIK, K. V.: The crystal lattice of the pyrenoid matrix of *Prorocentrum micans*. J. Cell Sci. 5, 251–269 (1969).
557. – The use of protease for improved presentation of DNA in chromosomes and chloroplasts of *Prorocentrum micans* (Dinophyceae). Arch. Mikrobiol. 80, 154–165 (1971).
558. – and G. HABERKORN: The DNA-structure of the chloroplast of *Prorocentrum micans* (*Dinophyceae*). Arch. Mikrobiol. 80, 252–261 (1971).
559. KRETSCHMER, H.: Beiträge zur Cytologie von *Oedogonium*. Arch. Protistenk. 71, 101 bis 138 (1930).
560. KRICHENBAUER, H.: Beitrag zur Kenntnis der Morphologie und Entwicklungsgeschichte der Gattungen *Euglena* und *Phacus*. Arch. Protistenk. 90, 88–122 (1937).
561. KRIEGER, W.: Die Desmidiaceen. In: RABENHORST's Kryptogamenflora. Bd. 13, Abt. 1, T. 1, 2. Acad. Verlag, Leipzig 1933–1939.
562. – und J. GERLOFF: Die Gattung Cosmarium. Cramer, Lehre 1962–1965.
563. KRISTIANSEN, J.: Sexual and asexual reproduction in *Kephyrion* and *Stenocalyx* (*Chrysophyceae*). Bot. Tidsskr. 59, 244–254 (1963).
564. – Lorica structure in *Chrysolykos* (*Chrysophyceae*). Bot. Tidsskr. 64, 162–168 (1969).
565. – Structure and occurrence of *Bicoeca crystallina*, with remarks on the taxonomie position of the *Bicoecales*. Br. phycol. J. 7, 1–12 (1972).
566. – The fine structure of the zoospores of *Urospora penicilliformis*, with special reference to the flagellar apparatus. Br. phycol. J. 9, 201–213 (1974).
567. – and P. L. WALNE: Structural connections between flagellar base and stigma in *Dinobryon*. Protoplasma 89, 371–374 (1976).
568. KUGRENS, P., and J. A. WEST: Ultrastructure of spermatial development in the parasitic red algae *Levringiella gardneri* and *Erythrocystis saccata*. J. Phycol. 3, 331–343 (1972).
569. – – Synaptonemal complexes in red algae. J. Phycol. 3, 187–191 (1972).
570. – – The ultrastructure of an alloparasitic red alga *Choreocolax polysiphoniae*. Phycologia 12, 175–186 (1973).
571. – – The ultrastructure of carpospore differentiation in the parasitic red alga *Levringiella gardneri* (SETCH.) KYLIN. Phycologia, 12, 163–173 (1973).
572. KUSEL-FETZMANN, E., und W. URL: Das Schwingrasenmoor am Gogganseе und seine Algengesellschaften. Sitzber. Österr. Akad. Wiss., Math.-naturw. Kl., Abt. I, 174, 315–362 (1965).
573. KÜSTER, E.: Die Pflanzenzelle. 2. Aufl. G. Fischer, Jena 1951.
574. KYLIN, H.: Studien über die Entwicklungsgeschichte der Phaeophyceen. Sv. Bot. Tidskr. 12, 1–64 (1918).
575. – Studien über die Entwicklungsgeschichte der Florideen. K. Svensk Vet.-Akad. Handl. 63, 1–139 (1923).

576. – Die Florideenordnung *Gigartinales*. Lunds Univ. Årsskr., N. F., Adv. 2, **28**, 1–88 (1932).
577. – Über die Entwicklungsgeschichte der Phaeophyceen. Lunds Univ. Årsskr., N. F., Adv. 2, **29**, 1–102 (1933).
578. – Beziehungen zwischen Generationswechsel und Phylogenie. Arch. Protistenk. **90**, 432 bis 447 (1938).
579. – Die Rhodophyceen der schwedischen Westküste. Lunds Univ. Årsskr., N. F., Adv. 2, **40**, 1–104 (1944).
580. – Die Phaeophyceen der schwedischen Westküste. Lunds Univ. Årsskr., N. F., Adv. 2, **43**, 1–99 (1947).
581. – Die Gattungen der Rhodophyceen. Glerups, Lund 1956.
582. LANG, N. J.: Electron-microscopic demonstration of plastids in *Polytoma*. J. Protozool. **10**, 333–339 (1963).
583. – Electron microscopy of the *Volvocaceae* and *Astrephomenaceae*. Amer. J. Bot. **50**, 280–300 (1963).
584. – Electron microscopic studies of extraplastidic astaxanthin in *Haematococcus*. J. Phycol. **4**, 12–19 (1968).
585. LAURITIS, J. A., J. COOMBS and B. E. VOLCANI: Studies on the biochemistry and fine structure of silica shell formation in diatoms IV. Fine structure of the apochlorotic diatom *Nitzschia alba* LEWIN and LEWIN. Arch. Mikrobiol. **62**, 1–16 (1968).
586. LAVIOLETTE, P., und P. P. GRASSÉ: Fortpflanzung und Sexualität. In: P. P. GRASSÉ (ed.): Allgemeine Biologie. Bd. 1. G. Fischer, Stuttgart 1971.
587. LEADBEATER, B. S. C.: Preliminary observations on differences of scale morphology at various stages in the life cycle of „*Apistonema syracosphaera*" sensu von STOSCH. Br. phycol. J., **5**, 57–69 (1970).
588. – The intracellular origin of flagellar hairs in the dinoflagellate *Woloszynskia micra* LEADBEATER et DODGE. J. Cell Sci. **9**, 443–451 (1971).
589. – A microscopical study of the marine Choanoflagellate *Savillea micropora* (NORRIS) comb. nov., and preliminary observations on lorica development in *S. micropora* and *Stephanoeca diplocostata* ELLIS. Protoplasma **83**, 111–129 (1975).
590. – and I. MANTON: New observations on the fine structure of *Chrysochromulina strobilus* PARKE and MANTON with special reference to some unusual features of the haptonema and scales. Arch. Mikrobiol. **66**, 105–120 (1969).
591. – – *Chrysochromulina camella* sp. nov. and *C. cymbium* sp. nov., two new relatives of *C. strobilus* PARKE and MANTON. Arch. Mikrobiol. **68**, 116–132 (1969).
592. – – Fine structure and light microscopy of a new species of *Chrysochromulina* (*C. acantha*). Arch. Mikrobiol. **78**, 58–69 (1971).
593. – and C. MORTON: A microscopical study of a marine species of *Codosiga* JAMES-CLARK (Choanoflagellata) with special reference to the ingestion of bacteria. Biol. J. Linn. Soc. **6**, 337–347 (1974).
594. – – A light and electron microscope study of the choanoflagellates *Acanthoeca spectabilis* ELLIS and *A. brevipoda* ELLIS. Arch. Mikrobiol. **95**, 279–292 (1974).
595. LEE, R. E., and S. A. FULTZ: Ultrastructure of the *Conchocelis* stage of the marine red alga *Porphyra leucosticta*. J. Phycol. **6**, 22–28 (1970).
596. LEEDALE, G. F.: Nuclear structure and mitosis in the *Euglenineae*. Arch. Mikrobiol. **32**, 32–64 (1958).
597. – Formation of anucleate cells of *Euglena gracilis* by miscleavage. J. Protozool. **6**, Suppl. 26 (1959).
598. – Pellicle structure in *Euglena*. Br. phycol. Bull. **2**, 291–306 (1964).
599. – The *Euglenophyceae*. In: M. B. E. GODWARD ed.: The chromosomes of the algae, S. 78–95. E. Arnold, London 1966.
600. – Euglenoid flagellates. Prentice-Hall Inc., Englewood Cliffs, N. J. 1967.
601. – The nucleus in *Euglena*. In: D. E. BUETOW (ed.): The Biology of *Euglena*. Vol. 1, S. 185–242. Academic Press, New York – London 1968.
602. – Observations on endonuclear bacteria in Euglenoid flagellates. Österr. Bot. Z. **116**, 279–294 (1969).
603. – Phylogenetic aspects of nuclear cytology in the algae. Ann. New York Acad. Sci. **175**, 429–453 (1970).
604. – How many are the kingdoms of organisms? Taxon **23**, 261–270 (1974).
605. – Envelope formation and structure in the euglenoid genus *Trachelomonas*. Br. phycol. J. **10**, 17–41 (1975).
606. – and D. E. BUETOW: Observation on the mitochondrial reticulum in living *Euglena gracilis*. Cytobiol. **1**, 195–202 (1970).
607. – and D. J. HIBBERD: Observations on the cytology and fine structure of the euglenoid

genera *Menoidium* PERTY and *Rhabdomonas* FRESENIUS. Arch. Protistenk. **116**, 319–345 (1974).
608. – B. S. C. LEADBEATER and A. MASSALSKI: The intracellular origin of flagellar hairs in the *Chrysophyceae* and *Xanthophyceae*. J. Cell Sci. **6**, 701–719 (1970).
609. LEFÉVRE, M.: Monographie des espéces d'eau douce du genre *Peridinium*. Arch. Bot., **2**, 1–208 (1932).
610. LEMBI, C. A.: A rhizoplast in *Carteria radiosa* (*Chlorophyceae*). J. Phycol. **11**, 219–221 (1975).
611. LEMBI, C. A., and N. J. LANG: Electron microscopy of *Carteria* and *Chlamydomonas* Amer. J. Bot. **52**, 464–477 (1965).
612. – and P. L. WALNE: Interconnections between cytoplasmic microtubules and basal bodies of Tetrasporalean pseudocilia. J. Phycol. **5**, 202–205 (1969).
613. LEMMERMANN, E.: *Eugleninae*. In: A. PASCHER ed.: Süßwasserflora Deutschlands, Österreichs und der Schweiz, H. 2, S. 115–174. G. Fischer, Jena 1913.
614. – *Pantostomatinae, Protomastiginae, Distomatinae*. In: A. PASCHER (ed.): Süßwasserflora Deutschlands, Österreichs und der Schweiz, H. 1. G. Fischer, Jena 1914.
615. – *Tetrasporales*. In: A. PASCHER (ed).: Süßwasserflora Deutschlands, Österreichs und der Schweiz, H. 5, S. 21–51. G. Fischer, Jena 1915.
616. LERCHE, W.: Untersuchungen über Entwicklung und Fortpflanzung in der Gattung *Dunaliella*. Arch. Protistenk. **88**, 236–268 (1937).
617. LEWIN, J. C., B. E. REIMANN, W. F. BUSBY and B. E. VOLCANI: Silica shell formation in synchronously dividing diatoms. In: I. L. CAMERON and G. M. PADILLA (ed.): Cell synchrony, S. 169–188. Academic Press, New York 1966.
618. LEWIN, R. A.: Studies on the flagella of algae. I. General observations on *Chlamydomonas moewusii* GERLOFF. Biol. Bull. **103**, 74–79 (1952).
619. – The genetics of *Chlamydomonas moewusii* GERLOFF. J. Genetics **51**, 543–560 (1953).
620. – The cell wall of *Platymonas*. J. Gen. Microbiol. **19**, 87–90 (1958).
621. LEWIN, R. A., and J. O. MEINHART: Studies on the flagella of algae. III. Electron micrographs of *Chlamydomonas moewusii*. Can. J. Bot. **31**, 711–717 (1953).
622. LINDEMANN, E.: *Peridineae*. In: ENGLER-PRANTL: Die natürlichen Pflanzenfamilien, Bd. 2, S. 1–104. Engelmann, Leipzig 1926.
623. LING, H. U., and P. A. TYLER: The process and morphology of conjugation in desmids, especially the genus *Pleurotaenium*. Br. phycol. J., **7**, 65–79 (1972).
624. LOCKER, F.: Beiträge zur Kenntnis des Formwechsels der Diatomeen an Hand von Kulturversuchen. Österr. Bot. Z. **97**, 322–332 (1950).
625. LOEBLICH, A. R.: The Amphiesma or Dinoflagellate cell covering. Proc. North Amer. Paleont. Convent., 867–929 (1969).
626. LOEBLICH, A. R., and A. R. LOEBLICH III: Index to the genera, subgenera and sections of the *Pyrrhophyta*. Stud. Trop. Oceanogr. **3**, 1–94 (1966).
627. LOISEAUX, S.: Ultrastructure of zoidogenesis in unilocular zoidocysts of several brown algae. J. Phycol. **9**, 277–289 (1973).
628. LOKHORST, G. M., and M. VROMAN: Taxonomic studies on the genus *Ulothrix* (*Ulotrichales, Chlorophyceae*). Acta Bot. Neerl. **23**, 561–602 (1974).
629. LORENZEN, H.: Synchrone Zellteilung von *Chlorella* bei verschiedenen Licht-Dunkel-Wechseln. Flora **144**, 473–496 (1957).
630. LØVLIE, A.: On the use of a multicellular alga (*Ulva mutabilis* FÖYN) in the study of general aspects of growth and differentiation. Nytt mag. zool. **16**, 39–49 (1968).
631. – and T. BRÅTEN: On mitosis in the multicellular alga *Ulva mutabilis* FÖYN. J. Cell Sci. **6**, 106–129 (1970).
632. LUCAS, I. A. N.: Observations on the fine structure of the *Cryptophyceae*. I. The genus *Cryptomonas*. J. Phycol. **6**, 30–38 (1970).
633. LUND, J. W. G.: The ecology of the freshwater phytoplankton. Biol. Rev. **40**, 231–293 (1965).
634. – Primary production. Water Treatm. Exam. **19**, 332–358 (1970).
635. – Eutrophication. Proc. R. Soc. Lond., B, **180**, 371–382 (1972).
636. MACK, B.: Untersuchungen an Chrysophyceen IV. Zur Kenntnis von *Hydrurus foetidus*. Österr. Bot. Z. **100**, 579–582 (1953).
637. – Untersuchungen an Chrysophyceen. V–VII. Österr. Bot. Z. **101**, 64–73 (1954).
638. MAGNE, F.: Sur l'existence d'une reproduction sexuée chez le *Rhodochaete parvula* THURET. C. R. Acad. Sci. (Paris) **251**, 1554–1555 (1960).
639. – Le *Rhodochaete parvula* THURET (Bangioidée) et sa reproduction sexuée. Cah. Biol. Mar. **1**, 407–420 (1960).
640. – Le cycle de développement des Rhodophycées et son évolution. Soc. Bot. Fr., Mém., 247–268 (1972).

641. MAINX, F.: Über die Geschlechtsverteilung bei *Volvox aureus*. Arch. Protistenk. **67**, 205–214 (1929).
642. – Physiologische und genetische Untersuchungen an *Oedogonium*. 1. Mitt. Z. Bot. **24**, 481–527 (1931).
643. MANTON, I.: Electron microscopical observations on a very small flagellate: the problem of *Chromulina pusilla* BUTCHER. J. mar. biol. Ass. U. K. **38**, 319–333 (1959).
644. – Observation on the internal structure of the spermatozoid of *Dictyota*. J. exper. Bot. **10**, 448–461 (1959).
645. – The possible significance of some details of flagellar basis in plants. J. Roy. Microsc. Soc. **82**, 279–285 (1963).
646. – Observations with the electron microscope on the division cycle in the flagellate *Prymnesium parvum* CARTER. J. Roy. Microsc. Soc. **83**, 317–325 (1964).
647. – Observation on the fine structure of the zoospore and young germling of *Stigeoclonium*. J. exper. Bot. **15**, 399–411 (1964).
648. – A contribution towards understanding of „the primitive Fucoid". New Phytol. **63**, 244–254 (1964).
649. – Further observations on the fine structure of the haptonema in *Prymnesium parvum*. Arch. Mikrobiol. **49**, 315–330 (1964).
650. – Some phyletic implications of flagellar structure in plants. In: R. D. PRESTON (ed.): Advances in Botanical Research, vol. 2, S. 1–34. Academic Press, London – New York 1965.
651. – Further observations on the fine structure of *Chrysochromulina chiton*, with special reference to the pyrenoid. J. Cell Sci. **1**, 187–192 (1966).
652. – Some possibly significant structural relations between chloroplasts and other cell components. In: T. W. GOODWIN (ed.): Biochemistry of chloroplasts, vol. 1, S. 23–47. Academic Press, New York 1966.
653. – Observations on scale production in *Prymnesium parvum*. J. Cell. Sci. **1**, 375–380 (1966).
654. – Some possible significant structural relations between chloroplasts and other cell components. Proc. NATO Adv. Study Inst. Symp. Chloroplasts. S. 23–47. Academic Press, New York – London 1966.
655. – Observations on scale production in *Pyramimonas amylifera* CONRAD. J. Cell Sci. **1**, 429–438 (1966).
656. – Electron microscopical observations on a clone of *Monomastix* SCHERFFEL in culture. Nova Hedwigia **14**, 1–11 (1967).
657. – Further observations on scale formation in *Chrysochromulina chiton*. J. Cell Sci. **2**, 411–418 (1967).
658. – Observations on the microanatomy of the type species of *Pyramimonas* (*P. tetrarhynchus* SCHMARDA). Proc. Linn. Soc. Lond. **179**, 147–152 (1968).
659. – Further observations on the microanatomy of the haptonema in *Chrysochromulina chiton* and *Prymnesium parvum*. Protoplasma **66**, 35–53 (1968).
660. – Preliminary observations on *Chrysochromulina mactra* sp. nov. Br. phycol. J. **7**, 21–35 (1972).
661. – Observations on the biology and micro-anatomy of *Chrysochromulina megacylindrica* LEADBEATER. Br. phycol. J., **7**, 235–248 (1972).
662. – and H. ETTL: Observations on the fine structure of *Mesostigma viride* LAUTERBORN. J. Linn. Soc. (Bot.) **59**, 175–184 (1965).
663. – and I. FRIEDMANN: Gametes, Fertilization and zygote development in *Prasiola stipitata* SUHR. Nova Hedwigia **1**, 443–462 (1959).
664. – and K. HARRIS: Observations on the microanatomy of the brown flagellate *Sphaleromantis tetragona* SKUJA with special reference to the flagellar apparatus and scales. J. Linn. Soc. (Bot.) **59**, 397–403 (1966).
665. – K. KOWALLIK and H. A. von STOSCH: Observations on the fine structure and development of the spindle at mitosis and meiosis in a marine centric diatom (*Lithodesmium undulatum*). I. J. Microscopy **89**, 295–320 (1969).
666. – Observations on the fine structure and development of the spindle at mitosis and meiosis in a marine centric diatom (*Lithodesmium undulatum*). II. J. Cell Sci. **5**, 271–298 (1969).
667. – Observations on the fine structure and development of the spindle at mitosis and meiosis in a marine centric diatom (*Lithodesmium undulatum*). III. J. Cell Sci. **6**, 131–157 (1970).
668. – Observations on the fine structure and development of the spindle at mitosis and meiosis in a marine centric diatom (*Lithodesmium undulatum*). IV. J. Cell Sci. **7**, 407–444 (1970).
669. – and G. F. LEEDALE: Observations on the fine structure of *Paraphysomonas vestita*,

with special reference to the Golgi apparatus and the origin of scales. Phycologia **1**, 37–58 (1961).

670. – – Observations on the fine structure of *Prymnesium parvum* CARTER. Arch. Mikrobiol. **45**, 285–303 (1963).

671. – – Observations on the micro-anatomy of *Crystalolithus hyalinus* GAARDER and MARKALI. Arch. Mikrobiol. **47**, 115–136 (1963).

672. – – Observations on the microanatomy of *Coccolithus pelagicus* and *Cricosphaera carterae,* with special reference to the origin and nature of coccoliths and scales. J. mar. biol. Ass. U. K. **49**, 1–16 (1969).

673. – and K. OATES: Fine-structural observations on *Papposphaera* TANGEN from the southern hemisphere and on *Pappomonas* gen. nov. from South Africa and Greenland. Br. phycol. J. **10**, 93–109 (1975).

674. – – and G. GOODAY: Further observations on the chemical composition of theca of *Platymonas tetrathele* WEST (*Prasinophyceae*) by means of the X-ray microanalyser electron microscope (EMMA). J. exper. Bot. **24**, 223–229 (1973).

675. – – and M. PARKE: Observations on the fine structure of the *Pyramimonas* stage of *Halosphaera* and preliminary observations on three species of *Pyramimonas.* J. mar. biol. Ass. U. K., **43**, 225–238 (1963).

676. – and M. PARKE: Further observations on small green flagellates with special reference to possible relatives of *Chromulina pusilla* BUTCHER. J. mar. biol. Ass. U. K. **39**, 275–298 (1960).

677. – – Preliminary observations on scales and their mode of origin in *Chrysochromulina polylepis* sp. nov. J. mar. biol. Ass. U. K. **42**, 565–578 (1962).

678. – – Observations on the fine structure of two species of *Platymonas* with special reference to flagellar scales and the mode of origin of the theca. J. mar. biol. Ass. U. K. **45**, 743–754 (1965).

679. – and L. S. PETERFI: Observations on the fine structure of coccoliths, scales and the protoplast of a freshwater coccolithophorid, *Hymenomonas roseola* STEIN, with supplementary observations on the protoplast of *Cricosphaera carterae.* Proc. Roy. Soc. B, **172**, 1–15 (1969).

680. – D. G. RAYNS, H. ETTL and M. PARKE: Further observations on green flagellates with scaly flagella: the genus *Heteromastix* KORSHIKOV. J. mar. biol. Ass. U. K. **45**, 241–255 (1965).

681. – and H. A. v. STOSCH: Observations on the fine structure of the male gamete of the marine centric diatom *Lithodesmium undulatum.* J. Roy. Microsc. Soc. **85**, 119–134 (1966).

682. MARCHANT, H. J.: Pyrenoids of *Vaucheria woroniniana* HEERING. Br. phycol. J. **7**, 81–84 (1972).

683. – Mitosis, cytokinesis and colony formation in the green alga *Sorastrum.* J. Phycol. **10**, 107–120 (1974).

684. – Mitosis, cytokinesis and colony formation in *Pediastrum boryanum.* Ann. Bot. **38**, 883–888 (1974).

685. MARCHANT, H. J., and J. D. PICKETT-HEAPS: Mitosis and cytokinesis in *Coleochaete scutata.* J. Phycol. **9**, 461–471 (1973).

686. – – and K. JACOBS: An ultrastructural study of zoosporogenesis and the mature zoospore of *Klebsormidium flaccidum.* Cytobios **8**, 95–107 (1973).

687. MARGULIS, L.: Origin of eukaryotic cells. Yale Univ. Press, New Haven – London 1970.

688. – WHITTAKER's five kingdoms of organisms: minor revisions suggested by consideration of the origin of mitosis. Evolution **25**, 242–245 (1971).

689. MARVAN, P.: Zur Frage der Kettenbildung bei benthisch lebenden Fragilariaceen. Arch. Hydrobiol./Suppl. **41**, Algol. Studies 8, 289–316 (1974).

690. – Zur Frage der Kolonienbildung bei pelagisch lebenden Fragilariaceen. Arch. Hydrobiol./Suppl. **46**, Algol. Studies **10**, 10–38 (1974).

691. – J. KOMÁREK und H. ETTL: Littoral algal vegetation of the Nesyt fishpond. In: J. KVĚT (ed.): Littoral of the Nesyt fishpond. Studie ČSAV (Praha) **15**, 63–66 (1973).

692. – und F. HINDÁK: Ungleichwertigkeitserscheinung bei den Zellen von *Ulothrix aequalis* KÜTZ. Arch. Hydrobiol./Suppl. **39**, Algol. Studies **4**, 178–205 (1971).

693. MASSALSKI, A., and G. F. LEEDALE: Cytology and ultrastructure of the *Xanthophyceae.* I. Comparative morphology of the zoospores of *Bumilleria sicula* BORZI and *Tribonema vulgare* PASCHER. Br. phycol. J. **4**, 159–180 (1969).

694. MATTOX, K. R., and H. C. BOLD: Phycological studies III. Taxonomy of certain ulotrichacean algae. Univ. Texas Publ., No. 6222, 1–66 (1962).

695. – K. D. STEWART and G. L. FLOYD: The cytology and classification of *Schizomeris leibleinii* (*Chlorophyceae*). I. The vegetative thallus. Phycologia **13**, 63–69 (1974).

696. MATWIENKO, A. M.: *Chrysophyta*. In: M. M. GOLLERBACH, V. I. POLJANSKIJ et V. P. SAVIČ (ed.): Opredelitel presnov. vodoroslej SSSR, T. 3. IAN, Moskau 1954.
697. – *Chrysophyta*. In: J. V. ROLL ed.: Viznač. prisnov. vodorostej URSR, T. 3, 1. VAN, Kiew 1965.
698. MAYER, F.: Light-induced chloroplast contraction and movement. In: M. GIBBS (ed.): Structure and function of chloroplast, S. 35–49. Springer, Berlin – Heidelberg – New York 1971.
699. McBRIDE, G. E.: Ultrastructure of the *Coleochaete scutata* zoospore (Abstr.). J. Phycol., 4, Suppl. 6 (1968).
700. McBRIDE, D. L. and K. COLE: Ultrastructural characteristics of the vegetative cell of *Smithora naiadum* (*Rhodophyta*). Phycologia, 8, 177–186 (1969).
701. – Electron microscopic observations on the differentiation and release of monospores in the marine red alga *Smithora naiadum*. Phycologia, 10, 49–61 (1971).
702. McCRACKEN, M. D., and R. C. STARR: Induction and development of reproductive cells in the K-32 strains of *Volvox rousseletii*. Arch. Protistenk. 112, 262–282 (1970).
703. McDONALD, K.: The ultrastructure of mitosis in the marine red alga *Membranoptera platyphylla*. J. Phycol. 8, 156–166 (1972).
704. McELHENNEY, T. R., H. C. BOLD, R. M. BROWN and J. P. McGOVERN: Algae: A cause of inhalant allergy in children. Ann. Allergy, 20, 739–743 (1962).
705. McLEAN, R. J., C. J. LAURENDI and R. M. BROWN: The relationship of gamone to the mating reaction in *Chlamydomonas moewusii*. Proc. Nat. Acad. Sci. USA 71, 2610–2613 (1974).
706. – and G. F. PESSONEY: Formation and resistance of akinetes of *Zygnema*. In: B. C. PARKER and M. R. BROWN (ed.): Contribution in Phycology, S. 145–161. Allen Press, Lawrence 1971.
707. McVITTIE, A.: Flagellum mutants of *Chlamydomonas reinhardii*. J. Gen. Microbiol. 71, 525–540 (1972).
708. MEYER, K. I.: Über das phylogenetische System der grünen Algen. Preslia 34, 147–158 (1962).
709. MIDDELHOEK, A.: A propos de quelques espèces du genre *Trachelomonas* EHRBG. et du genre *Strombomonas* DEFL. trouvées aux Pays-Bas. Hydrobiol., 3, 228–243 (1951).
710. – Flagellaten, overzicht van een 50-tal sorten von *Trachelomonas* en *Strombomonas* in Nederland. Wetensk. Med. Kon. Nederl. Naturh. Ver., 45, 1–59 (1962).
711. MIGNOT, J. P.: Contribution a l'étude cytologique de *Scytomonas pusilla* (STEIN) (Flagellé Euglénien). Bull. Biol. France et Belg. 95, 665–678 (1961).
712. – Étude ultrastructurale de *Cyathomonas truncata* FROM. (Flagellé Cryptomonadine). J. Microscopie, 4, 239–252 (1965).
713. – Structure et ultrastructure de quelques Euglenomonadines. Protistologica 2, 51–117 (1966).
714. – Structure et ultrastructure de quelques Chloromonadines. Protistologica, 3, 5–23 (1967).
715. – Affinités des Euglénomonadines et des Chloromonadines. Remarques sur la systématique des Euglénida. Protistologica 3, 25–60 (1967).
716. – Quel.ues observations sur une Euglene du creux de pisseport: *Euglenia splendens* DANGEARD 1901. Ann. Stat. Biol. Besse-em-Chandesse 2, 161–188 (1967).
717. – Remarques sur le développement du reticulum endoplasmique et du systéme vacuolaire chez les Gymnodiniens. Protistologica 6, 267–281 (1970).
718. – Étude ultrastructurale d'un protiste flagellé incolore: *Pseudodendromonas vlkii* BOURRELLY. Protistologica 10, 397–412 (1974).
719. – Étude ultrastructurale des *Bicoeca*, protistes flagellés. Protistologica 10, 543–565 (1974).
720. – Observations complémentaires sur *Cyclidiopsis acus* KORSCH. Protistologica 11, 177 bis 185 (1975).
721. – Compléments a l'etude des Chloromonadines ultrastructure de *Chattonella subsalsa* BIECHELER flagellé d'eau saumatre. Protistologica 12, 279–293 (1976).
722. – et R. HOVASSE: Sur la présence d'organites de type toxicyste chez le protiste flagellé *Colponema loxodes* et leur comparaison avec les trichocystes de *Gonyostomum semen*. Ann. Stat. Biol. Besse-en-Chandesse 9, 201–211 (1974–75).
723. – – et L. JOYON: Nouvelles données sur le fonctionnement des trichocystes (= taeniobolocystes) de Cryptomonadines. J. Microscopie 9, 127–132 (1970).
724. – L. JOYON et E. G. PRINGSHEIM: Compléments a l'étude cytologique des Cryptomonadines. Protistologica 4, 493–506 (1968).
725. – Quelques particularités structurales de *Cyanophora paradoxa* KORSCH., protozoaire flagellé. J. Protozool. 16, 138–145 (1969).
726. MIGULA, W.: *Charophyta*. In: A. PASCHER (ed.): Süßwasserflora Deutschlands, Österreichs und der Schweiz. H. 11, S. 207–243. G. Fischer, Jena 1925.

727. MIKOLAJCZYK, E.: Current studies on the euglenoid movement. Kosmos (Warsz.), 20, 223–236 (1971).

728. MILLER, V.: *Follicularia*, eine neue Chlorophyceengattung. Arch. Russ. Protistol., 3, 153–173 (1924).

729. MISHRA, A.: Fine structure of the growing point of the coenocytic alga *Caulerpa sertularioides*. Can. J. Bot. 47, 1599–1603 (1969).

730. MIX, M.: Licht- und elektronenmikroskopische Untersuchungen an Desmidiaceen XII. Zur Feinstruktur der Zellwände und Mikrofibrillen einiger Desmidiaceen vom *Cosmarium*-Typ. Arch. Mikrobiol. 55, 116–133 (1966).

731. – Zur Feinstruktur der Zellwände in der Gattung *Closterium* (*Desmidiaceae*) unter besonderer Berücksichtigung des Porensystems. Arch. Mikrobiol. 68, 306–325 (1969).

732. – Die Feinstruktur der Zellwände bei *Mesotaeniaceae* und *Gonatozygaceae* mit einer vergleichenden Betrachtung der verschiedenen Wandtypen der *Conjugatophyceae* und über deren systematischen Wert. Arch. Mikrobiol. 81, 197–220 (1972).

733. – Die Feinstruktur der Zellwände der Conjugaten und ihre systematische Bedeutung. Beih. Nova Hedwigia 42, 179–194 (1973).

734. MOESTRUP, Ø.: On the fine structure of the spermatozoids of *Vaucheria sescuplicaria* and on the later stages in spermatogenesis. J. mar. biol. Ass. U. K. 50, 513–523 (1970).

735. – The fine structure of mature spermatozoids of *Chara corallina*, with special reference to microtubules and scales. Planta 93, 295–308 (1970).

736. – Observations on the fine structure of spermatozoids and vegetative cells of the green alga *Golenkinia*. Br. phycol. J. 7, 169–183 (1972).

737. – Ultrastructure of the scale-covered zoospores of the green alga *Chaetosphaeridium*, a possible ancestor of the higher plants and bryophytes. Biol. J. Linn. Soc. 6, 111–125 (1974).

738. – Some aspects of sexual reproduction in eucaryotic algae. In: J. G. DUCKETT and P. A. RACEY (ed.): The biology of the male gamete. Biol. J. Linn. Soc. 7, Suppl. 1, 23–35 (1975).

739. – and L. R. HOFFMAN: Ultrastructure of the green alga *Dichotomosiphon tuberosus* with special reference to the occurrence of striated tubules in the chloroplast. J. Phycol. 9, 430–437 (1973).

740. – A study of the spermatozoids of *Dichotomosiphon tuberosus* (*Chlorophyceae*). J. Phycol., 11, 225–235 (1975).

741. – and H. A. THOMPSEN: An ultrastructural study of the flagellate *Pyramimonas orientalis* with particular emphasis on Golgi apparatus activity and the flagellar apparatus. Protoplasma 81, 247–269 (1974).

742. MOHR, H.: Lehrbuch der Pflanzenphysiologie. Springer, Heidelberg – Berlin – New York 1969.

743. MOLNAR, K. E., K. D. STEWART and K. R. MATTOX: Cell division in the filamentous *Pleurastrum* and its comparison with the unicellular *Platymonas* (*Chlorophyceae*). J. Phycol. 11, 287–296 (1975).

744. MOORE, J., M. H. CANTOR, P. SHELLER and W. KAHN: The ultrastructure of *Polytomella agilis*. J. Protozool. 17, 671–676 (1970).

745. MORNIN, L., and D. FRANCIS: The fine structure of *Nematodinium armatum*, a naked dinoflagellate. J. Microscopie 6, 759–772 (1967).

746. MORRÉ, D. J., H. H. MOLLENHAUER and C. E. BRACHER: Origin and continuity of Golgi apparatus. In: J. REINERT and H. URSPRUNG (ed.): Origin and continuity of cell organelles. Vol. 2, S. 82–126. Springer, Berlin – Heidelberg – New York 1971.

747. MROZINSKA-WEBB, T.: *Oedogoniales*. In: K. STARMACH (ed.): Flora slodkowodna Polski. T. 11. PWN, Krakow 1969.

748. MÜLLER, D. G.: Untersuchungen zur Entwicklungsgeschichte der Braunalge *Ectocarpus siliculosus* aus Neapel. Planta 68, 57–68 (1965).

749. MURAKAMI, S., Y. MORIMURA and A. TAKAMIYA: Electron microscopic studies along cellular life cycle of *Chlorella ellipsoidea*. Microalgae and photosynth. bacteria, S. 65–83. Univ. Press, Tokyo 1963.

750. MURRAY, S. N., P. S. DIXON and J. L. SCOTT: The life history of *Porphyropsis coccinea* var. *dawsonii* in culture. Br. phycol. J. 7, 323–333 (1972).

751. NADAKAVUKAREN, M. J., and D. A. McCRACKEN: *Prototheca*: an alga or a fungus. J. Phycol. 9, 113–116 (1973).

752. NEGORO, K.: Untersuchungen über die Vegetation der mineralogen-azidotrophen Gewässer Japans. Sci. Rep. Tokyo Bunrika Daig., Sec. B, 6, 231–274 (1944).

753. NEUMANN, K.: Beitrag zur Cytologie und Entwicklung der siphonalen Grünalge *Derbesia marina*. Helgol. Wiss. Meeresunters., 19, 355–375 (1969).

754. – Zur Entwicklungsgeschichte und Systematik der siphonalen Grünalgen *Derbesia* und *Bryopsis*. Botan. mar., **17**, 176–185 (1974).

755. NEUSCHELER-WIRTH, H.: Photomorphogenese und Phototropismus bei *Mougeotia*. Z. Pflanzenphysiol., **63**, 238–260 (1970).

756. NEUSHUL, M., and A. L. DAHL: Ultrastructural studies of brown algal nuclei. Amer. J. Bot., **59**, 401–410 (1972).

757. NEWTON, L.: A handbook of the British seaweeds. London 1931.

758. NICHOLS, H. W., and H. C. BOLD: *Trichosarcina polymorpha* gen. et sp. nov. J. Phycol., **1**, 34–38 (1965).

759. NIENBURG, W.: *Fucus mytili* spec. nov. Ber. Deutsch. Bot. Ges., **50** a, 28–41 (1932).

760. NILSHAMMAR, M., and B. WALLES: Electron microscope studies on cell differentiation in synchronized cultures of the green alga *Scenedesmus*. Protoplasma **79**, 317–332 (1974).

761. NORDBY, Ø.: Light microscopy of meiotic zoosporogenesis and mitotic gametogenesis in *Ulva mutabilis* FÖYN. J. Cell Sci. **15**, 443–455 (1974).

762. NORRIS, R. E.: Neustonic marine *Craspedomonadales* (*Choanoflagellates*) from Washington and California. J. Protozool. **12**, 589–602 (1965).

763. – and B. R. PEARSON: Fine structure of *Pyramimonas parkeae*, sp. nov. (*Chlorophyta*, *Prasinophyceae*). Arch. Protistenk. **117**, 192–213 (1975).

764. NULTSCH, W.: Allgemeine Botanik. 4. Aufl. G. Thieme, Stuttgart 1971.

765. OAKLEY, B. R., and J. D. DODGE: Mitosis in the *Cryptophyceae*. Nature **244**, 521–522 (1973).

766. – – Kinetochores associated with the nuclear envelope in the mitosis of a Dinoflagellate. J. Cell Biol. **63**, 322–325 (1974).

767. ODUM, H. T.: Trophic structure and productivity of Silver Springs, Florida. Ecol. Monographs **27**, 55–112 (1957).

768. OEY, J. L., und E. SCHNEPF: Über die Auslösung der Valvenbildung bei einer Diatomee *Cyclotella cryptica*. Arch. Mikrobiol. **71**, 199–213 (1970).

769. OHAD, I., P. SIEKEVITZ and G. E. PALADE: Biogenesis of chloroplast membranes. I. Plastid dedifferentiation in a darkgrown algal mutant (*Chlamydomonas reinhardi*). J. Cell Biol. **35**, 521–552 (1967).

770. OLSEN, S.: Danish *Charophyta*. Kongl. Danske Vid. Selskab. Biol. **3**, 1–240 (1944).

771. OLSON, L. W., and G. KOCHERT: Ultrastructure of *Volvox carteri* II. The kinetosome. Arch. Mikrobiol. **74**, 31–40 (1970).

772. OLTMANNS, F.: Morphologie und Biologie der Algen. 2. Aufl. Bd. 1. G. Fischer, Jena 1922.

773. – Morphologie und Biologie der Algen. 2. Aufl. Bd. 2. G. Fischer, Jena 1922.

774. – Morphologie und Biologie der Algen. 2. Aufl. Bd. 3. G. Fischer, Jena 1923.

775. ORCIVAL-LAFONT, A. M., A. M. PINEAU, G. LEDOIGT et R. CALVAYRAC: Evolution cyclique des chloroplastes dans une culture synchrone d'*Euglena gracilis* „Z". Etude stéreolique. Can. J. Bot. **50**, 1503–1508 (1972).

776. OSAFUNE, T.: Three dimensional structures of giant mitochondria, dictyosomes and „concentric lamellar bodies" formed during the cell cycle of *Euglena gracilis* (Z) in synchronous culture. J. Electr. Micr. **22**, 51–61 (1973).

777. – S. MIHARA, E. HASE and I. OHKURO: Electron microscope studies on the vegetative cellular life cycle of *Chlamydomonas reinhardi* DANGEARD in synchronous culture I. Some characteristics of changes in subcellular structures during the cell cycle, especially in formation of giant mitochondria. Plant Cell Physiol. **13**, 211–227 (1972).

778. – Electron microscope studies of the vegetative cellular life cycle of *Chlamydomonas reinhardi* DANGEARD in synchronous culture II. Association of mitochondria and the chloroplast at an early developmental stage. Plant Cell Physiol. **13**, 981–989 (1972).

779. – Formation and division of giant mitochondria during the cell cycle of *Euglena gracilis* Z in synchronous culture I. Some characteristics of changes in the morphology of mitochondria and oxygen-uptake activity of cells. Plant Cell Physiol. **16**, 313–326 (1975).

780. – Formation and division of giant mitochondria during the cell cycle of *Euglena gracilis* Z in synchronous culture II. Modes of division of giant mitochondria. J. Electr. Micr. **24**, 33–39 (1975).

781. OTT, D. W., and R. M. BROWN: Light and electron microscopical observations on mitosis in *Vaucheria litorea* HOFMAN ex C. AGARDH. Br. phycol. J. **7**, 361–374 (1972).

782. – – Developmental cytology of the genus *Vaucheria*: I. Organisation of the vegetative filament. Br. phycol. J. **9**, 111–126 (1974).

783. – – Developmental cytology of the genus *Vaucheria* II. Sporogenesis in *V. fontinalis* (L.) CHRISTENSEN. Br. phycol. J., **9**, 333–351 (1974).

784. – – Developmental cytology of the genus *Vaucheria* III. Emergence, settlement and

germination of the mature zoospore of *V. fontinalis* (L.) CHRISTENSEN. Br. phycol. J. **10**, 49–56 (1975).

785. PAASCHE, E., S. JOHANSSON and D. L. EVENSEN: An effect of osmotic pressure on the valve morphology of the diatom *Skeletonema subsalsum* (A. CLEVE) BETHGE. Phycologia **14**, 205–211 (1975).

786. PARKE, M.: Studies on marine flagellates. J. mar. biol. Ass. U. K. **28**, 255–286 (1949).

787. – Some remarks concerning the class *Chrysophyceae*. Br. phycol. Bull. **2**, 47–55 (1961).

788. – and I. ADAMS: The motile (*Crystallolithus hyalinus* GAARDER and MARKALI) and non-motile phases in the life history of *Coccolithus pelagicus* (WALLICH) SCHILLER. J. mar. biol. Ass. U. K. **39**, 263–274 (1960).

789. – and D. BALLANTINE: A new marine Dinoflagellate: *Exuviella mariae-lebouriae* n. sp. J. mar. biol. Ass. U. K. **36**, 643–650 (1957).

790. – J. W. G. LUND and I. MANTON: Observations on the biology of the type species of *Chrysochromulina* (*C. parva* LACKEY) in the English lake district. Arch. Mikrobiol. **42**, 333–352 (1962).

791. – and I. MANTON: Studies on marine flagellates VI. *Chrysochromulina pringsheimii* sp. nov. J. mar. biol. Ass. U. K. **42**, 391–404 (1962).

792. – – Preliminary observations on the fine structure of *Prasinocladus marinus*. J. mar. biol. Ass. U. K. **45**, 525–536 (1965).

793. – – The specific identity of the algal symbiont in *Convoluta roscoffensis*. J. mar. biol. Ass. U. K. **47**, 445–464 (1967).

794. – – and B. CLARKE: Studies on marine flagellates II. Three new species of *Chrysochromulina*. J. mar. biol. Ass. U. K. **34**, 579–609 (1955).

795. – Studies on marine flagellates III. Three further species of *Chrysochromulina*. J. mar. biol. Assoc. U. K. **35**, 387–414 (1956).

796. – Studies on marine flagellates IV. Morphology and microanatomy of a new species of *Chrysochromulina*. J. mar. biol. Ass. U. K., **37**, 209–228 (1958).

797. – Studies on marine flagellates V. *Chrysochromulina strobilus* sp. nov. J. mar. biol. Ass. U. K. **38**, 169–188 (1959).

798. PASCHER, A.: Über merkwürdige amoeboide Stadien bei einer höheren Grünalge. Ber. Deutsch. Bot. Ges. **27**, 143–150 (1909).

799. – *Chrysomonadinae, Cryptomonadinae, Chloromonadinae*. In: A. PASCHER (ed.): Süßwasserflora Deutschlands, Österreichs und der Schweiz. H. 2, S. 7–181. G. Fischer, Jena 1913.

800. – Studien über die rhizopodiale Entwicklung der Flagellaten. Arch. Protistenk. **36**, 81 bis 117 (1915).

801. – Animalische Ernährung bei Grünalgen. Ber. Deutsch. Bot. Ges. **33**, 427–442 (1915).

802. – Rhizopodialnetze als Fangvorrichtung bei einer plamodialen Chrysomonade. Arch. Protistenk. **37**, 15–30 (1916).

803. – Von der merkwürdigen Bewegungsweise einiger Flagellaten. Biol. Zentralbl. **37**, 421–429 (1917).

804. – Flagellaten und Rhizopoden in ihren gegenseitigen Beziehungen. Arch. Protistenk. **38**, 1–88 (1918).

805. – Amoeboide Stadien bei einer *Protococcaceae* nebst Bemerkungen über den primitiven Charakter nicht festsitzender Algenformen. Ber. Deutsch. Bot. Ges. **36**, 253–260 (1918).

806. – Die braune Algenreihe der Chrysophyceen. Arch. Protistenk. **52**, 489–564 (1925).

807. – *Volvocales*. In: A. PASCHER (ed.): Süßwasserflora Deutschlands, Österreichs und der Schweiz. H. **4**. G. Fischer, Jena 1927.

808. – Eine eigenartige rhizopodiale Flagellate. Arch. Protistenk. **63**, 227–240 (1928).

809. – Über die Beziehungen zwischen Lagerform und Standortsverhältnissen bei einer Gallertalge (Chrysocapsale). Arch. Protistenk. **68**, 637–668 (1929).

810. – Beiträge zur allgemeinen Zellehre. I. Doppelzellige Flagellaten und Parallelentwicklungen zwischen Flagellaten und Algenschwärmern. Arch. Protistenk. **68**, 261–304 (1929).

811. – *Porochloris*, eine eigenartige, epiphytische Grünalge aus der Verwandtschaft der Tetrasporalen. Arch. Protistenk. **68**, 427–450 (1929).

812. – Studien über Symbiosen. I. Über einige Endosymbiosen von Blaualgen in Einzellern. Jahrb. wiss. Bot. **71**, 386–462 (1929).

813. – Über einen Fall von Widerstreit zwischen Zellform und Koloniebildung. Arch. Protistenk. **70**, 467–490 (1930).

814. – Ein grüner *Sphagnum*-Epiphyt und seine Beziehung zu freilebenden Verwandten (*Desmatractum, Calyptrobactron, Bernardinella*). Arch. Protistenk. **69**, 637–658 (1930).

815. – Über zwei spezialisierte epiphytische Algen. Beih. Bot. Centralbl. **47**/I, 271–281 (1930).

816. – Eine braune, aërophile Gallertalge und ihre Einrichtungen für die Verbreitung durch den Wind. Beih. Bot. Centralbl. **47**/I, 325–345 (1930).

817. – Amoeboide, animalisch sich ernährende Entwicklungsstadien bei einer Alge (Heterokonte). Jahrb. wiss. Bot. **73**, 226–240 (1930).
818. – Eine neue, stigmatisierte und phototaktische Amöbe. Biol. Zentralbl. **50**, 1–7 (1930).
819. – Über eigenartige zweischalige Dauerstadien bei zwei tetrasporalen Chrysophyceen (Chrysocapsalen). Arch. Protistenk. **73**, 73–103 (1931).
820. – Über die Verfestigungsweise des Protoplasten im Gehäuse einer neuen Euglenine (*Klebsiella*). Arch. Protistenk. **73**, 315–322 (1931).
821. – Systematische Übersicht über die mit Flagellaten in Zusammenhang stehenden Algenreihen und Versuch einer Einreihung dieser Algenstämme in die Stämme des Pflanzenreiches. Beih. Bot. Centralbl. **48**/II, 317–332 (1931).
822. – Über eine farblose einzellige Volvocale und die farblosen und grünen Parallelformen der Volvocalen. Beih. Bot. Centralbl. **48**/I, 481–499 (1931).
823. – Über einen neuen einzelligen und einkernigen Organismus mit Eibefruchtung. Beih. Bot. Centralbl. **48**/I, 466–480 (1931).
824. – Zur Kenntnis mariner Planktonten. I. Arch. Protistenk. **77**, 195–218 (1932).
825. – Über einige neue oder kritische Heterokonten. Arch. Protistenk. **77**, 305–359 (1932).
826. – Drei neue Protococcalengattungen. Arch. Protistenk. **76**, 409–419 (1932).
827. – Über drei auffallend konvergente zu verschiedenen Algenreihen gehörende epiphytische Gattungen. Beih. Bot. Centralbl. **49**/I, 549–568 (1932).
828. – Über das Vorkommen von kontraktilen Vakuolen bei pennaten Diatomeen. Beih. Bot. Centralbl. **49**/I, 703–709 (1932).
829. – Heterokonten. In: RABENHORST's Kryptogamenflora. Bd. 11. Akad. Verlag, Leipzig 1939.
830. – Zur Kenntnis einer Protococcale aus den salzhaltigen Mooren Franzensbads. Bot. Not., 1939, 158–168 (1939).
831. – Über geißelbewegliche Eier, mehrköpfige Schwärmer und vollständigen Schwärmerverlust bei *Sphaeroplea*. Beih. Bot. Centralbl. **59**/A, 188–213 (1939).
832. – Über gelegentliche Synzoosporenbildungen bei Algen und über die Verbreitung synzoosporer Organisationen. Beih. Bot. Centralbl. **59**/A, 389–408 (1939).
833. – Zur Kenntnis der Süßwassertetrasporalen I. Beih. Bot. Centralbl. **60**/A, 135–156 (1940).
834. – Filarplasmodiale Ausbildungen bei Algen. Arch. Protistenk. **94**, 295–309 (1940).
835. – Rhizopodiale Chrysophyceen. Arch. Protistenk. **93**, 331–349 (1940).
836. – Über einige mit Schwimmschirmchen versehene Organismen der Wasseroberfläche. Beih. Bot. Centralbl. **61**/A, 462–487 (1942).
837. – Zur Klärung einiger gefärbter und farbloser Flagellaten und ihrer Einrichtungen zur Aufnahme animalischer Nahrung. Arch. Protistenk. **96**, 75–108 (1942).
838. – Zur Kenntnis verschiedener Ausbildungen der planktontischen Dinobryen. Intern. Rev. ges. Hydrobiol. **43**, 110–123 (1943).
839. – Alpine Algen I. Neue Protococcalengattungen aus den Uralpen. Beih. Bot. Centralbl. **62**/A, 175–196 (1943).
840. – Beiträge zur Morphologie der ungeschlechtlichen und geschlechtlichen Vermehrung der Gattung *Chlamydomonas*. Beih. Bot. Centralbl. **62**/A, 197–220 (1943).
841. – Über neue, protococcoide, festsitzende Algengattungen aus der Verwandtschaft der Dinoflagellaten. Beih. Bot. Centralbl. **62**/A, 376–395 (1944).
842. – Über zwei farblose, protococcoide Algen aus der Reihe der Dinophyceen und über Schädigungen durch Epiphytismus. Beih. Bot. Centralbl. **62**/A, 396–404 (1944).
843. – Eine protococcoide Grünalge mit auffallender Polarität und beweglichem Topfchromatophor (Alpine Algen II). Beih. Bot. Centralbl. **62**/A, 353–359 (1944).
844. – Über Conidien-artige Sporen bei grünen Algen. Beih. Bot. Centralbl. **62**/A, 360–375 (1944).
845. – und R. JAHODA: Neue Polyblepharidinen und Chlamydomonadinen aus den Almtümpeln um Lunz. Arch. Protistenk. **61**, 239–281 (1928).
846. – und J. PETROVÁ: Über Porenapparate und Bewegung bei einer neuen Bangiale (*Chroothece mobilis*). Arch. Protistenk. **74**, 490–522 (1931).
847. – und J. SCHILLER: *Rhodophyta*. In: A. PASCHER (ed.): Süßwasserflora Deutschlands, Österreichs und der Schweiz. H. 11, S. 134–206. G. Fischer, Jena 1925.
848. – und W. VLK: Zur Kenntnis der Chrysophyceen des salzhaltigen Flachmoores Hrabanow bei Lissa a. E. Lotos **88**, 163–177 (1941/42).
849. PENARD, E.: Studies on some flagellata. Proc. Acad. Nat. Sci. (Phil.) **74**, 105–168 (1921).
850. PENN, A. B. K.: Die Cytologie der Zellteilung von *Dunaliella* (TEODORESCO). Arch. Protistenk. **90**, 162–164 (1937).
851. PENNICK, N. C. and K. J. CLARKE: *Paraphysomonas butcheri* sp. nov. a marine, colourless, scale-bearing member of the *Chrysophyceae*. Br. phycol. J. **7**, 45–48 (1972).

852. – *Paraphysomonas corbietifera* sp. nov., a marine, colourless, scale-bearing member of the *Chrysophyceae*. Br. phycol. J. 8, 147–151 (1973).
853. PETERFI, L. S., and I. MANTON: Observations with the electron microscope on *Asteromonas gracilis* ARTARI emend. (*Stephanoptera gracilis* [ARTARI] WISL.), with some comparative observations on *Dunaliella* sp. Br. phycol. Bull. 3, 423–440, (1968).
854. PETERSEN, J. B.: The algal vegetation of Hammer Baker. Bot. Tidskr. 42, 1–41 (1932).
855. PETROVÁ, J.: Eine neue festsitzende Protococcalengattung (*Tetraciella* nov. gen.). Arch. Protistenk. 71, 550–566 (1930).
856. – Die vermeintliche Heterokonte „*Botrydiopsis*“ *minor* – eine Chlorophyceae. Beih. Bot. Centralbl. 48/I, 221–228 (1931).
857. PEVELING, E.: Pyrenoidstrukturen in symbiontisch lebenden *Trebouxia*-Arten. Z. Pflanzenphysiol. 59, 393–396 (1968).
858. PFIESTER, L. A.: Sexual reproduction of *Peridinium cinctum* f. *ovoplanum* (*Dinophyceae*). J. Phycol. 11, 259–265 (1975).
859. PICKETT-HEAPS, J. D.: Ultrastructure and differentiation in *Chara* sp. I. Vegetative cells. Aust. J. Biol. Sci. 20, 539–551 (1967).
860. – Ultrastructure and differentiation in *Chara* sp. II. Mitosis. Aust. J. Biol. Sci. 20, 883–894 (1967).
861. – Ultrastructure and differentiation in *Chara* (*fibrosa*), IV. Spermatogenesis. Aust. J. Biol. Sci. 21, 655–690 (1968).
862. – The evolution of the mitotic apparatus: an attempt at comparative ultrastructural cytology in dividing plant cell. Cytobios 1, 257–280 (1969).
863. – Some ultrastructural features of *Volvox*, with particular reference to the phenomenon of inversion. Planta 90, 174–190 (1970).
864. – The behaviour of the nucleolus during mitosis in plants. Cytobios. 2, 69–78 (1970).
865. – Mitosis autospore formation in the green alga *Kirchneriella lunaris*. Protoplasma 70, 325–347 (1970).
866. – Reproduction by zoospores in *Oedogonium* I. Zoosporogenesis. Protoplasma 72, 275–314 (1971).
867. – Cell division in *Cosmarium botrytis*. J. Phycol. 8, 343–360 (1972).
868. – Variation in mitosis and cytokinesis in plant cells: its significance in the phylogeny and evolution of ultrastructural systems. Cytobios 5, 59–77 (1972).
869. – Cell division in *Tetraëdron*. Ann. Bot. 36, 693–701 (1972).
870. – Cell division in *Cyanophora paradoxa*. New Phytol. 71, 561–567 (1972).
871. – Cell division and wall structure in *Microspora*. New Phytol. 72, 347–355 (1973).
872. – Cell division in *Tetraspora*. Ann. Bot. 37, 1017–1025 (1973).
873. – Green algae. Sinauer, Sunderland 1975.
874. – and L. C. FOWKE: Cell division in *Oedogonium*. I. Mitosis, cytokinesis, and cell elongation. Aust. J. Biol. Sci. 22, 857–894 (1969).
875. – – Cell division in *Oedogonium* II. Nuclear division in *O. cardiacum*. Aust. J. Biol. Sci. 23, 71–92 (1970).
876. – – Cell division in *Oedogonium* III. Golgi bodies, wall structure and wall formation in *O. cardiacum*. Aust. J. Biol. Sci. 23, 93–113 (1970).
877. – – Mitosis, cytokinesis and cell elongation in the desmid, *Closterium littorale*. J. Phycol. 6, 189–215 (1970).
878. – and L. A. STAEHELIN: The ultrastructure of *Scenedesmus* (*Chlorophyceae*). II. Cell division and colony formation. J. Phycol. 11, 186–202 (1975).
879. PIRSON, A.: Synchronanzucht von Algen im Licht-Dunkel-Wechsel (Ein Überblick). Vortr. Gesamtgeb. Bot., N. F., 1, 178–186 (1961).
880. – und H. LORENZEN: Ein endogener Zeitfaktor bei der Teilung von *Chlorella*. Z. Bot. 46, 53–66 (1958).
881. PITSCHMANN, H.: Über Synzoosporenbildung bei Algen. Ber. nat.-med. Ver. Innsbruck 53, 157–162 (1963).
882. – Vorarbeiten zu einer Monographie der Gattung *Heterococcus*. Nova Hedwigia 5, 487 bis 532 (1963).
883. – und F. SCHEMINZKY: Zur Biologie einiger Thermalquellen auf Ischia (Italien). Fund. baln.-biochim. 4, 308–322 (1964).
884. POCHMANN, A.: Synopsis der Gattung *Phacus*. Arch. Protistenk. 95, 81–252 (1942).
885. – Struktur, Wachstum und Teilung der Körperhülle bei den Eugleninen. Planta 42, 478–548 (1953).
886. – *Helikotropis okteres* n. gen. n. spec. (*Peranemataceae*) und die Frage der Ätiologie der Kielbildung bei farblosen Eugleninen. Österr. Bot. Z. 102, 1–17 (1955).
887. – Untersuchungen über Plattenbau und Spiralbau, über Wachstum und Zerteilung der Paramylonkörner. Österr. Bot. Z. 103, 110–141 (1956).

888. – Über die Tätigkeit der nichtkontraktilen Importvakuole und den Modus der Osmoregulation bei dem Salzflagellaten *Choanogaster* nebst Bemerkungen über die Funktion der Pusulen. Ber. Deutsch. Bot. Ges. **72**, 99–108 (1959).

889. POCOCK, M. A.: Two multicellular motile green algae, *Volvulina* PLAYFAIR and *Astrephomene*, a new genus. Trans. Roy. Soc. S. Afr., **36**, 5–55 (1956).

890. – *Haematococcus* in Southern Africa. Trans. Roy. Soc. S. Afr. **34**, 103–127 (1960).

891. – *Hydrodictyon*: a comparative biological study. J. S. Afr. Bot. **26**, 167–319 (1960).

892. POISSON, R., et A. HOLLANDE: Considérations sur la cytologie, la mitose et les affinités des Chloromonadines. Étude de *Vacuolaria virescens* CIENK. Ann. Sci. Nat. Zool., Ser. 11, **5**, 147–160 (1943).

893. POPOVA, T. G.: *Euglenophyta*. In: M. M. GOLLERBACH, V. I. POLJANSKIJ et V. P. SAVIČ ed.: Opredelitel presnov. vodoroslej SSSR. T. **7**. Sov. nauka, Moskau 1955.

894. POSTEK, M. T., and E. R. COX: Thecal ultrastructure of the toxic marine dinoflagellate *Gonyaulax catenella*. J. Phycol. **12**, 88–93 (1976).

895. PRASAD, B. N., and P. N. SRIVASTAVA: Observation on the morphology, cytology and asexual reproduction of *Schizomeris leibleinii*. Phycologia **2**, 148–156 (1963).

896. PRICE, I. R., and S. C. DUCKER: The life history of the brown alga *Splachnidium rugosum*. Phycologia **5**, 261–272 (1966).

897. PRINGSHEIM, E. G.: Contributions toward a monograph of the genus *Euglena*. Nova Acta Leopold., N. F., **18**, 1–168 (1956).

898. – Farblose Algen. G. Fischer, Stuttgart 1963.

899. – Die Grundlagen eines taxonomischen Systems der Algen. Z. Pflanzenphysiol. **54**, 99–105 (1966).

900. PRINGSHEIM, E. E., und K. ONDRAČEK: Untersuchungen über die Geschlechtsvorgänge bei *Polytoma*. Beih. Bot. Centralbl. **59**/A, 118–172 (1939).

901. PRINTZ, H.: *Chlorophyceae*. In: ENGLER-PRANTL: Natürliche Pflanzenfamilien. 2. Aufl., Bd. 3. Engelmann, Leipzig 1927.

902. – Vorarbeiten zu einer Monographie der Trentepohliaceen. Nytt Mag. Naturvidensk. **80**, 137–210 (1939).

903. – Die Chaetophoralen der Binnengewässer. Hydrobiologia **24**, 1–376 (1964).

904. PROVASOLI, L., T. YAMASU and I. MANTON: Experiments on the resynthesis of symbiosis in *Convoluta roscoffensis* with different flagellate cultures. J. mar. biol. Ass. U. K. **48**, 465–479 (1968).

905. RAMANATHAN, K. R.: Zygospore formation in some South Indian desmids. II. Morphological anisogamy in *Pleurotaenium subcoronulatum* (TURNER) WEST et WEST. Phykos, **2**, 51–53 (1963).

906. – *Ulotrichales*. Indian Counc. Agr. Res., New Delhi 1964.

907. RAMUS, J.: Pit connection formation in the red alga *Pseudogloiophloea*. J. Phycol. **5**, 57–63 (1969).

908. – and D. M. ROBINS: The correlation of Golgi activity and polysaccharide secretion in *Porphyridium*. J. Phycol. **11**, 70–74 (1975).

909. RANDHAWA, M. S.: A note on cyst formation in *Fritschiella tuberosa* IYENGAR. Arch. Protistenk. **92**, 131–136 (1939).

910. – *Zygnemaceae*. J. C. A. R., New Delhi 1959.

911. RAO, V. N. R., and T. V. DESIKACHARY: MacDonald-Pfitzer hypothesis and cell sitze in diatoms. Beih. Nova Hedwigia **31**, 485–493 (1970).

912. REICHENOW, E.: Lehrbuch der Protozoenkunde. Begründet von F. DOFLEIN. 6. Aufl. VEB G. Fischer, Jena 1953.

913. REIMANN, B. E. F., J. C. LEWIN and B. E. VOLCANI: Studies on the biochemistry and fine structure of silica shell formation in diatoms. II. The structure of the cell wall of *Navicula pelliculosa* (BRÉB.) HILSE. J. Phycol. **2**, 74–84 (1966).

914. REINHARDT, P.: Zur Taxonomie und Biostratigraphie der Coccolithineen aus dem Eozän Norddeutschlands. Freiberg. Forschungsh., **213**, 201–241 (1967).

915. REISIGL, H.: Zur Systematik und Ökologie alpiner Bodenalgen. Österr. Bot. Z. **111**, 402 bis 499 (1964).

916. RICKETTS, T. R.: The pigments of the Phytoflagellates, *Pedinomonas minor* and *Pedinomonas tuberculata*. Phytochemistry **6**, 19–24 (1967).

917. – The pigment composition of some flagellates possessing scaly flagella. Phytochemistry **6**, 669–676 (1967).

918. – Further investigations into the pigment composition of green flagellates possessing scaly flagella. Phytochemistry **6**, 1375–1386 (1967).

919. – The pigments of the *Prasinophyceae* and related organisms. Phytochemistry **9**, 1835 bis 1842 (1970).

920. – Identification of xanthophylls KI and KIS of the *Prasinophyceae* as siphonein and siphonoxanthin. Phytochemistry **10**, 161–164 (1971).
921. RIETH, A.: Über die vegetative Vermehrung bei *Sphaeroplea wilmani* FRITSCH et RICH. Flora **139**, 28–38 (1952).
922. – Beobachtungen zur Entwicklungsgeschichte einer *Vaucheria* der Sektion *Woroninia*. Flora **142**, 156–182 (1954).
923. – Zur Kenntnis halophiler Vaucherien. Flora **143**, 127–160 (1956).
924. – Zur Kenntnis halophiler Vaucherien II. Flora **143**, 281–294 (1956).
925. – Süßwasser-Algenarten in Einzeldarstellung V. *Spirogyra quadrilaminata* JAO 1935 nach Material aus Kuba. Arch. Protistenk. **114**, 353–366 (1972).
926. – Über *Chlorokybus atmophyticus* GEITLER 1942. Arch. Protistenk. **114**, 330–342 (1972).
927. – Beiträge zur Kenntnis der *Vaucheriaceae* XVI. *Vaucheria hercyniana* nov. spec. und ihre Entwicklung. Arch. Protistenk. **116**, 201–209 (1974).
928. RINGO, D. L.: The arrangement of subunits in flagellar fibers. J. Ultrastruct. Res. **17**, 266–277 (1967).
929. – Flagellar motion and fine structure of the flagellar apparatus in *Chlamydomonas*. J. Cell Biol. **33**, 543–571, (1967).
930. ROBERTS, K., M. GURNEY-SMITH and G. J. HILLS: Structure, composition and morphogenesis of the cell wall of *Chlamydomonas reinhardi*. I. Ultrastructure and preliminary chemical analysis. Ultrastruct. Res. **40**, 599–613 (1972).
931. ROBINSON, D. G., and R. D. PRESTON: Fine structure of swarmers of *Cladophora* and *Chaetomorpha*: I. The plasmalemma and Golgi apparatus in naked swarmers. J. Cell Sci. **9**, 581–601 (1971).
932. – R. K. WHITE and R. D. PRESTON: Fine structure of swarmers of *Cladophora* and *Chaetomorpha*. 3. Wall synthesis and development. Planta **107**, 131–144 (1972).
933. ROSENBAUM, J. L., J. E. MOULDER and L. RINGO: Flagellar elongation and shortening in *Chlamydomonas*. J. Cell Biol. **41**, 600–619 (1969).
934. ROSENVINGE, L. K.: On mobility in the reproductive cells of the *Rhodophyceae*. Bot. Tidsskr. **40**, 72–79 (1927).
935. ROSOWSKI, J. R., R. L. VADAS and P. KUGRENS: Surface configuration of the lorica of the euglenoid *Trachelomonas* as revealed with scanning electron microscopy. Amer. J. Bot. **62**, 48–57 (1975).
936. – P. L. WALNE and L. K. WEST: Comparative effects of critical point and air-drying on the morphology of the rigid mucilaginous coating (lorica) of *Trachelomonas* (*Euglenophyceae*). Micron **5**, 321–339 (1975).
937. ROSS, R., and P. A. SIMS: The fine structure of the frustule in centric diatoms: a suggested terminology. Br. Phycol. J. **7**, 139–163 (1972).
938. ROUILLER, C., et E. FAURÉ-FREMIET: Structure fine d'un flagellé chrysomonadien: *Chromulina psammobia*. Exp. Cell Res. **14**, 47–67 (1968).
939. ROUND, F. E.: Biologie der Algen. G. Thieme, Stuttgart 1968.
940. RUDZKI, B.: Untersuchungen über periphere Nukeolen bei pflanzlichen Protisten, das interphasische Kernwachstum bei Dinophyceen und das Kopulationsverhalten von *Gomphonema*. Österr. Bot. Z. **112**, 1–43 (1965).
941. RUINEN, J.: Notizen über Salzflagellaten. II. Über die Verbreitung der Salzflagellaten. Arch. Protistenk. **90**, 210–258 (1938).
942. SAGAN, L., Y. BEN-SHAUL, H. T. EPSTEIN and J. A. SCHIFF: Studies of chloroplast development in *Euglena* XI. Radioautographic localization of chloroplast DNA. Plant Physiol., **40** 1257–1259 (1965).
943. SAGER, R.: Studies of cell heredity with *Chlamydomonas*. In: S. H. HUTNER (ed.): Biochemistry and physiology of Protozoa. Vol. 3, S. 297–318. Academic Press, New York – London 1964.
944. – and S. GRANICK: Nutritional control of sexuality in *Chlamydomonas reinhardi*. J. Gen. Physiol. **37**, 729–742 (1954).
945. – and G. E. PALADE: Chloroplast structure in green and yellow strains of *Chlamydomonas*. Exp. Cell Res. **7**, 584–588 (1954).
946. SAMPAIO, J.: Desmidias Portuguesas. Biol. Soc. Broth. **18**, 1–538 (1944).
947. SARMA, Y. S. R. K., and R. SHYAM: On certain aspects of mitotic division in *Eudorina elegans* EHRENBERG. The Nucleus **16**, 93–100 (1973).
948. SCHIFF, J. A.: Developmental interactions among cellular compartments in *Euglena*. Symp. Soc. Exper. Biol. Nr. 24, Cambridge 1970, 277–301 (1970).
949. – The informational and nutritional requirements of cellular organelles. Stadler Symp., Vol. 3, S. 89–113. Univ. Missouri, Columbia 1971.
950. – and H. T. EPSTEIN: The continuity of the chloroplast in *Euglena*. In: D. BUETOW

(ed.): The biology of *Euglena*. Vol. 2, S. 285–333. Academic Press, New York – London 1968.
951. SCHILLER, J.: *Coccolithineae*. In RABENHORST's Kryptogamenflora. Bd. 10, 2. Abt. Akad. Verlag, Leipzig 1930.
952. – *Dinoflagellatae* I. In: RABENHORST's Kryptogamenflora. Bd. 10, 3. Abt. Akad. Verlag, Leipzig 1933.
953. – *Dinoflagellatae* II. In: RABENHORST's Kryptogamenflora. Bd. 10, 3. Abt. Akad. Verlag, Leipzig 1937.
954. Über winterliche pflanzliche Bewohner des Wassers, Eises und des daraufliegenden Schneebreies. I. Österr. Bot. Z. **101**, 236–284 (1954).
955. SCHILLING, A. J.: *Dinoflagellatae*. In: A. PASCHER (ed.): Süßwasserflora Deutschlands, Österreichs und der Schweiz. H. 3. G. Fischer, Jena 1913.
956. SCHLÖSSER, L. A.: Zur Entwicklungsphysiologie des Generationswechsels von *Cutleria*. Biol. Zentralbl. **55**, 198–208 (1935).
957. SCHLÖSSER, U.: Enzymatisch gesteuerte Freisetzung von Zoosporen bei *Chlamydomonas reinhardii* DANGEARD in Synchronkultur. Arch. Mikrobiol. **54**, 129–159 (1966).
958. – Entwicklungsstadien- und sippenspezifische Zellwand-Autolysine bei der Freisetzung von Fortpflanzungszellen in der Gattung *Chlamydomonas*. Ber. Deutsch. Bot. Ges. **89**, 1–56 (1976).
959. SCHMIDT, A.: Atlas der Diatomaceen-Kunde. Bd. I–IV (Ser. 1–10). Reisland, Leipzig 1874–1959.
960. SCHMITZ, W.: Fließgewässerforschung-Hydrographie und Botanik. Verh. Intern. Ver. Limnol. **14**, 541–586 (1961).
961. SCHNEPF, E.: Leukoplasten bei *Nitzschia alba*. Österr. Bot. Z. **116**, 65–69 (1969).
962. – Membranfluß und Membrantransformation. Ber. Deutsch. Bot. Ges. **82**, 407–413 (1969).
963. – and R. M. BROWN: On relationships between endosymbiosis and the origin of plastids and mitochondria. In: J. REINERT and H. URSPRUNG (ed.): Results and problems in cell differentiation, S. 299–322. Springer, Heidelberg – Berlin – New York 1971.
964. – und G. DEICHGRÄBER: Über die Feinstruktur von *Synura petersenii* unter besonderer Berücksichtigung der Morphogenese ihrer Kieselschuppen. Protoplasma **68**, 85–106 (1969).
965. – – Über den Feinbau von Theka, Pusule und Golgi-Apparat bei dem Dinoflagellaten *Gymnodonium* sp. Protoplasma **74**, 411–425 (1972).
966. – – und H. ETTL: *Gloeomonas* oder *Chlamydomonas*? Elektronenmikroskopische Untersuchungen an *Gloeomonas simulans*. Plant Syst. Evol. **125**, 109–121 (1976).
967. – und W. KOCH: Golgi-Apparat und Wasserausscheidung bei *Glaucocystis*. Z. Pflanzenphysiol. **55**, 97–109 (1966).
968. – – Über die Entstehung der pulsierenden Vakuolen von *Vacularia virescens* (*Chloromonadophyceae*) aus dem Golgi-Apparat. Arch. Mikrobiol. **54**, 229–236 (1966).
969. – – und G. DEICHGRÄBER: Zur Cytologie und taxonomischen Einordnung von *Glaucocystis*. Arch. Mikrobiol. **55**, 149–174 (1966).
970. – und M. MAIWALD: Halbdesmosomen bei Phytoflagellaten. Experientia **26**, 1343 (1970).
971. SCHOENBOHM, E.: Kontraktile Fibrillen als Elemente bei der Mechanik der Chloroplastenverlagerung. Ber. Deutsch. Bot. Ges. **86**, 407–422 (1973).
972. SCHÖTZ, F.: Dreidimensionale, maßstabgetreue Rekonstruktion einer grünen Flagellatenzelle nach Elektronenmikroskopie von Serienschnitten. Planta **102**, 152–159 (1972).
973. – H. BATHELT, C. G. ARNOLD und O. SCHIMMER: Die Architektur und Organisation der *Chlamydomonas*-Zelle. Ergebnisse der Elektronenmikroskopie von Serienschnitten und der daraus resultierenden dreidimensionalen Rekonstruktion. Protoplasma **75**, 229 bis 254 (1972).
974. SCHREIBER, E.: Zur Kenntnis der Physiologie und Sexualität höherer *Volvocales*. Z. Bot. **17**, 337–376 (1925).
975. – Untersuchungen über Parthenogenese, Geschlechtsbestimmung und Bastardierungsvermögen bei *Laminaria*. Planta **12**, 331–353 (1930).
976. – Über die geschlechtliche Fortpflanzung der *Sphacelariales*. Ber. Deutsch. Bot. Ges. **49**, 235–240 (1931).
977. SCHULZE, B.: Zur Kenntnis einiger *Volvocales*. Arch. Protistenk. **58**, 508–576 (1927).
978. SCHULZE, K. L.: Cytologische Untersuchungen an *Acetabularia wettsteinii*. Arch. Protistenk., **92**, 179–225 (1939).
979. SCHUSSNIG, B.: Handbuch der Protophytenkunde. Bd. 1. VEB G. Fischer, Jena 1953.
980. – Grundriß der Protophytologie. VEB G. Fischer, Jena 1954.
981. – Handbuch der Protophytenkunde. Bd. 2. VEB G. Fischer, Jena 1960.
982. SCHWEIGER, H. G., R. W. P. MASTER and G. WERZ: Nuclear control of a cytoplamic enzyme in *Acetabularia*. Nature **216**, 554–557 (1967).

983. SCOTT, J. L., and P. S. DIXON: Ultrastructure of spermatium liberation in the marine red alga *Ptilota densa*. J. Phycol., 9, 85–91 (1973).
984. SEPSENWOL, S.: Leucoplast of the cryptomonad *Chilomonas paramaecium*-evidence for presence of a true plastid in a colourless flagellate. Exp. Cell Res., 76, 395–409 (1973).
985. SIEMINSKA, J.: *Bacillariophyceae*. In: K. STARMACH (ed.): Flora slodkowodna Polski. T. 6. PWN, Warszawa 1964.
986. SILVA, P. C.: The genus *Codium* (*Chlorophyta*) in South Africa. J. S. Afr. Bot., 25, 101 bis 165 (1959).
987. SILVERBERG, B. A.: The presence of unusual microtubular structures in senescent cells of *Chlamydomonas dysosmos*. Arch. Mikrobiol. 98, 199–206 (1974).
988. – Some structural aspects of the pyrenoid of the ulotrichalean alga *Stichococcus*. Trans. Amer. Microsc. Soc. 94, 417–421 (1975).
989. – and T. SAWA: An ultrastructural study of the pyrenoid in cultured cells of *Chlorella variegata* (*Chlorococcales*). New Phytol. 73, 143–146 (1974).
990. SIMON-BICHARD-BRÉAUD, J.: Un apparéil cinetique dans les gametocystes males d'une Rhodophycée: *Bonnemaisonia hamifera*. C. R. Acad. Sci. (Paris) 273, 1272–1275 (1971).
991. SIMONSEN, R. (ed.): First symposium on recent and fossil marine diatoms, Bremerhaven 1970. Cramer, Lehre 1972.
992. – Second symposium on recent and fossil marine diatoms, London 1972. Cramer, Lehre 1974.
993. – Third symposium on recent and fossil marine diatoms, Kiel 1974. Cramer, Lehre 1975.
994. SINGH, R. N.: *Fritschiella tuberosa* IYENG. Ann. Bot. 11, 159–164 (1941).
995. – On some phases in the life history of the terrestrial alga, *Fritschiella tuberosa* IYENGAR, and its autecology. New Phytol. 40, 170–182 (1941).
996. – Reproduction in *Draparnaldiopsis indica* BHARADWAJA. New Phytol. 41, 262–273 (1942).
997. SKALNA, E.: The algae of the Karst Vaucluse Spring at Zerzmanowice (Cracow-Czestochowa Jurassic region). Frag. Flor. Geograph. 19, 343–348 (1973).
998. SKOCZYLAS, O.: Über die Mitose von *Ceratium cornutum* und einigen anderen Peridineen. Arch. Protistenk. 103, 193–228 (1968).
999. SKUJA, H.: Untersuchungen über die Rhodophyceen des Süßwassers. III. Arch. Protistenk. 80, 357–366 (1933).
1000. –Untersuchungen über die Rhodophyceen des Süßwassers. IV. Beih. Bot. Centralbl. 52/B, 173–192 (1934).
1001. – Die Süßwasserrhodophyceen der Deutschen Limnologischen Sunda-Expedition. Arch. Hydrobiol., Suppl., 15, 603–637 (1938).
1002. – Ein Fall von fakultativer Symbiose zwischen operculatem Discomycet und einer Chlamydomonade. Arch. Protistenk. 96, 365–376 (1943).
1003. – Untersuchungen über die Rhodophyceen des Süßwassers. VII. Acta Horti Bot. Univ. Latv. 14, 3–64 (1944).
1004. – Taxonomie des Phytoplanktons einiger Seen in Uppland, Schweden. Symb. Bot. Upsal. 9, 3, 1–399 (1948).
1005. – Drei Fälle von sexueller Reproduktion in der Gattung *Chlamydomonas* EHRENB. Sv. Bot. Tidsskr. 43, 586–602 (1949).
1006. – Körperbau und Reproduktion bei *Dinobryon borgei* LEMM. Sv. Bot. Tidsskr. 44, 96 bis 107 (1950).
1007. – *Glaucophyta*. In: A. ENGLER: Syllabus der Pflanzenfamilien. 12. Aufl., Bd. 1, S. 56–57. Borntraeger, Berlin 1954.
1008. – Taxonomische und biologische Studien über das Phytoplankton schwedischer Binnengewässer. Nova Acta Reg. Soc. Sci. Upsal., Ser. IV, 16, 3, 1–404 (1956).
1009. – *Mycochrysis* nov. gen., Vertreterin eines neuen Typus der Kolonienbildung bei den gefärbten Chrysomonaden. Sv. Bot. Tidsskr. 52, 23–36 (1958).
1010. – Grundzüge der Algenflora und Algenvegetation der Fjeldgegenden um Abisko in Schwedisch-Lappland. Nova Acta Reg. Soc. Sci. Upsal., Ser. IV, 18, 3, 1–465 (1964).
1011. – Eigentümliche morphologische Anpassung eines *Batrachospermum* gegen mechanische Schädigung in fließendem Wasser. Österr. Bot. Z. 116, 55–64 (1969).
1012. SKUJA, H., und M. ORE: Die Flechte *Coenogonium nigrum* (HUDS.) ZAHLBR. und ihre Gonidie. Acta Horti Bot. Univ. Latv. 8, 21–47 (1933).
1013. SLÁDEČEK, V.: System of water quality from the biological point of view. Arch. Hydrobiol., Beiheft 7, 1–218 (1973).
1014. SLANKIS, T., and GIBBS, S. P.: The fine structure of mitosis and cell division in the chrysophycean alga *Ochromonas danica*. J. Phycol. 8, 243–256 (1972).

1015. SMITH, G. M.: Phytoplankton of the inland lakes of Wisconsin. P. 1. Wisc. Geol. Nat. Hist. Surv., Sci. Ser., No. 12, 1–243 (1920).
1016. – A comparative study of the species of *Volvox*. Trans. Amer. Microsc. Soc. **63**, 265–310 (1944).
1017. – The freshwater algae of the United States. 2. ed. McGraw-Hill, New York – Toronto – London, 1950.
1018. SMITH, R. L., and H. C. BOLD: Phycological studies VI. Investigations of the algal genera *Eremosphaera* and *Oocystis*. Univ. Texas Publ., No. 6612, 1–121 (1966).
1019. SOEDER, C. J.: Notizen über Zellentwicklung von *Chlorella pyrenoidosa*. Arch. Protistenk. **104**, 559–568 (1960).
1020. – Elektronenmikroskopische Untersuchungen an ungeteilten Zellen von *Chlorella fusca* SHIHIRA et KRAUS. Arch. Mikrobiol. **47**, 311–324 (1964).
1021. – Elektronenmikroskopische Untersuchung der Protoplastenteilung bei *Chlorella fusca* SHIHIRA et KRAUS. Arch. Mikrobiol. **50**, 368–377 (1965).
1022. – Über den Zeitgeber der synchronen Zellentwicklung von *Chlorella* im Licht-Dunkel-Wechsel. Z. Pflanzenphysiol. **60**, 5–11 (1968).
1023. SOEDER, C. J., und D. MAIWEG: Zur Zeitgeberfunktion des Lichtbeginns in Synchronkulturen von *Chlorella*. Ber. Deutsch. Bot. Ges. **81**, 364–368 (1968).
1024. SOYER, M. O.: Complément a l'étude ultrastructurale des *Volvocales*. Étude des colonies femelles de *Volvox aureus* E. Ann. Sci. Nat., Zool. 12e Sér. **15**, 231–258 (1973).
1025. – and O. K. HAAPALA: Division and function of dinoflagellate chromosomes. J. Microscopie **19**, 137–146 (1974).
1026. STAEHELIN, L. A., and J. D. PICKETT-HEAPS: The ultrastructure of *Scenedesmus* (*Chlorophyceae*). I. Species with the „reticulate" or „warty" type of ornamental layer. J. Phycol. **11**, 163–185 (1975).
1027. STARMACH, K.: *Chrysophyta*. In: K. STARMACH (ed.): Flora slodkowodna Polski. T. 5. PWN, Warszawa 1968.
1028. – *Xanthophyceae*. In. K. STARMACH (ed.): Flora slodkowodna Polski. T. 7. PWN, Warszawa 1968.
1029. – *Chlorophyta* III. In: K. STARMACH (ed.): Flora slodkowodna Polski. T. 10. PWN, Warszawa 1972.
1030. – *Cryptophyceae, Dinophyceae, Raphidophyceae*. In: K. STARMACH (ed.): Flora slodkowodna Polski. T. 4. PWN, Warszawa 1974.
1031. – *Phaeophyta-Rhodophyta*. In: K. STARMACH (ed.): Flora slodkowodna Polski. T. 14. PWN, Warszawa – Kraków 1977.
1032. STARR, R. C.: Reproduction by zoospores in *Planktosphaeria gelatinosa* G. M. SMITH. Hydrobiologia **6**, 392–396 (1954).
1033. – Reproduction by zoospores in *Tetraëdron bitridens*. Amer. J. Bot. **41**, 17–20 (1954).
1034. – Heterothallism in *Cosmarium botrytis* var. *subtumidum*. Amer. J. Bot. **41**, 601–607 (1954).
1035. – A comparative study of *Chlorococcum* MENEGHINI and other spherical, zoospore-producing genera of the *Chlorococcales*. Indiana Univ. Publ., Sci. Ser. **20**, 1–111 (1955).
1036. – Sexuality in *Gonium sociale* (DUJARDIN) WARMING. J. Tenn. Acad. Sci. **30**, 90–93 (1955).
1037. – Asexual spores in *Closterium didymotocum* RALFS. New Phytol. **57**, 187–190 (1958).
1038. – Sexual reproduction in certain species of *Cosmarium*. Arch. Protistenk. **104**, 155–164 (1959).
1039. – Structure, reproduction and differentiation in *Volvox carteri* f. *nagariensis* IYENGAR, strains HK 9 + 10. Arch. Protistenk. **111**, 204–222 (1969).
1040. – Control of differentiation in *Volvox*. Devel. Biol., Suppl. **4**, 59–100 (1970).
1041. – Sexual reproduction in *Volvox africanus*. In: B. C. PARKER and R. M. BROWN (ed.): Contributions in Phycology, S. 59–66. Allen Press, Lawrence 1971.
1042. – Meiosis in *Volvox carteri* f. *nagariensis*. Arch. Protistenk. **117**, 187–191 (1975).
1043. STEIN, J. R.: A morphological and genetic study of *Gonium pectorale*. Amer. J. Bot. **45**, 664–672 (1958).
1044. – The four-celled species of *Gonium*. Amer. J. Bot. **46**, 366–371 (1959).
1045. – and T. BISALPUTRA: Crystalline bodies in an algal chloroplast. Can. J. Bot. **47**, 233 bis 236 (1969).
1046. STEWART, K. D., G. L. FLOYD, K. R. MATTOX and M. E. DAVIS: Cytochemical demonstration of a single peroxisome in a filamentous alga. J. Cell Biol. **54**, 431–434 (1972).
1047. – K. R. MATTOX and C. D. CHANDLER: Mitosis and cytokinesis in *Platymonas subcordiformis*, a scaly green monad. J. Phycol. **10**, 65–79 (1974).
1048. STOSCH, H. A. v.: Oogamy in a centric diatom. Nature **165**, 531–533 (1950).

1049. – Entwicklungsgeschichtliche Untersuchungen an zentrischen Diatomeen I. Arch. Mikrobiol. **16**, 101–135 (1951).

1050. – Die Oogamie von *Biddulphia mobiliensis* und die bisher bekannten Auxosporenbildung bei den *Centrales*. Rapp. Comm. 8. Congr. Int. Bot., Sect. 17, 58–68 (1954).

1051. – Entwicklungsgeschichtliche Untersuchungen an zentrischen Diatomeen II. Arch. Mikrobiol. **23**, 327–365 (1956).

1052. – Kann die oogame Araphidee *Rhabdonema adriaticum* als Bindeglied zwischen den beiden großen Diatomeengruppen angesehen werden? Ber. Deutsch. Bot. Ges. **71**, 241–249 (1958).

1053. – Sexualität bei *Ceratium cornutum* (*Dinophyta*). Naturwiss. **52**, 112–113 (1965).

1054. – Manipulierung der Zellgröße von Diatomeen im Experiment. Phycologia **5**, 21–44 (1965).

1055. – Bemerkungen zur Physiologie und Morphologie der pigmentfreien Alge „*Saprochaete saccharophila*" COKER und SHANOR. Botaniste, sér. L, 437–454 (1967).

1056. – La signification cytologique de la „cyclose nucléaire" dans le cycle de vie des Dinoflagellés. Soc. Bot. Fr., Mem., 201–212 (1972).

1057. – Observations on vegetative reproduction and sexual life cycle of two freshwater dinoflagellates, *Gymnodinium pseudopalustre* SCHILLER and *Woloszynskia apiculata* sp. nov. Br. phycol. J. **8**, 105–134 (1973).

1058. – An amended terminology of the diatom girdle. Beih. Nova Hedwigia **53**, 1–28 (1975).

1059. STOSCH, H. A. v., und G. DREBES: Entwicklungsgeschichtliche Untersuchungen an zentrischen Diatomeen IV. Die Planktondiatomee *Stephanopyxis turris* – ihre Behandlung und Entwicklungsgeschichte. Helgol. Wiss. Meeresunters. **11**, 209–257 (1964).

1060. – und K. KOWALLIK: Der von L. GEITLER aufgestellte Satz über die Notwendigkeit einer Mitose für jede Schalenbildung von Diatomeen. Beobachtungen über die Reichweite und Überlegungen zu seiner zellmechanischen Bedeutung. Österr. Bot. Z. **116**, 454 bis 474 (1969).

1061. – und B. E. F. REIMANN: *Subsilicea fragilarioides* gen. et spec. nov., eine Diatomee (*Fragilariaceae*) mit vorwiegend organischer Membran. Beih. Nova Hedwigia **31**, 1–36 (1970).

1062. – G. THEIL und K. KOWALLIK: Entwicklungsgeschichtliche Untersuchungen an zentrischen Diatomeen V. Bau und Lebenszyklus von *Chaetoceros didymum* mit Beobachtungen über einige andere Arten der Gattung. Helgol. Wiss. Meeresunters. **25**, 384–445 (1973).

1063. STRANSKY, H., und A. HAGER: Das Carotinoidmuster und die Verbreitung des lichtinduzierten Xanthophyllcyclus in verschiedenen Algenklassen. VI. Chemosystematische Betrachtung. Arch. Mikrobiol. **73**, 315–323 (1970).

1064. STUBBE, W.: Origin and continuity of plastids. In: J. REINERT and H. URSPRUNG (ed.): Results and problems in cell differentiation, S. 66–81. Springer, Heidelberg – Berlin – New York 1971.

1065. SUNDENE, O.: Reproduction and morphology in strains of *Antithamnion boreale* originating from Spitzbergen and Scandinavia. Skr. Norske Vid. Akad. I. Math.-Nat. Kl., N. S., **5**, 1–19 (1962).

1066. SWALE, E. M. F.: A study of the nannoplankton flagellate *Pedinella hexacostata* VYSOTSKIJ by light and electron microscopy. Br. phycol. J. **4**, 65–86 (1969).

1067. – A third layer of body scales in *Pyramimonas tetrarhynchus* SCHMARDA. Br. phycol. J. **8**, 95–99 (1973).

1068. – A study of the colourless flagellate *Rhynchomonas nasuta* (STOKES) KLEBS. Biol. J. Linn. Soc. **5**, 255–264 (1973).

1069. – and J. H. BELCHER: A light and electron microscope study of the colourless flagellate *Aulacomonas* SKUJA. Arch. Mikrobiol. **92**, 91–103 (1973).

1070. SWEENEY, B. M.: *Pedinomonas noctilucae* (*Prasinophyceae*), the flagellate symbiotic in *Noctiluca* (*Dinophyceae*) in Southeast Asia. J. Phycol., **12**, 460–464 (1976).

1071. SWIFT, E., and CH. C. REMSEN: The cell wall of *Pyrocystis* spp. (*Dinococcales*). J. Phycol. **6**, 79–86 (1970).

1072. SZABADOS, M.: Adatok az *Euglena granulata* (KLEBS) LEM. fejlödéséhez. Ann. Biol. Univ. Szeged **1**, 111–115 (1950).

1073. TAKAHASHI, E.: The fine structure of the scales and flagella of the *Chrysophyta*. In: J. TOKIDA and H. HIROSE (ed.): Advance of Phycology in Japan, S. 67–96. VEB G. Fischer, Jena 1975.

1074. TAMIYA, H.: Growth and cell division of *Chlorella*. In: E. ZEUTHEN (ed.): Synchrony in cell division and growth, S. 247–305. New York 1964.

1075. TAYLOR, F. J. R.: Scanning electron microscopy of thecae of the dinoflagellate genus *Ornithocercus*. J. Phycol., **7**, 249–258 (1971).

1076. – Flagellate phylogeny: a study in conflicts. J. Protozool. **23**, 28–40 (1976).

1077. TAYLOR, W. R.: Marine algae of the northeastern coast of North America. Rev. ed. Ann Arbor 1957.
1078. – Marine algae of the eastern tropical and subtropical coast of the Americas. Univ. Mich. Press 1960.
1079. – Distribution in depth of marine algae in the Carribean and adjacent seas. Recent advances in Botany 1961, 193–197 (1961).
1080. TEILING, E.: Evolutionary studies on the shape of the cell and of the chloroplast in desmids. Bot. Not. 1952, 264–306 (1952).
1081. – The desmid genus *Staurodesmus*. Arkiv Bot., Ser. 2, 6, 467–629 (1967).
1082. THOMPSON, R. H.: A new species of *Coronastrum*. Amer. J. Bot. **37**, 371–373 (1950).
1083. – A new genus and new records of algae in the *Chlorococcales*. Amer. J. Bot. **39**, 365–367 (1952).
1084. THRONDSEN, J.: Fine structure of *Eutreptiella gymnastica* (*Euglenophyceae*). Norw. J. Bot. **20**, 271–280 (1973).
1085. TIFFANY, L. H.: The algal genus *Bulbochaete*. Trans. Amer. Microsc. Soc. **47**, 121–177 (1928).
1086. – The *Oedogoniaceae*. Columbus, Ohio 1930.
1087. TILDEN, J.: The algae and their life relations. Fundamentals of phycology. Oxford Univ. Press, London 1935.
1088. TINDALL, D. R., T. SAWA and A. T. HOTCHKISS: *Nitellopsis bulbillifera* in North America. J. Phycol. **1**, 147–150 (1965).
1089. TIPPIT, D. H., K. L. McDONALD and J. D. PICKETT-HEAPS: Cell division in the centric diatom *Melosira varians*. Cytobiologie **12**, 52–73 (1975).
1090. TOTH, R.: Sporangial structure and zoosporogenesis in *Chorda tomentosa* (*Laminariales*). J. Phycol **10**, 170–185 (1974).
1091. – and D. R. MARKEY: Synaptonemal complexes in brown algae. Nature **243**, 236–237 (1973).
1092. TRAINOR, F. R.: Zoospores in *Scenedesmus obliquus*. Science, **142**, 1673–1674 (1963).
1093. TRANSEAU, E. N.: The *Zygnemataceae*. Univ. Press, Ohio 1951.
1094. TRIEMER, R. E., and R. M. BROWN: Cell division in *Chlamydomonas moewusii*. J. Phycol. **10**, 419–433 (1974).
1095. – – The ultrastructure of fertilization in *Chlamydomonas moewusii*. Protoplasma **84**, 315–325 (1975).
1096. – Fertilization in *Chlamydomonas reinhardi*, with special reference to the structure, development, and fate of the choanoid body. Protoplasma **85**, 99–107 (1975).
1097. TSCHERMAK, E.: Beitrag zur Entwicklungsgeschichte und Morphologie der Protococcale *Trochiscia granulata*. Österr. Bot. Z. **90**, 67–73 (1941).
1098. – Über Vierteilung und succedane Autosporenbildung als gesetzmäßigen Vorgang, dargestellt an *Oocystis*. Planta **32**, 584–595 (1942).
1099. TSCHERMAK-WOESS, E.: Über auffallende Strukturen in Pyrenoiden einiger Naviculoideen. Österr. Bot. Z. **100**, 160–178 (1953).
1100. – Über wenig bekannte und neue Flechtengonidien III. Die Entwicklungsgeschichte von *Leptosira thrombii* nov. spec., der Gonidie von *Thrombium epigaeum*. Österr. Bot. Z. **100**, 203–216 (1953).
1101. – Das sogenannte Alveolarplasma und Schleimbildung bei *Vacuolaria virescens*. Österr. Bot. Z. **101**, 328–333 (1954).
1102. – Extreme Anisogamie und ein bemerkenswerter Fall der Geschlechtsbestimmung bei einer neuen *Chlamydomonas*-Art. Planta **52**, 606–622 (1959).
1103. – Zur Kenntnis von *Chlamydomonas suboogama*. Planta **59**, 68–76 (1962).
1104. – Strukturtypen der Ruhekerne von Pflanzen und Tieren. Protoplasmatologia, Bd. V/1. Springer, Wien 1963.
1105. – Über wenig bekannte und neue Flechtengonidien. IV. *Myrmecia reticulata* – der Algenpartner in *Phlyctis argena* und seine systematische Stellung. Österr. Bot. Z. **116**, 167–171 (1969).
1106. – Die wechselnde Sichtbarkeit des Pyrenoides und die Zoosporen von *Chrysochaete britannica*. Österr. Bot. Z. **118**, 72–77 (1970).
1107. – Über wenig bekannte und neue Flechtengonidien V. Der Phycobiont von *Verrucaria aquatilis* und die Fortpflanzung von *Pseudopleurococcus arthopyreniae*. Österr. Bot. Z. **118**, 443–455 (1970).
1108. – Algal taxonomy and the taxonomy of lichens: the phycobiont of *Verrucaria adriatica*. In: H. D. BROWN et al. (ed.): Lichenology: Progress and problems, S. 79–88. Academic Press, London – New York 1976.
1109. – und G. HASITSCHKA-JENSCHKE: Über die Teilungsfolge in den Fäden von zwei Grünalgen. Österr. Bot. Z. **104**, 577–582 (1957).

1110. – und A. PLESSL: Über zweierlei Typen der sukzedanen Teilung und ein auffallendes Teilungsverhalten des Chromatophors bei einer neuen Protococcale, *Myrmecia pyriformis*. Österr. Bot. Z., **95**, 194–207 (1949).
1111. – und J. POELT: *Vezdaea*, a peculiar lichen genus, and its phycobiont. In: H. D. BROWN et al. (ed.): Lichenology: Progress and problems, S. 89–105. Academic Press, London – New York 1976.
1112. TSEKOS, I., und E. SCHNEPF: Partikel an der Membran der kontraktilen Vakuole von *Poterioochromonas stipitata*. Naturwiss. **59**, 272–273 (1972).
1113. TURNER, F. R.: An ultrastructural study of plant spermatogenesis. Spermatogenesis in *Nitella*. J. Cell Biol. **37**, 370–393 (1968).
1114. TURNER, J. B., and I. FRIEDMANN: Fine structure of capitular filaments in the coenocytic green alga *Penicillus*. J. Phycol. **10**, 125–134 (1974).
1115. UHERKOVICH, G.: Die *Scenedesmus*-Arten Ungarns. Verlag Ungar. Akad. Wiss., Budapest 1966.
1116. VALET, G.: Contribution a l'étude des *Dasycladales* 2 et 3. Nova Hedwigia **17**, 551–644 (1969).
1117. VAN DEN HOEK, CH.: Revision of the European species of *Cladophora*. Brill, Leiden 1963.
1118. – and A. M. CORTEL-BREEMAN: Life history studies on *Rhodophyceae* II. *Halymenia floresia* (CLEM.) AG. Acta Bot. Neerl. **19**, 341–362 (1970).
1119. – and A. FLINTERMAN: The life history of *Sphacelaria furcigera* KÜTZ. (*Phaeophyceae*). Blumea **16**, 193–242. (1968).
1120. VAN WENT, J. L., and P. M. L. TAMMES: Experimental fluid flow through plasmodesmata of *Laminaria digitata*. Acta Bot. Neer. **21**, 321–326 (1972).
1121. VISCHER, W.: Experimentelle Untersuchungen (Gallertbildung) mit *Mischococcus sphaerocephalus* VISCHER. Arch. Protistenk. **76**, 257–273 (1932).
1122. – Über einige kritische Gattungen und die Systematik der *Chaetophorales*. Beih. Bot. Centralbl. **51**/I, 1–100 (1933).
1123. – Zur Morphologie, Physiologie und Systematik der Blutalge, *Porphyridium cruentum* NAEGELI. Verh. naturf. Ges. Basel **46**, 66–103 (1935).
1124. – Über die Goldalge *Chromatophyton rosanoffii* Woronin. Ber. Schweiz. Bot. Ges. **53**, 91–101 (1943).
1125. – Über einen pilzähnlichen, autotrophen Mikroorganismus, *Chlorochytridion*, einige neue *Protococcales* und die systematische Bedeutung der Chromatophoren. Verh. naturf. Ges. Basel **56**, 41–59 (1945).
1126. – Heterokonten aus alpinen Böden, speziell dem schweizerischen Nationalpark. Erg. wiss. Unters. Schweiz. Nationalparkes, N. F., **1**, 481–511 (1945).
1127. – Über primitivste Landpflanzen. Ber. Schweiz. Bot. Ges. **63**, 169–193 (1953).
1128. – Reproduktion und systematische Stellung einiger Rinden- und Bodenalgen. Schweiz. Z. Hydrol. **22**, 330–349 (1960).
1129. VLK, W.: Über die Struktur der Heterokontengeißel. Beih. Bot. Centralbl. **48**/I, 214–220 (1931).
1130. VOUK, V.: Studien über adriatische Codiaceen. Acta adriat. **8**, 1–47 (1936).
1131. WAERN, M.: Rocky-shore algae in the Öregrund Archipelago. Phytogeogr. Suec. **30**, 1–298 (1952).
1132. WALL, D., R. R. L. GUILLARD, B. DALE and E. SWIFT: Calcitic resting cysts in *Peridinium trochoideum* (STEIN) LEMMERMANN, an autotrophic marine dinoflagellate. Phycologia **9**, 151–156 (1970).
1133. WALNE, P. L.: Comparative ultrastructure of eyespots in selected euglenoid flagellates. In: B. C. PARKER and R. M. BROWN (ed.): Contributions in Phycology, S. 107–120. Allen Press, Lawrence 1971.
1134. – and H. J. ARNOTT: The comparative ultrastructure and possible function of eyespots: *Euglena granulata* and *Chlamydomonas eugametos*. Planta **77**, 325–353 (1967).
1135. WANDERS, J. B. W., C. VAN DEN HOEK and E. N. SCHILLERN-VAN NES: Observations on the life-history of *Elachista stellaris* (*Phaeophyceae*) in culture. Netherl. J. Sea Res. **5**, 458–491 (1972).
1136. WARR, J. R., A. McVITTIE, J. RANDALL and J. M. HOPKINS: Genetic controll of flagellar structure in *Chlamydomonas reinhardii*. Genet. Res. **7**, 335–351 (1966).
1136a. WATSON, M. W., and H. J. ARNOTT: Ultrastructural morphology of *Microthamnion zoospores*. J. Phycol. **9**, 15–29 (1973).
1137. WAWRIK, F.: Sexualität bei *Cryptomonas* sp. und *Chlorogonium maximum*. Nova Hedwigia **18**, 283–292 (1969).
1138. WEHRMEYER, W.: Zur Feinstruktur der Chloroplasten einiger photoautotropher Cryptophyceen. Arch. Mikrobiol. **71**, 367–383 (1970).

1139. WEIER, T. E., T. BISALPUTRA and A. HARRISON: Subunits in chloroplast membranes of *Scenedesmus quadricauda*. J. Ultrastruct. Res. **15**, 38–56 (1966).
1139a. WERNER, D. (ed.): The biology of Diatoms. Botanical monographs, vol. 13. Blackwell Sci. Publ., Oxford – London – Edinburgh – Melbourne 1977.
1140. WEST, J. A.: The life history of *Rhodochorton concrescens* in culture. Br. phycol. J. **5**, 179–186 (1970).
1141. – and R. E. NORRIS: Unusual phenomena in the life histories of *Florideae* in culture. J. Phycol. **2**, 54–57 (1966).
1142. WEST, W., and G. S. WEST: A monograph of the British *Desmidiaceae*. Vol. 1–5. Ray Soc., London 1904–1923.
1143. WHITFORD, L. A.: The communities of algae in the springs and springstreams of Florida. Ecology **37**, 433–442 (1956).
1144. – and G. J. SCHUMACHER: Effect of current on mineral uptake and respiration by fresh-water algae. Limnol. and Oceanogr. **6**, 423–425 (1961).
1145. – Communities of algae in North Carolina streams and their seasonal relations. Hydrobiol. **22**, 133–195 (1963).
1146. WHITTAKER, R. H.: New concepts of kingdoms of organisms. Science **163**, 150–160 (1969).
1147. WHITTLE, S. J., and P. J. CASSELTON: The chloroplast pigments of the algal classes *Eustigmatophyceae* and *Xanthophyceae*. I. *Eustigmatophyceae*. Br. phycol. J. **10**, 179–191 (1975).
1148. – The chloroplast pigments of the algal classes *Eustigmatophyceae* and *Xanthophyceae*. II. *Xanthophyceae*. Br. phycol. J. **10**, 192–204 (1975).
1149. WICHMANN, L.: Studien über die durch H-Stück-Bau der Membran ausgezeichneten Gattungen *Microspora, Binuclearia, Ulotrichopsis* und *Tribonema*. Pflanzenforschung **20**, 1–110 (1937).
1150. WOOD, R. D., and K. IMAHORI: Monograph of the *Characeae*. Cramer, Weinheim 1965.
1151. WUJEK, D. E.: Some observations on the fine structure of three genera in the *Tetrasporaceae*. Ohio J. Sci. **68**, 187–191 (1968).
1152. – Light and electron microscope observations on the pyrenoid of the green alga *Leptosira*. Mich. Acad. **3**, 59–62 (1971).
1153. – K. E. CAMBURN and H. T. ANDREWS: An ultrastructural study of pyrenoids in *Leptosiropsis torulosa*. Protoplasma **86**, 263–268 (1975).
1154. – and J. E. CHAMBRES: Microstructure of pseudocilia of *Tetraspora gelatinosa* (VAUCH.) DESV. Trans. Kansas Acad. Sci. **68**, 563–565 (1966).
1155. ZABJELINA, M. M., I. A. KISELEV, A. I. PROŠKINA-LAVRENKO et B. C. ŠEŠUKOVA: *Bacillariophyta*. In: M. M. GOLLERBACH, V. I. POLJANSKIJ et V. P. SAVIČ (ed.): Opredelitel presnov. vodoroslej SSSR. T. 4. Sov. nauka, Moskau 1951.
1156. ZELINKA, M., et P. MARVAN: Zur Präzisierung der biologischen Klassifikation der Reinheit fließender Gewässer. Arch. Hydrobiol. **57**, 389–407 (1961).
1157. ZERBAN, H., M. WEHNER und G. WERZ: Über die Feinstruktur des Zellkerns von *Acetabularia* nach Gefrierätzung. Planta **114**, 239–250 (1973).
1158. ZINGMARK, R. G.: Sexual reproduction in the dinoflagellate *Noctiluca miliaris* SURIRAY. J. Phycol. **6**, 122–126 (1970).
1159. – Ultrastructural studies on two kinds of mesocaryotic dinoflagellate nuclei. Amer. J. Bot. **57**, 586–592 (1970).

9. Sachregister

10. Gattungen und Arten

Kursivdruck der Seitenzahl gibt die Stelle an, wo das betreffende Taxon im System behandelt wird. Fettdruck verweist auf Abbildungen.